# INTRODUÇÃO À ESPECTROSCOPIA

Dados Internacionais de Catalogação na Publicação (CIP)
(Câmara Brasileira do Livro, SP, Brasil)

Introdução à espectroscopia / Donald L. Pavia...[et al.] ; revisão técnica Paulo Sergio Santos ; [tradução Pedro Barros e Roberto Torrejon]. — 2. ed. — São Paulo : Cengage Learning, 2021.

3. reimpr. da 2. ed. de 2015.
Outros autores: Gary M. Lampman, George S. Kriz, James R. Vyvyan
Título original: Introduction to spectroscopy
5. ed. norte-americana
Bibliografia
ISBN 978-85-221-2338-4

1. Análise espectral 2. Compostos orgânicos - Análise 3. Espectroscopia I. Pavia, Donald L. II. Lampman, Gary M. III. Kriz, George S. IV. Vyvyan, James R. V. Santos, Paulo Sergio.

15-10109      CDD-543.5

Índice para catálogo sistemático:

1. Espectroscopia : Química orgânica 543.5

# INTRODUÇÃO À ESPECTROSCOPIA

Tradução da 5ª edição norte-americana

**DONALD L. PAVIA**
**GARY M. LAMPMAN**
**GEORGE S. KRIZ**
**JAMES R. VYVYAN**

Departamento de Química
Universidade Western Washington
Bellingham, Washington

**Revisão técnica:**
Paulo Sergio Santos
Professor do Instituto de Química da Universidade de São Paulo

Austrália • Brasil • México • Cingapura • Reino Unido • Estados Unidos

**Introdução à espectroscopia**
Tradução da 5ª edição norte-americana
2ª edição brasileira

**Donald L. Pavia**

**Gary M. Lampman**

**George S. Kriz**

**James R. Vyvyan**

Gerente editorial: Noelma Brocanelli

Editora de desenvolvimento: Salete Del Guerra

Editora de aquisição: Guacira Simonelli

Supervisora de produção gráfica: Fabiana Alencar Albuquerque

Especialista em direitos autorais: Jenis Oh

Título original: Introduction to spectroscopy

ISBN-13: 978-1-285-46012-3;
ISBN-10: 1-285-46012-X

Tradução da 1ª edição: Pedro Barros

Tradução dos textos da nova edição: Roberto Enrique Romero Torrejón

Revisão técnica: Paulo Sérgio Santos

Copidesque: Lucas Torrisi Gomediano

Revisão: Verbo Verbo Serviços Editoriais

Diagramação: Cia. Editorial

Capa: Buono Disegno

Imagem da capa: Kichigin/Shutterstock

© 2015, 2009 Cengage Learning

© 2016 Cengage Learning.

Todos os direitos reservados. Nenhuma parte deste livro poderá ser reproduzida, sejam quais forem os meios empregados, sem a permissão, por escrito, da Editora. Aos infratores aplicam-se as sanções previstas nos artigos 102, 104, 106 e 107 da Lei nº 9.610, de 19 de fevereiro de 1998.

Esta editora empenhou-se em contatar os responsáveis pelos direitos autorais de todas as imagens e de outros materiais utilizados neste livro. Se porventura for constatada a omissão involuntária na identificação de algum deles, dispomo-nos a efetuar, futuramente, os possíveis acertos.

A editora não se responsabiliza pelo funcionamento dos links contidos neste livro que possam estar suspensos.

Para informações sobre nossos produtos, entre em contato pelo telefone **0800 11 19 39**

Para permissão de uso de material desta obra, envie seu pedido para **direitosautorais@cengage.com**

© 2016 Cengage Learning. Todos os direitos reservados.

ISBN-13: 978-85-221-2338-4

ISBN-10: 85-221-2338-1

**Cengage Learning**
Condomínio E-Business Park
Rua Werner Siemens, 111 – Prédio 11 – Torre A – Conjunto 12
Lapa de Baixo – CEP 05069-900 – São Paulo – SP
Tel.: (11) 3665-9900 – Fax: (11) 3665-9901
SAC: 0800 11 19 39

Para suas soluções de curso e aprendizado, visite
**www.cengage.com.br**

Impresso no Brasil
*Printed in Brazil*
3. reimpr. – 2021

*Para todos os nossos alunos de "O-Spec".*

# Prefácio

Esta é a tradução da quinta edição de um livro de espectroscopia voltado para estudantes de Química Orgânica. Além de muito útil nos estudos sobre Química Orgânica, poderá, na graduação, ser usado em curso avançado de métodos espectroscópicos de determinação de estrutura ou em pós-graduação em espectroscopia. Trata-se de uma ferramenta importante para estudantes envolvidos em pesquisas. Nosso objetivo não é apenas ensinar a interpretar espectros, mas também apresentar conceitos teóricos básicos. Como nas edições anteriores, tentamos focar os aspectos importantes de cada técnica espectroscópica, sem insistir excessivamente em teorias ou análises matemáticas complexas.

O livro é um desdobramento contínuo dos materiais usados em nossos cursos, tanto como complemento para aulas de Química Orgânica quanto livro-texto para os últimos anos dos cursos de graduação em métodos espectroscópicos e técnicas avançadas de ressonância magnética. Nesta edição, acrescentamos explicações e exemplos que consideramos eficientes em nossos cursos.

## NOVIDADES DESTA EDIÇÃO

Esta edição apresenta algumas alterações importantes. O material sobre espectrometria de massa foi realocado para perto do começo do livro e dividido em dois capítulos mais fáceis de compreender. Incluímos material sobre alguns novos métodos de amostragem e de ionização, assim como os métodos adicionais de análise estrutural utilizando padrões de fragmentação. Todos os capítulos que tratam de Ressonância Magnética Nuclear foram reunidos em capítulos sequenciais. Estão incluídos amplos detalhes sobre sistemas diastereotópicos e acoplamento heteronuclear, assim como uma exposição revisada dos efeitos do solvente na RMN.

Problemas práticos foram adicionados em cada um dos capítulos. Incluímos também alguns problemas resolvidos, para que os alunos possam desenvolver melhores estratégias e habilidades para solucionar problemas de espectroscopia. Os problemas marcados com um asterisco (*) têm suas soluções nas Respostas para os Problemas Selecionados, no final do livro.

Na página do livro, no site da Cengage (www.cengage.com.br), estão disponibilizadas as respostas de todos os problemas.

## RECOMENDAÇÃO AOS ALUNOS

O sucesso na elaboração de soluções de problemas na espectroscopia vem mais facilmente, e é mais agradável, seguindo algumas sugestões básicas.

1. Estude cuidadosamente os exemplos solucionados que podem ser encontrados no fim de cada capítulo. Não tente trabalhar em outros problemas até que esteja seguro com a abordagem que está sendo demonstrada com os exemplos resolvidos.
2. É de grande valia trabalhar em equipe para resolver problemas de espectroscopia. Tente usar um quadro-negro para trocar ideias. Vai achar divertido e vai aprender mais!
3. Não tenha medo de lutar. É muito fácil olhar a resposta de um problema difícil, mas você não vai aprender muito. Precisa treinar seu cérebro para pensar como um cientista, contudo isso não substitui o trabalho árduo.
4. Ao estudar cada capítulo, trabalhe com os problemas simultaneamente. Isso solidificará os conceitos na sua mente.

Embora este livro se concentre em exemplos de Química Orgânica, esteja ciente de que o estudo da espectroscopia atravessa por muitas áreas, incluindo Bioquímica, Química Inorgânica, Físico-Química, Química de materiais e Química analítica. A espectroscopia é uma ferramenta de apoio indispensável a todas as formas de pesquisa laboratorial.

## AGRADECIMENTOS

Somos muito gratos a Charles Wandler, pois sem ele este projeto não teria sido concluído. Também agradecemos pelas numerosas contribuições feitas por nossos alunos, que usam o livro e que nos oferecem um retorno cuidadoso e ponderado.

Por fim, mais uma vez temos de agradecer às nossas esposas, Neva-Jean Pavia, Marian Lampman, e Cathy Vyvyan, pelo apoio e pela paciência. Elas aguentaram firme, dando-nos apoio enquanto escrevíamos, e, por isso, merecem ser parte da celebração pela finalização da obra!

Honramos a memória de Carolyn Kriz; temos saudades dela e do amor e do encorajamento que ela nos deu.

*Donald L. Pavia*
*Gary M. Lampman*
*George S. Kriz*
*James R. Vyvyan*

# INTRODUÇÃO À ESPECTROSCOPIA: RESUMO DE ALTERAÇÕES DA QUINTA EDIÇÃO

A ordem dos capítulos foi rearranjada para atender melhor aos pedidos e às práticas de nossos leitores. A Espectroscopia de Massa foi realocada para os primeiros capítulos, causando a renumeração deles.

| Capítulo da quarta edição | Capítulo da quinta edição | Notas |
|---|---|---|
| 1<br>Fórmulas moleculares e o que se pode aprender delas | 1<br>Fórmulas moleculares e o que se pode aprender delas | A Seção 1.6, Uma breve antecipação de usos simples de espectros de massa, foi apagada. (Os espectros de massa foram realocados para os Capítulos 3 e 4)<br>A nova Seção 1.6 é titulada: "A Regra do Nitrogênio." As referências foram revistas e atualizadas. |
| 2<br>Espectroscopia no infravermelho | 2<br>Espectroscopia no infravermelho | Na Seção 2.6, a subseção de amostras sólidas foi atualizada para incluir técnicas de RTA. Algumas figuras foram revistas ou atualizadas.<br>A Seção 2.21, Haletos de alquila e arila, foi revista.<br>A Seção 2.23, Como resolver problemas de espectros infravermelhos, é nova. As seções seguintes foram renumeradas.<br>Os Problemas foram revisados. As referências foram revistas e atualizadas. |
| 3<br>Espectroscopia de ressonância magnética nuclear<br>Parte 1: Componentes básicos | 5<br>Espectroscopia de ressonância magnética nuclear<br>Parte 1: Conceitos básicos | Nova Seção 5.20<br>As referências foram revistas e atualizadas.<br>Novos recursos online foram referenciados e/ou atualizados. |
| 4<br>Espectroscopia de ressonância magnética nuclear<br>Parte 2: Carbono 13 etc. | 6<br>Espectroscopia de ressonância magnética nuclear<br>Parte 2: Carbono 13 etc. | A Seção 6.4 apresenta uma nova notação de desacoplamento.<br>Nova Seção 6.12.<br>As Seções após a 6.12 estão renumeradas.<br>Alguns problemas novos foram adicionados.<br>Diversos espectros foram substituídos ou melhorados.<br>As Referências foram revistas e atualizadas.<br>Novos recursos online foram referenciados e/ou atualizados. |
| 5<br>Espectroscopia de ressonância magnética nuclear<br>Parte 3: Acoplamento *spin-spin* | 7<br>Espectroscopia de ressonância magnética nuclear<br>Parte 3: Acoplamento *spin-spin* | Nova explanação da divisão em sistemas diastereotópicos.<br>Nova explanação da separação heteronuclear entre $^1H$-$^{19}F$ e S-$^{31}P$<br>Exemplos adicionais de problemas resolvidos.<br>Problemas novos e revisados de fim de capítulo, com informação de acoplamento constante e cálculo de desvio químico.<br>As Referências foram revistas e atualizadas. |
| 6<br>Espectroscopia de ressonância magnética nuclear<br>Parte 4: Outros tópicos em RMN unidimensional | 8<br>Espectroscopia de ressonância magnética nuclear<br>Parte 4: Outros tópicos em RMN unidimensional | Nova explanação e exemplos dos efeitos dos solventes.<br>Exemplos adicionais de problemas resolvidos.<br>Problemas novos e revisados de fim de capítulo.<br>As referências foram revistas e atualizadas. |

| Capítulo da quarta edição | Capítulo da quinta edição | Anotações |
|---|---|---|
| 7<br>Espectroscopia no ultravioleta | 10<br>Espectroscopia no ultravioleta | Poucas alterações. |
| 8<br>Espectrometria de massa (primeira metade)<br>O capítulo foi dividido. | 3<br>Espectrometria de massa<br>Parte 1: Teoria básica, Iinstrumentação e técnicas de amostragem. | Para realçar o desenvolvimento contínuo e a importância dos métodos da espectrometria de massa, realocamos esse material para mais perto do início do livro e o dividimos em dois capítulos, um sobre teoria e instrumentação (Capítulo 3) e o outro sobre análise estrutural detalhada com padrões de fragmentação característicos de grupos funcionais comuns (Capítulo 4). Explanação ampliada e refinada de métodos de amostragem e ionização, incluindo técnicas de ionização química à pressão atmosférica. Exemplos de aplicações para as técnicas de espectroscopia de massa e instrumentação, incluindo prós e contras dos diferentes métodos. |
| 8<br>Espectrometria de massa (segunda metade) | 4<br>Espectrometria de massa<br>Parte 2: Fragmentação e análise estrutural | Explanação refinada sobre fragmentações em EI-MS para grupos funcionais comuns.<br>Novos exemplos de uso da MS na determinação da estrutura.<br>Exemplos adicionais de problemas resolvidos.<br>Problemas de fim de capítulo novos e revisados. |
| 9<br>Problemas de estrutura combinados | 11<br>Problemas de estrutura combinados | Vários novos problemas foram introduzidos.<br>Os espectros bidimensionais foram substituídos por outros novos e melhorados.<br>As Referências foram revistas e atualizadas.<br>Recursos online foram atualizados. |
| 10<br>Espectroscopia de ressonância magnética nuclear<br>Parte 5: Técnicas avançadas de RMN | 9<br>Espectroscopia de ressonância magnética nuclear<br>Parte 5: Técnicas avançadas de RMN | As seções 9.4 e 9.7 foram amplamente revistas.<br>Muitos dos espectros bidimensionais foram substituídos por outros novos e melhorados. |
| Apêndices | Apêndices | O antigo Apêndice 11 foi removido.<br>Os valores de algumas tabelas foram atualizados ou revistos. |

# Sumário

*Capítulo 1*
## FÓRMULAS MOLECULARES E O QUE SE PODE APRENDER DELAS ........................ 1

1.1 Análise elementar e cálculos ..................................................................................... 1
1.2 Determinação da massa molecular ............................................................................ 5
1.3 Fórmulas moleculares ................................................................................................ 5
1.4 Índice de deficiência de hidrogênio ........................................................................... 6
1.5 A Regra do Treze ....................................................................................................... 9
1.6 A Regra do Nitrogênio ............................................................................................. 11
Problemas ........................................................................................................................ 12
Referências ...................................................................................................................... 13

*Capítulo 2*
## ESPECTROSCOPIA NO INFRAVERMELHO ........................................................... 15

2.1 O processo de absorção no infravermelho ............................................................... 17
2.2 Usos do espectro no infravermelho .......................................................................... 17
2.3 Modos de estiramento e dobramento ....................................................................... 18
2.4 Propriedades de ligação e seus reflexos na absorção ............................................... 20
2.5 Espectrômetro de infravermelho .............................................................................. 23
    A. Espectrômetros de infravermelho dispersivos ..................................................... 23
    B. Espectrômetros de transformada de Fourier ........................................................ 25
2.6 Preparação de amostras para espectroscopia no infravermelho ............................... 26
2.7 O que buscar no exame de um espectro infravermelho ........................................... 27
2.8 Gráficos e tabelas de correlação ............................................................................... 28
2.9 Como conduzir a análise de um espectro (*ou* O que se pode dizer só de olhar) ...... 30
2.10 Hidrocarbonetos: alcanos, alcenos e alcinos .......................................................... 32
    A. Alcanos ................................................................................................................ 32
    B. Alcenos ................................................................................................................ 33
    C. Alcinos ................................................................................................................. 35
2.11 Anéis aromáticos .................................................................................................... 43
2.12 Alcoóis e fenóis ...................................................................................................... 47
2.13 Éteres ...................................................................................................................... 50

2.14 Compostos carbonílicos...........................................................................................................52
    A. Fatores que influenciam a vibração de estiramento C═O.....................................54
    B. Aldeídos.........................................................................................................................56
    C. Cetonas..........................................................................................................................58
    D. Ácidos carboxílicos .....................................................................................................62
    E. Ésteres............................................................................................................................63
    F. Amidas...........................................................................................................................68
    G. Cloretos de ácidos ......................................................................................................70
    H. Anidridos .....................................................................................................................72
2.15 Aminas .....................................................................................................................................73
2.16 Nitrilas, isocianatos, isotiocianatos e iminas....................................................................75
2.17 Nitrocompostos......................................................................................................................77
2.18 Carboxilatos, sais de amônia e aminoácidos....................................................................78
2.19 Compostos sulfurados..........................................................................................................79
2.20 Compostos de fósforo ..........................................................................................................81
2.21 Haletos de alquila e de arila.................................................................................................82
2.22 Espectro de fundo .................................................................................................................83
2.23 Como resolver problemas de espectros infravermelhos ..............................................85
Problemas ........................................................................................................................................89
Referências .....................................................................................................................................102

## Capítulo 3

## ESPECTROMETRIA DE MASSA
### Parte 1: Teoria básica, instrumentação e técnicas de amostragem......................................... 103

3.1 Espectrômetro de massa: visão geral................................................................................104
3.2 Injeção da amostra................................................................................................................104
3.3 Métodos de ionização..........................................................................................................105
    A. Ionização por elétrons (EI).......................................................................................105
    B. Ionização química (CI)..............................................................................................107
    C. Técnicas de ionização por dessorção (SIMS, FAB e MALDI)............................111
    D. Ionização por *eletrospray* (ESI) .............................................................................113
3.4 Análise de massa ..................................................................................................................115
    A. Analisador de massa de setor magnético .............................................................116
    B. Analisador de massa de foco duplo .......................................................................117
    C. Analisador de massa quadripolar ...........................................................................117
    D. Analisadores de massa por tempo de voo ............................................................119
3.5 Detecção e quantificação: o espectro de massas ...........................................................122
3.6 Determinação do peso molecular.....................................................................................125
3.7. Determinação de fórmulas moleculares .........................................................................128
    A. Determinação precisa de massa..............................................................................128
    B. Dados de razões isotópicas .....................................................................................128
Problemas ......................................................................................................................................133
Referências ....................................................................................................................................133

*Capítulo 4*

# ESPECTROMETRIA DE MASSA
## Parte 2: Fragmentação e análise estrutural ............ 135

- 4.1 Evento inicial de ionização ............ 135
- 4.2 Processos fundamentais de fragmentação ............ 137
  - A. Regra de Stevenson ............ 137
  - B. Segmentação iniciada no sítio radical: segmentação α ............ 138
  - C. Segmentação iniciada em sítio carregado: segmentação indutiva ............ 138
  - D. Segmentação de duas ligações ............ 139
  - E. Segmentação retro Diels-Alder ............ 139
  - F. Rearranjos de McLafferty ............ 140
  - G. Outros tipos de segmentação ............ 140
- 4.3 Padrão de fragmentação de hidrocarbonetos ............ 140
  - A. Alcanos ............ 140
  - B. Cicloalcanos ............ 143
  - C. Alcenos ............ 145
  - D. Alcinos ............ 148
  - E. Hidrocarbonetos aromáticos ............ 150
- 4.4 Padrões de fragmentação de alcoóis, fenóis e tióis ............ 154
- 4.5 Padrões de fragmentação de éteres e sulfetos ............ 159
- 4.6 Padrões de fragmentação de compostos que contenham carbonilo ............ 162
  - A. Aldeídos ............ 163
  - B. Cetonas ............ 164
  - C. Ésteres ............ 168
  - D. Ácidos carboxílicos ............ 172
- 4.7 Padrões de fragmentação de aminas ............ 175
- 4.8 Padrões de fragmentação de outros compostos nitrogenados ............ 178
- 4.9 Padrões de fragmentação de cloretos de alquila e brometos de alquila ............ 181
- 4.10 Comparação computadorizada de espectros com bibliotecas espectrais ............ 186
- 4.11 Abordagem estratégica para análise de espectros de massa e resolução de problemas ............ 187
- 4.12 Como resolver problemas de espectros de massa ............ 188
- Referências ............ 208

*Capítulo 5*

# ESPECTROSCOPIA DE RESSONÂNCIA MAGNÉTICA NUCLEAR
## Parte 1: Conceitos básicos ............ 211

- 5.1 Estados de *spin* nucleares ............ 211
- 5.2 Momentos magnéticos nucleares ............ 212
- 5.3 Absorção de energia ............ 213
- 5.4 Mecanismo de absorção (ressonância) ............ 215
- 5.5 Densidades populacionais dos estados de *spin* nuclear ............ 217
- 5.6 Deslocamento químico e blindagem ............ 218
- 5.7 Espectrômetro de ressonância magnética nuclear ............ 220
  - A. Instrumento de onda contínua (CW) ............ 220
  - B. Instrumento de transformada de Fourier (FT) pulsado ............ 222
- 5.8 Equivalência química: um breve resumo ............ 225

5.9 Integrais e integração..................................................................................................226
5.10 Ambiente químico e deslocamento químico..........................................................228
5.11 Blindagem diamagnética local................................................................................229
    A. Efeitos de eletronegatividade ..........................................................................229
    B. Efeitos de hibridização ....................................................................................231
    C. Prótons ácidos e intercambiáveis; ligações de hidrogênio .............................232
5.12 Anisotropia magnética.............................................................................................233
5.13 Regra do desdobramento *spin-spin* (*n* + 1) ...........................................................235
5.14 Origem do desdobramento *spin-spin* .....................................................................239
5.15 Grupo etila (CH$_3$CH$_2$—)........................................................................................240
5.16 Triângulo de Pascal..................................................................................................241
5.17 Constante de acoplamento .....................................................................................242
5.18 Uma comparação de espectros de RMN em campos de intensidades baixa e alta ..............245
5.19 Análise das absorções de RMN de $^1$H típicas por tipo de composto....................246
    A. Alcanos.............................................................................................................246
    B. Alcenos ............................................................................................................248
    C. Compostos aromáticos....................................................................................249
    D. Alcinos .............................................................................................................250
    E. Haletos de alquila ............................................................................................252
    F. Alcoóis..............................................................................................................253
    G. Éteres...............................................................................................................254
    H. Aminas.............................................................................................................255
    I. Nitrilas ..............................................................................................................256
    J. Aldeídos............................................................................................................257
    K. Cetonas............................................................................................................258
    L. Ésteres .............................................................................................................259
    M. Ácidos carboxílicos.........................................................................................260
    N. Amidas.............................................................................................................262
    O. Nitroalcanos....................................................................................................263
5.20 Como resolver problemas de espectros RMN ......................................................264
Problemas ...........................................................................................................................268
Referências .........................................................................................................................279

*Capítulo 6*

# ESPECTROSCOPIA DE RESSONÂNCIA MAGNÉTICA NUCLEAR
## Parte 2: Espectros de carbono-13 e acoplamento heteronuclear com outros núcleos ........ 281

6.1 Núcleo de carbono-13..............................................................................................281
6.2 Deslocamentos químicos de carbono-13................................................................282
    A. Gráficos de correlação.....................................................................................282
    B. Cálculo de deslocamentos químicos de $^{13}$C..................................................284
6.3 Espectros de $^{13}$C acoplados por prótons — desdobramento
*spin-spin* de sinais de carbono-13..........................................................................285
6.4 Espectros de $^{13}$C desacoplados do próton............................................................287
6.5 Intensificação nuclear overhauser (NOE)...............................................................288
6.6 Polarização cruzada: origem do efeito nuclear Overhauser..................................290
6.7 Problemas com a integração em espectros de $^{13}$C ...............................................293
6.8 Processos de relaxação molecular...........................................................................293

6.9 Desacoplamento fora de ressonância ........................................................................296
6.10 Uma rápida olhada no DEPT ....................................................................................296
6.11 Alguns exemplos de espectros – carbonos equivalentes.............................................299
6.12 Átomos de carbono não equivalentes .......................................................................301
6.13 Compostos com anéis aromáticos .............................................................................302
6.14 Solventes para a RMN de carbono-13 – acoplamento heteronuclear de carbono e deutério ........................................................................................................304
6.15 Acoplamento heteronuclear do carbono-13 com o flúor-19 .....................................308
6.16 Acoplamento heteronuclear de carbono-13 com fósforo-31.....................................310
6.17 RMN de prótons e carbono: como resolver um problema de estrutura ....................311
Problemas ...........................................................................................................................315
Referências .........................................................................................................................335

*Capítulo 7*
# ESPECTROSCOPIA DE RESSONÂNCIA MAGNÉTICA NUCLEAR
**Parte 3: Acoplamento *spin-spin*** .................................................................................. 337

7.1 Constantes de acoplamento: símbolos .......................................................................337
7.2 Constantes de acoplamento: o mecanismo de acoplamento .....................................338
   A. Acoplamentos via uma ligação ($^1J$) .....................................................................339
   B. Acoplamentos via duas ligações ($^2J$) ..................................................................340
   C. Acoplamentos via três ligações ($^3J$) ....................................................................343
   D. Acoplamentos de longo alcance ($^4J$–$^nJ$) ........................................................348
7.3 Equivalência magnética ............................................................................................351
7.4 Espectros de sistemas diastereotópicos .....................................................................355
   A. Hidrogênios diastereotópicos: etil 3-hidroxibutanoato ........................................355
   B. Hidrogênios diastereotópicos: o aduto Diels-Alder de antraceno-9-metanol e N-metilmelaimida ..............................................................................................359
   C. Hidrogênios diastereotópicos: 4-metil-2-pentanol ..............................................360
   D. Grupos metila diastereotópicos: 4-metil-2-pentanol ..........................................363
7.5. Não equivalência dentro de um grupo – o uso de diagramas de árvore quando a Regra do *n + 1* não funciona .............................................................................................364
7.6 Medindo constantes de acoplamento a partir de espectros de primeira ordem ........367
   A. Multipletos simples – um valor de J (um acoplamento) ......................................367
   B. A Regra do *n + 1* é realmente obedecida em algum momento? ........................369
   C. Multipletos mais complexos – mais de um valor de J .........................................371
7.7 Espectros de segunda ordem – acoplamento forte ...................................................375
   A. Espectros de primeira e segunda ordens ..............................................................375
   B. Notação de sistema de *spin* ...............................................................................376
   C. Sistemas de *spin* $A_2$, AB e AX .......................................................................377
   D. Sistemas de *spin* $AB_2$... $AX_2$ e $A_2B_2$... $A_2X_2$ ..................................377
   E. Simulação de espectros .........................................................................................379
   F. Ausência de efeitos de segunda ordem em campos mais altos .............................379
   G. Espectros enganosamente simples .......................................................................381
7.8 Alcenos .....................................................................................................................384
7.9 Medindo constantes de acoplamento – análise de um sistema alílico ......................388
7.10 Compostos aromáticos – anéis benzênicos substituídos ...........................................392
   A. Anéis monossubstituídos ......................................................................................393

          B. Anéis *para*-dissubstituídos..................................................................................395
          C. Outra substituição .................................................................................397
   7.11. Acoplamentos em sistemas heteroaromáticos ...............................................400
   7.12 Acoplamento heteronuclear de $^{1}H$ com $^{19}F$ e $^{31}P$ ................................................402
          A. Acoplamentos $^{1}H$ com $^{19}F$......................................................................402
          B. Acoplamentos $^{1}H$ com $^{31}P$......................................................................404
   7.13 Como resolver problemas de análise de constante de acoplamento .................406
   Problemas ..................................................................................................410
   Referências ................................................................................................440

## Capítulo 8
## ESPECTROSCOPIA DE RESSONÂNCIA MAGNÉTICA NUCLEAR
### Parte 4: Outros tópicos em RMN unidimensional ............................................. 443

   8.1   Prótons em oxigênios: alcoóis ..........................................................................443
   8.2   Trocas em água e $D_2O$ ....................................................................................446
          A. Misturas de ácido/água e álcool/água ......................................................446
          B. Troca por deutério ..................................................................................447
          C. Alargamento de pico devido a trocas.......................................................449
   8.3   Outros tipos de troca: tautomeria....................................................................450
   8.4   Prótons no nitrogênio: aminas.........................................................................452
   8.5   Prótons no nitrogênio: alargamento quadripolar e desacoplamento................456
   8.6   Amidas ............................................................................................................457
   8.7   Efeitos do solvente .........................................................................................460
   8.8   Reagentes de deslocamento químico ..............................................................464
   8.9   Agentes de resolução quiral ............................................................................467
   8.10  Como determinar configurações absolutas e relativas por meio de RMN .......469
          A. Determinação de configurações absolutas...............................................469
          B. Determinação de configurações relativas ................................................471
   8.11  Espectros diferenciais de efeito nuclear Overhauser.......................................472
   8.12  Como resolver problemas de métodos avançados de 1-D ...............................475
   Problemas ..................................................................................................476
   Referências ................................................................................................496

## Capítulo 9
## ESPECTROSCOPIA DE RESSONÂNCIA MAGNÉTICA NUCLEAR
### Parte 5: Técnicas avançadas de RMN ............................................................. 499

   9.1   Sequências de pulso........................................................................................499
   9.2   Larguras de pulso, *spins* e vetores de magnetização......................................501
   9.3   Gradientes de campo pulsado .........................................................................505
   9.4   Experimento DEPT: número de prótons ligados aos átomos de $^{13}C$ ..............507
   9.5   Determinação do número de hidrogênios ligados ..........................................510
          A. Carbonos metina (CH).............................................................................510
          B. Carbonos metileno ($CH_2$)........................................................................512
          C. Carbonos metila ($CH_3$) ..........................................................................513
          D. Carbonos quaternários (C) ......................................................................513
          E. Resultado final........................................................................................514

9.6 Introdução a métodos espectroscópicos bidimensionais ........................................................................514
9.7 Técnica COSY: correlações $^1$H—$^1$H ........................................................................................515
    A. Um panorama do experimento COSY .............................................................................................515
    B. Como ler espectros COSY ................................................................................................................516
9.8 Técnica HETCOR: correlações $^1$H—$^{13}$C .................................................................................522
    A. Um panorama do experimento HETCOR ........................................................................................523
    B. Como interpretar espectros HETCOR ..............................................................................................523
9.9 Métodos de detecção inversa ...................................................................................................................527
9.10 Experimento NOESY ................................................................................................................................528
9.11 Imagens por ressonância magnética ......................................................................................................529
9.12 Resolução de um problema estrutural por meio de técnicas 1-D e 2-D combinadas ..........................531
    A. Índice de deficiência de hidrogênio e espectro infravermelho .......................................................531
    B. Espectro de RMN de carbono-13 .....................................................................................................531
    C. Espectro DEPT ..................................................................................................................................532
    D. Espectro de RMN de prótons............................................................................................................532
    E. Espectro RMN COSY .......................................................................................................................535
    F. Espectro de RMN HETCOR (HSQC) ..............................................................................................535
Problemas .........................................................................................................................................................536
Referências .......................................................................................................................................................558

*Capítulo 10*

# ESPECTROSCOPIA NO ULTRAVIOLETA ........................................................................559

10.1 A natureza das excitações eletrônicas ....................................................................................................559
10.2 A origem da estrutura da banda UV .......................................................................................................561
10.3 Princípios da espectroscopia de absorção ..............................................................................................561
10.4 Instrumentação .........................................................................................................................................562
10.5 Apresentação dos espectros .....................................................................................................................563
10.6 Solventes ....................................................................................................................................................564
10.7 O que é um cromóforo? ...........................................................................................................................565
10.8 Efeito da conjugação ................................................................................................................................568
10.9 Efeito da conjugação em alcenos ............................................................................................................569
10.10 Regras de Woodward-Fieser para dienos .............................................................................................572
10.11 Compostos carbonílicos; enonas ...........................................................................................................574
10.12 Regras de Woodward para enonas ........................................................................................................577
10.13 Aldeídos, ácidos e ésteres α,β-insaturados ..........................................................................................578
10.14 Compostos aromáticos ...........................................................................................................................579
    A. Substituintes com elétrons não ligantes ...........................................................................................581
    B. Substituintes capazes de conjugação π ............................................................................................582
    C. Efeitos de doação de elétrons e de retirada de elétrons ..................................................................583
    D. Derivados de benzeno dissubstituído ...............................................................................................583
    E. Hidrocarbonetos aromáticos polinucleares e compostos heterocíclicos ........................................585
10.15 Estudos de compostos-modelo ..............................................................................................................587
10.16 Espectros visíveis: cores em compostos ...............................................................................................589
10.17 O que se deve procurar em um espectro ultravioleta: um guia prático .............................................590
Problemas .........................................................................................................................................................592
Referências .......................................................................................................................................................594

*Capítulo 11*
**PROBLEMAS DE ESTRUTURA COMBINADOS ............................................................................. 595**

Exemplo 1 .............................................................................................................................597
Exemplo 2 .............................................................................................................................599
Exemplo 3 .............................................................................................................................600
Exemplo 4 .............................................................................................................................603
Problemas .............................................................................................................................605

*Apêndices*

Apêndice 1 Frequências de absorção no infravermelho de grupos funcionais ................................666
Apêndice 2 Faixas aproximadas de deslocamento químico de $^1$H (ppm)
 para alguns tipos de prótons..................................................................................672
Apêndice 3 Alguns valores de deslocamento químico de $^1$H representativos de vários tipos de
 prótons .................................................................................................................673
Apêndice 4 Deslocamentos químicos de $^1$H de alguns compostos aromáticos heterocíclicos
 e policíclicos .........................................................................................................676
Apêndice 5 Constantes de acoplamento típicas de prótons........................................................677
Apêndice 6 Cálculo de deslocamento químico de prótons ($^1$H) ................................................681
Apêndice 7 Valores aproximados de deslocamento químico de $^{13}$C (ppm) para
 alguns tipos de carbono ........................................................................................685
Apêndice 8 Cálculo de deslocamentos químicos de $^{13}$C...........................................................686
Apêndice 9 Constantes de acoplamento de $^{13}$C com próton, dutério, flúor e fósforo ..................695
Apêndice 10 Deslocamentos químicos de $^1$H e $^{13}$C para solventes comuns de RMN....................697
Apêndice 11 Íons fragmentos comuns com massa abaixo de 105................................................697
Apêndice 12 Um guia muito útil sobre padrões de fragmentação espectral de massa...................698
Apêndice 13 Índice de espectros..............................................................................................704

*Respostas para os problemas selecionados* .........................................................................................707

*Índice remissivo* ...............................................................................................................................723

# capítulo 1

# Fórmulas moleculares e o que se pode aprender delas

Antes de tentar deduzir a estrutura de um composto orgânico desconhecido com base em um exame de seu espectro, podemos, de certa forma, simplificar o problema examinando a fórmula molecular da substância. O objetivo deste capítulo é descrever como a fórmula molecular de um composto é determinada e como se pode obter a sua informação estrutural. O capítulo revisa os *métodos quantitativos*, tanto o clássico quanto o moderno, para determinar a fórmula molecular. Apesar de o uso do espectrômetro de massa (Capítulo 3) poder superar muitos desses métodos analítico-quantitativos, eles continuam sendo utilizados. Muitas revistas científicas ainda requerem uma análise quantitativa elementar satisfatória (Seção 1.1) antes da publicação dos resultados da pesquisa.

## 1.1 ANÁLISE ELEMENTAR E CÁLCULOS

O procedimento clássico para determinar a fórmula molecular de uma substância possui três passos:

1. **Análise elementar qualitativa**: descobrir que tipos de átomos estão presentes: C, H, N, O, S, Cl, entre outros.
2. **Análise elementar quantitativa** (ou **microanálise**): descobrir os números relativos (porcentagens) de cada tipo diferente de átomo presente na molécula.
3. **Determinação da massa molecular** (ou **peso molecular**).

Os dois primeiros passos estabelecem uma **fórmula empírica** do composto. Quando os resultados do terceiro procedimento são conhecidos, encontra-se uma **fórmula molecular**.

Virtualmente todos os compostos orgânicos contêm carbono e hidrogênio. Na maioria dos casos, não é necessário determinar se esses elementos estão presentes em uma amostra; a presença deles é presumida. Entretanto, se for necessário demonstrar que o carbono ou o hidrogênio estão presentes em um composto, tal substância pode ser queimada na presença de excesso de oxigênio. Se a combustão produzir dióxido de carbono, o carbono deve estar presente; se a combustão produzir água, átomos de hidrogênio devem estar presentes. Hoje, o dióxido de carbono e a água podem ser detectados por cromatografia gasosa. Átomos de enxofre são convertidos em dióxido de enxofre; átomos de nitrogênio são, com frequência, reduzidos quimicamente a gás nitrogênio logo após sua combustão em óxidos de nitrogênio. O oxigênio pode ser detectado pela ignição do composto em uma atmosfera de gás hidrogênio, e o resultado é produção de água. Atualmente, tais análises são realizadas por cromatografia gasosa, um método que também pode determinar as quantidades relativas de cada um desses gases. Se a quantidade da amostra original for conhecida, ela pode ser lançada em um *software*, e o computador calcula a **composição percentual** da amostra.

A não ser que se trabalhe em grandes empresas ou universidades, é bastante raro encontrar um laboratório de pesquisas que realize análises elementares *in loco*, pois é necessário muito tempo para preparar os instrumentos e mantê-los operando nos limites de precisão e exatidão adequados. Em geral, as amostras são enviadas para um **laboratório comercial de microanálise**, que realiza esse trabalho rotineiramente e pode garantir a precisão dos resultados.

Antes do advento dos instrumentos modernos, a combustão de amostras pesadas com precisão era realizada em um tubo cilíndrico de vidro inserido em um forno. Passava-se um jato de oxigênio através do tubo aquecido no caminho para outros dois tubos sequenciais, não aquecidos, que continham substâncias químicas que absorveriam, primeiro, a água ($MgClO_4$) e, então, o dióxido de carbono (NaOH/sílica). Esses tubos de absorção, previamente pesados, eram destacáveis, podendo ser removidos e repesados para se determinar a quantidade de água e dióxido de carbono formados. As porcentagens de carbono e hidrogênio na amostra original eram calculadas por estequiometria. A Tabela 1.1 apresenta um exemplo de cálculo.

**Tabela 1.1 Cálculo de composição percentual a partir dos dados da combustão**

$C_xH_yO_z$ + excesso de $O_2$ → $x\,CO_2$ + $y/2\,H_2O$
9,83 mg                              23,26 mg    9,52 mg

milimol $CO_2$ = $\dfrac{23{,}26\text{ mg }CO_2}{44{,}01\text{ mg/mmol}}$ = 0,5285 mmoles $CO_2$

mmoles $CO_2$ = mmoles C na amostra original
(0,5285 mmoles C)(12,01 mg/mmol C) = 6,35 mg C na amostra original

milimoles $H_2O$ = $\dfrac{9{,}52\text{ mg }H_2O}{18{,}02\text{ mg/mmole}}$ = 0,528 mmoles $H_2O$

(0,528 mmoles $H_2O$) $\left(\dfrac{2\text{ mmoles H}}{1\text{ mmole }H_2O}\right)$ = 1,056 mmoles H na amostra original

(1,056 mmoles H)(1,008 mg/mmole H) = 1,06 mg H na amostra original

% C = $\dfrac{6{,}35\text{ mg C}}{9{,}83\text{ mg amostra}}$ × 100 = 64,6%

% H = $\dfrac{1{,}06\text{ mg H}}{9{,}83\text{ mg amostra}}$ × 100 = 10,8%

% O = 100 − (64,6 + 10,8) = 24,6%

Note nesse cálculo que a quantidade de oxigênio foi determinada por diferença, uma prática comum. Em uma amostra contendo apenas C, H e O, é necessário determinar somente as porcentagens de C e H; presume-se que o oxigênio corresponda à porcentagem não medida. Pode-se também aplicar essa prática em situações que envolvam elementos diferentes do oxigênio; se apenas um dos elementos não for determinado, ele pode ser determinado por diferença. Hoje, a maioria dos cálculos é realizada automaticamente por instrumentos computadorizados. Todavia, é bastante útil para um químico entender os princípios fundamentais dos cálculos.

A Tabela 1.2 mostra como determinar a **fórmula empírica** de um composto a partir das composições percentuais determinadas em uma análise. Lembre-se de que uma fórmula empírica expressa a razão numérica mais simples dos elementos, a qual pode ser multiplicada por um número inteiro para obter a verdadeira **fórmula molecular**. A fim de determinar o valor do multiplicador, deve-se dispor da massa molecular. Na próxima seção, abordaremos como se determina a massa molecular.

## Tabela 1.2 Cálculo da fórmula empírica

Usando uma amostra de 100 g:
64,6% de C = 64,6 g
10,8% de H = 10,8 g
24,6% de O = 24,6 g
              _____
              100,0 g

$$\text{moles C} = \frac{64,6 \text{ g}}{12,01 \text{ g/mol}} = 5,38 \text{ moles C}$$

$$\text{moles H} = \frac{10,8 \text{ g}}{1,008 \text{ g/mol}} = 10,7 \text{ moles H}$$

$$\text{moles O} = \frac{24,6 \text{ g}}{16,0 \text{ g/mol}} = 1,54 \text{ moles O}$$

obtemos o seguinte resultado:

$C_{5,38}H_{10,7}O_{1,54}$

Convertendo-se na razão mais simples, obtemos:

$C_{\frac{5,38}{1,54}}H_{\frac{10,7}{1,54}}O_{\frac{1,54}{1,54}} = C_{3,49}H_{6,95}O_{1,00}$

que é semelhante a

$C_{3,50}H_{7,00}O_{1,00}$

ou

$C_7H_{14}O_2$

---

Para um composto totalmente desconhecido (de proveniência desconhecida), será necessário usar esse tipo de cálculo para obter a fórmula empírica suposta. Contudo, se o composto tiver sido preparado a partir de um precursor conhecido, por uma reação bem conhecida, ter-se-á uma ideia da estrutura do composto. Nesse caso, terá sido previamente calculada a composição percentual esperada da amostra (a partir de sua estrutura presumida), e a análise será utilizada para verificar a hipótese. Ao realizar tais cálculos, certifique-se de usar os pesos moleculares totais, como indicados na tabela periódica, e não arredonde até que o cálculo tenha sido finalizado. O resultado valerá para duas casas decimais; quatro dígitos significativos se a porcentagem estiver entre 10 e 100; três dígitos se estiver entre 0 e 10. Se os resultados da análise não corresponderem ao cálculo, a amostra pode ser impura, ou será necessário calcular uma nova fórmula empírica para descobrir a identidade da estrutura inesperada. Para um artigo ser aceito para publicação, a maioria das revistas científicas exige que se encontrem porcentagens *com diferenças menores do que 0,4% do valor calculado*. Quase todos os laboratórios de microanálise podem facilmente obter precisões bem abaixo desse limite, desde que a amostra seja pura.

Na Figura 1.1, vê-se uma típica situação de uso de análise em pesquisa. O professor Amyl Carbono, ou um de seus alunos, preparou um composto que acreditava ser epóxido-nitrilo, com a estrutura apresentada na parte inferior do primeiro formulário. Uma amostra desse composto líquido (25 μL) foi colocada em um pequeno frasco, o qual foi, então, etiquetado corretamente com o nome de quem o submeteu e um código de identificação (em geral, correspondente a uma entrada no caderno de pesquisa). É necessária apenas uma pequena quantidade de amostra, normalmente alguns miligramas de um sólido, ou alguns microlitros de um líquido. Um formulário de Solicitação de Análise deve ser preenchido e encaminhado com a amostra. O modelo de formulário, à esquerda da figura, indica o tipo de informação que deve ser apresentada. Nesse caso, o professor calculou os resultados esperados para C, H e N, a fórmula esperada e o peso molecular. Note que o composto também contém oxigênio, mas não se solicitou análise do oxigênio. Duas outras amostras também foram enviadas. Rapidamente – em geral, uma semana depois –, os resultados foram informados ao professor Carbono, por *e-mail* (ver a solicitação no formulário). Mais tarde, foi endereçada uma carta formal (mostrada ao fundo, no lado direito) para verificar e autenticar os resultados. Compare os valores no relatório com os calculados pelo professor Carbono. Estão dentro de uma margem aceitável? Se não, a análise deverá ser repetida com uma amostra purificada recentemente, ou será necessário considerar uma nova possível estrutura.

Tenha em mente que, em uma situação real de laboratório, quando se está tentando determinar a fórmula molecular de um composto totalmente novo ou previamente desconhecido, deve-se permitir alguma variação na análise quantitativa elementar. Outros dados podem ajudar nessa situação, já que dados de infravermelho (Capítulo 2) e de ressonância magnética (Capítulo 5 e 9) também sugerirão uma possível estrutura, ou, pelo menos, algumas de suas características proeminentes. Muitas vezes, esses outros dados serão menos sensíveis a pequenas quantidades de impurezas do que a microanálise.

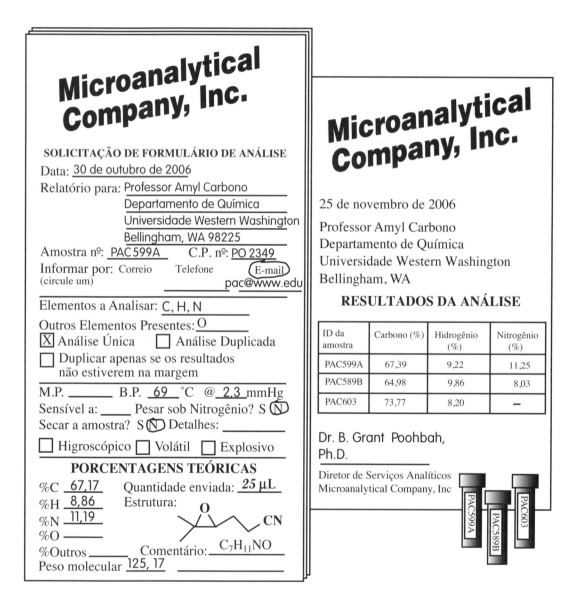

**FIGURA 1.1** Formulários de microanálise de amostra. À esquerda, um típico formulário de solicitação encaminhado com as amostras (as três indicadas aqui são frascos etiquetados enviados ao mesmo tempo). Cada amostra precisa de um formulário próprio. No fundo, à direita, é a carta formal com os resultados. Os resultados obtidos para a amostra PAC599A foram satisfatórios?

## 1.2 DETERMINAÇÃO DA MASSA MOLECULAR

O próximo passo para determinar a fórmula molecular de uma substância é determinar o peso de um mol dessa substância, o que pode ser realizado de várias maneiras. Sem conhecer a massa molecular da substância desconhecida, não há como determinar se a fórmula empírica – que é determinada diretamente pela análise elementar – é verdadeira, ou se ela deve ser multiplicada por algum fator inteiro para obter a fórmula molecular. No exemplo citado na Seção 1.1, sem conhecer a massa molecular da substância desconhecida, é impossível dizer se a fórmula molecular é $C_7H_{14}O_2$ ou $C_{14}H_{28}O_4$.

Em um laboratório moderno, a massa molecular é determinada por espectrometria de massa. Os detalhes desse método e os meios de determinar a massa molecular podem ser encontrados no Capítulo 3, Seção 3.6. Esta seção revisa alguns métodos clássicos para obter a mesma informação.

Um procedimento antigo, raramente utilizado, é o **método de densidade do vapor**, no qual um volume conhecido de gás é pesado em uma temperatura conhecida. Após a conversão do volume do gás em temperatura e pressão padrões, pode-se determinar qual fração de um mol esse volume representa. A partir dessa fração, podemos facilmente calcular a massa molecular da substância.

Outra forma de determinar a massa molecular de uma substância é medir a depressão crioscópica de um solvente produzida quando se adiciona uma quantidade conhecida de uma substância de teste, o que é chamado de **método crioscópico**. Outro método, raramente utilizado, é a **osmometria de pressão de vapor**, em que o peso molecular de uma substância é determinado por um exame da mudança na pressão de vapor de um solvente quando uma substância de teste é dissolvida nele.

Se a substância desconhecida for um ácido carboxílico, ela pode ser titulada com uma solução padronizada de hidróxido de sódio. Por meio desse procedimento, pode-se determinar um **equivalente de neutralização** que seja idêntico ao peso equivalente do ácido. Se o ácido tiver apenas um grupo carboxílico, o equivalente de neutralização e a massa molecular serão idênticos. Se o ácido tiver mais de um grupo carboxílico, o equivalente de neutralização será igual à massa molecular do ácido dividida pelo número de grupos carboxílicos. Muitos fenóis, sobretudo os substituídos por grupos que puxam elétrons, são suficientemente ácidos para serem titulados por esse mesmo método, assim como os ácidos sulfônicos.

## 1.3 FÓRMULAS MOLECULARES

Depois que se descobrem a massa molecular e a fórmula empírica, pode-se seguir diretamente para a **fórmula molecular**. Com frequência, o peso da fórmula empírica e a massa molecular são iguais. Em tais casos, a fórmula empírica é também a fórmula molecular. Contudo, em muitas situações, o peso da fórmula empírica é menor do que a massa molecular, tornando-se necessário determinar quantas vezes o peso da fórmula empírica pode ser dividido pela massa molecular. O fator determinado por essa conta é aquele pelo qual a fórmula empírica deve ser multiplicada para se obter a fórmula molecular.

O **etano** é um exemplo simples. Após uma análise quantitativa elementar, descobre-se que a fórmula empírica do etano é $CH_3$. Determina-se uma massa molecular de 30. O peso da fórmula empírica do etano, 15, é metade da massa molecular, 30. Portanto, a fórmula molecular do etano deve ser $2(CH_3)$ ou $C_2H_6$.

Descobriu-se que a fórmula empírica da amostra desconhecida utilizada anteriormente neste capítulo é $C_7H_{14}O_2$. O peso da fórmula é 130. Supondo-se que se tenha determinado que a massa molecular dessa substância é 130, pode-se concluir que as fórmulas empírica e molecular são idênticas, e que a fórmula molecular deve ser $C_7H_{14}O_2$.

## 1.4 ÍNDICE DE DEFICIÊNCIA DE HIDROGÊNIO

Com frequência, é possível descobrir muitas coisas de uma substância desconhecida apenas sabendo sua fórmula molecular. Essa informação pode ser obtida das seguintes fórmulas moleculares gerais:

$$
\begin{array}{ll}
\text{alcano} & C_nH_{2n+2} \\
\text{cicloalcano ou alceno} & C_nH_{2n} \\
\text{alcino} & C_nH_{2n-2}
\end{array}
\quad
\left.\begin{array}{l}\\ \end{array}\right\} \text{Diferença de 2 hidrogênios}
$$

Perceba que toda vez que um anel ou uma ligação de π é introduzido em uma molécula, o número de hidrogênios na fórmula molecular é reduzido em *dois*. Para cada *ligação tripla* (*duas* ligações de π), a fórmula molecular é reduzida em quatro hidrogênios. A Figura 1.2 ilustra esse processo.

Quando a fórmula molecular de um composto contém elementos além de carbono ou hidrogênio, a razão entre eles pode mudar. A seguir, apresentamos três regras simples que podem ser utilizadas para prever a mudança da razão:

1. Para converter a fórmula de um hidrocarboneto saturado de cadeia aberta em uma fórmula que contenha elementos do Grupo V (N, P, As, Sb, Bi), deve-se *adicionar* um átomo de hidrogênio à fórmula molecular para cada elemento do Grupo V presente. Nos exemplos a seguir, todas as fórmulas estão corretas para um composto acíclico e saturado de dois carbonos:

$$C_2H_6, \qquad C_2H_7N, \qquad C_2H_8N_2, \qquad C_2H_9N_3$$

2. Para converter a fórmula de um hidrocarboneto saturado de cadeia aberta em uma fórmula que contenha elementos do Grupo VI (O, S, Se, Te), não é necessário fazer *nenhuma alteração* no número de hidrogênios. Nos exemplos a seguir, todas as fórmulas estão corretas para um composto acíclico e saturado de dois carbonos:

$$C_2H_6, \qquad C_2H_6O, \qquad C_2H_6O_2, \qquad C_2H_6O_3$$

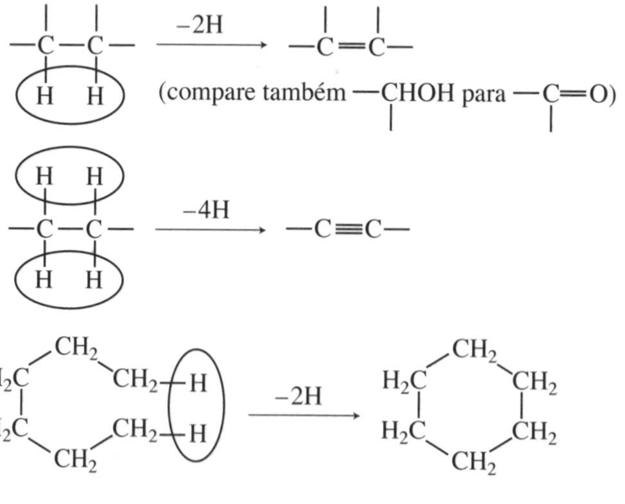

**FIGURA 1.2** Formação de anéis e de ligações duplas. Toda formação de anel ou de ligação dupla causa perda de 2H.

3. Para converter a fórmula de um hidrocarboneto saturado de cadeia aberta em uma fórmula que contenha elementos do Grupo VII (F, Cl, Br, I), deve-se *subtrair* um hidrogênio da fórmula molecular para cada elemento do Grupo VII presente. Nos exemplos a seguir, todas as fórmulas estão corretas para um composto acíclico e saturado de dois carbonos:

$$C_2H_6, \quad C_2H_5F, \quad C_2H_4F_2, \quad C_2H_3F_3$$

A Tabela 1.3 apresenta alguns exemplos que demonstram como esses números corretivos foram determinados para cada grupo de heteroátomos.

O **índice de deficiência de hidrogênio** (às vezes chamado de **índice de insaturação**) é o número de ligações π e/ou anéis que uma molécula contém. É determinado pelo exame da fórmula molecular de uma substância desconhecida e pela comparação de sua fórmula com a fórmula de um composto acíclico e saturado correspondente. A diferença no número de hidrogênios entre essas fórmulas, quando dividida por 2, resulta no índice de deficiência de hidrogênio.

O índice de deficiência de hidrogênio pode ser bastante útil em problemas de determinação de estrutura. É possível obter muitas informações sobre uma molécula antes de examinar um único espectro. Por exemplo, um composto com índice **1** deve ter uma ligação dupla ou um anel, mas não pode ter ambos. Um exame rápido do espectro infravermelho poderia confirmar a presença de uma ligação dupla. Se não houver ligação dupla, a substância seria cíclica e saturada. Um composto com índice **2** poderia ter uma ligação tripla, duas ligações duplas, dois anéis ou um de cada. Se for conhecido o índice de deficiência de hidrogênio da substância, um químico pode proceder diretamente às regiões apropriadas dos espectros para confirmar a presença ou a ausência de ligações de π ou de anéis. O benzeno contém um anel e três "ligações duplas" e, assim, tem índice de deficiência de hidrogênio **4**. Uma substância com índice 4 ou maior pode conter um anel benzênico; uma substância com índice menor que 4 não pode conter esse anel.

Para determinar o índice de deficiência de hidrogênio de um composto, adote os seguintes procedimentos:

1. Determine a fórmula do hidrocarboneto acíclico e saturado que contém o mesmo número de átomos de carbono da substância desconhecida.

2. Corrija essa fórmula para os heteroátomos presentes na substância desconhecida. Adicione um átomo de hidrogênio a cada elemento do Grupo V presente, e subtraia um átomo de hidrogênio de cada elemento do Grupo VII presente.

3. Compare essa fórmula com a fórmula molecular da substância desconhecida. Determine a diferença entre os números de hidrogênios das duas fórmulas.

4. Divida essa diferença por 2 para obter o índice de deficiência de hidrogênio. Isso equivale ao número de ligações de π e/ou anéis na fórmula estrutural da substância desconhecida.

Tabela 1.3 Correções no número de átomos de hidrogênio quando heteroátomos dos Grupos V e VII são introduzidos (não é necessário corrigir os heteroátomos do Grupo VI)

| Grupo | Exemplo | Correção | Mudança |
|---|---|---|---|
| V | C — H → C — NH₂ | +1 | Acréscimo de nitrogênio e de 1 hidrogênio |
| VI | C — H → C — OH | 0 | Acréscimo de oxigênio (mas não de hidrogênio) |
| VII | C — H → C — Cl | –1 | Acréscimo de cloro e perda de 1 hidrogênio |

**8** Introdução à espectroscopia

Os exemplos a seguir ilustram como definir o índice de deficiência de hidrogênio e como usar essa informação para determinar a estrutura de uma substância desconhecida.

## *Exemplo 1*

A fórmula molecular da substância desconhecida apresentada no início deste capítulo é $C_7H_{14}O_2$.

1. Usando a fórmula geral de um hidrocarboneto acíclico e saturado ($C_nH_{2n+2}$, em que $n = 7$), calcule a fórmula $C_7H_{16}$.
2. A correção de oxigênios (sem alterar o número de hidrogênios) resulta na fórmula $C_7H_{16}O_2$.
3. Esta última fórmula difere daquela do desconhecido por dois hidrogênios.
4. O índice de deficiência de hidrogênio é igual a **1**. Deve haver um anel ou uma ligação dupla na substância desconhecida.

Com essa informação, o químico pode proceder imediatamente às regiões de ligação dupla do espectro infravermelho, nas quais encontrará evidências de uma ligação dupla carbono-oxigênio (grupo carbonila). Nesse momento, o número de isômeros que podem conter a substância desconhecida ficará consideravelmente menor. Um exame de dados espectrais, realizado posteriormente, leva à identificação da substância desconhecida como **acetato de isopentila**.

$$CH_3-\underset{\underset{}{\overset{\overset{O}{\|}}{C}}}{}-O-CH_2-CH_2-\underset{\underset{CH_3}{|}}{CH}-CH_3$$

## *Exemplo 2*

A fórmula molecular da **nicotina** é $C_{10}H_{14}N_2$.

1. A fórmula de um hidrocarboneto acíclico e saturado de 10 carbonos é $C_{10}H_{22}$.
2. A correção de 2 nitrogênios (adição de 2 hidrogênios) resulta na fórmula $C_{10}H_{24}N_2$.
3. Esta última fórmula difere daquela da nicotina por 10 hidrogênios.
4. O índice de deficiência de hidrogênio é igual a **5**. Deve haver uma combinação de cinco ligações de π e/ou anéis na molécula. Como o índice é maior que 4, poder-se-ia incluir um anel benzênico na molécula.

A análise do espectro rapidamente indica que um anel benzênico está mesmo presente na nicotina. O resultado espectral não indica nenhuma outra ligação dupla, sugerindo que outro anel, este saturado, deve estar presente na molécula. Um exame mais cuidadoso do espectro leva a uma fórmula estrutural da nicotina:

*Exemplo 3*

Acredita-se que a fórmula molecular do **hidrato de cloral** ("gotinhas narcóticas") seja $C_2H_3Cl_3O_2$.

1. A fórmula de um hidrocarboneto acíclico e saturado de dois carbonos é $C_2H_6$.
2. A correção de oxigênios (sem inclusão de hidrogênios) resulta na fórmula $C_2H_6O_2$.
3. A correção de cloros (subtração de três hidrogênios) resulta na fórmula $C_2H_3Cl_3O_2$.
4. Esta fórmula e a do hidrato de cloral são exatamente iguais.
5. O índice de deficiência de hidrogênio é igual a **zero**. O hidrato de cloral não pode conter anéis ou ligações duplas.

Um exame dos resultados espectrais é limitado a regiões que correspondam a características estruturais de ligações simples. A fórmula estrutural correta do hidrato de cloral é apresentada a seguir. Pode-se ver que todas as ligações na molécula são ligações simples.

$$Cl_3C-\underset{\underset{OH}{|}}{\overset{\overset{OH}{|}}{C}}-H$$

## 1.5 A REGRA DO TREZE

A espectrometria de massa de alta resolução oferece informações sobre a massa molecular a partir das quais o estudante pode determinar com exatidão a fórmula molecular. O Capítulo 3 explica detalhadamente a determinação exata de massa. Entretanto, quando não se sabe qual é a massa molecular, é bastante útil ser capaz de gerar todas as fórmulas moleculares possíveis de uma dada massa. Aplicando-se outros tipos de informação espectroscópica, pode-se distinguir entre as possíveis fórmulas. Um método útil de gerar as fórmulas moleculares possíveis de uma dada massa molecular é a **Regra do Treze**[1].

O primeiro passo da Regra do Treze é gerar uma **fórmula-base** que contenha apenas carbono e hidrogênio. Encontra-se a fórmula-base dividindo a massa molecular $M$ por 13 (a massa de um carbono mais um hidrogênio). Esse cálculo oferece um numerador $n$ e um resto $r$.

$$\frac{M}{13} = n + \frac{r}{13}$$

Então, a fórmula-base torna-se

$$C_nH_{n+r},$$

que é uma combinação de carbonos e hidrogênios com a massa molecular desejada $M$.

O **índice de deficiência de hidrogênio** (índice de insaturação) $U$ que corresponde à fórmula anterior é facilmente calculado aplicando-se a relação:

$$U = \frac{(n-r+2)}{2}$$

---

[1] Bright, J. W., e E. C. M. Chen, "Mass Spectral Interpretation Using the 'Rule of 13'", *Journal of Chemical Education*, n. 60, 1983. p. 557.

Logicamente, pode-se também calcular o índice de deficiência de hidrogênio usando o método apresentado na Seção 1.4.

Se quisermos derivar uma fórmula molecular que inclua átomos além de carbono e hidrogênio, devemos subtrair a massa de uma combinação de carbonos e hidrogênios equivalente às massas dos outros átomos incluídos na fórmula. Por exemplo, se desejarmos converter a fórmula-base em uma nova fórmula que contenha um átomo de oxigênio, subtraem-se um carbono e quatro hidrogênios ao mesmo tempo que se adiciona um átomo de oxigênio. Ambas as alterações envolvem um equivalente de massa molecular 16 (O=CH$_4$=16). A Tabela 1.4 apresenta um bom número de equivalentes de C/H para substituir carbono e hidrogênio na fórmula-base dos elementos comuns que mais provavelmente ocorrerão em um composto orgânico.[2]

Para aplicar a Regra do Treze, devemos considerar uma substância desconhecida de massa molecular 94 uma. A aplicação da fórmula oferece:

$$\frac{94}{13} = 7 + \frac{3}{13}$$

De acordo com a fórmula, $n = 7$ e $r = 3$. A fórmula-base deve ser

$$C_7H_{10}$$

O índice de deficiência de hidrogênio é

$$U = \frac{(7 - 3 + 2)}{2} = 3$$

### Tabela 1.4 Equivalentes carbono/hidrogênio de alguns elementos comuns

| Adicionar elemento | Subtrair equivalente | Adicionar ΔU | Adicionar elemento | Subtrair equivalente | Adicionar ΔU |
|---|---|---|---|---|---|
| C | H$_{12}$ | 7 | $^{35}$Cl | C$_2$H$_{11}$ | 3 |
| H$_{12}$ | C | −7 | $^{79}$Br | C$_6$H$_7$ | −3 |
| O | CH$_4$ | 1 | $^{79}$Br | C$_5$H$_{19}$ | 4 |
| O$_2$ | C$_2$H$_8$ | 2 | F | CH$_7$ | 2 |
| O$_3$ | C$_3$H$_{12}$ | 3 | Si | C$_2$H$_4$ | 1 |
| N | CH$_2$ | ½ | P | C$_2$H$_7$ | 2 |
| N$_2$ | C$_2$H$_4$ | 1 | I | C$_9$H$_{19}$ | 0 |
| S | C$_2$H$_8$ | 2 | I | C$_{10}$H$_7$ | 7 |

Uma substância coincidente com essa fórmula deve conter uma combinação de três anéis ou ligações múltiplas. Uma estrutura possível é:

C$_7$H$_{10}$

$U = 3$

---

[2] Na Tabela 1.4, os equivalentes do cloro e do bromo são determinados supondo-se que os isótopos sejam, respectivamente, $^{35}$Cl e $^{79}$Br. Ao aplicar esse método, sempre use essa suposição.

Se estivéssemos interessados em uma substância com a mesma massa molecular, mas que contivesse um átomo de oxigênio, a fórmula molecular seria $C_6H_6O$. Essa fórmula é determinada de acordo com o seguinte esquema:

1. Fórmula-base = $C_7H_{10}$ $\qquad\qquad U = 3$
2. Adicione: + O
3. Subtraia: – $CH_4$
4. Modifique o valor de $U$: $\qquad\qquad \Delta U = 1$
5. Nova fórmula = $C_6H_6O$
6. Novo índice de deficiência de hidrogênio: $\quad U = 4$

Uma substância possível que coincide com esses dados é

$C_6H_6O$

$U = 4$

Estas são outras fórmulas moleculares possíveis que correspondem a uma massa molecular 94 uma:

$C_5H_2O_2 \quad U = 5 \qquad\qquad C_5H_2S \quad U = 5$
$C_6H_8N \quad U = 3\frac{1}{2} \qquad\qquad CH_3Br \quad U = 0$

Como se vê na fórmula $C_6H_8N$, qualquer fórmula que contenha um número par de átomos de hidrogênio e um número ímpar de átomos de nitrogênio gera um valor fracionário de $U$, uma escolha improvável.

Qualquer composto cujo valor de $U$ seja menor que zero (isto é, negativo) é uma combinação impossível. Tal valor é frequentemente um indicador de que deve haver um átomo de oxigênio ou nitrogênio na fórmula molecular.

Quando calculamos fórmulas por esse método, se não houver hidrogênios em número suficiente, poderemos subtrair 1 carbono e adicionar 12 hidrogênios (e fazer a correção adequada em $U$). Esse procedimento funciona apenas se obtivermos um valor positivo de $U$. Além disso, podemos obter outra fórmula molecular possível adicionando 1 carbono e subtraindo 12 hidrogênios (e corrigindo $U$).

## 1.6 A REGRA DO NITROGÊNIO

Outro fator que pode ser utilizado para determinar a fórmula molecular é chamado de **Regra do Nitrogênio**. Essa regra estabelece que quando o número de átomos de nitrogênio presentes na molécula é par, a massa molecular será um número par; e quando o número de átomos de nitrogênio presentes na molécula é ímpar (ou zero), a massa molecular será um número ímpar. A Regra do Nitrogênio é explicada com detalhes na Seção 3.6.

## PROBLEMAS

*1. Pesquisadores usaram um método de combustão para analisar um composto utilizado como aditivo antidetonante na gasolina. Uma amostra de 9,394 mg do composto produziu, na combustão, 31,154 mg de dióxido de carbono e 7,977 mg de água.
(a) Calcule a composição percentual do composto.
(b) Determine sua fórmula empírica.

*2. A combustão de uma amostra de 8,23 mg de uma substância desconhecida produziu 9,62 mg de $CO_2$ e 3,94 mg de $H_2O$. Outra amostra, pesando 5,32 mg, produziu 13,49 mg de AgCl em uma análise do halogênio. Determine a composição percentual e a fórmula empírica desse composto orgânico.

*3. Um importante aminoácido tem a seguinte composição percentual: C 32,00%, H 6,71% e N 18,66%. Calcule a fórmula empírica dessa substância.

*4. A fórmula empírica de um composto que se sabe ser um analgésico é $C_9H_8O_4$. Quando se preparou uma mistura de 5,02 mg da substância desconhecida com 50,37 mg de cânfora, determinou-se o ponto de fusão de uma parte dessa mistura. Observou-se o ponto de fusão da mistura em 156 °C. Qual é a massa molecular dessa substância?

*5. Um ácido desconhecido foi titulado com 23,1 mL de hidróxido de sódio 0,1 $N$. O peso do ácido era 120,8 mg. Qual é o peso equivalente do ácido?

*6. Determine o índice de deficiência de hidrogênio de cada um dos seguintes compostos:
(a) $C_8H_7NO$
(b) $C_3H_7NO_3$
(c) $C_4H_4BrNO_2$
(d) $C_5H_3ClN_4$
(e) $C_{21}H_{22}N_2O_2$

*7. A fórmula molecular de uma substância é $C_4H_9N$. Existe alguma possibilidade de haver uma ligação tripla nesse material? Explique sua resposta.

*8. (a) Um pesquisador analisou um sólido desconhecido, extraído da casca do abeto, para determinar sua composição percentual. Uma amostra de 11,32 mg foi queimada em um aparelho de combustão. Coletaram-se e pesaram-se dióxido de carbono (24,87 mg) e água (5,82 mg). Com base nos resultados dessa análise, calcule a composição percentual do sólido desconhecido.
(b) Determine a fórmula empírica do sólido desconhecido.
(c) Por espectrometria de massa, descobriu-se que a massa molecular é 420 g/mol. Qual é a fórmula molecular?
(d) Quantos anéis aromáticos esse composto pode conter?

*9. Calcule as fórmulas moleculares dos possíveis compostos com massas moleculares 136. Use a Regra do Treze. Pode-se presumir que os únicos outros átomos presentes em cada molécula são carbono e hidrogênio.
(a) Um composto com dois átomos de oxigênio.
(b) Um composto com dois átomos de nitrogênio.
(c) Um composto com dois átomos de nitrogênio e um átomo de oxigênio.
(d) Um composto com cinco átomos de carbono e quatro átomos de oxigênio.

*10. Um alcaloide foi isolado de uma bebida caseira comum. Provou-se que o alcaloide desconhecido tem massa molecular 194. Usando a Regra do Treze, determine a fórmula molecular e o índice de deficiência de hidrogênio da substância desconhecida. Alcaloides são substâncias orgânicas que ocorrem naturalmente e contêm **nitrogênio**. [*Dica*: Há quatro átomos de nitrogênio e dois átomos de oxigênio na fórmula molecular. A substância desconhecida é **cafeína**. Consulte a estrutura dessa substância em *The Merck Index* (O'Neil et al., 2013) e confirme sua fórmula molecular.]

*11. A Agência de Combate às Drogas (Drug Enforcement Agency – DEA), durante uma inspeção, confiscou uma substância alucinógena. Ao submeterem o alucinógeno desconhecido a uma análise química, os cientistas da DEA descobriram que a substância tinha massa molecular 314. A análise elementar revelou a presença unicamente de carbono e hidrogênio. Usando a Regra do Treze, determine a fórmula molecular e o índice de deficiência de hidrogênio dessa substância. [*Dica*: A fórmula molecular da substância desconhecida também contém dois átomos de oxigênio. A substância é **tetraidrocanabinol**, o princípio ativo da maconha. Consulte a estrutura do tetraidrocanabinol em *The Merck Index* (O'Neil et al., 2013) e confirme sua fórmula molecular.]

12. Um carboidrato foi isolado de uma amostra de leite de vaca. Descobriu-se que a substância tem massa molecular 342. O carboidrato desconhecido pode ser hidrolisado para formar dois compostos isoméricos, cada um com massa molecular 180. Usando a Regra do Treze, determine a fórmula molecular e o índice de deficiência de hidrogênio da substância desconhecida e dos produtos da hidrólise. [*Dica*: Comece resolvendo a fórmula molecular dos produtos da hidrólise com 180 uma. Tais produtos têm um átomo de hidrogênio para cada átomo de carbono na fórmula molecular. A substância desconhecida é **lactose**. Consulte sua estrutura em *The Merck Index* (O'Neil et al., 2013) e confirme sua fórmula molecular.]

* As respostas são apresentadas em *"Respostas para os Problemas Selecionados"*.

# REFERÊNCIAS

O'NEIL, M. J. et al. (org.) *The Merck Index*. 15. ed. Whitehouse Station: Merck & Co., 2013.

PAVIA, D. L. et al. *Introduction to organic laboratory techniques*: a small scale approach. 3. ed. Belmont: Brooks-Cole Cengage Learning, 2011.

_____. *Introduction to organic laboratory techniques*: a micro-scale approach. 5. ed. Belmont: Brooks-Cole Cengage Learning, 2013.

SHRINER, R. L. et al. *The systematic identification of organic compounds*. 8. ed. Nova York: John Wiley and Sons, 2004.

# capítulo 2

# Espectroscopia no infravermelho

Quase todos os compostos que tenham ligações covalentes, sejam orgânicos ou inorgânicos, absorvem várias frequências de radiação eletromagnética na região do infravermelho do espectro eletromagnético. Essa região envolve comprimentos de onda maiores do que aqueles associados à luz visível, que vão de aproximadamente 400 a 800 nm (1 nm = $10^{-9}$ m), mas menores do que aqueles associados a micro-ondas, que são maiores que 1 mm. Na Química, interessa-nos a região **vibracional** do infravermelho, que inclui radiação com comprimentos de ondas ($\lambda$) entre 2,5 μm e 25 μm (1 μm = $10^{-6}$ m). Apesar de o micrometro (μm) ser a unidade tecnicamente mais correta para comprimento de onda na região do infravermelho do espectro, usa-se o mícron (μ) com mais frequência. A Figura 2.1 ilustra a relação da região do infravermelho com outras contidas no espectro eletromagnético.

A Figura 2.1 mostra que o comprimento de onda $\lambda$ é inversamente proporcional à frequência $\nu$ por meio da relação $\nu = c/\lambda$, em que $c$ = velocidade da luz. Observe também que a energia é diretamente proporcional à frequência: $E = h\nu$, em que $h$ = constante de Planck. A partir dessa última equação, pode-se ver qualitativamente que a radiação de energia mais alta corresponde à região de raios X do espectro, onde a energia pode ser grande o suficiente para quebrar as ligações das moléculas. Na outra ponta do espectro eletromagnético, as radiofrequências apresentam energias muito baixas, apenas o suficiente para causar transições de *spin*, nucleares ou eletrônicos, dentro das moléculas, isto é, ressonância magnética nuclear (RMN) ou ressonância de *spin* eletrônico (ESR), respectivamente.

A Tabela 2.1 resume as regiões do espectro e os tipos de transições de energia observadas. Muitas dessas regiões, incluindo a do infravermelho, fornecem informações fundamentais sobre as estruturas de moléculas orgânicas. A ressonância magnética nuclear, que ocorre na região de radiofrequências do espectro, é abordada nos Capítulos 5 a 9, enquanto a espectroscopia no ultravioleta e visível é descrita no Capítulo 10.

A maior parte dos químicos refere-se à radiação na região do infravermelho vibracional do espectro eletromagnético em uma unidade chamada **número de onda** ($\bar{\nu}$), em vez de comprimento de onda (μ ou μm).

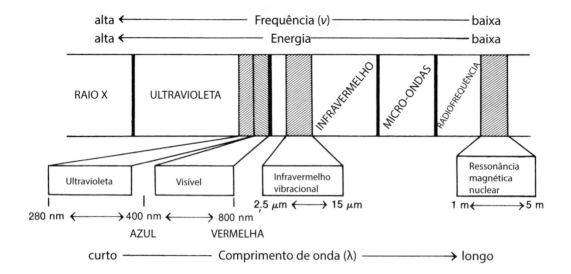

**FIGURA 2.1** Uma parte do espectro eletromagnético que mostra a relação do infravermelho vibracional com outros tipos de radiação.

| Tabela 2.1 Tipos de transição de energia em cada região do espectro eletromagnético ||
|---|---|
| **Região do espectro** | **Transições de energia** |
| Raios X | Quebra de ligações |
| Ultravioleta/visível | Eletrônica |
| Infravermelha | Vibracional |
| Micro-ondas | Rotacional |
| Radiofrequências | *Spin* nuclear (ressonância magnética nuclear) |
|  | *Spin* eletrônico (ressonância de *spin* eletrônico) |

Números de onda são expressos em centímetros recíprocos (cm$^{-1}$) e são facilmente computados calculando-se o recíproco do comprimento de onda expresso em centímetros. Para converter um número de onda ν em uma frequência ν, multiplique-o pela velocidade da luz (expressa em centímetros por segundo).

$$\bar{\nu}\,(\text{cm}^{-1}) = \frac{1}{\lambda\,(\text{cm})} \qquad \nu(\text{Hz}) = \bar{\nu}c = \frac{c\,(\text{cm/s})}{\lambda\,(\text{cm})}$$

O principal motivo para químicos preferirem número de onda como unidade é ela ser diretamente proporcional à energia (*um número de onda maior corresponde a maior energia*). Assim, em termos de número de onda, o infravermelho vibracional vai de 4000 a 400 cm$^{-1}$. Essa faixa corresponde a comprimentos de onda de 2,5 a 25 μm. *Neste livro, usaremos unicamente número de onda.* Em livros mais antigos, é possível encontrar valores em comprimento de onda. Converta comprimento de onda (μ ou μm) em número de onda (cm$^{-1}$) usando as seguintes relações:

$$\text{cm}^{-1} = \frac{1}{(\mu\text{m})} \times 10.000 \qquad \text{e} \qquad \mu\text{m} = \frac{1}{(\text{cm}^{-1})} \times 10000$$

# INTRODUÇÃO À ESPECTROSCOPIA NO INFRAVERMELHO

## 2.1 O PROCESSO DE ABSORÇÃO NO INFRAVERMELHO

Assim como ocorre em outros tipos de absorção de energia, as moléculas, quando absorvem radiação no infravermelho, são excitadas para atingir um estado de maior energia. A absorção de radiação no infravermelho é, como outros processos de absorção, um processo quantizado. Uma molécula absorve apenas frequências (energias) selecionadas de radiação do infravermelho. A absorção de radiação no infravermelho corresponde a alterações de energia da ordem de 8 a 40 kJ/mol. A radiação nessa faixa de energia corresponde à faixa que engloba frequências vibracionais de estiramento e dobramento das ligações na maioria das moléculas mais covalentes. No processo de absorção são absorvidas as frequências de radiação no infravermelho que equivalem às frequências vibracionais naturais da molécula em questão, e a energia absorvida serve para aumentar a **amplitude** dos movimentos vibracionais das ligações na molécula. Percebam, contudo, que nem todas as ligações em uma molécula são capazes de absorver energia no infravermelho, mesmo que a frequência da radiação seja exatamente igual à do movimento vibracional. Apenas moléculas onde variações nas distâncias ou ângulos de ligação produzem variação do **momento de dipolo** elétrico podem absorver radiação no infravermelho. Ligações simétricas, como as do $H_2$ ou $Cl_2$, não absorvem radiação no infravermelho. Para transferir energia, uma ligação deve apresentar um dipolo elétrico que mude na mesma frequência da radiação que está sendo introduzida. O dipolo elétrico oscilante da ligação pode, então, acoplar-se ao campo eletromagnético da radiação incidente, que varia de forma senoidal. Assim, uma ligação simétrica que tenha grupos idênticos ou praticamente idênticos em cada ponta não absorverá no infravermelho. Para um químico orgânico, as ligações mais propensas a serem afetadas por essa restrição são aquelas de alcenos (C=C) e alcinos (C≡C) simétricos ou pseudossimétricos.

$$\begin{array}{cc} \text{CH}_3 \diagdown \text{C}=\text{C} \diagup \text{CH}_3 & \text{CH}_3-\text{CH}_2 \diagdown \text{C}=\text{C} \diagup \text{CH}_3 \\ \text{CH}_3 \diagup \quad\quad \diagdown \text{CH}_3 & \text{CH}_3 \diagup \quad\quad \diagdown \text{CH}_3 \end{array}$$

$$\text{CH}_3-\text{C}\equiv\text{C}-\text{CH}_3 \qquad \text{CH}_3-\text{CH}_2-\text{C}\equiv\text{C}-\text{CH}_3$$

Simétricos        Pseudossimétricos

## 2.2 USOS DO ESPECTRO NO INFRAVERMELHO

Como cada tipo de ligação tem sua própria frequência natural de vibração, e como dois tipos idênticos de ligações em dois diferentes compostos estão em dois ambientes levemente diferentes, os padrões de absorção no infravermelho, ou **espectro infravermelho**, em duas moléculas de estruturas diferentes nunca são exatamente idênticos. Apesar de as frequências absorvidas nos dois casos poderem ser iguais, jamais os espectros infravermelhos (os padrões de absorção) de duas moléculas diferentes serão idênticos. Assim, o espectro infravermelho pode servir para moléculas da mesma forma que impressões digitais servem para seres humanos. Quando se comparam os espectros infravermelhos de duas substâncias que se acredita serem idênticas, pode-se descobrir se elas são, de fato, idênticas. Se os espectros infravermelhos coincidirem pico a pico (absorção a absorção), na maioria das vezes as duas substâncias serão idênticas.

Um segundo uso, ainda mais importante, do espectro infravermelho é fornecer a informação estrutural de uma molécula. As absorções de cada tipo de ligação (N—H, C—H, O—H, C—X, C=O, C—O, C—C, C=C, C≡C, C≡N, entre outros) são, em geral, encontradas apenas em certas pequenas regiões do infravermelho vibracional. Uma pequena faixa de absorção pode ser definida para cada tipo de ligação. Fora dessa faixa, as absorções normalmente se devem a algum outro tipo de ligação. Por exemplo, qualquer absorção na faixa 3000 ± 150 cm$^{-1}$ quase sempre deve-se à presença da ligação C—H na molécula; uma absorção na faixa 1715 ± 100 cm$^{-1}$ normalmente se deve à presença da ligação C=O (grupo carbonila) na molécula. O mesmo tipo de faixa aplica-se a cada tipo de ligação. A Figura 2.2 ilustra esquematicamente como as ligações estão distribuídas no infravermelho vibracional. Tente fixar esse esquema geral para facilitar sua vida no futuro.

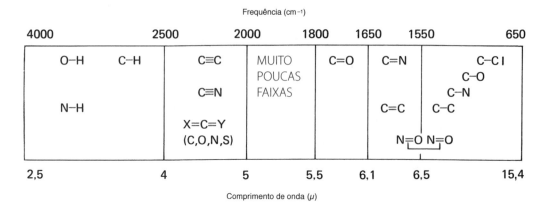

**FIGURA 2.2** Regiões aproximadas em que vários tipos comuns de ligação absorvem (apenas vibrações de estiramento; foram omitidas, por motivos de clareza, de dobramento, *twist* e outros tipos de vibrações de ligação).

## 2.3 MODOS DE ESTIRAMENTO E DOBRAMENTO

Os tipos mais simples, ou **modos**, de movimento vibracional em uma molécula, **ativos no infravermelho** — que dão origem a absorções —, são os modos de estiramento e dobramento.

Contudo, outros tipos mais complexos de estiramento e dobramento são também ativos. As ilustrações a seguir dos modos normais de vibração para um grupo metileno introduzem diversas denominações. Em geral, vibrações de estiramento assimétrico ocorrem em frequências mais altas do que vibrações de estiramento simétrico; além disso, vibrações de estiramento ocorrem em frequências mais altas do que vibrações de dobramento. Os termos ***scissoring***, ***rocking***, ***wagging*** e ***twisting*** são comumente utilizados na literatura científica para descrever as origens das faixas do infravermelho.

Em qualquer grupo de três ou mais átomos, em que pelo menos dois sejam idênticos, há *dois* modos de estiramento: simétrico e assimétrico. Exemplos de tais grupos são: —CH$_3$, —CH$_2$—, —NO$_2$, —NH$_2$ e anidridos. O grupo metila origina uma vibração de estiramento simétrica em aproximadamente 2872 cm$^{-1}$ e uma de estiramento assimétrica em aproximadamente 2962 cm$^{-1}$. O grupo funcional anidrido gera duas absorções na região da ligação C=O em razão dos modos de estiramento assimétrico e simétrico. Um fenômeno semelhante ocorre no grupo amina, em que uma amina primária (NH$_2$) normalmente tem duas absorções na região de estiramento N—H, enquanto uma amina secundária (R$_2$NH) tem apenas um pico de absorção. As amidas exibem faixas similares. Há dois picos de estiramento N=O fortes para um grupo nitro, com o estiramento simétrico aparecendo em mais ou menos 1350 cm$^{-1}$, e o assimétrico, em aproximadamente 1550 cm$^{-1}$.

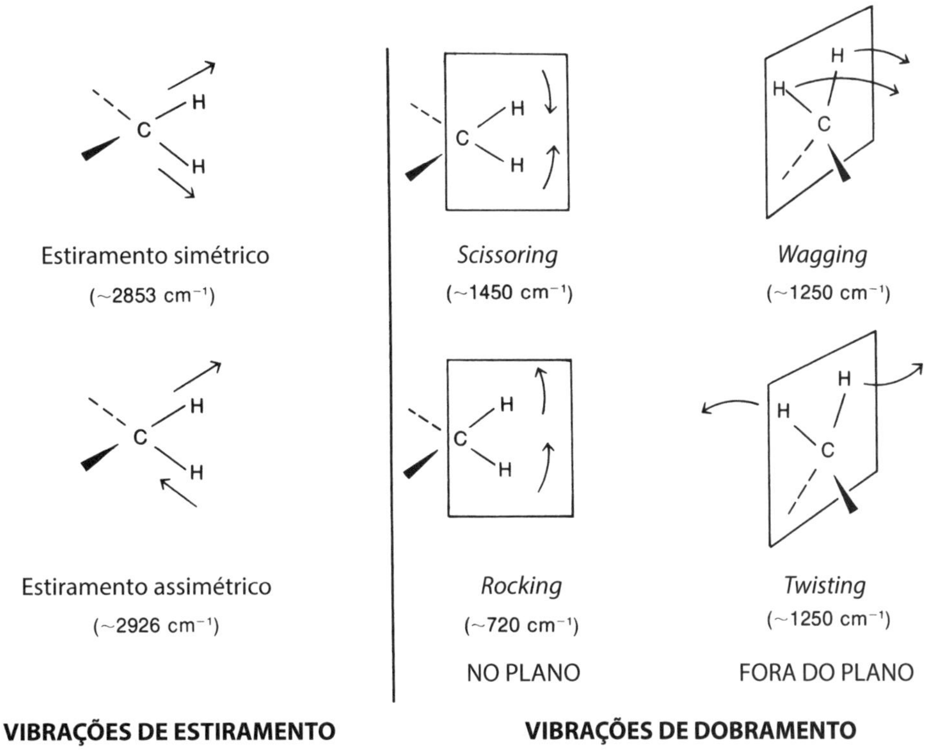

Estiramento simétrico
(~2853 cm⁻¹)

Estiramento assimétrico
(~2926 cm⁻¹)

**VIBRAÇÕES DE ESTIRAMENTO**

*Scissoring*
(~1450 cm⁻¹)

*Rocking*
(~720 cm⁻¹)

NO PLANO

*Wagging*
(~1250 cm⁻¹)

*Twisting*
(~1250 cm⁻¹)

FORA DO PLANO

**VIBRAÇÕES DE DOBRAMENTO**

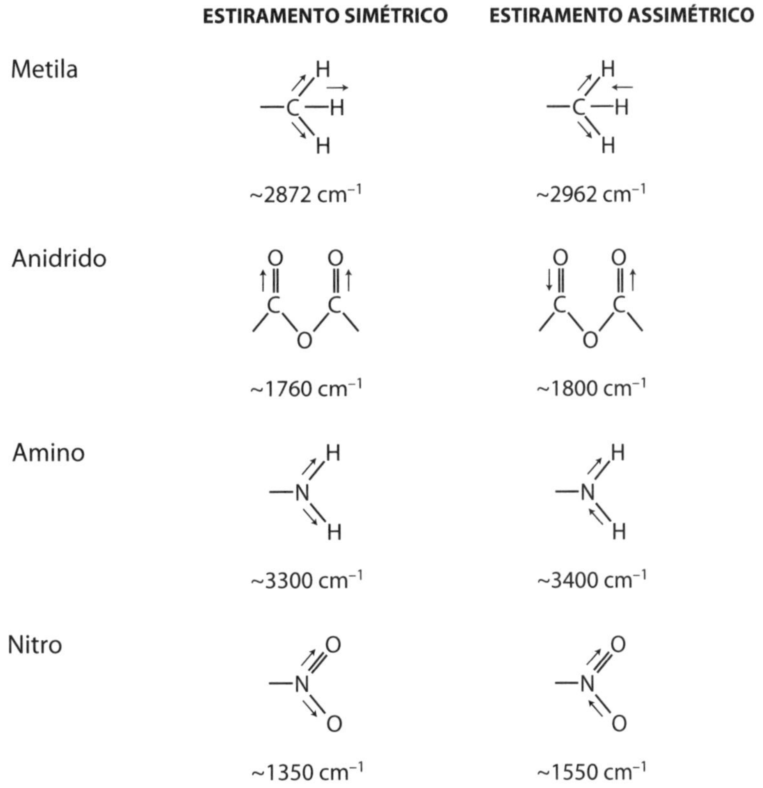

|  | **ESTIRAMENTO SIMÉTRICO** | **ESTIRAMENTO ASSIMÉTRICO** |
|---|---|---|
| Metila | ~2872 cm⁻¹ | ~2962 cm⁻¹ |
| Anidrido | ~1760 cm⁻¹ | ~1800 cm⁻¹ |
| Amino | ~3300 cm⁻¹ | ~3400 cm⁻¹ |
| Nitro | ~1350 cm⁻¹ | ~1550 cm⁻¹ |

As vibrações abordadas até aqui são chamadas **absorções fundamentais**. Originam-se da excitação do estado fundamental para o estado excitado, de energia mais baixa. Normalmente, o espectro é complicado por causa da presença de bandas fracas, conhecidas como bandas de harmônicas, de combinações e de diferença. As **harmônicas** resultam da excitação do estado fundamental para estados de energia mais alta, que correspondem a múltiplos inteiros da frequência do fundamental ($v$). Por exemplo, podem-se observar bandas de harmônicas fracas em $2\bar{v}$, $3\bar{v}$, ... Qualquer tipo de vibração física gera harmônicas. Se uma corda de um violoncelo é puxada, a corda vibra com uma frequência fundamental. Contudo, vibrações menos intensas são também ativas em diversas frequências harmônicas. Uma absorção no infravermelho em 500 cm$^{-1}$ pode muito bem vir acompanhada por um pico de menor intensidade em 1000 cm$^{-1}$ — uma harmônica.

Quando duas frequências vibracionais ($\bar{v}_1$ e $\bar{v}_2$) acoplam-se em uma molécula, dão origem à vibração de uma nova frequência dentro da molécula, e, quando tal vibração é ativa no infravermelho, ela é chamada de **banda de combinação**. Essa banda é a soma de duas bandas interativas ($\bar{v}_{comb} = \bar{v}_1 + \bar{v}_2$). Nem todas as possíveis combinações ocorrem. As regras que definem quais são as possíveis combinações estão além do escopo de nossa discussão.

**Bandas de diferença** são similares a bandas de combinação. A frequência observada nesse caso resulta da diferença entre duas bandas interativas ($\bar{v}_{dif} = \bar{v}_1 - \bar{v}_2$).

Podem-se calcular bandas de harmônicas, de combinação e de diferença manipulando diretamente as frequências em números de onda por multiplicação, adição ou subtração, respectivamente. Quando uma vibração fundamental acopla-se a uma frequência harmônica ou de combinação, a vibração acoplada é chamada de **ressonância de Fermi**. Mais uma vez, apenas algumas combinações são permitidas. A ressonância de Fermi é comumente observada em compostos do grupo carbonila.

Apesar de as frequências rotacionais da molécula não caírem na mesma região do infravermelho vibracional, é comum que se acoplem às vibrações de estiramento e dobramento na molécula, dando origem a uma estrutura fina nessas absorções, complicando, assim, ainda mais o espectro. Um dos motivos de uma banda ser larga em vez de fina no espectro do infravermelho é a excitação simultânea de vibrações e rotações, o que pode levar a uma estrutura fina não resolvida, e, portanto, a bandas muito largas.[1]

## 2.4 PROPRIEDADES DE LIGAÇÃO E SEUS REFLEXOS NA ABSORÇÃO

Vamos pensar agora como a força de ligação e as massas dos átomos ligados afetam a frequência de absorção no infravermelho. Para simplificar, restringiremos a discussão a uma molécula diatômica heteronuclear (dois átomos *diferentes*) e à sua vibração de estiramento.

Uma molécula diatômica pode ser considerada como duas massas conectadas por uma mola. A distância da ligação não para de mudar, mas é possível definir uma distância de equilíbrio ou uma distância média de ligação. Quando a mola está esticada ou comprimida além da distância de equilíbrio, a energia potencial do sistema aumenta.

Tal como para qualquer oscilador harmônico, quando uma ligação vibra, sua energia de vibração está contínua e periodicamente mudando de energia cinética para potencial, e vice-versa. A quantia total de energia é proporcional à frequência da vibração,

$$E_{osc} \propto h v_{osc},$$

que, para um oscilador harmônico, é determinada pela constante de força $K$ da mola, ou sua rigidez, e pelas massas ($m_1$ e $m_2$) dos dois átomos unidos. A frequência natural de vibração de uma ligação é dada pela equação

$$\bar{v} = \frac{1}{2\pi c} \sqrt{\frac{K}{\mu}},$$

que é derivada de Lei de Hooke para molas em vibração. A **massa reduzida** $\mu$ do sistema é dada por:

---

[1] As transições rotacionais ocorrerão na verdade para moléculas em fase gasosa, dando origem aos espectros de rotação – vibração. Em fase líquida ou sólida, existem outros mecanismos responsáveis pelo alargamento das bandas. (NT)

$$\mu = \frac{m_1 m_2}{m_1 + m_2}$$

*K* é uma constante que varia de uma ligação para outra. Como uma primeira aproximação, as constantes de força para ligações triplas são o triplo das de ligações simples, enquanto as constantes de força para ligações duplas são o dobro das de ligações simples.

Devem-se observar duas coisas imediatamente. Uma é que ligações mais fortes têm constante de força *K* maior e vibram em frequências mais altas do que ligações mais fracas envolvendo as mesmas massas. A segunda é que ligações entre átomos de massas maiores (massas reduzidas maiores, μ) vibram em frequências mais baixas do que ligações entre átomos mais leves envolvendo o mesmo tipo de ligação.

Em geral, ligações triplas são mais fortes do que duplas ou simples entre os mesmos dois átomos e têm frequências de vibração mais altas (números de onda maiores):

| C≡C | C=C | C—C |
|---|---|---|
| 2150 cm$^{-1}$ | 1650 cm$^{-1}$ | 1200 cm$^{-1}$ |

←——————
*K* aumentando

O estiramento C—H ocorre em aproximadamente 3000 cm$^{-1}$. Com o aumento da massa do átomo ligado ao carbono, a massa reduzida (μ) aumenta, e a frequência da vibração diminui (números de onda ficam menores):

| C—H | C—C | C—O | C—Cl | C—Br | C—I |
|---|---|---|---|---|---|
| 3000 cm$^{-1}$ | 1200 cm$^{-1}$ | 1100 cm$^{-1}$ | 750 cm$^{-1}$ | 600 cm$^{-1}$ | 500 cm$^{-1}$ |

——————→
μ aumentando

Movimentos de dobramento ocorrem em energias mais baixas (frequências mais baixas) do que os movimentos de estiramento típicos, por causa do menor valor da constante de força de dobramento *K*.

| C—H estiramento | C—H dobramento |
|---|---|
| ~3000 cm$^{-1}$ | ~1340 cm$^{-1}$ |

A hibridização também afeta a constante de força *K*. As ligações são mais fortes na ordem $sp > sp^2 > sp^3$, e as frequências observadas da vibração de C—H ilustram bem isso.

| *sp* | *sp2* | *sp$^3$* |
|---|---|---|
| ≡C—H | =C—H | —C—H |
| 3300 cm$^{-1}$ | 3100 cm$^{-1}$ | 2900 cm$^{-1}$ |

A ressonância também afeta a força e o comprimento de uma ligação, além de sua constante de força *K*. Assim, enquanto uma cetona tem sua vibração de estiramento C=O em 1715 cm$^{-1}$, uma cetona conjugada com uma ligação dupla C=C absorve em uma frequência mais baixa, entre 1675 a 1680 cm$^{-1}$, pois a ressonância aumenta a distância da ligação C=O e dá a ela uma característica mais de ligação simples:

A ressonância reduz a constante de força *K*, e a absorção desloca-se para uma frequência mais baixa.

A expressão da Lei de Hooke, mostrada anteriormente, pode ser transformada em uma equação muito útil:

$$\bar{\nu} = \frac{1}{2\pi c}\sqrt{\frac{K}{\mu}}$$

$\bar{\nu}$ = frequência em cm$^{-1}$

$c$ = velocidade da luz = $3 \times 10^{10}$ cm/s

$K$ = constante de força em dinas/cm

$\mu = \dfrac{m_1 m_2}{m_1 + m_2}$, massas de átomos em gramas,

ou $\dfrac{M_1 M_2}{(M_1 + M_2)(6{,}02 \times 10^{23})}$, massas de átomos em uma

Retirando o número de Avogadro (6,02 x 10²³) do denominador da expressão da massa reduzida (μ) e calculando sua raiz quadrada, obtemos a expressão

$$\bar{\nu} = \frac{7{,}76 \times 10^{11}}{2\pi c}\sqrt{\frac{K}{\mu}}$$

---

**Tabela 2.2 Cálculo das frequências de estiramento para diferentes tipos de ligação**

Ligação C=C:

$\bar{\nu} = 4{,}12\sqrt{\dfrac{K}{\mu}}$

$K = 10 \times 10^5$ dinas/cm

$\mu = \dfrac{M_C M_C}{M_C + M_C} = \dfrac{(12)(12)}{12 + 12} = 6$

$\bar{\nu} = 4{,}12\sqrt{\dfrac{10 \times 10^5}{6}} = 1682$ cm$^{-1}$ (calculado)

$\bar{\nu} = 1650$ cm$^{-1}$ (experimental)

Ligação C — H:

$\bar{\nu} = 4{,}12\sqrt{\dfrac{K}{\mu}}$

$K = 5 \times 10^5$ dinas/cm

$\mu = \dfrac{M_C M_H}{M_C + M_H} = \dfrac{(12)(1)}{12 + 1} = 0{,}923$

$\bar{\nu} = 4{,}12\sqrt{\dfrac{5 \times 10^5}{0{,}923}} = 3032$ cm$^{-1}$ (calculado)

$\bar{\nu} = 3000$ cm$^{-1}$ (experimental)

Ligação C — D:

$\bar{\nu} = 4{,}12\sqrt{\dfrac{K}{\mu}}$

$K = 5 \times 10^5$ dinas/cm

$\mu = \dfrac{M_C M_D}{M_C + M_D} = \dfrac{(12)(2)}{12 + 2} = 1{,}71$

$\bar{\nu} = 4{,}12\sqrt{\dfrac{5 \times 10^5}{1{,}71}} = 2228$ cm$^{-1}$ (calculado)

$\bar{\nu} = 2206$ cm$^{-1}$ (experimental)

Obtém-se uma nova expressão inserindo os valores numéricos de π e *c*:

$$\bar{v}\,(\text{cm}^{-1}) = 4{,}12\sqrt{\frac{K}{\mu}}$$

$\mu = \dfrac{M_1 M_2}{M_1 + M_2}$, em que $M_1$ e $M_2$ são pesos atômicos

$K$ = constante de força em dinas/cm (1 dina = $1{,}020 \times 10^{-3}$ g)

Essa equação pode ser utilizada para calcular a posição aproximada de uma banda no espectro infravermelho, supondo-se que *K*, para ligações simples, duplas e triplas, seja 5, 10 e 15 x $10^5$ dinas/cm, respectivamente. A Tabela 2.2 dá alguns exemplos. Perceba que é possível obter conformidades excelentes com os valores experimentais apresentados na tabela. Contudo, valores experimentais e calculados variam consideravelmente de acordo com a ressonância, a hibridização e outros efeitos que operam em moléculas orgânicas. Apesar disso, podem-se obter bons valores *qualitativos* a partir de tais cálculos.

## 2.5 ESPECTRÔMETRO DE INFRAVERMELHO

O instrumento que obtém o espectro de absorção no infravermelho de um composto é chamado de **espectrômetro de infravermelho** ou, mais precisamente, **espectrofotômetro**. Dois tipos de espectrômetros de infravermelho são bastante utilizados em laboratórios químicos: instrumentos dispersivos e de transformada de Fourier (FT). Ambos oferecem espectros de compostos em uma faixa comum de 4000 a 400 cm$^{-1}$. Apesar de os dois produzirem espectros praticamente idênticos para um composto qualquer, espectrômetros de infravermelho FT produzem o espectro muito mais rapidamente do que os instrumentos dispersivos.

### A. Espectrômetros de infravermelho dispersivos

A Figura 2.3 ilustra esquematicamente os componentes de um espectrômetro de infravermelho dispersivo simples. O instrumento produz um feixe de radiação no infravermelho a partir de um resistor aquecido e, através de espelhos, divide-o em dois feixes paralelos de igual intensidade de radiação. A amostra é colocada em um feixe, e o outro é utilizado como referência. Os feixes chegam então ao **monocromador**, que dispersa cada um em um espectro contínuo de frequências de luz infravermelha. O monocromador consiste em um setor que gira rapidamente (cortador de feixes) pelo qual passam os dois feixes de maneira alternada em direção a uma rede de difração (nos instrumentos mais antigos, um prisma). A rede de difração, que gira lentamente, varia a frequência ou o comprimento de onda da radiação que chega ao detector do termopar. O detector sente a razão entre as intensidades dos feixes de referência e de amostra. Dessa forma, o detector determina quais frequências foram absorvidas pela amostra e quais não foram afetadas pela luz que passa através da amostra. Depois de o sinal do detector ser amplificado, o registrador registra o espectro resultante da amostra em uma folha de papel. É importante observar que o espectro é registrado à medida que a frequência da radiação no infravermelho é alterada pela rotação da rede de difração. Diz-se que instrumentos dispersivos obtêm um espectro no **domínio da frequência**.

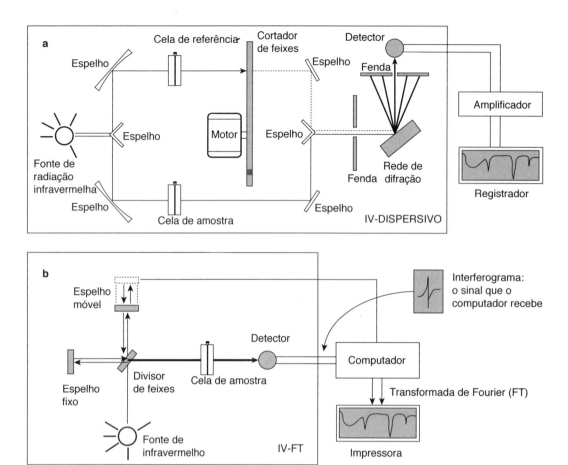

**FIGURA 2.3** Diagramas esquemáticos de espectrofotômetros dispersivos (a) e de transformada de Fourier (b).

Perceba que é comum representar graficamente frequência (número de onda, cm$^{-1}$) *versus* luz transmitida, não luz absorvida. Isso é registrado como **transmitância percentual (%T)**, pois o detector registra a razão entre as intensidades dos dois feixes, e

$$\text{transmitância percentual} = \frac{I_s}{I_r} \times 100,$$

em que $I_s$ é a intensidade do feixe de amostra, e $I_r$, a intensidade do feixe de referência. Em muitas partes do espectro, a transmitância é praticamente 100%, ou seja, a amostra é quase transparente à radiação daquela frequência (não a absorve). A absorção máxima é, assim, representada por um *mínimo* no gráfico. Mesmo assim, a absorção é tradicionalmente chamada de **pico**.

Químicos, frequentemente, obtêm o espectro de um composto dissolvendo-o em um solvente (Seção 2.6). A solução é então colocada no **feixe de amostragem**, enquanto o solvente puro é colocado no **feixe de referência** em uma cela idêntica. O instrumento automaticamente "subtrai" o espectro do solvente do espectro da amostra. O instrumento também elimina do espectro da amostra os efeitos dos gases atmosféricos ativos no infravermelho, o dióxido de carbono e o vapor de água (eles estão presentes em ambos os feixes). Essa função conveniente é o motivo pelo qual quase todos os espectrômetros infravermelhos dispersivos são instrumentos de feixe duplo (amostra + referência) que medem razões entre intensidades; como o solvente absorve em ambos os feixes, ele atua em ambos os termos da razão $I_a/I_r$ e há um cancelamento. Quando se analisa um líquido puro (não o solvente), o composto é colocado no feixe de amostragem, e nada é posto no feixe de referência. Quando se obtém o espectro do líquido, os efeitos dos gases atmosféricos são automaticamente cancelados, já que estão presentes em ambos os feixes.

## B. Espectrômetros de transformada de Fourier

Os espectrômetros de infravermelho mais modernos operam sob um princípio diferente. O traçado do caminho óptico produz um padrão chamado **interferograma**, que é um sinal complexo, mas seu padrão em forma de ondas contém todas as frequências que formam o espectro infravermelho. Um interferograma é essencialmente um gráfico de intensidade *versus* tempo (um **espectro no domínio temporal**). Entretanto, um químico prefere um espectro que seja um gráfico de intensidade *versus* frequência (um **espectro no domínio da frequência**). Uma operação matemática conhecida como **transformada de Fourier (FT)** pode separar as frequências das absorções individuais contidas no interferograma, produzindo um espectro virtualmente idêntico ao obtido com um espectrômetro dispersivo. Esse tipo de instrumento é conhecido como **espectrômetro de infravermelho de transformada de Fourier** ou **IV-FT**.[2] A vantagem de um IV-FT é que ele produz um interferograma em menos de um segundo, sendo, assim, possível coletar dezenas de interferogramas da mesma amostra e guardá-los na memória de um computador. Quando se realiza uma transformada de Fourier na soma dos interferogramas guardados, pode-se obter um espectro com uma melhor razão sinal/ruído. Um IV-FT tem, portanto, maior velocidade e maior sensibilidade do que um instrumento dispersivo.

A Figura 2.3b é um diagrama esquemático de um IV-FT. O IV-FT usa um **interferômetro** para manipular a energia enviada à amostra. No interferômetro, a energia da fonte atravessa um **divisor de feixes**, um espelho posicionado em um ângulo de 45° em relação à radiação que entra, separando-a em dois feixes perpendiculares: um segue na direção original, e o outro é desviado por um ângulo de 90°. Um feixe, o desviado por 90° na Figura 2.3b, vai para um espelho estacionário, ou "fixo", e é refletido de volta para o divisor de feixes. O feixe que não sofreu desvio vai para um espelho que se move e também é refletido para o divisor de feixes. O movimento do espelho faz variar a trajetória do segundo feixe. Quando os dois feixes se encontram no divisor de feixes, eles se recombinam, mas as diferenças de caminhos (diferentes extensões da onda) dos dois feixes causam interferências tanto construtivas como destrutivas. O feixe combinado que contém esses padrões de interferência dá origem ao interferograma, o qual contém toda a energia radiativa que veio da fonte, além de uma grande faixa de comprimentos de onda.

O feixe gerado pela combinação dos dois feixes produzidos pelo divisor de feixes atravessa, então, a amostra. Quando faz isso, a amostra absorve de forma *simultânea* todos os comprimentos de onda (frequências) normalmente encontrados em seu espectro infravermelho. O sinal do interferograma modificado que chega ao detector contém informações sobre a quantidade de energia absorvida em cada comprimento de onda (frequência). O computador compara o interferograma modificado com o interferograma produzido por um feixe de *laser* de referência para obter um padrão de comparação. O interferograma final contém toda a informação de um sinal de domínio temporal, um sinal que não pode ser lido pelo homem. O processo matemático chamado transformada de Fourier deve ser realizado pelo computador para extrair as frequências individuais que foram absorvidas e então reconstruir e desenhar o gráfico que reconhecemos como um típico espectro infravermelho.

Instrumentos IV-FT, mediados por computador, operam em modo de feixe único. Para obter o espectro de um composto, o químico deve antes obter um interferograma de "fundo", que consiste em gases atmosféricos ativos no infravermelho, dióxido de carbono e vapor de água (oxigênio e nitrogênio não são ativos no infravermelho). O interferograma é submetido a uma transformada de Fourier, que produz o espectro de fundo. Então, o químico coloca o composto (amostra) no feixe e obtém o espectro resultante da transformada de Fourier no interferograma, o qual contém bandas de absorção *do composto* e *de fundo*. O *software* subtrai automaticamente o espectro de fundo do espectro da amostra, produzindo o espectro do composto analisado. O espectro subtraído é essencialmente idêntico ao obtido em um instrumento tradicional dispersivo de dois feixes. Ver a Seção 2.22 para mais detalhes sobre o espectro de fundo.

---

[2] Os princípios de interferometria e de operação de um IV-FT são explicados em dois artigos de Perkins (1986, 1987). "Fourier Transform-Infrared Spectroscopy, Part 1: Instrumentation", *Journal of Chemical Education*, 63 (Janeiro 1986): A5-A10, e "Fourier Transform-Infrared Spectroscopy, Part 2: Advantages of FT-IR", *Journal of Chemical Education*, 64 (Novembro 1987): A269-A271.

## 2.6 PREPARAÇÃO DE AMOSTRAS PARA ESPECTROSCOPIA NO INFRAVERMELHO

Para obter o espectro infravermelho, deve-se colocar o composto em um recipiente de amostra ou cela. Na espectroscopia no infravermelho, isso já é um problema. Vidros e plásticos absorvem muito em quase toda essa região do espectro. As celas devem ser construídas a partir de substância iônicas – normalmente cloreto de sódio ou brometo de potássio. Placas de brometo de potássio são mais caras do que placas de cloreto de sódio, mas são úteis em uma faixa de 4000 a 400 cm$^{-1}$. Placas de cloreto de sódio são mais utilizadas por causa de seu custo mais baixo, porém seu uso em espectroscopia vai de 4000 a 650 cm$^{-1}$. O cloreto de sódio começa a absorver em 650 cm$^{-1}$, e qualquer banda com frequências mais baixas do que isso não será observada. Como poucas bandas importantes aparecem em menos de 650 cm$^{-1}$, as placas de cloreto de sódio são mais comuns na espectroscopia no infravermelho.

**Líquidos.** Uma gota do composto orgânico líquido é colocada entre um par de placas polidas de cloreto de sódio ou de brometo de potássio, chamadas **placas de sal**. Quando as placas são delicadamente apertadas, um fino filme líquido é formado entre elas. Um espectro determinado por esse método é denominado espectro **do líquido puro**, já que não se usa nenhum solvente. Placas de sal são facilmente quebráveis e solúveis em água. Compostos orgânicos analisados por essa técnica não devem conter água. O par de placas é inserido em um suporte que caiba no espectrômetro.

**Sólidos.** Existem vários métodos para determinar espectros infravermelhos de sólidos. Um método tem sido misturar a amostra sólida moída bem fina com brometo de potássio em pó e comprimir a mistura sob alta pressão. Sob pressão, o brometo de potássio funde e inclui o composto em uma matriz. O resultado é uma **pastilha de KBr**, que pode ser inserida em um suporte do espectrômetro. Se for preparada uma boa pastilha, o espectro obtido não conterá bandas interferentes, já que o brometo de potássio é transparente até 400 cm$^{-1}$.

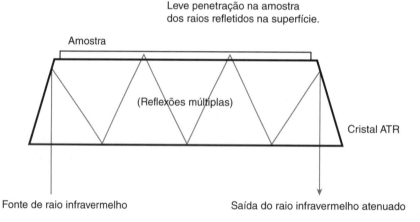

Outro método, a **suspensão de Nujol**, envolve moer o composto com óleo mineral (Nujol) para criar uma suspensão da amostra, bem moída, dispersada em óleo mineral. A suspensão grossa é colocada entre placas de sal. A principal desvantagem desse método é que o óleo mineral mascara bandas que podem estar presentes no composto analisado. As bandas do Nujol aparecem em 2924, 1462 e 1377 cm$^{-1}$.

O melhor método para obter o espectro de um sólido é usar o acessório de **Refletância Total Atenuada (RTA)**. Instrumentos modernos de IV-FT já oferecem esse acessório em conjunto com o módulo típico de transmitância. O método RTA oferece uma poderosa técnica de amostragem que virtualmente elimina a preparação de amostras tanto com líquidos como com sólidos, levando assim a uma rápida análise das amostras. Embora os fabricantes ofereçam várias opções de cristais, o diamante do RTA oferece a melhor opção para máxima durabilidade no laboratório de química orgânica. Com o acessório RTA, a pessoa simplesmente coloca uma pequena quantidade de líquido ou sólido diretamente no diamante sem qualquer preparação prévia. O diamante é cortado e montado em ângulos precisos de tal maneira que o feixe de entrada de radiação infravermelha salta para trás e para a frente fora das superfícies internas do cristal. Quando o feixe reflete fora da superfície, onde a amostra foi colocada, penetra a amostra levemente, e a frequência vibracional da amostra é em parte absorvida, "atenuando" assim o feixe.

O acessório RTA tem revolucionado a facilidade da análise de sólidos com espectro infravermelho. Por exemplo, é muitas vezes desnecessário usar as pastilhas de KBr e a suspensão de Nujol. O espectro obtido com um RTA de IV é praticamente idêntico ao obtido com um IV operando no modo de transmitância. Podem-se observar algumas diferenças na intensidade relativa dos picos, mas o número de onda dos picos é idêntico em ambos.[3] O RTA FT-IR não precisa de uma amostra límpida, que deixe passar a luz através dela, tal como é comum com instrumentos de transmitância. Há algumas limitações com o instrumento de diamante RTA. Alguns materiais, como revestimentos sobre metal e amostras muito escuras, não são satisfatoriamente analisados, mas há poucas outras limitações.

## 2.7 O QUE BUSCAR NO EXAME DE UM ESPECTRO INFRAVERMELHO

Um espectrômetro de infravermelho determina as posições e intensidades relativas de todas as absorções, ou picos, na região do infravermelho e os registra graficamente em uma folha de papel. Esse gráfico de intensidade de absorção *versus* número de onda (ou, às vezes, comprimento de onda) é chamado **espectro infravermelho** do composto. A Figura 2.4 apresenta um espectro infravermelho típico de 3-metil-2-butanona. O espectro exibe pelo menos dois picos de forte absorção em mais ou menos 3000 e 1715 cm$^{-1}$ para as frequências de estiramento C—H e C=O, respectivamente.

A absorção forte em 1715 cm$^{-1}$, que corresponde ao grupo carbonila (C=O), é muito intensa. Além da posição característica da absorção, a *forma* e a *intensidade* desse pico também são características da ligação C=O. Isso vale para quase todos os tipos de picos de absorção; tanto a forma da banda como a intensidade podem ser descritas, e essas características em geral permitem ao químico distinguir o pico em situações potencialmente confusas. Por exemplo, as ligações C=O e C=C, de certa forma, absorvem na mesma região do espectro infravermelho:

$$\text{C}=\text{O} \quad 1850\text{–}1630 \text{ cm}^{-1}$$
$$\text{C}=\text{C} \quad 1680\text{–}1620 \text{ cm}^{-1}$$

A ligação C=O, entretanto, é um absorvente forte, enquanto a C=C normalmente absorve muito menos (Figura 2.5). Assim, observadores experientes não interpretariam um pico forte em 1670 cm$^{-1}$ como de uma ligação dupla C=C, nem concluiriam que uma absorção fraca nessa frequência se devesse ao grupo carbonila.

A forma e a estrutura fina de um pico frequentemente dão pistas de sua identidade. Apesar de as regiões N—H e O—H se sobreporem,

$$\text{O} - \text{H} \quad 3650\text{–}3200 \text{ cm}^{-1}$$
$$\text{N} - \text{H} \quad 3500\text{–}3300 \text{ cm}^{-1}$$

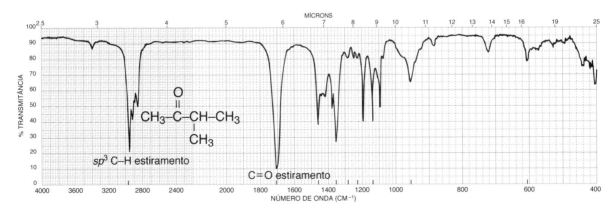

**FIGURA 2.4** Espectro infravermelho de 3-metil-2-butanona (líquido limpo, placas de KBr).

---

[3] Shuttlefield, J. D., e V. H. Grassian, "ATR-FTIR in the Undergraduate Chemistry Laboratory, Part 1: Fundamentals and Examples." *Journal of Chemical Education*, 85 (2008): 279-281.

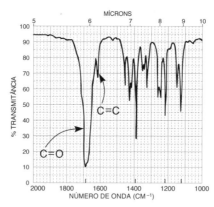

**FIGURA 2.5** Uma comparação das intensidades das bandas de absorção C=O e C=C.

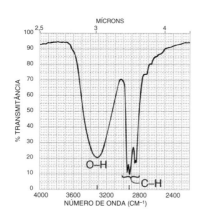
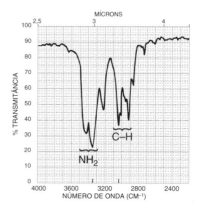

**FIGURA 2.6** Uma comparação das formas das bandas de absorção dos grupos O—H e N—H.

a absorção N—H normalmente tem uma ou duas bandas de absorção *finas* de menor intensidade, enquanto O—H, quando está na região N—H, em geral proporciona um pico de absorção *largo*. Além disso, aminas primárias geram *duas* absorções nessa região, enquanto alcoóis na forma de líquidos puros geram apenas uma absorção (Figura 2.6). A Figura 2.6 também apresenta padrões típicos da frequência de estiramento C—H em aproximadamente 3000 cm$^{-1}$.

Portanto, ao analisar os exemplos de espectros nas próximas páginas, preste atenção às formas e intensidades que são tão importantes quanto as frequências no momento em que a absorção ocorre, e o olho do profissional deve ser treinado para reconhecer essas características. Muitas vezes, ao ler livros de química orgânica, você encontrará descrições de bandas de absorção como forte (s), média (m), fraca (w), larga e fina. O autor estará tentando transmitir uma ideia sobre a aparência da banda, sem na verdade apresentar o espectro.

## 2.8 GRÁFICOS E TABELAS DE CORRELAÇÃO

Para extrair informações estruturais do espectro infravermelho, deve-se estar familiarizado com as frequências em que vários grupos funcionais absorvem. Podem-se consultar **tabelas de correlação no infravermelho** que oferecem o máximo de informação conhecida sobre onde os vários grupos funcionais absorvem. As referências indicadas no fim deste capítulo contêm uma série extensa de tabelas de correlação. Às vezes, a informação de absorção é apresentada na forma de um gráfico, chamado **gráfico de correlação**. A Tabela 2.3 é uma tabela de correlação simplificada; no Apêndice 1 apresentamos um gráfico mais detalhado.

## Tabela 2.3 Tabela de correlação simplificada

| Tipo de Vibração | | Frequência (cm⁻¹) | Intensidade | Página de referência |
|---|---|---|---|---|
| C—H | Alcanos | | | |
| | (estiramento) | 3000–2850 | s | 31 |
| | —CH₃ | | | |
| | (dobramento) | 1450 e 1375 | m | |
| | —CH₂— | | | |
| | (dobramento) | 1465 | m | |
| | Alcenos | | | |
| | (estiramento) | 3100–3000 | m | 33 |
| | (dobramento fora do plano) | 1000–650 | s | |
| | Aromáticos | | | |
| | (estiramento) | 3150–3050 | s | 43 |
| | (dobramento fora do plano) | 900–690 | s | |
| | Alcino | | | |
| | (estiramento) | ca. 3300 | s | 35 |
| | Aldeído | 2900–2800 | w | 56 |
| | | 2800–2700 | w | |
| C—C | Alcano | Inútil para interpretação | | |
| C=C | Alceno | 1680–1600 | m–w | 33 |
| | Aromático | 1600 e 1475 | m–w | 43 |
| C≡C | Alcino | 2250–2100 | m–w | 35 |
| C=O | Aldeído | 1740–1720 | s | 56 |
| | Cetona | 1725–1705 | s | 58 |
| | Ácido carboxílico | 1725–1700 | s | 62 |
| | Éster | 1750–1730 | s | 64 |
| | Amida | 1700–1640 | s | 70 |
| | Anidrido | 1810 e 1760 | s | 73 |
| | Cloreto ácido | 1800 | s | 72 |
| C—O | Alcoóis, éteres, ésteres, ácidos carboxílicos, anidridos | 1300–1000 | s | 47, 50, 62, 64 e 73 |
| O—H | Alcoóis, fenóis | | | |
| | Livres | 3650–3600 | m | 47 |
| | Ligação de H | 3400–3200 | m | 47 |
| | Ácidos carboxílicos | 3400–2400 | m | 62 |
| N—H | Aminas e amidas primárias e secundárias | | | |
| | (estiramento) | 3500–3100 | m | 74 |
| | (dobramento) | 1640–1550 | m–s | 74 |
| C—N | Aminas | 1350–1000 | m–s | 74 |
| C=N | Iminas e oximas | 1690–1640 | w–s | 77 |
| C≡N | Nitrilas | 2260–2240 | m | 77 |
| X=C=Y | Alenos, cetenas, isocianatos, isotiocianatos | 2270–1940 | m–s | 77 |
| N=O | Nitro (R—NO₂) | 1550 e 1350 | s | 79 |
| S—H | Mercaptanas | 2550 | w | 81 |
| S=O | Sulfóxidos | 1050 | s | 81 |
| | Sulfonas, cloretos de sulfonila, sulfatos, sulfonamidas | 1375–1300 e 1350–1140 | s | 82 |
| C—X | Fluoreto | 1400–1000 | s | 85 |
| | Cloreto | 785–540 | s | 85 |
| | Brometo, iodeto | < 667 | s | 85 |

Na Tabela 2.3, o volume de dados pode parecer difícil de assimilar. Entretanto, é, na verdade, bastante fácil: aos poucos, familiarize-se com esses dados, o que certamente ampliará a sua habilidade de interpretar os detalhes mais finos de um espectro infravermelho. Você pode fazer isso com maior facilidade se, de início, tiver os padrões visuais amplos da Figura 2.2 bem fixados. Então, como um segundo passo, memorize um "valor de absorção típico" – um número único que possa ser utilizado como valor essencial – para cada um dos grupos funcionais nesse padrão. Por exemplo, inicie com uma cetona alifática simples como um modelo para todos os compostos carbonílicos típicos. Uma cetona alifática típica tem uma absorção de carbonila de aproximadamente 1715 ± 10 cm$^{-1}$. Sem se preocupar com a variação, memorize 1715 cm$^{-1}$ como o valor-base para absorção de carbonila. Então, mais lentamente, familiarize-se com a extensão da faixa carbonila e com o padrão visual, indicando onde os diferentes tipos de grupos carbonila aparecem em toda essa região. Ver a Seção 2.14, que apresenta valores típicos para os vários tipos de compostos carbonílicos. Além disso, descubra como fatores como a tensão cíclica e a conjugação afetam os valores-base (isto é, para quais direções os valores são desviados). Conheça as tendências, sempre considerando o valor-base (1715 cm$^{-1}$). De início, poderá ser útil memorizar os valores-base pela abordagem dada pela Tabela 2.4. Perceba que há apenas oito valores.

| Tabela 2.4 Valores-base para as absorções de grupos funcionais | | | |
|---|---|---|---|
| O—H | 3400 cm$^{-1}$ | C≡C | 2150 cm$^{-1}$ |
| N—H | 3400 | C=O | 1715 |
| C—H | 3000 | C=C | 1650 |
| C≡N | 2250 | C—O | 1100 |

## 2.9 COMO CONDUZIR A ANÁLISE DE UM ESPECTRO (*OU* O QUE SE PODE DIZER SÓ DE OLHAR)

Ao analisar o espectro de uma amostra desconhecida, concentre seus primeiros esforços em determinar a presença (ou a ausência) de alguns grupos funcionais principais. Os picos devidos a C=O, O—H, N—H, C—O, C=C, C≡C, C≡N e NO$_2$ são os mais evidentes e, se estiverem presentes, fornecem de pronto uma informação estrutural. Não tente fazer uma análise detalhada das absorções de C—H de aproximadamente 3000 cm$^{-1}$; quase todos os compostos têm essas absorções. Não se preocupe com sutilezas do ambiente exato em que o grupo funcional se encontra. A seguir, apresentamos uma lista de verificação das características mais óbvias.

1. Há um grupo carbonila presente? O grupo C=O dá origem a uma forte absorção na região de 1820–1660 cm$^{-1}$. O pico é frequentemente o mais forte do espectro e tem largura média. Você não pode deixar de perceber.

2. Se C=O estiver presente, verifique os seguintes tipos (se estiver ausente, passe para a etapa 3):

    ÁCIDOS                                 O—H também está presente?
- Banda *larga* próxima a 3400–2400 cm$^{-1}$ (normalmente se sobrepõe ao estiramento C—H).

    AMIDAS                                N—H também está presente?
- Banda média próxima a 3400 cm$^{-1}$; às vezes um pico duplo com metades equivalentes.

    ÉSTERES                              C—O também está presente?
- Bandas de forte intensidade próximas a 1300–1000 cm$^{-1}$.

    ANIDRIDOS                         Duas absorções C=O próximas a 1810 e 1760 cm$^{-1}$.

| | |
|---|---|
| ALDEÍDOS | C—H de aldeído está presente?<br>• Duas bandas fracas próximas a 2850 e 2750 cm$^{-1}$ no lado direito das absorções do C—H alifático. |
| CETONAS | As cinco escolhas anteriores foram eliminadas. |

3. Se C=O estiver ausente:

| | |
|---|---|
| ALCOÓIS, FENÓIS | Verifique grupo O—H.<br>• Banda larga próxima a 3400–3300 cm$^{-1}$.<br>• Confirme isso encontrando C—O com valores aproximados de 1300 a 1000 cm$^{-1}$. |
| AMINAS | Verifique grupo N—H.<br>• Absorções médias próximas a 3400 cm$^{-1}$. |
| ÉTERES | Busque C—O com valores aproximados de 1300–1000 cm$^{-1}$ (e ausência de O—H próxima a 3400 cm$^{-1}$). |

4. Ligações duplas e/ou anéis aromáticos

- C=C dá origem a uma banda fraca próxima a 1650 cm$^{-1}$.
- Absorções de intensidade média a forte na região de 1600-1450 cm$^{-1}$, as quais normalmente implicam anel aromático.
- Confirme a ligação dupla ou anel aromático consultando a região C—H; C—H aromática e vinílica ocorrem à esquerda de 3000 cm$^{-1}$ (C—H alifática ocorre à direita desse valor).

5. Ligações triplas

- C≡N dá origem a uma absorção média, fina, próxima a 2250 cm$^{-1}$.
- C≡C é uma absorção fraca, fina, próxima a 2150 cm$^{-1}$.
- Verifique também a existência de C—H acetilênica próxima a 3300 cm$^{-1}$.

6. Grupos nitro

- Duas absorções fortes de 1600-1530 cm$^{-1}$ e 1390--1300 cm$^{-1}$.

7. Hidrocarbonetos

- Não se encontra nenhuma das anteriores.
- As maiores absorções são na região C—H, próximas a 3000 cm$^{-1}$.
- Espectro muito simples; as únicas outras absorções aparecem próximas a 1460 e 1375 cm$^{-1}$.

O estudante iniciante deve resistir à tentação de atribuir ou interpretar *cada* pico do espectro. Isso é simplesmente impossível. No início, concentre-se em conhecer esses picos *principais* e em reconhecer sua presença ou ausência. A melhor forma de fazer isso é estudar com cuidado os exemplos de espectros apresentados nas próximas seções.

## ANÁLISE DOS GRUPOS FUNCIONAIS IMPORTANTES COM EXEMPLOS

As seções a seguir descrevem os comportamentos de grupos funcionais importantes no infravermelho. Essas seções são organizadas da seguinte maneira:

1. A informação *básica* sobre o grupo funcional ou o tipo de vibração é resumida e colocada em um **Quadro de análise espectral**, que pode ser facilmente consultado.
2. Os exemplos de espectros vêm depois da seção básica. As *principais* absorções utilizadas para diagnóstico são indicadas em cada espectro.
3. Depois dos exemplos espectrais, uma seção de discussão fornece detalhes sobre os grupos funcionais e outras informações úteis para identificar compostos orgânicos.

## 2.10 HIDROCARBONETOS: ALCANOS, ALCENOS E ALCINOS

### A. Alcanos

Os alcanos apresentam pouquíssimas bandas de absorção no espectro infravermelho. Produzem quatro ou mais picos de estiramento de C—H próximos a 3000 cm$^{-1}$, além de picos de dobramento de CH$_2$ e CH$_3$ na faixa de 1475 a 1365 cm$^{-1}$.

---

**QUADRO DE ANÁLISE ESPECTRAL**

**ALCANOS**

O espectro normalmente é simples, com poucos picos.

C—H  Estiramento ocorre por volta de 3000 cm$^{-1}$.
Em alcanos (com exceção de compostos com anéis tensionados), a absorção de C—H $sp^3$ sempre ocorre em frequências mais baixas que 3000 cm$^{-1}$ (3000-2840 cm$^{-1}$).
Se um composto tem hidrogênios vinílicos, aromáticos, acetilênicos ou ciclopropílicos, a absorção C—H ocorre em frequências maiores que 3000 cm$^{-1}$. Esses compostos apresentam hibridizações $sp^2$ e $sp$ (ver Seções 2.10B e 2.10C).

CH$_2$  Grupos metileno têm uma absorção de dobramento característica de aproximadamente 1465 cm$^{-1}$.

CH$_3$  Grupos metila têm uma absorção de dobramento característica de aproximadamente 1375 cm$^{-1}$.

CH$_2$  O movimento de *rocking* associado com quatro ou mais grupos CH$_2$ em uma cadeia aberta ocorre em aproximadamente 720 cm$^{-1}$ (denominada *banda de cadeia longa*).

C—C  O estiramento não é útil como diagnóstico; muitos picos fracos.

**Exemplos:** decano (Figura 2.7), óleo mineral (Figura 2.8) e cicloexano (Figura 2.9).

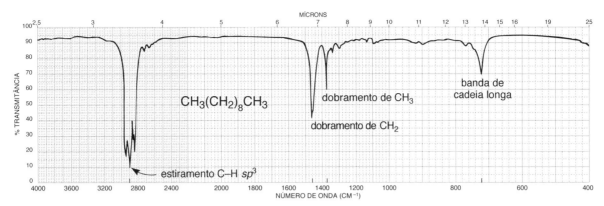

**FIGURA 2.7** Espectro infravermelho do decano (líquido puro, placas de KBr).

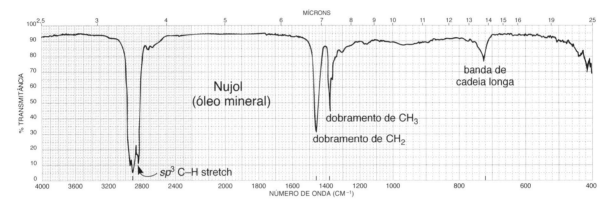

**FIGURA 2.8** Espectro infravermelho de óleo mineral (líquido puro, placas de KBr).

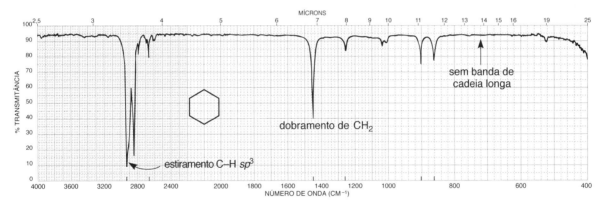

**FIGURA 2.9** Espectro infravermelho de cicloexano (líquido puro, placas de KBr).

## B. Alcenos

Alcenos apresentam muito mais picos do que alcanos. Os principais picos de uso diagnóstico são os de estiramento de C—H para o carbono $sp^2$, em valores maiores que 3000 cm$^{-1}$, além dos picos de C—H para átomos de carbono $sp^3$ que aparecem abaixo desse valor. Também relevantes são os picos de dobramento fora do plano que aparecem entre 1000 e 650 cm$^{-1}$. Em compostos assimétricos, deve-se esperar um pico de estiramento C=C próximo a 1650 cm$^{-1}$.

> **QUADRO DE ANÁLISE ESPECTRAL**
>
> **ALCENOS**
>
> =C—H  Estiramento de C—H $sp^2$ ocorre em valores acima de 3000 cm$^{-1}$ (3095–3010 cm$^{-1}$).
> =C—H  Dobramento fora do plano ocorre na faixa de 1000 a 650 cm$^{-1}$.
>
> Essas bandas podem ser utilizadas para determinar o nível de substituição na ligação dupla (ver Seção de discussão).
>
> C=C  Estiramento ocorre a 1660–1600 cm$^{-1}$; a conjugação move o estiramento C=C para frequências mais baixas e aumenta a intensidade.
> Ligações simetricamente substituídas (por exemplo, 2,3-metil-2-butanona) não absorvem no infravermelho (sem alteração do dipolo).
> Ligações duplas simetricamente dissubstituídas (*trans*) são com frequência extremamente fracas; *cis* são mais fortes.
>
> **Exemplos:** 1-hexeno (Figura 2.10), cicloexeno (Figura 2.11), *cis*-2-penteno (Figura 2.12) e *trans*-2-penteno (Figura 2.13).

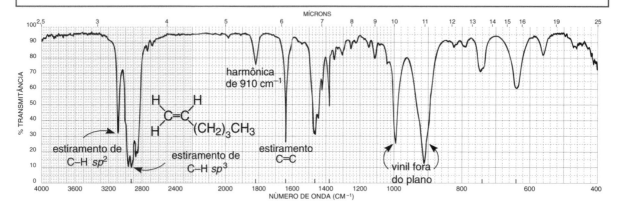

**FIGURA 2.10** Espectro infravermelho de 1-hexeno (líquido puro, placas de KBr).

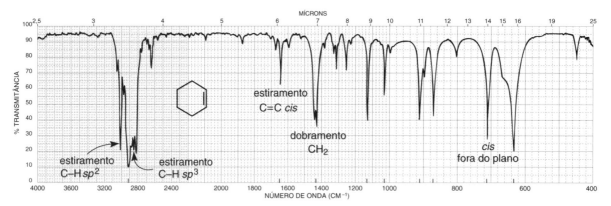

**FIGURA 2.11** Espectro infravermelho de cicloexeno (líquido puro, placas de KBr).

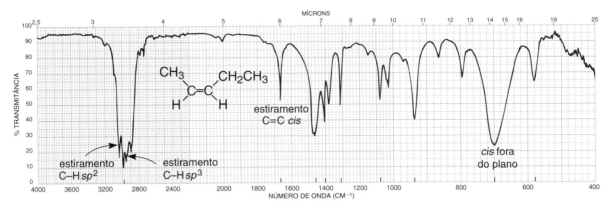

**FIGURA 2.12** Espectro infravermelho de *cis*-2-penteno (líquido puro, placas de KBr).

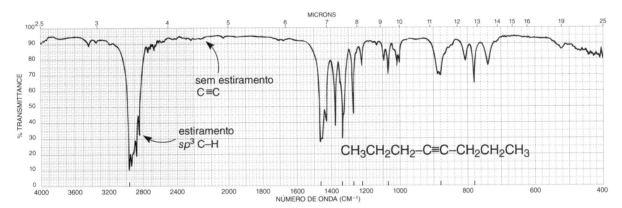

**FIGURA 2.13** Espectro infravermelho de *trans*-2-penteno (líquido puro, placas de KBr).

## C. Alcinos

Alcinos terminais apresentarão um pico importante de aproximadamente 3300 cm$^{-1}$ por causa do *sp*-hibridizado C—H. Uma vibração C≡C também é uma característica proeminente no espectro de um alcino terminal, aparecendo em aproximadamente 2150 cm$^{-1}$. A cadeia alquílica apresentará frequências de estiramento C—H para os átomos de carbono sp$^3$. Outra característica são as bandas de dobramento dos grupos CH$_2$ e CH$_3$. Alcinos não terminais não apresentarão a banda C—H em 3300 cm$^{-1}$. O C≡C em 2150 cm$^{-1}$ será muito fraco ou ausente do espectro.

---

### QUADRO DE ANÁLISE ESPECTRAL

**ALCINOS**

≡C—H   Estiramento de C—H *sp* ocorre normalmente próximo a 3300 cm$^{-1}$.

C≡C   Estiramento ocorre próximo de 2150 cm$^{-1}$; a conjugação move o estiramento para frequências mais baixas.
Ligações triplas dissubstituídas ou simetricamente substituídas não geram nenhuma absorção ou geram uma absorção fraca.

**Exemplos:** 1-octino (Figura 2.14) e 4-octino (Figura 2.15).

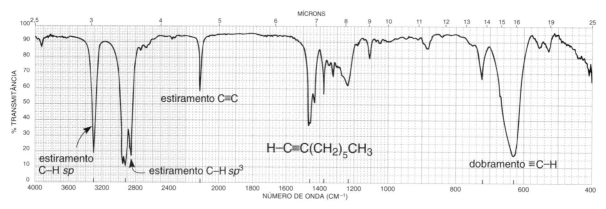

**FIGURA 2.14** Espectro infravermelho de 1-octino (líquido puro, placas de KBr).

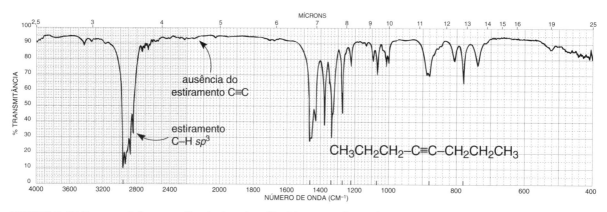

**FIGURA 2.15** Espectro infravermelho de 4-octino (líquido puro, placas de KBr).

## SEÇÃO DE DISCUSSÃO

*Região de estiramento C—H*

As regiões de estiramento e de dobramento C—H são duas das regiões mais difíceis de interpretar nos espectros infravermelhos. A região de estiramento C—H, que varia de 3300 a 2750 cm$^{-1}$, é normalmente a mais útil das duas. Como abordado na Seção 2.4, a frequência de absorção das ligações C—H é uma função principalmente do tipo de hibridização atribuído à ligação. A ligação C—H *sp*-1*s* presente em compostos acetilênicos é mais forte do que a ligação *sp$^2$*-1*s* presente em compostos de ligação dupla C=C (compostos vinílicos). Essa força resulta em uma constante de força vibracional maior e em uma frequência de vibração mais alta. Do mesmo modo, a absorção C—H *sp$^2$*-1*s* em compostos vinílicos ocorre em uma frequência mais elevada do que a absorção C—H *sp$^3$*-1*s* em compostos alifáticos saturados. A Tabela 2.5 apresenta algumas constantes físicas de várias ligações C—H que envolvem o carbono hibridizado *sp*-, *sp$^2$*- e *sp$^3$*-.

Como a Tabela 2.5 demonstra, a frequência em que a absorção C—H ocorre indica o tipo de carbono a que o hidrogênio está ligado. A Figura 2.16 mostra toda a região de estiramento C—H. Com exceção do hidrogênio de aldeído, uma frequência de absorção de menos de 3000 cm$^{-1}$ normalmente implica um composto saturado (apenas hidrogênios *sp$^3$*-1*s*). Uma frequência de absorção mais alta do que 3000 cm$^{-1}$, mas não acima de aproximadamente 3150 cm$^{-1}$, em geral implica hidrogênios aromáticos ou vinílicos. Entretanto, ligações C—H ciclopropílico, que têm um caráter *s* extra por causa da necessidade de colocar mais caráter *p* no anel das ligações C—C para reduzir a distorção angular, também originam absorção na região de 3100 cm⁻¹. Podem-se facilmente distinguir hidrogênios ciclopropílicos de hidrogênios aromáticos ou hidrogênios vinílicos fazendo referência cruzada com regiões fora do plano de C=C e C—H. O estiramento C—H de aldeídos aparece em frequências mais baixas do que as absorções C—H saturadas e, em geral, consiste em duas absorções fracas de aproximadamente 2850 e 2750 cm⁻¹. A banda em 2850 cm⁻¹ normalmente aparece como um ombro das bandas de absorção de C—H saturado. A banda em 2750 cm⁻¹ é, contudo, fraca e pode ser ignorada no exame do espectro; entretanto, aparece em frequências mais baixas do que as bandas C—H *sp³* alifáticas. Quando se pretende identificar um aldeído, deve-se procurar esse par de bandas fracas, embora bastante diagnósticas, do estiramento C—H de aldeídos.

A Tabela 2.6 lista as vibrações de estiramento C—H hibridizado *sp³* de grupos metila, metileno e metina. O C—H terciário (hidrogênio metina) gera apenas uma fraca absorção de estiramento C—H, normalmente próxima a 2890 cm⁻¹. Hidrogênios metilênicos (—CH₂—), porém, originam duas bandas de estiramento C—H, representando os modos de estiramento simétrico (sym) e assimétrico (asym) do grupo. Com efeito, a absorção do grupo metina em 2890 cm⁻¹ é dividida em duas bandas: 2926 cm⁻¹ (asym) e 2853 cm⁻¹ (sym). O modo assimétrico gera um momento de dipolo maior e é de maior intensidade do que o modo simétrico. A separação da absorção de metina em 2890 cm⁻¹ é maior no caso de um grupo metila. Os picos aparecem em aproximadamente 2962 e 2872 cm⁻¹. A Seção 2.3 apresentou os modos de estiramento assimétrico e simétrico para grupos metileno e metila.

Como diversas bandas podem aparecer na região de estiramento C—H, provavelmente é uma boa ideia decidir apenas se as absorções são acetilênicas (3300 cm⁻¹), vinílicas ou aromáticas (> 3000 cm⁻¹), alifáticas (< 3000 cm⁻¹) ou aldeídicas (2850 e 2750 cm⁻¹). Pode não ser de muita valia estender-se na interpretação de vibrações de estiramento C—H. As *vibrações de dobramento* C—H são, com frequência, mais úteis para determinar se grupos metila ou metileno estão presentes em uma molécula.

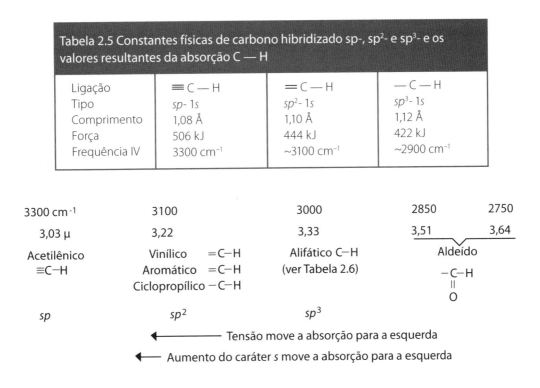

**FIGURA 2.16** Regiões de estiramento C—H.

Tabela 2.6 Vibrações de estiramento para as várias ligações C — H com hibridização $sp^3$

| Grupo | | Vibração de Estiramento (cm⁻¹) | |
|---|---|---|---|
| | | Assimétrica | Simétrica |
| Metila | CH³ — | 2962 | 2872 |
| Metileno | — CH² — | 2926 | 2853 |
| Metina | $-\overset{\vert}{\underset{\vert}{C}}-$ H | 2890 | Muito fraca |

*Vibrações de dobramento C—H para grupos metila e metileno*

A presença de grupos metila e metileno, quando não encoberta por outras absorções, pode ser determinada pela análise da região entre 1465 e 1370 cm⁻¹. Como mostra a Figura 2.17, a banda devida ao modo *scissoring* do $CH_2$ ocorre geralmente em 1465 cm⁻¹. É normal que um dos modos de dobramento de $CH_3$ absorva fortemente próximo a 1375 cm⁻¹. Essas duas bandas podem, com frequência, ser utilizadas para detectar os grupos metileno e metila, respectivamente. Além disso, a banda do grupo metila em 1375 cm⁻¹ é normalmente separada em *dois* picos de intensidade quase igual (modos simétrico e assimétrico) se um grupo dimetil geminal estiver presente. Esse dubleto é bastante comum em compostos com grupos isopropílicos. Um grupo *tert*-butilo resulta em uma separação ainda maior, em dois picos, da banda em 1375 cm⁻¹. A banda em 1370 cm⁻¹ é mais intensa do que a em 1390 cm⁻¹. A Figura 2.18 apresenta os padrões previstos para os grupos isopropílicos e *tert*-butilos. Veja que pode ocorrer alguma variação em tais padrões idealizados. A espectroscopia de ressonância magnética nuclear pode ser utilizada para confirmar a presença desses grupos. Nos hidrocarbonetos cíclicos, que não têm grupos metila ligados, não existe a banda em 1375 cm⁻¹, como pode ser visto no espectro do cicloexano (ver Figura 2.9). Por fim, uma banda devida ao *rocking* (Seção 2.3) aparece próxima de 720 cm⁻¹ nos alcanos de cadeia longa com quatro ou mais carbonos (ver Figura 2.7).

*Vibrações do estiramento C═C*

**Alcenos simples alquilsubstituídos.** A frequência de estiramento C═C geralmente aparece entre 1670 e 1640 cm⁻¹ para alcenos não cíclicos (acíclicos) simples. As frequências de C═C aumentam à medida que grupos alquila são adicionados a uma ligação dupla. Por exemplo, alcenos monossubstituídos simples produzem valores próximos a 1640 cm⁻¹, alcenos 1,1-dissubstituídos absorvem em aproximadamente 1650 cm⁻¹, e alcenos tri- e tetrassubstituídos absorvem próximo a 1670 cm⁻¹. Alcenos *trans*-dissubstituídos absorvem em frequências mais elevadas (1670 cm⁻¹) do que alcenos *cis*-dissubstituídos (1658 cm⁻¹). Infelizmente, o grupo C═C tem uma intensidade bastante fraca, com certeza muito mais fraca do que um grupo C═O típico. Em muitos casos, como nos alcenos tetrassubstituídos, a absorção da ligação dupla pode ser tão fraca que não se consegue observá-la. Lembre-se, como apontado na Seção 2.1, de que, se os grupos unidos forem arrumados simetricamente, não ocorrerá nenhuma mudança no momento de dipolo durante o estiramento, e assim não se observará nenhuma absorção no infravermelho. *Cis*-alcenos, que têm menos simetria do que *trans*-alcenos, em geral absorvem com mais intensidade. As ligações duplas em anéis, por serem frequentemente simétricas ou quase simétricas, absorvem com menor intensidade do que aquelas que não estão em anéis. As ligações duplas terminais em alcenos monossubstituídos em geral têm uma absorção mais forte.

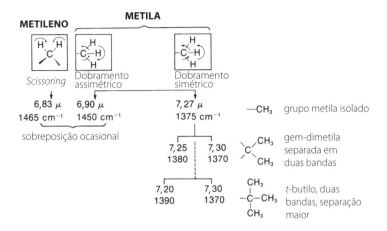

**FIGURA 2.17** Vibrações do dobramento C—H em grupos metila e metileno.

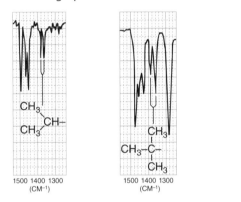

**FIGURA 2.18** Padrões do dobramento C—H dos grupos isopropílicos e *tert*-butilo.

***Efeitos de conjugação.*** Uma conjugação de uma ligação dupla C=C com um grupo carbonila ou outra ligação dupla origina uma ligação múltipla com um caráter mais de ligação simples (pela ressonância, como demonstra o exemplo a seguir), uma constante de força $K$ menor e, ainda, uma frequência de vibração mais baixa. Por exemplo, a ligação dupla vinílica no estireno dá origem a uma absorção em 1630 cm$^{-1}$.

$$\left[ C=C-C=C \quad \longleftrightarrow \quad \overset{+}{C}-C=C-\overset{-}{C} \right]$$

Com diversas ligações duplas, o número de absorções C=C em geral corresponde ao número de ligações duplas conjugadas. Encontra-se um exemplo dessa correspondência no 1,3-pentadieno, em que são observadas absorções em 1600 e 1650 cm$^{-1}$. O butadieno é a exceção à regra, gerando apenas uma banda perto de 1600 cm$^{-1}$. Se a ligação dupla é conjugada com um grupo carbonila, a absorção C=C move-se para uma frequência mais baixa e é também intensificada pelo dipolo elevado do grupo carbonila. Muitas vezes, nesses sistemas conjugados observam-se dois picos de absorção C=C muito próximos, resultando de duas possíveis conformações.

***Efeitos do tamanho do anel em ligações duplas internas.*** A frequência de absorção de ligações duplas *internas* (*endo*) em compostos cíclicos é muito sensível ao tamanho do anel. Como mostra a Figura 2.19, a frequência de absorção diminui quando o ângulo interno diminui, até chegar a um mínimo para o ângulo de 90° no ciclobuteno. A frequência aumenta novamente no ciclopropeno quando o ângulo cai para 60°. Esse aumento na frequência, inicialmente inesperado, ocorre porque a vibração C=C no ciclopropeno é fortemente acoplada à vibração da ligação simples C—C. Quando as ligações C—C vizinhas são perpendiculares ao eixo C=C, como no ciclobuteno, o modo vibracional delas é ortogonal ao da ligação C=C (isto é, em um eixo diferente) e não se acoplam. Quando o ângulo é maior do que 90° (120° no exemplo a seguir), a vibração de estiramento da ligação simples C—C pode ser separada em dois componentes, um dos quais é coincidente com a direção do estiramento C=C. No diagrama, veem-se os componentes **a** e **b** do vetor do estiramento C—C. Como o componente **a** está alinhado com o vetor de estiramento C=C, as ligações C—C e C=C estão acopladas, levando a uma frequência de absorção mais alta. Um padrão semelhante ocorre no ciclopropeno, que tem um ângulo menor do que 90°.

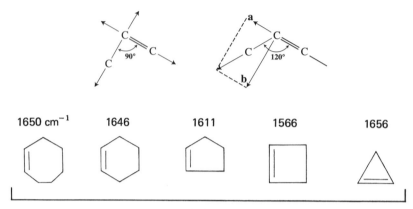

**FIGURA 2.19** Vibrações do estiramento C=C em sistemas endocíclicos.

Observam-se aumentos significativos na frequência da absorção de uma ligação dupla contida em um anel quando um ou dois grupos alquila estão ligados diretamente à ligação dupla. Os aumentos são mais dramáticos em anéis pequenos, principalmente ciclopropenos. Por exemplo, a Figura 2.20 mostra que o valor-base do ciclopropeno sobe de 1656 cm$^{-1}$ para aproximadamente 1788 cm$^{-1}$ quando um grupo alquila é ligado à ligação dupla; com dois grupos alquila, o valor fica por volta de 1883 cm$^{-1}$.

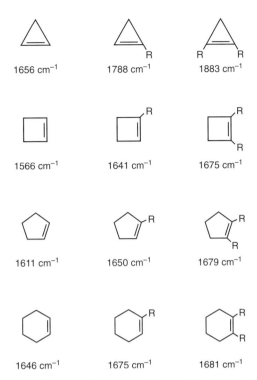

**FIGURA 2.20** Efeito da substituição de alquila na frequência de uma ligação C═C em um anel.

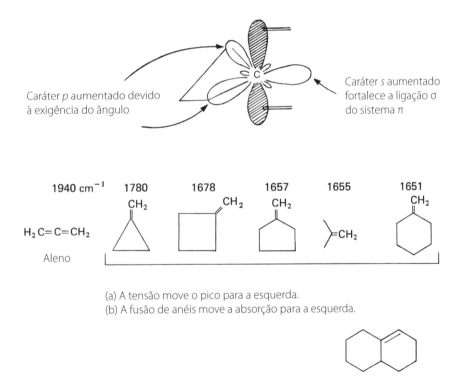

(a) A tensão move o pico para a esquerda.
(b) A fusão de anéis move a absorção para a esquerda.

**FIGURA 2.21** Vibrações do estiramento C═C em sistemas exocíclicos.

A figura mostra mais alguns exemplos. É importante notar que o tamanho do anel deve ser determinado antes de se aplicarem as regras ilustradas. Percebam, por exemplo, que as ligações duplas no 1,2-diaquilciclopenteno e no 1,2-dialquilcicloexeno absorvem praticamente no mesmo valor.

***Efeitos do tamanho do anel em ligações duplas externas.*** Ligações duplas *externas (exo)* geram um aumento na frequência de absorção com a diminuição do tamanho do anel, como mostrado na Figura 2.21. Incluiu-se aleno na figura porque é um exemplo extremo de uma absorção de ligação dupla *exo*. Anéis menores requerem o uso de maior caráter *p* para forçar as ligações C—C a formar os ângulos pequenos necessários (lembrem-se da regra: $sp = 180°$, $sp^2 = 120°$, $sp^3 = 109°$, $sp^{>3} = <109°$). Isso remove o caráter *p* da ligação sigma da ligação dupla, mas gera mais caráter *s*, assim fortalecendo e endurecendo a ligação dupla. A constante de força *K* é, então, aumentada, e a frequência de absorção também aumenta.

### Vibrações de dobramento C—H em alcenos

As ligações C—H em alcenos, ao absorverem radiação no infravermelho, podem vibrar por dobramento tanto no plano quanto fora dele. A vibração do tipo *scissoring* no plano para alcenos terminais ocorre em aproximadamente 1415 cm$^{-1}$. Essa banda aparece nesse valor como uma absorção de média a fraca, para alcenos tanto monossubstituídos como 1,1-dissubstituídos.

A informação mais valiosa sobre alcenos é obtida da análise da região de C—H fora do plano, que vai de 1000 a 650 cm$^{-1}$. Essas bandas são, em geral, os picos mais fortes do espectro. O número de absorções e suas posições no espectro podem ser utilizados para indicar o padrão de substituição na ligação dupla.

dobramento fora do plano C—H

***Ligações duplas monossubstituídas (vinil).*** Esse padrão de substituição gera duas bandas fortes, uma próxima de 990 cm$^{-1}$ e a outra próxima de 910 cm$^{-1}$ para alcenos de alquila substituídos. Uma harmônica da banda em 910 cm$^{-1}$ normalmente aparece em 1820 cm$^{-1}$ e ajuda a confirmar a presença do grupo vinil. A banda em 910 cm$^{-1}$ é deslocada para uma frequência mais baixa, em 810 cm$^{-1}$, quando um grupo ligado à dupla ligação pode liberar elétrons por um efeito de ressonância (Cl, F, OR). A banda em 910 cm$^{-1}$ move-se para uma frequência mais alta, em 960 cm$^{-1}$, quando o grupo retira elétrons por um efeito de ressonância (C=O, C≡N). O uso de vibrações fora do plano para confirmar a estrutura monossubstituída é considerado bastante confiável. A ausência dessas bandas indica, com alguma certeza, que essa característica estrutural não está presente na molécula.

***Ligações duplas cis- e trans-1,2-dissubstituída.*** Um arranjo *cis* em torno de uma ligação dupla gera uma banda forte próxima de 700 cm$^{-1}$, enquanto uma ligação dupla *trans* absorve próximo de 970 cm$^{-1}$. Esse tipo de informação pode ser valioso na atribuição da estereoquímica em torno da ligação dupla (ver Figuras 2.12 e 2.13).

***Ligações duplas 1,1-dissubstituídas.*** Uma banda forte próxima de 890 cm$^{-1}$ é obtida para uma ligação dupla *gem*-dialquilassubstituída. Quando grupos que liberam elétrons ou que retiram elétrons estão ligados à ligação dupla, verificam-se deslocamentos de frequência semelhantes aos observados em ligações duplas monossubstituídas.

***Ligações duplas trissubstituídas.*** É obtida uma banda de média intensidade próxima de 815 cm$^{-1}$.

***Ligações duplas tetrassubstituídas.*** Esses alcenos não geram nenhuma absorção nessa região por causa da ausência de um átomo de hidrogênio na ligação dupla. Além disso, a vibração do estiramento C=C é muita fraca (ou ausente), por volta de 1670 cm$^{-1}$, nesses sistemas altamente substituídos.

A Figura 2.22 mostra as vibrações do dobramento C—H fora do plano em alcenos substituídos, com as faixas de frequência.

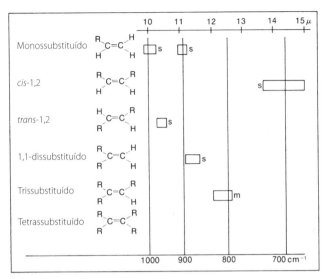

**FIGURA 2.22** Vibrações do dobramento C—H fora do plano em alcenos substituídos.

## 2.11 ANÉIS AROMÁTICOS

Compostos aromáticos apresentam várias bandas de absorção no espectro infravermelho, muitas das quais não têm valor diagnóstico. Os picos do estiramento C—H no carbono $sp^2$ aparecem em valores maiores do que 3000 cm$^{-1}$. Como as bandas de estiramento C—H em alcenos aparecem na mesma faixa, pode ser difícil usar as bandas de estiramento C—H para diferenciar entre alcenos e compostos aromáticos. Entretanto, as bandas de estiramento C=C em anéis aromáticos normalmente aparecem entre 1600 e 1450 cm$^{-1}$, fora da faixa normal onde o C=C aparece em alcenos (1650 cm$^{-1}$). Também são importantes os picos de dobramento fora do plano que aparecem entre 900 e 690 cm$^{-1}$, que, com bandas de harmônicas fracas em 2000-1667 cm$^{-1}$, podem ser usados para definir o padrão de substituição no anel.

---

### QUADRO DE ANÁLISE ESPECTRAL

**ANÉIS AROMÁTICOS**

=C—H   Estiramento em C—H $sp^2$ ocorre em valores maiores que 3000 cm$^{-1}$ (3050–3010 cm$^{-1}$).

=C—H   Dobramento fora do plano ocorre em 900–690 cm$^{-1}$. Essas bandas podem ser utilizadas, com bastante valia, para definir o padrão de substituição do anel (ver Seção de discussão).

C=C    Absorções de estiramento de anel, em geral, ocorrem aos pares em 1600 cm$^{-1}$ e 1475 cm$^{-1}$.

Bandas de harmônicas/combinação aparecem entre 2000 e 1667 cm$^{-1}$. Essas absorções *fracas* podem ser utilizadas para definir o padrão de substituição do anel (ver Seção de discussão).

**Exemplos:** tolueno (Figura 2.23), *orto*-dietilbenzeno (Figura 2.24), *meta*-dietilbenzeno (Figura 2.25), *para*-dietilbenzeno (Figura 2.26) e estireno (Figura 2.27).

**44** Introdução à espectroscopia

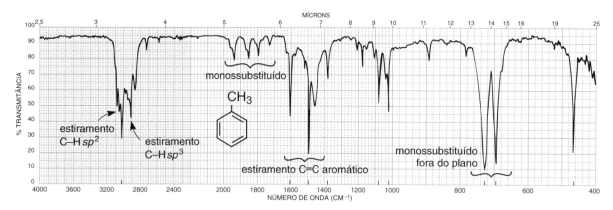

**FIGURA 2.23** Espectro infravermelho do tolueno (líquido puro, placas de KBr).

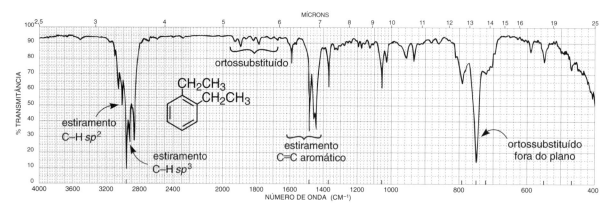

**FIGURA 2.24** Espectro infravermelho do *orto*-dietilbenzeno (líquido puro, placas de KBr).

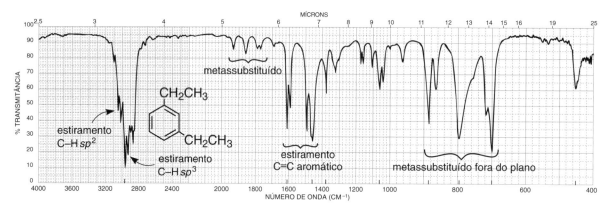

**FIGURA 2.25** Espectro infravermelho do *meta*-dietilbenzeno (líquido puro, placas de KBr).

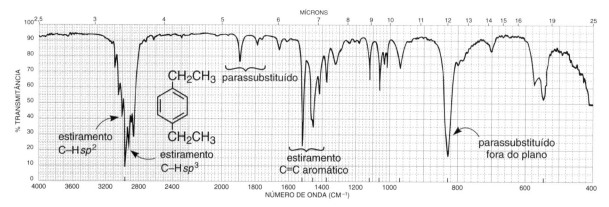

**FIGURA 2.26** Espectro infravermelho do *para*-dietilbenzeno (líquido puro, placas de KBr).

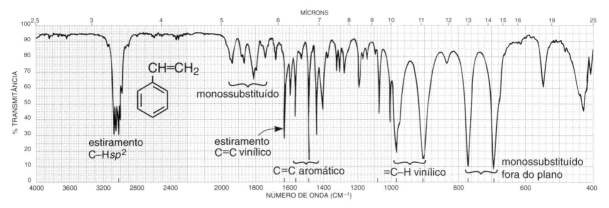

**FIGURA 2.27** Espectro infravermelho do estireno (líquido puro, placas de KBr).

## SEÇÃO DE DISCUSSÃO

*Vibrações de dobramento C—H*

As vibrações de dobramento C—H no plano ocorrem entre 1300 e 1000 cm$^{-1}$. Contudo, essas bandas dificilmente são úteis, pois se sobrepõem a outras absorções fortes que ocorrem na região.

As vibrações de dobramento C—H fora do plano, que aparecem entre 900 e 690 cm$^{-1}$, são muito mais úteis do que as bandas de dobramento no plano. Essas absorções extremamente intensas, resultantes de acoplamentos fortes com vibrações de ligações adjacentes, podem ser utilizadas para definir as posições de substituintes no anel aromático. A definição da estrutura baseada nessas vibrações de dobramento fora do plano é mais confiável para compostos aromáticos com substituintes alquila, alcoxi, halo, amino ou carbonila. Para compostos nitroaromáticos, derivados de ácidos carboxílicos aromáticos e de ácidos sulfônicos, nem sempre a interpretação é inequívoca.

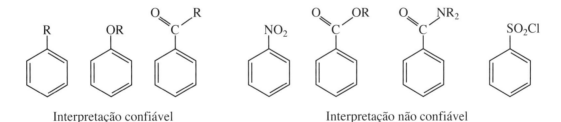

Interpretação confiável       Interpretação não confiável

***Anéis monossubstituídos.*** Esse padrão de substituição sempre gera uma forte absorção próxima de 690 cm$^{-1}$. Se essa banda estiver ausente, nenhum anel monossubstituído estará presente. Uma segunda banda forte normalmente aparece próxima de 750 cm$^{-1}$. Quando o espectro é obtido em um solvente halocarbônico, a banda em 690 cm$^{-1}$ pode ficar encoberta pelas fortes absorções do estiramento C—X. O padrão de dois picos, típico de monossubstituição, aparece nos espectros do tolueno (Figura 2.23) e do estireno (Figura 2.27). Além disso, o espectro do estireno apresenta um par de bandas dos modos de dobramento fora do plano do grupo vinil.

***Anéis orto-dissubstituídos (anéis 1,2-dissubstituídos).*** Obtém-se uma banda forte próxima de 750 cm$^{-1}$. Esse padrão é visto no espectro do *orto*-dietilbenzeno (Figura 2.24).

***Anéis meta-dissubstituídos (anéis 1,3-dissubstituídos).*** Esse padrão de substituição gera uma banda em 690 cm$^{-1}$ e outra próxima de 780 cm$^{-1}$. Uma terceira banda de intensidade média é, frequentemente, encontrada próxima de 880 cm$^{-1}$. Esse padrão é visto no espectro do *meta*-dietilbenzeno (Figura 2.25).

***Anéis para-dissubstituídos (anéis 1,4-dissubstituídos).*** Uma banda forte aparece na região entre 800 e 850 cm$^{-1}$. Esse padrão é visto no espectro do *para*-dietilbenzeno (Figura 2.26).

A Figura 2.28a mostra as vibrações de dobramento C—H fora do plano para os padrões de substituição comuns já apresentados, além de alguns outros, com as faixas de frequência. Note que as bandas que aparecem na região entre 720 e 667 cm$^{-1}$ (quadros sombreados) resultam, na verdade, de vibrações de dobramento do anel C=C fora do plano, em vez das do dobramento C—H fora do plano.

### Combinações e bandas de harmônicas

Muitas absorções *fracas* de combinação e harmônicas aparecem entre 2000 e 1667 cm$^{-1}$. O número dessas bandas, bem como suas formas, pode ser usado para dizer se é um anel aromático mono, di, tri, tetra, penta ou hexassubstituído. Podem-se distinguir também isômeros de posição. Como as absorções são fracas, observam-se melhor essas bandas usando líquidos puros ou soluções concentradas. Se o composto tem um grupo carbonila de alta frequência, essa absorção irá sobrepor as bandas de harmônicas fracas, de modo que não se poderá obter nenhuma informação útil a partir da análise da região.

A Figura 2.28b mostra os vários padrões obtidos nessa região. O padrão de monossubstituição nos espectros do tolueno (Figura 2.23) e do estireno (Figura 2.27) é particularmente útil e ajuda a confirmar os dados das vibrações fora do plano apresentados na seção anterior. Da mesma forma, os padrões *orto*, *meta* e *parassubstituídos* podem ser consistentes com as vibrações de dobramento fora do plano abordadas anteriormente. Os espectros do *orto*-dietilbenzeno (Figura 2.24), do *meta*-dietilbenzeno (Figura 2.25) e do *para*-dietilbenzeno (Figura 2.26) apresentam bandas nas regiões entre 2000 e 1667 cm$^{-1}$ e entre 900 e 690 cm$^{-1}$, o que é consistente com suas estruturas. Note, contudo, que as vibrações fora do plano são, em geral, mais úteis para fins de diagnóstico.

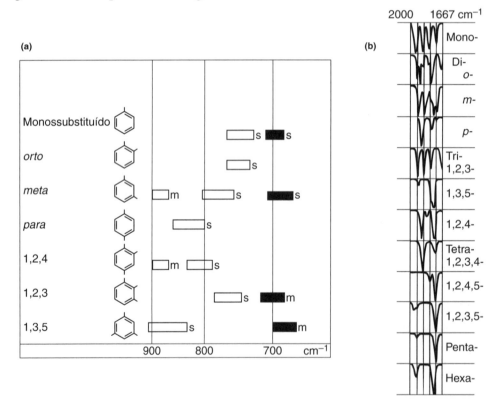

**FIGURA 2.28** (a) Vibrações do dobramento C—H fora do plano em compostos benzênicos substituídos (*s = forte*, *m = médio*) e (b) a região entre 2000 e 1667 cm$^{-1}$ em compostos benzênicos substituídos. Fonte: Dyer, John R., *Applications of Absorption Spectroscopy of Organic Compounds*, Prentice–Hall, Englewood Cliffs, N.J., 1965).

## 2.12 ALCOÓIS E FENÓIS

Alcoóis e fenóis apresentarão bandas de estiramento O—H intensas e largas centradas entre 3400 e 3300 cm$^{-1}$, envolvendo a formação extensiva de ligações de hidrogênio. Na solução, também será possível observar uma banda de estiramento O—H "livre" (sem ligação de H) em aproximadamente 3600 cm$^{-1}$ (fina e mais fraca), à esquerda do pico O—H com ligação de hidrogênio. Além disso, uma banda de estiramento C—O aparecerá no espectro entre 1260 e 1000 cm$^{-1}$.

---

**QUADRO DE ANÁLISE ESPECTRAL**

### ALCOÓIS E FENÓIS

O—H     O estiramento do O—H livre é um pico *fino* entre 3650 e 3600 cm$^{-1}$.
Essa banda aparece com o pico do O—H envolvido em ligação de hidrogênio quando o álcool é dissolvido em um solvente (ver Seção de discussão).
A banda de O—H com ligação de hidrogênio é uma banda *larga* em 3400-3300 cm$^{-1}$. Essa banda é normalmente a única presente em um álcool que não tenha sido dissolvido em um solvente (líquido puro). Quando o álcool é dissolvido em um solvente, tanto as bandas do O—H livre como as do O—H ligadas por ligação de hidrogênio estão presentes, estando à esquerda a banda de O—H livre relativamente fraca (ver Seção de discussão).

C—O—H     O dobramento aparece como um pico largo e fraco em 1440-1220 cm$^{-1}$, frequentemente mascarado pelos dobramentos CH$_3$.

C—O     A vibração de estiramento normalmente ocorre na faixa de 1260 a 1000 cm$^{-1}$. Essa banda pode ser utilizada para definir uma estrutura primária, secundária ou terciária de um álcool (ver Seção de discussão).

**Exemplos:** O estiramento do O—H ligado via ligação de hidrogênio está presente nas amostras de líquido puro de 1-hexanol (Figura 2.29), 2-butanol (Figura 2.30) e *para*-cresol (Figura 2.31).

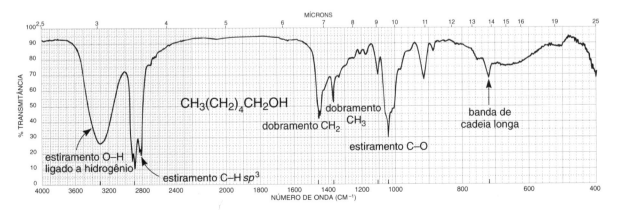

**FIGURA 2.29** Espectro infravermelho de 1-hexanol (líquido puro, placas de KBr).

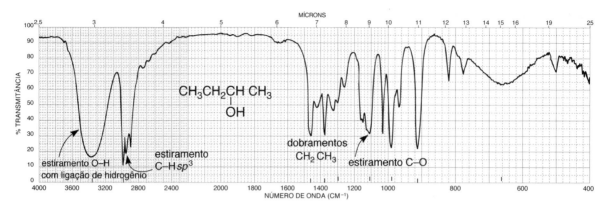

**FIGURA 2.30** Espectro infravermelho de 2-butanol (líquido puro, placas de KBr).

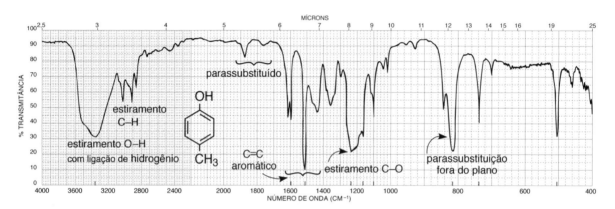

**FIGURA 2.31** Espectro infravermelho de *para*-cresol (líquido puro, placas de KBr).

## SEÇÃO DE DISCUSSÃO

*Vibrações de estiramento O—H*

Quando alcoóis e fenóis são analisados como filmes dos líquidos puros, como é prática comum, obtém-se uma banda do estiramento O—H com ligação intermolecular de hidrogênio na faixa entre 3400 e 3300 cm$^{-1}$. A Figura 2.32a mostra essa banda, que é observada no espectro do 1-hexanol (Figura 2.29) e do 2-butanol (Figura 2.30). Fenóis também apresentam a banda de O—H com ligação de hidrogênio (Figura 2.31). À medida que o álcool é diluído em tetracloreto de carbono, uma banda fina do estiramento O—H "livre" (sem ligação de hidrogênio) aparece em aproximadamente 3600 cm$^{-1}$, à esquerda da banda mais larga (Figura 2.32b). Quando a solução é ainda mais diluída, a banda larga devida à ligação de hidrogênio intermolecular é consideravelmente reduzida, deixando como banda principal a absorção do estiramento O—H livre (Figura 2.32c). Ligações intermoleculares de hidrogênio enfraquecem a ligação O—H, deslocando assim a banda para uma frequência mais baixa (de menor energia).

Alguns pesquisadores usaram a posição da banda de estiramento O—H livre para definir estruturas primária, secundária ou terciária de alcoóis. Por exemplo, o estiramento de O—H livre ocorre próximo de 3640, 3630, 3620 e 3610 cm$^{-1}$ para, respectivamente, alcoóis primários, alcoóis secundários, alcoóis terciários e fenóis. Essas absorções podem ser analisadas somente com a expansão da região de estiramento O—H e sua cuidadosa calibração. Nas condições normais e rotineiras de laboratório, essas distinções sutis são pouco úteis. Podem-se obter informações muito mais úteis das vibrações do estiramento C—O.

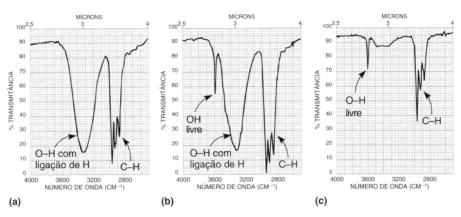

**FIGURA 2.32** Região do estiramento O—H. (a) Apenas O—H com ligação de hidrogênio (líquido puro), (b) O—H livre e com ligação de hidrogênio (solução diluída) e (c) O—H livre e com ligação de hidrogênio (solução muito diluída).

Ligações de hidrogênio intramoleculares, presentes em fenóis com substituintes carbonílicos em *orto*, normalmente deslocam a banda larga de O—H para uma frequência mais baixa. Por exemplo, a banda O—H é centrada em aproximadamente 3200 cm$^{-1}$ no espectro do salicilato de metila na forma de líquido puro, enquanto as bandas de O—H de fenóis normais são centradas por volta de 3350 cm$^{-1}$. A posição da banda devida a uma ligação de hidrogênio intramolecular não é deslocada significativamente nem mesmo em uma diluição alta, pois a ligação de H interna não é alterada por uma mudança na concentração.

Salicilato de metila

Apesar de fenóis frequentemente apresentarem bandas O—H mais largas do que os alcoóis, é difícil definir uma estrutura baseada nessa absorção; usam-se a região C═C e a vibração de estiramento C—O (que será abordada em breve) para definir uma estrutura fenólica. Por fim, também ocorrem nessa região as vibrações de estiramento O—H em ácidos carboxílicos. Eles podem ser facilmente diferenciados dos alcoóis e fenóis pela presença de uma banda muito larga, que vai de 3400 a 2400 cm$^{-1}$, e pela presença de uma absorção da carbonila (ver Seção 2.14D).

### Vibrações de dobramento C—O—H

Essa vibração de dobramento é acoplada às vibrações de dobramento H—C—H, produzindo alguns picos fracos e largos na região entre 1440 e 1220 cm$^{-1}$. É difícil observar esses picos largos, pois normalmente ficam encobertos pelos picos de dobramento de CH$_3$, que absorvem mais intensamente e aparecem em 1375 cm$^{-1}$ (ver Figura 2.29).

### Vibrações de estiramento C—O

Observam-se vibrações de estiramento C—O, com ligação simples, na faixa entre 1260 e 1000 cm$^{-1}$. Como as absorções C—O são acopladas com as vibrações de estiramento C—C adjacentes, a posição da banda pode ser usada para definir uma estrutura primária, secundária ou terciária de um álcool ou para determinar se um composto fenólico está presente. A Tabela 2.7 apresenta as bandas de absorção esperadas das vibrações de estiramento C—O em alcoóis e fenóis. Para efeito de comparação, também são indicados os valores do estiramento O—H.

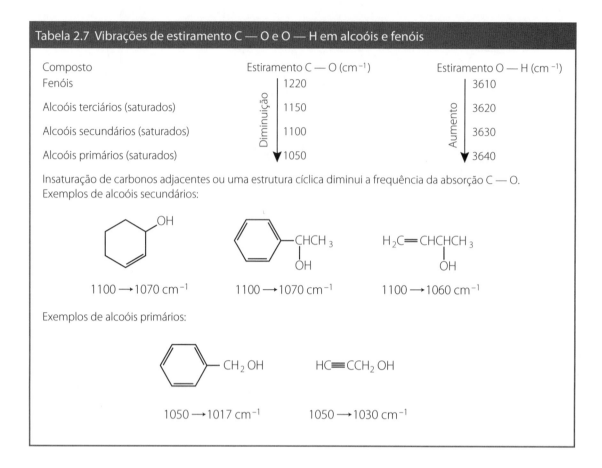

O espectro do 1-hexanol, um álcool primário, tem sua absorção C—O em 1058 cm$^{-1}$ (Figura 2.29), enquanto o 2-butanol, um álcool secundário, tem sua absorção C—O em 1109 cm$^{-1}$ (Figura 2.30). Assim, ambos os alcoóis têm suas bandas C—O próximas do valor esperado apresentado na Tabela 2.7. Os fenóis apresentam uma absorção devida a C—O em aproximadamente 1220 cm$^{-1}$ por causa da conjugação do oxigênio com o anel, que move a banda para uma energia maior (com características mais de ligação dupla). Além dessa banda, normalmente se vê uma absorção de dobramento O—H no plano próxima de 1360 cm$^{-1}$ em amostras puras de fenóis. Essa última banda é também encontrada em alcoóis analisados como líquidos puros (não diluídos), a qual normalmente sobrepõe a vibração de dobramento C—H do grupo metila em 1375 cm$^{-1}$.

Os números da Tabela 2.7 devem ser considerados valores-*base*. Essas absorções C—O são movidas para frequências mais baixas quando há insaturação nos átomos de carbono adjacentes ou quando O—H está ligada ao anel. Diferenças de 30 a 40 cm$^{-1}$ em relação aos valores-base são comuns, como se vê em alguns exemplos selecionados na Tabela 2.7.

## 2.13 ÉTERES

Éteres apresentam ao menos uma banda C—O na faixa de 1300 a 1000 cm$^{-1}$. Podem-se diferenciar éteres alifáticos simples de alcanos pela presença da banda C—O. Em todos os outros aspectos, o espectro de éteres simples é muito similar ao dos alcanos. Nesta seção, abordam-se éteres aromáticos, epóxidos e acetais.

## QUADRO DE ANÁLISE ESPECTRAL

### ÉTERES

C—O     A banda mais importante é a que surge por causa do estiramento C—O, 1300-1000 cm$^{-1}$. A ausência de C=O e O—H é necessária para garantir que o estiramento C—O não se deve a um éster ou a um álcool. Éteres fenilalquílicos geram duas bandas fortes em aproximadamente 1250 e 1040 cm$^{-1}$, enquanto éteres alifáticos geram uma banda forte em aproximadamente 1120 cm$^{-1}$.

**Exemplos:** éter dibutílico (Figura 2.33) e anisol (Figura 2.34).

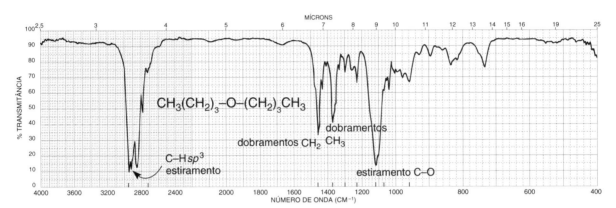

**FIGURA 2.33** Espectro infravermelho de éter dibutílico (líquido puro, placas de KBr).

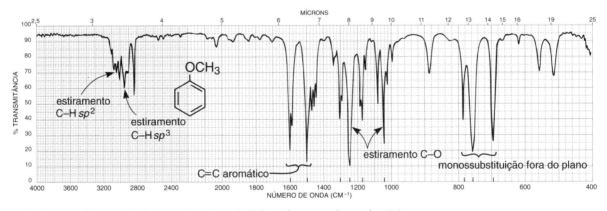

**FIGURA 2.34** Espectro infravermelho de anisol (líquido puro, placas de KBr).

## SEÇÃO DE DISCUSSÃO

Éteres e compostos afins, como epóxidos, acetais e cetais, geram absorções de estiramento C—O—C entre 1300 e 1000 cm$^{-1}$. Alcoóis e ésteres também geram absorções C—O fortes nessa região, e tais possibilidades devem ser eliminadas observando a ausência de bandas na região do estiramento O—H (Seção 2.12) e do estiramento C=O (Seção 2.14), respectivamente. Em geral, encontram-se éteres com frequências maiores que epóxidos, acetais e cetais.

R—O—R    Ar—O—R    CH₂=CH—O—R    RCH—CHR (epóxido)    R—C(O—R)(O—R)—H (R)

Éteres dialquílicos    Éteres arílicos    Éteres vinílicos    Epóxidos    Acetais (cetais)

***Éteres dialquílicos***. A vibração de estiramento C—O—C assimétrico leva a uma única absorção forte, em aproximadamente 1120 cm$^{-1}$, como visto no espectro do éter dibutílico (Figura 2.33). A banda de estiramento simétrico em aproximadamente 850 cm$^{-1}$ é quase sempre muito fraca. A absorção C—O—C assimétrica também ocorre em aproximadamente 1120 cm$^{-1}$ em um anel de seis membros que contenha oxigênio.

***Éteres arílicos e vinílicos***. Éteres alquil-arílicos geram *duas* bandas fortes: um estiramento C—O—C assimétrico próximo de 1250 cm$^{-1}$ e um estiramento simétrico próximo de 1040 cm$^{-1}$, como visto no espectro do anisol (Figura 2.34). Éteres alquilvinílicos também geram duas bandas: uma banda forte atribuída a uma vibração de estiramento assimétrico em aproximadamente 1220 cm$^{-1}$ e uma banda muito fraca devida a um estiramento simétrico em aproximadamente 850 cm$^{-1}$.

Por ressonância, pode-se explicar a mudança nas frequências de estiramento assimétrico em éteres arílicos e vinílicos para valores mais altos do que os que foram encontrados em éteres dialquílicos. Por exemplo, a banda C—O em éteres alquilvinílicos é deslocada para uma frequência mais alta (1220 cm$^{-1}$) em razão de sua característica de ligação dupla, o que fortalece a ligação. Em éteres dialquílicos, a absorção ocorre em 1120 cm$^{-1}$. Além disso, como a ressonância aumenta o caráter polar da ligação dupla C=C, a banda por volta de 1640 cm$^{-1}$ é consideravelmente mais forte do que a absorção C=C normal (Seção 2.10B).

[CH₂=CH—Ö—R ↔ :C̄H₂—CH=Ö⁺—R]    R—Ö—R

Ressonância 1220 cm$^{-1}$    Sem ressonância 1120 cm$^{-1}$

***Epóxidos***. Esses compostos de anéis pequenos geram uma banda de estiramento de anel *fraca* (modo de respiração) entre 1280 e 1230 cm$^{-1}$. Mais importantes ainda são as duas bandas *fortes* de deformação de anel: uma entre 950 e 815 cm$^{-1}$ (assimétrica) e a outra entre 880 e 750 cm$^{-1}$ (simétrica). Em epóxidos monossubstituídos, essa última banda aparece no extremo superior da faixa, frequentemente próxima de 835 cm$^{-1}$. Epóxidos dissubstituídos têm absorção no extremo inferior da faixa, perto de 775 cm$^{-1}$.

***Acetais e cetais***. Moléculas que contêm ligações cetais ou acetais com frequência geram, respectivamente, *quatro ou cinco bandas fortes* na região entre 1200 e 1020 cm$^{-1}$. Essas bandas quase nunca são conclusivas.

## 2.14 COMPOSTOS CARBONÍLICOS

O grupo carbonila está presente em aldeídos, cetonas, ácidos, ésteres, amidas, cloretos de ácidos e anidridos. Esse grupo absorve com muita intensidade entre 1850 e 1650 cm$^{-1}$ em razão de sua grande mudança no momento de dipolo. Como a frequência de estiramento do grupo C=O é sensível aos átomos a ele ligados, os grupos funcionais comuns, já mencionados, absorvem em valores característicos. A Figura 2.35 apresenta os valores-base normais para as vibrações de estiramento C=O dos vários grupos funcionais. A frequência C=O de uma cetona, que fica por volta da metade da faixa, é normalmente considerada ponto de referência para comparações entre esses valores.

| ← | | | cm⁻¹ | | | | → |
|---|---|---|---|---|---|---|---|
| 1810 | 1800 | 1760 | 1735 | 1725 | 1715 | 1710 | 1675 |
| Anidrido (banda 1) | Cloreto de ácido | Anidrido (banda 2) | Éster | Aldeído | Cetona | Ácido carboxílico | Amida |

**FIGURA 2.35** Valores-base normais para as vibrações de estiramento C=O de grupos carbonila.

Pode-se explicar a faixa de valores apresentada na Figura 2.35 por efeitos de retirada de elétrons (efeitos indutivos), efeitos de ressonância e ligação de hidrogênio. Os dois primeiros efeitos operam de maneiras opostas na frequência de estiramento C=O. Primeiro, um elemento eletronegativo tende a atrair os elétrons entre os átomos de carbono e oxigênio por seu efeito de retirada de elétrons, de forma que a ligação C=O fique, de alguma maneira, mais forte. Resulta disso uma frequência de absorção mais alta (energia mais alta). Como o oxigênio é mais eletronegativo do que o carbono, esse efeito é dominante em um éster, o que deixa a frequência C=O mais alta do que em uma cetona. Segundo, pode-se observar um efeito de ressonância quando elétrons do par isolado em um átomo de nitrogênio conjugam-se com o grupo carbonila, resultando no aumento do caráter de ligação simples e na diminuição da frequência de absorção C=O. Pode-se observar esse segundo efeito em uma amida. Como o nitrogênio é menos eletronegativo do que um átomo de oxigênio, ele pode acomodar mais facilmente uma carga positiva. A estrutura de ressonância apresentada aqui introduz um caráter de ligação simples no grupo C=O e, portanto, deixa a frequência de absorção mais baixa do que a de uma cetona.

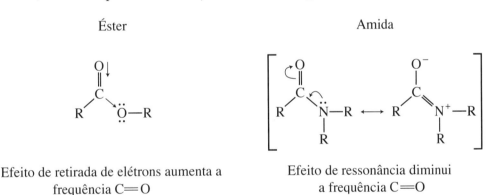

Em cloretos de ácidos, o átomo de halogênio altamente eletronegativo fortalece a ligação C=O por um efeito indutivo aumentado e move a frequência para valores ainda mais altos do que os encontrados em ésteres. Anidridos são, da mesma maneira, deslocados para frequências mais altas do que as encontradas em ésteres por causa da concentração de átomos eletronegativos de oxigênio. Além disso, anidridos geram duas bandas de absorção, que são devidas às vibrações de estiramento simétrico e assimétrico (Seção 2.3).

Um ácido carboxílico existe em forma monomérica *apenas* em uma solução muito diluída, e ele absorve em aproximadamente 1760 cm⁻¹ por causa do efeito de retirada de elétrons que acabamos de abordar. Contudo, ácidos em soluções concentradas, na forma de líquido puro ou em estado sólido (pastilhas de KBr e Nujol) tendem a dimerizar pela ligação de hidrogênio. A dimerização enfraquece a ligação C=O e diminui a constante de força de estiramento $K$, resultando na diminuição da frequência da carbonila de ácidos saturados para aproximadamente 1710 cm⁻¹.

Cetonas absorvem em frequência mais baixa do que aldeídos por causa do grupo alquila adicional, que é doador de elétrons (comparado a H) e fornece elétrons para a ligação C=O. Esse efeito de liberação de elétrons enfraquece a ligação C=O na cetona e diminui a constante de força e a frequência de absorção.

### A. Fatores que influenciam a vibração de estiramento C=O

**Efeitos de conjugação.** A introdução de uma ligação C=C adjacente a um grupo carbonila resulta no deslocamento de elétrons π nas ligações C=O e C=C. Essa conjugação aumenta o caráter de ligação simples das ligações C=O e C=C no híbrido de ressonância e, assim, diminui suas constantes de força, resultando na diminuição das frequências de absorção da carbonila e da ligação dupla. Conjugações com ligações triplas também apresentam esse efeito.

Geralmente, a introdução de uma ligação dupla $\alpha,\beta$ em um composto carbonílico resulta na diminuição de 25 a 45 cm$^{-1}$ da frequência C=O se comparado ao valor-base apresentado na Figura 2.35. Uma diminuição semelhante ocorre quando se introduz um grupo arílico adjacente. Uma nova adição de insaturação ($\gamma,\delta$) resulta em um novo deslocamento para frequência mais baixa, mas apenas de 15 cm$^{-1}$. Além disso, a absorção C=C move-se de seu estado "normal", aproximadamente de 1650 cm$^{-1}$, para um valor mais baixo de frequência, por volta de 1640 cm$^{-1}$, e a absorção C=C é bastante intensificada. Em muitos casos, observam-se dois picos de absorção C=O pouco espaçados nesses sistemas conjugados, resultado de duas possíveis conformações: *s-cis* e *s-trans*. A *s-cis* absorve em uma frequência mais alta do que a *s-trans*. Em alguns casos, a banda de absorção C=O é alargada em vez de separada em dubleto.

Os exemplos a seguir indicam os efeitos de conjugação na frequência C=O.

cetona $\alpha,\beta$ insaturada
1715 → 1690 cm$^{-1}$

aldeído arilsubstituído
1725 → 1700 cm$^{-1}$

ácido arilsubstituído
1710 → 1680 cm$^{-1}$

Uma conjugação não reduz a frequência de C=O nas amidas. A introdução de insaturação $\alpha,\beta$ causa um *aumento na frequência* em comparação ao valor-base apresentado na Figura 2.35. Aparentemente, a introdução de átomos de carbono com hibridização $sp^2$ diminui a densidade eletrônica do grupo carbonila e fortalece a ligação em vez de interagir por ressonância, como nos outros exemplos de carbonila. Como o grupo amida original já está altamente estabilizado, a introdução de insaturação C=C não supera essa ressonância.

**Efeitos do tamanho do anel.** Anéis de seis membros com grupos carbonila não são tensionados e absorvem mais ou menos nos valores apresentados na Figura 2.35. Diminuir o tamanho do anel *aumenta a frequência* da absorção C=O pelos motivos abordados na Seção 2.10 (vibrações de estiramento C=C e ligações duplas exocíclicas). Todos os grupos funcionais listados na Figura 2.35, que podem formar anéis, geram frequências de absorção maiores com o aumento da tensão do anel. Para cetonas e ésteres, várias vezes ocorre um aumento de 30 cm$^{-1}$ na frequência para cada carbono removido do anel de seis membros sem tensão. Alguns exemplos:

Cetona cíclica
1715 → 1745 cm$^{-1}$

Cetona cíclica
1715 → 1780 cm$^{-1}$

Éster cíclico
(lactona)
1735 → 1770 cm$^{-1}$

Amida cíclica
(lactam)
1690 → 1705 cm$^{-1}$

Em cetonas, anéis maiores têm frequências que vão de valores praticamente idênticos aos da cicloexanona (1715 cm$^{-1}$) a valores ligeiramente abaixo de 1715 cm$^{-1}$. Por exemplo, uma cicloeptanona absorve por volta de 1705 cm$^{-1}$.

**Efeitos de substituição α.** Quando o carbono próximo ao grupo carbonila é substituído por um átomo de cloro (ou outro halogênio), a banda da carbonila move-se para uma *frequência mais alta*. O efeito de retirada de elétrons remove elétrons do carbono da ligação C=O. Essa remoção é compensada por um fortalecimento da ligação π (encurtamento), que aumenta a constante de força e leva a um aumento na frequência de absorção. Esse efeito vale para todos os compostos carbonílicos.

Em cetonas, quando ocorre a introdução de um átomo de cloro adjacente ao grupo carbonila, aparecem duas bandas: uma devida à conformação em que o cloro está próximo ao grupo carbonila e a outra decorrente da conformação em que o cloro está longe do grupo. Quando o cloro está próximo da carbonila, elétrons do par isolado do átomo de oxigênio são repelidos, resultando em uma ligação mais forte e em uma frequência de absorção mais alta. Pode-se usar esse tipo de informação para estabelecer uma estrutura em sistemas com anéis rígidos, como os exemplos a seguir:

Cloro axial
~1725 cm$^{-1}$

Cloro equatorial
~1750 cm$^{-1}$

**Efeitos de ligação de hidrogênio**. Ligações de hidrogênio com um grupo carbonila alongam a ligação C=O e diminuem a constante de força de estiramento K, resultando na *diminuição* da frequência de absorção. Exemplos desse efeito são a redução da frequência C=O do dímero ácido carboxílico e a diminuição da frequência C=O de éster no salicilato de metila causada pela ligação de hidrogênio intramolecular:

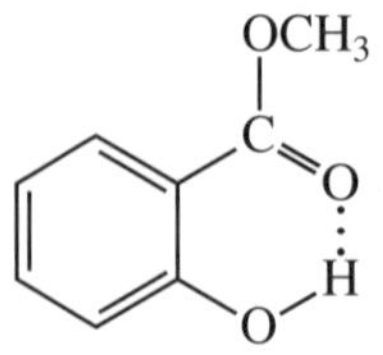

salicilato de metila
1680 cm$^{-1}$

*B. Aldeídos*

Aldeídos apresentam uma banda muito forte do grupo carbonila (C=O), na faixa entre 1740 e 1725 cm$^{-1}$, no caso de aldeídos alifáticos simples. Essa banda se desloca para frequências mais baixas quando há conjugação com uma ligação C=C ou um grupo fenila. Pode-se observar um dubleto muito importante na região de estiramento C—H do aldeído próximo de 2850 e 2750 cm$^{-1}$. A presença desse dubleto permite que se distingam os aldeídos de outros compostos carbonílicos.

---

**QUADRO DE ANÁLISE ESPECTRAL**

**ALDEÍDOS**

C=O

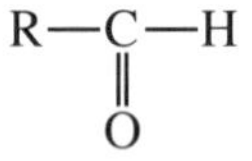

R—CHO — Estiramento C=O aparece na faixa de 1740 a 1725 cm$^{-1}$ em aldeídos alifáticos normais.

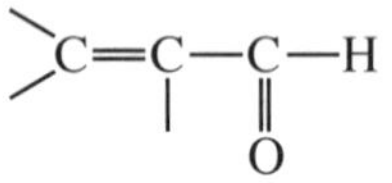

C=C—CHO — Conjugação de C=O com C=C α,β; 1700–1680 cm$^{-1}$ em C=O e 1640 cm$^{-1}$ em C=C.

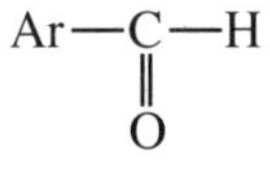

Ar—CHO — Conjugação de C=O com fenila; 1700–1660 cm$^{-1}$ em C=O e 1600-1450 cm$^{-1}$ do anel.

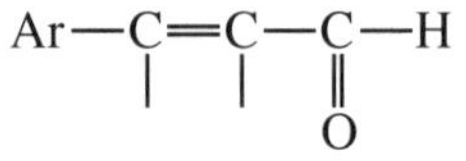

Ar—C=C—CHO — Sistema em conjugação mais longa; 1680 cm$^{-1}$ para C=O.

C—H — Estiramento de C—H de aldeído (—CHO) consiste em um par de bandas fracas, uma em 2860–2800 cm$^{-1}$ e a outra em 2760-2700 cm$^{-1}$. É mais fácil ver a banda de frequência mais baixa porque não está encoberta pelas bandas de C—H da cadeia alquílica. O estiramento C—H de aldeído, de frequência mais alta, fica normalmente mascarado pelas bandas C—H alifáticas.

**Exemplos:** nonanal (Figura 2.36), crotonaldeído (Figura 2.37) e benzaldeído (Figura 2.38).

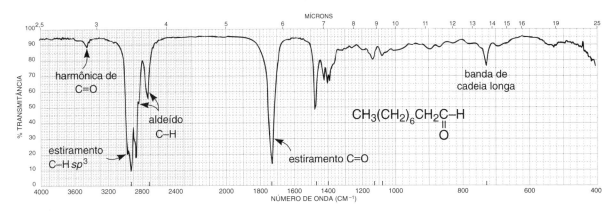

**FIGURA 2.36** Espectro infravermelho de nonanal (líquido puro, placas de KBr).

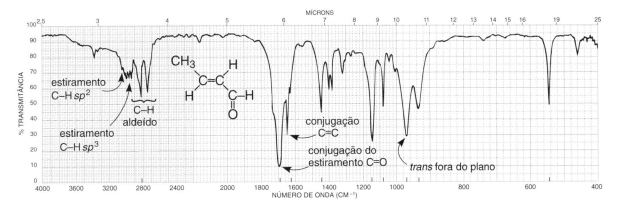

**FIGURA 2.37** Espectro infravermelho de crotonaldeído (líquido puro, placas de KBr).

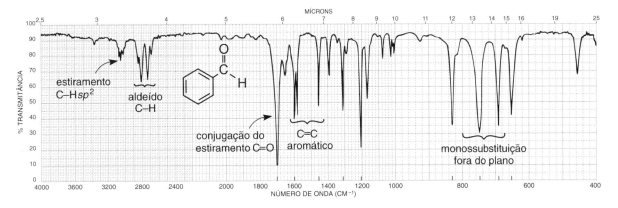

**FIGURA 2.38** Espectro infravermelho de benzaldeído (líquido puro, placas de KBr).

## SEÇÃO DE DISCUSSÃO

O espectro do nonanal (Figura 2.36) exibe a frequência de estiramento normal em 1725 cm$^{-1}$. Como as posições dessas absorções não são muito diferentes daquelas das cetonas, talvez haja alguma dificuldade para distinguir aldeídos de cetonas. A conjugação do grupo carbonila com um arílico ou uma ligação dupla $\alpha,\beta$ move a banda de estiramento C=O normal para uma frequência mais baixa (1700-1680 cm$^{-1}$), como previsto na Seção 2.14A (Efeitos de Conjugação). Vê-se esse efeito no crotonaldeído (Figura 2.37), que tem insaturação $\alpha,\beta$, e no benzaldeído (Figura 2.38), em que um grupo arílico está ligado diretamente ao grupo carbonila. A halogenação no carbono $\alpha$ leva a uma frequência mais alta do grupo carbonila.

As vibrações do estiramento C—H encontradas nos aldeídos (—CHO) por volta de 2750 e 2850 cm$^{-1}$ são extremamente importantes para distinguir cetonas e aldeídos. As faixas típicas dos pares de bandas C—H são de 2860-2800 e 2760-2700 cm$^{-1}$. A banda em 2750 cm$^{-1}$ é provavelmente a mais útil do par, pois aparece em uma região em que estão ausentes outras absorções de C—H (CH$_3$, CH$_2$ etc.). A banda em 2850 cm$^{-1}$ normalmente sobrepõe outras bandas C—H, e não é tão fácil vê-la (ver Figura 2.36). Se a banda em 2750 cm$^{-1}$ estiver presente com a absorção C=O de valor adequado, é quase certa a presença de um grupo funcional aldeído.

O dubleto observado na faixa de 2860 a 2700 cm$^{-1}$ de um aldeído é resultado da ressonância de *Fermi* (ver Seção 2.3). A segunda banda aparece quando a vibração do *estiramento* C—H se acopla à primeira harmônica da vibração de *dobramento* do C–H do aldeído de média intensidade, que surge na faixa de 1400 a 1350 cm$^{-1}$.

A absorção de média intensidade no nonanal (Figura 2.36), em 1460 cm$^{-1}$, deve-se à vibração do tipo *scissoring* (dobramento) do grupo CH$_2$ próximo do grupo carbonila. Grupos metileno geralmente absorvem com mais intensidade quando estão diretamente ligados a um grupo carbonila.

## C. Cetonas

Cetonas apresentam uma banda muito forte do grupo C=O, que aparece na faixa de 1720 a 1708 cm$^{-1}$ em cetonas alifáticas simples. Essa banda move-se para frequências mais baixas quando há conjugação com um C=C ou um grupo fenila. Um átomo de halogênio α deslocará a frequência C=O para um valor mais alto. A tensão do anel desloca a absorção para uma frequência mais alta em cetonas cíclicas.

---

**QUADRO DE ANÁLISE ESPECTRAL**

**CETONAS**

C=O

R—C(=O)—H — Estiramento C=O aparece na faixa de 1720 a 1708 cm$^{-1}$ em cetonas alifáticas normais.

C=C—C(=O)—H — Conjugação de C=O com C=C α,β; 1700-1675 cm$^{-1}$ para C=O e 1644-1617 cm$^{-1}$ para C=C.

Ar—C(=O)—H — Conjugação de C=O com fenil; 1700-1680 cm$^{-1}$ para C=O e 1600-1450 cm$^{-1}$ do anel.

Ar—C(=O)—H — Conjugação com dois anéis aromáticos; 1670-1600 cm$^{-1}$ para C=O.

(cíclico) C=O — Cetonas cíclicas; frequência C=O aumenta com a redução do tamanho do anel.

C—C(=O)—C — Dobramento surge como um pico de média intensidade na faixa de 1300 a 1100 cm$^{-1}$.

**Exemplos:** 3-metil-2-butanona (Figura 2.4), óxido de mesitila (Figura 2.39), acetofenona (Figura 2.40), ciclopentanona (Figura 2.41) e 2,4-pentanodiona (Figura 2.42).

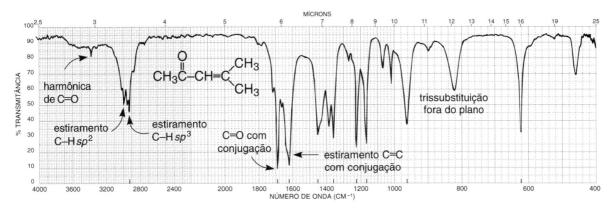

**FIGURA 2.39** Espectro infravermelho de óxido de mesitila (líquido puro, placas de KBr).

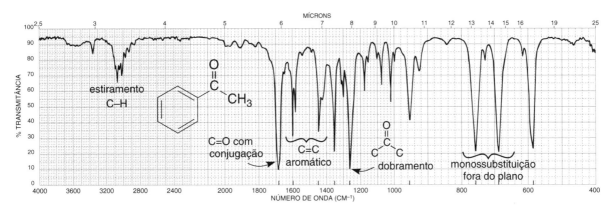

**FIGURA 2.40** Espectro infravermelho de acetofenona (líquido puro, placas de KBr).

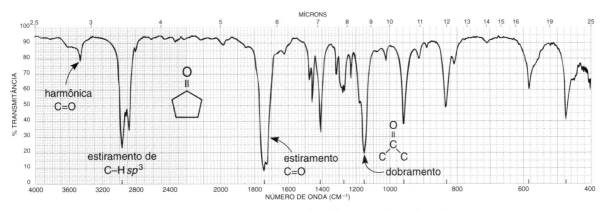

**FIGURA 2.41** Espectro infravermelho de ciclopentanona (líquido puro, placas de KBr).

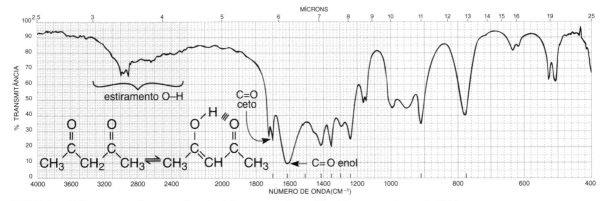

**FIGURA 2.42** Espectro infravermelho de 2,4-pentanodiona (líquido puro, placas de KBr).

## SEÇÃO DE DISCUSSÃO

***Bandas C=O normais.*** O espectro do 3-metil-2-butanona (Figura 2.4) exibe uma frequência de estiramento de cetona normal, ou não conjugada, em 1715 cm$^{-1}$. Uma banda harmônica muito fraca do C=O (1715 cm$^{-1}$) aparece duas vezes a frequência da absorção C=O (3430 cm$^{-1}$). Não se devem confundir bandas fracas desse tipo com absorções O—H, que também aparecem próximas desse valor. As absorções de estiramento O—H são *muito mais intensas*.

***Efeitos de conjugação.*** A conjugação do grupo carbonila com um grupo arílico ou uma ligação dupla α,β move a banda de estiramento C=O normal (1715 cm$^{-1}$) para uma frequência mais baixa (1700-1675 cm$^{-1}$), como previsto na Seção 2.14A. Isômeros rotacionais podem levar a uma separação ou alargamento da banda carbonila. Vê-se o efeito de conjugação na banda C=O no óxido de mesitilo (Figura 2.39), que tem uma insaturação α,β, e na acetofenona (Figura 2.40), em que um grupo arílico está ligado ao grupo carbonila. Ambos exibem mudanças do C=O para frequências mais baixas. A Figura 2.43 apresenta algumas bandas típicas de estiramento C=O, demonstrando a influência da conjugação.

***Cetonas cíclicas (tensão de anel).*** A Figura 2.44 oferece alguns valores de absorções C=O em cetonas cíclicas. Note que a tensão do anel move os valores de absorção para uma frequência mais alta, como previsto na Seção 2.14A. Inclui-se a cetena na Figura 2.44 por ser um exemplo extremo de uma absorção de ligação dupla *exo*. O caráter *s* do grupo C=O aumenta conforme diminui o tamanho do anel, até chegar a um valor máximo, encontrado no carbono da carbonila com hibridização *sp* na cetena. O espectro da ciclopentanona (Figura 2.41) mostra como a tensão do anel aumenta a frequência do grupo carbonila.

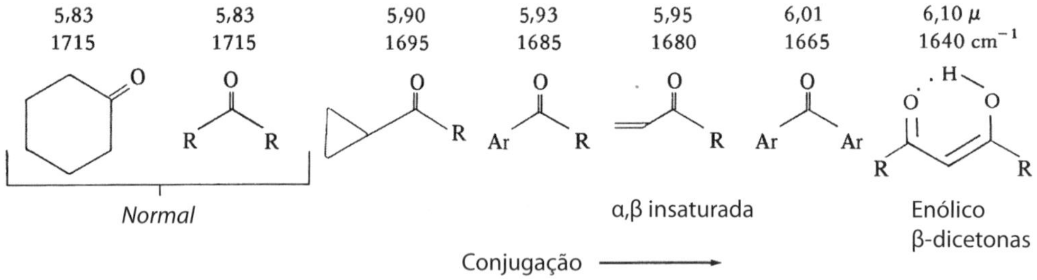

**FIGURA 2.43** Vibrações de estiramento C=O em cetonas conjugadas.

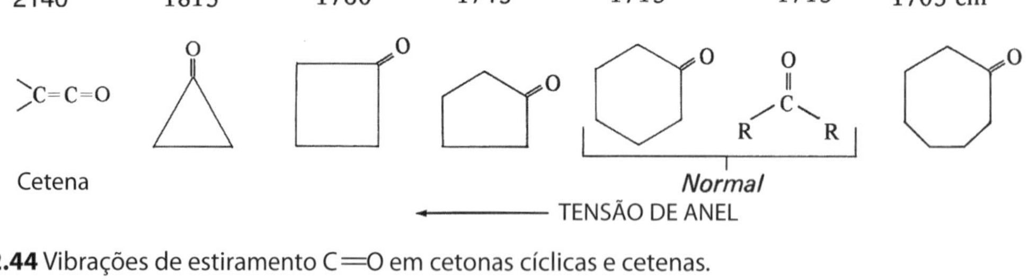

**FIGURA 2.44** Vibrações de estiramento C=O em cetonas cíclicas e cetenas.

***α-dicetonas (1,2-dicetonas).*** Dicetonas não conjugadas que têm dois grupos carbonila adjacentes apresentam um pico de absorção forte em aproximadamente 1716 cm$^{-1}$. Se os dois grupos carbonila forem conjugados com anéis aromáticos, a absorção se moverá para um valor de frequência mais baixo, por volta de 1680 cm$^{-1}$. Nesse caso, em vez de um único pico, pode-se observar um dubleto bem próximo, por causa das absorções simétrica e assimétrica.

CH₃—C(=O)—C(=O)—CH₃            Ph—C(=O)—C(=O)—Ph

1716 cm⁻¹                          1680 cm⁻¹

***β-dicetonas (1,3-dicetonas)***. Dicetonas com grupos carbonila localizados em 1,3 podem produzir um padrão mais complicado do que o observado na maioria das cetonas (2,4-pentanodiona, Figura 2.42). Essas β-dicetonas, por vezes, exibem tautomerização, o que produz uma mistura de equilíbrio de tautômeros enol e ceto. Como muitas β-dicetonas contêm grandes quantidades da forma enol, podem-se observar picos de carbonila tanto em tautômeros enol como ceto.

Tautômero ceto
dubleto C=O
1723 cm⁻¹ (estiramento simétrico)
1706 cm⁻¹ (estiramento assimétrico)

Tautômero enol
C=O (ligação de H), 1622 cm⁻¹
O—H (ligação de H), 3200–2400 cm⁻¹

O grupo carbonila na forma enólica aparece por volta de 1622 cm⁻¹, estando substancialmente deslocado e intensificado em comparação ao valor normal de cetona, 1715 cm⁻¹. A mudança ocorre em virtude da ligação de hidrogênio intramolecular, como apontado na Seção 2.14A. A ressonância, contudo, também contribui para a diminuição da frequência da carbonila na forma enólica. Esse efeito introduz um caráter de ligação simples na forma enólica.

Observa-se um estiramento O—H fraco e largo na forma enólica em 3200–2400 cm⁻¹. Como a forma ceto também está presente, observa-se um par das frequências de estiramento simétrico e assimétrico dos grupos carbonila (Figura 2.42). As intensidades relativas das absorções carbonila enol e ceto dependem das porcentagens presentes no equilíbrio. Frequentemente observam-se grupos carbonila com ligação de H nas formas enólicas na região 1640–1570 cm⁻¹. Em geral, as formas ceto aparecem como dubleto na faixa de 1730 a 1695 cm⁻¹.

***α-halocetonas***. A substituição por átomo de halogênio no carbono α desloca o pico de absorção carbonila para uma frequência mais alta, como abordado na Seção 2.14A. Mudanças similares ocorrem com outros grupos que tiram elétrons, como um grupo alcoxi (—O—CH₃). Por exemplo, o grupo carbonila na cloroacetona aparece em 1750 cm⁻¹, enquanto na metoxiacetona aparece em 1731 cm⁻¹. Quando está ligado o átomo de flúor, mais eletronegativo, a frequência move-se para um valor ainda mais alto, 1781 cm⁻¹, na fluoroacetona.

***Modos de dobramento***. Uma absorção de média para forte ocorre na faixa de 1300 a 1100 cm⁻¹ para vibrações de estiramento e dobramento acopladas ao grupo C—CO—C de cetonas. Cetonas alifáticas absorvem à direita nessa faixa (de 1220 a 1100 cm⁻¹), como visto no espectro do 3-metil-2-butanona (Figura 2.4), na qual uma banda aparece em aproximadamente 1180 cm⁻¹. Cetonas aromáticas absorvem à esquerda nessa faixa (de 1300 a 1220 cm⁻¹), como visto no espectro do acetofenona (Figura 2.40), em que uma banda aparece por volta de 1260 cm⁻¹.

Uma banda de média intensidade aparece em um grupo metila adjacente a uma carbonila em aproximadamente 1370 cm$^{-1}$, em razão de uma vibração de dobramento simétrico. Esses grupos metila absorvem com maior intensidade do que grupos metila encontrados em hidrocarbonetos.

## D. Ácidos carboxílicos

Ácidos carboxílicos apresentam uma banda muito forte do grupo C=O, que aparece entre 1730 e 1700 cm$^{-1}$ em ácidos carboxílicos alifáticos simples na forma *dimérica*. Essa banda é deslocada para frequências mais baixas pela conjugação com um C=C ou grupo fenila. O estiramento O—H aparece no espectro como uma banda *muito larga*, que vai de 3400 a 2400 cm$^{-1}$. Essa banda larga está centrada por volta de 3000 cm$^{-1}$ e encobre parcialmente as bandas de estiramento C—H. Se essa banda de estiramento O—H muito larga aparecer com um pico C=O, é muito provável que o composto seja um ácido carboxílico.

> **QUADRO DE ANÁLISE ESPECTRAL**
>
> **ÁCIDOS CARBOXÍLICOS**
>
> O—H      Estiramento O—H, em geral *muito largo* (fortemente ligado por ligação de H), ocorre em 3400–2400 cm$^{-1}$ e em geral se sobrepõe às absorções C—H.
>
> C=O      Estiramento C=O, largo, ocorre em 1730–1700 cm$^{-1}$. Conjugação move a absorção para uma frequência mais baixa.
>
> C—O      Estiramento C—O ocorre na faixa de 1320 a 1210 cm$^{-1}$, com intensidade média.
>
> **Exemplos:** ácido isobutírico (Figura 2.45) e ácido benzoico (Figura 2.46).

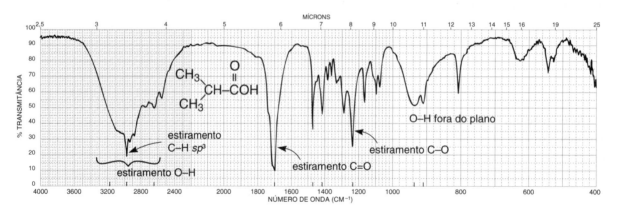

**FIGURA 2.45** Espectro infravermelho de ácido isobutírico (líquido puro, placas de KBr).

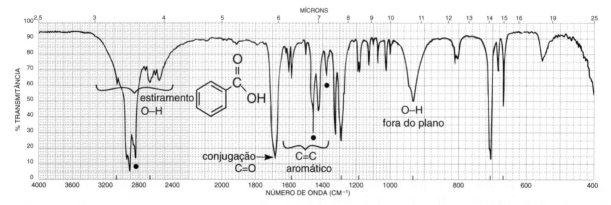

**FIGURA 2.46** Espectro infravermelho de ácido benzoico (placas de KBr). Os pontos indicam as bandas de absorção Nujol (óleo mineral) (ver Figura 2.8)

## SEÇÃO DE DISCUSSÃO

A característica mais marcante do espectro de um ácido carboxílico é a absorção O—H *extremamente larga* que ocorre na região de 3400 a 2400 cm$^{-1}$. Atribui-se essa banda à forte ligação de hidrogênio presente no dímero, abordada na introdução da Seção 2.14. A absorção frequentemente encobre as vibrações de estiramento C—H que ocorrem na mesma região. Se essa banda larga estiver presente com o valor de absorção C=O adequado, pode ser uma indicação de ácido carboxílico. As Figuras 2.45 e 2.46 apresentam, respectivamente, os espectros de um ácido carboxílico alifático e de um ácido carboxílico aromático.

A absorção de estiramento carbonila, que ocorre em aproximadamente 1730 a 1700 cm$^{-1}$ no dímero, é em geral mais larga e intensa do que a presente em um aldeído ou em uma cetona. Na maioria dos ácidos, quando o ácido é diluído em um solvente, a absorção C=O aparece entre 1760 e 1730 cm$^{-1}$ no monômero. Contudo, o monômero não é rotineiramente analisado nos experimentos, já que, em geral, é mais fácil analisar o espectro do líquido puro. Sob essas condições, assim como no caso de pastilha de brometo de potássio ou suspensão em Nujol, o dímero existe como espécie preponderante. Deve-se notar que alguns ácidos existem como dímeros mesmo quando altamente diluídos. A conjugação com uma C=C ou um grupo arílico move a banda de absorção para uma frequência mais baixa, como previsto na Seção 2.14A e como mostrado no espectro do ácido benzoico (Figura 2.46). A halogenação em um carbono leva a um aumento da frequência C=O. A Seção 2.18 aborda os sais dos ácidos carboxílicos.

A vibração de estiramento C—O em ácidos (dímeros) aparece próxima de 1260 cm$^{-1}$ como uma banda de média intensidade. Uma banda larga, atribuída à vibração de dobramento O—H fora do plano, aparece por volta de 930 cm$^{-1}$. Essa última banda é, em geral, de intensidade baixa para média.

### E. Ésteres

Ésteres apresentam uma banda muito forte do grupo C=O, que aparece entre 1750 e 1735 cm$^{-1}$ para ésteres alifáticos simples. A banda C=O é movida para frequências mais baixas quando conjugada com uma C=C ou grupo fenila. Por sua vez, a conjugação da C=C ou do grupo fenila com o oxigênio da ligação simples de um éster leva a uma frequência maior do que a indicada para C=O. A tensão do anel move a absorção C=O para uma frequência mais alta em ésteres cíclicos (lactonas).

## QUADRO DE ANÁLISE ESPECTRAL

### ÉSTERES

C=O

R—C(=O)—O—R  Estiramento C=O aparece na faixa de 1750 a 1735 cm$^{-1}$ em ésteres alifáticos normais.

C=C—C(=O)—O—R  Conjugação de C=O com C=C α,β; 1740-1715 cm$^{-1}$ da C=O e 1640-1625 cm$^{-1}$ da C=C (duas bandas quando existe C=C, *cis* e *trans*).

Ar—C(=O)—O—R  Conjugação de C=O com fenila; 1740-1715 cm$^{-1}$ da C=O e 1600-1450 cm$^{-1}$ do anel.

R—C(=O)—O—C=C  Conjugação de um átomo de oxigênio da ligação simples com C=C ou fenila; 1765-1762 cm$^{-1}$ da C=O.

Ésteres cíclicos (lactonas); a frequência C=O aumenta quando diminui o tamanho do anel.

C — O   Estiramento C—O aparece como duas ou mais bandas, uma mais forte e mais larga do que a outra, ocorre na faixa de 1300 a 1000 cm$^{-1}$.

**Exemplos:** butirato de etila (Figura 2.47), metacrilato de metila (Figura 2.48), acetato de vinila (Figura 2.49), benzoato de metila (Figura 2.50) e salcilato de metila (Figura 2.51).

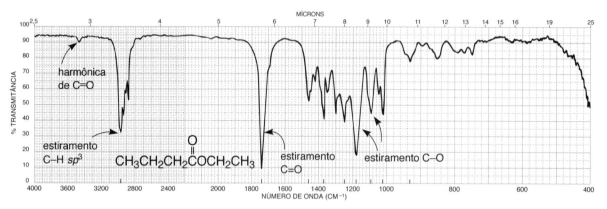

**FIGURA 2.47** Espectro infravermelho de butirato de etila (líquido puro, placas de KBr).

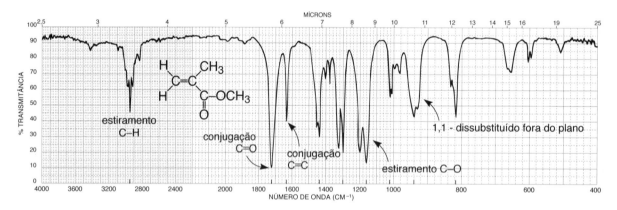

**FIGURA 2.48** Espectro infravermelho de metacrilato de metila (líquido puro, placas de KBr).

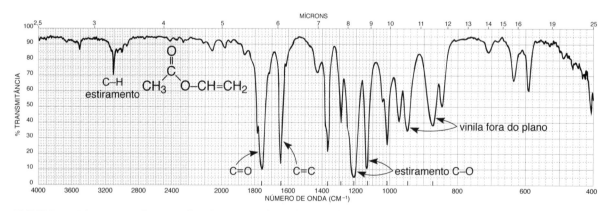

**FIGURA 2.49** Espectro infravermelho de acetato de vinila (líquido puro, placas de KBr).

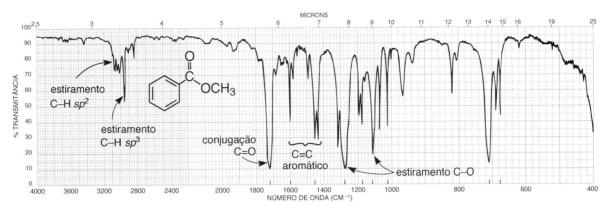

**FIGURA 2.50** Espectro infravermelho de benzoato de metila (líquido puro, placas de KBr).

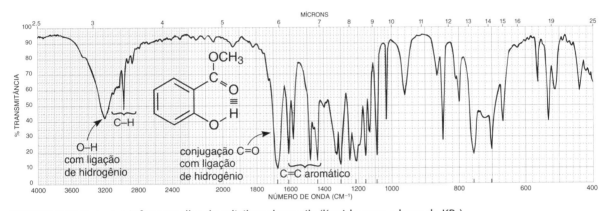

**FIGURA 2.51** Espectro infravermelho de salicilato de metila (líquido puro, placas de KBr).

## SEÇÃO DE DISCUSSÃO

***Características gerais dos ésteres***. As duas características mais marcantes no espectro de um éster normal são a banda C=O forte, que aparece entre 1750 e 1735 cm$^{-1}$, e as bandas de estiramento C—O, que aparecem entre 1300 e 1000 cm$^{-1}$. Apesar de alguns grupos carbonila de ésteres aparecerem nas mesmas regiões de cetonas, podem-se normalmente eliminar cetonas ao se observarem as vibrações de estiramento C—O *fortes* e *largas*, que aparecem em uma região (de 1300 a 1000 cm$^{-1}$) onde absorções cetônicas surgem como bandas mais fracas e estreitas. Por exemplo, compare o espectro de uma cetona, óxido de mesitila (Figura 2.39), com o de um éster, butirato de etila (Figura 2.47), na região de 1300 a 1000 cm$^{-1}$. O butirato de etila (Figura 2.47) mostra a vibração típica de estiramento C=O por volta de 1738 cm$^{-1}$.

***Conjugação com um grupo carbonila (insaturação α,β ou substituição arílica)***. As vibrações de estiramento C=O são deslocadas entre 15 e 25 cm$^{-1}$ para frequências mais baixas com a insaturação *α,β* ou substituição arílica, como previsto na Seção 2.14A (Efeitos de Conjugação). Os espectros do metacrilato de metila (Figura 2.48) e do benzoato de metila (Figura 2.50) mostram a diferença da posição da absorção C=O com relação à de um éster normal, butirato de etila (Figura 2.47). Observe também que a banda de absorção C=C em 1630 cm$^{-1}$ do metacrilato de metila foi intensificada comparativamente a uma ligação dupla não conjugada (Seção 2.10B).

CH₃CH₂CH₂COCH₂CH₃
‖
O

Butirato de etila
1738 cm⁻¹

CH₂=C(CH₃)—COCH₃
β   α    ‖
         O

Metacrilato de metila
1725 cm⁻¹

Ph—C(=O)—OCH₃

Benzoato de metila
1724 cm⁻¹

***Conjugação com o oxigênio da ligação simples do éster.*** Uma conjugação envolvendo o oxigênio da ligação simples desloca as vibrações C=O para frequências mais altas. Aparentemente, a conjugação interfere na possível ressonância com o grupo carbonila, levando a um aumento na frequência de absorção da banda C=O.

$$\left[ \underset{R}{\overset{O}{\|}}{C}\!-\!\ddot{O}\!-\!\overset{CH_2}{C}\!-\!H \longleftrightarrow \underset{R}{\overset{O}{\|}}{C}\!-\!\overset{+}{\ddot{O}}\!=\!\overset{:CH_2}{C}\!-\!H \right]$$

No espectro do acetato de vinila (Figura 2.49), a banda C=O aparece em 1762 cm⁻¹, um aumento de 25 cm⁻¹ em relação a um éster normal. Note que a intensidade da absorção C=C é aumentada de maneira similar ao padrão obtido com éteres vinílicos (Seção 2.13). A substituição de um grupo arílico pelo oxigênio exibiria um padrão semelhante.

CH₃CH₂CH₂C—OCH₂CH₃
‖
O

Butirato de etila
1738 cm⁻¹

CH₃C—OCH=CH₂
‖
O

Acetato de vinila
1762 cm⁻¹

CH₃C—O—Ph
‖
O

Acetato de fenila
1765 cm⁻¹

A Figura 2.52 apresenta os efeitos gerais, nas vibrações C=O, da insaturação α,β ou substituição arílica e da conjugação com oxigênio.

***Efeitos da ligação de hidrogênio.*** Quando uma ligação intramolecular (interna) de hidrogênio está presente, o C=O é movido para uma frequência mais baixa, como previsto na Seção 2.14A e mostrado no espectro do salicilato de metila (Figura 2.51).

Salicilato de metila
1680 cm⁻¹

***Ésteres cíclicos (lactonas).*** As vibrações C=O são movidas para frequências mais altas à medida que o tamanho do anel diminui, como previsto na Seção 2.14A. O éster cíclico, sem tensão e de seis membros, δ-valerolactona, absorve mais ou menos no mesmo valor que o éster não cíclico (1735 cm⁻¹). Por causa da tensão do anel aumentada, γ-butirolactona absorve mais ou menos 35 cm⁻¹ acima da δ-valerolactona.

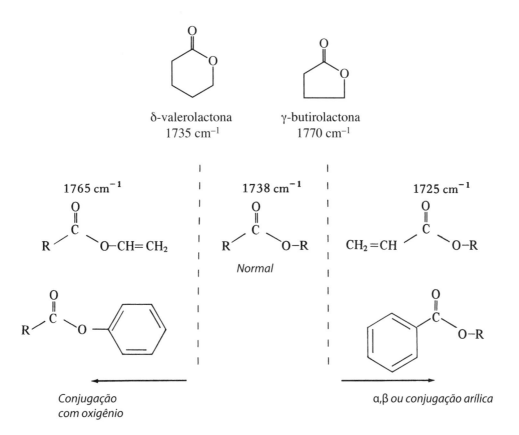

**FIGURA 2.52** Efeito da insaturação α,β ou substituição arílica e da conjugação com oxigênio nas vibrações C=O em ésteres não cíclicos (acíclicos).

A Tabela 2.8 apresenta algumas lactonas típicas, com seus valores de absorção de estiramento C=O. A análise desses valores revela a influência do tamanho do anel, da conjugação com um grupo carbonila e da conjugação com um oxigênio da ligação simples.

***Efeitos α-halo.*** A halogenação de um carbono leva a um aumento na frequência C=O.

***α-ceto-ésteres.*** Em princípio, devem-se ver dois grupos carbonila em um composto com grupos funcionais "cetona" e "éster". Normalmente, vê-se um ombro na principal banda de absorção, próxima de 1735 cm$^{-1}$, ou uma única banda de absorção alargada.

***β-ceto-ésteres.*** Apesar de essa classe de compostos exibir tautomerização como a observada nas β-dicetonas, existem menos evidências da forma enol, pois β-ceto-ésteres não enolizam de maneira significativa. Os β-ceto-ésteres exibem um par de *intensidade forte* dos dois grupos carbonila por volta de 1720 e 1740 cm$^{-1}$ no tautômero "ceto", presumivelmente dos grupos C=O cetona e éster. Uma evidência da banda C=O de fraca intensidade no tautômero "enol" (em geral, um dubleto) aparece em aproximadamente 1650 cm$^{-1}$. Por causa da baixa concentração do tautômero enol, em geral não se consegue observar o estiramento O—H largo que foi observado nas β-dicetonas.

## Tabela 2.8 Efeitos do tamanho do anel, da insaturação α,β e da conjugação com oxigênio nas vibrações C=O em lactonas

**Efeitos do tamanho do anel (cm⁻¹)**
- 1735
- 1770
- 1820

**Conjunção α,β (cm⁻¹)**
- 1725
- 1750

**Conjugação com oxigênio (cm⁻¹)**
- 1760
- 1800

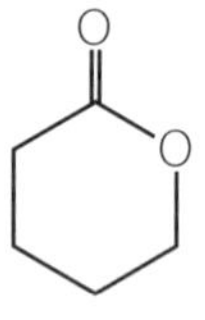

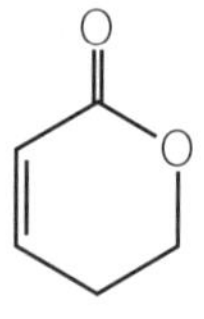

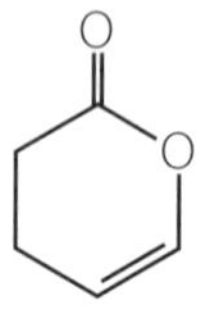

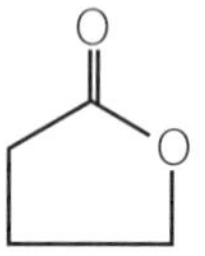

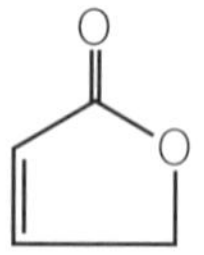

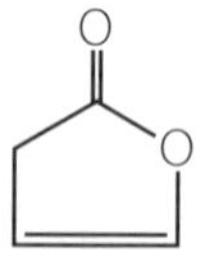

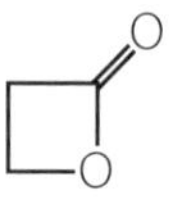

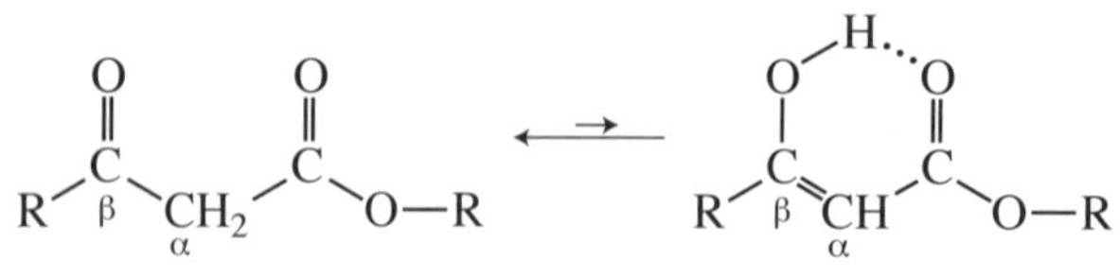

Tautômero ceto ⇌ Tautômero enol

***Vibrações de estiramento C—O em ésteres.*** Duas (ou mais) bandas aparecem nas vibrações de estiramento C—O em ésteres, entre 1300 e 1000 cm⁻¹. Em geral, o estiramento C—O próximo do grupo carbonila (o lado "ácido") do éster é uma das bandas mais fortes e largas do espectro. Essa absorção aparece entre 1300 e 1150 cm⁻¹ na maioria dos ésteres comuns; ésteres de ácidos aromáticos absorvem mais perto da frequência mais alta dessa faixa, e ésteres de ácidos saturados absorvem mais perto da frequência mais baixa. O estiramento C—O na parte "álcool" do éster pode aparecer como uma banda mais fraca entre 1150 e 1000 cm⁻¹. Ao analisar a região de 1300 a 1000 cm⁻¹ para confirmar um grupo funcional éster, não se preocupe com detalhes. Normalmente é suficiente encontrar ao menos uma absorção muito forte e larga para conseguir identificar o composto como um éster.

## F. Amidas

Amidas apresentam uma banda muito forte do grupo C=O, que aparece na faixa de 1700 a 1640 cm⁻¹. Observa-se o estiramento N—H na faixa de 3475 a 3150 cm⁻¹. Amidas não substituídas (primárias), R—CO—NH₂, apresentam duas bandas na região N—H, enquanto amidas monossubstituídas (secundárias), R–CO–NH–R, apresentam apenas uma banda. Bandas N—H com um valor anormalmente baixo do C=O sugerem a presença de um grupo funcional amida. Amidas dissubstituídas (terciárias), R—CO—NR₂, apresentarão C=O na faixa de 1680 a 1630 cm⁻¹, mas não estiramento N—H.

## QUADRO DE ANÁLISE ESPECTRAL

### AMIDAS

C—O      Estiramento C—O ocorre em aproximadamente 1700–1640 cm$^{-1}$.

N—H      Estiramento N—H em amidas primárias (—NH$_2$) gera duas bandas próximas de 3350 e 3180 cm$^{-1}$.

Amidas secundárias têm uma banda (—NH) por volta de 3300 cm$^{-1}$.

N—H      Dobramento N—H ocorre perto de 1640–1550 cm$^{-1}$ em amidas primárias e secundárias.

**Exemplos:** propionamida (Figura 2.53) e *N*-metilacetamida (Figura 2.54).

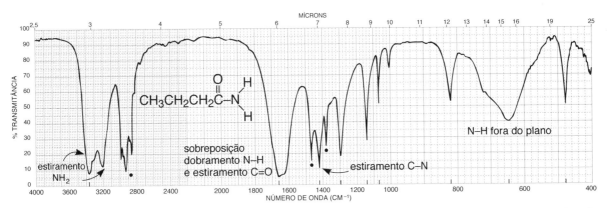

**FIGURA 2.53** Espectro infravermelho de propionamida (líquido puro, placas de KBr). Os pontos indicam as bandas de absorção Nujol (óleo mineral) (ver Figura 2.8)

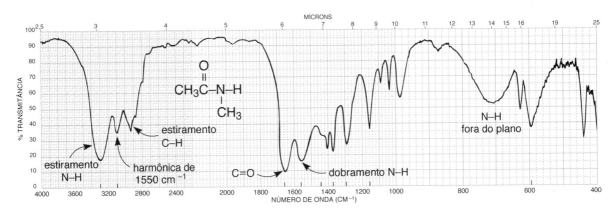

**FIGURA 2.54** Espectro infravermelho de *N*-metilacetamida (líquido puro, placas de KBr).

## SEÇÃO DE DISCUSSÃO

***Absorção da carbonila em amidas.*** Amidas primárias e secundárias em fase sólida (pastilha de brometo de potássio ou suspensão em Nujol) têm absorções C=O largas entre 1700 e 1640 cm$^{-1}$. A banda C=O sobrepõe parcialmente a banda de dobramento N—H, que aparece na faixa de 1680 a 1630 cm$^{-1}$, fazendo a banda C=O aparecer como um dubleto. Em uma solução bastante diluída, a banda aparece por volta de 1690 cm$^{-1}$. Esse efeito é similar ao observado em ácidos carboxílicos, em que ligações de hidrogênio reduzem a frequência no estado sólido ou em solução concentrada. Amidas terciárias, que não podem formar ligações de hidrogênio, têm frequências C=O não influenciadas pelo estado físico e absorvem aproximadamente na mesma faixa que amidas primárias e secundárias (1700–1640 cm$^{-1}$).

Amida primária     Amida secundária     Amida terciária

Amidas cíclicas (lactama) geram o aumento esperado na frequência C=O ao diminuírem o tamanho do anel, como mostrado nas lactonas da Tabela 2.8.

~1660 cm$^{-1}$     ~1705 cm$^{-1}$     ~1745 cm$^{-1}$

***Bandas de estiramento N—H e C—N.*** Um par de bandas de estiramento N—H fortes aparece em aproximadamente 3350 cm$^{-1}$ e 3180 cm$^{-1}$ em uma amida primária no estado sólido (KBr ou Nujol). As bandas 3350 e 3180 cm$^{-1}$ resultam de vibrações assimétrica e simétrica, respectivamente (Seção 2.3). A Figura 2.53 apresenta um exemplo, o espectro da propionamida. No estado sólido, amidas secundárias e lactamas mostram uma banda de aproximadamente 3300 cm$^{-1}$. Uma banda mais fraca pode aparecer em aproximadamente 3100 cm$^{-1}$ em amidas secundárias, o que é atribuído a uma harmônica da banda de 1550 cm$^{-1}$ e ressonância de Fermi. Uma banda de estiramento C—N aparece em aproximadamente 1400 cm$^{-1}$ em amidas primárias.

***Bandas de dobramento N—H.*** No estado sólido, amidas primárias geram fortes bandas vibracionais de dobramento entre 1640 e 1620 cm$^{-1}$. Elas frequentemente quase sobrepõem as bandas de estiramento C=O. Amidas primárias geram outras bandas de dobramento por volta de 1125 cm$^{-1}$ e uma banda muito larga entre 750 e 600 cm$^{-1}$. Amidas secundárias geram bandas de dobramento relativamente fortes em aproximadamente 1550 cm$^{-1}$, as quais são atribuídas a uma combinação de uma banda de estiramento C—N com uma banda de dobramento N—H.

---

## G. Cloretos de ácidos

Cloretos de ácidos apresentam uma banda muito forte do grupo C=O, que aparece entre 1810 e 1775 cm$^{-1}$ em cloretos de ácidos alifáticos. Cloretos de ácidos e anidridos são os grupos funcionais mais comuns que têm um C=O em uma frequência tão alta. Conjugações diminuem a frequência.

> **QUADRO DE ANÁLISE ESPECTRAL**
>
> **CLORETOS DE ÁCIDOS**
>
> C=O      Estiramento C=O ocorre na faixa de 1810 a 1775 cm$^{-1}$ em cloretos não conjugados. Conjugações diminuem a frequência para 1780–1760 cm$^{-1}$.
>
> C—Cl     Estiramento C—Cl ocorre na faixa de 730 a 550 cm$^{-1}$.
>
> **Exemplos:** cloreto de acetila (Figura 2.55) e cloreto de benzoíla (Figura 2.56).

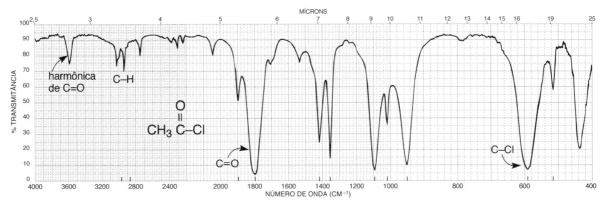

**FIGURA 2.55** Espectro infravermelho de cloreto de acetila (líquido puro, placas de KBr).

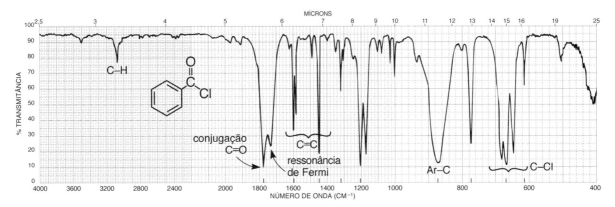

**FIGURA 2.56** Espectro infravermelho de cloreto de benzoíla (líquido puro, placas de KBr).

## SEÇÃO DE DISCUSSÃO

***Vibrações de estiramento C=O.*** De longe, os haletos de ácidos mais comuns, e os únicos abordados neste livro, são os cloretos de ácidos. A banda forte de carbonila aparece em uma frequência alta, bem característica, de aproximadamente 1800 cm$^{-1}$ em cloretos de ácidos saturados. A Figura 2.55 apresenta o espectro do cloreto de acetila. Cloretos de ácidos conjugados absorvem em uma frequência mais baixa (de 1780 a 1760 cm$^{-1}$), como previsto na Seção 2.14A. A Figura 2.56 apresenta um exemplo de um cloreto de ácido arilsubstituído: cloreto de benzoíla. Nesse espectro, a principal absorção ocorre em 1774 cm$^{-1}$, mas um ombro fraco aparece no lado de frequência mais alta da banda C=O (por volta de 1810 cm$^{-1}$). O ombro é provavelmente o resultado da harmônica de uma banda forte entre 1000 e 900 cm$^{-1}$. Vê-se também uma banda fraca em aproximadamente 1900 cm$^{-1}$ no espectro do cloreto de acetila (Figura 2.55). Às vezes, essa banda harmônica é relativamente forte.

Em alguns cloretos de ácidos aromáticos, pode-se observar outra banda um tanto forte, em geral no lado de frequência mais baixa da banda C=O, que faz o C=O aparecer como um dubleto. Essa banda, que aparece no espectro do cloreto de benzoíla (Figura 2.56) por volta de 1730 cm$^{-1}$, é provavelmente devida à ressonância de Fermi originada de uma interação da vibração C=O com uma harmônica de uma banda forte de estiramento arila-C, que, em geral, aparece entre 900 e 800 cm$^{-1}$. Quando uma vibração fundamental acopla-se a uma harmônica ou a uma banda de combinação, a vibração acoplada é chamada de **ressonância de Fermi**. Em muitos cloretos de ácidos aromáticos, a banda devida à ressonância de Fermi também pode aparecer no lado de frequência mais alta do C=O. Esse tipo de interação pode levar também à separação de bandas em outros compostos carbonílicos.

***Vibrações de estiramento C—Cl.*** Essas bandas, que aparecem entre 730 e 550 cm⁻¹, serão mais bem observadas se forem utilizadas placas ou celas de KBr. Uma banda C—Cl forte aparece no espectro do cloreto de acetila. Em outros cloretos de ácidos alifáticos, por causa das muitas conformações possíveis, podem-se observar até quatro bandas.

## H. Anidridos

Anidridos apresentam duas bandas fortes dos grupos C=O. Anidridos alquilsubstituídos simples normalmente geram bandas por volta de 1820 a 1750 cm⁻¹. Anidridos e cloretos de ácidos são os grupos funcionais mais comuns com uma banda C=O aparecendo em uma frequência tão alta. Uma conjugação desloca cada uma das bandas para frequências mais baixas (por volta de 30 cm⁻¹ cada). Anidridos simples em anéis de cinco membros têm bandas próximas de 1860 e 1780 cm⁻¹.

### QUADRO DE ANÁLISE ESPECTRAL

**ANIDRIDOS**

C=O    Estiramento C=O sempre tem duas bandas, 1830–1800 cm⁻¹ e 1775–1740 cm⁻¹, com intensidade relativa variável. Uma conjugação move a absorção para uma frequência mais baixa. Tensão do anel (anidridos cíclicos) move a absorção para uma frequência mais alta.

C—O    Estiramento C—O (bandas múltiplas) ocorre em 1300–900 cm⁻¹.

**Exemplos:** anidrido propiônico (Figura 2.57).

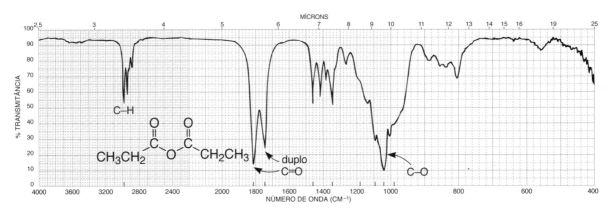

**FIGURA 2.57** Espectro infravermelho de anidrido propiônico (líquido puro, placas de KBr).

### SEÇÃO DE DISCUSSÃO

O padrão característico em anidridos não cíclicos e saturados é o surgimento de *duas bandas fortes*, não necessariamente de igual intensidade, nas regiões de 1830 a 1800 cm⁻¹ e de 1775 a 1740 cm⁻¹. As duas bandas resultam de estiramento assimétrico e simétrico (Seção 2.3). Uma conjugação move a absorção para uma frequência mais baixa, enquanto uma ciclização (tensão anelar) move a absorção para uma frequência mais alta. As vibrações C—O *fortes* e *largas* ocorrem entre 1300 e 900 cm⁻¹. A Figura 2.57 apresenta o espectro do anidrido propiônico.

## 2.15 AMINAS

Aminas primárias, R—NH$_2$, apresentam duas bandas de estiramento N—H entre 3500 e 3300 cm$^{-1}$, enquanto aminas secundárias, R$_2$N—H, apenas uma banda nessa região. Aminas terciárias não apresentarão um estiramento N—H. Por essas características, é fácil diferenciar aminas primárias, secundárias e terciárias analisando a região do estiramento N—H.

> **QUADRO DE ANÁLISE ESPECTRAL**
>
> **AMINAS**
>
> N—H  Estiramento N—H ocorre na faixa de 3500 a 3300 cm$^{-1}$. Aminas primárias têm duas bandas. Aminas secundárias têm uma banda: uma bastante fraca em compostos alifáticos, e uma forte em aminas secundárias aromáticas. Aminas terciárias não têm estiramento N—H.
>
> N—H  Dobramento N—H em aminas primárias resulta em uma banda larga na faixa de 1640 a 1560 cm$^{-1}$. Aminas secundárias absorvem próximo de 1500 cm$^{-1}$.
>
> N—H  Em dobramento N—H, pode-se, às vezes, observar uma absorção de dobramento fora do plano próximo de 800 cm$^{-1}$.
>
> C—N  Estiramento C—N ocorre na faixa de 1350 a 1000 cm$^{-1}$.
>
> **Exemplos:** butilamina (Figura 2.58), dibutilamina (Figura 2.59), tributilamina (Figura 2.60) e *N*-metilanilina (Figura 2.61).

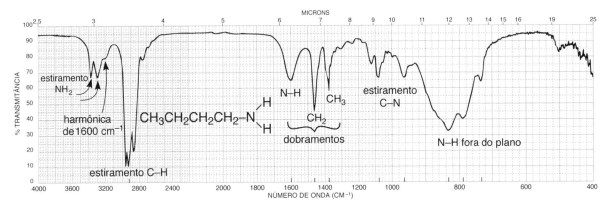

**FIGURA 2.58** Espectro infravermelho de butilamina (líquido puro, placas de KBr).

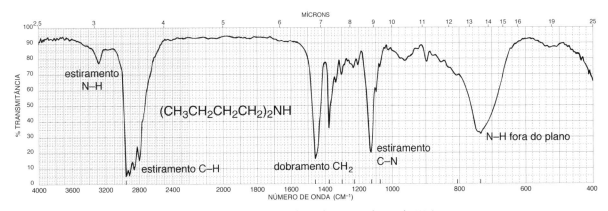

**FIGURA 2.59** Espectro infravermelho de dibutilamina (líquido puro, placas de KBr).

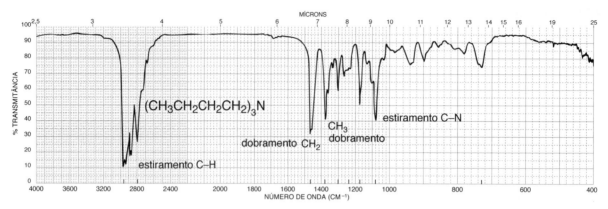

**FIGURA 2.60** Espectro infravermelho de tributilamina (líquido puro, placas de KBr).

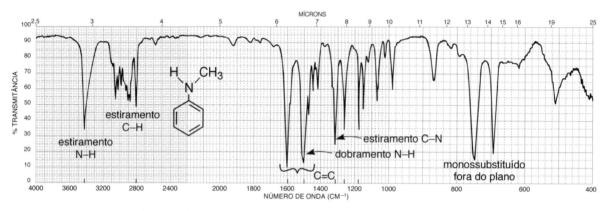

**FIGURA 2.61** Espectro infravermelho de N-metilanilina (líquido puro, placas de KBr).

## SEÇÃO DE DISCUSSÃO

As vibrações de estiramento N—H ocorrem entre 3500 e 3300 cm$^{-1}$. Em amostras líquidas puras, as bandas N—H em geral são mais fracas e mais finas do que uma banda O—H (ver Figura 2.6). Podem-se, às vezes, diferenciar aminas de alcoóis com base nisso. Aminas primárias, analisadas como líquidos puros (com ligação de hidrogênio), geram *duas bandas* em aproximadamente 3400 e 3300 cm$^{-1}$. A banda em frequência mais alta no par se deve à vibração assimétrica, enquanto a banda em frequência mais baixa resulta da vibração simétrica (Seção 2.3). Em uma solução diluída, as duas vibrações de estiramento N—H livres movem-se para frequências mais altas. A Figura 2.58 apresenta o espectro de uma amina primária alifática. Um ombro de baixa intensidade aparece por volta de 3200 cm$^{-1}$ no lado de frequência mais baixa da banda de estiramento N—H simétrica. Essa banda de baixa intensidade tem sido atribuída a uma harmônica da vibração de *dobramento* N—H, que aparece próxima de 1600 cm$^{-1}$. O ombro em 3200 cm$^{-1}$ foi intensificado por uma interação de ressonância de Fermi com a banda de estiramento N—H simétrica próxima de 3300 cm$^{-1}$. A banda harmônica é, em geral, ainda mais pronunciada em aminas primárias aromáticas.

Aminas secundárias alifáticas analisadas como líquidos puros geram *uma banda* na região de estiramento N—H por volta de 3300 cm$^{-1}$, mas a banda é, em geral, muito fraca. Por sua vez, uma amina secundária aromática gera uma banda N—H mais forte próxima de 3400 cm$^{-1}$. As Figuras 2.59 e 2.61 mostram os espectros de uma amina secundária alifática e de uma amina secundária aromática, respectivamente. Aminas terciárias não absorvem nessa região, conforme mostra a Figura 2.60.

Em aminas primárias, o modo de dobramento (*scissoring*) N—H aparece como uma banda de intensidade de média para forte (larga) entre 1640 e 1560 cm$^{-1}$. Em aminas secundárias aromáticas, a banda move-se para uma frequência mais baixa e aparece próxima de 1500 cm$^{-1}$. Contudo, em aminas secundárias alifáticas, a vibração de dobramento N—H é muito fraca e, em geral, não é observada. As vibrações N—H em compostos aromáticos frequentemente encobrem as absorções C=C do anel aromático, que também aparecem nessa região. Uma vibração de dobramento N—H fora do plano aparece como uma banda larga próxima de 800 cm$^{-1}$ em aminas primárias e secundárias. Essas bandas aparecem no espectro de compostos analisados como líquidos puros e são vistas, com maior facilidade, em aminas alifáticas (Figuras 2.58 e 2.59).

A absorção de estiramento C—N ocorre entre 1350 e 1000 cm$^{-1}$ como uma banda de intensidade média para forte em todas as aminas. Aminas alifáticas absorvem de 1250 a 1000 cm$^{-1}$, enquanto aminas aromáticas absorvem de 1350 a 1250 cm$^{-1}$. A absorção C—N ocorre em uma frequência mais alta em aminas aromáticas porque a ressonância aumenta o caráter de ligação dupla entre o anel e o átomo de nitrogênio a ele ligado.

## 2.16 NITRILAS, ISOCIANATOS, ISOTIOCIANATOS E IMINAS

Nitrilas, isocianatos e isotiocianatos têm átomos de carbono com hibridização *sp* similares à ligação C≡C. Eles absorvem entre 2100 e 2270 cm$^{-1}$. Por sua vez, a ligação C=N de uma imina tem um átomo de carbono *sp*$^2$. Iminas e compostos semelhantes absorvem próximo de onde aparecem ligações duplas, 1690–1640 cm$^{-1}$.

### QUADRO DE ANÁLISE ESPECTRAL

**NITRILAS R–C≡N**

—C≡H   Estiramento —C≡N origina uma absorção fina, de intensidade média, próxima de 2250 cm$^{-1}$. Uma conjugação com ligações duplas ou anéis aromáticos move a absorção para uma frequência mais baixa.

**Exemplos:** butironitrila (Figura 2.62) e benzonitrila (Figura 2.63).

**ISOCIANATOS R—N=C=O**

—N=C=O   Estiramento —N=C=O em um isocianato gera uma absorção larga e intensa, próxima de 2270 cm$^{-1}$.

**Exemplo:** isocianato de benzila (Figura 2.64).

**ISOTIOCIANATOS R–N=C=S**

—N=C=S   Estiramento —N=C=S em um isotiocianato gera uma ou duas absorções largas e intensas, centradas próximas de 2125 cm$^{-1}$.

**IMINAS R$_2$C=N–R**

—C=N—   Estiramento —C=N— em uma imina, oxima ou afins gera uma absorção de intensidade variável na faixa de 1690 a 1640 cm$^{-1}$.

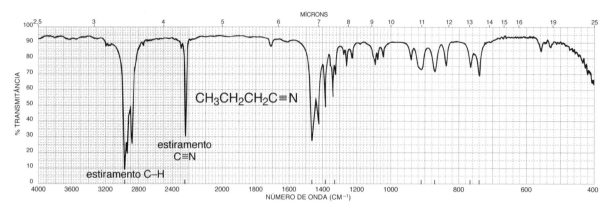

**FIGURA 2.62** Espectro infravermelho de butironitrila (líquido puro, placas de KBr).

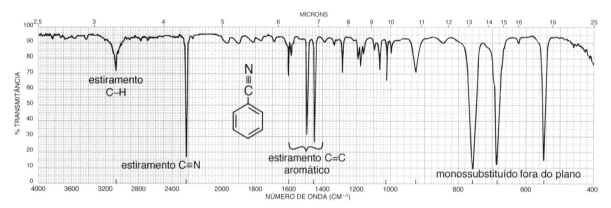

**FIGURA 2.63** Espectro infravermelho de benzonitrila (líquido puro, placas de KBr).

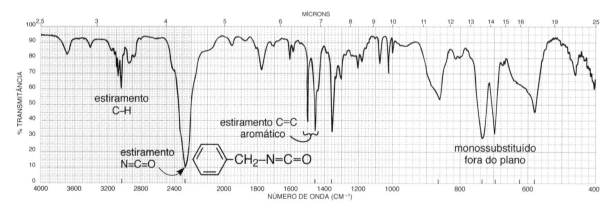

**FIGURA 2.64** Espectro infravermelho de isocianato de benzila (líquido puro, placas de KBr).

## SEÇÃO DE DISCUSSÃO

***Carbono com hibridização sp.*** O grupo C≡N em uma nitrila gera uma banda de intensidade média, fina, na região de ligação tripla do espectro (de 2270 a 2210 cm$^{-1}$). A ligação C≡C, que absorve próximo dessa região (2150 cm$^{-1}$), geralmente produz uma banda mais fraca e mais larga, a não ser que esteja no fim da cadeia. Nitrilas alifáticas absorvem por volta de 2250 cm$^{-1}$, enquanto seus análogos aromáticos absorvem em frequências mais baixas, próximo de 2230 cm$^{-1}$. As Figuras 2.62 e 2.63 mostram os espectros de uma nitrila alifática e de uma nitrila aromática, respectivamente. Nitrilas aromáticas absorvem em frequências mais baixas com maior intensidade por causa da conjugação da ligação tripla com o anel.

Isocianatos também contêm um átomo de carbono com hibridização *sp* (R—N=C=O). Essa classe de compostos gera uma banda larga e intensa, por volta de 2270 cm⁻¹ (Figura 2.64).

***Carbono com hibridização* sp².** A ligação C=N absorve mais ou menos na mesma faixa que uma ligação C=C. Apesar de a banda C=N variar em intensidade de composto para composto, em geral, é mais intensa do que a da ligação C=C. Uma oxima (R—CH=N—O—H) gera uma absorção C=N entre 1690 e 1640 cm⁻¹ e uma absorção O—H larga entre 3650 e 2600 cm⁻¹. Uma imina (R—CH=N—R) gera uma absorção C=N entre 1690 e 1650 cm⁻¹.

## 2.17 NITROCOMPOSTOS

Nitrocompostos apresentam duas bandas fortes no espectro infravermelho: uma próxima de 1550 cm⁻¹, e a outra próxima de 1350 cm⁻¹. Apesar de essas duas bandas poderem sobrepor parcialmente a região do anel aromático, 1600–1450 cm⁻¹, em geral é fácil ver os picos NO₂.

### QUADRO DE ANÁLISE ESPECTRAL

**NITROCOMPOSTOS**

**Nitrocompostos alifáticos:** estiramento assimétrico (forte) de 1600–1530 cm⁻¹ e estiramento simétrico (médio) de 1390–1300 cm⁻¹.

**Nitrocompostos aromáticos (conjugados):** estiramento assimétrico (forte) de 1550–1490 cm⁻¹ e estiramento simétrico (forte) de 1355–1315 cm⁻¹.

**Exemplos:** 1-nitroexano (Figura 2.65) e nitrobenzeno (Figura 2.66).

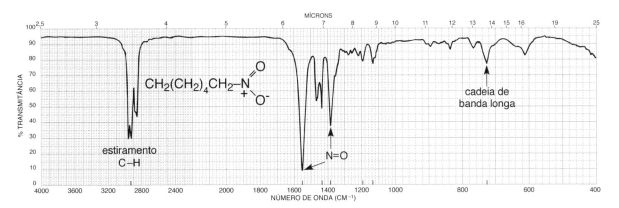

**FIGURA 2.65** Espectro infravermelho de 1-nitroexano (líquido puro, placas de KBr).

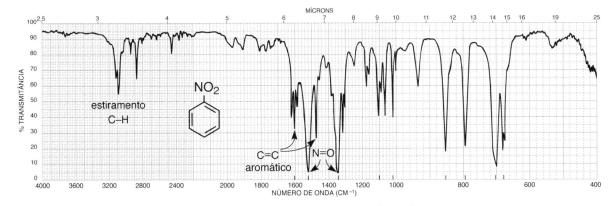

**FIGURA 2.66** Espectro infravermelho de nitrobenzeno (líquido puro, placas de KBr).

## SEÇÃO DE DISCUSSÃO

O grupo nitro ($NO_2$) gera duas bandas fortes no espectro infravermelho. Em nitrocompostos alifáticos, a vibração de estiramento assimétrico ocorre entre 1600 e 1530 cm$^{-1}$, e a banda de estiramento assimétrico aparece entre 1390 e 1300 cm$^{-1}$. Um nitro composto alifático, como o 1-nitroexano (Figura 2.65), absorve por volta de 1550 e 1380 cm$^{-1}$. Em geral, sua banda de frequência baixa é menos intensa que sua banda de frequência alta. Diferentemente de nitrocompostos alifáticos, compostos aromáticos geram duas bandas de intensidade quase igual. Uma conjugação de um grupo nitro com um anel aromático desloca as bandas para frequências mais baixas: 1550–1490 cm$^{-1}$ e 1355–1315 cm$^{-1}$. Por exemplo, o nitrobenzeno (Figura 2.66) absorve intensamente em 1525 e 1350 cm$^{-1}$. O grupo nitroso (R—N=O) gera apenas uma banda forte, que aparece entre 1600 e 1500 cm$^{-1}$.

## 2.18 CARBOXILATOS, SAIS DE AMÔNIA E AMINOÁCIDOS

Esta seção aborda compostos com ligações iônicas, o que inclui carboxilatos, sais de amônia e aminoácidos. Incluíram-se aminoácidos por causa de sua natureza zwitteriônica.

### QUADRO DE ANÁLISE ESPECTRAL

**CARBOXILATOS** R—C(=O)—O⁻  Na⁺

Estiramento assimétrico (forte) ocorre próximo de 1600 cm$^{-1}$, e estiramento simétrico (forte), próximo de 1400 cm$^{-1}$.

Frequência da absorção C=O é reduzida a partir do valor encontrado para o ácido carboxílico similar por causa da ressonância (caráter mais de ligação simples).

**SAIS DE AMÔNIA** $NH_4^+$  $RNH_3^+$  $R_2NH_2^+$  $R_3NH^+$

N—H    Estiramento N—H (largo) ocorre em 3300–2600 cm$^{-1}$. O íon amônio absorve à esquerda nessa faixa, enquanto o sal de amônio terciário absorve à direita. Sais de amônio primários e secundários absorvem no meio da faixa de 3100 a 2700 cm$^{-1}$. Uma banda larga, em geral, aparece próxima de 2100 cm$^{-1}$.

N—H    Dobramento N—H (forte) ocorre em 1610–1500 cm$^{-1}$. Sal primário (duas bandas) assimétrico em 1610 cm$^{-1}$, simétrico em 1500 cm$^{-1}$. Sal secundário absorve na faixa de 1610 a 1550 cm$^{-1}$. Terciário absorve apenas fracamente.

**AMINOÁCIDOS**

R—CH(NH$_2$)—C(=O)—OH ⟶ R—CH($^+$NH$_3$)—C(=O)—O$^-$

Esses compostos existem como zwitterions (sais internos) e exibem espectros que são combinações de carboxilatos e sais de amônia primários. Aminoácidos apresentam estiramento $NH_3^+$ (muito larga), dobramento N—H (assimétrico/simétrico) e estiramento COO$^-$ (assimétrico/simétrico).

**Exemplo:** leucina (Figura 2.67).

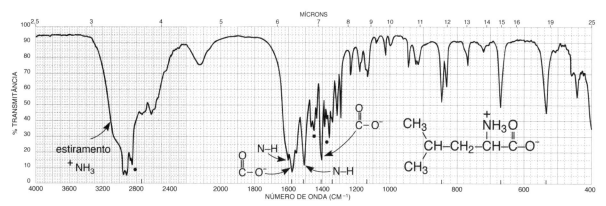

**FIGURA 2.67** Espectro infravermelho de leucina (suspensão de Nujol, placas de KBr). Os pontos indicam as bandas de absorção do Nujol (óleo mineral) (ver Figura 2.8).

## 2.19 COMPOSTOS SULFURADOS

Nesta seção, abordam-se dados dos espectros infravermelhos de compostos que contêm enxofre. Incluem-se aqui compostos de ligação simples (mercaptanas ou tióis e sulfetos) e também compostos com ligação dupla S=O.

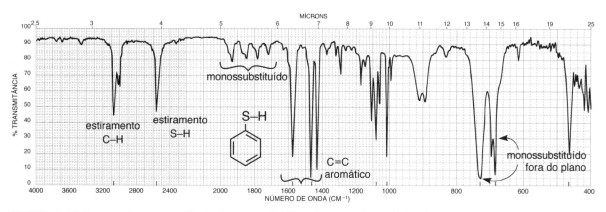

**FIGURA 2.68** Espectro infravermelho de benzenotiol (líquido puro, placas de KBr).

### QUADRO DE ANÁLISE ESPECTRAL

#### MERCAPTANAS (TIÓIS) R—S—H

S—H    Estiramento S—H, uma banda fraca, ocorre próximo de 2550 cm$^{-1}$ e virtualmente confirma a presença desse grupo, já que poucas outras absorções aparecem nessa região.

**Exemplo:** benzenotiol (Figura 2.68).

#### SULFETOS R—S—R

Obtém-se pouca informação útil do espectro infravermelho.

#### SULFÓXIDOS R—S—R
                    ‖
                    O

S=O    Estiramento S=O, uma banda forte, ocorre próximo de 1050 cm$^{-1}$.

**SULFONAS**

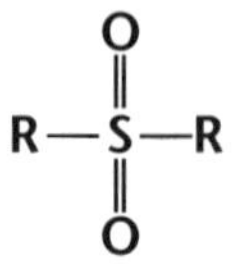

R—S(=O)(=O)—R

S=O      Estiramento S=O assimétrico (forte) ocorre em 1300 cm$^{-1}$ e estiramento simétrico (forte) em 1150 cm$^{-1}$.

**CLORETOS DE SULFONILA**

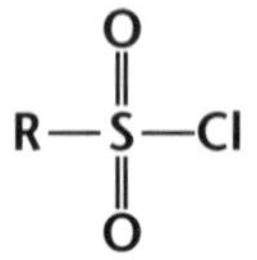

R—S(=O)(=O)—Cl

S=O      Estiramento S=O assimétrico (forte) ocorre em 1375 cm$^{-1}$ estiramento simétrico (forte) em 1185 cm$^{-1}$.

**Exemplo:** cloreto de benzenossulfonila (Figura 2.69).

**SULFONATOS**

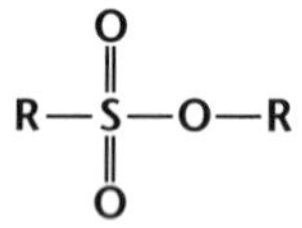

R—S(=O)(=O)—O—R

S=O      Estiramento S=O assimétrico (forte) ocorre em 1350 cm$^{-1}$ e estiramento simétrico (forte) em 1175 cm$^{-1}$.

S—O      Estiramento S—O, diversas bandas fortes, ocorre na faixa de 1000 a 750 cm$^{-1}$.

**Exemplo:** metil-p-toluenossulfonato (Figura 2.70).

**SULFONAMIDAS**
(estado sólido)      R—S(=O)(=O)—NH$_2$      R—S(=O)(=O)—NH—R

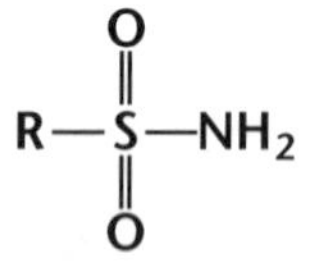

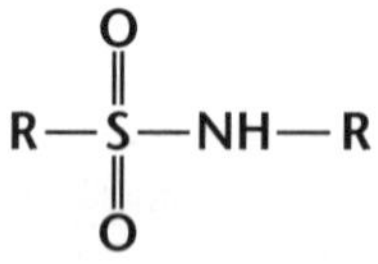

S=O      Estiramento S=O assimétrico (forte) ocorre em 1325 cm$^{-1}$, estiramento simétrico (forte) em 1140 cm$^{-1}$.

N—H      Estiramento N—H (primária) ocorre em 3350 e 3250 cm$^{-1}$, estiramento N–H (secundária) em 3250 cm$^{-1}$ e dobramento em 1550 cm$^{-1}$.

**Exemplo:** benzenossulfonamida (Figura 2.71).

**ÁCIDOS SULFÔNICOS**
(Anidros)      R—S(=O)(=O)—O—R

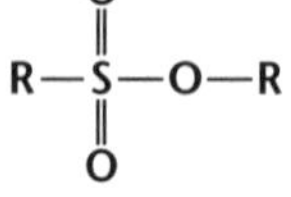

S=O      Estiramento S=O assimétrico (forte) ocorre em 1350 cm$^{-1}$ e estiramento simétrico (forte) em 1150 cm$^{-1}$.

S—O      Estiramento S—O (forte) ocorre em 650 cm$^{-1}$.

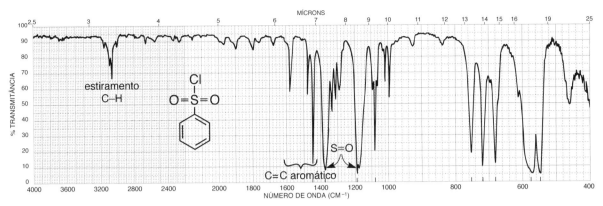

**FIGURA 2.69** Espectro infravermelho de cloreto de benzenossulfonila (líquido puro, placas de KBr).

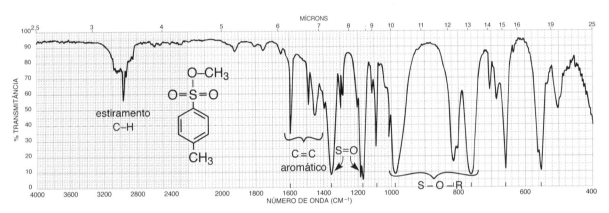

**FIGURA 2.70** Espectro infravermelho de cloreto de metil *p*-toluenossulfonato (líquido puro, placas de KBr).

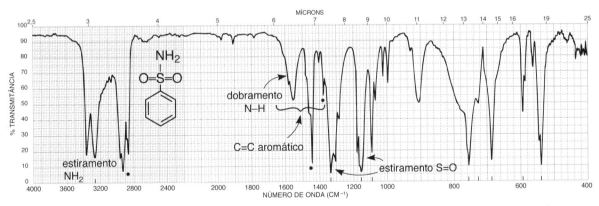

**FIGURA 2.71** Espectro infravermelho de cloreto de benzenossulfonamida (suspensão de Nujol, placas de KBr). Os pontos indicam as bandas de absorção do Nujol (óleo mineral) (ver Figura 2.8).

## 2.20 COMPOSTOS DE FÓSFORO

Nesta seção, abordam-se dados dos espectros infravermelhos de compostos que contenham fósforo. Incluem-se aqui compostos de ligações simples (P—H, P—R e P—O—R) e dupla (P=O).

## QUADRO DE ANÁLISE ESPECTRAL

### FOSFINAS  RPH$_2$ R$_2$PH

P—H        Estiramento P—H, uma banda forte, fina, em 2320-2270 cm$^{-1}$.

PH$_2$         Dobramento PH$_2$, bandas médias, em 1090-1075 cm$^{-1}$ e 840-810 cm$^{-1}$.

P—H        Dobramento P—H, banda média, em 990-885 cm$^{-1}$.

P—CH$_3$     Dobramento P—CH$_3$, bandas médias, em 1450-1395 cm$^{-1}$ e 1346-1255 cm$^{-1}$.

P—CH$_2$—   Dobramento P—CH$_2$—, banda média, em 1440-1400 cm$^{-1}$.

### FOSFINÓXIDOS  R$_3$P=O  Ar$_3$P=O

P=O         Estiramento P=O, uma banda muito forte, em 1210-1140 cm$^{-1}$.

### ÉSTERES DE FOSFATO  (RO)$_3$P=O

P=O         Estiramento P=O, uma banda muito forte, em 1300-1240 cm$^{-1}$.

R—O        Estiramento R—O, uma ou duas bandas muito fortes, em 1088-920 cm$^{-1}$.

P—O         Estiramento P—O, banda média, em 845-725 cm$^{-1}$.

## 2.21 HALETOS DE ALQUILA E DE ARILA

Abordam-se nesta seção dados de espectros infravermelhos de compostos que contenham halogênios. Exceto para amostras contendo flúor, é difícil determinar a presença ou ausência de um halogênio em um composto a partir da espectroscopia no infravermelho. Há várias razões para esse problema. Primeiro, a absorção C—X ocorre em frequências muito baixas, na extrema direita do espectro, em que uma variedade de outras bandas aparece (impressão digital). Segundo, em geral placas ou celas de cloreto de sódio mascaram a região em que as ligações carbono-halogênio absorvem (essas placas são transparentes apenas acima de 650 cm$^{-1}$). Note que esses compostos têm múltiplos átomos de cloro que dão origem a fortes estiramentos C—Cl perto dos 785 cm$^{-1}$ e 759 cm$^{-1}$, respectivamente. Raramente se utilizam para analisar compostos com um átomo de cloro porque são susceptíveis de serem ocultos por picos característicos. Brometos e iodetos absorvem fora do alcance das placas normais de NaCl. A espectroscopia de massa (Seções 3.7 e 4.9) fornece informações mais confiáveis para essa classe de compostos.

## QUADRO DE ANÁLISE ESPECTRAL

### FLUORETOS  R—F

C—F         Estiramento C—F (forte) em 1400-1000 cm$^{-1}$. Monofluoralcanos absorvem no extremo de frequência mais baixo dessa faixa, enquanto polifluoralcanos geram diversas bandas fortes na faixa de 1350 a 1100 cm$^{-1}$. Fluoretos de arila absorvem entre 1250 e 1100 cm$^{-1}$.

### CLORETOS  R—Cl

C—Cl       Estiramento C—Cl (forte) em cloretos alifáticos ocorre em 785-540 cm$^{-1}$. Cloretos primários absorvem no extremo superior dessa faixa, enquanto cloretos terciários absorvem próximo do extremo inferior. Podem-se observar duas ou mais bandas por causa das diferentes conformações possíveis.

              Uma substituição múltipla em um mesmo átomo de carbono resulta em uma absorção intensa no extremo de frequência mais alto dessa faixa CH$_2$Cl$_2$ (739 cm$^{-1}$), HCCl$_3$ (759 cm$^{-1}$) e CCl$_4$ (785 cm$^{-1}$). Cloretos de arila absorvem entre 1100 e 1035 cm$^{-1}$.

CH$_2$—Cl    Dobramento CH$_2$—Cl (*wagging*) em 1300-1230 cm$^{-1}$.

**Exemplos:** tetracloreto de carbono (Figura 2.72) e clorofórmio (Figura 2.73).

**BROMETOS R—Br**

C—Br    Estiramento C—Br (forte) em brometos alifáticos ocorre em 650–510 cm$^{-1}$, fora da faixa da espectroscopia de rotina, que usa placas ou celas de NaCl. As tendências indicadas para cloretos alifáticos valem para brometos. Brometos arila absorvem entre 1075 e 1030 cm$^{-1}$.

CH$_2$—Br    Dobramento CH$_2$—Br (*wagging*) em 1250-1190 cm$^{-1}$.

**IODETOS R—I**

C—I    Estiramento C—I (forte) em iodetos alifáticos ocorre em 600–485 cm$^{-1}$, fora da faixa da espectroscopia de rotina, que usa placas ou celas de NaCl. As tendências indicadas para cloretos alifáticos valem para iodetos[1].

CH$_2$—I    Dobramento CH$_2$—I (*wagging*) em 1200-1150 cm$^{-1}$.

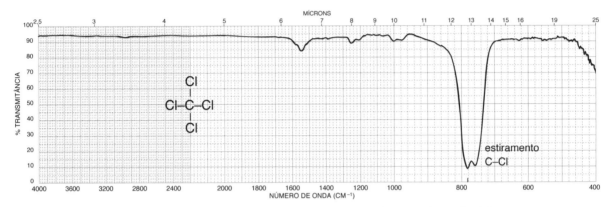

**FIGURA 2.72** Espectro infravermelho de tetracloreto de carbono (líquido puro, placas de KBr).

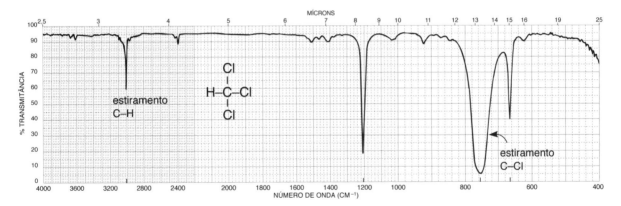

**FIGURA 2.73** Espectro infravermelho de clorofórmio (líquido puro, placas de KBr).

## 2.22 ESPECTRO DE FUNDO

Nesta seção final, veremos um típico espectro de fundo. O feixe de energia da fonte de infravermelho não passa apenas através da amostra medida, mas também percorre um caminho no ar. O ar contém duas moléculas principais ativas no infravermelho: dióxido de carbono e vapor de água. Absorções dessas duas moléculas estão em todos os espectros. Como o IV-FT é um instrumento de feixe único (ver

Seção 2.5B e Figura 2.3b), ele não consegue remover essas absorções enquanto determina o espectro da amostra. Esse método é utilizado nos instrumentos dispersivos, de feixe duplo (Seção 2.5A e Figura 2.3a). Em vez disso, o IV-FT determina o espectro "de fundo" (sem amostra no caminho) e grava-o na memória do computador. Depois de determinar o espectro da amostra, o computador subtrai o espectro de fundo da amostra, removendo efetivamente os que ocorrem por causa do ar.

A Figura 2.74 mostra um típico espectro de fundo registrado por um instrumento IV-FT. As duas absorções na região de 2350 cm$^{-1}$ devem-se ao modo de estiramento assimétrico do dióxido de carbono. Os grupos de picos centrados em 3750 e 1600 cm$^{-1}$ devem-se aos modos de estiramento e dobramento de moléculas de vapor de água atmosférico (gasosas). A estrutura fina (bandas finas) nessas absorções é, em geral, vista na água atmosférica, assim como em outras moléculas pequenas de *fase gasosa*, por causa das absorções sobrepostas de transições rotacionais. Em *líquidos* ou *sólidos*, a estrutura fina é normalmente condensada em uma absorção larga e suave (ver ligações de hidrogênio em alcoóis, Seção 2.12). Ocasionalmente podem aparecer outros picos de fundo, às vezes decorrentes de revestimento dos espelhos, às vezes por causa da degradação da óptica causada por materiais adsorvidos. Limpar as lentes pode resolver esse problema.

A forma de curva de sino das bandas observadas no espectro de fundo deve-se às diferenças da emissão da fonte de infravermelho. A "lâmpada" emite suas maiores intensidades nos comprimentos de onda do centro do espectro e suas menores intensidades nos comprimentos de onda dos extremos do espectro. Como a fonte emite com intensidade desigual na faixa de comprimentos de onda medida, o espectro IV-FT da amostra também apresentará uma curvatura. A maioria dos instrumentos IV-FT pode corrigir essa curvatura por uma função de *software* chamada *autobaseline*. Essa função corrige a não linearidade da emissão da fonte e tenta dar ao espectro uma linha-base horizontal.

Em amostras sólidas (pastilhas de KBr ou filmes evaporados) podem aparecer desvios da linha-base devido a efeitos de "espalhamento de luz". Partículas granulares em uma amostra fazem a energia da fonte ser espalhada para outras direções em relação ao feixe incidente, causando perda de intensidade. Esse espalhamento é, em geral, maior no extremo de frequência alto (comprimento de onda baixo) do espectro, a região entre aproximadamente 4000 e 2500 cm$^{-1}$. Vê-se esse efeito, muitas vezes, em espectros obtidos com pastilhas de KBr em que a amostra é opaca ou não moída até chegar a um tamanho granular suficientemente fino; uma linha-base crescente surge em direção às frequências mais baixas. A função *autobaseline* também ajudará a combater esse problema.

Por fim, sempre haverá instâncias em que a subtração do fundo feita pelo computador não será completa. Essa situação é logo reconhecida pela presença do dubleto do dióxido de carbono no espectro em 2350 cm$^{-1}$. Em geral, picos desse valor de comprimento de onda se devem ao dióxido de carbono, e não à amostra sendo medida. Uma situação problemática, mas não incomum, ocorre quando o procedimento de subtração favorece o fundo, o que faz com que o dubleto do $CO_2$ fique "negativo" (acima da linha-base). Felizmente são poucos os grupos funcionais que absorvem na região próxima de 2350 cm$^{-1}$, facilitando, de certa forma, a identificação de picos de $CO_2$.

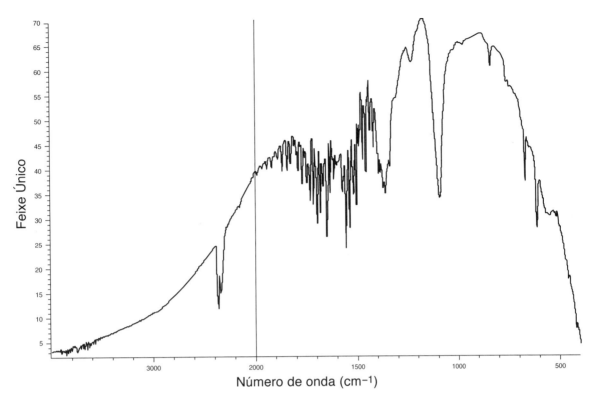

**FIGURA 2.74** Espectro de fundo determinado por um instrumento IV-FT.

## 2.23 COMO RESOLVER PROBLEMAS DE ESPECTROS INFRAVERMELHOS

Nesta seção, usaremos o espectro infravermelho para determinar a estrutura de quatro diferentes compostos desconhecidos. Muitas vezes, não é possível determinar uma estrutura exata usando o espectro de infravermelho. No entanto, também é possível eliminar a maior parte das estruturas potenciais. Na Seção 2.9 há informação importante sobre como proceder na análise de um espectro. Somado a isso, é particularmente útil a seguinte lista de figuras e tabelas:

- Tabela 2.4: valores de base para grupos funcionais
- Quadros de análise espectral para Alcoóis, Aminas e Nitrilas
- Figura 2.35: tipos de grupos funcionais de C=O
- Fatores que influenciam vibrações de estiramento C=O (Seção 2.14A)
- Seção 2.14C (cetonas), incluindo Figuras 2.43 e 2.44
- Quadros de análise espectral para aldeídos, cetonas, ácidos carboxílicos, ésteres e amidas
- Figura 2.22: padrões de substituição para grupos ligados a C=C
- Figura 2.28: padrões de substituição para grupos ligados a um anel de benzeno

*Exemplo 1*

Como primeiro exemplo, determine a estrutura ou possíveis estruturas para um composto de fórmula $C_5H_{12}O$ mostrado na Figura 2.75. Primeiro, determine o índice de deficiência de hidrogênio (Seção 1.4) para $C_5H_{12}O$. O "índice" produz um valor de 0. Concluímos que não há ligações duplas no composto, descartando tanto C=O ou C=C que teria um "índice" de 1, cada. Note que o espectro mostra um forte e amplo pico aos 3350 cm$^{-1}$ que é atribuído a um grupo O—H (Seção 2.12). A estrutura ainda pode ser refinada investigando se o composto é um álcool primário, secundário ou terciário. Para isso, veja a faixa perto de 1050 cm⁻¹ para o trecho de ligação simples C—O (Tabela 2.7). A melhor opção é atribuir esta faixa a um álcool primário. Assim, concluímos que esse composto é um álcool primário insaturado. As possíveis estruturas são mostradas a seguir. Podemos escolher entre estes alcoóis primários olhando para o par de picos que aparecem em 1380 e 1370 cm⁻¹ (Figura 2.17). O único composto que se encaixa é 3-metil-1-butanol.

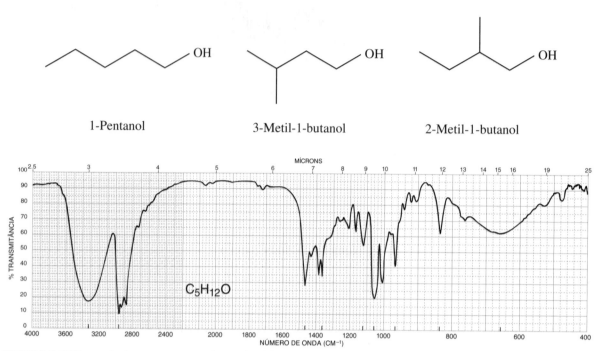

**FIGURA 2.75** Exemplo 1, um composto desconhecido com fórmula C₅H₁₂O.

## Exemplo 2

Como segundo exemplo, determine a estrutura ou possíveis estruturas para um composto de fórmula C₆H₁₀O mostrado na Figura 2.76. O índice de deficiência de hidrogênio é calculado para ser 2 (Seção 1.4 do capítulo anterior). A forte faixa de absorção em 1719 cm⁻¹ é claramente atribuída a um pico C=O, perto do que esperamos para uma cetona. O pico mostrado em 1640 cm⁻¹ indica a presença de uma ligação C=C. Isto pode sugerir que o composto é um carbonilo insaturado que se encaixa em um "índice" de 2. Um padrão $sp^2$ C—H aparece como um pico agudo próximo a 3100 cm⁻¹, que confirma a presença de um grupo funcional C=C. Um grupo de picos de $sp^3$ C—H aparecem em torno de 2940 cm⁻¹, que não ajudam em nada. Agora consulte a Seção 2.14 para as possibilidades de ser um grupo carbonilo. Embora suspeitemos que seja uma cetona, seria útil eliminar outras possibilidades C=O (ver Figura 2.35). Comparando o espectro mostrado na Figura 2.76 com um aldeído mostrado na Figura 2.36, elimina-se a possibilidade deste grupo funcional porque não observamos o dubleto centrado em 2800 cm⁻¹ para o grupo C—H em um aldeído. Um éster ou ácido carboxílico não são possibilidades porque eles têm dois átomos de oxigênio. Amidas não são uma possibilidade uma vez que o composto mostrado na Figura 2.76 não contém um átomo de nitrogênio. Isto confirma que o grupo C=O está mais provavelmente relacionado com uma cetona insaturada.

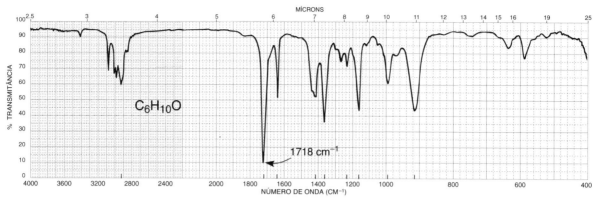

**FIGURA 2.76** Exemplo 2, um composto desconhecido com fórmula $C_6H_{10}O$

Nossa seguinte necessidade é determinar onde a ligação C=C está localizada em relação ao grupo C=O. É uma cetona conjugada? Esta não é uma perspectiva provável, uma vez que o grupo carbonilo aparece perto do valor normal de um grupo não conjugado C=O (ver os valores "normais" na Figura 2.43). Sendo esse o caso, então precisamos ter certeza de que qualquer estrutura considerada deve ter o C=C fora de conjugação com o C=O. Então, onde está localizado o C=C? A Figura 2.22 pode ajudar-nos a determinar onde o C=C está localizado. A melhor opção seria colocar a ligação C=C no final da cadeia, resultando num padrão monossubstituído ($H_2C$=C). Os picos que aparecem perto de 900 e 1000 $cm^{-1}$ confirmam esse posicionamento. Nesse caso, podemos atribuir uma estrutura razoável para $C_6H_{10}O$ mostrada na Figura 2.76. A melhor opção seria 5-hexeno-2-um.

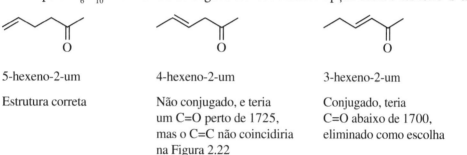

5-hexeno-2-um

Estrutura correta

4-hexeno-2-um

Não conjugado, e teria um C=O perto de 1725, mas o C=C não coincidiria na Figura 2.22

3-hexeno-2-um

Conjugado, teria C=O abaixo de 1700, eliminado como escolha

## Exemplo 3

Como terceiro exemplo, determine a estrutura ou possíveis estruturas para um composto com fórmula $C_7H_9N$ mostrado na Figura 2.77. O índice de deficiência do hidrogênio calculado é 4 (Seção 1.4). Esse valor muito alto de "índice" pode indicar que o composto tem um anel aromático. Não é uma certeza, mas vale como primeira aproximação. Essa sugestão é confirmada pelo aparecimento dos padrões de anéis aromáticos que são encontrados entre 1600 e 1450 $cm^{-1}$ na Figura 2.77.

Supondo que o composto tem um anel aromático, nós agora precisamos determinar o grau de substituição no anel. Uma análise da Figura 2.28a para C—H na curvatura fora do plano sugere um anel metassubstituído (1,3-dissubstituído). O conjunto de três picos a cerca de 700, 800 e 900 $cm^{-1}$ se encaixa muito bem com o anel 1,3-dissubstituído. O padrão de três picos de faixas muito fracas entre 1700 e 2000 $cm^{-1}$ também é consistente com um anel 1,3-dissubstituído (ver Figura 2.28b). O único átomo de nitrogênio sugere um grupo de amina funcional. Precisamos determinar se é uma amina primária ou secundária consultando a Seção 2.15. Uma amina primária é uma clara possibilidade devido ao forte pa-

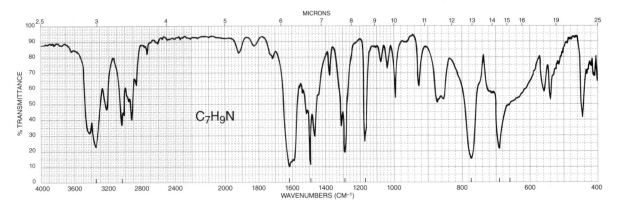

**FIGURA 2.77** Exemplo 3, composto desconhecido com fórmula C₇H₉N.

drão NH₂ com dois picos encontrados entre 3300 e 3500 cm⁻¹ (ver Figura 2.58). Uma amina secundária aparece como um pico único N—H no mesmo intervalo (ver Figura 2.59). Para terminar a nossa análise temos de decidir onde colocar o átomo de carbono remanescente. Um grupo metila seria a sugestão, e colocaríamos esse grupo no terceiro átomo de carbono no anel aromático. A curva N—H para a amina primária (faixa larga em cerca de 1600 cm-1) se sobrepõe aos padrões de anéis aromáticos que ocorrem entre 1600 e 1450 cm⁻¹. A melhor opção para o espectro é 3-metilanilina.

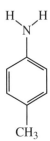 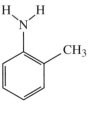 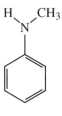

| 3-metilanilina tem os grupos 1,3 (meta) em relação aos outros | 4-metilanilina tem grupos para (1,4), então não se encaixa no espectro. | 2-metilanilina tem grupos orto (1,2), então não se encaixa no espectro. | *N*-metilanilina é uma amina secundária, então não se encaixa no espectro. |

## *Exemplo 4*

Como quarto exemplo, determine a estrutura ou possíveis estruturas para um composto de fórmula C₅H₁₀N₂ mostrado na Figura 2.78. O índice de deficiência de hidrogênio calculado é 2 (Seção 1.4). Olhando o espectro vemos um pico proeminente a cerca de 2250 cm⁻¹. O único grupo funcional aparecendo perto desse valor é uma nitrila (C≡N) ou um alcino (C≡C). A Tabela 2.4 mostra os valores para ligações triplas. Um alcino pode aparecer mais perto de 2150 cm⁻¹, enquanto que uma nitrila pode aparecer no valor observado no espectro. Já que o índice de deficiência do hidrogênio tem um valor de 2, que corresponde a um composto com uma ligação tripla.

O átomo de nitrogênio remanescente seria provavelmente uma amina. É uma amina primária, secundária ou terciária? A Seção 2.15 mostra o espectro para esse tipo de aminas. Infelizmente, a região entre 3600 e 3200 cm⁻¹ não revela com clareza qual tipo de amina pode estar presente. A região é muitas vezes obscurecida pela presença de água na amostra, ou por picos harmônicos fracos de outras partes da molécula. Contudo, uma amina primária (RNH$_2$) pode mostrar um dubleto proeminente, enquanto que uma amina secundária (R$_2$NH) pode mostrar um singleto. Já que picos pouco proeminentes aparecem entre 3600 e 3200 cm$^{-1}$, podemos concluir que esse composto é uma nitrila (C≡N) com uma ligação de grupo de amina terciário (R$_3$N). A ressonância magnética nuclear (RMN) nos permitiria atribuir conclusivamente a estrutura. Sem essa informação, existem várias possibilidades para compostos que se podem adaptar. Podemos comparar o espectro a uma amostra autêntica, para concluir que o composto é o seguinte:

$$H_3C-N(CH_3)-CH_2-CH_2-C\equiv N$$

3-(*N*,*N*-Dimetilamina)propanonitrila

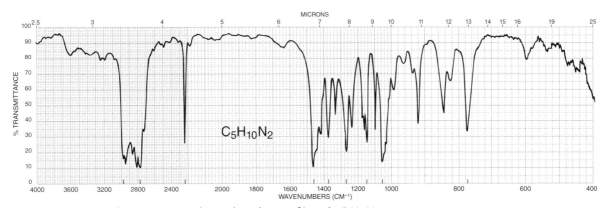

**FIGURA 2.78** Exemplo 4, composto desconhecido com fórmula C$_5$H$_{10}$N$_2$

## PROBLEMAS

Quando se tem uma fórmula molecular, deve-se calcular o índice de deficiência de hidrogênio (Seção 1.4). O índice, muitas vezes, oferece informações úteis sobre o grupo ou grupos funcionais que podem estar presentes na molécula.

*1. Em cada uma das partes a seguir, há uma fórmula molecular. Deduza uma estrutura consistente com o espectro infravermelho. Pode haver mais de uma resposta possível.

(a) C$_3$H$_3$Cl

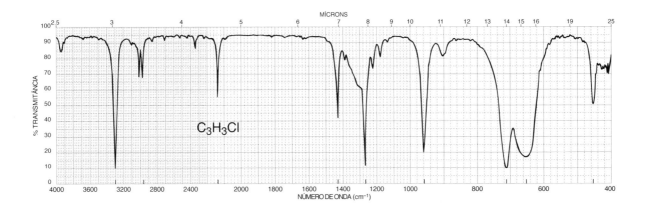

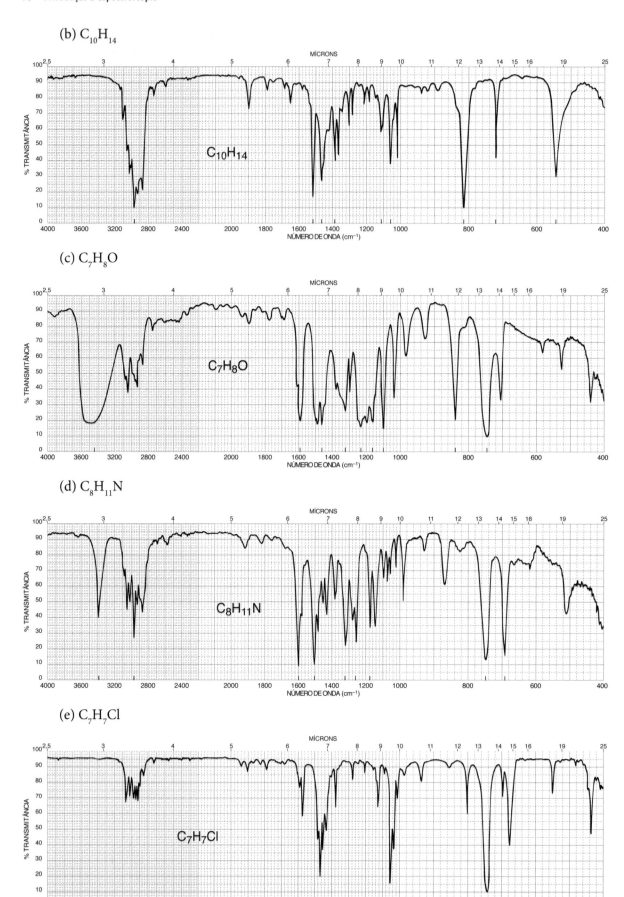

(f) $C_3H_5O_2Cl$

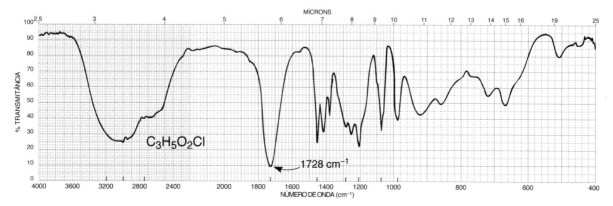

(g) $C_{10}H_{12}$ (dois anéis de seis membros)

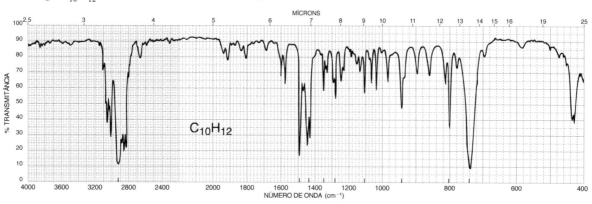

(h) $C_4H_8O$

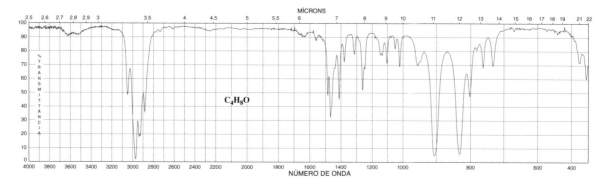

*2. Formigas emitem minúsculas quantidades de substâncias químicas, chamadas feromônios de alarme, para avisar outras formigas (da mesma espécie) sobre a presença de um inimigo. Muitos dos componentes do feromônio de uma espécie foram identificados, e a seguir estão duas de suas estruturas. Que compostos foram mostrados no espectro infravermelho?

Citral    Citronelal

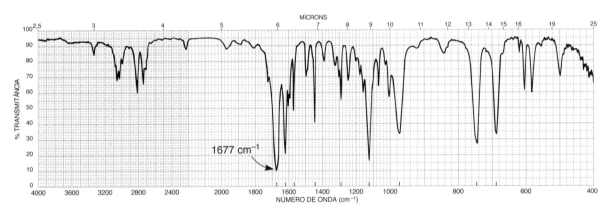

*3. A fórmula do principal constituinte do óleo de canela é $C_9H_8O$. A partir dos seguintes espectros de infravermelho, deduza a estrutura desse componente.

*4. A seguir, apresentam-se os espectros infravermelhos do *cis-* e *trans*-3-hexen-1-ol. Determine uma estrutura para cada um deles.

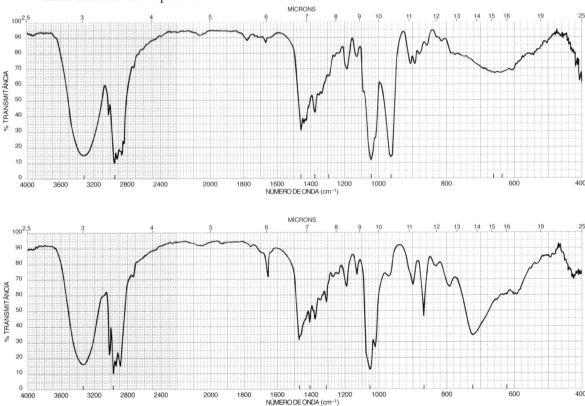

**5.** Em cada parte, escolha a estrutura que melhor se adapta ao espectro infravermelho apresentado.

*(a)

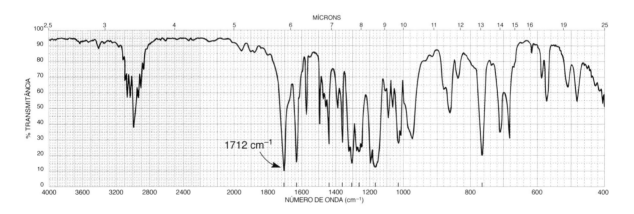

*(b)

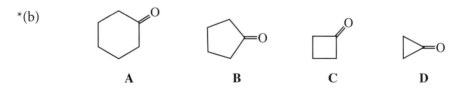

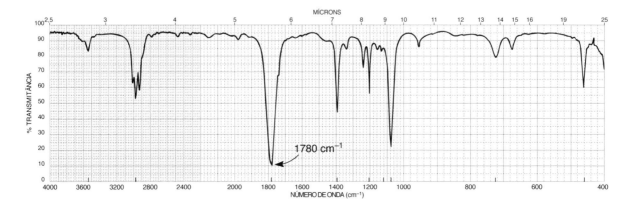

94 Introdução à espectroscopia

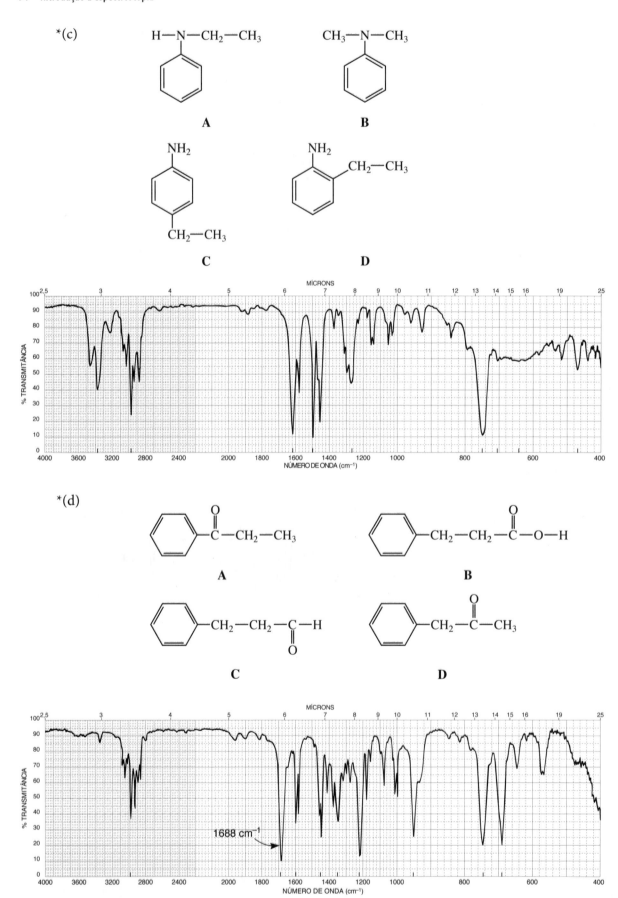

*(e)

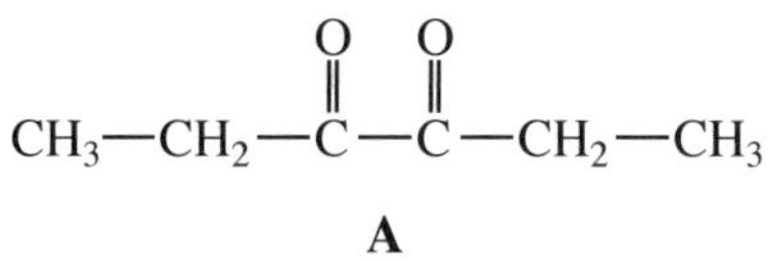

A

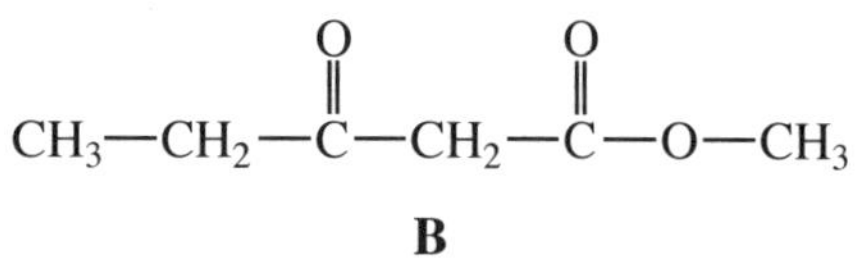

B

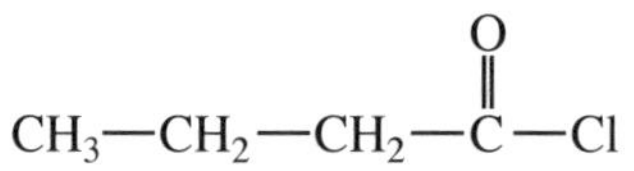

C

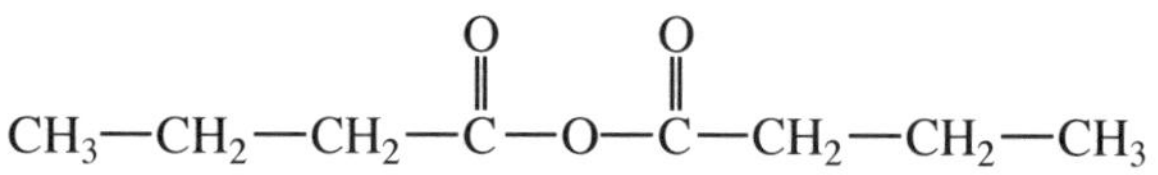

D

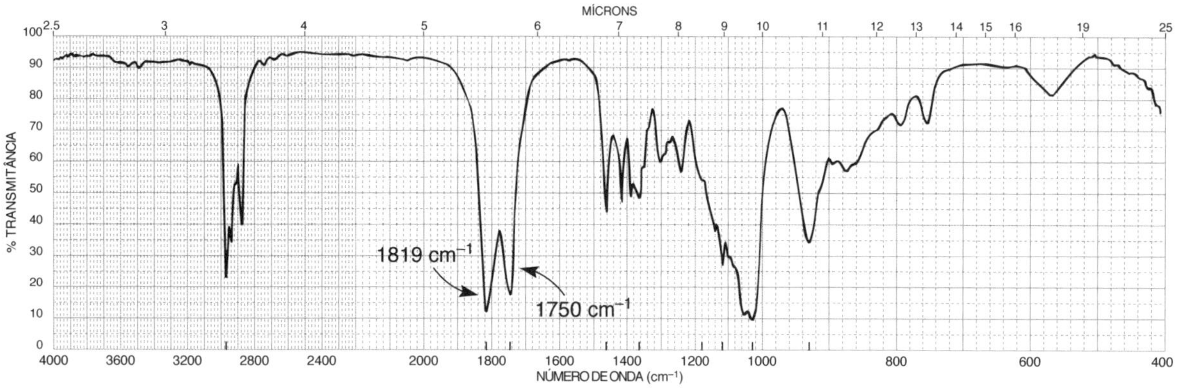


(f)

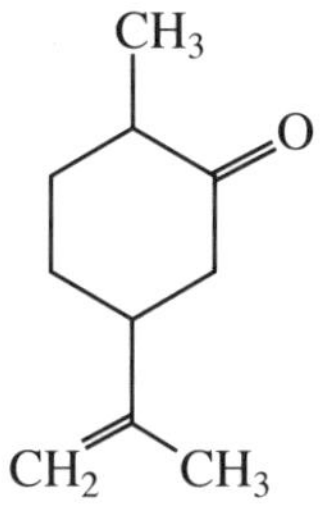

A

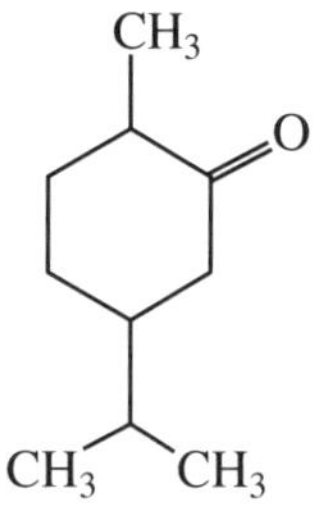

B

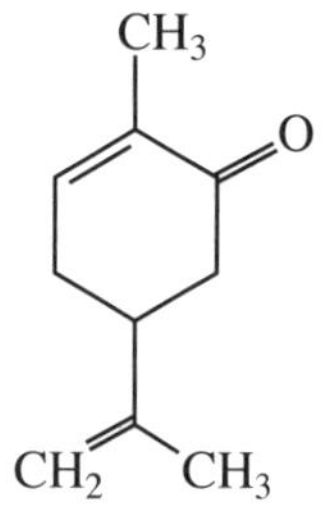

C

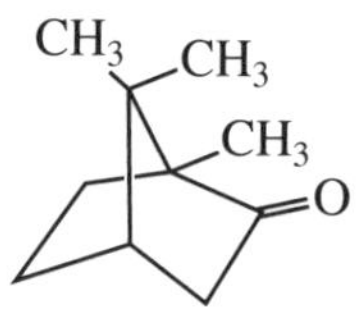

D

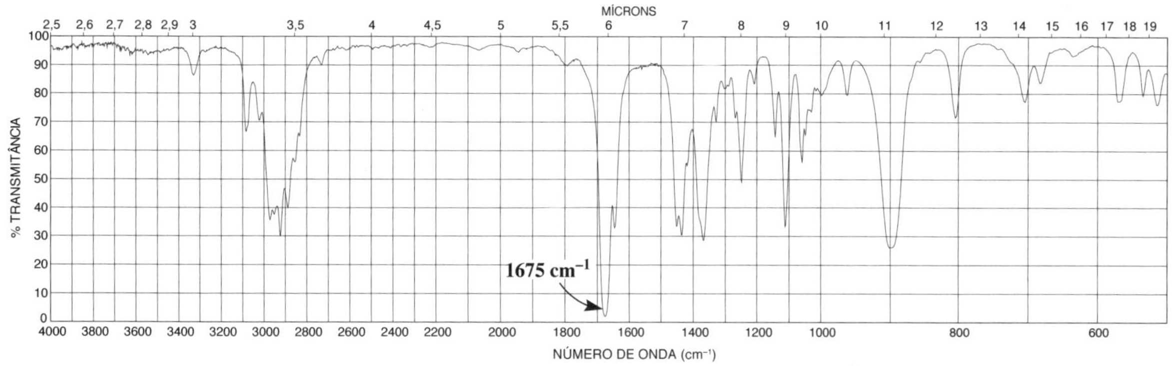


(g)

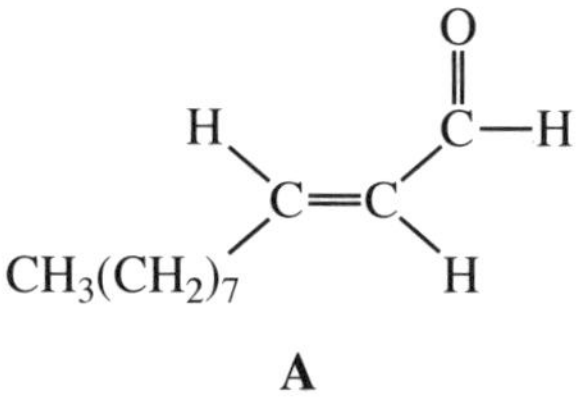

A

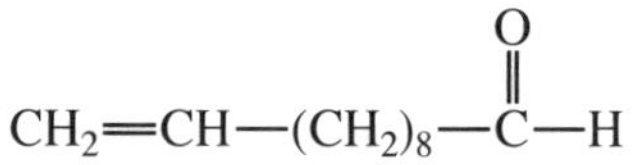

B

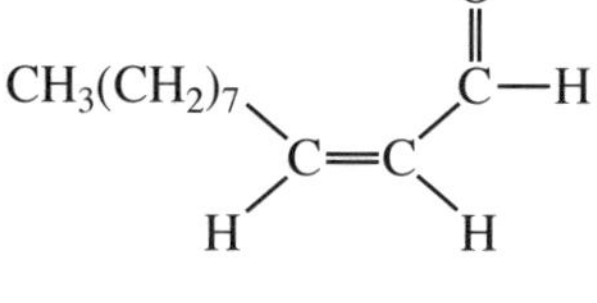

C

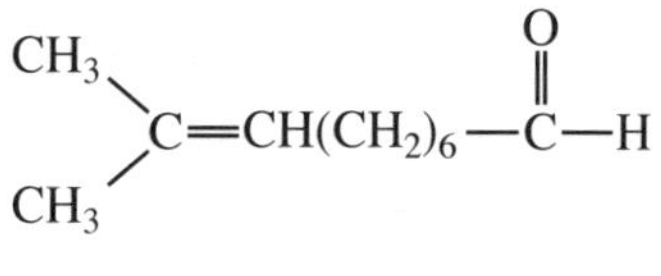

D

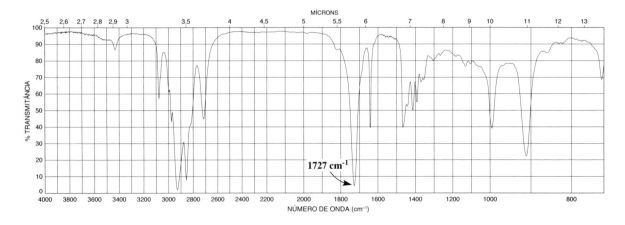

(h)

$CH_3(CH_2)_4-\underset{\underset{O}{\|}}{C}-H$        $CH_3-\underset{\underset{\|}{O}}{C}-(CH_2)_3-CH_3$

**A**       **B**

C       D

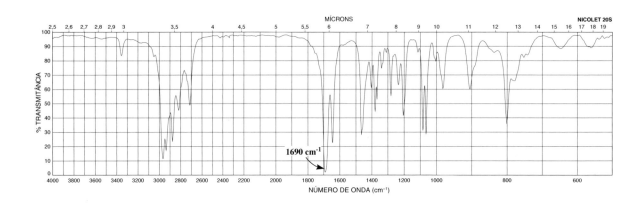

(i)

A     B     C

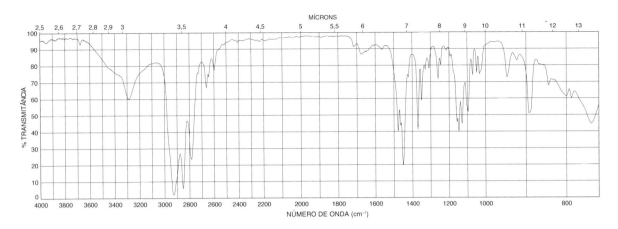

(j)  (j) CH₃−CH₂−CH₂−S−CH₂−CH₂−CH₃     CH₃(CH₂)₄CH₂−S−H
              **A**                              **B**

      CH₃(CH₂)₄CH₂−O−H              CH₃−CH₂−CH₂−O−CH₂−CH₂−CH₃
              **C**                              **D**

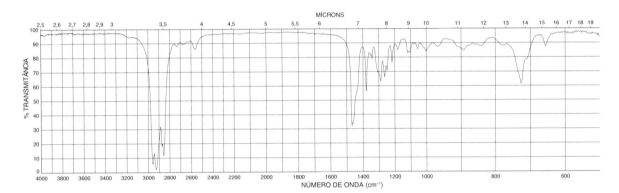

*6. A seguir, apresentam-se os espectros infravermelhos de algumas matérias poliméricas. Determine uma estrutura para cada uma delas, selecionando a partir das seguintes opções: poliamida (náilon), poli (metacrilato de metila), polietileno, poliestireno e poli(acrilonitrila estireno). Pode ser necessário consultar as estruturas dessas substâncias.

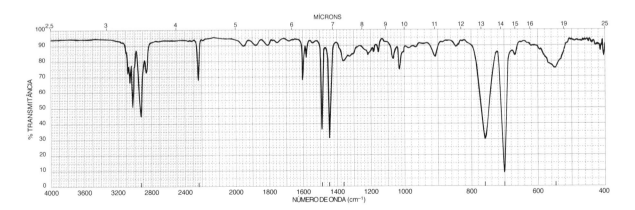

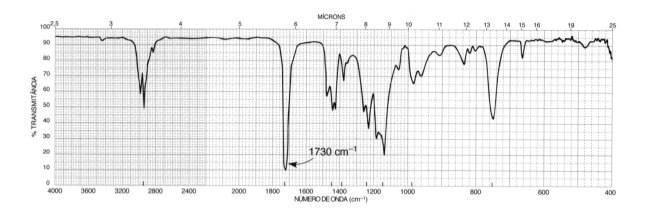

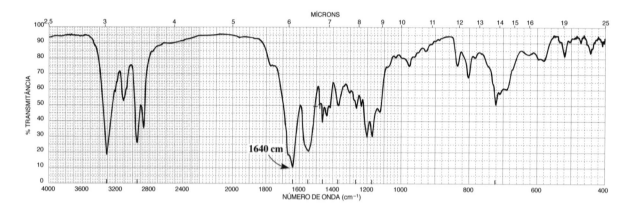

7. Atribua uma estrutura para cada um dos espectros a seguir. Escolha entre os seguintes ésteres de 5 carbonos:

$$CH_3-CH_2-\overset{\overset{O}{\|}}{C}-O-CH=CH_2 \qquad CH_3-CH_2-CH_2-O-\overset{\overset{O}{\|}}{C}-CH_3$$

$$CH_3-\overset{\overset{O}{\|}}{C}-O-CH_2-CH=CH_2 \qquad CH_2=CH-\overset{\overset{O}{\|}}{C}-O-CH_2-CH_3$$

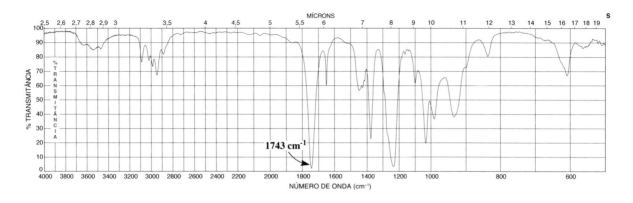

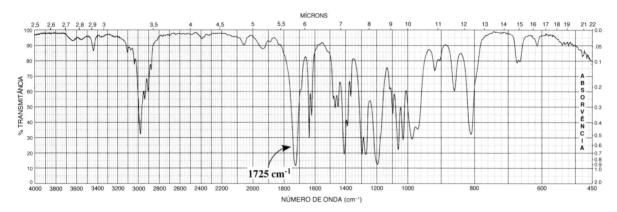

**8.** Atribua uma estrutura para cada um dos três espectros a seguir. As estruturas estão apresentadas aqui.

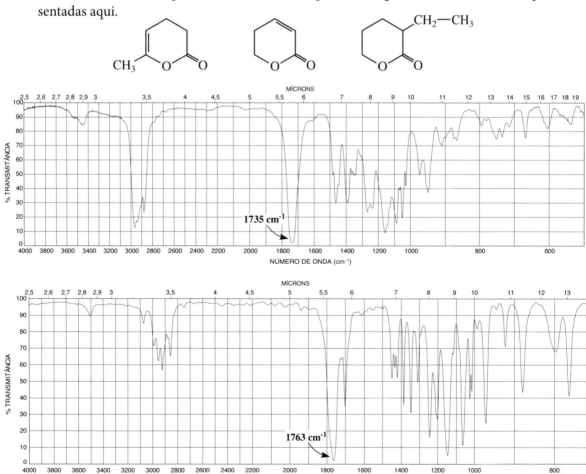

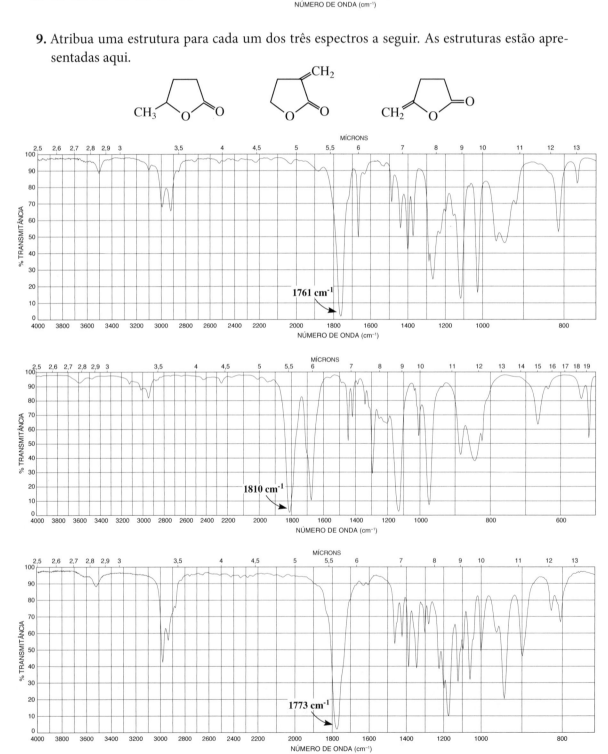

**9.** Atribua uma estrutura para cada um dos três espectros a seguir. As estruturas estão apresentadas aqui.

**10.** Atribua uma estrutura para cada um dos espectros apresentados. Escolha entre os seguintes alcoóis de cinco carbonos:

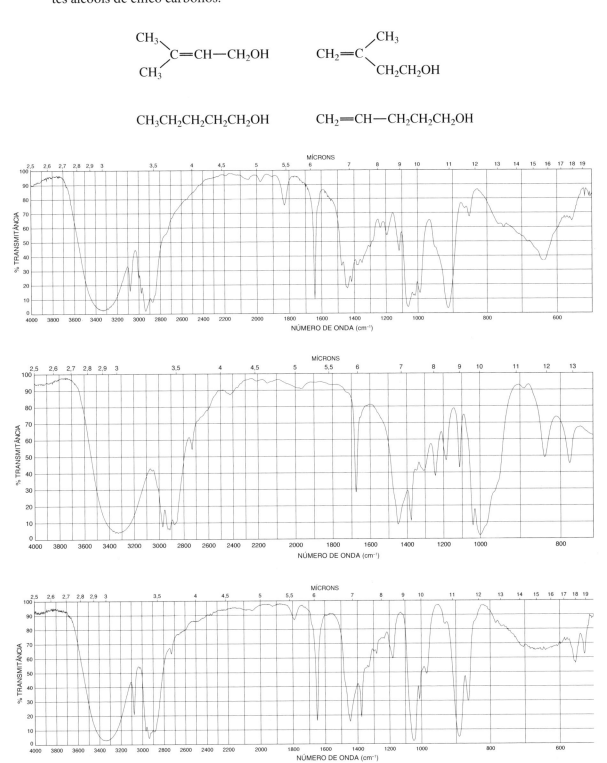

**11.** A substituição de um grupo amina na posição *para* da acetofenona desloca a frequência C=O de aproximadamente 1685 para 1652 cm$^{-1}$, enquanto um grupo nitro vinculado à posição *para* produz uma frequência C=O de 1693 cm$^{-1}$. Explique a mudança para cada substituinte do valor-base 1685 cm$^{-1}$ na acetofenona.

# REFERÊNCIAS

**Livros e compilações de espectros**

BELLAMY, L. J. *The infrared spectra of complex molecules*. 3. ed. Nova York: John Wiley, 1975.

COLTHRUP, N. B. et al. *Introduction to infrared and raman spectroscopy*. 3. ed. Nova York: Academic Press, 1990.

LIN-VIEN, D. et al. *The handbook of infrared and raman characteristic frequencies of organic molecules*. Nova York: Academic Press, 1991.

NAKANISHI, K.; SOLOMON, P. H. *Infrared absorption spectroscopy*. 2. ed. San Francisco: Holden-Day, 1998.

POUCHERT, C. J. *Aldrich library of FT-IR spectra*. 2. ed. Milwaukee: Aldrich Chemical Co., 1997.

PRETSCH, E. et al. *Tables of spectral data for structure determination of organic compounds*. Trad. K. Biemann. 3. ed. Berlim: Springer-Verlag, 1998.

SADTLER STANDARD SPECTRA. Sadtler Research Laboratories Division, Bio-Rad Laboratories, Inc., 3316 Spring Garden Street, Philadelphia, PA 19104-2596. (Muitas bibliotecas de pesquisa IV-FT estão disponíveis para computadores).

SILVERSTEIN, R. M. et al. *Spectrometric identification of organic compounds*. 7. ed. Nova York: John Wiley, 2005.

*Sites*

http://www2.chemistry.msu.edu/faculty/reusch/VirtTxtJml/Spectrpy/spectro.htm: O excelente *website* apresentado pelo Professor William Reusch, do Departamento de Química da Universidade do Estado de Michigan, inclui material de apoio para espectroscopia no infravermelho, espectroscopia RMN, espectroscopia UV e espectroscopia de massa. Inclui alguns problemas e *links* para outros *sites* que disponibilizam problemas de espectros.

http://sdbs.riodb.aist.go.jp/sdbs/cgi-bin/cre_index.cgi?lang=eng: Este excelente *site* grátis apresenta um Sistema Integrado de Banco de Dados de Espectros de Compostos Orgânicos (SDBS). É organizado e mantido pelo Instituto Nacional de Avanço Industrial Ciência e Tecnologia (AIST), Tsukuba, Ibaraki 305-8565, Japão. O banco de dados inclui infravermelho, espectrometria de massa e dados de RMN ($^1$H e $^{13}$C) para vários compostos.

http://webbook.nist.gov/chemistry/: O National Institute of Standards and Technology (NIST) desenvolveu o WebBook. Esse *site* inclui espectros infravermelhos de gases e dados espectrais de compostos. Esse *site* não é útil como o *site* SDBS para espectros infravermelhos, uma vez que a maior parte dos espectros em infravermelho listados foi determinada na fase gasosa, em vez de na fase líquida. O banco de dados dos espectros de massa é mais útil.

http://www.chem.ucla.edu/~webspectra/: O Departamento de Química e Bioquímica da UCLA, em parceria com o Laboratório de Isótopos da Universidade de Cambridge, mantém um *site*, WebSpectra, que apresenta problemas de ressonância magnética nuclear de espectroscopia no infravermelho para estudantes interpretarem. Não são incluídos dados de espectros de massa. Oferece também *links* para outros *sites* que disponibilizam problemas que poderão ser resolvidos pelos estudantes.

# capítulo 3

# Espectrometria de massa

Parte 1: Teoria básica, instrumentação e técnicas de amostragem

Os princípios que delineiam a espectrometria de massa são bem anteriores a todas as outras técnicas instrumentais descritas neste livro. Os princípios fundamentais datam do fim da década de 1890, quando J. J. Thomson determinou a razão massa/carga do elétron, e Wien estudou a deflexão magnética de raios anódicos e determinou que esses raios eram carregados positivamente. Ambos receberam o Prêmio Nobel (Thomson em 1906, e Wien em 1911) por seus trabalhos. Em 1912-1913, J. J. Thomson estudou os espectros de massa de gases atmosféricos e usou um espectro de massa para demonstrar a existência de néon-22 em uma amostra de néon-20, estabelecendo assim que elementos poderiam ter isótopos. O primeiro espectrômetro de massa, como o conhecemos hoje, foi construído por A. J. Dempster, em 1918. Contudo, o método de espectrometria de massa não se popularizou até mais ou menos 50 anos atrás, quando foram disponibilizados instrumentos baratos e confiáveis.

Nas décadas de 1980 e 1990, o desenvolvimento de técnicas de ionização para compostos com pesos moleculares (PM) altos e amostras biológicas introduziu a espectrometria de massa para uma nova comunidade de pesquisadores. A introdução de instrumentos comerciais baratos e de fácil manutenção que oferecessem alta resolução tornou a espectrometria de massa uma técnica indispensável em vários campos bem distantes daqueles dos laboratórios de Thomson e Wien. Hoje, a indústria de biotecnologia usa a espectrometria de massa para examinar e sequenciar proteínas, oligonucleotídeos e polissacarídeos. A indústria farmacêutica usa a espectrometria de massa em todas as fases do processo de desenvolvimento de remédios, desde a descoberta de compostos importantes e análise estrutural até desenvolvimento sintético e química combinatória, na farmacologia e no metabolismo de remédios. Em clínicas de saúde em todo o mundo, a espectrometria de massa é utilizada em testes de sangue e urina para registro da presença e do nível de certos compostos que são marcadores de estados patológicos, incluindo muitos cânceres, até detecção de presença e análise quantitativa de drogas ilícitas ou anabolizantes. Cientistas ambientais confiam na espectrometria de massa para monitorar a qualidade da água e do ar, e geólogos usam a espectrometria de massa para testar a qualidade das reservas de petróleo. A espectrometria de massa também é utilizada rotineiramente em rastreio de segurança de aeroportos e investigações forenses para detectar vestígios de explosivos.

Até o momento, pelo menos cinco cientistas receberam o Prêmio Nobel por trabalhos diretamente ligados a espectrometria de massa: J. J. Thomson (Física, 1906), por "investigações teóricas e experimentais sobre a condução de eletricidade por gases"; F. W. Aston (Química, 1922), pela "descoberta, por meio de um espectrógrafo de massa, de isótopos em um grande número de elementos não radioativos"; W. Paul (Física, 1989), "pelo desenvolvimento da técnica de armadilha de íons"; e, mais recentemente, J. B. Fenn e K. Tanaka (Química, 2002), "pelo desenvolvimento de métodos suaves de ionização e dessorção em análises espectrométricas de massa de macromoléculas biológicas".

## 3.1 ESPECTRÔMETRO DE MASSA: VISÃO GERAL

Em sua forma mais simples, o espectrômetro de massa tem cinco componentes (Figura 3.1), e cada um deles será abordado separadamente neste capítulo. O primeiro componente do espectrômetro de massa é a **unidade de introdução da amostra** (Seção 3.2), que traz a amostra do ambiente laboratorial (1 atm) para a pressão mais baixa do espectrômetro de massa. As pressões dentro do espectrômetro de massa vão de alguns poucos milímetros de mercúrio em uma fonte de ionização química até alguns micrômetros de mercúrio nas regiões do analisador de massa e do detector do instrumento. A unidade de introdução da amostra leva até a **fonte de ionização** (Seção 3.3), onde as moléculas da amostra são transformadas em íons em fase gasosa. Recentemente foram desenvolvidos alguns instrumentos que combinam a introdução da amostra e a fonte de ionização sob condições ambientais normais, simplificando enormemente a preparação da amostra. Os íons são, então, acelerados por um campo eletromagnético. A seguir, o **analisador de massa** (Seção 3.4) separa os íons da amostra com base em sua **razão massa/carga (*m/z*)**. Os íons são, então, contados pelo **detector** (Seção 3.5), e o sinal é registrado e processado pelo **sistema de dados**, em geral um computador pessoal. O produto do sistema de dados é o **espectro de massa** – um gráfico do número de íons detectados em função de sua razão *m/z*.

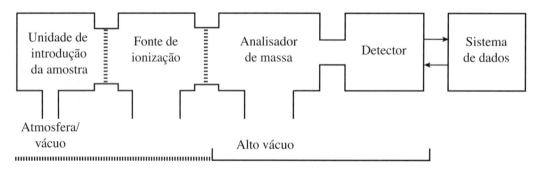

**FIGURA 3.1** Componentes de um espectrômetro de massa. Fonte: Adaptado de Gross (2004). Reprodução autorizada.

## 3.2 INJEÇÃO DA AMOSTRA

Quando examinamos em detalhes cada uma das funções essenciais de um espectrômetro de massa, vemos que ele é, de certa forma, mais complexo que o descrito. Antes que os íons sejam formados, um fluxo de moléculas deve ser introduzido na **fonte de ionização** (câmara de ionização), na qual ocorre a ionização. Uma **unidade de introdução da amostra** gera esse fluxo de moléculas.

Uma amostra estudada por espectrometria de massa pode ser um gás, um líquido ou um sólido. Deve-se converter em vapor uma quantidade suficiente da amostra para que se obtenha um fluxo de moléculas, o qual deve fluir para dentro da câmara de ionização. Com gases, logicamente, a substância já está vaporizada, e assim pode-se usar uma unidade simples de introdução da amostra. Essa unidade é apenas parcialmente evacuada, uma vez que a câmara de ionização está em uma pressão menor do que a unidade de entrada. A amostra é introduzida em um grande reservatório, a partir do qual as moléculas de vapor podem ser deslocadas para dentro da câmara de ionização, que está em baixa pressão. Para garantir que o fluxo de moléculas que entra na câmara de ionização seja constante, o vapor deve atravessar um pequeno furo, chamado de **escapamento molecular**, antes de entrar na câmara. O mesmo sistema pode ser utilizado com líquidos ou sólidos voláteis. Para materiais menos voláteis, o sistema pode ser projetado para caber em um forno que aqueça a amostra para aumentar sua pressão de vapor. Deve-se tomar cuidado para não aquecer a amostra até uma temperatura em que ela se decomponha.

Com amostras não voláteis, devem-se usar outras unidades de injeção de amostra. Um método comum é o de **sonda direta**. A amostra é colocada sobre um laço fino de arame ou presa na ponta de uma sonda, que é então inserida, por meio de uma comporta em vácuo, na câmara de ionização. A sonda da amostra é posicionada perto da fonte de ionização. A sonda pode ser aquecida, desenvolvendo assim vapor da amostra próximo do feixe ionizante de elétrons. Um sistema como esse pode ser utilizado para estudar amostras de moléculas com pressões de vapor menores que $10^{-9}$ mmHg em temperatura ambiente.

Na última década, foram desenvolvidos vários métodos de introdução de amostras ao ar livre que essencialmente eliminam a preparação da amostra. Em várias técnicas de ionização química à pressão atmosférica (APCI), a amostra é colocada numa corrente de gás ionizado (Seção 3.3B) ou aerossol solvente (Seção 3.3 D) entre a fonte de íons e a entrada para o analisador de massa.

As unidades de introdução de amostra mais versáteis são construídas conectando-se um cromatógrafo a um espectrômetro de massa. Essa técnica de introdução de amostra possibilita que uma mistura complexa de componentes seja separada pelo cromatógrafo, e o espectro de massa de cada componente possa, então, ser determinado individualmente. Uma desvantagem desse método ocorre quando há necessidade de varredura rápida pelo espectrômetro de massa. O instrumento deve determinar o espectro de massa de cada componente da mistura *antes* de o próximo componente sair da coluna cromatográfica, para que a primeira substância não fique contaminada pela seguinte antes de se obter seu espectro. Como na cromatografia são utilizadas colunas de alta eficiência, na maioria dos casos os compostos são totalmente separados antes de o fluxo eluente ser analisado. O instrumento deve ter a capacidade de obter pelo menos uma varredura por segundo ao longo da gama $m/z$ de interesse. São necessárias até mais varreduras se uma faixa menor de massa tiver de ser analisada. O espectrômetro de massa acoplado ao cromatógrafo deve ser relativamente compacto e capaz de alta resolução.

Na **espectrometria de massa/cromatografia de gás** (GC-MS), o fluxo gasoso que sai de um cromatógrafo é admitido, por meio de uma válvula, em um tubo, onde atravessa um escapamento molecular. Parte do fluxo gasoso é, então, admitido na câmara de ionização do espectrômetro de massa. Dessa forma, é possível obter o espectro de massa de todo componente de uma mistura injetada no cromatógrafo de gás. Na verdade, o espectrômetro de massa cumpre o papel de detector. Do mesmo modo, a **espectrometria de massa/cromatografia de líquido de alta performance** (**HPLC-MS,** ou simplesmente **LC-MS**) acopla um instrumento de HPLC a um espectrômetro de massa por meio de uma interface especial. As substâncias que eluem da coluna HPLC são detectadas pelo espectrômetro de massa, e seus espectros de massa podem ser mostrados, analisados e comparados a espectros padrão encontrados na biblioteca digital contida no instrumento.

## 3.3 MÉTODOS DE IONIZAÇÃO

### A. Ionização por elétrons (EI)

Independentemente do método de introdução da amostra, depois que o fluxo de moléculas entra no espectrômetro de massa, as moléculas da amostra devem ser transformadas em partículas carregadas pela **fonte de ionização** antes de serem analisadas e detectadas. O método mais simples e comum de converter a amostra em íons é a **ionização por elétrons** (**EI**). Na EI-MS, é emitido um feixe de elétrons de alta energia a partir de um **filamento** aquecido a até vários milhares de graus Celsius. Esses elétrons de alta energia atingem o fluxo de moléculas admitidas pela unidade de entrada da amostra. A colisão entre elétrons e moléculas retira um elétron da molécula, criando um cátion. Uma **placa repelente**, em um potencial elétrico positivo, direciona os íons recém-criados para uma série de **placas aceleradoras**. Uma grande diferença de potencial, que vai de 1 a 10 quilovolts (kV), aplicado nessas placas aceleradoras produz um feixe de íons positivos que viajam rapidamente. Uma ou mais **fendas colimadoras** geram um feixe uniforme de íons (Figura 3.2).

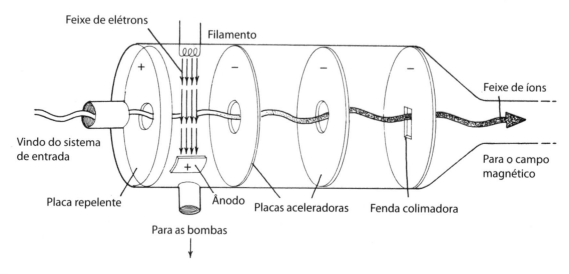

**FIGURA 3.2** Câmara de ionização de elétrons.

A maioria das moléculas da amostra nunca é ionizada, mas é continuamente sugada por bombas de vácuo conectadas à câmara de ionização. Algumas moléculas são convertidas em íons negativos por absorção de elétrons. A placa repelente absorve esses íons negativos. Em alguns instrumentos, é possível inverter a polaridade das placas repelentes e aceleradoras, o que permite a análise de massa de íons negativos (ânions) criados pela captura de elétrons quando as moléculas da amostra são atingidas pelo feixe de elétrons. Uma pequena proporção dos íons positivos formados pode ter uma carga maior do que um (perda de mais de um elétron), e eles são acelerados da mesma forma que os íons positivos de carga única.

A energia necessária para remover um elétron de um átomo ou de uma molécula é seu **potencial de ionização** ou **energia de ionização**. A maioria dos compostos orgânicos tem potenciais de ionização entre 8 e 15 elétrons volts (eV). Entretanto, um feixe de elétrons não cria íons com alta eficiência até que atinja o fluxo de moléculas com energia entre 50 e 70 eV. Para obter características espectrais reprodutíveis, incluindo padrões de fragmentação que possam ser prontamente comparados com bases de dados eletrônicas, deve-se usar um feixe de elétrons padrão de 70 eV.

A EI-MS tem suas vantagens na espectrometria de massa de pequenas moléculas orgânicas. O equipamento de ionização de elétrons não é caro e é robusto. O excesso de energia cinética transmitida para a amostra durante o processo de EI leva a uma fragmentação significativa de íons moleculares (Capítulo 4). O padrão de fragmentação de um composto é reprodutível, e estão disponíveis muitas bibliotecas de dados EI-MS. Isso permite que se compare o espectro de massa de um composto da amostra com milhares de dados em uma biblioteca espectral em questão de segundos usando-se um computador, o que simplifica o processo de determinação ou de confirmação de identidade de um composto.

A fragmentação do íon molecular nas condições da EI pode também ser considerada uma desvantagem característica. Alguns compostos são tão facilmente fragmentados que o tempo de vida do íon molecular é muito curto para ser detectado pelo analisador de massa. Dessa forma, não se pode determinar a massa molecular do composto (Seção 3.6) nesses casos. Outra desvantagem da EI-MS é que a amostra deve ser relativamente volátil para que possa entrar em contato com o feixe de elétrons na câmara de ionização. Esse fato, juntamente com o problema de fragmentação, dificulta a análise por EI-MS de compostos de peso molecular (PM) alto e da maioria das biomoléculas.

## B. Ionização química (CI)

Na **espectrometria de massa/ionização química (CI-MS)**, as moléculas da amostra são combinadas com um fluxo de gás reagente ionizado, presente em grande excesso em comparação com a amostra. Quando as moléculas da amostra colidem com o gás reagente pré-ionizado, algumas delas são ionizadas por vários mecanismos, como transferências de prótons, transferência de elétrons e formação de adutos. Quase todos os gases ou líquidos altamente voláteis podem ser utilizados como gás reagente na CI-MS.

Alguns reagentes ionizantes comuns na CI-MS são metano, amônia, isobutano e metanol. Quando se usa o metano como gás reagente em CI, o evento de ionização predominante é a transferência de prótons de um íon $CH_5^+$ para a amostra. Íons em menor concentração são formados via adutos entre $C_2H_5^+$, homólogos mais altos e a amostra. O metano é convertido em íons, como demonstrado nas Equações 3.1 a 3.4.

$$CH_4 + e^- \rightarrow CH_4^{\cdot+} + 2e^- \quad \quad \textbf{Equação 3.1}$$
$$CH_4^{\cdot+} + CH_4 \rightarrow CH_5^+ + \cdot CH_3 \quad \quad \textbf{Equação 3.2}$$
$$CH_4^{\cdot+} \rightarrow CH_3^+ + H\cdot \quad \quad \textbf{Equação 3.3}$$
$$CH_3^+ + CH_4 \rightarrow C_2H_5^+ + H_2 \quad \quad \textbf{Equação 3.4}$$

A molécula de amostra M é, então, ionizada por meio de reação entre moléculas e íons nas Equações 3.5 e 3.6:

$$M + CH_5^+ \rightarrow (M+H)^+ + CH_4 \quad \quad \textbf{Equação 3.5}$$
$$M + C_2H_5^+ \rightarrow (M+C_2H_5)^+ \quad \quad \textbf{Equação 3.6}$$

Essa situação é muito semelhante para CI que tenha a amônia como gás reagente (Equações 3.7 a 3.9):

$$NH_3 + e^- \rightarrow NH_3^{\cdot+} + 2e^- \quad \quad \textbf{Equação 3.7}$$
$$NH_3^{\cdot+} + NH_3 \rightarrow NH_4^+ + \cdot NH_2 \quad \quad \textbf{Equação 3.8}$$
$$M + NH_4^+ \rightarrow (M+H)^+ + NH_3 \quad \quad \textbf{Equação 3.9}$$

Usar o isobutano como gás reagente produz cátions *tert*-butila (Equações 3.10 e 3.11), que prontamente protonam sítios básicos na molécula da amostra (Equação 3.12). A formação de adutos também é possível usando o isobutano na CI-MS (Equação 3.13).

$$(CH_3)_3CH + e^- \rightarrow (CH_3)_3CH^{\cdot+} + 2e^- \quad \quad \textbf{Equação 3.10}$$
$$(CH_3)_3CH^{\cdot+} \rightarrow (CH_3)_3C^+ + H\cdot \quad \quad \textbf{Equação 3.11}$$
$$M + (CH_3)_3C^+ \rightarrow (M+H)^+ + (CH_3)_2C=CH_2 \quad \quad \textbf{Equação 3.12}$$
$$M + (CH_3)_3C^+ \rightarrow [M+C(CH_3)_3]^+ \quad \quad \textbf{Equação 3.13}$$

| Tabela 3.1 Resumo dos gases reagentes de ionização química (CI) |||||
|---|---|---|---|---|
| Gás reagente | Afinidade protônica (kcal/mole) | Íon(s) reagente(s) | Íon(s) analítico(s) | Comentários |
| $H_2$ | 101 | $H_3^+$ | $(M + H)^+$ | Produz fragmentação significativa |
| $CH_4$ | 132 | $CH_5^+, C_2H_5^+$ | $(M + H)^+, (M + C_2H_5)^+$ | Menos fragmentação do que $H_2$, pode formar adutos |
| $NH_3$ | 204 | $NH_4^+$ | $(M + H)^+, (M + NH_4)^+$ | Ionização seletiva, fragmentação pequena, pouca formação de adutos |
| $(CH_3)_3CH$ | 196 | $(CH_3)_3C^+$ | $(M + H)^+$ $[M + C(CH_3)_3]^+$ | Brando, protonação seletiva, fragmentação pequena |
| $CH_3OH$ | 182 | $CH_3OH_2^+$ | $(M + H)^+$ | Grau de fragmentação observado entre o metano e o isobutano |
| $CH_3CN$ | 188 | $CH_3CNH^+$ | $(M + H)^+$ | Grau de fragmentação observado entre o metano e o isobutano |

Variar o gás reagente em CI-MS possibilita que se variem a seletividade da ionização e o grau de fragmentação dos íons. A escolha do gás reagente deve ser feita com cuidado para adequar melhor a **afinidade protônica** do gás reagente à da amostra, a fim de garantir uma ionização eficiente da amostra sem fragmentação excessiva. Quanto maior a diferença entre a afinidade protônica da amostra e a do gás reagente, mais energia é transferida para a amostra durante a ionização. O excesso de energia produz um íon analito em um estado vibracional altamente excitado. Se for transmitida energia cinética suficiente, o íon da amostra será fragmentado por meio da quebra de ligações covalentes. Portanto, usar um gás reagente com uma afinidade protônica adequada à da amostra resultará em um número maior de íons moleculares intactos e em um número menor de íons fragmentos. Logicamente, não é provável que se saiba com precisão a afinidade protônica da amostra, mas pode-se estimar o valor observando as tabelas de valores determinados para compostos simples com grupos funcionais semelhantes aos da amostra em questão. A Tabela 3.1 apresenta um resumo dos gases reagentes em CI e suas propriedades/íons.

Como se pode ver na Figura 3.3, a CI-MS do acetato de lavandulila (PM 196) gera espectros de massa com aparências muito diferentes, dependendo do gás reagente utilizado para ionizar a amostra. No espectro de cima, é quase impossível ver o íon molecular protonado do acetato de lavandulila $[(M + H)^+$, $m/z = 197]$ e o pico mais alto do espectro pertence ao fragmento em $m/z = 137$. No espectro do meio, obtido usando-se o isobutano como gás reagente, o íon molecular protonado em $m/z = 197$ é muito mais destacado, e há menos fragmentação geral. Entretanto, a fragmentação ainda é significativa nesse caso, uma vez que o íon em $m/z = 137$ é o mais abundante no espectro. Por fim, quando o acetato de lavandulila for ionizado usando-se amônia, o íon molecular protonado será o íon mais abundante (o pico basal), e quase não se observará nenhuma fragmentação. Note a presença de um íon aduto $[(M + NH_4)^+$, $m/z = 214]$ nesse espectro.

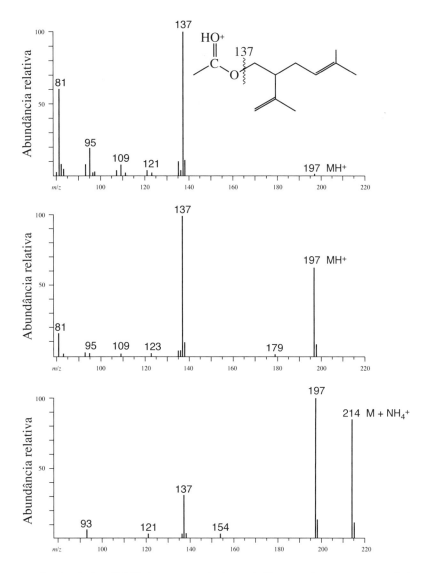

**FIGURA 3.3** Comparação de dados CI-MS do acetato de lavandulila usando-se o metano (acima), isobutano (no meio) e a amônia (abaixo) como gases reagentes. Fonte: McLafferty e Tureček (1993). Reprodução autorizada.

Uma nota prática: espectros adquiridos em condições de CI são, em geral, obtidos em uma faixa de massa acima do $m/z$ dos íons do gás reagente. O gás reagente ionizado é também detectado pelo espectrômetro, e, como o gás reagente está presente em grande excesso (comparado à amostra), seus íons dominariam o espectro. Assim, espectros CI (metano) são normalmente obtidos acima de $m/z = 50$ ($CH_5^+$ é $m/z = 17$, é lógico, mas $C_2H_5^+$ [$m/z = 29$] e $C_3H_5^+$ [$m/z = 41$] também estão presentes), e espectros CI (isobutano) são tipicamente obtidos acima de $m/z = 60$ ou 70.

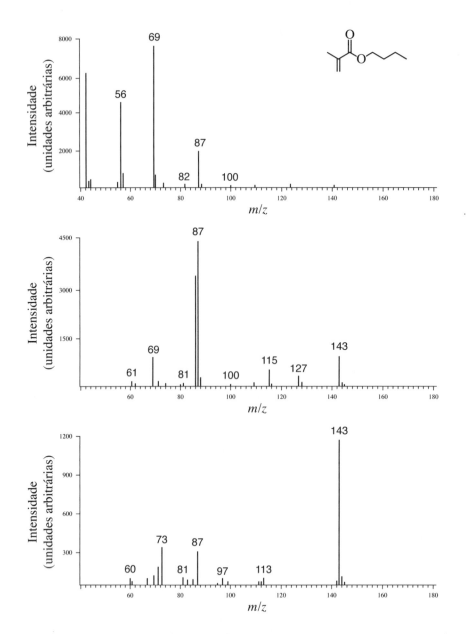

**FIGURA 3.4** MS do metacrilato de butila obtido em condições EI (acima) e CI (metano, no meio; isobutano, abaixo). Fonte: DeHoffmann e Stroobant (1999). Reprodução autorizada.

A principal vantagem da CI-MS é a produção seletiva de íons quase moleculares [(M + H)$^+$] intactos. A Figura 3.4 mostra o espectro de massa do metacrilato de butila obtido em diferentes condições de ionização. É quase impossível ver o íon molecular ($m/z$ = 142) na EI-MS, mas o íon (M + H)$^+$ ($m/z$ = 143) destaca-se bastante nos espectros CI-MS. A CI-MS obtida pelo uso de isobutano tem muito menos fragmentação do que a CI-MS obtida usando metano como gás reagente. Outras vantagens da CI-MS incluem instrumentos baratos e robustos. Como na EI-MS, contudo, a amostra deve ser imediatamente vaporizada para passar por ionização química, o que impede a análise de compostos de peso molecular alto e de muitas biomoléculas. As fontes de ionização CI são muito semelhantes, em desenho, às fontes EI, e a maioria dos espectrômetros de massa pode passar do modo EI para o CI em questão de minutos.

Apesar de a protonação ser o método de ionização mais comumente encontrado em CI-MS, outros processos podem ser explorados. Por exemplo, usar uma mistura de nitrito de metila e metano como gás reagente produz CH$_3$O$^-$, que abstrai um próton da amostra, levando a um íon-pai (M – H)$^-$. Do mesmo modo, usar NF$_3$ como gás reagente produz um íon F$^-$ como um agente de abstração do próton, também levando a íons (M–H)$^-$. Também é possível formar adutos carregados negativamente em condições CI.

A ionização química também é utilizada na técnica de ar aberto, conhecida como análise direta em tempo real (DART). Nesse método de ionização (Figura 3.5), um gás reagente, normalmente He ou Ar, é passado por um eletrodo de agulha com um potencial entre 1 e 5 kV, criando a aceleração dos átomos do gás. O gás em estado excitado colide com a água da atmosfera para gerar aglutinados de água protonada. (Equação 3.14). A amostra é colocada no feixe de íons de inúmeras maneiras, incluindo uma tela de arame, capilar de vidro ou outra superfície sólida. As colisões entre a amostra e esses aglutinados de água protonada transferem um próton à amostra (Equação 3.15). Em seguida, íons moleculares entram no analisador de massa através de um pequeno orifício.

$$\text{He}^* + n\,\text{H}_2\text{O} \rightarrow [(\text{H}_2\text{O}_{n-1})\text{H}]^+ + \text{OH}^- + \text{He} \qquad \textbf{Equação 3.14}$$
$$[(\text{H}_2\text{O}_{n-1})\text{H}]^+ + \text{M} \rightarrow (\text{M}+\text{H})^+ + n\,\text{H}_2\text{O} \qquad \textbf{Equação 3.15}$$

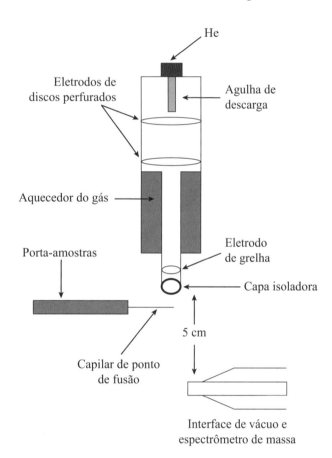

**FIGURA 3.5** Representação esquemática de uma análise direta na fonte em tempo real (DART). Fonte: Petucci et al., 2007, p. 5064.

### C. Técnicas de ionização por dessorção (SIMS, FAB e MALDI)

Tanto o método EI quanto o CI exigem uma amostra relativamente volátil (baixo peso molecular). Técnicas de ionização desenvolvidas mais recentemente permitem a análise de moléculas grandes, não voláteis, por espectrometria de massa. Três desses métodos, **espectrometria de massa de íon secundário (SIMS), bombardeamento de átomos rápidos (FAB)** e **ionização por dessorção a *laser* assistido por matriz (MALDI)**, são técnicas de **ionização por dessorção (DI)**. Na ionização por dessorção, a amostra a ser analisada é dissolvida ou dispersa em uma matriz e colocada no caminho de um feixe de íons de energia alta (de 1 a 10 keV) (SIMS), de átomos neutros (FAB) ou de fótons de alta intensidade (MALDI). Feixes de Ar⁺ ou Cs⁺ são com frequência utilizados em SIMS, e feixe de átomos neutros de Ar ou Xe são comuns em FAB. A maioria dos espectrômetros MALDI usa um *laser* de nitrogênio que emite em 337 nm, mas algumas aplicações usam um *laser* de infravermelho (IV) para análises diretas de amostras contidas em géis ou placas de cromatografia em camada fina (CDC). A colisão desses íons/átomos/fótons com a amostra ioniza algumas moléculas da amostra e as expele da superfície (Figura 3.6). Os íons expelidos são, então, acelerados na direção do analisador de massa, como ocorre em outros métodos de ionização. Como o FAB usa átomos neutros para ionizar a amostra, é possível a detecção de íons positivos e negativos. Íons moleculares em SIMS e FAB são tipicamente (M + H)⁺ ou (M − H)⁻, mas metais alcalinos adventícios podem também criar íons (M + Na)⁺ e (M + K)⁺. Métodos de ionização SIMS e FAB podem ser utilizados em compostos de amostra com pesos moleculares de até mais ou menos 20000, como os polipeptídeos e oligonucleotídeos.

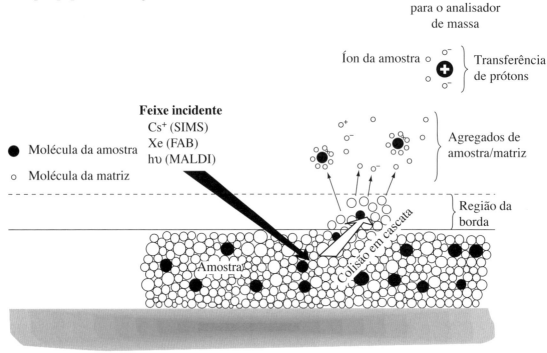

**FIGURA 3.6** Representações esquemáticas de técnicas de ionização por dessorção.

A matriz deve ser não volátil, relativamente inerte e um eletrólito razoável para permitir a formação de íons. Se o composto-matriz for mais ácido que o analito, serão formados predominantemente íons (M + H)⁺, enquanto a maioria dos íons (M − H)⁻ surgirão quando a matriz for menos ácida do que o analito. A matriz absorve muito do excesso de energia transmitida pelo feixe de íons/átomos e produz íons que contribuem com uma grande quantidade de íons de fundo para o espectro de massa. Na verdade, reações químicas dentro da matriz durante a ionização podem oferecer íons de fundo na maioria das regiões de massa abaixo de mais ou menos 600 $m/z$. Compostos-matrizes comuns para SIMS e FAB incluem glicerol, tioglicerol, álcool 3-nitrobenzila, di e trietanolamina e misturas de ditiotreitol (DTT) e ditioeritritol (Figura 3.7).

Os compostos-matrizes utilizados em MALDI são escolhidos por sua capacidade de absorver a luz ultravioleta (UV) de um pulso de *laser* (337 nm em *lasers* de $N_2$). Derivados de ácidos nicotínico, picolínico e cinâmico substituídos são muitas vezes utilizados em técnicas MALDI (Figura 3.8). A matriz absorve a maior parte da energia do pulso de *laser*, possibilitando assim a criação de íons intactos da amostra, os quais são expelidos da matriz. A espectrometria de massa MALDI é útil em analitos que abarcam uma grande faixa de pesos moleculares, desde pequenos polímeros com pesos moleculares medianos de alguns milhares de unidades de massa atômica (uma) até oligossacarídeos, oligonucleotídeos e polipeptídeos, anticorpos e pequenas proteínas com pesos moleculares próximos de 300000 uma. Além disso, a MALDI exige apenas alguns femtomoles (1 × 10⁻¹⁵ moles) de amostra!

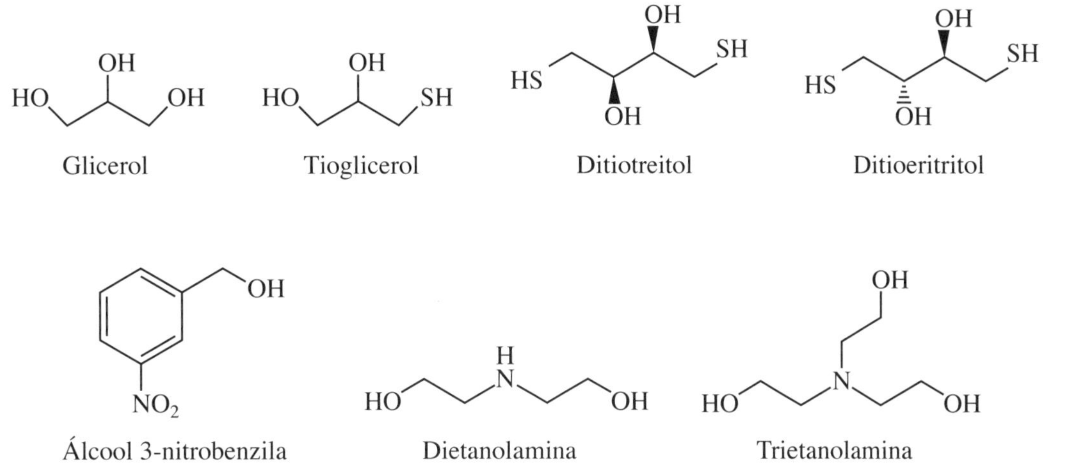

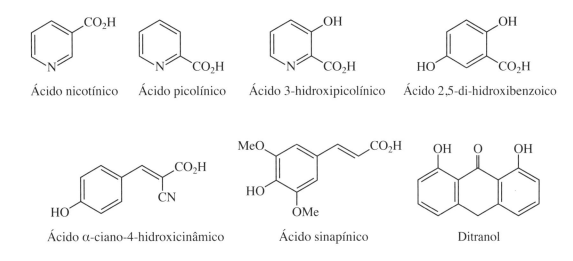

**FIGURA 3.7** Matrizes comuns para espectrometria de massa SIMS e FAB.

**FIGURA 3.8** Matrizes comuns em aplicações MALDI.

### D. Ionização por eletrospray (ESI)

Uma técnica ainda mais útil para estudar biomoléculas com peso molecular alto e outros compostos lábeis ou não voláteis é a **ionização por *eletrospray*** (ESI) e sua prima **ionização por *termospray*** (TSI). Na ESI, uma solução que contém as moléculas da amostra é borrifada na ponta de um tubo capilar fino para dentro de uma câmara aquecida, isto é, em pressão quase atmosférica. O tubo capilar pelo qual a solução da amostra passa tem um potencial de alta voltagem em sua superfície, e pequenas gotículas carregadas são expulsas para dentro da câmara de ionização. As gotículas carregadas enfrentam um contrafluxo de um gás de secagem (em geral, nitrogênio) que evapora as moléculas de solvente das gotículas. Assim, a densidade de carga de cada gotícula aumenta até que as forças repulsivas eletrostáticas excedam a tensão superficial da gotícula (o limite de Rayleigh), quando então a gotícula se divide em gotículas menores. O processo continua até que íons da amostra, livres de solvente, fiquem na fase gasosa (Figura 3.9). A TSI ocorre por um mecanismo semelhante, mas depende de um tubo capilar aquecido, em vez de um com potencial eletrostático, para formar as gotículas carregadas. Na ESI, podem-se formar também íons negativos por causa da perda de prótons da amostra para espécies básicas na solução. A ESI tornou-se muito mais comum do que a TSI nas últimas duas décadas, e, como depende de uma amostra em solução, é o método mais lógico de se empregar em sistemas LC-MS.

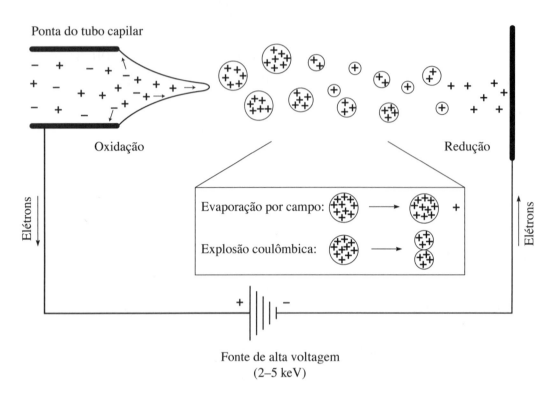

**FIGURA 3.9** Representação esquemática da ionização por *eletrospray* (ESI) que mostra evaporação por campo e explosão coulômbica. Fonte: Gross e Roepstorff, 2004. Reprodução autorizada.

As cargas dos íons gerados quando se usa ESI não refletem necessariamente o estado de carga da amostra em solução. A carga transferida para as moléculas da amostra (em geral, na forma de prótons) surge de uma combinação de concentração de carga nas gotículas durante a evaporação do aerossol e de processos eletroquímicos resultantes de potenciais eletrostáticos do tubo capilar.

Os íons da amostra podem ter uma carga única ou várias cargas. A Figura 3.10 mostra a ESI-MS da lisozima da clara de ovo de galinha na ausência e na presença de ditiotreitol. No primeiro espectro, observam-se íons que representam moléculas de proteína com cargas $10^+$, $11^+$, $12^+$ e $13^+$. O último espectro mostra íons mais altamente carregados – inclusive um pico de proteína com carga $20^+$. A formação de múltiplos íons carregados é particularmente útil na análise MS de proteínas. Proteínas normais podem carregar muitos prótons por causa da presença de cadeias laterais com aminoácidos básicos, resultando em picos em $m/z = 600 - 2000$ para proteína com peso molecular próximo de 200000 uma.

Os dados mostrados na Figura 3.10 podem ser utilizados para calcular a massa molecular da lisozima. A massa é calculada multiplicando-se a carga da lisozima pelo valor $m/z$ mostrado no cromatograma. Por exemplo:

$$(10)(1432) = 14320 \text{ uma}$$
$$(12)(1193) = 14316$$
$$(15)(955) = 14325$$

Assim, a massa molecular da lisozima é de aproximadamente 14320 uma.

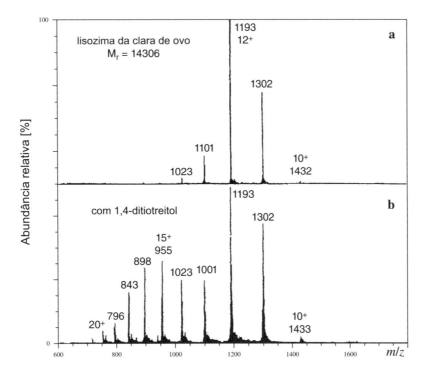

**FIGURA 3.10** ESI-MS de proteínas. Lisozima da clara de ovo na ausência (acima) e na presença (no meio) de ditiotreitol. Fonte: Gross (2004).

A ESI-MS, no entanto, não é limitada ao estudo de biomoléculas grandes. Muitas moléculas pequenas, com peso molecular entre 100 e 1500, podem ser estudadas por ESI-MS. Compostos muito pouco voláteis para serem introduzidos por métodos de sonda direta ou muito polares ou termicamente lábeis para serem introduzidos por métodos GC-MS são ideais para o estudo por LC-MS que utilize técnicas ESI.

A ionização por dessorção de *eletrospray* (DESI) combina a ionização suave da técnica de *eletrospray* com a dessorção dos íons das amostras a partir de uma superfície. Ao contrário de MALDI, no entanto, não é necessária uma matriz. A técnica DESI utiliza aerossóis aquosos *eletrospray* para ionizar e desabsorver íons analitos. Desenvolvida quase ao mesmo tempo que a técnica de DART (Seção 3.3B), a interface DESI com um analisador de massa utiliza um tubo de transferência ionizado aquecido, que em alguns casos é flexível e pode ser seguro com a mão do pesquisador diretamente acima da superfície da amostra.

Técnicas de ionização sutis como DESI e DART juntamente com o analisador de massa adequado podem produzir espectros de massa precisos para determinar a composição elementar exata (Seção 3.7). A configuração de fonte de íons aberta permite a amostragem de um número de matrizes e superfícies amplamente variadas como material orgânico intacto, pano, concreto e até mesmo pele humana. Mover a amostra no feixe de íons proporciona resolução espacial, permitindo a observação de composições diferentes em diferentes zonas de uma mesma amostra. Essas técnicas são úteis para aplicações forenses e de segurança pública, com a capacidade de detectar picogramas de material, incluindo moléculas biológicas e resíduos de explosivos.

## 3.4 ANÁLISE DE MASSA

Depois que a amostra é ionizada, o feixe de íons é acelerado por um campo elétrico, e então entra no **analisador de massa**, região do espectrômetro de massa onde os íons são separados de acordo com suas razões massa/carga ($m/z$). Assim como há muitos métodos diferentes de ionização para diferentes aplicações, há também diversos tipos de analisadores de massa. Embora alguns analisadores de massa sejam mais versáteis do que outros, nenhuma das opções representa a única solução para todos os casos.

## A. Analisador de massa de setor magnético

A energia cinética de um íon acelerado é igual a:

$$\frac{1}{2}mv^2 = zV \qquad \text{Equação 3.16}$$

Em que $m$ é a massa do íon, $v$ é a velocidade do íon, $z$ é a carga no íon, e $V$ é a diferença de potencial das placas aceleradoras de íons. No analisador de massa de **setor magnético** (Figura 3.11), os íons passam entre os polos de um ímã. Na presença de um campo magnético, uma partícula carregada traça uma rota curva. A equação que gera o raio da curvatura dessa rota é:

$$r = \frac{mv}{zB} \qquad \text{Equação 3.17}$$

Em que $r$ é o raio da curvatura da rota, e $B$ é a intensidade do campo magnético. Se essas duas equações são combinadas para eliminar o fator velocidade, o resultado é:

$$\frac{m}{z} = \frac{B^2 r^2}{2V} \qquad \text{Equação 3.18}$$

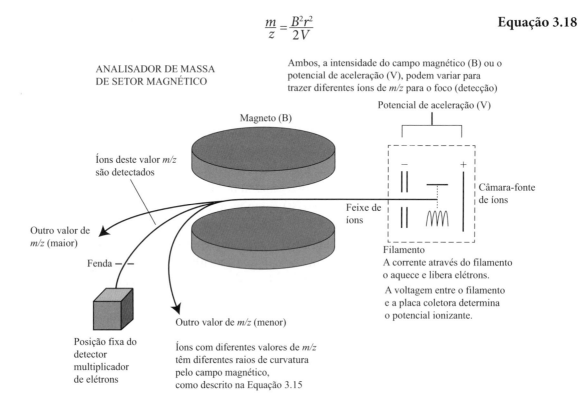

**FIGURA 3.11** Esquema de um analisador de massa de setor magnético.

Como se pode ver na Equação 3.18, quanto maior for o valor de $m/z$, maior será o raio da rota curva. O tubo analisador do instrumento é construído para abranger um raio de curvatura fixo. Uma partícula com a razão $m/z$ correta pode atravessar o tubo analisador curvo e chegar ao detector. Partículas com razões $m/z$ grandes ou pequenas demais batem nas laterais do tubo analisador e não chegam ao detector. O método não seria muito interessante se fosse possível detectar íons de apenas uma massa. Portanto, a intensidade do campo magnético é continuamente variada (chamada de *varredura de campo magnético*) para que todos os íons produzidos na câmara de ionização possam ser detectados. O registro produzido pelo sistema detector está na forma de um gráfico de número de íons *versus* seus valores *m/z*.

Um fator importante a ser considerado na espectrometria de massa é a **resolução**, definida de acordo com a relação:

$$R = \frac{M}{\Delta M}$$  **Equação 3.19**

Em que *R* é a resolução, *M* é a massa da partícula, e $\Delta M$ é a diferença de massa entre uma partícula de massa *M* e a partícula com a segunda massa mais alta que possa ser resolvida pelo instrumento. Um analisador de setor magnético pode ter valores de *R* se aproximando de 10000, dependendo do raio da curvatura e das larguras das fendas.

### B. Analisador de massa de foco duplo

Para muitas aplicações, é necessária uma resolução muito maior, que pode ser obtida por modificações nesse desenho básico do setor magnético. Na verdade, analisadores de setor magnético são utilizados hoje apenas em **espectrômetros de massa de foco duplo**. As partículas que saem da câmara de ionização não têm exatamente a mesma velocidade, assim o feixe de íons atravessa uma região de campo elétrico antes ou depois do setor magnético (Figura 3.12). Na presença de um campo elétrico, todas as partículas viajam na mesma velocidade. As partículas descrevem uma rota curva em cada uma dessas regiões, e a resolução do analisador de massa melhora, por um fator de 10 ou mais vezes em relação ao setor magnético simples:

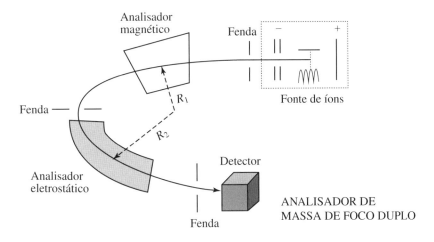

**FIGURA 3.12** Esquema de um analisador de massa de foco duplo.

### C. Analisador de massa quadripolar

Um **analisador de massa quadripolar** (Figura 3.13) é composto de quatro barras sólidas paralelas na direção do feixe de íons. As barras devem ter seção transversal hiperbólica, embora seja possível utilizar barras cilíndricas. Uma voltagem de corrente contínua (CC) e uma radiofrequência (RF) são aplicadas às barras, gerando um campo eletrostático oscilante na região entre as barras. Dependendo da razão entre a amplitude da RF e a voltagem CC, os íons adquirem uma oscilação nesse campo eletrostático. Íons com uma razão *m/z* incorreta (pequena demais ou grande demais) passam por uma oscilação instável. A amplitude da oscilação continua a aumentar até que a partícula chegue a uma das barras. Íons com razão massa/carga correta passam por uma oscilação estável de amplitude constante e pelos eixos do quadripolo com uma trajetória do tipo "saca-rolhas". Esses íons não chegam às barras do quadripolo, mas atravessam o analisador para chegar ao detector. Como o analisador de setor magnético, o quadripolo pode ser varrido a partir de valores altos a baixos de *m/z*. Na maioria dos sistemas GC-MS "de bancada", encontra-se um analisador de massa de quadripolo que tipicamente tem um limite de *m/z* entre 0 e 1000, apesar de haver analisadores de quadripolo em sistemas LC-MS com limites de *m/z* próximos de 2000. Espectrômetros de massa de quadripolo são instrumentos de baixa resolução (R~3000), incapazes de oferecer uma composição elementar exata da amostra, mas seu custo relativamente baixo o torna popular para muitas aplicações. Uma desvantagem adicional é a sua taxa de aquisição relativamente lenta por sua natureza de digitalização.

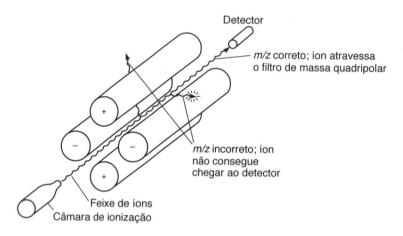

**FIGURA 3.13** Analisador de massa quadripolar.

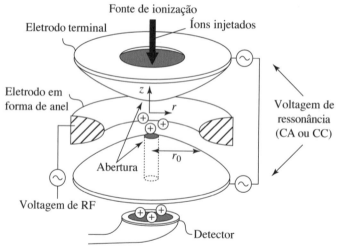

**FIGURA 3.14** Analisador quadripolar de massa com armadilha de íons. Fonte: Gross (2004) e Crews (1998). Reprodução autorizada.

O analisador quadripolar de massa com **armadilha de íons** opera de modo semelhante ao quadripolo linear anteriormente descrito e é com frequência encontrado em instrumentos GC-MS. A armadilha de íons é composta de dois eletrodos hiperbólicos terminais e um eletrodo em forma de anel (os eletrodos terminais são conectados). Uma corrente alternada (CA ou CC) e um potencial RF são aplicados entre os eletrodos terminais e o eletrodo em forma de anel (Figura 3.14). No analisador quadripolo linear, íons com diferentes valores de *m/z* podem atravessar, um de cada vez, o quadripolo por ajuste das voltagens de RF e CC. Na armadilha de íons, íons de todos os valores *m/z* estão na armadilha ao mesmo tempo, oscilando em trajetórias concêntricas. Fazer uma varredura no potencial de RF resulta na remoção de íons com valores *m/z* crescentes, colocando-os em uma trajetória instável que permite que sejam ejetados da armadilha na direção axial rumo ao detector. Esse processo é chamado de **ejeção ressonante**. Analisadores de massa com armadilha de íons são, de alguma forma, mais sensíveis do que instrumentos de quadripolos lineares, mas têm capacidade de resolução semelhante.

Como a armadilha de íons contém íons de todos os valores de *m/z* ao mesmo tempo (assim como moléculas neutras que não foram ionizadas antes de entrarem na armadilha), analisadores de massa com armadilha de íons também são sensíveis a sobrecarga e colisões entre moléculas e íons que complicam a definição de um espectro. Lembre-se de que nem todas as moléculas de amostra são ionizadas – muitas permanecem sem carga. Essas espécies neutras se movem em um caminho aleatório na armadilha de íons, resultando em colisões com íons à medida que oscilam em suas trajetórias estáveis. Essas colisões geram eventos de ionização química (Equação 3.20), às vezes chamada de *auto-CI*.

$$(R - H)^+ \quad + \quad M \quad \rightarrow \quad R \quad + \quad (M + H)^+ \qquad \textbf{Equação 3.20}$$

íon fragmento | molécula neutra da amostra | molécula neutra ou radical | íon molecular protonado

O resultado é um pico anormalmente grande $(M + H)^+$ no espectro de massa. Isso é visto na Figura 3.15, em que o pico-base na EI-MS do dodecanoato de metila, sob condições normais, tem *m/z* = 215, representando um íon $(M + H)^+$ produzido na armadilha de íons nas condições íon-molécula. O processo de auto-CI pode ser minimizado aumentando a eficiência da ionização, reduzindo o número de íons na armadilha (injetando menos amostra), ou ambos os procedimentos. O espectro de baixo na Figura 3.15 foi obtido sob condições de armadilha de íons otimizadas com um tempo maior de residência de íons. Agora, o íon $M^+$ está bem visível, apesar de o pico (M + 1) ser ainda muito maior do que seria com base apenas em contribuições isotópicas de $^{13}C$ (ver Seção 3.7). Felizmente, a presença do pico (M + 1) maior raramente tem um efeito adverso nas pesquisas de dados espectrais feitas por computador. A inspeção visual de um espectro de amostra e um espectro padrão impresso são coisas bem diferentes. O pico auto-CI é bem problemático para caracterização de amostras desconhecidas sem que se saiba a fórmula molecular ou os grupos funcionais presentes.

### D. Analisadores de massa por tempo de voo

O analisador de massa por **tempo de voo** (**TOF**) baseia-se na ideia simples de que as velocidades de dois íons, criados no mesmo instante, com a mesma energia cinética, variarão conforme a massa dos íons – o íon mais leve será mais rápido. Se esses íons forem na direção do detector do espectrômetro de massa, o íon mais rápido (mais leve) chegará primeiro ao detector. Com base nesse conceito, a energia cinética de um íon acelerado por um potencial elétrico V será:

$$zV = \frac{mv^2}{2} \qquad \textbf{Equação 3.21}$$

E a velocidade do íon será o comprimento da trajetória L dividido pelo tempo *t* que leva para o íon atravessar essa distância:

$$v = \frac{L}{t} \qquad \textbf{Equação 3.22}$$

Substituindo essa expressão por $v$ na Equação 3.21, teremos:

$$zV = \frac{mL^2}{2t^2}$$  **Equação 3.23**

Assim, poderemos concluir que

$$\frac{m}{z} = \frac{2Vt^2}{L^2}$$  **Equação 3.24**

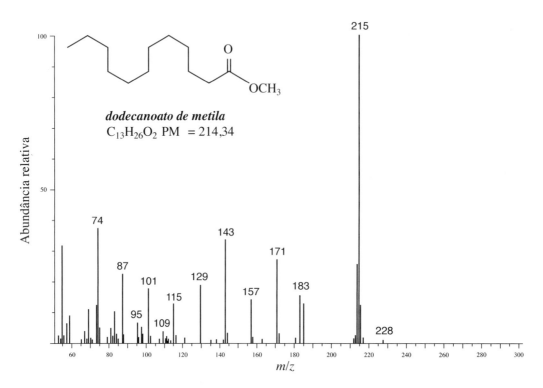

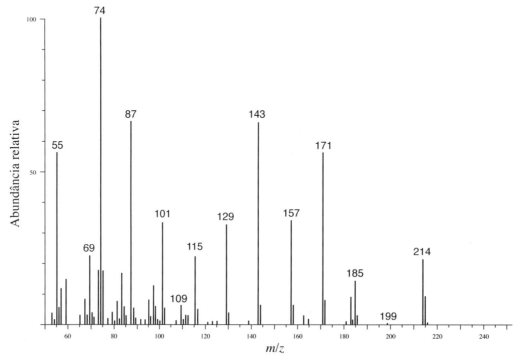

**FIGURA 3.15** EI-MS do dodecanoato de metila em que se usou um analisador de massa de quadripolo com armadilha de íons. Condições normais (acima) e condições otimizadas para minimizar as colisões entre íons e moléculas e auto-CI (abaixo). Fonte: Varian Inc.

O analisador de massa TOF (Figura 3.16) necessita de aparatos eletrônicos muito rápidos para medir os tempos de voo de íons, que podem ser menores do que microssegundos. Além disso, os íons em um sistema TOF devem ser criados em pulsos breves, bem definidos, para que todos os íons iniciem suas trajetórias na direção do detector ao mesmo tempo. A primeira exigência explica por que instrumentos TOF (criados nas décadas de 1940 e 1950) não se tornaram populares até as décadas de 1980 e 1990, quando houve redução do preço de circuitos elétricos adequados. Essa exigência é perfeitamente válida para a técnica de ionização MALDI, e espectrômetros de massa MALDI/TOF tornaram-se bastante populares na análise de biomoléculas e polímeros sintéticos. Em teoria, analisadores de massa TOF não têm limite superior para massa efetiva e apresentam alta sensibilidade. Ao contrário de espectrômetros de setor magnético ou de quadripolos, em que alguns íons são "jogados fora" durante o experimento, instrumentos TOF são capazes de analisar (em princípio) todo íon criado no pulso inicial. Foram obtidos dados sobre massa usando MALDI/TOF de amostra com pesos moleculares de 300000 uma, mas também com poucas centenas de attomoles de material.

A grande desvantagem do analisador TOF é sua inevitável baixa resolução. A resolução de massa (**R**, Equação 3.19) do instrumento TOF é proporcional ao tempo de voo do íon; portanto, usar tubos maiores aumenta a resolução. Tubos de voo com alguns metros de comprimento são comumente utilizados em instrumentos de alto custo. Com tubos menores, é possível R de apenas 200–500. Uma modificação no analisador TOF que aumenta a resolução é o refletor de íons. O refletor é um campo elétrico atrás da região de caminho livre do espectrômetro que se comporta como um espelho de íons. O refletor é capaz de redirecionar íons de energias cinéticas levemente diferentes e, se ajustado em um ângulo pequeno, enviar os íons por um caminho de volta para a fonte de ionização original, o que, essencialmente, dobra a trajetória do íon também. Em instrumentos TOF com refletores, é possível uma resolução de massa na casa dos milhares. Combinar um quadripolo com um analisador TOF (QTOF) proporciona, na maioria dos casos, uma resolução suficiente para a determinação da massa exata (Seção 3.6).

Espectrômetros de massa por tempo de voo são relativamente simples, o que permite que sejam utilizados em campo. Durante a Guerra do Golfo, em 1991, havia o medo de que tropas iraquianas estivessem utilizando agentes químicos contra tropas norte-americanas. Para se proteger dessa possibilidade, o exército dos Estados Unidos deixou de prontidão diversos tanques, todos equipados com um espectrômetro de massa, utilizado para coletar amostras do ar e oferecer um alerta prévio caso gases venenosos fossem liberados na atmosfera. Espectrômetros de massa TOF básicos também são utilizados para detectar resíduos de explosivos e drogas ilegais em postos de segurança e verificação em aeroportos. Por causa de sua capacidade de estudar espécies de vida curta, espectrômetros de massa TOF são, em particular, úteis em estudos cinéticos, principalmente se aplicados a reações muito rápidas. Reações muito rápidas como combustão e explosão podem ser analisadas com essa técnica.

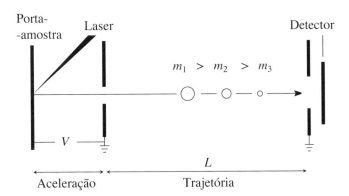

**FIGURA 3.16** Representação esquemática de um espectrômetro de massa MALDI/TOF.

## 3.5 DETECÇÃO E QUANTIFICAÇÃO: O ESPECTRO DE MASSAS

O **detector** de um típico espectrômetro de massas é composto de um contador que produz uma corrente proporcional ao número de íons que o atingem. Isso parece bastante razoável até o momento em que se pensa sobre exatamente quantos íons batem no detector em um experimento típico. Consideremos uma aplicação típica – análise de uma pequena molécula orgânica (PM = 250) por EI GC-MS. Uma injeção de 1,0 µL de uma amostra com 1,0 mg/mL contém $3,6 \times 10^{15}$ moléculas. Se a GC estiver funcionando em modo *split* com uma razão 1:100, apenas $3,6 \times 10^{13}$ moléculas entrarão na coluna cromatográfica. Um espectro de massa obtido no topo do pico GC pode corresponder a apenas 10% do material que elui, e se apenas 1 em 1000 moléculas é convertida em um íon, estão disponíveis somente 3,6 bilhões de íons. Isso ainda parece muito com um monte de partículas carregadas, mas esperem! Em um espectrômetro de varredura, a maioria desses íons nunca bate no detector; por exemplo, quando o analisador de massa está varrendo na faixa de 35 a 300 $m/z$, a maioria dos íons descarrega nas hastes do quadripolo. Em um caso como esse, um íon de certo valor $m/z$ atravessa o analisador apenas 1 vez em 300. Claramente, cada pico no espectro de massa representa um sinal elétrico muito pequeno, e o detector deve ser capaz de amplificar essa corrente minúscula.

Usando-se circuitos **multiplicadores de elétrons**, essa corrente pode ser medida com tamanha precisão que é possível medir a corrente causada por apenas um íon que bata no detector. Esses detectores baseiam-se no conceito simples do copo de Faraday, um copo de metal colocado no caminho de íons provenientes do analisador de massa. Quando o íon bate na superfície do multiplicador de elétrons, dois elétrons são ejetados. Essa diferença de potencial de aproximadamente 2 kV entre a abertura e o fim do detector puxa o elétron ainda mais para dentro do multiplicador de elétrons, e todos os elétrons batem novamente na superfície, e cada um deles causa a ejeção de mais dois elétrons. Esse processo continua até chegar à extremidade do multiplicador de elétrons, e a corrente elétrica é analisada e registrada pelo sistema de dados. A ampliação de sinal anteriormente descrita será de $2^n$, em que $n$ é o número de colisões com a superfície do multiplicador de elétrons. Multiplicadores de elétrons típicos causam um aumento de sinal de $10^5$–$10^6$. A Figura 3.17 mostra duas configurações de multiplicadores de elétrons. Um multiplicador de elétrons curvado encurta a trajetória do íon, resultando em um sinal com menos ruído. Detectores fotomultiplicadores operam de acordo com um princípio semelhante, com a diferença de que as colisões de íons com a tela fluorescente no fotomultiplicador resultam em uma emissão de fótons proporcional ao número de colisões de íons. A intensidade da luz (em vez da corrente elétrica) é então analisada e registrada pelo sistema de dados.

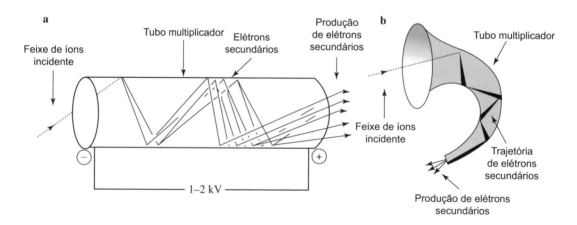

**FIGURA 3.17** Representação esquemática de um multiplicador de elétrons de canal curvo (a) e um multiplicador de elétrons de canal linear (b). Fonte: adaptado de Gross (2004) e Crews (1998).

O sinal do detector é enviado para um **registrador**, que produz o espectro de massa. Em instrumentos modernos, o resultado do detector é enviado, por uma interface, a um computador. O computador pode armazenar os dados, mostrá-los na forma tanto de tabela quanto de gráfico e compará-los com espectros padrão, contidos nas bibliotecas de espectros também armazenadas no computador.

A Figura 3.18 é uma parte de um espectro de massa típico – o da dopamina, uma substância que age como um neurotransmissor no sistema nervoso central. O eixo $x$ do espectro de massa é a razão $m/z$, e o eixo $y$, a abundância de íons. Resultados espectrais de massa também podem ser representados em tabelas, como na Tabela 3.2. O íon formado com maior abundância na câmara de ionização gera o pico mais alto no espectro de massa, chamado de **pico-base**. No espectro de massa da dopamina, o pico-base é indicado em um valor $m/z$ de 124. As intensidades espectrais são normalizadas ao se ajustar o pico-base para abundância relativa 100, e o restante dos íons é registrado como porcentagens da intensidade do pico-base. O limite inferior de $m/z$ é normalmente de 35 ou 40, de forma que elimine picos muito grandes de fragmentos de pouca massa de íons de fundo provenientes de gases e pequenos fragmentos alquila. Quando se obtêm dados sob condições de CI, o limite inferior de $m/z$ é ajustado mais, a fim de eliminar os picos grandes de íons de gases reagentes.

Como visto anteriormente, na EI-MS o feixe de elétrons, na câmara de ionização, converte algumas das moléculas de amostra em íons positivos. A simples remoção de um elétron de uma molécula produz um íon com o mesmo peso molecular da molécula original. Trata-se do **íon molecular**, que, em geral, é representado por **M$^+$** ou M$^{\cdot +}$. No sentido mais exato, o íon molecular é um **cátion radical**, pois contém um elétron não emparelhado e uma carga positiva. O valor de $m/z$ em que o íon molecular aparece no espectro de massa, assumindo que o íon tem apenas um elétron faltante, dá o peso molecular da molécula original. Se for possível identificar o pico do íon molecular no espectro de massa, será também possível usar o espectro para determinar o peso molecular de uma substância desconhecida. Deixando de lado, por enquanto, isótopos pesados, o pico do íon molecular é o pico no espectro de massa com maior valor ($m/z$ 153) (ver Figura 3.18).

Moléculas em seu estado natural não ocorrem como espécies isotopicamente puras. Praticamente todos os átomos têm isótopos mais pesados que ocorrem em abundâncias naturais características. O hidrogênio, na maioria das vezes, ocorre como $^1$H, mas por volta de 0,02% dos átomos de hidrogênio são o isótopo $^2$H. O carbono normalmente ocorre como $^{12}$C, mas por volta de 1,1% de átomos de carbono são o isótopo mais pesado $^{13}$C. Com a possível exceção do flúor e de alguns poucos outros elementos, a maioria dos elementos tem certa porcentagem de isótopos mais pesados que ocorrem naturalmente.

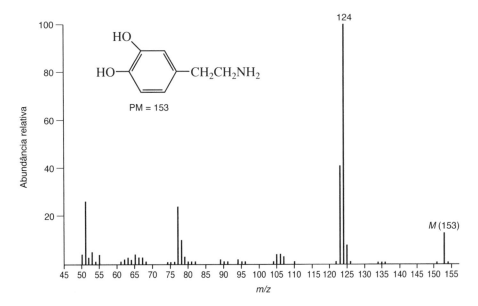

**FIGURA 3.18** EI-MS parcial da dopamina.

## Tabela 3.2 EI-MS da dopamina. Representação em tabela dos dados da Figura 3.18

| m/z | Abundância relativa | m/z | Abundância relativa | m/z | Abundância relativa |
|---|---|---|---|---|---|
| 50 | 4,00 | 76 | 1,48 | 114 | 0,05 |
| 50,5 | 0,05 | 77 | 24,29 | 115 | 0,19 |
| 51 | 25,71 | 78 | 10,48 | 116 | 0,24 |
| 51,5 | 0,19 | 79 | 2,71 | 117 | 0,24 |
| 52 | 3,00 | 80 | 0,81 | 118 | 0,14 |
| 52,5 | 0,62 | 81 | 1,05 | 119 | 0,19 |
| 53 | 5,43 | 82 | 0,67 | 120 | 0,14 |
| 53,5 | 0,19 | 83 | 0,14 | 121 | 0,24 |
| 54 | 1,00 | 84 | 0,10 | 122 | 0,71 |
| 55 | 4,00 | 85 | 0,10 | 123 | 41,43 |
| 56 | 0,43 | 86 | 0,14 | 124 | 100,00 (pico-base) |
| 56,5 | 0,05 (pico metastável) | 87 | 0,14 | 125 | 7,62 |
| 57 | 0,33 | 88 | 0,19 | 126 | 0,71 |
| 58 | 0,10 | 89 | 1,57 | 127 | 0,10 |
| 58,5 | 0,05 | 89,7 | 0,10 (pico metastável) | 128 | 0,10 |
| 59 | 0,05 | 90 | 0,57 | 129 | 0,10 |
| 59,5 | 0,05 | 90,7 | 0,10 (pico metastável) | 131 | 0,05 |
| 60 | 0,10 | 91 | 0,76 | 132 | 0,19 |
| 60,5 | 0,05 | 92 | 0,43 | 133 | 0,14 |
| 61 | 0,52 | 93 | 0,43 | 134 | 0,52 |
| 61,5 | 0,10 | 94 | 1,76 | 135 | 0,52 |
| 62 | 1,57 | 95 | 1,43 | 136 | 1,48 |
| 63 | 3,29 | 96 | 0,52 | 137 | 0,33 |
| 64 | 1,57 | 97 | 0,14 | 138 | 0,10 |
| 65 | 3,57 | 98 | 0,05 | 139 | 0,10 |
| 65,5 | 0,05 | 99 | 0,05 | 141 | 0,19 |
| 66 | 3,14 | 100,6 | 0,19 (pico metastável) | 142 | 0,05 |
| 66,5 | 0,14 | 101 | 0,10 | 143 | 0,05 |
| 67 | 2,86 | 102 | 0,14 | 144 | 0,05 |
| 67,5 | 0,10 | 103 | 0,24 | 145 | 0,05 |
| 68 | 0,67 | 104 | 0,76 | 146 | 0,05 |
| 69 | 0,43 | 105 | 4,29 | 147 | 0,05 |
| 70 | 0,24 | 106 | 4,29 | 148 | 0,10 |
| 71 | 0,19 | 107 | 3,29 | 149 | 0,24 |
| 72 | 0,05 | 108 | 0,43 | 150 | 0,33 |
| 73 | 0,14 | 109 | 0,48 | 151 | 1,00 |
| 74 | 0,67 | 110 | 0,86 | 152 | 0,38 |
| 74,5 | 0,05 | 111 | 0,10 | 153 | 13,33 (íon molecular) |
| 75 | 1,00 | 112 | 0,05 | 154 | 1,48 |
| 75,5 | 0,14 | 113 | 0,05 | 155 | 0,19 |

Picos causados por íons que trazem esses isótopos mais pesados também aparecem em espectros de massa. As abundâncias relativas desses picos isotópicos são proporcionais às abundâncias dos isótopos em estado natural. Mais frequentemente, os isótopos ocorrem uma ou duas unidades de massa acima da massa do átomo "normal". Portanto, além de procurar o pico do íon molecular (M$^+$), deve-se tentar também localizar os picos **M + 1** e **M + 2**. Como a Seção 3.6 demonstrará, as abundâncias relativas dos picos *M* + 1 e *M* + 2 podem ser utilizadas para determinar a fórmula molecular da substância estudada. Na Figura 3.18, os picos isotópicos são de baixa intensidade em valores *m/z* (154 e 155) mais altos do que o do pico do íon molecular (ver também Tabela 3.2).

Vimos que o feixe de elétrons na câmara de ionização pode produzir o íon molecular. Esse feixe é também suficientemente poderoso para quebrar algumas ligações da molécula, produzindo uma série de fragmentos moleculares. Os fragmentos carregados positivamente também são acelerados na câmara de ionização, enviados pelo analisador, detectados e registrados no espectro de massa. Esses **íons fragmentos** aparecem em valores *m/z* correspondentes às suas massas individuais. Com muita frequência, um íon fragmento, e não o íon original, é o mais abundante no espectro de massa. Existe uma segunda forma de produzir íons fragmentos se o íon molecular, assim que formado, estiver instável a ponto de se desintegrar antes de poder passar pela região de aceleração da câmara de ionização. Tempos de vida menores que $10^{-6}$ s são comuns nesse tipo de fragmentação. Os fragmentos carregados, então, aparecem como íons fragmentos no espectro de massa. Pode-se determinar uma boa quantidade de informação estrutural sobre uma substância a partir de uma análise do padrão de fragmentação no espectro de massa. O Capítulo 4 examinará alguns padrões de fragmentação de classes comuns de compostos.

Íons com tempos de vida por volta de $10^{-6}$ s são acelerados na câmara de ionização antes de terem uma oportunidade de se desintegrar. Esses íons poderão desintegrar-se em fragmentos *quando estiverem entrando na região de análise* do espectrômetro de massa. Os íons fragmentos formados nesse ponto têm energia consideravelmente menor do que os normais, uma vez que partes descarregadas do íon original retiram a energia cinética que o íon recebeu enquanto era acelerado. Em consequência, o íon fragmento produzido no analisador segue uma trajetória incomum no caminho para o detector. Esse íon aparece em uma razão *m/z* que depende da própria massa, assim como da massa do íon original a partir do qual foi formado. Esse íon gera o que é denominado **pico de íon metastável** no espectro de massa. Em geral, picos de íons metastáveis são largos e surgem em valores não integrais de *m/z*. A equação que relaciona a posição do pico de íon metastável no espectro de massa com a massa do íon original é:

$$m_1^+ \rightarrow m_2^+ \qquad \textbf{Equação 3.25}$$

e

$$m^\star = \frac{(m_2)^2}{m_1} \qquad \textbf{Equação 3.26}$$

Em que $m^\star$ é a massa aparente do íon metastável no espectro de massa, $m_1$ é a massa do íon original a partir do qual se formou o fragmento, e $m_2$ é a massa do novo fragmento de íon. Um pico de íon metaestável é útil em algumas aplicações, uma vez que sua presença une definitivamente dois íons. Podem-se usar picos de íons metastáveis para provar um padrão de fragmentação proposto ou como auxílio na solução dos problemas de prova estrutural.

## 3.6 DETERMINAÇÃO DO PESO MOLECULAR

A Seção 3.3 mostrou que, quando um feixe de elétrons de alta energia colide com uma corrente de moléculas da amostra, ocorre ionização das moléculas. Os íons resultantes, chamados de **íons moleculares**, são acelerados, atravessam um campo magnético e, por fim, são detectados. Se esses íons moleculares têm tempos de vida de pelo menos $10^{-5}$ s, atingem o detector e não se fragmentam. O usuário, então, observa a razão *m/z*, que corresponde ao íon molecular, para determinar o peso molecular das moléculas da amostra.

Na prática, determinar o peso molecular não é tão fácil como o parágrafo anterior sugere. Primeiro, deve-se entender que o valor da massa de qualquer íon acelerado em um espectrômetro de massa é sua massa verdadeira, a soma das massas de cada átomo naquele único íon, e não seu peso molecular calculado a partir dos pesos atômicos químicos. A escala química dos pesos atômicos baseia-se nas médias ponderadas dos pesos de todos os isótopos de certo elemento. O espectrômetro de massa pode diferenciar entre massas de partículas com os isótopos mais comuns dos elementos e partículas com isótopos mais pesados. Consequentemente, as massas observadas em íons moleculares são as massas das moléculas em que cada átomo está presente em seu isótopo mais comum. Em segundo lugar, moléculas submetidas a bombardeamento por elétrons podem quebrar-se em íons fragmentos. Como resultado dessa fragmentação, espectros de massa podem ser bem complexos, com picos aparecendo em uma variedade de razões $m/z$. Deve-se tomar muito cuidado antes de se ter certeza de que o pico suspeito é o mesmo do íon molecular, e não de um fragmento de íon. Essa distinção é particularmente importante quando a abundância do íon molecular é baixa, assim como quando o íon molecular é bem instável e se fragmenta com facilidade. As massas dos íons detectados no espectro de massa podem ser medidas com precisão. Um erro de apenas uma unidade de massa na definição dos picos espectrais de massa pode impossibilitar a determinação de uma estrutura.

Um método para confirmar se determinado pico corresponde a um íon molecular é variar a energia do feixe ionizante de elétrons. Se a energia do feixe for reduzida, a tendência do íon molecular será fragmentar menos. Em consequência, a intensidade do pico de íon molecular deveria crescer conforme a diminuição do potencial dos elétrons, enquanto as intensidades dos picos de íons fragmentos diminuiriam. Certos fatos devem ocorrer no caso de um pico de íon molecular:

1. O pico deve corresponder ao íon da massa mais alta do espectro, excluindo picos isotópicos que ocorram em massas mais altas. Em geral, os picos isotópicos apresentam intensidade muito mais baixa do que o pico do íon molecular. Nas pressões utilizadas na maioria dos estudos espectrais, a probabilidade de íons e moléculas colidirem para formar partículas mais pesadas é muito baixa. Deve-se atentar, principalmente em espectros GC-MS, para reconhecer íons de fundo que resultem de um sangramento da coluna capilar de CG – pequenos pedaços de fases estacionárias que contêm silicone.

2. O íon deve ter um número ímpar de elétrons. Quando uma molécula é ionizada por um feixe de elétrons, ela perde um elétron para tornar-se um cátion radical. A carga nesse íon é 1, sendo assim um íon com um número ímpar de elétrons.

3. O íon deve ser capaz de formar os íons fragmentos mais importantes do espectro, em particular aqueles de massa relativamente alta, por perda de fragmentos neutros óbvios. Íons fragmentos na faixa entre (M – 3) a (M – 14) e (M – 21) a (M – 25) não são perdas razoáveis. Da mesma forma, nenhum íon fragmento pode conter um número maior de átomos de qualquer elemento do que o íon molecular. O Capítulo 4 explicará em detalhes os processos de fragmentação.

A abundância observada do que se suspeita ser o íon molecular corresponde às expectativas com base na suposta estrutura molecular. Substâncias altamente ramificadas passam por fragmentação com muita facilidade. Assim, seria improvável observar um pico intenso de íon molecular em uma molécula altamente ramificada. Os tempos de vida de íons moleculares variam de acordo com a sequência generalizada mostrada no esquema a seguir.

Outra regra que às vezes é utilizada para verificar se determinado pico corresponde ao íon molecular é a chamada **Regra do Nitrogênio**. De acordo com essa regra, se um composto tiver um número par de átomos de nitrogênio (zero é um número par), seu íon molecular aparecerá em um valor de massa par. Por sua vez, uma molécula com um número ímpar de átomos de nitrogênio formará um íon molecular com uma massa ímpar. A Regra do Nitrogênio resulta do fato de que o nitrogênio, mesmo tendo uma massa par, tem uma valência ímpar. Consequentemente, um átomo de hidrogênio extra é incluído como parte da molécula, fazendo que tenha uma massa ímpar. Para ilustrar esse efeito, consideremos a etilamina, $CH_3CH_2NH_2$. Essa substância tem um átomo de nitrogênio, e sua massa é um número ímpar (45), enquanto a etilenediamina, $H_2NCH_2CH_2NH_2$, tem dois átomos de nitrogênio, e sua massa é um número par (60).

Quando se estudam moléculas que contêm átomos de cloro ou bromo, é preciso muito cuidado, pois esses elementos têm dois isótopos que ocorrem comumente. O cloro tem isótopos 35 (abundância relativa = 75,77%) e 37 (abundância relativa = 24,23%); e o bromo tem isótopos 79 (abundância relativa = = 50,5%) e 81 (abundância relativa = 49,5%). Quando esses elementos estão presentes, fique atento para não confundir o pico de íon molecular com um pico correspondente ao íon molecular com um isótopo de halogênio mais pesado presente. A Seção 3.7B abordará detalhadamente essa situação.

Em muitos dos casos possíveis na espectrometria da massa, pode-se observar o íon molecular no espectro de massa. Assim que o pico for identificado no espectro, o problema da determinação do peso molecular estará resolvido. Contudo, com moléculas que formam íons moleculares instáveis, pode-se não observar o pico de íon molecular. Íons moleculares com tempos de vida menores que $10^{-5}$ segundos quebram-se em fragmentos antes de serem acelerados. Os únicos picos observados nesses casos são aqueles decorrentes de íons fragmentos. Em muitos desses casos, usar um método CI suave permitirá a detecção do íon pseudomolecular $(M + H)^+$, e pode-se determinar o peso molecular do composto apenas subtraindo uma unidade de massa do átomo de H extra presente. Se não for possível detectar um íon molecular por esse método, será necessário deduzir o peso molecular da substância a partir do padrão de fragmentação com base nos padrões conhecidos de fragmentação de certas classes de compostos. Por exemplo, alcoóis passam muito facilmente por desidratação. Em consequência, o íon molecular inicialmente formado perde água (massa = 18), um fragmento neutro, antes de poder ser acelerado na direção do analisador de massa. Para determinar a massa de um íon molecular alcoólico, deve-se localizar o fragmento mais pesado e ter em mente que possa ser necessário adicionar 18 à sua massa. Do mesmo modo, ésteres acetatos facilmente sofrem perda de ácido acético (massa = 60). Se há perda de ácido acético, o peso do íon molecular é 60 unidades de massa maior do que a massa do fragmento mais pesado.

Como compostos de oxigênio formam íons oxônio razoavelmente estáveis, e compostos de nitrogênio formam íons amônia, colisões íon-molécula formam picos no espectro de massa que aparecem uma unidade de massa *maior* do que a massa do íon molecular. Na Seção 3.4, isso foi chamado de auto-CI. Às vezes, a formação de produtos íon-molécula pode ser útil para determinar o peso molecular de um composto de oxigênio ou de nitrogênio, mas esse auto-CI pode, outras vezes, confundir, caso se esteja tentando determinar o verdadeiro íon molecular em um espectro de uma amostra desconhecida.

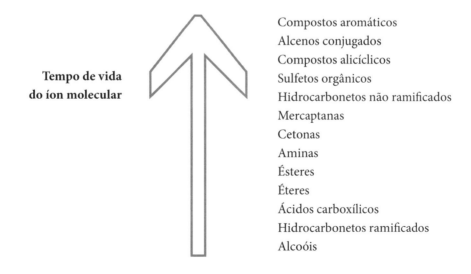

## 3.7 DETERMINAÇÃO DE FÓRMULAS MOLECULARES

*A. Determinação precisa de massa*

Talvez a aplicação mais importante dos espectros de massa de alta resolução seja a determinação, muito precisa, de pesos moleculares de substâncias. Estamos acostumados a pensar em átomos com massas atômicas integrais – por exemplo, H = 1, C = 12 e O = 16. Porém, se determinarmos massas atômicas com precisão suficiente, descobriremos que isso não é verdade. Em 1923, Aston descobriu que toda massa isotópica é caracterizada por um pequeno "defeito de massa". A massa de cada átomo, na realidade, difere de um número de massa inteiro por uma quantidade conhecida como *fração de empacotamento nuclear*. A Tabela 3.4 apresenta as massas reais de alguns átomos.

Dependendo dos átomos contidos em uma molécula, é possível que partículas com a mesma massa nominal tenham massas medidas diferentes caso seja possível uma determinação precisa. Para ilustrar, uma molécula com peso molecular de 60,1 g/mol poderia ser $C_3H_8O$, $C_2H_8N_2$, $C_2H_4O_2$ ou $CH_4N_2O$ (Tabela 3.3). Assim, um **espectro de massa de baixa resolução** (**LRMS**) não será capaz de distinguir essas fórmulas. Se forem calculadas as massas precisas de cada fórmula usando-se a massa do isótopo mais comum de cada elemento, as diferenças de massa entre as fórmulas aparecerão na segunda e na terceira casa decimal. Observar um íon molecular com massa de 60,058 estabeleceria que a molécula desconhecida é $C_3H_8O$. Um instrumento com resolução de aproximadamente 5320 seria necessário para diferenciar esses picos. Isso está de acordo com a capacidade dos espectrômetros de massa modernos, que podem chegar a resoluções maiores que uma parte em 20000. Um **espectro de massa de alta resolução** (**HRMS**), então, não apenas determina a massa exata do íon molecular, como também permite que se saiba a fórmula molecular exata. Instrumentos típicos de alta resolução podem determinar o valor $m/z$ de um íon com até quatro ou cinco casas decimais. Quando a massa precisa é medida com esse grau de precisão, apenas uma fórmula (excluindo os isótopos) se adequará aos dados. Um HRMS é extremamente valioso para químicos sintéticos, assim como para pesquisadores que determinem estrutura/isolamento de produtos naturais, ou que pesquisem o metabolismo de remédios. É interessante comparar a precisão das determinações de peso molecular por espectrometria de massa com os métodos químicos descritos no Capítulo 1, na Seção 1.2. Métodos químicos geram resultados com apenas dois ou três algarismos significativos (de ±0,1% a 1%). Pesos moleculares determinados por espectrometria de massa têm uma exatidão de aproximadamente ±0,005%. Não há dúvida de que a espectrometria de massa é muito mais precisa do que métodos químicos de determinação de peso molecular. A Tabela 3.4 apresenta os valores de massa precisos de alguns elementos comumente encontrados.

Tabela 3.3 Comparações selecionadas de pesos moleculares e massas precisas

| Peso molecular (PM) | Fórmula molecular (FM) (g/mol) | Massa precisa |
|---|---|---|
| $C_3H_8O$ | 60,1 | 60,05754 |
| $C_2H_8N_2$ | 60,1 | 60,06884 |
| $C_2H_4O_2$ | 60,1 | 60,02112 |
| $CH_4N_2O$ | 60,1 | 60,03242 |

*B. Dados de razões isotópicas*

A seção anterior descreveu um método para determinar fórmulas moleculares usando dados de espectrômetros de massa de alta resolução. Outro método para determinar fórmulas moleculares é examinar as intensidades relativas dos picos devidas ao íon molecular e aos íons relacionados que têm um ou mais isótopos pesados (o grupo de íons moleculares). Esse método não é muito utilizado por pesquisadores que têm à disposição um espectrômetro de massa de alta resolução ou que podem enviar suas amostras a um laboratório para uma análise exata de massa. Usar o grupo de íons moleculares pode ser útil, porém, em uma determinação relativamente rápida de fórmulas moleculares que não exijam instrumentos de alta resolução, mais caros. Esse método é inútil, logicamente, quando o pico de íon molecular é muito fraco ou não aparece. Às vezes, é difícil localizar no espectro de massa os picos isotópicos ao redor do íon molecular, e os resultados obtidos por esse método podem, em algumas situações, ser considerados ambíguos.

### Tabela 3.4 Massas precisas de alguns elementos comuns

| Elemento | Peso atômico | Nuclídeo | Massa |
| --- | --- | --- | --- |
| Hidrogênio | 1,00797 | $^{1}H$ | 1,00783 |
|  |  | $^{2}H$ | 2,01410 |
| Carbono | 12,01115 | $^{12}C$ | 12,0000 |
|  |  | $^{13}C$ | 13,00336 |
| Nitrogênio | 14,0067 | $^{14}N$ | 14,0031 |
|  |  | $^{15}N$ | 15,0001 |
| Oxigênio | 15,9994 | $^{16}O$ | 15,9949 |
|  |  | $^{17}O$ | 16,9991 |
|  |  | $^{18}O$ | 17,9992 |
| Flúor | 18,9984 | $^{19}F$ | 18,9984 |
| Silício | 28,086 | $^{28}Si$ | 27,9769 |
|  |  | $^{29}Si$ | 28,9765 |
|  |  | $^{30}Si$ | 29,9738 |
| Fósforo | 30,974 | $^{31}P$ | 30,9738 |
| Enxofre | 32,064 | $^{32}S$ | 31,9721 |
|  |  | $^{33}S$ | 32,9715 |
|  |  | $^{34}S$ | 33,9679 |
| Cloro | 35,453 | $^{35}Cl$ | 34,9689 |
|  |  | $^{37}Cl$ | 36,9659 |
| Bromo | 79,909 | $^{79}Br$ | 78,9183 |
|  |  | $^{81}Br$ | 80,9163 |
| Iodo | 126,904 | $^{127}I$ | 126,9045 |

O exemplo do etano ($C_2H_6$) pode ilustrar a determinação de uma fórmula molecular a partir de uma comparação entre as intensidades de picos espectrais de massa do íon molecular e os íons com isótopos mais pesados. O etano tem um peso molecular de 30 quando contém os isótopos mais comuns do carbono e do hidrogênio. Seu pico de íon molecular deve aparecer em uma posição no espectro correspondente a $m/z = 30$. Por vezes, porém, uma amostra de etano produz uma molécula em que um dos átomos de carbono é um isótopo pesado do carbono, $^{13}C$. Essa molécula apareceria no espectro de massa em $m/z = 31$. A abundância relativa de $^{13}C$ em estado natural é 1,08% dos átomos $^{12}C$. Na enorme quantidade de moléculas em uma amostra de gás etano, um dos átomos de carbono do etano, em 1,08% das vezes, acabará sendo um átomo $^{13}C$. Como há dois átomos de carbono na molécula, um etano com massa 31 surgirá (2 × 1,08), ou 2,16% das vezes. Assim, espera-se observar um pico em $m/z = 31$ com uma intensidade de 2,16% da intensidade do pico de íon molecular em $m/z = 30$. Esse pico de massa 31 é chamado de pico $M + 1$, uma vez que sua massa é uma unidade maior do que a do íon molecular. Pode-se notar que uma partícula de massa 31 poderia ser formada de outra maneira. Se um átomo deutério, $^{2}H$, substituir um dos átomos de H do etano, a molécula também terá uma massa de 31. A abundância natural do deutério é apenas 0,016% da abundância dos átomos $^{1}H$. A intensidade do pico $M + 1$ seria (6 × 0,016) ou 0,096% da intensidade do pico de íon molecular se considerássemos apenas contribuições devidas ao deutério. Quando adicionamos essas contribuições às do $^{13}C$, obtemos a intensidade observada do pico $M + 1$, que é 2,26% da intensidade do pico do íon molecular. Um íon com $m/z = 32$ poderá ser formado se *ambos* os átomos de carbono na molécula do etano forem $^{13}C$. A probabilidade de uma molécula de fórmula $^{13}C_2H_6$ aparecer em uma amostra natural de etano é de $(1,08 \times 1,08)/100$, ou 0,01%.

Um pico que seja duas unidades de massa mais alto do que a massa do pico do íon molecular é chamado de pico $M + 2$. A intensidade do pico $M + 2$ do etano é apenas 0,01% da intensidade do pico do íon molecular. A contribuição devida a dois átomos de deutério substituindo átomos de hidrogênio seria $(0,016 \times 0,016)/100 = 0,00000256\%$, um valor insignificante. Para ajudar na determinação das razões de íons moleculares e de picos $M + 1$ e $M + 2$, a Tabela 3.5 lista as abundâncias naturais de alguns elementos comuns e seus isótopos. Nessa tabela, as abundâncias relativas dos isótopos de cada elemento são calculadas ao se ajustarem as abundâncias dos isótopos mais comuns em 100.

Para demonstrar como as intensidades dos picos $M + 1$ e $M + 2$ oferecem um valor único para determinada fórmula molecular, consideremos duas moléculas de massa 42: propeno ($C_3H_6$) e diazometano ($CH_2N_2$). No propeno, a intensidade do pico $M + 1$ seria $(3 \times 1,08) + (6 \times 0,016) = 3,34\%$, e a intensidade do pico $M + 2$, 0,05%. A abundância natural de isótopos $^{15}N$ do nitrogênio é 0,38% da abundância dos átomos $^{14}N$. No diazometano, a intensidade relativa do pico $M + 1$ seria $1,08 + (2 \times 0,016) + (2 \times 0,38) =$ = 1,87% da intensidade do pico do íon molecular, e a intensidade do pico $M + 2$, 0,01% da intensidade do pico do íon molecular. A Tabela 3.6 resume essas razões entre intensidades, mostrando que duas moléculas têm praticamente o mesmo peso molecular, mas as intensidades relativas dos picos $M + 1$ e $M + 2$ geradas por elas são bem diferentes.

Como um dado adicional, a Tabela 3.7 compara as razões do íon molecular, os picos $M + 1$ e $M + 2$ de três substâncias de massa 28: monóxido de carbono, nitrogênio e eteno. Mais uma vez, note que as intensidades relativas dos picos $M + 1$ e $M + 2$ possibilitam um meio de distinguir essas moléculas.

### Tabela 3.5 Abundâncias naturais de elementos comuns e seus isótopos

| Elemento | | | Abundância relativa | | | |
|---|---|---|---|---|---|---|
| Hidrogênio | $^1H$ | 100 | $^2H$ | 0,016 | | |
| Carbono | $^{12}C$ | 100 | $^{13}C$ | 1,08 | | |
| Nitrogênio | $^{14}N$ | 100 | $^{15}N$ | 0,38 | | |
| Oxigênio | $^{16}O$ | 100 | $^{17}O$ | 0,04 | $^{18}O$ | 0,20 |
| Flúor | $^{19}F$ | 100 | | | | |
| Silício | $^{28}Si$ | 100 | $^{29}Si$ | 5,10 | $^{30}Si$ | 3,35 |
| Fósforo | $^{31}P$ | 100 | | | | |
| Enxofre | $^{32}S$ | 100 | $^{33}S$ | 0,78 | $^{34}S$ | 4,40 |
| Cloro | $^{35}Cl$ | 100 | | | $^{37}Cl$ | 32,5 |
| Bromo | $^{79}Br$ | 100 | | | $^{81}Br$ | 98,0 |
| Iodo | $^{127}I$ | 100 | | | | |

Conforme as moléculas ficam maiores e mais complexas, aumenta o número de combinações possíveis que produzem picos $M + 1$ e $M + 2$. Para certa combinação de átomos, as intensidades desses picos em relação à intensidade do pico de íon molecular são únicas. Assim, um método de razão isotópica pode ser utilizado para estabelecer a fórmula molecular de um composto. Examinar a intensidade do pico $M + 2$ também é útil para obter informações sobre elementos que podem estar presentes na fórmula molecular. Um pico $M + 2$ extraordinariamente intenso pode indicar que enxofre ou silício está presente na substância desconhecida. As abundâncias relativas de $^{33}S$ e $^{34}S$ são 0,78 e 4,40, respectivamente, e a abundância relativa de $^{30}Si$ é 3,35. Um químico experiente sabe que um pico $M + 2$ maior do que o normal pode ser a primeira indicação de que enxofre ou silício está presente. Cloro e bromo também têm importantes isótopos $M + 2$ e serão estudados separadamente mais adiante.

Tabela 3.6 Razões de isótopos em propeno e diazometano

| | | Intensidades relativas | | |
|---|---|---|---|---|
| Composto | Massa molecular | $M$ | $M + 1$ | $M + 2$ |
| $C_3H_6$ | 42 | 100 | 3,34 | 0,05 |
| $CH_2N_2$ | 42 | 100 | 1,87 | 0,01 |

Tabela 3.7 Razões de isótopos em CO, $N_2$ e $C_2H_4$

| | | Intensidades relativas | | |
|---|---|---|---|---|
| Composto | Massa molecular | $M$ | $M + 1$ | $M + 2$ |
| CO | 28 | 100 | 1,12 | 0,2 |
| $N_2$ | 28 | 100 | 0,76 | |
| $C_2H_4$ | 28 | 100 | 2,23 | 0,01 |

Foram desenvolvidas tabelas de possíveis combinações de carbono, hidrogênio, oxigênio e nitrogênio e razões de intensidade em picos $M + 1$ e $M + 2$ para cada combinação. Tabelas mais extensas de razões de intensidade em picos $M + 1$ e $M + 2$ podem ser encontradas em livros especializados em interpretação de espectros de massa. Cálculos precisos de intensidades relativas de picos isótopos em um grupo de íons moleculares de compostos que contêm diversos elementos com isótopos levam muito tempo para serem feitos manualmente, pois exigem expansões polinomiais. Felizmente, muitos *sites* que tratam de espectrometria de massa têm calculadoras de isótopos, que facilitam essa tarefa. Alguns desses *sites* podem ser encontrados no fim deste capítulo.

Para compostos que contêm apenas C, H, N, O, F, Si, P e S, as intensidades relativas de picos $M + 1$ e $M + 2$ podem ser rapidamente estimadas por meio de cálculos simplificados. A fórmula para calcular a intensidade do pico $M + 1$ (relativa a $M^+ = 100$) de determinado composto está na Equação 3.27. Do mesmo modo, a intensidade de um pico $M + 2$ (relativa a $M^+ = 100$) pode ser encontrada usando a Equação 3.28.

$$[M + 1] = (\text{número de C} \times 1,1) + (\text{número de H} \times 0,015) + (\text{número de N} \times 0,37) +$$
$$+ (\text{número de O} \times 0,04) + (\text{número de S} \times 0,8) + (\text{número de Si} \times 5,1)$$

**Equação 3.27**

$$[M + 2] = \frac{(\text{número de C} \times 1,1)^2}{200} + (\text{número de O} \times 0,2) + (\text{número de S} \times 4,4) + (\text{número de Si} \times 3,4)$$

**Equação 3.28**

Quando cloro ou bromo está presente, o pico $M + 2$ fica bem significativo. O isótopo pesado de cada um desses elementos é duas unidades de massa mais pesado do que o isótopo mais leve. A abundância natural do $^{37}Cl$ é 32,5% a do $^{35}Cl$, e a abundância natural do $^{81}Br$ é 98,0% a do $^{79}Br$. Quando algum desses elementos está presente, o pico $M + 2$ é bastante intenso. Se um composto contém dois átomos de cloro ou bromo, deve ser observado um pico $M + 4$ distinto, assim como um pico $M + 2$ intenso. Nesse caso, é importante ter cuidado na identificação do pico de íon molecular no espectro de massa. A Seção 4.9 abordará em detalhes as propriedades espectrais de massa de compostos de halogênios. A Tabela 3.8 apresenta as intensidades relativas de picos de isótopos em várias combinações de átomos de bromo e cloro, e a Figura 3.19 as ilustra.

### Tabela 3.8 Intensidades relativas de picos de isótopos em várias combinações de bromo e cloro

| Halogênio | M | M + 2 | M + 4 | M + 6 |
|---|---|---|---|---|
| Br | 100 | 97,7 | | |
| Br$_2$ | 100 | 195,0 | 95,4 | |
| Br$_3$ | 100 | 293,0 | 286,0 | 93,4 |
| Cl | 100 | 32,6 | | |
| Cl$_2$ | 100 | 65,3 | 10,6 | |
| Cl$_3$ | 100 | 97,8 | 31,9 | 3,47 |
| BrCl | 100 | 130,0 | 31,9 | |
| Br$_2$Cl | 100 | 228,0 | 159,0 | 31,02 |
| Cl$_2$Br | 100 | 163,0 | 74,4 | 10,4 |

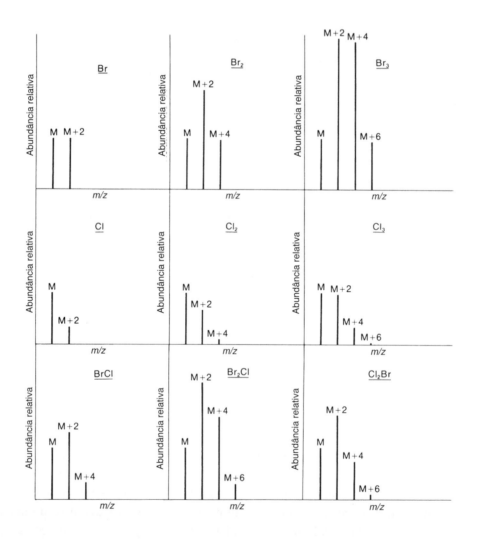

**FIGURA 3.19** Espectros de massa esperados para várias combinações de bromo e cloro.

## PROBLEMAS

*1. Um espectro de massa de baixa resolução do alcaloide vobtusina mostrou que o peso molecular é 718. Esse peso molecular é correto para as fórmulas moleculares $C_{43}H_{50}N_4O_6$ e $C_{42}H_{46}N_4O_7$. Um espectro de massa de alta resolução ofereceu um peso molecular de 718,3743. Qual das possíveis fórmulas moleculares é a correta para a vobtusina?

*2. Descobriu-se por espectrometria de massa de baixa resolução que uma tetrametiltriacetila derivada da oregonina, um xilósido diaril-heptanoide encontrado no amieiro vermelho, tem peso molecular de 600. Entre as possíveis fórmulas moleculares estão $C_{32}H_{36}O_{15}$, $C_{33}H_{40}O_{14}$, $C_{34}H_{44}O_{13}$, $C_{35}H_{48}O_{12}$, $C_{32}H_{52}O_{14}$ e $C_{33}H_{56}O_{13}$. Uma espectrometria de massa de alta resolução indicou que o peso molecular exato era 660,278. Qual é a fórmula molecular correta desse derivado da oregonina?

*3. Uma substância desconhecida mostra um pico de íon molecular em $m/z = 170$, com uma intensidade relativa de 100. O pico $M + 1$ tem intensidade de 13,2, e o pico $M + 2$ tem intensidade de 1,00. Qual é a fórmula molecular da substância?

*4. Um hidrocarboneto desconhecido tem um pico de íon molecular em $m/z = 84$, com uma intensidade relativa de 31,3. O pico $M + 1$ tem intensidade de 2,06, e o pico $M + 2$ tem intensidade relativa de 0,08. Qual é a fórmula molecular dessa substância?

*5. Uma substância desconhecida mostra um pico de íon molecular em $m/z = 107$, com uma intensidade relativa de 100. A intensidade relativa do pico $M + 1$ é 8,00, e a intensidade relativa do pico $M + 2$ é 0,30. Qual é a fórmula molecular da substância?

*6. O espectro de massa de um líquido desconhecido mostra um pico de íon molecular em $m/z = 78$, com uma intensidade relativa de 23,6. As intensidades relativas dos picos isotópicos são as seguintes:

| $m/z = 79$ | Intensidade relativa = 0,79 |
|---|---|
| 80 | 7,55 |
| 81 | 0,25 |

Qual é a fórmula molecular desse líquido?

## REFERÊNCIAS

CHAPMAN, J. R. *Practical organic mass spectrometry*: a guide for chemical and biochemical analysis. 2. ed. Nova York: John Wiley, 1995.

CREWS, P. et al. *Organic structure analysis*. 2 ed. Nova York: Oxford University Press, 2010.

DeHOFFMANN, E.; STROOBANT, V. *Mass spectrometry*: principles and applications. 3. ed. Nova York: Wiley, 2007.

GROSS, J. H.; ROEPSTORFF, P. *Mass spectrometry*: a textbook. 2. ed. Berlim: Springer, 2011.

LAMBERT, J. B. et al. *Organic structural spectroscopy*. 2. ed. Upper Saddle River, NJ: Prentice Hall, 2011.

MARCH, R. E.; TODD, J. F. *Quadrupole ion trap mass spectrometry*. 2. ed. Nova York: Wiley-Interscience, 2005.

McFADDEN, W. H. *Techniques of combined gas chromatography/mass spectrometry*: applications in organic analysis. Nova York: Wiley-Interscience, 1989.

McLAFFERTY, F. W.; TUREČEK, F. *Interpretation of mass spectra*. 4. ed. Mill Valley: University Science Books, 1993.

PETUCCI, C. et al. Direct analysis in real time for reaction monitoring in drug discovery. *Analytical Chemistry*, v. 79, n. 13, p. 5064-5070, 2007.

PRETSCH, E. et al. *Structure determination of organic compounds. Tables of spectral data*. 4. ed. Nova York: Springer-Verlag, 2009.

SILVERSTEIN, R. M. et al. *Spectrometric identification of organic compounds*. 7. ed. Nova York: John Wiley, 2005.

SMITH, R. M. *Understanding mass spectra, a basic approach*. 2. ed. Nova York: Wiley, 2004.

WATSON, J. T.; SPARKMAN, O. D. *Introduction to mass spectrometry:* instrumentation, applications, and strategies for data interpretation. 4. ed. Nova York: Wiley, 2007.

**Artigos**

CODY, R. B. et al. Versatile new ion source for the analysis of materials in open air under ambient conditions. *Analytical Chemistry*, v. 77, p. 2297-2302, 2005.

TAKÁTS, Z. et al. Ambient mass spectrometry using desporption electrospray ionization (DESI): instrumentation, mechanisms and applications in forensics, chemistry, and biology. *Journal of Mass Spectrometry*, v. 40, p. 1261-1275, 2005.

***Sites***

http://sdbs.riodb.aist.go.jp/sdbs/cgi-bin/cre_index.cgi
  National Institute of Materials and Chemical Research, Tsukuba, Ibaraki, Japan, *Integrated Spectra Data Base System for Organic Compounds (SDBS)*

http://webbook.nist.gov/chemistry/

http://www.sisweb.com/index/referenc/academicsites.html

http://www.sisweb.com/mstools.htm
  National Institute of Standards and Technology, *NIST Chemistry WebBook*

# capítulo 4

# Espectrometria de massa

## Parte 2: Fragmentação e análise estrutural

Na EI-MS, uma molécula é bombardeada por elétrons de alta energia na câmara de ionização (Seção 3.3A). A colisão entre as moléculas de amostra e os elétrons resulta inicialmente na perda, pela molécula de amostra, de um elétron para formar um cátion radical. A molécula também absorve uma quantidade considerável de energia extra durante a colisão com os elétrons incidentes. Essa energia extra coloca o íon molecular em estado vibracional altamente excitado. Nessas condições o cátion radical pode-se fragmentar (separar-se) em pequenos pedaços (fragmentos) que podem ser detectados no espectro de massa. A análise desses íons fragmentados proporciona informação estrutural que pode conduzir à determinação da estrutura molecular, frequentemente facilitada pelas informações suplementares da espectroscopia. Neste capítulo, você aprenderá sobre os principais tipos de ligação dos segmentos que podem ser esperados e mostra como uma análise dos fragmentos pode levar à determinação da estrutura de uma molécula. Após uma análise da estrutura molecular de íons e dos mecanismos fundamentais de fragmentação, um levantamento dos padrões de fragmentação de íons esperados para as classes comuns de grupos funcionais de compostos ajudará a entender os procedimentos de análise necessários para determinar a estrutura de dados da espectrometria de massa.

## 4.1 EVENTO INICIAL DE IONIZAÇÃO

Como explicado anteriormente, a ionização de elétrons resulta em cátions radicais altamente energéticos, muitos dos quais têm energia suficiente para submeter-se a um ou mais eventos de ligação de segmentos que levam a íons fragmentos. Se o tempo de vida do íon molecular for maior que $10^{-5}$ s, um pico correspondente ao íon molecular aparecerá no espectro de massa. Entretanto, íons moleculares com tempos de vida menores que $10^{-5}$ s quebram-se em fragmentos antes de serem acelerados dentro da câmara de ionização e entrarem no analisador de massa. Em determinado composto, nem todos os íons moleculares formados por ionização têm precisamente o mesmo tempo de vida; alguns têm tempos de vida menores que outros. Como resultado, em um espectro de massa EI típico, observam-se picos correspondentes tanto ao íon molecular quanto aos íons fragmentos.

A ionização da molécula de amostra forma um íon molecular que tem não apenas uma carga positiva, mas também um elétron não emparelhado. O íon molecular, então, é na verdade um cátion radical que contém um número ímpar de elétrons. Íons com número ímpar de elétrons (**OE$^{•+}$**) têm massa par (se nenhum nitrogênio estiver presente no composto; Seção 3.6), e íons com número par de elétrons (**EE$^+$**) têm massa ímpar.

Não é possível aprofundar os estudos sobre fragmentação de íons sem considerar que um elétron é perdido no evento inicial de ionização para formar M$^{•+}$. Os elétrons que mais provavelmente serão ejetados durante o evento de ionização são aqueles que estão nos orbitais moleculares com maior energia potencial, isto é, os elétrons mantidos mais fracamente pela molécula. Assim, é mais fácil remover um elétron de um orbital não ligante $n$ do que retirar um elétron de um orbital π. Do mesmo modo, é muito mais fácil ejetar um elétron de um orbital π do que de um orbital σ. O íon molecular pode ser representado por uma região de carga localizada ou não localizada. Alguns exemplos de perda de um elétron e a notação do íon molecular são mostrados a seguir.

Perda de um elétron de um orbital não ligante:

Perda de um elétron de um orbital π:

Perda de um elétron de um orbital σ:

## 4.2 PROCESSOS FUNDAMENTAIS DE FRAGMENTAÇÃO

Ao desenhar mecanismos de fragmentação, é essencial traçar as áreas de carga e radical com cuidado para prevenir uma designação errada de qual fragmento é o íon e qual é neutro e evitar que se desenhem fragmentações altamente improváveis. É também importante ter em mente que a fragmentação ocorre na fase gasosa, com um íon em estado vibracional altamente excitado. É tentador desenhar mecanismos de fragmentação da mesma forma que se desenham mecanismos de reações químicas – com eventos consertados de quebra de ligação e de criação de ligação. A maioria das fragmentações no espectrômetro de massa tende a ocorrer por etapas, apesar de alguns processos, como a fragmentação retro Diels-Alder, serem frequentemente representados de um modo consertado para enfatizar o paralelismo com a reação química, que é mais conhecida. Por fim, precisamos ser consistentes no uso de uma seta de uma única ponta (anzol, ⌒) para movimentação de um único elétron e setas de duas pontas (⌒) para processos de dois elétrons.

### A. Regra de Stevenson

Íons fragmentos se formam no espectrômetro de massa quase sempre por processos unimoleculares. A baixa pressão da câmara de ionização torna improvável que ocorra um número significativo de colisões bimoleculares. Os processos unimoleculares energeticamente mais favoráveis geram a maioria dos íons fragmentos. Essa é a ideia por trás da **Regra de Stevenson**: a fragmentação mais provável é a que deixa a carga positiva no fragmento com a energia de ionização mais baixa. Em outras palavras, processos de fragmentação que levam à formação de íons mais estáveis são preferíveis a processos que levam a íons menos estáveis. Essa ideia se fundamenta nos mesmos conceitos da Regra de Markovnikov, segundo a qual, na adição de um haleto de hidrogênio a um alceno, o carbocátion mais estável se forma mais rápido e leva ao produto com maior rendimento da reação de adição. Na verdade, pode-se explicar bem a química associada à fragmentação iônica em termos do que se sabe sobre carbocátions em solução. Por exemplo, uma substituição alquílica estabiliza íons fragmentos (e promove sua formação) da mesma forma que estabiliza carbocátions. Outros conceitos conhecidos ajudarão a prever processos prováveis de fragmentação: eletronegatividade, polarizabilidade, deslocalização por ressonância, regra do octeto etc.

Com frequência, a fragmentação envolve a perda de um fragmento eletricamente neutro. Esse fragmento não aparece no espectro de massa, mas pode-se deduzir sua existência por meio das diferenças das massas do íon fragmento e do íon molecular. Mais uma vez, processos que levam à formação de um fragmento neutro mais estável são preferíveis àqueles que levam a fragmentos neutros menos estáveis.

Um $OE^{•+}$ pode ser fragmentado de duas formas: segmentação de uma ligação para criar um $EE^+$ e um radical ($R^•$) *ou* segmentação de ligações para criar outro $OE^{•+}$ e uma molécula neutra de camada fechada ($N$). Um $EE^+$, por sua vez, pode ser fragmentado de uma única maneira: segmentação de ligações para criar outro $EE^+$ e uma molécula neutra de camada fechada ($N$). Essa é a chamada **regra do número par de elétrons**. O modo de fragmentação mais comum envolve a segmentação de uma ligação. Nesse processo, o $OE^{•+}$ produz um radical ($R^•$) e um íon fragmento $EE^+$. Segmentações que levam à formação de carbocátions mais estáveis são preferíveis. Quando puder ocorrer a perda de mais de um radical possível, um corolário à Regra de Stevenson é que o maior radical alquila seja o primeiro a ser perdido. Assim, a facilitação da fragmentação para formar íons aumenta na seguinte ordem:

$$H_3C^+ < RCH_2^+ < R_2CH^+ < R_3C^+ < H_2C=CHCH_2^+ \sim HC\equiv CCH_2^+ < C_6H_5CH_2^+$$

*difícil*                                                                                                             *fácil*

## B. Segmentação iniciada no sítio radical: segmentação α

Antes de examinar os padrões de fragmentação característicos de grupos funcionais orgânicos comuns, vamos considerar alguns dos modos de fragmentação mais conhecidos. Fragmentação iniciada no **sítio radical** é uma das segmentações de ligação mais conhecidas e normalmente chamada de segmentação α. O termo "segmentação α" é confuso para alguns porque a ligação que é quebrada não está diretamente anexa a um sítio radical, mas sim ao átomo vizinho (a posição α). Segmentações α podem ocorrer em áreas saturadas e não saturadas, que podem ou não envolver um heteroátomo (Y na Figura 4.1).

## C. Segmentação iniciada em sítio carregado: segmentação indutiva

Outra segmentação de uma ligação comum é a iniciada em **sítio carregado** ou **segmentação indutiva**, com frequência indicada em um mecanismo de fragmentação pelo símbolo *i*. A segmentação indutiva envolve a atração de um par de elétrons por um heteroátomo eletronegativo que acaba como um radical ou como uma molécula neutra de camada fechada. Enquanto a segmentação α é uma fragmentação apenas de OE$^+$, a segmentação indutiva pode operar em OE$^+$ ou em EE$^+$, como visto na Figura 4.2.

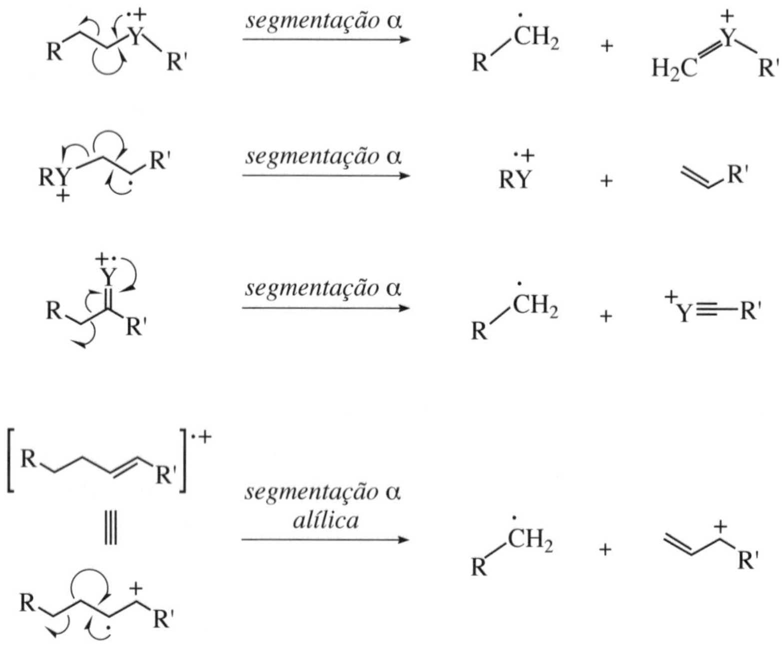

**FIGURA 4.1** Fragmentações representativas de uma segmentação α (Y = heteroátomo).

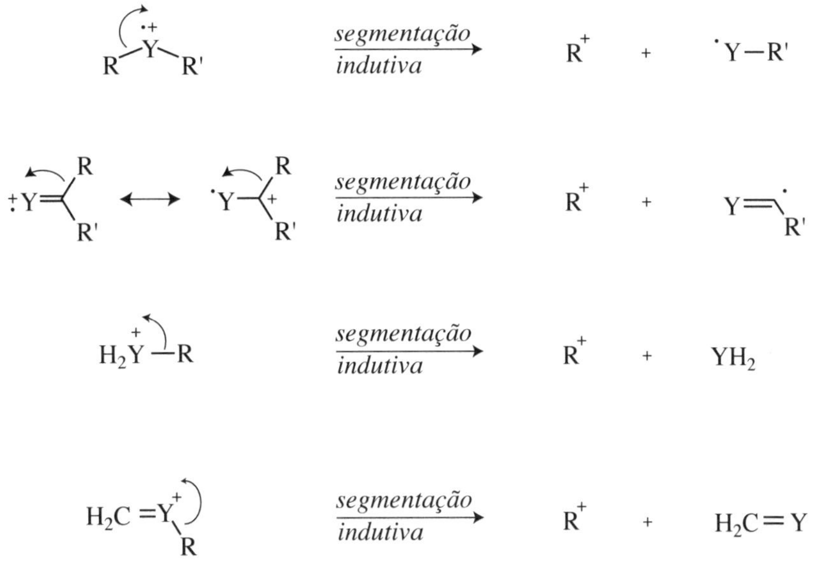

$$\overset{\cdot+}{R-Y-R'} \xrightarrow{\text{segmentação indutiva}} R^+ + {}^\cdot Y-R'$$

$$\overset{+}{:}Y=\overset{R}{\underset{R'}{\diagdown}} \longleftrightarrow {}^\cdot Y-\overset{R}{\underset{R'}{\overset{+}{\diagdown}}} \xrightarrow{\text{segmentação indutiva}} R^+ + Y=\overset{\cdot}{\underset{R'}{\diagdown}}$$

$$H_2\overset{+}{Y}-R \xrightarrow{\text{segmentação indutiva}} R^+ + YH_2$$

$$H_2C=\overset{+}{\underset{R}{Y}} \xrightarrow{\text{segmentação indutiva}} R^+ + H_2C=Y$$

**FIGURA 4.2** Fragmentações representativas de uma segmentação indutiva (Y = heteroátomo).

## D. Segmentação de duas ligações

Algumas fragmentações envolvem segmentação simultânea de duas ligações. Nesse processo, ocorre uma eliminação, e o íon molecular com número ímpar de elétrons produz um OE⁺ e um fragmento N neutro com número par de elétrons, normalmente uma molécula pequena de algum tipo: $H_2O$, um haleto de hidrogênio ou um alceno. Alguns exemplos desse tipo de segmentação de duas ligações são apresentados na Figura 4.3.

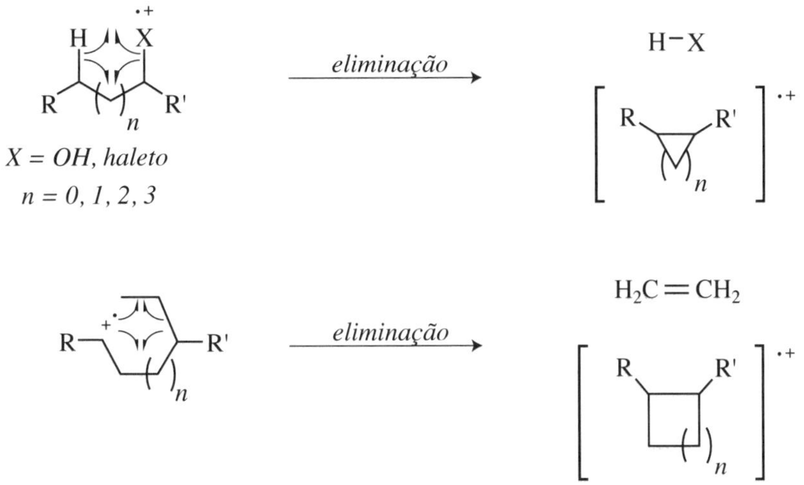

X = OH, haleto
n = 0, 1, 2, 3

**FIGURA 4.3** Fragmentações de duas ligações comuns (X = heteroátomo).

## E. Segmentação retro Diels-Alder

Anéis de seis membros não saturados podem passar por uma fragmentação **retro Diels-Alder** para produzir o cátion radical de um dieno e um alceno neutro – os precursores hipotéticos dos derivados do cicloexeno se ele tivesse sido preparado na direção para frente, por cicloadição do [4π + 2π] dieno + dienófilo, bem conhecida por todo químico orgânico como reação de Diels-Alder. Uma representação esquemática da fragmentação retro Diels-Alder é mostrada na Figura 4.4 Note que o elétron desemparelhado e a carga permanecem com o fragmento dieno, de acordo com a Regra de Stevenson.

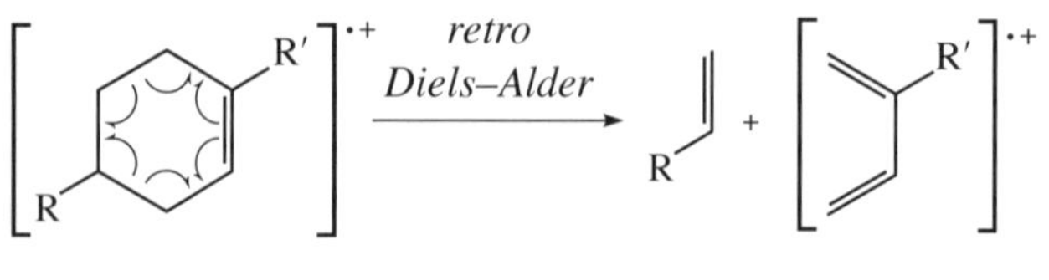

[Figura: Fragmentação retro Diels-Alder]

**FIGURA 4.4** Fragmentação retro Diels-Alder.

*F. Rearranjos de McLafferty*

Outra fragmentação muito comum que pode ocorrer com muitos substratos é o **rearranjo de McLafferty** (Figura 4.5). Essa fragmentação foi descrita por Fred McLafferty em 1956 e é a primeira das fragmentações mais previsíveis depois da fragmentação α simples. No rearranjo de McLafferty, um átomo de hidrogênio em um átomo de carbono, a três átomos de distância do cátion radical de um alceno, areno, carbonila ou imina (conhecido como hidrogênio γ), é transferido para a área carregada por meio de um estado de transição de seis membros, com segmentação concorrente da ligação sigma entre as posições α e β da cadeia. Isso forma um novo cátion radical e um alceno com uma ligação π entre o que eram os carbonos β e γ originais. Para simplificar, o mecanismo do rearranjo de McLafferty é normalmente representado como um processo consertado, como na Figura 4.5. Há evidências experimentais, porém, que indicam que a fragmentação ocorre por etapas, e, regra geral, fragmentações que envolvem a quebra de mais de uma ligação ocorrem provavelmente em etapas. O rearranjo de McLafferty é imediatamente observado nos espectros de massa de muitos grupos funcionais orgânicos, e diversos exemplos serão mostrados nas próximas seções deste capítulo.

[Figura: Rearranjo de McLafferty; Z, Y = C, N, O]

**FIGURA 4.5** Rearranjo de McLafferty.

*G. Outros tipos de segmentação*

Além desses processos, também são possíveis fragmentações que envolvem rearranjos, migrações de grupos e fragmentações secundárias de íons fragmentos. Esses modos de fragmentação ocorrem com menos frequência do que os dois casos já descritos, e mais discussão sobre eles será reservada para os compostos em que eles são importantes.

## 4.3 PADRÃO DE FRAGMENTAÇÃO DE HIDROCARBONETOS

*A. Alcanos*

Em hidrocarbonetos saturados e estruturas orgânicas que contêm grandes esqueletos de hidrocarbonetos saturados, os métodos de fragmentação são bem previsíveis. O que se sabe sobre as estabilidades dos carbocátions em solução pode ser utilizado para ajudar a entender os padrões de fragmentação de alcanos. Os espectros de massa de alcanos são caracterizados por picos de íon molecular fortes e uma série regular de picos de íon fragmento separados por 14 uma.

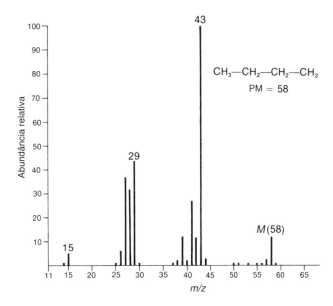

**FIGURA 4.6** Espectro de massa do butano.

| QUADRO DE ANÁLISE ESPECTRAL – Alcanos | |
|---|---|
| **ÍON MOLECULAR** | **ÍONS FRAGMENTOS** |
| M⁺ forte | Perda de unidades $CH_2$ em uma série: $M - 14$, $M - 28$, $M - 42$ etc. |

Em uma cadeia linear ou "normal" de alcanos, pode-se observar um pico correspondente ao íon molecular como nos espectros de massa do butano (Figura 4.6) e do octano (Figura 4.7). Conforme o esqueleto do carbono fica mais ramificado, diminui a intensidade do pico do íon molecular. Alcanos de cadeia linear têm fragmentos que são sempre carbocátions primários. Como esses íons são bem instáveis, é difícil ocorrer fragmentação. Um número significativo de moléculas originais sobrevive ao bombardeamento de elétrons sem se fragmentar. Consequentemente, observa-se um pico de íon molecular de intensidade significativa. Esse efeito será facilmente visto se for comparado o espectro de massa do butano com o do isobutano (Figura 4.8). O pico do íon molecular no isobutano é muito menos intenso do que no butano. Comparar o espectro de massa do octano e do 2,2,4-trimetilpentano (Figura 4.9) oferece uma ilustração mais significativa do efeito de ramificação da cadeia na intensidade do pico do íon molecular. O pico do íon molecular no 2,2,4-trimetilpentano é muito fraco para ser observado, enquanto o pico do íon molecular em seu isômero de cadeia linear é facilmente observado. O efeito de ramificação da cadeia na intensidade do pico do íon molecular pode ser entendido examinando-se como hidrocarbonetos passam por fragmentação.

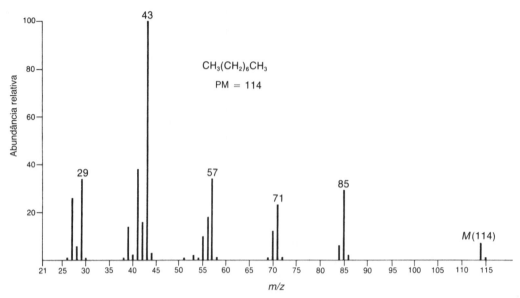

**FIGURA 4.7** Espectro de massa EI do octano.

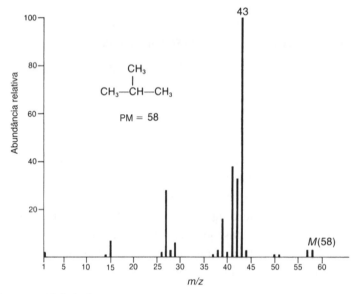

**FIGURA 4.8** Espectro de massa EI do isobutano.

Hidrocarbonetos de cadeia linear passam por fragmentação pela quebra de ligações carbono-carbono, resultando em uma série homóloga de produtos de fragmentação. Por exemplo, no caso do butano, a segmentação da ligação C1-C2 resulta na perda de um radical metila e na formação do carbocátion propila ($m/z$ = 43). A segmentação da ligação C2-C3 resulta na perda de um radical etila e na formação do carbocátion etila ($m/z$ = 29). No caso do octano, são observados picos fragmentos devidos ao íon hexila ($m/z$ = 85), ao íon pentila ($m/z$ = 71), ao íon butila ($m/z$ = 57), ao íon propila ($m/z$ = 43) e ao íon etila ($m/z$ = 29). Note que alcanos se fragmentam para formar grupos de picos que estão a 14 unidades de massa (correspondente a um grupo $CH_2$) de distância um do outro. Outros fragmentos dentro de cada grupo correspondem a perdas adicionais de um ou dois átomos de hidrogênio. Como fica evidente no espectro de massa do octano, os íons de três carbonos parecem os mais abundantes, com as intensidades de cada fragmento diminuindo uniformemente conforme o peso do fragmento aumenta. É interessante notar que, em alcanos de cadeia longa, o fragmento correspondente à perda de um átomo de carbono normalmente está ausente. No espectro de massa do octano, por exemplo, um fragmento de sete carbonos deve ocorrer em uma massa 99, mas isso não é observado.

A quebra de ligações carbono-carbono de alcanos de cadeia ramificada pode levar a carbocátions secundários ou terciários. Esses íons, logicamente, são mais estáveis do que os primários, e assim a fragmentação torna-se um processo mais favorável. Uma boa parte das moléculas originais passa por fragmentação, e assim os picos do íon molecular de alcanos de cadeia ramificada são consideravelmente mais fracos ou até mesmo ausentes. No isobutano, quebrar uma ligação carbono-carbono produz um carbocátion isopropila, que é mais estável do que um íon propila normal. O isobutano passa por fragmentação mais facilmente do que o butano por causa da estabilidade crescente de seus produtos de fragmentação. Com o 2,2,4-trimetilpentano, o evento de segmentação dominante é a ruptura da ligação C2–C3, que leva à formação de um carbocátion *tert*-butila. Como os carbocátions terciários são os mais estáveis dos carbocátions alquilas saturados, essa segmentação é particularmente favorável e responsável pelo pico intenso de fragmento em $m/z = 57$.

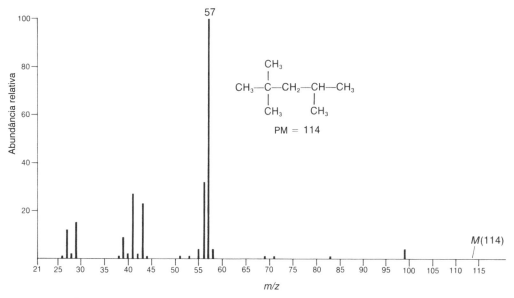

**FIGURA 4.9** Espectro de massa EI do 2,2,4-trimetilpentano (isoctano).

## B. Cicloalcanos

Em geral, cicloalcanos formam picos de íon molecular fortes. É comum uma fragmentação por perda de uma molécula de eteno ($M - 28$). O espectro de massa típico de um cicloalcano mostra um pico de íon molecular relativamente intenso. A fragmentação de compostos anelares exige a quebra de duas ligações carbono-carbono, um processo mais difícil do que a quebra de apenas uma dessas ligações. Portanto, mais moléculas do cicloalcano sobrevivem ao bombardeamento de elétrons, sem passar por fragmentação, do que moléculas de um alcano acíclico. Nos espectros de massa do ciclopentano (Figura 4.10) e do metilciclopentano (Figura 4.11), podem-se observar fortes picos de íon molecular.

Os padrões de fragmentação dos cicloalcanos podem apresentar grupos de massa arranjados em uma série semelhante a dos alcanos. Contudo, o modo mais significativo de segmentação dos cicloalcanos envolve a perda de uma molécula de eteno ($H_2C=CH_2$), seja da molécula original seja do $OE^+$ intermediário. O pico em $m/z = 42$ no ciclopentano e o pico em $m/z = 56$ no metilciclopentano resultam da perda do eteno da molécula original. Cada um desses picos fragmentos é o mais intenso no espectro de massa. Quando o cicloalcano tem uma cadeia lateral, a perda dessa cadeia lateral é um modo favorável de fragmentação. O pico fragmento em $m/z = 69$ no espectro de massa do metilciclopentano deve-se à perda da cadeia lateral $CH_3$, que resulta em um carbocátion secundário.

| QUADRO DE ANÁLISE ESPECTRAL – Cicloalcanos ||
|---|---|
| **ÍON MOLECULAR** | **ÍONS FRAGMENTOS** |
| M⁺ forte | $M - 28$ |
| | Uma série de picos: $M - 15$, $M - 29$, $M - 43$, $M - 57$ etc. |

Aplicando essas informações ao espectro de massa do biciclo[2.2.1]heptano (Figura 4.12), podemos identificar picos fragmentos causados pela perda da cadeia lateral (a ponte de um carbono, mais um átomo de hidrogênio adicional) em $m/z = 81$ e pela perda de eteno em $m/z = 68$. O pico do íon fragmento em $m/z = 67$ deve-se à perda de eteno mais um átomo de hidrogênio adicional.

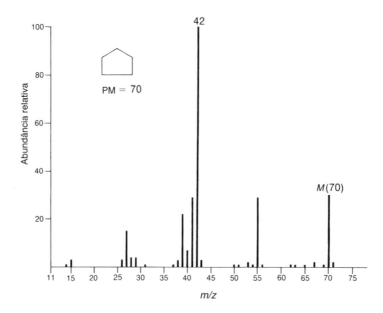

**FIGURA 4.10** Espectro de massa EI do ciclopentano.

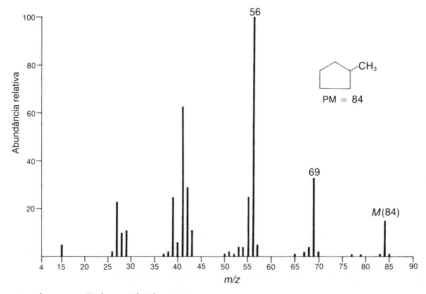

**FIGURA 4.11** Espectro de massa EI do metilciclopentano.

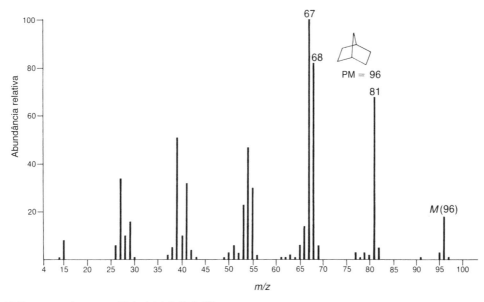

**FIGURA 4.12** Espectro de massa EI do biciclo[2.2.1]heptano.

## C. Alcenos

Os espectros de massa da maioria dos alcenos mostram diferentes picos de íon molecular. Naturalmente, a massa do íon molecular deve corresponder a uma fórmula molecular com um índice de deficiência de hidrogênio igual a pelo menos *um* (ver Capítulo 1). O bombardeamento de elétrons, aparentemente, remove um dos elétrons da ligação π, deixando o esqueleto do carbono relativamente não perturbado. Quando alcenos passam por processos de fragmentação, os íons fragmentos resultantes têm fórmulas correspondentes a $C_nH_{2n}^+$ e $C_nH_{2n-1}^+$. Às vezes, é difícil localizar ligações duplas em alcenos, uma vez que elas migram imediatamente. É fácil ver a semelhança dos espectros de massa de isômeros de alceno nos espectros de massa de três isômeros da fórmula $C_5H_{10}$ (Figuras 4.13, 4.14 e 4.15). Os espectros de massa são praticamente idênticos, a única diferença refere-se a um fragmento grande em $m/z = 42$ no espectro do 1-penteno. Esse íon deve formar-se por um rearranjo do tipo de McLafferty do íon molecular. O carbocátion alila ($m/z = 41$) é um fragmento importante nos espectros de massa de alcenos terminais e forma-se por meio de uma segmentação α, como se vê na Figura 4.1. O fragmento em $m/z = 55$ vem da perda de um radical metila. Esse fragmento é o pico-base nos espectros de isômeros do penteno diastereoméricos, pois a perda do grupo metila distal ao alceno cria um cátion alílico, que é estabilizado por ressonância. Claramente, a análise de MS por si só não é suficiente para distinguir E- e Z-2-penteno. A utilização da análise de IV, em particular na região de dobra C—H fora do plano (*out of plane*), permitirá definitivamente determinar a configuração do alceno.

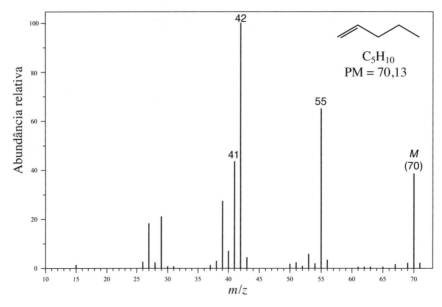

**FIGURA 4.13** Espectro EI-MS do 1-penteno.

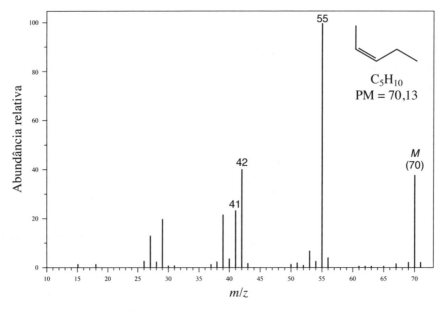

**FIGURA 4.14** Espectro EI-MS do Z-2-penteno.

| QUADRO DE ANÁLISE ESPECTRAL – Alcenos ||
|---|---|
| **ÍON MOLECULAR** | **ÍONS FRAGMENTOS** |
| $M^+$ forte | $m/z = 41$ <br> Uma série de picos: $M - 15$, $M - 29$, $M - 43$, $M - 57$ etc. |

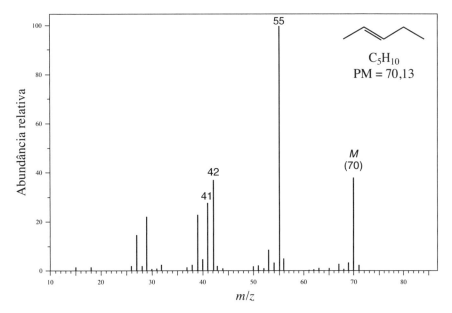

**FIGURA 4.15** Espectro EI-MS do *E*-2-penteno.

Os espectros de massa de cicloalcenos mostram picos de íon molecular bem distintos. Em muitos cicloalcenos, a migração de ligações gera espectros de massa virtualmente idênticos. Por isso, pode ser impossível localizar a posição da ligação dupla em um cicloalceno, particularmente um ciclopenteno ou um ciclopenteno. Cicloexenos têm padrão de fragmentação característico que corresponde a uma reação retro Diels-Alder (Figura 4.4). No espectro de massa do monoterpeno limoneno (Figura 4.16), o pico intenso em $m/z = 68$ corresponde ao fragmento dieno que surge da fragmentação retro Diels-Alder.

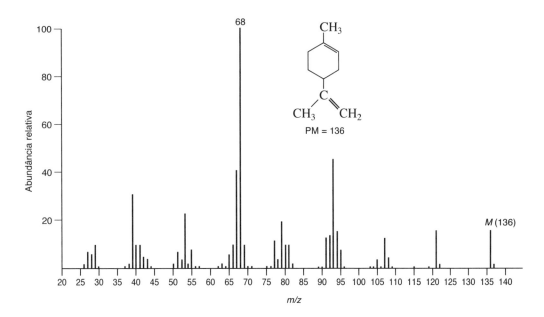

**FIGURA 4.16** Espectro EI-MS do limoneno.

A simples presença de uma porção cicloexênica não garante que uma fragmentação retro Diels-Alder será observada no espectro de massa. Consideremos os espectros de massa da ionona α e β (Figura 4.17). O espectro da ionona α mostra, em geral, muito mais fragmentação e um pico em $m/z = 136$, em particular, criado por uma fragmentação retro Diels-Alder do anel cicloexeno e por perda de isobuteno. A fragmentação retro Diels-Alder da ionona β deve gerar um pico em $m/z = 164$ da perda de eteno, mas o pico naquela posição é minúsculo. No caso da ionona β, a perda de um radical metila por segmentação α adjacente à ligação dupla anelar produz um cátion alílico terciário relativamente estável. Essa fragmentação não está disponível na ionona α.

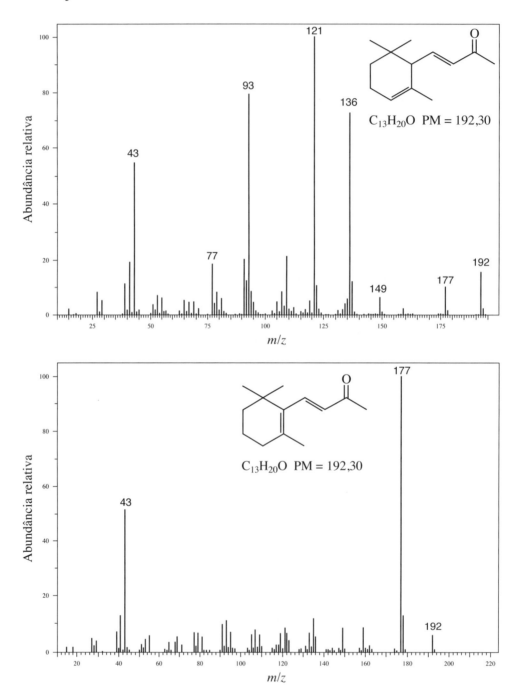

**FIGURA 4.17** Espectros EI-MS das iononas α (acima) e β (abaixo).

## D. Alcinos

Os espectros de massa de alcinos são muito semelhantes aos dos alcenos. Os picos de íon molecular costumam ser bem intensos e, em geral, têm padrões de fragmentação parecidos com os dos alcenos. Como se pode ver no espectro de massa do 1-pentino (Figura 4.18), uma fragmentação importante é a perda de um radical etila por segmentação α para produzir o íon propargila ($m/z = 39$). Do mesmo modo, a perda de um radical metila em uma segmentação α do 2-pentino produz um cátion propargílico estabilizado por ressonância em ($m/z = 53$) (Figura 4.19). Outro modo importante de fragmentar alcinos terminais é pela perda do hidrogênio terminal, produzindo um pico $M - 1$ forte, que aparece como o pico-base ($m/z = 67$) no espectro do 1-pentino.

| QUADRO DE ANÁLISE ESPECTRAL – Alcinos ||
|---|---|
| **ÍON MOLECULAR** | **ÍONS FRAGMENTOS** |
| M⁺ forte | $m/z = 39$ |
| | Pico $M - 1$ forte |

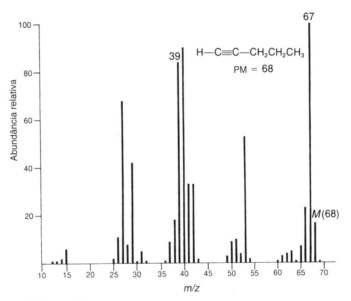

**FIGURA 4.18** Espectro EI-MS do 1-pentino.

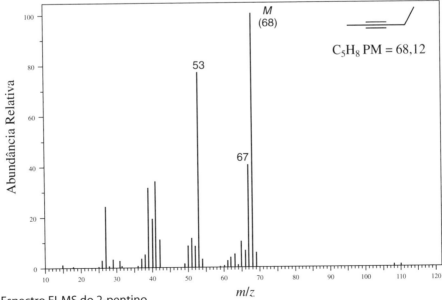

**FIGURA 4.19** Espectro EI-MS do 2-pentino.

## E. Hidrocarbonetos aromáticos

Os espectros de massa da maioria dos hidrocarbonetos aromáticos mostram picos de íon molecular muito intensos. Como se vê no espectro de massa do benzeno (Figura 4.20), a fragmentação do anel benzênico exige boa quantidade de energia. Essa fragmentação não é observada de maneira significativa. No espectro de massa do tolueno (Figura 4.21), a perda de um átomo de hidrogênio do íon molecular gera um pico forte em $m/z = 91$. Embora haja suposições de que esse pico de íon fragmento se deva ao carbocátion benzila ($C_6H_5CH_2^+$), experimentos com marcação isotópica sugerem que o carbocátion benzila, na verdade, rearranja-se para formar o **íon tropílio**, com deslocalização aromática ($C_7H_7^+$, Figura 4.25). Quando um anel benzênico contém cadeias laterais maiores, o modo de fragmentação preferível é a quebra da cadeia lateral para formar, inicialmente, um **cátion benzila**, que se rearranja de maneira espontânea ao íon tropílio. Quando a cadeia lateral anexa a um anel benzênico contém três ou mais carbonos, podem-se observar íons formados por rearranjo de McLafferty.

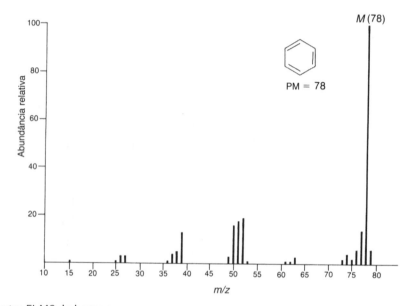

**FIGURA 4.20** Espectro EI-MS do benzeno.

| QUADRO DE ANÁLISE ESPECTRAL – Hidrocarbonetos aromáticos ||
|---|---|
| **ÍON MOLECULAR** | **ÍONS FRAGMENTOS** |
| M⁺ forte | $m/z = 91$ |
|  | $m/z = 92$ |

Os espectros de massa dos isômeros do xileno (Figuras 4.22 e 4.23, por exemplo) apresentam um pico médio em $m/z = 105$, que se deve à perda de um átomo de hidrogênio e à formação do íon metiltropílio. Mais importante ainda, o xileno perde um grupo metila para formar o tropílio ($m/z = 91$). Os espectros de massa de anéis aromáticos *orto*, *meta* e *para*-dissubstituídos são essencialmente idênticos. Como resultado, o padrão de substituição de benzenos polialquilados não pode ser determinado por espectrometria de massa.

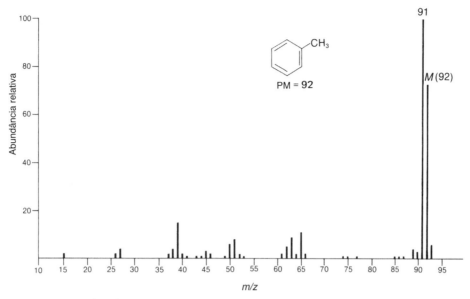

**FIGURA 4.21** Espectro EI-MS do tolueno.

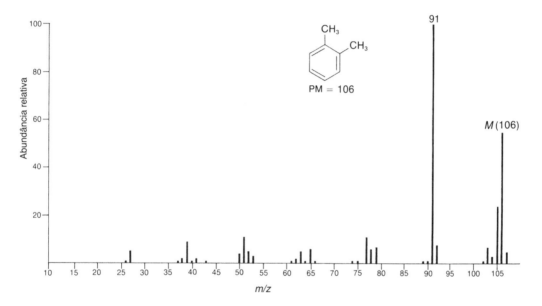

**FIGURA 4.22** Espectro EI-MS do *orto*-xileno.

A formação de um íon tropílio substituído é típica em benzenos alquilsubstituídos. No espectro de massa do isopropilbenzeno (Figura 4.24), aparece um pico forte em $m/z = 105$, que corresponde à perda de um grupo metila para formar um íon tropílio metilsubstituído. O íon tropílio tem suas fragmentações características e pode fragmentar-se para formar o cátion ciclopentadienila aromático ($m/z = 65$) mais etino (acetileno). O cátion ciclopentadienila, por sua vez, pode fragmentar-se para formar outro equivalente do etino e o cátion ciclopropenila aromático ($m/z = 39$) (Figura 4.25).

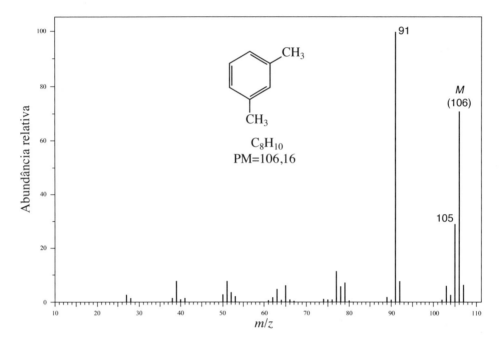

**FIGURA 4.23** Espectro EI-MS do *meta*-xileno.

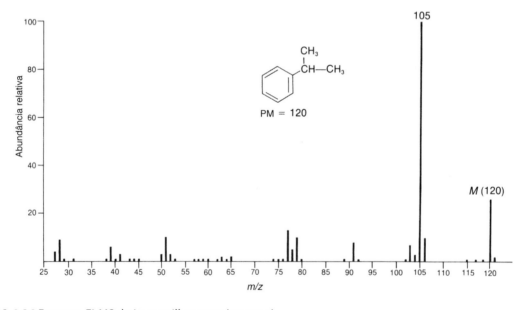

**FIGURA 4.24** Espectro EI-MS do isopropilbenzeno (cumeno).

No espectro de massa do butilbenzeno (Figura 4.26), aparece um pico forte em virtude do tropílio em $m/z$ = 91. Se o grupo alquila anexo ao anel benzênico for um grupo propila ou maior, é provável que ocorra um rearranjo de McLafferty, produzindo um pico em $m/z$ = 92. Na verdade, todos os alquilbenzenos com uma cadeia lateral de três ou mais carbonos e pelo menos um hidrogênio no carbono γ exibirão um pico em $m/z$ = 92 em seus espectros de massa a partir do rearranjo de McLafferty. Usando o butilbenzeno como exemplo, esse rearranjo é ilustrado a seguir.

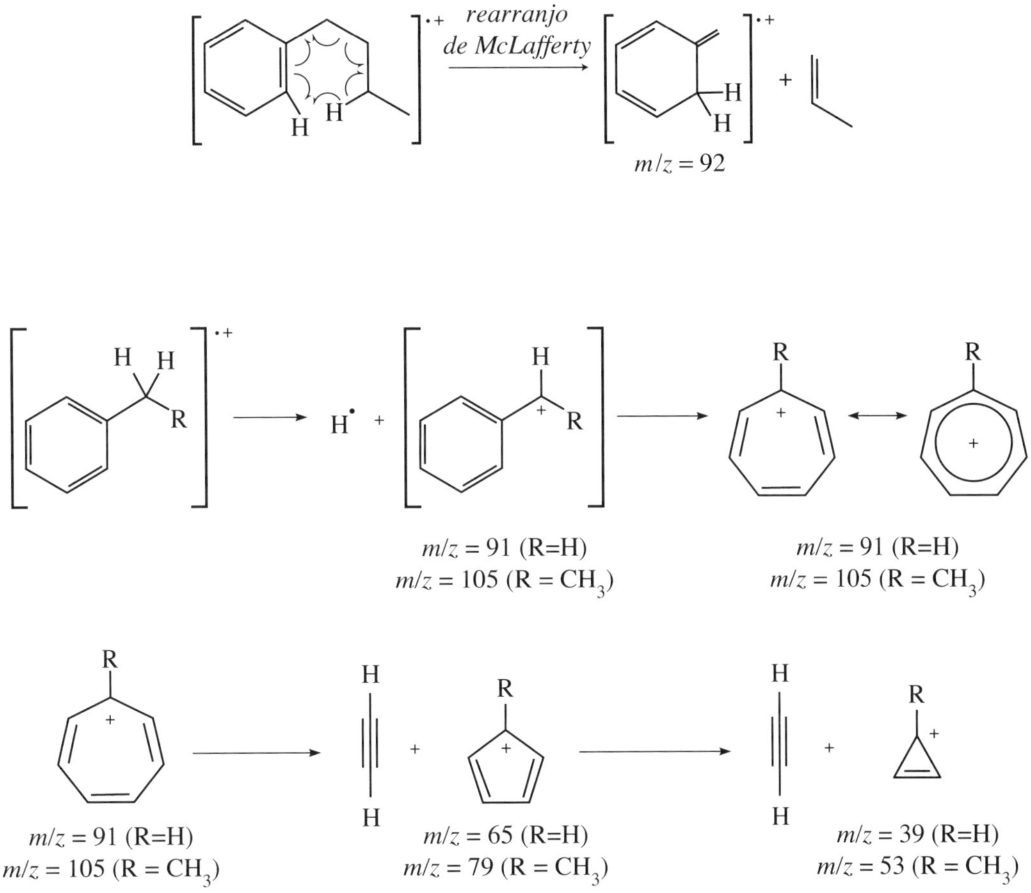

**FIGURA 4.25** Formação e fragmentação do íon tropílio.

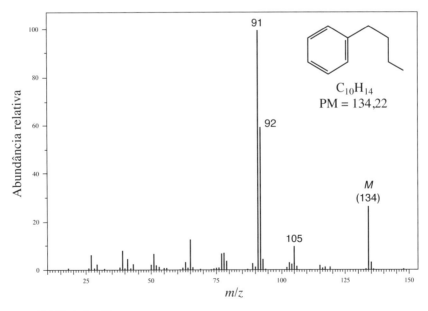

**FIGURA 4.26** Espectro EI-MS do butilbenzeno.

## 4.4 PADRÕES DE FRAGMENTAÇÃO DE ALCOÓIS, FENÓIS E TIÓIS

A intensidade do pico do íon molecular no espectro de massa de um álcool primário ou secundário é em geral bem baixa, e o pico do íon molecular é com frequência totalmente ausente no espectro de massa de um álcool terciário. Duas fragmentações comuns em alcoóis são segmentação α adjacente ao grupo hidroxila e desidratação.

| QUADRO DE ANÁLISE ESPECTRAL – Alcoóis | |
|---|---|
| **ÍON MOLECULAR** | **ÍONS FRAGMENTOS** |
| $M^+$ fraco ou ausente | Perda de grupo alquila |
| | $M - 18$ |

Todos os espectros de massa de isômeros do pentanol de cadeia linear – 1-pentanol (Figura 4.27), 2-pentanol (Figura 4.28) e 3-pentanol (Figura 4.29) – exibem picos de íon molecular muito fracos em $m/z = 88$, enquanto o íon molecular no espectro de massa do álcool terciário 2-metil-2-butanol (Figura 4.30) é totalmente ausente. A reação de fragmentação mais importante em alcoóis é a perda de um grupo alquila por segmentação α. Como visto antes, o maior grupo alquila é, na maioria das vezes, prontamente perdido. No espectro do 1-pentanol (Figura 4.27), o pico em $m/z = 31$ deve-se à perda de um grupo butila para formar um íon $H_2C=OH^+$. O 2-pentanol (Figura 4.28) perde ou um grupo propila para formar o fragmento $CH_3CH=OH^+$ em $m/z = 45$ ou um radical metila para formar o pico relativamente pequeno em $m/z = 73$ correspondente a $CH_3CH_2CH_2CH=OH^+$. O 3-pentanol perde um radical etila para formar o íon $CH_3CH_2CH=OH^+$ em $m/z = 59$. A simetria do 3-pentanol significa que há duas trajetórias de segmentação α idênticas, deixando o pico correspondente a esse íon ainda mais prevalente. O 2-metil-2-butanol (Figura 4.30) passa por segmentação α para perder um radical metila de duas maneiras diferentes, criando um pico de tamanho considerável em $m/z = 73$, além do pico em $m/z = 59$ correspondente ao íon $(CH_3)_2C=OH^+$ formado pela perda de um radical etila.

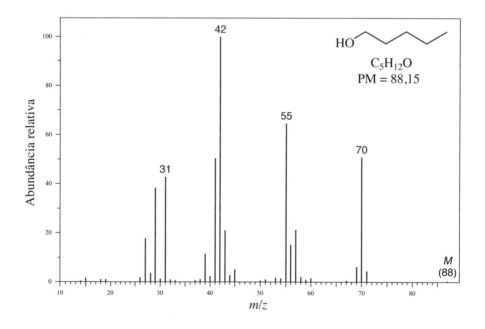

**FIGURA 4.27** Espectro EI-MS do 1-pentanol.

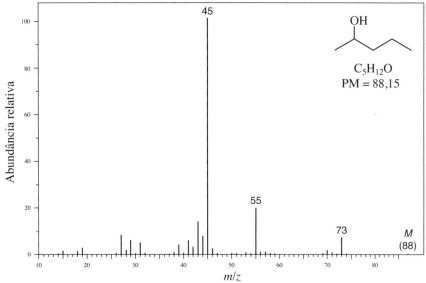

**FIGURA 4.28** Espectro EI-MS do 2-pentanol.

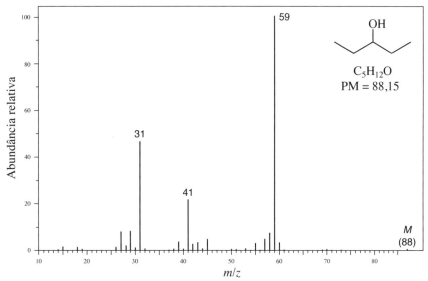

**FIGURA 4.29** Espectro EI-MS do 3-pentanol.

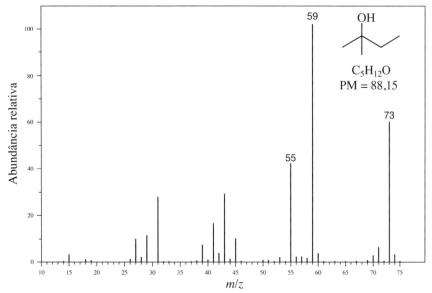

**FIGURA 4.30** Espectro EI-MS do 2-metil-2-butanol.

Um segundo método comum de fragmentação envolve desidratação. A importância da desidratação aumenta conforme o comprimento da cadeia do álcool aumenta. Enquanto o pico de íon fragmento resultante da desidratação ($m/z = 70$) é muito intenso no espectro de massa do 1-pentanol, ele é bem fraco em outros isômeros do pentanol. A desidratação pode ocorrer por **desidratação térmica** antes da ionização ou por fragmentação do íon molecular. A desidratação térmica é especialmente problemática em amostras alcoólicas analisadas por GC-MS. A porta de injeção do cromatógrafo a gás é em geral mantida a mais de 200 °C, e muitos alcoóis, principalmente terciários ou alílicos/benzílicos, desidratam-se antes de as moléculas da amostra chegarem à coluna GC e antes de as moléculas chegarem à fonte de ionização do espectrômetro de massa. A desidratação térmica é a **eliminação-1,2** de água. Entretanto, se as moléculas do álcool chegarem intactas à fonte de ionização, a desidratação do íon molecular ainda pode ocorrer, mas, nesse caso, é uma **eliminação-1,4** de água por um mecanismo cíclico:

Alcoóis com quatro ou mais carbonos podem passar por perda *simultânea* de água e etileno. Esse tipo de fragmentação não é importante para o 1-butanol, mas é responsável pelo pico-base em $m/z = 42$ no espectro de massa do 1-pentanol (Figura 4.27).

Alcoóis cíclicos podem passar por fragmentação por pelo menos três trajetórias diferentes, as quais são ilustradas para o caso do cicloexanol na Figura 4.31. A primeira fragmentação é simplesmente uma segmentação α e perda de um átomo de hidrogênio para produzir um íon fragmento $M - 1$. A segunda trajetória de fragmentação começa com uma segmentação α inicial de uma ligação anelar adjacente ao carbono que contenha hidroxila, seguida por uma migração-1,5 de hidrogênio. Isso traz de volta o sítio radical para uma posição, estabilizada por ressonância, adjacente ao íon oxônio. Uma segunda segmentação α resulta na perda de um radical propila e na formação de um íon acroleína protonado com $m/z = 57$. Essa trajetória de fragmentação é praticamente idêntica à que ocorre em derivados da cicloexanona (Seção 4.6B). A terceira trajetória de fragmentação de alcoóis cíclicos é a desidratação por abstração de um átomo de hidrogênio de três ou quatro carbonos de distância (o átomo de hidrogênio em um estado de transição cíclico com cinco ou seis membros) para produzir um cátion radical bicíclico com $m/z = 82$. Pode-se observar um pico correspondente a cada um desses íons fragmentos no espectro de massa do cicloexanol (Figura 4.32).

Em geral, alcoóis benzílicos exibem picos fortes de íon molecular. A sequência de reações apresentada adiante ilustra seus principais modos de fragmentação. A perda de um átomo de hidrogênio do íon molecular leva a um íon hidroxitropílio ($m/z = 107$). O íon hidroxitropílio pode perder monóxido de carbono para formar um cátion cicloexadienila estabilizado por ressonância ($m/z = 79$). Esse íon pode eliminar hidrogênio molecular para criar um cátion fenila, $C_6H_5^+$, $m/z = 77$. Podem-se observar picos que surgem desses íons fragmentos no espectro de massa do álcool benzila (Figura 4.33).

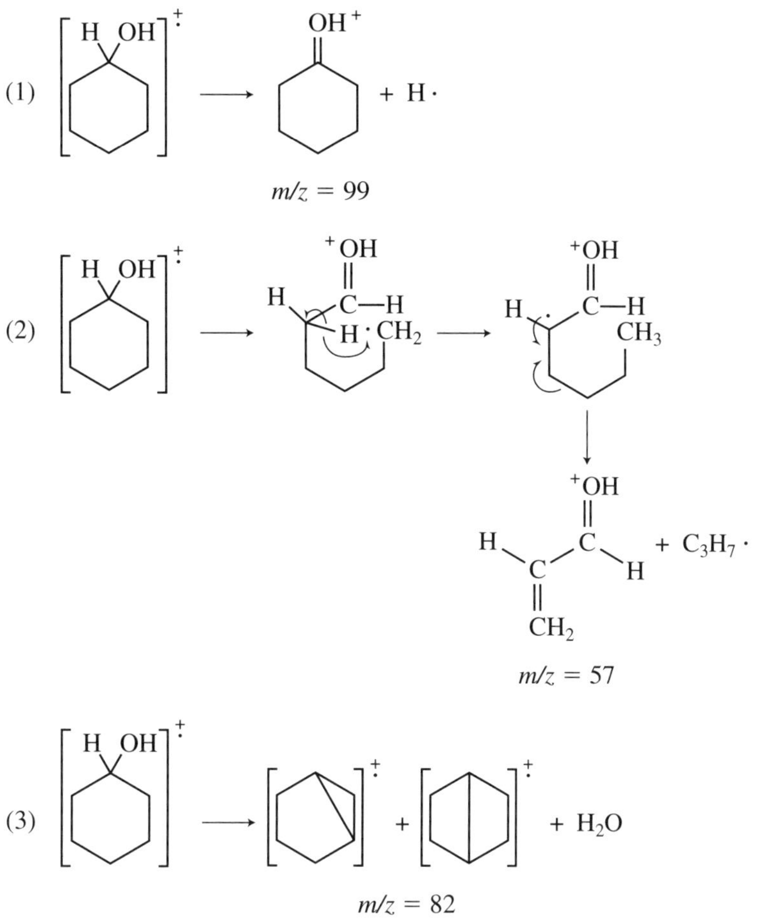

(1) $[\text{cyclohexanol}]^{+\cdot} \longrightarrow$ cyclohexanone cation $+ \text{H}\cdot$

$m/z = 99$

(2) $[\text{cyclohexanol}]^{+\cdot} \longrightarrow \cdots \longrightarrow \cdots + \text{C}_3\text{H}_7\cdot$

$m/z = 57$

(3) $[\text{cyclohexanol}]^{+\cdot} \longrightarrow [\cdots]^{+\cdot} + [\cdots]^{+\cdot} + \text{H}_2\text{O}$

$m/z = 82$

**FIGURA 4.31** Trajetórias de fragmentação do cicloexanol.

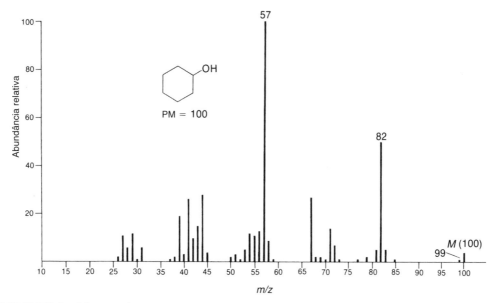

**FIGURA 4.32** EI-MS do cicloexanol.

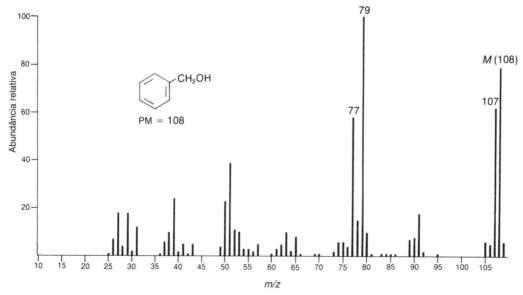

**FIGURA 4.33** EI-MS do álcool.

Em geral, os espectros de massa de fenóis mostram picos fortes de íon molecular. Na verdade, o íon molecular em $m/z = 94$ é o pico-base na EI-MS do fenol (Figura 4.34). Modos preferíveis de fragmentação envolvem perda de um átomo de hidrogênio para criar um pico $M - 1$ (um pequeno pico em $m/z = 93$), perda de monóxido de carbono (CO) para produzir um pico em $M - 28$ ($m/z = 66$) e perda de um radical formila (HCO·) para gerar um pico em $M - 29$. No caso do próprio fenol, isso cria o cátion ciclopentadienila aromático em $m/z = 65$. Em alguns casos, a perda de 29 unidades de massa pode ser sequencial: perda inicial de monóxido de carbono, seguida por perda de um átomo de hidrogênio. O espectro de massa do *orto*-cresol (2-metilfenol) exibe um pico muito maior em $M - 1$ (Figura 4.35) do que o fenol não substituído. Note também os picos em $m/z = 80$ e $m/z = 79$ no espectro *o*-cresol, por perda de CO e radical formila, respectivamente.

| QUADRO DE ANÁLISE ESPECTRAL – Fenóis ||
|---|---|
| **ÍON MOLECULAR** | **ÍONS FRAGMENTOS** |
| $M^+$ forte | $M - 1$ |
|  | $M - 28$ |
|  | $M - 29$ |

Tióis apresentam picos de íon molecular mais intensos do que os dos alcoóis correspondentes. Um detalhe característico dos espectros de massa de compostos sulfurados é a presença de um pico $M + 2$ significativo, o qual surge por causa da presença do isótopo pesado, $^{34}S$, que tem uma abundância natural de 4,4%.

Os padrões de fragmentação dos tióis são muito parecidos com os dos alcoóis. Assim como alcoóis tendem a sofrer desidratação sob certas condições, tióis tendem a perder os elementos do sulfeto de hidrogênio, gerando um pico $M - 34$.

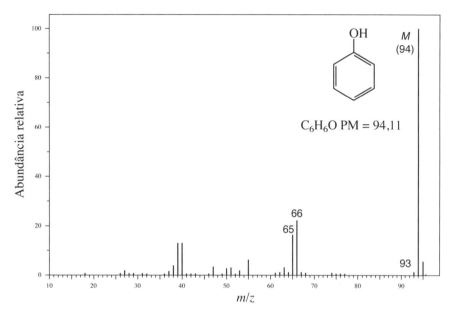

**FIGURA 4.34** EI-MS do fenol.

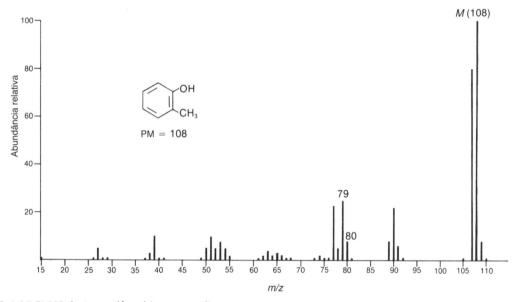

**FIGURA 4.35** EI-MS do 2-metilfenol (*orto*-cresol).

## 4.5 PADRÕES DE FRAGMENTAÇÃO DE ÉTERES E SULFETOS

Éteres alifáticos costumam exibir picos de íon molecular mais fortes do que alcoóis com os mesmos pesos moleculares. Todavia, os picos de íon molecular de éteres ainda são bem fracos. Os principais modos de fragmentação incluem segmentação α, formação de fragmentos carbocátions por meio de segmentação indutiva (segmentação β) e perda de radicais alcoxi.

| QUADRO DE ANÁLISE ESPECTRAL – Éteres | |
|---|---|
| **ÍON MOLECULAR** | **ÍONS FRAGMENTOS** |
| M⁺ fraco, mas observável | Segmentação α<br>$m/z = 43, 59, 73$ etc.<br>$M - 31, M - 45, M - 59$ etc. |

A fragmentação dos éteres é, de alguma forma, semelhante à dos alcoóis. No espectro de massa do éter de diisopropila (Figura 4.36), uma segmentação α gera um pico em $m/z = 87$ por causa da perda de um radical metila. Um segundo modo de fragmentação envolve quebra da ligação carbono-oxigênio de um éter para produzir um radical isopropoxila e um carbocátion isopropila. Esse tipo de segmentação no éter diisopropílico é responsável pelo fragmento $C_3H_7^+$ em $m/z = 43$. Um terceiro tipo de fragmentação ocorre como reação de rearranjo de um dos íons fragmentos em vez de ocorrer no próprio íon molecular. O rearranjo envolve a transferência de um hidrogênio β ao íon oxônio com formação concorrente de um alceno. Esse tipo de rearranjo é particularmente favorecido quando o carbono α do éter é ramificado. No caso do éter diisopropílico, esse rearranjo gera um fragmento $(HO=CHCH_3)^+$ em $m/z = 45$.

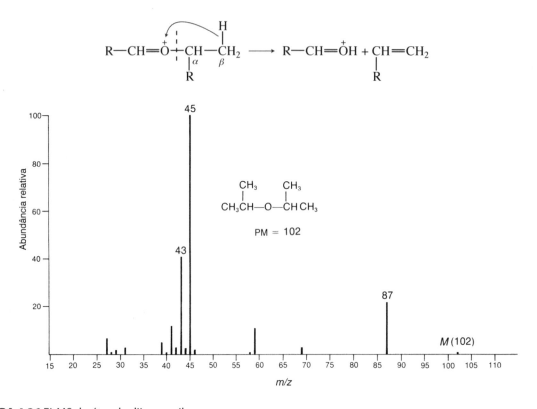

**FIGURA 4.36** EI-MS do éter de diisopropila.

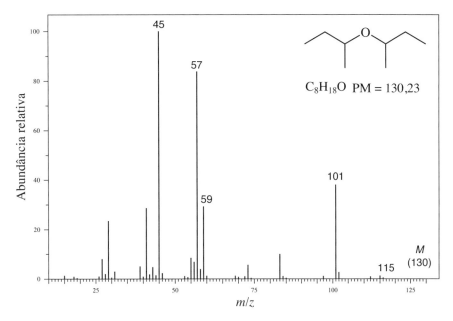

**FIGURA 4.37** EI-MS do éter di-*sec*-butila.

O espectro de massa do éter di-*sec*-butila (Figura 4.37) mostra as mesmas fragmentações. Há, contudo, duas segmentações α possíveis nesse composto. A perda de um radical metila gera o pico $M - 15$ muito fraco em $m/z = 115$, mas a perda do radical etila, maior, gera o pico substancialmente maior em $m/z = 101$. Uma segmentação indutiva da ligação C—O cria um cátion *sec*-butila em $m/z = 57$. Novos rearranjos dos produtos da segmentação α produzem íons em $m/z = 45$ e 59, correspondentes a $(HO=CHCH_3)^+$ e $(HO=CHCH_2CH_3)^+$, respectivamente.

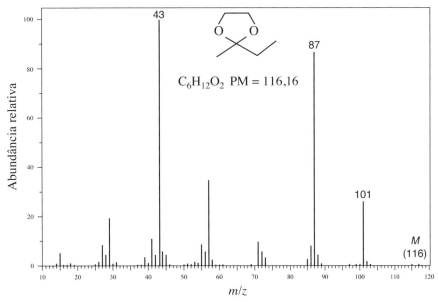

**FIGURA 4.38** EI-MS do 2-etil-2-metil-1,3-dioxolano.

Acetais e cetais comportam-se de maneira muito semelhante aos éteres. Contudo, a fragmentação é ainda mais favorável em acetais e cetais do que em éteres, e assim o pico de íon molecular de um acetal ou cetal pode ser ou extremamente fraco ou totalmente ausente. Por exemplo, no espectro de massa do 2-etil-2--metil-1,3-dioxolano (o cetal etilênico da etil-metil cetona), não é visível o íon molecular (Figura 4.38). O pico de massa mais alto está em $m/z = 101$, por causa da perda de um radical metila por segmentação α, e uma segmentação α produz o pico grande em m/z = 87 formado pela perda de um radical etila. O pico-base no espectro encontra-se em m/z = 43, típico de 2-metil-1,3-dioxolanos.

Éteres aromáticos podem passar por reações de segmentação que envolvem perda do grupo alquila para formar íons $C_6H_5O^+$. Esses íons fragmentos, então, perdem monóxido de carbono para formar cátions ciclopentadienila ($C_5H_5^+$). Além disso, um éter aromático pode perder todo o grupo alcoxi para produzir cátions fenila ($C_6H_5^+$). O espectro de massa do éter 4-metilfenila etila (*p*-metifenetol) exibe um íon molecular forte em m/z = 136, assim como um fragmento em m/z = 107, por causa da perda de um radical etila (Figura 4.39). O pico-base em m/z = 108 surge da perda do eteno por um rearranjo de McLafferty.

Sulfetos (tioéteres) apresentam padrões espectrais de massa que são muito parecidos com os dos éteres. Como no caso dos tióis, tioéteres apresentam picos de íon molecular que devem ser mais intensos do que os dos éteres correspondentes, pelo aumento da estabilidade do cátion radical centrado no enxofre. A segmentação α do dissulfeto de dimetilo derivados de alcenos é uma forma útil para localizar a posição de um alceno dentro de uma cadeia alquilo longa. Alcenos de cadeia longa são características estruturais comuns de feromonas de insetos e alguns produtos naturais marinhos, e embora as experiências RMN bidimensionais possam ser utilizadas para localizar as posições dentro de um alceno de cadeia longa, uma simples análise EI-MS do produto do alceno e dissulfeto de metila realiza a mesma tarefa. A reação requer apenas microgramas de material e geralmente permite observar ambos os íons de diagnóstico produzidos pela segmentação da ligação C—C entre os grupos sulfeto vicinais como mostrado abaixo, para um composto bioativo isolado do caule de carcomida (Figura 4.40). A segmentação do íon molecular entre os grupos tioéter produz fragmentos em m/z = 173 e 201, localizando assim o alceno original entre 9 e 10 átomos de carbono da cadeia de ácidos graxos.

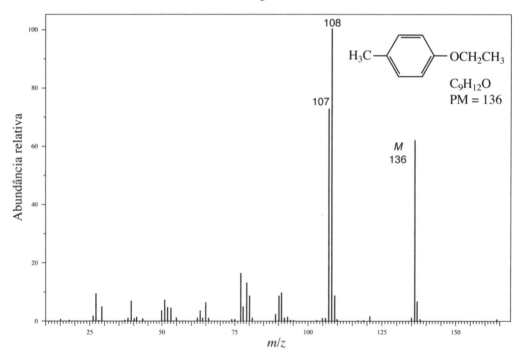

**FIGURA 4.39** EI-MS do 4-metilfenetol.

## 4.6 PADRÕES DE FRAGMENTAÇÃO DE COMPOSTOS QUE CONTENHAM CARBONILO

Como vimos na análise dos espectros de IV, a assinatura espectroscópica do grupo carbonilo oferece uma riqueza de informações. O mesmo é verdade em espectrometria de massa de compostos que contenham a fração de C=O. Todos os compostos que contenham carbonilo têm algumas fragmentações em comum: segmentação α, segmentação indutiva (β) e rearranjos McLafferty são onipresentes. Alguns grupos funcionais com carbonilo têm comportamento mais exclusivo de fragmentação que também fornece pistas estruturais. Nesta seção, vamos examinar os padrões de fragmentação comum de C=O que contenham moléculas.

## A. Aldeídos

Em geral, é possível observar o pico de íon molecular de um aldeído alifático, apesar de às vezes ser bem fraco. Os principais modos de fragmentação são segmentação α e β. Se a cadeia de carbono ligada ao grupo carbonila contiver pelo menos três carbonos, é comum observar-se um rearranjo de McLafferty.

| QUADRO DE ANÁLISE ESPECTRAL – Aldeídos | |
|---|---|
| **ÍON MOLECULAR** | **ÍONS FRAGMENTOS** |
| M⁺ fraco, mas observável (alifático) | Alifático: |
| M⁺ forte (aromático) | $m/z = 29$, $M - 29$, |
| | $M - 43$, $m/z = 44$ |
| | Aromático: |
| | $M - 1$, $M - 29$ |

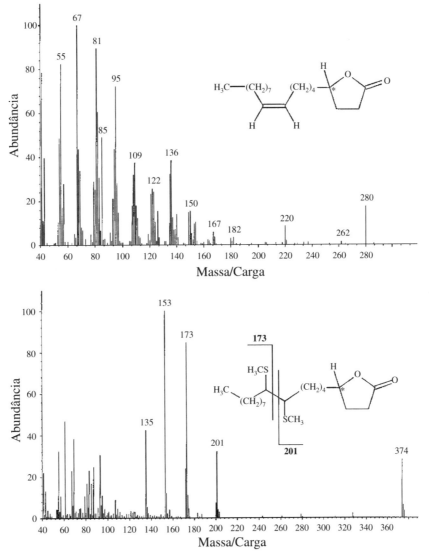

**FIGURA 4.40** Espectro EI-MS do (Z)-9-octadeceno-4-olido e seu dimetildissulfeto derivado, que mostra a segmentação entre grupos tioéter. Fonte: Cosse, 2001.

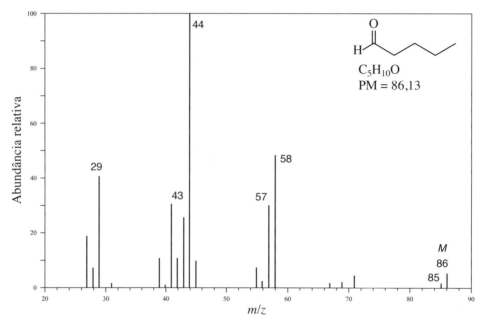

**FIGURA 4.41** EI-MS do valeraldeído.

A aparência de um pico $M - 1$ pela perda de um átomo de hidrogênio é muito característico de aldeídos. No espectro de massa do valeraldeído (Figura 4.41), o pico é observado em $m/z = 85$. O pico devido à formação de HCO$^+$ pode ser observado em $m/z = 29$; esse é também um pico muito característico nos espectros de massa de aldeídos. O segundo modo importante de fragmentação de aldeídos é conhecido como **segmentação β** (segmentação indutiva). No caso do valeraldeído, uma segmentação β cria um cátion propila ($m/z = 43$).

A terceira trajetória de fragmentação importante de aldeídos é o rearranjo de McLafferty. O íon fragmento formado nesse rearranjo tem $m/z = 44$ e é o pico-base no espectro do valeraldeído. O pico $m/z = 44$ é considerado bem característico de aldeídos. Assim como em todos os rearranjos de McLafferty, logicamente, esse ocorrerá apenas se a cadeia anexa ao grupo carbonila tiver três ou mais carbonos.

Aldeídos aromáticos também exibem picos de íon molecular intensos, e a perda de um átomo de hidrogênio por segmentação α é um processo muito favorável. O pico $M - 1$ resultante pode, em alguns casos, ser mais intenso do que o pico de íon molecular. No espectro de massa do benzaldeído (Figura 4.42), o pico $M - 1$ aparece em $m/z = 105$. Observe também o pico em $m/z = 77$, que corresponde ao cátion fenila formado pela perda do radical formila.

## B. Cetonas

Os espectros de massa de cetonas mostram um pico de íon molecular intenso. A perda de grupos alquila anexos ao grupo carbonila é um dos processos de fragmentação mais importantes. O padrão de fragmentação é semelhante ao dos aldeídos. A perda de grupos alquila por segmentação α é um modo importante de fragmentação, e o maior dos dois grupos alquila anexos ao grupo carbonila é o mais provavelmente perdido, de acordo com a Regra de Stevenson. O íon formado por esse tipo de segmentação α em cetonas (e

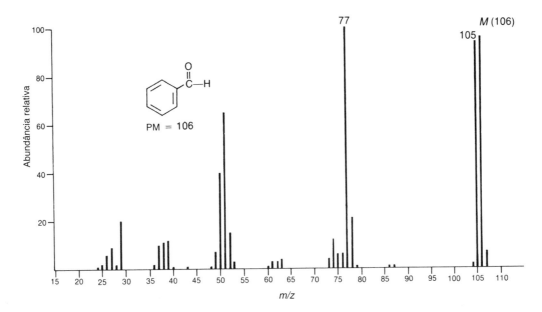

**FIGURA 4.42** EI-MS do benzaldeído.

aldeídos) é o íon acílio (RC≡O⁺). No espectro de massa da 2-butanona (Figura 4.43), o pico em $m/z = 43$ é mais intenso do que o pico em $m/z = 57$, por causa da perda do grupo metila. Do mesmo modo, no espectro de massa da 2-octanona (Figura 4.44), é mais provável perder o grupo hexila, gerando um pico em $m/z = 43$, do que perder o grupo metila, que gera o pico fraco em $m/z = 113$.

| QUADRO DE ANÁLISE ESPECTRAL – Cetonas ||
|---|---|
| **ÍON MOLECULAR** | **ÍONS FRAGMENTOS** |
| M⁺ forte | Alifático: <br> $M - 15$, $M - 29$, $M - 43$ etc. <br> $m/z = 43$ <br> $m/z = 58, 72, 86$ etc. <br> $m/z = 42, 83$ <br> Aromático: <br> $m/z = 105, 120$ |

Quando o grupo carbonila de uma cetona tem anexo pelo menos um grupo alquila com três ou mais átomos de carbono de comprimento, é possível um rearranjo de McLafferty. O pico em $m/z = 58$ no espectro de massa da 2-octanona deve-se ao íon fragmento resultante desse rearranjo.

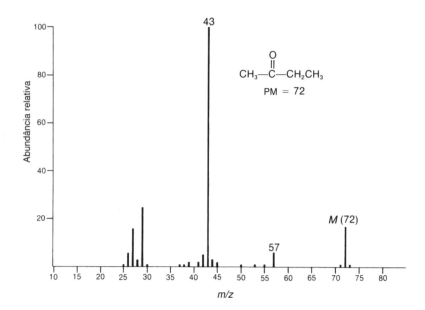

**FIGURA 4.43** EI-MS da 2-butanona.

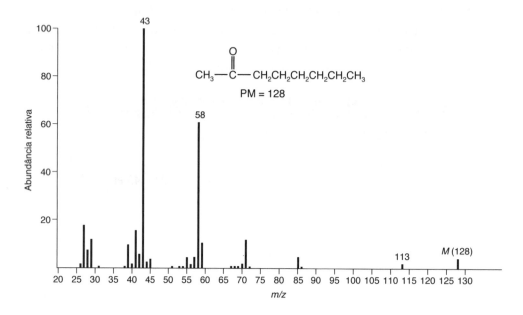

**FIGURA 4.44** EI-MS da 2-octanona.

Cetonas cíclicas podem passar por uma variedade de processos de fragmentação e rearranjo. A seguir, apresentamos os esboços desses processos no caso da cicloexanona. Um pico de íon fragmento correspondente a cada processo aparece no espectro de massa da cicloexanona (Figura 4.45).

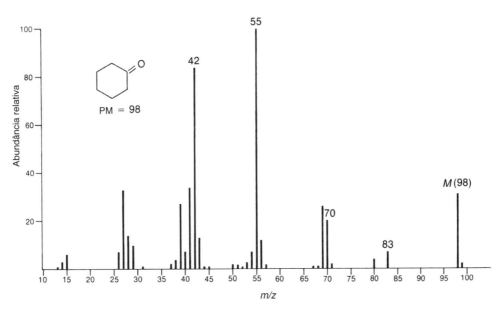

**FIGURA 4.45** EI-MS da cicloexanona.

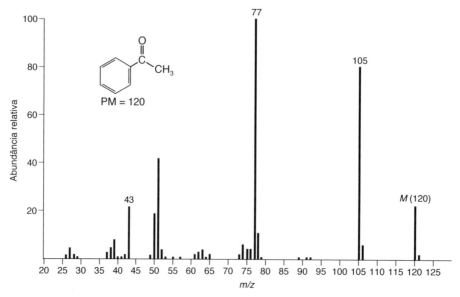

**FIGURA 4.46** EI-MS da acetofenona.

Cetonas aromáticas passam por segmentação α para perder o grupo alquila e formar o íon fenilacílio ($C_6H_5CO^+$, $m/z$ = 105). Esse íon pode passar por fragmentação secundária para formar monóxido de carbono, produzindo o íon $C_6H_5^+$ ($m/z$ = 77). Esses picos aparecem com destaque no espectro de massa da acetofenona (Figura 4.46). Com grupos alquila maiores anexos ao grupo carbonila de uma cetona aromática, é provável que haja um rearranjo do tipo de McLafferty, que pode ocorrer na carbonila e no anel aromático. No caso da butirofenona, o rearranjo de McLafferty no anel aromático produz o fragmento visto em $m/z$ = 106, e o rearranjo na carbonila produz o fragmento em $m/z$ = 120 (Figura 4.47). O íon fragmento $m/z$ = 120 pode passar por uma segmentação α adicional para produzir o íon $C_6H_5CO^+$ em $m/z$ = 105.

## C. Ésteres

Fragmentar ésteres é especialmente fácil, mas, em geral, podem-se observar picos de íon molecular fracos nos espectros de massa de ésteres de metila. Os ésteres de alcoóis maiores formam picos de íon molecular, e ésteres de alcoóis com mais de quatro carbonos podem formar picos de íon molecular que se fragmentam muito rapidamente para serem observados. A mais importante fragmentação de ésteres é uma segmentação α que envolve a perda do grupo alcoxi para formar o íon acílio correspondente, RC≡O⁺. O pico de íon acílio aparece em *m/z* = 71 no espectro de massa do butirato de metila (Figura 4.48). Outro pico útil resulta da perda do grupo alquila do lado acil do éster, deixando um fragmento H₃C—O—C≡O⁺ que aparece em *m/z* = 59 no espectro de massa do butirato de metila. Outros picos de íon fragmento incluem o fragmento ⁺OCH₃ (*m/z* = 31) e o fragmento R⁺ da porção acil da molécula de éster, CH₃CH₂CH₂⁺ no caso do butirato de metila, em *m/z* = 43.

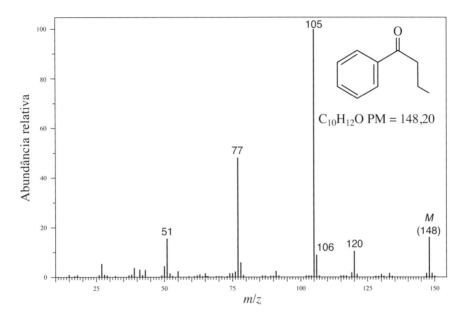

**FIGURA 4.47** EI-MS da butirofenona.

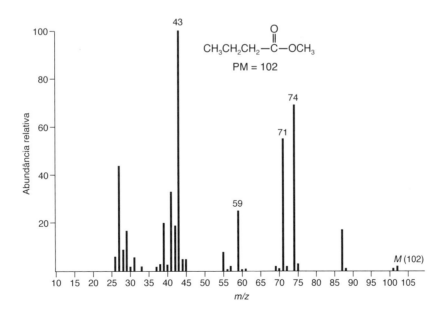

**FIGURA 4.48** EI-MS do butirato de metila.

| QUADRO DE ANÁLISE ESPECTRAL – Ésteres |||
|---|---|---|
| **ÍON MOLECULAR** | **ÍONS FRAGMENTOS** ||
| M⁺ fraco, mas em geral observável | Ésteres de metila: <br> $M - 31$, $m/z = 59, 74$ <br> Ésteres mais altos: <br> $M - 45$, $M - 59$, $M - 73$ <br> $m/z = 73, 87, 101$ <br> $m/z = 88, 102, 116$ <br> $m/z = 61, 75, 89$ <br> $m/z = 77, 105, 108$ <br> $M - 32$, $M - 46$, $M - 60$ ||

Outra fragmentação de ésteres importante é o rearranjo de McLafferty que produz o pico em $m/z = 74$ (em ésteres de metila). Ésteres de etila, propila, butila e alquila de cadeia maior também passam por segmentação α e rearranjos de McLafferty típicos de ésteres de metila. Além disso, esses ésteres podem passar por um rearranjo adicional da porção alcoxi do éster, que resulta em fragmentos que aparecem na série $m/z = 61, 75, 89$, e por aí vai. Mais adiante, ilustra-se esse processo para butirato de butila que é, em geral, denominado **rearranjo de McLafferty + 1** ou rearranjo de McLafferty com transferência dupla de hidrogênio (Figura 4.49). Vários outros picos no espectro de massa do butirato de butila são rapidamente atribuídos, considerando as fragmentações comuns. A perda de um radical propila por segmentação α forma o íon butoxiacílio em $m/z = 101$, e o rearranjo de McLafferty no lado acil do éster cria o íon observado em $m/z = 73$, enquanto a perda do radical butoxi do íon molecular produz o íon acílio em $m/z = 71$.

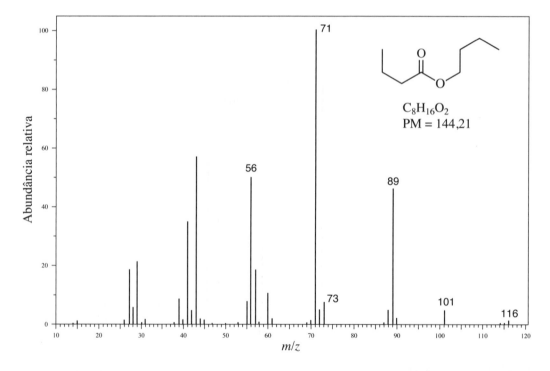

**FIGURA 4.49** EI-MS do butirato de butila.

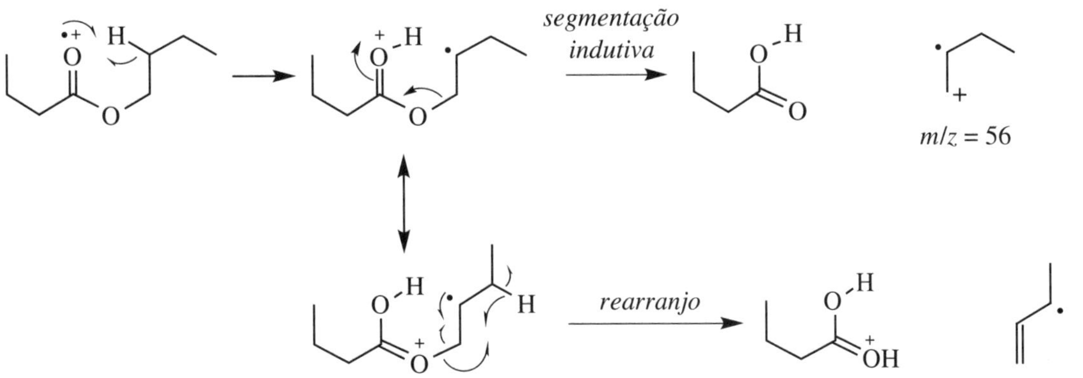

Ésteres de benzila passam por rearranjo para eliminar uma molécula neutra de ceteno, e o cátion radical do álcool benzílico aparece em $m/z = 108$. O íon resultante é frequentemente o pico mais intenso no espectro de massa desse composto. Essa fragmentação é dominante no espectro de massa do laurato de benzila, com o cátion benzila/íon tropílio em $m/z = 91$ (Figura 4.50). Outros fragmentos de grande massa no espectro de laurato de benzila incluem um pico em $m/z = 199$, por causa da perda de um radical benzila, e um pico em $m/z = 183$, causado pela perda de radical benziloxi por segmentação α.

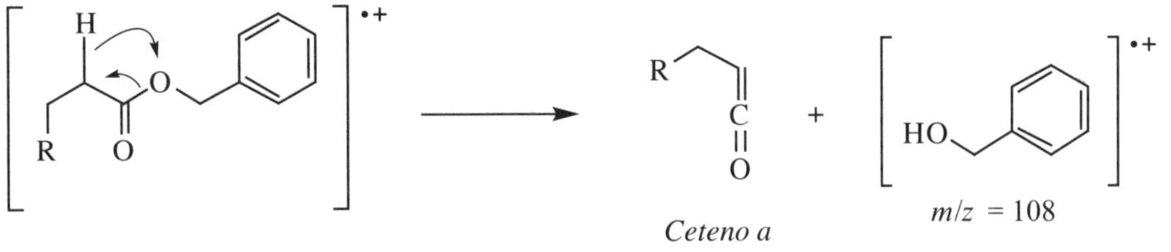

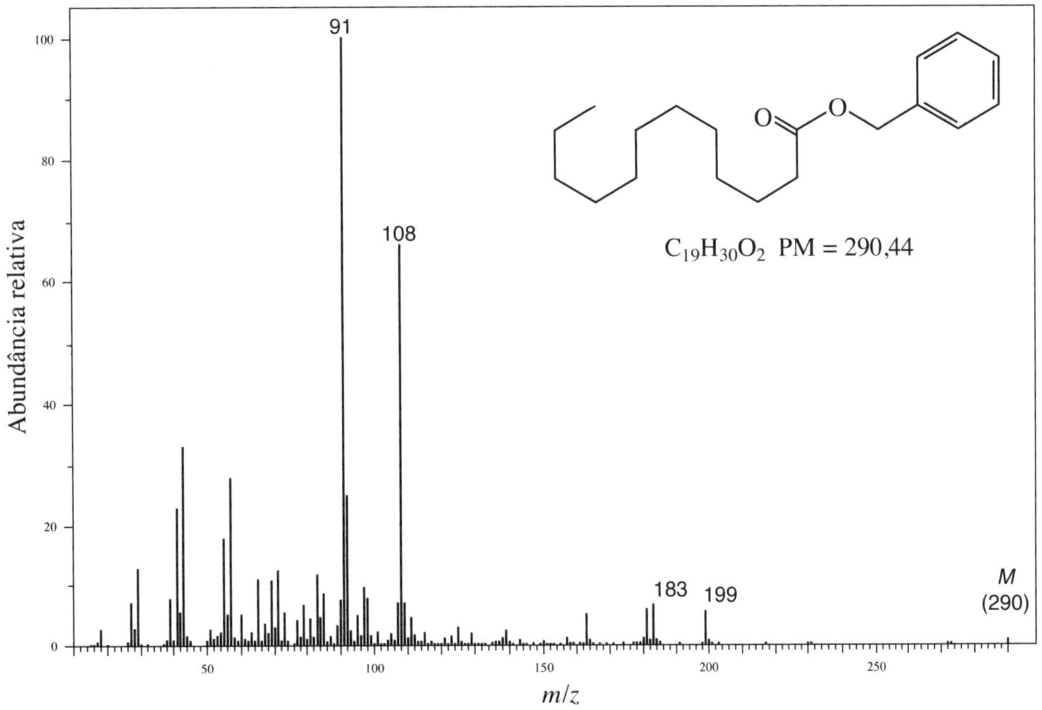

**FIGURA 4.50** EI-MS do laurato de benzila.

Ésteres benzoato de alquila preferem perder o grupo alcoxi para formar o íon $C_6H_5C\equiv O^+$ ($m/z = 105$). Esse íon pode perder monóxido de carbono para formar o cátion fenila ($C_6H_5^+$) em $m/z = 77$. Cada um desses picos aparece no espectro de massa do benzoato de metila (Figura 4.51). Parece que uma substituição alquila nos ésteres benzoato tem pouco efeito nos resultados espectrais de massa, a não ser que o grupo alquila esteja na posição *orto* em relação ao grupo funcional éster. Nesse caso, o grupo alquila pode interagir com a função éster, com a eliminação de uma molécula de álcool. Isso é observado no espectro de massa do salicilato de isobutila (Figura 4.52). O pico-base em $m/z = 120$ surge da eliminação de álcool isobutílico por esse efeito *orto*. O fragmento em $m/z = 121$ vem da perda do radical isobutoxil por segmentação α padrão, e o pico em $m/z = 138$ provavelmente surge por eliminação de isobuteno do íon molecular.

## D. Ácidos carboxílicos

Em geral, ácidos carboxílicos alifáticos apresentam picos de íon molecular fracos, mas observáveis. Ácidos carboxílicos aromáticos, por sua vez, apresentam picos de íon molecular fortes. Os principais modos de fragmentação são parecidos com os dos ésteres de metila.

**QUADRO DE ANÁLISE ESPECTRAL – Ácidos carboxílicos**

| ÍON MOLECULAR | ÍONS FRAGMENTOS |
|---|---|
| Ácidos carboxílicos alifáticos: $M^+$ fraco, mas observável | Ácidos carboxílicos alifáticos: $M - 17$, $M - 45$ $m/z = 45, 60$ |
| Ácidos carboxílicos aromáticos: $M^+$ forte | Ácidos carboxílicos aromáticos: $M - 17$, $M - 45$ $M - 18$ |

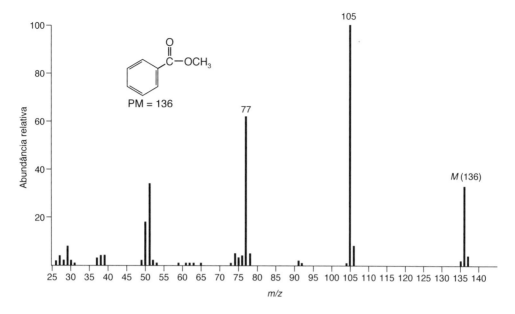

**FIGURA 4.51** EI-MS do benzoato de metila.

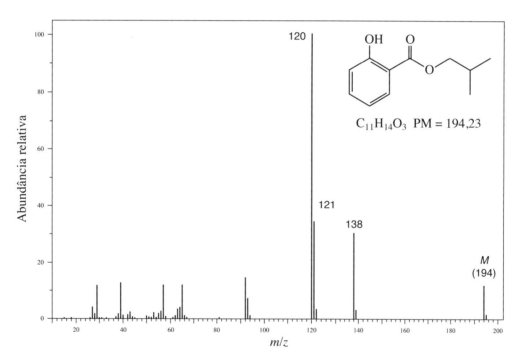

**FIGURA 4.52** EI-MS do salicilato de isobutila.

Com ácidos de cadeia curta, pode-se observar perda de OH e COOH por segmentação α em ambos os lados do grupo C=O. No espectro de massa do ácido butírico (Figura 4.53), a perda de •OH gera um pico pequeno em $m/z = 71$. A perda de COOH gera um pico em $m/z = 45$. A perda do grupo alquila como um radical livre, deixando o íon COOH$^+$ ($m/z = 45$), também aparece no espectro de massa e é uma característica dos espectros de massa dos ácidos carboxílicos. Com ácidos que contenham hidrogênios γ, a principal trajetória de fragmentação é o rearranjo de McLafferty. No caso de ácidos carboxílicos, esse rearranjo produz um pico destacado em $m/z = 60$.

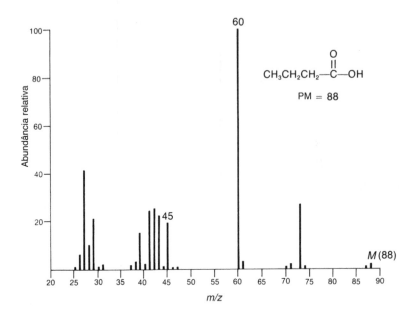

**FIGURA 4.53** EI-MS do ácido butírico.

Ácidos carboxílicos aromáticos produzem picos de íon molecular intensos. A trajetória de fragmentação mais importante envolve perda de ·OH para formar o $C_6H_5C\equiv O^+$ ($m/z = 105$), seguida pela perda de CO para formar o íon $C_6H_5^+$ ($m/z = 77$). No espectro de massa do ácido *para*-anísico (Figura 4.54), a perda de ·OH gera um pico em $m/z = 135$. A perda adicional de CO desse íon gera um pico em $m/z = 107$. Ácidos benzoicos com substituintes *orto* alquila, hidroxi ou amina sofrem perda de água por uma reação de rearranjo semelhante à observada em ésteres benzoatos *ortossubstituídos*, como ilustrado no fim da Seção 4.6C.

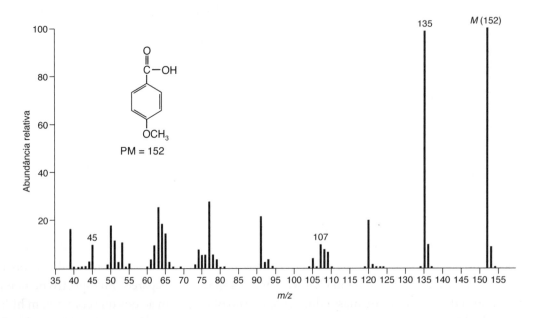

**FIGURA 4.54** EI-MS do ácido *para*-anísico.

## 4.7 PADRÕES DE FRAGMENTAÇÃO DE AMINAS

O valor da massa do íon molecular pode ser de grande ajuda na identificação de uma substância como amina. Como informado na Seção 3.6, um composto com número ímpar de átomos de nitrogênio deve ter um peso molecular ímpar. Desse modo, é possível rapidamente determinar se uma substância poderia ser uma amina. Infelizmente, no caso de aminas alifáticas, o pico de íon molecular pode ser muito fraco, ou até mesmo ausente.

| QUADRO DE ANÁLISE ESPECTRAL – Aminas | |
|---|---|
| **ÍON MOLECULAR** | **ÍONS FRAGMENTOS** |
| M⁺ fraco ou ausente | Segmentação α |
| Regra do Nitrogênio obedecida | $m/z = 30$ |

O pico mais intenso no espectro de massa de uma amina alifática surge de segmentação α:

$$\left[ R-C-N \right]^{+\cdot} \longrightarrow R\cdot + \phantom{i}C=\overset{+}{N}$$

Para que haja uma perda nesse processo, opta-se pelo maior grupo R. Em aminas primárias que não sejam ramificadas no carbono próximo ao nitrogênio, o pico mais intenso no espectro ocorre em $m/z = 30$. Surge da segmentação α:

$$\left[ R-CH_2-NH_2 \right]^{+\cdot} \longrightarrow R\cdot + CH_2=\overset{+}{N}H_2$$
$$m/z = 30$$

A presença desse pico é uma forte evidência, embora não conclusiva, de que a substância em teste é uma amina primária. O pico pode surgir da fragmentação secundária de íons formados na fragmentação de aminas secundárias ou terciárias. No espectro de massa da etilamina (Figura 4.55), o pico $m/z = 30$ pode ser visto claramente.

O mesmo pico de segmentação β pode também ocorrer em aminas primárias de cadeia longa. Fragmentação subsequente do grupo R da amina leva a grupos de fragmentos com 14 unidades de massa de diferença por causa da perda sequencial de unidades $CH_2$ do grupo R. Aminas primárias de cadeia longa também podem passar por fragmentação pelo processo:

$$\left[ R-CH_2\phantom{-}NH_2 \atop (CH_2)_n \right]^{+\cdot} \longrightarrow R\cdot + {CH_2-\overset{+}{N}H_2 \atop (CH_2)_n}$$

Isso é particularmente favorável quando $n = 4$, uma vez que disso resulta um anel estável de seis membros. Nesse caso, o íon fragmento aparece em $m/z = 86$.

Aminas secundárias e terciárias também passam por processos de fragmentação conforme descrito anteriormente. A fragmentação mais importante é a segmentação β. No espectro de massa da dietilamina (Figura 4.56), o pico intenso em $m/z = 58$ deve-se à perda de um grupo metila. Mais uma vez, no espectro de massa da trietilamina (Figura 4.57), a perda de metila produz o pico mais intenso do espectro em $m/z = 86$. Em cada caso, fragmentações subsequentes desse íon fragmento inicialmente formado produzem um pico em $m/z = 30$.

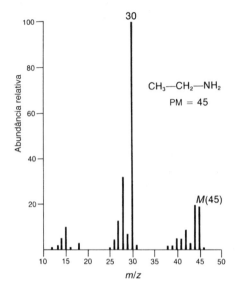

**FIGURA 4.55** Espectro de massa da etilamina.

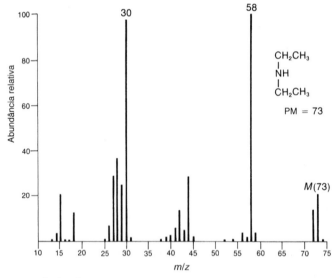

**FIGURA 4.56** Espectro de massa da dietilamina.

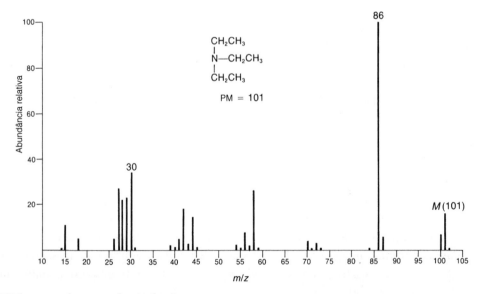

**FIGURA 4.57** Espectro de massa da trietilamina.

Aminas alifáticas cíclicas produzem, em geral, picos de íon molecular intensos. Seus principais modos de fragmentação são os seguintes:

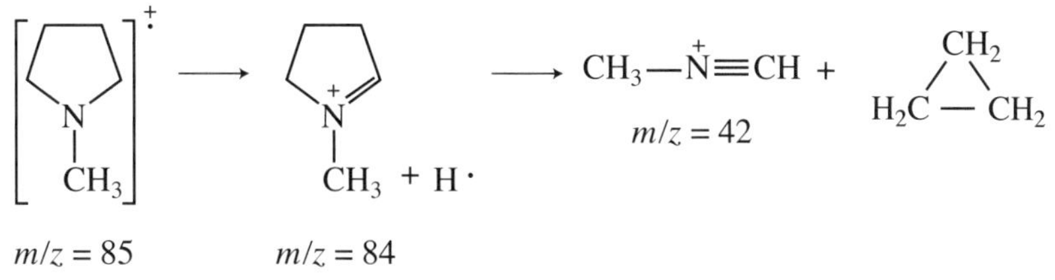

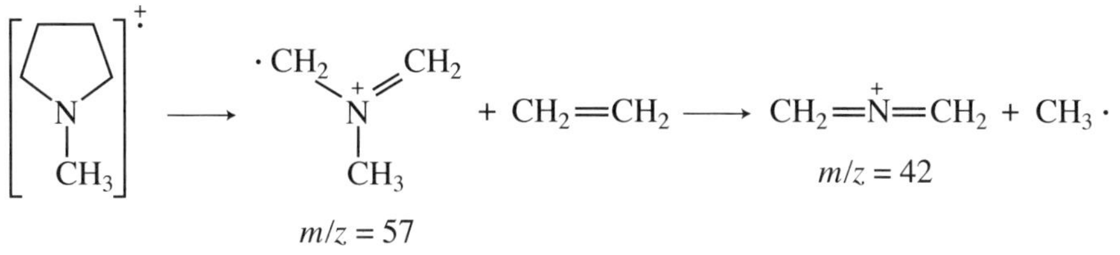

[estrutura: N-metilpirrolidina]$^{+\cdot}$ $\longrightarrow$ [pirrolidínio com CH$_3$] + H$\cdot$ $\longrightarrow$ CH$_3$—$\overset{+}{\text{N}}$≡CH + ciclopropano (CH$_2$/H$_2$C—CH$_2$)

$m/z = 85$   $m/z = 84$   $m/z = 42$

[N-metilpirrolidina]$^{+\cdot}$ $\longrightarrow$ $\cdot$CH$_2$—$\overset{+}{\text{N}}$(CH$_3$)=CH$_2$ + CH$_2$=CH$_2$ $\longrightarrow$ CH$_2$=$\overset{+}{\text{N}}$=CH$_2$ + CH$_3\cdot$

$m/z = 57$   $m/z = 42$

Aminas aromáticas apresentam picos de íon molecular intensos. Um pico de intensidade moderada pode aparecer em um valor $m/z$ com uma unidade de massa menor do que o íon molecular por causa da perda de um átomo de hidrogênio. A fragmentação de aminas aromáticas pode ser ilustrada no caso da anilina:

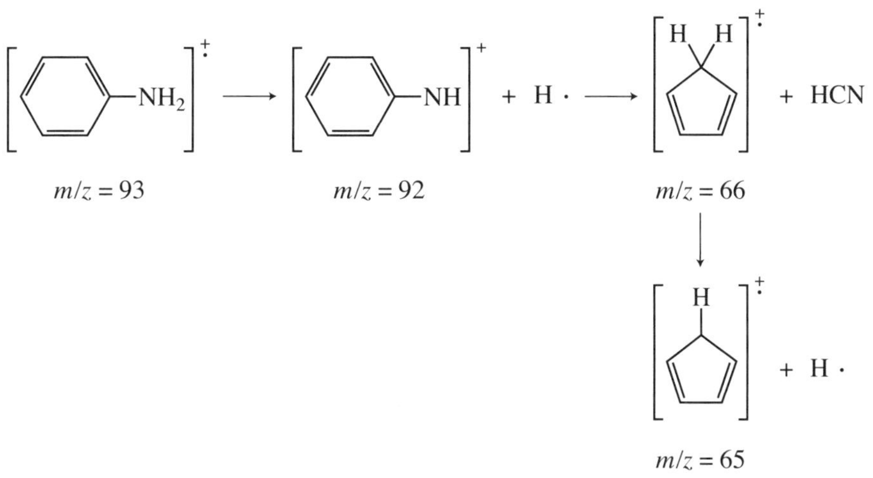

[C$_6$H$_5$—NH$_2$]$^{+\cdot}$ $\longrightarrow$ [C$_6$H$_5$—NH]$^+$ + H$\cdot$ $\longrightarrow$ [ciclopentadieno H H]$^{+\cdot}$ + HCN

$m/z = 93$   $m/z = 92$   $m/z = 66$

$\downarrow$

[ciclopentadienila H]$^{+\cdot}$ + H$\cdot$

$m/z = 65$

Picos de íon molecular muito intensos caracterizam piridinas substituídas. Com frequência, também se observa perda de um átomo de hidrogênio para produzir um pico em um valor $m/z$ com uma unidade de massa menor do que o íon molecular.

O processo de fragmentação mais importante para o anel piridina é a perda de cianeto de hidrogênio. Isso produz um íon fragmento 27 unidades de massa mais leve do que o íon molecular. No espectro de massa da 3-metilpiridina (Figura 4.58), pode-se ver o pico decorrente da perda de hidrogênio ($m/z = 92$) e aquele causado pela perda de cianeto de hidrogênio ($m/z = 66$).

Quando a cadeia lateral alquila ligada a um anel piridina contém três ou mais carbonos arranjados linearmente, pode ocorrer também fragmentação por rearranjo de McLafferty.

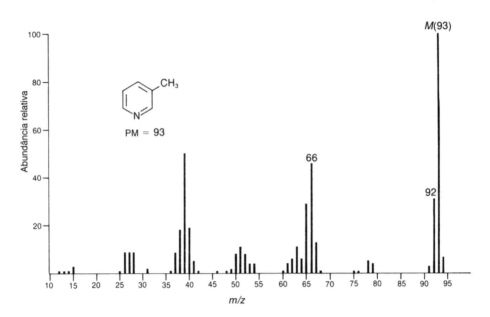

**FIGURA 4.58** Espectro de massa da 3-metilpiridina.

Esse modo de segmentação é mais importante para substituintes anexos à posição número 2 do anel.

## 4.8 PADRÕES DE FRAGMENTAÇÃO DE OUTROS COMPOSTOS NITROGENADOS

Como acontece com as aminas, compostos com nitrogênio (por exemplo, amidas, nitrilas e compostos nitros) devem seguir a Regra do Nitrogênio (mais bem explicada na Seção 3.6): se contiverem um número ímpar de átomos de nitrogênio, devem ter um peso molecular ímpar.

### Amidas

Em geral, os espectros de massa de amidas apresentam picos de íon molecular observáveis. Os padrões de fragmentação de amidas são muito semelhantes aos dos ésteres e ácidos correspondentes. A presença de um pico de íon fragmento forte em $m/z = 44$ é normalmente indicativa de uma amida primária. Esse pico surge de uma segmentação α do seguinte tipo:

$$\left[ R-\overset{O}{\underset{\|}{C}}-NH_2 \right]^{+\cdot} \longrightarrow R\cdot + [O=C=NH_2]^+$$
$$m/z = 44$$

Assim que a cadeia de carbono na parte acil de uma amida fica longa o suficiente para permitir a transferência de um hidrogênio anexo à posição γ, tornam-se possíveis rearranjos de McLafferty. Em amidas primárias, esses rearranjos geram um pico de íon fragmento em *m/z* = 59. Em *N*-alquilamidas, picos análogos em valores *m/z* de 73, 87, 101, entre outros, aparecem com frequência.

$$\left[ \begin{array}{c} O \\ \parallel \\ H_2N \end{array} \begin{array}{c} H \\ \diagup \\ \end{array} R \right]^{\ddagger} \longrightarrow \left[ \begin{array}{c} O^{-H} \\ \parallel \\ H_2N \end{array} \right]^{\ddagger} + \parallel^R$$

$$m/z = 59$$

## Nitrilas

Em geral, nitrilas alifáticas passam por fragmentação tão rapidamente que o pico de íon molecular é muito fraco para ser observado. Contudo, a maioria das nitrilas forma um pico em consequência da perda de um átomo de hidrogênio, produzindo um íon do tipo R—CH=C=N⁺. Apesar de esse pico ser fraco, é um pico diagnóstico útil para caracterizar nitrilas. No espectro de massa da hexanonitrila (Figura 4.59), esse pico aparece em *m/z* = 96.

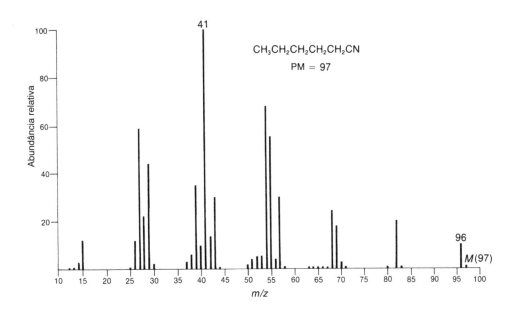

**FIGURA 4.59** Espectro de massa da hexanonitrila.

Quando o grupo alquila anexo ao grupo funcional nitrila é um grupo propila ou algum grupo hidrocarbônico maior, o pico mais intenso do espectro de massa resulta de um rearranjo de McLafferty:

$$\left[ \begin{array}{c} N \\ \parallel \\ C \end{array} \begin{array}{c} H \\ \diagup \\ \end{array} R \right]^{\ddagger} \longrightarrow \left[ \begin{array}{c} H \\ | \\ N \\ \parallel \\ C \end{array} \right]^{\ddagger} + \parallel^R$$

$$m/z = 41$$

Esse pico, que aparece no espectro de massa da hexanonitrila, pode ser bastante útil para caracterizar uma nitrila alifática. Infelizmente, conforme o grupo alquila de uma nitrila torna-se maior, a probabilidade de se formar o íon $C_3H_5^+$, que também aparece em *m/z* = 41, aumenta. Com nitrilas de peso molecular alto, a maioria dos íons fragmentos de massa 41 são íons $C_3H_5^+$ em vez de íons formados por rearranjo de McLafferty.

O pico mais forte no espectro de massa de uma nitrila aromática é um pico de íon molecular. Ocorre perda de cianeto, gerando, no caso da benzonitrila (Figura 4.60), o íon $C_6H_5^+$ em $m/z = 77$. Uma fragmentação mais importante envolve perda de elementos do cianeto de hidrogênio. Na benzonitrila, isso gera um pico em $m/z = 76$.

**Nitrocompostos**

O pico de íon molecular de um composto nitroalifático é dificilmente observado. O espectro de massa é o resultado de fragmentação da parte do hidrocarboneto da molécula. Contudo, os espectros de massa de compostos nitro podem apresentar um pico moderado em $m/z = 30$, correspondente ao íon $NO^+$, e um pico mais fraco em $m/z = 46$, correspondente ao íon $NO_2^+$. Esses picos aparecem no espectro de massa do 1-nitropropano (Figura 4.61). O pico intenso em $m/z = 43$ deve-se ao íon $C_3H_7^+$.

Compostos nitroaromáticos apresentam picos de íon molecular intensos. Os picos característicos $NO^+$ ($m/z = 30$) e $NO_2^+$ ($m/z = 46$) aparecem no espectro de massa. O principal padrão de fragmentação, contudo, envolve perda da totalidade ou de parte do grupo nitro. Usando o nitrobenzeno (Figura 4.62) como exemplo, esse padrão de fragmentação pode ser descrito da seguinte forma:

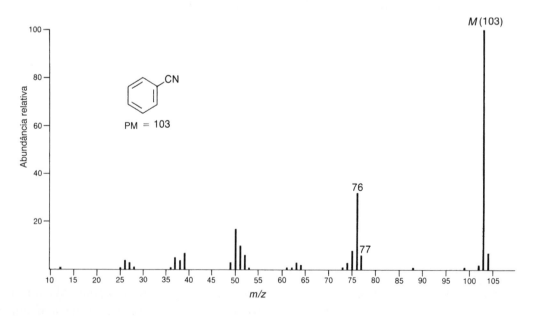

**FIGURA 4.60** Espectro de massa da benzonitrila.

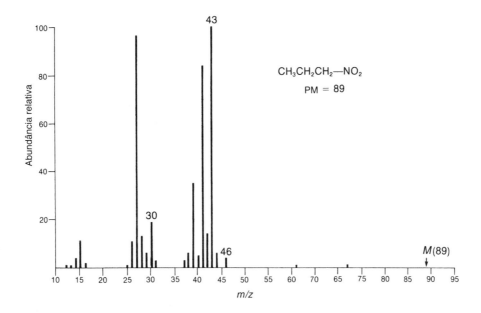

**FIGURA 4.61** Espectro de massa do 1-nitropropano.

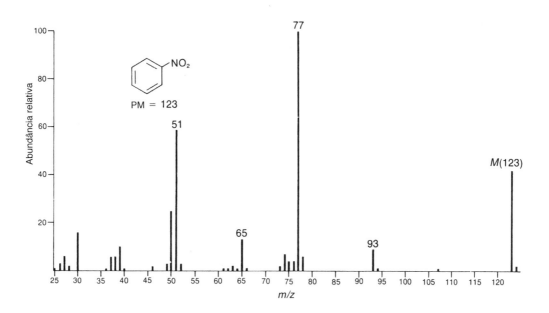

**FIGURA 4.62** Espectro de massa do nitrobenzeno.

## 4.9 PADRÕES DE FRAGMENTAÇÃO DE CLORETOS DE ALQUILA E BROMETOS DE ALQUILA

A característica mais marcante dos espectros de massa dos cloretos de alquila e brometos de alquila é a presença de um importante pico $M + 2$. Esse pico surge porque tanto o cloreto como o brometo estão presentes na natureza em duas formas isotópicas, cada qual com uma abundância natural significativa.

Em compostos de halogênios alifáticos, o pico de íon molecular é mais forte com iodetos de alquila, menos forte com brometos, fraco com cloretos e mais fraco com fluoretos. Além disso, conforme o grupo alquila aumenta em tamanho ou aumenta a quantidade de ramificações na posição α, há redução da intensidade do pico de íon molecular.

| QUADRO DE ANÁLISE ESPECTRAL – Haletos de alquila ||
|---|---|
| **ÍON MOLECULAR** | **ÍONS FRAGMENTOS** |
| Pico $M+2$ forte (para Cl, $M/M+2 = 3:1$; para Br, $M/M+2 = 1:1$) | Perda de Cl ou Br<br>Perda de HCl<br>Segmentação α |

Há vários mecanismos de fragmentação importantes para os haletos de alquila. Talvez o mais importante seja a simples perda do átomo de halogênio, formando um carbocátion. Essa fragmentação é mais importante quando o halogênio é um bom grupo de saída. Portanto, esse tipo de fragmentação é mais destacado nos espectros de massa de iodetos de alquila e de brometos de alquila. No espectro de massa do 1-bromoexano (Figura 4.63), o pico em $m/z = 85$ deve-se à formação do íon hexila. Esse íon passa por mais fragmentação para formar um íon $C_3H_7^+$ em $m/z = 43$. O íon heptila correspondente a $m/z = 99$ no espectro de massa do 2-cloroeptano (Figura 4.64) é bem fraco.

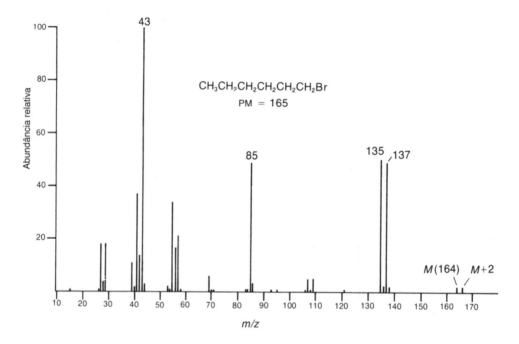

**FIGURA 4.63** Espectro de massa do 1-bromoexano.

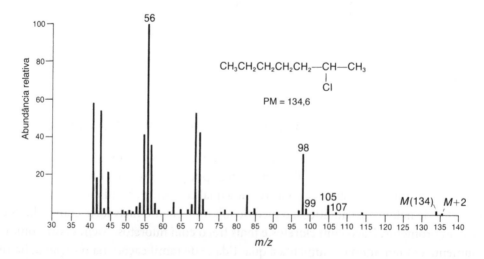

**FIGURA 4.64** Espectro de massa do 2-cloroeptano.

Haletos de alquila também podem perder uma molécula de haleto de hidrogênio, de acordo com o processo:

$$[R-CH_2-CH_2-X]^{+\cdot} \rightarrow [R-CH=CH_2]^{+\cdot} + HX$$

Esse modo de fragmentação é mais importante para fluoretos e cloretos, e menos importante para brometos e iodetos. No espectro de massa do 1-bromoexano, é muito fraco o pico correspondente à perda de brometo de hidrogênio em $m/z = 84$. Para o 2-cloroeptano, porém, o pico correspondente à perda de cloreto de hidrogênio em $m/z = 98$ é bastante intenso.

Um modo de fragmentação menos importante é a segmentação α, para a qual um mecanismo de fragmentação pode ser:

$$\left[ R-CH_2-X \right]^{+\cdot} \longrightarrow R\cdot + CH_2=X^+$$

Quando a posição α é ramificada, o grupo alquila mais pesado anexo ao carbono α é perdido com grande facilidade. Os picos que surgem da segmentação α são, em geral, bem fracos.

Um quarto mecanismo de fragmentação envolve rearranjo e perda de um radical alquila:

O íon cíclico correspondente pode ser observado em $m/z = 135$ e 137 no espectro de massa do 1-bromoexano, e em $m/z = 105$ e 107 no espectro de massa do 2-cloroeptano. Essa fragmentação é importante apenas nos espectros de massa de cloretos e brometos de alquila de cadeia longa.

Os picos de íon molecular nos espectros de massa de haletos de benzila têm, em geral, intensidade suficiente para serem observados. A fragmentação mais importante envolve perda de halogênio para formar o íon $C_7H_7^+$. Quando o anel aromático de um haleto de benzila contém substituintes, também pode aparecer um cátion fenila substituído.

O pico de íon molecular de um haleto aromático é, em geral, bem intenso. O modo de fragmentação mais significativo envolve perda de halogênio para formar o íon $C_6H_5^+$.

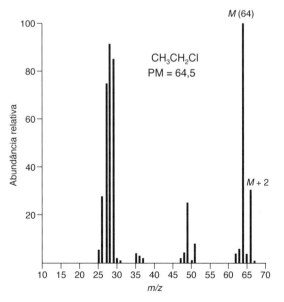

**FIGURA 4.65** Espectro de massa do cloreto de etila.

Apesar de os padrões de fragmentação descritos serem bem caracterizados, a característica mais importante dos espectros de massa de compostos que contêm cloro e bromo é a presença de dois picos de íon molecular. Conforme indicado na Seção 3.6, o cloro ocorre naturalmente em duas formas isotópicas. A abundância natural do cloro de massa 37 é 32,5% da do cloro 35. A abundância natural do bromo de massa 81 é 98,0% da do $^{79}$Br. Portanto, a intensidade do pico $M + 2$ em um composto que contenha cloro deveria ser 32,5% a intensidade do pico de íon molecular, e a intensidade do pico $M + 2$ em um composto que contenha bromo deveria ser quase igual à intensidade do pico de íon molecular. Esses pares de picos de íon molecular (às vezes chamados de dubletos) aparecem nos espectros de massa do cloreto de etila (Figura 4.65) e do brometo de etila (Figura 4.66).

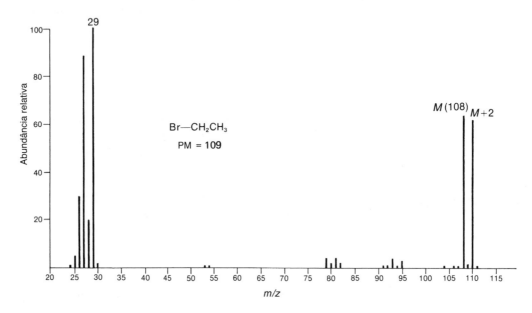

**FIGURA 4.66** Espectro de massa do brometo de etila.

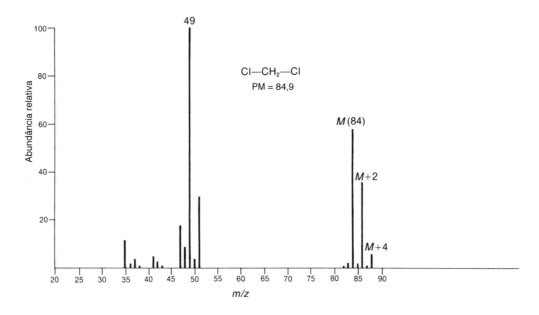

**FIGURA 4.67** Espectro de massa do diclorometano.

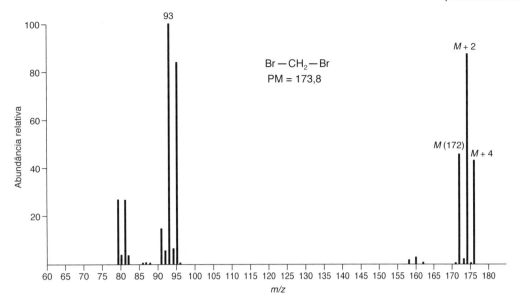

**FIGURA 4.68** Espectro de massa do dibromometano.

A Tabela 3.8 na Seção 3.7 pode ser utilizada para determinar a razão entre as intensidades do íon molecular e dos picos isotópicos quando mais de um cloro ou bromo estão presentes na mesma molécula. Os espectros de massa do diclorometano (Figura 4.67), dibromometano (Figura 4.68) e 1-bromo-2-cloroetano (Figura 4.69) são aqui apresentados para ilustrar algumas das combinações de halogênios listadas na Figura 3.19.

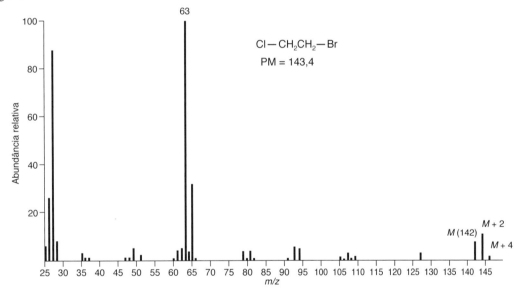

**FIGURA 4.69** Espectro de massa do 1-bromo-2-cloroetano.

Infelizmente, nem sempre é possível aproveitar esses padrões característicos para identificar compostos de halogênios. Frequentemente, os picos de íon molecular são muito fracos para permitir uma medição precisa da razão entre as intensidades do íon molecular e dos picos isotópicos. Entretanto, muitas vezes é possível fazer uma comparação entre picos de íon fragmento no espectro de massa de um composto de halogênio. O espectro de massa do 1-bromoexano (Figura 4.67) pode servir como exemplo desse método. A presença de bromo pode ser determinada pela utilização dos picos de íon fragmento em valores *m/z* de 135 e 137.

Como iodo e flúor existem em estado natural na forma de apenas um isótopo, seus espectros de massa não apresentam picos isotópicos. A presença de um halogênio deve ser deduzida ao se verificar um pico $M + 1$ estranhamente fraco ou ao se observar a diferença de massa entre os íons fragmentos e o íon molecular.

## 4.10 COMPARAÇÃO COMPUTADORIZADA DE ESPECTROS COM BIBLIOTECAS ESPECTRAIS

Com um espectro de massa digitalizado em mãos, um computador simples pode comparar o grupo de dados com uma biblioteca de dezenas de milhares de espectros de massa em questão de segundos e produzir uma lista de compatibilidades potenciais. Cada pico de um espectro é caracterizado pelo programa de busca por unicidade e abundância relativa. Picos de massa mais altos são, em geral, mais característicos do composto em questão do que picos de massas baixas comumente encontrados, e assim os picos com *m/z* maiores podem ser indicados mais decisivamente no algoritmo de busca. Quando se realiza essa busca, obtém-se uma tabela que lista os nomes dos possíveis compostos, suas fórmulas moleculares e um indicador da probabilidade de o espectro do composto de teste coincidir com o espectro no banco de dados. A probabilidade é determinada pelo número de picos (e suas intensidades) que podem ser equiparados. Esse tipo de tabela, normalmente, é chamado de *lista de acertos*. A Figura 4.70 é o espectro de massa de um líquido desconhecido com ponto de ebulição observado entre 158 °C e 159 °C. A Tabela 4.1 reproduz o tipo de informação que o computador produziria como uma lista de acertos. Note que a informação inclui o nome de cada composto que o computador usou para comparar, seu peso e fórmula molecular e seu número de registro no Chemical Abstracts Service (CAS).

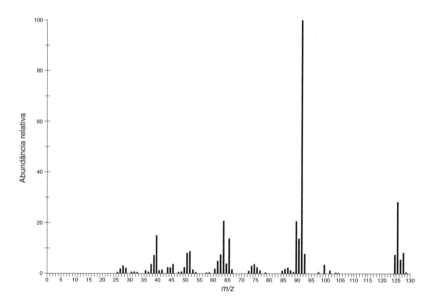

**FIGURA 4.70** EI-MS de um líquido desconhecido.

A Tabela 4.1 indica que o líquido desconhecido é provavelmente **1-cloro-2-metilbenzeno**, com probabilidade de uma coincidência perfeita em torno de 94%. É interessante notar que os isômeros *meta* e *para* apresentam probabilidades de 70% e 60%, respectivamente. É tentador simplesmente aceitar como corretos os resultados da busca feita pelo computador, mas o método não é garantia absoluta de identificação correta de uma amostra. Uma inspeção visual dos espectros e da biblioteca deve ser incluída como parte do processo. Um computador pode comparar um espectro de massa que determinou com os espectros nesses bancos de dados.

| Tabela 4.1 Resultado da busca em biblioteca para líquido desconhecido ||||| 
|---|---|---|---|---|
| Nome | Peso molecular | Fórmula | Probabilidade | Nº CAS |
| 1. Benzeno, 1-cloro-2-metila- | 126 | $C_7H_7Cl$ | 94 | 000095-49-8 |
| 2. Benzeno, 1-cloro-3-metila- | 126 | $C_7H_7Cl$ | 70 | 000108-41-8 |
| 3. Benzeno, 1-cloro-4-metila- | 126 | $C_7H_7Cl$ | 60 | 000106-43-4 |
| 4. Benzeno, (clorometila)- | 126 | $C_7H_7Cl$ | 47 | 000100-44-7 |
| 5. 1,3,5-Cicloeptatrieno, 1-cloro- | 126 | $C_7H_7Cl$ | 23 | 032743-66-1 |

## 4.11 ABORDAGEM ESTRATÉGICA PARA ANÁLISE DE ESPECTROS DE MASSA E RESOLUÇÃO DE PROBLEMAS

Como qualquer outro problema que envolva a correlação entre dados espectrais e estrutura, a chave do sucesso é uma estratégia bem definida para analisar espectros de massa. É também verdade que intuição química tem papel importante, e logicamente não há o que substitua a experiência prática. Antes de se aprofundar no espectro de massa, faça um inventário do que sabe sobre a amostra. A composição de elementos é conhecida? A fórmula molecular foi determinada a partir de uma análise de massa exata? Que grupos funcionais estão presentes no composto? Qual é o "histórico químico" da amostra? Por exemplo, como se lidou com a amostra? De que tipo de reação química o composto foi isolado? E assim por diante.

O primeiro passo para analisar o espectro de massa é identificar o íon molecular. Releia a Seção 3.6 para revisar os requisitos de um íon molecular. Assim que o íon molecular for identificado, verifique sua massa nominal e examine se o conjunto isotópico (se a fórmula ainda não for conhecida) contém Cl, Br e outros elementos $M + 2$. Dependendo de o valor $m/z$ do íon molecular ser par ou ímpar, a Regra do Nitrogênio dirá quantos nitrogênios, se houver, devem ser incorporados à sua análise. Se o íon molecular não for visível, deve-se colocar a amostra sob condições CI para determinar a massa molecular da amostra. Se não for possível obter mais dados, tente descobrir quais perdas plausíveis poderiam ter gerado os picos altos de massa no espectro apresentado (perda de água por um álcool, por exemplo).

Depois de analisar o grupamento molecular do íon molecular, examine os picos de massa alta em seu espectro para determinar se as perdas de massa são ímpares ou pares. Se um número par de nitrogênios estiver presente (zero é par), perdas de massa ímpares corresponderão a simples segmentações homolíticas, e perdas de massa pares, a rearranjos (o inverso vale se houver um número ímpar de nitrogênios presentes). Tente atribuir essas perdas de massa a um fragmento radical ou a uma molécula neutra. A seguir, procure fragmentos facilmente identificáveis: íons fenilacílio, íons tropílio, cátions fenila, cátions ciclopentadienila, entre outros.

Por fim, use a informação de fragmentação para compor uma estrutura possível. Se houver mais de uma estrutura potencial, pode ser razoável realizar uma análise mais aprofundada. Em alguns casos, será possível chegar apenas a uma estrutura parcial. Apesar de, às vezes, ser tentador, lembre-se de que é muito arriscado propor estruturas (ou eliminar estruturas possíveis) na *ausência* de dados: "Aquela estrutura deveria gerar um pico em $m/z = Q$ por um rearranjo de McLafferty, mas não há pico lá; portanto, a estrutura está errada". Quando tiver encontrado uma estrutura potencial, analise de novo a fragmentação daquela estrutura e veja se coincide com os dados experimentais. Comparar seus dados com espectros de referência de compostos com estruturas e grupos funcionais semelhantes pode ser muito informativo. Buscar em um banco de dados seu espectro em bibliotecas espectrais de massa oferecerá pistas sobre a identidade do composto, se não uma coincidência perfeita.

## 4.12 COMO RESOLVER PROBLEMAS DE ESPECTROS DE MASSA

Nesta seção, usaremos dados EI-MS para determinar a estrutura de dois compostos desconhecidos. Mesmo se os compostos analisados não estiverem disponíveis nos bancos de dados MS pesquisáveis, ainda é possível determinar a estrutura do composto com algumas peças-chave de dados. Se a fórmula molecular está disponível, quer a partir de uma determinação de massa exata (Seção 3.6) quer pela análise da Regra do Treze (Seção 1.5) do íon molecular, o processo é muito mais simples. Por outro lado, conhecer o principal grupo ou principais grupos funcionais do composto auxilia a análise do padrão de fragmentação. Informação de um espectro de infravermelho e/ou espectros de RMN são úteis a esse respeito.

### EXEMPLO RESOLVIDO 1

Um composto desconhecido tem o espectro de massa indicado a seguir. O espectro infravermelho do composto mostra picos significativos em:

| 3102 cm$^{-1}$ | 3087 | 3062 | 3030 | 1688 |
| 1598 | 1583 | 1460 | 1449 | 1353 |
| 1221 | 952 | 746 | 691 | |

Há também uma banda do estiramento C–H alifático entre 2879 e 2979 cm$^{-1}$.

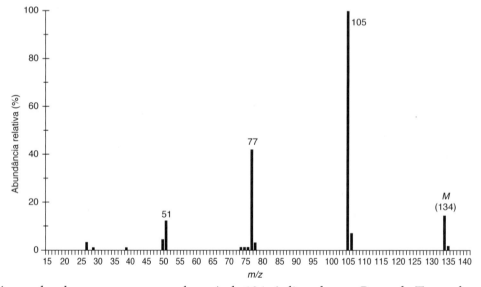

O íon molecular aparece em um valor $m/z$ de 134. Aplicando-se a Regra do Treze, chega-se às seguintes fórmulas moleculares possíveis:

$$C_{10}H_{14} \quad U = 4$$
$$C_9H_{10}O \quad U = 5$$

O espectro infravermelho mostra um pico C=O em 1688 cm$^{-1}$. A posição desse pico, juntamente com os picos do estiramento C—H na faixa entre 3030 e 3102 cm$^{-1}$ e os picos do estiramento C=C na faixa entre 1449 e 1598 cm$^{-1}$, sugere uma cetona em que o grupo carbonila esteja conjugado com um anel benzênico. Essa estrutura seria consistente com a segunda fórmula molecular e com o índice de deficiência de hidrogênio.

O pico-base no espectro de massa aparece em $m/z = 105$. Esse pico provavelmente se deve à formação de um cátion benzoíla.

Subtrair a massa do íon benzoíla da massa do íon molecular produz uma diferença de 29, sugerindo que um grupo etila está anexo ao carbono carbonila. O pico que aparece em $m/z = 77$ é proveniente do cátion fenila.

Se juntarmos todas as "peças" sugeridas pelos dados, como descrito anteriormente, concluiremos que o composto desconhecido é *propiofenona* (*1-fenil-1-propanona*).

## EXEMPLO RESOLVIDO 2

Ao descartar amostras velhas de seu laboratório, você encontra um frasco cuja etiqueta diz simplesmente "decanona". Você realiza uma EI GC-MS do material e obtém o espectro de massa mostrado a seguir. Use o padrão de fragmentação para determinar qual isômero de decanona está no frasco.

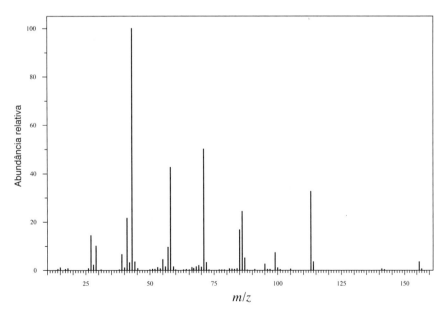

Há quatro isômeros de "decanona", e se analisarmos as fragmentações comuns de cetonas para cada um, devemos encontrar algumas diferenças, que podemos fazer corresponder ao espectro dado. As fragmentações mais comuns para cetonas são a segmentação α e o rearranjo McLafferty. Vamos começar por aí. Se fizermos uma tabela de valores *m/z* para os fragmentos esperados para cada isômero (lembre-se de que haverá duas segmentações α diferentes e talvez dois rearranjos McLafferty para cada composto) e os procurarmos no espectro dado, obteremos o seguinte: **NEGRITO = presente** no espectro; *Itálico = NÃO* está presente no espectro.

| Isômero de decanona | Fragmentos de segmentação α ($m/z$) | Fragmentos McLafferty ($m/z$) |
|---|---|---|
| 2-decanona | **43** e *141* | **58** |
| 3-decanona | **57** e *127* | *72* |
| 4-decanona | **71** e **113** | *128* e **86** |
| 5-decanona | **85** e **99** | *100* e *114* |

Agora, 3-decanona e 5-decanona podem ser descartadas, pois não há fragmento de rearranjo de McLafferty em ambos os casos. É de esperar que o íon a $m/z = 43$ ou 58 seja o pico-base para o 2-decanona. No entanto, os íons a $m/z = 71$, 86 e 113 são quase tão grandes como o íon a $m/z = 58$. Além disso, seria surpreendente se 2-decanona não produzisse ambos eventuais íons de segmentação α, e não há nenhum pico a $m/z = 141$. Portanto, pode-se concluir que o espectro acima pertence a 4-decanona.

1. Atribua uma estrutura que possa ser gerada por cada um dos seguintes espectros de massa. *Nota*: Alguns desses problemas podem ter mais de uma resposta razoável. Em alguns casos, foram incluídos dados espectrais de infravermelho para deixar mais razoável a solução do problema. Recomendamos que você reveja o índice de deficiência de hidrogênio (Seção 1.4) e a Regra do Treze (Seção 1.5) e aplique esses métodos a cada um dos problemas a seguir.
   *(a) O espectro infravermelho não tem características interessantes, a não ser estiramento e dobramento C—H alifáticos.

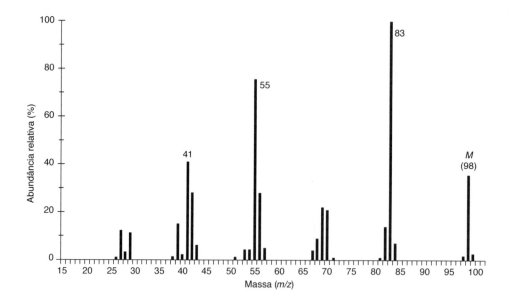

*(b) O espectro infravermelho tem um pico de intensidade média em aproximadamente 1650 cm$^{-1}$. Há também um pico de dobramento C—H fora do plano próximo de 880 cm$^{-1}$.

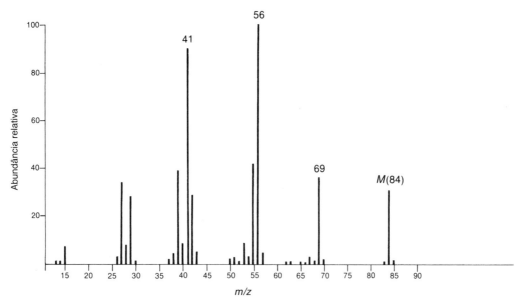

*(c) O espectro infravermelho da substância tem um pico destacado, largo, em 3370 cm$^{-1}$. Há também um pico forte em 1159 cm$^{-1}$. O espectro de massa dessa substância não apresenta um pico de íon molecular. Você terá de deduzir o peso molecular dessa substância a partir do pico de íon fragmento mais pesado, que surge da perda de um grupo metila do íon molecular.

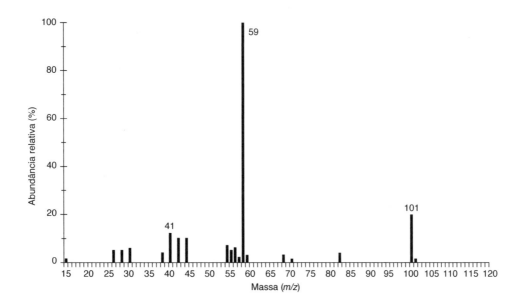

*(d) Essa substância contém oxigênio, mas não apresenta nenhum pico de absorção significativo no infravermelho acima de 3000 cm$^{-1}$.

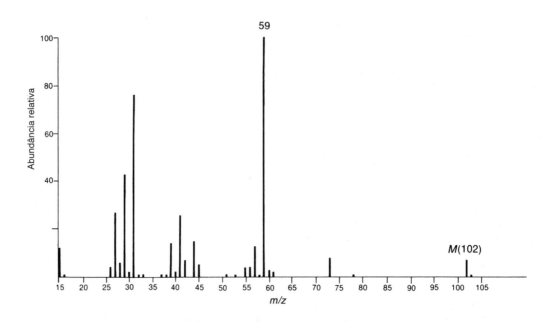

*(e) O espectro infravermelho dessa substância apresenta um pico forte próximo de 1725 cm$^{-1}$.

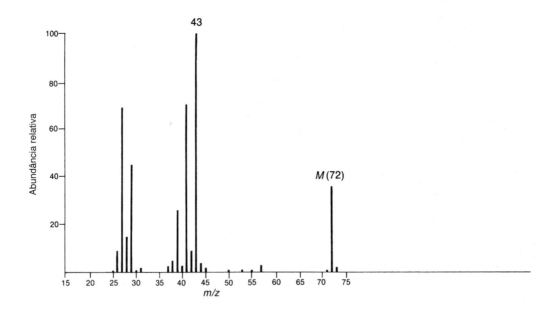

*(f) O espectro infravermelho dessa substância apresenta um pico forte próximo de 1715 cm$^{-1}$.

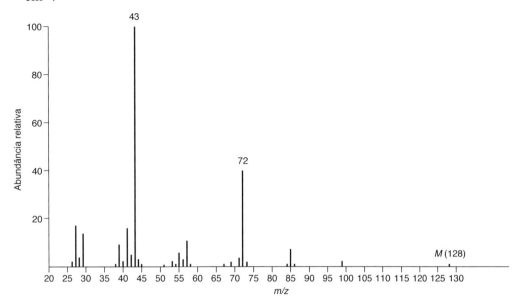

*(g) O espectro infravermelho desse composto não apresenta nenhuma absorção significativa acima de 3000 cm$^{-1}$. Há um pico destacado próximo de 1740 cm$^{-1}$ e um pico forte por volta de 1200 cm$^{-1}$.

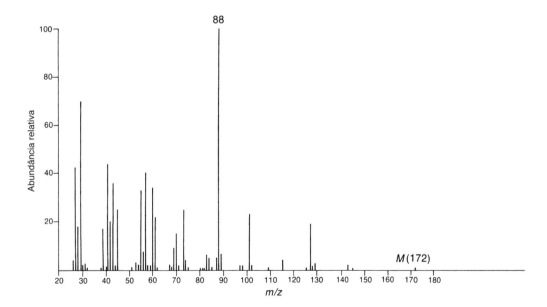

*(h) O espectro infravermelho dessa substância apresenta um pico muito forte, largo, na faixa entre 2500 e 3000 cm$^{-1}$, assim como um pico forte, um tanto alargado, por volta de 1710 cm$^{-1}$.

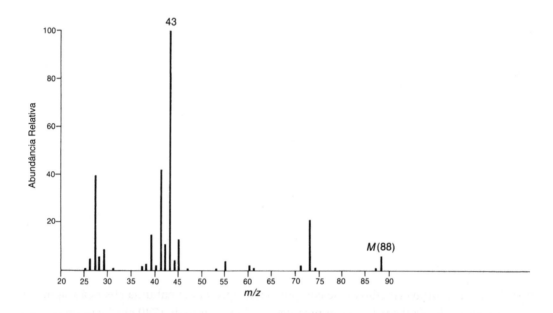

*(i) O espectro de RMN de $^{13}$C dessa substância apresenta apenas quatro picos na região entre 125 e 145 ppm. O espectro infravermelho apresenta um pico muito forte e largo que vai de 2500 a 3500 cm$^{-1}$ e também um pico forte, um tanto largo, em 1680 cm$^{-1}$.

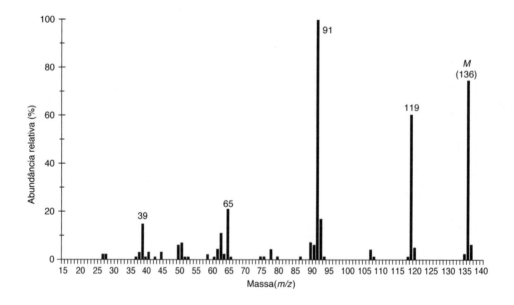

*(j) Note o valor ímpar de massa do íon molecular nessa substância.

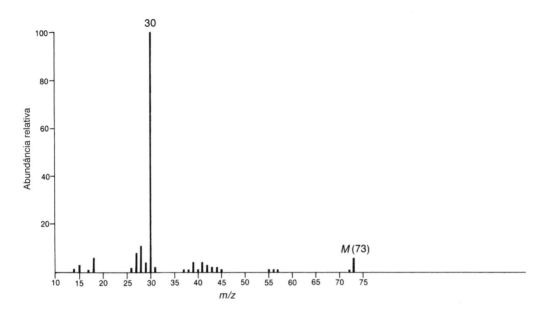

*(k) Note o pico **M + 2** no espectro de massa.

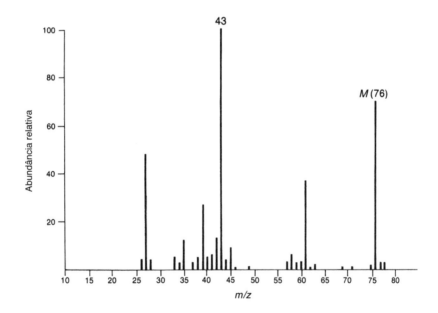

*(l) O espectro infravermelho dessa substância apresenta dois picos fortes, um próximo de 1350 cm$^{-1}$ e o outro por volta de 1550 cm$^{-1}$. Note que a massa do íon molecular é *ímpar*.

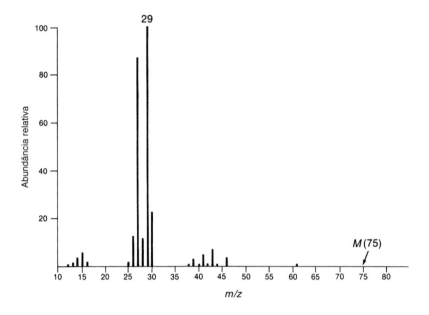

*(m) Há um pico agudo de intensidade média por volta de 2250 cm$^{-1}$ no espectro infravermelho desse composto.

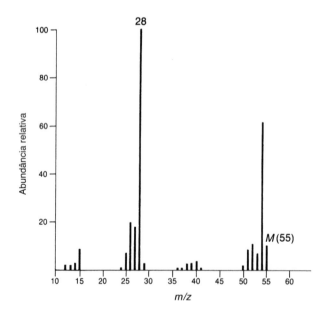

*(n) Observe os íons fragmentos em $m/z$ = 127 e 128. De que íons esses picos podem surgir?

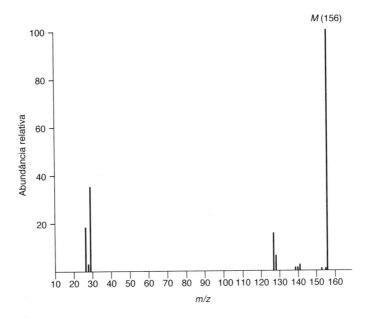

*(o)

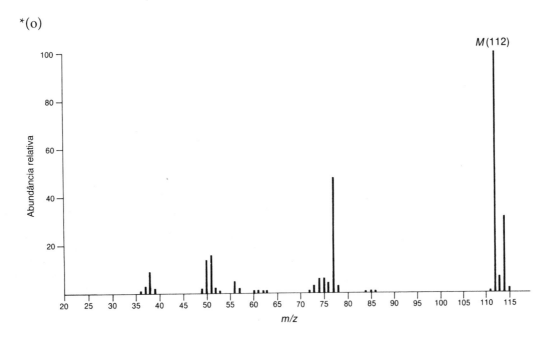

*(p)

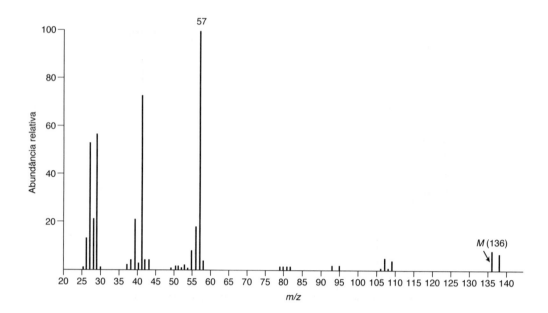

*(q)

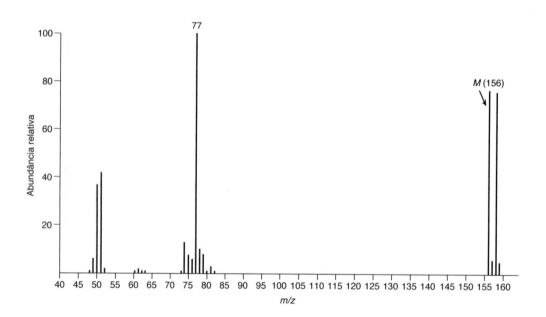

*(r)

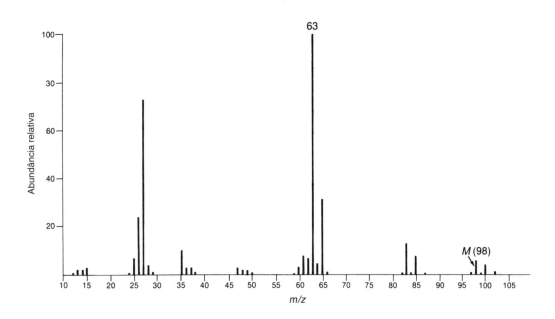

*(s) O espectro infravermelho dessa substância apresenta um pico agudo em 3087 cm$^{-1}$ e um pico agudo em 1612 cm$^{-1}$, além de outras absorções. A substância contém átomos de cloro, mas alguns dos picos isotópicos ($M + n$) são fracos demais para serem vistos.

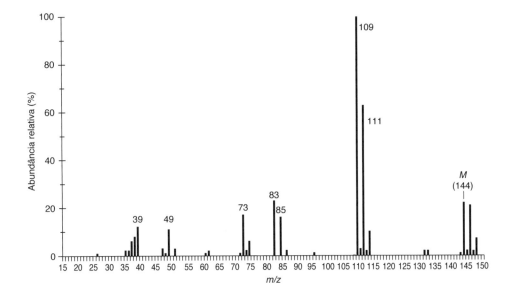

**2.** O espectro de massa do 3-butin-2-ol apresenta um pico grande em $m/z = 55$. Desenhe a estrutura do fragmento e explique por que ele é particularmente estável.

**3.** Como podem os pares de compostos isoméricos apresentados a seguir ser diferenciados por espectrometria de massa?

(a) [cyclohexyl]–CH$_2$–CH$_2$–CH$_3$  e  1,2,4-trimethylcyclohexane (CH$_3$, CH$_3$, CH$_3$ on ring)

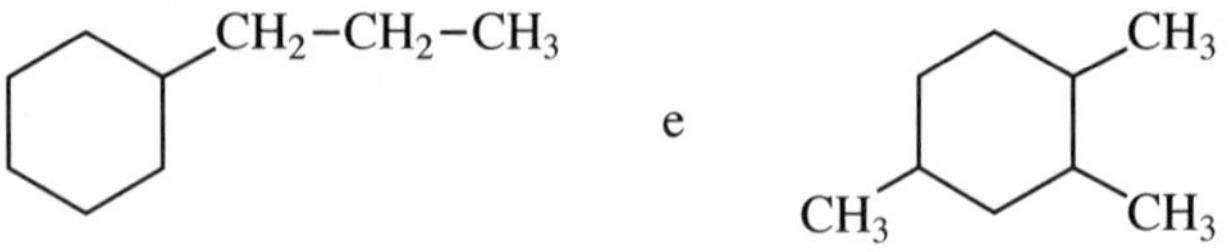

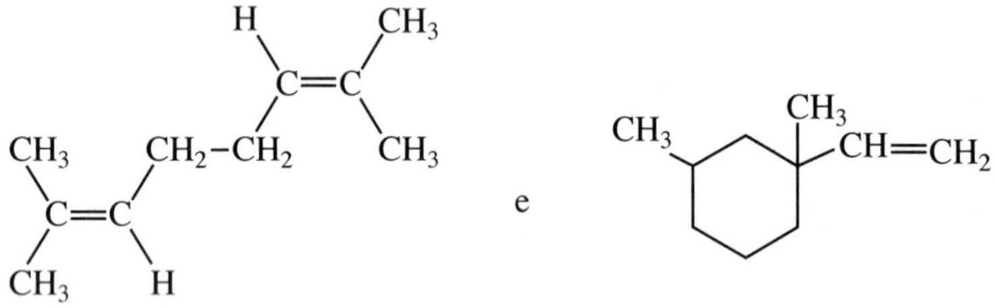

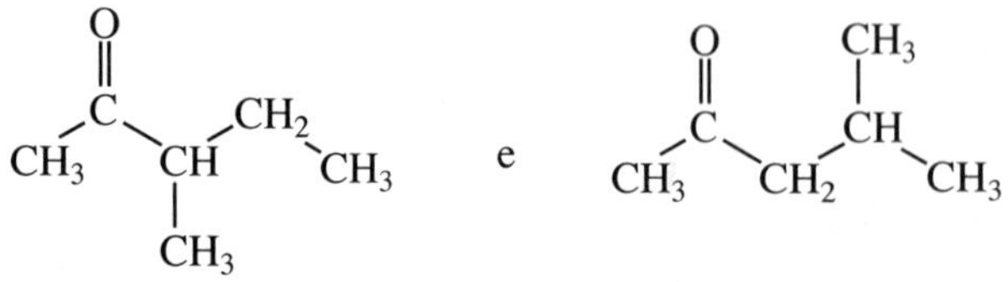

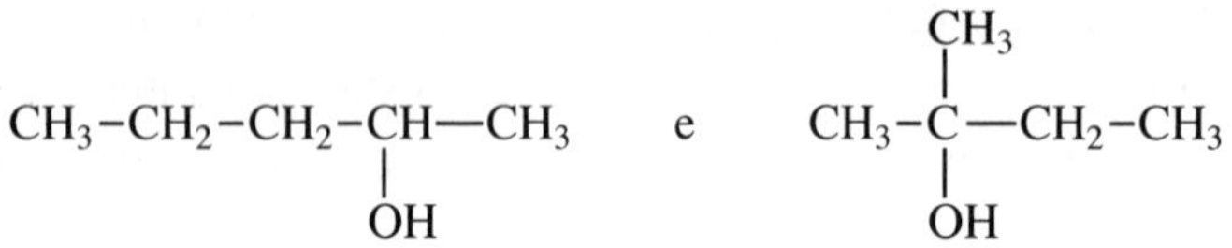

(b) (CH$_3$)$_2$C=CH–CH$_2$–CH$_2$–CH=C(CH$_3$)$_2$ (with H shown)  e  1-methyl-1-vinyl-3-methylcyclohexane

(c) CH$_3$–C(=O)–CH(CH$_3$)–CH$_2$–CH$_3$  e  CH$_3$–C(=O)–CH$_2$–CH(CH$_3$)–CH$_3$

(d) CH$_3$–CH$_2$–CH$_2$–CH(OH)–CH$_3$  e  CH$_3$–C(CH$_3$)(OH)–CH$_2$–CH$_3$

(e) CH$_3$–CH$_2$–CH$_2$–CH$_2$–CH$_2$–Br  e  CH$_3$–CH$_2$–CH(Br)–CH$_2$–CH$_3$

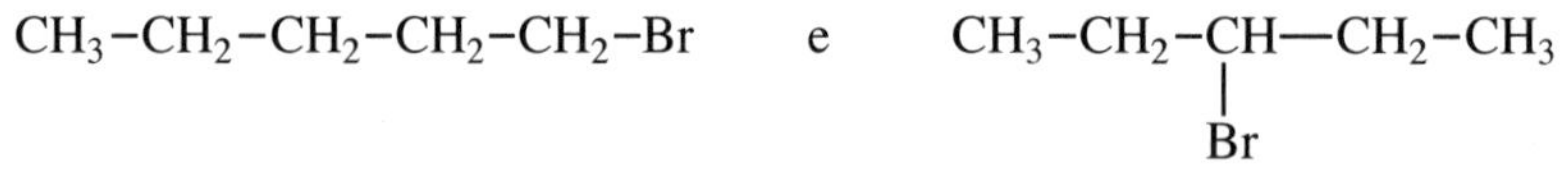

(f) CH$_3$–CH(CH$_3$)–CH$_2$–C(=O)–O–CH$_3$  e  CH$_3$–CH$_2$–CH$_2$–C(=O)–O–CH$_2$–CH$_3$

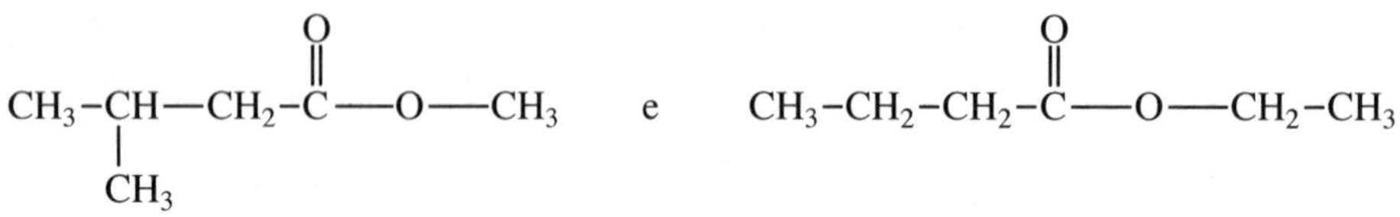

(g) CH$_3$–CH$_2$–C(=O)–N(CH$_3$)$_2$  e  CH$_3$–CH$_2$–CH$_2$–C(=O)–N(H)(CH$_3$)

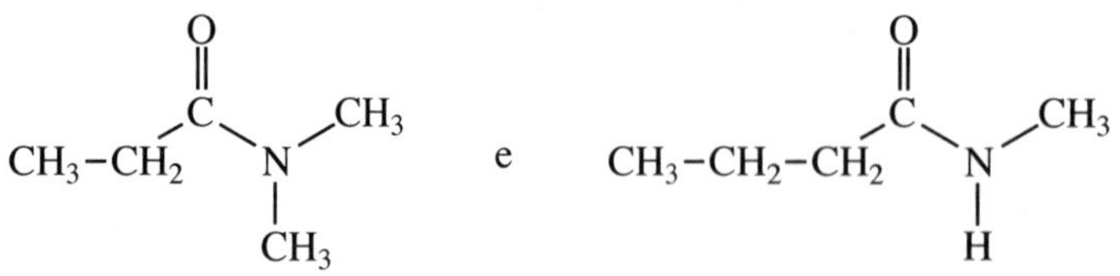

(h) CH$_3$–CH$_2$–CH$_2$–CH$_2$–NH$_2$  e  CH$_3$–CH$_2$–CH$_2$–NH–CH$_3$

(i)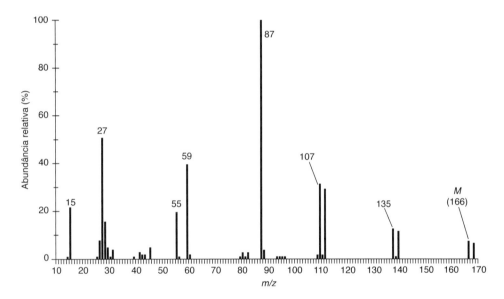

**4.** Use o espectro de massa ou o espectro de RMN (Capítulo 5) ou espectro de infravermelho (Capítulo 2) para deduzir a estrutura de cada um dos compostos a seguir:

(a) $C_4H_7BrO_2$ ¹H RMN, 300 MHz, 2,9 ppm (tripleto, 2H) e 3,8 ppm (singleto, 3H)

(b) $C_4H_7ClO_2$ ¹H RMN, 300 MHz, 1,7 ppm (dubleto, 3H), 3,8 ppm (singleto, 3H) e 4,4 ppm (quarteto, 1H)

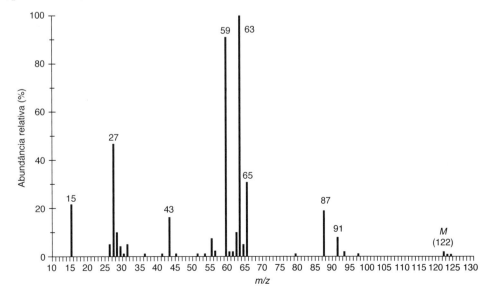

(c) C$_8$H$_6$O$_3$ $^1$H RMN, 300 MHz, 6,1 ppm (singleto, 2H), 6,9 ppm (dubleto, 1H) e 7,3 ppm (singleto, 1H), 7,4 ppm (dubleto, 1H), 9,8 ppm (singleto, 1H); absorbâncias significativas no IV a 1687, 1602, 1449, 1264, 1038, 929 e 815 cm$^{-1}$

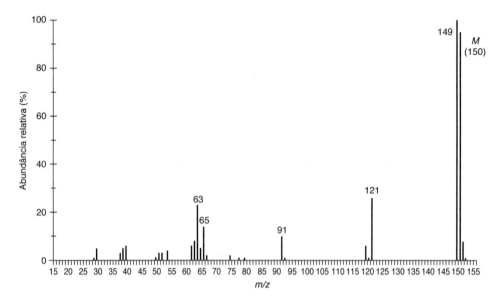

(d) O espectro infravermelho não apresenta picos significativos acima de 3000 cm$^{-1}$.

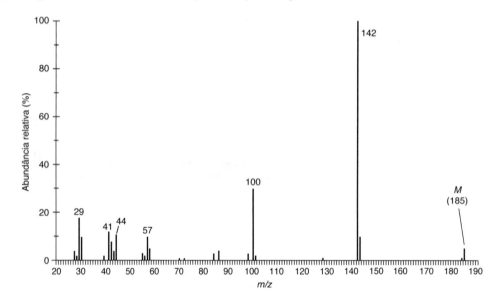

(e) O espectro infravermelho contém um único pico forte em 3280 cm⁻¹.

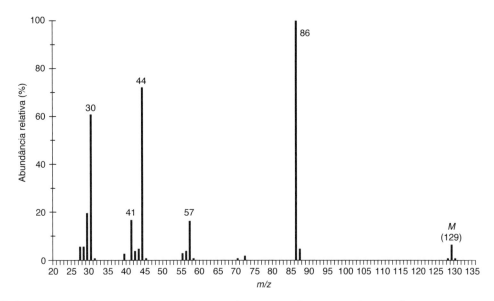

(f) O espectro infravermelho contém um único pico forte em 1723 cm⁻¹.

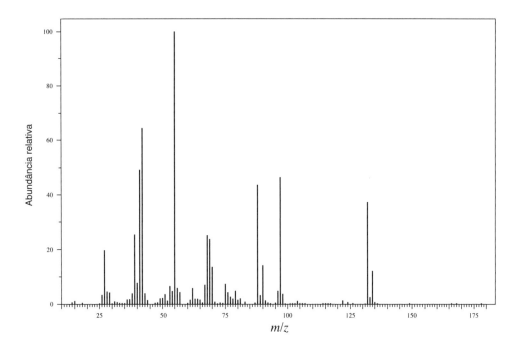

5. Para cada estrutura apresentada a seguir:
   - Identifique o sítio de ionização inicial sob condições EI.
   - Determine a estrutura do íon indicado pelo(s) valor(es) $m/z$.
   - Esquematize um mecanismo de fragmentação que explique a formação dos íons fragmentos.

(a) Íon fragmento em $m/z$ = 98 (pico-base no espectro)

(b) Íon fragmento em *m/z* = 95 (pico-base no espectro)

(c) Íons fragmentos em *m/z* = 103 e 61 (pico-base)

(d) Íons fragmentos em *m/z* = 95 (pico-base) e 43

(e) Íon fragmento em *m/z* = 58 (pico-base)

(f) Íon fragmento em *m/z* = 120 (pico-base)

(g) Íons fragmentos em *m/z* = 100 (pico-base), 91, 72 e 44

6. Para cada espectro de massa apresentado a seguir, determine a estrutura dos íons fragmentos proeminentes e esquematize um mecanismo de fragmentação para explicar sua formação.

(a) 3-metil-3-heptanol

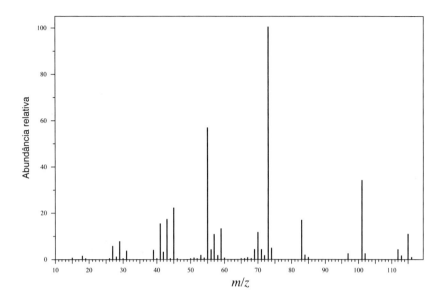

(b) Dicicloexilamina

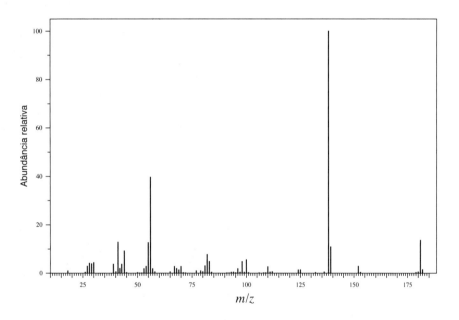

(c) 3,3,5-trimetilcicloexanona

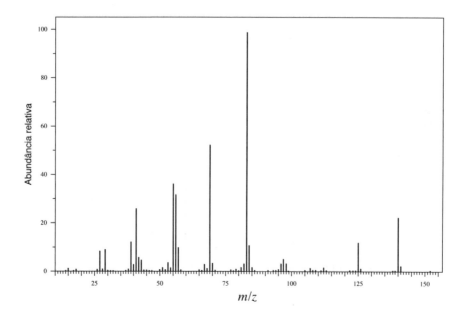

7. Todos os ésteres ftalatos dialquílicos exibem um pico-base em $m/z$ = 149. Qual é a estrutura desse íon fragmento? Desenhe um mecanismo que explique sua formação a partir do ftalato de dietila.

8. (a) A EI-MS do *orto*-nitrotolueno (PM = 137) apresenta um íon fragmento grande em $m/z$ = 120. A EI-MS do α,α,α-trideutero-*orto*-nitrotolueno **não** tem um íon fragmento significativo em $m/z$ = 120, mas tem um pico em $m/z$ = 122. Mostre o processo de fragmentação que explica essas observações.
(b) Os espectros de massa EI do 2-metilbenzoato de metila e do 3-metilbenzoato de metila são reproduzidos a seguir. Determine a qual isômero pertence cada espectro e explique sua resposta.

Espectro 1

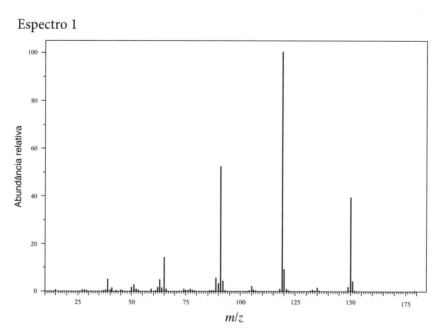

Espectro 2

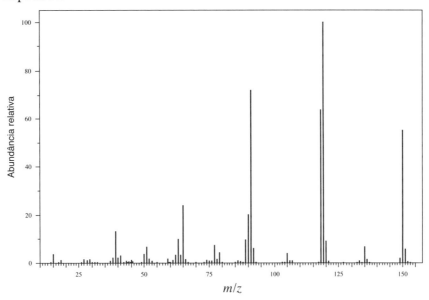

9. O extrato de metanol da esponja *Haliclona vansoesti* é tóxico para camarão de água salgada. O extrato foi submetido à cromatografia, e o componente principal, isolado. O composto foi determinado para ter a estrutura bidimensional mostrada (R = H) após análise de IR e os dados 1-D de RMN. O composto foi convertido para o triacetato de (R = Ac), seguido por reação de uma pequena quantidade (0,3 mg) do triacetato com dissulfeto de dimetilo e iodo. A análise por GC-MS do aduto resultante revelou um íon molecular a $m/z$ = 463 e íons fragmentos a $m/z$ = 145 e 318. Determinar a posição exata da ligação dupla no produto natural.

$n + m = 8$

10. A estrutura de pyrinodemin A, isolada a partir da esponja *Amphimedon sp.*, foi isolada em 1999, e lhe foi atribuída a estrutura abaixo, com o Z-alceno entre os carbonos 16' e 17'. Por sua novidade estrutural e atividade biológica relatada, vários grupos efetuaram sua síntese. Foi assim determinado que a estrutura original não estava correta, e que o material natural fosse provavelmente um isômero posicional no que diz respeito ao alceno. Outras estruturas propostas têm o alceno entre C15' e C16' e entre C14' e C15'. Mostre como a derivatização química do material natural e análise por MS pode ser utilizada para resolver o mistério da estrutura do pyrinodemin A.

**11.** A estrutura da passifloricina A, produto natural antiproazoal isolado do maracujá silvestre *Passiflora foetida*, foi atribuída à estrutura abaixo. Preparou-se um número de estereoisômeros desse composto, mas nenhum deles produziu dados espectrais que correspondam à do material natural. No reexame dos dados espectrais obtidos para passifloricina A natural, viram-se duas questões: o produto natural tem apenas duas unidades CH(OR) CH₂CH(OR) (a estrutura proposta tem três) e o material natural tem um proeminente pico em *m/z* = 225 na EI-MS. Nenhum dos estereoisômeros dos compostos sintéticos produziu um íon neste valor *m/z*, mas todos eles têm um íon proeminente em *m/z* = 193. Usando essas informações, proponha uma estrutura mais provável para a passifloricina A.

**12.** As folhas da árvore brasileira *Senna multijuga* contêm um número de alcaloides de piridina que inibem a acetilcolinesterase. Dois compostos isolados recentemente têm a seguinte estrutura:

n + m = 10

Isômero A: EI-MS, *m/z* (rel. int.): 222(20), 150(10), 136(25), 123(100).
Isômero B: EI-MS, *m/z* (rel. int.): 236(20), 150(10), 136(25), 123(100).

(a) Utilize os dados de espectro de massa previstos para determinar a localização precisa do grupo hidroxilo em cada um dos isômeros.
(b) Qual é a estrutura do íon em *m/z* = 123? Desenhe um mecanismo para a sua formação.

## REFERÊNCIAS

### Livros

CHAPMAN, J. R. *Practical organic mass spectrometry. A guide for chemical and biochemical analysis*, 2. ed. Nova York: John Wiley and Sons, 1995.

CREWS, P. et al. *Organic structure analysis*. 2. ed. Nova York: Oxford University Press, 1998.

DeHOFFMANN, E.; STROOBANT, V. *Mass spectrometry: principles and applications*. 3. ed. Nova York: John Wiley and Sons, 2007.

LAMBERT, J. B. et al. *Organic structural spectroscopy*. 2. ed. Upper Saddle River: Prentice Hall, 2011.

McFADDEN, W. H. *Techniques of combined gas chromatography/mass spectrometry: applications in organic analysis*. Nova York: Wiley-Interscience, 1989.

McLAFFERTY, F. W.; TUREČEK, F. *Interpretation of mass spectra*. 4. ed. Mill Valley: University Science Books, 1993.

PRETSCH, E. et al. *Structure determination of organic compounds. Tables of spectral data*. 4. ed. Berlim: Springer, 2009.

SILVERSTEIN, R. M. et al. *Spectrometric identification of organic compounds*. 7. ed. Nova York: John Wiley and Sons, 2005.

SMITH, R. M. *Understanding mass spectra, a basic approach*. 2. ed. Nova York: John Wiley and Sons, 2004.

WATSON, J. T.; SPARKMAN, O. D. *Introduction to mass spectrometry*: instrumentation, applications, and strategies for data interpretation. 4. ed., Nova York: Wiley, 2007.

## Artigos

CARLSON, D. A. et al. Dimethyl Disulfide Derivatives of Long Chain Alkenes, Alkadienes, and Alkatrienes for Gas Chromatography/Mass Spectrometry. *Analytical Chemistry*, v. 61, p. 1564-1571, 1989.

COSSE, A. A. et al. Identification of a Female-Specific, Antennally Active Volatile Compound of the Currant Stem Girdler. *Journal of Chemical Ecology*, v. 27, p. 1841-1853, 2001.

McFADDEN, W. H. et al. Specific Rearrangements in the Mass Spectra of Butyl Hexanoates and Similar Aliphatic Esters. *Journal of Physical Chemistry*, v. 70, p. 3516-3523, 1966.

YUAN, G.; YAN, J. A Method for the Identification of the Double-Bond Position Isomeric Linear Tetradecenols and Related Compounds Based on Mass Spectra of Dimethyl Disulfide Derivatives. *Rapid Communications in Mass Spectrometry*, v. 16, p. 11-14, 2002.

## *Sites*

http://sdbs.riodb.aist.go.jp/sdbs/cgi-bin/cre_index.cgi
   Instituto Nacional de Materiais e Pesquisas Químicas, Tsukuba, Ibaraki, Japão, Integrated Spectra Data Base System for Organic Compounds (SDBS).

http://webbook.nist.gov/chemistry/

http://www.sisweb.com/index/referenc/academicsites.html

http://www.sisweb.com/mstools.htm
   Instituto Nacional de Padronizações e Tecnologia, NIST Chemistry WebBook.

# capítulo 5

# Espectroscopia de ressonância magnética nuclear

## Parte 1: Conceitos básicos

A **ressonância magnética nuclear (RMN)** é um método espectroscópico ainda mais importante para um químico orgânico do que a espectroscopia no infravermelho. Vários núcleos podem ser estudados pelas técnicas de RMN, mas os mais comumente disponíveis são hidrogênio e carbono. Enquanto a espectroscopia no infravermelho (IV) revela os tipos de grupos funcionais presentes em uma molécula, a RMN oferece informações sobre o número de átomos magneticamente distintos do isótopo estudado. Por exemplo, quando se estudam núcleos de hidrogênio (prótons), é possível determinar o número de cada um dos diferentes tipos de prótons não equivalentes, assim como obter informações a respeito da natureza do ambiente imediato de cada tipo. Podem-se determinar informações semelhantes a respeito dos núcleos de carbono. A combinação de dados de IV e RMN é, muitas vezes, suficiente para determinar completamente a estrutura de uma molécula desconhecida.

## 5.1 ESTADOS DE *SPIN* NUCLEARES

Muitos núcleos atômicos têm uma propriedade chamada ***spin***: os núcleos comportam-se como se estivessem girando. Na verdade, qualquer núcleo atômico que tenha massa *ímpar* ou número atômico *ímpar*, ou ambos, tem um **momento angular de *spin*** e um momento magnético. Os núcleos mais comuns com *spin* são $_1^1H$, $_1^2H$, $_6^{13}C$, $_7^{14}N$, $_8^{17}O$ e $_9^{19}F$. Note que os núcleos de isótopos comuns (mais abundantes) de carbono e oxigênio, $_6^{12}C$ e $_8^{16}O$, não estão incluídos entre aqueles com a propriedade *spin*. Contudo, o núcleo de um átomo comum de hidrogênio, o próton, tem *spin*. Para cada núcleo com *spin*, o número de estados de *spin* que podem ser adotados é quantizado e determinado por seu número quântico de *spin* nuclear $I$. Para cada núcleo, o número $I$ é uma constante física, e há $2I + 1$ estados de *spin* permitidos, com diferenças inteiras que vão de $+I$ a $-I$. Os estados de *spin* individuais entram na sequência:

$$+I, (I-1), \ldots, (-I+1), -I \qquad \text{Equação 5.1}$$

Por exemplo, um próton (núcleo de hidrogênio) tem o número quântico de *spin* $I = \frac{1}{2}$ e dois estados de *spin* permitidos $[2(\frac{1}{2}) + 1 = 2]$ em seu núcleo: $-\frac{1}{2}$ e $+\frac{1}{2}$. Para o núcleo do cloro, $I = \frac{3}{2}$ e há quatro estados de *spin* permitidos $[2(\frac{3}{2}) + 1 = 4]$: $-\frac{3}{2}, -\frac{1}{2}, +\frac{1}{2}$ e $+\frac{3}{2}$. A Tabela 5.1 apresenta os números quânticos de *spin* de vários núcleos.

| Tabela 5.1 Números quânticos de *spin* de alguns núcleos comuns |||||||||||
|---|---|---|---|---|---|---|---|---|---|---|
| Elemento | $^{1}_{1}H$ | $^{2}_{1}H$ | $^{12}_{6}C$ | $^{13}_{6}C$ | $^{14}_{7}N$ | $^{16}_{8}O$ | $^{17}_{8}O$ | $^{19}_{9}F$ | $^{31}_{15}P$ | $^{35}_{17}Cl$ |
| Número quântico de *spin* nuclear | $\frac{1}{2}$ | 1 | 0 | $\frac{1}{2}$ | 1 | 0 | $\frac{5}{2}$ | $\frac{1}{2}$ | $\frac{1}{2}$ | $\frac{3}{2}$ |
| Número de estados de *spin* | 2 | 3 | 0 | 2 | 3 | 0 | 6 | 2 | 2 | 4 |

Na ausência de um campo magnético aplicado, todos os estados de *spin* de um dado núcleo têm energia equivalente (degenerada), e, em um grupo de átomos, todos os estados de *spin* devem ser quase igualmente ocupados, e todos os átomos devem ter cada um dos *spins* permitidos.

## 5.2 MOMENTOS MAGNÉTICOS NUCLEARES

Estados de *spin* não têm a mesma energia em um campo magnético aplicado, pois o núcleo é uma partícula carregada, e qualquer carga que se desloca gera um campo magnético próprio. Assim, o núcleo tem um momento magnético $\mu$ gerado por sua carga e por *spin*. Um núcleo de hidrogênio pode ter um *spin* no sentido horário ($+\frac{1}{2}$) ou anti-horário ($-\frac{1}{2}$), e os momentos magnéticos nucleares ($\mu$) nos dois casos apontam em direções opostas. Em um campo magnético aplicado, todos os prótons têm seus momentos magnéticos alinhados ao campo ou opostos a ele. A Figura 5.1 ilustra essas duas situações.

Núcleos de hidrogênio podem adotar apenas uma ou outra dessas orientações em relação ao campo aplicado. O estado de *spin* $+\frac{1}{2}$ tem energia menor, pois está alinhado ao campo, enquanto o estado de *spin* $-\frac{1}{2}$ tem energia maior, uma vez que está oposto ao campo aplicado. Isso deveria ser intuído por qualquer pessoa que pensasse um pouco sobre as duas situações descritas na Figura 5.2, envolvendo ímãs. A configuração alinhada de ímãs é estável (energia baixa). Contudo, onde os ímãs se opõem (não estão alinhados), o ímã central é repelido de sua orientação (energia alta). Se o ímã central fosse fixado sobre um eixo, ele se deslocaria espontaneamente ao redor do eixo até se alinhar (energia baixa). Por conseguinte, quando um campo magnético externo é aplicado, os estados de *spin* degenerados dividem-se em dois estados de energia desigual, como mostra a Figura 5.3.

No caso do núcleo do cloro, há quatro níveis de energia, como indicado na Figura 5.4. Os estados de *spin* $+\frac{3}{2}$ e $-\frac{3}{2}$ estão, respectivamente, alinhado ao campo aplicado e oposto a ele. Os estados de *spin* $+\frac{1}{2}$ e $-\frac{1}{2}$ têm orientações intermediárias, como indicado pelo diagrama vetorial à direita da Figura 5.4.

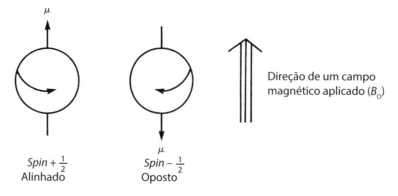

**FIGURA 5.1** Os dois estados de *spin* permitidos para um próton.

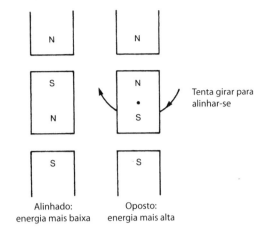

**FIGURA 5.2** Configurações alinhadas e opostas de barras imantadas.

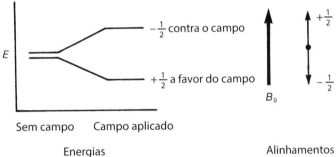

**FIGURA 5.3** Os estados de *spin* de um próton na ausência e na presença de um campo magnético aplicado.

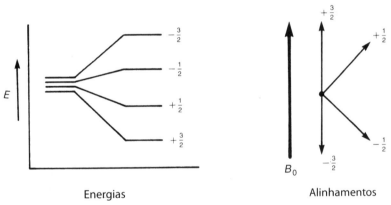

**FIGURA 5.4** Os estados de *spin* de um átomo de cloro tanto na presença quanto na ausência de um campo magnético aplicado.

## 5.3 ABSORÇÃO DE ENERGIA

O fenômeno de ressonância magnética nuclear ocorre quando núcleos alinhados a um campo aplicado são induzidos a absorver energia e a mudar a orientação de *spin* em relação ao campo aplicado. A Figura 5.5 ilustra esse processo com um núcleo de hidrogênio.

A absorção de energia é um processo quantizado, e a energia absorvida deve ser igual à diferença de energia entre os dois estados envolvidos.

$$E_{\text{absorvida}} = (E_{-\frac{1}{2}\text{ estado}} - E_{+\frac{1}{2}\text{ estado}}) = h\nu \qquad \textbf{Equação 5.2}$$

Na prática, essa diferença de energia é uma função da intensidade do campo magnético aplicado $B_0$, como ilustrado na Figura 5.6.

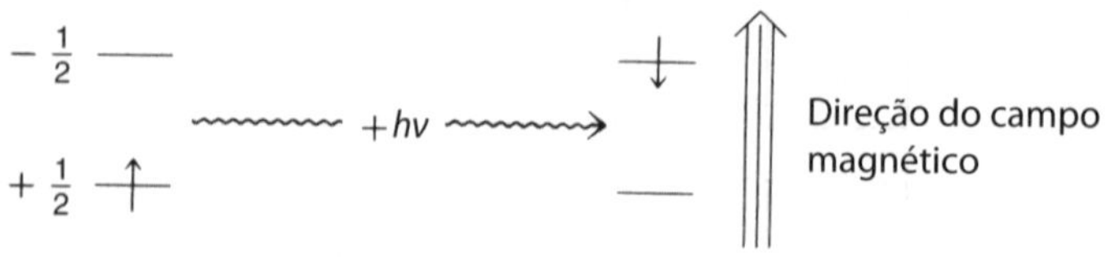

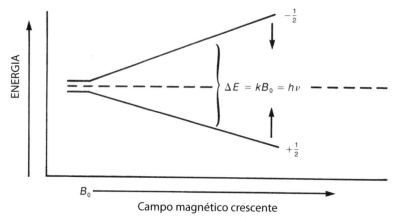

**FIGURA 5.5** O processo de absorção de RMN para um próton.

**FIGURA 5.6** A separação de energia no estado de *spin* como uma função da intensidade do campo magnético aplicado $B_0$.

Quanto mais forte o campo magnético aplicado, maior a diferença de energia entre os estados de *spin* possíveis:

$$\Delta E = f(B_0) \qquad \text{Equação 5.3}$$

A magnitude da separação dos níveis de energia também depende desse núcleo envolvido. Cada núcleo (hidrogênio, cloro etc.) tem uma diferente razão entre momento magnético e momento angular, uma vez que cada um tem carga e massa diferentes. Essa razão, chamada de **razão giromagnética γ**, é uma constante para cada núcleo e determina a dependência da energia com o campo magnético:

$$\Delta E = f(\gamma B_0) = h\nu \qquad \text{Equação 5.4}$$

Como o momento angular do núcleo é quantizado em unidades de $h/2\pi$, a equação final assume a seguinte forma:

$$\Delta E = \gamma \left(\frac{h}{2\pi}\right) B_0 = h\nu \qquad \text{Equação 5.5}$$

Chega-se então à frequência da energia absorvida:

$$\nu = \left(\frac{\gamma}{2\pi}\right) B_0 \qquad \text{Equação 5.6}$$

Se o valor correto de γ para o próton for substituído, descobre-se que um próton desblindado deve absorver radiação na frequência 42,6 MHz em um campo de intensidade 1 Tesla (10000 Gauss) ou radiação na frequência 60,0 MHz em um campo de intensidade 1,41 Tesla (14100 Gauss). A Tabela 5.2 apresenta as intensidades de campo e frequências em que diversos núcleos entram em ressonância (isto é, absorvem energia e realizam transições de *spin*).

| Tabela 5.2 Frequências e intensidades de campo em que certos núcleos têm suas ressonâncias nucleares ||||| 
|---|---|---|---|---|
| Isótopo | Abundância natural (%) | Intensidade de campo, $B_0$ (Tesla[a]) | Frequência, $v$ (MHz) | Razão giromagnética, $\gamma$ (radianos/Tesla) |
| $^1$H | 99,98 | 1,00 | 42,6 | 267,53 |
|  |  | 1,41 | 60,0 |  |
|  |  | 2,35 | 100,0 |  |
|  |  | 4,70 | 200,0 |  |
|  |  | 7,05 | 300,0 |  |
| $^2$H | 0,0156 | 1,00 | 6,5 | 41,1 |
| $^{13}$C | 1,108 | 1,00 | 10,7 | 67,28 |
|  |  | 1,41 | 15,1 |  |
|  |  | 2,35 | 25,0 |  |
|  |  | 4,70 | 50,0 |  |
|  |  | 7,05 | 75,0 |  |
| $^{19}$F | 100,0 | 1,00 | 40,0 | 251,7 |
| $^{31}$P | 100,0 | 1,00 | 17,2 | 108,3 |

[a] 1 Tesla = 10000 Gauss

Apesar de muitos núcleos serem capazes de exibir ressonância magnética, o químico orgânico interessa-se mais por ressonâncias de hidrogênio e de carbono. Este capítulo enfatiza a de hidrogênio. O Capítulo 6 abordará outros núcleos, como carbono-13, flúor-19, fósforo-31 e deutério (hidrogênio-2).

Para um próton (o núcleo de um átomo de hidrogênio), se o campo magnético aplicado tiver intensidade de aproximadamente 1,41 Tesla, a diferença de energia entre os dois estados de *spin* do próton será em torno de $2,39 \times 10^{-5}$ kJ/mol. Uma radiação com frequência de aproximadamente 60 MHz (60000000 Hz), que fica na região de radiofrequência (RF) do espectro eletromagnético, corresponde a essa diferença de energia. Outros núcleos têm diferenças de energia entre os estados de *spin* maiores ou menores do que os núcleos de hidrogênio. Os primeiros espectrômetros de ressonância magnética nuclear aplicavam um campo magnético variável, com intensidade de mais ou menos 1,41 Tesla, e forneciam uma radiação de radiofrequência constante de 60 MHz. Efetivamente, induziam transições entre estados de *spin* apenas dos prótons (hidrogênios) da molécula e não serviam para outros núcleos. Eram necessários outros instrumentos para observar transições nos núcleos de outros elementos, como carbono e fósforo. Instrumentos de transformada de Fourier (Seção 5.7B), bastante utilizados atualmente, são equipados para a observação de núcleos de diversos outros elementos em um único instrumento. Instrumentos que operam em frequências de 300 e 400 MHz são hoje muito comuns, e nos grandes centros de pesquisa encontram-se instrumentos com frequências acima de 600 MHz.

## 5.4 MECANISMO DE ABSORÇÃO (RESSONÂNCIA)

Para entender a natureza de uma transição nuclear de *spin*, é útil a analogia com um brinquedo muito conhecido: o pião. Prótons absorvem energia porque começam a mudar de direção em um campo magnético aplicado. O fenômeno da precessão é similar ao de um pião. Por causa da influência do campo gravitacional da Terra, o pião começa a cambalear ou a mudar de direção sobre seu eixo (Figura 5.7a). Um núcleo girando, sob a influência de um campo magnético aplicado, comporta-se da mesma maneira (Figura 5.7b).

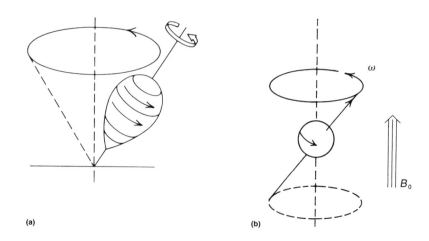

**FIGURA 5.7** (a) Um pião mudando de direção no campo gravitacional da Terra e (b) a precessão de um núcleo girando, resultado da influência de um campo magnético aplicado.

Quando o campo magnético é aplicado, o núcleo começa a mudar de direção sobre o próprio eixo de rotação com frequência angular ω, que é, às vezes, chamada de **frequência de Larmor**. A frequência com que um próton muda de direção é diretamente proporcional à intensidade do campo magnético aplicado: quanto mais intenso for o campo magnético, maior será a velocidade (frequência angular ω) da precessão. Para um próton, se o campo aplicado for de 1,41 Tesla (14100 Gauss), a frequência de precessão será de aproximadamente 60 MHz.

Como o núcleo tem uma carga, a precessão gera um campo elétrico oscilatório de mesma frequência. Se as ondas de radiofrequência dessa frequência forem fornecidas ao próton que está precessando, pode haver absorção de energia. Isto é, quando a frequência do componente do campo elétrico oscilatório da radiação que está entrando equivale à frequência do campo elétrico gerado pelo núcleo que está precessando, os dois campos podem acoplar-se, e será possível transferir energia da radiação para o núcleo, causando assim uma mudança de *spin*. Essa situação é chamada de **ressonância**, e diz-se que o núcleo entra em ressonância com a onda eletromagnética incidente. A Figura 5.8 ilustra esquematicamente esse processo de ressonância.

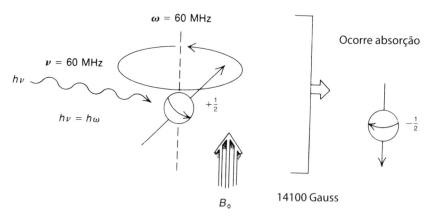

**FIGURA 5.8** Processo de ressonância magnética nuclear. A absorção ocorre quando $\nu = \omega$.

## 5.5 DENSIDADES POPULACIONAIS DOS ESTADOS DE *SPIN* NUCLEAR

Para um próton, se o campo magnético aplicado tem intensidade de aproximadamente 1,41 Tesla, ocorre ressonância em mais ou menos 60 MHz, e, usando $\Delta E = h\nu$, pode-se calcular a diferença de energia entre os dois estados de *spin* do próton, que é em torno de $2,39 \times 10^{-5}$ kJ/mol. A energia térmica da temperatura ambiente é suficiente para ocupar ambos os níveis de energia, visto que é pequena a separação de energia entre os dois níveis. Há, entretanto, um pequeno excesso de núcleos no estado de *spin* de energia mais baixa. A magnitude dessa diferença pode ser calculada usando as equações de distribuição de Boltzmann. A Equação 5.7 gera a razão de Boltzmann de *spin* nuclear nos níveis mais alto e mais baixo.

$$\frac{N_{\text{mais alto}}}{N_{\text{mais baixo}}} = e^{-\Delta E/kT} = e^{-h\nu/kT}$$ **Equação 5.7**

$h = 6,624 \times 10^{-34}$ J·seg
$k = 1,380 \times 10^{-23}$ J/K · molécula
$T$ = temperatura absoluta (K)

Em que $\Delta E$ é a diferença de energia entre os estados de energia mais alto e mais baixo, e $k$, a constante de Boltzmann. Como $\Delta E = h\nu$, a segunda forma da equação é derivada, em que $\nu$ é a frequência de operação do instrumento, e $h$, a constante de Planck.

Usando a Equação 5.7, pode-se calcular que a 298 K (25 °C), para um instrumento que opere em 60 MHz, há 1000009 núcleos do estado de *spin* mais baixo (favorecido) para cada 1000000 que ocupam o estado de *spin* mais alto:

$$\frac{N_{\text{mais alto}}}{N_{\text{mais baixo}}} = 0{,}999991 = \frac{1000000}{1000009}$$

Em outras palavras, em aproximadamente 2 milhões de núcleos há apenas 9 núcleos a mais no estado de *spin* mais baixo. Chamemos esse número (9) de **excesso populacional** (Figura 5.9).

Os núcleos excedentes são os que nos permitem observar ressonância. Quando é aplicada radiação de 60 MHz, ela não apenas induz transições para campo alto, como também estimula transições para campo baixo. Se as populações dos estados mais alto e mais baixo tornam-se exatamente iguais, não se observa nenhum sinal líquido, situação chamada de **saturação**, o que deve ser evitado quando se estiver realizando um experimento de RMN. Uma saturação será rapidamente atingida se for muito alta a potência da fonte de radiofrequência. Portanto, o excedente bem pequeno de núcleos no estado de *spin* mais baixo é muito importante para a espectroscopia de RMN, e por aí se vê que é necessária uma instrumentação de RMN bem sensível para detectar o sinal.

Se aumentarmos a frequência de operação do instrumento de RMN, a diferença de energia entre os dois estados aumentará (ver Figura 5.6), o que causa um aumento nesse excedente populacional. A Tabela 5.3 mostra como o excedente aumenta com a frequência de operação e por que instrumentos modernos foram projetados com frequências de operação cada vez maiores. A sensibilidade do instrumento aumenta, e os sinais de ressonância serão mais intensos, porque mais núcleos podem sofrer transições em frequências mais altas. Antes da invenção de instrumentos de campo mais alto, era muito difícil observar núcleos menos sensíveis, como o carbono-13, que não é muito abundante (1,1%) e tem uma frequência de detecção muito mais baixa do que o hidrogênio (ver Tabela 5.2).

```
               População
        _____ N
                    N = 1000000
                    Excedente = 9
        _____ N + 9
```

**FIGURA 5.9** População excedente de núcleos no estado de *spin* mais baixo em 60 MHz.

| Tabela 5.3 Variação de núcleos excedentes de ¹H com a frequência de operação ||
|---|---|
| Frequência (MHz) | Núcleos excedentes |
| 20 | 3 |
| 40 | 6 |
| 60 | 9 |
| 80 | 12 |
| 100 | 16 |
| 200 | 32 |
| 300 | 48 |
| 600 | 96 |

## 5.6 DESLOCAMENTO QUÍMICO E BLINDAGEM

A ressonância magnética nuclear é de grande utilidade porque nem todos os prótons de uma molécula têm ressonância exatamente na mesma frequência. Essa variabilidade se deve ao fato de que os prótons de uma molécula são rodeados por elétrons e estão em ambientes eletrônicos (magnéticos) levemente diferentes em relação aos outros. As densidades eletrônicas de valência variam de um próton para o outro. Os prótons são **blindados** pelos elétrons que os rodeiam. Em um campo magnético aplicado, os elétrons de valência dos prótons são forçados a circular. Essa circulação, chamada de **corrente diamagnética local**, gera um campo magnético de direção oposta ao campo magnético aplicado. A Figura 5.10 ilustra esse efeito, que é denominado **blindagem diamagnética** ou **anisotropia diamagnética**.

Pode-se ver a circulação de elétrons ao redor de um núcleo como algo similar ao fluxo de uma corrente elétrica em um fio elétrico. Pelas leis da física, sabemos que o fluxo de uma corrente através de um fio induz um campo magnético. Em um átomo, a corrente diamagnética local gera um campo magnético secundário, induzido, que tem direção oposta ao campo magnético aplicado.

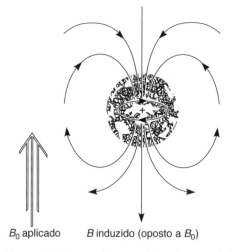

**FIGURA 5.10** Anisotropia diamagnética: a blindagem diamagnética de um núcleo causada pela circulação de elétrons de valência.

Como resultado da anisotropia diamagnética, cada próton da molécula é blindado contra o campo magnético aplicado, em uma amplitude que depende da densidade eletrônica ao seu redor. Quanto maior a densidade eletrônica ao redor do núcleo, maior o campo induzido que se opõe ao campo aplicado. O campo oposto que blinda o núcleo diminui o campo magnético aplicado que o núcleo experimenta. Em consequência, o núcleo precessa com uma frequência mais baixa, o que significa que, nessa frequência mais baixa, ele também absorve radiação de radiofrequência de frequência mais baixa. Cada próton de uma molécula está em um ambiente químico levemente diferente e, portanto, tem blindagem eletrônica levemente diferente, resultando em uma frequência de ressonância levemente diferente.

Essas diferenças de frequência de ressonância são muito pequenas. Por exemplo, a diferença entre as frequências de ressonância dos prótons do clorometano e do fluorometano, quando o campo aplicado é 1,41 Tesla, é apenas de 72 Hz. Como a radiação utilizada para induzir transições de *spin* de prótons naquela intensidade de campo magnético tem frequência próxima de 60 MHz, a diferença entre clorometano e fluorometano representa uma mudança na frequência de apenas um pouquinho mais do que um em um milhão! É muito difícil medir frequências com essa precisão; por isso, nem se tenta medir a frequência exata de ressonância de nenhum próton. Em vez disso, um composto de referência é colocado na solução da substância a ser medida, e a frequência de ressonância de cada próton da amostra é medida em relação à frequência de ressonância dos prótons da substância de referência. Em outras palavras, a *diferença* de frequência é medida diretamente. A substância de referência padrão, utilizada universalmente, é o **tetrametilsilano**, $(CH_3)_4Si$, também chamado de **TMS**. Esse composto foi escolhido, de início, porque os prótons de seus grupos metila são mais blindados do que os da maioria dos outros compostos conhecidos. Na época, não se conhecia nenhum composto que tivesse hidrogênios mais bem blindados do que o TMS, e presumiu-se que o TMS seria uma boa substância de referência, uma vez que marcaria um limite da faixa. Assim, quando outro composto é medido, a ressonância de seus prótons é informada em termos de deslocamento (em hertz), em relação aos prótons do TMS.

O deslocamento de um próton em relação ao TMS depende da intensidade do campo magnético aplicado. Em um campo aplicado de 1,41 Tesla, a ressonância de um próton é de aproximadamente 60 MHz, enquanto, em um campo aplicado de 2,35 Tesla (23500 Gauss), a ressonância aparece em aproximadamente 100 MHz. A razão das frequências de ressonância é igual à das duas intensidades de campo:

$$\frac{100 \text{ MHz}}{60 \text{ MHz}} = \frac{2,35 \text{ Tesla}}{1,41 \text{ Tesla}} = \frac{23500 \text{ Gauss}}{14100 \text{ Gauss}} = \frac{5}{3}$$

Assim, o deslocamento de um próton (em hertz) em relação ao TMS é $\frac{5}{3}$ maior na faixa de 100 MHz ($B_0$ = 2,35 Tesla) do que na faixa de 60 MHz ($B_0$ = 1,41 Tesla). Isso pode confundir pessoas que tentam comparar dados obtidos por espectrômetros que apresentem diferenças na intensidade do campo magnético aplicado. É fácil superar essa confusão se se definir um novo parâmetro, independentemente da intensidade de campo – por exemplo, dividindo-se o deslocamento em hertz de um próton pela frequência em megahertz do espectrômetro com o qual se obteve o valor de deslocamento. Dessa maneira, obtém-se uma medida independente do campo, chamada de **deslocamento químico ($\delta$)**:

$$\delta = \frac{(\text{deslocamento em Hz})}{(\text{frequência do espectrômetro em MHz})} \qquad \textbf{Equação 5.8}$$

O deslocamento químico $\delta$ expressa quanto uma ressonância de próton é deslocada em relação ao TMS, em partes por milhão (ppm), na frequência de operação básica do espectrômetro. Os valores de $\delta$ de um próton são sempre os mesmos, não importando se a medição foi feita em 60 MHz ($B_0$ = 1,41 Tesla) ou em 100 MHz ($B_0$ = 2,35 Tesla). Por exemplo, em 60 MHz o deslocamento dos prótons de $CH_3Br$ é de 162 Hz em relação ao TMS, enquanto, em 100 MHz, o deslocamento é de 270 Hz. Contudo, ambos correspondem ao mesmo valor de $\delta$ (2,70 ppm):

$$\delta = \frac{162 \text{ Hz}}{60 \text{ MHz}} = \frac{270 \text{ Hz}}{100 \text{ MHz}} = 2,70 \text{ ppm}$$

Por convenção, a maioria dos pesquisadores informa deslocamento químico em **delta ($\delta$)**, ou **partes por milhão (ppm)**, em relação à frequência principal do espectrômetro. Nessa escala, a ressonância dos prótons de TMS corresponde exatamente a 0,00 ppm (por definição).

O espectrômetro de RMN, na verdade, começa a varredura a partir de valores de δ altos, e vai até os baixos (como será abordado na Seção 5.7). A seguir, é mostrada uma escala típica de deslocamento químico, com a sequência de valores de δ que seriam encontrados em um típico registro do espectro de RMN.

Direção da varredura ⇒

          TMS
12 11 10 9 8 7 6 5 4 3 2 1 0 −1 −2    escala δ
                                       (ppm)

## 5.7 ESPECTRÔMETRO DE RESSONÂNCIA MAGNÉTICA NUCLEAR

### A. Instrumento de Onda Contínua (CW)

A Figura 5.11 ilustra esquematicamente os elementos básicos de um espectrômetro de RMN de 60 MHz clássico. A amostra é dissolvida em um solvente que não contém nenhum próton que possa interferir no processo (normalmente $CDCl_3$), e adiciona-se uma pequena quantidade de TMS para servir como referência interna. A cela de amostra é um pequeno tubo de ensaio cilíndrico suspenso no espaço entre as faces dos polos do ímã. A amostra é girada sobre seu eixo para garantir que todas as partes da solução experimentem um campo magnético relativamente uniforme.

Também há, no espaço do ímã, uma bobina ligada a um gerador de radiofrequência (RF) de 60 MHz. Essa bobina fornece a energia eletromagnética utilizada para alterar as orientações de *spin* dos prótons. Perpendicular à bobina oscilatória de RF, fica uma bobina detectora. Quando não há nenhuma absorção de energia, a bobina detectora não detecta a energia liberada pela bobina osciladora de RF. No entanto, quando a amostra absorve energia, a reorientação dos *spins* nucleares induz um sinal de RF no plano da bobina detectora, e o instrumento responde registrando isso como um **sinal de ressonância** ou **pico**.

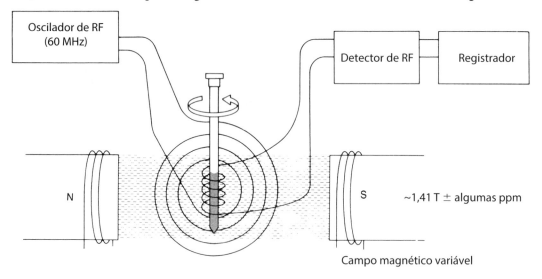

**FIGURA 5.11** Elementos básicos de espectrômetro de ressonância magnética nuclear clássico.

Com uma intensidade de campo constante, os diferentes tipos de prótons de uma molécula precessam com frequências levemente diferentes. Em vez de alterar a frequência do oscilador de RF para permitir que cada um dos prótons de uma molécula entre em ressonância, o espectrômetro de RMN CW usa um sinal de RF de frequência constante e modifica a intensidade do campo magnético. Quando a intensidade do campo magnético aumenta, elevam-se as frequências de precessão de todos os prótons. Quando a frequência de precessão de um tipo de próton chega a 60 MHz, ocorre ressonância. O ímã modificado é, na verdade, um dispositivo de duas partes. Há um ímã principal, com intensidade de aproximadamente 1,41 Tesla, coberto por polos de eletroímãs. Ao modificar a corrente através dos polos, o pesquisador pode aumentar a intensidade de campo em até 20 partes por milhão (ppm). Mudar o campo dessa forma sistemática faz todos os diferentes tipos de prótons da amostra entrarem em ressonância.

Quando a intensidade do campo sobe linearmente, uma caneta se desloca no quadro de registro. Um espectro típico é registrado como demonstra a Figura 5.12. Quando a caneta vai da esquerda para a direita, isso significa que o campo magnético aumenta nessa direção. Quando cada tipo quimicamente diferente de próton entra em ressonância, ele é registrado no quadro como um pico. O pico em $\delta = 0$ ppm deve-se ao composto TMS, de referência interna. Como prótons altamente blindados precessam de maneira mais lenta do que prótons relativamente desblindados, é necessário aumentar o campo para induzi-los a precessar em 60 MHz. Assim, prótons altamente **blindados** aparecem à direita desse quadro, e prótons menos blindados, ou **desblindados**, à esquerda. Às vezes, diz-se que a região do quadro à esquerda é **para baixo** (ou de **campo baixo**) e à direita **para cima** (ou de **campo alto**). Modificar o campo magnético, em um espectrômetro comum, é exatamente igual a modificar a radiofrequência, e uma mudança de 1 ppm na intensidade de campo magnético (aumento) tem o mesmo efeito de uma mudança de 1 ppm (diminuição) na frequência de RF (ver Equação 5.6). Assim, mudar a intensidade de campo em vez da frequência RF é apenas uma questão de projeto instrumental. Instrumentos que modificam o campo magnético de modo contínuo, começando do extremo inferior e indo até o extremo superior do espectro, são chamados de **instrumentos de onda contínua** (**CW**). Como os deslocamentos químicos dos picos nesse espectro são calculados a partir das diferenças de *frequência* do TMS, diz-se que ele é um **espectro no domínio da frequência** (Figura 5.12).

Uma característica distinta possibilita reconhecer um espectro do tipo CW. Picos gerados por um instrumento CW contêm **reverberação**, uma série decrescente de oscilações que ocorrem após o instrumento varrer todo o pico (Figura 5.13). A reverberação surge porque os núcleos excitados não têm tempo para relaxar ao seu estado de equilíbrio antes do campo e da caneta terem avançado para uma nova posição. Os núcleos excitados têm uma velocidade de relaxação menor do que a velocidade de varredura. Em consequência, ainda emitem um sinal oscilatório, em decadência rápida, que é registrado como reverberação. A reverberação é algo desejável em um instrumento CW, pois, por ele, considera-se que a homogeneidade do campo está bem ajustada. Nota-se melhor a reverberação quando um pico é um sinal isolado e agudo (um pico único, isolado).

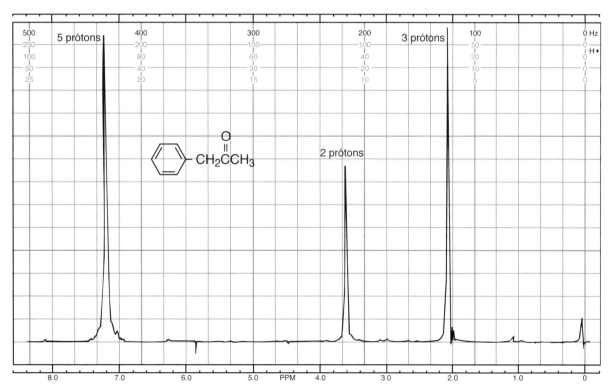

**FIGURA 5.12** Espectro de ressonância magnética nuclear ¹H 60 MHz da fenilacetona (o pico de absorção no extremo direito é causado pela substância de referência TMS adicionada).

## B. Instrumento de transformada de Fourier (FT) pulsado

O espectrômetro de RMN de onda contínua, descrito na Seção 5.7A, opera pela excitação dos núcleos do isótopo observado, um tipo de cada vez. No caso de núcleos $^1$H, cada tipo distinto de próton (fenila, vinila, metila etc.) é excitado individualmente, e seu pico de ressonância é observado e registrado de maneira independente em relação aos outros. Durante a varredura, observa-se primeiro um tipo de hidrogênio, e então outro, varrendo até que todos os tipos tenham entrado em ressonância.

Uma abordagem alternativa, comum em instrumentos sofisticados e modernos, é usar uma descarga de energia de potência alta, mas curta, chamada de **pulso**, que excita simultaneamente todos os núcleos magnéticos de uma molécula. Em uma molécula orgânica, por exemplo, todos os núcleos $^1$H são induzidos a passar por ressonância ao mesmo tempo. Um instrumento com um campo magnético de 2,1 Tesla usa um pulso de energia curta (de 1 a 10 μs), de 90 MHz, para realizar isso. A fonte é ligada e desligada rapidamente, gerando um pulso semelhante ao mostrado na Figura 5.14a. De acordo com o Princípio da Incerteza de Heisenberg, mesmo que a frequência do oscilador que gera esse pulso seja ajustada para 90 MHz, se a duração do pulso for muito curta, o conteúdo da frequência do pulso será impreciso, pois o oscilador não ficará ligado tempo suficiente para estabelecer uma frequência fundamental exata. Por conseguinte, o pulso, na verdade, contém uma *faixa de frequências* centradas na fundamental, como mostra a Figura 3.14b. Essa faixa de frequências é grande o suficiente para excitar, de uma só vez, com esse único pulso de energia, todos os tipos diferentes de hidrogênio da molécula.

Quando o pulso é interrompido, os núcleos excitados começam a perder sua energia de excitação e voltam a seu estado de *spin* original, ou seja, **relaxam**. Enquanto relaxa, cada núcleo excitado emite radiação eletromagnética. Como a molécula contém muitos núcleos distintos, muitas frequências dife-

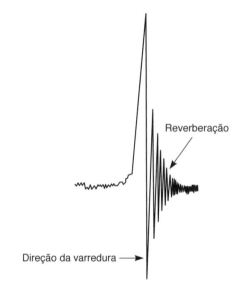

**FIGURA 5.13** Pico CW que apresenta reverberação.

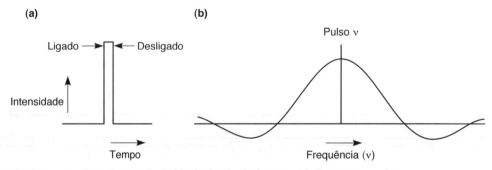

**FIGURA 5.14** Pulso curto. (a) Pulso original; (b) conteúdo de frequência do mesmo pulso.

rentes de radiação eletromagnética são emitidas simultaneamente. Essa emissão é chamada de sinal de **decaimento da indução livre (DIL)** (Figura 5.15). Notem que a intensidade do DIL decai com o tempo, à medida que todos os núcleos finalmente perdem sua excitação. O DIL é uma combinação sobreposta de todas as frequências emitidas e pode ser muito complexo. Em geral, extraem-se as frequências individuais dos diferentes núcleos, usando um computador e um método matemático chamado de análise de transformada de Fourier (FT), que é descrito mais à frente nesta seção.

Se analisarmos uma molécula muito simples, como a acetona, podemos evitar as complexidades inerentes à transformada de Fourier e compreender com mais clareza o método. A Figura 5.16a apresenta o DIL dos hidrogênios na acetona. Esse DIL foi determinado em um instrumento com um ímã de 7,05 Tesla operando em 300 MHz.

Como a acetona tem apenas um tipo de hidrogênio (todos os 6 hidrogênios são equivalentes), a curva DIL é composta de uma única onda senoidal. O sinal decai exponencialmente com o tempo, à medida que os núcleos relaxam e seus sinais diminuem. Como o eixo horizontal desse sinal é tempo, o DIL é, às vezes, chamado de **sinal no domínio do tempo**. Se a intensidade do sinal não decaísse, ele apareceria como uma onda senoidal (ou cossenoidal) de intensidade constante, como mostrado na Figura 5.16b. Pode-se calcular a frequência dessa onda a partir de seu comprimento de onda $\lambda$ (diferença entre os máximos).

A frequência determinada não é a frequência exata emitida pelos hidrogênios metila. Por causa do projeto do instrumento, a frequência básica do pulso não é a mesma que a frequência da ressonância da acetona. O DIL observado é, na verdade, um sinal de interferência entre a fonte de radiofrequência (300 MHz no caso) e a frequência emitida pelo núcleo excitado, no qual o comprimento de onda é dado por:

$$\lambda = \frac{1}{\nu_{acetona} - \nu_{pulso}}$$ **Equação 5.9**

Em outras palavras, esse sinal representa a diferença das duas frequências. Como a frequência do pulso é conhecida, pode-se prontamente determinar a frequência exata. Contudo, não precisamos sabê-la, pois estamos interessados no deslocamento químico desses prótons, que é dado por:

$$\delta'_{acetona} = \frac{\nu_{acetona} - \nu_{pulso}}{\nu_{pulso}}$$ **Equação 5.10**

que pode ser transformada em ppm:

$$ppm = \frac{(Hz)}{MHz}$$

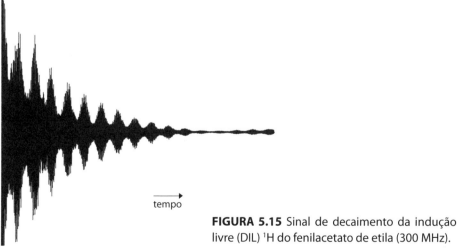

**FIGURA 5.15** Sinal de decaimento da indução livre (DIL) ¹H do fenilacetato de etila (300 MHz).

mostrando que $\delta'_{acetona}$ é o deslocamento químico dos prótons da acetona a partir da posição do pulso, não do TMS. Se soubermos $\delta'_{TMS}$, a posição do TMS a partir do pulso, o deslocamento químico real desse pico pode ser calculado pelo seguinte ajuste:

$$\delta'_{real} = (\delta'_{acetona} - \delta'_{TMS})$$  **Equação 5.11**

Podemos agora plotar esse pico como um deslocamento químico em um registro de espectro de RMN padrão (Figura 5.16c). O pico da acetona aparece em aproximadamente 2,1 ppm. Convertemos o sinal no domínio do tempo em um **sinal no domínio da frequência**, que é um formato padrão de um espectro obtido por um instrumento CW.

Agora considerem o DIL $^1$H do fenilacetato de etila (Figura 5.15). Essa molécula complexa tem muitos tipos de hidrogênio, e o DIL é a sobreposição de muitas frequências *diferentes*, e cada um dos sinais pode ter uma velocidade de decaimento *diferente*! Um método matemático chamado de **transformada de Fourier**, contudo, separará cada um dos componentes individuais desse sinal e os converterá em frequências. A transformada de Fourier separa o DIL em seus componentes de onda senoidal ou cossenoidal. Esse procedimento é muito complexo para ser realizado a olho ou à mão: é necessário um computador. Espectrômetros de RMN-FT pulsados têm computadores internos que não apenas podem trabalhar os dados por esse método, mas também podem controlar todos os ajustes do instrumento.

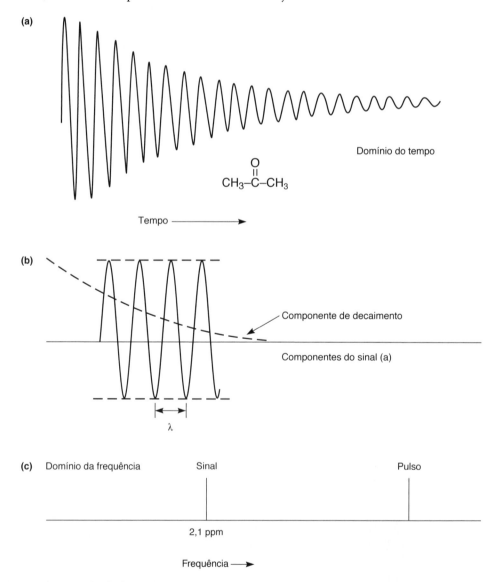

**FIGURA 5.16** (a) Curva DIL dos hidrogênios na acetona (domínio de tempo); (b) aparência do DIL quando se remove o decaimento; (c) frequência dessa onda senoidal plotada no domínio da frequência.

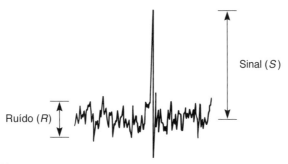

**FIGURA 5.17** A razão sinal/ruído.

O método FT pulsado descrito aqui tem várias vantagens sobre o método CW: é mais sensível e pode medir sinais mais fracos. São necessários de 5 a 10 minutos para varrer e registrar um espectro CW; uma experiência pulsada é muito mais rápida, e pode-se medir um DIL em poucos segundos. Com um computador e uma medição mais rápida, é possível repetir e calcular a média das medidas do sinal DIL. Essa é a verdadeira vantagem quando a quantidade de amostra é pequena, caso em que o DIL é fraco em intensidade e tem uma grande quantidade de ruído associado. O **ruído** origina-se de sinais eletrônicos aleatórios que, em geral, são visíveis como flutuações da linha-base do sinal (Figura 5.17). Como o ruído é aleatório, sua intensidade não aumenta quando se somam muitas repetições do espectro. Por esse procedimento, pode-se mostrar que a razão sinal/ruído melhora como uma função da raiz quadrada do número de varreduras $n$:

$$\frac{S}{N} = f\sqrt{n}$$

O RMN-FT pulsado é, assim, especialmente adequado para o exame de núcleos não muito abundantes na natureza, núcleos que não são fortemente magnéticos ou amostras muito diluídas.

Os espectrômetros de RMN mais modernos usam ímãs supercondutores, que podem ter intensidades de campo de até 21 Tesla e operar em 900 MHz. Um ímã supercondutor é feito de ligas especiais e deve ser resfriado até a temperatura do hélio líquido. O ímã é geralmente inserido em um recipiente análogo a um frasco de Dewar (uma câmara isolada) com hélio líquido; por sua vez, essa câmara é inserida em outra câmara com nitrogênio líquido. Instrumentos que operam em frequências acima de 100 MHz têm ímãs supercondutores. Os espectrômetros de RMN com frequências de 300 MHz, 400 MHz e 500 MHz são agora comuns na química, e instrumentos com frequências de 900 MHz são utilizados em projetos de pesquisa especiais.

## 5.8 EQUIVALÊNCIA QUÍMICA: UM BREVE RESUMO

Todos os prótons encontrados em ambientes quimicamente idênticos dentro de uma molécula são **quimicamente equivalentes** e exibem em geral o mesmo deslocamento químico. Assim, todos os prótons do tetrametilsilano (TMS) ou de benzeno, ciclopentano ou acetona – que são moléculas que têm prótons equivalentes por simetria – têm ressonância em um único valor de δ (mas esse valor será diferente para cada uma das moléculas listadas anteriormente). Cada um desses compostos gera um único pico de absorção em seu espectro de RMN. Diz-se que os prótons são quimicamente equivalentes. Por sua vez, uma molécula que tenha séries de prótons quimicamente distintos um do outro pode gerar um pico de absorção diferente em cada série, caso em que as séries de prótons são quimicamente não equivalentes. Os exemplos a seguir devem ajudar a esclarecer essas relações:

| Estrutura | Descrição |
|---|---|
| Benzeno (C₆H₆); ciclopentano (CH₂)₅; acetona (CH₃COCH₃); (CH₃)₄Si | Moléculas que geram um pico de absorção de RMN – todos os prótons quimicamente equivalentes |
| CH₂—C(O)—OCH₃ / CH₂—C(O)—OCH₃; p-xileno | Moléculas que geram dois picos de absorção de RMN – duas séries diferentes de prótons quimicamente equivalentes |
| CH₃—C(O)—OCH₃; CH₃—O—CH₂Cl; CH₃—O—CH₂—C(CH₃)₃; CH₃—C(O)—CH₂—O—CH₃ | Moléculas que geram três picos de absorção de RMN – três séries diferentes de prótons quimicamente equivalentes |

Verifica-se que um espectro de RMN produz um tipo valioso de informação com base no número de picos diferentes observados, isto é, o número de picos corresponde ao número de tipos de prótons quimicamente distintos na molécula. Em geral, prótons quimicamente equivalentes são também **magneticamente equivalentes**. Observe, contudo, que, *em alguns casos, prótons quimicamente equivalentes não são magneticamente equivalentes*. Exploraremos essa circunstância no Capítulo 7, que examina com mais detalhes as equivalências química e magnética.

## 5.9 INTEGRAIS E INTEGRAÇÃO

O espectro de RMN não somente distingue os diferentes tipos de próton em uma molécula, como também revela quanto de cada tipo está contido na molécula. No espectro de RMN, a área sob cada pico é proporcional ao número de hidrogênios que geram esse pico. Assim, na fenilacetona (ver Figura 5.12), a razão da área dos três picos é 5:2:3, a mesma razão dos números dos três tipos de hidrogênio. O espectrômetro de RMN tem a capacidade de **integrar** eletronicamente a área sob cada pico e faz isso traçando sobre cada pico uma linha vertical crescente, chamada de **integral**, que sobe em altura com um valor proporcional à área sob o pico. A Figura 5.18 é um espectro de RMN em 60 MHz do acetato de benzila, mostrando cada um dos picos integrados nesse caminho.

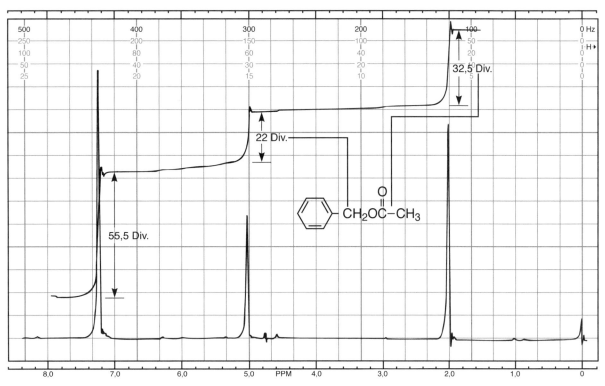

**FIGURA 5.18** Determinação das razões de integral do acetato de benzila (60 MHz).

Observe que a altura da linha integral não oferece o número absoluto de hidrogênios, mas o número relativo de cada tipo de hidrogênio. Para que certa integral seja útil, deve haver uma segunda integral a que ela se refira. O acetato de benzila é um bom exemplo disso. A primeira integral sobe até 55,5 divisões no gráfico; a segunda, 22,0 divisões; e a terceira, 32,5 divisões. Esses números são relativos. É possível encontrar razões dos tipos de prótons dividindo cada um dos números maiores pelos números menores:

$$\frac{55,5 \text{ div}}{22,0 \text{ div}} = 2,52 \qquad \frac{22,0 \text{ div}}{22,0 \text{ div}} = 1,00 \qquad \frac{32,5 \text{ div}}{22,0 \text{ div}} = 1,48$$

Assim, a razão entre o número de todos os tipos de prótons é 2,52:1,00:1,48. Se presumirmos que o pico em 5,1 ppm realmente se deva a dois hidrogênios, e que as integrais estejam levemente (no máximo, 10%) imprecisas, chegaremos à razão real multiplicando cada valor por 2 e arredondando para 5:2:3. Claramente, o pico em 7,3 ppm, que integrado corresponde a cinco prótons, surge da ressonância dos prótons de anéis aromáticos, enquanto o pico em 2,0 ppm, que integrado dá três prótons, deve-se aos prótons metila. A ressonância de dois prótons em 5,1 ppm surge dos prótons benzila. Perceba que as integrais oferecem a razão mais simples, mas não necessariamente a razão real entre os números de prótons de cada tipo.

O espectro do acetato de benzila mostrado na Figura 5.19 foi obtido em um instrumento de RMN-FT moderno que opera em 300 MHz. O espectro é semelhante ao obtido em 60 MHz. Mostram-se, como antes, linhas integrais, mas, além disso, observam-se valores integrais digitalizados das integrais impressas sob os picos. As áreas sob a curva são relativas, não absolutas. Os valores integrais são proporcionais ao número real de prótons representados pelo pico. Será necessário "massagear" os números apresentados na Figura 5.19 para obter o número real de prótons representados por um pico. Você verá que é muito mais fácil fazer a conta quando são oferecidos valores digitalizados em vez de medir a mudança nas alturas da linha integral. Note que o acetato de benzila tem um total de 10 prótons, sendo assim necessário massagear os números para obter 10 prótons. Proceda da seguinte maneira:

| Divida pelo menor valor inteiro | Multiplique por 2 | Arredonde |
|---|---|---|
| 4,58/1,92 = 2,39 | (2,39)(2) = 4,78 | 5 H |
| 1,92/1,92 = 1,0 | (1,0)(2) = 2,0 | 2 H |
| 2,80/1,92 = 1,46 | (1,46)(2) = 2,92 | 3 H |
| | | 10 H |

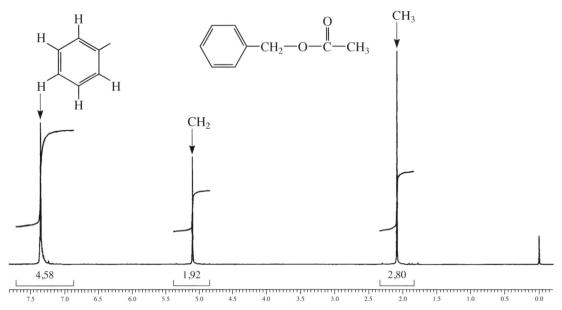

**FIGURA 5.19** Espectro integrado do acetato de benzila determinado em um instrumento de RMN-FT de 300 MHz.

## 5.10 AMBIENTE QUÍMICO E DESLOCAMENTO QUÍMICO

Se as frequências da ressonância de todos os prótons de uma molécula fossem as mesmas, a RMN seria pouco útil ao químico orgânico. Não somente tipos diferentes de prótons têm deslocamentos químicos diferentes, mas cada um tem também um valor característico de deslocamento químico. Cada tipo de próton tem apenas uma faixa limitada de valores de $\delta$ dentro da qual gera ressonância. Assim, o valor numérico (em $\delta$ ou em ppm) do deslocamento químico de um próton dá uma ideia do tipo de próton que origina o sinal, da mesma forma que uma frequência no infravermelho dá uma ideia a respeito do tipo de ligação ou grupo funcional.

Por exemplo, observe que os prótons aromáticos da fenilacetona (Figura 5.12) e do acetato de benzila (Figura 5.18) têm ressonância próxima de 7,3 ppm, e que ambos os grupos metila ligados diretamente a uma carbonila têm ressonância por volta de 2,1 ppm. Prótons aromáticos, caracteristicamente, têm ressonância próxima de 7 a 8 ppm, enquanto grupos acetila (grupos metila desse tipo), próxima de 2 ppm. Esses valores de deslocamento químico são diagnósticos. Veja também como a ressonância dos prótons da benzila (—CH$_2$—) vem em um valor maior de deslocamento químico (5,1 ppm) no acetato de benzila do que no fenilacetona (3,6 ppm). Estando ligados ao oxigênio, que é mais eletronegativo, esses prótons são mais desblindados (ver Seção 5.11) do que os da fenilacetona. Um químico treinado reconheceria rapidamente, a partir do valor do deslocamento químico apresentado por esses prótons, a presença provável do oxigênio.

É importante conhecer as faixas de deslocamento químico em que os tipos mais comuns de prótons têm ressonância. A Figura 5.20 é um quadro de correlação que contém os tipos de próton mais essenciais e mais frequentemente encontrados. A Tabela 5.4 lista as faixas de deslocamento químico de certos tipos de próton. Para um iniciante, muitas vezes é difícil memorizar uma grande quantidade de números relacionados a deslocamentos químicos e tipos de próton. Na verdade, deve-se fazer isso apenas superficialmente. É mais importante "ter uma ideia" das regiões e dos tipos de próton do que saber uma sequência de números reais. Para fazer isso, estude a Figura 5.20 com cuidado. A Tabela 5.4 e o Anexo 2 apresentam listas mais detalhadas de deslocamentos químicos.

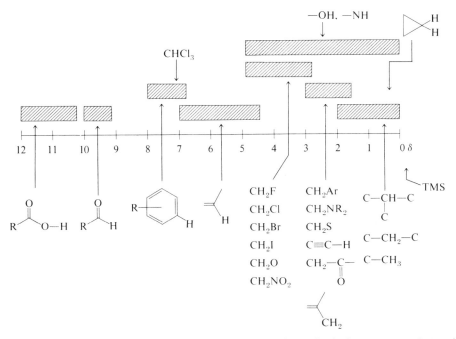

**FIGURA 5.20** Quadro de correlação simplificada entre valores de deslocamento químico de prótons.

## 5.11 BLINDAGEM DIAMAGNÉTICA LOCAL

### A. Efeitos de eletronegatividade

A tendência de deslocamentos químicos mais fácil de explicar é aquela que envolve elementos eletronegativos substituídos no mesmo carbono em que estão ligados os prótons de interesse. O deslocamento químico simplesmente aumenta conforme a eletronegatividade do elemento ligado. A Tabela 5.5 ilustra essa relação em diversos compostos do tipo $CH_3X$.

Vários substituintes apresentam um efeito mais forte do que um único substituinte. A influência dos substituintes cai rapidamente com a distância, e um elemento eletronegativo pouco afeta prótons que estejam a mais do que três carbonos de distância. A Tabela 5.6 ilustra esses efeitos em prótons importantes.

A Seção 5.6 abordou rapidamente a origem do efeito de eletronegatividade. Substituintes eletronegativos ligados a um átomo de carbono, por causa de seus efeitos de retirar elétrons, reduzem a densidade eletrônica de valência ao redor dos prótons ligados àquele carbono. Esses elétrons, deve-se lembrar, blindam o próton do campo magnético aplicado. A Figura 5.10 ilustra esse efeito, chamado de *blindagem diamagnética local*. Substituintes eletronegativos no carbono reduzem a blindagem diamagnética local nas proximidades dos prótons ligados, pois diminuem a densidade eletrônica ao redor desses prótons. Diz-se que os substituintes que têm esse tipo de efeito desprotegem o próton. Quanto maior a eletronegatividade do substituinte, mais ele desprotege prótons e, assim, maior é o deslocamento químico desses prótons.

## Tabela 5.4 Faixas aproximadas de deslocamentos químicos (ppm) em certos tipos de prótons[a]

| Grupo | Faixa (ppm) | | Grupo | Faixa (ppm) |
|---|---|---|---|---|
| R—CH₃ | 0,7–1,3 | | R—N—C—H | 2,2–2,9 |
| R—CH₂—R | 1,2–1,4 | | R—S—C—H | 2,0–3,0 |
| R₃CH | 1,4–1,7 | | I—C—H | 2,0–4,0 |
| R—C=C—C—H | 1,6–2,6 | | Br—C—H | 2,7–4,1 |
| R—C(=O)—C—H, H—C(=O)—C—H | 2,1–2,4 | | Cl—C—H | 3,1–4,1 |
| RO—C(=O)—C—H, HO—C(=O)—C—H | 2,1–2,5 | | R—S(=O)₂—O—C—H | ca. 3,0 |
| N≡C—C—H | 2,1–3,0 | | RO—C—H, HO—C—H | 3,2–3,8 |
| Ph—C—H | 2,3–2,7 | | R—C(=O)—O—C—H | 3,5–4,8 |
| R—C≡C—H | 1,7–2,7 | | O₂N—C—H | 4,1–4,3 |
| R—S—H (var) | 1,0–4,0 [b] | | F—C—H | 4,2–4,8 |
| R—N—H (var) | 0,5–4,0 [b] | | | |
| R—O—H (var) | 0,5–5,0 [b] | | R—C=C—H | 4,5–6,5 |
| Ph—O—H (var) | 4,0–7,0 [b] | | Ph—H | 6,5–8,0 |
| Ph—N—H (var) | 3,0–5,0 [b] | | R—C(=O)—H | 9,0–10,0 |
| R—C(=O)—N—H (var) | 5,0–9,0 [b] | | R—C(=O)—OH | 11,0–12,0 |

[a] Em hidrogênios representados como —C—H, se esse hidrogênio fizer parte de um grupo metila (CH₃), o deslocamento ficará, normalmente, na parte inferior da faixa; se o hidrogênio estiver em um grupo metileno (—CH₂—), o deslocamento será intermediário; se o hidrogênio estiver em um grupo metina (—CH—), o deslocamento ficará tipicamente no canto superior da faixa.

[b] O deslocamento químico desses grupos é variável, dependendo não apenas do ambiente químico na molécula, mas também da concentração, da temperatura e do solvente.

| Tabela 5.5 Dependência do elemento X no deslocamento químico do CH₃X |
|---|

| Composto CH₃X | CH₃F | CH₃OH | CH₃Cl | CH₃Br | CH₃I | CH₄ | (CH₃)₄Si |
|---|---|---|---|---|---|---|---|
| Elemento X | F | O | Cl | Br | I | H | Si |
| Eletronegatividade de X | 4,0 | 3,5 | 3,1 | 2,8 | 2,5 | 2,1 | 1,8 |
| Deslocamento químico δ | 4,26 | 3,40 | 3,05 | 2,68 | 2,16 | 0,23 | 0 |

| Tabela 5.6 Efeitos de substituição |
|---|

| CHCl₃ | CH₂Cl₂ | CH₃Cl | —CH₂Br | —CH₂—CH₂Br | —CH₂—CH₂CH₂Br |
|---|---|---|---|---|---|
| 7,27 | 5,30 | 3,05 | 3,30 | 1,69 | 1,25 |

## B. Efeitos de hibridização

A segunda série importante de tendências é aquela devida às diferenças na hibridização do átomo a que o hidrogênio está ligado.

### Hidrogênios $sp^3$

Referente à Figura 5.20 e à Tabela 5.4, note que todos os hidrogênios ligados a átomos de carbonos puramente $sp^3$ (C—CH₃, C—CH₂—C, C—CH—C, cicloalcanos) têm ressonância entre 0 e 2 ppm, desde que
      |
      C

nenhum elemento eletronegativo ou grupos com ligação de π estejam por perto. Na extrema direita dessa faixa, há o TMS (0 ppm) e hidrogênios ligados a carbonos em anéis altamente tensos (0-1 ppm) – como ocorre, por exemplo, em hidrogênios ciclopropílicos. A maioria dos grupos metila, se estiverem ligados a outros carbonos $sp^3$, ocorre perto de 1 ppm. Hidrogênios do grupo metileno (ligados a carbonos $sp^3$) aparecem em deslocamentos químicos maiores (por volta de 1,2 a 1,4 ppm) do que hidrogênios do grupo metila. Hidrogênios metina terciários ocorrem em deslocamentos químicos mais altos do que hidrogênios secundários, que, por sua vez, têm deslocamentos químicos maiores do que hidrogênios primários ou metila. O diagrama a seguir ilustra essas relações:

Região alifática        3º    >    2º    >    1º    >    Anel aromático

            2                       1                    0 δ

Logicamente, hidrogênios em um carbono $sp^3$ ligado a um heteroátomo (—O—CH₂— e outros) ou a um carbono insaturado (—C=C—CH₂—) não caem nessa região, mas têm deslocamentos químicos maiores.

### Hidrogênios $sp^2$

Hidrogênios vinila simples (—C=C—H) têm ressonância na faixa de 4,5 a 7 ppm. Em uma ligação C—H $sp^2$-1s, o átomo de carbono tem mais caráter s (33% s) – o que efetivamente o deixa "mais eletronegativo" – do que um carbono $sp^3$ (25% s). Lembre que orbitais s mantêm elétrons mais próximos ao núcleo do que orbitais p de carbono. Se o átomo de carbono $sp^2$ mantém seus elétrons mais presos, isso resulta em menor blindagem do núcleo H do que em uma ligação $sp^3$-1s. Assim, hidrogênios vinila têm deslocamentos químicos maiores (de 5 a 6 ppm) do que hidrogênios alifáticos em carbonos $sp^3$ (de 1 a 4 ppm). Hidrogênios aromáticos aparecem em uma faixa ainda mais baixa (de 7 a 8 ppm). As posições mais baixas de ressonâncias vinila e aromáticas são, contudo, maiores do que se esperaria com base nessas diferenças de hibridização. O efeito denominado **anisotropia** é responsável pela maior parte desses deslocamentos (assunto que será abordado na Seção 5.12). Prótons de aldeídos (também ligados a carbonos $sp^2$) aparecem ainda mais para baixo (de 9 a 10 ppm) do que prótons aromáticos, visto que o efeito indutivo do átomo de oxigênio eletronegativo abaixa ainda mais a densidade eletrônica do próton ligado. Prótons de aldeídos, como prótons aromáticos e alquenos, exibem deslocamentos químicos incrivelmente altos, por causa da anisotropia (Seção 5.12).

Aldeído

### Hidrogênios sp

Hidrogênios acetilênicos (C—H, $sp$-1$s$) aparecem, anomalamente em 2 a 3 ppm por causa da anisotropia. Com base unicamente na hibridização, como já apontado, esperar-se-ia que o próton acetilênico tivesse um deslocamento químico maior do que o próton vinílico. Um carbono $sp$ deveria comportar-se como se fosse mais eletronegativo do que um carbono $sp^2$, o que é exatamente o oposto do que se observa na prática.

### C. Prótons ácidos e intercambiáveis; ligações de hidrogênio

### Hidrogênios ácidos

Os prótons ligados a ácidos carboxílicos são alguns dos menos blindados. Esses prótons têm suas ressonâncias entre 10 e 12 ppm.

Tanto o efeito de ressonância quanto o de eletronegatividade retiram densidade eletrônica do próton ácido.

### Ligação de hidrogênio e hidrogênios intercambiáveis

Prótons que podem formar ligações de hidrogênio (por exemplo, prótons de grupos hidroxila ou amina) exibem posições de absorção extremamente variáveis em uma grande faixa. Normalmente são encontrados ligados a um heteroátomo. A Tabela 5.7 lista as faixas em que se encontram alguns desses tipos de próton. Quanto mais forte a ligação de hidrogênio, mais desblindado fica o próton. O número de moléculas que formam ligação de hidrogênio é, em geral, uma função da concentração e da temperatura. Quanto mais concentrada a solução, mais moléculas podem entrar em contato com as outras e formar ligações de hidrogênio. Em alta diluição (sem ligação de H), prótons hidroxila absorvem próximo de 0,5–1,0 ppm; em soluções concentradas, sua absorção ocorre em torno de 4–5 ppm. Prótons em outros heteroátomos apresentam tendências semelhantes.

Livre (solução diluída)     Com ligação de H (solução concentrada)

Hidrogênios que podem trocar, seja com prótons do solvente seja com outros prótons da molécula, também tendem a apresentar posições de absorção variáveis. As equações a seguir ilustram as situações possíveis:

$$R-O-H_a + R'-O-H_b \rightleftharpoons R-O-H_b + R'-O-H_a$$

$$R-O-H + H:SOLV \rightleftharpoons R-\overset{+}{\underset{|}{O}}-H + :SOLV^-$$
$$\phantom{R-O-H + H:SOLV \rightleftharpoons R-O}H$$

$$R-O-H + :SOLV \rightleftharpoons H:SOLV^+ + R-O:^-$$

O Capítulo 8 abordará todas essas situações com mais detalhes.

**Tabela 5.7** Faixas típicas de prótons com deslocamentos químicos variáveis

| | | |
|---|---|---|
| Ácidos | RCOOH | 10,5 – 12,0 ppm |
| Fenóis | ArOH | 4,0 – 7,0 |
| Alcoóis | ROH | 0,5 – 5,0 |
| Aminas | $RNH_2$ | 0,5 – 5,0 |
| Amidas | $RCONH_2$ | 5,0 – 8,0 |
| Enóis | CH=CH—OH | > 15 |

## 5.12 ANISOTROPIA MAGNÉTICA

A Figura 5.20 mostra com clareza que há alguns tipos de prótons com deslocamentos químicos que não são facilmente explicados por simples considerações a respeito da eletronegatividade dos grupos ligados. Por exemplo, observe os prótons do benzeno ou outros sistemas aromáticos. Prótons arílicos, em geral, têm um deslocamento químico tão grande quanto o próton do clorofórmio! Alcenos, alcinos e aldeídos também têm prótons com valores de ressonância que não estão de acordo com as magnitudes esperadas por qualquer efeito de retirada de elétrons ou efeitos de hibridização. Em cada um desses casos, o deslocamento anômalo deve-se à presença de um sistema insaturado (com elétrons $\pi$) nas proximidades do próton em questão.

Utilizemos o benzeno como exemplo. Quando ele é colocado no campo magnético, os elétrons $\pi$ do anel aromático são induzidos a circular ao redor do anel. Essa circulação é chamada de **corrente de anel**. Os elétrons que se movem geram um campo magnético muito parecido com aquele gerado em um *loop* de fio pelo qual se induz uma corrente. O campo magnético cobre um volume espacial grande o suficiente para influenciar a blindagem dos hidrogênios do benzeno. A Figura 5.21 ilustra esse fenômeno.

Diz-se que os hidrogênios do benzeno ficam desblindados pela anisotropia diamagnética do anel. Pela terminologia eletromagnética, um campo isotrópico é ou de densidade uniforme ou de distribuição esfericamente simétrica; um campo anisotrópico não é isotrópico, isto é, não uniforme. Um campo magnético aplicado é anisotrópico nas proximidades de uma molécula de benzeno, pois os elétrons fracamente ligados do anel interagem com o campo aplicado, o que cria uma não homogeneidade nas proximidades imediatas da molécula. Assim, um próton ligado a um anel benzênico é influenciado por três campos magnéticos: um campo magnético forte aplicado dos eletroímãs do espectrômetro de RMN e dois campos mais fracos – um por causa da blindagem comum dos elétrons de valência ao redor do próton, e o outro decorrente da anisotropia gerada pelo sistema de elétrons $\pi$. É o efeito anisotrópico que produz nos prótons do benzeno um deslocamento químico maior do que o esperado. Esses prótons, por acaso, caem em uma região desblindada do campo anisotrópico. Se um próton fosse colocado no centro do anel, e não em sua periferia, descobrir-se-ia que ele está blindado, uma vez que as linhas do campo lá teriam direções opostas daquelas da periferia.

Todos os grupos de uma molécula que tenham elétrons π geram campos anisotrópicos secundários. No acetileno, o campo magnético gerado por circulação induzida de elétrons π apresenta uma geometria que permite que os hidrogênios acetilênicos fiquem blindados (Figura 5.22). Assim, hidrogênios acetilênicos têm ressonância em campos mais altos do que o esperado. As regiões de blindagem e desblindagem, em virtude dos vários grupos funcionais com elétrons π, têm formas e direções características, e a Figura 5.23 ilustra as de alguns grupos. Os prótons que ficam nas áreas cônicas são blindados, e os que ficam fora das áreas cônicas, desblindados. A magnitude do campo anisotrópico diminui com a distância, e, após certa distância, não há, essencialmente, um campo anisotrópico. A Figura 5.24 apresenta os efeitos da anisotropia em diversas moléculas reais.

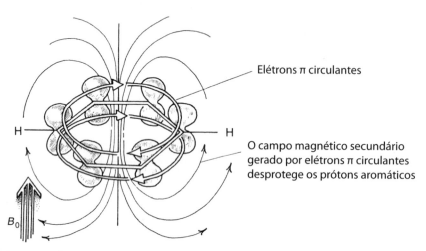

**FIGURA 5.21** Anisotropia diamagnética no benzeno.

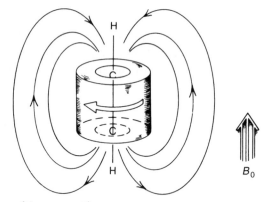

**FIGURA 5.22** Anisotropia diamagnética no acetileno.

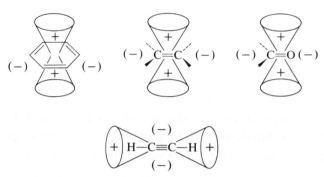

**FIGURA 5.23** Anisotropia causada pela presença de elétrons π em alguns sistemas comuns de ligações múltiplas.

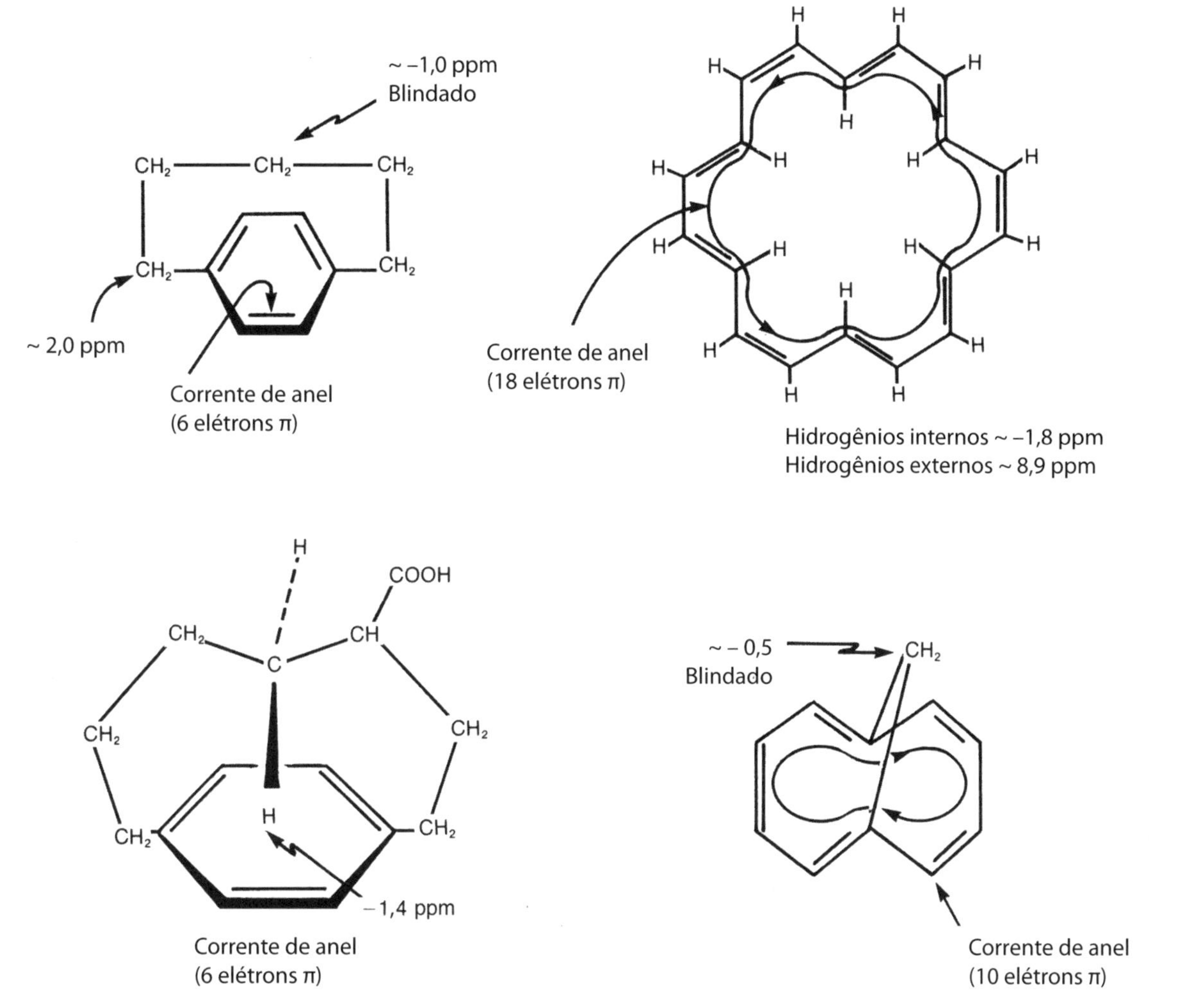

**FIGURA 5.24** Efeitos da anisotropia em algumas moléculas reais.

## 5.13 REGRA DO DESDOBRAMENTO *SPIN-SPIN* (*N* + 1)

Abordamos anteriormente como o deslocamento químico e a integral (área de pico) podem dar informações sobre o número e os tipos de hidrogênios contidos em uma molécula. Um terceiro tipo de informação a ser encontrada no espectro de RMN é derivado do fenômeno do desdobramento *spin-spin*. Mesmo em moléculas simples, descobre-se que cada tipo de próton raramente gera um único pico de ressonância. Por exemplo, no 1,1,2-tricloroetano há dois tipos de hidrogênios quimicamente distintos:

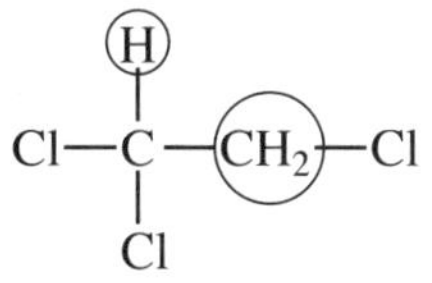

Com base na informação obtida, poderíamos prever dois picos de ressonância no espectro de RMN do 1,1,2-tricloroetano, com uma razão de área de 2:1. Na realidade, o espectro de RMN de alta resolução desse composto tem cinco picos: um grupo de três picos (chamado de **tripleto**) em 5,77 ppm e um grupo de dois picos (chamado de **dubleto**) em 3,95 ppm. A Figura 5.25 mostra esse espectro. Diz-se que a ressonância do metina (CH) (5,77 ppm) é dividida em um tripleto, e a ressonância do metileno (3,95 ppm), em um dubleto. A área sob os três picos do tripleto é 1, em comparação com uma área de 2 sob os dois picos do dubleto.

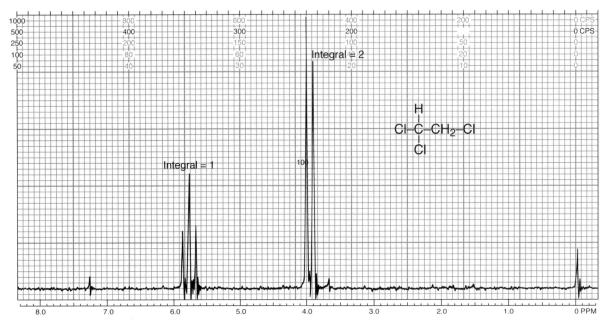

**FIGURA 5.25** Espectro de ¹H RMN do 1,1,2-tricloroetano (60 MHz).

Esse fenômeno, chamado de **desdobramento *spin-spin***, pode ser explicado empiricamente pela regra conhecida como **Regra do *n* + 1**. Cada tipo de próton "sente" o número de prótons equivalentes (*n*) no(s) átomo(s) de carbono próximo(s) ao(s) qual(is) está ligado, e seu pico de ressonância é dividido em (*n* + 1) componentes.

Examine o caso do 1,1,2-tricloroetano utilizando a Regra do *n* + 1. Primeiro, o hidrogênio único do metino está situado ao lado de um carbono ligado a dois prótons metileno. De acordo com a regra, esse hidrogênio tem dois vizinhos equivalentes (*n* = 2) e é desdobrado em *n* + 1 = 3 picos (um tripleto). Os prótons do metileno estão ao lado de um carbono ligado a apenas um hidrogênio metina. De acordo com a regra, esses prótons têm um vizinho (*n* = 1) e são divididos em *n* + 1 = 2 picos (um dubleto).

Dois vizinhos geram um tripleto (*n* + 1 = 3) (área = 1)

Um vizinho gera um dubleto (*n* + 1 = 2) (área = 2)

Prótons equivalentes comportam-se como um grupo

Antes de explicar a origem desse efeito, examinemos dois casos mais simples previstos pela Regra do *n* + 1. A Figura 5.26 é o espectro do iodeto de etila (CH₃CH₂I). Note que os prótons do metileno são desdobrados em um quarteto (quatro picos) e que o grupo metila é desdobrado em um tripleto (três picos). Isso é assim explicado:

Três vizinhos equivalentes geram um quarteto (*n* + 1 = 4) (área = 2)

Dois vizinhos equivalentes geram um tripleto (*n* + 1 = 3) (área = 3)

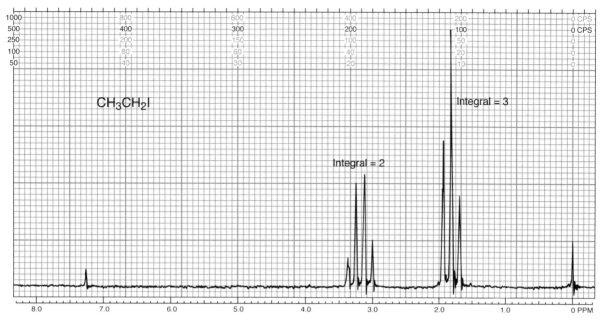

**FIGURA 5.26** Espectro de ¹H RMN do iodeto de etila (60 MHz).

Por fim, analise o 2-nitropropano, cujo espectro é mostrado na Figura 5.27.

Um vizinho gera um dubleto
($n + 1 = 2$) (área = 6)

Seis vizinhos equivalentes geram
um septeto ($n + 1 = 7$) (área = 1)

Observe que, no caso do 2-nitropropano, há dois carbonos adjacentes ligados a hidrogênios (dois carbonos, cada um com três hidrogênios) e que todos os seis hidrogênios, como um grupo, desdobram o hidrogênio metina em um **septeto**.

Note também que os deslocamentos químicos dos vários grupos de prótons fazem sentido de acordo com o que foi apontado nas Seções 5.10 e 5.11. Assim, no 1,1,2-tricloroetano, o hidrogênio metina (em um carbono ligado a dois átomos Cl) tem um deslocamento químico maior do que os prótons metileno (em um carbono ligado a apenas um átomo Cl). No iodeto de etila, os hidrogênios no iodo ligado a carbono têm deslocamento químico maior do que os do grupo metila. No 2-nitropropano, o próton metina (no carbono ligado ao grupo nitro) tem um deslocamento químico maior do que os hidrogênios dos dois grupos metila.

Por fim, observe que o desdobramento *spin-spin* gera um tipo de informação estrutural. Ela revela quantos hidrogênios são adjacentes a cada tipo de hidrogênio que esteja gerando um pico de absorção ou, como nesses casos, um multipleto de absorção. Como referências, apresentamos na Tabela 5.8 alguns padrões de desdobramento *spin-spin* bastante comuns.

**238** Introdução à espectroscopia

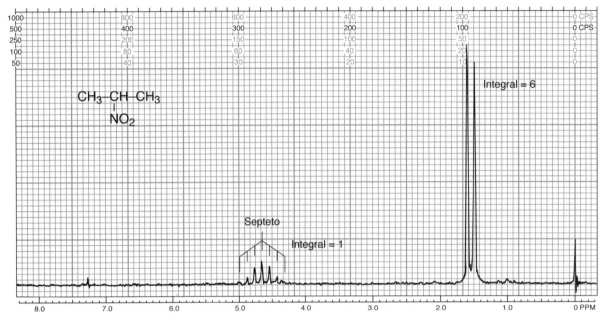

**FIGURA 5.27** Espectro de ¹H RMN do 2-nitropropano (60 MHz).

| Tabela 5.8 Alguns exemplos de padrões de separação comuns em compostos |
|---|

| Campo baixo | | | | Campo alto |
|---|---|---|---|---|
| 1 H | (dubleto) | Cl₂CH—CHBr₂ | (dubleto) | 1 H |
| 1 H | (tripleto) | Cl₂CH—CH₂—Cl | (dubleto) | 2 H |
| 2 H | (tripleto) | Cl—CH₂—CH₂—Br | (tripleto) | 2 H |
| 1 H | (quarteto) | Cl₂CH—CH₃ | (dubleto) | 3 H |
| 2 H | (quarteto) | Cl—CH₂—CH₃ | (tripleto) | 3 H |
| 1 H | (septeto) | Br—CH(CH₃)₂ | (dubleto) | 6 H |

## 5.14 ORIGEM DO DESDOBRAMENTO *SPIN-SPIN*

Desdobramentos *spin-spin* surgem porque hidrogênios em átomos de carbonos adjacentes podem "sentir" um ao outro. O hidrogênio no carbono A sente a orientação de *spin* do hidrogênio no carbono B. Em algumas moléculas da solução, o hidrogênio no carbono B tem *spin* $+\frac{1}{2}$ (moléculas do tipo X); em outras moléculas da solução, o hidrogênio no carbono B tem *spin* $-\frac{1}{2}$ (moléculas do tipo Y). A Figura 5.28 ilustra esses dois tipos de molécula.

O deslocamento químico do próton A é influenciado pela orientação de *spin* do próton B. Diz-se que o próton A está **acoplado** ao próton B. Seu ambiente magnético é afetado pelo fato de o próton B ter um estado de *spin* $+\frac{1}{2}$ ou $-\frac{1}{2}$. Portanto, em moléculas do tipo X, o próton A absorve em um valor de deslocamento químico levemente diferente do que em moléculas do tipo Y. Na verdade, em moléculas do tipo X, o próton A é levemente desblindado porque o campo do próton B é alinhado ao campo aplicado, e seu momento magnético aumenta o campo aplicado. Em moléculas do tipo Y, o próton A é levemente blindado em comparação ao que seu deslocamento químico seria na ausência de acoplamento. Nesse último caso, o campo do próton B diminui o efeito do campo aplicado no próton A.

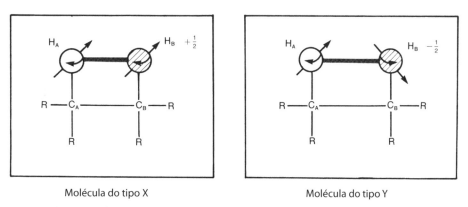

**FIGURA 5.28** Duas moléculas diferentes em uma solução com diferentes relações de *spin* entre prótons $H_A$ e $H_B$.

Como na solução há aproximadamente números iguais de moléculas dos tipos X e Y, a qualquer tempo observam-se duas absorções de quase mesma intensidade no próton A. Diz-se que a ressonância do próton A foi separada em duas pelo próton B, e esse fenômeno geral é chamado de desdobramento *spin-spin*. A Figura 5.29 resume a situação de **desdobramento *spin-spin*** no próton A.

Logicamente, o próton A também "desdobra" o próton B, uma vez que o próton A pode, da mesma forma, adotar dois estados de *spin*. O espectro final dessa situação é composto de dois dubletos:

Serão observados dois pares em qualquer situação desse tipo, exceto quando prótons A e B forem idênticos por simetria, como no caso das primeiras das moléculas a seguir:

A primeira molécula teria apenas um único pico de RMN, visto que os prótons A e B têm o mesmo valor de deslocamento químico e são, na verdade, idênticos. A segunda molécula provavelmente exibiria o espectro com dois pares, uma vez que os prótons A e B não são idênticos e, certamente, teriam deslocamentos químicos diferentes.

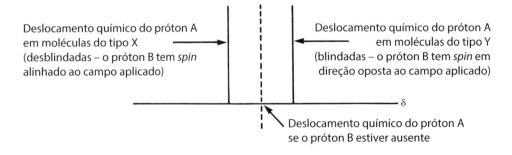

**FIGURA 5.29** Origem do desdobramento *spin-spin* no espectro de RMN do próton A.

Note que, exceto em casos incomuns, ocorrem acoplamentos (desdobramento *spin-spin*) somente entre hidrogênios em carbonos adjacentes. Hidrogênios em átomos de carbono não adjacentes, em geral, não acoplam com intensidade suficiente para produzir uma separação perceptível, embora haja algumas exceções importantes a essa generalização, que serão abordadas no Capítulo 7.

## 5.15 GRUPO ETILA (CH$_3$CH$_2$—)

Agora consideremos o iodeto de etila, cujo espectro é mostrado nas Figuras 5.26 e 5.30. Os prótons metila geram um tripleto centrado em 1,83 ppm, e os prótons metileno geram um quarteto centrado em 3,20 ppm. Podem-se explicar esse padrão e as intensidades relativas dos picos componentes usando como modelo o caso dos dois prótons esboçado na Seção 5.13. De início, observe os prótons metileno e seu padrão, que é um quarteto. Os prótons metileno são desdobrados pelos prótons metila, e, para entender o padrão de desdobramento, devem-se examinar os vários arranjos de *spin* possíveis dos prótons no grupo metila, que são mostrados na Figura 5.31.

Como é impossível diferenciar os prótons metila e como há rotação livre em um grupo metila, alguns dos oito arranjos possíveis de *spin* são idênticos. Com base nisso, há apenas quatro diferentes tipos de arranjo. Há, entretanto, três formas possíveis de obter os arranjos a partir de *spins* $+\frac{1}{2}$ e $-\frac{1}{2}$. Esses arranjos são três vezes mais prováveis, estatisticamente, do que os arranjos de *spin* $+\frac{3}{2}$ e $-\frac{3}{2}$. Assim, nota-se no padrão de desdobramento dos prótons metileno que os dois picos centrais são mais intensos do que os mais externos. Na verdade, as razões de intensidade são 1:3:3:1. Cada um dos vários arranjos dos prótons metila (com exceção das séries degeneradas, que são efetivamente idênticas) dá aos prótons metileno naquela molécula um valor diferente de deslocamento químico. Cada *spin* no arranjo $+\frac{3}{2}$ tende a desblindar o próton metileno em relação à sua posição na ausência de acoplamento. O arranjo $+\frac{1}{2}$ também desblinda o próton metileno, mas apenas um pouco, uma vez que os dois *spins* opostos cancelam o efeito um do outro. O arranjo $-\frac{1}{2}$ blinda levemente o próton metileno, enquanto o $-\frac{3}{2}$ blinda o próton metileno com mais intensidade.

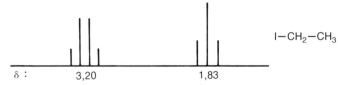

**FIGURA 5.30** Padrão do desdobramento da etila.

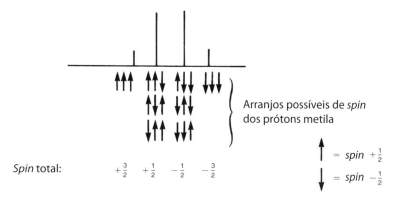

**FIGURA 5.31** Padrão de desdobramento dos prótons metileno em virtude da presença de um grupo metila adjacente.

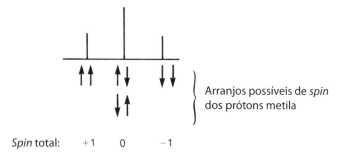

**FIGURA 5.32** Padrão de desdobramento dos prótons metila em virtude da presença de um grupo metileno adjacente.

Tenha em mente que há, na verdade, quatro "tipos" distintos de moléculas na solução, e cada uma tem um diferente arranjo de *spins* do grupo metila. Cada arranjo de *spins* faz os prótons metileno naquela molécula terem um deslocamento químico diferente do que têm em uma molécula com outro arranjo de *spins* do metila (com exceção, é lógico, de quando não se podem distinguir os arranjos de *spin* ou se eles forem degenerados). Moléculas com arranjos de *spin* $+\frac{1}{2}$ e $-\frac{1}{2}$ são três vezes mais numerosas na solução do que as com arranjos de *spin* $+\frac{3}{2}$ e $-\frac{3}{2}$.

A Figura 5.32 oferece uma análise similar do padrão de desdobramento do metila, mostrando os quatro possíveis arranjos de *spin* dos prótons metileno. Um exame dessa figura facilita a explicação da origem do tripleto no grupo metila e as razões de intensidade 1:2:1.

Agora se podem ver a origem do padrão etila e a explicação de suas razões de intensidade. A ocorrência do desdobramento *spin-spin* é muito importante para um químico orgânico, pois oferece muitas informações estruturais sobre moléculas, isto é, revela o número de prótons vizinhos que cada tipo de próton tem. A partir do deslocamento químico, pode-se determinar que tipo de próton está sofrendo desdobramento, e, a partir da integral (a área sob os picos), é possível determinar o número relativo de tipos de hidrogênio. É uma boa quantidade de informações estruturais, de valor inestimável para um químico que pretenda identificar um composto.

## 5.16 TRIÂNGULO DE PASCAL

É fácil verificar que as razões de intensidades de multipletos derivados da Regra $n + 1$ seguem as linhas do algoritmo matemático mnemônico chamado **triângulo de Pascal** (Figura 5.33). Cada entrada no triângulo é a soma de duas entradas acima, à esquerda e à direita, imediatas. Note que as intensidades dos picos mais externos de multipleto, como um septeto, são muito baixas em comparação às de picos mais internos, que ficam escondidas na linha de base do espectro. A Figura 5.27 é um exemplo desse fenômeno.

| | | | | | | | | |
|---|---|---|---|---|---|---|---|---|
| Singleto | | | | | 1 | | | |
| Dubleto | | | | 1 | | 1 | | |
| Tripleto | | | | 1 | 2 | 1 | | |
| Quarteto | | | 1 | 3 | | 3 | 1 | |
| Quinteto | | | 1 | 4 | 6 | 4 | 1 | |
| Sexteto | | 1 | 5 | 10 | | 10 | 5 | 1 |
| Septeto | 1 | 6 | 15 | | 20 | | 15 | 6 | 1 |

**FIGURA 5.33** Triângulo de Pascal.

## 5.17 CONSTANTE DE ACOPLAMENTO

A Seção 5.15 abordou o padrão de desdobramento do grupo etila e as razões de intensidade dos componentes do multipleto, mas não mencionou os valores quantitativos pelos quais os picos estão separados. A distância entre os picos em um multipleto é chamada de **constante de acoplamento *J***, que é uma medida de quão intensamente um núcleo é afetado pelos estados de *spin* de seu vizinho. O espaço entre os picos do multipleto é medido na mesma escala do deslocamento químico, e a constante de acoplamento é sempre expressa em hertz (Hz). No iodeto de etila, por exemplo, a constante de acoplamento *J* é 7,5 Hz. Para ver como esse valor foi determinado, consulte as Figuras 5.26 e 5.34.

O espectro na Figura 5.26 foi determinado em 60 MHz; assim, cada ppm de deslocamento químico (em δ) representa 60 Hz. Tendo em vista que há 12 linhas por ppm no papel de registro, cada linha representa (60 Hz)/12 = 5 Hz. Observe a parte superior do espectro: ela está calibrada em ciclos por segundo (cps), que é o mesmo que hertz, e, como há 20 divisões no papel por 100 cps, a separação é igual a (100 cps)/20 = 5 cps = 5 Hz. Agora veja os multipletos. O espaço entre os picos componentes é de aproximadamente 1,5 divisão, portanto:

$$J = 1{,}5 \text{ div} \times \frac{5 \text{ Hz}}{1 \text{ div}} = 7{,}5 \text{ Hz}$$

Isto é, a constante de acoplamento entre os prótons metila e metileno é de 7,5 Hz. Quando os prótons interagem, a magnitude (no iodeto de etila) é sempre do mesmo valor: 7,5 Hz. A grandeza de acoplamento é *constante*, e, portanto, *J* pode ser chamado de constante de acoplamento.

Pode-se observar a natureza invariável da constante de acoplamento quando o espectro de RMN do iodeto de etila é determinado tanto em 60 MHz quanto em 100 MHz. Uma comparação dos dois espectros indica que o espectro em 100 MHz é muito mais expandido do que o espectro em 60 MHz. O deslocamento químico em hertz nos prótons $CH_3$ e $CH_2$ é muito maior no espectro em 100 MHz, embora os deslocamentos químicos, em δ (ppm), nesses prótons permaneçam idênticos aos do espectro em 60 MHz. Apesar de ocorrer expansão do espectro em uma frequência de espectrômetro mais alta, um exame cuidadoso dos espectros indica que a constante de acoplamento entre os prótons $CH_3$ e $CH_2$ é de 7,5 Hz em ambos os espectros! Os espaçamentos entre as linhas do tripleto e entre as linhas do quarteto não se expandem quando o espectro do iodeto de etila é obtido em 100 MHz. A magnitude do acoplamento entre essas duas séries de prótons permanece constante, não importando a frequência do espectrômetro em que o espectro foi determinado (Figura 5.35).

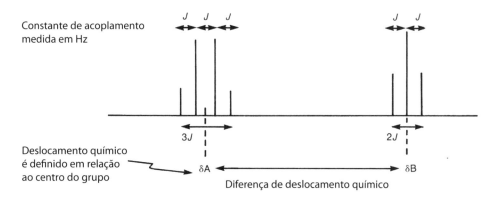

**FIGURA 5.34** Definição das constantes de acoplamento no padrão de desdobramento do etila.

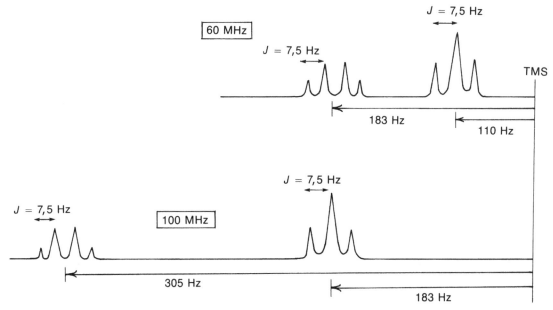

**FIGURA 5.35** Relação entre deslocamento químico e constante de acoplamento.

Para a interação da maioria dos prótons alifáticos em sistemas acíclicos, as magnitudes das constantes de acoplamento são sempre próximas de 7,5 Hz. Compare, por exemplo, o 1,1,2-tricloroetano (Figura 5.25), para o qual $J$ = 6 Hz, e o 2-nitropropano (Figura 5.27), para o qual $J$ = 7 Hz. Essas constantes de acoplamento são comuns na interação de dois hidrogênios em átomos de carbono $sp^3$-hibridizados. Podem-se descrever dois átomos de hidrogênio em átomos de carbono adjacentes como uma interação de três ligações, abreviando-a como $^3J$. Valores típicos nesse acoplamento bastante comum são de aproximadamente 6 a 8 Hz. As linhas realçadas no diagrama mostram como os átomos de hidrogênio estão a três ligações de distância um do outro.

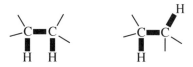

É mais fácil determinar constantes de acoplamento nos espectrômetros de RMN-FT modernos imprimindo os valores em hertz diretamente nos picos. Para determinar as constantes de acoplamento em hertz, basta subtrair esses valores. Veja, por exemplo, os espectros nas Figuras 5.40 e 5.46, cujos picos foram indicados em hertz. A Seção 7.2 descreve os vários tipos de constantes de acoplamento associados a interações de duas ligações ($^2J$), três ligações ($^3J$) e quatro ligações ($^4J$).

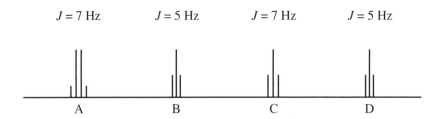

$^3J$ cis = 10 Hz    $^3J$ trans = 16 Hz

Em alcenos, as constantes de acoplamento $^3J$ em átomos de hidrogênio que são *cis* entre si têm valores próximos de 10 Hz, enquanto as constantes de acoplamento $^3J$ em átomos de hidrogênio *trans* entre si são maiores: 16 Hz. Estudar a magnitude da constante de acoplamento pode oferecer informações estruturais importantes (ver a Seção 7.8).

A Tabela 5.9 apresenta os valores aproximados de algumas constantes de acoplamento $^3J$ representativas. Uma lista mais extensa das constantes de acoplamento aparece na Seção 7.2 e no Apêndice 5.

Antes de terminar esta seção, devemos registrar um axioma: *as constantes de acoplamento dos grupos de prótons que produzem separações recíprocas devem ser idênticas*, dentro da margem de erro experimental. Esse axioma é bastante útil para interpretar um espectro que tenha diversos multipletos, cada um com uma constante de acoplamento diferente.

Considere, por exemplo, o espectro anterior, que mostra três tripletos e um quarteto. Qual tripleto está associado ao quarteto? Lógico que é aquele que tem os mesmos valores de $J$ obtidos no quarteto. Os prótons de cada grupo interagem com a mesma intensidade. Nesse exemplo, com os valores de $J$ dados, claramente o quarteto A ($J = 7$ Hz) é associado ao tripleto C ($J = 7$ Hz), e não ao tripleto B ou D ($J = 5$ Hz). É também claro que os tripletos B e D se relacionam um com o outro no esquema de interação.

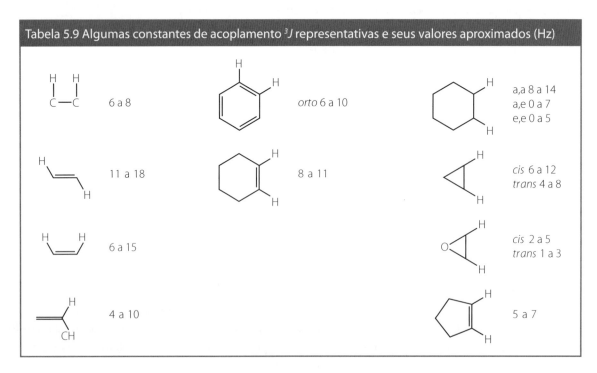

Tabela 5.9 Algumas constantes de acoplamento $^3J$ representativas e seus valores aproximados (Hz)

Distorção de multipleto ("inclinação") é outro efeito que pode, às vezes, ser utilizado para conectar multipletos que interagem. Há uma tendência de as linhas mais exteriores de um multipleto terem alturas não equivalentes. Por exemplo, em um tripleto, a linha 3 pode ser um pouquinho maior do que a linha 1, fazendo o multipleto "inclinar-se". Quando isso acontece, o pico mais alto está normalmente na direção do próton ou do grupo de prótons que causa o desdobramento. Esse segundo grupo de prótons se inclina, da mesma maneira, na direção do primeiro. Se forem desenhadas setas em ambos os multipletos nas direções de suas respectivas distorções, essas setas estarão apontando uma para a outra. Como exemplos, veja as Figuras 5.25 e 5.26.

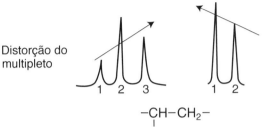

## 5.18 UMA COMPARAÇÃO DE ESPECTROS DE RMN EM CAMPOS DE INTENSIDADES BAIXA E ALTA

A Seção 5.17 mostrou que, em um próton, o deslocamento de frequência (em hertz) do TMS é maior quando o espectro é obtido em um campo mais alto; contudo, todas as constantes de acoplamento serão iguais nos dois valores de campo (ver Figura 5.35). Mesmo quando aumentam os deslocamentos em hertz, os deslocamentos químicos (em ppm) de certo próton são os mesmos em campos baixo e alto, pois são divididos pela frequência de operação do equipamento em cada caso para determinar o deslocamento químico (Equação 5.8). Se compararmos os espectros de um composto determinado tanto em campo baixo quanto em campo alto, os aspectos brutos dos espectros, contudo, serão diferentes. Apesar de a constante de acoplamento ter a mesma magnitude em hertz sem considerar a frequência de operação, o número em hertz por ppm muda. Em 60 MHz, por exemplo, 1 unidade ppm é igual a 60 Hz, enquanto em 300 MHz uma unidade ppm equivale a 300 Hz. A constante de acoplamento não muda, mas torna-se uma fração menor de uma unidade ppm!

Quando registramos os dois espectros no papel, na mesma escala de partes por milhão (mesma distância no papel para cada ppm), as divisões no espectro de campo alto parecem comprimidas, como na Figura 5.36, que mostra os espectros em 60 MHz e em 300 MHz do 1-nitropropano. O acoplamento não mudou de tamanho, apenas tornou-se uma fração menor de uma unidade ppm. Em um campo mais alto, é necessário usar uma escala expandida de partes por milhão (maior distância no papel por ppm) para observar as divisões. Os multipletos em 300 MHz são idênticos aos observados em 60 MHz, o que pode ser visto na Figura 5.36b, que mostra as expansões dos multipletos no espectro em 300 MHz.

Com espectros em 300 MHz, portanto, frequentemente é necessário mostrar expansões se se desejar ver os detalhes dos multipletos. Em alguns dos exemplos deste capítulo, temos utilizado espectros em 60 MHz – não por sermos antiquados, mas porque esses espectros mostram com mais clareza os multipletos sem precisar de expansões.

Na maioria dos casos, os multipletos expandidos em um instrumento de campo alto são idênticos aos observados com um instrumento de campo baixo. Porém, há também casos em que multipletos complexos ficam mais simples quando se usa um campo alto para determinar o espectro. Essa simplificação ocorre porque os multipletos ficam mais distantes uns dos outros, e um tipo de interação chamada de interação de segunda ordem é reduzida ou, até mesmo, totalmente removida. O Capítulo 7 abordará as interações de segunda ordem.

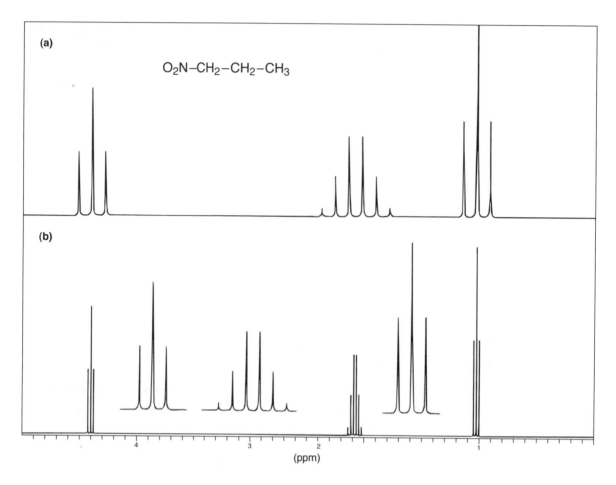

**FIGURA 5.36** Espectro de RMN do 1-nitropropano. (a) Espectro determinado em 60 MHz e (b) espectro determinado em 300 MHz (com expansões).

## 5.19 ANÁLISE DAS ABSORÇÕES DE RMN ¹H TÍPICAS POR TIPO DE COMPOSTO

Nesta seção, vamos rever as absorções de RMN típicas que podem ser encontradas em compostos de cada uma das classes mais comuns de compostos orgânicos. Essas diretrizes podem ser consultadas sempre que se estiver tentando definir a classe de um composto desconhecido. Também estão incluídos nas tabelas os comportamentos de acoplamento comumente observados nesses compostos. Neste capítulo, não se mencionou essa informação sobre acoplamento, mas ela é abordada nos Capítulos 7 e 8. Está aqui contida para que seja útil caso desejem usá-la, mais tarde, nessa análise.

### A. Alcanos

Alcanos podem ter três tipos diferentes de hidrogênio (metila, metileno e metina), cada um aparecendo na própria região do espectro de RMN.

| QUADRO DE ANÁLISE ESPECTRAL – Alcanos | | |
|---|---|---|
| **DESLOCAMENTO QUÍMICO** | | |
| R—CH₃ | 0,7–1,3 ppm | Grupos metila frequentemente são reconhecidos como um pico isolado e agudo, um dubleto ou um tripleto, mesmo quando sobrepõem outras absorções de CH. |
| R—CH₂—R | 1,2–1,4 ppm | Em cadeias longas, todas as absorções de metileno (CH₂) podem sobrepor-se em um único pico sem resolução. |
| R₃CH | 1,4–1,7 ppm | Observe que hidrogênios metino (CH) têm deslocamento químico maior do que os de grupos metileno ou metila. |
| **COMPORTAMENTO DO ACOPLAMENTO** | | |
| —CH—CH— | $^3J \approx 7$–8 Hz | Em cadeias de hidrocarbonetos, hidrogênios adjacentes, em geral, vão acoplar-se com o desdobramento *spin-spin* que siga a Regra do $n + 1$. |

Em alcanos (alifáticos ou hidrocarbonetos saturados), todas as absorções de hidrogênio **CH** são tipicamente encontradas em aproximadamente 0,7 a 1,7 ppm. Hidrogênios em grupos metila são o tipo de próton mais blindado, encontrados em valores de deslocamento químico (0,7–1,3 ppm) mais baixos que o metileno (1,2–1,4 ppm) ou hidrogênios metina (1,4–1,7 ppm).

Em hidrocarbonetos de cadeia longa ou em anéis maiores, todas as absorções **CH** e **CH₂** podem sobrepor-se em um único aglomerado sem resolução. Picos de grupos metila, em geral, são separados de outros tipos de hidrogênio, sendo encontrados em deslocamentos químicos mais baixos (campo mais alto). Contudo, mesmo quando hidrogênios metila estão dentro de um aglomerado não resolvido de picos, os picos metila podem, frequentemente, ser reconhecidos como picos isolados agudos, dubletos ou tripletos que, com certeza, emergem das absorções de outros tipos de prótons. Prótons metina, em geral, estão separados dos outros prótons, sendo deslocados ainda mais para baixo.

A Figura 5.37 mostra o espectro do hidrocarboneto octano. Observe que a integral pode ser utilizada para estimar o número total de hidrogênios (a razão entre carbonos do tipo CH₃ e CH₂), visto que todos os hidrogênios CH₂ estão em um grupo, e os hidrogênios CH₃ em outro. O espectro de RMN mostra as razões mais baixas de números inteiros. É necessário multiplicar por 2 para obter o número real de prótons.

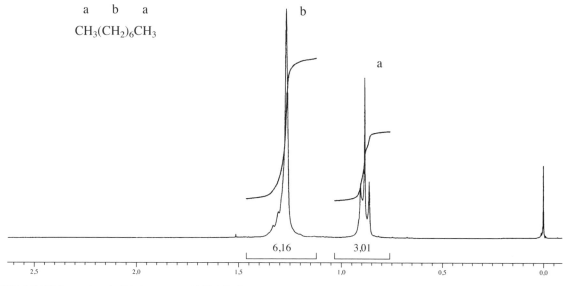

**FIGURA 5.37** Espectro de ¹H do octano (300 Mhz).

## B. Alcenos

Alcenos têm dois tipos de hidrogênio: vinila (ligado diretamente à ligação dupla) e alílico (ligado ao *carbono α*, o átomo de carbono ligado à ligação dupla). Cada tipo tem uma região de deslocamento químico característica.

### QUADRO DE ANÁLISE ESPECTRAL – Alcenos

**DESLOCAMENTO QUÍMICO**

C=C—**H**  4,5–6,5 ppm — Hidrogênios ligados a uma ligação dupla (hidrogênios vinila) são desblindados pela anisotropia da ligação dupla adjacente.

C=C—C—**H**  1,6–2,6 ppm — Hidrogênios ligados a um carbono adjacente a uma ligação dupla (hidrogênios alílicos) são também desblindados pela anisotropia da ligação dupla. No entanto, como a ligação é mais distante, o efeito é menor.

**COMPORTAMENTO DO ACOPLAMENTO**

**H**—C=C—**H**  $^3J_{trans} \approx 11–18$ Hz
$^3J_{cis} \approx 6–15$ Hz — Os padrões de separação dos prótons vinila podem ser complicados porque, às vezes, não são equivalentes, mesmo quando localizados no mesmo carbono da ligação dupla (Seção 7.6).

—C=C—**H**
       |
       **H**  $^2J \approx 0–3$ Hz

—C=C—C—**H**
       |
       **H**  $^4J \approx 0–3$ Hz — Quando hidrogênios alílicos estão presentes em um alceno, podem apresentar acoplamento alílico de longo alcance (Seção 7.7) com hidrogênios no carbono da ligação dupla distante, assim como o desdobramento é sempre devido ao hidrogênio no carbono adjacente (mais próximo).

Dois tipos de absorções de RMN são típicos de alcenos: **absorções vinila** devidas aos prótons diretamente ligados à ligação dupla (4,5–6,5 ppm) e **absorções alílicas** devidas a prótons localizados no átomo de carbono adjacente à ligação dupla (1,6–2,6 ppm). Ambos os tipos de hidrogênio são desblindados por causa do campo anisotrópico dos elétrons π da ligação dupla. O efeito é menor nos hidrogênios alílicos porque eles estão mais distantes da ligação dupla. Na Figura 5.38, vê-se o espectro do 2-metil-1-penteno. Observe os hidrogênios vinila em 4,7 ppm e o grupo metila alílico em 1,7 ppm.

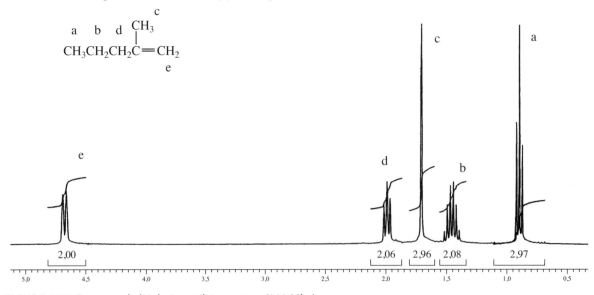

**FIGURA 5.38** Espectro de ¹H do 2-metil-1-penteno (300 Mhz).

Os padrões de desdobramento tanto dos hidrogênios vinila quanto dos alila podem ser muito complexos, pelo fato de os hidrogênios ligados a uma ligação dupla raramente serem equivalentes e pela complicação adicional de hidrogênios alílicos poderem se acoplar a todos os hidrogênios em uma ligação dupla, causando mais desdobramentos. Essas situações serão abordadas nas Seções 7.8 e 7.9.

### C. Compostos aromáticos

Compostos aromáticos têm dois tipos característicos de hidrogênio: de anéis aromáticos (hidrogênios em anéis benzênicos) e benzílicos (ligados a um átomo de carbono adjacente).

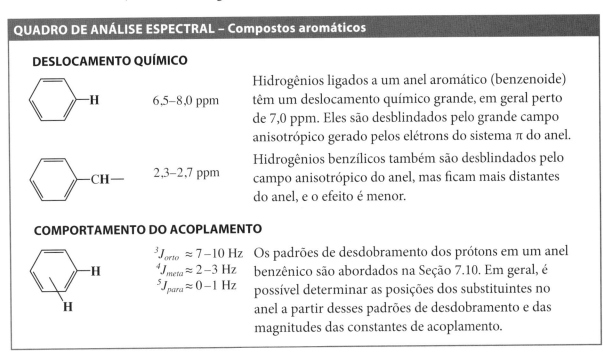

Os hidrogênios ligados a anéis aromáticos são facilmente identificados. Encontram-se em uma região própria (6,5-8,0 ppm), em que poucos outros tipos de hidrogênio apresentam absorção. Ocasionalmente, um hidrogênio vinila altamente desblindado terá sua absorção nessa faixa, mas isso não é frequente. Os hidrogênios em um anel aromático são mais desblindados do que os ligados à ligação dupla, em razão do grande campo anisotrópico gerado pela circulação de elétrons π no anel (corrente de anel). Para relembrar o comportamento diferente dos anéis aromáticos, veja a Seção 5.12.

Os maiores deslocamentos químicos são encontrados nos hidrogênios de anéis quando grupos que retiram elétrons, como o —$NO_2$, estão ligados ao anel. Esses grupos desblindam os hidrogênios ligados ao anel ao retirarem densidade eletrônica do anel pela interação de ressonância. De modo oposto, grupos que doam elétrons, como metoxi (—$OCH_3$), aumentam a blindagem desses hidrogênios, fazendo que se movam para cima.

Hidrogênios não equivalentes ligados a um anel benzênico vão interagir uns com os outros para produzir padrões de desdobramento *spin-spin*. A intensidade da interação entre hidrogênios no anel depende do número de ligações que os separam ou da distância entre eles. Hidrogênios *orto* ($^3J \approx 7$–10 Hz) acoplam-se com mais intensidade do que hidrogênios *meta* ($^4J \approx 2$–3 Hz), que, por sua vez, acoplam-se com mais intensidade do que hidrogênios *para* ($^5J \approx 0$–1 Hz). Frequentemente é possível determinar o padrão de substituição do anel pelos padrões de separação observados nos hidrogênios do anel (Seção 7.10). Um padrão facilmente reconhecido é o de um anel benzênico *parassubstituído* (Figura 7.64). O espectro de um α-cloro-*p*-xileno é apresentado na Figura 5.39. Os hidrogênios do anel altamente desblindados aparecem em 7,2 ppm e mostram com clareza o padrão de *para* dissubstituição. O deslocamento químico dos prótons metila em 2,3 ppm mostra um efeito de desblindagem menor. O grande deslocamento dos hidrogênios metileno deve-se à eletronegatividade do cloro.

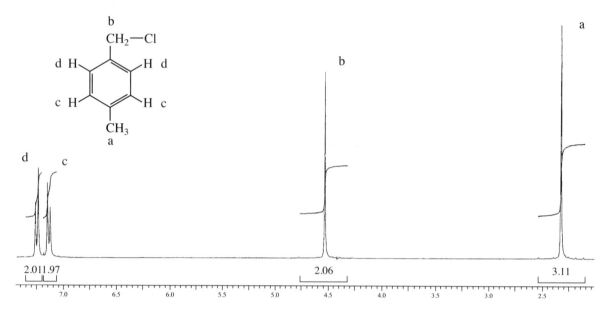

**FIGURA 5.39** Espectro de ¹H do α-cloro-*p*-xileno (300 Mhz).

## D. Alcinos

Alcinos terminais (aqueles que têm uma ligação tripla no fim da cadeia) apresentarão um hidrogênio acetilênico, assim como os hidrogênios α encontrados nos átomos de carbono próximos à ligação tripla. O hidrogênio acetilênico estará ausente se a ligação tripla estiver no meio da cadeia.

| QUADRO DE ANÁLISE ESPECTRAL – Alcinos | | |
|---|---|---|
| **DESLOCAMENTO QUÍMICO** | | |
| C≡C—H | 1,7–2,7 ppm | O hidrogênio terminal ou acetilênico tem um deslocamento químico próximo de 1,9 ppm em razão da blindagem anisotrópica provocada pelas ligações de π adjacentes. |
| C≡C—CH— | 1,6–2,6 ppm | Prótons em um carbono próximo da ligação tripla também são afetados pelo sistema π. |
| **COMPORTAMENTO DO ACOPLAMENTO** | | |
| H—C≡C—C—H | $^4J$ = 2–3 Hz | Observa-se com frequência um "acoplamento acíclico" nos alcinos, mas é relativamente pequeno. |

Em alcinos terminais (compostos em que a ligação tripla está na posição 1), o próton acetilênico aparece próximo de 1,9 ppm. Ele é deslocado para cima por causa da blindagem gerada pelos elétrons π (Figura 5.22). A Figura 5.40 apresenta o espectro do 1-pentino, em que os destaques mostram as expansões das regiões 1,94 e 2,17 ppm do espectro para prótons **c** e **d**, respectivamente. Os picos nas expansões foram marcados com valores em hertz (Hz), para que se possam calcular as constantes de acoplamento. Observe que o próton acetilênico (**c**) em 1,94 ppm aparece como um tripleto com uma constante de acoplamento entre 2,6 e 3,0 Hz. Essa constante de acoplamento é calculada pela subtração: 585,8 – 583,2 = = 2,6 Hz ou 583,2 – 580,2 = 3,0 Hz, e então haverá alguma variação por causa do erro experimental. Valores menores que 7,0 Hz ($^3J$) são, em geral, atribuídos a acoplamentos de longo alcance encontrados em alcinos terminais, em que pode ocorrer um acoplamento de quatro ligações ($^4J$). As Seções 7.2 e 7.10 oferecem mais informações sobre acoplamentos de longo alcance.

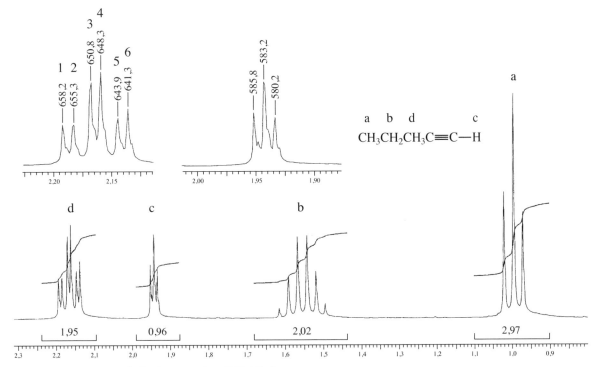

O próton **d** é separado em um tripleto pelos dois prótons vizinhos ($^3J$), e então o tripleto é separado novamente em dois dubletos (ver destaque do próton **d** na Figura 5.40). Esse tipo de padrão é chamado de *tripleto de dubletos*. A constante de acoplamento $^3J$ é calculada pela subtração, por exemplo, a contar da esquerda para a direita, do pico 6 pelo pico 4 (648,3 – 641,3 = 7,0 Hz). A constante de acoplamento $^4J$ também pode ser calculada pelo tripleto de dubletos, por exemplo, pico 6 pelo pico 5 (643,9 – 641,3 = 2,6 Hz).

O sexteto do grupo $CH_2$ (**b**) em 1,55 ppm na Figura 5.40 resulta do acoplamento com um total de cinco átomos de hidrogênio adjacentes ($^3J$) nos carbonos **d** e **a**. Por fim, o tripleto do grupo $CH_3$ (a) em 1,0 ppm resulta do acoplamento com dois átomos de hidrogênio adjacentes ($^3J$) no carbono **b**.

**FIGURA 5.40** Espectro de $^1H$ do 1-pentino (300 Mhz).

## E. Haletos de alquila

Em haletos de alquila, o hidrogênio α (ligado ao mesmo carbono que o halogênio) estará desblindado.

**QUADRO DE ANÁLISE ESPECTRAL – Haletos de alquila**

**DESLOCAMENTO QUÍMICO**

| | | |
|---|---|---|
| —CH—I | 2,0–4,0 ppm | O deslocamento químico de um átomo de hidrogênio ligado ao mesmo carbono que o átomo de halogênio aumentará (indo ainda mais para baixo). |
| —CH—Br | 2,7–4,1 ppm | Esse efeito de desblindagem deve-se à eletronegatividade do átomo de halogênio. A grandeza do deslocamento aumenta com a eletronegatividade do halogênio, e o maior deslocamento é encontrado em compostos que contêm flúor. |
| —CH—Cl | 3,1–4,1 ppm | |
| —CH—F | 4,2–4,8 ppm | |

**COMPORTAMENTO DO ACOPLAMENTO**

| | | |
|---|---|---|
| —CH—F | $^2J \approx 50$ Hz | Compostos que contenham flúor apresentarão separação *spin-spin* por causa de acoplamentos entre o flúor e os hidrogênios que podem ocorrer no mesmo átomo de carbono ou em adjacentes. O $^{19}$F tem um *spin* de $\frac{1}{2}$. Os outros halogênios (I, Cl, Br) não apresentam acoplamento. |
| —CH—CF— | $^3J \approx 20$ Hz | |

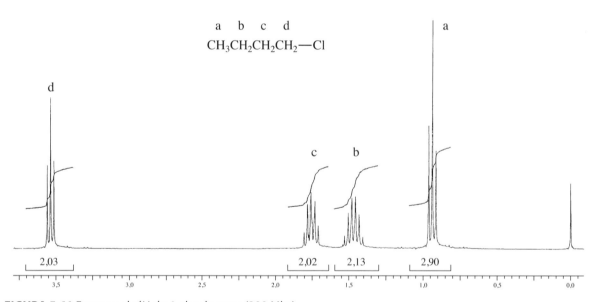

**FIGURA 5.41** Espectro de $^1$H do 1-clorobutano (300 Mhz).

Hidrogênios ligados ao mesmo carbono de um halogênio são desblindados (blindagem diamagnética local) por causa da eletronegatividade do halogênio (Seção 5.11A). A quantidade de desblindagem aumenta com a eletronegatividade do halogênio e aumenta ainda mais quando vários átomos do halogênio estão presentes.

Compostos que contenham flúor apresentarão acoplamento entre flúor e hidrogênio, ambos no mesmo carbono (—CHF), e entre os hidrogênios do carbono adjacente (CH—CF—). Como o *spin* do flúor ($^{19}$F) é $\frac{1}{2}$, a Regra do $n + 1$ pode ser utilizada para prever as multiplicidades dos hidrogênios. Outros halogênios não causam desdobramento *spin-spin* dos picos de hidrogênio.

A Figura 5.41 apresenta o espectro do 1-clorobutano. Note que o grande deslocamento para baixo (desblindagem) dos hidrogênios no carbono 1 deve-se ao cloro.

*F. Alcoóis*

Em alcoóis, tanto o próton hidroxila quanto os hidrogênios α (no mesmo carbono que o grupo hidroxila) têm deslocamentos químicos característicos.

---

**QUADRO DE ANÁLISE ESPECTRAL – Alcoóis**

**DESLOCAMENTO QUÍMICO**

| | | |
|---|---|---|
| C—O**H** | 0,5–5,0 ppm | O deslocamento químico do hidrogênio —OH é altamente variável, e sua posição depende da concentração, do solvente e da temperatura. O pico pode ser alargado em sua base pelo mesmo grupo de fatores. |
| C**H**—O—H | 3,2–3,8 ppm | Prótons no carbono α são desblindados pelo átomo de oxigênio eletronegativo e deslocados para baixo no espectro. |

**COMPORTAMENTO DO ACOPLAMENTO**

| | | |
|---|---|---|
| C**H**—O**H** | *Sem acoplamento (normalmente)* ou $^3J = 5\,Hz$ | Por causa da rápida troca química do próton —OH em muitas soluções, normalmente não se observa acoplamento entre o próton —OH e os hidrogênios ligados ao carbono α. |

---

O deslocamento químico do hidrogênio —O**H** é variável, e sua posição depende da concentração, do solvente, da temperatura e da presença de água ou de impurezas ácidas ou básicas. Esse pico pode ser encontrado em qualquer lugar entre 0,5 e 5,0 ppm. A variabilidade dessa absorção depende das taxas da troca de prótons —OH e da extensão das ligações de hidrogênio na solução (Seção 8.1).

O hidrogênio —O**H** não é normalmente separado por hidrogênios em carbonos adjacentes (—C**H**—O**H**) porque a rápida troca desacopla essa interação (Seção 8.1).

$$\mathrm{-CH-OH + HA \rightleftharpoons -CH- \ OH + HA}$$
**ausência de acoplamento se a troca for rápida**

A troca é promovida pelo aumento de temperatura, por pequenas quantidades de impurezas de ácido e pela presença de água na solução. Em amostras de álcool ultrapuras, observa-se acoplamento —C**H**—O**H**. Uma amostra recém-purificada e destilada ou uma garrafa comercial ainda não aberta pode mostrar esse acoplamento.

Quando necessário, pode-se usar a rápida troca de um álcool como um método para identificar a absorção —OH. Nesse método, uma gota de D$_2$O é colocada no tubo de RMN que contém a solução alcoólica. Depois de sacudir a amostra e aguardar por alguns minutos, o hidrogênio —OH é substituído pelo deutério, o que o faz desaparecer do espectro (ou ter sua intensidade reduzida).

$$\mathrm{-CH-OH + D_2O \rightleftharpoons -CH-OD + HOD}$$
**troca por deutério**

O hidrogênio no carbono adjacente (—C**H**—OH) aparece na faixa 3,2–3,8 ppm, sendo desblindado pelo oxigênio. Se estiver ocorrendo troca no O**H**, esse hidrogênio não apresentará nenhum acoplamento com o hidrogênio —O**H**, mas apresentará acoplamento com qualquer hidrogênio no carbono adjacente localizado ao longo da cadeia de carbono. Se não estiver ocorrendo troca, o padrão desse hidrogênio poderá ser complicado por constantes de acoplamento de valores diferentes em acoplamentos —C**H**—O**H** e —C**H**—CH—O— (Seção 8.1).

A Figura 5.42 apresenta o espectro do 2-metil-1-propanol. Veja o grande deslocamento para baixo (3,4 ppm) dos hidrogênios ligados ao mesmo carbono que o oxigênio do grupo hidroxila. O grupo hidroxila aparece em 2,4 ppm, e, nessa amostra, apresenta algum acoplamento com os hidrogênios do carbono adjacente. O próton metina em 1,75 ppm foi expandido e inserido no espectro. Há nove picos (noneto) nesse padrão, sugerindo acoplamento com os dois grupos metila e um grupo metileno, $n = (3 + 3 + 2) + 1 = 9$.

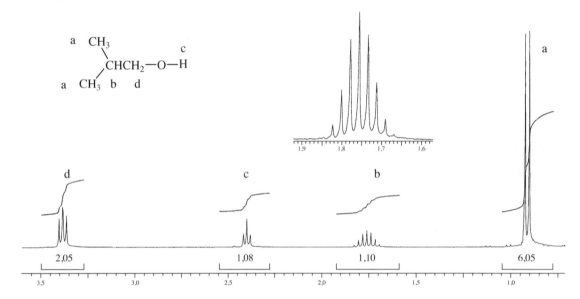

**FIGURA 5.42** Espectro de próton do 2-metil-1-propanol (300 Mhz).

## G. Éteres

Em éteres, os hidrogênios α (ligados ao *carbono α*, que é o átomo de carbono ligado ao oxigênio) são altamente desblindados.

| QUADRO DE ANÁLISE ESPECTRAL – Éteres |
|---|
| **DESLOCAMENTO QUÍMICO** |
| R—O—C**H**—  3,2–3,8 ppm    Os hidrogênios nos carbonos ligados ao oxigênio são desblindados por causa da eletronegatividade do oxigênio. |

Em éteres, os hidrogênios no carbono próximo ao oxigênio são desblindados, em razão da eletronegatividade do oxigênio, e aparecem entre 3,2 e 3,8 ppm. Grupos metoxi são especialmente fáceis de identificar, pois aparecem como um pico isolado nessa área. Grupos etoxi também são fáceis de identificar, tendo um tripleto em campo alto e um quarteto distinto na região 3,2–3,8 ppm. Uma exceção são os epóxidos, em que, por causa da tensão do anel, a desblindagem não é tão boa, e os hidrogênios do anel aparecem entre 2,5 e 3,5 ppm.

A Figura 5.43 apresenta o espectro do metil-butil éter. A absorção dos hidrogênios metila e metileno próximos ao oxigênio é vista por volta de 3,4 ppm. O pico metoxi não é separado e sobressai como um pico único alto e agudo. Os hidrogênios metileno são separados em um tripleto pelos hidrogênios do carbono adjacente à cadeia.

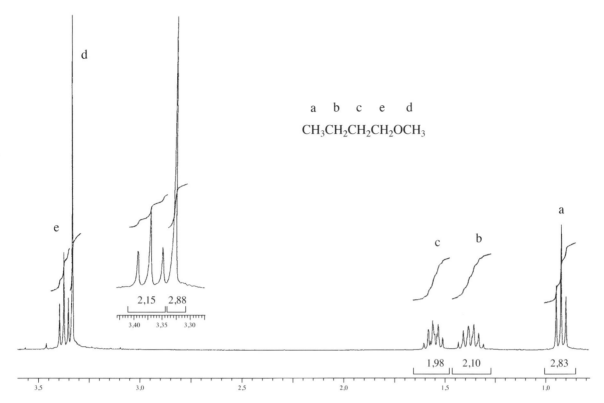

**FIGURA 5.43** Espectro de próton do butil-metil éter (300 Mhz).

## H. Aminas

Dois tipos característicos de hidrogênio são encontrados nas aminas: os ligados ao nitrogênio (os hidrogênios do grupo amina) e os ligados ao carbono α (o mesmo carbono a que o grupo amina está ligado).

### QUADRO DE ANÁLISE ESPECTRAL – Aminas

**DESLOCAMENTO QUÍMICO**

| | | |
|---|---|---|
| R—N—H | 0,5–4,0 ppm | Hidrogênios ligados a um nitrogênio têm deslocamento químico variável, dependendo da temperatura, da acidez, da extensão das ligações de hidrogênio e do solvente. |
| —CH—N— | 2,2–2,9 ppm | O hidrogênio α é levemente desblindado por causa da eletronegatividade do nitrogênio. |
| Ph—N—H | 3,0–5,0 ppm | Esse hidrogênio é desblindado por causa da anisotropia do anel e da ressonância, que remove a densidade eletrônica do nitrogênio e altera sua hibridização. |

**COMPORTAMENTO DO ACOPLAMENTO**

| | | |
|---|---|---|
| —N—H | $^1J \approx 50$ Hz | Não é comum observar um acoplamento direto entre um nitrogênio e um hidrogênio, mas, quando ocorre, é bem grande. Mais frequentemente, esse acoplamento fica mascarado pelo alargamento quadripolar pelo nitrogênio ou pela troca de prótons. Veja as Seções 8.4 e 8.5. |
| —N—CH | $^2J \approx 0$ Hz | Em geral, esse acoplamento não é observado. |
| C—N—H com H | $^3J \approx 0$ Hz | Por causa da troca química, não é comum observar esse acoplamento. |

A localização das absorções —NH não é um método confiável para identificar aminas. Esses picos são extremamente variáveis, aparecendo em uma faixa ampla, 0,5–4,0 ppm, que fica maior em aminas aromáticas. A posição da ressonância é afetada pela temperatura, pela acidez, pela extensão da ligação de hidrogênio e pelo solvente. Além dessa variabilidade na posição, os picos —NH são, com frequência, muito largos e fracos, sem nenhum acoplamento distinto com hidrogênios de carbono adjacente. Essa condição pode ser causada por troca química do próton —NH ou por uma propriedade dos átomos de nitrogênio chamada de **alargamento quadripolar** (ver Seção 8.5). Os hidrogênios amina trocarão com o D$_2$O, como já descrito para os alcoóis, fazendo o pico desaparecer.

$$—N—H + D_2O \rightleftharpoons —N—D + DOH$$

Os picos —NH são mais intensos em aminas aromáticas (anilinas), em que a ressonância parece fortalecer a ligação NH ao alterar a hibridização. Apesar de o nitrogênio ser um elemento *spin*-ativo ($I = 1$), não é comum observar acoplamento entre átomos de hidrogênio, ligados ou adjacentes, mas isso pode aparecer em alguns casos específicos. É difícil fazer uma previsão confiável.

Os hidrogênios α do grupo amina são levemente desblindados pela presença do átomo de nitrogênio eletronegativo e aparecem entre 2,2 e 2,9 ppm. A Figura 5.44 mostra o espectro da propilamina. Note as absorções fracas e alargadas do NH em 1,8 ppm e também que há uma falta de acoplamento entre os hidrogênios do nitrogênio e os dos átomos do carbono adjacente.

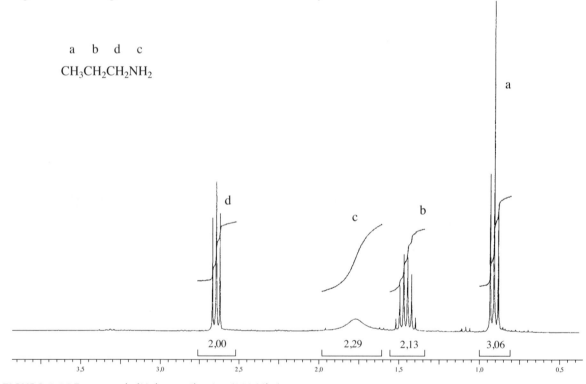

**FIGURA 5.44** Espectro de $^1$H da propilamina (300 Mhz).

*I. Nitrilas*

Em nitrilas, apenas os hidrogênios α (ligados ao mesmo carbono que o grupo ciano) têm deslocamento químico característico.

| QUADRO DE ANÁLISE ESPECTRAL – Nitrilas |
|---|
| **DESLOCAMENTO QUÍMICO** |
| —CH—C≡N    2,1–3,0 ppm    Os hidrogênios α são levemente desblindados pelo grupo ciano. |

Hidrogênios no carbono adjacente a uma nitrila são levemente desblindados pelo campo anisotrópico dos elétrons da ligação de π e aparecem entre 2,1 e 3,0 ppm. A Figura 5.45 mostra o espectro da valeronitrila. Os hidrogênios próximos ao grupo CN aparecem perto de 2,35 ppm.

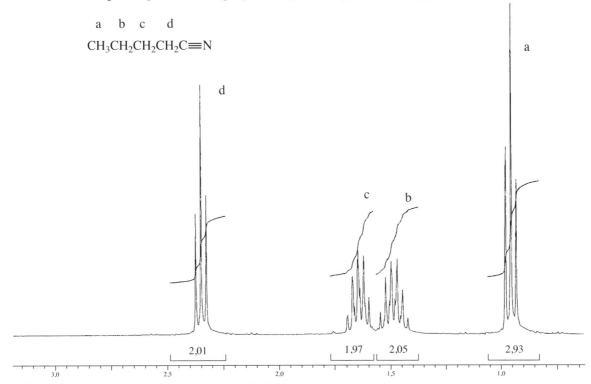

**FIGURA 5.45** Espectro de ¹H da valeronitrila (300 Mhz).

*J. Aldeídos*

Encontram-se dois tipos de hidrogênio nos aldeídos: aldeído e α (hidrogênios ligados ao mesmo carbono que o grupo aldeído).

| QUADRO DE ANÁLISE ESPECTRAL – Aldeídos | | |
|---|---|---|
| **DESLOCAMENTO QUÍMICO** | | |
| R—CHO | 9,0–10,0 ppm | O hidrogênio aldeído é deslocado bem para baixo por causa da anisotropia do grupo carbonila (C=O). |
| R—CH—CH=O | 2,1–2,4 ppm | Hidrogênios no carbono adjacente ao grupo C=O são também desblindados por causa do grupo carbonila, mas estão mais distantes, e o efeito é menor. |
| **COMPORTAMENTO DO ACOPLAMENTO** | | |
| —CH—CHO | $^3J \approx$ 1–3 Hz | Ocorre acoplamento entre o hidrogênio aldeído e os hidrogênios no carbono adjacente, mas $^3J$ é pequeno. |

O deslocamento químico do próton no grupo aldeído (—CHO) é encontrado entre 9 e 10 ppm. Os prótons que aparecem nessa região são fortes indicativos de um grupo aldeído, visto que nenhum outro próton aparece nessa região. O próton aldeído em 9,64 ppm aparece como um dubleto no destaque da Figura 5.46, com um $^3J$ = 1,5 Hz, no 2-metilpropanal (isobutiraldeído). O espectro de RMN é muito mais confiável do que a espectroscopia no infravermelho, pois confirma a presença de um grupo aldeído. As outras regiões também foram expandidas e destacadas no espectro, e são resumidas da seguinte maneira:

Próton **a** 1,13 ppm (dubleto, $^3J$ = 342,7 – 335,7 = 7,0 Hz)
Próton **b** 2,44 ppm (septeto de dubletos, $^3J$ = 738,0 – 731,0 = 7,0 Hz e $^4J$ = 725,5 – 724,0 = 1,5 Hz)
Próton **c** 9,64 ppm (dubleto, $^3J$ = 2894,6 – 2893,1 = 1,5 Hz)

O grupo CH (**b**) adjacente ao grupo carbonila aparece entre 2,1 e 2,4 ppm, o que é típico de prótons no carbono α. Nesse caso, o padrão em 2,44 ppm aparece como um septeto de dubletos resultante do acoplamento com os dois grupos CH$_3$ adjacentes ($n$ = 6 + 1 = 7) e do acoplamento com o próton aldeído que resulta em um septeto de dubletos ($n$ = 1 + 1 = 2).

Note que os grupos metila (**a**) aparecem como um dubleto, inteirando 6 H com um $^3J$ = 7,0 Hz. A Regra do $n$ + 1 prevê um dubleto por causa da presença de um próton adjacente no carbono **b**.

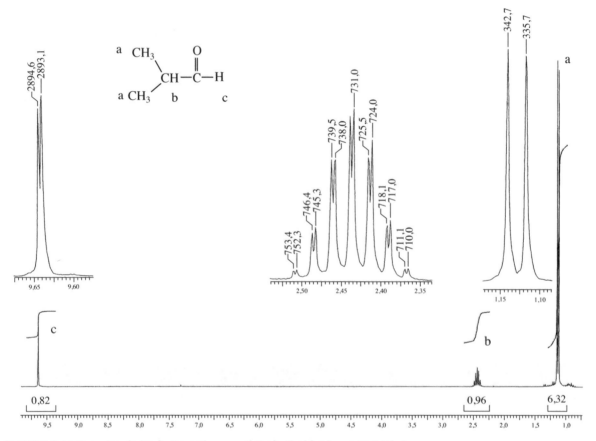

**FIGURA 5.46** Espectro de $^1$H do 2-metilpropanal (isobutiraldeído em 300 Mhz).

## K. Cetonas

As cetonas têm apenas um tipo distinto de átomo de hidrogênio: os ligados ao carbono α.

### QUADRO DE ANÁLISE ESPECTRAL – Cetonas

**DESLOCAMENTO QUÍMICO**

R—CH—C=O    2,1–2,4 ppm    Os hidrogênios α são desblindados pela anisotropia
    |                       do grupo C=O adjacente
    R

Em uma cetona, os hidrogênios no carbono próximo ao grupo carbonila aparecem entre 2,1 e 2,4 ppm. Se esses hidrogênios forem parte de uma cadeia maior, serão desdobrados por quaisquer hidrogênios no carbono adjacente, que estará mais distante na cadeia. É bastante fácil distinguir uma metil cetona, pois ela apresenta um único pico agudo de três prótons perto de 2,1 ppm. Atente para o fato de que todos os hidrogênios em um carbono próximo a um grupo carbonila geram absorções dentro da faixa 2,1–2,4 ppm. Portanto, cetonas, aldeídos, ésteres, amidas e ácidos carboxílicos, todos gerariam absorções de RMN na mesma região. É necessário observar a ausência de outras absorções (—CHO, —OH, —NH$_2$, —OCH$_2$R etc.) para confirmar que o composto é uma cetona. A espectroscopia no infravermelho também seria bastante útil ao diferenciar esses tipos de compostos. A ausência de estiramento de aldeído, hidroxila e amina ajudaria a confirmar que o composto é uma cetona.

A Figura 5.47 mostra o espectro do 5-metil-2-hexanona. Note o pico único e intenso em 2,2 ppm do grupo metila (**d**) próximo ao grupo carbonila. Isso é bem característico de uma metil cetona. Como não há prótons adjacentes, observa-se um pico único inteirando 3 H. Tipicamente, átomos de carbono com mais prótons ligados são mais blindados. Assim, o grupo metila aparece mais acima do que o grupo metileno (**e**), que tem menos prótons ligados. O quarteto no grupo metileno **b** é bem visível em aproximadamente 1,45 ppm, mas em parte sobrepõe o multipleto no próton único **c** que aparece por volta de 1,5 ppm. O dubleto nos dois grupos metila em aproximadamente 0,9 ppm inteira mais ou menos 6 H. Lembre-se de que o dubleto resulta de dois grupos metila equivalentes vendo um próton adjacente ($^3J$).

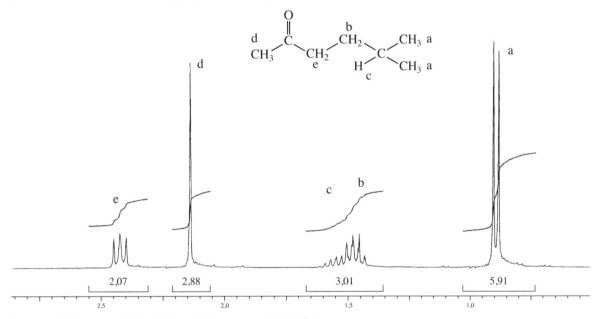

**Figura 5.47** Espectro de $^1$H da 5-metil-2-hexanona (300 Mhz).

## L. Ésteres

São encontrados dois tipos distintos de hidrogênio nos ésteres: os do átomo de carbono ligado ao átomo de oxigênio na *parte alcoólica* do éster e os do carbono α na *parte ácida* do éster (isto é, os ligados ao carbono próximo ao grupo C=O).

---

**QUADRO DE ANÁLISE ESPECTRAL – Ésteres**

**DESLOCAMENTO QUÍMICO**

α
—CH$_2$—C(=O)—O—CH$_2$—
2,1–2,5 ppm    3,5–4,8 ppm

Os hidrogênios α nos ésteres são desblindados pela anisotropia do grupo adjacente (C=O).

Os hidrogênios no carbono ligado ao oxigênio de ligação simples são desblindados por causa da eletronegatividade do oxigênio.

Todos os hidrogênios em um carbono próximo de um grupo carbonila geram absorções na mesma região (2,1–2,5 ppm). O campo anisotrópico do grupo carbonila desblinda esses hidrogênios. Portanto, cetonas, aldeídos, ésteres, amidas e ácidos carboxílicos, todos geram absorções de RMN na mesma região. O pico entre 3,5 e 4,8 ppm é a chave para identificar um éster. O grande deslocamento químico desses hidrogênios deve-se ao efeito de desblindagem do átomo de oxigênio eletronegativo, que está ligado ao mesmo carbono. Qualquer um dos dois tipos de hidrogênio mencionados pode ser separado em multipletos se for parte de uma cadeia maior.

A Figura 5.48 mostra o espectro do acetato de isobutila. Note que o pico único e intenso (**c**) em 2,1 ppm inteirando 3 H é o grupo metila ligado ao grupo C=O. Se o grupo metila fosse ligado ao átomo de oxigênio de ligação simples, ele teria aparecido próximo de 3,5 a 4,0 ppm. As informações sobre deslocamento químico dizem a que lado do grupo —CO$_2$— o grupo metila está ligado. O grupo —CH$_2$— (**d**) ligado ao átomo de oxigênio é deslocado para baixo em aproximadamente 3,85 ppm por causa da eletronegatividade do átomo de oxigênio. O grupo completa 2 H e aparece como um dubleto por causa do próton vizinho (**b**) no átomo de carbono metina. Esse único próton do carbono metina aparece como um multipleto, que é desdobrado pelos dois grupos metila vizinhos (**a**) e pelo grupo metileno (**d**) em um noneto (nove picos, em 1,95 ppm). Por fim, os dois grupos metila aparecem como um dubleto em 0,9 ppm, completando 6 H.

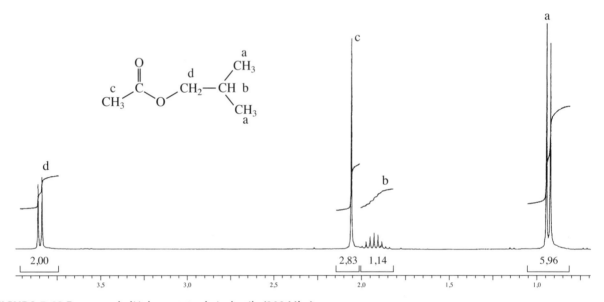

**FIGURA 5.48** Espectro de $^1$H do acetato de isobutila (300 Mhz).

*M. Ácidos carboxílicos*

Ácidos carboxílicos têm o próton ácido (o próton do grupo —COOH) e os hidrogênios α (ligados ao mesmo carbono que o grupo carboxila).

| QUADRO DE ANÁLISE ESPECTRAL – Ácidos carboxílicos | | |
|---|---|---|
| **DESLOCAMENTO QUÍMICO** | | |
| R—CO**O**H | 11,0–12,0 ppm | Esse hidrogênio é desblindado pelo oxigênio e considerado altamente ácido. Esse sinal (normalmente largo) é um pico muito característico dos ácidos carboxílicos. Note, no entanto, que em alguns casos, por causa de fatores a ser discutidos a seguir, esse pico pode ser alargado ou desaparecer na linha base. |
| —C**H**—COOH | 2,1–2,5 ppm | Hidrogênios adjacentes ao grupo carbonila são levemente desblindados. |

Em ácidos carboxílicos, o hidrogênio do grupo carboxila (—COOH) tem ressonância entre 11,0 e 12,0 ppm. Com exceção do caso especial de um hidrogênio em grupo OH enólico que tem ligação intramolecular de hidrogênio forte, nenhum outro tipo comum de hidrogênio aparece nessa região. Um pico nessa região é forte indicador de um ácido carboxílico. Como o hidrogênio carboxila não tem vizinhos, normalmente ele não é desdobrado; contudo, ligações de hidrogênio e trocas podem fazer o pico se *alargar* (tornar-se muito largo na base do pico) e mostrar uma intensidade muito pequena. Às vezes, o pico é tão largo que desaparece na linha de base. Nesse caso, o próton ácido pode não ser observado. A espectroscopia no infravermelho é muito confiável para determinar a presença de um ácido carboxílico. Como acontece com muitos alcoóis, esse hidrogênio fará trocas com água e $D_2O$. No $D_2O$, a troca de prótons converterá o grupo em —COOD, e a absorção —COOH perto de 12,0 ppm desaparecerá.

$$R-COOH + D_2O \rightleftharpoons R-COOD + DOH$$
**troca em $D_2O$**

Ácidos carboxílicos, com frequência, são insolúveis em $CDCl_3$, e é uma prática comum determinar seus espectros em $D_2O$, em que se adiciona uma pequena quantidade de sódio metálico. A solução básica (NaOD, $D_2O$) removerá o próton, transformando o ácido em um sal de sódio solúvel. Contudo, quando isso é feito, a absorção —COOH desaparece do espectro.

$$R-COOH + NaOD \rightleftharpoons R-COO^-Na^+ + DOH$$
**insolúvel**            **solúvel**

A Figura 5.49 mostra o espectro do ácido etilmalônico. A absorção —COOH inteirando 2 H é apresentada no destaque do espectro. Veja que esse pico é muito largo por causa das ligações de hidrogênio e das trocas. Note também que o próton **c** é deslocado para baixo em 3,1 ppm, como consequência do efeito de dois grupos carbonila vizinhos. A faixa normal em que se espera que um próton próximo de apenas um grupo carbonila apareça é entre 2,1 e 2,5 ppm.

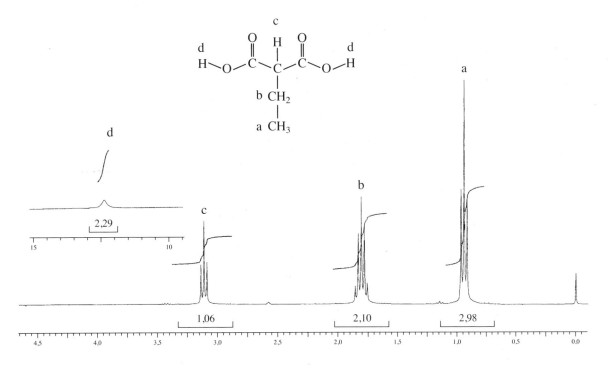

**FIGURA 5.49** Espectro de $^1H$ do ácido etilmalônico (300 Mhz).

## N. Amidas

Amidas têm três tipos distintos de hidrogênio: os ligados a nitrogênio, os α ligados ao átomo de carbono no lado carbonila do grupo amida e os ligados a um átomo de carbono que também está ligado ao átomo de nitrogênio.

### QUADRO DE ANÁLISE ESPECTRAL – Amidas

**DESLOCAMENTO QUÍMICO**

| | | |
|---|---|---|
| R(CO)—N—H | 5,0–9,0 ppm | Hidrogênios ligados a um nitrogênio amida têm deslocamentos químicos variáveis, pois o valor depende da temperatura, da concentração e do solvente. |
| —CH—CONH— | 2,1–2,5 ppm | Os hidrogênios α nas amidas absorvem na mesma faixa que outros hidrogênios acila (próximos a C=O). Eles são levemente desblindados pelo grupo carbonila. |
| R(CO)—N—CH | 2,2–2,9 ppm | Hidrogênios no carbono próximo ao nitrogênio de uma amida são levemente desblindados pela eletronegatividade do nitrogênio. |

**COMPORTAMENTO DO ACOPLAMENTO**

| | | |
|---|---|---|
| —N—H | $^1J \approx 50$ Hz | Em casos em que se vê esse acoplamento (raros), ele é bem grande, em geral 50 Hz ou mais. Na maioria dos casos, o momento de quadripolo do átomo de nitrogênio ou a troca química desacopla essa interação. |
| —N—CH— | $^2J \approx 0$ Hz | Em geral, não é visto pelos mesmos motivos já citados. |
| —N—CH—<br>    &vert;<br>    H | $^3J \approx 0$–7 Hz | A troca do NH amida é mais lenta do que em aminas, e observa-se a separação do C**H** adjacente mesmo se o N**H** é alargado. |

As absorções —NH de um grupo amida são altamente variáveis, o que dependerá não apenas de seu ambiente na molécula, mas também da temperatura e do solvente utilizado. Por causa da ressonância entre o par de elétrons não compartilhados no nitrogênio e o grupo carbonila, na maioria das amidas a rotação do grupo $NH_2$ é restrita. Sem liberdade para girar, os dois hidrogênios ligados ao nitrogênio em uma amida não substituída não são equivalentes, e serão observados *dois picos de absorção diferentes*, um para cada hidrogênio (Seção 8.6). Átomos de nitrogênio também têm um momento de quadripolo (Seção 8.5), e sua magnitude depende de seu ambiente molecular. Se um átomo de nitrogênio tiver um momento de quadripolo elevado, os hidrogênios ligados apresentarão um alargamento de picos (um alargamento do pico em sua base) e uma redução geral de sua intensidade.

Todos os hidrogênios adjacentes a um grupo carbonila (independentemente do tipo) absorvem na mesma região do espectro de RMN: 2,1–2,5 ppm.

A Figura 5.50 mostra o espectro da butiramida. Observe as absorções separadas dos dois hidrogênios —NH (6,6 e 7,2 ppm). Isso ocorre por causa da rotação restrita nesse composto. Os hidrogênios próximos do grupo C=O aparecem, caracteristicamente, em 2,1 ppm.

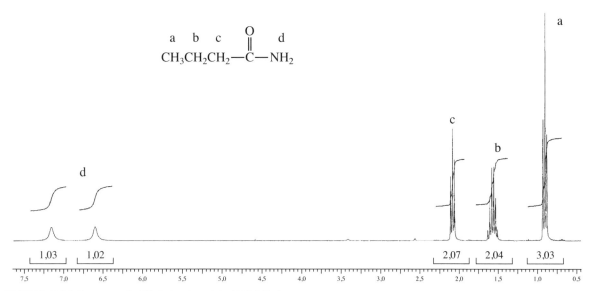

**FIGURA 5.50** Espectro de ¹H da butiramida (300 Mhz).

## O. Nitroalcanos

Em nitroalcanos, hidrogênios α, os átomos de hidrogênio ligados ao mesmo átomo de carbono a que o grupo nitro está ligado, têm um deslocamento químico particularmente grande.

| QUADRO DE ANÁLISE ESPECTRAL – Nitroalcanos | | |
|---|---|---|
| —CH—NO₂ | 4,1–4,4 ppm | Desblindagem pelo grupo nitro. |

Hidrogênios em um carbono próximo de um grupo nitro são altamente desblindados e aparecem entre 4,1 e 4,4 ppm. A eletronegatividade do nitrogênio e a carga formal positiva atribuída a ele claramente indicam a natureza de desblindagem desse grupo.

A Figura 5.51 apresenta o espectro do 1-nitrobutano. Observe o grande deslocamento químico (4,4 ppm) dos hidrogênios no carbono adjacente ao grupo nitro.

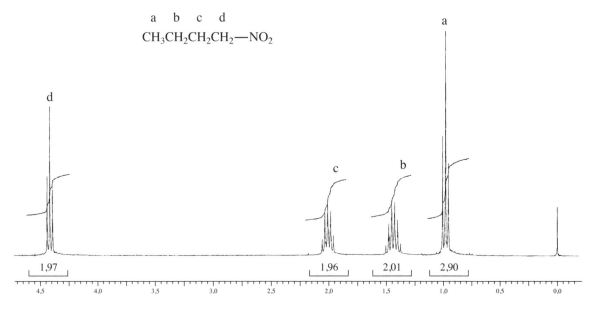

**FIGURA 5.51** Espectro de ¹H do 1-nitrobutano (300 Mhz).

## 5.20 COMO RESOLVER PROBLEMAS DE ESPECTROS RMN

Nesta seção, será apresentada a abordagem geral para a resolução de problemas de RMN e dois exemplos de problemas específicos serão resolvidos em detalhes. As seguintes figuras e tabelas são as fontes de informação mais importantes para consulta do aluno iniciante.

| | |
|---|---|
| Figura 5.20 | Os deslocamentos químicos de tipos importantes de prótons |
| Tabela 5.4 | Os deslocamentos químicos de prótons (mais detalhes) |
| Tabela 5.9 | Constantes de acoplamentos básicos |
| Seção 5.19 | Uma análise sobre o que esperar de cada tipo de grupo funcional |

Quando pela primeira vez se aproximar de um composto desconhecido, se a classe dele não for conhecida, comece com o espectro de infravermelho (quando fornecido) e a fórmula molecular. O espectro de infravermelho vai ajudar a determinar os principais grupos funcionais presentes. No entanto, o número de heteroátomos e o índice de insaturação também podem ajudar. Um composto com um átomo de oxigênio e um índice de zero provavelmente é um álcool ou um éter – em seguida, olhe para os prótons altamente desblindados próximos ao oxigênio (4–5 ppm) no espectro $^1$H-RMN. Um átomo de oxigênio e um índice de um provavelmente indicam um aldeído ou uma cetona, embora um álcool insaturado ou éter também sejam possíveis – olhe no $^1$H-RMN na região onde prótons ao lado de um grupo carbonilo são encontrados (2–3 ppm). Se esses picos estiverem ausentes, procure prótons em uma ligação dupla (5–6 ppm). Dois átomos de oxigênio e um índice de um provavelmente indicam um éster ou um ácido – olhe no $^1$H-RMN para um próton de ácido (10–12 ppm) ou para os prótons altamente desblindados próximos ao átomo de oxigênio éster (4–5 ppm). A mesma abordagem pode ser utilizada com heteroátomos de nitrogênio – aminas, nitrilas e assim por diante. Se o índice de insaturação for maior do que quatro, procure um anel de benzeno (pico ou picos próximos a 7 ppm). Tente contar para cada ligação dupla ou anel em que o índice de insaturação sugerir que esteja presente. Um exame superficial dos deslocamentos químicos de $^1$H-RMN dos vários grupos de picos, muitas vezes o ajudarão a fazer uma boa estimativa preliminar para o grupo funcional correto, mesmo se você não tiver uma fórmula ou um espectro infravermelho.

Depois de determinar o grupo funcional mais provável, consulte a Seção 5.19 para ver se todo o espectro se encaixa nos padrões esperados para o grupo funcional suspeitado. A Seção 5.19 é uma ferramenta útil que não deve ser negligenciada.

Depois de determinar os tipos de hidrogênio presentes no composto, é hora de atribuir um grupo de hidrogênios para cada carbono. Cada padrão de desdobramento no espectro representa os átomos de hidrogênio num único carbono ou um grupo de átomos de carbono equivalentes. Começando com a fórmula molecular, primeiro subtraia os átomos presentes no grupo funcional e depois determine o número de átomos de hidrogênio em cada grupo utilizando os integrais e os padrões de desdobramento. Você deve ser capaz de explicar cada carbono na molécula, atribuir o número de átomos de hidrogênio em cada um desses átomos de carbono e determinar o número de átomos de hidrogênio vizinhos ao grupo causador do desdobramento pertencente a cada carbono. Quando isso for concluído, você pode começar a montar uma estrutura que se encaixe no espectro. Faremos essas etapas finais nos dois exemplos a seguir.

Se você estiver totalmente perdido, uma abordagem que geralmente funciona é realmente desenhar todas as estruturas que achar possíveis, prever que seus espectros de RMN devam ser semelhantes e compará-los com o composto desconhecido. Normalmente, apenas uma estrutura coincidirá com o espectro de RMN do composto desconhecido.

Além disso, não hesite em listar as peças que você souber que estão presentes e tentar montar, em seguida, em uma estrutura que se encaixe no espectro. Por exemplo, você pode saber que há um grupo éster —O—(C=O)—, um grupo $CH_2$ integrando para dois, e dois grupos metílicos integrando para três prótons cada ($CH_3$ e $CH_3$), um não desdobrado com um grande deslocamento químico e o outro com um deslocamento químico representativo de prótons ao lado de um grupo carbonila. O grupo de prótons do carbono ao lado do carbonilo é um quarteto (três vizinhos), e o grupo metilo é um tripleto (dois vizinhos). Esse composto só se pode montar como CH$_3$—O—(C=O)—CH$_2$CH$_3$.

Certifique-se de analisar cuidadosamente como o espectro é apresentado. Nem todos os espectros precisam ser exibidos em uma escala que abranja toda a gama do deslocamento químico. Observe, por exemplo, que os espectros mostrados no Exemplo 1, apenas cobrem a gama de 0 a 5 ppm, uma vez que não há picos com deslocamentos químicos maiores do que 5,0 ppm. Se houver uma grande separação entre picos, a parte do espectro com maiores deslocamentos químicos pode ser compensada e redesenhada acima da linha de base principal. É também possível que alguns picos sejam expandidos e compensados para ver melhor o desdobramento ou determinar as constantes de acoplamento.

## EXEMPLO 1

Os compostos a seguir são ésteres isoméricos derivados do ácido acético, cada um com fórmula C$_5$H$_{10}$O$_2$. Cada espectro foi expandido para permitir que os padrões de desdobramento sejam vistos.

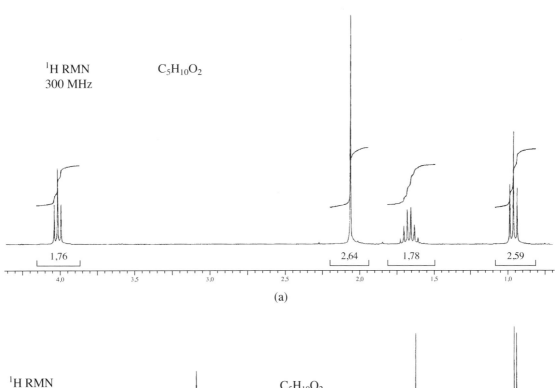

(a)

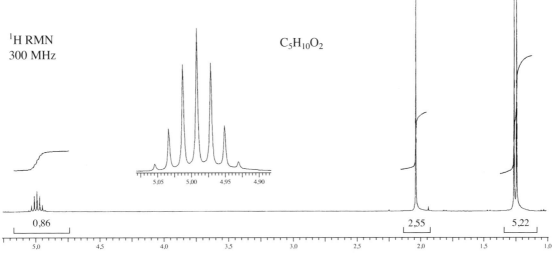

(b)

Uma vez que fomos informados de que esses compostos são ésteres, já sabemos o grupo funcional e podemos subtrair um carbono e dois oxigênios ($CO_2$) da fórmula molecular, deixando quatro carbonos e dez hidrogênios para elucidar. Você pode familiarizar-se com espectros de éster, indo para a Seção 5.19L.

Com o primeiro espectro (1a), por exemplo, pode-se usar a curva integral traçada sobre o espectro para calcular o número de átomos de hidrogênio representados em cada multipleto (Seção 5.9). Além disso, podemos evitar a árdua tarefa de contar os quadrados ou de usar uma régua para medir a altura de cada integral! É muito mais fácil determinar os valores das integrais usando os números listados logo abaixo dos picos. Esses números são os valores integrados da área sob os picos. São proporcionais ao número real de prótons, com uma margem de erro experimental. Processo: divida cada um dos valores integrais pelo menor valor integral para obter os valores apresentados na segunda coluna (1,76/1,76 = = 1,0; 2,64/1,76 = 1,5; 1,77/1,76 = 1,01; 2,59/1,76 = 1,47). Os valores da terceira coluna são obtidos multiplicando por 2 e arredondando os resultados. Se tudo funcionar bem, deve--se descobrir que o número total de prótons é provavelmente igual ao número de prótons na fórmula (no caso, 10 prótons).

| 1,76 | 1,0  | 2 H |
| 2,64 | 1,5  | 3 H |
| 1,77 | 1,01 | 2 H |
| 2,59 | 1,47 | 3 H |
|      |      | 10 prótons |

Com frequência, é possível analisar o espectro e determinar visualmente os números relativos de prótons, evitando assim a abordagem matemática apresentada na tabela. Apenas pela observação, pode-se determinar que o segundo espectro (1b) produz uma razão de 1:3:6 = = 10 H. O septeto em cerca de 4.9 ppm nesse espectro foi ampliado e redesenhado acima da linha-base para que se possa ver melhor.

Voltando ao primeiro éster, espectro 1a, vemos um singleto acentuado, integrando para três hidrogênios em cerca de 2,1 ppm. Esse é um grupo metilo não desdobrado ($CH_3$) sem vizinhos. O deslocamento químico é típico para hidrogênios em um carbono próximo de um grupo carbonilo ($CH_3$—C=O). Em contraste, o outro pico que integra para três hidrogênios é um tripleto perto de 0,9 ppm. Esse grupo metila ($CH_3$) tem uma porção alifática ordinária (saturada) nas proximidades do carbono com dois vizinhos, mais provavelmente um grupo $CH_2$. O tripleto com grande deslocamento químico em cerca de 4,1 ppm é mais provavelmente de um grupo $CH_2$ ligado a um átomo de oxigênio (—O—$CH_2$—), que desblinda os hidrogênios. O conjunto final de picos a cerca de 1,65 ppm surge de um grupo $CH_2$ (integral = 2) com cinco vizinhos. Visto que grupos $CH_5$ são impossíveis, esse conjunto de hidrogênios deve ter dois átomos de carbono vizinhos, um grupo $CH_2$ e um grupo $CH_3$. Isso significa que temos um grupo n-propilo ligado ao oxigênio (—O—$CH_2$—$CH_2$—$CH_3$). O carbono central nessa cadeia dá o sexteto. Adicionando tudo isso chegamos ao etanoato de propilo ($CH_3$(C=O)O—$CH_2CH_2CH_3$) como a resposta para 1a. Esse éster pode também ser chamado de acetato de propilo, por ser o éster propílico de ácido acético.

No espectro 1b, o singleto integrado por três átomos de hidrogênio de 2,1 ppm, assim como no em 1a, é um grupo metila não desdobrado ao lado de um grupo carbonilo ($CH_3$—C=O). O septeto em 5,0 ppm é um único átomo de hidrogênio (CH) com seis vizinhos. Uma vez que $CH_6$ é impossível, os vizinhos devem ser dois grupos metila ($CH_3$ + $CH_3$). Esses dois grupos metila estão diretamente ligados ao grupo CH. Visto que eles são os grupos metila equivalentes (por rotação), ambos têm o mesmo deslocamento químico. No entanto, como cada um tem um único vizinho (CH), eles são desdobrados em um par de dubletos precisamente sobrepostos. Note-se que os dois picos aqui não representam dois singletos de grupos metila diferentes, cada um com um deslocamento químico diferente. Eles representam dois grupos metila sobrepostos (quimicamente equivalentes) que coincidem no deslocamento químico e são, cada um deles, desdobrados nos mesmos dois picos sobrepostos do dubleto pelo grupo CH adjacente. Isso significa que a parte alquila deste éster é um grupo isopropila ligado ao oxigênio (—O—CH(CH$_3$)$_2$. A resposta para o composto 2b é etanoato de isopropila (também chamado de acetato de isopropila) com a estrutura final CH$_3$(C=O)O—CH(CH$_3$)$_2$.

**Acetato de n-propila**

**acetato de isopropila**

## EXEMPLO 2

Os espectros de RMN dos dois compostos isoméricos com fórmula C$_3$H$_5$ClO$_2$ são apresentados nos Exemplos 2a e 2b. Os prótons de campo baixo que aparecem no espectro de RMN por volta de 12,1 e 11,5 ppm, respectivamente, são mostrados com destaque.

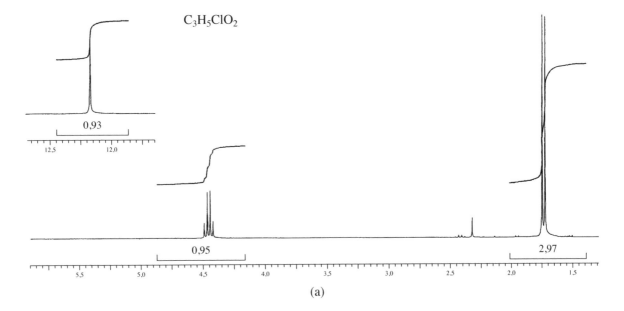

(a)

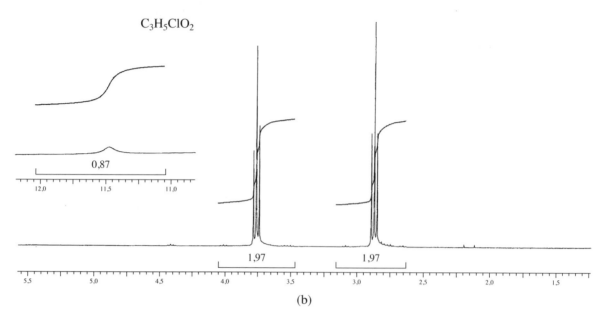

(b)

Em ambos os espectros, os picos a 12,2 e 11,5 ppm (ambos são deslocados acima da linha de base), estão na região esperada para o próton ligado a um grupo ácido carboxílico. No espectro 1a, o pico do ácido (integrando para um átomo de hidrogênio) é um singleto agudo, enquanto no espectro 1b é substancialmente alargado, provavelmente em virtude de uma velocidade de troca moderada. Consulte a Seção 5.19M para uma análise completa dos espectros de RMN de ácidos carboxílicos e uma breve explicação do alargamento do pico.

A fórmula molecular tem um índice de insaturação de um (devido ao grupo carbonila do ácido) e mostra os dois átomos de oxigênio necessários. Portanto, pode-se subtrair a partir da fórmula —CO$_2$H, deixando —C$_2$H$_4$Cl para elucidar. A abordagem mais direta aqui é ver que há apenas duas estruturas possíveis para essa parcela de dois carbonos restantes do composto: Cl—CH$_2$CH$_2$— e CH$_3$CH(Cl)—. A partir desses dois arranjos, você deve ver que o primeiro dará dois tripletos, um com um deslocamento químico maior devido ao cloro, e que o segundo vai dar um dubleto e um quarteto desblindado para o hidrogênio no mesmo carbono que o cloro. Note o maior deslocamento químico para o hidrogênio em 2a no mesmo carbono do que o grupo de ácido (4,45 ppm) em comparação com os dois hidrogênios em 2b que estão simplesmente ao lado do grupo de ácido (3,75 ppm). Os compostos são o ácido 2-cloropropanoico (2a) e o ácido 3-cloropropanoico (2b).

**2-ácido cloropropanoico**      **3-ácido cloropropanoico**

## PROBLEMAS

*1. Quais são os estados de *spin* permitidos para os seguintes átomos?
   (a) $^{14}$N      (b) $^{13}$C      (c) $^{17}$O      (d) $^{19}$F

*2. Calcule o deslocamento químico em partes por milhão (δ) para um próton que tenha ressonância de 128 Hz para baixo em relação ao TMS em um espectrômetro que opere em 60 MHz.

*3. Um próton tem ressonância de 90 Hz para baixo em relação ao TMS quando a intensidade de campo é 1,41 Tesla (14100 Gauss) e a frequência do oscilador é 60 MHz.
   (a) Qual será seu deslocamento em hertz se a intensidade de campo for aumentada para 2,82 Tesla, e a frequência do oscilador para 120 MHz?
   (b) Qual será seu deslocamento químico em partes por milhão (δ)?

*4. A acetonitrila ($CH_3CN$) tem ressonância em 1,97 ppm, enquanto o cloreto de metila ($CH_3Cl$) tem ressonância em 3,05 ppm, apesar de o momento de dipolo da acetonitrila ser de 3,92 D, e o do cloreto de metila, apenas 1,85 D. O momento de dipolo maior do grupo ciano sugere que a eletronegatividade desse grupo seja maior do que a do átomo de cloro. Explique por que os hidrogênios metila na acetonitrila são, na verdade, mais blindados do que aqueles no cloreto de metila, em contraste com os resultados esperados com base na eletronegatividade. (*Dica:* Que tipo de padrão espectral se esperaria da anisotropia magnética do grupo ciano, CN?)

*5. A posição da ressonância OH do fenol varia com a concentração da solução, como mostra a tabela a seguir. Por sua vez, o próton hidroxila do *orto*-hidroxiacetofenona aparece em 12,05 ppm e não apresenta nenhum grande deslocamento por diluição. Explique.

| Concentração w/v em $CCl_4$ | δ (ppm) |
|---|---|
| 100% | 7,45 |
| 20% | 6,75 |
| 10% | 6,45 |
| 5% | 5,95 |
| 2% | 4,88 |
| 1% | 4,37 |

*6. Os deslocamentos químicos dos grupos metila das três moléculas relacionadas, pinano, α-pineno e β-pineno, são listados a seguir.

Faça modelos desses três compostos e explique por que os dois grupos metila dentro do círculo têm deslocamentos químicos tão pequenos.

*7. No benzaldeído, dois dos prótons do anel têm ressonância em 7,87 ppm, e os outros três, entre 7,5 e 7,6 ppm. Explique.

**8.** Faça um desenho tridimensional ilustrando a anisotropia magnética no 15,16-diidro--15,16-dimetilpireno, e explique por que os grupos metila são observados em −4,2 ppm no espectro de RMN de ¹H.

15,16-diidro-15,16-dimetilpireno

**9.** Elabore as configurações de *spin* e os padrões de desdobramento do seguinte sistema de *spin*:

**10.** Explique os padrões e as intensidades do grupo isopropila no iodeto de isoproprila.

**11.** Que espectro seria esperado para a seguinte molécula?

**12.** Que configuração de prótons geraria dois tripletos de mesma área?

**13.** Preveja a aparência do espectro de RMN do brometo de propila.

**14.** O composto a seguir, com fórmula $C_4H_8O_2$, é um éster. Dê sua estrutura e defina os valores de deslocamento químico.

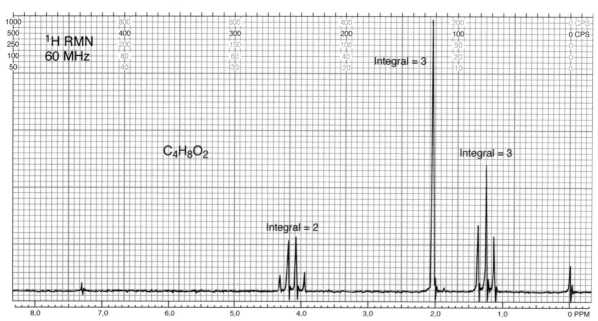

*15. O composto a seguir é um hidrocarboneto aromático monossubstituído com fórmula C₉H₁₂. Dê sua estrutura e defina os valores de deslocamento químico.

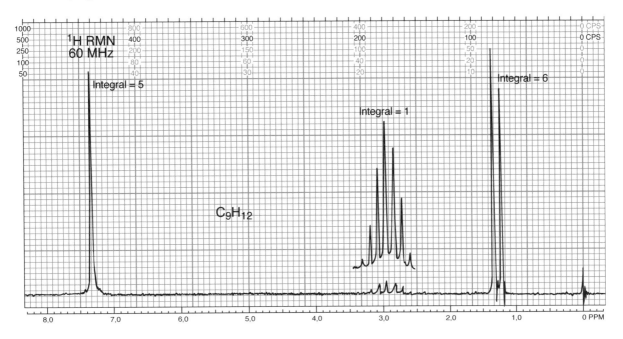

*16. O composto a seguir é um ácido carboxílico que contém um átomo de bromo: C₄H₇O₂Br. Para fins de clareza, o pico em 10,97 ppm foi acrescentado no espectro (cuja escala vai apenas de 0 a 8 ppm). Qual é a estrutura do composto?

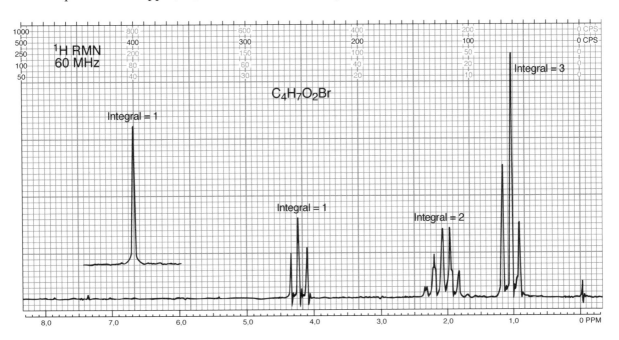

*17. O composto que gera o espectro de RMN a seguir tem fórmula C$_3$H$_6$Br$_2$. Desenhe a estrutura.

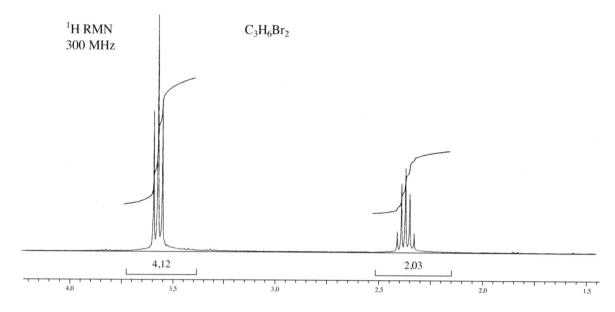

*18. Desenhe a estrutura de um éter com fórmula C$_5$H$_{12}$O$_2$ que se encaixe no espectro de RMN a seguir:

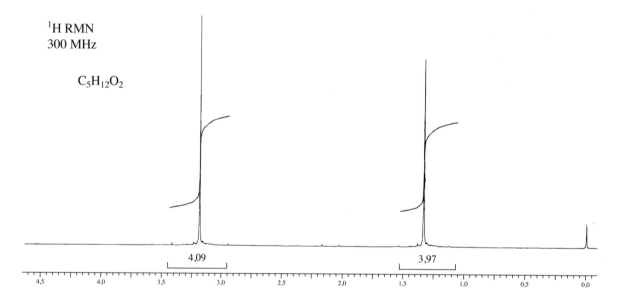

*19. A seguir estão os espectros de RMN de três ésteres isoméricos com fórmula $C_7H_{14}O_2$, todos derivados de ácido propanoico. Proponha uma estrutura para cada um.

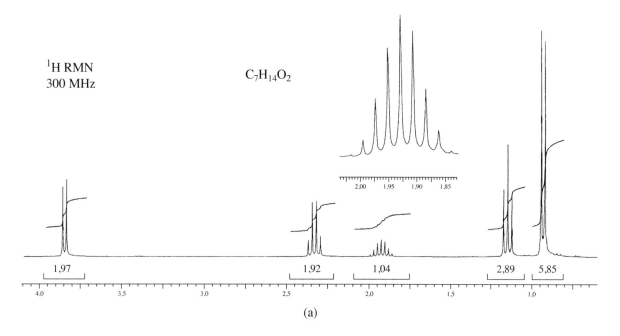

(a)

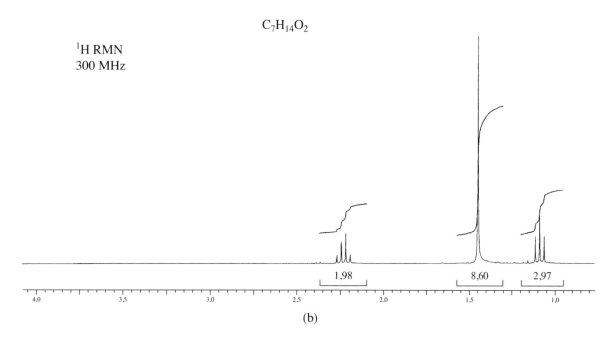

(b)

¹H RMN  
300 MHz

C₇H₁₄O₂

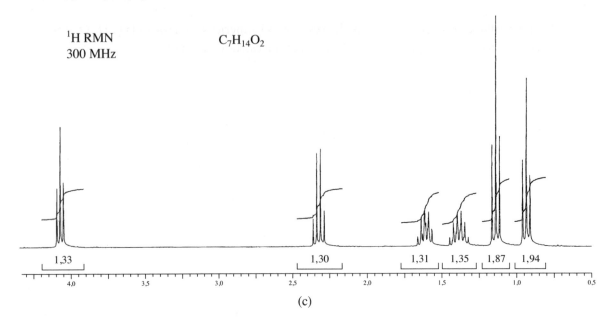

(c)

*20. Os espectros de RMN dos dois compostos isoméricos com fórmula C₁₀H₁₄ são apresentados a seguir. Não tente interpretar a região de prótons aromáticos entre 7,1 e 7,3 ppm, exceto para determinar o número de prótons ligados ao anel aromático. Desenhe as estruturas dos isômeros.

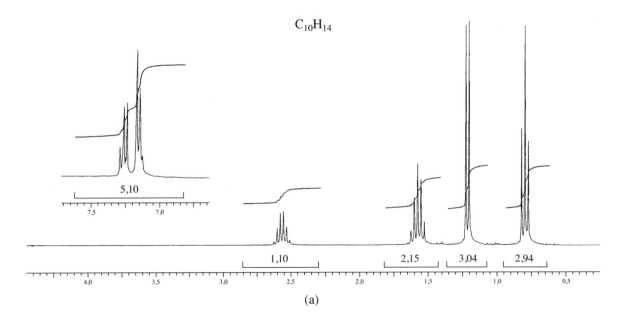

(a)

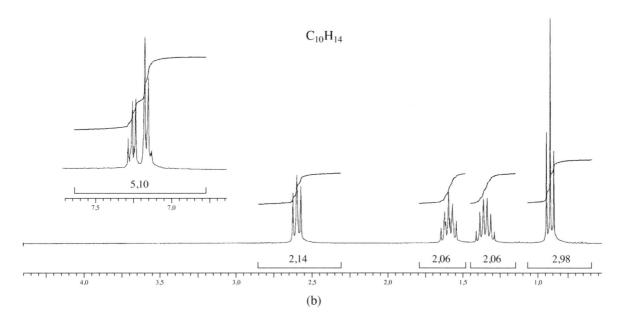
(b)

*21. É apresentado o espectro de RMN do composto com fórmula $C_8H_{11}N$. O espectro no infravermelho apresenta um dubleto por volta de 3350 cm$^{-1}$. Não tente interpretar a área de prótons aromáticos entre 7,1 e 7,3 ppm, exceto para determinar o número de prótons ligados ao anel aromático. Desenhe a estrutura do composto.

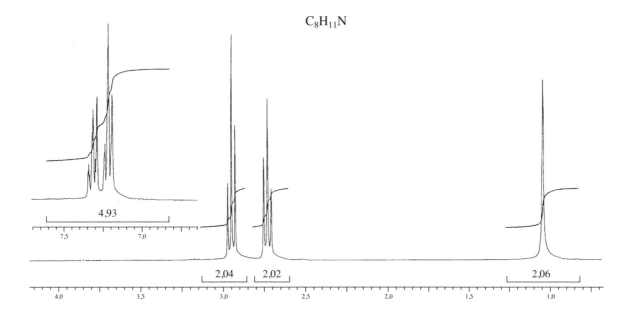

**22.** São apresentados os espectros de RMN de dois compostos isoméricos com fórmula $C_{10}H_{12}O$. Os espectros de infravermelho deles apresentam bandas fortes próximas de 1715 cm$^{-1}$. Não tente interpretar a região de prótons aromáticos entre 7,1 e 7,4 ppm, exceto para determinar o número de prótons ligados ao anel aromático. Desenhe as estruturas dos compostos.

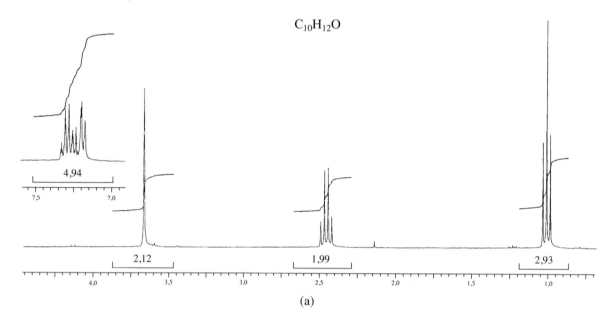

(a)

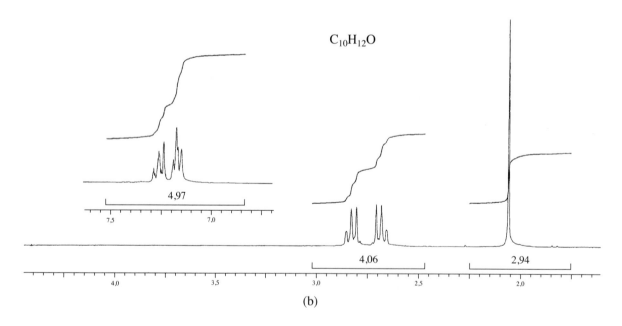

(b)

**23.** São apresentados os espectros de RMN a, b, c e d, de quatro compostos isoméricos com fórmula $C_{10}H_{12}O_2$. Os espectros no infravermelho deles apresentam bandas fortes próximas de 1735 cm$^{-1}$. Não tente interpretar a região de prótons aromáticos entre 7,0 e 7,5 ppm, exceto para determinar o número de prótons ligados ao anel aromático. Desenhe as estruturas dos compostos.

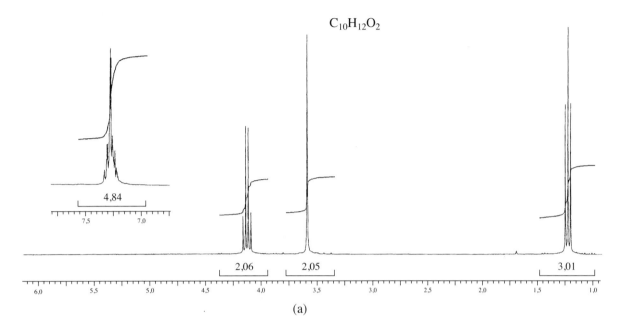

(a)

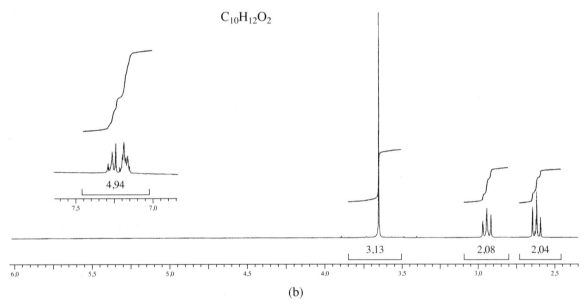

(b)

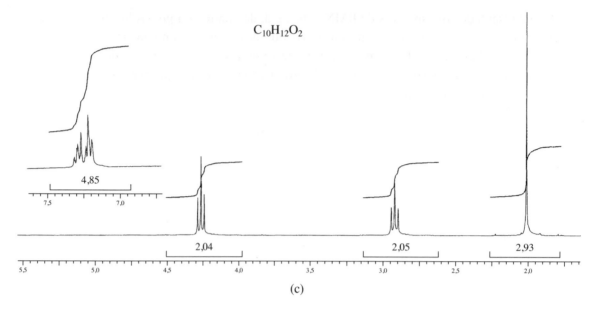

(c)

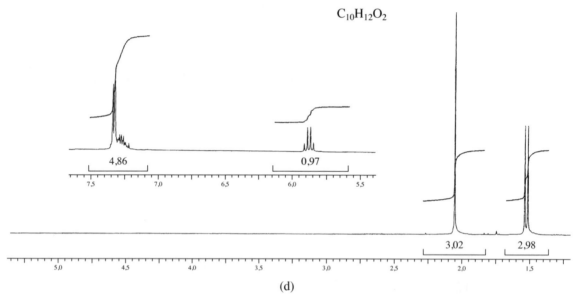

(d)

**24.** Além do espectro de RMN a seguir, este composto, com fórmula $C_5H_{10}O_2$, apresenta bandas em 3450 cm$^{-1}$ (larga) e 1713 cm$^{-1}$ (forte) no espectro no infravermelho. Desenhe sua estrutura.

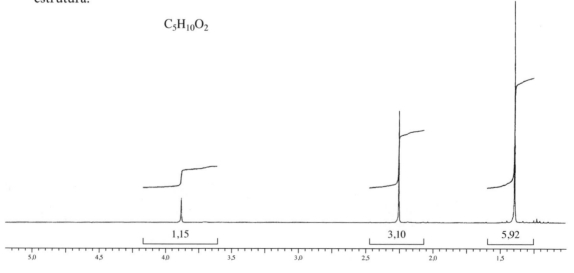

25. A seguir é mostrado o espectro de RMN de um éster com fórmula $C_5H_6O_2$. O espectro no infravermelho apresenta bandas de intensidade média em 3270 e 2118 cm$^{-1}$. Desenhe a estrutura do composto.

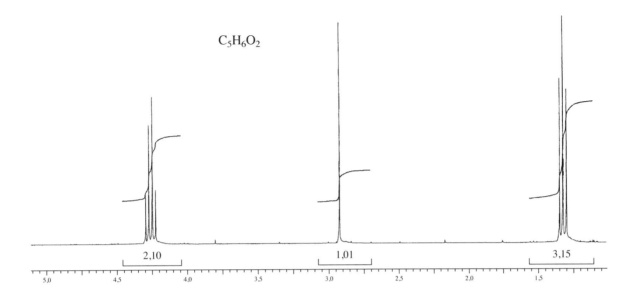

26. A seguir é mostrado o espectro de RMN de um composto com fórmula $C_7H_{12}O_4$. O espectro no infravermelho tem absorção intensa em 1740 cm$^{-1}$ e várias bandas intensas entre 1333 e 1035 cm$^{-1}$. Desenhe a estrutura do composto.

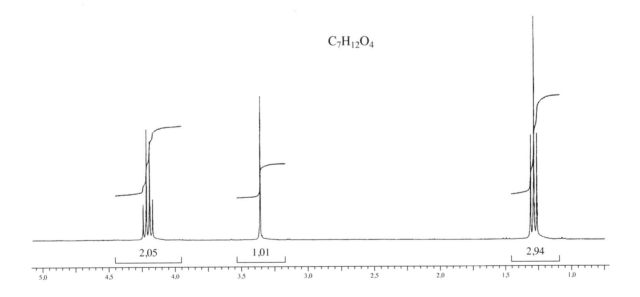

## REFERÊNCIAS

### Livros didáticos

BERGER, S.; BRAUN, S. *200 and more NMR experiments*. Weinheim: Wiley-VCH, 2004.

CREWS, P.; RODRIGUEZ, J.; JASPARS, M. *Organic structure analysis*. 2. ed. Nova York: Oxford University Press, 2009.

FIELD, L. D.; STERNHELL, S.; KALMAN, J. R. *Organic structures from spectra*. 5. ed. Weinheim: Wiley, 2013.

FRIEBOLIN, H. *Basic one- and two-dimensional NMR spectroscopy*. 5. ed. Nova York: VCH Publishers, 2010.

GUNTHER, H. *NMR spectroscopy*. 2. ed. Nova York: John Wiley and Sons, 1995.

JACKMAN, L. M.; STERNHELL, S. *Nuclear magnetic resonance spectroscopy in organic chemistry*. 2. ed. Nova York: Pergamon Press, 1969.

LAMBERT, J. B. et al. *Organic structural spectroscopy*. Upper Saddle River: Prentice Hall, 2010.

MACOMBER, R. S. *NMR spectroscopy*: essential theory and practice. Nova York: Harcourt, Brace Jovanovich, 1988. (College Outline Series.)

MACOMBER, R. S. *A complete introduction to modern NMR spectroscopy*. Nova York: John Wiley and Sons, 1997.

SANDERS, J. K. M.; HUNTER, B. K. *Modern NMR spectroscopy:* a guide for chemists. 2. ed. Oxford: Oxford University Press, 1993.

SILVERSTEIN, R. M.; WEBSTER, F. X.; KIEMLE, D. J. *Spectrometric identification of organic compounds*. 7. ed. Nova York: John Wiley and Sons, 2005.

WILLIAMS, D. H.; FLEMING, I. *Spectroscopic methods in organic chemistry*. 6. ed. Londres: McGraw-Hill, 2008.

## *Sites*

http://www2.chemistry.msu.edu/faculty/reusch/VirtTxtJml/Spectrpy/spectro.htm
Esse excelente *site* apresentado pelo Professor William Reusch do Departamento de Química da Universidade do Estado de Michigan inclui material de apoio para espectroscopia no infravermelho, espectroscopia de RMN, espectroscopia de UV e espectroscopia de massa. Alguns problemas e links para outros *sites* de problemas de espectros.

http://sdbs.riodb.aist.go.jp
Esse excelente *site* grátis oferece um Sistema de Dados Espectrais Integrados para Compostos Orgânicos, do Instituto Nacional de Materiais e Pesquisas Químicas, Tsukuba, Ibaraki 305-8565, Japão. Esse banco de dados inclui espectros de infravermelho e de massa, além de dados de RMN (próton e carbono-13) de um grande número de compostos.

http://www.chem.ucla.edu/~webspectra/
O Departamento de Química e Bioquímica da Universidade da Califórnia em Los Angeles (UCLA), associado ao Laboratório Isótopo da Universidade de Cambridge, mantém o site WebSpectra que oferece problemas de espectroscopia RMN e IV que poderão ser interpretados pelos estudantes. Oferece links para outros sites com problemas a serem resolvidos por estudantes.

http://www.nd.edu/~smithgrp/structure/workbook.html
Problemas combinados de estrutura oferecidos pelo grupo Smith da Universidade Notre Dame.

## Compilações de espectros

AULT, A.; AULT, M. R. *A handy and systematic catalog of NMR spectra, 60 MHz with some 270 MHz*. Mill Valley, CA: University Science Books, 1980.

POUCHERT, C. J. *The Aldrich Library of NMR spectra, 60 MHz*. 2. ed. Milwaukee: Aldrich Chemical Company, 1983.

POUCHERT, C. J.; BEHNKE, J. *The Aldrich Library of $^{13}C$ and $^{1}H$ FT-NMR spectra, 300 MHz*. Milwaukee: Aldrich Chemical Company, 1993.

PRETSCH, E.; BUHLMANN, J. P.; AFFOTTER, C. *Structure determination of organic compounds*. Tables of spectral data. 4. ed. Berlim: Springer, 2009. Traduzido do alemão por K. Biemann

# capítulo 6

# Espectroscopia de ressonância magnética nuclear

Parte 2: Espectros de carbono-13 e acoplamento heteronuclear com outros núcleos

O estudo dos núcleos de carbono por espectroscopia de ressonância magnética nuclear (RMN) é uma técnica importante para determinar as estruturas de moléculas orgânicas. Usando-a com a RMN de próton e a espectroscopia no infravermelho, químicos orgânicos podem determinar a estrutura completa de um composto desconhecido sem "sujar as mãos" no laboratório! O instrumento de RMN por transformada de Fourier (RMN-FT) facilita a obtenção dos espectros de carbono de rotina.

Utilizam-se espectros de carbono para determinar o número de carbonos não equivalentes e para identificar os tipos de átomos de carbono (metila, metileno, aromático, carbonila e outros) presentes em um composto. Assim, a RMN de carbono oferece informações diretas sobre o esqueleto do carbono de uma molécula. Alguns dos princípios da RMN de prótons aplicam-se ao estudo da RMN de carbono, contudo, em geral, é mais fácil determinar a estrutura com espectros de RMN de carbono-13 do que com RMN de prótons. Tipicamente, ambas as técnicas são utilizadas juntas para determinar a estrutura de um composto desconhecido.

## 6.1 NÚCLEO DE CARBONO-13

O carbono-12, o isótopo mais abundante do carbono, é inativo em RMN, pois tem *spin* zero (ver Seção 5.1). O carbono-13, ou $^{13}C$, entretanto, tem massa ímpar e apresenta, sim, *spin* nuclear, com $I = \frac{1}{2}$. Infelizmente, é mais difícil observar as ressonâncias de núcleos $^{13}C$ do que as de prótons ($^1H$), pois elas são aproximadamente 6 mil vezes mais fracas do que as ressonâncias de prótons, principalmente por dois motivos.

Primeiro, a abundância natural do carbono-13 é muito baixa, apenas 1,08% de todos os átomos de carbono na natureza são átomos de $^{13}C$. Se o número total de carbonos em uma molécula for baixo, provavelmente a maioria das moléculas em uma amostra não terá nenhum núcleo $^{13}C$. Em moléculas que contenham isótopo $^{13}C$, não é provável que um segundo átomo na mesma molécula seja um átomo de $^{13}C$. Portanto, quando observamos um espectro de $^{13}C$, estamos observando um espectro construído a partir de uma série de moléculas, em que cada uma oferece não mais do que uma única ressonância de $^{13}C$. Nenhuma molécula *sozinha* oferece um espectro completo.

Segundo, como a razão giromagnética de um núcleo de $^{13}C$ é menor do que a do hidrogênio (Tabela 5.2), núcleos de $^{13}C$ sempre têm ressonância em frequência mais baixa do que os prótons. Lembre-se de que, em frequências mais baixas, a população excedente de *spin* dos núcleos fica reduzida (Tabela 5.3), o que reduz a sensibilidade dos procedimentos de detecção de RMN.

Para certa intensidade de campo magnético, a frequência de ressonância de um núcleo de $^{13}C$ é mais ou menos um quarto da frequência necessária para observar ressonâncias de prótons (ver Tabela 5.2).

Por exemplo, em um campo magnético aplicado de 7,05 Tesla, observam-se prótons em 300 MHz, enquanto núcleos de $^{13}$C são observados em aproximadamente 75 MHz. Com instrumentos modernos, altera-se a frequência do oscilador para o valor necessário para ressonâncias de $^{13}$C.

Com os modernos instrumentos de transformada de Fourier (Seção 5.7B), é possível obter espectros de RMN de $^{13}$C de compostos orgânicos, mesmo que a detecção de sinais de carbono seja difícil em comparação à detecção de espectros de prótons. Para compensar a baixa abundância natural do carbono, deve-se acumular um número maior de varreduras do que o normal para um espectro de prótons.

## 6.2 DESLOCAMENTOS QUÍMICOS DE CARBONO-13

### A. Gráficos de correlação

Um parâmetro importante derivado dos espectros de carbono-13 é o deslocamento químico. Na Figura 6.1, o gráfico de correlação mostra típicos deslocamentos químicos de $^{13}$C, indicados em partes por milhão (ppm) do tetrametilsilano (TMS); os carbonos dos grupos metila do TMS (não os hidrogênios) são utilizados como referência. Também são mostradas na Tabela 6.1 as faixas aproximadas de deslocamentos químicos de $^{13}$C de certos tipos de carbono. Note que o deslocamento químico aparece sobre uma faixa (de 0 a 220 ppm) muito maior do que a que se observa para prótons (de 0 a 12 ppm). Por causa da faixa de valores muito grande, quase todo átomo de carbono não equivalente em uma molécula orgânica gera um pico com um deslocamento químico distinto. Os picos raras vezes se sobrepõem, diferentemente do que acontece em um RMN de prótons.

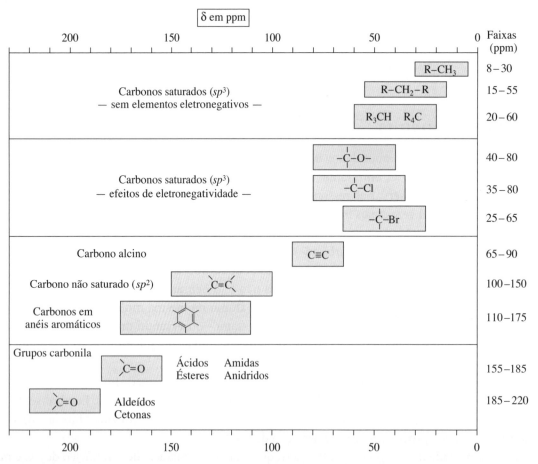

**FIGURA 6.1** Quadro de correlação de deslocamentos químicos de $^{13}$C (os deslocamentos químicos são indicados em partes por milhão do TMS).

| Tabela 6.1 Faixas aproximadas (ppm) de deslocamentos químicos de $^{13}$C em certos tipos de carbono ||||
|---|---|---|---|
| R—CH$_3$ | 8–30 | C≡C | 65–90 |
| R$_2$CH$_2$ | 15–55 | C=C | 100–150 |
| R$_3$CH | 20–60 | C≡N | 110–140 |
| C—I | 0–40 | (anel aromático) | 110–175 |
| C—Br | 25–65 | | |
| C—N | 30–65 | R—C(=O)—OR, R—C(=O)—OH | 155–185 |
| C—Cl | 35–80 | R—C(=O)—NH$_2$ | 155–185 |
| C—O | 40–80 | R—C(=O)—R, R—C(=O)—H | 185–220 |

O quadro de correlação é dividido em quatro seções. Átomos de carbono saturados aparecem no campo mais alto, mais próximos do TMS (de 8 a 60 ppm). A seção seguinte do quadro de correlação demonstra o efeito de átomos eletronegativos (de 40 a 80 ppm). A terceira seção do quadro inclui átomos de carbono em anel aromático e alcenos (de 100 a 175 ppm). Por fim, a quarta seção do quadro contém carbonos de carbonila, que aparecem nos valores de campo mais baixos (de 155 a 220 ppm).

A eletronegatividade, a hibridização e a anisotropia afetam os deslocamentos químicos de $^{13}$C praticamente da mesma maneira que afetam os deslocamentos químicos de $^1$H, porém deslocamentos químicos de $^{13}$C são aproximadamente 20 vezes maiores.[1] A eletronegatividade (Seção 5.11A) produz o mesmo efeito de desblindagem na RMN de carbono e na RMN de próton: o elemento eletronegativo produz um deslocamento grande para baixo. O deslocamento de um átomo de $^{13}$C é maior do que o de um próton, uma vez que o átomo eletronegativo está diretamente ligado ao átomo de $^{13}$C, e o efeito ocorre por uma única ligação simples (C—X). Com prótons, os átomos eletronegativos são ligados ao carbono, não ao hidrogênio, e o efeito ocorre por meio de duas ligações (H—C—X), em vez de uma.

Em uma RMN de $^1$H, o efeito de um elemento eletronegativo em deslocamentos químicos diminui conforme a distância, mas é sempre na mesma direção (desblindagem e para baixo). Em uma RMN de $^{13}$C, um elemento eletronegativo também causa um deslocamento para baixo nos carbonos α e β, mas, em geral, leva a um pequeno deslocamento *para cima* do carbono γ. Vê-se facilmente esse efeito nos carbonos do hexanol:

$$14{,}2 \quad 22{,}8 \quad 32{,}0 \quad 25{,}8 \quad 32{,}8 \quad 61{,}9 \text{ ppm}$$
$$CH_3—CH_2—CH_2—CH_2—CH_2—CH_2—OH$$
$$\omega \quad\; \varepsilon \quad\;\; \delta \quad\;\; \gamma \quad\;\; \beta \quad\;\; \alpha$$

O deslocamento do C3, o carbono γ, parece bem diferente do efeito esperado para um substituinte eletronegativo, o que, às vezes, indica a necessidade de consultar tabelas de correlação detalhadas de deslocamentos químicos de $^{13}$C. Essas tabelas aparecem no Apêndice 7 e são abordadas na próxima seção.

---

[1] Isso é, às vezes, chamado de *Regra das 20x* (MACOMBER, R. S. Proton-Carbon, Chemical Shift Correlations. *Journal of Chemical Educations*, 68(a), p. 284-285, 1991).

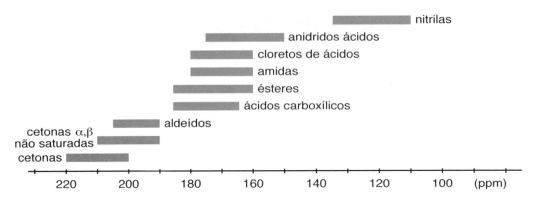

**FIGURA 6.2** Gráfico de correlação de $^{13}C$ para os grupos funcionais carbonila e nitrila.

De maneira análoga aos deslocamentos de $^1H$, mudanças na hibridização (Seção 5.11B) também produzem deslocamentos maiores para o carbono-13, que está *diretamente envolvido* (sem ligações intermediárias), do que para os hidrogênios ligados a esse carbono (uma ligação intermediária). Em RMN de $^{13}C$, os carbonos dos grupos carbonila têm os maiores deslocamentos químicos, pois a hibridização $sp^2$ e um oxigênio eletronegativo estão diretamente ligados ao grupo carbonila, desblindando-o ainda mais. A anisotropia (Seção 5.12) é responsável pelos grandes deslocamentos químicos dos carbonos em anéis aromáticos e em alcenos.

Observe que a faixa de deslocamentos químicos é maior para átomos de carbono do que para átomos de hidrogênio. Como os fatores que afetam os deslocamentos do carbono agem tanto por uma ligação quanto diretamente no carbono, eles são maiores do que os do hidrogênio, que ocorrem por mais ligações. Como consequência, toda a faixa de deslocamentos químicos fica maior para $^{13}C$ (de 0 a 220 ppm) do que para $^1H$ (de 0 a 12 ppm).

Muitos dos grupos funcionais importantes de química orgânica contêm um grupo carbonila. Para determinar a estrutura de um composto que contém um grupo carbonila, é importante conhecer o tipo de grupo carbonila existente na amostra desconhecida. A Figura 6.2 ilustra as típicas faixas de deslocamentos químicos de $^{13}C$ para alguns grupos funcionais que contêm carbonila. Apesar de haver certa sobreposição nas faixas, é fácil distinguir cetonas e aldeídos de outros compostos carbonílicos. Dados de um deslocamento químico para carbonos de carbonila são particularmente poderosos quando combinados com dados de um espectro no infravermelho.

## B. Cálculo de deslocamentos químicos de $^{13}C$

Espectroscopistas de ressonância magnética nuclear acumularam, organizaram e arrumaram, em forma de tabela, uma grande quantidade de dados de deslocamentos químicos de $^{13}C$. É possível prever o deslocamento químico de quase todos os átomos de $^{13}C$ a partir dessas tabelas, começando com um valor-base do esqueleto molecular e, então, incluindo incrementos que corrigem o valor de cada substituinte. As correções devidas aos substituintes dependem do tipo de substituinte e de sua posição relativa ao átomo de carbono em análise. As correções em anéis são diferentes das realizadas em cadeias e, frequentemente, dependem de estereoquímica.

Utilizemos o *m*-xileno (1,3-dimetilbenzeno) como exemplo. Consultando-se as tabelas, constata-se que o valor-base dos carbonos em um anel benzênico é de 128,5 ppm. No Apêndice 8, a Tabela A8.7, apresenta as tabelas de substituintes relacionados aos anéis benzênicos para as correções do substituinte metila. Esses valores são:

|  | *ipso* | *orto* | *meta* | *para* |
|---|---|---|---|---|
| $CH_3$: | 9,3 | 0,7 | −0,1 | −2,9 ppm |

O carbono *ipso* é aquele a que o substituinte está diretamente ligado. Os cálculos para o *m*-xileno começam com o valor-base e incluem os seguintes incrementos:

C1 = base + *ipso* + *meta*  = 128,5 + 9,3 + (−0,1)  = 137,7 ppm
C2 = base + *orto* + *orto*  = 128,5 + 0,7 + 0,7     = 129,9 ppm
C3 = C1
C4 = base + *orto* + *para*  = 128,5 + 0,7 + (−2,9)  = 126,3 ppm
C5 = base + *meta* + *meta*  = 128,5 + 2(−0,1)       = 128,3 ppm
C6 = C4

Os valores observados em C1, C2, C4 e C5 do *m*-xileno são 137,6, 130,0, 126,2 e 128,2 ppm, respectivamente, e os valores calculados coincidem bem com os realmente medidos.

O Apêndice 8 apresenta algumas tabelas, com instruções, de correlação de deslocamentos químicos de $^{13}C$. Pela grande quantidade, é impossível incluir neste livro tabelas completas de correlação de deslocamentos químicos de $^{13}C$. Caso haja interesse em conhecer essas tabelas, ver Friebolin (2010), Levy (1984), Macomber (1988), Pretsch et al. (2000) e Silverstein et al. (2005). Ainda mais convenientes do que as tabelas são os *softwares* que calculam deslocamentos químicos de $^{13}C$. Nos *softwares* mais avançados, o operador precisa apenas rascunhar a molécula na tela usando um *mouse*, e o programa calcula os deslocamentos químicos e o espectro bruto. Alguns desses *softwares* também estão indicados nas referências.

## 6.3 ESPECTROS DE $^{13}C$ ACOPLADOS POR PRÓTONS – DESDOBRAMENTO *SPIN-SPIN* DE SINAIS DE CARBONO-13

A não ser que uma molécula seja artificialmente enriquecida por síntese, é baixa a probabilidade de haver dois átomos de $^{13}C$ na mesma molécula. É ainda mais baixa a probabilidade de haver dois átomos de $^{13}C$ adjacentes um ao outro na mesma molécula. Assim, raramente observamos padrões de desdobramento *spin-spin* **homonuclear** (carbono-carbono) em que ocorra interação entre dois átomos de $^{13}C$. Contudo, os *spins* de prótons ligados diretamente a átomos de $^{13}C$ interagem com o *spin* do carbono e fazem o sinal do carbono ser separado de acordo com a Regra do $n + 1$. Trata-se de um acoplamento **heteronuclear** (carbono-hidrogênio), que envolve dois tipos diferentes de átomos. Em RMN de $^{13}C$, em geral verificamos desdobramentos que surgem dos prótons *ligados diretamente* ao átomo de carbono estudado. Trata-se de um acoplamento por meio de uma única ligação. Lembre-se de que, na RMN de próton, as separações mais comuns são *homonucleares* (hidrogênio-hidrogênio), que ocorrem entre prótons ligados a átomos de carbono *adjacentes*. Nesses casos, a interação é um acoplamento por meio de três ligações, H—C—C—H.

A Figura 6.3 ilustra o efeito de prótons diretamente ligados a um átomo de $^{13}C$. A Regra do $n + 1$ prevê o grau de separação em cada caso. A ressonância de um átomo de $^{13}C$ com prótons ligados, por exemplo, é dividida em um quarteto ($n + 1 = 3 + 1 = 4$). As possíveis combinações de *spin* dos três prótons são iguais às ilustradas na Figura 5.31, e cada combinação de *spin* interage com o carbono gerando um pico diferente dentro do multipleto. Como os hidrogênios estão diretamente ligados ao $^{13}C$ (acoplamentos por ligação única), as constantes de acoplamento dessa interação são muito grandes, com valores de $J$ de aproximadamente 100 a 250 Hz. Compare os típicos acoplamentos de três ligações, H—C—C—H, que são comuns em espectros de RMN, com valores de $J$ de aproximadamente 1 a 20 Hz.

Na Figura 6.3, é importante notar que, quando se olha para um espectro de $^{13}C$, não se "veem" diretamente prótons (as ressonâncias de prótons ocorrem fora da faixa de frequências utilizada para obter os espectros de $^{13}C$), vê-se apenas o efeito dos prótons ligados a átomos de $^{13}C$. Lembre-se também de que não é possível observar $^{12}C$, pois são inativos na RMN.

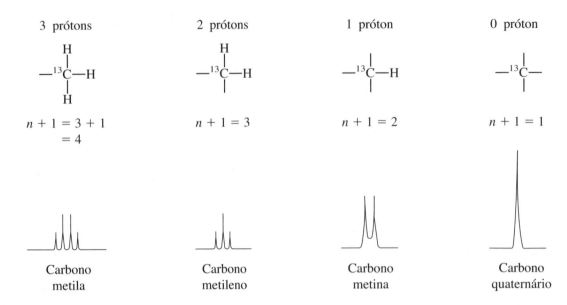

**FIGURA 6.3** Efeito de prótons ligados em ressonâncias de $^{13}$C.

Espectros que apresentam desdobramento *spin-spin*, ou acoplamento entre carbono-13 e os prótons diretamente ligados a ele são chamados de **espectros com acoplamento de prótons** ou **espectros não desacoplados** (ver a próxima seção). A Figura 6.4a apresenta o espectro de RMN de $^{13}$C com acoplamento de prótons do fenilacetato de etila. Nesse espectro, o primeiro quarteto para baixo do TMS (14,2 ppm) corresponde ao carbono do grupo metila. Ele é desdobrado em um quarteto ($J = 127$ Hz) pelos três átomos de hidrogênio ligados ($^{13}$C—H, acoplamentos por meio de uma única ligação). Além disso, embora não seja possível ver esse espectro na escala (deve-se usar uma expansão), cada linha do quarteto é dividida em um tripleto bem apertado ($J = ca.$ 1 Hz). Essa separação adicional de linha é causada pelos dois prótons no grupo adjacente —CH$_2$—. Trata-se de dois acoplamentos de duas ligações (H—C—$^{13}$C) de um tipo que ocorre com frequência em espectros de $^{13}$C, com constantes de acoplamento, em geral, bem pequenas ($J = 0$–2 Hz) em sistemas com átomos de carbono em cadeia alifática. Por causa do pequeno valor, esses acoplamentos, frequentemente, são ignorados em uma análise de rotina do espectro, pois se dá mais atenção às separações por meio de uma única ligação, que são maiores, no próprio quarteto.

Há dois grupos —CH$_2$— no fenilacetato de etila. Um, referente ao grupo etila —CH$_2$—, é encontrado bem mais abaixo (60,6 ppm), pois esse carbono é desblindado pelo oxigênio. Trata-se de um tripleto, por causa dos dois hidrogênios ligados (acoplamentos de ligação única). Assim, apesar de não serem vistos em um espectro expandido, os três hidrogênios no grupo metila adjacente desdobram, levemente, cada pico do tripleto em um quarteto. O carbono benzílico —CH$_2$— é o tripleto intermediário (41,4 ppm). O grupo localizado mais abaixo de todos é o carbono do grupo carbonila (171,1 ppm). Na escala desse espectro, há um pico único (sem hidrogênios diretamente ligados), mas, graças ao grupo benzílico adjacente —CH$_2$—, ele é levemente desdobrado em um tripleto. Os carbonos de anéis aromáticos também aparecem no espectro e têm ressonâncias entre 127 e 136 ppm. A Seção 6.13 abordará as ressonâncias de $^{13}$C de anéis aromáticos.

Em geral, é difícil interpretar espectros com acoplamento de prótons de moléculas grandes. É comum os multipletos de diferentes carbonos se sobreporem, pois as constantes de acoplamento $^{13}$C—H são, em geral, maiores do que as diferenças de deslocamento químico dos carbonos no espectro. Às vezes, é difícil interpretar até mesmo moléculas simples como o fenilacetato de etila (Figura 6.4a). Um desacoplamento de próton, abordado na seção seguinte, evita esse problema.

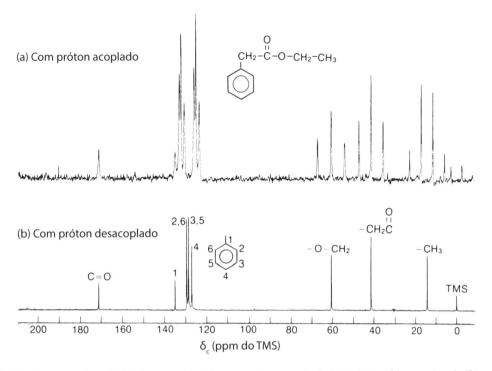

**FIGURA 6.4** Fenilacetato de etila. (a) Espectro de $^{13}$C com próton acoplado (20 MHz) e (b) espectro de $^{13}$C com próton desacoplado (20 MHz). Fonte: Moore J. A. e Dalrymple D. L. *Experimental Methods in Organic Chemistry*. Filadélfia: W. B. Saunders (1976).

## 6.4 ESPECTROS DE $^{13}$C DESACOPLADOS DO PRÓTON

A maioria dos espectros de RMN de $^{13}$C é obtida como **espectros desacoplados do próton**. A técnica de desacoplamento destrói todas as interações entre prótons e núcleos de $^{13}$C, portanto apenas **singletos** são observados em um espectro de RMN de $^{13}$C desacoplado. Apesar de essa técnica simplificar o espectro e evitar multipletos que se sobrepõem, a desvantagem é que se perdem as informações sobre os hidrogênios ligados.

É possível conseguir um **desacoplamento** de prótons no processo de determinação de um espectro de RMN de $^{13}$C quando se irradiam, simultaneamente, todos os prótons da molécula com um espectro largo de frequências na faixa adequada. A maioria dos espectrômetros de RMN modernos possui um segundo gerador de radiofrequência, sintonizável, o **desacoplador**, que tem essa finalidade. A irradiação torna os prótons saturados, passando, por meio de transições rápidas para cima e para baixo, por todos os possíveis estados de *spin*. Essas rápidas transições desacoplam quaisquer interações *spin-spin* entre os hidrogênios e os núcleos de $^{13}$C em observação. Na verdade, todas as interações se anulam na média por causa das rápidas variações. O núcleo do carbono "sente" apenas uma média dos estados de *spin* nos hidrogênios ligados, em vez de um ou mais diferentes estados. Em algumas fontes de referência, os espectros de $^{13}$C desacoplados do próton são designados usando a notação de $^{13}$C{$^{1}$H}, que significa que o espectro de $^{13}$C está sendo observado enquanto os prótons $^{1}$H estão sendo irradiados com um sinal de desacoplamento de banda larga. Neste livro, todos os espectros de $^{13}$C podem assumir-se como desacoplados do próton, salvo indicação contrária.

A Figura 6.4b é o espectro desacoplado de prótons do fenilacetato de etila. O espectro acoplado de prótons (Figura 6.4a) foi estudado na Seção 6.3. É interessante comparar os dois espectros para ver como a técnica de desacoplamento de próton simplifica o espectro. Todo carbono, química e magneticamente distinto, gera apenas um único pico. Note, contudo, que os dois carbonos *orto* no anel (carbonos 2 e 6), bem como os dois carbonos *meta* (carbonos 3 e 5), são equivalentes por simetria, e que cada um deles gera apenas um único pico.

A Figura 6.5 é um segundo exemplo de espectro desacoplado de próton. Observe que o espectro apresenta três picos correspondentes ao número exato de átomos de carbono no 1-propanol. Se não houver átomos de carbono equivalentes em uma molécula, será observado um pico de $^{13}$C para *cada* carbono. Note também que todas as atribuições da Figura 6.5 são consistentes com os valores apresentados na tabela de deslocamentos químicos (Figura 6.1). O átomo de carbono mais próximo do oxigênio eletronegativo está bem para baixo, e o carbono metila, no campo mais alto.

O padrão de três picos centrados em δ = 77 ppm deve-se ao solvente CDCl$_3$. Esse padrão resulta do acoplamento de um núcleo de deutério ($^2$H) a um núcleo de $^{13}$C (ver Seção 6.13). Com frequência, em vez do TMS, usa-se o padrão CDCl$_3$ como referência interna.

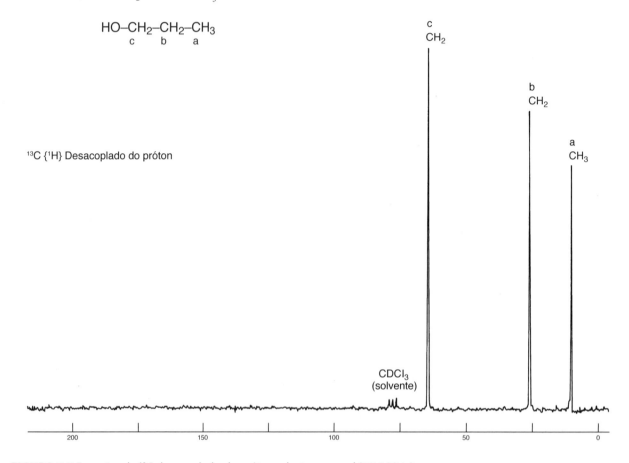

**FIGURA 6.5** Espectro de $^{13}$C desacoplado de prótons do 1-propanol (22,5 MHz).

## 6.5 INTENSIFICAÇÃO NUCLEAR OVERHAUSER (NOE)

Quando obtemos um espectro de $^{13}$C desacoplado do próton, as intensidades de muitas ressonâncias de carbono são significativamente maiores do que as observadas em um experimento com acoplamento. Átomos de carbono com átomos de hidrogênio diretamente ligados são os mais intensificados, e haverá um aumento (mas nem sempre de forma linear) à medida que mais hidrogênios estiverem ligados. Esse fenômeno é conhecido como efeito nuclear Overhauser, e o grau de aumento no sinal é chamado de **intensificação nuclear Overhauser (NOE)**. O efeito NOE é *heteronuclear* nesse caso, operando entre dois átomos desiguais (carbono e hidrogênio). Ambos os átomos exibem *spin* e são ativos em RMN. O efeito nuclear Overhauser é muito comum e surge quando se irradia um dos tipos de átomo enquanto o RMN do outro tipo é obtido. Se as intensidades de absorção do átomo em observação (isto é, não irradiado) são alteradas, ocorre uma intensificação. O efeito pode ser positivo ou negativo, o que dependerá dos tipos de átomo envolvidos. No caso do $^{13}$C que interage com $^1$H, o efeito é positivo, e irradiar os hidrogênios aumenta as intensidades dos sinais do carbono. O aumento máximo que pode ser observado é dado pela relação:

$$\text{NOE}_{\text{máx}} = \frac{1}{2}\left(\frac{\gamma_{\text{irr}}}{\gamma_{\text{obs}}}\right) \quad \textbf{Equação 6.1}$$

Em que $\gamma_{\text{irr}}$ é a razão giromagnética do núcleo sendo irradiado, e $\gamma_{\text{obs}}$, a do núcleo observado. Lembre-se de que $\text{NOE}_{\text{máx}}$ é o *aumento* do sinal e deve ser adicionado à intensidade original do sinal:

$$\text{intensidade prevista total (máxima)} = 1 + \text{NOE}_{\text{máx}} \quad \textbf{Equação 6.2}$$

Para calcular um espectro de $^{13}$C desacoplado do próton, devem-se utilizar os valores da Tabela 5.2:

$$\text{NOE}_{\text{máx}} = \frac{1}{2}\left(\frac{267,5}{67,28}\right) = 1,988 \quad \textbf{Equação 6.3}$$

Indicando que os sinais de $^{13}$C podem ser aumentados em até 200% por irradiação dos hidrogênios. Esse valor, entretanto, é um máximo teórico, e a maioria dos casos reais apresenta aumentos menores do que o ideal.

O efeito NOE heteronuclear opera em ambas as direções, e qualquer átomo pode ser irradiado. Se o de carbono-13 fosse irradiado enquanto se determina o espectro de RMN dos hidrogênios – o inverso do procedimento normal –, os sinais de hidrogênio teriam um aumento muito pequeno. Contudo, como há poucos átomos de $^{13}$C em uma molécula, o resultado não seria muito dramático. Em contrapartida, o NOE é um *bônus* definitivo recebido na determinação de espectros de $^{13}$C desacoplados do próton. Os hidrogênios são inúmeros, e o carbono-13, com sua pouca abundância, geralmente produz sinais fracos. Como o NOE aumenta a intensidade dos sinais de carbono, ele substancialmente aumenta a sensibilidade (razão sinal/ruído) no espectro de $^{13}$C.

Uma melhora de sinal decorrente do NOE é um exemplo de **polarização cruzada**, em que uma polarização dos estados de *spin* em um tipo de núcleo causa uma polarização dos estados de *spin* em outro núcleo. A polarização cruzada será explicada na Seção 6.6. No exemplo em questão (espectro de $^{13}$C desacoplado do próton), quando os hidrogênios da molécula são irradiados, eles ficam saturados e há uma distribuição de estados de *spin* muito diferente daquele do estado de equilíbrio (Boltzmann). Há mais *spins* no estado *excitado* do que no normal. Por causa da interação dipolar dos *spins*, os *spins* dos núcleos de carbono "sentem" o desequilíbrio de *spins* dos núcleos de hidrogênio e começam a se ajustar em um novo estado de equilíbrio, que tem mais *spins* no estado *mais baixo*. Esse aumento de população no estado de *spin* mais baixo do carbono eleva a intensidade do sinal de RMN.

Em um espectro de $^{13}$C desacoplado do próton, o NOE total do carbono aumenta com o número de hidrogênios próximos. Assim, as intensidades dos sinais em um espectro de $^{13}$C (presumindo um único carbono de cada tipo) seguem, em geral, esta ordem:

$$\text{CH}_3 > \text{CH}_2 > \text{CH} \gg \text{C}$$

Apesar de os hidrogênios que produzem o efeito NOE influenciarem átomos de carbono mais distantes do que aqueles a que estão ligados, sua eficiência cai rapidamente com a distância. A interação dipolar *spin-spin* opera no espaço, e não pelas ligações, e sua magnitude diminui como uma função do inverso de $r^3$, em que $r$ é a distância radial a partir do hidrogênio de referência.

$$\text{C} \overset{r}{\leftrightarrow} \text{H} \quad \text{NOE} = f\left(\frac{1}{r^3}\right)$$

Para exibir um efeito NOE, os núcleos devem estar bem próximos na molécula. O efeito é maior com hidrogênios diretamente ligados ao carbono.

Em trabalhos avançados, os NOE são, às vezes, utilizados para verificar atribuições de picos. A irradiação de um hidrogênio ou grupo de hidrogênios leva a uma intensificação maior do sinal do carbono mais próximo entre dois átomos de carbono analisados. Na dimetilformamida, por exemplo, os dois grupos metila são não equivalentes, apresentando dois picos (em 31,1 e 36,2 ppm), pois a rotação da ligação C—N é restrita, por causa da interação de ressonância entre o par isolado do nitrogênio e a ligação π do grupo carbonila.

*anti*, 31,1 ppm

*sin*, 36,2 ppm

Dimetilformamida

A irradiação do hidrogênio aldeído leva a um NOE maior para o carbono do grupo metila *sin* (36,2 ppm) do que para o grupo metila *anti* (31,1 ppm), permitindo que os picos sejam atribuídos. O grupo metila *sin* é mais próximo do hidrogênio aldeído.

É possível manter os benefícios do NOE mesmo quando se está determinando um espectro de RMN de $^{13}$C acoplado de prótons que mostre os multipletos de hidrogênios ligados. A perturbação favorável das populações de estados de *spin* surge lentamente durante a irradiação dos hidrogênios pelo desacoplador e persiste por algum tempo depois que o desacoplador é desligado. Em contraste, o desacoplamento está disponível apenas enquanto o desacoplador está funcionando e cessa imediatamente quando é desligado. Pode-se fazer surgir o efeito NOE irradiando com o desacoplador durante um período antes do pulso e, então, desligando-o durante os períodos de aquisição de dados de pulso e decaimento da indução livre (DIL). Essa técnica produz um **espectro acoplado de prótons intensificado por NOE**, com a vantagem de as intensidades dos picos terem sido aumentadas pelo efeito NOE. Para mais detalhes, ver Seção 9.1.

## 6.6 POLARIZAÇÃO CRUZADA: ORIGEM DO EFEITO NUCLEAR OVERHAUSER

Para ver como funciona a polarização cruzada na intensificação nuclear Overhauser, considere o diagrama de energia da Figura 6.6. Pense em um sistema de dois *spins* entre átomos de $^1$H e de $^{13}$C. Esses dois átomos podem ser acoplados por *spin*, mas a explicação a seguir é mais simples de entender se simplesmente ignorarmos qualquer desdobramento *spin-spin*. A explicação a seguir aplica-se ao caso da espectroscopia de RMN de $^{13}$C, apesar de ser igualmente aplicável a outras possíveis combinações de átomos. A Figura 6.6 apresenta quatro diferentes níveis de energia ($N_1$, $N_2$, $N_3$ e $N_4$), cada um com uma diferente combinação de *spins* de átomos $^1$H e $^{13}$C. Os *spins* dos átomos são mostrados em cada nível de energia.

As regras de seleção, derivadas da mecânica quântica, exigem que as únicas transições permitidas envolvam alteração de apenas um *spin* por vez (as quais são chamadas de **transições de um *quantum***). São mostradas as transições permitidas, as excitações de prótons (chamadas de $^1$H) e as excitações de carbonos (chamadas de $^{13}$C). Note que ambas as transições de prótons e ambas as de carbono têm a mesma energia (lembre-se de que estamos ignorando o desdobramento devido às interações de *J*).

Como os quatro estados de *spin* têm energias diferentes, eles também têm *populações* diferentes. Como os estados de *spin* $N_3$ e $N_2$ têm energias muito semelhantes, podemos presumir que suas populações são praticamente iguais. Usemos agora o símbolo ***B*** para representar as populações de equilíbrio desses dois estados de *spin*. A população do estado de *spin* $N_1$, contudo, será maior (por um valor δ), e a do estado de *spin* $N_4$ será menor (também por um valor δ). As intensidades das linhas de RMN serão proporcionais à diferença de populações entre os níveis de energia em que estejam ocorrendo transições. Se compararmos as populações de cada nível de energia, veremos que as intensidades das duas linhas de carbono (*X*) serão iguais.

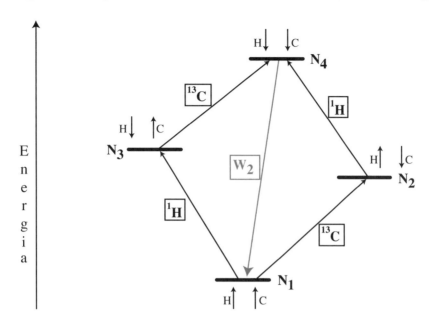

**FIGURA 6.6** Diagrama do nível de energia de *spin* em um sistema AX.

| Nível | Populações de equilíbrio |
|---|---|
| $N_1$ | $B + \delta$ |
| $N_2$ | $B$ |
| $N_3$ | $B$ |
| $N_4$ | $B - \delta$ |

Supondo que as populações dos níveis de energia de $^{13}C$ estejam em equilíbrio, os sinais de carbono terão as seguintes intensidades:

**Níveis de energia de $^{13}C$ em equilíbrio**

$$N_3 - N_4 = B - B + \delta = \delta$$
$$N_1 - N_2 = B + \delta - B = \delta$$

Pense agora no que acontece quando irradiamos as transições de prótons durante o procedimento de desacoplamento de banda larga. A irradiação dos prótons **satura** as transições de prótons. Em outras palavras, as probabilidades de uma transição para cima ou para baixo desses núcleos (as transições de prótons apresentadas na Figura 6.6) tornam-se, agora, *iguais*. A população do nível $N_4$ torna-se igual à população do nível $N_2$, e a população do nível $N_3$ é agora igual à população do nível $N_1$. As populações dos estados de *spin* podem, então, ser representadas pelas seguintes expressões:

| Desacoplado dos prótons ||
| Nível | Populações |
|---|---|
| $N_1$ | $B + \frac{1}{2}\delta$ |
| $N_2$ | $B - \frac{1}{2}\delta$ |
| $N_3$ | $B + \frac{1}{2}\delta$ |
| $N_4$ | $B - \frac{1}{2}\delta$ |

Usando essas expressões, as intensidades das linhas de carbono podem ser assim representadas:

**Níveis de energia de $^{13}$C com desacoplamento de banda larga**

$$N_3 - N_4 = B + \frac{1}{2}\delta - B + \frac{1}{2}\delta = \delta$$

$$N_1 - N_2 = B + \frac{1}{2}\delta - B + \frac{1}{2}\delta = \delta$$

Até o momento, não houve alteração na intensidade da transição do carbono.

Agora precisamos considerar que há outro processo ocorrendo nesse sistema. Quando as populações de estados de *spin* estiverem perturbadas em seus valores de equilíbrio – como, nesse caso, por irradiação do sinal do próton –, a tendência é que **processos de relaxação** restaurem os valores de equilíbrio das populações. Diferentemente da excitação de *spin* de um estado de *spin* mais baixo para um mais alto, processos de relaxação não estão sujeitos às mesmas regras de seleção da mecânica quântica. São permitidas relaxações que envolvam uma alteração simultânea de ambos os *spins* (chamada de **transição de dois quanta**); na verdade, eles são relativamente importantes em magnitude. A tendência do caminho de relaxação rotulado de $W_2$ na Figura 6.6 é restaurar as populações de equilíbrio relaxando *spins* do estado $N_4$ para o $N_1$. Representaremos o número de *spins* relaxados por esse caminho com o símbolo $d$. Dessa forma, as populações dos estados de *spin* ficam assim:

| Nível | Populações |
|---|---|
| $N_1$ | $B + \frac{1}{2}\delta + d$ |
| $N_2$ | $B - \frac{1}{2}\delta$ |
| $N_3$ | $B + \frac{1}{2}\delta$ |
| $N_4$ | $B - \frac{1}{2}\delta - d$ |

As intensidades das linhas de carbono podem agora ser representadas:

**Níveis de energia de $^{13}$C com desacoplamento de banda larga e com relaxação**

$$N_3 - N_4 = B + \frac{1}{2}\delta - B + \frac{1}{2}\delta + d = \delta + d$$

$$N_1 - N_2 = B + \frac{1}{2}\delta + d - B + \frac{1}{2}\delta = \delta + d$$

Assim, a intensidade de cada linha de carbono foi aumentada por um valor $d$ por causa dessa relaxação.

O valor máximo teórico de $d$ é 2,988 (ver Equações 6.2 e 6.3). O valor do efeito nuclear Overhauser que pode ser observado, contudo, é em geral menor. A abordagem anterior ignorou uma possível relaxação do estado $N_3$ para o $N_2$. Esse caminho de relaxação não envolveria nenhuma alteração no número total de *spins* (uma **transição quântica nula**). A tendência é que essa relaxação *diminuísse* o efeito nuclear Overhauser. Com moléculas relativamente pequenas, esse segundo caminho de relaxação é muito menos importante do que $W_2$, portanto, em geral, observa-se um aumento substancial.

## 6.7 PROBLEMAS COM A INTEGRAÇÃO EM ESPECTROS DE ¹³C

Não se deve dar muita importância aos tamanhos dos picos e das integrais em espectros de ¹³C desacoplados de prótons. Na verdade, espectros de carbono, em geral, não são integrados usando a mesma rotina aceita para espectros de prótons. Informações das integrais de espectros de ¹³C, normalmente, não são confiáveis, a não ser que sejam utilizadas técnicas especiais para garantir sua validade. É verdade que um pico originário de dois carbonos é maior do que um originário de um único carbono. Contudo, como foi visto na Seção 6.5, se for utilizado desacoplamento, a intensidade de um pico de carbono sofrerá NOE por qualquer hidrogênio ligado a esse carbono ou localizado próximo. O efeito nuclear Overhauser não é o mesmo para todos os carbonos. Lembre-se de que, por uma aproximação bastante grosseira (com algumas exceções), um pico de $CH_3$ tem, em geral, maior intensidade do que um pico de $CH_2$, que, por sua vez, tem maior intensidade do que um pico de CH, e carbonos quaternários (sem hidrogênios ligados) são normalmente os picos mais fracos do espectro.

Um segundo problema surge da medição das integrais em RMN-FT de ¹³C. A Figura 6.7 apresenta as típicas sequências de pulso em um experimento de RMN-FT. Há um intervalo entre as sequências de pulsos repetidas a aproximadamente 1 a 3 segundos. Em seguida ao pulso, o tempo permitido para obtenção de dados (o DIL) é chamado de **tempo de aquisição**. Um pequeno **atraso** ocorre, em geral, depois da aquisição de dados. Quando se está determinando espectros de hidrogênio, é comum o DIL baixar para zero antes do fim do tempo de aquisição. A maioria dos átomos de hidrogênio relaxa de volta, muito rapidamente para sua condição Boltzmann original – em menos de um segundo. Contudo, em átomos de ¹³C, o tempo necessário para relaxação varia muito, dependendo do ambiente molecular do átomo (ver Seção 6.8). Alguns átomos de ¹³C relaxam muito rapidamente (em segundos), mas outros exigem períodos maiores (minutos) em comparação ao hidrogênio. Se átomos de carbono com tempos de relaxação longos estão presentes em uma molécula, a aquisição de sinais de DIL pode ser finalizada antes de todos os átomos de ¹³C terem relaxado. O resultado dessa discrepância é que alguns átomos têm sinais fortes, uma vez que sua contribuição para o DIL foi completada, enquanto outros, que não relaxaram totalmente, têm sinais mais fracos. Quando isso acontece, as áreas dos picos resultantes não servem para verificar o número correto de carbonos.

É possível estender o período de obtenção de dados (e o período de atraso) para possibilitar que todos os carbonos de uma molécula relaxem, porém isso normalmente é feito apenas em casos especiais. Como se fazem repetidas varreduras em espectros de ¹³C, um tempo de aquisição maior significa que seria necessário muito tempo para medir um espectro completo com uma razão sinal-ruído razoável.

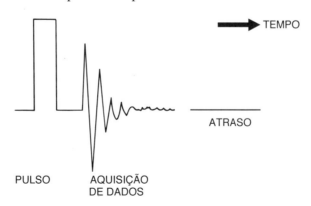

**FIGURA 6.7** Típica sequência de pulsos na RMN-FT.

## 6.8 PROCESSOS DE RELAXAÇÃO MOLECULAR

Na ausência de um campo aplicado, há uma distribuição próxima de 50/50 dos dois estados de *spin* de um núcleo de *spin* = $\frac{1}{2}$. Pouco tempo depois de um campo magnético ser aplicado, um leve excesso de núcleos surge no estado de *spin* de energia mais baixa (alinhado), em razão do equilíbrio térmico. Chamamos o número relativo de núcleos nos estados mais alto e mais baixo de **equilíbrio de Boltzmann**. Na Seção 5.5, usamos as equações de Boltzmann para calcular o número esperado de núcleos excedentes em espectrômetros de RMN que operam em várias frequências (Tabela 5.3). Confiamos nesse excedente de núcleos para a geração de sinais de RMN. Quando pulsamos o sistema em frequência de ressonância, perturbamos o equilíbrio de Boltzmann (alteramos as razões de população de *spin*). Os núcleos excedentes ficam excitados no estado de *spin* mais alto e, ao mesmo tempo que **relaxam** ou retornam ao estado de *spin* mais baixo e ao equilíbrio, geram o sinal de DIL, que é processado para produzir o espectro.

Se todos os núcleos excedentes absorverem energia, produz-se uma condição em que as populações de ambos os estados de *spin* são, mais uma vez, iguais, e a população do estado de *spin* mais alto não pode ser mais aumentada, o que é conhecido como **saturação**. Essa limitação existe porque a irradiação após a saturação, quando as populações de ambos os estados estiverem iguais, induziria o mesmo número de transições para baixo e para cima. Observam-se sinais líquidos apenas quando as populações são desiguais. Se a irradiação for interrompida, seja no momento da saturação, seja antes disso, os núcleos excedentes excitados relaxarão, e o equilíbrio de Boltzmann será restabelecido.

Os métodos pelos quais núcleos excitados retornam ao seu estado estável e pelos quais o equilíbrio de Boltzmann é restabelecido são chamados de **processos de relaxação**. Em sistemas de RMN, há dois tipos principais de processos de relaxação: *spin*-rede e *spin-spin*. Ambos ocorrem seguindo uma cinética de primeira ordem caracterizada por um **tempo de relaxação**, que orienta a velocidade de decaimento.

**Processos de relaxação *spin*-rede ou longitudinais** ocorrem na direção do campo. Os *spins* perdem sua energia ao transferi-la para as vizinhanças – a *rede* – como energia térmica. O resultado é que a energia perdida aquece as vizinhanças. O **tempo de relaxação *spin*-rede $T_1$** governa a velocidade desse processo. O inverso do tempo de relaxação *spin*-rede, $1/T_1$, é a constante de velocidade do processo de decaimento.

Vários processos, tanto dentro da molécula (intramolecular) quanto entre moléculas (intermolecular), contribuem para a relaxação *spin*-rede. O principal deles é a interação dipolo-dipolo. O *spin* de um núcleo excitado interage com os *spins* de outros núcleos magnéticos que estão na mesma molécula ou em moléculas próximas. Essas interações podem gerar transições de *spin* nuclear e trocas. Por fim, o sistema relaxa de volta para o equilíbrio de Boltzmann. Esse mecanismo será especialmente eficiente se houver átomos de hidrogênio por perto. Em núcleos de carbono, a relaxação será mais rápida se átomos de hidrogênio estiverem diretamente ligados, como em grupos CH, $CH_2$ e $CH_3$. A relaxação *spin*-rede é também mais eficiente em moléculas maiores, que giram lentamente, e é muito ineficiente em moléculas pequenas, que giram mais rapidamente.

**Processos de relaxação *spin-spin* ou transversais** ocorrem em um plano perpendicular à direção do campo – no mesmo plano em que o sinal é detectado. A relaxação *spin-spin* não altera a energia do sistema de *spin*. É comumente descrito como um processo que envolve entropia. Quando se induzem os núcleos para alterar seu *spin*, pela absorção de radiação, todos acabam precessando em fase após a ressonância, o que é denominado **coerência de fase**. Os núcleos perdem a coerência de fase pela troca de *spins*. As fases dos *spins* em precessão se tornam aleatórias (aumentam a entropia). Esse processo ocorre apenas entre núcleos do mesmo tipo – os que estão sendo estudados no experimento de RMN. O **tempo de relaxação *spin-spin* $T_2$** governa a velocidade desse processo.

Nosso interesse nos tempos de relaxação *spin*-rede $T_1$ (em vez dos tempos de relaxação *spin-spin*) deve-se à relação deles com a intensidade dos sinais de RMN, além de apresentarem outras implicações importantes para determinar a estrutura. Tempos de relaxação $T_1$ são relativamente fáceis de medir pelo **método de recuperação da inversão**.[2] Tempos de relaxação *spin-spin* $T$ são mais difíceis de medir e não oferecem informações estruturais úteis. Relaxações *spin-spin* (alternância de fases) sempre ocorrem mais rapidamente do que as relaxações *spin*-rede, que retornam o sistema ao equilíbrio de Boltzmann

---

[2] Para obter mais informações sobre esse método, ver referências indicadas no fim do capítulo.

($T_2 \leq T_1$). Porém, para núcleos com *spin* = $\frac{1}{2}$ e um solvente de baixa viscosidade, $T_1$ e $T_2$ são, normalmente, muito semelhantes.

Tempos de relaxação *spin*-rede, os valores de $T_1$, não são muito úteis em RMN de prótons, uma vez que prótons têm tempos de relaxação muito curtos. Entretanto, os valores de $T_1$ são muito importantes para espectros de RMN de $^{13}$C, pois são muito mais longos para núcleos de carbono e podem influenciar significativamente as intensidades dos sinais. Pode-se sempre esperar que carbonos quaternários (incluindo a maioria dos carbonos de carbonila) tenham tempos de relaxação longos, pois eles não possuem hidrogênios ligados. Um exemplo comum de tempos de relaxação longos são carbonos em um anel aromático com um grupo substituinte diferente do hidrogênio. Os valores de $T_1$ para $^{13}$C do iso-octano (2,2,4-trimetilpentano) e para o tolueno são os seguintes:

| C | $T_1$ |
|---|---|
| 1, 6, 7 | 9,3 s |
| 2 | 68 |
| 3 | 13 |
| 4 | 23 |
| 5, 8 | 9,8 |

2,2,4-trimetilpentano

| C | $T_1$ | NOE |
|---|---|---|
| α | 16 s | 0,61 |
| 1 | 89 | 0,56 |
| 2 | 24 | 1,6 |
| 3 | 24 | 1,7 |
| 4 | 17 | 1,6 |

Tolueno

Note que no iso-octano o carbono quaternário 2, que não tem hidrogênios ligados, apresenta o maior tempo de relaxação (68 s). O carbono 4, que tem um hidrogênio, apresenta o segundo maior (23 s), seguido pelo carbono 3, com dois hidrogênios (13 s). Os grupos metila (carbonos 1, 5, 6, 7 e 8) têm os menores tempos de relaxação nessa molécula. Os fatores NOE para o tolueno estão listados com os valores de $T_1$. Como esperado, o carbono 1 *ipso*, que não tem hidrogênios, apresenta o maior tempo de relaxação e o menor NOE. Na RMN de $^{13}$C do tolueno, o carbono *ipso* é o de menor intensidade.

Lembre-se também de que valores de $T_1$ são maiores quando a molécula é pequena e gira rapidamente no solvente. Os carbonos do ciclopropano têm um $T_1$ de 37 s. O cicloexano apresenta um valor menor, 20 s. Em uma molécula maior, como o esteroide colesterol, imagina-se que todos os carbonos, com exceção dos quaternários, tenham valores de $T_1$ menores que 1 a 2 s. Os carbonos quaternários teriam valores de $T_1$ de aproximadamente 4 a 6 s, por causa da falta de hidrogênios ligados. Em polímeros sólidos, como o poliestireno, os valores de $T_1$ para os vários carbonos são de aproximadamente $10^{-2}$ s.

Para interpretar espectros de RMN de $^{13}$C, deve-se saber quais efeitos de NOE e de relaxação *spin*-rede são esperados. Não podemos abordar a totalidade do assunto aqui, e há muitos fatores adicionais além dos apresentados. Se estiver interessado, consulte textos mais avançados, como os listados nas referências.

O exemplo do 2,3-dimetilbenzofurano encerrará esta seção. Nessa molécula, os carbonos quaternários (*ipso*) têm tempos de relaxação que excedem 1 minuto. Como visto na Seção 6.7, para obter um espectro decente desse composto, seria necessário estender os períodos de recolhimento de dados e de atraso para determinar o espectro total da molécula e ver os carbonos com valores de $T_1$ altos.

| C | $T_1$ | NOE |
|---|---|---|
| 2 | 83 s | 1,4 |
| 3 | 92 | 1,6 |
| 3a | 114 | 1,5 |
| 7a | 117 | 1,3 |
| Outros | <10 | 1,6–2 |

2,3-dimetilbenzofurano

## 6.9 DESACOPLAMENTO FORA DE RESSONÂNCIA

A técnica de desacoplamento utilizada para obter típicos espectros desacoplados de prótons tem a vantagem de transformar todos os picos em singletos. Para átomos de carbono com hidrogênios ligados, outro benefício é que há aumento das intensidades dos picos, por causa do efeito nuclear Overhauser, o que melhora a razão sinal-ruído. Infelizmente, também se perde muita informação útil no desacoplamento de espectros de carbono. Não há mais informações sobre o número de hidrogênios ligados a um dado átomo de carbono.

Em muitos casos, seria útil ter as informações sobre os hidrogênios ligados oferecidas pelo espectro acoplado de prótons, mas com frequência o espectro torna-se muito complexo, com multipletos sobrepondo-se, o que torna difícil determiná-lo ou atribuí-lo corretamente. Uma técnica de compromisso chamada de **desacoplamento fora de ressonância** pode, muitas vezes, oferecer informações sobre multipletos ao mesmo tempo que mantém relativamente simples a aparência do espectro.

Em um espectro de $^{13}$C desacoplado fora de ressonância, observa-se o acoplamento entre cada átomo de carbono e cada hidrogênio diretamente ligado. Pode-se usar a Regra do $n + 1$ para determinar se um átomo de carbono tem três, dois, um ou nenhum hidrogênio ligado. Entretanto, quando se usa o desacoplamento fora de ressonância, a *magnitude aparente* das constantes de acoplamento fica reduzida, e a sobreposição dos multipletos resultantes é um problema menos frequente. O espectro desacoplado fora de ressonância retém os acoplamentos entre o átomo de carbono e os prótons diretamente ligados (os acoplamentos por meio de uma ligação), mas, com certeza, remove os acoplamentos entre o carbono e os prótons mais distantes.

Nessa técnica, a frequência de um segundo transmissor de radiofrequência (o **desacoplador**) é ajustada para um campo mais alto ou mais baixo da faixa de varredura normal de um espectro de prótons (isto é, *fora de ressonância*). Em contraste, a frequência do desacoplador é ajustada para *coincidir exatamente* com a faixa de ressonância de prótons em um verdadeiro experimento de desacoplamento. Além disso, em um desacoplamento fora de ressonância, a intensidade do oscilador de desacoplamento é mantida *baixa* para evitar um desacoplamento total.

Um desacoplamento fora de ressonância pode ser muito útil para atribuir picos espectrais. O espectro desacoplado fora de ressonância é, em geral, obtido separadamente, com o espectro desacoplado de prótons. A Figura 6.8 mostra o espectro desacoplado fora de ressonância do 1-propanol, em que o átomo carbono metila é separado em um quarteto, e cada um dos carbonos metileno aparece como um tripleto. Note que os padrões de multipleto observados são consistentes com a Regra do $n + 1$ e com os padrões apresentados na Figura 6.3. Se fosse adicionado TMS, seus carbonos metila teriam aparecido como um quarteto centrado em $\delta = 0$ ppm.

## 6.10 UMA RÁPIDA OLHADA NO DEPT

Apesar de ser útil, o desacoplamento fora de ressonância é hoje considerado uma técnica antiquada. Foi substituído por métodos mais modernos, sendo o mais importante deles a intensificação sem distorção por transferência de polarização (*distortionless enhancement by polarization transfer* – DEPT). A técnica DEPT exige um espectrômetro pulsado de FT. É mais complicada do que o desacoplamento fora de ressonância, pois exige um computador, mas oferece a mesma informação de forma mais confiável e mais clara. O Capítulo 9 apresentará o método DEPT em detalhes. Aqui faremos apenas uma breve introdução ao método e mostraremos os resultados obtidos com ele.

Na técnica DEPT, a amostra é irradiada com uma sequência complexa de pulsos nos canais $^{13}$C e $^1$H. O resultado dessas sequências de pulsos[3] é que os sinais de $^{13}$C dos átomos de carbono na molécula exibirão **fases** diferentes, dependendo do número de hidrogênios ligados a cada carbono. Cada tipo de carbono se comportará de maneira um pouquinho diferente, o que dependerá da **duração** dos pulsos complexos. Podem-se detectar essas diferenças, e é possível esquematizar os espectros produzidos em cada experimento.

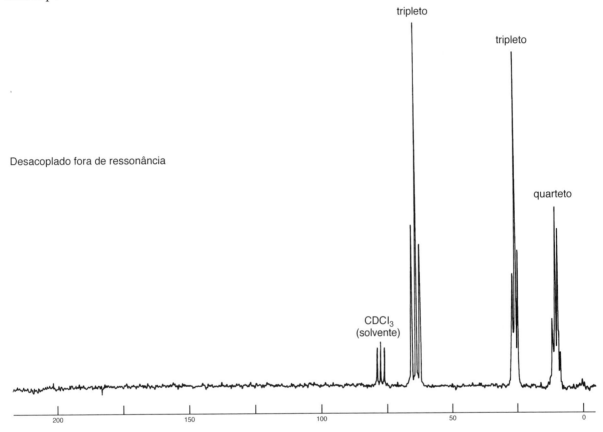

**FIGURA 6.8** Espectro de $^{13}$C desacoplado fora de ressonância do 1-propanol (22,5 MHz).

Um método comum de apresentar os resultados de um experimento DEPT é esquematizar quatro diferentes **subespectros**, cada um oferecendo informações diferentes. Vê-se, na Figura 6.9, um esquema DEPT de amostra do **acetato de isopentila**.

---

[3] As sequências de pulso foram apresentadas na Seção 6.7.

O traço mais embaixo na figura é o espectro de $^{13}C$ desacoplado de banda larga. O segundo traço, de baixo para cima, é o resultado de uma sequência de pulso (chamado de **DEPT-45**) em que os únicos sinais detectados são os que surgem de carbonos protonados. Observe que o carbono de carbonila (rotulado de **6**), em 172 ppm, não é visto. Os picos do solvente devidos ao $CDCl_3$ (77 ppm) também não são vistos. O deutério (D ou $^2H$) comporta-se de maneira diferente em relação ao $^1H$, e consequentemente o carbono do $CDCl_3$ comporta-se como se não fosse protonado. O terceiro traço é o resultado de uma sequência de pulso levemente diferente (chamada de **DEPT-90**). Nesse traço, são vistos apenas os carbonos que contêm um único hidrogênio. Somente o carbono na posição **2** (25 ppm) é observado.

O traço mais acima é mais complicado do que os subespectros anteriores. A sequência de pulso que gera esse subespectro é chamada de **DEPT-135**. Aqui, todos os carbonos que têm um próton ligado produzem um sinal, mas a **fase** do sinal será diferente, conforme o número de hidrogênios seja par ou ímpar. Sinais que surgem de grupos CH ou $CH_3$ terão picos positivos, enquanto sinais que surgem de grupos $CH_2$ formarão picos negativos (inversos). Quando examinamos o traço mais acima da Figura 6.9, podemos identificar todos os picos de carbono do espectro do acetato de isopentila. Os picos positivos em 21 e 22 ppm devem representar grupos $CH_3$, uma vez que não são representados no subespectro DEPT-90. Quando olhamos o espectro de $^{13}C$ original, vemos que o pico em 21 ppm não é tão forte quanto o pico em 22 ppm. Concluímos, assim, que o pico em 21 ppm deve vir do carbono $CH_3$ na posição **5**, enquanto o pico mais forte, em 22 ppm, origina-se do par de carbonos $CH_3$ equivalentes na posição **1**. Já determinamos que o pico positivo em 25 ppm deve-se ao carbono CH na posição **2**, visto que aparece tanto no subespectro DEPT-135 quanto no DEPT-90. O pico inverso em 37 ppm deve-se ao grupo $CH_2$, e podemos identificá-lo como derivado do carbono na posição **3**. O pico inverso em 53 ppm é claramente causado pelo carbono $CH_2$ na posição **4**, desblindado pelo átomo de oxigênio ligado. Por fim, o pico voltado para baixo, em 172 ppm, foi atribuído como derivado do carbono de carbonila em **6**. Esse pico aparece somente no espectro de $^{13}C$ original, portanto não deve ter nenhum hidrogênio ligado.

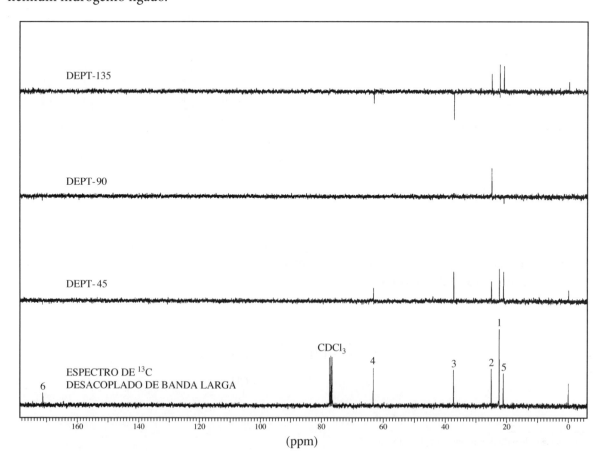

**FIGURA 6.9** Espectros DEPT do acetato de isopentila.

Por meio de manipulações matemáticas dos resultados de cada diferente sequência de pulsos DEPT, é também possível apresentar os resultados como uma série de subespectros em que os carbonos CH aparecem em um registro, os carbonos CH$_2$ aparecem no segundo registro, e apenas os carbonos CH$_3$ aparecem no terceiro registro. Outro método comum de exibir resultados DEPT é apresentar somente o resultado do experimento DEPT-135. O espectroscopista, em geral, pode interpretar os resultados desses espectros aplicando seu conhecimento de diferenças de deslocamento químico prováveis para distinguir entre carbonos de CH e de CH$_3$.

Os resultados de experimentos DEPT podem ser utilizados, de tempos em tempos, neste livro para ajudá-lo a resolver exercícios propostos. Para economizar espaço, com mais frequência serão apresentados apenas os resultados do experimento DEPT, em vez de um espectro completo.

## 6.11 ALGUNS EXEMPLOS DE ESPECTROS – CARBONOS EQUIVALENTES

Átomos de $^{13}$C equivalentes aparecem no mesmo valor de deslocamento químico. A Figura 6.10 apresenta o espectro de carbono desacoplado de prótons do 2,2-dimetilbutano. Os três grupos metila à esquerda da molécula são equivalentes por simetria.

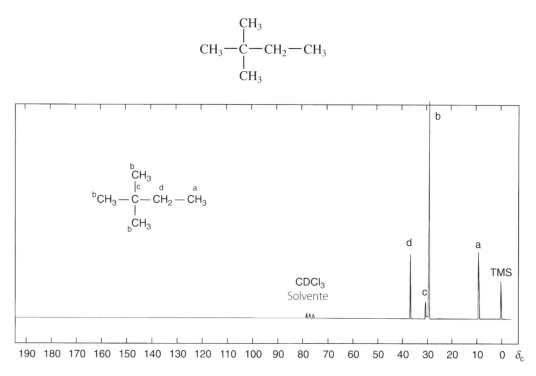

**FIGURA 6.10** Espectro de RMN de $^{13}$C desacoplado de prótons do 2,2-dimetilbutano.

Apesar de esse composto ter um total de seis carbonos, há apenas quatro picos no espectro de RMN de $^{13}$C. Os átomos de $^{13}$C equivalentes aparecem no mesmo deslocamento químico. O único carbono metila *a* aparece no campo mais alto (9 ppm), enquanto os três carbonos metila equivalentes **b** aparecem em 29 ppm. O carbono quaternário **c** gera o pequeno pico em 30 ppm, e o carbono metileno **d** aparece em 37 ppm. Os tamanhos relativos dos picos têm a ver, em parte, com o número de cada tipo de átomo de carbono presente na molécula. Por exemplo, note na Figura 6.10 que o pico em 29 ppm (**b**) é muito maior do que os outros. Esse pico é gerado por três carbonos. O carbono quaternário em 30 ppm (**c**) é muito fraco. Como não há hidrogênios ligados a esse carbono, há pouco efeito NOE. Sem átomos de hidrogênio ligados, os tempos de relaxação são também maiores do que para outros átomos de carbono. Carbonos quaternários, sem hidrogênios ligados, frequentemente aparecem como picos fracos em espectros de RMN de $^{13}$C desacoplado de prótons (ver Seções 6.5 e 6.7).

A Figura 6.11 é um espectro de ¹³C desacoplado de prótons do cicloexanol. Esse composto tem um plano de simetria que atravessa seu grupo hidroxila e apresenta apenas quatro ressonâncias de carbono. Os carbonos **a** e **c** são duplicados por causa da simetria e geram picos maiores do que os carbonos **b** e **d**. O carbono **d**, ligado ao grupo hidroxila, é desblindado pelo oxigênio e tem seu pico em 70,0 ppm. Note que esse pico tem a menor intensidade de todos. Sua intensidade é menor do que a do carbono **b**, em parte porque o pico do carbono **d** recebe a menor quantia de NOE. Há somente um hidrogênio ligado ao carbono hidroxila, enquanto cada um dos outros carbonos tem dois hidrogênios.

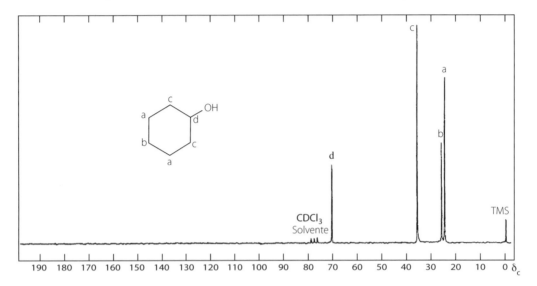

**FIGURA 6.11** Espectro de RMN de ¹³C desacoplado de prótons do cicloexanol.

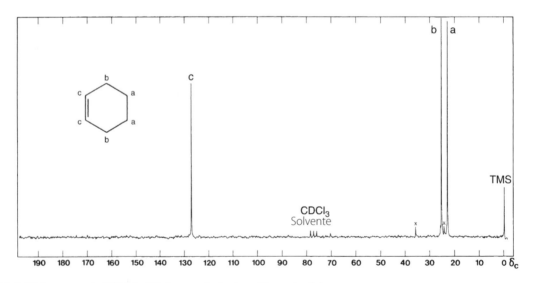

**FIGURA 6.12** Espectro de RMN de ¹³C desacoplado de prótons do cicloexeno.

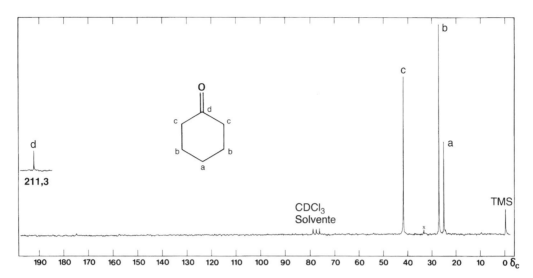

**FIGURA 6.13** Espectro de RMN de ¹³C desacoplado de prótons da cicloexanona.

Um carbono ligado a uma ligação dupla é desblindado por causa de sua hibridização *sp²* e de certa anisotropia diamagnética. Pode-se ver esse efeito no espectro de RMN de ¹³C do cicloexeno (Figura 6.12). O cicloexeno tem um plano de simetria perpendicular à ligação dupla. Em consequência, observamos apenas três picos de absorção. Há dois de cada tipo de carbono. Cada um dos carbonos **c** de ligação dupla tem apenas um hidrogênio, enquanto cada um dos outros carbonos tem dois. Como resultado de um NOE reduzido, os carbonos de ligação dupla têm um pico de intensidade menor no espectro.

Na Figura 6.13, o espectro da cicloexanona, o carbono de carbonila tem a menor intensidade, o que se deve não apenas ao NOE reduzido (sem hidrogênios ligados), mas também ao longo tempo de relaxação do carbono de carbonila. Como já foi visto, carbonos quaternários costumam ter tempos de relaxação longos. Note também que a Figura 6.1 prevê o grande deslocamento químico desse carbono de carbonila.

## 6.12 ÁTOMOS DE CARBONO NÃO EQUIVALENTES

O espectro de 2,2-dimetilbutano mostrado na Figura 6.10 apresenta três grupos metila (b) ligados ao carbono (c). Eles são todos equivalentes e aparecem como um singleto no espectro de ¹³C desacoplado de prótons. Muitas vezes, os grupos metílicos são não equivalentes e aparecerão em diferentes deslocamentos químicos no espectro. Vários casos em que os grupos metila não equivalentes podem aparecer incluem grupos localizados perto de um estereocentro e para os compostos que são conformacionalmente rígidos. Os dois grupos metila não equivalentes adjacentes ao estereocentro são diastereotópicos. Este conceito é analisado com mais detalhes nas Seções 7.3 e 7.4. Dois exemplos de átomos de carbono não equivalentes são mostrados na Figura 6.14.

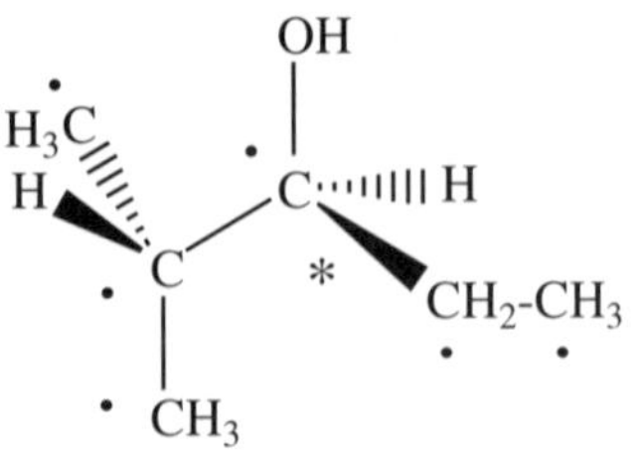

## 2-metila-3-pentanol
* indica estereocentro

6 átomos de carbono aparecem no espectro. Átomos únicos de carbono indicados com um ponto.

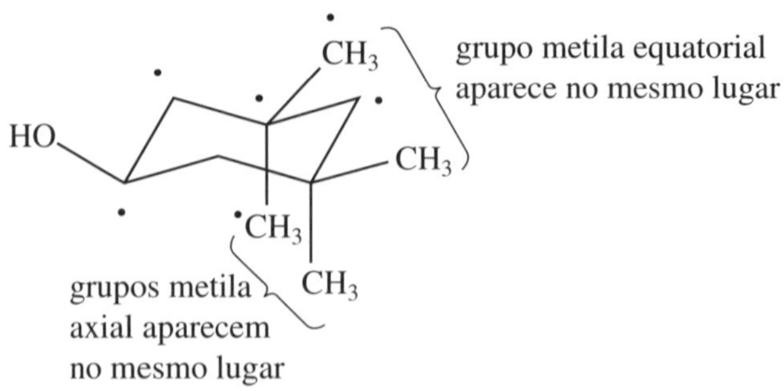

## 3,3,5,5-tetrametilciclo-hexano

Os dois grupos metila equatoriais são equivalentes e aparecem como pico único em um local diferente do que os dois grupos metila axiais. Há um total de 6 picos do espectro: 4 átomos de carbono exclusivos sobre o anel e dois para os grupos metila não equivalentes.

**FIGURA 6.14** Exemplos de compostos com grupos metila não equivalentes

## 6.13 COMPOSTOS COM ANÉIS AROMÁTICOS

Compostos com ligações duplas carbono-carbono em anéis aromáticos geram deslocamentos químicos entre 100 e 175 ppm. Como pouquíssimos picos aparecem nessa faixa, há uma boa quantidade de informações úteis quando picos surgem nesse ponto.

Um anel benzênico **monossubstituído** apresenta *quatro* picos na área do carbono aromático de um espectro de $^{13}C$ desacoplado de prótons, uma vez que os carbonos *orto* e *meta* são duplicados por simetria. Com frequência, o carbono sem prótons ligados, *ipso*, tem um pico muito fraco decorrente do longo tempo de relaxação e de um fraco NOE. Além disso, há dois picos maiores para os carbonos duplicados *orto* e *meta* e um pico de tamanho médio para o carbono *para*. Em muitos casos, não é importante conseguir atribuir com precisão todos os picos. No exemplo do tolueno, mostrado na Figura 6.15, observe que os carbonos **c** e **d** não são de fácil atribuição por análise do espectro. Contudo, o uso das tabelas de correlação de deslocamento químico (ver Seção 6.2B e Apêndice 8) nos permitiria atribuir esses sinais.

Tolueno — É difícil atribuir sem usar tabelas de correlação de deslocamento químico

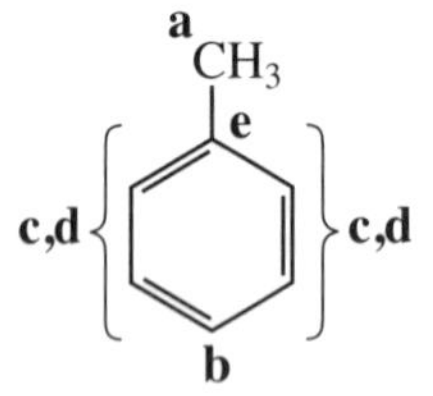

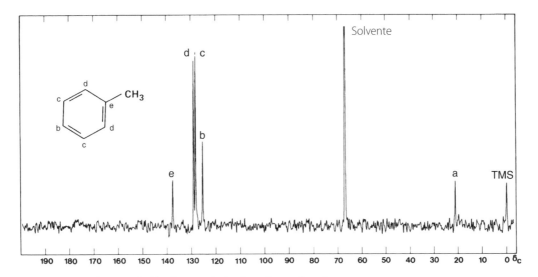

**FIGURA 6.15** Espectro de RMN de $^{13}$C desacoplado de prótons do tolueno.

Em um espectro desacoplado fora de ressonância ou de $^{13}$C acoplado de prótons, um anel benzênico monossubstituído apresenta três dubletos e um singleto. O singleto surge do carbono *ipso*, que não tem hidrogênios ligados. Cada um dos outros carbonos do anel (*orto, meta* e *para*) tem um hidrogênio ligado e produz um dubleto.

A Figura 6.4b apresenta o espectro desacoplado de prótons do fenilacetato de etila, com as atribuições anotadas perto dos picos. Observe que a região do anel aromático apresenta quatro picos entre 125 e 135 ppm, consistente com um anel monossubstituído. Há um pico para o carbono metila (13 ppm) e dois picos para os carbonos metileno. Um dos carbonos metileno é diretamente ligado a um oxigênio eletronegativo e aparece em 61 ppm, enquanto o outro é mais blindado (41 ppm). O carbono de carbonila (um éster) tem ressonância em 171 ppm. Todos os deslocamentos químicos do carbono coincidem com os valores do quadro de correlação (Figura 6.1).

Dependendo do modo de substituição, um anel benzênico simetricamente **dissubstituído** pode apresentar dois, três ou quatro picos no espectro de $^{13}$C desacoplado de prótons. Os desenhos apresentados a seguir ilustram esse processo nos isômeros do diclorobenzeno.

Três átomos de carbono únicos    Quatro átomos de carbono únicos    Dois átomos de carbono únicos

A Figura 6.16 apresenta os espectros dos três diclorobenzenos, cada um com um número de picos consistente com a análise já feita. Pode-se ver que a espectroscopia de RMN de $^{13}$C é muito útil na identificação de isômeros.

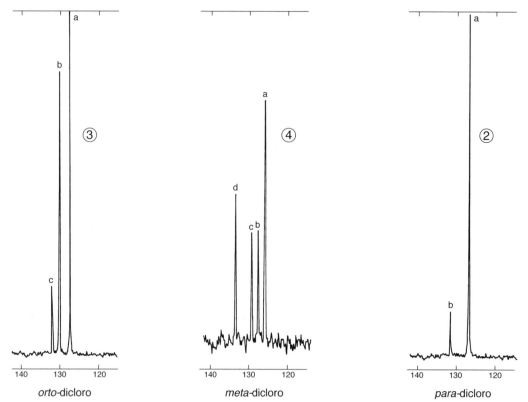

**FIGURA 6.16** Espectros de RMN de ¹³C desacoplados de prótons dos três isômeros do diclorobenzeno (25 MHz).

A maioria dos outros padrões de polissubstituição em um anel benzênico produz seis picos diferentes no espectro de RMN de ¹³C desacoplado de prótons, um para cada carbono. Contudo, quando estiverem presentes substituintes idênticos, observe com atenção a existência de planos de simetria, que podem reduzir o número de picos.

## 6.14 SOLVENTES PARA A RMN DE CARBONO-13 – ACOPLAMENTO HETERONUCLEAR DE CARBONO E DEUTÉRIO

A maioria dos espectrômetros RMN-FT exige o uso de solventes deuterados, porque os instrumentos utilizam-se do sinal ressonante do deutério como um "sinal de trava" ou "de referência" para manter o ímã e os componentes eletrônicos corretamente ajustados. O deutério é o isótopo ²H do hidrogênio e pode facilmente substituí-lo em compostos orgânicos. Solventes deuterados causam poucas dificuldades nos espectros do hidrogênio, pois os núcleos do deutério são amplamente visíveis quando se determina um espectro de próton. O deutério tem ressonância em uma frequência diferente da do hidrogênio. Na RMN de ¹³C, contudo, esses solventes são frequentemente vistos como parte do espectro, uma vez que todos têm átomos de carbono. Nesta seção, estudaremos os espectros de alguns solventes comuns e, no processo, examinaremos acoplamentos heteronucleares do carbono e do deutério. A Figura 6.17 apresenta os picos de RMN de ¹³C devidos aos solventes clorofórmio-d e dimetilsulfóxido-d$_6$.

O **clorofórmio-d**, CDCl$_3$, é o composto mais comumente utilizado como solvente em RMN de ¹³C. É também chamado de deuteroclorofórmio ou clorofórmio deuterado. Usá-lo gera um multipleto de três picos no espectro, tendo o pico central um deslocamento químico de aproximadamente 77 ppm. A Figura 6.17 mostra um exemplo. Note que esse "tripleto" é diferente dos tripletos em um espectro de hidrogênio (a partir de dois vizinhos) ou em um espectro de ¹³C acoplado de prótons (a partir de dois hidrogênios ligados), suas intensidades são diferentes. Nesse tripleto, todos os três picos têm aproximadamente a mesma intensidade (1:1:1), enquanto os outros tipos de tripleto têm intensidades que seguem as entradas do triângulo de Pascal, com razões de 1:2:1.

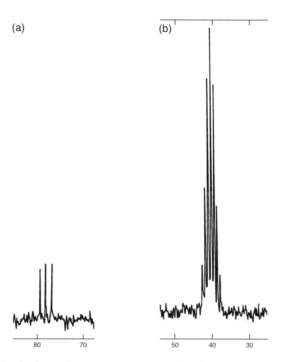

**FIGURA 6.17** Picos de RMN de $^{13}$C de dois solventes comuns. (a) Clorofórmio-d e (b) dimetilsulfóxido-d$_6$.

Diferentemente do hidrogênio (*spin* = $\frac{1}{2}$), o deutério tem *spin* = 1. Um único núcleo de deutério pode adotar três *spins* diferentes ($2I + 1 = 3$), em que os *spins* têm números quânticos de −1, 0 e +1. Em uma solução de CDCl$_3$, moléculas podem ter um deutério com qualquer um desses *spins*, e, como são igualmente prováveis, vemos três deslocamentos químicos diferentes do átomo de carbono no clorofórmio-d. A constante de acoplamento por meio de ligação única $^{13}$C—D dessa interação é de aproximadamente 45 Hz. Em 75 MHz, esses três picos estão mais ou menos 0,6 ppm distantes (45 Hz/75 MHz = 0,60 ppm).

Como o deutério não é um núcleo com *spin* = $\frac{1}{2}$, a Regra do $n + 1$ não prevê com exatidão a multiplicidade da ressonância do carbono. Essa regra funciona apenas em núcleos com *spin* = $\frac{1}{2}$ e é um caso especial para fórmula de predição mais geral:

$$\text{multiplicidade} = 2nI + 1 \qquad \textbf{Equação 6.4}$$

Em que $n$ é o número de núcleos, e $I$, o *spin* do tipo de núcleo. Se usarmos essa fórmula, a multiplicidade correta do pico de carbono com *um deutério* ligado será calculada por:

$$2 \cdot 1 \cdot 1 + 1 = 3$$

Se houver *três hidrogênios*, a fórmula apontará corretamente um quarteto para o pico de carbono acoplado de prótons:

$$2 \cdot 3 \cdot \frac{1}{2} + 1 = 4$$

O **dimetilsulfóxido-d$_6$**, CD$_3$—SO—CD$_3$, é frequentemente utilizado como solvente para ácidos carboxílicos e outros compostos difíceis de dissolver em CDCl$_3$. A Equação 6.4 prevê um septeto para a multiplicidade do carbono com três átomos de deutério ligados:

$$2 \cdot 3 \cdot 1 + 1 = 7$$

Esse é exatamente o padrão observado na Figura 6.17, que tem um deslocamento químico de 39,5 ppm, com constante de acoplamento de aproximadamente 40 Hz.

| $n$ | $2nI+1$ Linhas | Intensidades relativas |
|---|---|---|
| 0 | 1  | 1 |
| 1 | 3  | 1 1 1 |
| 2 | 5  | 1 2 3 2 1 |
| 3 | 7  | 1 3 6 7 6 3 1 |
| 4 | 9  | 1 4 10 16 19 16 10 4 1 |
| 5 | 11 | 1 5 15 30 45 51 45 30 15 5 1 |
| 6 | 13 | 1 6 21 50 90 126 141 126 90 50 21 6 1 |

**FIGURA 6.18** Triângulo de intensidade dos multipletos de deutério ($n$ = números de átomos de deutério).

Como o deutério tem *spin* = 1, em vez de *spin* = $\frac{1}{2}$, como o hidrogênio, o triângulo de Pascal (Figura 5.33, Seção 5.16) não prevê corretamente as intensidades desse padrão de sete linhas. Em vez disso, deve ser utilizado um diferente triângulo de intensidades para separações causadas por átomos de deutério. A Figura 6.18 apresenta esse triângulo de intensidades, e a Figura 6.19, uma análise das intensidades de multipletos de três e cinco linhas. Nessa figura, uma seta para cima representa *spin* = 1, uma seta para baixo, *spin* = –1, e um ponto grande, *spin* = 0. Uma análise do multipleto de sete linhas cabe ao leitor.

A **acetona-d$_6$**, CD$_3$—CO—CD$_3$, mostra um padrão de separação do septeto do $^{13}$C igual ao do dimetilsulfóxido-d$_6$, mas o multipleto está centrado em 29,8 ppm, com o pico carbonila em 206 ppm. O carbono de carbonila é um singleto, não há acoplamento por meio de três ligações.

A **acetona-d$_5$** frequentemente aparece como uma impureza nos espectros obtidos em acetona-d$_6$, o que leva a resultados interessantes tanto nos espectros de hidrogênio quanto nos de carbono-13. Apesar de este capítulo tratar predominantemente de espectros de carbono-13, examinaremos ambos os casos.

### Espectro de hidrogênio

Em espectros de RMN ($^1$H) de prótons, um multipleto comumente encontrado surge de uma pequena quantidade de impureza de acetona-d$_5$ no solvente acetona-d$_6$. A Figura 6.20 apresenta o multipleto gerado pelo hidrogênio no grupo —CHD$_2$ da molécula CD$_3$—CO—CHD$_2$. A Equação 6.4 prevê corretamente que deveria haver um quinteto no espectro de prótons da acetona-d$_5$:

$$2 \cdot 2 \cdot 1 + 1 = 5$$

E isto é observado.

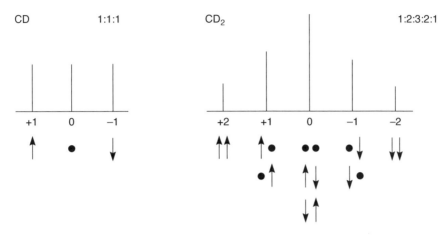

**FIGURA 6.19** Análise da intensidade de multipletos de deutério com três e cinco linhas.

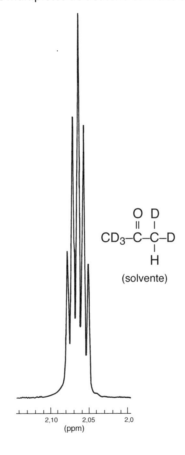

**FIGURA 6.20** Espectro de ¹H em 300 MHz da acetona-d₅ (CD₃—CO—CHD₂).

## Espectro de carbono

O espectro de $^{13}$C acoplado de prótons do grupo —CHD₂ é mais complicado, pois tanto o hidrogênio (*spin* = $\frac{1}{2}$) como o deutério (*spin* = 1) interagem com o carbono. Nesse caso, usamos a seguinte fórmula, que é derivada da Equação 6.4:

$$\text{multiplicidade total} = \Pi_i (2n_i I_i + 1) \quad \textbf{Equação 6.5}$$
$$\text{Condição: } I \geq \frac{1}{2}$$

O $\Pi_i$ indica um produto de termos para cada tipo diferente de átomo *i* que se acopla ao átomo observado. Esses átomos devem ter *spin* $\geq \frac{1}{2}$, e átomos de *spin* = 0 não causam separação. Nesse caso (—CHD$_2$), há dois termos: um para o hidrogênio e outro para o deutério.

$$\text{multiplicidade total} = (2 \cdot 1 \cdot \frac{1}{2} + 1)(2 \cdot 2 \cdot 1 + 1) = 10$$

As constantes de acoplamento $^{13}$C—H e $^{13}$C—D deveriam ser diferentes, resultando em 10 linhas não igualmente espaçadas. Além disso, a acetona tem um segundo grupo "metila", no lado oposto do grupo carbonila. O grupo —CD$_3$ (sete picos) sobreporia os 10 picos do —CHD$_2$ e criaria um padrão que seria bem difícil de decifrar! Felizmente, uma vez que a acetona deuterada tipicamente tem uma pureza isotópica de 99,9% (apenas 1% das moléculas de solvente contém um $^1$H), o padrão complicado de um carbono CHD$_2$ não é observado em condições normais de aquisição. No Apêndice 10, são apresentados os deslocamentos químicos de $^1$H e de $^{13}$C para solventes comuns em RMN.

## 6.15 ACOPLAMENTO HETERONUCLEAR DO CARBONO-13 COM O FLÚOR-19

Compostos orgânicos que contêm C, H, O, Cl e Br, quando o desacoplador de prótons estiver ligado, apresentarão apenas singletos. Em condições normais, os átomos de oxigênio, cloro e bromo não se acoplarão a um átomo de carbono-13. Entretanto, quando o composto orgânico tiver um átomo de flúor ligado a um átomo de carbono-13, será observado um acoplamento heteronuclear $^{13}$C—$^{19}$F mesmo quando o desacoplador de prótons estiver ligado (prótons, mas não núcleos de flúor, são desacoplados). As Figuras 6.21 e 6.22 são dois espectros que exibem esse efeito. A Regra do *n* + 1 pode ser utilizada para determinar a aparência do padrão. O flúor tem o mesmo *spin* nuclear de um próton ou de um fósforo. Assim, com um átomo de flúor ligado, espera-se que o átomo de carbono-13 seja separado em um dubleto. Dois átomos de flúor ligados gerarão um tripleto para o átomo de carbono-13.

uma ligação conectando
C a F = $^1J$

duas ligações conectando C a F = $^2J$
O átomo de carbono-13 é conectado pelo isótopo comum, carbono-12, ao flúor-19.

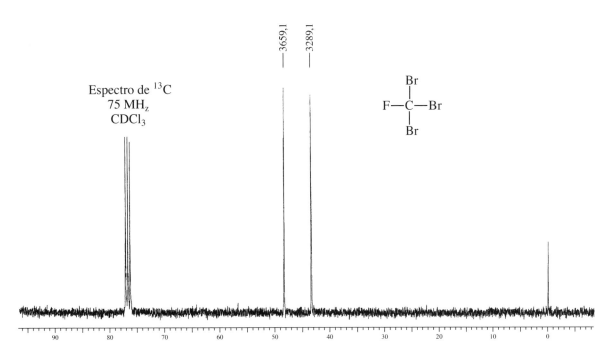

**FIGURA 6.21** Espectro de ¹³C desacoplado de prótons do CFBr₃ (75 MHz).

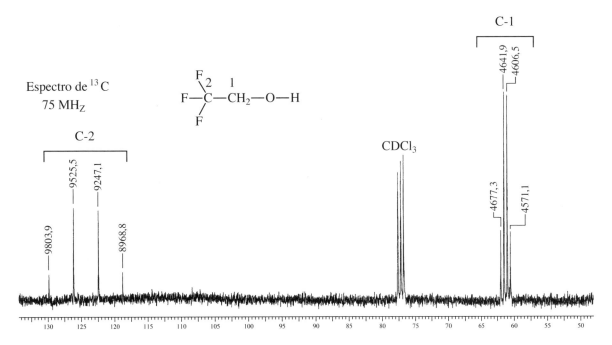

**FIGURA 6.22** Espectro de ¹³C desacoplado de prótons do CF₃CH₂OH (75 MHz).

O espectro do CFBr₃ apresentado na Figura 6.21 tem valores em hertz (Hz) registrados sobre cada pico do dubleto, em vez de valores em partes por milhão (ppm), o que seria mais comum. Os valores de deslocamento químico de cada um dos picos podem ser calculados dividindo os valores em hertz pela intensidade de campo do espectrômetro de RMN (75 MHz), chegando a 43,85 e 48,79 ppm. O verdadeiro deslocamento químico do átomo de carbono seria no centro do dubleto: 46,32 ppm. A constante do acoplamento ¹³C—¹⁹F em hertz é facilmente determinada pela subtração de dois valores em hertz, resultando em 370 Hz. Essa enorme constante de acoplamento é típica em acoplamentos diretos de uma ligação do núcleo do flúor com um átomo de carbono-13 ($^1J$).

O segundo exemplo de acoplamento de flúor com $^{13}$C é o da Figura 6.22. Esse espectro mostra acoplamentos, por meio de uma e duas ligações, do $^{13}$C ao $^{19}$F. O quarteto intenso centrado por volta de 125 ppm para C-2 resulta do acoplamento por meio de uma ligação dos três átomos de flúor ligados ($^1J$) ao átomo de $^{13}$C ($n + 1 = 4$). Mais uma vez, são incluídos valores em hertz sobre cada pico do quarteto. Subtraindo os valores em hertz dos dois picos centrais do quarteto, chegamos a 278 Hz. Observe também que há outro quarteto centrado por volta de 62 ppm para C-1. Esse quarteto resulta dos três átomos de flúor mais distantes do $^{13}$C. Note ainda que os espaçamentos nesse quarteto são de aproximadamente 35 Hz, o que é descrito como um acoplamento por meio de duas ligações ($^2J$). Observe que o acoplamento diminui com a distância (ver Apêndice 9 para as típicas constantes de acoplamento de $^{13}$C com $^{19}$F).

## 6.16 ACOPLAMENTO HETERONUCLEAR DE CARBONO-13 COM FÓSFORO-31

Os espectros das Figuras 6.23 e 6.24 demonstram um acoplamento entre $^{13}$C e $^{31}$P. No primeiro composto, da Figura 6.23, o átomo de carbono do grupo metila por volta de 12 ppm é desdobrado por um átomo de fósforo adjacente em um dubleto com uma constante de acoplamento igual a 56,1 Hz (919,3 – 863,2 = 56,1 Hz). Note que a Regra do $n + 1$ prevê como esse padrão aparecerá (dubleto). O número de *spin* nuclear do fósforo é igual ao de um próton ou de um átomo de flúor ($\frac{1}{2}$). Essa interação é exemplo de acoplamento por meio de uma ligação ($^1J$).

O segundo composto, da Figura 6.24, apresenta acoplamentos por meio de uma e duas ligações entre $^{13}$C e $^{31}$P. O acoplamento por meio de ligação única ocorre entre o átomo de fósforo e o átomo de $^{13}$C do grupo metila diretamente ligado, $^{31}$P—$^{13}$CH$_3$, e tem um valor de 144 Hz (819,2 – 675,2). Vê-se esse dubleto por volta de 10 ppm. O outro grupo CH$_3$, $^{31}$P—O—$^{13}$CH$_3$, está duas ligações além do átomo de fósforo e aparece como um dubleto em aproximadamente 52 ppm. Essa constante de acoplamento de duas ligações é igual a mais ou menos 6 Hz (3949,6 – 3943,5). Constantes de acoplamento de uma ligação podem variar por causa das diferenças de hibridização do átomo de fósforo.

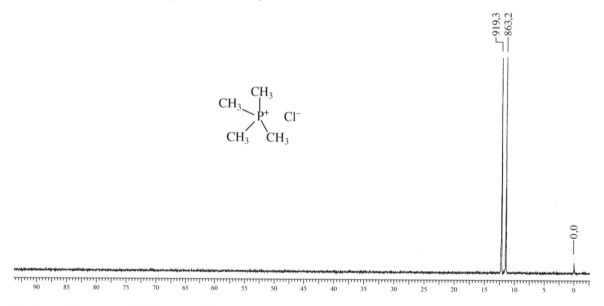

**FIGURA 6.23** Espectro de $^{13}$C desacoplado de prótons do cloreto de tetrametilfosfônio (CH$_3$)$_4$P$^+$Cl$^-$ (75 MHz).

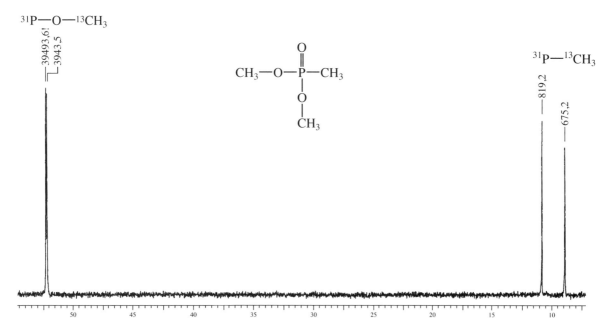

**FIGURA 6.24** Espectro de ¹³C desacoplado de prótons do CH₃PO(OCH₃)₂ (75 MHz).

## 6.17 RMN DE PRÓTONS E CARBONO: COMO RESOLVER UM PROBLEMA DE ESTRUTURA

Como é possível determinar a estrutura de um composto desconhecido utilizando espectros de RMN de prótons e carbono? Vejamos o espectro de RMN de prótons da Figura 6.25, de um composto com fórmula $C_6H_{10}O_2$. O índice de deficiência de hidrogênio desse composto foi calculado para ser 2.

*Deslocamento químico de próton*: a primeira coisa que se deve fazer é olhar os valores de deslocamento químico dos picos que aparecem no espectro. A Figura 5.20 é bastante útil para ter uma ideia de onde é provável que os prótons apareçam.

*De 0,8 a 1,8 ppm*: os prótons nessa região, em geral, são associados a átomos de carbono $sp^3$, como grupos CH, CH₂ e CH₃, a alguma distância dos átomos eletronegativos. Grupos com mais prótons ligados são mais blindados e aparecerão acima (mais próximos do TMS). Assim, um grupo CH₃ estará mais blindado do que um CH₂ e aparecerá em um valor de partes por milhão (ppm) mais baixo.

*De 1,8 a 3,0 ppm*: essa região está, em geral, associada a prótons com um átomo de carbono $sp^3$ próximo a grupos C=O, C=C e aromáticos. Alguns exemplos são CH₂—C=O, C=C—CH₂— e CH₂—Ar. A exceção é um próton diretamente ligado a uma ligação tripla, C≡C—H, que também aparece nessa faixa.

**312** Introdução à espectroscopia

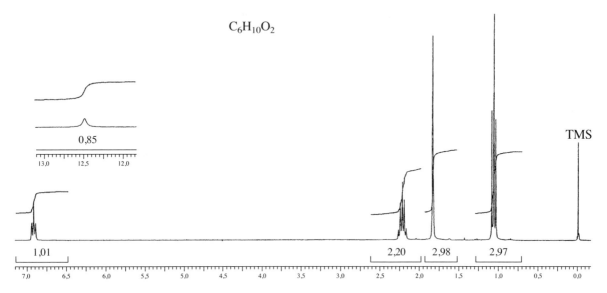

**FIGURA 6.25** Espectro de RMN de prótons de um composto desconhecido.

*De 3,0 a 4,5 ppm*: essa região é normalmente associada a prótons em um átomo de carbono $sp^3$ diretamente ligado a um átomo eletronegativo, em geral oxigênio, ou a um halogênio. Alguns exemplos são —CH$_2$—Cl, —CH$_2$—Br e —CH$_2$O—. Os grupos mais comuns que contêm oxigênio são associados com alcoóis, éteres e ésteres. Um bom número para lembrar-se de —O—CH$_2$— ou —O—CH$_3$ é 3,5 ppm.

*De 4,5 a 7,0 ppm*: essa região é normalmente associada a prótons *diretamente* ligados a átomos de carbono C═C $sp^2$ em alcenos (prótons vinila). Exemplo: C═C—H. Contudo, deve-se lembrar que diversos átomos eletronegativos ligados a um carbono podem mover os prótons para baixo, entrando nessa região. Alguns exemplos são —O—CH$_2$—O— e Cl—CH$_2$—Cl.

*De 6,5 a 8,5 ppm*: essa região é normalmente associada a prótons *diretamente* ligados a átomos de carbono C═C $sp^2$ em anéis benzênicos ou outros compostos aromáticos.

*De 9,0 a 10 ppm*: essa região é sempre associada a prótons aldeídos, prótons diretamente ligados a um grupo C═O.

*De 11,0 a 13,0 ppm*: prótons de ácidos carboxílicos, em geral, aparecem nessa região. Prótons de ácidos carboxílicos geram picos muito largos. Em alguns casos, os picos são tão largos que o pico não é observado e acaba desaparecendo na linha de base.

Quando se utilizam a informação de deslocamento químico e o índice de deficiência de hidrogênio, deve-se ser capaz de determinar que o composto desconhecido contém um grupo C═C—H e um COOH, observando picos em 6,8 e 12,5 ppm. Como há apenas um pico na região alcênica, é possível dizer que a ligação dupla é trissubstituída.

*Integração de prótons*: o número de prótons em um átomo de carbono pode ser determinado a partir dos números impressos sob os picos. Como mencionado na Seção 5.9, pode-se facilmente arredondar os números da Figura 6.25 para números inteiros, sem a necessidade de fazer contas. Lembre-se de que os números são aproximados. Da direita para a esquerda, pode-se determinar, por inspeção, o que representam o tripleto em 1 ppm (3 H), o singleto em 1,7 ppm (3 H), o quinteto em 2,3 ppm (2 H) e o tripleto em 6,8 ppm (1 H). O próton restante do grupo carboxila, em 12,5 ppm, é mostrado no destaque e integra aproximadamente

(1 H). Note que o número de prótons determinado por você é igual ao número de prótons na fórmula C$_6$H$_{10}$O$_2$. A vida é linda!

*Desdobramento* spin-spin *de prótons*. O próximo dado que deve ser observado na Figura 6.25 é a multiplicidade de picos de prótons. Devem-se procurar padrões de singletos, dubletos e tripletos no espectro de prótons. A Regra do *n* + 1 é útil para determinar o número de prótons adjacentes ($^3J$, veja as Seções 5.13 a 5.18). Constantes de acoplamento $^3J$ típicas, em geral, são por volta de 7,5 Hz. Será necessário lembrar que a maioria dos espectros obtidos em espectrômetros de RMN de campo alto, de 300 a 500 MHz, precisa ser expandida para ver os padrões de separação. Neste livro, todos os espectros obtidos em espectrômetros de RMN de campo alto serão expandidos para permitir que se observem os padrões de desdobramento. Note que o espectro de RMN da Figura 6.25 não inclui a típica faixa total, de 0 a 10 ppm. Em alguns casos, um espectro em destaque que está fora da faixa típica pode aparecer acima da linha de base, o que é ilustrado pelos prótons de ácidos carboxílicos apresentados no destaque da Figura 6.25. Em outros casos, pode-se encontrar um espectro de prótons destacado, que precisa ser expandido para se ver por completo o padrão. Um exemplo disso pode ser um padrão de septeto (sete picos) ou de noneto (nove picos) que podem ser expandidos tanto na direção *x* quanto na *y* para observar todos os picos no padrão. Observe, como exemplo, o espectro de RMN de prótons do problema 5D.

No composto desconhecido da Figura 6.25, esperava-se que o tripleto em aproximadamente 1 ppm resultasse de dois prótons adjacentes. O singleto por volta de 1,7 ppm resulta da ausência de próton adjacente. O quinteto em 2,3 ppm indicaria quatro prótons adjacentes em dois átomos de carbono diferentes. Por fim, o solitário próton vinila, que aparece como um tripleto em 6,8 ppm, resulta de dois prótons adjacentes.

Nesse ponto, a estrutura deve ser a seguinte:

Um isômero dessa estrutura mostrado a seguir não coincidiria com as multiplicidades observadas e pode ser descartado como uma possível estrutura.

Podemos tentar confirmar a estrutura observando o espectro de carbono-13 desacoplado de prótons da Figura 6.26. Note que o espectro tem seis picos de singletos, além de um grupo de três picos do solvente, CDCl$_3$, em aproximadamente 77 ppm (ver Figura 6.17).

*Deslocamento químico de* $^{13}C$. Os gráficos de correlação mais úteis são apresentados na Figura 6.1 e na Tabela 6.1.

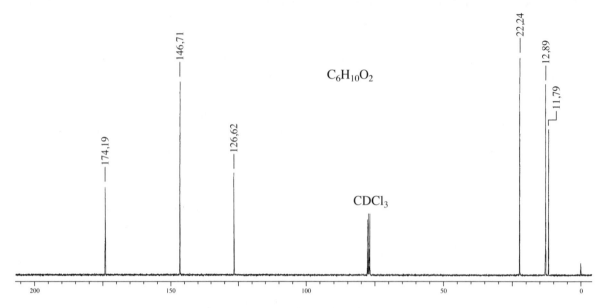

**FIGURA 6.26** Espectro de carbono-13 de um composto desconhecido.

*De 10 a 50 ppm*: o solvente mais comumente utilizado em espectroscopia de RMN é o $CDCl_3$, que aparece como um padrão de três picos centrados por volta de 77 ppm. Tipicamente, os átomos de carbono-13 $sp^3$ aparecem à direita do solvente. Grupos $CH_3$ são mais blindados do que grupos $CH_2$ e, em geral, aparecem em valores de ppm mais baixos do que o $CH_2$.

*De 35 a 80 ppm*: como esperado, átomos eletronegativos ligados causam um deslocamento para baixo semelhante ao observado em espectroscopia de RMN de prótons. Alguns átomos de carbono desse grupo são —$CH_2$—Br, —$CH_2$—Cl, —$CH_2$—O—. O C≡C aparece na faixa de 65 a 80 ppm.

*De 110 a 175 ppm*: o grupo C=C em alcenos e compostos aromáticos aparece à esquerda dos picos de $CDCl_3$. Em geral, átomos de carbono-13 aromáticos aparecem ainda mais para baixo do que alcenos, mas há inúmeras exceções, e deve-se esperar que picos de carbono, tanto de alcenos quanto de compostos aromáticos, sobreponham-se e apareçam na mesma faixa.

*De 160 a 220 ppm*: o grupo carbonila aparece na extrema esquerda do espectro de carbono-13 (para baixo). Grupos C=O de ésteres e ácidos carboxílicos aparecem no extremo inferior da faixa (de 160 a 185 ppm), enquanto cetonas e aldeídos aparecem próximo do extremo superior (de 185 a 220 ppm). Esses picos C=O podem ser muito fracos, e, às vezes, é possível não vê-los em um espectro de carbono-13. As Figuras 6.1 e 6.2 apresentam gráficos de correlação que incluem picos C=O.

*Carbono-13 para determinar os desdobramentos* spin-spin *por prótons*. Espectros carbono-13 são, em geral, determinados com o desacoplador de prótons ligado, o que leva a espectros que consistem em singletos (ver Seção 6.4). Contudo, é útil saber que átomos de carbono têm três prótons ligados (um grupo $CH_3$) ou dois prótons ligados (um grupo $CH_2$) ou um próton ligado (um grupo CH), e que carbonos não têm prótons ligados (um átomo de carbono quaternário ou *ipso*). A maneira mais moderna de determinar a multiplicidade de átomos de carbono-13 é realizar um experimento DEPT. A Seção 6.10 explica como esse experimento pode determinar as multiplicidades de cada átomo de carbono-13. A Figura 6.9 mostra um típico resultado de acetato de isopentila. A mais útil dessas rotinas é o DEPT-135 que mostra grupos $CH_3$ e CH como picos positivos e grupos $CH_2$ como picos negativos. O experimento DEPT-90 mostra apenas grupos CH (picos positivos). Átomos de carbono sem prótons ligados (átomos de carbono quaternários e *ipso*) não aparecem em nenhum dos experimentos. Os resultados experimentais DEPT para o composto desconhecido são apresentados a seguir. Note que os resultados experimentais DEPT são consistentes com a estrutura apresentada neste capítulo.

| Carbono normal | DEPT-135 | DEPT-90 | Conclusão |
|---|---|---|---|
| 11,79 ppm | Positivo | Nenhum pico | $CH_3$ |
| 12,89 | Positivo | Nenhum pico | $CH_3$ |
| 22,24 | Negativo | Nenhum pico | $CH_2$ |
| 126,62 | Nenhum pico | Nenhum pico | C |
| 146,71 | Positivo | Positivo | CH |
| 174,19 | Nenhum pico | Nenhum pico | C=O |

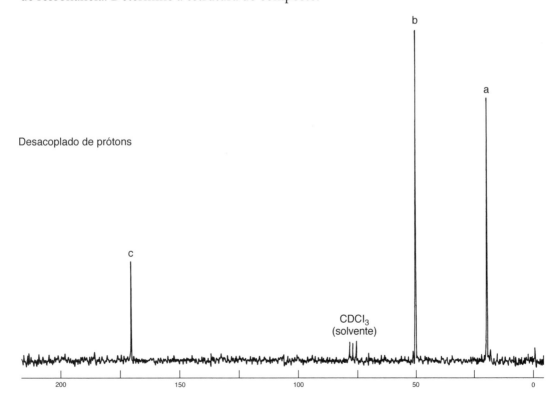

## PROBLEMAS

*1. Um composto com fórmula $C_3H_6O_2$ gera um espectro desacoplado de prótons e outro fora de ressonância. Determine a estrutura do composto.

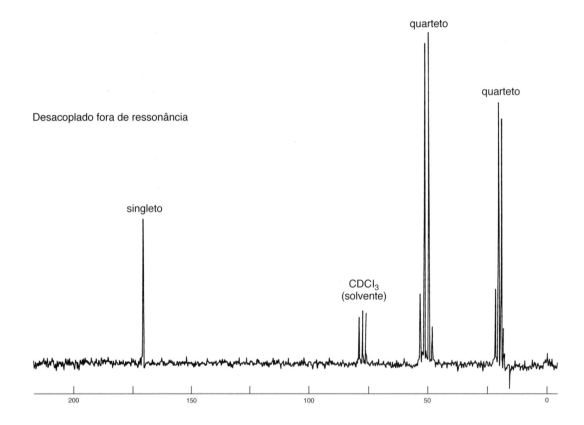

**\*2.** Preveja o número de picos do espectro de $^{13}$C desacoplado de prótons de cada um dos seguintes compostos. Os problemas 2a e 2b servem como exemplos, e os pontos mostram os átomos de carbono não equivalentes nesses dois exemplos.

(a) CH₃—C(=O)—O—CH₂—CH₃   Quatro picos

(b) Br—C₆H₄—C(=O)—OH   Cinco picos

(c) (CH₃)(H₃C)C=C(H)—CH₂—OH   Cinco picos

(d) (CH₃)(H₃C)CH—CH(OH)—CH(CH₃)(CH₃)   Quatro picos

(e)  
H₃C—CH(CH₃)—C(CH₃)(OH)—CH₂—CH₃

(f) 3-methyl-6-(prop-1-en-2-yl)cyclohex-2-enone

(g) C(CH₂OH)₂(CH₂CH₃)₂

(h) γ-butyrolactone

(i) 3-methylmaleic anhydride

(j) 4-bromoethylbenzene

(k) 2-bromoethylbenzene

*3. A seguir, apresentamos alguns espectros de $^{13}C$ desacoplados de prótons de três alcoóis isoméricos com fórmula $C_4H_{10}O$. Uma análise DEPT ou fora de ressonância produz as multiplicidades apresentadas; s = singleto, d = dubleto, t = tripleto e q = quarteto. Identifique o álcool responsável por cada espectro e atribua cada pico ao átomo, ou átomos, de carbono adequados.

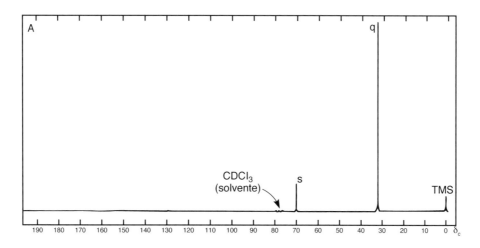

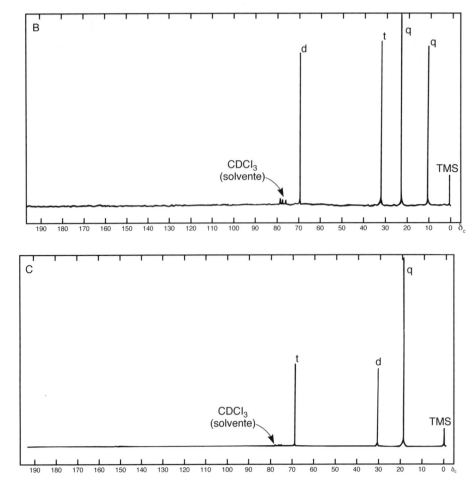

*4. O espectro a seguir é de um éster com fórmula $C_5H_8O_2$. As multiplicidades são indicadas. Desenhe a estrutura do composto e atribua cada pico.

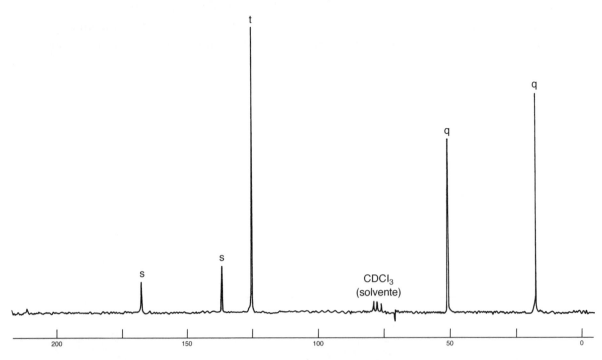

**5.** A seguir, apresentam-se os espectros de ¹H e de ¹³C de cada um dos quatro bromoalcanos isoméricos com fórmula C₄H₉Br. Atribua uma estrutura para cada par de espectros.

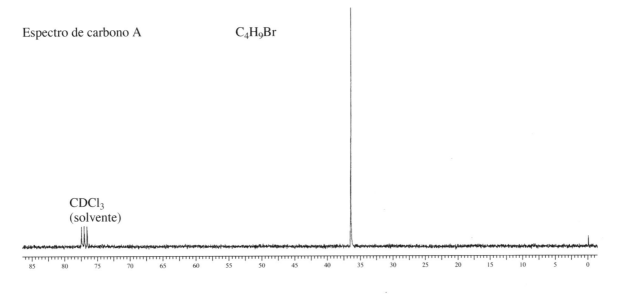

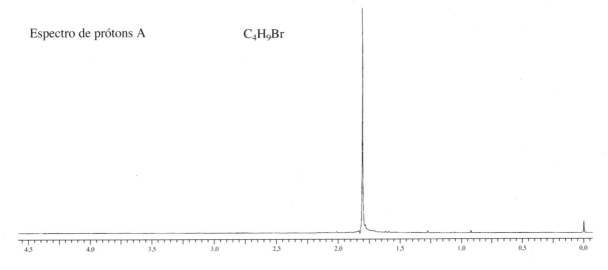

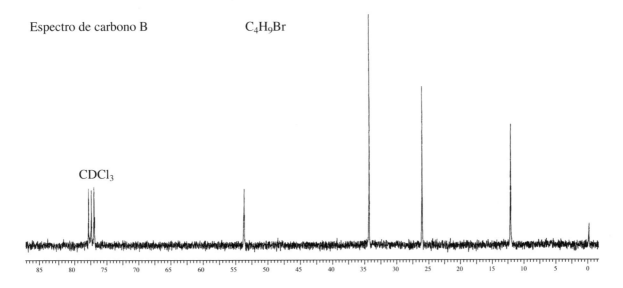

Espectro de prótons B     C₄H₉Br

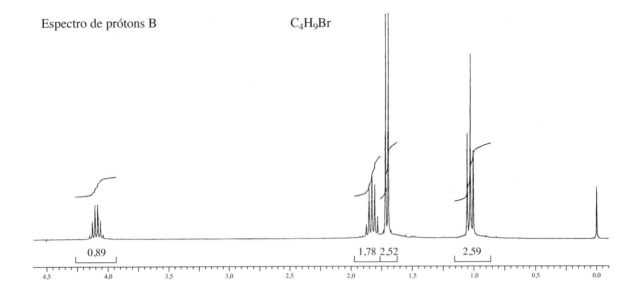

Espectro de carbono C     C₄H₉Br

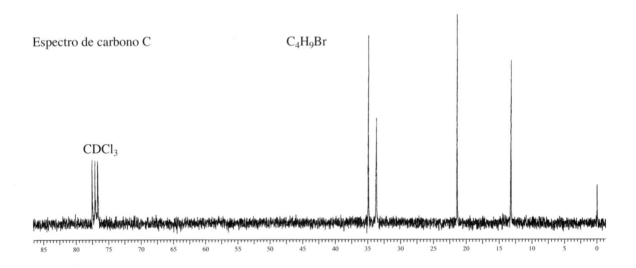

Espectro de prótons C

C₄H₉Br

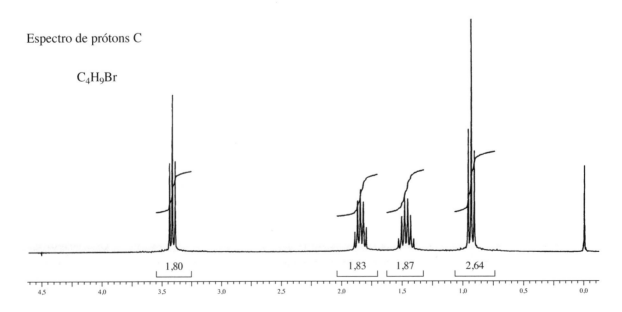

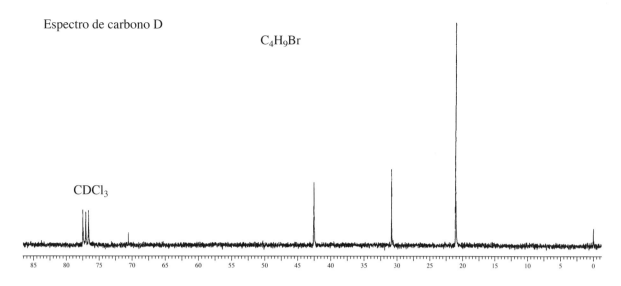

Espectro de carbono D

$C_4H_9Br$

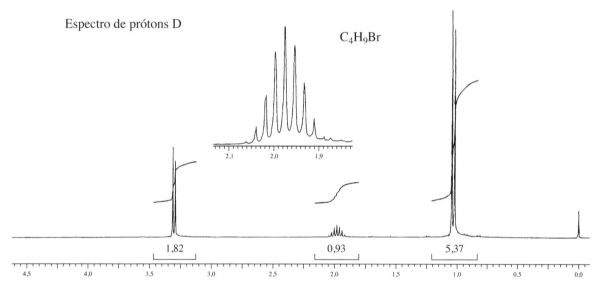

Espectro de prótons D

$C_4H_9Br$

*6. A seguir, apresentam-se os espectros de $^1H$ e de $^{13}C$ de cada uma das três cetonas isoméricas com fórmula $C_7H_{14}O$. Atribua uma estrutura para cada par de espectros.

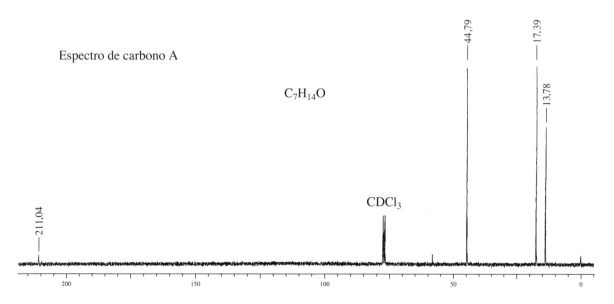

Espectro de carbono A

$C_7H_{14}O$

Espectro de prótons A

C$_7$H$_{14}$O

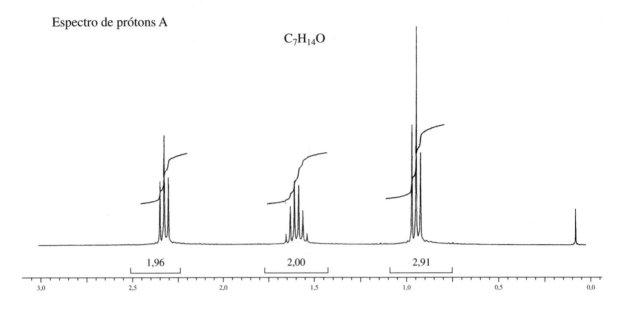

Espectro de carbono B

C$_7$H$_{14}$O

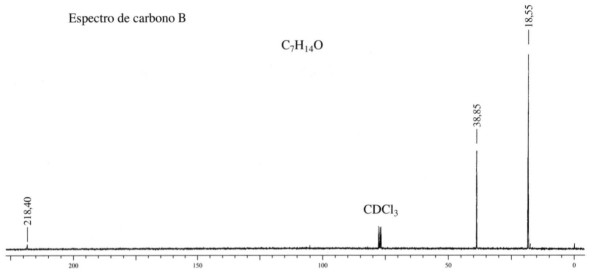

Espectro de prótons B

C$_7$H$_{14}$O

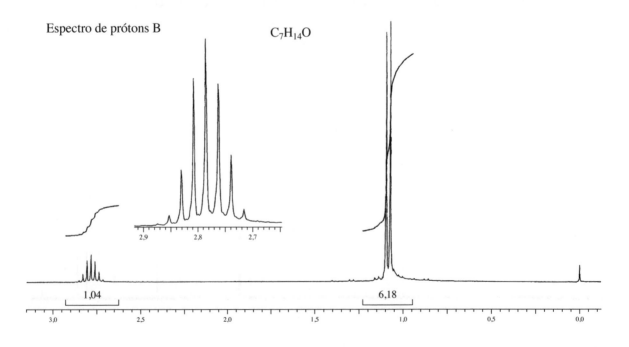

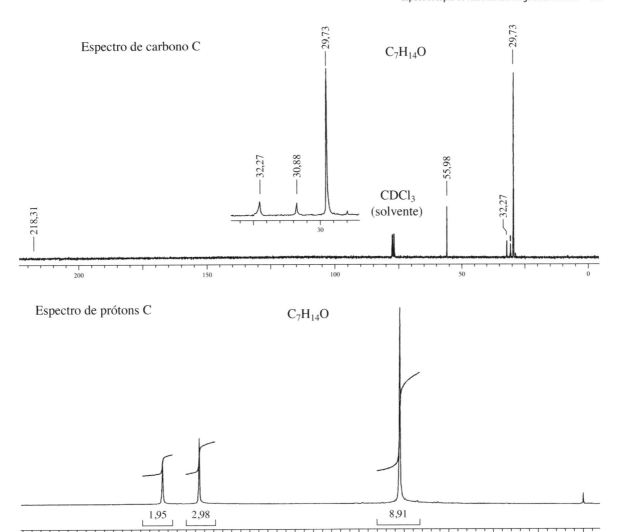

7. O espectro de RMN de prótons de um composto com fórmula $C_8H_{18}$ apresenta apenas um pico em 0,86 ppm. O espectro de RMN de carbono-13 tem dois picos, um grande em 26 ppm e um pequeno em 35 ppm. Desenhe a estrutura desse composto.

8. O espectro de RMN de prótons de um composto com fórmula $C_5H_{12}O_2$ é apresentado a seguir. O espectro de RMN de carbono-13 normal tem três picos. Os resultados espectrais DEPT-135 e DEPT-90 estão organizados em tabela. Desenhe a estrutura desse composto.

| Carbono normal | DEPT-135 | DEPT-90 |
|---|---|---|
| 15 ppm | Positivo | Nenhum pico |
| 63 | Negativo | Nenhum pico |
| 95 | Negativo | Nenhum pico |

Espectro de prótons

C$_5$H$_{12}$O$_2$

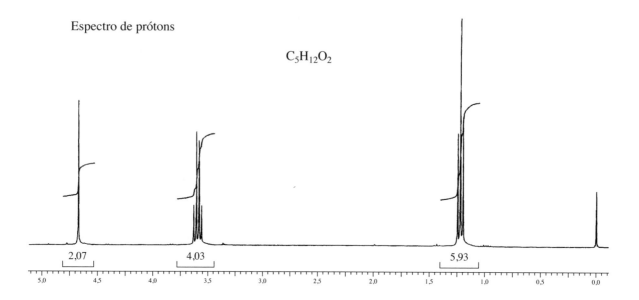

2,07   4,03   5,93

9. O espectro de RMN de prótons de um composto com fórmula C$_5$H$_{10}$O é apresentado a seguir. O espectro de RMN de carbono-13 normal tem três picos. Os resultados espectrais DEPT-135 e DEPT-90 estão organizados em tabela. Desenhe a estrutura desse composto.

| Carbono normal | DEPT-135 | DEPT-90 |
|---|---|---|
| 26 ppm | Positivo | Nenhum pico |
| 36 | Nenhum pico | Nenhum pico |
| 84 | Negativo | Nenhum pico |

Espectro de prótons

C$_5$H$_{10}$O

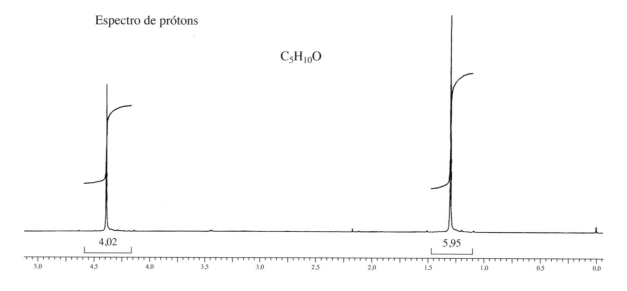

4,02   5,95

10. O espectro de RMN de prótons de um composto com fórmula C$_5$H$_{10}$O$_3$ é apresentado a seguir. O espectro de RMN de carbono-13 normal tem quatro picos. O espectro infravermelho tem uma banda forte em 1728 cm$^{-1}$. Os resultados espectrais DEPT-135 e DEPT-90 estão organizados em tabela. Desenhe a estrutura desse composto.

| Carbono normal | DEPT-135 | DEPT-90 |
|---|---|---|
| 25 ppm | Positivo | Nenhum pico |
| 55 | Positivo | Nenhum pico |
| 104 | Positivo | Positivo |
| 204 | Nenhum pico | Nenhum pico |

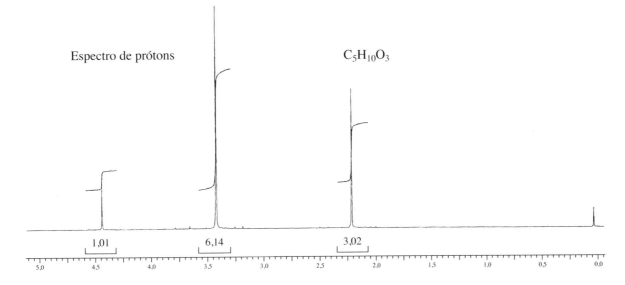

Espectro de prótons    C$_5$H$_{10}$O$_3$

**11.** O espectro de RMN de prótons de um composto com fórmula C$_9$H$_8$O é apresentado a seguir. O espectro de RMN de carbono-13 normal tem cinco picos. O espectro infravermelho tem uma banda forte em 1746 cm$^{-1}$. Os resultados espectrais DEPT-135 e DEPT-90 estão organizados em tabela. Desenhe a estrutura desse composto.

| Carbono normal | DEPT-135 | DEPT-90 |
|---|---|---|
| 44 ppm | Negativo | Nenhum pico |
| 125 | Positivo | Positivo |
| 127 | Positivo | Positivo |
| 138 | Nenhum pico | Nenhum pico |
| 215 | Nenhum pico | Nenhum pico |

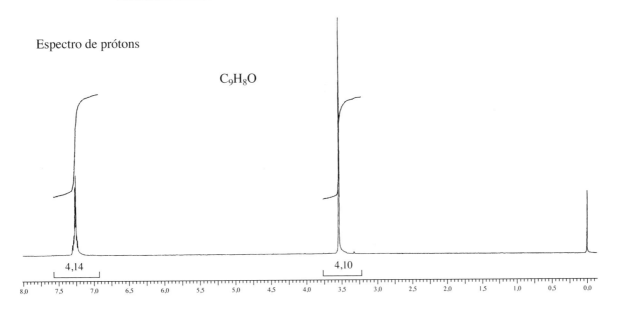

Espectro de prótons

C$_9$H$_8$O

**12.** O espectro de RMN de prótons de um composto com fórmula $C_{10}H_{12}O_2$ é apresentado a seguir. O espectro infravermelho tem uma banda forte em 1711 cm$^{-1}$. Os resultados espectrais de RMN de carbono-13, com os de DEPT-135 e DEPT-90, estão organizados em tabela. Desenhe a estrutura desse composto.

| Carbono normal | DEPT-135 | DEPT-90 |
|---|---|---|
| 29 ppm | Positivo | Nenhum pico |
| 50 | Negativo | Nenhum pico |
| 55 | Positivo | Nenhum pico |
| 114 | Positivo | Positivo |
| 126 | Nenhum pico | Nenhum pico |
| 130 | Positivo | Positivo |
| 159 | Nenhum pico | Nenhum pico |
| 207 | Nenhum pico | Nenhum pico |

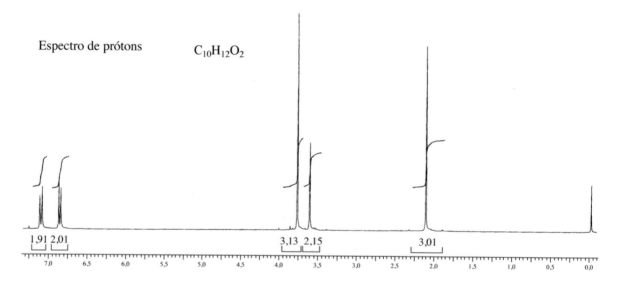

Espectro de prótons  $C_{10}H_{12}O_2$

**13.** O espectro de RMN de prótons de um composto com fórmula $C_7H_{12}O_2$ é apresentado a seguir. O espectro infravermelho tem uma banda forte em 1738 cm$^{-1}$ e uma banda fraca em 1689 cm$^{-1}$. Os resultados experimentais de carbono-13 e de DEPT estão organizados em tabela. Desenhe a estrutura desse composto.

| Carbono normal | DEPT-135 | DEPT-90 |
|---|---|---|
| 18 ppm | Positivo | Nenhum pico |
| 21 | Positivo | Nenhum pico |
| 26 | Positivo | Nenhum pico |
| 61 | Negativo | Nenhum pico |
| 119 | Positivo | Positivo |
| 139 | Nenhum pico | Nenhum pico |
| 171 | Nenhum pico | Nenhum pico |

Espectro de prótons

C$_7$H$_{12}$O$_2$

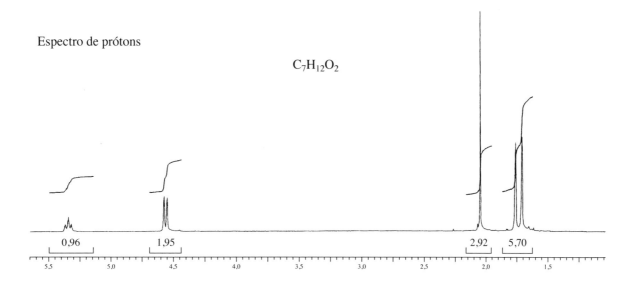

14. O espectro de RMN de prótons de um composto com fórmula C$_7$H$_{12}$O$_3$ é apresentado a seguir. A constante de acoplamento do tripleto em 1,25 ppm tem magnitude igual à do quarteto em 4,15 ppm. Os tripletos distorcidos em 2,56 e 2,75 ppm estão acoplados um ao outro. O espectro infravermelho apresenta bandas largas em 1720 e 1738 cm$^{-1}$. Os resultados experimentais de carbono-13 e de DEPT estão organizados em tabela. Desenhe a estrutura desse composto.

| Carbono normal | DEPT-135 | DEPT-90 |
|---|---|---|
| 14 ppm | Positivo | Nenhum pico |
| 28 | Negativo | Nenhum pico |
| 30 | Positivo | Nenhum pico |
| 38 | Negativo | Nenhum pico |
| 61 | Negativo | Nenhum pico |
| 173 | Nenhum pico | Nenhum pico |
| 207 | Nenhum pico | Nenhum pico |

Espectro de prótons

C$_7$H$_{12}$O$_3$

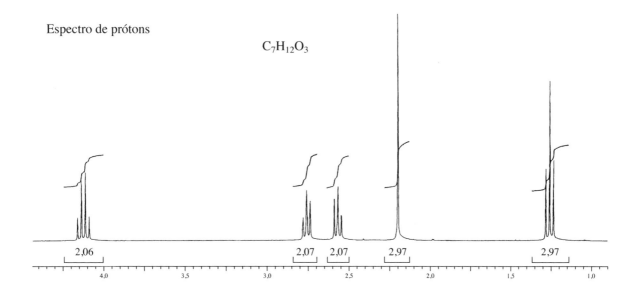

**15.** O espectro de RMN de prótons de um composto com fórmula $C_5H_{10}O$ é apresentado a seguir. Os resultados experimentais de carbono-13 normal e de DEPT estão organizados em tabela. O espectro infravermelho apresenta um pico largo em aproximadamente 3340 cm$^{-1}$ e um pico de tamanho médio por volta de 1651 cm$^{-1}$. Desenhe a estrutura desse composto.

| Carbono normal | DEPT-135 | DEPT-90 |
|---|---|---|
| 22,2 ppm | Positivo | Nenhum pico |
| 40,9 | Negativo | Nenhum pico |
| 60,2 | Negativo | Nenhum pico |
| 112,5 | Negativo | Nenhum pico |
| 142,3 | Nenhum pico | Nenhum pico |

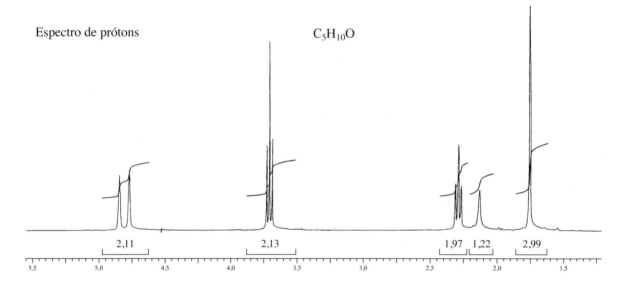

**16.** O espectro de RMN de prótons de um composto com fórmula $C_5H_9NO_4$ é apresentado a seguir. O espectro infravermelho apresenta bandas fortes em 1750 e 1562 cm$^{-1}$ e uma banda de intensidade média em 1320 cm$^{-1}$. Os resultados experimentais de carbono-13 normal e de DEPT estão organizados em tabela. Desenhe a estrutura desse composto.

| Carbono normal | DEPT-135 | DEPT-90 |
|---|---|---|
| 14 ppm | Positivo | Nenhum pico |
| 16 | Positivo | Nenhum pico |
| 63 | Negativo | Nenhum pico |
| 83 | Positivo | Positivo |
| 165 | Nenhum pico | Nenhum pico |

Espectro de prótons

C$_5$H$_9$NO$_4$

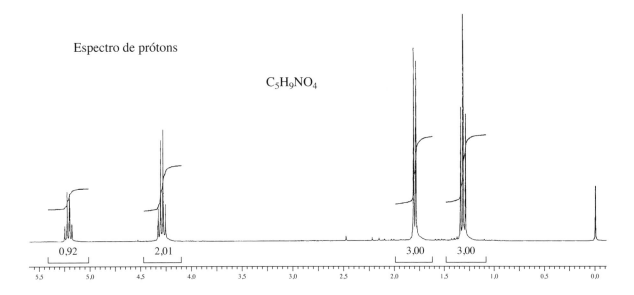

17. O espectro de RMN de prótons de um composto com fórmula C$_6$H$_5$NCl$_2$ é apresentado a seguir. Os resultados experimentais de carbono-13 normal e de DEPT estão organizados em tabela. O espectro infravermelho apresenta picos em 3432 e 3313 cm$^{-1}$ e uma série de picos entre 1618 e 1466 cm$^{-1}$. Desenhe a estrutura desse composto.

| Carbono normal | DEPT-135 | DEPT-90 |
| --- | --- | --- |
| 118,0 ppm | Positivo | Positivo |
| 119,5 | Nenhum pico | Nenhum pico |
| 128,0 | Positivo | Positivo |
| 140,0 | Nenhum pico | Nenhum pico |

Espectro de prótons

C$_6$H$_5$NCl$_2$

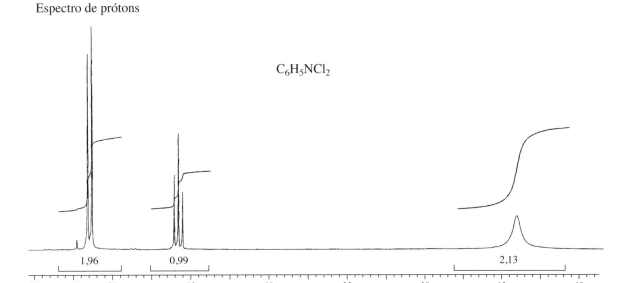

*18. O álcool apresentado a seguir passa por eliminação na presença de ácido sulfúrico concentrado, mas o produto apresentado não é o principal. Em vez disso, formam-se outros alcenos com seis carbonos isoméricos. Esse produto apresenta um pico grande em 20,4 ppm e um menor em 123,4 ppm em seu espectro de RMN de $^{13}$C desacoplado de prótons. Desenhe a estrutura do produto e interprete o espectro. Esboce um mecanismo para a formação do produto que possua esse espectro.

$$CH_3-\underset{\underset{CH_3}{|}}{\overset{\overset{CH_3}{|}}{CH}}-CH-CH_2-OH \xrightarrow{H_2SO_4} CH_3-\underset{\underset{CH_3}{|}}{\overset{\overset{CH_3}{|}}{CH}}-C=CH_2 + H_2O$$

*19. Preveja as aparências dos espectros de $^{13}$C desacoplados de prótons dos seguintes compostos:

(a)
$$Cl-\underset{\underset{D}{|}}{\overset{\overset{H}{|}}{C}}-Cl \qquad Cl-\underset{\underset{D}{|}}{\overset{\overset{D}{|}}{C}}-Cl$$

$I = 1$

$J_{CD} \cong 20–30$ Hz (uma ligação)

(b)
$$F-\underset{\underset{H}{|}}{\overset{\overset{H}{|}}{C}}-H \qquad F-\underset{\underset{F}{|}}{\overset{\overset{F}{|}}{C}}-H \qquad F-\underset{\underset{F}{|}}{\overset{\overset{H}{|}}{C}}-CH_2-Cl \qquad F-\underset{\underset{F}{|}}{\overset{\overset{F}{|}}{C}}-CH_2-Cl$$

$I = \frac{1}{2}$

$J_{CF} > 180$ Hz (uma ligação)

$J_{CF} \cong 40$ Hz (duas ligações)

20. O espectro de $^{13}$C desacoplado de prótons (75 MHz) de 1-fluoropentano é mostrado neste problema. Atribua cada um dos átomos de carbono depois de rever a Seção 6.14. Calcule as constantes de acoplamento para os dubletos em 27, 30 e 84 ppm, respectivamente. Indique a notação da constante de acoplamento (valores J) para cada um desses padrões ($^1$J, $^2$J e $^3$J). Você pode explicar por que não observa $^4$J e $^5$J com esse composto? O padrão de três picos centrado em 77 ppm é o acoplamento de $^{13}$C com deutério. Lembre-se de que o solvente é CDCl$_3$ (ver Seção 6.13).

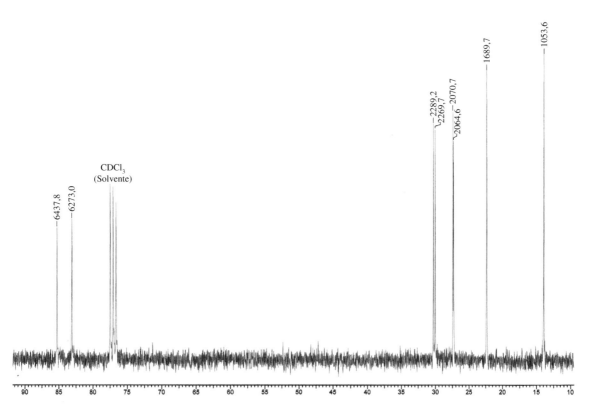

**21.** O espectro de ¹³C desacoplado de próton (75 MHz) de 1,1,1-trifluoroacetona (1,1,1-trifluoro-2-propanona) é mostrado neste problema. O quarteto que aparece em 188,6 ppm é expandido e mostrado como uma inserção. Atribua cada um dos átomos de carbono. Calcule as constantes de acoplamento para os quartetos em 188,6 e 115,0 ppm. Indique a notação da constante de acoplamento (valores J) para cada um desses padrões (¹J e ²J). Você pode explicar por que não observa ³J com esse composto? O padrão de três picos centrado em 77 ppm é o acoplamento de ¹³C com deutério. Lembre-se de que o solvente é CDCl₃ (ver Seção 6.13).

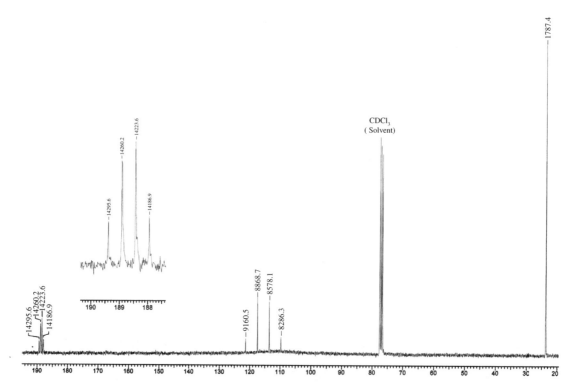

**22.** O espectro de $^{13}$C desacoplado de próton (75 MHz) do cloreto de tetraetilfosfônio é apresentado a seguir. Revise a Seção 6.15 e determine cada átomo de carbono. Calcule as constantes de acoplamento para os dubletos em 11,7 e 6,0 ppm. Indique as notações de constante de acoplamento (valores J) para cada um desses padrões ($^1$J e $^2$J).

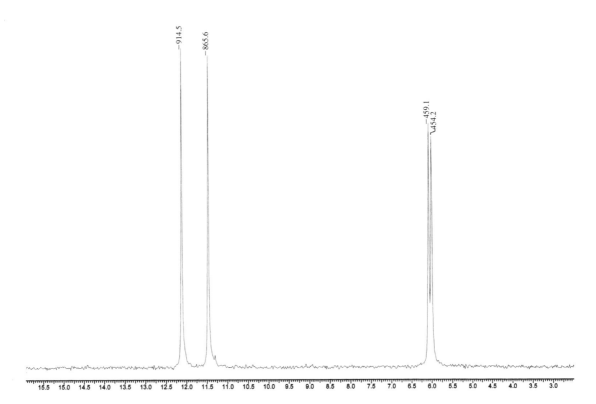

*23. A Figura 6.15 apresenta o espectro de RMN de $^{13}$C do tolueno. Indicamos na Seção 6.12 que foi difícil atribuir os carbonos *c* e *d* para picos nesse espectro. Usando a Tabela 7 do Apêndice 8, calcule os deslocamentos químicos esperados para todos os carbonos do tolueno e atribua todos os picos.

24. Usando as tabelas do Apêndice 8, calcule os deslocamentos químicos de $^{13}$C esperados para os átomos de carbono indicados nos seguintes compostos:

(a) CH$_3$O—CH=CH—H

(b) ciclopentanol (OH)

(c) CH$_3$CH$_2$—CH=CH—CH$_3$ (cis/trans)

(d) o-xileno **Todos**, m-xileno **Todos**, p-xileno **Todos**

(e) CH$_3$CH$_2$—CH(OH)—CH$_2$CH$_3$

(f) CH$_3$—CH(COOH)—CH$_2$CH$_3$

(g) C$_6$H$_5$—CH=CH—CH$_3$

(h) 
$$CH_3-\underset{\underset{CH_3}{|}}{\overset{\overset{CH_3}{|}}{C}}-CH_2CH_3$$ **Todos**

(i) 
$$\underset{CH_3\uparrow}{\overset{CH_3CH_2}{>}}C=C\underset{\uparrow CH_3}{\overset{COOH}{<}}$$

(j) $CH_3CH_2CH_2\overset{\downarrow}{CH}=CH-CH_2CH_2CH_3$

(k) p-aminobenzoic acid (NH₂ and COOH on benzene ring) — **Carbonos do anel**

(l) $\overset{\downarrow}{C}H_3\overset{\downarrow}{C}H_2\overset{\downarrow}{C}H_2-C\equiv C-H$

(m) 
$$\underset{CH_3}{\overset{CH_3}{>}}\overset{\swarrow}{CH}-COOCH_3$$

(n) $\overset{\downarrow}{C}H_3\overset{\downarrow}{C}H_2\overset{\downarrow}{C}H_2-\underset{\underset{}{}}{\overset{\overset{O}{\|}}{C}}-CH_3$

(o) bromocyclohexane — **Todos**

(p) 
$$\underset{CH_3}{\overset{\overset{\downarrow}{C}H_3}{>}}\overset{\swarrow}{CH}-COOH$$

(q) p-nitroaniline **Todos**   o-nitroaniline **Todos**

(r) $CH_3-\overset{\downarrow}{C}H=\overset{\downarrow}{C}H-CH=CH_2$

(s) cyclohexene ↙

(t) 
$$CH_3-\underset{}{\overset{\overset{CH_3}{|}}{CH}}-\underset{\uparrow}{CH}=\underset{\uparrow}{CH}-CH_3$$

# REFERÊNCIAS

## Livros didáticos

BERGER, S.; BRAUN. *200 and more NMR experiments*. Weinheim: Wiley-VCH, 2004.

CREWS, P. et al. *Organic structure analysis*. Nova York: Oxford University Press, 2009.

FRIEBOLIN, H. *Basic one- and two-dimensional NMR spectroscopy*. 5. ed. Nova York: VCH Publishers, 2010.

GUNTHER, H. *NMR spectroscopy*. 2. ed. Nova York: John Wiley and Sons, 1995.

LAMBERT, J. B. et al. *Organic structural spectroscopy*. Upper Saddle River: Prentice Hall, 1998.

LEVY, G. C. *Topics in carbon-13 spectroscopy*. Nova York: John Wiley and Sons, 1984.

LEVY, G. C.; NELSON, G. L. *Carbon-13 nuclear magnetic resonance for organic chemists*. Nova York: John Wiley and Sons, 1979.

LEVY, G. C. et al. *Carbon-13 nuclear magnetic resonance spectroscopy*. 2. ed. Nova York: John Wiley and Sons, 1980.

MACOMBER, R. S. *NMR spectroscopy*: essential theory and practice. Nova York: Harcourt, Brace Jovanovich, 1988. (College Outline Series.)

_____. *A complete introduction to modern NMR spectroscopy*. Nova York: John Wiley and Sons, 1997.

PRETSCH, E. et al. *Structure determination of organic compounds*: tables of spectral data. 4. ed. Berlim: Springer-Verlag, 2009.

SANDERS, J. K. M.; HUNTER, B. K. *Modern NMR spectroscopy*: a guide for chemists. 2. ed. Oxford: Oxford University Press, 1993.

SILVERSTEIN, R. M. et al. *Spectrometric identification of organic compounds*. 7. ed. Nova York: John Wiley and Sons, 2005.

## Compilações de espectros

AULT, A.; AULT, M. R. *A Handy and systematic catalog of NMR spectra, 60 MHz with some 270 MHz*. Mill Valley: University Science Books, 1980.

FUCHS, P. L. *Carbon-13 NMR based organic spectral problems, 25 MHz*. Nova York: John Wiley and Sons, 1979.

JOHNSON, L. F.; JANKOWSKI, W. C. *Carbon-13 NMR spectra*: a collection of assigned, coded, and indexed spectra, 25 MHz. Nova York: Wiley-Interscience, 1972.

POUCHERT, C. J.; BEHNKE, J. *The Aldrich Library of $^{13}$C and 1H FT-NMR Spectra*, 75 e 300 MHz. Milwaukee: Aldrich Chemical Company, 1993.

## Estimativa por computador de deslocamento químico de carbono-13

"$^{13}$C NMR estimation", CS ChemDraw Ultra, Cambridge SoftCorp., 100 Cambridge Park Drive, Cambridge, MA 02140.

"Carbon 13 NMR shift prediction module" exige ChemWindow (IBM PC) ou ChemIntosh (MacIntosh), SoftShell International, Ltd., 715 Horizon Drive, Grand Junction, CO 81506.

"ChemDraw ultra", Cambridge Soft. Corp., 100 Cambridge Park Drive, Cambridge, MA 02140. Disponível em: www.cambridgesoft.com.

"HyperNMR", IBM PC/Windows, Hypercube, Inc., 419 Phillip Street, Waterloo, Ontario, Canada N2L 3X2.

## *Sites*

http://sdbs.riodb.aist.go.jp

Sistema de banco de dados espectral integrado para compostos orgânicos do Instituto Nacional de Materiais e Pesquisas Químicas, Tsukuba, Ibaraki 305-8565, Japão. Esse banco de dados inclui dados de espectros no infravermelho, de massa e RMN (prótons e carbono-13) de alguns compostos.

http://www.chem.ucla.edu/~webspectra

O Departamento de Química e Bioquímica da UCLA, em parceria com o Laboratório de Isótopos da Universidade de Cambridge, mantém o *site* WebSpectra, que oferece problemas de espectroscopia IV e RMN que poderão ser interpretados pelos estudantes. Além disso, oferece links para outros *sites* que também disponibilizam exercícios.

http://www.nd.edu/~smithgrp/structure/workbook.html

Problemas de estrutura combinada oferecidos pelo grupo Smith da Universidade Notre Dame.

# capítulo 7

# Espectroscopia de ressonância magnética nuclear

## Parte 3: Acoplamento *spin-spin*

Os Capítulos 5 e 6 abordaram apenas os elementos mais essenciais da teoria da ressonância magnética nuclear (RMN). Agora, aplicaremos os conceitos básicos em situações mais complicadas. Neste capítulo, enfatizaremos a origem das constantes de acoplamento e as informações que se podem deduzir a partir delas. Serão analisados sistemas enantiotópicos e diastereotópicos, assim como instâncias mais avançadas do acoplamento *spin-spin*, tais como espectros de segunda ordem.

## 7.1 CONSTANTES DE ACOPLAMENTO: SÍMBOLOS

As Seções 5.17 e 5.18 introduziram as constantes de acoplamento. Em multipletos simples, as constantes de acoplamento $J$ são facilmente determinadas pela mensuração do espaço (em hertz) entre os picos individuais do multipleto. Essa constante de acoplamento tem o mesmo valor, não importando a intensidade de campo ou a frequência operacional do espectrômetro de RMN, e $J$ é uma constante.[1]

Um acoplamento entre dois núcleos do mesmo tipo é chamado de **acoplamento homonuclear**. O Capítulo 5 examinou os acoplamentos homonucleares via três ligações entre hidrogênios em átomos de carbono adjacentes (acoplamento vicinal, Seção 7.2C), que geram multipletos orientados pela Regra do $n + 1$. Um acoplamento entre dois tipos diferentes de núcleos é chamado de **acoplamento heteronuclear**. O acoplamento entre $^{13}C$ e hidrogênios ligados é um acoplamento heteronuclear via uma ligação (Seção 7.2A).

A magnitude da constante de acoplamento depende, em grande parte, do número de ligações que separam os dois átomos ou os grupos de átomos que interagem. Outros fatores também influenciam a intensidade de interação entre dois núcleos, mas, em geral, acoplamentos via uma ligação são maiores do que os via duas ligações, os quais, por sua vez, são maiores do que os via três ligações, e assim por diante. Em consequência, os símbolos utilizados para representar acoplamentos são, frequentemente, estendidos para incluir informações adicionais sobre os tipos de átomo envolvidos e o número de ligações pelas quais a constante de acoplamento age.

Com frequência, adicionamos um sobrescrito ao símbolo $J$ para indicar o número de ligações pelas quais ocorre a interação. Se a identidade dos dois núcleos envolvidos não é óbvia, adicionamos essa informação entre parênteses. Assim, o símbolo

$$^1J\,(^{13}C\text{-}^1H) = 156 \text{ Hz}$$

---

[1] Veremos, contudo, que a magnitude de $J$ depende dos ângulos de ligação entre os núcleos interagentes e pode, assim, variar de acordo com a temperatura ou o solvente, pois eles influenciam a conformação do composto.

indica um acoplamento, via uma ligação, entre um átomo de carbono-13 e um átomo de hidrogênio (C—H) com um valor de 156 Hz. O símbolo

$$^3J(^1H-^1H) = 8 \text{ Hz}$$

indica um acoplamento, via três ligações, entre dois átomos de hidrogênio, como em H—C—C—H. Subscritos também podem ser utilizados para dar informações adicionais. Por exemplo, $J_{1,3}$ indica um acoplamento entre átomos 1 e 3 em uma estrutura ou entre prótons ligados a carbonos 1 e 3 em uma estrutura. Claramente, $J_{CH}$ ou $J_{HH}$ indicam os tipos de átomos envolvidos na interação de acoplamento. As diferentes constantes de acoplamento em uma molécula podem ser simplesmente atribuídas como $J_1$, $J_2$, $J_3$ etc. Há muitas variações no uso de símbolos $J$.

Apesar de não fazer diferença na aparência bruta de um espectro, algumas constantes de acoplamento são positivas, e outras, negativas. Com um valor de $J$ negativo, os significados de cada linha de um multipleto são invertidos – os picos para cima e para baixo trocam de lugar –, como mostrado na Figura 7.1. Com uma simples medição a partir de um espectro, é impossível dizer se uma constante de acoplamento é positiva ou negativa. Portanto, um valor medido deve sempre ser considerado o *valor absoluto* de $J$ ($|J|$).

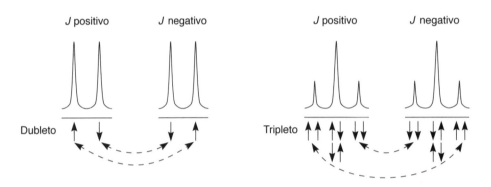

**FIGURA 7.1** Dependência das atribuições de multipletos pelo sinal de *J*, a constante de acoplamento.

## 7.2 CONSTANTES DE ACOPLAMENTO: O MECANISMO DE ACOPLAMENTO

Não é fácil desenvolver uma imagem física do acoplamento *spin-spin*, a forma pela qual o *spin* de um núcleo influencia o *spin* de outro. Existem vários modelos teóricos, os mais bem desenvolvidos são aqueles com base no modelo vetorial de Dirac, que tem limitações, mas é razoavelmente fácil para um novato entender e permite previsões consideravelmente corretas. De acordo com o modelo de Dirac, os elétrons nas ligações entre dois núcleos transferem informações do *spin* de um núcleo para outro pela interação entre os *spins* nucleares e eletrônicos. Acredita-se que a menor energia de interação de um elétron próximo ao núcleo ocorra quando o *spin* do elétron (seta fina) tem sua direção de *spin* inversa à (ou "emparelhado" com) do núcleo (seta grossa).

*Spins* do núcleo e do elétron emparelhados ou opostos (energia mais baixa)     *Spins* do núcleo e do elétron paralelos (energia mais alta)

Esse desenho possibilita compreender por que o tamanho da constante de acoplamento diminui conforme o número de ligações entre os núcleos aumenta. Como veremos, também explica por que algumas constantes de acoplamento são negativas enquanto outras são positivas. A teoria mostra que é provável que acoplamentos com um número ímpar de ligações interferentes ($^1J$, $^3J$, ...) sejam positivos, enquanto os que envolvem um número par de ligações interferentes ($^2J$, $^4J$, ...), negativos.

### A. Acoplamentos via uma ligação ($^1J$)

Um acoplamento via uma ligação ocorre quando uma única ligação une dois núcleos de *spin* ativo. Assume-se que os elétrons que fazem uma ligação química evitem um ao outro, de forma que, quando um elétron está próximo do núcleo A, o outro estará perto do núcleo B. De acordo com o princípio de Pauli, dois elétrons no mesmo orbital têm *spins* opostos; assim, o modelo de Dirac prevê que a condição mais estável em uma ligação é quando ambos os núcleos têm *spins* opostos. A seguir, vemos a ilustração de uma ligação $^{13}C-^1H$. O núcleo do átomo $^{13}C$ (seta cheia grossa) tem *spin* oposto ao do núcleo de hidrogênio (seta vazada grossa). Os alinhamentos mostrados seriam típicos de uma ligação $^{13}C-^1H$ ou de qualquer outro tipo de ligação em que ambos os núcleos têm *spin* (por exemplo, $^1H-^1H$ ou $^{31}P-H$).

$$^{13}C-H$$

Observe que nesse esquema os dois núcleos preferem ter *spins* opostos. Quando dois núcleos de *spin* ativo preferem um alinhamento oposto (têm *spins* opostos), a constante de acoplamento $J$ é, em geral, positiva. Se os núcleos são paralelos ou alinhados (têm o mesmo *spin*), $J$ é normalmente negativa. Assim, a maioria dos acoplamentos via uma ligação tem valores de $J$ positivos. Saiba, contudo, que há exceções importantes, como $^{13}C-^{19}F$, cujas constantes de acoplamento são negativas (ver Tabela 7.1).

Não é incomum constantes de acoplamento dependerem da hibridização dos átomos envolvidos. Valores de $^1J$ das constantes de acoplamento de $^{13}C-^1H$ variam conforme o teor do caráter $s$ na hibridização do carbono, de acordo com a seguinte relação:

$$^1J_{CH} = (500 \text{ Hz}) \left(\frac{1}{n+1}\right) \text{ para hibridização tipo } sp^n \qquad \textbf{Equação 7.1}$$

Veja na Tabela 7.1 os valores específicos dos acoplamentos de $^{13}C-^1H$ do etano, eteno e etino.

| Tabela 7.1 Algumas constantes de acoplamento via uma ligação ($^1J$) | |
|---|---|
| $^{13}C - ^1H$ | 110 – 270 Hz |
| | $sp^3$ 115–125 Hz (etano = 125 Hz) |
| | $sp^2$ 150–170 Hz (eteno = 156 Hz) |
| | $sp$ 240–270 Hz (etino = 249 Hz) |
| $^{13}C - ^{19}F$ | −165 a −370 Hz |
| $^{13}C - ^{31}P$ | 48–56 Hz |
| $^{13}C - D$ | 20–30 Hz |
| $^{31}P - ^1H$ | 190–700 Hz |

Usando o modelo eletrônico-nuclear de Dirac, podemos também desenvolver uma explicação para a origem dos multipletos na separação *spin-spin*, que são os resultados do acoplamento. Como exemplo simples, consideremos uma ligação $^{13}C-^1H$. Lembre-se de que um átomo de $^{13}C$ com um hidrogênio ligado aparece como um dubleto (dois picos) em um espectro de RMN de $^{13}C$ acoplado de próton (Seção 6.3 e Figura 6.3). No espectro de RMN de $^{13}C$, há duas linhas (picos) porque o núcleo do hidrogênio pode ter dois *spins* ($+\frac{1}{2}$ ou $-\frac{1}{2}$), levando a duas transições de energia diferentes para o núcleo de $^{13}C$. A Figura 7.2 ilustra essas duas situações.

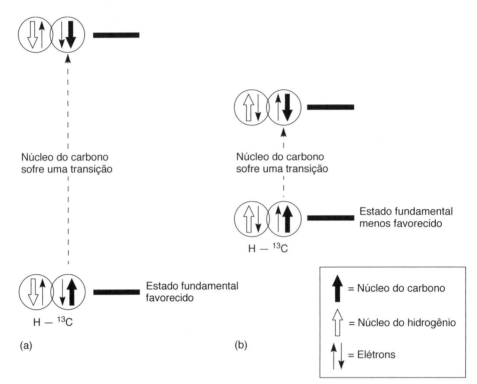

**FIGURA 7.2** As duas diferentes transições de energia para um núcleo de $^{13}$C em uma ligação C—H. (a) O estado fundamental favorecido (todos os *spins* emparelhados) e (b) o estado fundamental menos favorecido (é impossível emparelhar todos os *spins*).

Na parte inferior da Figura 7.2a, fica o estado fundamental favorecido da ligação $^{13}$C—$^{1}$H. Nesse esquema, o núcleo do carbono está em seu mais baixo estado de energia [*spin* ($^{1}$H) = $+\frac{1}{2}$], e todos os *spins*, tanto nucleares quanto eletrônicos, estão emparelhados, resultando na energia mais baixa do sistema. O *spin* do núcleo do átomo de hidrogênio é oposto ao *spin* do núcleo de $^{13}$C. Uma energia mais alta surgirá se o *spin* do hidrogênio for invertido [*spin* ($^{1}$H) = $-\frac{1}{2}$]. O estado fundamental menos favorecido é apresentado na parte inferior da Figura 7.2b.

Agora, imaginemos que o núcleo do carbono sofra uma transição e inverta seu *spin*. O estado excitado resultante do estado fundamental menos favorecido (visto na parte superior da Figura 7.2b) acaba tendo uma energia mais baixa do que a resultante do estado fundamental favorecido (parte superior da Figura 7.2a), pois todos os seus *spins* nucleares e eletrônicos estão emparelhados. Assim, há duas transições diferentes para o núcleo de $^{13}$C [*spin* ($^{13}$C) = $+\frac{1}{2}$], dependendo do *spin* do hidrogênio ligado. Como em um espectro de RMN acoplado de prótons, observa-se um dubleto para um carbono metina ($^{13}$C—$^{1}$H).

## B. Acoplamentos via duas ligações ($^{2}J$)

Acoplamentos via duas ligações são muito comuns em espectros de RMN. Em geral, são chamados de **acoplamentos geminais**, porque os dois núcleos que interagem estão ligados ao mesmo átomo central (em latim, *gemini* quer dizer "gêmeos"). A abreviatura de constantes de acoplamento via duas ligações é $^{2}J$. Acoplamentos geminais ocorrem em compostos carbônicos sempre que dois ou mais átomos de *spin* ativo estão ligados ao mesmo átomo de carbono. A Tabela 7.2 lista algumas constantes de acoplamento via duas ligações que envolvem o carbono como átomo central. Constantes de acoplamento via duas ligações são tipicamente, embora nem sempre, menores em magnitude do que as de acoplamentos via uma ligação (Tabela 7.2). Observe que o tipo mais comum de acoplamentos via duas ligações, HCH, é frequentemente (mas não sempre) negativo.

## Tabela 7.2 Algumas constantes de acoplamento via duas ligações ($^2J$)

| Estrutura | Valor | Estrutura | Valor |
|---|---|---|---|
| >C(H)(H) | −9 a −15 Hz | >C(H)($^{19}$F) | ~50 Hz [a] |
| =C(H)(H) | 0 a 2 Hz | >C(H)($^{13}$C) | ~5 Hz [a] |
| >C(H)(D) | ~2 Hz [a] | >C(H)($^{31}$P) | 7 – 14 Hz [a] |
| >C($^{19}$F)($^{19}$F) | ~160 Hz [a] | | |

[a] Valores absolutos

A imagem do mecanismo do acoplamento geminal ($^2J$) invoca o acoplamento dos *spins* nuclear e eletrônico como um meio de transmitir informação de *spin* de um núcleo para outro. É consistente com o modelo de Dirac, abordado no início da Seção 7.2 e na Seção 7.2A. A Figura 7.3 apresenta esse mecanismo. Nesse caso, outro átomo (sem *spin*) participa entre dois orbitais que interagem. Quando isso acontece, a teoria prevê que os elétrons interagentes e, consequentemente, os núcleos preferem ter *spins* paralelos, resultando em uma constante de acoplamento negativa. O alinhamento preferido é apresentado no lado esquerdo da Figura 7.3.

A grandeza do acoplamento geminal depende do ângulo α formado pelas ligações em HCH. A Figura 7.4 mostra essa dependência, em que a grandeza da interação *eletrônica* entre os dois orbitais C—H determina a magnitude da constante de acoplamento $^2J$. Em geral, constantes de acoplamento $^2J$ aumentam conforme o ângulo α diminui. Quando o ângulo α diminui, os dois orbitais mostrados na Figura 7.3 aproximam-se, e as correlações de *spin* eletrônico ficam maiores. Note, porém, que o gráfico da Figura 7.4 é bastante aproximado, apresentando apenas a tendência geral. Valores reais variam muito.

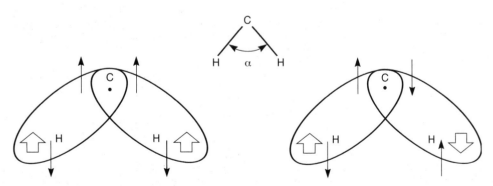

**FIGURA 7.3** Mecanismo do acoplamento geminal.

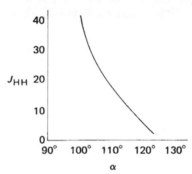

**FIGURA 7.4** A dependência da magnitude de $^2J_{HCH}$, a constante de acoplamento geminal, pelo ângulo da ligação HCH α.

A seguir estão alguns sistemas que apresentam acoplamento geminal, com seus ângulos de ligação HCH aproximados. Note que as constantes de acoplamento ficam menores, como previsto, conforme o ângulo HCH aumenta. Note também que mesmo pequenas alterações nos ângulos de ligação, resultantes de mudanças estereoquímicas, influenciam a constante de acoplamento geminal.

α ≅ 109°
$^2J_{HH}$ ≅ 12–18 Hz

α ≅ 118°
$^2J_{HH}$ ≅ 5 Hz

α ≅ 120°
$^2J_{HH}$ ≅ 0–3 Hz

α = 107°
$^2J_{HH}$ = 17,5 Hz

α = 108°
$^2J_{HH}$ = 15,5 Hz

Tabela 7.3 Variações de $^2J_{HH}$ com a hibridização e o tamanho de anel

| | | | | | | |
|---|---|---|---|---|---|---|
| +2 | −2 | −4 | −9 | −11 | −13 | −9 a −15 Hz |

A Tabela 7.3 apresenta uma faixa maior de variações, com valores aproximados de alguns compostos cíclicos e alcenos. Observe que, quando o tamanho do anel diminui, o valor absoluto da constante de acoplamento $^2J$ também diminui. Compare, por exemplo, o cicloexano, em que $^2J$ é −13, e o ciclopropano, em que $^2J$ é −4. Quando o ângulo CCC no anel fica menor (à medida que o caráter p aumenta), o ângulo HCH complementar fica maior (o caráter s aumenta), e, consequentemente, a constante de acoplamento geminal diminui. Note que a hibridização é importante e que o sinal da constante de acoplamento para alcenos fica positivo, exceto quando há um elemento eletronegativo ligado.

Plano de simetria – sem desdobramento

Rotação livre – sem desdobramento

Acoplamentos geminais entre prótons não equivalentes são imediatamente observados no espectro de RMN de $^1$H, e, quando as ressonâncias são de primeira ordem, a magnitude da constante de acoplamento $^2J$ é facilmente medida a partir dos espaçamentos entre as linhas (ver Seções 7.6 e 7.7). Em espectros de segunda ordem, o valor de $^2J$ não pode ser diretamente medido a partir do espectro, mas é possível determiná-lo por computador (simulação espectral). Em muitos casos, entretanto, não se observa nenhum acoplamento HCH geminal (nenhum desdobramento *spin-spin*), porque os prótons geminais são magneticamente equivalentes (ver Seção 7.3). Já foi visto, em nossas discussões sobre a Regra do $n + 1$, que em uma cadeia de hidrocarboneto os prótons ligados ao mesmo carbono podem ser tratados como um grupo e não causam desdobramento. Como, então, pode-se dizer que existe acoplamento nesses casos se não se observa desdobramento *spin-spin* no espectro? A resposta vem de experimentos de substituição por deutério. Se um dos hidrogênios em um composto que não apresenta desdobramento *spin-spin* é substituído por um deutério, há desdobramento geminal com o deutério ($I = 1$). Como deutério e hidrogênio são eletronicamente o mesmo átomo (diferem apenas por um nêutron), presume-se que, se houver interação para HCD, haverá também interação para HCH. As constantes de acoplamento de HCH e HCD se relacionam pelas razões giromagnéticas do hidrogênio e do deutério:

$$^2J_{HH} = \gamma H/\gamma D \, (^2J_{HD}) = 6,51(^2J_{HD}) \qquad \textbf{Equação 7.2}$$

*Nas seções a seguir, sempre que forem dados valores de constante de acoplamento para prótons aparentemente equivalentes (com exceção de casos de não equivalência magnética, ver Seção 7.3), os valores de acoplamento serão derivados de espectros de isômeros marcados com deutério.*

### C. Acoplamentos via três ligações ($^3J$)

Em um hidrocarboneto típico, o *spin* do núcleo de hidrogênio em uma ligação C—H é acoplado aos *spins* de hidrogênios nas ligações C—H adjacentes. Os acoplamentos H—C—C—H são normalmente chamados de **acoplamentos vicinais** porque os hidrogênios estão em átomos de carbono vizinhos (em latim, *vicinus* é "vizinho"). Acoplamentos vicinais são acoplamentos via três ligações, e sua constante de acoplamento é indicada por $^3J$. Nas Seções 5.13 a 5.17, viu-se que esses acoplamentos produzem padrões de desdobramento *spin-spin* que seguem a Regra do $n + 1$ em cadeias simples de hidrocarbonetos alifáticos.

Acoplamento vicinal via três ligações

Mais uma vez, interações de *spins* nucleares e eletrônicos carregam a informação de *spin* de um hidrogênio para seu vizinho. Como a ligação C—C σ é praticamente ortogonal (perpendicular) às ligações C—H σ, não há sobreposição entre os orbitais, e os elétrons não podem interagir fortemente no sistema de ligações σ. Segundo a teoria, os elétrons transferem a informação de *spin* nuclear pela pequena *sobre-*

*posição* orbital paralela que existe entre orbitais de ligação C—H adjacentes. A interação de *spin* entre os elétrons de duas ligações C—H adjacentes é o principal fator determinante do tamanho da constante de acoplamento.

A Figura 7.5 ilustra os dois possíveis arranjos de *spins* nucleares e eletrônicos de dois prótons acoplados que estão em átomos de carbono adjacentes. Vale recordar que núcleos de carbono ($^{12}$C) têm *spin* zero. Imagina-se que o desenho à esquerda da figura, no qual os *spins* dos núcleos de hidrogênio estão emparelhados e os *spins* dos elétrons que estão interagindo por sobreposição orbital também estão emparelhados, represente a energia mais baixa e tenha as interações favorecidas. Como os núcleos que interagem estão emparelhados em *spin* no esquema favorecido, espera-se que os acoplamentos H—C—C—H via três ligações sejam positivos. Na verdade, sabe-se que a maioria dos acoplamentos via três ligações, independentemente dos tipos de átomo, é positiva.

Pode-se ver melhor que nossa ideia atual de acoplamento vicinal via três ligações está consideravelmente correta no efeito que o ângulo diedro entre ligações C—H adjacentes causa na magnitude da interação de *spin*. Lembre-se de que dois prótons adjacentes não equivalentes geram um par de dubletos, em que cada próton desdobra o outro.

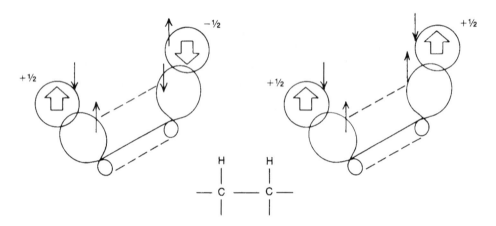

**FIGURA 7.5** Mecanismo de transferência de informação de *spin* entre duas ligações C—H adjacentes.

O parâmetro $^3J_{HH}$, a constante de acoplamento vicinal, mede a magnitude da separação e é igual ao espaçamento em hertz entre os picos dos multipletos. A verdadeira magnitude da constante de acoplamento entre duas ligações C—H adjacentes depende diretamente do ângulo diedro α entre essas duas ligações. A Figura 7.6 define o ângulo diedro α como um desenho em perspectiva e um diagrama de Newman.

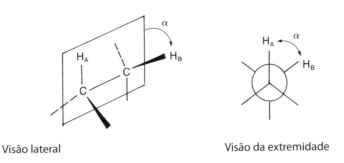

Visão lateral            Visão da extremidade

**FIGURA 7.6** Definição de um ângulo diedro α.

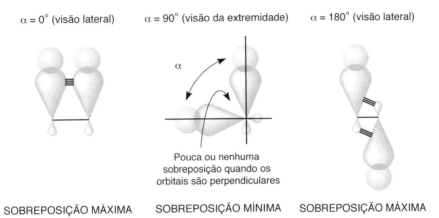

A magnitude da separação entre $H_A$ e $H_B$ é maior quando $\alpha = 0°$ ou $180°$, e é menor quando $\alpha = 90°$. A sobreposição lado a lado dos dois orbitais da ligação C—H atinge seu máximo em $0°$, quando os orbitais da ligação C—H são paralelos, e seu mínimo em $90°$, quando são perpendiculares. Em $\alpha = 180°$, ocorre sobreposição dos lóbulos posteriores dos orbitais $sp^3$.

Martin Karplus foi o primeiro a estudar a dependência da constante de acoplamento $^3J_{HH}$ pelo ângulo diedro α e desenvolveu uma equação (Equação 7.3) que se adequou bem aos dados experimentais apresentados no gráfico da Figura 7.7. A *relação de Karplus* tem a seguinte forma:

$$^3J_{HH} = A + B \cos \alpha + C \cos 2\alpha$$
$$A = 7 \quad B = -1 \quad C = 5$$

**Equação 7.3**

Muitos pesquisadores depois modificaram essa equação – particularmente sua série de constantes, $A$, $B$ e $C$ –, e diversas variações dela são encontradas na bibliografia científica. Das constantes apresentadas, consideram-se aquelas que oferecem as melhores previsões gerais. Observe, contudo, que dados experimentais reais exibem uma ampla gama de variações, como demonstrado na área sombreada da curva (às vezes chamada de **curva de Karplus**) da Figura 7.7.

A relação de Karplus é totalmente coerente com o modelo de Dirac. Quando duas ligações C—H σ adjacentes são ortogonais ($\alpha = 90°$, perpendiculares), deve ocorrer uma sobreposição orbital mínima, com pouca ou nenhuma interação de *spins* entre os elétrons nesses orbitais. Em consequência, a informação do *spin* nuclear não é transmitida, e $^3J_{HH} \cong 0$. De modo inverso, quando essas duas ligações são paralelas ($\alpha = 0°$) ou antiparalelas ($\sigma = 180°$), a constante de acoplamento deve ter sua maior magnitude ($^3J_{HH} = $ máx.).

A variação de $^3J_{HH}$ indicada pela área sombreada da Figura 7.7 é resultado de fatores diferentes do ângulo diedro α. Esses fatores (Figura 7.8) incluem o comprimento da ligação $R_{CC}$, os ângulos de valência $\theta_1$ e $\theta_2$, e a eletronegatividade de qualquer substituinte X ligado aos átomos de carbono.

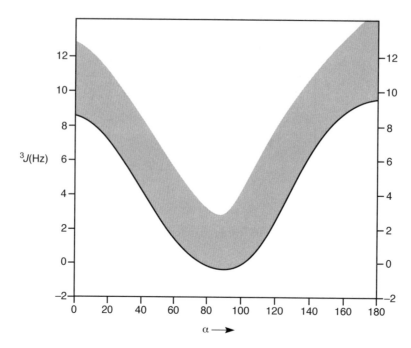

**FIGURA 7.7** Relação de Karplus – a variação aproximada da constante de acoplamento $^3J$ com o ângulo diedro $\alpha$.

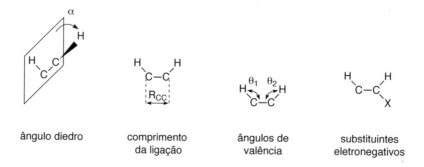

**FIGURA 7.8** Fatores que influenciam a magnitude de $^3J_{HH}$.

Em qualquer hidrocarboneto, a magnitude de interação entre quaisquer duas ligações C—H adjacentes é sempre próxima dos valores mostrados na Figura 7.7. Derivados do cicloexano com conformação preferencial são os melhores exemplos desse princípio. Na molécula apresentada a seguir, o anel adota preferencialmente a conformação com o volumoso grupo *tert*-butil em uma posição equatorial. A constante de acoplamento entre dois hidrogênios axiais $J_{aa}$ é, em geral, de 10 a 14 Hz ($\alpha = 180°$), enquanto a magnitude de interação entre um hidrogênio axial e um hidrogênio equatorial $J_{ae}$ é, normalmente, de 2 a 6 Hz ($\alpha = 60°$). Uma interação diequatorial também tem $J_{ee}$ = 2 a 5 Hz ($\alpha = 60°$), mas a constante de acoplamento vicinal equatorial-equatorial ($J_{ee}$) é normalmente por volta de 1 Hz menor do que a constante de acoplamento vicinal axial-equatorial ($J_{ae}$) no mesmo sistema de anel. Para derivados do cicloexano que têm mais de uma conformação em solução na temperatura ambiente, as constantes de acoplamento observadas serão a média ponderada das constantes de acoplamento para cada conformação individual (Figura 7.9). Derivados do ciclopropano e epóxidos são exemplos de sistemas de conformação rígida. Note que $J_{cis}$ ($\alpha = 0°$) é maior que $J_{trans}$ ($\alpha = 120°$) em anéis de três membros (Figura 7.10).

A Tabela 7.4 lista algumas importantes constantes de acoplamento via três ligações. Observe que nos alcenos a constante de acoplamento *trans* é sempre maior do que a constante de acoplamento *cis*. Acoplamentos *spin-spin* em alcenos serão abordados com mais detalhes nas Seções 7.8 e 7.9. Na Tabela 7.5, vê-se uma variação interessante do tamanho do anel em alcenos cíclicos. Ângulos de valência HCH maiores nos anéis menores resultam em constantes de acoplamento menores ($^3J_{HH}$).

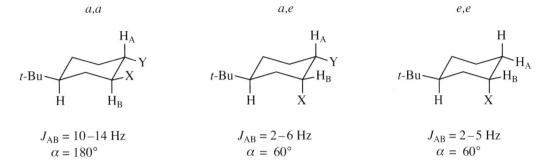

**FIGURA 7.9** Acoplamentos vicinais em derivados do cicloexano.

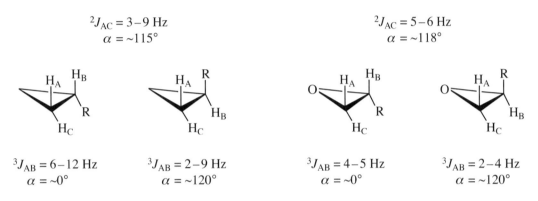

Para anéis de três membros, $J_{cis} > J_{trans}$

**FIGURA 7.10** Acoplamentos vicinais em derivados de anéis de três membros.

| Tabela 7.4 Algumas constantes de acoplamento via três ligações ($^3J_{XY}$) ||||||
|---|---|---|---|---|---|
| H — C — C — H | 6–8 Hz | H — C = C — H | cis | 6–15 Hz |
|  |  |  | trans | 11–18 Hz |
| $^{13}$C — C — C — H | 5 Hz | H — C = C — $^{19}$F | cis | 18 Hz |
|  |  |  | trans | 40 Hz |
| $^{19}$F — C — C — H | 5–20 Hz | $^{19}$F — C = C — $^{19}$F | cis | 30–40 Hz |
|  |  |  | trans | –120 Hz |
| $^{19}$F — C — C — $^{19}$F | –3 a –20 Hz |  |  |  |
| $^{31}$P — C — C — H | 13 Hz |  |  |  |
| $^{31}$P — O — C — H | 5–15 Hz |  |  |  |

Tabela 7.5 Variação de $^3J_{HH}$ com ângulos de valência em alcenos cíclicos (Hz)

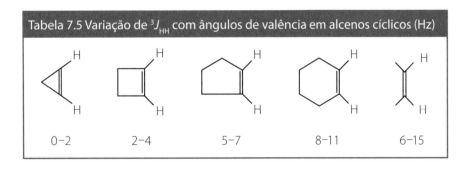

## D. Acoplamentos de longo alcance ($^4J$–$^nJ$)

Como já visto, normalmente se observa acoplamento próton-próton entre prótons em átomos *adjacentes* (acoplamento vicinal) e, às vezes, entre prótons no *mesmo* átomo (acoplamento geminal), desde que os prótons em questão sejam não equivalentes. Apenas sob circunstâncias especiais ocorrem acoplamentos entre prótons separados por quatro ou mais ligações covalentes, os quais são coletivamente chamados de **acoplamentos de longo alcance**. Acoplamentos de longo alcance são comuns em sistemas alílicos, anéis aromáticos e sistemas bicíclicos rígidos. Abordaremos os acoplamentos de longo alcance em sistemas aromáticos na Seção 7.10.

Acoplamentos de longo alcance são comunicados por meio de sobreposições específicas de uma série de orbitais e, em consequência, têm uma exigência estereoquímica. Em alcenos, observam-se pequenos acoplamentos entre os hidrogênios alquenila e os prótons no(s) carbono(s) α no extremo oposto da ligação dupla:

$|^4J_{ad}| = 0\text{–}3\ Hz$
$|^4J_{bd}| = 0\text{–}3\ Hz$

Esse acoplamento de quatro ligações ($^4J$) é chamado de **acoplamento alílico**. Os elétrons π da ligação dupla ajudam a transmitir a informação de *spin* de um núcleo para outro, como demonstrado na Figura 7.11. Quando a ligação C—H alílica está alinhada com o plano da ligação C—C π, há uma sobreposição máxima entre o orbital C—H σ alílico e o orbital de π, e a interação de acoplamento alílico assume o valor máximo ($^4J$ = 3–4 Hz). Quando a ligação C—H alílica é perpendicular à ligação C—C π, há uma sobreposição *mínima* entre o orbital de C—H σ e o orbital de π, e o acoplamento alílico é muito pequeno ($^4J$ = ~0 Hz). Em conformações intermediárias, há uma sobreposição parcial da ligação C—H alílica com o orbital de π, e observam-se valores intermediários de $^4J$.

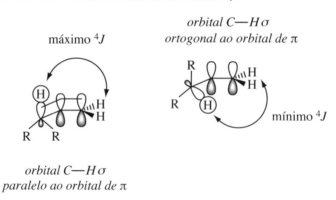

**FIGURA 7.11** Arranjos geométricos que maximizam e minimizam os acoplamentos alílicos.

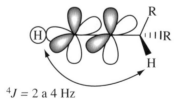

$^4J$ = 2 a 4 Hz

**FIGURA 7.12** Acoplamento propargílico.

Em alcenos, a magnitude de acoplamentos alílicos ($^4J$) depende da sobreposição da ligação σ carbono-hidrogênio com a ligação π. Um tipo semelhante de interação ocorre em alcinos, mas com uma importância diferente. No caso de **acoplamento propargílico** (Figura 7.12), um orbital C—H σ no carbono α em relação à ligação tripla *sempre* tem sobreposição parcial com o sistema π do alcino, porque a ligação tripla consiste em duas ligações π perpendiculares, criando efetivamente um cilindro de densidade eletrônica ao redor do eixo internuclear C—C.

Em alguns alcenos, pode ocorrer acoplamento entre ligações C—H σ em qualquer lado da ligação dupla. Esse **acoplamento homoalílico** estende-se por cinco ligações ($^5J$), mas é naturalmente mais fraco do que o acoplamento alílico ($^4J$), pois ocorre em uma distância maior. Geralmente não se observa acoplamento homoalílico, exceto quando *ambas* as ligações C—H σ, em qualquer lado da ligação dupla, são *simultaneamente* paralelas ao orbital π da ligação dupla (Figura 7.13). Isso é comum quando dois grupos metila alílicos estão interagindo por causa da simetria triplicada inerente do grupo $CH_3$ – uma das ligações C—H σ será, o tempo todo, parcialmente sobreposta pela ligação π de alceno. Para substituintes alcênicos maiores ou ramificados, contudo, as conformações que permitem essa sobreposição sofrem uma significativa tensão estérica (tensão $A^{1,3}$), e é muito improvável que contribuam muito para a estrutura em solução desses compostos, a não ser que outras restrições, mais importantes, estejam presentes, como anéis ou congestionamentos estéricos em outros pontos da molécula. Por exemplo, tanto o 1,4-cicloexadieno como o 6-metil-3,4-di-hidro-2H-pirano têm acoplamentos homoalílicos razoáveis ($^5J$, Figura 7.13). Alenos também são eficientes em causar desdobramento *spin-spin* a longas distâncias em um tipo de acoplamento homoalílico. Um exemplo é o 1,1-dimetilaleno, em que $^5J = 3$ Hz (Figura 7.13).

Ao contrário da situação de acoplamento homoalílico que ocorre na maioria dos alcenos acíclicos, quase sempre se observa **acoplamento homopropargílico** nos espectros de RMN de $^1$H de alcinos internos. Como já visto, essencialmente todas as conformações da ligação C—H σ no carbono α à ligação tripla possibilitam uma sobreposição parcial com o sistema π do alcino, resultando em constantes de acoplamento significativamente maiores do que as observadas em acoplamentos homoalílicos (Figura 7.14). Em eninos conjugados, frequentemente se observa $^6J$, uma consequência da combinação de acoplamento homoalílico/propargílico.

Acoplamentos de longo alcance em compostos sem sistemas π são menos comuns, mas ocorrem em casos especiais. Um caso de acoplamento de longo alcance em sistemas saturados ocorre por um esquema rígido de ligações na forma de um W ($^4J$), com os hidrogênios ocupando as posições finais. Dois tipos possíveis de sobreposição orbital foram sugeridos para explicar esse tipo de acoplamento (Figura 7.15). A magnitude de $^4J$ para o **acoplamento W** é normalmente pequena, exceto em sistemas de anel altamente tensos, em que as estruturas rígidas reforçam a geometria favorável das sobreposições envolvidas (Figura 7.16).

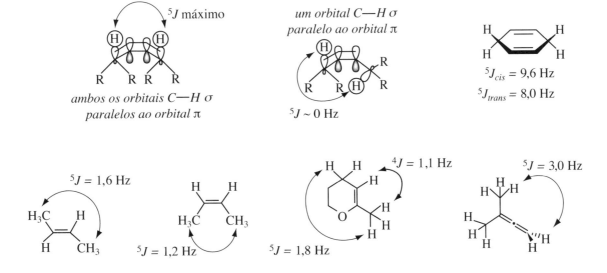

**FIGURA 7.13** Acoplamento homoalílico em alcenos e alenos.

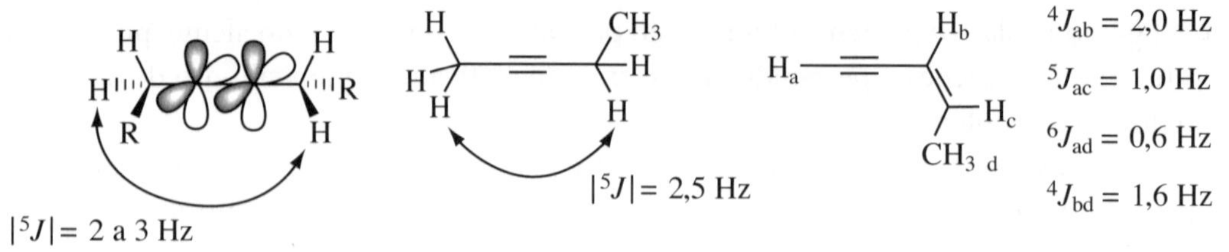

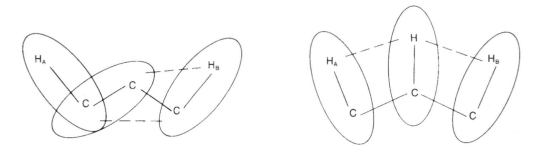

**FIGURA 7.14** Acoplamento homopropargílico em alcinos.

**FIGURA 7.15** Possíveis mecanismos de sobreposição orbital para explicar acoplamento W $^4J$.

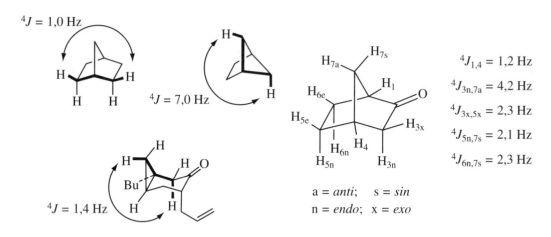

**FIGURA 7.16** Exemplos de acoplamento W $^4J$ em compostos bicíclicos rígidos.

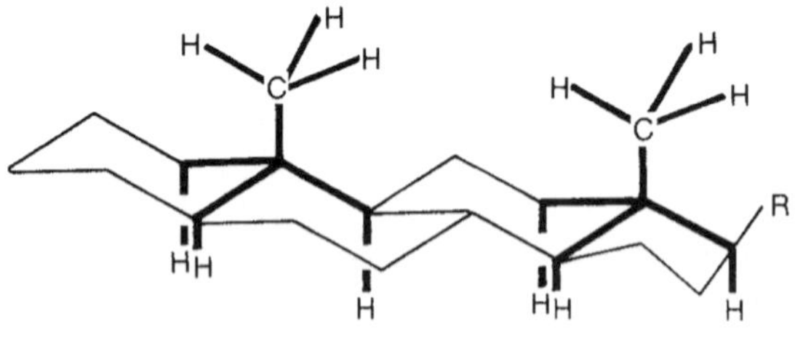

**FIGURA 7.17** Esqueleto de anel esteroide que apresenta diversos acoplamentos W ($^4J$) possíveis.

Em outros sistemas, a magnitude de $^4J$ é frequentemente menos de 1 Hz, não sendo resolvida nem em espectrômetros de campo alto. Picos com espaçamentos menores do que as capacidades de resolução do espectrômetro são normalmente alargados, isto é, duas linhas muito próximas aparecem como um único pico "gordo" ou largo. Muitos acoplamentos W são desse tipo, e pequenos acoplamentos alílicos ($^4J$ < 1 Hz) também podem causar alargamento de picos em vez de uma separação nítida. Grupos metila angulares em esteroides e aqueles nas junções do anel em sistemas *trans*-decalina com frequência exibem alargamento de picos por causa do acoplamento W com diversos hidrogênios no anel (Figura 7.17). Como esses sistemas são relativamente não tensionados, $^4J_w$ é, em geral, bem pequeno.

## 7.3 EQUIVALÊNCIA MAGNÉTICA

Na Seção 5.8, abordou-se a equivalência química. Se um plano de simetria ou um eixo de simetria comporta dois ou mais núcleos equivalentes por simetria, diz-se que eles são **quimicamente equivalentes**.

Na acetona, um plano de simetria (e um eixo $C_2$) torna os dois grupos metila quimicamente equivalentes. Os dois átomos de carbono metila produzem um único pico no espectro de RMN de $^{13}C$. Além disso, a rotação livre do grupo metila ao redor da ligação C—C garante que todos os seis átomos de hidrogênio sejam equivalentes e entrem em ressonância na mesma frequência, produzindo um singleto no espectro de RMN de $^1H$. No 1,2-dicloroetano, há também um plano de simetria, deixando equivalentes os dois grupos metileno ($CH_2$). Mesmo que os hidrogênios nesses dois átomos de carbono estejam próximos o suficiente para um acoplamento vicinal $^3J$ (três ligações), todos os quatro hidrogênios aparecem como um único pico no espectro de RMN de $^1H$, e não se vê nenhum desdobramento *spin-spin*. No ácido fumárico, há um eixo de simetria de ordem 2 que torna quimicamente equivalentes os carbonos e os hidrogênios. Por causa da simetria, os hidrogênios vinila *trans* adjacentes no ácido fumárico não apresentam desdobramento *spin-spin* e aparecem como um singleto (ambos os hidrogênios com a mesma frequência de ressonância). Os dois hidrogênios do anel e os grupos metila na *trans*-2,3-dimetilciclopropanona (eixo de simetria) também são quimicamente equivalentes, assim como os dois hidrogênios do anel e os grupos metila no *cis*-2,3-dimetilciclopropanona (plano de simetria).

Na maioria dos casos, núcleos quimicamente equivalentes têm a mesma frequência de ressonância (deslocamento químico), não causam desdobramento um no outro e geram um único sinal de RMN. Quando isso acontece, diz-se que os núcleos são, além de quimicamente equivalentes, **magneticamente equivalentes**. Contudo, é possível que núcleos sejam quimicamente equivalentes, mas magneticamente não equivalentes. Como demonstraremos, a equivalência magnética tem exigências mais severas do que a equivalência química. Para um grupo de núcleos ser magneticamente equivalente, seus ambientes magnéticos, incluindo *todas as interações de acoplamento*, devem ser de tipos idênticos. A equivalência magnética tem duas exigências estritas:

1. Núcleos magneticamente equivalentes devem ser **isócronos**, isto é, devem ter deslocamentos químicos idênticos.
2. Núcleos magneticamente equivalentes devem ter acoplamentos iguais (mesmos valores de *J*) com todos os outros núcleos na molécula.

Um corolário da equivalência magnética é que núcleos magneticamente equivalentes, mesmo que próximos o suficiente para serem acoplados, não causam desdobramento e geram apenas um sinal (para ambos os núcleos) no espectro de RMN. Esse corolário não significa que não possa ocorrer acoplamento entre núcleos magneticamente equivalentes, significa apenas que não é possível surgir do acoplamento nenhum desdobramento *spin-spin* observável.

Alguns exemplos simples ajudarão a compreender essas exigências. No clorometano, todos os hidrogênios do grupo metila são química e magneticamente equivalentes, por causa do eixo de simetria de ordem 3 (coincidente com o eixo da ligação C—Cl) e dos três planos de simetria (cada um com um hidrogênio e a ligação C—Cl) nessa molécula. Além disso, o grupo metila gira livremente sobre o eixo C—Cl. Essa rotação é suficiente para garantir que todos os três hidrogênios estejam no mesmo ambiente magnético *médio*. Os três hidrogênios do clorometano geram uma única ressonância no RMN (eles são isócronos). Como não há hidrogênios adjacentes nesse composto de um carbono, todos os três hidrogênios são igualmente acoplados a todos os núcleos adjacentes e igualmente acoplados um ao outro.

Quando uma molécula tem um plano de simetria que a divide em duas metades equivalentes, o espectro observado é o da "metade" da molécula. O espectro de RMN de $^1$H da 3-pentanona apresenta apenas um quarteto ($CH_2$ com três vizinhos) e um tripleto ($CH_3$ com dois vizinhos). Um plano de simetria torna equivalentes os dois grupos metila, isto é, os dois grupos metila e os dois grupos metileno são quimicamente equivalentes. O acoplamento de qualquer dos hidrogênios do grupo metila com qualquer dos hidrogênios do grupo metileno ($^3J$) é também equivalente (por causa da rotação livre), e o acoplamento é o mesmo nas duas "metades" da molécula. Cada tipo de hidrogênio é quimicamente equivalente.

$$\text{3-pentanona} \quad CH_3CH_2-\overset{\overset{O}{\|}}{C}-CH_2CH_3$$

Agora, consideremos um anel benzênico *para*-dissubstituído, em que os substituintes *para* X e Y não são os mesmos. Essa molécula tem um plano de simetria que deixa quimicamente equivalentes os hidrogênios em lados opostos. Espera-se que o espectro de $^1$H seja o da "metade" da molécula – dois dubletos, mas não é, já que os hidrogênios correspondentes nessa molécula não são *magneticamente equivalentes*. Vamos chamar os hidrogênios quimicamente equivalentes de $H_a$ e $H_a'$ (e $H_b$ e $H_b'$). É provável que tanto $H_a$ e $H_a'$ quanto $H_b$ e $H_b'$ tenham o mesmo deslocamento químico (sejam isócronos), mas *suas constantes de acoplamento com o outro núcleo não são iguais*. Por exemplo, $H_a$ não tem a mesma constante de acoplamento com $H_b$ (três ligações, $^3J$) que $H_a'$ tem com $H_b$ (cinco ligações, $^5J$). Como $H_a$ e $H_a'$ não têm a mesma constante de acoplamento com $H_b$, não podem ser magneticamente equivalentes, mesmo quando são quimicamente equivalentes. Essa análise também vale para $H_a'$, $H_b$ e $H_b'$: nenhum tem acoplamentos equivalentes com os outros hidrogênios da molécula.

Por que é importante essa sutil diferença entre os dois tipos de equivalência? Muitas vezes, prótons quimicamente equivalentes são também magneticamente equivalentes, contudo, quando prótons quimicamente equivalentes *não* são magneticamente equivalentes, há, em geral, consequências na aparência do espectro de RMN. Núcleos magneticamente equivalentes gerarão "espectros de primeira ordem", que podem ser analisados pela Regra do *n* + 1 ou por um simples "diagrama de árvores" (Seção 7.5). Núcleos que não são magneticamente equivalentes às vezes geram espectros de segunda ordem, em que podem aparecer picos inesperados nos multipletos (Seção 7.7).

benzeno *para*-dissubstituído    1,1-difluoreteno

Um caso mais simples do que o benzeno, que tem equivalência química (em virtude da simetria), mas não equivalência magnética, é o 1,1-difluoroeteno. Ambos os hidrogênios acoplam-se aos átomos de flúor ($^{19}$F, $I = \frac{1}{2}$), entretanto os dois hidrogênios não são magneticamente equivalentes porque H$_a$ e H$_b$ não se acoplam com F$_a$ com as mesmas constantes de acoplamento ($^3J_{HF}$). Um desses acoplamentos é *cis* ($^3J_{cis}$), e o outro é *trans* ($^3J_{trans}$). A Tabela 7.4 mostrou que constantes de acoplamento *cis* e *trans* em alcenos eram diferentes em magnitude, tendo a $^3J_{trans}$ o maior valor. Como esses hidrogênios têm *diferentes constantes de acoplamento com o mesmo átomo*, eles não são magneticamente equivalentes. Um argumento semelhante aplica-se aos dois átomos de flúor, que também não são magneticamente equivalentes.

Agora vejamos o 1-cloropropano. Os hidrogênios dentro de um grupo (em C1, C2 e C3) são isócronos, mas cada grupo está em um carbono diferente, e, em consequência, cada *grupo* de hidrogênios tem um diferente deslocamento químico. Os hidrogênios de cada grupo experimentam uma *média* idêntica de ambientes magnéticos, principalmente por causa da rotação livre, e são magneticamente equivalentes. Além disso, também por causa da rotação, os hidrogênios de cada grupo são igualmente acoplados aos hidrogênios nos outros grupos. Se considerarmos os dois hidrogênios em C2, H$_b$ e H$_b$', e pegarmos qualquer outro hidrogênio, seja em C1 seja em C3, H$_b$ e H$_b$', terão a mesma constante de acoplamento com esse hidrogênio. Sem rotação livre (ver a ilustração anterior), não haveria equivalência magnética. Por causa dos ângulos diedros desiguais e fixos (H$_a$—C—C—C$_b$ *versus* H$_a$—C—C—H$_b$'), $J_{ab}$ e $J_{ab}$' não seriam os mesmos. A rotação livre pode ter sua velocidade reduzida ou ser interrompida diminuindo-se a temperatura, caso em que H$_b$ e H$_b$' se tornariam magneticamente não equivalentes. Muitas vezes, vê-se esse tipo de não equivalência magnética em grupos etanos 1,2-dissubstituídos, em que os substituintes têm volume estérico suficiente para retardar a rotação livre ao redor do eixo C—C, de forma que ela se torna lenta na escala de tempo da RMN.

1-cloropropano    CH$_3$—CH$_2$—CH$_2$—Cl
                      c     b     a

Se a configuração for travada (sem rotação)

Como se vê, frequentemente é preciso determinar se dois grupos ligados ao mesmo carbono (grupos geminais) são equivalentes ou não. Grupos metileno (prótons geminais) e grupos isopropílicos (grupos metila geminais) são quase sempre temas importantes. Acontece que há três relações possíveis para esses grupos geminais: homotópica, enantiotópica e diasterotópica.

Grupo metileno:    Grupo dimetil geminal:

Grupos **homotópicos** são sempre equivalentes. Na ausência de acoplamentos com outro grupo de núcleos, são isócronos e geram uma única absorção de RMN. Grupos homotópicos são interconversíveis por simetria rotacional. A maneira mais simples de reconhecer grupos homotópicos é por um teste de substituição, em que primeiro um membro do grupo é substituído por um grupo diferente, e, então, o outro é substituído da mesma maneira. Os resultados da substituição são analisados para encontrar a relação entre as novas estruturas resultantes. Se as novas estruturas são *idênticas*, os dois grupos originais são homotópicos. A Figura 7.18a mostra o procedimento de substituição para uma molécula com dois hidrogênios metileno homotópicos. Nessa molécula, as estruturas resultantes da substituição, primeiro, de $H_A$ e, depois, de $H_B$ são idênticas. Note que, para essa molécula homotópica, os substituintes X são os mesmos. O composto inicial é totalmente simétrico, pois tem tanto um plano quanto um eixo de simetria de ordem 2.

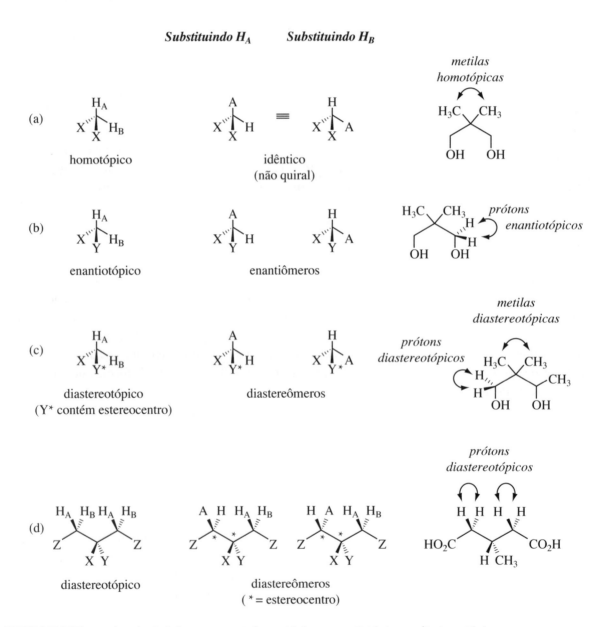

**FIGURA 7.18** Testes de substituição para grupos homotópicos, enantiotópicos e diastereotópicos.

Grupos **enantiotópicos** parecem equivalentes, em geral são isócronos e geram uma única absorção de RMN – exceto quando colocados em um ambiente quiral ou quando reagem com um reagente quiral.

Também podem ser identificados pelo teste de substituição. A Figura 7.18b apresenta o procedimento de substituição em uma molécula com dois hidrogênios metileno enantiotópicos. Nessa molécula, as estruturas resultantes da substituição de, primeiro, $H_A$, e, depois, $H_B$ são *enantiômeras*. Apesar de esses dois hidrogênios parecerem equivalentes e serem isócronos em um espectro de RMN típico, não são equivalentes na substituição, pois cada hidrogênio gera um enantiômero diferente. Observe que a estrutura dessa molécula enantiotópica não é quiral. Na verdade, os substituintes X e Y são grupos diferentes. Há um *plano* de simetria, mas nenhum eixo rotacional de simetria. Grupos enantiotópicos são, às vezes, chamados de grupos *proquirais*. Quando um ou outro desses grupos é substituído por um diferente, surge uma molécula *quiral*. A reação de moléculas proquirais com um reagente quiral, como uma enzima em um sistema biológico, produz um resultado quiral. Se essas moléculas são colocadas em um ambiente quiral, os dois grupos não são mais equivalentes. Na Seção 8.9, examinaremos um ambiente quiral induzido por reagentes de deslocamento quiral.

Grupos **diastereotópicos** não são equivalentes nem isócronos, têm deslocamentos químicos diferentes no espectro de RMN. Quando os grupos diastereotópicos são hidrogênios, frequentemente se desdobram um do outro com uma constante de acoplamento geminal $^2J$. A Figura 7.18c mostra o procedimento de substituição para uma molécula com dois hidrogênios diastereotópicos. Nessa molécula, a substituição de, primeiro, $H_A$ e, então, $H_B$ gera um par de *diastereômeros*, produzidos quando o substituinte Y* já contém um estereocentro adjacente. Grupos diastereotópicos também são encontrados em compostos proquirais em que o teste de substituição cria simultaneamente dois centros estereogênicos (Figura 7.18d). A Seção 7.4 aborda com detalhes ambos os tipos de situações diastereotópicas.

## 7.4 ESPECTROS DE SISTEMAS DIASTEREOTÓPICOS

Nesta seção, examinamos algumas moléculas que têm grupos diastereotópicos (Seção 7.3). Como esses grupos não são equivalentes, observam-se dois sinais de RMN diferentes. A situação mais comum em grupos diastereotópicos é quando dois grupos semelhantes, G e G', são substituintes em um carbono *adjacente a um estereocentro*. Se, primeiro, o grupo G, e, depois, o grupo G' forem substituídos por outro grupo, será formado um par de diastereômeros (ver Figura 7.18c).[2]

### A. Hidrogênios diastereotópicos: etil 3-hidroxibutanoato

Um bom exemplo de um composto simples com prótons de metileno diastereotópicos é o acetato de 3-hidroxibutanoato (Figura 7.19). O estereocentro em C-3 do composto faz prótons $H_c$ e $H_d$ magneticamente equivalentes. Quando $H_c$ e $H_d$ em um grupo de metileno estão em ambientes diferentes, eles vão mostrar um acoplamento $^2J$ (duas ligações, ou geminados) (Seção 7.2B). Para um átomo de carbono

---

[2] Observe que os grupos mais para baixo na cadeia também são diastereotópicos, mas o efeito torna-se menor conforme a distância para o estereocentro aumenta e, por fim, fica impossível observá-lo. Deve-se ter em mente também que não é primordial que o estereocentro seja um átomo de carbono.

hibridizado $sp^3$ (~109° para um ângulo H—C—H), valores de $^2J$ são maiores (9–18 Hz, tipicamente 15 Hz) do que as constantes de acoplamento $^3J$ habituais (6–8 Hz). Valores de $^2J$ em grupos metileno podem variar consideravelmente com o grau de hibridização de átomos de carbono (Tabela 7.3).

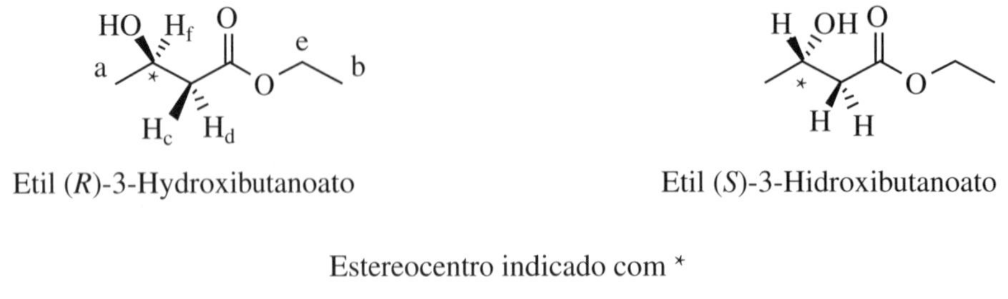

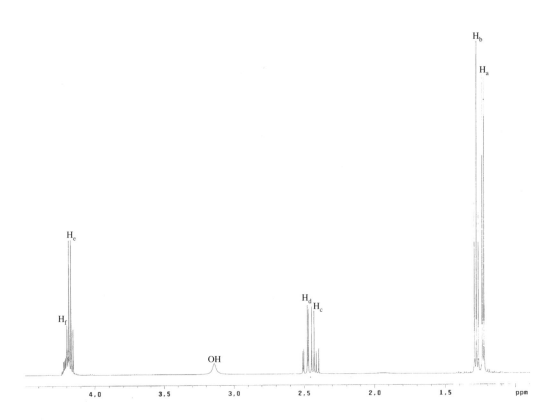

Etil (R)-3-Hydroxibutanoato          Etil (S)-3-Hidroxibutanoato

Estereocentro indicado com *

**FIGURA 7.19** As estruturas dos enantiômeros de uma mistura racêmica de 3-hidroxibutanoato

**FIGURA 7.20** Espectro $^1$H RMN do etil 3-hidroxibutanoato racêmico (500 MHz, CDCl$_3$).

O espectro de RMN a 500MHz do próton do 3-hidroxibutanoato racêmico é mostrado na Figura 7.20. O espectro de RMN de alto campo torna possível fazer uma análise detalhada do composto.[3] As expansões das regiões na Figura 7.20 são mostradas na Figura 7.21. Os valores em hertz no topo dos picos podem ser utilizados para calcular as constantes de acoplamento (ver Seção 7.6). Os prótons metílicos (H$_a$) surgem como um dubleto em 1,23 ppm. A constante de acoplamento $^3J$ é calculada como 6,3 Hz

---

[3] Muitas vezes, o espectro de RMN de campo inferior é mais difícil de analisar, porque uma menor dispersão do deslocamento químico leva a picos menos espaçados e ressonâncias de segunda ordem (Seção 7.7).

(618,92 – 612,62 Hz), e os prótons metila (H$_b$) aparecem como um tripleto a 1,28 ppm com uma constante de acoplamento $^3J$ de cerca de 7,1 Hz (646,63 – 639,45).[4] O grupo hidroxila aparece a cerca de 3,15 ppm. O quarteto a 4,18 ppm resulta da divisão de prótons de metileno (H$_e$) por prótons metílicos (H$_b$), com $^3J$ = 7,1 Hz (2090,44-2083,38 Hz). O próton metina (H$_f$) está escondido sob o quarteto de prótons de metileno H$_e$ a cerca de 4,2 ppm. O padrão entre 2,39 e 2,52 ppm é analisado individualmente na Figura 7.22.

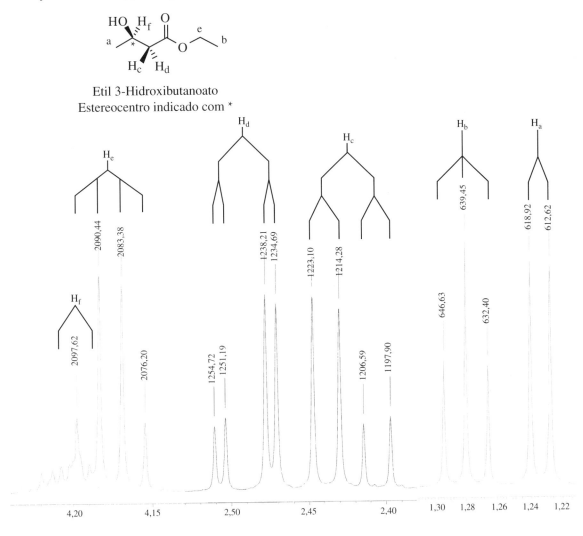

**FIGURA 7.21** Expansões do espectro $^1$H RMN do 3-hidroxibutanoato de etila (500 MHz, CDCl$_3$).

Os prótons de metileno (H$_c$ e H$_d$) mostrados na Figura 7.22 são diastereotópicos (não equivalentes) e aparecem em 2,42 e 2,49 ppm. Note que os prótons H$_c$ e H$_d$ têm diferentes deslocamentos químicos porque estão em ambientes diferentes: H$_c$ está mais próximo do grupo OH (ângulo diedro de ~60°) e H$_d$ está mais longe do grupo OH (diedro 180°) na conformação de energia mais baixa do composto. A ressonância para H$_c$ em 2,42 ppm é dividida primeiramente em um dubleto por H$_d$ ($^2J_{cd}$), e cada perna do dubleto é novamente dividida em dubletos pelo próton vizinho H$_f$ ($^3J_{cf}$). O padrão observado é nomeado como um dubleto de dubletos. Da mesma forma, a ressonância para H$_d$ a 2,49 ppm é também um dubleto de dubletos. Os cálculos das constantes de acoplamento para os prótons diastereotópicos H$_c$ e H$_d$ da Figura 7.22 são apresentados na Tabela 7.6. O valor de $^2J_{cd}$ = 16,5 Hz. Os valores $^3J$ variam graças às diferenças nos ângulos diedros entre os prótons: $^3J_{cf}$ = 8,7 Hz e $^3J_{df}$ = 3,5 Hz.

---

[4] O método pelo qual as constantes de acoplamento são medidas está exposto em detalhe na Seção 7.6.

**358** Introdução à espectroscopia

A razão para as diferenças entre $^3J_{cf}$ e $^3J_{df}$ é que o ângulo diedro de $H_c$ a $H_f$ (na menor conformação de energia) é de 180 graus, enquanto o ângulo diedro de $H_d$ a $H_f$ na mesma conformação é de 60 graus. Os ângulos diedros determinam, em grande parte, o valor das constantes de acoplamento $^3J$ (ver Figuras 7.6 e 7.7). Em sistemas em que a rotação em torno de ligações simples é rápida em relação à medição RMN, o $^3J$ observado é a média ponderada dos acoplamentos para cada confôrmero que corresponde a um mínimo local de energia. Nos sistemas em que a diferença de energia potencial entre confôrmeros é grande, geralmente é suficiente considerar apenas a conformação de mínima energia global ao atribuir valores de $J$.

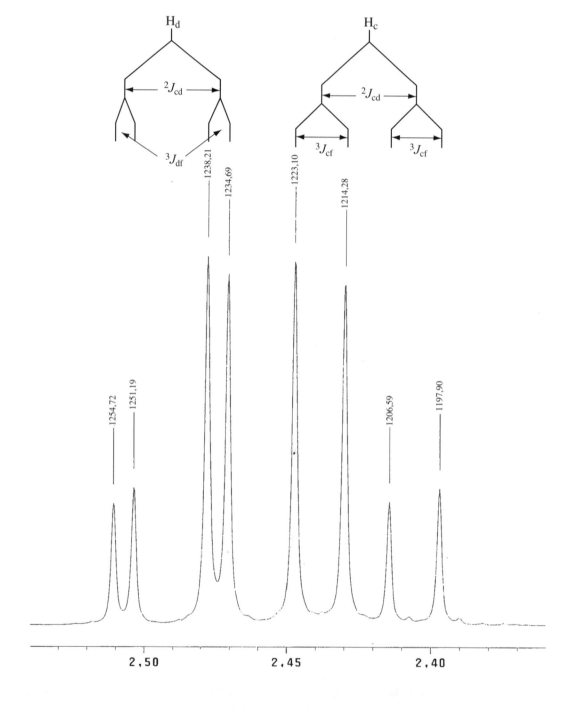

**FIGURA 7.22** Expansão dos prótons de metileno diastereotópicos no espectro $^1H$ RMN de 3-hidroxibutanoato de etilo (500 MHz, CDCl$_3$).

> **Tabela 7.6 Cálculo de constantes de acoplamento $^2J$ e $^3J$ da Figura 7.22**
>
> $H_c = 2{,}42$ ppm
> $^2J_{cd} = 1223{,}10 - 1206{,}59$ Hz $= 16{,}51$ Hz e $1214{,}28 - 1197{,}90 = 16{,}38$ Hz
> $^2J_{cd} \approx \mathbf{16{,}5}$ **Hz**
> $^3J_{cf} = 1223{,}10 - 1214{,}28 = 8{,}82$ Hz e $1206{,}59 - 1197{,}90 = 8{,}69$ Hz
> $^3J_{cf} \approx \mathbf{8{,}7}$ **Hz**
>
> $H_d = 2{,}48$ ppm
> $^2J_{cd} = 1254{,}72 - 1238{,}21 = 16{,}51$ Hz e $1251{,}19 - 1234{,}69 = 16{,}50$ Hz
> $^2J_{cd} \approx \mathbf{16{,}5}$ **Hz**
> $^3J_{df} = 1254{,}72 - 1251{,}19 = 3{,}53$ Hz e $1238{,}21 - 1234{,}69 = 3{,}52$ Hz
> $^3J_{df} \approx \mathbf{3{,}5}$ **Hz**

### B. Hidrogênios diastereotópicos: o aduto Diels-Alder de antraceno-9-metanol e N-metilmaleimida

Outro exemplo de um composto com prótons metilênicos diastereotópicos é o produto resultante da reação de Diels-Alder do antraceno-9-metanol com N-metilmaleimida, conforme mostrado na Figura 7.23. Observa-se que a molécula não é simétrica, o que leva o grupo metileno a ter prótons diastereotópicos. Note-se que os átomos de hidrogênio no grupo metileno, $H_f$ e $H_g$, estão em ambientes diferentes. O próton $H_f$ está no mesmo lado que o anel que contém nitrogênio, enquanto $H_g$ está no lado oposto do anel que contém nitrogênio. Se o anel com nitrogênio não estivesse presente, a molécula seria simétrica, e os prótons de metileno seriam equivalentes e, portanto, não diastereotópicos.

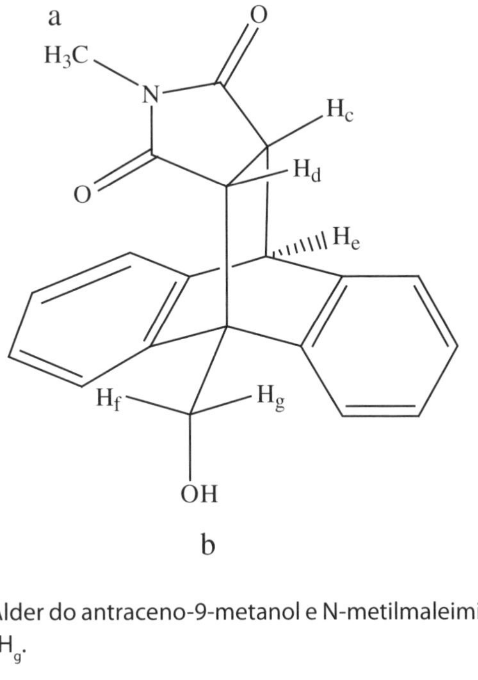

**FIGURA 7.23** O produto de Diels-Alder do antraceno-9-metanol e N-metilmaleimida. Este composto possui prótons de metileno diastereotópicos, $H_f$ e $H_g$.

O espectro de RMN a 500 MHz deste produto é apresentado na Figura 7.24, com inserções que mostram expansões das regiões de 3,25–3,40 ppm e 4,7–5,2 ppm. Os valores de frequência que aparecem acima dos picos nas expansões podem ser utilizados para calcular as constantes de acoplamento. Os prótons diastereotópicos $H_f$ e $H_g$ aparecem em 4,96 ppm e 5,13 ppm (não sabemos exatamente as atribuições). Assumindo a atribuição correta, o próton $H_g$ aparece em 4,96 ppm como um dubleto ($^2J_{fg} = 2490{,}12 - 2478{,}40$ Hz = cerca de 11,7 Hz). No entanto, cada perna do dubleto é novamente dividida em dubletos ($^3J_{bg} = 2490{,}12 - 2485{,}36$ Hz = cerca de 4,8 Hz). A constante de acoplamento de 4,8 Hz é para o acoplamento $^3J$ de H$_g$ ao próton no grupo OH, H$_b$. O padrão resultante a 4,96 ppm é um dubleto de dubletos. Outro duplo de dubletos aparece em 5,13 ppm para o próton diastereotópico H$_f$.

As outras constantes de acoplamento podem ser extraídas a partir do padrão de H$_c$ a 3,27 ppm, um dubleto de dubletos, $^3J_{cd}$ = 8,8 Hz e $^3J_{ce}$ = 3,3 Hz. O próton H$_d$ aparece em 3,36 ppm como dubleto, $^3J_{cd}$ = 8,8 Hz. Finalmente, H$_e$ aparece como um dubleto em 4,75 ppm com $^3J_{ce}$ = 3,3 Hz. As constantes de acoplamento podem ser resumidas da seguinte forma:

$^2J_{fg}$ = 11,7 Hz (prótons diastereotópicos em 4,96 ppm e 5,13 ppm)

$^3J_{bf}$ = $^3J_{bg}$ = 4,8 Hz (acoplamento de OH para cada um dos prótons diastereotópicos)

$^3J_{ce}$ = 3,3 Hz (acoplamento de H$_c$ a H$_e$)

$^3J_{cd}$ = 8,8 Hz (acoplamento de H$_c$ a H$_d$)

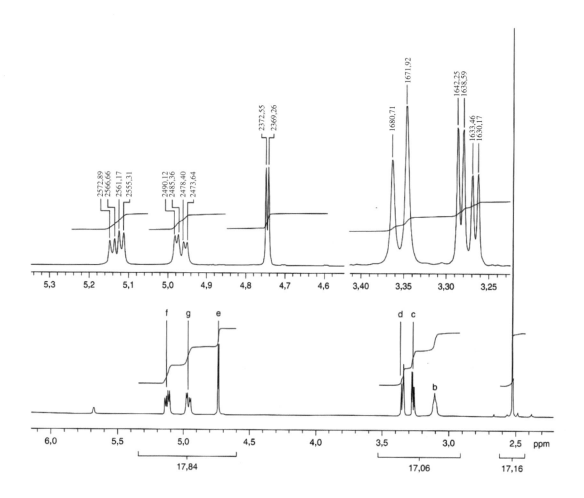

**FIGURA 7.24** Espectro de RMN 500 MHz (CDCl$_3$) do produto de Diels-Alder de antraceno-9-metanol e N-metilmaleimida. As inserções mostram expansões das regiões 3,25–3,40 ppm e 4,7–5,2 ppm. Os oito prótons de anéis aromáticos não são mostrados. Pavia, D. L. et al. *A microscale approach to organic laboratory techniques*, 5 ed., Belmont, Brooks/Cole, 2011, p. 926.

## C. Hidrogênios diastereotópicos: 4-metil-2-pentanol

Agora vamos examinar um sistema com um terceiro acoplamento, em que prótons diastereotópicos têm um acoplamento geminado e dois acoplamentos vicinais e aparecem como dubleto de dubleto de dubletos (ddd). Um sistema desse tipo é exemplificado pelos prótons metilênicos diastereotópicos do 4-metil-2-pentanol. O espectro de $^1$H RMN completo do 4-metil-2-pentanol é mostrado na Figura 7.25, com uma ampliação que mostra os prótons metilênicos diastereotópicos H$_a$ e H$_b$, juntamente com o próton do grupo hidroxilo e metino H$_d$ na Figura 7.26. H$_a$ e H$_b$ desdobrados um pelos outros, e cada um está acoplado a H$_c$ e H$_d$, representando os três acoplamentos num ddd. Uma análise dos acoplamentos é mostrada na Figura 7.27.

A constante de acoplamento geminal $^2J_{ab}$ = 13,7 Hz é um típico valor de acoplamento geminal diastereotópico em sistemas alifáticos acíclicos (Seção 7.2B). A constante de acoplamento $^3J_{bc}$ (8,3 Hz) é de certa forma maior do que $^3J_{ac}$ (5,9 Hz), que está em concordância com os ângulos diedros médios previstos a partir das conformações importantes e da relação de Karplus (Seção 7.2C). O hidrogênio em C-2, H$_c$, é acoplado não apenas a H$_a$ e H$_b$, mas também ao grupo metila C-1, com $^3J$ (H$_c$C—CH$_3$) = 5,9 Hz. Por causa do desdobramento mais complexo de H$_c$, não há uma árvore de separação para esse próton. Do mesmo modo, o hidrogênio em C-4 (visto, na Figura 7.26, em 1,74 ppm) tem um padrão de desdobramento complexo por causa do acoplamento com H$_a$ e H$_b$ e também das duas séries de prótons metila diastereotópicos em C-5 e C-5'. As Seções 7.5 e 7.6 explicam com detalhes a medição de constantes de acoplamento a partir das complexas ressonâncias de primeira ordem como essas.

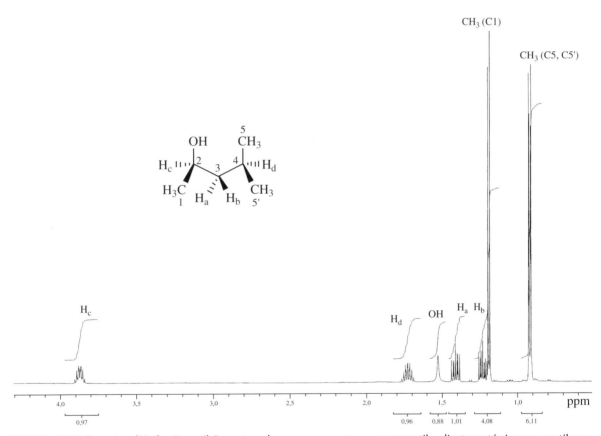

**FIGURA 7.25** Espectro $^1$H do 4-metil-2-pentanol, que apresenta grupos metila diastereotópicos e metileno (500 MHz, CDCl$_3$).

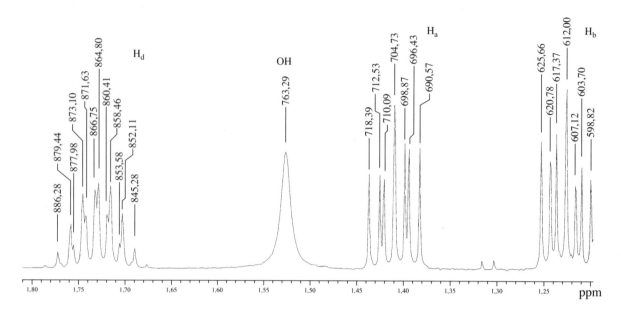

**FIGURA 7.26** Expansão do espectro de ¹H do 4-metil-2-pentanol, que apresenta prótons metileno diastereotópicos.

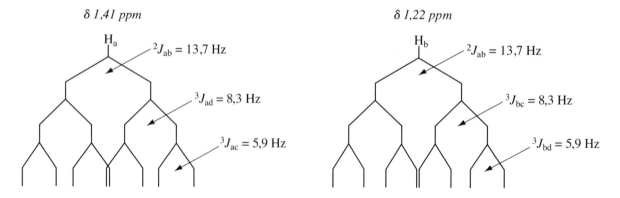

**FIGURA 7.27** Esquemas de desdobramento dos prótons metileno diastereotópicos em 4-metil-2-pentanol.

## D. Grupos metila diastereotópicos: 4-metil-2-pentanol

Observe nas Figuras 7.25 e 7.28, respectivamente, os espectros de RMN de $^1$H e de $^{13}$C do 4-metil-2--pentanol. Essa molécula tem grupos metila diastereotópicos (chamados 5 e 5') no carbono 4. Se esse composto não tivesse grupos diastereotópicos, seriam esperados apenas dois picos diferentes de carbonos metila, já que há apenas dois tipos quimicamente distintos de grupos metila. Entretanto, o espectro apresenta três picos de metila. Observa-se um par muito próximo de ressonâncias, em 23,18 e 22,37 ppm, que representa os grupos metila diastereotópicos, e uma terceira ressonância, em 23,99 ppm, do grupo metila C-1. Há dois picos para os grupos dimetila geminais! O carbono 4, a que os grupos metila estão ligados, é visto em 24,8 ppm; o carbono 3, em 48,7 ppm; e o carbono 2, que tem a hidroxila desblindante ligada, é observado mais abaixo, em 66,1 ppm.

Os dois grupos metila têm deslocamentos químicos levemente diferentes, em razão do estereocentro próximo, em C-2. Os dois grupos metila sempre são não equivalentes nessa molécula, mesmo com rotação livre. Pode-se confirmar esse fato pela análise das várias conformações rotacionais, dispersas, pelas projeções de Newman. Não há planos de simetria em nenhuma dessas conformações; nenhum grupo metila jamais é enantiomérico.

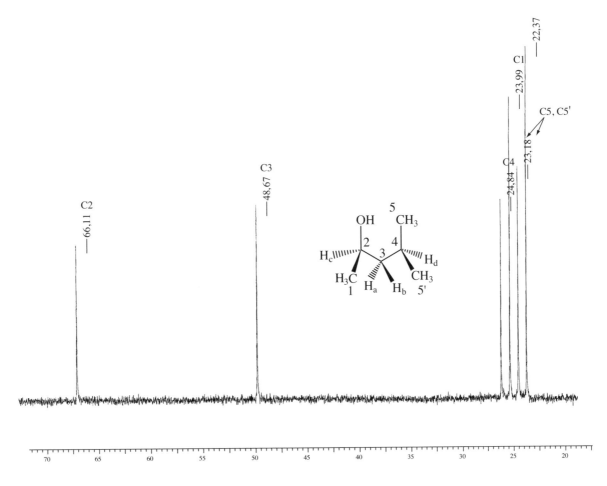

**FIGURA 7.28** Espectro de $^{13}$C do 4-metil-2-pentanol, que apresenta grupos metila diastereotópicos.

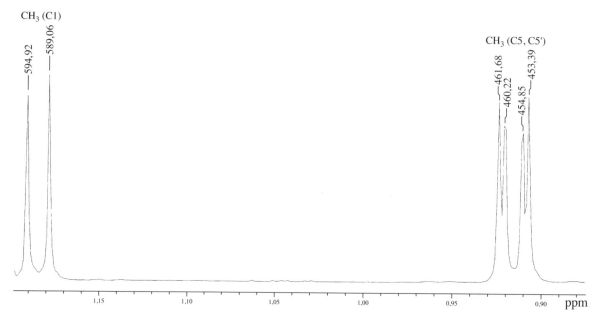

**FIGURA 7.29** Região superior do espectro de ¹H do 4-metil-2-pentanol, que apresenta grupos metila diastereotópicos.

O espectro de RMN de prótons ¹H (Figuras 7.25 e 7.29) é um pouco mais complicado, mas, assim como os dois carbonos metila diastereotópicos têm deslocamentos químicos diferentes, o mesmo vale para os hidrogênios metila diastereotópicos. O átomo de hidrogênio ligado ao C-4 separa cada grupo metila em um dubleto. Entretanto, a diferença de deslocamento químico entre os prótons metila é muito pequena, e os dois dubletos são parcialmente sobrepostos. Observa-se um dos dubletos metila em 0,92 ppm ($J$ = 6,8 Hz), e o outro, diastereotópico, é visto em 0,91 ppm ($J$ = 6,8 Hz). O grupo metila C-1 também é um dubleto, em 1,18 ppm, separado pelo hidrogênio em C-2 ($J$ = 5,9 Hz).

## 7.5 NÃO EQUIVALÊNCIA DENTRO DE UM GRUPO – O USO DE DIAGRAMAS DE ÁRVORE QUANDO A REGRA DO N + 1 NÃO FUNCIONA

Quando os prótons ligados a um único carbono são quimicamente equivalentes (têm o mesmo deslocamento químico), a Regra do $n + 1$ prevê com sucesso os padrões de separação. Entretanto, quando os prótons ligados a um único carbono são quimicamente não equivalentes (diferentes deslocamentos químicos), a Regra do $n + 1$ não mais se aplica. Examinaremos dois casos, um em que a Regra do $n + 1$ se aplica (1,1,2-tricloroetano) e um em que ela não funciona (óxido de estireno).

A Seção 5.13 e a Figura 5.25 mostraram o espectro do 1,1,2-tricloroetano. Essa molécula simétrica tem um sistema de três prótons, —CH₂—CH—, em que os prótons metileno são equivalentes. Por causa da rotação livre em torno da ligação C—C, os prótons metileno experimentam o mesmo ambiente na média, são isócronos (têm o mesmo deslocamento químico) e não se separam um do outro. Além disso, essa rotação garante que ambos tenham a mesma constante de acoplamento $J$ média com o hidrogênio metina (CH). Em consequência, comportam-se como um grupo, e o acoplamento geminal entre eles não produz desdobramento. A Regra do *n* + 1 prevê corretamente um dubleto para os prótons CH$_2$ (um vizinho) e um tripleto para o próton CH (dois vizinhos). A Figura 7.30a ilustra os parâmetros dessa molécula.

A Figura 7.31, o espectro de $^1$H do óxido de estireno, mostra como a não equivalência química complica o espectro. O anel de três membros impede a rotação, o que faz com que os prótons H$_A$ e H$_B$ tenham valores de deslocamento químico diferentes: eles são química e magneticamente não equivalentes. O hidrogênio H$_A$ está no mesmo lado do anel que o grupo fenila, e o hidrogênio H$_B$ está no outro lado do anel. Esses hidrogênios têm valores de deslocamento químico diferentes, H$_A$ = 2,75 ppm e H$_B$ = 3,09 ppm, e apresentam desdobramento geminal entre si. O terceiro próton, H$_C$, aparece em 3,81 ppm e é acoplado com H$_A$ (que é *trans*) *de maneira diferente* do que com H$_B$ (que é *cis*). Como H$_A$ e H$_B$ não são equivalentes e como H$_C$ é acoplado de maneira diferente com H$_A$ e com H$_B$ ($^3J_{AC} \neq {}^3J_{BC}$), a Regra do *n* + 1 não vale, e o espectro do óxido de estireno fica mais complicado. Para explicar o espectro, deve-se examinar cada hidrogênio individualmente e levar em consideração seu acoplamento com todos os outros hidrogênios, independentemente dos outros. A Figura 7.30b mostra os parâmetros dessa situação.

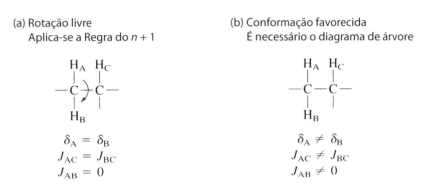

**FIGURA 7.30** Dois casos de separação.

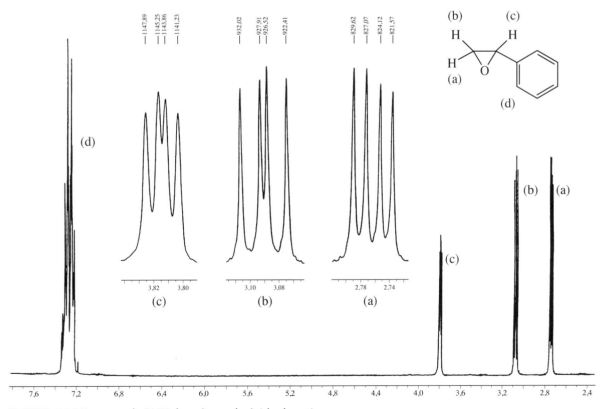

**FIGURA 7.31** Espectro de RMN de prótons do óxido de estireno.

Uma análise do padrão de desdobramento no óxido de estireno é realizada desdobramento por desdobramento a partir de uma **análise gráfica** ou da **análise de diagramas de árvore** (Figura 7.32). Comecemos examinando o hidrogênio H$_C$. Primeiro, os dois *spins* possíveis de H$_B$ desdobram H$_C$ ($^3J_{BC}$) em um dubleto; segundo, H$_A$ desdobra cada pico do dubleto ($^3J_{AC}$) em outro dubleto. O padrão resultante dos dois dubletos é chamado de **dubleto de dubletos**. Pode-se também ver o mesmo desdobramento a partir, primeiro, de H$_A$ e, depois, de H$_B$. É normal *apresentar o maior desdobramento primeiro*, mas não é necessário seguir essa convenção para chegar ao resultado correto. Se as constantes de acoplamento reais são conhecidas, é conveniente realizar essa análise (*em escala*) em papel milimetrado.

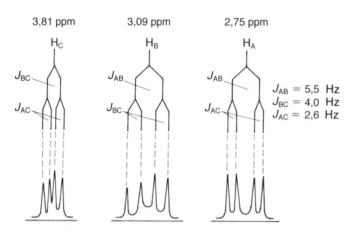

**FIGURA 7.32** Análise do padrão de desdobramento no óxido de estireno.

Observe que $^3J_{BC}$ (*cis*) é maior do que $^3J_{AC}$ (*trans*), o que é típico em compostos com anéis pequenos, em que há mais interação entre prótons que são *cis* entre si do que entre prótons que são *trans* (ver Seção 7.2C e Figura 7.10). Assim, percebe-se que H$_C$ gera uma série de *quatro* picos (outro dubleto de dubletos) centrados em 3,81 ppm. Do mesmo modo, as ressonâncias de H$_A$ e H$_B$ são, cada uma delas, um dubleto de dubletos em 2,75 ppm e 3,09 ppm, respectivamente. A Figura 7.32 também mostra esses desdobramentos. Note que os prótons magneticamente não equivalentes H$_A$ e H$_B$ geram um desdobramento geminal ($^2J_{AB}$) bastante significativo.

Como se percebe, a situação do desdobramento torna-se bem complicada para moléculas que contêm grupos não equivalentes de hidrogênios. Na verdade, deve-se perguntar como é possível ter certeza de que a análise gráfica apresentada anteriormente seja a correta. Primeiro, a análise explica todo o padrão; segundo, é internamente consistente. Observe que as constantes de acoplamento têm a mesma magnitude onde quer que sejam utilizadas. Dessa forma, pela análise, $^3J_{BC}$ (*cis*) tem a mesma magnitude quando é utilizada para desdobrar H$_C$ e H$_B$. Do mesmo modo, $^3J_{AC}$ (*trans*) tem a mesma magnitude para desdobrar H$_C$ e H$_A$. A constante de acoplamento $^2J_{AB}$ (geminal) tem a mesma magnitude para H$_A$ e H$_B$. Se esse tipo de autoconsistência não ficar aparente, a análise do desdobramento está incorreta. Para finalizar a análise, note que o pico de RMN em 7,28 ppm deve-se aos prótons do anel fenila. Ele integra cinco prótons, enquanto os outros três multipletos integram um próton cada.

Devemos fazer uma advertência neste momento. Em algumas moléculas, a situação de desdobramento torna-se tão complicada que é virtualmente impossível para o estudante iniciante reproduzi-la. A Seção 7.6, para auxiliá-lo, descreve com mais detalhes como determinar constantes de acoplamento. Há também situações que envolvem moléculas aparentemente simples para as quais não basta uma análise gráfica do tipo que acabamos de realizar (espectros de segunda ordem). A Seção 7.7 descreverá alguns desses casos.

A seguir, apresentamos três situações em que a Regra do $n + 1$ não funciona: (1) quando o acoplamento envolve núcleos além do hidrogênio que não têm *spin* $= \frac{1}{2}$ (por exemplo, deutério, Seção 6.13);

(2) quando há não equivalência em uma série de prótons ligados ao mesmo carbono; e (3) quando a diferença de deslocamento químico entre duas séries de prótons é pequena em comparação à constante de acoplamento que os une (ver Seções 7.7 e 7.8).

## 7.6 MEDINDO CONSTANTES DE ACOPLAMENTO A PARTIR DE ESPECTROS DE PRIMEIRA ORDEM

Quando nos dedicamos à tarefa de medir as constantes de acoplamento a partir de um espectro real, há sempre algumas dúvidas sobre a maneira correta de realizá-la. Nesta seção, ofereceremos diretrizes que ajudarão a resolver esse problema. Os métodos descritos aplicam-se a espectros de primeira ordem (a análise de espectros de segunda ordem será abordada na Seção 7.7). Em relação a espectros de RMN, o que significa "primeira ordem"? Para um espectro ser de primeira ordem, a diferença de frequência ($\Delta v$, em Hz) entre quaisquer duas ressonâncias acopladas deve ser significativamente maior do que a constante de acoplamento que as relaciona. Um espectro de primeira ordem tem $\Delta v/J > \sim 6$.[5]

Ressonâncias de primeira ordem têm uma boa quantidade de características úteis, algumas das quais têm relação com o número de acoplamentos individuais, $n$:

1. Simetria com relação ao ponto médio (deslocamento químico) do multipleto. Note, entretanto, que alguns padrões de segunda ordem também são centrossimétricos (Seção 7.7).

2. Número máximo de linhas no multipleto = $2^n$; de qualquer forma, o número real de linhas é, com frequência, menor do que o número máximo, por causa da sobreposição de linhas produzida por coincidências acidentais das relações matemáticas entre os valores individuais de $J$.

3. Soma das intensidades das linhas no multipleto = $2^n$.

4. As intensidades de linhas do multipleto correspondem ao triângulo de Pascal (Seção 5.16).

5. Os valores de $J$ podem ser diretamente determinados pela medição dos espaçamentos adequados entre as linhas no multipleto.

6. A distância entre as linhas mais externas do multipleto é a soma de todos os acoplamentos individuais, $\Sigma J$.

### A. Multipletos simples – um valor de J (um acoplamento)

Para multipletos simples, em que existe apenas um valor de $J$ (um acoplamento), não é muito difícil medir a constante de acoplamento. Nesse caso, basta determinar o espaçamento (em hertz) entre os sucessivos picos do multipleto. Esse processo foi abordado na Seção 5.17, em que também se mencionou o método para converter diferenças em partes por milhão (ppm) em hertz (Hz). A relação

$$1 \text{ ppm (em hertz)} = \text{Frequência do espectrômetro em hertz} \div 1000000$$

oferece os valores de correspondência simples apresentados na Tabela 7.7, que mostra que, se a frequência do espectrômetro é $n$ **MHz**, um ppm do espectro resultante será $n$ **Hz**. Essa relação facilita a determinação da constante de acoplamento que liga dois picos quando seus deslocamentos químicos são conhecidos apenas em ppm: basta encontrar a diferença de deslocamento químico em ppm e multiplicá-la pelo equivalente em hertz.

---

[5] A escolha de $\Delta v/J > 6$ para um espectro de primeira ordem não é uma regra rígida. Alguns livros sugerem um valor $\Delta v/J$ de $> 10$ para espectros de primeira ordem. Em certos casos, multipletos aparecem essencialmente em espectros de primeira ordem com valores $\Delta v/J$ um pouco abaixo de 6.

| Tabela 7.7 O equivalente em hertz de uma unidade ppm em várias frequências de operação em espectrômetros ||
|---|---|
| Frequência do espectrômetro | Equivalente em hertz de 1 ppm |
| 60 MHz | 60 Hz |
| 100 MHz | 100 Hz |
| 300 MHz | 300 Hz |
| 500 MHz | 500 Hz |

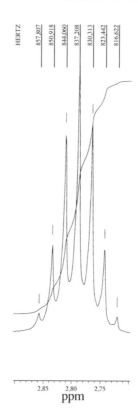

**FIGURA 7.33** Septeto determinado em 300 MHz que apresenta posições de pico em valores ppm e hertz.

O *software* dos instrumentos RMN-FT mais modernos permite que o operador apresente as localizações dos picos tanto em hertz quanto em ppm. A Figura 7.33 é um exemplo de registro impresso a partir de um moderno instrumento de RMN-FT em 300 MHz. Nesse septeto, os valores de deslocamento químico dos picos (ppm) são obtidos a partir da escala impressa na parte inferior do espectro, e os valores dos picos em hertz são impressos verticalmente sobre cada pico. Para obter a constante de acoplamento, é necessário apenas subtrair os valores em hertz de cada um dos picos. Ao fazer isso, porém, ver-se-á que nem todas as diferenças são idênticas. Nesse caso (a partir do lado inferior da ressonância), elas são 6,889, 6,858, 6,852, 6,895, 6,871 e 6,820 Hz. Há dois motivos para as inconsistências. Primeiro, esses valores são dados com mais dígitos do que o número adequado de algarismos significativos. A largura de linha inerente do espectro faz com que não sejam significativas diferenças menores do que 0,1 Hz. Quando esses valores são arredondados para o decimal em Hz mais próximo, os espaçamentos entre as linhas ficam 6,9, 6,9, 6,9, 6,9, 6,9 e 6,8 Hz – uma concordância excelente. Em segundo lugar, os valores dados para os picos nem sempre são precisos, pois dependem do número de pontos de dados do espectro. Se for registrado, durante a aquisição de DIL (valor grande em Hz/ponto), um número insuficiente de pontos, o máximo de um pico poderá não corresponder exatamente a um número de pontos registrado, e essa situação levará a um pequeno erro de deslocamento químico.

Quando são determinados valores de *J* conflitantes para um multipleto, em geral é importante arredondá-los para dois dígitos ou utilizar valores semelhantes e arredondar essa média para dois dígitos. Na maioria dos casos, basta que todos os valores de *J* medidos tenham diferenças < 0,3 Hz. No septeto da Figura 7.33, a média de todas as diferenças é 6,864 Hz, e um valor adequado para a constante de acoplamento seria 6,9 Hz.

Antes de abordarmos multipletos com mais de uma relação de acoplamento distinta, é importante revisarmos multipletos simples, descritos corretamente pela Regra do *n* + 1, e começarmos a considerá-los como uma série de dubletos, analisando separadamente cada relação de acoplamento. Por exemplo, um tripleto (t) pode ser considerado um dubleto de dubletos (dd) em que estão presentes dois acoplamentos idênticos ($n = 2$) ($J_1 = J_2$). A soma das intensidades das linhas dos tripletos (1:2:1) é igual a $2^n$, em que $n = 2$ ($1 + 2 + 1) = 2^2 = 4$. Do mesmo modo, um quarteto pode ser considerado um dubleto de dubleto de dubletos, em que estão presentes três acoplamentos idênticos ($n = 3$) ($J_1 = J_2 = J_3$), e a soma das intensidades das linhas do quarteto (1:3:3:1) equivale a $2^n$, em que $n = 3$ ($1 + 3 + 3 + 1 = 2^3 = 8$). Essa análise continua na Tabela 7.8.

### Tabela 7.8 Análise de multipletos de primeira ordem como uma série de dubletos

| Número de acoplamentos idênticos | Aparência dos multipletos | Série equivalente de dubletos | Soma das intensidades das linhas |
|---|---|---|---|
| 1 | d | d | 2 |
| 2 | t | dd | 4 |
| 3 | q | ddd | 8 |
| 4 | quinteto (penteto) | dddd | 16 |
| 5 | sexteto | ddddd | 32 |
| 6 | septeto | dddddd | 64 |
| 7 | octeto | ddddddd | 128 |
| 8 | noneto | dddddddd | 256 |

### B. A Regra do n + 1 é realmente *obedecida em algum momento?*

Em uma cadeia linear, a Regra do *n* + 1 é estritamente obedecida apenas se as constantes de acoplamento interprótons vicinais ($^3J$) forem *exatamente iguais* para cada par consecutivo de carbonos.

Para exemplificar isso, consideremos uma cadeia de três carbonos. Os prótons nos carbonos A e C separam os do carbono B. Se houver um total de quatro prótons nos carbonos A e C, a Regra do *n* + 1 preverá um penteto, o que ocorre apenas se $^3J_{AB} = {}^3J_{BC}$. A Figura 7.34 representa graficamente a situação.

Uma forma de descrever essa situação é com um tripleto de tripletos, já que os prótons metileno, chamados de B, deveriam ser separados em um tripleto pelos prótons metileno vizinhos A e em um tripleto pelos prótons metileno vizinhos C. Primeiro, os prótons no carbono A separam os do carbono B ($^3J_{AB}$), produzindo um tripleto (intensidades 1:2:1). Os prótons no carbono C, então, separam *cada componente* do tripleto ($^3J_{BC}$) em outro tripleto (1:2:1). Nesse momento, muitas linhas da segunda interação de desdobramento *sobrepõem* as da primeira interação de desdobramento, pois têm o mesmo espaçamento (valor de *J*). Por causa dessa coincidência, só se observam cinco linhas. Contudo, podemos facilmente confirmar que elas surgem do modo indicado somando-se as intensidades do desdobramento, e, assim, prever as intensidades do padrão final de cinco linhas (ver Figura 7.34). Essas intensidades coincidem com as previstas pelo triângulo de Pascal (Seção 5.16). Dessa forma, a Regra do *n* + 1 depende de uma condição especial: todas as constantes de acoplamento vicinal devem ser idênticas.

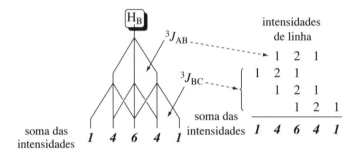

**FIGURA 7.34** Construção de um quinteto para um grupo metileno com quatro vizinhos, todos com valores idênticos de acoplamento.

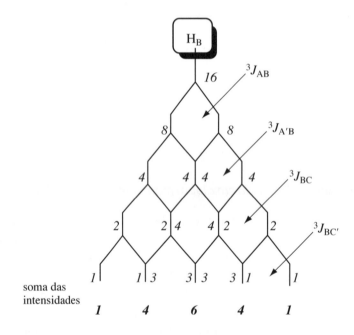

**FIGURA 7.35** Construção de um quinteto para um grupo metileno com quatro vizinhos, considerando-os como dddd.

**FIGURA 7.36** Perda de um quinteto simples quando $^3J_{AB} \neq {}^3J_{BC}$.

Outra maneira de descrever a mesma situação é considerar os prótons metileno $H_B$ como um dubleto de dubleto de dubleto de dubletos (dddd), em que $^3J_{AB} = {}^3J_{A'B} = {}^3J_{BC} = {}^3J_{AC'}$. Com quatro acoplamentos distintos, a soma das intensidades das linhas para o multipleto $H_B$ será $2^4 = 16$. Construindo uma árvore de desdobramento e distribuindo as intensidades para cada dubleto, chega-se à mesma conclusão: $H_B$ é um quinteto aparente com intensidades de linha 1:4:6:4:1 = 16 (Figura 7.35).

Em muitas moléculas, contudo, $J_{AB}$ é um pouco diferente de $J_{BC}$, o que leva a um alargamento de picos no multipleto, já que as linhas não se sobrepõem perfeitamente (ocorre um alargamento porque a separação de pico em hertz é de magnitude muito pequena para possibilitar que o instrumento de RMN distinga os componentes do pico).

Às vezes, a perturbação do quinteto é pequena, e, em consequência, ou se vê um ombro na lateral do pico ou fica evidenciada uma inclinação no meio de um pico. Outras vezes, quando há uma grande diferença entre $^3J_{AB}$ e $^3J_{BC}$, podem ser vistos picos distintos, mais de cinco. Desvios desse tipo são mais comuns em uma cadeia do tipo X—$CH_2CH_2CH_2$—Y, em que X e Y são de caráter bem diferente. A Figura 7.36 ilustra a origem de alguns desses desvios.

Cadeias de quaisquer comprimentos podem exibir esse fenômeno, sejam ou não constituídas unicamente de grupos metileno. Por exemplo, o espectro dos prótons no segundo grupo metileno do propilbenzeno é simulado da maneira representada a seguir. O padrão de desdobramento gera, grosso modo, um sexteto, mas a segunda linha tem um ombro à esquerda, e a quarta linha apresenta um desdobramento não resolvido. Os outros picos são um tanto alargados.

### C. Multipletos mais complexos – mais de um valor de J

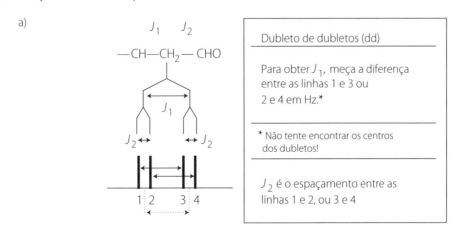

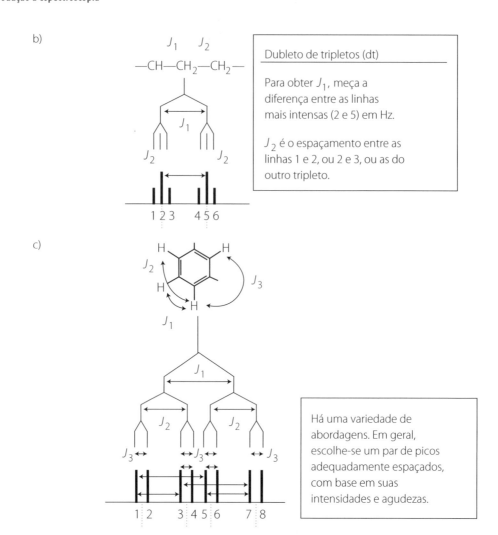

**FIGURA 7.37** Determinação de constantes para os seguintes padrões: (a) dubleto de dubletos (dd), (b) dubleto de tripletos (dt) e (c) dubleto de dubleto de dubletos (ddd).

Quando se analisam ressonâncias mais complicadas, com mais de um acoplamento distinto, medir todas as constantes de acoplamento é um desafio. Muitos químicos seguem o caminho da preguiça e simplesmente chamam uma ressonância complexa de "multipleto", o que gera problemas em vários níveis. Primeiro, constantes de acoplamento oferecem informações importantes tanto sobre a estrutura bidimensional (conectividade), quanto sobre a estrutura tridimensional (estereoquímica) das moléculas de compostos. Como já há instrumentos de alto campo com gradientes de campo pulsado (GCP), os químicos com frequência preferem utilizar técnicas de RMN 2-D, como COSY e NOESY (Capítulo 9), para, respectivamente, determinar a conectividade em sistemas de *spin* e suas estruturas tridimensionais. Muitas vezes, a mesma informação (desde que as ressonâncias não se estejam sobrepondo muito ou sejam de segunda ordem) pode ser extraída a partir de um simples espectro de RMN de $^1$H 1-D, caso se saiba como fazê-lo. Dessa forma, *sempre vale a pena determinar todas as constantes de acoplamento a partir de uma ressonância de primeira ordem.*

Ao medir constantes de acoplamento em um sistema com mais de um acoplamento, muitas vezes você perceberá que nenhum dos picos do multipleto está em valores de deslocamento químico adequados para determinar diretamente um valor de *J* intermediário. Vê-se isso na Figura 7.37a, em que há um dubleto de dubletos. Nesse caso, nenhum dos picos está em valores de deslocamento químico resultantes do primeiro acoplamento, $J_1$. Para um estudante iniciante, pode ser tentador calcular a média dos valores de deslocamento químico dos picos 1 e 2 e dos picos 3 e 4, e então pegar a diferença (linhas pontilhadas), o que não é necessário. Com um pouco mais de atenção, será possível ver que as distâncias entre os picos 1 e 3 e entre os picos 2 e 4 (setas cheias) podem produzir muito mais facilmente o valor desejado. Esse tipo de situação ocorrerá sempre que houver, nos multipletos separados, um número par de subpicos (dubletos, quartetos etc.). Nesses sistemas, deve-se procurar um par, adequadamente espaçado, de subpicos não sobrepostos, os quais produzirão o valor desejado. Em geral, será necessário construir um diagrama de desdobramento (árvore) para decidir qual dos picos é o adequado.

Quando os multipletos desdobrados têm um número ímpar de subpicos, um dos subpicos inevitavelmente cairá diretamente sobre o valor de deslocamento químico desejado, sem que seja necessário procurar os picos adequados. A Figura 7.37b mostra um dubleto de tripletos. Note que os picos 2 e 5 estão idealmente localizados para determinar $J_1$.

A Figura 7.37c apresenta um padrão que pode ser chamado de dubleto de dubleto de dubletos. Após construir um diagrama de árvore, é relativamente fácil selecionar os picos adequados para serem utilizados na determinação das três constantes de acoplamento (setas cheias).

Há inúmeras maneiras de medir constantes de acoplamento. Em geral, pode-se escolher um par adequadamente espaçado de picos com base em suas intensidades e suas agudezas. Com o tempo, a maioria dos químicos sintéticos praticantes adquire as técnicas para medir constantes de acoplamento de todas as formas de ressonâncias que contêm dois ou três valores de $J$ desiguais, isto é, ressonâncias de dubleto de dubleto de dubletos (ddd), incluindo permutações de dubleto de tripletos (dt) e tripleto de dubleto (td), usando os métodos descritos na Figura 7.37.

Contudo, mesmo químicos experientes muitas vezes encontram dificuldades para extrair todas as constantes de acoplamento de ressonâncias com quatro acoplamentos (dubleto de dubleto de dubleto de dubletos ou dddd) e de multipletos ainda mais complexos. Existe, porém, um método sistemático direto que permite uma análise completa de qualquer multipleto de primeira ordem (mesmo dos mais complexos). Praticar esse método nos multipletos ddd, mais facilmente analisados, fará o estudante ganhar confiança. Essa análise sistemática de multipletos foi apresentada, de maneira mais sucinta, por Hoye e Zhao (2002) e é demonstrada a seguir.

A análise de multipletos de primeira ordem começa com a numeração de cada linha da ressonância, da esquerda para a direita.[6] A linha mais externa terá intensidade relativa = 1. Linhas de intensidade relativa > 1 recebem mais de um número componente. Uma linha de intensidade relativa 2 recebe dois números componentes; uma com intensidade relativa 3, três números componentes; e assim por diante. Os números de componentes da linha e as intensidades relativas da linha devem ser somados, gerando um número $2^n$, o que é mostrado na Figura 7.38. Na Figura 7.38a, há oito linhas de igual intensidade ($2^3 = 8$), e cada linha tem um número componente. Na Figura 7.38b, há certa coincidência de linhas: a linha do meio tem intensidade dupla e, portanto, recebe dois números componentes. As Figuras 7.38c e 7.38d, respectivamente, apresentam numeração das linhas para multipletos com linhas de intensidade relativa 3 e 6. A atribuição de componentes da linha, às vezes, exige um pouco de tentativa e erro, já que a sobreposição parcial de linhas e a "inclinação" do multipleto podem dificultar a determinação de intensidades relativas. Lembre-se, então, de que um multipleto de primeira ordem é sempre simétrico em relação ao seu centro.

Depois que as intensidades relativas das linhas dos multipletos são determinadas e os números componentes atribuídos para chegar a $2^n$ componentes, medir as constantes de acoplamento fica, na verdade, bem fácil. Faremos a análise de um padrão dddd passo a passo (Figura 7.39). A distância entre o primeiro e o segundo componentes (chamada de {1 a 2} por Hoye) é a menor constante de acoplamento, $J_1$ (Figura 7.39, passo i). A distância entre os componentes 1 e 3 do multipleto ({1 a 3}) é a segunda maior constante de acoplamento, $J_2$ (Figura 7.39, passo ii). Note que, se a segunda linha de ressonância tiver mais de um

---

[6] Como ressonâncias de primeira ordem são simétricas, podem-se numerar, da mesma forma, as linhas de uma ressonância da direita para a esquerda, o que é útil quando parte de um multipleto fica encoberta por causa da sobreposição de outra ressonância. É possível também verificar se há consistência interna na ressonância, como no caso de uma "metade" do multipleto ser mais aguda do que a outra, por causa da digitalização do espectro, como visto na Seção 7.6A.

número componente, haverá mais de um valor de J idêntico. Se a segunda linha de uma ressonância, por exemplo, tiver três componentes, haverá três valores de J idênticos etc. Após medir $J_1$ e $J_2$, o passo seguinte da análise é "remover" os componentes do multipleto correspondentes a $(J_1 + J_2)$ (Figura 7.39, passo iii, o componente 5 é riscado). O motivo para remover um dos componentes é eliminar da observação linhas que não surgem de uma única interação de acoplamento, mas sim da coincidência de linhas decorrente de dois acoplamentos menores. Em outras palavras, isso mostra se duas "metades" da ressonância "se cruzaram" ou não pelo fato de $J_3$ ser menor do que a soma de $J_1 + J_2$. Ora, $J_3$ é a distância entre o componente 1 e o segundo *maior componente restante* (componente 4 ou 5, dependendo de qual componente foi removido no passo iii; nesse exemplo, $J_3$ = {1 a 4}) (Figura 7.39, passo iv). Esse processo agora fica repetitivo. O passo seguinte é remover o(s) componente(s) que corresponde(m) às combinações restantes dos primeiros três valores J: $(J_1 + J_3)$, $(J_2 + J_3)$ e $(J_1 + J_2 + J_3)$ (Figura 7.39, passo v, os componentes 6, 7 e 9 são riscados). A constante de acoplamento seguinte, $J_4$, será a distância entre o primeiro componente e o segundo maior componente restante. No exemplo da Figura 7.39, $J_4$ corresponde a {1 a 8}. Esse processo interativo se repete até que todas as constantes de acoplamento sejam encontradas. Lembre-se de que o número total de interações de acoplamento e o de componentes da linha devem ser iguais a $2^n$, e a largura total do multipleto *deve* ser igual à soma de todas as constantes de acoplamento! Essa é uma verificação bastante conveniente para o seu trabalho.

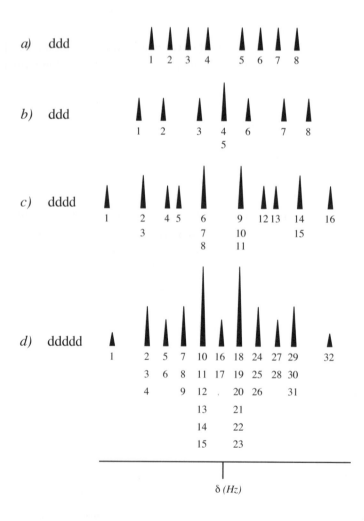

**FIGURA 7.38** Numeração das linhas de um multipleto de primeira ordem para atribuir todos os $2^n$ componentes da ressonância. Fonte: Hoye e Zhao (2002). Reprodução autorizada.

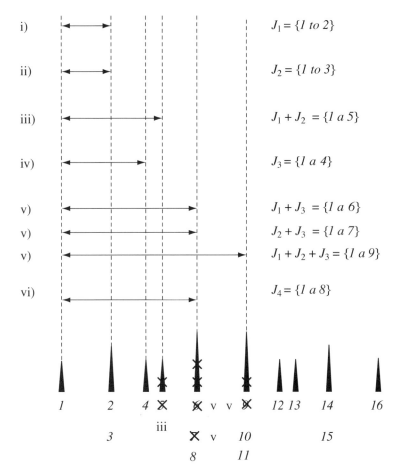

**FIGURA 7.39** Atribuição de $J_1 - J_4$ de um dddd por análise sistemática. Fonte: Hoye e Zhao (2002). Reprodução autorizada.

## 7.7 ESPECTROS DE SEGUNDA ORDEM – ACOPLAMENTO FORTE

### A. Espectros de primeira e segunda ordens

Nas seções anteriores, estudamos *espectros de primeira ordem* que podem ser interpretados pela Regra do $n + 1$ ou por uma simples análise gráfica (árvores de separação). Em certos casos, porém, nem a Regra do $n + 1$ nem uma análise gráfica servem para explicar os padrões de separação, as intensidades e os números de picos observados. Nesses casos, deve-se realizar uma análise matemática, normalmente por computador, para interpretar o espectro. Espectros que exigem essa análise avançada são chamados de **espectros de segunda ordem**.

Espectros de segunda ordem são os mais comumente observados quando a diferença de deslocamento químico entre dois grupos de prótons é semelhante, em magnitude (em hertz), à constante de acoplamento $J$ (também em hertz) que os une. Isto é, obtêm-se espectros de segunda ordem para acoplamentos entre núcleos que têm *deslocamentos químicos praticamente equivalentes*, mas não são exatamente idênticos. Entretanto, se duas séries de núcleos são separadas por uma grande diferença de deslocamento químico, elas apresentam acoplamento de primeira ordem.

Acoplamento forte, espectros
de segunda ordem (Δν/J pequeno)

Acoplamento fraco, espectros
de primeira ordem (Δν/J grande)

Outra forma de expressar essa generalização é pela razão Δν/J, em que Δν é a diferença entre deslocamentos químicos e J é a constante de acoplamento que une os dois grupos. Ambos os valores são expressos em hertz, e para o cálculo usam-se seus valores absolutos. Quando Δν/J é grande (> ~ 6), o padrão de separação é em geral parecido com o de primeira ordem. Entretanto, quando os deslocamentos químicos dos dois grupos de núcleos aproximam-se e Δν/J tende a 1, há alterações de segunda ordem no padrão de desdobramento. Quando Δν/J é grande e há desdobramento de primeira ordem, diz-se que o sistema está **fracamente acoplado**; se Δν/J é pequeno e há acoplamento de segunda ordem, diz-se que o sistema é **fortemente acoplado**.

Já demonstramos que mesmo espectros de primeira ordem, que parecem complexos, podem ser analisados de maneira direta para determinar todas as constantes de acoplamento importantes, o que oferece informações valiosas sobre conectividade e estereoquímica. Espectros de segunda ordem podem ser enganosos em sua aparência, e, muitas vezes, o novato é tentado a extrair valores de constantes de acoplamento, o que acaba se mostrando um exercício inútil. Como, então, determinar se uma ressonância é de primeira ou segunda ordem? Como determinar Δν/J se não se conhecem inicialmente os valores de acoplamento relevantes? Eis a importância de estar familiarizado com valores de constantes de acoplamento típicos para características estruturais comumente encontradas. Deve-se, primeiro, *estimar* Δν/J encontrando a diferença de deslocamento químico entre ressonâncias que tendem a ser acopladas (com base no conhecimento da estrutura ou, em alguns casos, em espectros COSY 2-D, ver Seção 9.6) e dividindo esse valor por uma constante de acoplamento típica ou *uma média* para o tipo estrutural relevante. A estimativa de valor de Δν/J permite que se julgue se uma análise detalhada da ressonância será útil (Δν/J > ~ 6) ou não (Δν/J < ~ 6).

## B. Notação de sistema de spin

Espectroscopistas de ressonância magnética nuclear (RMN) desenvolveram uma notação estenográfica conveniente, às vezes chamada de *notação de Pople*, para atribuir o tipo de sistema de *spin*. Cada tipo quimicamente diferente de próton recebe uma letra maiúscula: A, B, C etc. Se um grupo tem dois ou mais prótons de um tipo, eles são diferenciados por subscritos, como em $A_2$ ou $B_3$. Prótons com valores de deslocamento químico semelhantes recebem letras que são próximas no alfabeto, como A, B e C. Prótons de deslocamentos químicos bem diferentes recebem letras bem distantes no alfabeto: X, Y, Z *versus* A, B, C. Um sistema de dois prótons em que $H_A$ e $H_X$ são bem separados e no qual existe separação de primeira ordem é chamado de sistema AX. Um sistema em que os dois prótons têm deslocamentos químicos semelhantes e que exibe separação de segunda ordem é chamado de sistema AB. Quando os dois prótons têm deslocamentos químicos idênticos, são magneticamente equivalentes e geram um singleto, o sistema é denominado $A_2$. Dois prótons que têm o mesmo deslocamento químico, mas não são magneticamente equivalentes, são denominados AA'. Se há três prótons e todos têm deslocamentos químicos diferentes, usa-se uma letra do meio do alfabeto, normalmente M, como em AMX. O espectro de RMN de $^1$H do óxido de estireno (Figura 7.31) é um exemplo de padrão AMX. Em contraste, ABC seria utilizado para situações altamente acopladas, em que todos os três prótons têm deslocamentos químicos semelhantes. Nesta seção, usaremos denominações similares a essas.

## C. Sistemas de spin $A_2$, AB e AX

Comece examinando o sistema com dois prótons, $H_A$ e $H_B$, em átomos de carbono adjacentes. Usando a Regra do $n + 1$, esperamos ver cada ressonância de próton como um dubleto com componentes de igual intensidade no espectro de RMN de $^1H$. Na verdade, nessa situação há dois dubletos de igual intensidade apenas se a diferença de deslocamento químico ($\Delta\nu$) entre $H_A$ e $H_B$ é grande quando comparada à magnitude da constante de acoplamento ($^3J_{AB}$) que os une. A Figura 7.40 ilustra esse caso.

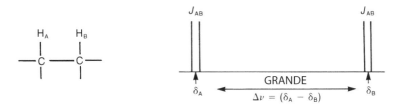

**FIGURA 7.40** Sistema AX de primeira ordem: $\Delta\nu$ grande, e aplica-se a Regra do $n + 1$.

A Figura 7.41 mostra como o padrão de desdobramento para o sistema de dois prótons $H_AH_B$ muda conforme os deslocamentos químicos de $H_A$ e $H_B$ se aproximam e a razão $\Delta\nu/J$ fica menor. A figura é desenhada em escala, com $^3J_{AB} = 7$ Hz. Quando $\delta H_A = \delta H_B$ (isto é, quando os prótons $H_A$ e $H_B$ têm o mesmo deslocamento químico), então $\Delta\nu = 0$, e não se observa nenhum desdobramento, ambos os prótons geram um único pico de absorção. Ocorrem mudanças sutis e contínuas no padrão de desdobramento entre um extremo, em que não há desdobramento por causa da equivalência de deslocamento químico ($\Delta\nu/J = 0$), e outro, o espectro de primeira ordem simples ($\Delta\nu/J = 15$), que segue a Regra do $n + 1$. A mais óbvia é a diminuição de intensidade dos picos mais externos dos dubletos, com um aumento correspondente da intensidade dos picos mais internos. Ocorrem ainda outras mudanças, mas não tão óbvias.

Uma análise matemática por teóricos mostrou que, apesar de os deslocamentos químicos de $H_A$ e $H_B$ no simples espectro AX de primeira ordem corresponderem ao ponto central de cada dubleto, uma situação mais complexa surge em casos de segunda ordem: os deslocamentos químicos de $H_A$ e $H_B$ estão mais próximos dos picos internos do que dos picos externos. Devem ser calculadas as posições reais de $\delta_A$ e $\delta_B$. A diferença de deslocamento químico deve ser determinada a partir das posições de linha (em hertz) de cada componente de pico do grupo usando-se a equação:

$$(\delta_A - \delta_B) = \sqrt{(\delta_1 - \delta_4)(\delta_2 - \delta_3)}$$

em que $\delta_1$ é a posição (em hertz para baixo a partir de TMS) da primeira linha do grupo, e $\delta_2$, $\delta_3$ e $\delta_4$ são a segunda, terceira e quarta linhas, respectivamente (Figura 7.42). Os deslocamentos químicos de $H_A$ e $H_B$ são então deslocados $\frac{1}{2}(\delta_A - \delta_B)$ para cada lado do centro do grupo, como mostrado na Figura 7.42.

## D. Sistemas de spin $AB_2$... $AX_2$ e $A_2B_2$... $A_2X_2$

Para ter uma ideia da magnitude das variações de segunda ordem a partir de um comportamento simples, as Figuras 7.43 e 7.44 ilustram os espectros de RMN de $^1H$ de dois sistemas adicionais ($-CH-CH_2-$ e $-CH_2-CH_2-$). Os espectros de primeira ordem aparecem na parte superior ($\Delta\nu/J > 10$), enquanto se encontram valores crescentes de complexidade de segunda ordem conforme nos movemos em direção à parte inferior ($\Delta\nu/J$ tende a zero).

Os dois sistemas apresentados nas Figuras 7.43 e 7.44 são, então, respectivamente, $AB_2$ ($\Delta\nu/J < 10$) e $AX_2$ ($\Delta\nu/J > 10$), e $A_2B_2$ ($\Delta\nu/J < 10$) e $A_2X_2$ ($\Delta\nu/J > 10$). Deixaremos a discussão sobre esses tipos de sistemas de *spin* para textos mais avançados, como os indicados nas referências bibliográficas no fim deste capítulo.

As Figuras 7.45 a 7.48 mostram espectros de RMN de $^1$H em 60 MHz de algumas moléculas do tipo $A_2B_2$. É interessante examinar esses espectros e compará-los aos padrões esperados na Figura 7.44, que foram calculados pela teoria usando um computador.

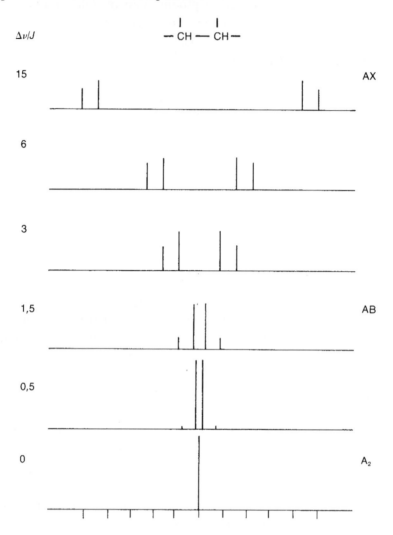

**FIGURA 7.41** Padrões de desdobramento de um sistema de dois prótons com vários valores de Δν/J. Transição de um padrão AB para um AX.

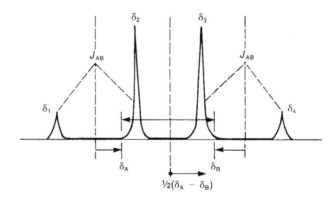

**FIGURA 7.42** Relações entre deslocamentos químicos, posições de linha e constantes de acoplamento em um sistema AB de dois prótons que exibe efeitos de segunda ordem.

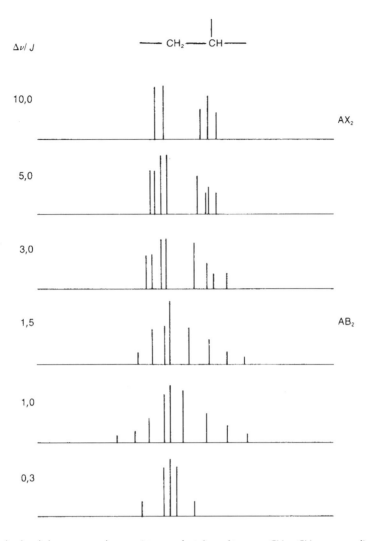

**FIGURA 7.43** Padrões de desdobramento de um sistema de três prótons —CH—CH$_2$— para diversos valores de Δν/J.

### E. Simulação de espectros

Não vamos aqui comentar todos os tipos possíveis de sistemas de *spin* de segunda ordem. Padrões de separação podem, muitas vezes, ser mais complicados do que o esperado, principalmente quando os deslocamentos químicos de grupos interativos de prótons são muito semelhantes. Em muitos casos, apenas espectroscopistas de RMN experientes, com o uso de um computador, conseguem interpretar espectros desse tipo. Hoje, há muitos *softwares*, tanto para PC quanto para Unix, que podem simular as aparências de espectros de RMN (em qualquer frequência de operação) se o usuário fornecer um deslocamento químico e uma constante de acoplamento para cada pico do sistema de *spin* interativo. Além disso, há *softwares* que buscarão comparar um espectro calculado a um espectro real. Nesses programas, o usuário inicialmente fornece uma boa estimativa dos parâmetros (deslocamentos químicos e constantes de acoplamento), e o programa varia esses parâmetros até encontrar aqueles com o melhor ajuste. Alguns desses programas estão indicados nas referências bibliográficas, no fim deste capítulo.

### F. Ausência de efeitos de segunda ordem em campos mais altos

Por terem acesso mais fácil a espectrômetros de RMN com frequências de operação de $^1$H > 300 MHz, os químicos encontram hoje menos espectros de segunda ordem do que antigamente. Nas Seções 5.17 e 5.18, viu-se que o deslocamento químico aumenta quando um espectro é determinado em um campo mais alto, mas que as magnitudes das constantes de acoplamento não se alteram (ver Figura 5.38). Em outras palavras, $\Delta v$ (a diferença de deslocamento químico em hertz) aumenta, mas $J$ (a constante de acoplamento) não. Isso faz aumentar a razão $\Delta v/J$, e os efeitos de segunda ordem começam a desaparecer. Em campos altos, muitos espectros são de primeira ordem e, portanto, mais fáceis de interpretar do que espectros obtidos em baixas intensidades de campo.

Um exemplo é a Figura 7.48a: o espectro de RMN de $^1$H em 60 MHz do 2-cloroetanol. Trata-se de um espectro $A_2B_2$ que apresenta um número significativo de efeitos de segunda ordem ($\Delta v/J$ está entre 1 e 3). Na Figura 7.48b, o espectro de $^1$H em 300 MHz, os padrões de segunda ordem, antes complicados, *quase* se transformaram em dois tripletos, tal qual se previu pela Regra do $n + 1$ ($\Delta v/J$ está entre 6 e 8). Em 500 MHz (Figura 7.48c), observa-se o padrão $A_2X_2$ previsto ($\Delta v/J \sim 12$).

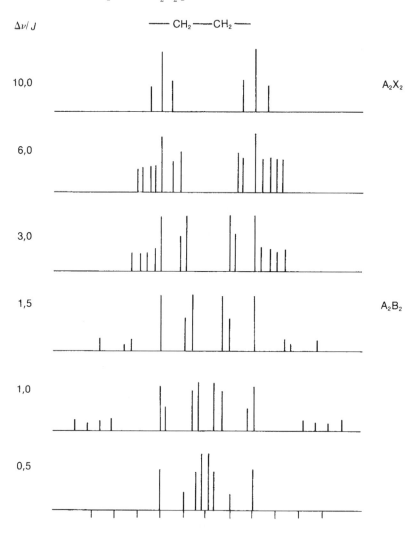

**FIGURA 7.44** Padrões de desdobramento de um sistema de quatro prótons, —CH$_2$—CH$_2$—, para diversos valores $\Delta v/J$.

## G. Espectros enganosamente simples

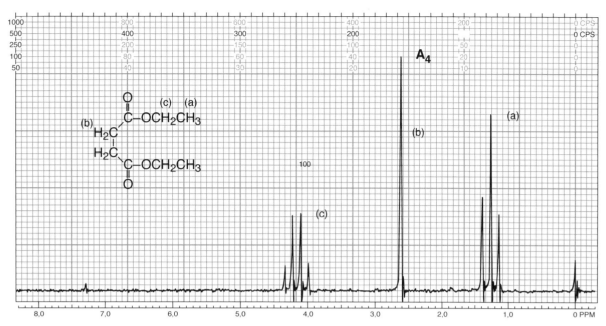

**FIGURA 7.45** Espectro de RMN de ¹H em 60 MHz do sucinato de dietila.

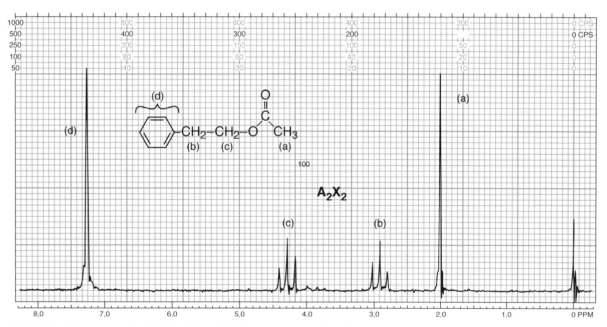

**FIGURA 7.46** Espectro de RMN de ¹H em 60 MHz do acetato de feniletila.

Não é sempre óbvio o momento em que um espectro se torna totalmente de primeira ordem. Consideremos a progressão $A_2B_2$ para $A_2X_2$ mostrada na Figura 7.44. Em que valor de $\Delta\nu/J$ esse espectro se torna verdadeiramente de primeira ordem? Em algum ponto entre $\Delta\nu/J = 6$ e $\Delta\nu/J = 10$, o espectro parece tornar-se $A_2X_2$. O número de linhas observadas diminui de 14 para apenas 6. No entanto, se os espectros forem simulados, mudando $\Delta\nu/J$ de forma crescente, lentamente, de 6 para 10, veremos que a mudança não é abrupta, mas gradual. Algumas linhas desaparecem conforme a intensidade diminui, e algumas se sobrepõem, aumentando suas intensidades. É possível que linhas fracas se percam no ruído da linha de base ou, ao se sobrepor, fiquem tão próximas que o espectrômetro não consiga mais resolvê-las. Nesses casos, o espectro pareceria de primeira ordem, mas, na verdade, não seria bem assim. Um padrão enganosamente simples é muitas vezes encontrado, em aromáticos *para*-dissubstituídos, um espectro AA'BB' (ver Seção 7.10B).

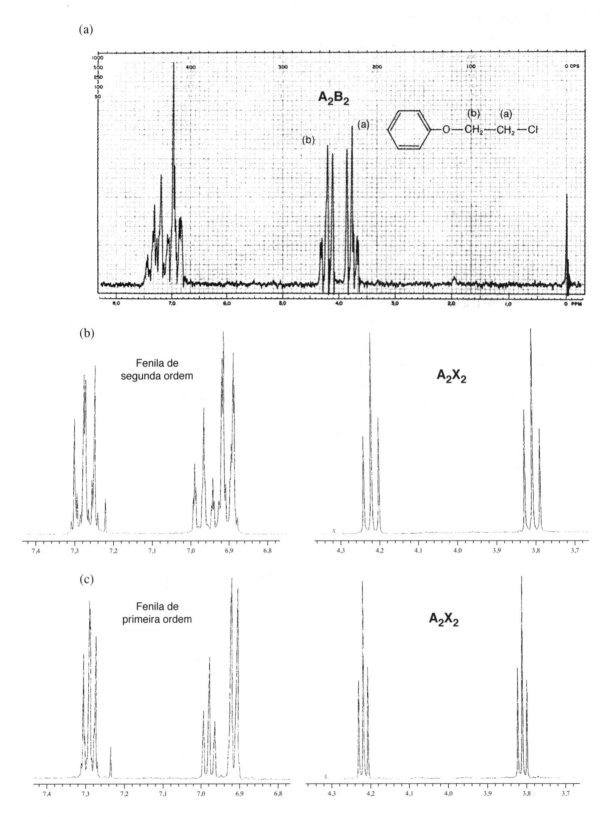

**FIGURA 7.47** Espectro de RMN de ¹H do β-clorofenetol: (a) 60 MHz, (b) 300 MHz (pico 7,22 CHCl₃), (c) 500 MHz (pico 7,24 CHCl₃).

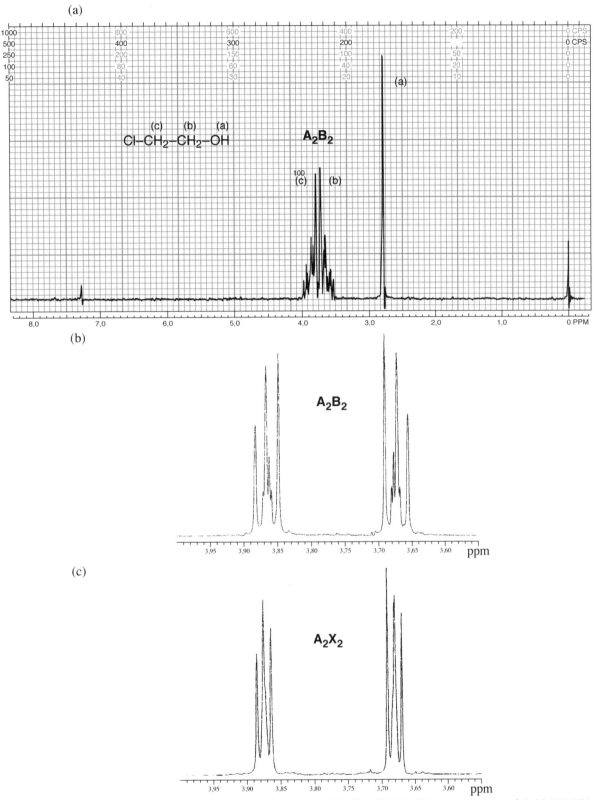

**FIGURA 7.48** Espectro de RMN de ¹H do 2-cloroetanol: (a) 60 MHz, (b) 300 MHz (OH não apresentado), (c) 500 MHz (OH não apresentado).

Veja também na Figura 7.41 que os espectros AB com Δν/J iguais a 3, 6 e 15 parecem inicialmente de primeira ordem, mas os dubletos observados na faixa de Δν/J = 3 a 6 têm deslocamentos químicos que não correspondem ao centro do dubleto (ver Figura 7.42). A não ser que o pesquisador reconheça a possibilidade de efeitos de segunda ordem e realize uma extração *matemática* dos deslocamentos químicos, os valores de deslocamento químico estarão errados. Espectros que parecem ser de primeira ordem, mas na realidade não o são, são chamados de **espectros enganosamente simples**. O padrão parece, a um observador casual, ser de primeira ordem e passível de ser explicado pela Regra do *n* + 1. Contudo, pode haver linhas de segunda ordem que são ou muito fracas ou muito próximas umas das outras para serem observadas, e pode haver outras mudanças sutis.

É importante determinar se um sistema é enganoso? Em muitos casos, o sistema está tão perto de ser de primeira ordem, que isso não importa. Contudo, há sempre a possibilidade de, se acreditarmos que o espectro seja de primeira ordem e medirmos os deslocamentos químicos e as constantes de acoplamento, obtermos valores incorretos. Apenas uma análise matemática verifica a veracidade. Para um químico orgânico, que tente identificar um composto desconhecido, raramente importa se o sistema é enganoso. No entanto, se estiver tentando usar os valores de deslocamento químico ou constantes de acoplamento para provar um ponto estrutural importante ou problemático, é fundamental que seja cuidadoso e dedique um tempo a isso. A não ser que sejam casos simples, trataremos espectros enganosamente simples como se seguissem a Regra do *n* + 1, ou como se pudessem ser analisados a partir de simples diagramas de árvore. Nesses processos, considere sempre uma margem de erro considerável.

## 7.8 ALCENOS

Assim como os prótons conectados a ligações duplas têm deslocamentos químicos característicos, em razão de uma mudança na hibridização (*sp²  versus sp³*) e da desblindagem causada pela anisotropia diamagnética gerada pelos elétrons π da ligação dupla, prótons de alquenos têm padrões de desdobramento e constantes de acoplamento característicos. Para alcenos monossubstituídos, observam-se três tipos distintos de interação de *spin*:

$^3J_{AB}$ = 6–15 Hz (tipicamente 9–12 Hz)
$^3J_{AC}$ = 14–19 Hz (tipicamente 15–18 Hz)
$^2J_{BC}$ = 0–5 Hz (tipicamente 1–3 Hz)

Prótons substituídos *trans* em uma ligação dupla acoplam-se com mais intensidade, com valor típico de $^3J$ de aproximadamente 16 Hz. A constante de acoplamento *cis* é pouco mais da metade desse valor: por volta de 10 Hz. Acoplamentos entre prótons metileno terminais (geminais) são ainda menores: menos de 5 Hz. Esses valores de constante de acoplamento diminuem com substituintes eletronegativos de uma maneira aditiva, mas $^3J_{trans}$ é sempre menor que $^3J_{cis}$ em determinado sistema.

Um exemplo de um espectro de RMN de $^1H$ de um *trans*-alceno simples é o do ácido cinâmico *trans* (Figura 7.49). Os prótons fenila aparecem como um grupo de linhas entre 7,4 e 7,6 ppm, e o próton ácido é um singleto que aparece fora de escala, em 13,2 ppm. Os dois prótons vinila $H_A$ e $H_C$ separam-se em dois dubletos: um centrado em 7,83 ppm, abaixo das ressonâncias fenila, e o outro, em 6,46 ppm, acima das ressonâncias fenila. O próton $H_C$, ligado ao carbono que carrega o anel fenila, tem o maior deslocamento químico, já que reside no carbono-β mais pobre de elétrons do sistema carbonila α,β-insaturado, além de estar em uma área desblindada do campo anisotrópico gerado pelos elétrons π do anel aromático. A constante de acoplamento $^3J_{AC}$ pode ser determinada muito facilmente a partir do espectro em 300 MHz mostrado na Figura 7.49. A constante de acoplamento *trans* nesse caso é 15,8 Hz – um valor comum para acoplamentos *trans* próton-próton por uma ligação dupla. O isômero *cis* exibe um desdobramento menor.

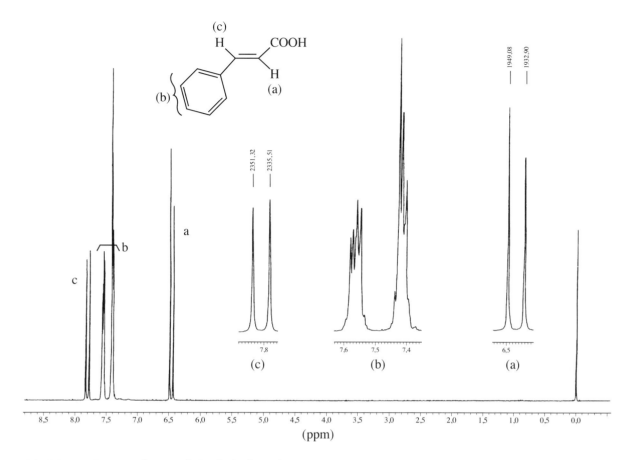

**FIGURA 7.49** Espectro de RMN de ¹H do ácido cinâmico *trans*.

Uma molécula que tem um elemento de simetria (um plano ou eixo de simetria) atravessando a ligação dupla C=C não apresenta nenhum desdobramento *cis* ou *trans*, já que os prótons vinila são química e magneticamente equivalentes. Pode-se ver um exemplo de cada tipo no estilbeno *cis* e *trans*, respectivamente. Em cada composto, os prótons vinila $H_A$ e $H_B$ geram apenas um único pico de ressonância *não desdobrado*.

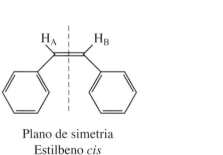

Plano de simetria        Eixo de simetria de ordem 2
Estilbeno *cis*           Estilbeno *trans*

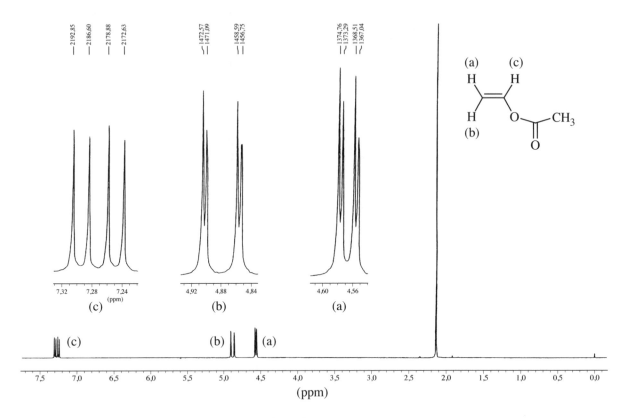

**FIGURA 7.50** Espectro de RMN de ¹H do acetato de vinila (AMX).

O acetato de vinila gera um espectro de RMN típico de um composto com alceno terminal. Cada próton alceno tem um deslocamento químico e uma constante de acoplamento diferente dos de cada um dos outros prótons. O espectro mostrado na Figura 7.50 não é diferente daquele do óxido de estireno (Figura 7.31). Cada hidrogênio é desdobrado em um dubleto de dubletos (quatro picos). A Figura 7.51 é uma análise gráfica da parte vinílica. Note que $^3J_{BC}$ (*trans*, 14 Hz) é maior do que $^3J_{AC}$ (*cis*, 6,3 Hz), e que $^2J_{AB}$ (geminal, 1,5 Hz) é muito pequeno – situação comum para compostos vinílicos.

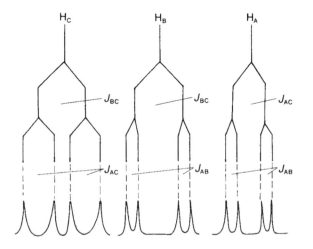

**FIGURA 7.51** Análise gráfica das separações no acetato de vinila (AMX).

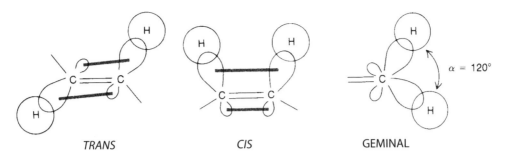

**FIGURA 7.52** Mecanismos de acoplamento em alcenos.

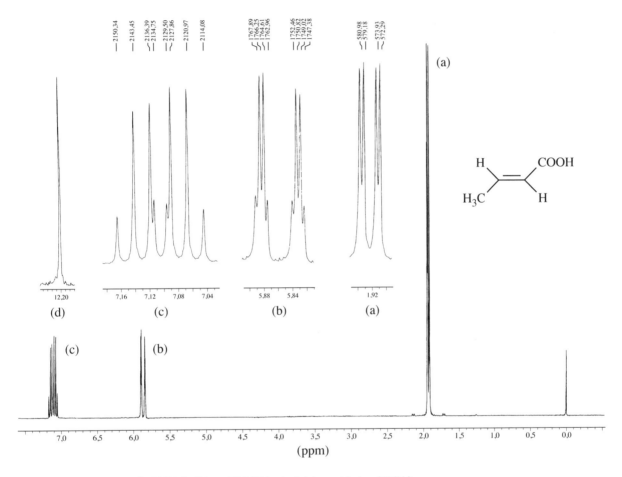

**FIGURA 7.53** Espectro de RMN de $^1$H em 300 MHz do ácido crotônico (AMX$_3$).

O mecanismo de acoplamento *cis* e *trans* em alcenos não é diferente do de qualquer outro acoplamento vicinal de três ligações, e o dos prótons metileno terminais é apenas um caso de acoplamento geminal de duas ligações. Todos os três tipos já foram abordados e estão ilustrados na Figura 7.52. Para obter uma explicação das magnitudes relativas das constantes de acoplamento $^3J$, observe que as duas ligações C—H são paralelas em um acoplamento *trans*, enquanto em um acoplamento *cis* são anguladas longe uma da outra. Veja também que o ângulo H—C—H para acoplamento geminal é próximo de 120°, um mínimo virtual para o gráfico da Figura 7.4. Além desses três tipos de acoplamentos, alcenos frequentemente apresentam pequenos acoplamentos de longa distância (alílicos) (Seção 7.2D).

A Figura 7.53 é um espectro de ácido crotônico. Veja se consegue atribuir os picos e explicar os acoplamentos nesse composto (desenhe um diagrama de árvore). O pico do ácido não é mostrado no espectro em escala real, mas aparece nas expansões, em 12,2 ppm. Lembre-se também de que $^3J_{trans}$ é bastante grande em um alceno, enquanto os acoplamentos alílicos serão pequenos. Podem-se descrever os multipletos como um dubleto de dubletos (1,92 ppm), um dubleto de quartetos (5,86 ppm) e um dubleto de quartetos (7,10 ppm) com os picos dos dois quartetos se sobrepondo.

## 7.9 MEDINDO CONSTANTES DE ACOPLAMENTO – ANÁLISE DE UM SISTEMA ALÍLICO

Nesta seção, faremos a análise do espectro de RMN-FT em 300 MHz do 4-aliloxianisol. O espectro completo está na Figura 7.54. Os hidrogênios do sistema alílico são rotulados de *a* a *d*. Também aparecem os hidrogênios de grupo metoxi (singletos de três prótons em 3,78 ppm) e as ressonâncias do anel do benzeno *para*-dissubstituído (multipleto de segunda ordem em 6,84 ppm). A origem do padrão de *para*-dissubstituição será abordada na Seção 7.10B. A principal preocupação aqui será explicar os padrões de separação alílica e determinar as várias constantes de acoplamento. As atribuições exatas dos multipletos no grupo alílico dependem não apenas de seus valores de deslocamento químico, mas também dos padrões de desdobramento observados. Deve-se realizar uma análise inicial antes de definir qualquer atribuição.

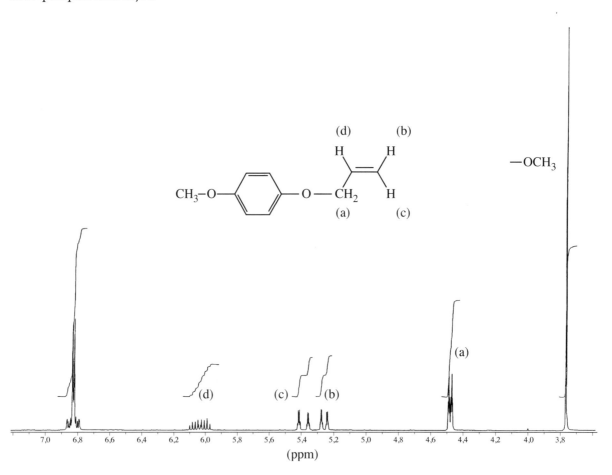

**FIGURA 7.54** Espectro de RMN de $^1$H em 300 MHz do 4-aliloxianisol.

### Análise inicial

O grupo OCH$_2$ alílico (4,48 ppm), que recebeu o nome de *a* no espectro, é o multipleto mais fácil de identificar, já que integra 2H. Está também na faixa de deslocamento químico esperada para um grupo de prótons em um átomo de carbono ligado a um átomo de oxigênio. Tem um deslocamento químico maior do que o grupo metoxi mais acima (3,77 ppm) porque está conectado à ligação dupla carbono-carbono, assim como ao átomo de oxigênio.

É provável que o hidrogênio ligado ao mesmo carbono da ligação dupla que o grupo $OCH_2$ tenha o padrão mais largo e mais complicado (*d*, no espectro). Esse padrão deve ser bem espalhado no espectro porque o primeiro desdobramento pelo qual passará é um grande desdobramento $^3J_{cd}$ a partir do $H_c$ *trans*, seguindo por outro forte acoplamento $^3J_{bd}$ a partir de $H_b$ *cis*. O grupo $OCH_2$ adjacente produzirá mais um desdobramento (menor), em tripletos $^3J_{ad}$. Por fim, todo o padrão integra apenas 1H.

Atribuir os dois hidrogênios vinila terminais depende da diferença de magnitude entre um acoplamento *cis* e um *trans*. O $H_c$ terá um padrão *mais largo* do que $H_b$, pois ocorrerá um acoplamento *trans* $^3J_{cd}$ a $H_d$, enquanto $H_b$ passará por um acoplamento *cis* $^3J_{bd}$ menor. Portanto, o multipleto com maior espaçamento é atribuído para $H_c$, e o multipleto mais estreito, para $H_b$. Note também que cada um desses multipletos integra 1H.

Essas atribuições preliminares são tentativas e devem passar pelo teste de uma análise de árvore completa com constantes de acoplamento, o que exigirá uma expansão de todos os multipletos, de forma que o valor exato (em hertz) de cada subpico possa ser medido. Dentro de limites de erro razoáveis, todas as constantes de acoplamento devem coincidir em magnitude, onde quer que apareçam.

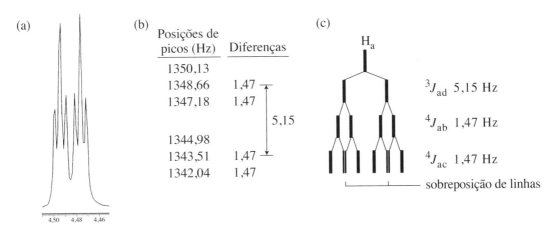

**FIGURA 7.55** Aliloxianisol. (a) Expansão de $H_a$, (b) posições de pico (Hz) e diferenças de frequência selecionadas e (c) diagrama de árvore das separações que mostra a origem do padrão de separação.

### Análise baseada em árvore e determinação de constantes de acoplamento

A melhor forma de começar a análise de um sistema complicado é com o padrão de desdobramento **mais simples**. Nesse caso, começaremos com os prótons $OCH_2$ do multipleto *a*. A Figura 7.55a mostra a expansão desse multipleto. Parece ser um dubleto de tripletos (dt), mas um exame da estrutura molecular (ver Figura 7.54) nos levaria a acreditar que esse multipleto deve ser um dubleto de dubleto de dubletos (ddd), sendo o grupo $OCH_2$ separado, primeiro, por $H_d$ ($^3J_{ad}$), depois por $H_b$ ($^4J_{ab}$) e, por fim, por $H_c$ ($^4J_{ac}$) – e cada um deles é um único próton. Um dubleto de tripletos poderia surgir apenas se (por coincidência) $^4J_{ab} = {}^4J_{ac}$. Podemos descobrir se é o caso extraindo as constantes de acoplamento e construindo um diagrama de árvore. A Figura 7.55b dá as posições dos picos no multipleto. Em posse das diferenças aproximadas (ver Seção 7.6), podemos extrair duas constantes de acoplamento com magnitudes de 1,5 Hz e 5,2 Hz. O maior valor está na faixa correta para um acoplamento vicinal ($^3J_{ad}$), e o menor valor deve ser idêntico tanto para acoplamentos alílicos *cis* quanto para *trans* ($^4J_{ab}$ e $^4J_{ac}$). Isso levaria ao diagrama de árvore da Figura 7.55c. Note que, quando os dois acoplamentos menores são equivalentes (ou quase equivalentes), as linhas centrais do dubleto final coincidem, ou se sobrepõem, e geram tripletos em vez de pares de dubletos. Começaremos presumindo que isso está certo. Se estivermos errados, será difícil deixar o restante dos padrões consistente com esses valores.

A seguir consideremos $H_b$. A expansão desse multipleto (Figura 7.56a) mostra que ele é, aparentemente, um dubleto de tripletos. O maior acoplamento deveria ser o acoplamento *cis* $^3J_{bd}$, que produziria um dubleto. O acoplamento geminal $^2J_{bc}$ produziria outro par de dubletos (dd), e o acoplamento geminal alílico $^4J_{ab}$, tripletos (dois prótons $H_a$). O padrão final esperado seria um dubleto de dubleto de tripletos (ddt) com seis picos em cada metade do padrão de desdobramento. Como se observam apenas quatro picos, deve haver uma sobreposição tal qual a apontada para $H_a$. A Figura 7.56c indica que isso poderia acontecer se $^2J_{bc}$ e $^4J_{ab}$ fossem pequenos e tivessem praticamente a mesma magnitude. Na verdade, os dois valores de *J* parecem ser coincidentemente os mesmos (ou semelhantes), e isso não é inesperado (ver os típicos valores geminais e alílicos nas Seções 7.2D). A Figura 7.56b também prova que apenas dois valores de *J* diferentes podem ser extraídos a partir das posições dos picos (1,5 e 10,3 Hz). O diagrama de árvore da Figura 5.56c mostra a solução final: um padrão de dubleto de dubleto de tripletos (ddt) que parece ser um dubleto de quartetos por causa da sobreposição acidental.

Também se esperava que $H_c$ fosse um dubleto de dubleto de tripletos (ddt), mas ele apresenta um dubleto de quartetos, por motivos semelhantes aos explicados para $H_b$. Uma análise da Figura 7.57 explica como isso ocorre. Veja que o primeiro acoplamento ($^3J_{cd}$) é maior que $^3J_{bd}$.

Agora, extraem-se todas as seis constantes de acoplamento para o sistema

$^3J_{cd}$-*trans* = 17,3 Hz         $^2J_{bc}$-*gem* = 1,5 Hz
$^3J_{bd}$-*cis* = 10,3 Hz          $^4J_{ab}$-alílico = 1,5 Hz
$^3J_{ad}$ = 5,2 Hz                  $^4J_{ac}$-alílico = 1,5 Hz

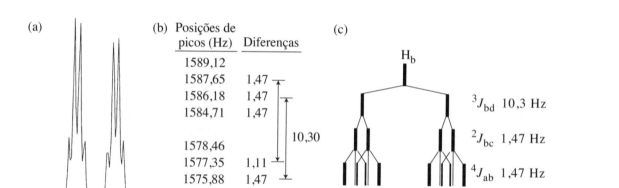

**FIGURA 7.56** Aliloxianisol. (a) Expansão de $H_b$, (b) posições de pico (Hz) e algumas diferenças de frequência, (c) diagrama de árvore dos desdobramentos que mostra a origem do padrão de desdobramento.

Não se analisou $H_d$, mas no próximo parágrafo faremos isso *por previsão*. Veja que três constantes de acoplamento (imagina-se que todas sejam pequenas) são equivalentes ou praticamente equivalentes. Isso ou é pura coincidência ou teria alguma relação com uma incapacidade do espectrômetro de RMN de resolver com mais clareza diferenças muito pequenas entre elas. Em qualquer caso, observe uma pequena inconsistência na Figura 7.56b: uma das diferenças é 1,1 Hz, em vez de 1,5 Hz, como era previsto.

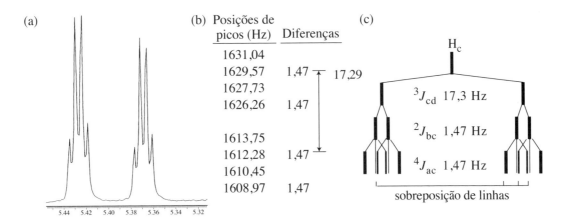

**FIGURA 7.57** Aliloxianisol. (a) Expansão de H$_c$, (b) posições de pico (Hz) e algumas diferenças de frequência, (c) diagrama de árvore dos desdobramentos que mostra a origem do padrão de desdobramento.

### Próton d – uma previsão baseada nos valores de *J* já determinados

A Figura 7.58a apresenta uma expansão do padrão de desdobramento para H$_d$, e os valores de pico em Hz aparecem na Figura 7.58b. O padrão observado será previsto usando os valores de *J* que acabamos de determinar para verificar os resultados. Se as constantes tiverem sido corretamente obtidas, seremos capazes de prever corretamente o padrão de desdobramento. Isso ocorre na Figura 7.58c, em que a árvore é construída em escala por valores de *J* já determinados. O padrão previsto é um dubleto de dubleto de tripletos (ddt), que teria seis picos em cada metade do multipleto simétrico. Entretanto, por causa das sobreposições, vê-se que o que surge assemelha-se a quintetos sobrepostos, o que vai ao encontro do espectro observado, validando assim nossa análise. Há aqui outra pequena inconsistência: o acoplamento *cis* ($^3J_{bd}$) medido na Figura 7.56 foi de 10,3 Hz; o mesmo acoplamento medido a partir do multipleto H$_d$ é $^3J_{bd} = 10,7$ Hz. Qual é o valor verdadeiro de $^3J_{bd}$? As linhas na ressonância H$_d$ são mais agudas do que as da ressonância de H$_b$, porque H$_d$ não experimenta os pequenos acoplamentos de longo alcance alílicos, que são praticamente idênticos em magnitude. Em geral, valores de *J* medidos a partir de ressonâncias agudas, descomplicadas, são mais confiáveis do que os medidos a partir de picos ampliados. É mais provável que a verdadeira magnitude de acoplamento para $^3J_{bd}$ seja por volta de 10,7 Hz, em vez de 10,3 Hz.

### O método

Veja que começamos com o padrão *mais simples*, determinando sua árvore de desdobramento e extraindo as constantes de acoplamento relevantes. Depois, fomos para o padrão mais complicado seguinte, realizando essencialmente o mesmo procedimento, certificando-nos de que os valores de quaisquer constantes de acoplamento compartilhadas pelos dois padrões coincidissem (dentro do erro experimental). Se não coincidirem, algo está errado, e deve-se retroceder e começar novamente. Com a análise do terceiro padrão, foram obtidas todas as constantes de acoplamento. Por fim, em vez de obter constantes a partir do último padrão, o padrão foi previsto usando as constantes já determinadas. É sempre uma boa ideia prever o padrão final como um método de validação. Se o padrão previsto equivale ao padrão determinado de modo experimental, então muito provavelmente ele está correto.

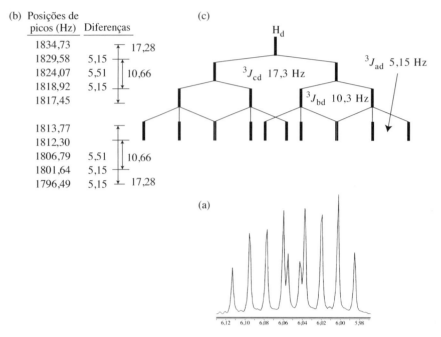

**FIGURA 7.58** Aliloxianisol. (a) Expansão de H$_d$, (b) posições de pico (Hz) e algumas diferenças de frequência, (c) diagrama de árvore dos desdobramentos que mostra a origem do padrão de desdobramento.

## 7.10 COMPOSTOS AROMÁTICOS – ANÉIS BENZÊNICOS SUBSTITUÍDOS

Anéis fenila são tão comuns em compostos orgânicos que é importante saber algumas coisas sobre absorções de RMN em compostos que os contenham. Em geral, os prótons do anel em um sistema benzênico aparecem próximo de 7 ppm, contudo substituintes do anel que retiram elétrons (por exemplo, nitro, ciano, carboxila e carbonila) movem para baixo a ressonância desses prótons, e substituintes do anel que doam elétrons (por exemplo, metoxi ou amina) movem-na para cima. A Tabela 7.9 mostra essas tendências para uma série de compostos benzênicos simetricamente *para*-dissubstituídos. Os compostos *p*-dissubstituídos foram escolhidos porque seus dois planos de simetria deixam equivalentes todos os hidrogênios. Cada composto gera apenas um pico aromático (um singleto) no espectro de RMN de prótons. Adiante, veremos que, em sistemas com padrões de substituição diferentes, algumas posições são afetadas com mais intensidade do que outras. A Tabela A6.3, no Apêndice 6, permite que se façam estimativas grosseiras de alguns desses deslocamentos químicos.

Nas seções a seguir, tentaremos abordar alguns dos tipos mais importantes de substituição em anel benzênico. Em muitos casos, será necessário examinar espectros de exemplo obtidos em 60 e 300 MHz. Muitos anéis benzênicos apresentam separações de segunda ordem em 60 MHz, mas são essencialmente de primeira ordem em 300 MHz ou em campos mais altos.

**Tabela 7.9 Deslocamentos químicos de $^1$H em compostos benzênicos *p*-dissubstituídos**

| Substituinte X | δ (ppm) | |
|---|---|---|
| —OCH$_3$ | 6,80 | ⎫ |
| —OH | 6,60 | ⎬ Doadores de elétrons |
| —NH$_2$ | 6,36 | ⎬ |
| —CH$_3$ | 7,05 | ⎭ |
| —H | 7,32 | |
| —COOH | 8,20 | ⎫ Retiradores de elétrons |
| —NO$_2$ | 8,48 | ⎭ |

## A. Anéis monossubstituídos

### Alquilbenzenos

Em benzenos monossubstituídos em que o substituinte não é um grupo forte nem para retirar nem para doar elétrons, todos os prótons do anel geram o que parece ser uma *ressonância única* quando o espectro é determinado em 60 MHz. Trata-se de uma ocorrência particularmente comum em benzenos alquil--substituídos. Apesar de os prótons *orto, meta* e *para* ao substituinte não serem quimicamente equivalentes, normalmente geram um único pico de absorção não resolvido. Nessas condições, todos os prótons são praticamente equivalentes. Os espectros de RMN das partes aromáticas de compostos alquilbenzênicos são bons exemplos desse tipo de circunstância. A Figura 7.59a é o espectro de $^1$H em 60 MHz do etilbenzeno.

O espectro em 300 MHz do etilbenzeno (Figura 7.59b) apresenta uma imagem bem diferente. Com os deslocamentos de frequência maiores em campos mais altos (ver Figura 5.35), os prótons aromáticos (que eram praticamente equivalentes em 60 MHz) são bem separados em dois grupos. Os prótons *orto* e *para* aparecem mais para cima do que os prótons *meta*. O padrão de desdobramento é claramente de segunda ordem.

### Grupos que doam elétrons

Quando grupos que doam elétrons são ligados ao anel aromático, prótons do anel não são equivalentes, nem mesmo em 60 MHz. Fica claro que um substituinte altamente ativo, como o metoxi, aumenta a densidade eletrônica nas posições *orto* e *para* do anel (por ressonância) e ajuda a dar a esses prótons uma blindagem maior do que a existente nas posições *meta* e, assim, um deslocamento químico substancialmente diferente.

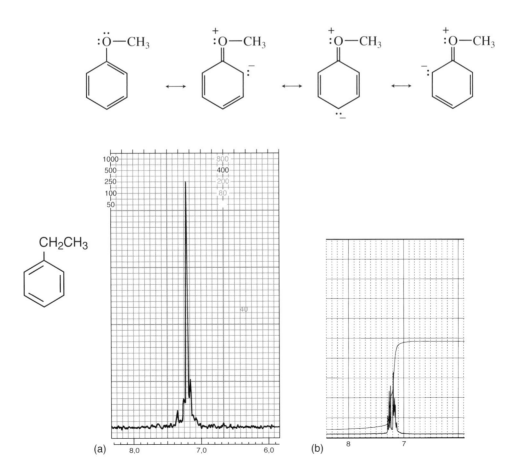

**FIGURA 7.59** Partes do anel aromático do espectro de RMN de $^1$H do etilbenzeno em (a) 60 MHz e (b) 300 MHz.

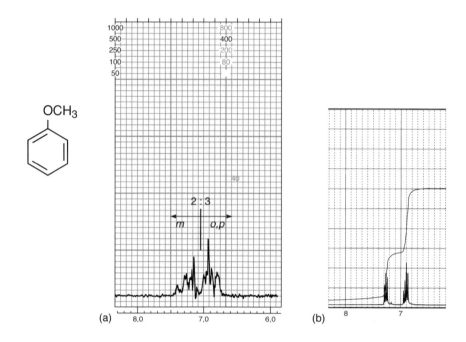

**FIGURA 7.60** Partes do anel aromático do espectro de RMN de ¹H do anisol em (a) 60 MHz e (b) 300 MHz.

Em 60 MHz, para o anisol (metoxibenzeno), essa diferença de deslocamento químico resulta em um padrão de desdobramento de segunda ordem complicado, mas os prótons claramente caem em dois grupos: os prótons *orto/para* e os prótons *meta*. O espectro de RMN em 60 MHz da parte aromática do anisol (Figura 7.60) tem um multipleto complexo para prótons *o, p* (que integram três prótons) acima dos prótons *meta* (que integram dois prótons), com clara separação entre os dois tipos. A anilina (aminobenzeno) oferece um espectro semelhante, também com separação 3:2, por causa do efeito de liberação de elétrons do grupo amina.

O espectro em 300 MHz do anisol mostra a mesma separação entre os hidrogênios *orto/para* (para cima) e os hidrogênios *meta* (para baixo). Contudo, como é maior o deslocamento real Δν (em hertz) entre os dois tipos de hidrogênios, em 300 MHz há menos interação de segunda ordem e as linhas no padrão são mais agudas. Na realidade, poder-se-ia tentar interpretar o padrão observado como se fosse de primeira ordem, mas lembre-se de que os prótons em lados opostos do anel não são magneticamente equivalentes, mesmo que haja um plano de simetria (ver Seção 7.3). O anisol é um sistema de *spin* AA'BB'C.

### Anisotropia – Grupos que retiram elétrons

Espera-se que um grupo carbonila ou nitro, por retirar elétrons, apresente (além dos efeitos de anisotropia) um efeito inverso. Imagina-se que o grupo aja de forma que diminua a densidade eletrônica ao redor das posições *orto* e *para*, desblindando assim os hidrogênios *orto* e *para* e gerando um padrão exatamente inverso ao mostrado para o anisol (razão 3:2, para baixo:para cima). Confirme isso desenhando estruturas de ressonância. Todavia, os espectros de RMN verdadeiros do nitrobenzeno e do benzaldeído não têm as aparências que se poderia imaginar com base nas estruturas de ressonância. Em vez disso, os prótons *orto* são muito mais desblindados do que os prótons *meta* e *para*, devido à anisotropia magnética das ligações π nesses grupos.

Observa-se anisotropia quando um grupo substituinte liga um grupo carbonila diretamente ao anel benzênico (Figura 7.61). Mais uma vez, os prótons do anel caem em dois grupos, com os prótons *orto* mais para baixo do que os prótons *meta/para*. Tanto o benzaldeído (Figura 7.62) quanto a acetofenona apresentam esse efeito em seus espectros de RMN. Às vezes observa-se um efeito semelhante, quando uma ligação dupla de carbono-carbono é ligada ao anel. O espectro em 300 MHz do benzaldeído (Figura 7.62b) é quase um espectro de primeira ordem (talvez um espectro enganosamente simples do tipo AA'BB'C) e apresenta um dubleto (H_C, 2H), um tripleto (H_B, 1H) e um tripleto (H_A, 2H).

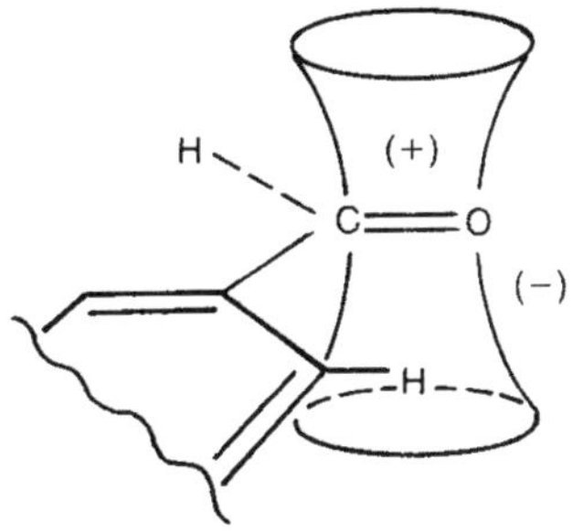

FIGURA 7.61 Desblindagem anisotrópica dos prótons *orto* do benzaldeído.

## B. Anéis para-*dissubstituídos*

Dos possíveis padrões de substituição de um anel benzênico, apenas alguns são facilmente reconhecidos. Um desses é o anel benzênico *para*-dissubstituído. Examinemos o anetol (Figura 7.63a) como um primeiro exemplo. Em razão de esse composto ter um plano de simetria (que atravessa os grupos metoxi e propenila), imagina-se que os prótons $H_a$ e $H_a'$ (ambos *orto* ao $OCH_3$) tenham o mesmo deslocamento químico. Os prótons $H_b$ e $H_b'$ também deveriam ter o mesmo deslocamento químico. E vê-se que é o caso. Pode-se pensar que ambos os lados do anel deveriam, então, ter padrões de desdobramento idênticos. Presumindo isso, fica-se tentado a observar separadamente cada lado do anel, esperando um padrão em que o próton $H_b$ desdobra o próton $H_a$ em um dubleto, e o próton $H_a$ desdobra o próton $H_b$ em um segundo dubleto.

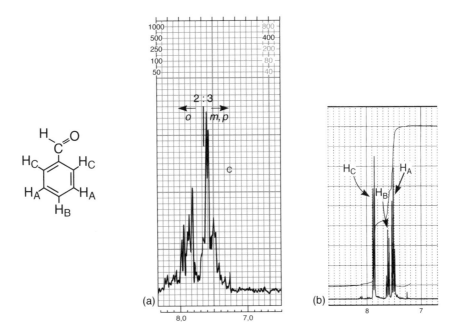

FIGURA 7.62 Partes do anel aromático do espectro de RMN de ¹H do benzaldeído em (a) 60 MHz e (b) 300 MHz.

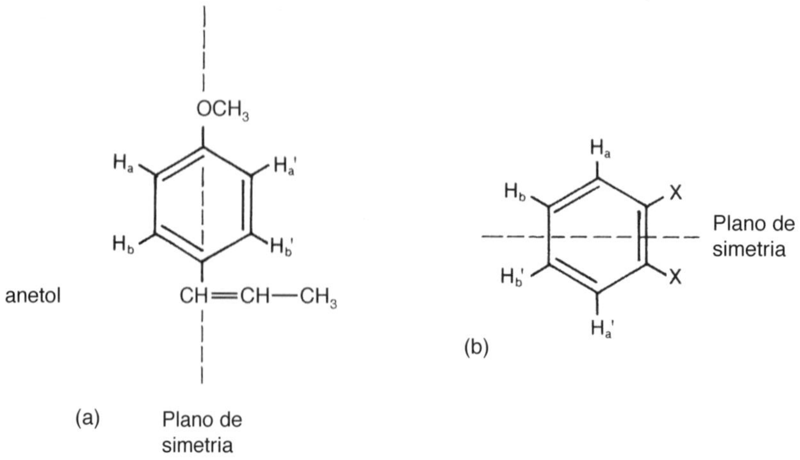

**FIGURA 7.63** Planos de simetria presentes em (a) um anel benzênico *para*-dissubstituído (anetol) e em (b) um anel benzênico *orto*-dissubstituído simétrico.

Uma análise do espectro de RMN do anetol (Figura 7.64a) mostra (de maneira grosseira) exatamente esse padrão de quatro linhas para os prótons do anel. Na verdade, um anel *para*-dissubstituído é facilmente reconhecido por esse padrão de quatro linhas. Contudo, as quatro linhas não correspondem a um padrão de desdobramento de primeira ordem. Isso ocorre porque os dois prótons $H_a$ e $H_a'$ *não são magneticamente equivalentes* (Seção 7.3). Os prótons $H_a$ e $H_a'$ interagem um com o outro e têm constante de acoplamento finita: $J_{aa}'$. Do mesmo modo, $H_b$ e $H_b'$ interagem um com o outro e têm constante de acoplamento $J_{bb}'$. Mais importante ainda, $H_a$ não interage igualmente com $H_b$ (*orto* com $H_a$) e com $H_b'$ (*para* com $H_a$), isto é, $J_{ab} \neq J_{ab}'$. Se $H_b$ e $H_b'$ são acoplados de maneira diferente com $H_a$, não podem ser magneticamente equivalentes. Sob outra perspectiva, $H_a$ e $H_a'$ também não podem ser magneticamente equivalentes, porque são acoplados de maneira diferente com $H_b$ e com $H_b'$, o que sugere que a situação é mais complicada do que pode parecer de início. Um olhar mais atento sobre a Figura 7.64a mostra que esse é, de fato, o caso. Quando se expande a escala de partes por milhão, esse padrão, na verdade, parece-se com quatro tripletos distorcidos, como se vê na Figura 7.65. O padrão é um espectro AA'BB'.

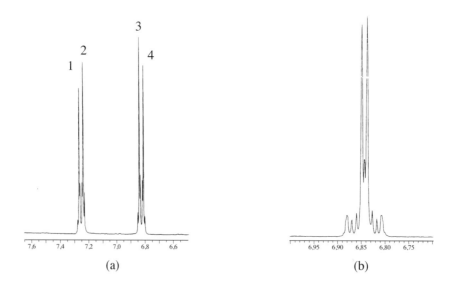

**FIGURA 7.64** Partes do anel aromático do espectro de RMN de $^1H$ em 300 MHz do (a) anetol e do (b) 4-aliloxianisol.

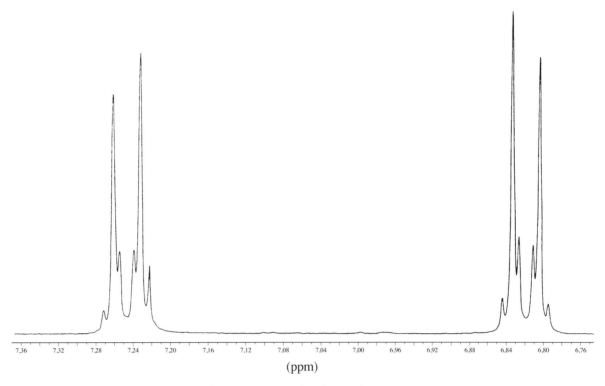

**FIGURA 7.65** Padrão expandido AA'BB' benzênico *para*-dissubstituído.

Deixaremos essa análise do padrão de segunda ordem para textos mais avançados. Observe, contudo, que um espectro bruto de quatro linhas é característico de um anel *para*-dissubstituído. Também é característico de um anel *orto*-dissubstituído do tipo mostrado na Figura 7.63b, em que os dois substituintes *orto* são idênticos, levando a um plano de simetria.

Como os deslocamentos químicos de $H_a$ e $H_b$ se aproximam, o padrão *para*-dissubstituído torna-se semelhante ao do 4-aliloxianisol (Figura 7.64b). Os picos internos aproximam-se, e os externos tornam-se menores ou até mesmo desaparecem. Por fim, quando $H_a$ e $H_b$ aproximam-se bem em termos de deslocamento químico, os picos externos desaparecem, e os dois picos internos colapsam-se em um *singleto*; *p*-xileno, por exemplo, gera um singleto em 7,05 ppm (Tabela 7.9). Assim, uma única ressonância aromática que integre quatro prótons pode facilmente representar um anel *para*-dissubstituído, mas os substituintes obviamente teriam de ser idênticos.

## C. Outra substituição

Outros modos de substituição de anel podem, frequentemente, levar a padrões de desdobramento mais complicados do que os dos casos anteriormente mencionados. Em anéis aromáticos, o acoplamento é normalmente estendido além dos átomos de carbono adjacentes. Na verdade, prótons *orto*, *meta* e *para* podem interagir, apesar de, em geral, não se observar esta última interação (*para*). A seguir indicamos os valores de *J* típicos dessas interações:

*orto*
$^3J = 7-10$ Hz

*meta*
$^4J = 1-3$ Hz

*para*
$^5J = 0-1$ Hz

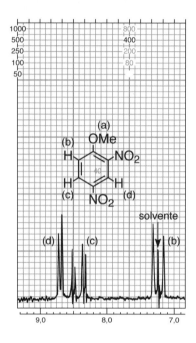

**FIGURA 7.66** Parte do anel aromático do espectro de RMN de $^1$H em 60 MHz do 2,4-dinitroanisol.

O composto trissubstituído 2,4-dinitroanisol apresenta todos os tipos de interação mencionados. A Figura 7.66 mostra a parte do anel aromático do espectro de RMN de $^1$H em 60 MHz do 2,4-dinitroanisol, e a Figura 7.67 é sua análise. Nesse exemplo, como é normal, o acoplamento entre os prótons *para* é essencialmente zero. Note também os efeitos dos grupos nitro sobre os deslocamentos químicos dos prótons adjacentes. O próton H$_D$, que fica entre dois grupos nitro, tem o maior deslocamento químico (8,72 ppm). O próton H$_C$, que é afetado apenas pela anisotropia de um único grupo nitro, não é tão deslocado para baixo.

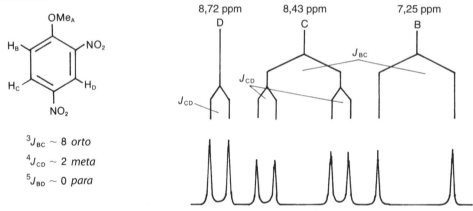

**FIGURA 7.67** Análise do padrão de desdobramento no espectro de RMN de $^1$H em 60 MHz do 2,4-dinitroanisol.

A Figura 7.68 mostra os espectros de $^1$H em 300 MHz das regiões do anel aromático da 2-, 3- e 4-nitroanilina (os isômeros *orto, meta* e *para*). O padrão característico de um anel *para*-dissubstituído facilita o reconhecimento da 4-nitroanilina. Aqui, os prótons em lados opostos do anel não são magneticamente equivalentes, e a separação observada é de segunda ordem. No entanto, os padrões de desdobramento para a 2- e 3-nitroanilina são mais simples, e em 300 MHz uma análise de primeira ordem bastará para explicar os espectros. Como exercício, tente analisar esses padrões, atribuindo os multipletos a prótons específicos no anel. Em suas atribuições, use as multiplicidades indicadas (s, d, t etc.) e os deslocamentos químicos esperados. As interações *meta* e *para* podem ser ignoradas, lembrando que os acoplamentos $^4J$ e $^5J$ terão magnitudes muito pequenas para serem observadas na escala em que essas figuras são apresentadas.

As Figuras 7.69 e 7.70 são os espectros expandidos dos prótons do anel do 2-nitrofenol e do 3-nitrobenzoico, sem indicar, respectivamente, as ressonâncias do fenol e do ácido. Nesses espectros, a posição de cada subpico é dada em hertz. Para esses espectros, deveria ser possível não apenas atribuir picos para hidrogênios específicos, mas também deduzir diagramas de árvore com constantes de acoplamento discretas para cada interação (ver Problema 1 no fim deste capítulo).

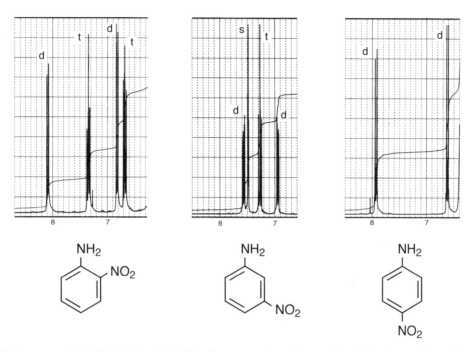

**FIGURA 7.68** Espectros de RMN de ¹H em 300 MHz das partes do anel aromático da 2-, 3- e 4-nitroanilina.

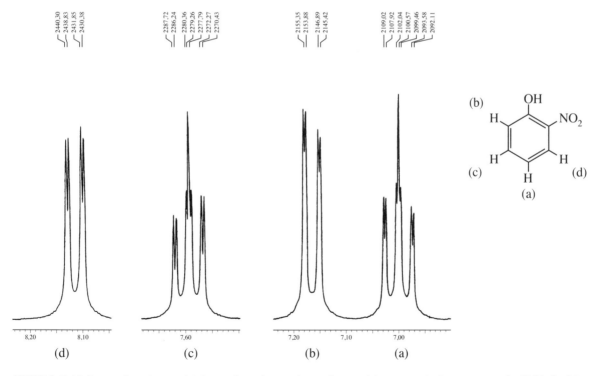

**FIGURA 7.69** Expansões dos multipletos de prótons do anel aromático a partir do espectro de RMN de ¹H em 300 MHz do 2-nitrofenol. A ressonância do hidroxila não é apresentada.

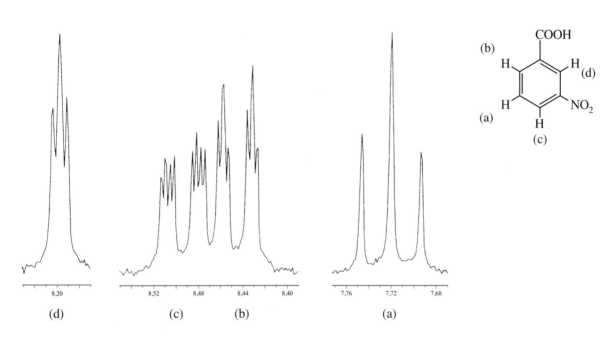

**FIGURA 7.70** Expansões dos multipletos de prótons de anel aromático a partir do espectro de RMN de ¹H em 300 MHz do ácido 3-nitrobenzoico. A ressonância do ácido não é apresentada.

## 7.11 ACOPLAMENTOS EM SISTEMAS HETEROAROMÁTICOS

Sistemas heteroaromáticos (furanos, pirróis, tiofenos, piridinas etc.) mostram acoplamentos análogos aos dos sistemas benzênicos. Nos furanos, por exemplo, ocorre acoplamento entre todos os prótons do anel. A seguir, indicamos os típicos valores de constantes de acoplamento para furanoides. Acoplamentos análogos em sistemas pirrólicos têm magnitudes semelhantes.

$$^{3}J_{\alpha\beta} = 1{,}6\text{–}2{,}0 \text{ Hz}$$
$$^{4}J_{\alpha\beta'} = 0{,}3\text{–}0{,}8 \text{ Hz}$$
$$^{4}J_{\alpha\alpha'} = 1{,}3\text{–}1{,}8 \text{ Hz}$$
$$^{3}J_{\beta\beta'} = 3{,}2\text{–}3{,}8 \text{ Hz}$$

A estrutura e o espectro do álcool furfurílico estão na Figura 7.71. São indicados apenas os hidrogênios do anel, sem incluir as ressonâncias da cadeia lateral hidroximetila (—CH$_2$OH). Determine um diagrama de árvore para os desdobramentos existentes nessa molécula e a magnitude das constantes de acoplamento (ver Problema 1 no fim deste capítulo). Note que o próton H$_a$ não apenas mostra acoplamento com os outros dois hidrogênios do anel (H$_b$ e H$_c$), mas também parece ter uma pequena interação *cis*-alílica não resolvida com o grupo metileno (CH$_2$).

A Figura 7.72 mostra as ressonâncias de prótons do anel da 2-picolina (2-metilpiridina), mas não inclui a ressonância do metila. Determine um diagrama de árvore que explique os desdobramentos observados e extraia os valores de constantes de acoplamento (ver Problema 1 no fim deste capítulo). Os típicos valores de constantes de acoplamento para um anel piridina são diferentes dos de acoplamentos análogos no benzeno:

$^3J_{ab} = 4{-}6$ Hz    $^3J_{bc} = 7{-}9$ Hz

$^4J_{ac} = 0{-}2{,}5$ Hz    $^4J_{bd} = 0{,}5{-}2$ Hz

$^5J_{ad} = 0{-}2{,}5$ Hz

$^4J_{ae} = <1$ Hz

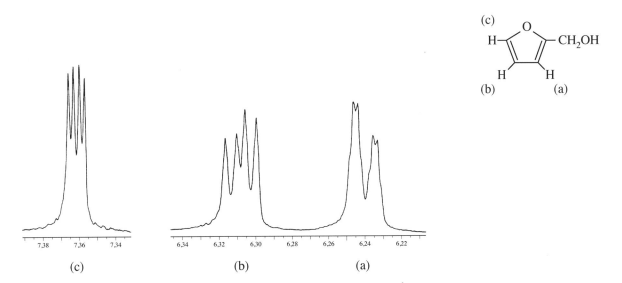

**FIGURA 7.71** Expansões das ressonâncias de prótons do anel a partir do espectro de RMN de $^1$H em 300 MHz do álcool furfurílico. Não são apresentadas as ressonâncias da cadeia lateral hidroximetila.

Os picos originados do próton H$_d$ são bem largos, sugerindo que alguns desdobramentos, devido a interações de longo alcance, podem não ter sido totalmente resolvidos. Pode também haver acoplamento desse hidrogênio com o nitrogênio adjacente ($I = 1$) ou um efeito de alargamento por quadripolo (Seção 8.5). É possível encontrar valores de constantes de acoplamento para outros heterociclos no Apêndice 5.

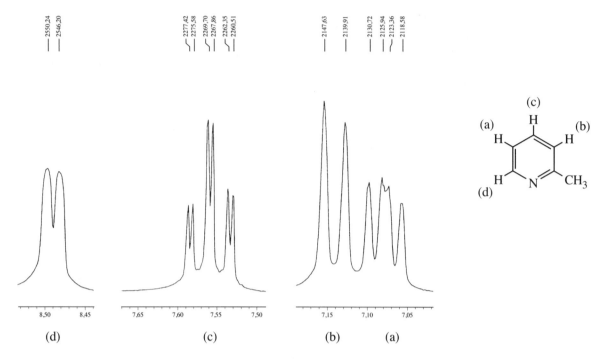

**FIGURA 7.72** Expansões das ressonâncias de prótons do anel a partir do espectro de RMN de ¹H em 300 MHz da 2-picolina (2-metilpiridina). Não é apresentada a ressonância do metila.

## 7.12 ACOPLAMENTO HETERONUCLEAR DE ¹H COM ¹⁹F E ³¹P

O acoplamento heteronuclear de ¹³C com ¹⁹F e de ¹³C com ³¹P foi analisado nas Seções 6.15 e 6.16. O flúor-19 é o único isótopo natural desse elemento, enquanto o fósforo tem mais do que um isótopo, sendo o fósforo-31 o mais abundante. Esta seção tratará de acoplamentos de ¹H com ¹⁹F e ³¹P. Como o ¹⁹F e o ³¹P têm um *spin* nuclear de 1/2, os princípios discutidos anteriormente neste capítulo aplicam-se diretamente para interpretar ressonâncias de ¹H acopladas a esses elementos.

### A. Acoplamentos de ¹H com ¹⁹F

As constantes de acoplamento de ¹⁹F com ¹H podem ser muito grandes, e pode-se esperar que os valores de acoplamentos ²*J* e ³*J* serão muito maiores do que as constantes de acoplamento típicas de ¹H com ¹H. Os exemplos seguintes mostram os efeitos dos acoplamentos ²*J* e ³*J* de ¹H com ¹⁹F, de como o próton se afasta do átomo de flúor eletronegativo.

$^{2}J_{HF} \sim 50$ Hz  $\qquad$ $^{3}J_{HF} \sim 20$ Hz

Lembre-se de que os prótons no espectro acoplarão com os átomos de flúor bem como com prótons adjacentes. Considere como um primeiro exemplo o espectro de ¹H com 2-fluoroetanol mostrado na Figura 7.73.

Observe que os prótons H_b no C2 aparecem com um campo baixo a 4,52 ppm na Figura 7.73. O flúor é muito eletronegativo e desblinda os prótons adjacentes. O padrão para este átomo de hidrogênio pode ser descrito como um dubleto de tripletos. A constante de acoplamento H_b com $^{19}$F é facilmente obtida a partir dos valores em hertz sobre os picos médios em cada tripleto, como $^2J_{HbF}$ = 47,8 Hz (1379,2–1331,5). Obtemos a constante de acoplamento H_c a partir dos padrões de tripleto como $^3J$ = 4,1 Hz, observando a distância entre os picos individuais nos dois tripletos (por exemplo, 1379,3–1375,2 = 4,1 Hz).

Agora olhe para o duplo tripleto de H_a centrado em 3,83 ppm. O valor da constante de acoplamento entre H_b e $^{19}$F ($^3J$) é menor, 29,8 Hz, porque o átomo de flúor está mais distante dos prótons em C1. O valor é calculado subtraindo-se os valores em hertz dos dois picos médios em cada tripleto padrão dos demais (1164,5–1134,7). Esperamos e confirmamos, que os valores de H_ab obtidos de C1 serão praticamente idênticos aos obtidos a partir de C2 (por exemplo, 1168,6–1164,5 = 4,1 Hz). O outro espaçamento dos picos nos tripletos daria origem a valores semelhantes.

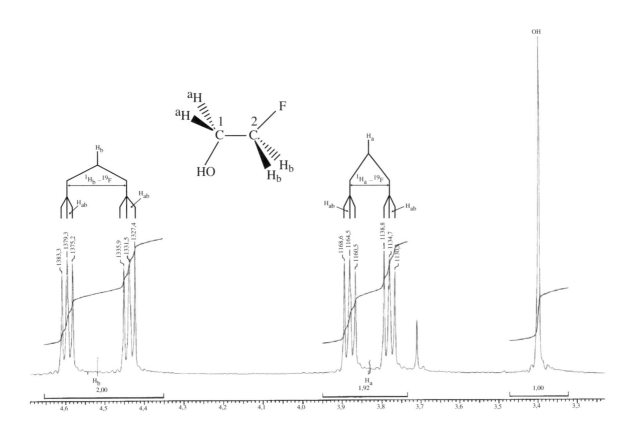

**FIGURA 7.73** Espectro de $^1$H RMN de 2-fluoroetanol (300 MHz, CDCl$_3$)

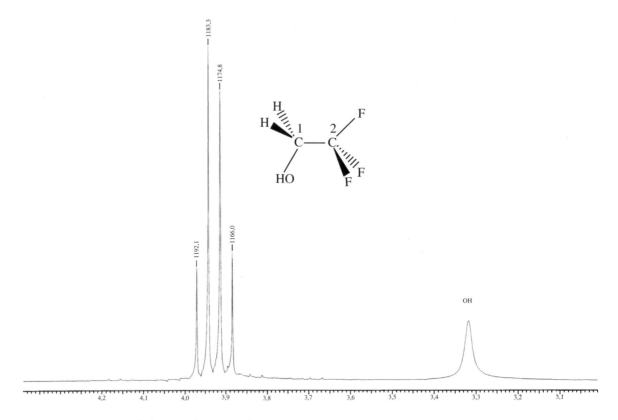

**FIGURA 7.74** Espectro de ¹H RMN de 3,3,3-trifluoroetanol (300 MHz, CDCl₃)

É mostrado na Figura 7.74 um espectro de um composto simples que contém flúor, 2,2,2-trifluoroetanol. Os dois prótons em C1 veem três átomos de flúor em C2, portanto, a Regra do $n + 1$ prevê um quarteto. Assim, prevemos que os prótons ligados a C1 em 3,93 ppm apareçam em um quarteto com $^3J$ entre ¹H e ¹⁹F = 8,8 Hz (1192,1–1183,3). Não há outros prótons no composto para complicar a análise.

### B. Acoplamentos de ¹H com ³¹P

Constantes de acoplamento próton-fósforo variam consideravelmente de acordo com a hibridização do átomo de fósforo para além da distância entre o próton e o fósforo. Por exemplo, átomos de fósforo tetravalentes, tais como no cloreto de tetraetilfosfônio, têm constantes de acoplamento que são maiores do que as constantes de acoplamento ¹H—¹H. Muitas vezes, as constantes de acoplamento diminuem com a distância, mas neste caso, elas aumentam com a distância.

Na Figura 7.75, a ressonância centrada em 1,33 ppm a partir dos prótons metílicos mostra um duplo tripleto. O acoplamento maior é um acoplamento de três ligações entre o fósforo e os hidrogênios metilo e $^3J_{HP}$ = 18,1 Hz (407,1–389,0). O acoplamento é menor entre os grupos metilo e metileno com $^3J_{HH}$ = 7,7 Hz (414,8–407,1). A ressonância centrada em 2,55 ppm na Figura 7.75 pode ser descrita como um dubleto de quartetos. Novamente, o maior acoplamento envolve o núcleo de fósforo e $^2J_{HP}$ = 13,2 Hz

(775,1–761,9 ou 767,4–754,2). A constante de acoplamento $^3J_{HH}$ é, certamente, 7,7 Hz (782,8–775,1) de acordo com o acoplamento $^3J_{HH}$ medido por outro sinal.

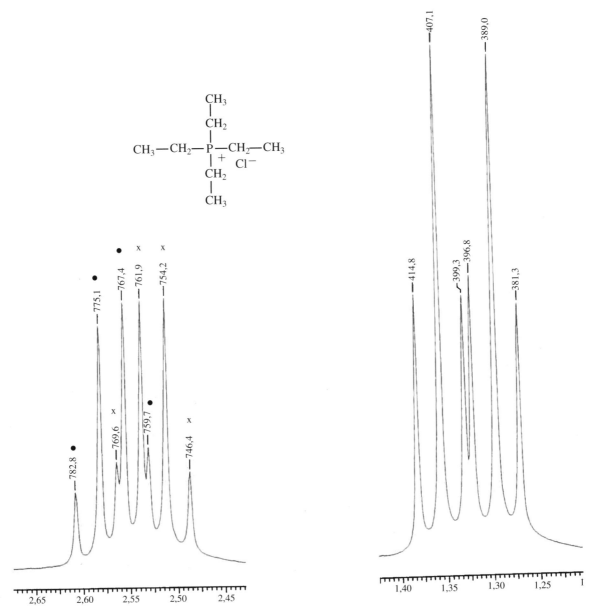

**FIGURA 7.75** Espectro de $^1$H RMN do cloreto tetraetilfosfônio (300 MHz, CDCl$_3$). O padrão centrado em 1,33 ppm é um dubleto de tripletos. O padrão centrado em 2,55 ppm pode ser descrito como um dubleto de quartetos. Um dos quartetos é indicado com pontos. O outro quarteto é mostrado com um x.

Em contraste aos compostos de fósforo tetravalente, átomos de fósforo trivalente, assim como em trimetilfosfina, têm constantes de acoplamento muito pequenas, $^2J$ = 1,8 Hz. Os compostos de fósforo pentavalente, tais como aquelas mostradas, têm constantes de acoplamento $^1J$, $^2J$ e $^3J$ que variam. Normalmente, o acoplamento $^4J_{HP}$ é ~0 Hz.

*dietil metilfosfonato*

| H$_a$ | 1,35 ppm | tripleto | $^3J_{ac} = 7,1$ Hz |
| H$_b$ | 1,48 ppm | dubleto | $^3J_{HP} = 17,6$ Hz |
| H$_c$ | 4,10 ppm | multipleto | $^3J_{ac} = 7,1$ Hz |

*tris(2-cloroetil) fosfato*

| H$_a$ | 3,74 ppm | tripleto | $^3J_{ab} = 5,5$ Hz |
| H$_b$ | 4,34 ppm | dubleto de | $^3J_{HP} = 7,7$ Hz |
|  |  | tripletos | $^3J_{ab} = 5,5$ Hz |

*etil metilfosfonato*

| H$_a$ | 1,35 ppm | tripleto | $^3J_{ac} = 7$ Hz |
| H$_b$ | 1,49 ppm | dubleto | $^3J_{HP} = 17,6$ Hz |
| H$_c$ | 4,10 ppm | aparente quinteto | $^3J_{ac} = 7$ Hz |
|  |  |  | $^3J_{HP} = 8$ Hz |

*dimetil fosfonato*

| H$_a$ | 3,77 ppm | dubleto | $^3J_{HP} = 11,8$ Hz |
| H$_b$ | 6,77 ppm | dubleto | $^1J_{HP} = 697,5$ Hz |

## 7.13 COMO RESOLVER PROBLEMAS DE ANÁLISE DE CONSTANTE DE ACOPLAMENTO

Nesta seção, usaremos a análise da constante de acoplamento para nos auxiliar na solução de problemas de determinação da estrutura. Assim como acontece com qualquer exercício de resolução de problemas, uma abordagem sistemática simplifica a tarefa e ajuda a garantir que não se esqueça de nenhuma informação. Vamos começar com um breve levantamento dos dados de RMN, olhando para deslocamentos químicos, integração e uma descrição superficial da divisão de cada ressonância $^1$H. Normalmente, a partir dessa informação podemos determinar a estrutura bidimensional do composto. A partir disso, uma análise mais pormenorizada das magnitudes dos acoplamentos pode ser utilizada para determinar a informação tridimensional, tais como geometria de uma olefina ou a configuração relativa dos centros estereogênicos.

### EXEMPLO RESOLVIDO 1

A informação espectral de RMN de prótons (300 MHz, CDCl$_3$) apresentada neste problema é de um composto com fórmula C$_{10}$H$_{10}$O$_3$. São mostradas expansões para a região de campo baixo. Determine a estrutura desse composto. Observe a compensação de ressonância em 12,3 ppm.

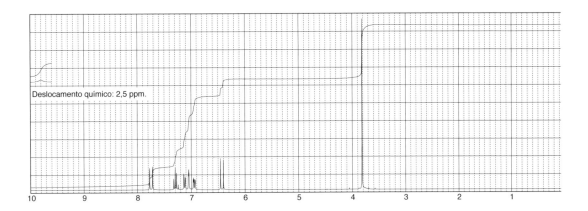

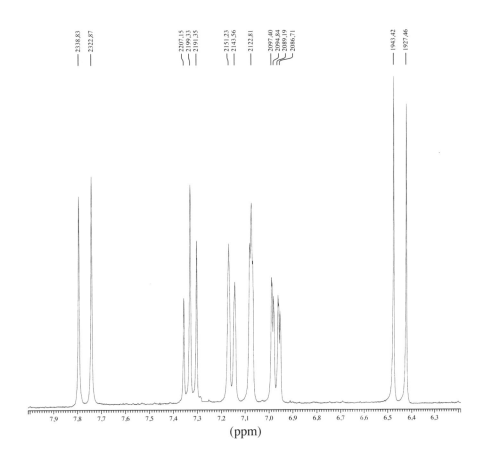

## SOLUÇÃO

A partir da fórmula molecular, $C_{10}H_{10}O_3$ podemos determinar que este composto tem seis unidades de insaturação. Num breve estudo dos dados de RMN, podemos concluir razoavelmente que o composto é um ácido carboxílico com base na largura da ressonância em 12,3 ppm. O ácido carboxílico é responsável por dois átomos de oxigênio e uma unidade de insaturação. Existem seis prótons na região de 8 a 6 ppm, e, com base nos deslocamentos químicos, eles estão ligados a átomos de carbono $sp^2$. O singleto a 3,8 ppm integra com três átomos de hidrogênio, e, com base no desdobramento químico e na fórmula molecular, deve pertencer a um grupo metoxi. Nesse ponto, parece provável que tenha um ácido carboxílico (uma unidade de insaturação), um anel de benzeno (quatro unidades de insaturação) e alceno (a última unidade de insaturação) e um grupo metoxi. Como podemos juntar essas peças?

Vamos olhar para os padrões de desdobramento e constantes de acoplamento dos prótons benzeno/alceno para mais pistas. A medição das constantes de acoplamento para cada

| Sinal | δ (ppm) | int. | Multiplicidade, J (Hz) | Atribuição |
|-------|---------|------|------------------------|------------|
| a | 12,3 | 1 | singleto largo | ácido carboxílico |
| b | 7,77 | 1 | dubleto, J = 16 | *trans*-alceno desblindado |
| c | 7,33 | 1 | tripleto aparente, J = 8 | arilo H com dois vizinhos *orto* |
| d | 7,16 | 1 | dubleto, J = 7,7 | arilo H com um vizinho *orto* |
| e | 7,08 | 1 | tripleto largo, muito baixo J | arilo isolado H (?) |
| f | 6,98 | 1 | dubleto de dubletos, J = 8, 2,5 | arilo H com *orto* e *meta* |
| g | 6,45 | 1 | dubleto, J = 16 | *trans*-alceno |
| h | 3,81 | 3 | singleto | metoxi |

ressonância fornece os valores listados na tabela de resumo a seguir:

As constantes de acoplamento dos prótons arilo e alceno dão informações críticas. Os sinais a 7,77 e 6,45 ppm são parte de um alceno *trans*-1,2-dissubstituído com base na sua grande constante de acoplamento de 16 Hz (Seção 7.8). O padrão de desdobramento e constantes de acoplamento para os prótons aromáticos (Seção 7.10C) são constituídos com um anel 1,3-dissubstituído. A estrutura mais lógica com base nessa informação é o ácido 3-metoxicinâmico:

## EXEMPLO RESOLVIDO 2

Uma porção do espectro de $^1$H RMN (300 MHz, CDCl$_3$) do acetato 2-*tert*-butilciclo-hexil comercialmente disponível (uma mistura de isômeros *cis*/*trans*) é reproduzida a seguir. As ressonâncias mostradas na expansão do próton correspondem ao indicado em negrito na estrutura. Qual diastereômero é o componente principal, e qual é o componente minoritário?

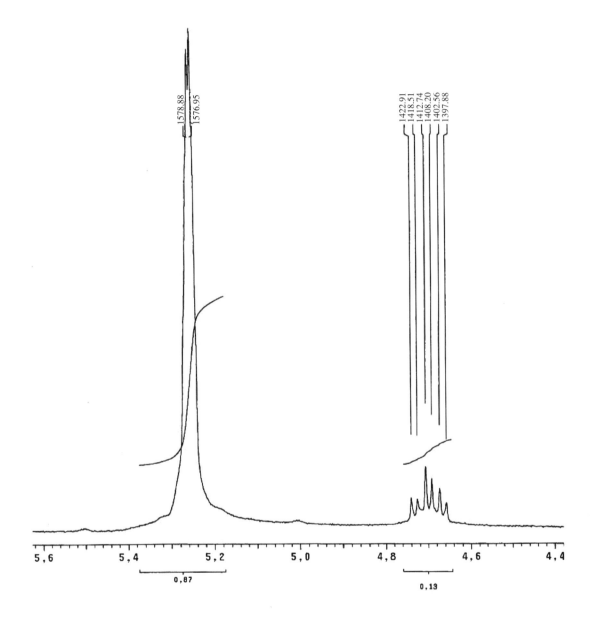

Acetato 2-*tert*-butilciclo-hexil

## SOLUÇÃO

O próton de campo baixo do composto em questão deverá aparecer como um dubleto de dubleto de dubletos (ddd) como resultado de ter três prótons vizinhos, dois dos quais fazem parte de um grupo metileno diastereotópico. A ressonância em 4,7 ppm é relativamente mais fácil de interpretar, então vamos começar por aí. A multiplicidade dessa ressonância pode ser descrita como um tripleto de dubletos (td) ou um dubleto de dubleto de dubletos (ddd) em que dois dos acoplamentos individuais são idênticos (Seção 7.6). As constantes de acoplamento são 10,2, 10,2 e 4,4 Hz. A ressonância a 5,23 ppm é um pouco mais difícil de decifrar. Existe apenas um acoplamento resolvido de ~2 Hz. Isso dificilmente faz sentido para um próton com três vizinhos. No entanto, se todos os acoplamentos desse próton forem suficientemente pequenos e semelhantes em magnitude, a sobreposição pode resultar em uma ressonância alargada como a deste exemplo. Lembre-se de que a largura total de um multipleto de primeira ordem é a soma das constantes de acoplamento individuais (Seção 7.6), que neste caso significa que a soma dos três acoplamentos devem ser ~10 Hz.

Para determinar qual diastereômero está presente em maior quantidade, teremos de considerar a conformação dos estereoisômeros em solução e usar nosso conhecimento de constantes de acoplamento. A conformação dominante para cada diastereômero terá o grupo *tert*-butilo volumoso na posição equatorial:

confôrmero de menor energia
para diastereômero *trans*

confôrmero de menor energia
para diastereômero *cis*

No isômero *trans*, o **H** é axial, e, portanto, vai experimentar dois grandes acoplamentos axial-axial e um acoplamento menor axial-equatorial (Seção 7.2C). Esse próton aparece em 4,70 ppm (ddd, J = 10,2, 10,2, 4,4 Hz). No isômero *cis*, o **H** é equatorial, e, portanto, experimenta três pequenos acoplamentos: 2 axial-equatorial e 1 equatorial-equatorial. Esse próton aparece em 5,25 ppm e é tecnicamente um ddd, mas os pequenos valores de J resultam em sobreposição significativa das linhas como acabamos de analisar. Portanto, o diastereômero *cis* é o componente principal, e o diastereômero *trans* é o componente menor.

## PROBLEMAS

*1. Determine as constantes de acoplamento para os seguintes compostos a partir de seus espectros de RMN apresentados neste capítulo. Desenhe os diagramas de árvore para cada um dos prótons.

(a) Acetato de vinila (Figura 7.50).

(b) Ácido crotônico (Figura 7.53).

(c) 2-nitrofenol (Figura 7.69).

(d) Ácido 3-nitrobenzoico (Figura 7.70).

(e) Álcool furfurílico (Figura 7.71).

(f) 2-picolina (2-metilpiridina) (Figura 7.72).

*2. Estime a separação esperada (J em hertz) para os prótons indicados com letras nos compostos a seguir, isto é, ache $J_{ab}$, $J_{ac}$, $J_{bc}$ etc. Se desejar, consulte as tabelas do Apêndice 5.

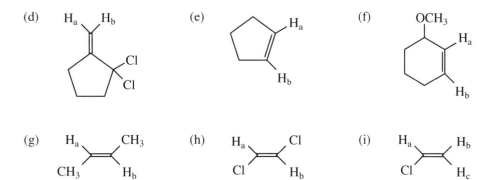

*3. Determine as constantes de acoplamento da vinil-metil sulfona. Desenhe diagramas de árvore para cada um dos três prótons apresentados nas expansões usando as Figuras 7.55 a 7.58 como exemplos. Indique os prótons e as estruturas usando as letras *a, b, c* e *d*. Valores em hertz são indicados sobre cada um dos picos nas expansões.

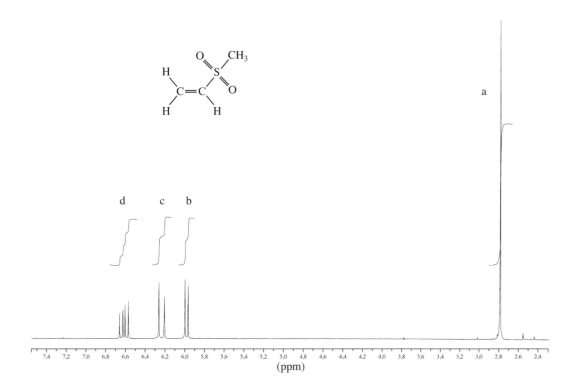

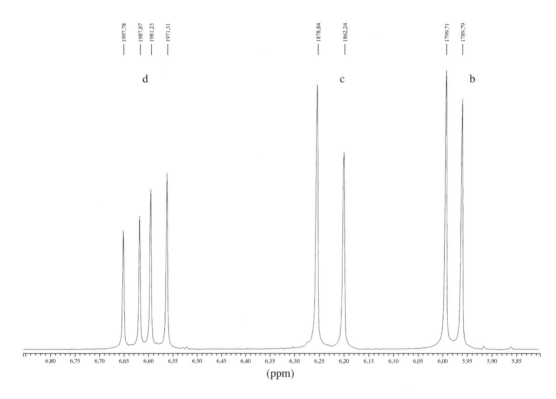

**\*4.** O espectro de RMN de prótons apresentado neste problema é do *trans*-4-hexeno-3-ona. São mostradas expansões para cada um dos cinco tipos únicos de prótons desse composto. Determine as constantes de acoplamento. Desenhe diagramas de árvore para cada um dos prótons apresentados nas expansões e indique as constantes de acoplamento adequadas. Também determine quais das constantes de acoplamento são $^3J$ e quais são $^4J$. Indique os prótons nas estruturas usando as letras *a*, *b*, *c*, *d* e *e*. Nas expansões, são indicados valores em hertz sobre cada pico.

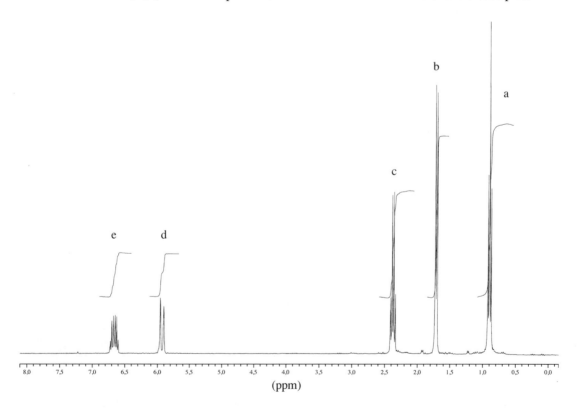

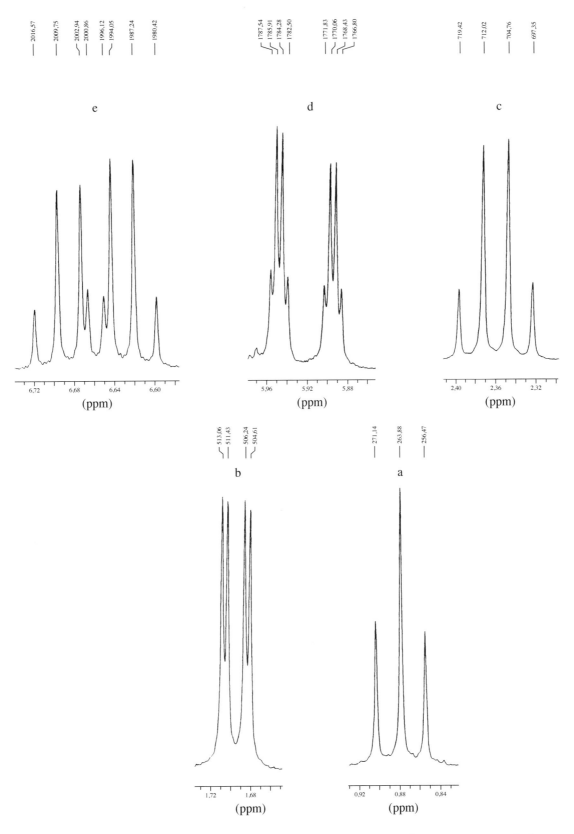

*5. O espectro de RMN de prótons apresentado neste problema é do trans-2-pentenal. São mostradas expansões para cada um dos cinco tipos únicos de prótons nesse composto. Determine as constantes de acoplamento. Desenhe os diagramas de árvore para cada um dos prótons mostrados nas expansões e indique as constantes de acoplamento adequadas.

Determine também quais das constantes de acoplamento são $^3J$ e quais são $^4J$. Indique os prótons nas estruturas usando as letras *a*, *b*, *c*, *d* e *e*. Nas expansões, são indicados valores em hertz sobre cada pico.

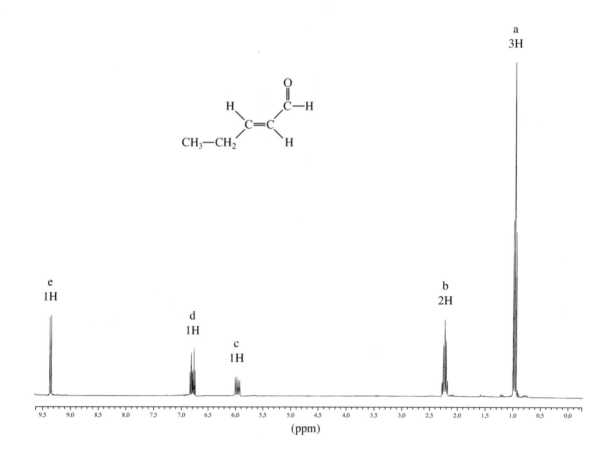

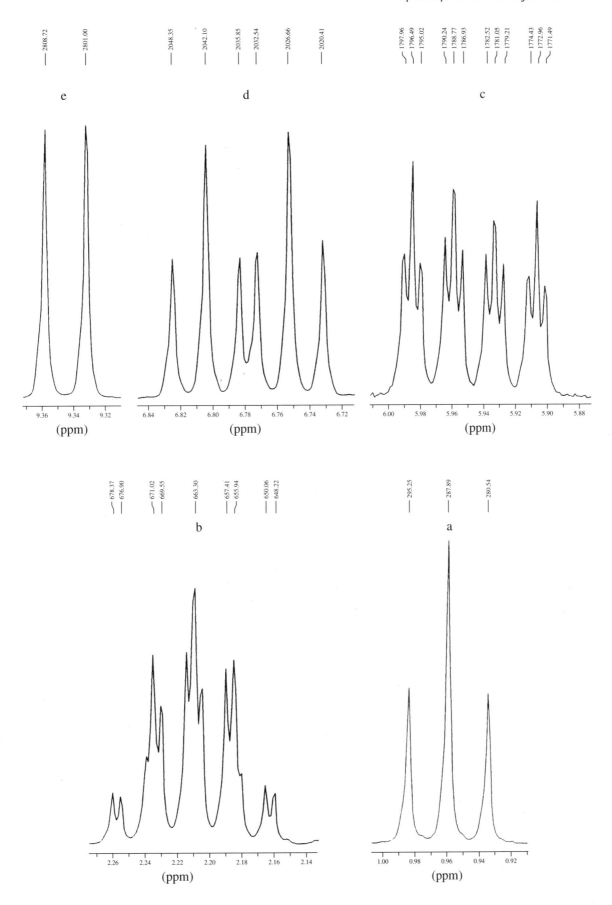

*6. Em qual dos dois compostos a seguir é provável encontrar um acoplamento alílico ($^4J$)?

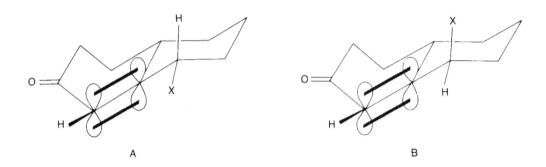

7. A reação do malonato de dimetila com o acetaldeído (etanal) em condições básicas produz um composto com fórmula $C_7H_{10}O_4$. O RMN de prótons é apresentado aqui. Os resultados experimentais de carbono-13 normal e DEPT são apresentados na tabela.

| Carbono normal | DEPT-135 | DEPT-90 |
|---|---|---|
| 16 ppm | Positivo | Nenhum pico |
| 52,2 | Positivo | Nenhum pico |
| 52,3 | Positivo | Nenhum pico |
| 129 | Nenhum pico | Nenhum pico |
| 146 | Positivo | Positivo |
| 164 | Nenhum pico | Nenhum pico |
| 166 | Nenhum pico | Nenhum pico |

Determine a estrutura e indique os picos do espectro de RMN de prótons na estrutura.

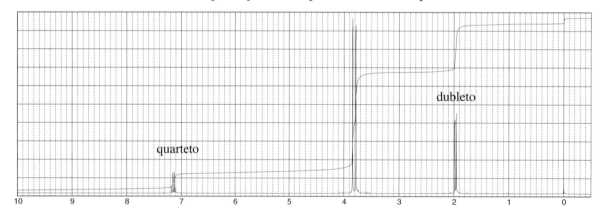

8. O malonato de dietila pode ser monoalquilado e dialquilado com o bromoetano. Os espectros de RMN de prótons são mostrados para cada um desses produtos alquilados. Interprete cada espectro e indique uma estrutura adequada para cada espectro.

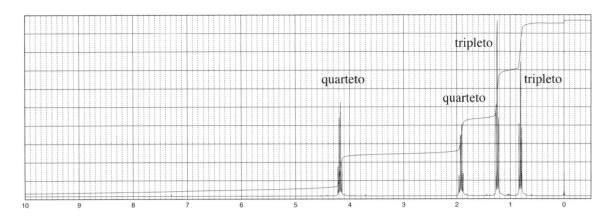

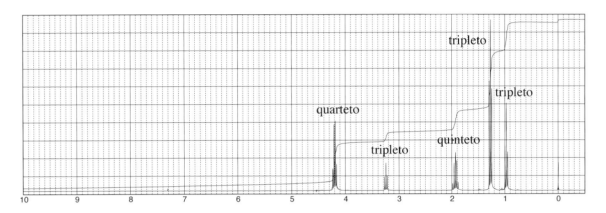

9. A informação espectral de RMN de prótons apresentada neste problema é para um composto com fórmula $C_8H_8O_3$. Mostra-se uma expansão para a região entre 8,2 e 7,0 ppm. Analise essa região para determinar a estrutura do composto. Um pico largo (1H), que aparece por volta de 12,0 ppm, não é mostrado no espectro. Desenhe a estrutura desse composto e indique cada um dos picos no espectro.

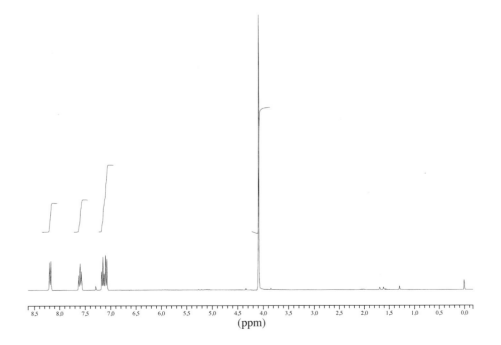

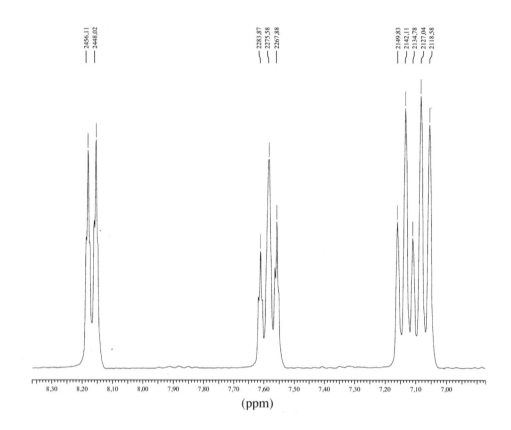

10. A informação espectral de RMN de prótons apresentada neste problema é para um composto com fórmula $C_{12}H_8N_2O_4$. É mostrada uma expansão para a região entre 8,3 e 7,2 ppm. Não aparece nenhum outro pico no espectro. Analise essa região para determinar a estrutura do composto. Aparecem bandas fortes em 1352 e 1522 cm$^{-1}$ no espectro no infravermelho. Desenhe a estrutura desse composto.

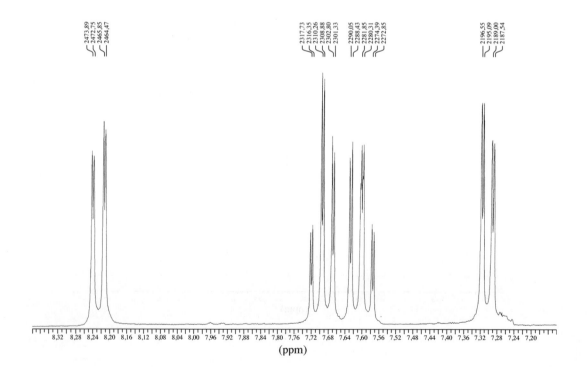

**11.** A informação espectral de RMN de prótons apresentada neste problema é para um composto com fórmula $C_9H_{11}NO$. São mostradas expansões dos prótons que aparecem entre 9,8 e 3,0 ppm. Não aparece nenhum outro pico no espectro completo. As bandas comuns de estiramento C—H aromático e alifático aparecem no espectro no infravermelho. Além das bandas C—H comuns, duas bandas fracas também aparecem: em 2720 e 2842 $cm^{-1}$. Uma banda forte aparece em 1661 $cm^{-1}$ no espectro no infravermelho. Desenhe a estrutura desse composto.

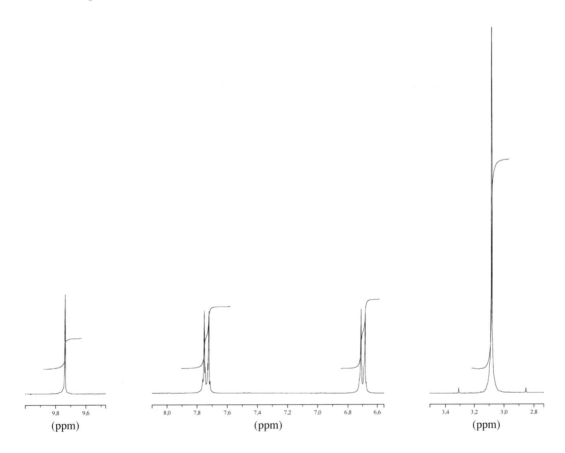

**12.** Obtém-se a fragrância natural anetol ($C_{10}H_{12}O$), a partir do anis, por destilação a vapor. A seguir, apresentamos o espectro de RMN de prótons do material purificado. São também mostradas expansões de cada um dos picos, exceto para o singleto em 3,75 ppm. Deduza a estrutura do anetol, incluindo a estereoquímica, e interprete o espectro.

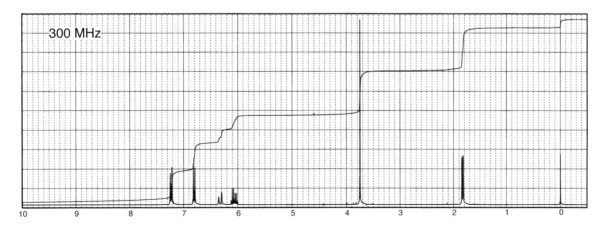

420  Introdução à espectroscopia

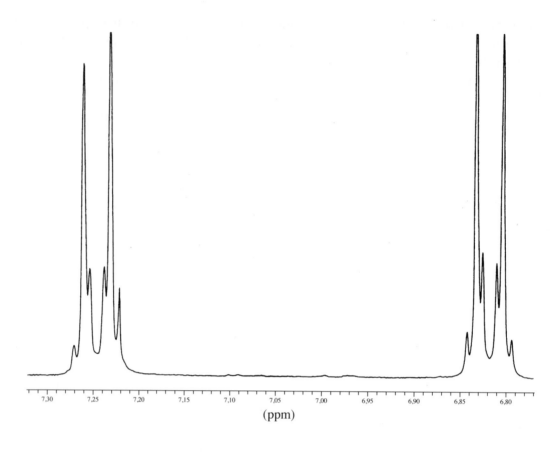

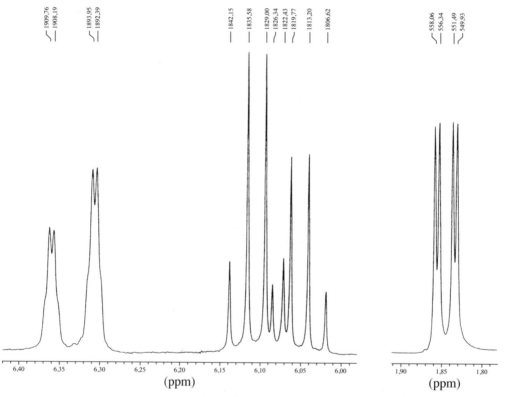

*13. Determine a estrutura do seguinte composto aromático com fórmula C$_8$H$_7$BrO:

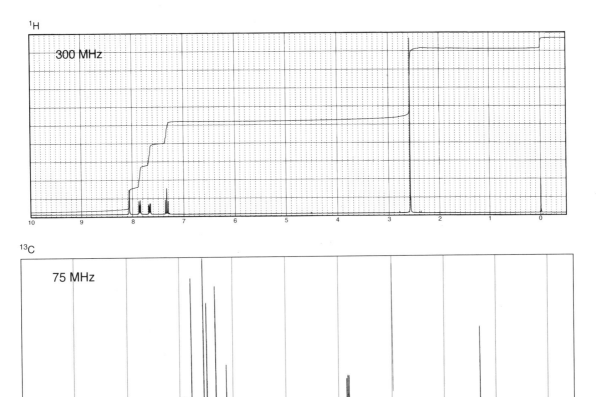

*14. O espectro a seguir, de um composto com fórmula C$_5$H$_{10}$O, apresenta padrões interessantes por volta de 2,4 e 9,8 ppm. São mostradas expansões dessas duas séries de picos. Expansões dos outros padrões (não apresentados) do espectro têm os seguintes padrões: 0,92 ppm (tripleto), 1,45 ppm (sexteto) e 1,61 ppm (quinteto). Desenhe uma estrutura do composto. Desenhe diagramas de árvore dos picos em 2,4 e 9,8 ppm, incluindo as constantes de acoplamento.

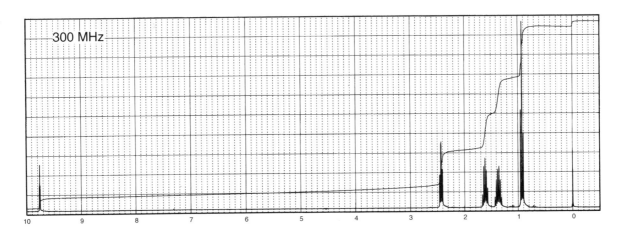

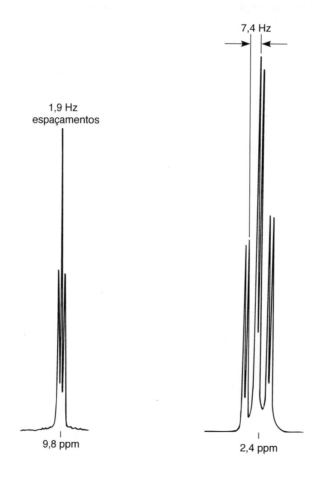

*15. A informação espectral de RMN de prótons apresentada neste problema é para um composto com fórmula $C_{10}H_{12}O_3$. Um pico largo que aparece em 12,5 ppm não é mostrado nessa RMN de prótons. Os resultados espectrais de carbono-13 normal, incluindo resultados de DEPT-135 e DEPT-90, estão indicados na tabela.

| Carbono normal | DEPT-135 | DEPT-90 |
|---|---|---|
| 15 ppm | Positivo | Nenhum pico |
| 40 | Negativo | Nenhum pico |
| 63 | Negativo | Nenhum pico |
| 115 | Positivo | Positivo |
| 125 | Nenhum pico | Nenhum pico |
| 130 | Positivo | Positivo |
| 158 | Nenhum pico | Nenhum pico |
| 179 | Nenhum pico | Nenhum pico |

Desenhe a estrutura desse composto.

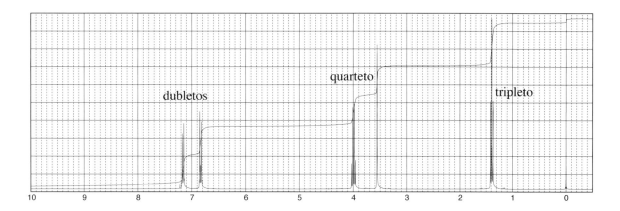

16. A informação espectral de RMN de prótons apresentada neste problema é para um composto com fórmula $C_{10}H_9N$. São mostradas expansões da região entre 8,7 e 7,0 ppm. Os resultados espectrais de carbono-13 normal, incluindo resultados de DEPT-135 e DEPT-90, estão indicados na tabela.

| Carbono normal | DEPT-135 | DEPT-90 |
| --- | --- | --- |
| 19 ppm | Positivo | Nenhum pico |
| 122 | Positivo | Positivo |
| 124 | Positivo | Positivo |
| 126 | Positivo | Positivo |
| 128 | Nenhum pico | Nenhum pico |
| 129 | Positivo | Positivo |
| 130 | Positivo | Positivo |
| 144 | Nenhum pico | Nenhum pico |
| 148 | Nenhum pico | Nenhum pico |
| 150 | Positivo | Positivo |

Desenhe a estrutura desse composto e indique cada um dos prótons na sua estrutura. As constantes de acoplamento devem ajudá-lo a resolver o problema (ver Apêndice 5).

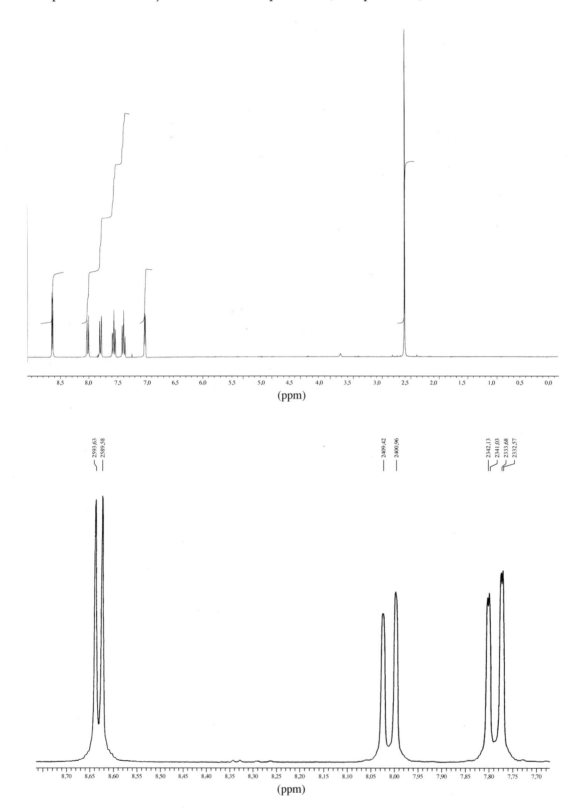

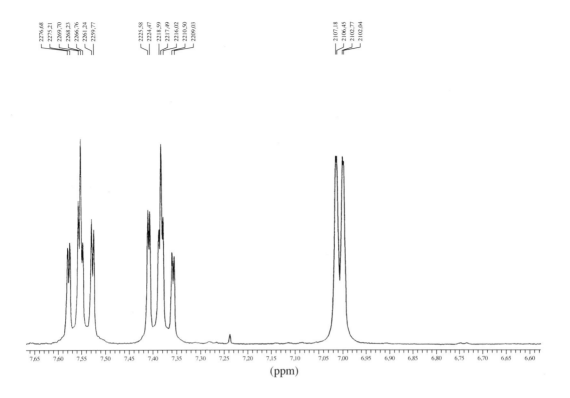

**17.** A informação espectral de RMN de prótons apresentada neste problema é para um composto com fórmula $C_9H_{14}O$. São mostradas expansões de todos os prótons. Os resultados espectrais de carbono-13 normal, incluindo resultados de DEPT-135 e DEPT-90, estão indicados na tabela.

| Carbono normal | DEPT-135 | DEPT-90 |
| --- | --- | --- |
| 14 ppm | Positivo | Nenhum pico |
| 22 | Negativo | Nenhum pico |
| 27,8 | Negativo | Nenhum pico |
| 28,0 | Negativo | Nenhum pico |
| 32 | Negativo | Nenhum pico |
| 104 | Positivo | Positivo |
| 110 | Positivo | Positivo |
| 141 | Positivo | Positivo |
| 157 | Nenhum pico | Nenhum pico |

Desenhe a estrutura desse composto e indique cada um dos prótons na sua estrutura. As constantes de acoplamento devem ajudá-lo a resolver o problema (ver Apêndice 5).

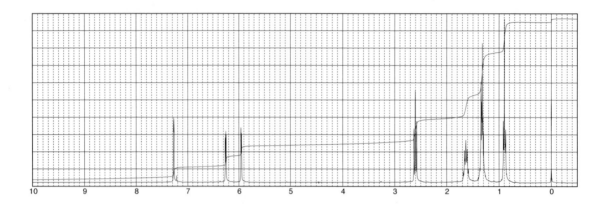

7,30   7,28
(ppm)

6,28   6,26
(ppm)

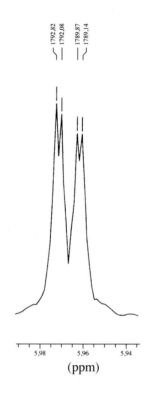

5,98   5,96   5,94
(ppm)

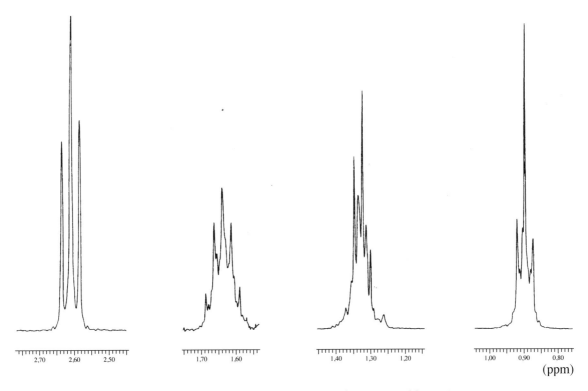

**18.** A informação espectral de RMN de prótons apresentada neste problema é para um composto com fórmula $C_{10}H_{12}O_2$. Um próton não mostrado é um pico largo que aparece em aproximadamente 12,8 ppm. São apresentadas expansões dos prótons que absorvem na região entre 3,5 e 1,0 ppm. O anel benzênico monossubstituído aparece por volta de 7,2 ppm, mas não é expandido porque não é importante. Os resultados espectrais de carbono-13 normal, incluindo resultados de DEPT-135 e DEPT-90, estão indicados na tabela.

| Carbono normal | DEPT-135 | DEPT-90 |
|---|---|---|
| 22 ppm | Positivo | Nenhum pico |
| 36 | Positivo | Positivo |
| 43 | Negativo | Nenhum pico |
| 126,4 | Positivo | Positivo |
| 126,6 | Positivo | Positivo |
| 128 | Positivo | Positivo |
| 145 | Nenhum pico | Nenhum pico |
| 179 | Nenhum pico | Nenhum pico |

Desenhe a estrutura desse composto e indique cada um dos prótons na sua estrutura. Explique por que o padrão interessante é obtido entre 2,50 e 2,75 ppm. Desenhe diagramas de árvore como parte de sua resposta.

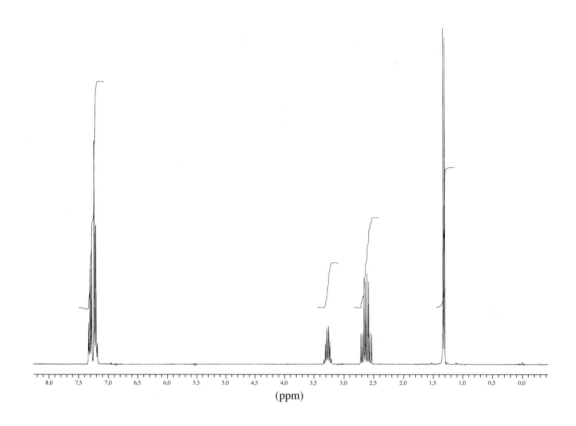

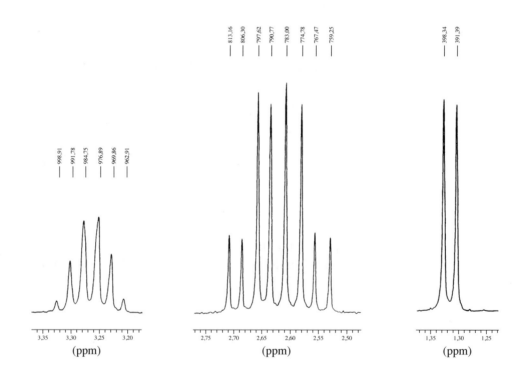

**19.** O espectro deste problema é do 1-metoxi-1-buteno-3-ino. São mostradas expansões de cada próton. Determine as constantes de acoplamento para cada um dos prótons e desenhe diagramas de árvore para cada uma. A parte interessante desse composto é a presença de significativas constantes de acoplamento de longo alcance. Há acoplamentos $^3J$, $^4J$ e $^5J$. Certifique-se de incluir todos eles no seu diagrama de árvore (análise gráfica).

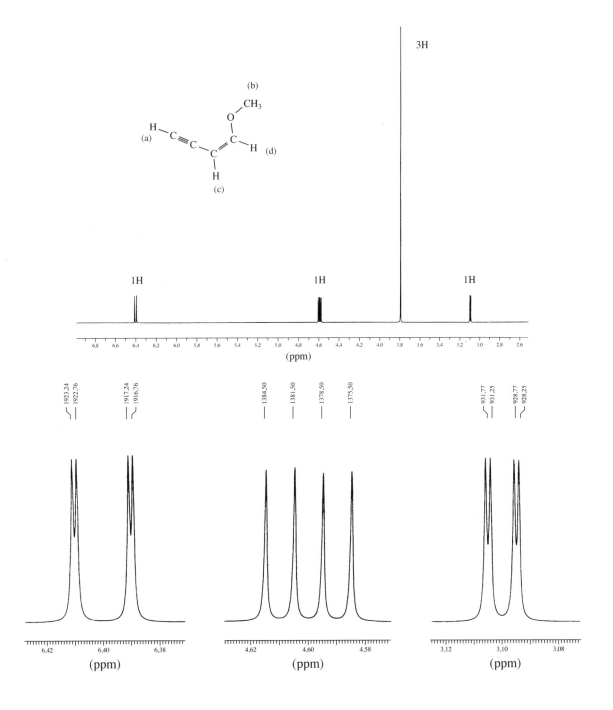

**20.** São dados os espectros parciais de RMN de prótons (A e B) para os isômeros *cis* e *trans* do composto mostrado a seguir (as bandas dos três grupos fenila não são apresentadas em nenhuma RMN). Desenhe a estrutura de cada um dos isômeros e use a magnitude das constantes de acoplamento para indicar uma estrutura para cada espectro. Um programa de modelagem molecular pode ser útil para determinar os ângulos diedros de cada composto. O dubleto bem espaçado em 3,68 ppm no espectro A é a banda do pico O—H. Na estrutura, indique cada um dos picos no espectro A. O pico O—H não aparece no espectro B, mas indique o par de dubletos na estrutura usando a informação de deslocamento químico.

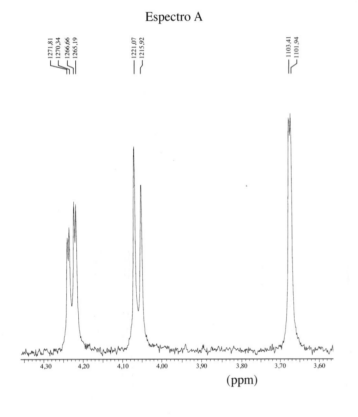
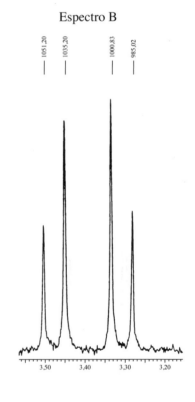

**21.** A seguir, apresenta-se o espectro de RMN de prótons para um composto com fórmula C$_6$H$_8$Cl$_2$O$_2$. Os dois átomos de cloro estão ligados ao mesmo átomo de carbono. O espectro no infravermelho apresenta uma banda forte em 1739 cm$^{-1}$. Os resultados experimentais de carbono-13 normal e DEPT estão na tabela. Desenhe a estrutura desse composto.

| Carbono normal | DEPT-135 | DEPT-90 |
|---|---|---|
| 18 ppm | Positivo | Nenhum pico |
| 31 | Negativo | Nenhum pico |
| 35 | Nenhum pico | Nenhum pico |
| 53 | Positivo | Nenhum pico |
| 63 | Nenhum pico | Nenhum pico |
| 170 | Nenhum pico | Nenhum pico |

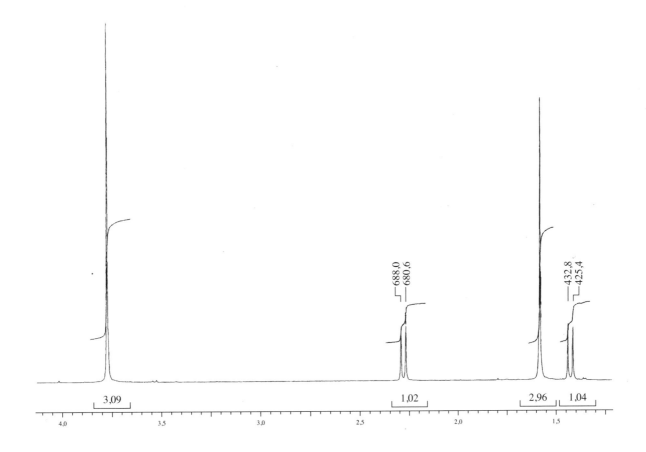

**22.** A seguir, apresenta-se o espectro de RMN de prótons para um composto com fórmula $C_8H_{14}O_2$. Os resultados experimentais DEPT estão na tabela. O espectro no infravermelho apresenta bandas de tamanho médio em 3055, 2960, 2875 e 1660 cm$^{-1}$, e bandas fortes em 1725 e 1185 cm$^{-1}$. Desenhe a estrutura desse composto.

| Carbono normal | DEPT-135 | DEPT-90 |
|---|---|---|
| 10,53 ppm | Positivo | Nenhum pico |
| 12,03 | Positivo | Nenhum pico |
| 14,30 | Positivo | Nenhum pico |
| 22,14 | Negativo | Nenhum pico |
| 65,98 | Negativo | Nenhum pico |
| 128,83 | Nenhum pico | Nenhum pico |
| 136,73 | Positivo | Positivo |
| 168,16 | Nenhum pico | Nenhum pico (C=O) |

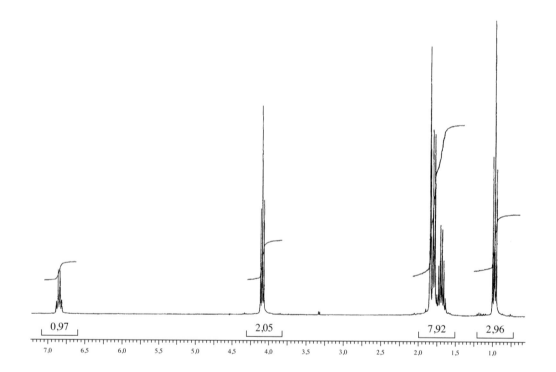

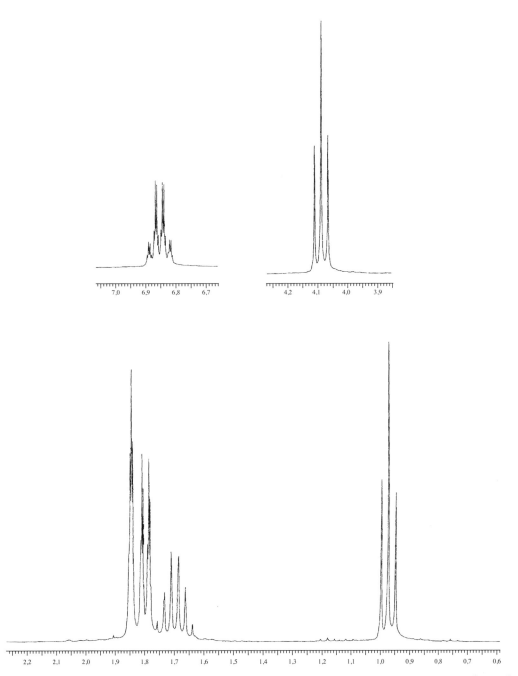

**23.** A seguir, é apresentado o espectro de RMN de prótons para um composto com fórmula C$_5$H$_{10}$O. Os resultados experimentais de DEPT estão na tabela. O espectro no infravermelho apresenta bandas de tamanho médio em 2968, 2937, 2880, 2811 e 2711 cm$^{-1}$, e bandas fortes em 1728 cm$^{-1}$. Desenhe a estrutura desse composto.

| Carbono normal | DEPT-135 | DEPT-90 |
|---:|---|---|
| 11,35 ppm | Positivo | Nenhum pico |
| 12,88 | Positivo | Nenhum pico |
| 23,55 | Negativo | Nenhum pico |
| 47,78 | Positivo | Positivo |
| 205,28 | Positivo | Positivo (C=O) |

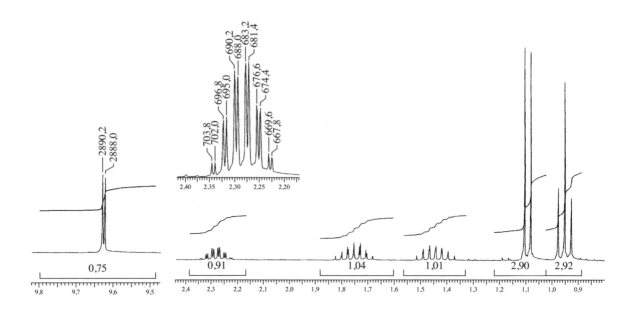

*24. (a) Preveja a aparência do espectro de RMN de prótons de F—CH$_2$—O—CH$_3$.
(b) Cientistas que usam instrumentos modernos observam diretamente muitos diferentes núcleos ativos em RMN alterando a frequência do espectrômetro. Qual seria a aparência do espectro de RMN de flúor de F—CH$_2$—O—CH$_3$?

*25. A informação espectral de RMN de prótons apresentada neste problema é para um composto com fórmula C$_9$H$_8$F$_4$O. São mostradas expansões de todos os prótons. O anel aromático é dissubstituído. Na região entre 7,10 e 6,95 ppm, há dois dubletos (1H cada). Um dos dubletos é parcialmente sobreposto por um singleto (1H). A parte interessante do espectro é o padrão de prótons encontrado entre 6,05 e 5,68 ppm. Desenhe a estrutura do composto e um diagrama de árvore para esse padrão (ver Seção 7.12 para constantes de acoplamento próton-flúor).

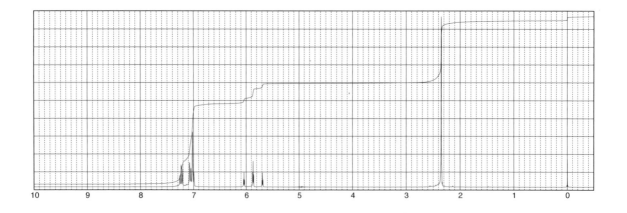

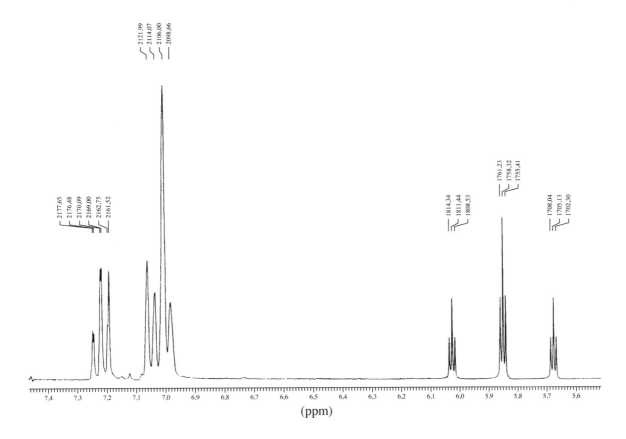

**26.** Um composto com fórmula $C_2H_4BrF$ tem espectro de RMN apresentado a seguir. Desenhe a estrutura desse composto. Usando os valores hertz nas expansões, calcule as constantes de acoplamento. Explique totalmente o espectro.

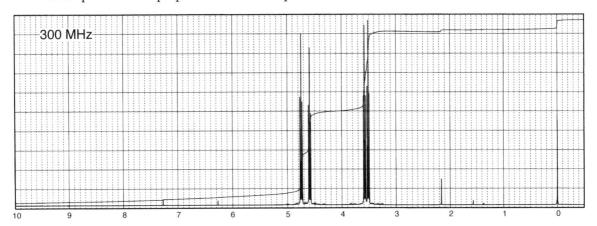

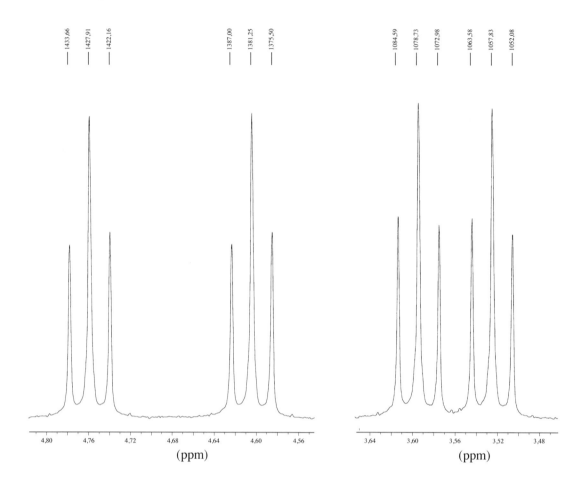

*27. Preveja os espectros de RMN de prótons e deutério de D—CH$_2$—O—CH$_3$, lembrando-se de que o número quântico de *spin* do deutério = 1. Compare o espectro de prótons ao do F—CH$_2$—O—CH$_3$ (Problema 24a).

*28. Apesar de os núcleos do cloro ($I = \frac{3}{2}$), bromo ($I = \frac{3}{2}$) e iodo ($I = \frac{5}{2}$) exibirem *spin* nuclear, as constantes de acoplamento geminal e vicinal, $J_{HX}$ (vic) e $J_{HX}$ (gem), são em geral zero. Esses átomos são grandes e difusos demais para transmitir informações de *spin* por sua pletora de elétrons. Por causa dos elevados momentos de quadripolos elétricos, esses halogênios são totalmente desacoplados de prótons diretamente ligados ou de prótons em átomos de carbono adjacentes. Preveja o espectro de RMN de prótons do Br—CH$_2$—O—CH$_3$ e compare-o ao do F—CH$_2$—O—CH$_3$ (Problema 24a).

29. São apresentados neste problema os espectros de RMN de prótons do haleto de metiltrifenilfosfônio e de seu análogo de carbono-13. Concentrando sua atenção no dubleto em 3,25 ppm ($^2J_{HP}$ = 13,2 Hz) no primeiro espectro e no dubleto de dubletos em 3,25 ppm no composto indicado como $^{13}$C. As constantes de acoplamento no segundo espectro são 135 e 13,5 Hz. Interprete os dois espectros. Consulte a Seção 7.12 e o Apêndice 9, se necessário. Em sua interpretação, ignore os grupos fenila.

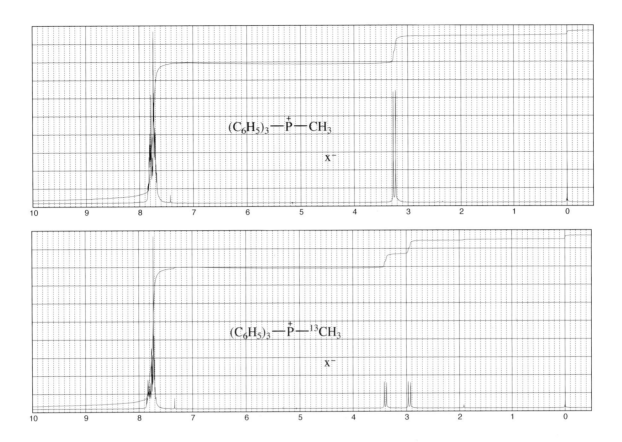

**30.** Todos os três compostos, *a*, *b* e *c*, têm a mesma massa (300,4 uma). Identifique cada composto e indique quantos picos conseguir, dando especial atenção aos hidrogênios metila e vinila. Há um pequeno pico $CHCl_3$ próximo de 7,3 ppm em cada espectro que deve ser ignorado na análise dos espectros.

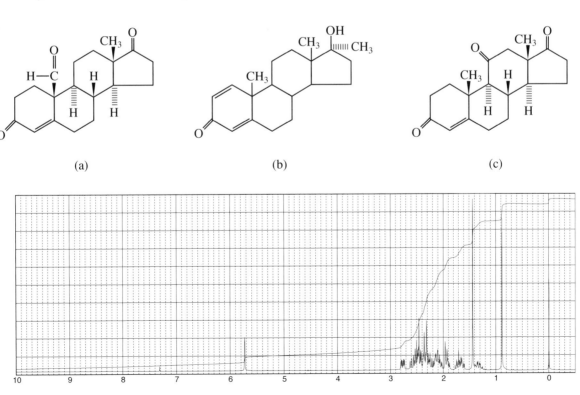

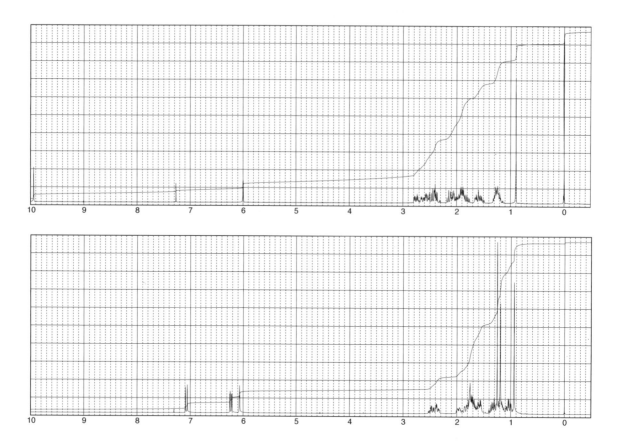

*31. Calcule os deslocamentos químicos dos prótons indicados usando a Tabela A6.1 do Apêndice 6.

*32. Calcule os deslocamentos químicos dos prótons vinila usando a Tabela A6.2 do Apêndice 6.

(a) 
```
H         O
 \       ||
  C=C   C—O—CH₃
 /   \ /
H     CH₃
```

(b)
```
CH₃       H
  \      /
   C=C
  /      \
 H        C—O—CH₃
          ||
          O
```

(c)
```
H         C₆H₅
 \       /
  C=C
 /       \
H         H
```

(d)
```
C₆H₅      H
  \      /
   C=C
  /      \
 H        C—CH₃
          ||
          O
```

(e)
```
H         CH₂—OH
 \       /
  C=C
 /       \
CH₃       H
```

(f)
```
CH₃       H
  \      /
   C=C
  /      \
 CH₃      C—CH₃
          ||
          O
```

33. Um derivado de benzeno trissubstituído, que possui um bromo e dois substituintes metoxi, exibe três ressonâncias de prótons aromáticos: δ 6,40, 6,46 e 7,41. Qual é a identidade do composto?

34. Os dados da RMN parcial (500 MHz, CDCl₃) são mostrados a seguir para o próton do grupo metino adjacente ao grupo hidroxilo de um isômero metilciclo-hexanol. Determine se os dados indicados pertencem a *cis* ou *trans* em cada caso.

a) 2-metilciclo-hexanol: 3,78 ppm (ddd, 1H, J = 5,2, 2,7, 2,7 Hz)
b) 3-metilciclo-hexanol: 4,05 ppm (dddd, 1H, J = 4,4, 4,4, 3,0, 3,0 Hz)
c) 4-metilciclo-hexanol: 3,53 ppm (tt, 1H, J = 10,9, 4,3 Hz)

35. Os helianuóis são uma família de produtos naturais isolados do girassol, *Helianthus annuus*, com estruturas sesquiterpenoides incomuns. O Helianuol G foi originalmente atribuído à estrutura mostrada [*Journal of Natural Products*, 62 (1999): 1636-1639]. No entanto, como o composto desta estrutura foi sintetizado tardiamente, os espectros de RMN do composto sintético não correspondem aos dados do material natural. Utilizando os dados de RMN para o produto natural, proponha uma estrutura diferente razoável para Helianuol G, note que o próton OH não é visível no espectro de RMN.

estrutura proposta originalmente (incorreta) de Helianuol G

Helianuol G natural: ¹H RMN (400 Mhz, CDCl₃): δ (ppm): 6,59 (s, 1H), 6,56 (s, 1H), 5,98 (d, 1H, J = 15,5 Hz), 5,79 (dd, 1H, J = 15,5, 8,4 Hz), 5,09 (dd, 1H, J = 8,4, 7,4 Hz), 3,43 (dq, 1H, J = 7,2, 7,2 Hz), 2,19 (s, 3H), 1,34 (s, 6H), 1,10 (d, 1H, J = 7,2 Hz).

# REFERÊNCIAS

### Livros e monografias

BECKER, E. D. *High resolution NMR*: theory and chemical applications. 3. ed. Nova York: Academic Press, 1999.

BREITMAIER, E. *Structure elucidation by NMR in organic chemistry*: a practical guide. 3. ed. Nova York: John Wiley and Sons, 2002.

CLARIDGE, T. D. W. *High resolution NMR techniques in organic chemistry*. Oxford: Pergamon, 2009.

CREWS, P. et al. *Organic structure analysis*. 2. ed. Nova York: Oxford University Press, 1998.

FRIEBOLIN, H. *Basic one- and two-dimensional NMR spectroscopy*. 5. ed. Weinheim: Wiley-VCH, 2011.

GÜNTHER, H. *NMR spectroscopy*. 2. ed. Nova York: John Wiley and Sons, 1995.

JACKMAN, L. M.; STERNHELL, S. *Applications of nuclear magnetic resonance spectroscopy in organic chemistry*. 2. ed. Londres: Pergamon Press, 1969.

LAMBERT, J. B. et al. *Organic structural spectroscopy*. 2. ed. Upper Saddle River: Prentice Hall, 1998.

MACOMBER, R. S. *A complete introduction to modern NMR spectroscopy*. Nova York: John Wiley and Sons, 1998.

NELSON, J. H. *Nuclear magnetic resonance spectroscopy*. Upper Saddle River: Prentice Hall, 2003.

POPLE, J. A. et al. *High resolution nuclear magnetic resonance*. Nova York: McGraw-Hill, 1959.

PRETSCH, E. et al. *Structure determination of organic compounds*: Tables of spectral data. 4. ed. Berlim: Springer-Verlag, 2009.

ROBERTS, J. D. *An introduction to the analysis of spin-spin splitting in high resolution nuclear magnetic resonance spectra*. Nova York: W. A. Benjamin, 1962.

_____. *ABCs of FT-NMR*. Sausolito: University Science Books, 2000.

SANDERS, J. K. M.; HUNTER, B. K. *Modern NMR spectroscopy*: a guide for chemists. 2. ed. Oxford: Oxford University Press, 1993.

SILVERSTEIN, R. M. et al. *Spectrometric identification of organic compounds*. 7. ed. Nova York: John Wiley and Sons, 2005.

VYVYAN, J. R. Tese de Doutorado. University of Minnesota, 1995.

### Compilações de espectros

AULT, A.; AULT, M. R. *A handy and systematic catalog of NMR spectra, 60 MHz with some 270 MHz*. Mill Valley: University Science Books, 1980.

POUCHERT, C. J.; BEHNKE, J. *The Aldrich Library of $^{13}C$ and $^{1}H$ FT-NMR Spectra, 300 MHz*. Milwaukee: Aldrich Chemical Company, 1993.

### Programas de computador

BELL, H. Virginia Tech, Blacksburg, VA. (Dr. Bell disponibiliza alguns programas RMN em: <http://www.chemistry.vt.edu/chem-dept/hbell/bellh.htm ou e-mail: hmbell@vt.edu>).

REICH, H. J. Universidade de Wisconsin, WINDNMR-Pro, um programa em Windows para simular espectros em alta resolução. Disponível em: <http://www.chem.wisc.edu/areas/reich/plt/windnmr.htm>.

### Artigos

HELMS, E. et al. Assigning the NMR Spectrum of Glycidol: An Advanced Organic Chemistry Exercise. *Journal of Chemical Education*, v. 84, p. 1328-1330, 2007.

HOYE, T. R.; ZHAO, H. A method for easily determining coupling constant values: an addendum to "A practical guide to first-order multiplet analysis in 1H NMR spectroscopy". *Journal of Organic Chemistry*, v. 67, p. 4014, 2002.

HOYE, T. R. et al. A practical guide to first-order multiplet analysis in $^1$H NMR spectroscopy. *Journal of Organic Chemistry*, v. 59, p. 4096, 1994.

MANN, B. The analysis of first-order coupling patterns in NMR spectra. *Journal of Chemical Education,* v. 72, p. 614, 1995.

## *Sites*

http://www.nmrfam.wisc.edu/
  Unidade Nacional de Ressonância Magnética em Madison NMRFAM, Madison.

http://www.magnet.fsu.edu/scientificdivisions/nmr/overview.html
  Laboratório Nacional de Campos Magnéticos Altos.

http://sdbs.riodb.aist.go.jp/sdbs/cgi-bin/cre_index.cgi
  Sistema de banco de dados espectral integrado para compostos orgânicos, Instituto Nacional de Materiais e Pesquisas Químicas, Tsukuba, Ibaraki 305-8565, Japão.

http://www.chem.ucla.edu/~webspectra/
  Problemas de espectroscopia IV e RMN que poderão ser interpretados por estudantes. Além disso, oferecem *links* para outros *sites* que também disponibilizam exercícios.

http://www.nd.edu/~smithgrp/structure/workbook.html
  Problemas de estrutura combinada oferecidos pelo grupo Smith da Universidade Notre Dame.

# capítulo 8

# Espectroscopia de ressonância magnética nuclear

## Parte 4: Outros tópicos em RMN unidimensional

Neste capítulo, abordaremos alguns tópicos novos em espectroscopia de ressonância magnética nuclear (RMN) unidimensional: a variabilidade de deslocamentos químicos de prótons ligados a elementos eletronegativos, como oxigênio e nitrogênio, as características especiais de prótons ligados a nitrogênio, os efeitos de solventes sobre o deslocamento químico, os reagentes de deslocamento (lantanídios), os métodos para determinar a configuração estereoquímica e os experimentos de desacoplamento de *spin*.

## 8.1 PRÓTONS EM OXIGÊNIOS: ALCOÓIS

Na maioria dos alcoóis, não se observa acoplamento entre o hidrogênio da hidroxila e os hidrogênios vicinais no átomo de carbono a que o grupo hidroxila está ligado ($^3J$ para R—CH—OH) sob condições típicas de obtenção de espectro de RMN de $^1$H. De fato, existe acoplamento entre esses hidrogênios, mas, em razão de outros fatores, em geral não se observa desdobramento *spin-spin*. Depende de vários fatores a possibilidade de observar, em um álcool, um desdobramento *spin-spin* que envolve o hidrogênio da hidroxila: temperatura, pureza da amostra e o solvente utilizado. Todas essas variáveis são relacionadas à quantidade de trocas que os prótons fazem entre si (ou o solvente) na solução. Sob condições normais, a velocidade de trocas de prótons entre moléculas de álcool é maior do que a velocidade a que o espectrômetro de RMN consegue responder.

$$R-O-H_a + R'-O-H_b \rightleftharpoons R-O-H_b + R'-O-H_a$$

São necessários de $10^{-2}$ a $10^{-3}$ segundos para que um evento transicional de RMN ocorra e seja registrado. Em temperatura ambiente, uma típica amostra de álcool (líquido puro) passa por trocas intermoleculares de prótons em uma taxa de aproximadamente $10^5$ prótons/s. Isso significa que o tempo de residência médio de um único próton no átomo de oxigênio, em um álcool, é por volta de $10^{-5}$ segundos apenas. Trata-se de muito menos tempo do que é necessário para o espectrômetro medir a transição de *spin* nuclear. Como o espectrômetro de RMN não consegue responder rapidamente nessas situações, ele "vê" o próton como não ligado com maior frequência do que como ligado a oxigênio, e a interação de *spin* entre o próton da hidroxila e qualquer outro próton na molécula é efetivamente desacoplada. *Uma rápida troca química desacopla as interações de spin*, e o espectrômetro de RMN registra apenas os *ambientes como média no tempo* detectados para o próton trocado. O próton da hidroxila, por exemplo, muitas vezes realiza trocas entre moléculas de álcool com tanta velocidade que o próton "vê" todas as possíveis orientações de *spin* dos hidrogênios ligados ao carbono como uma única configuração média de *spin* nessa escala de tempo. Do mesmo modo, os hidrogênios α veem tantos prótons diferentes no oxigênio da hidroxila (alguns com *spin* $+\frac{1}{2}$ e outros com *spin* $-\frac{1}{2}$) que a configuração de *spin* sentida é um valor médio ou intermediário entre $+\frac{1}{2}$ e $-\frac{1}{2}$, isto é, zero. Na verdade, o espectrômetro de RMN é como uma câmera com uma velocidade de obturador baixa utilizada para fotografar um evento rápido. Eventos mais rápidos do que o clique de um obturador ficam borrados.

Se a velocidade de trocas de um álcool puder ser diminuída, a ponto de se aproximar da "escala de tempo de RMN" (isto é, de $<10^2$ a $10^3$ trocas por segundo), será possível observar o acoplamento entre o próton da hidroxila e os prótons vicinais no carbono ligado à hidroxila. Por exemplo, o espectro de RMN do metanol a 25 °C (*ca.* 300 K) consiste em apenas dois picos, ambos singletos, integrando um próton e três prótons, respectivamente. Contudo, em temperaturas abaixo de −33 °C (<240 K), o espectro muda drasticamente. A ressonância O—H de um próton torna-se um quarteto ($^3J$ = 5 Hz), e a ressonância metila de três prótons, um dubleto ($^3J$ = 5 Hz). Claramente, a −33 °C (<240 K) ou abaixo disso, a velocidade de troca química diminui a um ponto na escala de tempo do espectrômetro RMN, e observa-se acoplamento do próton da hidroxila. Em temperaturas entre 25 °C e −33 °C (de 300 K a 240 K), veem-se espectros intermediários. A Figura 8.1 é a sobreposição de espectros de RMN do metanol determinados em uma faixa de temperatura que vai de 290 K a 200 K.

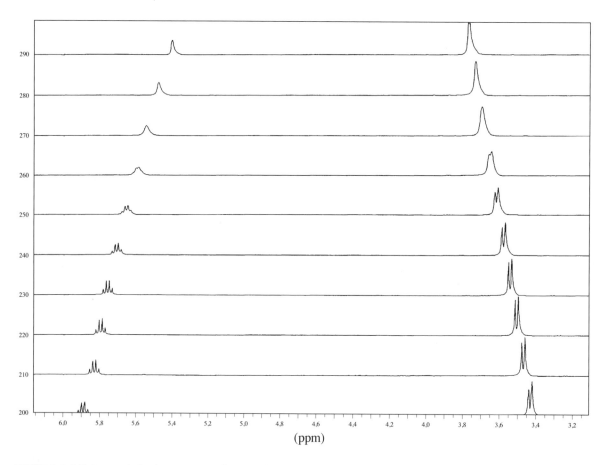

**FIGURA 8.1** Sobreposição de espectros de RMN do metanol determinados em uma faixa de temperaturas que vai de 290 K a 200 K.

Em temperatura ambiente, o espectro de uma amostra comum de etanol (Figura 8.2) não apresenta acoplamento do próton da hidroxila com prótons metileno. Assim, o próton da hidroxila é visto como um singleto largo, e os prótons metileno (separados pelo grupo metila), como um quarteto simples. A velocidade de troca de prótons da hidroxila nessa amostra é maior do que a escala de tempo de RMN, sendo efetivamente removido o acoplamento entre o próton da hidroxila e os do metileno. Contudo, se uma amostra de etanol for purificada pela eliminação de todos os traços de impureza (principalmente de ácidos e água, o que diminuiria ainda mais a velocidade de trocas do próton O—H), pode-se observar o acoplamento hidroxila-metileno na forma de complexidade maior dos padrões de desdobramento *spin-spin*. A absorção da hidroxila torna-se um tripleto, e as absorções de metileno são vistas como um par de quartetos sobrepostos. A ressonância da hidroxila é separada (assim como o grupo metila, mas com um valor de J diferente) em um tripleto por seus dois vizinhos no carbono do metileno.

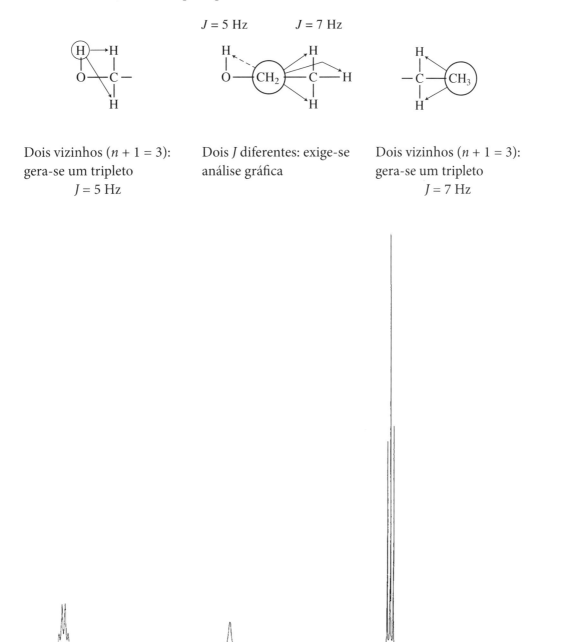

**FIGURA 8.2** Espectro de RMN de uma amostra comum de etanol.

Observa-se que a constante de acoplamento da interação metileno-hidroxila é $^3J$ (CH$_2$, OH) = ~5 Hz. O tripleto metila tem uma constante de acoplamento diferente, $^3J$ (CH$_3$, CH$_2$) = ~7 Hz, para o acoplamento metileno-metila. Como visto no Capítulo 7, a Regra do *n* + 1 não se aplica nesse caso; cada interação de acoplamento é independente da outra, mas o algoritmo descrito na Seção 7.6 torna a análise simples.

A Figura 8.3 mostra o espectro de um etanol ultrapuro. Observe, nos padrões de separação expandidos, que os prótons metileno são separados em dois quartetos sobrepostos (um dubleto de quartetos).[1] Se for adicionado um ácido (incluindo água), mesmo que seja uma única gota, à amostra ultrapura de etanol, a troca de prótons ficará tão rápida que os prótons metileno e da hidroxila serão desacoplados, o que gerará o espectro simples (Figura 8.2).

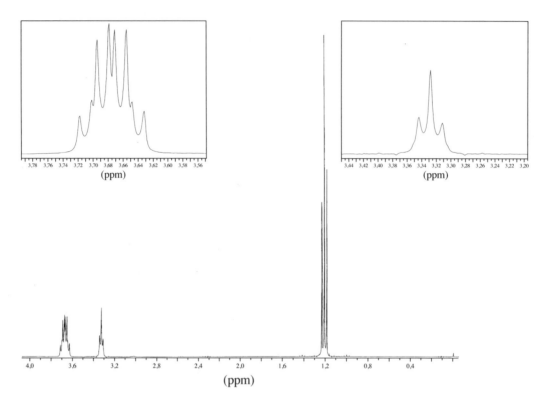

**FIGURA 8.3** Espectro de RMN de uma amostra ultrapura de etanol. Estão incluídas expansões dos padrões do desdobramento.

## 8.2 TROCAS EM ÁGUA E D$_2$O

### A. Misturas de ácido/água e álcool/água

Quando dois compostos, cada um com um grupo O—H, são misturados, frequentemente se observa apenas uma única ressonância RMN, por causa do O—H. Por exemplo, consideremos os espectros de (1) ácido acético puro, (2) água pura e (3) uma mistura 1:1 de ácido acético e água. A Figura 8.4 mostra a aparência geral. Há uma expectativa de que misturas de ácido acético e água apresentem três picos, pois há dois tipos distintos de grupos hidroxila nas soluções – um no ácido acético e um na água. Além disso, o grupo metila no ácido acético deveria gerar um pico de absorção. Na verdade, misturas desses dois reagentes produzem apenas dois picos. O pico metila ocorre em sua posição normal na mistura, mas há apenas um único pico da hidroxila *entre* as posições das hidroxilas das substâncias puras. Aparentemente, as trocas

---

[1] Por convenção, o melhor nome para esse padrão seria "quarteto de dubletos", já que o acoplamento quarteto (7 Hz) é maior do que o acoplamento dubleto (5 Hz).

mostradas na Figura 8.4 ocorrem tão rapidamente que o RMN novamente "vê" os prótons da hidroxila apenas em um ambiente médio intermediário entre os dois extremos das substâncias puras. A posição exata da ressonância O—H depende das quantidades relativas de ácido e água. Em geral, se houver mais ácido do que água, a ressonância ficará mais parecida com a da hidroxila de ácido puro. Se for adicionada mais água, a ressonância ficará mais parecida com a da água pura. Amostras de etanol e água mostram um tipo semelhante de comportamento, mas, em baixa concentração de água no etanol (1%), ambos os picos ainda são em geral observados. Conforme se aumenta a quantidade de água, contudo, a velocidade de troca aumenta, e os picos se aglutinam em um único "pico médio".

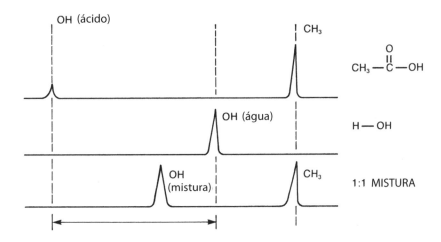

**FIGURA 8.4** Comparação dos espectros do ácido acético, da água e de uma mistura 1:1 dos dois.

## B. Troca por deutério

Quando compostos com átomos de hidrogênio ácidos são colocados em $D_2O$, os hidrogênios ácidos trocam com o deutério. Às vezes, é necessária uma gota de catalisador ácido ou básico, mas, em geral, a troca ocorre de maneira espontânea. O catalisador, entretanto, permite que se atinja mais rapidamente o equilíbrio, um processo que pode exigir desde alguns minutos até uma ou mais horas. Ácidos, fenóis, alcoóis e aminas são os grupos funcionais que trocam mais imediatamente. Catalisadores básicos funcionam melhor com ácidos e fenóis, enquanto catalisadores ácidos são mais eficientes com alcoóis e aminas.

**Catalisadores básicos**
$$RCOOH + D_2O \rightleftharpoons RCOOD + DOH$$
$$ArOH + D_2O \rightleftharpoons ArOD + DOH$$

**Catalisadores ácidos**
$$ROH + D_2O \rightleftharpoons ROD + DOH$$
$$RNH_2 + D_2O \rightleftharpoons RND_2 + DOH$$

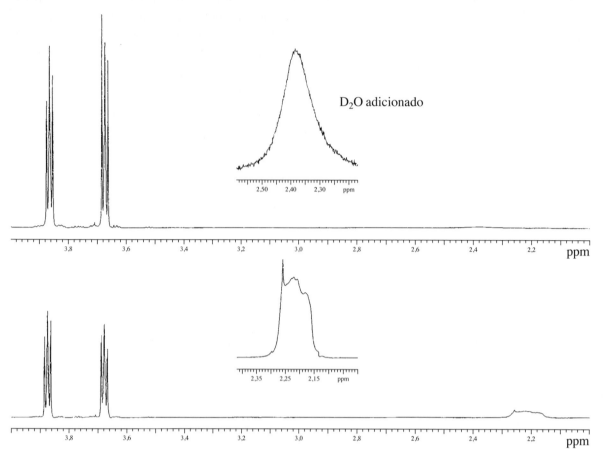

**FIGURA 8.5** Espectro de RMN de $^1$H em 500 MHz do 2-cloroetanol antes (abaixo) e depois (acima) do tratamento com D$_2$O.

Como resultado de cada troca de deutério, os picos decorrentes dos hidrogênios trocados "desaparecem" do espectro de RMN de $^1$H. Como todos os hidrogênios acabam em moléculas HOD, os hidrogênios "perdidos" geram um novo pico, o do hidrogênio em HOD. Se o espectro de RMN de uma substância é complicado pela presença de um próton OH ou NH, é possível simplificar o espectro removendo o pico que surge dos prótons trocáveis: apenas adicione algumas gotas de óxido de deutério ao tubo de RMN com a solução do composto estudado. Depois de tampar e balançar o tubo vigorosamente por alguns segundos, retorne o tubo de amostra para a sonda e obtenha um novo espectro. O óxido de deutério adicionado é imiscível com o solvente de RMN e forma uma camada sobre a solução. A presença dessa camada, contudo, normalmente não interfere na determinação do espectro. A ressonância do próton trocável ou desaparecerá, ou sua intensidade ficará muito pequena, e provavelmente um novo pico, causado pela presença de H—O—D, será observado, em geral entre 4,5 e 5,0 ppm. Observa-se uma simplificação espectral interessante resultante da troca em D$_2$O no caso do 2-cloroetanol (Figura 8.5). O espectro RMN de $^1$H de baixo claramente mostra o próton OH como uma ressonância assimétrica ampla centrada em 2,22 ppm. Note também a aparência complicada das ressonâncias dos prótons metileno em 3,68 e 3,87 ppm, que resultam de acoplamento vicinal do grupo hidroxila com o metileno adjacente (**HO—CH$_2$—CH$_2$—Cl**), que também cria efeitos de segunda ordem no metileno adjacente ao grupo do cloro. Depois de adicionar D$_2$O à amostra e misturar bem, o espectro RMN $^1$H foi novamente obtido (Figura 8.5, espectro de cima). Observe o quase total desaparecimento da ressonância OH, que foi reduzida a um sinal muito fraco, largo, em 2,38 ppm. Além disso, foi removido o acoplamento do próton da hidroxila com o metileno adjacente, e os dois grupos metileno aparecem com multipletos praticamente de primeira ordem.

O D$_2$O pode ser utilizado como um solvente em RMN, e é útil para compostos altamente polares que não se dissolvem em solventes orgânicos do tipo padrão. Por exemplo, alguns ácidos carboxílicos são difíceis de dissolver em CDCl$_3$. Uma solução básica de NaOD em D$_2$O é facilmente produzida adicionando-se uma pequena lasca de sódio metálico ao D$_2$O. Essa solução dissolve imediatamente ácidos carboxílicos, uma vez que os converte em carboxilatos de sódio solúveis em água (solúveis em D$_2$O). O pico em virtude do hidrogênio do grupo carboxila é perdido, e aparece um novo pico HOD.

$$2\,D_2O + 2\,Na \rightarrow 2\,NaOD + D_2$$
$$RCOOH + NaOD \rightleftharpoons RCOONa + DOH$$

A mistura solvente D$_2$O/NaOD pode também ser utilizada para trocar os hidrogênios α em algumas cetonas, aldeídos e ésteres removendo-os assim do espectro. No entanto, cuidados devem ser tomados para que as condições básicas não promovam condensações do tipo aldólicas na amostra.

$$R-CH_2-\overset{O}{\underset{\|}{C}}-R + 2\,NaOD \rightleftharpoons R-CD_2-\overset{O}{\underset{\|}{C}}-R + 2\,NaOH$$

$$NaOH + D_2O \rightleftharpoons NaOD + DOH$$

Aminas dissolvem-se em soluções de D$_2$O a que tenha sido adicionado o DCl ácido. Os prótons amina acabam no pico HOD.

$$R-NH_2 + 3\,DCl \rightleftharpoons R-ND_3^+\,Cl^- + 2\,HCl$$
$$HCl + D_2O \rightleftharpoons DCl + DOH$$

É importante notar que a presença de deutério em um composto pode realmente complicar um espectro de prótons em alguns casos. Como o deutério tem $I = 1$, multipletos podem acabar com mais picos do que tinham originalmente. Consideremos o hidrogênio metina no caso a seguir. Esse hidrogênio seria um tripleto no composto apenas de hidrogênios, mas seria um padrão de cinco linhas no composto deuterado. O espectro de $^{13}$C acoplado por prótons também mostraria uma complexidade maior por causa do deutério (ver Seção 6.14).

$$-CH_2-\fbox{CH}- \quad versus \quad -CD_2-\fbox{CH}-$$

Tripleto              Cinco linhas

### C. Alargamento de pico devido a trocas

Uma rápida troca intermolecular de prótons pode levar (mas nem sempre) a um *alargamento de picos*. Em vez de ocorrer uma forma de linha aguda e estreita, às vezes, por causa da troca rápida, a largura do pico na base aumenta e sua altura diminui. Note o pico da hidroxila na Figura 8.2. Um pico O—H pode, muitas vezes, ser distinguido de todos os outros singletos com base nessa diferença de forma. O alargamento do pico é causado por fatores bem complicados, e deixaremos essa explicação para textos mais avançados. O que nos interessa aqui é saber que o fenômeno *depende do tempo* e que os estágios intermediários de coalescência de picos são, às vezes, vistos em espectros de RMN quando a velocidade de troca não é menor nem maior do que a escala de tempo de RMN, mas tem aproximadamente a mesma magnitude. A Figura 8.6 ilustra essas situações.

Além disso, não se esqueça de que, quando um espectro de um ácido puro ou álcool é determinado em um solvente inerte (por exemplo, CDCl$_3$ ou CCl$_4$), a posição de absorção de RMN depende da concentração. Lembre-se de que isso se deve às diferenças de ligações de hidrogênio. Se você se esqueceu desse importante detalhe, releia as Seções 5.11C e 5.19F.

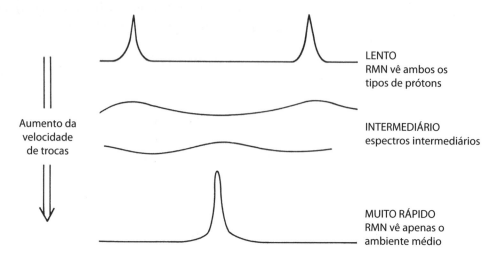

**FIGURA 8.6** Efeito da velocidade de trocas no espectro RMN de um composto hidroxílico dissolvido em água.

## 8.3 OUTROS TIPOS DE TROCA: TAUTOMERIA

Os fenômenos de troca apresentados neste capítulo foram essencialmente *intermoleculares*. São exemplos de **RMN dinâmica**, em que o espectrômetro RMN é utilizado para estudar processos que envolvem rápida interconversão de espécies moleculares. As velocidades dessas interconversões como uma função da temperatura podem ser estudadas e comparadas com a escala de tempo de RMN.

Moléculas com estruturas marcadamente diferentes no arranjo espacial dos átomos, mas que estão em equilíbrio entre si, são chamadas **tautômeros**. O tipo mais comum de tautomeria é a **tautomeria cetoenólica**, em que as espécies diferem principalmente pela posição de um átomo de hidrogênio.

Em geral, a forma ceto é muito mais estável do que a forma enol, e o equilíbrio pende fortemente a favor da primeira. A tautomeria cetoenólica é, normalmente, considerada um processo *intermolecular*. Compostos 1,3-dicarbonílicos são capazes de exibir tautomeria cetoenólica, o que fica evidente no caso do **acetilacetona**. Para a maioria dos compostos 1,3-dicarbonílicos, o equilíbrio pende de maneira significativa para a direita, favorecendo o *enol*. A forma enol é estabilizada pela formação de uma forte ligação *intramolecular* de hidrogênio. Observe que ambos os grupos metila são equivalentes no enol, por causa da ressonância (ver setas).

A Figura 8.7 mostra o espectro RMN de prótons da acetilacetona. O próton O—H da forma enol (não mostrado) aparece bem abaixo, em δ = 15,5 ppm. O próton C—H vinila está em δ = 5,5 ppm. Observe também o forte pico CH$_3$ da forma enol (2,0 ppm) e compare-o com o pico CH$_3$, muito mais fraco, da forma ceto (2,2 ppm). Note ainda que o pico CH$_2$ em 3,6 ppm é fraco. Claramente, a forma enol predomina nesse equilíbrio. O fato de podermos ver os espectros de ambas as formas tautoméricas, sobrepostas uma a outra, sugere que a velocidade de conversão da forma ceto em forma enol, e vice-versa, deve ser lenta na escala de tempo RMN. Quando se comparam as integrais de dois picos metila diferentes, pode-se facilmente calcular a distribuição dos dois tautômeros no equilíbrio.

Outro tipo de tautomeria, essencialmente *intramolecular*, é chamado de **tautomeria de valência** (ou **isomerização de valência**). Tautômeros de valência rapidamente se interconvertem um no outro, mas as formas tautoméricas diferem principalmente pelas posições de *ligações covalentes*, em vez de pelas posições dos prótons. Há muitos exemplos de tautomeria de valência na literatura. Um exemplo interessante é a isomerização do **bulvaleno**, um composto que apresenta simetria tripla. Em temperaturas baixas (abaixo de –85 °C), o espectro RMN de prótons do bulvaleno é composto de quatro multipletos complexos (na estrutura apresentada a seguir, cada um dos hidrogênios chamados de H$_a$—H$_d$ está em um ambiente único; há três posições H$_a$ equivalentes, três hidrogênios equivalentes para cada H$_b$ e H$_c$, e um único hidrogênio em ambiente H$_d$). Conforme a temperatura aumenta, os multipletos alargam e ficam mais próximos. Finalmente, em +120 °C, o espectro total consiste em um único pico agudo – todos os hidrogênios são equivalentes na escala de tempo de RMN nessa temperatura.

Para explicar o comportamento dependente de temperatura do espectro do bulvaleno, químicos descobriram que ele se rearranja por uma série de isomerizações conhecidas como **rearranjos de Cope**. Note que uma sequência de rearranjos de Cope envolve todas as posições, e, consequentemente, todos os 10 hidrogênios do bulvaleno se tornarão equivalentes se a velocidade de rearranjo de Cope for maior do que a escala de tempo de RMN. Um exame da temperatura em que diferentes multipletos coalescem em um pico único muito largo (+15 °C) permite que seja determinada a energia de ativação da isomerização e, portanto, sua constante cinética. Seria virtualmente impossível estudar esse processo por outra técnica que não a espectroscopia de RMN.

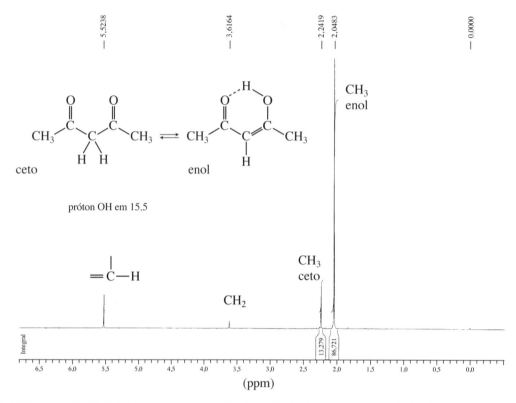

**FIGURA 8.7** Espectro RMN de ¹H do acetilacetona. O próton O—H do tautômero enol não é mostrado.

## 8.4 PRÓTONS NO NITROGÊNIO: AMINAS

Em aminas simples, assim como em alcoóis, a troca intermolecular de prótons é, em geral, rápida o suficiente para desacoplar interações *spin-spin* entre prótons em nitrogênio e entre prótons no átomo de carbono α. Sob essas condições, os hidrogênios amino aparecem como um singleto largo, e, por sua vez, os hidrogênios no carbono α também não são separados pelos hidrogênios amino. A velocidade de troca poderá ficar menor se a solução for fortemente ácida (pH < 1) e se o equilíbrio de protonação for modificado para favorecer o cátion de amônio quaternário em relação à amina livre.

$$R-CH_2-NH_2 + H^+ \rightleftharpoons R-CH_2-\overset{H}{\underset{H}{\overset{|}{N^+}}}-H$$

excesso
(pH < 1)

Nessas condições, as espécies predominantes na solução são as aminas protonadas, e a velocidade da troca intermolecular de prótons diminui, permitindo que observemos com frequência interações de acoplamento *spin-spin*, que são desacopladas e camufladas pela troca na amina livre. Em amidas, que são menos básicas do que as aminas, a troca de prótons é lenta, e muitas vezes se observa acoplamento entre prótons em nitrogênio e prótons no carbono α de um substituinte alquila substituído no mesmo nitrogênio. Os espectros da *n*-butilamina (Figura 8.8) e da 1-feniletilamina (Figura 8.9) são exemplos de espectros não complicados (nenhum desdobramento ³*J* HN—CH).

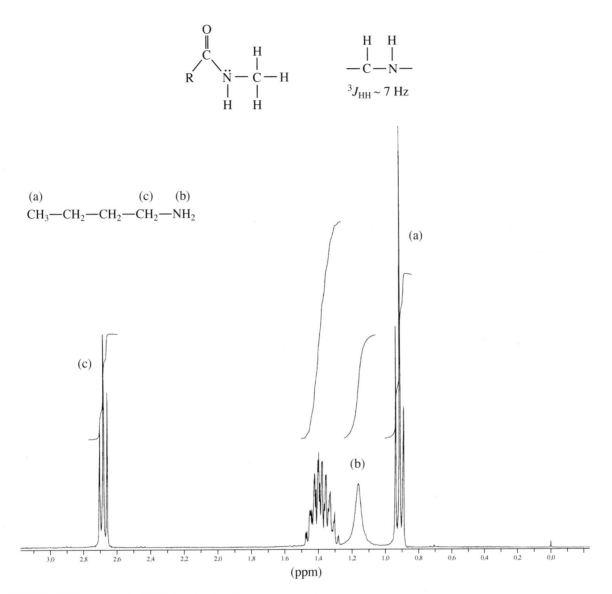

**FIGURA 8.8** Espectro de RMN da *n*-butilamina.

**454** Introdução à espectroscopia

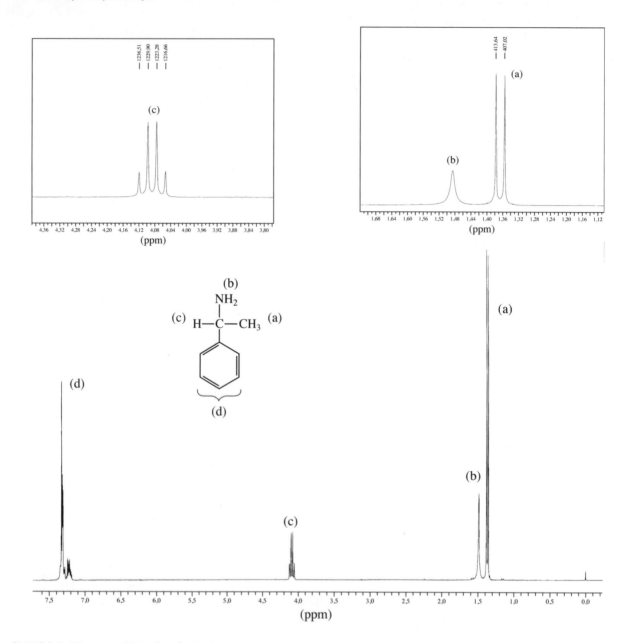

**FIGURA 8.9** Espectro RMN da 1-feniletilamina.

Infelizmente, os espectros das aminas não são sempre simples assim. Outro fator pode complicar os padrões de desdobramento tanto das aminas quanto das amidas: o próprio nitrogênio tem um *spin* nuclear que é unitário ($I = 1$). O nitrogênio pode, portanto, adotar três estados de *spin*: +1, 0 e −1. Com base no que sabemos até agora a respeito de acoplamento *spin-spin*, podemos prever os seguintes tipos possíveis de interação entre H e N:

Acoplamento direto
$^1J \sim 50$ Hz

Acoplamento geminal
$^2J$ e $^3J \sim$ insignificante
(isto é, quase sempre zero)

Acoplamento vicinal

Desses acoplamentos, os tipos geminal e vicinal são vistos muito raramente, e podemos deixá-los de lado. Acoplamentos diretos não são frequentes, mas não são desconhecidos. Não se observará acoplamento direto se o hidrogênio no nitrogênio estiver passando por trocas rápidas. As mesmas condições que desacoplam interações próton-próton NH—CH ou HO—CH também desacoplam interações nitrogênio-próton N—H. Quando se observa acoplamento direto, vê-se que a constante de acoplamento é muito grande: $^1J \sim 50$ Hz.

Um dos casos em que se podem ver tanto acoplamento próton-próton N—H quanto CH—NH é o espectro RMN da metilamina em solução aquosa de ácido clorídrico (pH < 1). A espécie observada nesse meio é o cloreto de metilamônio, isto é, o sal clorídrico da metilamina. A Figura 8.10 simula esse espectro. O pico a aproximadamente 2,2 ppm deve-se à água (em HCl aquoso existe uma enormidade). As Figuras 8.11 e 8.12 analisam o restante do espectro.

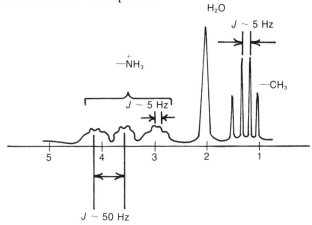

**FIGURA 8.10** Espectro RMN de $^1$H do $CH_3NH_3^+$ em $H_2O$ (pH < 1).

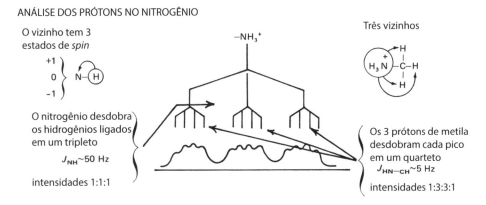

**Figura 8.11** Análise do espectro RMN de $^1$H do cloreto de metilamônio: prótons em nitrogênio.

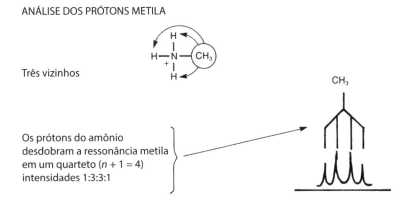

**FIGURA 8.12** Análise do espectro RMN de $^1$H do cloreto de metilamônio: prótons metila.

## 8.5 PRÓTONS NO NITROGÊNIO: ALARGAMENTO QUADRIPOLAR E DESACOPLAMENTO

Elementos com $I = \frac{1}{2}$ têm distribuições de carga aproximadamente esféricas em seus núcleos. Aqueles com $I > \frac{1}{2}$ têm distribuições de carga elipsoidais em seus núcleos e, em consequência, um **momento de quadripolo**. Assim, um importante fator determinante da magnitude de um momento de quadripolo é a simetria ao redor do núcleo. Núcleos assimétricos com um grande momento de quadripolo são muito sensíveis tanto à interação com o campo magnético do espectrômetro de RMN quanto às perturbações magnética e elétrica de seus elétrons de valência ou de seu ambiente. Núcleos com grandes momentos de quadripolo sofrem transições de *spin* nuclear com maior velocidade do que núcleos com pequenos momentos e facilmente atingem a *saturação* – a condição em que ocorrem transições de *spin* nuclear (absorção e emissão) com uma velocidade alta. Transições nucleares rápidas levam a um desacoplamento efetivo do núcleo com um momento de quadripolo e dos núcleos adjacentes ativos em RMN. Esses núcleos adjacentes veem um único *spin* médio ($I_{efetivo} = 0$) no núcleo com seus momentos de quadripolo, e não ocorrem desdobramentos. O cloro, o bromo e o iodo têm grandes momentos de quadripolo e são realmente desacoplados da interação com prótons adjacentes. Note, porém, que o flúor ($I = \frac{1}{2}$) não tem momento de quadripolo e, assim, acopla com prótons.

O nitrogênio tem um momento de quadripolo de tamanho moderado, e suas transições de *spin* não ocorrem tão rapidamente quanto as de halogênios mais pesados. Além disso, as velocidades transicionais e os tempos de vida dos estados excitados de *spin* (isto é, seus momentos de quadripolo) variam um pouco de uma molécula para outra. O ambiente do solvente e a temperatura também parecem afetar o momento de quadripolo. Em consequência, são possíveis três situações distintas com um átomo de nitrogênio:

1. *Momento de quadripolo pequeno para o nitrogênio*. Nesse caso, vê-se acoplamento. Um hidrogênio ligado (como em N—H) é desdobrado em três picos de absorção por causa dos três estados de *spin* possíveis do nitrogênio (+1, 0, −1). Essa primeira situação é vista no espectro do cloreto de metilamônio (Figuras 8.10 a 8.12). Os sais amônio, metilamônio e tetralquilamônio colocam o núcleo do nitrogênio em um ambiente muito simétrico, e observa-se acoplamento $^1H-^{15}N$. Circunstância semelhante ocorre no íon boroidreto, em que se observam facilmente acoplamentos $^1H-^{11}B$ e $^1H-^{10}B$.

2. *Momento de quadripolo elevado para o nitrogênio*. Nesse caso, não se veem acoplamentos. Por causa das rápidas transições entre os três estados de *spin* do nitrogênio, um próton ligado (como em N—H) "vê" um estado de *spin* médio (zero) para o nitrogênio. Observa-se um singleto para o hidrogênio. Essa segunda situação ocorre frequentemente em aminas aromáticas primárias e em anilinas substituídas.

3. *Momento de quadripolo moderado para o nitrogênio*. Esse caso intermediário leva a um alargamento de picos, denominado **alargamento quadripolar**, em vez de desdobramento. O próton ligado (como em N—H) "não tem certeza do que vê". A Figura 8.13, o espectro RMN do pirrol, mostra um exemplo extremo de alargamento quadripolar, em que a absorção NH vai de 7,5 a 8,5 ppm.

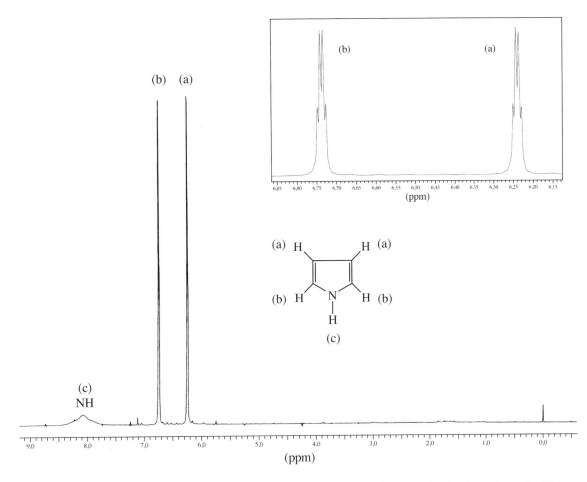

**FIGURA 8.13** Espectro RMN de ¹H do pirrol. O destaque mostra expansões das ressonâncias dos prótons C—H do anel.

## 8.6 AMIDAS

Em geral, o alargamento quadripolar afeta apenas o próton (ou prótons) diretamente ligado ao nitrogênio. No espectro RMN de prótons de uma amida, normalmente se espera ver o próton NH aparecer como um singleto alargado. Em alguns casos, o alargamento deve-se à troca de prótons, mas lembre-se de que a baixa acidez do próton amida diminui a velocidade da troca química (Seção 8.4). Em muitas situações, os prótons poderão ser vistos, em um átomo de carbono adjacente ao nitrogênio, separados pelo próton NH (³J H—C—N—H). Todavia, o pico NH ainda aparecerá como um singleto. Um alargamento quadripolar nuclear encobre qualquer acoplamento ao NH, o que é ilustrado pelo espectro RMN de ¹H da *N*-etilnicotinamida (Figura 8.14). Note que os prótons metileno em 3,5 ppm são desdobrados pelos prótons metila vicinais e que o próton N—H deveria ser um dubleto de quartetos. Nesse caso, a ressonância parece um penteto (um quinteto aparente) porque os dois tipos de acoplamentos vicinais são aproximadamente iguais em magnitude. O N—H da amida é um singleto único alargado em 6,95 ppm.

Ao observar os espectros RMN de amidas, note que grupos ligados a um nitrogênio amida exibem com frequência diferentes deslocamentos químicos. Por exemplo, o espectro RMN da *N,N*-dimetilformamida apresenta dois picos metila distintos (Figura 8.15). Em geral, há expectativa de que os dois grupos idênticos ligados ao nitrogênio sejam quimicamente equivalentes, por causa da rotação livre ao redor da ligação C—N com o grupo carbonila. Entretanto, a velocidade de rotação ao redor dessa ligação é diminuída pela interação de ressonância entre o par isolado de elétrons no nitrogênio e o grupo carbonila.

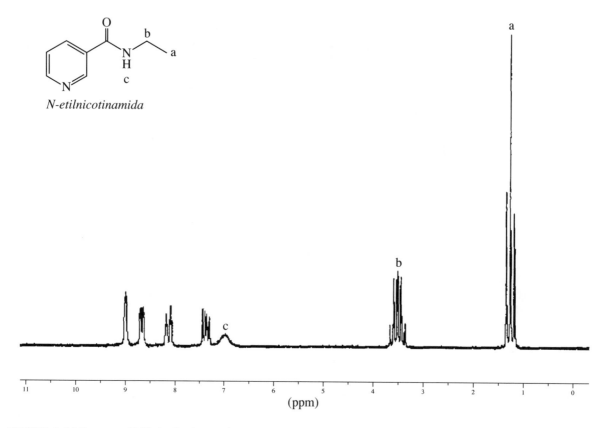

**FIGURA 8.14** Espectro RMN de ¹H da *N*-etilnicotinamida.

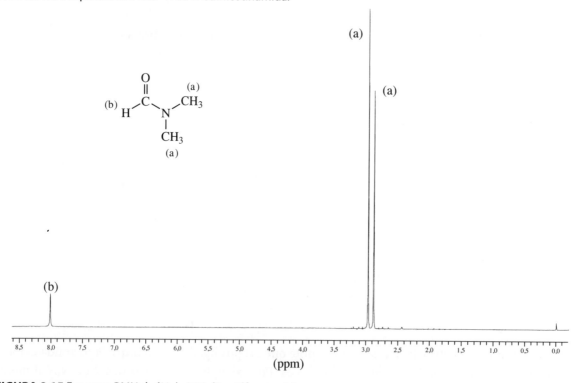

**FIGURA 8.15** Espectro RMN de ¹H da *N,N*-dimetilformamida.

A deslocalização da ressonância exige que a molécula adote uma geometria plana, o que interfere na rotação livre. Se a velocidade da rotação livre for diminuída a ponto de levar mais tempo do que a transição RMN, o espectrômetro RMN vê dois grupos metila diferentes, um no mesmo lado da ligação C=N, como o grupo carbonila, e o outro no lado oposto. Assim, os grupos estão em ambientes magneticamente diferentes e têm deslocamentos químicos levemente diferentes.

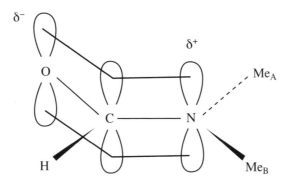

Se a temperatura da amostra de dimetilformamida for sucessivamente aumentada, os dois picos antes alargados (80–100 °C) coalescerão, então, em um único pico largo (~120 °C) e, por fim, gerarão um singleto agudo (150 °C). O aumento de temperatura aparentemente acelera a velocidade de rotação, a ponto de o espectrômetro RMN registrar um grupo metila "médio". Isto é, os grupos metila trocam ambientes tão rapidamente que, durante o tempo necessário para a excitação da RMN de um dos grupos metila, aquele próton está simultaneamente experimentando todas as suas possíveis conformações. A Figura 8.16 ilustra as alterações na aparência das ressonâncias metila da *N,N*- dimetilformamida com a temperatura.

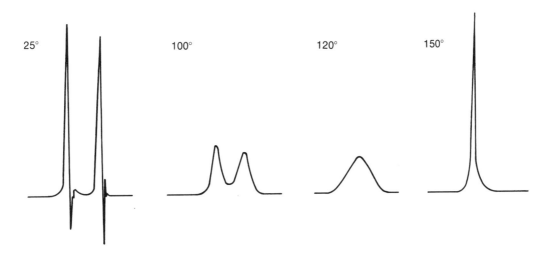

**FIGURA 8.16** Aparência das ressonâncias metila da *N,N*-dimetilformamida com temperatura crescente.

Na Figura 8.17, o espectro da cloroacetamida parece mostrar alargamento quadripolar da ressonância —NH$_2$. Note também que há *dois* picos N—H. Em amidas, com frequência ocorre rotação restrita ao redor da ligação C—N, levando à não equivalência dos dois hidrogênios no nitrogênio, como foi observado para os grupos metila da *N,N*'-dimetilformamida. Mesmo em uma amida substituída (RCONHR'), o hidrogênio único poderia ter dois deslocamentos químicos diferentes.

Dependendo da velocidade de rotação, uma média das duas absorções NH poderia levar ao alargamento de picos (ver Seções 8.1, 8.2C e 8.4). Assim, em amidas, três diferentes fatores de alargamento de picos devem sempre ser considerados:

1. Alargamento quadripolar.
2. Uma velocidade intermediária de troca dos hidrogênios no nitrogênio.
3. Não equivalência do(s) hidrogênio(s) NH decorrente da rotação restrita.

Os últimos dois efeitos devem desaparecer em temperaturas mais altas, que aumentam a velocidade de rotação ou a velocidade de trocas de prótons.

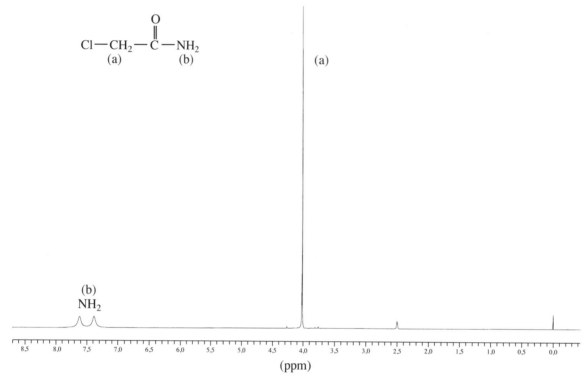

**FIGURA 8.17** Espectro RMN de ¹H da cloroacetamida.

## 8.7 EFEITOS DO SOLVENTE

O deuteroclorofórmio (clorofórmio-$d$, CDCl$_3$) é o solvente utilizado para a grande maioria de medições de RMN de pequenas moléculas. Ele tem todos os atributos de um solvente desejável para RMN: dissolve a maioria dos compostos, é barato, facilmente removido da amostra após obtenção do espectro e está disponível em alta pureza isotópica. Os átomos de deutério no solvente são utilizados para travar o espectrômetro de FT-RMN e eliminar ressonâncias de prótons do solvente que poderiam obscurecer os sinais da amostra. Os químicos frequentemente dão pouca atenção ao papel do solvente para a determinação do espectro para além deste ponto.

No entanto, as forças intermoleculares entre o solvente e soluto por vezes afetam o espectro de RMN de forma significativa. A blindagem local experimentada pelos núcleos nas moléculas da amostra é uma função tanto da estrutura eletrônica da molécula (Seção 5.6) como da anisotropia magnética do meio. Esse é o motivo de usarmos uma referência de deslocamento químico em espectroscopia de RMN. Mesmo assim, se o solvente utilizado interage em um grau significativamente diferente com o soluto do que com o composto de referência de deslocamento químico (TMS), o resultado é que o deslocamento químico observado da molécula de interesse será deslocado em relação ao deslocamento químico observado do composto de referência. A magnitude desse **deslocamento induzido por solvente** pode ser, por vezes, da ordem de várias dezenas de partes por milhão em um espectro de prótons. Se se utilizar um solvente polar (por exemplo, acetona-$d_6$, acetonitrila-$d_3$, dimetilsulfóxido-$d_6$, metanol-$d_3$ etc.), as interações entre o solvente polar e um soluto polar tendem a ser mais fortes do que as interações entre o solvente e o tetrametilsilano não polar (TMS). Por outro lado, um solvente não polar pode interagir mais fortemente com TMS do que com um soluto mais polar.

Pode-se obter uma noção de como realmente são os deslocamentos induzidos por solventes comuns ao se olhar para uma série de espectros em uma obra de referência, como *The Aldrich Library of $^{13}C$ and $^{1}H$ FT-RMN Spectra*. Todos os espectros dessa biblioteca foram cuidadosamente referenciados a TMS = 0,00 ppm. Olhando os espectros de ésteres não aromáticos e lactonas na *Aldrich Library*, por exemplo, vê-se que o pico de ressonância do clorofórmio residual (a pequena quantidade de $CHCl_3$ remanescente no $CDCl_3$) varia de 7,25 a 7,39 ppm. Essa variabilidade de deslocamento químico se deve a pequenas alterações no ambiente do local de blindagem do $CHCl_3$ induzidas pelo soluto (e vice-versa) por interações intermoleculares. Alguns décimos de ppm podem não parecer muito, mas quando se está tentando adequar o espectro de um material sintético meticulosamente preparado com dados da literatura sobre um produto natural, cada hertz conta. Grande cuidado deve ser tomado quando se comparam os próprios dados experimentais a dados espectrais tabulados na literatura sobre resultados de deslocamentos químicos. Muitas pesquisas utilizam solventes de RMN que não contêm TMS, e, portanto, fazem referência a seu deslocamento químico com o sinal de solvente protonado residual, que, como acabamos de ver, pode variar. Deve-se ter a certeza de referenciar os espectros da mesma forma como descrito na literatura. Ao fazer comparações não são incomuns divergências consistentes dos deslocamentos químicos ao longo de um espectro, com todas as ressonâncias tendo uma frequência de ressonância ligeiramente maior (ou menor) do que os dados da literatura.

Simplesmente mudando a concentração do soluto pode, por vezes, resultar em alterações de deslocamentos químicos significativos, especialmente em ambientes próximos a uma ligação de hidrogênio doador/aceitador ou de sistemas π com anisotropia diamagnética significativa. Por exemplo, as ressonâncias $^{1}H$ de acridina em $CD_3OD$ apresentam deslocamentos entre 0,1 e 0,5 ppm para campo alto dependendo da posição no anel, à medida que a concentração da acridina é aumentada (Figura 8.18).

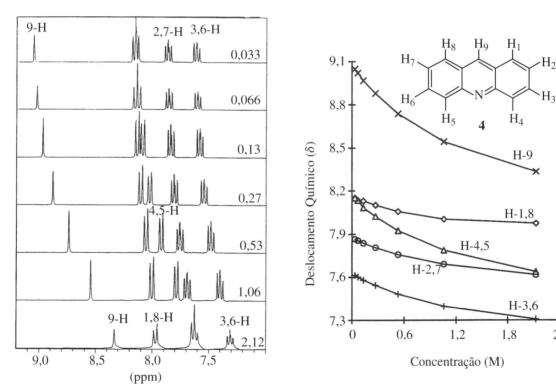

**Figura 8.18** Espectro RMN de $^{1}H$ de acridina em $CD_3OD$ em diferentes concentrações (mol/L). Fonte: Mitra, A. et al. *Tetrahedron.* v. 54, p. 15489-15498, 1998.

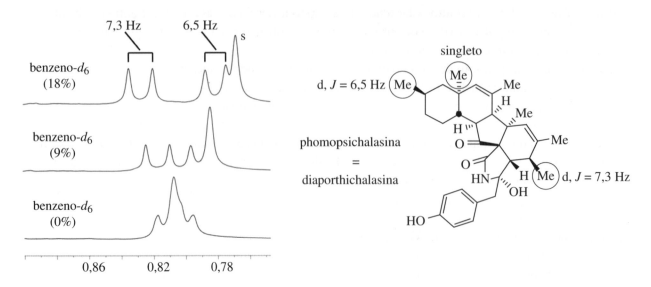

**FIGURA 8.19** As inserções das regiões metilo do espectro RMN de próton do phomopsichalasina/diaporthichalasina em metanol-$d_4$ (500 MHz) que contém várias percentagens de benzeno-$d_6$ adicionado para verificar a presença de dois dubletos de metilo com valores $J$ de 7,3 e 6,5 Hz. Fonte: Brown, S. G.; Jansma, M. J.; Hoye T. R. *Journal of Natural Products.* v. 75, p. 1326-1331, 2012. Reprodução autorizada.

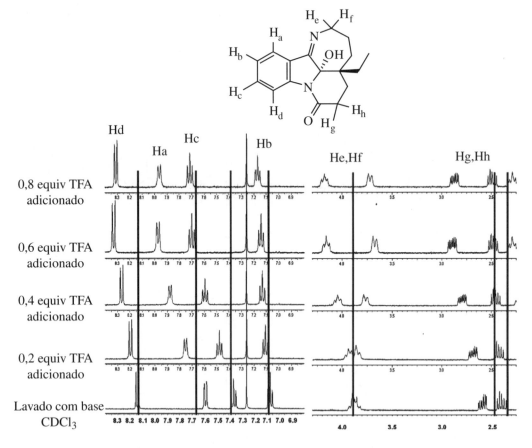

**FIGURA 8.20** Variação de ressonâncias de RMN de próton com ácido trifluoroacético adicionado. As linhas verticais indicam os valores da literatura para mersicarpine. Fonte: Magolan, J.; Carson, C. A.; Kerr, M. A. *Organic Letters.* v. 10, p. 1437--1440, 2008. Reprodução autorizada.

Se o solvente tem forte anisotropia diamagnética (por exemplo, benzeno, piridina ou nitrometano), a interação entre o soluto e o campo anisotrópico do solvente gerará alterações significativas de deslocamento químico. Solventes como o benzeno e a piridina farão a ressonância observada de certo próton ser deslocada para um campo mais alto (δ menor), enquanto outros solventes, como a acetonitrila, causarão um deslocamento na direção oposta. Essa diferença parece depender, em parte, da forma como as moléculas do solvente afetam a natureza dos complexos soluto-solvente que são formados na solução. Logicamente, solventes aromáticos, como o benzeno e a piridina, são planos, enquanto a acetonitrila tem forma de bastão.

O químico pode usar essas alterações de deslocamento químico induzidas por solventes para esclarecer espectros complexos com multipletos sobrepostos. Muitas vezes, adicionando uma pequena quantidade (5–20%) de benzeno-$d_6$ ou piridina-$d_5$ à solução em $CDCl_3$ de uma amostra desconhecida, pode-se observar um efeito significativo na aparência do espectro. O uso dessa técnica é uma maneira fácil de simplificar um espectro congestionado. Em um exemplo recente, a mistura de uma amostra com $C_6D_6$ foi utilizada para resolver três ressonâncias sobrepostas de metilo, que, em conjunto com outras experiências espectroscópicas e computacionais, provaram que os produtos naturais phomopsichalasina e diaporthichalasina eram, de fato, idênticos (Figura 8.19).

Para amostras que contêm grupos funcionais sensíveis a ácidos ou a bases, traços de ácido presentes em solventes de RMN podem tornar as medidas dificilmente reprodutivas. A lenta decomposição do $CDCl_3$ produz pequenas quantidades de DCl. Esse ácido pode ser removido passando-se o solvente através de uma pequena coluna de alumina básica antes da preparação da amostra de RMN. Em outros casos, a adição deliberada de ácido torna-se necessária para reproduzir os dados espectrais da literatura. No caso do derivado indólico, o produto natural mersicárpina, uma titulação ácida mostrou que os deslocamentos químicos de todos os prótons aromáticos e dos metilenos diastereotópicos do sistema de anel mudaram dramaticamente, dependendo da quantidade de ácido presente (Figura 8.20). Note que os dados espectrais obtidos em $CDCl_3$ lavado com base não coincidem com os dados da literatura, indicando que uma quantidade desconhecida de uma espécie ácida estava presente na amostra do produto natural.

Vimos que ligações de hidrogênio dos grupos permutáveis alteram a aparência dos espectros (Seção 8.2). Interações via ligações de hidrogênio (ou sua falta) com o solvente podem, em alguns casos, alterar a conformação de energia mais baixa de um composto, alterando significativamente os deslocamentos químicos observados e as constantes de acoplamento. Esse fenômeno é ilustrado pelo caso do cis-3-metoxiciclo-hexanol. Quando o espectro de RMN de $^1H$ de cis-3-metoxiciclo-hexanol é obtido no ciclo-hexano-$d_{12}$, as constantes de acoplamento vicinais indicam que a conformação diaxial está, de fato, com menos energia do que a diequatorial (cálculos com base nos dados de acoplamento indicam uma preferência por diaxial 67:33). Uma ligação de hidrogênio intramolecular aparentemente compensa o efeito de desestabilização da repulsão 1,3-diaxial estérica entre os grupos hidroxilo e metoxilo. Quando DMSO-$d_6$ é utilizado como solvente, no entanto, a conformação diequatorial é inferior em energia na proporção 97:3. Nesse caso, as fortes interações dipolares entre o soluto e o DMSO polar são mais fortes do que a ligação de hidrogênio intramolecular.[2]

---

[2] OLIVEIRA, P. R.; RITTNER, R. The relevant effect of an intramolecular hydrogen bond on the conformational equilibrium of cis-3-methoxycyclohexanol compared to trans-3-methoxycyclohexanol and cis-1,3-dimethoxycyclohexanol. *Spectrochemica Acta*, v. A 61, p. 1737-1745, 2005.

| solvente | $J_{H_1-H_{2a}}$ (Hz) | $J_{H_1-H_{2e}}$ (Hz) |
|---|---|---|
| ciclo-hexano-$d_{12}$ | 6,6 | 3,4 |
| DMSO-$d_6$ | 10,9 | 4,2 |

Na espectroscopia de RMN, os solventes também agem como impurezas comuns nas amostras, principalmente em trabalhos sintéticos, em que traços de solvente que não puderam ser totalmente removidos por evaporação rotatória permanecem nas amostras. Outras impurezas comuns em espectros são água (seja de solvente deuterado, seja da superfície do vidro) e graxa de torneira. Ocasionalmente, serão vistas, em um espectro de RMN, ressonâncias de plastificante lixiviado dos tubos de borracha. Ser capaz de identificar esses traços de impurezas e "editar mentalmente" o espectro para evitar perdas de tempo causadas por ressonâncias estranhas é uma habilidade valiosa. Assim como os deslocamentos químicos das ressonâncias da amostra variam em diferentes solventes, os deslocamentos químicos desses traços de impureza também aparecem em diferentes locais no espectro em diferentes solventes. Tabelas com as propriedades dos solventes de RMN usuais muitas vezes incluirão também uma entrada para o deslocamento químico de água residual. Traços de água, por exemplo, aparecem em 1,56 ppm no $CDCl_3$, mas em 0,40 ppm no benzeno-$d_6$ ($C_6D_6$), e em 2,13 ppm e 4,78 ppm na acetonitrila-$d_3$ ($CD_3CN$) e no metanol-$d_4$ ($CD_3OD$), respectivamente. Dois dos trabalhos mais citados nos últimos 15 anos são tabulações do $^1H$ e deslocamentos químicos $^{13}C$ de solventes comuns de laboratório e outras impurezas em solventes deuterados comumente utilizados.

## 8.8 REAGENTES DE DESLOCAMENTO QUÍMICO

Muitas vezes, o espectro de campo baixo (60 ou 90 MHz) de um composto orgânico, ou parte dele, é quase indecifrável, pois os deslocamentos químicos de vários grupos de prótons são muito similares. Quando isso acontece, todas as ressonâncias de prótons ocorrem na mesma área do espectro, e frequentemente picos se sobrepõem com tamanha extensão que não se consegue extrair picos individuais e desdobramentos. Uma das maneiras de simplificar essa situação é usar um espectrômetro que opere em uma frequência mais alta. Apesar de as constantes de acoplamento não dependerem da frequência de operação ou da intensidade de campo do espectrômetro RMN, os deslocamentos químicos em hertz *dependem* desses parâmetros (como visto na Seção 5.17). Essa circunstância pode, por vezes, ser utilizada para simplificar um espectro antes indecifrável.

Suponhamos que um composto contenha três multipletos: um quarteto e dois tripletos derivados de grupos de prótons com deslocamentos químicos muito semelhantes. Em 60 MHz, esses picos podem sobrepor-se e simplesmente gerar um emaranhado de absorções. Quando se obtém o espectro em campos de intensidades maiores, as constantes de acoplamento não se alteram, mas aumentam os deslocamentos químicos em hertz (não em partes por milhão) dos grupos de prótons ($H_A$, $H_B$, $H_C$) responsáveis pelos multipletos. Em 300 MHz, cada multipleto fica claramente separado e determinado (ver, por exemplo, Figura 5.35). Lembre-se de que efeitos de segunda ordem desaparecem em campos mais altos e que muitos espectros de segunda ordem tornam-se de primeira ordem em 300 MHz ou acima (Seções 7.7A e 7.7F).

Pesquisadores sabem há algum tempo que interações entre moléculas e solventes, como as devidas a ligações de hidrogênio, podem causar grandes alterações nas posições de ressonância de certos tipos de prótons (por exemplo, hidroxila e amina). Sabem também que substituir solventes comuns, como o $CDCl_3$, por benzeno, que impõe efeitos anisotrópicos locais nas moléculas vizinhas, pode afetar muito as posições de ressonância de alguns grupos de prótons (como visto na Seção 8.7). Em muitos casos, é possível definir multipletos parcialmente sobrepostos mudando o solvente. Contudo, o uso de **reagentes de deslocamento químico**, uma inovação surgida no fim da década de 1960, oferece um meio rápido e relativamente barato de separar multipletos sobrepostos em alguns espectros. A maioria desses reagentes de deslocamento químico é composta por complexos orgânicos de metais de terras raras paramagnéticos do grupo dos lantanídios. Quando esses complexos metálicos são adicionados ao composto cujo espectro está sendo determinando, observam-se grandes deslocamentos nas posições de ressonância dos vários grupos de prótons. A direção do deslocamento (para cima ou para baixo) depende principalmente do metal utilizado. Complexos de európio, érbio, túlio e itérbio deslocam as ressonâncias para campos baixos (δ maior), enquanto complexos de cério, praseodímio, neodímio, samário, térbio e hólmio deslocam, em geral, as ressonâncias para campos altos. A vantagem de usar esses reagentes é que deslocamentos semelhantes aos observados em campos mais altos podem ser induzidos sem a aquisição de um instrumento de RMN de campo alto.

Dos lantanídios, o európio é provavelmente o metal mais comumente utilizado como reagente de deslocamento. Dois de seus complexos mais utilizados são o *tris*-(dipivalometanato) de európio e o *tris*-(6,6,7,7,8,8,8-heptafluoro-2,2-dimetil-3,5-octanedionato) de európio, abreviados como $Eu(dpm)_3$ e $Eu(fod)_3$, respectivamente.

Esses complexos de lantanídios produzem simplificações espectrais no espectro RMN de qualquer composto com um par de elétrons (um par isolado) relativamente básico que possa ser coordenado ao $Eu^{3+}$. Tipicamente, aldeídos, cetonas, alcoóis, tióis, éteres e aminas interagem.

O tamanho do deslocamento de um grupo de prótons depende (1) da distância que separa o metal ($Eu^{3+}$) e o grupo de prótons e (2) da concentração do reagente de deslocamento na solução. Por causa desse último fator, quando se estiver reportando um espectro deslocado por lantanídio, é necessário incluir o número de moles do reagente de deslocamento utilizado ou sua concentração molar.

Os espectros do 1-hexanol (Figuras 8.21 e 8.22) ilustram bem o fator distância. Na ausência de reagente de deslocamento, obtém-se o espectro da Figura 8.21. Apenas o tripleto do grupo metila terminal e o tripleto do grupo metileno próximo à hidroxila são determinados no espectro. Os outros prótons (além do O—H) são encontrados juntos em um grupo largo, não definido. Com a adição do reagente de deslocamento (Figura 8.22), cada um dos grupos metileno fica claramente separado e é definido na estrutura de multipleto adequada. O espectro é, de toda forma, de *primeira ordem*, e, portanto, simplificado. Todos os desdobramentos são explicados pela Regra do $n + 1$.

Observe uma última consequência do uso de um reagente de deslocamento. A Figura 8.22 mostra que os multipletos não estão muito bem definidos em picos agudos, como normalmente se espera. O cátion de európio do reagente de deslocamento causa um pequeno alargamento de linha ao diminuir o tempo de relaxação dos prótons da amostra. Em altas concentrações de reagente de deslocamento, esse problema torna-se sério, mas, na maioria das concentrações úteis, o tamanho do alargamento é tolerável.

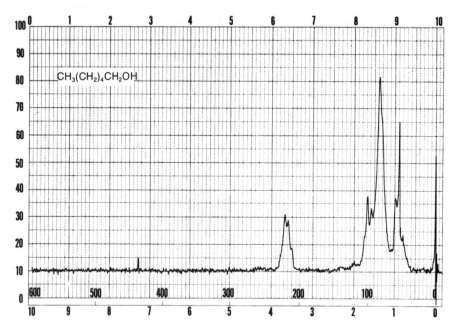

**FIGURA 8.21** Espectro RMN de $^1$H normal em 60 MHz do 1-hexanol.

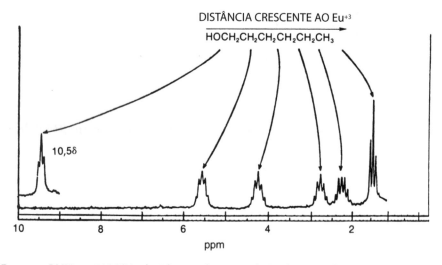

**FIGURA 8.22** Espectro RMN em 100 MHz do 1-hexanol com a adição do equivalente a 0,29 mol de Eu(dpm)$_3$. Fonte: Sanders; Williams, (1970), p. 422. Reprodução autorizada.

Hoje, a maioria dos laboratórios tem acesso a espectrômetros RMN de campo alto (que operam em uma frequência $^1$H de 300 MHz ou maior), e é raro o uso de reagentes de deslocamento químico simples como os vistos anteriormente. Complexos de lantanídios, em que o ligante orgânico coordenado ao metal é opticamente ativo, criam, no entanto, um **reagente de deslocamento quiral**. Um desses reagentes, comumente utilizado para esse fim, é o *tris* [3-(heptafluoropropilhidroximetileno)-*d*-canforato] európio(III) [Eu(hfc)$_3$]. Quando o Eu(hfc)$_3$ junta-se a uma molécula quiral, formam-se complexos diastereoméricos, o que gera diferentes deslocamentos químicos em prótons que eram anteriormente idênticos.

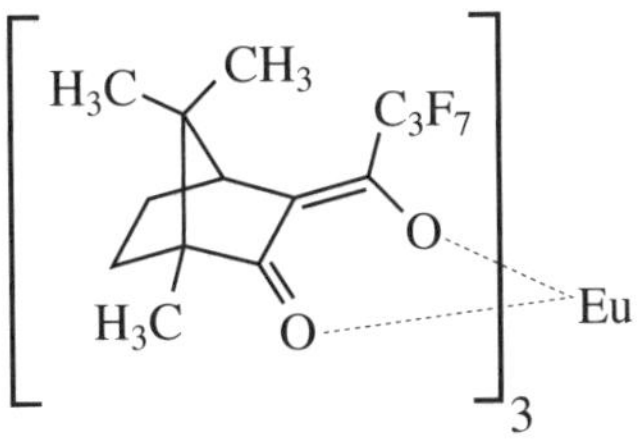

Tris[3-(heptafluoropropilhidroximetileno)-*d*-canforato] európio(III) [Eu(hfc)₃]

## 8.9 AGENTES DE RESOLUÇÃO QUIRAL

Um grupo ligado a um estereocentro tem, em geral, o mesmo deslocamento químico, não importando se o centro estereogênico tem configuração *R* ou *S*. Contudo, o grupo pode ser transformado em diastereotópico no RMN (ter diferentes deslocamentos químicos) quando o composto original racêmico é tratado com um **agente de resolução quiral** opticamente puro para produzir diastereômeros. Nesse caso, o grupo não está mais presente em dois enantiômeros, mas em dois diferentes *diastereômeros*, e seu deslocamento químico é diferente em cada ambiente.

Por exemplo, se uma mistura que contém enantiômeros tanto *R* quanto *S* da α-feniletilamina é misturada com uma quantidade equimolar de ácido (*S*)-(+)-*O*-acetilmandélico opticamente puro que contenha CDCl₃, formam-se dois sais diasteroméricos:

(*R/S*)   (*S*)             (*R*)         (*S*)
**CH₃**—CH—NH₂ + Ph—CH—COOH → [**CH₃**—CH—NH₃⁺ + Ph—CH—COO⁻]
         |           |                       |              |
         Ph          OAc                     Ph             OAc

α-feniletilamina   ácido (S)-(+)-O-
                   -acetilmandélico

+

[**CH₃**—CH—NH₃⁺ + Ph—CH—COO⁻]
         |              |
         Ph             OAc
         (*S*)          (*S*)

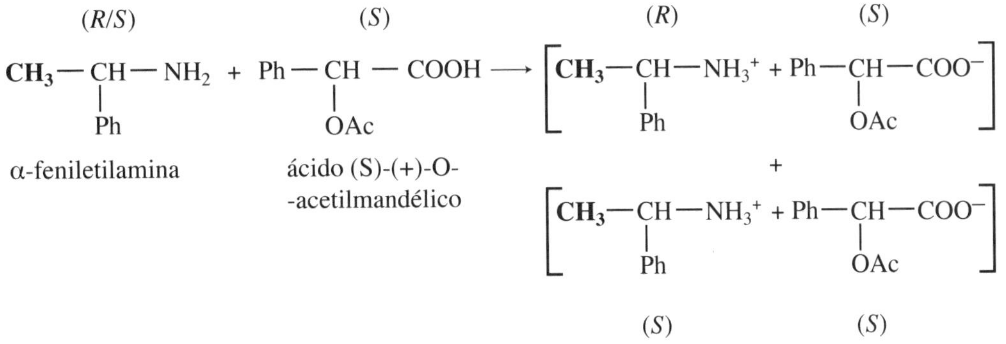

Diastereômeros

Os grupos metila na parte amina dos sais são ligados a um estereocentro, *S* em um caso e *R* no outro. Em consequência, os próprios grupos metila são agora diastereotópicos e têm diferentes deslocamentos químicos. Nesse caso, o isômero *R* é para campo baixo, e o isômero *S*, para campo alto. Como os grupos metila são adjacentes a um grupo metina (CH), eles aparecem como dubletos em aproximadamente 1,1 e 1,2 ppm, respectivamente, no espectro RMN da mistura (os deslocamentos químicos exatos variam um pouco de acordo com a concentração) (Figura 8.23).

Esses dubletos podem ser integrados para determinar as porcentagens exatas das aminas *R* e *S* na mistura. No exemplo apresentado, o espectro RMN foi determinado com uma mistura feita, dissolvendo-se quantidades iguais de (±)-α-feniletilamina não resolvidas e um produto resolvido pelo aluno, com, principalmente, (*S*)-(−)-α-feniletilamina.

Do mesmo modo, uma amina opticamente pura pode ser utilizada como um agente de resolução quiral para analisar a pureza óptica de um ácido carboxílico quiral. Por exemplo, adicionar (*S*)-(−)-α--feniletilamina opticamente pura a uma solução do ácido *O*-acetilmandélico em CDCl₃ formará sais diastereoméricos, como ilustrado anteriormente. Nesse caso, deverão surgir dois dubletos (um para cada enantiômero) da Ph—**CH**—OAc metina entre 5 e 6 ppm no espectro RMN de ¹H.

Quando se precisa determinar a pureza óptica de um composto não passível à formação de sais (isto é, não é um ácido carboxílico nem uma amina), a análise por RMN torna-se um pouco mais difícil. Muitas vezes, por exemplo, é preciso determinar os excessos enantioméricos de alcoóis secundários quirais. Nesses casos, derivar o álcool por ligações covalentes de um auxiliar opticamente puro gera a mistura dos diastereômeros para análise, o que implica reagir uma amostra (normalmente pequena, alguns miligramas) da amostra de álcool com o agente derivante opticamente puro. Às vezes, é necessário purificar o produto. No exemplo apresentado a seguir, um álcool secundário quiral reage com ácido (S)-2-metoxifenilacético [(S)--MPA] usando a dicicloexilcarbodiimida (DCC) para formar ésteres diastereoméricos. Depois desse procedimento, é obtido o espectro RMN de $^1$H do produto misturado, e as ressonâncias da metina oxigenada ($H$CR$_1$R$_2$—O—Aux, haverá um sinal para cada diastereômero) são integradas para determinar a pureza óptica (excesso enantiomérico) da amostra do álcool original. Como os produtos são diastereômeros, outros métodos de análise (por exemplo, cromatografia a gás) podem também ser utilizados.

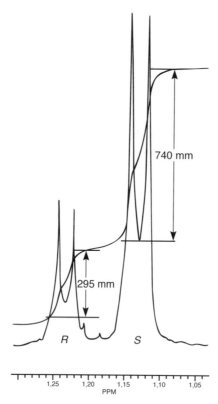

**FIGURA 8.23** Espectro de $^1$H em 300 MHz de uma mistura 50-50 de (S)-α-feniletilamina a partir de α-feniletilamina (racêmica) resolvida e não resolvida com o agente de resolução quiral ácido (S)-(+)-O-acetilmandélico adicionado.

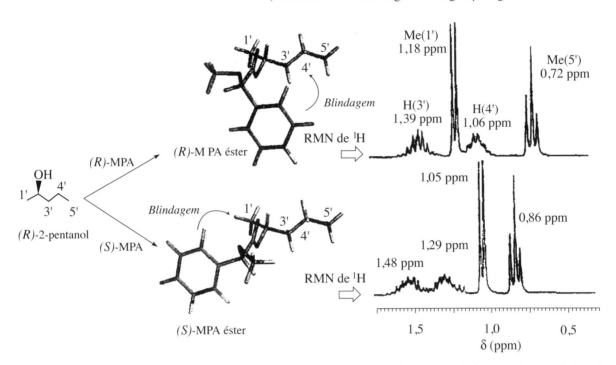

**FIGURA 8.24** Uso do ácido 2-metoxifenilacético (MPA) como um reagente derivante quiral. Fonte: Seco et al. (2004). Reprodução autorizada.

Esse processo está ilustrado na Figura 8.24 do 2-pentanol e do ácido α-metoxifenilacético (MPA). Para simplificar a discussão, são apresentados espectros RMN de ¹H de duas amostras separadas. O éster formado a partir do (R)-2-pentanol e do (R)-MPA produziu o espectro de cima na Figura 8.24, e o éster formado a partir do (R)-2-pentanol e do (S)-MPA, o de baixo. De grande valor diagnóstico são os deslocamentos químicos dos dubletos metila. A configuração de menor energia do éster (R, R) está na posição 3' na região de desblindagem do anel fenila, e o grupo metila (posição 1') não é significativamente perturbado, e seu dubleto aparece em 1,18 ppm. Na configuração de menor energia do éster (R, S), contudo, o grupo metila é blindado pelo anel fenila, e seu dubleto aparece em campo alto, em 1,05 ppm. Pode-se imaginar que uma série análoga de espectros seria produzida por ésteres formados por reação de apenas um enantiômero de MPA, com uma mistura de enantiômeros do 2-pentanol. Integrar os dois dubletos metila diferentes geraria uma razão enantiomérica da amostra do álcool.

## 8.10 COMO DETERMINAR CONFIGURAÇÕES ABSOLUTAS E RELATIVAS POR MEIO DE RMN

### A. Determinação de configurações absolutas

Os métodos descritos na Seção 8.9 são muito úteis na determinação de purezas ópticas (excessos enantioméricos), mas em geral não é possível determinar com certeza a configuração *absoluta* do principal enantiômero presente, a não ser que se tenha acesso a amostras autênticas de cada enantiômero puro.

Esse é raramente o caso no isolamento do produto natural ou em pesquisas sintéticas. Em 1973, Mosher descreveu um método para determinar a configuração absoluta de alcoóis secundários por análise de RMN, e desde então seu método foi expandido e refinado. No método de Mosher, o álcool reage separadamente com cada enantiômero do ácido metoxitrifluorometilfenilacético (MTPA) ou do cloreto de acila correspondente (MTPA-Cl) (Figura 8.25). Note que o ácido carboxílico e o cloreto de acila têm o mesmo arranjo tridimensional de substituintes no centro estereogênico, mas apresentam configurações *R/S* resultantes de uma alteração da prioridade de Cahn-Ingold-Prelog na conversão de —OH do ácido em —Cl do cloreto de acila. Essa circunstância infeliz gerou muitos casos de confusão e atribuições estereoquímicas incorretas.

Depois de os dois ésteres MTPA serem preparados, é obtido o espectro de RMN de ($^{19}$F, $^{1}$H e/ou $^{13}$C) de cada derivado, e os deslocamentos químicos de cada ressonância são comparados. O deslocamento químico das ressonâncias dos grupos diretamente ligados ao estereocentro do espectro do éster (*R*) é subtraído dos deslocamentos químicos correspondentes das ressonâncias do espectro do éster (*S*) [$\delta(S) - \delta(R) = \Delta\delta^{SR}$]. A configuração absoluta do substrato é, então, deduzida pela interpretação dos sinais dos valores $\Delta\delta$, usando certos modelos empíricos para a maioria das conformações estáveis dos ésteres (Figura 8.26). Com base em experimentos, Mosher concluiu que o grupo $CF_3$, $C\alpha$, o grupo carboxila do éster e a metina oxigenada (Cl') são, todos, coplanares. Essa conformação resulta em blindagens diferenciais de $L_1$ e $L_2$ pelo grupo fenila do éster MTPA (ver Seção 5.12, para uma discussão sobre efeitos de blindagem em anéis aromáticos). No éster (*R*)-MTPA, $L_2$ é blindado pelo grupo fenila (Figura 8.26a). O inverso vale para o éster (*S*)-MTPA – $L_1$ é blindado pelo grupo fenila (Figura 8.26b). Como resultado, todos os prótons (ou carbonos) relativamente blindados no éster (*R*)-MTPA terão um valor $\Delta\delta^{SR}$ positivo ($L_2$ na Figura 8.26c), e os não blindados pelo fenila terão um valor $\Delta\delta^{SR}$ negativo ($L_1$ na Figura 8.26c). Se o álcool tem configuração oposta, os ambientes de blindagem são inversos (Figura 8.26d). Assim que os valores $\Delta\delta^{SR}$ são determinados para os grupos flanqueando o éster MTPA, podem-se usar os modelos estruturais (Figura 8.26c e 8.26d) para atribuir $L_1$ e $L_2$ e, desse modo, determinar a configuração absoluta do álcool original. Na prática, a maioria dos pesquisadores usa o *método de Mosher modificado*, que envolve a análise dos valores $\Delta\delta^{SR}$ não apenas dos grupos diretamente ligados ao estereocentro em questão, mas de *todos* os prótons (ou carbonos) do composto. Dessa forma, pode-se determinar um sinal representativo de $\Delta\delta^{SR}$ dos substituintes $L_1$ e $L_2$, o que pode contribuir para evitar confusões que possam surgir de um deslocamento químico anômalo.

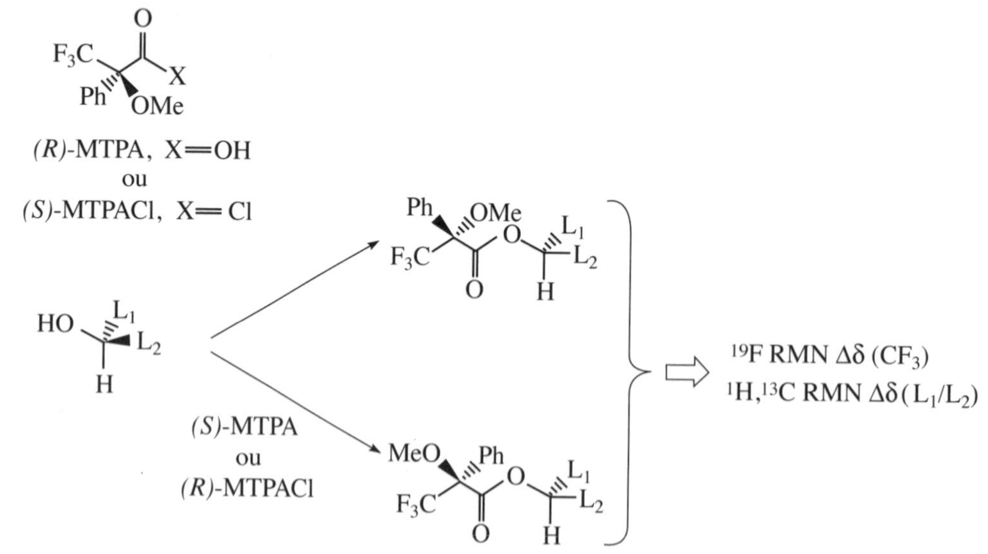

**FIGURA 8.25** Formação de derivados de éster de Mosher. Fonte: Seco et al. (2004). Reprodução autorizada.

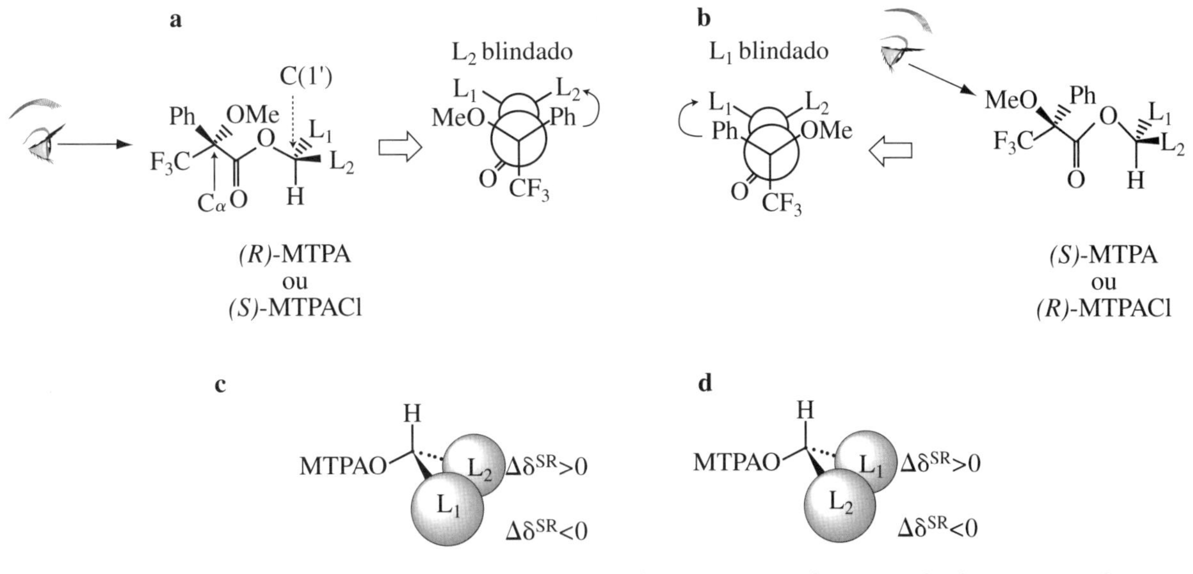

**FIGURA 8.26** Análise de Mosher de derivados de éster para determinar a configuração absoluta. Seco et al. (2004), p. 17-117.

O método de Mosher também pode ser aplicado em alcoóis primários β-quirais e em alcoóis terciários α-quirais. Podem-se preparar amidas de Mosher a partir de aminas quirais e, então, analisá-las de modo semelhante. Uma variedade de outros reagentes derivantes quirais para a determinação da configuração absoluta de alcoóis, aminas, ácidos carboxílicos e sulfóxidos foi desenvolvida ao longo dos anos. Em geral, esses auxiliares quirais têm três características em comum: (1) um grupo funcional que possibilita uma ligação covalente eficiente entre o auxiliar e o substrato, (2) um grupo polar ou volumoso para adequar o composto de interesse a uma configuração particular, e (3) um grupo capaz de produzir um efeito anisotrópico significativo na configuração dominante que resulte em blindagem diferencial nas duas espécies (diastereômeros) utilizadas na determinação.

Mosher, originalmente, usou a espectroscopia de $^{19}F$ para determinar as configurações absolutas de derivados de MTPA, mas hoje a maioria dos pesquisadores utiliza o RMN de $^{1}H$. O $^{19}F$ tem a vantagem de ser um espectro não muito congestionado, já que os sinais de flúor provavelmente são provenientes do próprio auxiliar MTPA. O RMN de $^{1}H$ é útil na maioria dos casos, mas, se $\Delta\delta^{SR}$ for pequeno, a sobreposição de ressonâncias ainda poderá ser um problema, mesmo em um espectrômetro de campo alto. A espectroscopia RMN de $^{13}C$ tem a vantagem de uma faixa de deslocamento químico maior e, portanto, menor probabilidade de sobreposição de ressonâncias. Além disso, o RMN de $^{13}C$ fornece informações úteis mesmo quando um ou mais substituintes no estereocentro não têm prótons. A baixa sensibilidade de $^{13}C$, porém, representa uma limitação se estiverem disponíveis apenas pequenas quantidades dos substratos.

## B. Determinação de configurações relativas

No Capítulo 7, vimos muitas situações em que se poderiam usar constantes de acoplamento $^{1}H$—$^{1}H$ para designar configurações relativas, principalmente quando se pudesse inferir a conformação do composto. Não nos aprofundaremos nessa discussão aqui. Para algumas classes de compostos, pode-se usar, com bastante segurança, a espectroscopia RMN de $^{13}C$ simples para atribuir configurações estereoquímicas relativas. Um dos exemplos mais confiáveis é o método da [$^{13}C$]acetonida para determinar configurações relativas de 1,3-dióis acíclicos. As preferências configuracionais de 2,2-dimetil-1,3-dioxolanos (cetais acetona, acetonidas) já eram bem conhecidas em 1990 quando Rychnovsky correlacionou os deslocamentos químicos de $^{13}C$ dos grupos metila acetonidas a configurações estereoquímicas. Acetonidas de *sin*-1,3-dióis adotavam uma conformação em cadeira, em que um grupo metila da acetonida está em uma posição axial e o outro grupo metila em uma posição equatorial. O grupo metila na posição axial, mais blindado, tem um deslocamento químico de ~19 ppm no espectro RMN de $^{13}$C, e o grupo metila menos blindado, na posição equatorial, aparece em ~30 ppm (Figura 8.27). Inversamente, para suavizar as repulsões estéricas nas conformações em cadeira, os derivados acetonidas de *anti*-1,3-dióis existem em uma conformação de barco torcido. Nas acetonidas de *anti*-1,3-dióis, os dois grupos metila aparecem em ~25 ppm no espectro RMN de $^{13}$C. O deslocamento químico do carbono do acetal também coincide com a configuração estereoquímica, e o carbono acetal das acetonidas do *sin*-1,3-diol aparece em 98,5 ppm, e o das acetonidas do *anti*-1,3-diol, em 100,6 ppm, no espectro RMN de $^{13}$C.

Uma análise da bibliografia de dados de RMN de $^{13}$C de centenas de acetonidas 1,3-diol prova que esse método é confiável. Apenas alguns tipos de substituintes ($R_1$ e/ou $R_2$) são problemáticos. As correlações de deslocamento químico mostradas na Figura 8.27 só não são confiáveis quando os substituintes nas posições 4 e/ou 6 do anel dioxolano são um carbono com hibridização *sp* (alcino ou nitrila). Usar a correlação de deslocamento químico do carbono acetal não é tão confiável assim, mas, das centenas de acetonidas examinadas, menos de 10% das acetonidas *sin*-1,3-diol e 5% das acetonidas *anti*-1,3-diol seriam atribuídas erroneamente baseando-se apenas no deslocamento químico do carbono acetal – e praticamente não haveria erro nenhum se o deslocamento químico acetal fosse considerado em conjunto com os deslocamentos químicos dos grupos metila das acetonidas. O único empecilho desse método é que os derivados acetonidas devem ser preparados a partir dos substratos dióis, mas isso é facilmente realizado com uma mistura de acetona, 2,2-dimetoxipropano e piridina/*p*-toluenossulfonato (PPTS). Quando se tem apenas uma pequena quantidade de amostra, pode-se usar acetona enriquecida de $^{13}$C para preparar as acetonidas. O método [$^{13}$C]acetonida também aplica-se muito bem em produtos naturais complexos que contenham vários 1,3-dióis diferentes.

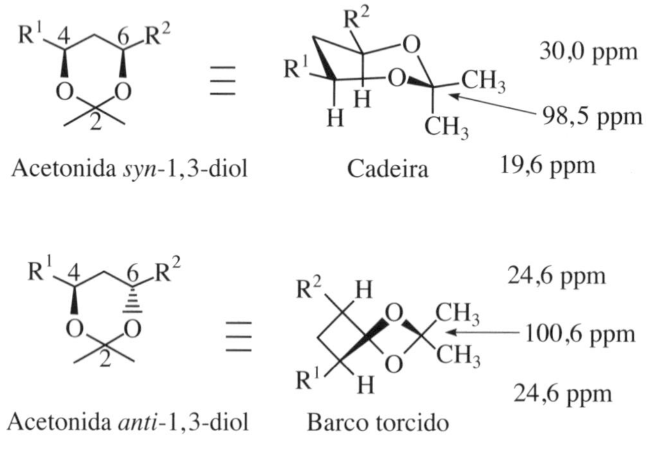

**FIGURA 8.27** Correlações de deslocamento químico de RMN de $^{13}$C para acetonidas 1,3-diol.
Fonte: Rychnovsky et al. (1998).

## 8.11 ESPECTROS DIFERENCIAIS DE EFEITO NUCLEAR OVERHAUSER

Em muitos casos de interpretação de espectros RMN, seria útil distinguir prótons por suas localizações *espaciais* em uma molécula. Por exemplo, em alcenos seria útil determinar se os dois grupos são *cis* um ao outro ou se representam um isômero *trans*. Em moléculas bicíclicas, o químico pode querer saber se um substituinte está em uma posição *exo* ou *endo*. Muitos desses tipos de problema não podem ser resolvidos por uma análise do deslocamento químico ou pelo exame de efeitos de desdobramento *spin-spin*.

Um método conveniente para resolver esses tipos de problema é a **espectroscopia diferencial de efeito nuclear Overhauser (NOE)**. Essa técnica se baseia no mesmo fenômeno que gera o efeito nuclear Overhauser (Seção 6.5), com a diferença de que usa desacoplamento *homonuclear*, em vez de heteronuclear. Na discussão sobre efeito nuclear Overhauser, focamos nossa atenção no caso em que um átomo de hidrogênio foi diretamente ligado a um átomo de $^{13}$C, e o núcleo do hidrogênio ficou saturado por um sinal de banda larga. Na verdade, contudo, para os dois núcleos interagirem pelo efeito nuclear Overhauser, os dois núcleos não precisam estar diretamente ligados; é suficiente que estejam *próximos* um do outro (em geral, por volta de 4 Å). Núcleos próximos espacialmente são capazes de produzir relaxação recíproca por um mecanismo **dipolar** (nesse contexto, referimo-nos a dipolos magnéticos, não a dipolos elétricos). Se o momento magnético de um núcleo, quando ele precessa na presença de um campo magnético aplicado, gerar um campo oscilante com a mesma frequência da ressonância de um núcleo próximo, os dois núcleos afetados passarão por uma troca mútua de energia, e um relaxará o outro. Os dois grupos de núcleos que interagem por esse processo dipolar devem estar muito próximos um do outro; a magnitude do efeito diminui com $r^{-6}$, em que $r$ é a distância entre os núcleos.

Podemo-nos aproveitar dessa interação dipolar para aplicar, no momento adequado, um pulso de desacoplamento de energia baixa. Se irradiarmos um grupo de prótons, qualquer próton próximo que interaja com ele por um mecanismo dipolar terá um aumento na *intensidade* do sinal.

Um experimento típico de NOE diferencial consiste em *dois* espectros separados. No primeiro experimento, a frequência do desacoplador é sintonizada para unir os prótons que desejamos irradiar. O segundo experimento é conduzido sob condições idênticas às do primeiro experimento, com a diferença de que a frequência do desacoplador é ajustada para um valor bem distante, no espectro, de quaisquer picos. Os dois espectros são subtraídos (isso é feito pelo tratamento de dados digitalizados no computador), e o espectro de *diferença* é registrado.

Espera-se que o espectro de diferença NOE assim obtido apresente um sinal *negativo* para um grupo de prótons irradiado. Devem-se observar sinais *positivos apenas* nos núcleos que interagem com os prótons irradiados por meio de um mecanismo dipolar. Em outras palavras, apenas os núcleos localizados a mais ou menos 3 a 4 Å dos prótons irradiados gerarão um sinal positivo. Todos os outros núcleos não afetados pela irradiação aparecerão como sinais muito fracos ou ausentes.

Os espectros da Figura 8.28 ilustram uma análise de NOE diferencial do **metacrilato de etila**.

$$\begin{array}{c} H_Z \quad\quad CH_3 \\ \diagdown\; / \\ C = C \\ / \quad\quad \diagdown \\ H_E \quad\quad C-O-CH_2-CH_3 \\ \quad\quad\; \| \\ \quad\quad\; O \end{array}$$

A figura superior mostra o espectro RMN de prótons normal do composto. Vemos picos surgindo dos dois hidrogênios da vinila em 5,5 a 6,1 ppm. Pode-se presumir que $H_E$ deveria ser deslocado mais para baixo do que $H_Z$ por causa do efeito de desblindagem através do espaço do grupo carbonila. É necessário, entretanto, confirmar essa previsão experimentalmente para determinar, sem ambiguidade, qual desses picos corresponde a $H_Z$ e a $H_E$.

O segundo espectro foi determinado com irradiação simultânea da ressonância metila em 1,9 ppm. Vemos imediatamente que o pico em 1,9 ppm aparece como um pico fortemente negativo. O único pico no espectro que aparece como positivo é o do próton vinila em 5,5 ppm. O outro pico vinila em 6,1 ppm praticamente desapareceu, assim como a maioria dos outros picos no espectro. A presença de um pico positivo em 5,5 ppm confirma que ele deve ser proveniente do próton $H_Z$. O próton $H_E$ está muito longe do grupo metila para sofrer qualquer efeito de relaxação dipolar.

Esse resultado poderia ter sido obtido por um experimento conduzido na direção oposta. A irradiação do próton vinila em 5,5 ppm teria feito o pico em 1,9 ppm ser positivo, no entanto os resultados não teriam sido muito significativos. É sempre mais eficiente irradiar o grupo com o maior número de hidrogênios equivalentes e observar a intensificação do grupo com o menor número de hidrogênios do que o contrário.

Por fim, o terceiro espectro foi determinado com a irradiação simultânea do pico H$_E$ em 6,1 ppm. O único pico que aparece como positivo é o pico H$_Z$ em 5,5 ppm, conforme esperado. O pico metila em 1,9 ppm não apresenta nenhuma intensificação, confirmando que o grupo metila está distante do próton responsável pelo pico em 6,1 ppm.

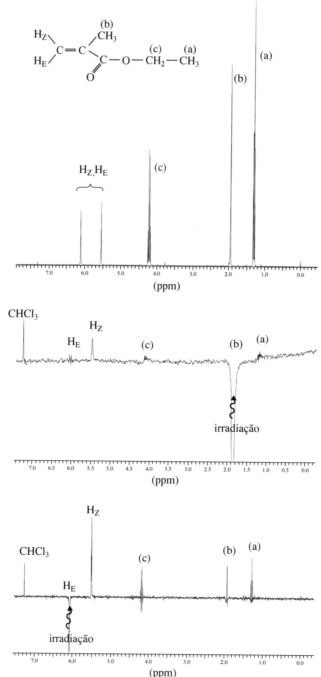

**FIGURA 8.28** Espectro de diferença de NOE do metacrilato de etila. Espectro superior: espectro RMN de prótons do metacrilato de etila sem desacoplamento. Espectro do meio: espectro de diferença de NOE com irradiação em 1,9 ppm. Espectro inferior: espectro de diferença de NOE com irradiação em 6,1 ppm.

Com esse exemplo, pretende-se ilustrar como a espectroscopia de NOE diferencial pode ser utilizada para resolver problemas estruturais complexos. A técnica serve particularmente para a solução de problemas que envolvam a localização de substituintes ao redor de um anel aromático e diferenças estereoquímicas em alcenos e compostos bicíclicos.

## 8.12 COMO RESOLVER PROBLEMAS DE MÉTODOS AVANÇADOS DE 1-D

Nesta seção, usaremos alguns dados avançados de 1-D de RMN para resolver problemas. Assim como acontece com qualquer exercício de resolução de problemas, uma abordagem sistemática simplifica a tarefa e ajuda a garantir que não se esqueça de nenhuma informação. Vamos começar com a análise de quais tipos de experiências de RMN são suscetíveis de fornecer informações definitivas relevantes para a questão. Em seguida, é prudente pensar sobre o que se poderia observar para cada resposta possível. Algumas vezes, poderemos pensar sobre o que *não* estaria sendo observado, mas essa é uma proposição potencialmente arriscada. Em geral, é desaconselhável basear as conclusões no que poderiam ser chamados de dados ausentes.

### *EXEMPLO RESOLVIDO 1*

A reação de Horner-Emmons mostrada aqui, produz dois alcenos estereoisoméricos (isômeros Z e E). Os isômeros são separáveis por cromatografia em coluna, mas têm espectros quase idênticos de 1-D $^1$H RMN. Como você pode distingui-los?

### *SOLUÇÃO*

É incomum, mas ocasionalmente, diastereômeros como esses têm espectros de $^1$H RMN indistinguíveis. Esse é um caso em que as interações do espaço dos dois compostos são diferentes, então é necessário um experimento NOE (Seção 8.11). Irradiar o metino alcenilo adjacente ao éster no isômero *E*-alceno deve resultar num aumento de um próton aromático, mas não o grupo metilo no alceno. Por outro lado, a irradiação do próton do grupo metino alcenilo no isômero *Z*-alceno deve resultar num aumento do grupo metilo no alceno apenas. Na verdade, isso é observado quando são obtidos os espectros de NOE de cada composto.

### *EXEMPLO RESOLVIDO 2*

Você encontra um frasco rotulado "amina α-metilbenzilo opticamente ativa". Depois de preparar a amidas de Mosher (*S*)- e (*R*)- do material, obtém-se os seguintes dados de RMN. Qual enantiômero de α-metilbenzilamina há no frasco?

(S)-Amida Mosher ¹H RMN (400 MHz, CDCl₃): δ 7,57–7,25 (m, 10H), 7,01 (d, J = 7,2 Hz, 1H), 5,19 (dq, J = 7,2, 6,9 Hz, 1H), 3,37 (s, 3H) e 1,51 (d, J = 6,9 Hz, 1H).

(R)-Amida Mosher ¹H RMN (400 MHz, CDCl₃): δ 7,44–7,24 (m, 10H), 7,01 (d, J = 7,0 Hz, 1H), 5,18 (dq, J = 7,0, 6,9 Hz, 1H), 3,41 (s, 3H) e 1,55 (d, J = 6,9 Hz, 1H).

## SOLUÇÃO

Assim como acontece com os ésteres de Mosher, descritos na Seção 8.10, encontrar o valor $\delta^{SR}$ subtraindo os deslocamentos químicos dos grupos que flanqueiam o estereocentro na configuração amida (R)-Mosher da amida (S)-Mosher diz que o grupo é protegido pelo grupo fenil no estereocentro MTPA. Nesse caso, usamos o dubleto metilo. O valor $\delta^{SR}$ é 1,51 ppm – 1,55 ppm = –0,04 ppm. Uma vez que este valor é < 0, o grupo metilo é protegido pelo anel aromático. Isso conduz à atribuição da configuração (S) da amina α-metilbenzilo original.

## PROBLEMAS

*1. A Figura 8.3 mostra o espectro de uma amostra ultrapura de etanol. Desenhe um diagrama de árvore para os grupos metileno no etanol que leve em consideração o acoplamento tanto com o grupo hidroxila quanto com o grupo metila.

*2. O espectro a seguir é de um composto com fórmula $C_5H_{10}O$. O pico de aproximadamente 1,9 ppm depende do solvente e das concentrações. Estão incluídas expansões, com uma indicação do espaçamento em hertz entre os picos. Os pares de picos por volta de 5,0 e 5,2 ppm têm estrutura fina. Como você explica esse pequeno acoplamento? Desenhe a estrutura do composto, indique os picos e inclua diagramas de árvore para os picos expandidos no espectro.

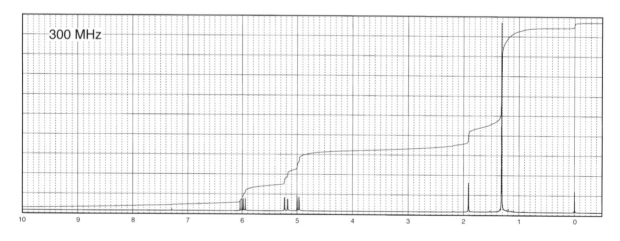

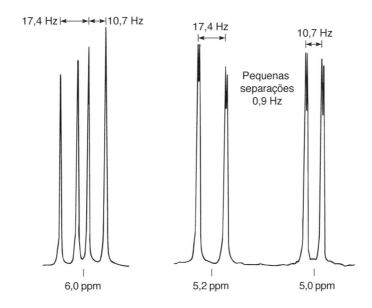

**\*3.** Determine a estrutura do composto aromático com fórmula $C_6H_5BrO$. O pico em aproximadamente 5,6 ppm depende do solvente e desloca-se imediatamente quando a amostra é diluída. As expansões aqui indicadas mostram acoplamentos $^4J$ de mais ou menos 1,6 Hz.

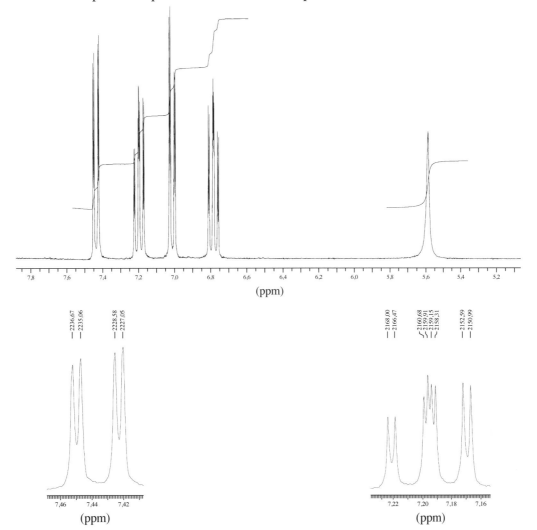

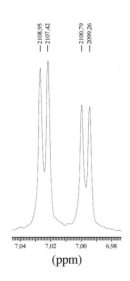
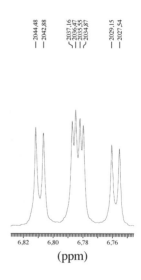

*4. O composto cujo espectro é apresentado abaixo é derivado do 2-metilfenol. A fórmula do produto obtido é $C_9H_{10}O_2$. O espectro infravermelho apresenta picos proeminentes em 3136 e 1648 cm$^{-1}$. O pico largo em 8,16 ppm depende de solvente. Determine a estrutura desse composto usando o espectro apresentado a seguir e os cálculos do deslocamento químico (ver Apêndice 6). Os valores calculados serão apenas aproximados, mas devem permitir a determinação da estrutura correta.

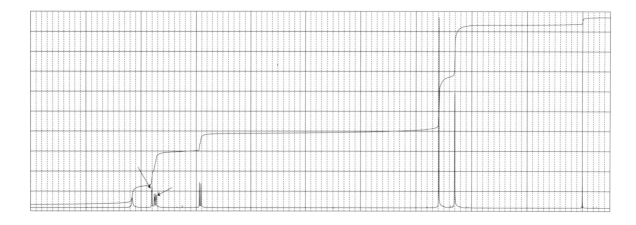

*5. O espectro e as expansões indicados neste problema são de um dos compostos apresentados a seguir. O pico largo em 5,25 ppm depende do solvente. Calculando os deslocamentos químicos *aproximados* e a aparência e a posição dos picos (singleto e dubleto), determine a estrutura correta. Os deslocamentos químicos podem ser calculados com base na informação indicada no Apêndice 6. Os valores calculados serão apenas aproximados, mas devem permitir determinação da estrutura correta.

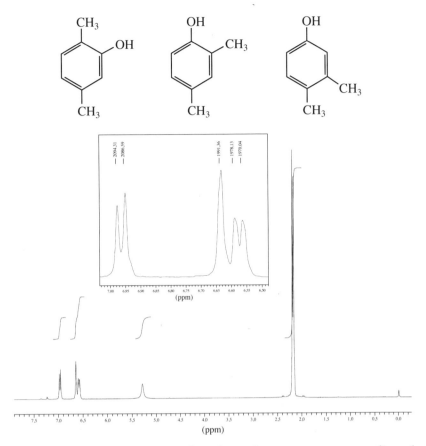

*6. A seguir, apresenta-se o espectro RMN de prótons de um composto com fórmula $C_5H_{10}O$. Determine a estrutura desse composto. O pico em 2,1 ppm depende de solvente. São fornecidas expansões de alguns prótons. Comente a estrutura fina no pico em 4,78 ppm. Os espectros de carbono-13 normal, DEPT-135 e DEPT-90 são indicados na tabela.

| Carbono normal | DEPT-135 | DEPT-90 |
|---|---|---|
| 22 ppm | Positivo | Nenhum pico |
| 41 | Negativo | Nenhum pico |
| 60 | Negativo | Nenhum pico |
| 112 | Negativo | Nenhum pico |
| 142 | Nenhum pico | Nenhum pico |

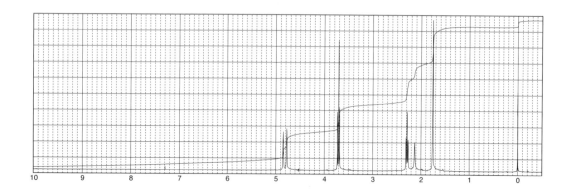

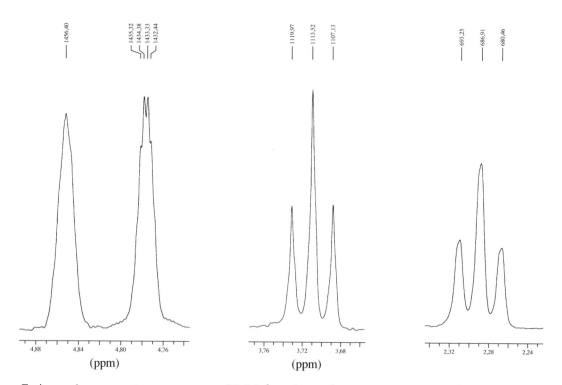

7. A seguir, apresenta-se o espectro RMN de prótons de um composto com fórmula $C_5H_{10}O$. O pico em 2,1 ppm depende do solvente. O espectro infravermelho mostra um pico largo e forte em 3332 cm$^{-1}$. Os espectros de carbono-13 normal, DEPT-135 e DEPT-90 são indicados na tabela.

| Carbono normal | DEPT-135 | DEPT-90 |
|---|---|---|
| 11 ppm | Negativo | Nenhum pico |
| 18 | Nenhum pico | Nenhum pico |
| 21 | Positivo | Nenhum pico |
| 71 | Negativo | Nenhum pico |

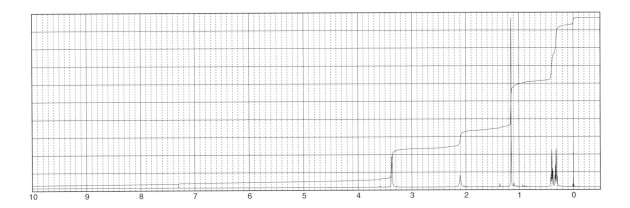

8. Determine a estrutura do composto aromático com fórmula $C_9H_9ClO_3$. O espectro infravermelho apresenta uma banda muito larga de 3300 a 2400 cm$^{-1}$ e uma banda forte em 1714 cm$^{-1}$. São mostrados o espectro RMN de prótons total e as expansões. O composto é preparado por uma reação de substituição nucleofílica do sal de sódio do 3-clorofenol em um substrato ligado a halogênio.

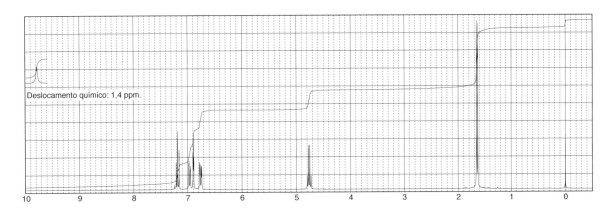

Deslocamento químico: 1,4 ppm.

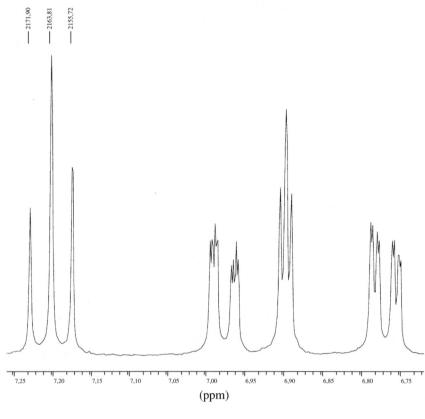
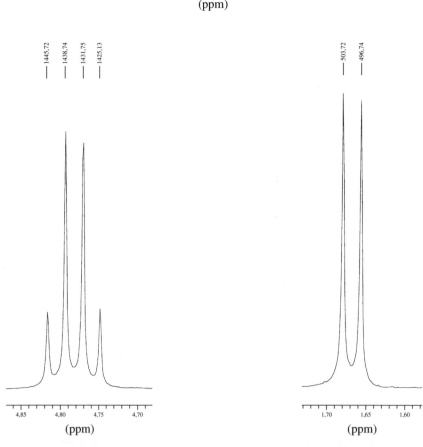

*9. Determine a estrutura de um composto com fórmula $C_{10}H_{15}N$. A seguir, apresenta-se o espectro RMN de prótons. O espectro infravermelho tem bandas médias em 3420 e 3349 cm$^{-1}$ e uma banda forte em 1624 cm$^{-1}$. O pico largo em 3,5 ppm no RMN é deslocado quando se adiciona DCl, enquanto os outros picos permanecem em suas posições.

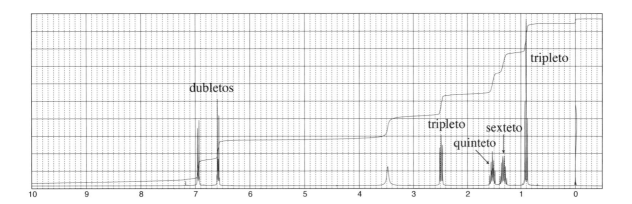

*10. Determine a estrutura de um composto com fórmula $C_6H_5Br_2N$. A seguir, apresenta-se o espectro RMN de prótons. O espectro infravermelho tem bandas médias em 3420 e 3315 cm$^{-1}$ e uma banda forte em 1612 cm$^{-1}$. Os espectros de carbono-13 normal, DEPT-135 e DEPT-90 são indicados na tabela.

| Carbono normal | DEPT-135 | DEPT-90 |
|---|---|---|
| 109 ppm | Nenhum pico | Nenhum pico |
| 119 | Positivo | Positivo |
| 132 | Positivo | Positivo |
| 142 | Nenhum pico | Nenhum pico |

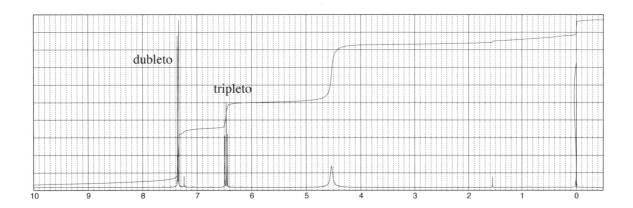

**11.** Este problema apresenta três espectros com três estruturas de aminas primárias aromáticas. Determine o espectro de cada estrutura. Você deve calcular os deslocamentos químicos *aproximados* (Apêndice 6) e usar esses valores com a aparência e a posição dos picos (singleto e dubletos) para definir a estrutura correta.

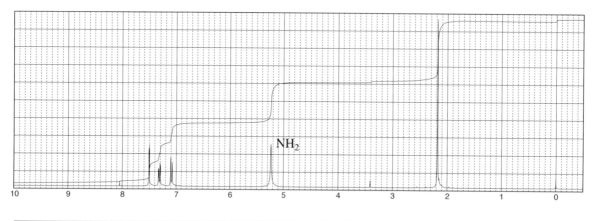

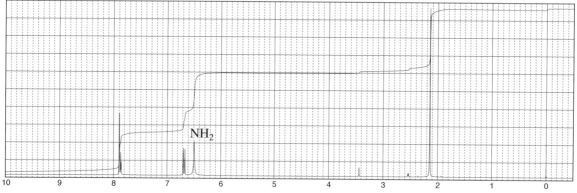

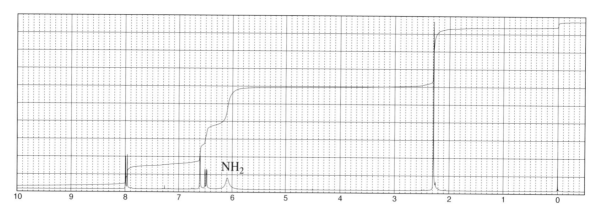

*12. Quando a anilina é clorada, obtém-se um produto com fórmula $C_6H_5NCl_2$. A seguir, é mostrado o espectro desse composto. As expansões estão rotuladas para indicar acoplamentos em hertz. Determine a estrutura e o padrão de substituição do composto e atribua cada grupo de picos. Explique os padrões de desdobramento.

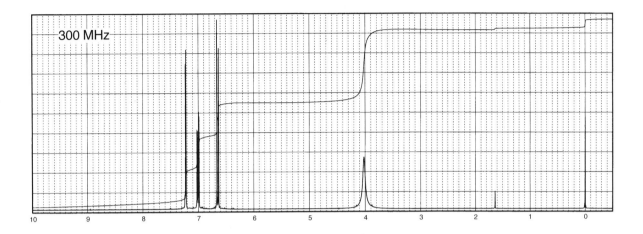

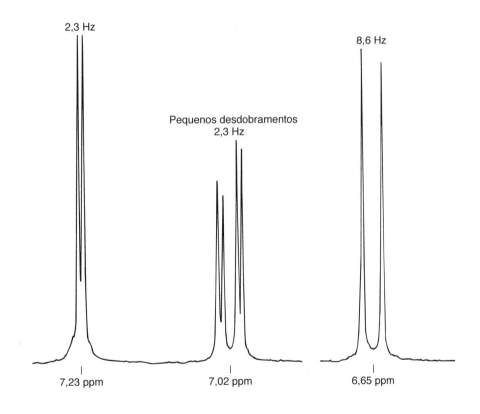

*13. Um aminoácido que ocorre naturalmente com fórmula $C_3H_7NO_2$ produz o seguinte espectro RMN de prótons quando determinado no solvente óxido de deutério. Os prótons da carboxila e da amina coalescem em um único pico, em 4,9 ppm, no solvente $D_2O$ (não mostrado). Os picos de cada multipleto são separados por 7 Hz. Determine a estrutura do aminoácido.

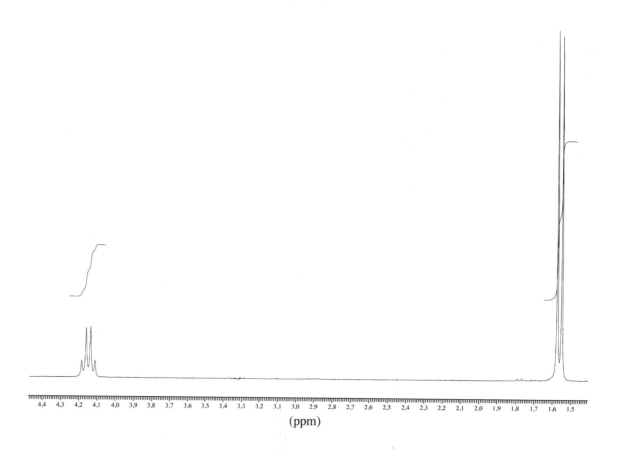

14. Determine a estrutura de um composto com fórmula $C_7H_9N$. A seguir, é mostrado o espectro RMN de prótons, com as expansões da região entre 7,10 e 6,60 ppm. O padrão de três picos para os dois prótons em aproximadamente 7 ppm envolve picos sobrepostos. O pico largo em 3,5 ppm é deslocado quando se adiciona DCl, enquanto os outros picos permanecem em suas posições. O espectro infravermelho mostra um par de picos próximo de 3400 $cm^{-1}$ e uma banda de dobramento fora do plano em 751 $cm^{-1}$.

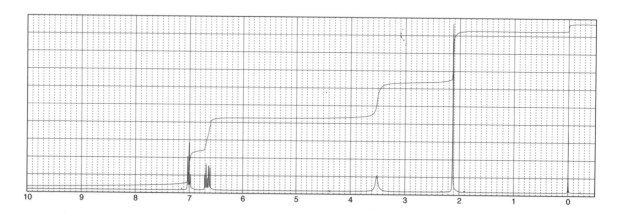

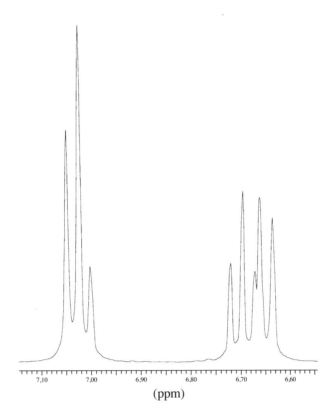

**15.** Um aminoácido que ocorre naturalmente com fórmula $C_9H_{11}NO_3$ produz o seguinte espectro RMN de prótons quando determinado no solvente óxido de deutério com adição de DCl. Os prótons da amina, carboxila e hidroxila coalescem em um único pico em 5,1 ppm (4 H) em $D_2O$. Determine a estrutura desse aminoácido e explique o padrão que aparece na faixa entre 3,17 e 3,40 ppm, incluindo as constantes de acoplamento.

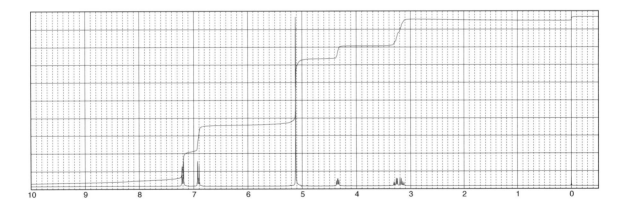

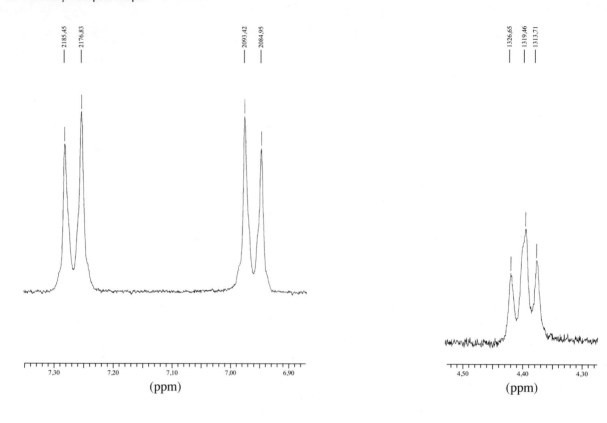
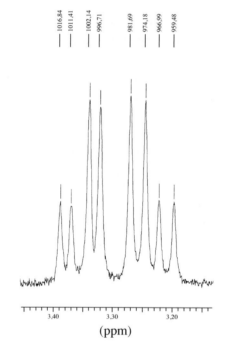

16. Determine a estrutura de um composto com fórmula $C_6H_{10}O_2$. A seguir, apresenta-se o espectro RMN de prótons. Explique por que o próton que aparece em 6,91 ppm é um tripleto de quartetos, com espaçamento de 1,47 Hz, e por que o "singleto" em 1,83 ppm tem estrutura fina. Os espectros de carbono-13 normal, DEPT-135 e DEPT-90 são indicados na tabela.

| Carbono normal | DEPT-135 | DEPT-90 |
|---|---|---|
| 12 ppm | Positivo | Nenhum pico |
| 13 | Positivo | Nenhum pico |
| 22 | Negativo | Nenhum pico |
| 127 | Nenhum pico | Nenhum pico |
| 147 | Positivo | Positivo |
| 174 | Nenhum pico | Nenhum pico |

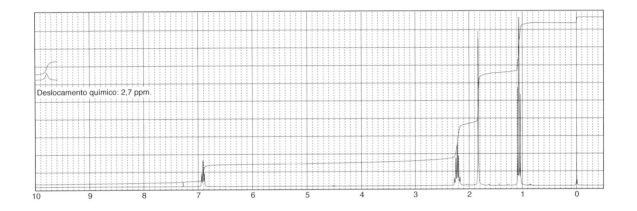

**490** Introdução à espectroscopia

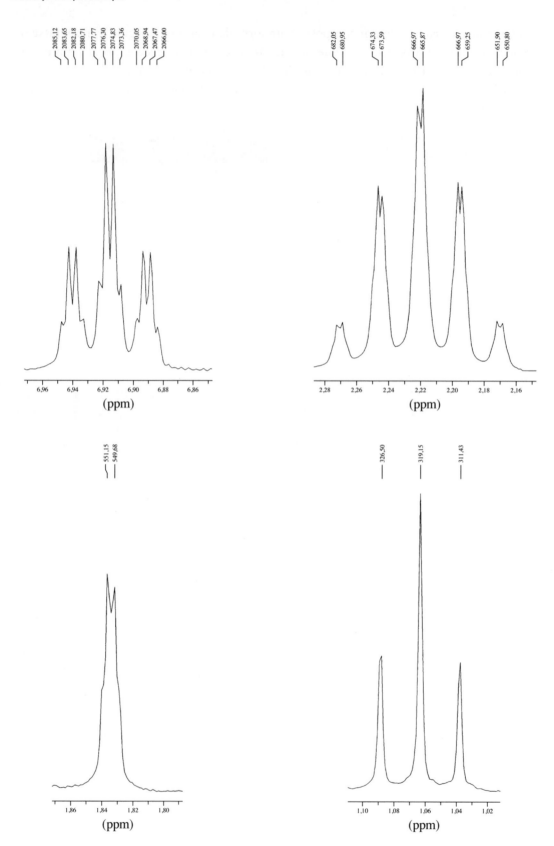

**17.** O espectro RMN de prótons apresentado a seguir é de um analgésico não mais produzido, a fenacetina ($C_{10}H_{13}NO_2$), que é estruturalmente relacionada ao remédio acetaminofena, muito popular e atual. A fenacetina contém um grupo funcional amida. Dois minúsculos picos de impureza aparecem perto de 3,4 e 8,1 ppm. Apresente a estrutura desse composto e interprete o espectro.

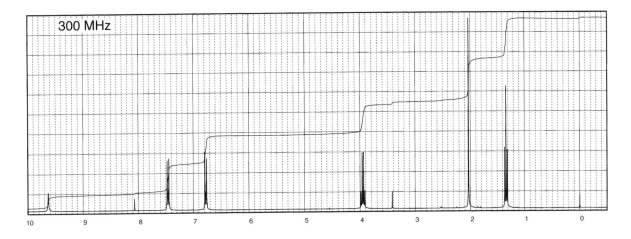

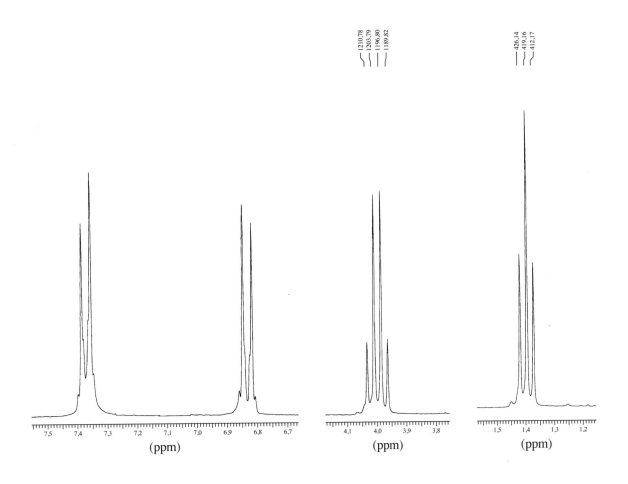

**18.** O espectro RMN de prótons apresentado neste problema é de um repelente de insetos comum, o *N,N*-dietil-*m*-toluamida, determinado em 360 K. Este problema também mostra um empilhamento de espectros desse composto determinados na faixa de temperatura entre 290 e 360 K (27–87 °C). Explique por que o espectro muda de dois pares de picos alargados próximo de 1,2 e 3,4 ppm em baixa temperatura para um tripleto e um quarteto em temperaturas mais altas.

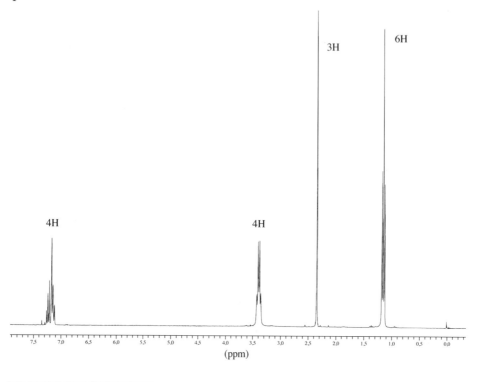

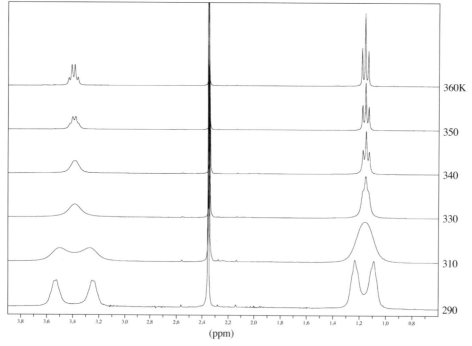

**19.** A informação espectral de RMN de prótons apresentada neste problema é de um composto com fórmula $C_4H_7Cl$. São apresentadas expansões para cada um dos prótons únicos. O padrão de "quinteto" original centrado em 4,52 ppm é simplificado para um dubleto por irradiação (desacoplamento) de prótons em 1,59 ppm (ver Seção 8.10). Em outro experimento, o desacoplamento de prótons em 4,52 ppm simplifica o padrão original centrado em 5,95 ppm para o padrão de quatro picos apresentado. O dubleto em 1,59 ppm torna-se um singleto quando o próton em 4,52 ppm é irradiado (desacoplado). Determine as constantes de acoplamento e desenhe a estrutura desse composto. Note que há acoplamentos $^2J$, $^3J$ e $^4J$ presentes nesse composto. Desenhe um diagrama de árvore para o próton em 5,95 ppm (não desacoplado) e explique por que a irradiação do próton em 4,52 ppm simplificou o padrão. Atribua cada um dos picos no espectro.

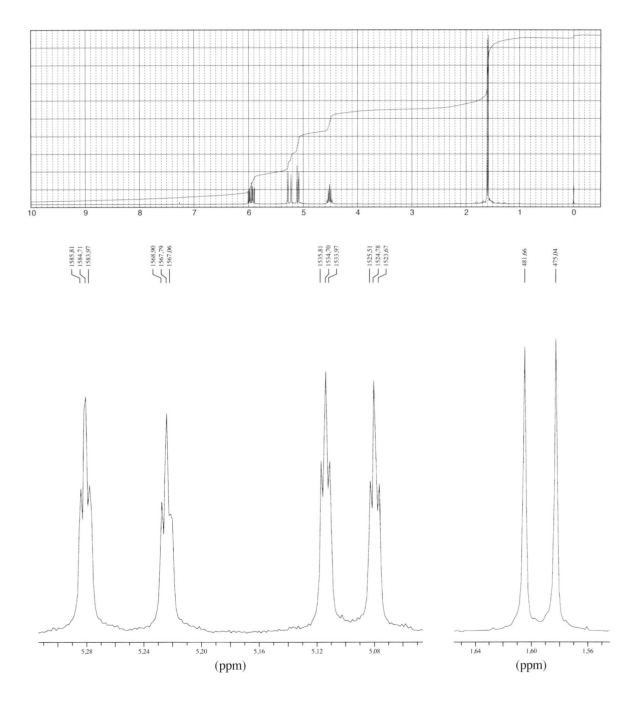

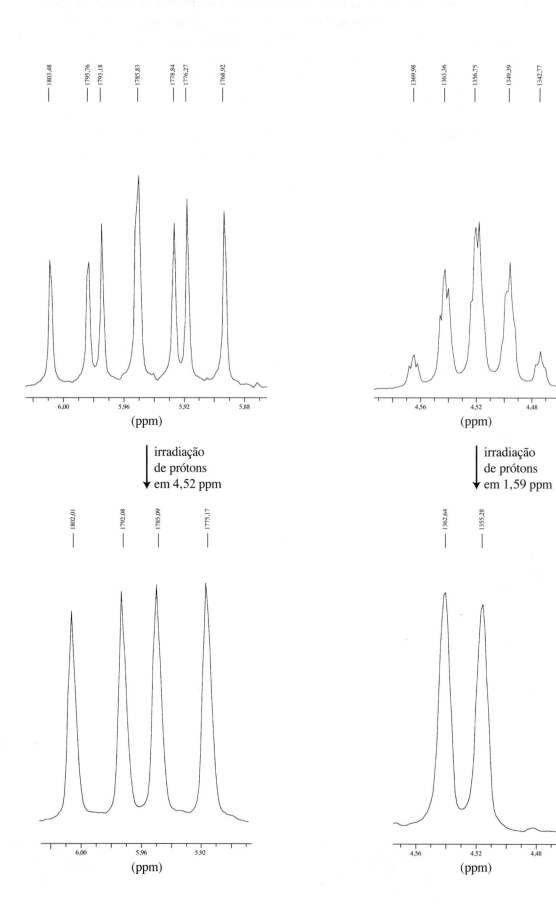

**20.** No Problema 11, cálculos mostraram ser uma boa forma de atribuir estruturas aos espectros de algumas aminas aromáticas. Descreva uma forma experimental de diferenciar entre as seguintes aminas:

NH₂, CH₃, NO₂ (no carbono para-NH₂)       NH₂, NO₂, CH₃

***21.** Em temperatura ambiente, o espectro RMN do cicloexano apresenta apenas um único pico de ressonância. Conforme a temperatura da amostra é reduzida, o pico único agudo se alarga até que em −66,7 °C começa a se separar em dois picos largos. Conforme a temperatura é reduzida ainda mais, até −100 °C, cada uma das duas bandas largas começa a gerar um padrão próprio de separação. Explique a origem dessas duas famílias de bandas.

***22.** No *cis*-1-bromo-4-*tert*-butilcicloexano, vê-se que os prótons no carbono-4 geram ressonância em 4,33 ppm. No isômero *trans*, a ressonância do hidrogênio C4 é em 3,63 ppm. Explique por que esses compostos devem ter valores de deslocamento químico diferentes para o hidrogênio C4. Você pode explicar o fato de essa diferença não ser vista em 4-bromometilcicloexanos exceto quando em temperaturas muito baixas?

**23.** Ambos os enantiômeros de mentol estão disponíveis comercialmente. Use os seguintes dados de desvio químico de RMN de ¹H para os ésteres de Mosher do mentol para determinar quais enantiômeros do mentol foram utilizados para preparar as amostras.

(*S*)-Éster de Mosher: ¹H NMR (500 MHz, CDCl₃) δ 7,54 (m, 2H), 7,39 (m, 3H), 4,90 (ddd, 1H, *J* = 4,5, 11,0, 11,0 Hz), 3,59 (q, 3H, *J* = 1.0 Hz), 2,13 (dddd, 1H, *J* = 2,0, 3,5, 4,0, 11,5 Hz), 1,70 (dddd, 1H, *J* = 3,5, 3,5, 3,5, 12,5 Hz), 1,67 (dddd, 1H, *J* = 3,5, 3,5, 3,5, 13 Hz), 1,56 (dsept, 1H, *J* = 3,0, 7,0), 1,54 (ddddq, 1H, *J* = 3,5, 3,5, 12, 12, 7,0 Hz), 1,42 (dddd, 1H, *J* = 3,0, 3,0, 11,0, 12,5 Hz), 1,12 (ddd, 1H, *J* = 12, 12, 12 Hz), 1,04 (dddd, 1H, *J* = 3,5, 12,5, 12,5, 12,5 Hz), 0,94 (d, 3H, *J* = 7,0 Hz), 0,87 (dddd, 1H, *J* = 4,0, 12,5, 13, 13 Hz), 0,74 (d, 3H, *J* = 7,0 Hz) e 0,67 (d, 3H, *J* = 7,0 Hz).

(*R*)-Éster de Mosher: ¹H NMR (500 MHz, CDCl₃) δ 7,52 (m, 2H), 7,40 (m, 3H), 4,88 (ddd, 1H, *J* = 4,5, 11,0, 11,0 Hz), 3,53 (q, 3H, *J* = 1,0 Hz), 2,08 (dddd, 1H, *J* = 2,0, 3,5, 4,0, 12 Hz), 1,88 (dsept, 1H, *J* = 3,0, 7,0), 1,70 (dddd, 1H, *J* = 3,5, 3,5, 3,5, 13 Hz), 1,69 (dddd, 1H, *J* = 3,3,3, 13 Hz), 1,52 (ddddq, 1H, *J* = 3,5, 3,5, 12, 12, 6,5 Hz), 1,45 (dddd, 1H, *J* = 3,0, 3,0, 11,0, 12,5 Hz), 1,06 (dddd, 1H, *J* = 3,5, 13, 13, 13 Hz), 0,98 (ddd, 1H, *J* = 12, 12, 12 Hz), 0,91 (d, 3H, *J* = 6,5 Hz), 0,87 (d, 3H, *J* = 7,0 Hz), 0,86 (dddd, 1H, *J* = 3,5, 12,5, 12,5 12,5 Hz) e 0,77 (d, 3H, *J* = 7,0 Hz).

# REFERÊNCIAS[3]

### Livros e monografias

CLARIGDE, T. D. W., *High Resolution NMR Techniques in Organic Chemistry*, 2. ed., Oxford: Pergamon, 2009.

CREWS, P. et al. *Organic structure analysis*. 2. ed. Nova York: Oxford University Press, 2010.

FRIEBOLIN, H. *Basic one- and two-dimensional NMR spectroscopy*. 5. ed. Nova York: Wiley-VCH, 2011.

GUNTHER, H. *NMR spectroscopy*. 2. ed. Nova York: John Wiley and Sons, 1995.

LAMBERT, J. B. et al. *Organic structural spectroscopy*. 2. ed.Upper Saddle River: Prentice Hall, 2011.

MACOMBER, R. S. *A complete introduction to modern NMR spectroscopy*. Nova York: John Wiley and Sons, 1997.

NELSON, J. H. *Nuclear Magnetic Resonance Spectroscopy*. Upper Saddle River: Prentice Hall, 2003.

POPLE, J. A. et al. *High resolution nuclear magnetic resonance*. Nova York: McGraw-Hill, 1969.

PRETSCH, E. et al. *Structure determination of organic compounds. tables of spectral data*, 4. ed. Nova York: Springer-Verlag, 2009.

REICHARDT, C.; WELTON, T. *Solvents and solvent effects in organic chemistry*, 4. ed. Weinheim: Wiley-VCH, 2011.

SANDERS, J. K. M.; HUNTER, B. K. *Modern NMR spectroscopy: a guide for chemists*. 2. ed. Oxford: Oxford University Press, 1993.

SILVERSTEIN, R. M. et al. *Spectrometric identification of organic compounds*. 7. ed. Nova York: John Wiley and Sons, 2005.

### Compilações de espectros

POUCHERT, C. J. e BEHNKE, J. *The Aldrich Library of $^{13}C$ and $^{1}H$ FT-NMR Spectra*, 300 MHz, Milwaukee: Aldrich Chemical Company, 1993.

### Artigos

CAVALEIRO, J. A. S. Solvent Effects in 1H NMR Spectroscopy, *Journal of Chemical Education*, v. 64 p. 549-550, 1987.

FULMER, G. et al. NMR Chemical Shifts of Trace Impurities: Common Laboratory Solvents, Organic and Gases in Deuterated Solvents Relevant to the Organometallic Chemist. *Organometallics*, v. 29, p. 2176-2179, 2010.

GOTTLIEB, H. E. et al. NMR Chemical Shifts of Common Laboratory Solvents as Trace Impurities, *Journal of Organic Chemistry*, v. 62, p. 7512-7515, 1997.

ROTHCHILD, R. NMR Methods for Determination of Enantiomeric Excess. *Enantiomer*, v. 5, p. 457-471, 2000.

RYCHNOVSKY, S. D. Analysis of Two Carbon-13 NMR Correlations for Determining the Stereochemistry of 1,3-diol Acetonides. *Journal of Organic Chemistry*, v. 58, p. 3511-3515, 1993.

RYCHNOVSKY, S. D., et al. Configurational Assignment of Polyene Macrolide Antibiotics Using the [$^{13}C$] acetonide Analysis. *Accounts of Chemical Research*, v. 31, p. 9-17, 1998.

SECO, J. M. et al. The Assignment of Absolute Configuration by NMR. *Chemicals Reviews*, v. 104, p. 17-117, 2004, e referências lá contidas.

---

[3] Consulte também as referências do Capítulo 5.

***Sites***

http://www.chem.ucla.edu/~webspectra/
   WebSpectra, UCLA:
   Problemas de espectroscopia de RMN e IV para os alunos interpretarem. Oferece links para outros *sites* de problemas para que os alunos possam resolver.

# capítulo 9

# Espectroscopia de ressonância magnética nuclear

## Parte 5: Técnicas avançadas de RMN

Desde que foram inventados instrumentos modernos controlados por computador de ressonância magnética nuclear por transformada de Fourier (RMN-TF), é possível conduzir experimentos mais sofisticados do que os descritos nos capítulos anteriores. Apesar de se poder realizar grande quantidade de experimentos especializados, este capítulo examina apenas alguns dos mais importantes.

### 9.1 SEQUÊNCIAS DE PULSO

A Seção 6.5 introduziu o conceito de **sequências de pulso**. Em um instrumento RMN-FT, o computador que o opera pode ser programado para controlar o tempo e a duração do pulso de excitação – o pulso de radiofrequência utilizado para excitar os núcleos do estado de *spin* mais baixo para o mais alto. A Seção 5.7B abordou a natureza desse pulso e os motivos para excitar simultaneamente todos os núcleos da amostra. Uma sincronização precisa do tempo pode também ser aplicada a qualquer transmissor de desacoplamento que opere durante a sequência de pulsos. A Figura 9.1, uma simples ilustração, apresenta a sequência de pulso para a aquisição de um espectro de RMN simples de um próton. A sequência de pulso caracteriza-se por um pulso de excitação gerado pelo transmissor; um **tempo de aquisição**, durante o qual o padrão de decaimento de indução livre (DIL) é coletado pelo computador em forma digitalizada; e um **atraso da relaxação**, durante o qual se permite que os núcleos relaxem para restabelecer as populações de equilíbrio dos dois estados de *spin*. Após o atraso da relaxação, um segundo pulso de excitação marca o início de outro ciclo na sequência.

Há muitas variações possíveis nessa simples sequência de pulso. Por exemplo, no Capítulo 6 aprendemos que se podem transmitir *dois* sinais para a amostra. Na espectroscopia de RMN de $^{13}C$, uma sequência de pulso semelhante à mostrada na Figura 9.1 é transmitida na frequência de absorção dos núcleos de $^{13}C$. Ao mesmo tempo, um segundo transmissor, sintonizado na frequência dos núcleos de hidrogênio ($^1H$) da amostra, transmite uma banda larga de frequências para **desacoplar** os núcleos de hidrogênio dos núcleos de $^{13}C$. A Figura 9.2 ilustra esse tipo de sequência de pulso.

A abordagem na Seção 6.5 dos métodos para determinar os espectros de $^{13}C$ descreve como obter espectros *acoplados* a prótons, mas mantendo os benefícios do efeito Overhauser nuclear. Nesse método, que é chamado de **espectro acoplado a próton intensificado por NOE** ou **espectro de desacoplamento com bloqueio**, o desacoplador é ligado durante o intervalo *antes* da pulsação dos núcleos de $^{13}C$. No momento em que se transmite o pulso de excitação, o desacoplador é desligado. O desacoplador é novamente ligado durante o período de decaimento de relaxação. O efeito dessa sequência de pulso é permitir que o efeito Overhauser nuclear se desenvolva enquanto o desacoplador estiver ligado. Como o desacoplador está desligado durante o pulso de excitação, não se observa o desacoplamento de *spin* dos átomos de $^{13}C$ (observa-se um espectro acoplado ao próton). O efeito Overhauser nuclear decai durante um período relativamente longo, e, assim, a maior parte do efeito é retida enquanto se coleta o DIL. Depois de coletadas as informações de DIL, liga-se novamente o desacoplador para permitir que o efeito Overhauser nuclear se desenvolva antes do pulso de excitação seguinte. A Figura 9.3a mostra a sequência de pulso para desacoplamento com bloqueio.

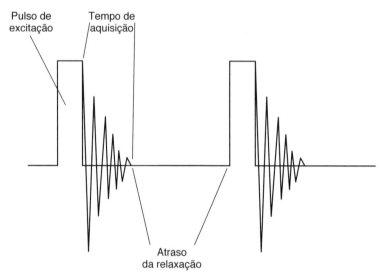

**FIGURA 9.1** Sequência de pulsos simples.

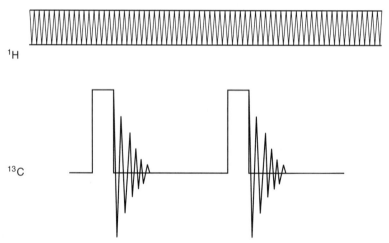

**FIGURA 9.2** Sequência de pulso de RMN de $^{13}C$ desacoplada do próton.

Obtém-se o resultado oposto se o desacoplador não for ligado até *o exato momento* em que o pulso de excitação seja transmitido. Assim que os dados DIL são coletados, o desacoplador é desligado até o pulso de excitação seguinte. Essa sequência de pulso é chamada de **desacoplamento com bloqueio inverso**. O efeito dessa sequência de pulsos é oferecer um espectro desacoplado de prótons sem nenhum efeito NOE. Como o desacoplador é desligado antes do pulso de excitação, não se permite que ocorra o efeito Overhauser nuclear. O desacoplamento de prótons ocorre desde que o desacoplador seja ligado durante o pulso de excitação e o tempo de aquisição. A Figura 9.3b mostra a sequência de pulsos em um desacoplamento com bloqueio inverso. Essa técnica é utilizada quando se precisa determinar integrais em um espectro de $^{13}C$.

O computador interno de instrumentos de RMN-FT modernos é muito versátil e nos permite desenvolver sequências de pulsos mais complexas e modernas do que as apresentadas neste livro. Por exemplo, podemos transmitir um segundo e até um terceiro pulso, e transmiti-los em qualquer dos eixos cartesianos. Os pulsos podem ser transmitidos por durações variadas, e uma variedade de tempos também pode ser programada na sequência. Como resultado desses programas de pulsos, os núcleos podem intercambiar energia, afetar os tempos de relaxação dos outros ou codificar informações sobre acoplamento de *spin* de um núcleo para outro.

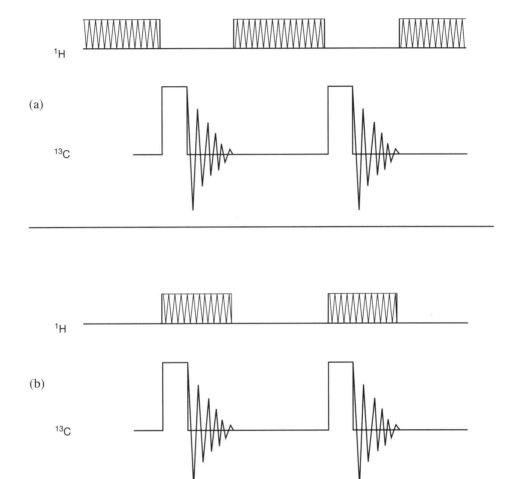

**FIGURA 9.3** Sequência de pulso simples. (a) Sequência de pulso para desacoplamento com bloqueio e (b) sequência de pulso para desacoplamento com bloqueio inverso.

Não vamos descrever essas sequências de pulso com mais detalhes, pois isso está além do objetivo deste livro. Nossa intenção, ao descrever algumas sequências de pulso simples nesta seção, é dar uma ideia de como uma sequência de pulso é construída e como seu projeto pode afetar os resultados de um experimento de RMN. A partir daqui, descreveremos os *resultados* de experimentos que utilizam algumas sequências complexas e mostraremos como os resultados podem ser aplicados para solucionar um problema de estrutura molecular. Se você desejar informações mais detalhadas sobre sequências de pulso para os experimentos descritos nas seções a seguir, consulte as referências.

## 9.2 LARGURAS DE PULSO, *SPINS* E VETORES DE MAGNETIZAÇÃO

Para compreender um pouco as técnicas avançadas descritas neste capítulo, deve-se gastar tempo tentando aprender o que acontece com um núcleo magnético quando ele recebe um pulso de energia de radiofrequência. Os núcleos que importam aqui, ¹H e ¹³C, são magnéticos e têm *spin* finito, e uma partícula carregada em rotação gera um campo magnético. Isso significa que cada núcleo individualmente comporta-se como um ímã minúsculo. Pode-se ilustrar o momento magnético nuclear de cada núcleo como um vetor (Figura 9.4a). Quando se colocam os núcleos magnéticos em um campo magnético forte e intenso, eles tendem a se alinhar ao campo, assim como uma agulha de bússola se alinha ao campo magnético da Terra. A Figura 9.4b mostra esse alinhamento. Na discussão a seguir, seria muito inconveniente continuar a descrever o comportamento de cada núcleo individualmente. Podemos simplificar a discussão considerando que os vetores de campo magnético de cada núcleo geram um vetor resultante denominado **vetor de magnetização nuclear** ou **vetor de magnetização macroscópico**. A Figura 9.4b também apresenta esse vetor (M). Cada vetor magnético nuclear precessa em torno do eixo do campo magnético principal (Z). Eles têm movimentos de precessão aleatórios que não estão em fase; a adição de vetores produz uma resultante, um vetor de magnetização (total) nuclear, alinhado ao eixo Z. Podemos descrever mais facilmente um efeito que envolve cada núcleo magnético examinando o comportamento do vetor de magnetização nuclear.

Na Figura 9.4, as pequenas flechas representam os momentos magnéticos individuais. Nessa imagem, vemos as orientações dos vetores de momento magnético a partir de uma posição estacionária, como se estivéssemos no chão do laboratório observando os núcleos mudar de direção dentro do campo magnético. Essa visão, ou **sistema de referência**, é conhecida como **referencial de laboratório** ou **referencial estacionário**. Podemos simplificar o estudo de vetores de momento magnético imaginando uma série de eixos coordenados que giram na mesma direção e com a mesma velocidade que o momento magnético nuclear médio precessa. Esse referencial é chamado de **referencial giratório** e gira sobre o eixo Z. Podemos visualizar mais facilmente esses vetores considerando-os no contexto do referencial giratório, o que também pode ser feito com relação aos movimentos complexos de objetos, observando-os da Terra, sozinhos, mesmo que o planeta esteja girando sobre seu eixo, girando ao redor do Sol e movendo-se através do Sistema Solar. Podemos denominar os eixos dos referenciais giratórios de *X', Y'* e *Z'* (coincidente com Z). Nesse referencial giratório, os momentos magnéticos microscópicos são estacionários (não estão girando), pois o referencial e os momentos microscópicos estão girando na mesma velocidade e na mesma direção.

Como os momentos microscópios (vetores) pequenos de cada núcleo se somam, o que nosso instrumento vê é o vetor de magnetização em *total* ou *efetivo* de toda a amostra. Mais adiante, trataremos desse vetor de magnetização total.

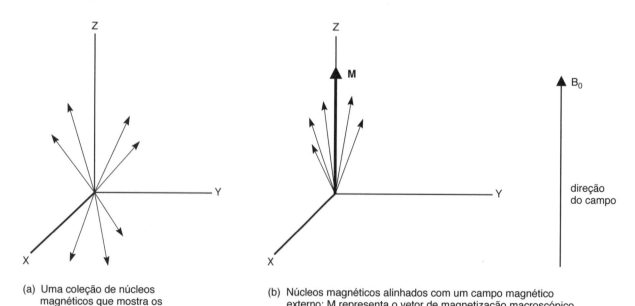

(a) Uma coleção de núcleos magnéticos que mostra os momentos magnéticos individuais.

(b) Núcleos magnéticos alinhados com um campo magnético externo; M representa o vetor de magnetização macroscópico

**FIGURA 9.4** Magnetização nuclear (referencial de laboratório).

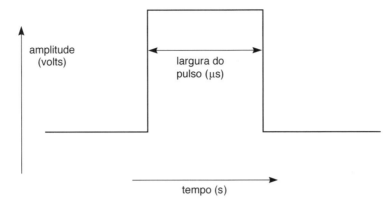

**FIGURA 9.5** Um pulso de onda quadrada.

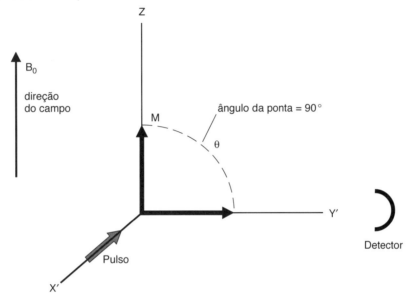

**FIGURA 9.6** Efeito de um pulso de 90° (**M** é o vetor de magnetização macroscópico da amostra).

Em um instrumento de RMN de transformada de Fourier, a radiofrequência é transmitida para a amostra por um **pulso** de duração muito curta – em geral, da ordem de 1 a 10 microssegundos (μs); durante esse tempo, o transmissor de radiofrequência é repentinamente ligado e, depois de mais ou menos 10 μs, repentinamente desligado de novo. O pulso pode ser aplicado tanto no eixo $X'$ como no eixo $Y'$, e também tanto na direção positiva como na negativa. A forma do pulso, expressa como uma função de voltagem de corrente direta *versus* tempo, parece-se com a da Figura 9.5.

Quando se aplica esse pulso à amostra, o vetor de magnetização de cada núcleo magnético começa a precessar sobre o eixo do novo pulso.[1] Se o pulso for aplicado ao eixo $X'$, todos os vetores de magnetização começarão a se inclinar simultaneamente na mesma direção. Os vetores se inclinam em extensões maiores ou menores, dependendo da duração do pulso. Em um experimento comum, a duração do pulso é escolhida para causar determinado **ângulo de inclinação** do vetor de magnetização nuclear (o vetor resultante de todos os vetores individuais), e a duração de pulso (conhecida como **largura do pulso**) é escolhida para resultar em uma rotação de 90° do vetor de magnetização nuclear. Esse pulso é conhecido como **pulso de 90°**. A Figura 9.6 mostra seu efeito no eixo $X'$. Ao mesmo tempo, se a duração do pulso fosse duas vezes maior, o vetor de magnetização nuclear ficaria inclinado em um ângulo de 180° (apontaria diretamente para baixo, Figura 9.6). Um pulso com essa duração é denominado **pulso de 180°**.

---

[1] Lembre-se do que consta do Capítulo 5: se a duração do pulso for curta, o pulso terá uma frequência incerta. A faixa da incerteza é suficientemente ampla para permitir que todos os núcleos magnéticos absorvam energia do pulso.

O que acontece ao vetor de magnetização depois de um pulso de 90°? Ao término do pulso, o campo $B_0$ ainda está presente, e os núcleos continuam a mudar de direção em torno dele. Se nos concentrarmos, por enquanto, nos núcleos com frequências precessionais que equivalem exatamente à frequência do referencial giratório, há probabilidade de que o vetor de magnetização continue dirigido ao longo do eixo $Y'$ (ver Figura 9.6).

No **referencial de laboratório**, o componente $Y'$ corresponde a um vetor de magnetização que gira no plano $XY$. O vetor de magnetização gira no plano $XY$ porque cada vetor de magnetização nuclear está precessando em torno de $Z$ (o eixo principal do campo). Antes do pulso, cada núcleo tem movimentos precessionais aleatórios e não estão em fase. O pulso produz **coerência de fase**, de forma que todos os vetores mudem de direção em fase (ver Figura 9.7). Como todos os vetores individuais mudam de direção em torno do eixo $Z$, **M**, o resultante de todos esses vetores, também gira no plano $XY$.

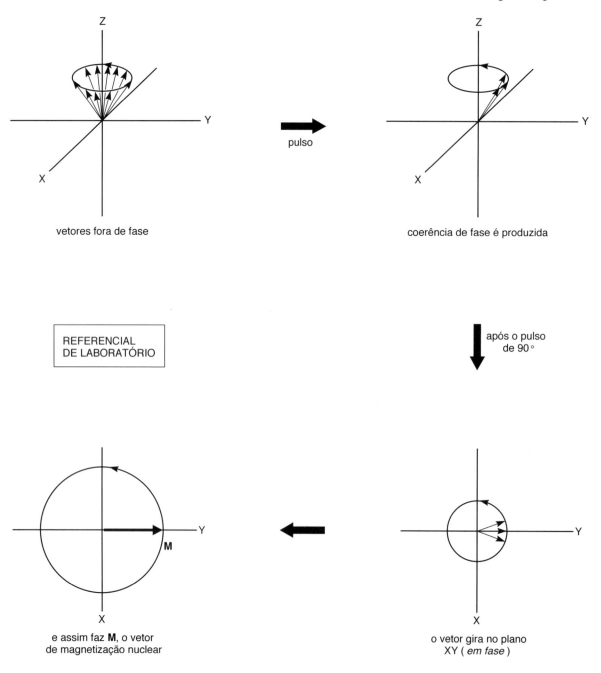

**FIGURA 9.7** Precessão de vetores de magnetização no plano $XY$.

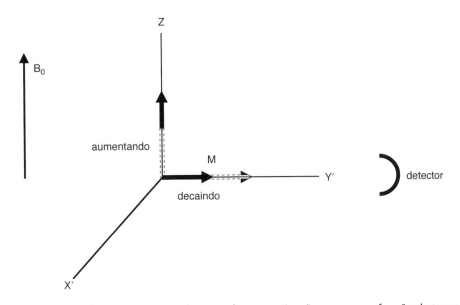

**FIGURA 9.8** Decaimento dos componentes do vetor de magnetização como uma função do tempo.

Assim que o pulso para, contudo, os núcleos excitados começam a relaxar (a perder energia de excitação e a inverter cada *spin* nuclear). Com o tempo, esses **processos de relaxação** diminuem a magnitude do vetor de magnetização nuclear ao longo do eixo Y' e aumentam-na ao longo do eixo Z, como ilustrado na Figura 9.8. Essas mudanças na magnetização nuclear resultam tanto da inversão de *spin* para restabelecer a distribuição de Boltzmann (relaxação *spin*-rede) quanto da perda de coerência de fase (relaxação *spin-spin*). Se aguardarmos algum tempo, finalmente a magnetização nuclear retornará ao seu valor de equilíbrio, e o vetor da magnetização nuclear apontará ao longo do eixo Z.

Uma bobina receptora fica situada no plano XY, no qual ela sente a magnetização rotatória. Conforme o componente Y' fica menor, a voltagem oscilante da bobina receptora diminui e chega a zero quando a magnetização é recuperada ao longo do eixo Z. O registro da voltagem do receptor como uma função do tempo é chamado de **decaimento de indução livre (DIL)**, pois permite que os núcleos mudem de direção "livremente", na ausência de um campo no eixo X. A Figura 5.15 mostra um exemplo de um padrão de decaimento de indução livre. Quando esse padrão é analisado via transformada de Fourier, obtém-se um típico espectro de RMN.

Para entender como funcionam alguns experimentos avançados, é importante avaliar o papel de um pulso de excitação nos núcleos da amostra e observar como a magnetização dos núcleos da amostra se comporta durante o experimento pulsado. Nesse ponto, devemos voltar nossa atenção para os três experimentos avançados mais importantes.

## 9.3 GRADIENTES DE CAMPO PULSADO

Antes de determinar um espectro de RMN, é muito importante que o campo magnético passe por uma **homogeneização *(shimming)***. O experimento de RMN exige que haja um campo magnético uniforme ao longo do volume total da amostra. Se o campo não for uniforme, resultará em picos mais largos, no aparecimento de bandas laterais espúrias e em perda de resolução. Isso significa que, toda vez que uma amostra é introduzida no campo magnético, o campo deve ser levemente ajustado para atingir a uniformidade do campo magnético (homogeneidade de campo magnético).

O processo de *shimming* permite que se consiga uma homogeneidade de campo por ajuste cuidadoso de uma série de controles, para variar a quantidade de corrente que passa por um grupo de bobinas, as quais geram seus próprios pequenos campos magnéticos. Esses campos magnéticos ajustáveis compensam a não homogeneidade do campo magnético resultante. O resultado de um *shimming* cuidadoso é que as linhas espectrais terão uma forma bem definida, e a resolução ficará maximizada.

O problema nesse processo de *shimming* manual é o tempo que consome, e ele não funciona bem para determinar espectros em um ambiente automatizado. Com a chegada de **gradientes de campo pulsados**, esse processo se torna muito mais rápido e pode ser aplicado para determinar espectros automaticamente.

Em um experimento de RMN "normal", aplica-se um pulso de campo magnético uniforme ao longo da amostra. A Figura 9.9a descreve como esse pulso pode aparecer. Em um experimento de pulso de gradiente de campo, o pulso aplicado varia ao longo do tubo da amostra. A Figura 9.9b mostra qual deve ser a aparência dele.

Um pulso de gradiente de campo faz os núcleos das moléculas, em diferentes pontos ao longo do tubo da amostra, precessarem em diferentes frequências. O resultado é que os vetores de magnetização giratórios de cada núcleo rapidamente sairão da fase, resultando na destruição do sinal. Aplicando-se um segundo pulso de gradiente, em direções opostas ao longo do eixo Z, picos que surgem do ruído e outros artefatos serão eliminados. Vetores de magnetização que pertencem à amostra de interesse serão "liberados" com esse segundo pulso e aparecerão como sinais limpos. Assim, os picos indesejados são destruídos, e permanecem apenas os de interesse. Para voltar a focar, seletivamente, os sinais desejados de maneira correta, o computador do instrumento já deve ter um **mapa de campo** em sua memória. Esse mapa de campo é determinado para cada molécula sonda de uma amostra geradora de sinal forte. Em geral, usa-se água ou deutério do solvente para isso. Assim que o mapa de campo tiver sido criado para a sonda utilizada, o computador então aproveita esses valores para ajustar a gradiente de campo para produzir um sinal mais forte, mais nítido.

A vantagem do *shimming* de gradiente de campo é que, normalmente, ele é finalizado com duas ou três repetições. No entanto, *shimming* manual pode ser tedioso e levar muito tempo, precisando de diversas repetições. A natureza automatizada do *shimming* de gradiente de campo funciona bem na determinação automática de espectros, o que é especialmente útil quando um cambiador automático de amostra está ligado ao instrumento.

As vantagens do *shimming* de gradiente de campo podem também ser aplicadas a uma grande variedade de técnicas espectroscópicas bidimensionais. Esse assunto será abordado nas próximas seções.

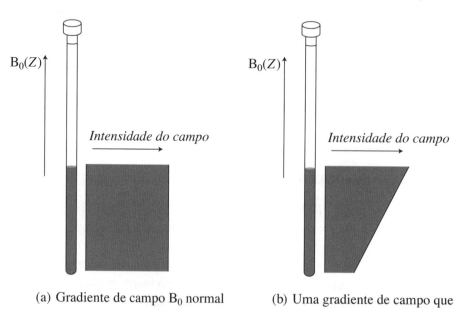

**FIGURA 9.9** Diagrama mostrando a forma de um pulso de campo magnético ao longo do eixo Z de um tubo de amostra RMN.

## 9.4 EXPERIMENTO DEPT: NÚMERO DE PRÓTONS LIGADOS AOS ÁTOMOS DE $^{13}$C

Uma sequência de pulsos muito útil na espectroscopia de $^{13}$C é empregada no experimento chamado **intensificação sem distorção por transferência de polarização**, conhecido em inglês como **DEPT**. O método DEPT tornou-se uma das técnicas disponíveis mais importantes para o espectroscopista de RMN determinar o número de hidrogênios ligados a determinado átomo de carbono. A sequência de pulsos envolve um programa complexo de pulsos e atrasos temporais tanto no canal de $^1$H quanto no de $^{13}$C. O resultado dessa sequência de pulsos é que átomos de carbono com um, dois ou três hidrogênios ligados exibem *fases* diferentes enquanto são registrados. As fases desses sinais de carbono também dependerão da duração dos atrasos programados na sequência de pulsos. Em um experimento denominado DEPT-45, apenas átomos de carbono que têm um ou mais hidrogênios ligados produzirão um pico. Com um atraso levemente diferente, um experimento (chamado DEPT-90) mostra apenas picos dos átomos de carbono que sejam parte de um grupo **metina** (CH). Com um atraso ainda maior, obtém-se o espectro DEPT-135. Em um espectro DEPT-135, carbonos metina e metila geram picos positivos, enquanto carbonos metileno aparecem como picos inversos. A Seção 9.5 abordará os motivos para átomos de carbono com números distintos de hidrogênios ligados se comportarem de maneira diferente nesse tipo de experimento. Carbonos quaternários, que não têm hidrogênios ligados, não geram sinal em um experimento DEPT.

Há diversas variações no experimento DEPT. Em uma delas, são traçados espectros separados em uma única folha de papel. Em um espectro, apenas são mostrados os carbonos metila; no segundo espectro, traçam-se apenas os carbonos metileno; no terceiro, aparecem apenas os carbonos metina; e, no quarto traço, todos os átomos de carbono que carregam consigo átomos de hidrogênio. Em outra variação desse experimento, todos os picos devidos a carbonos metila, metileno e metina são traçados na mesma linha, com os carbonos metila e metina aparecendo como picos positivos, e os carbonos metileno, como picos negativos.

Em muitos casos, um espectro DEPT torna as tarefas espectrais mais fáceis do que um espectro de $^{13}$C desacoplado de próton. A Figura 9.10 é o espectro DEPT-135 do **acetato de isopentila**.

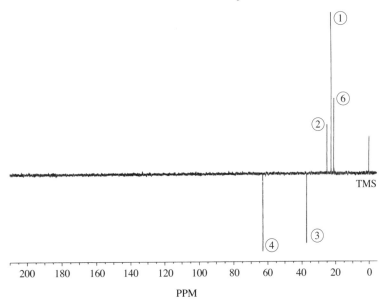

**FIGURA 9.10** Espectro DEPT-135 do acetato de isopentila.

Em um espectro DEPT-135, grupos metilo e metina são positivos, enquanto grupos metileno são negativos. Os dois carbonos metila equivalentes (número **1**) podem ser vistos como o pico mais intenso (em 22,3 ppm), enquanto o grupo metila na função acetílica (número **6**) é um pico mais fraco em 20,8 ppm. O carbono metina (**2**) é um pico ainda mais fraco em 24,9 ppm. Os carbonos metileno produzem os picos invertidos: o carbono **3** aparece em 37,1 ppm, e o carbono **4**, em 63,0 ppm. O carbono **4** é desprotegido, pois está próximo do átomo de oxigênio eletronegativo. O carbono carbonila (**5**) não aparece no espectro DEPT, pois não tem átomos de hidrogênio ligados. Outra forma de apresentar um espectro de DEPT para o acetato de isopentila é mostrado na Figura 6.9. Ambas as partes sustentam as atribuições feitas.

Fica claro que a técnica DEPT é um adjunto muito útil para a espectroscopia de RMN de $^{13}$C. Os resultados do experimento DEPT podem-nos dizer se determinado pico surge de um carbono em um grupo metila, metileno ou metina. Quando se comparam os resultados do espectro DEPT com o espectro de RMN de $^{13}$C desacoplado de $^{1}$H, podem-se também identificar os picos que devem surgir de carbonos quaternários. Carbonos quaternários, que não carregam hidrogênios, aparecem no espectro de RMN de $^{13}$C, mas não no espectro DEPT.

Outro exemplo que demonstra parte do poder da técnica DEPT é o álcool terpenoide **citronelol**.

A Figura 9.11 é o espectro de $^{13}$C desacoplado de $^{1}$H do citronelol. Podemos verificar com facilidade certas características do espectro de alguns átomos de carbono da molécula examinando os deslocamentos químicos e as intensidades. Na região onde esperamos encontrar átomos de carbono $sp^2$ duplamente ligados (120–140 ppm), vemos dois picos. Por exemplo, o pico em 131 ppm é atribuído ao carbono 7, enquanto o pico mais alto em 124,6 ppm, deve surgir do carbono 6. Os átomos de carbono sem átomos de hidrogênio ligados são menores (sem realce Overhauser nuclear; consulte a Seção 6.5), enquanto o carbono 6 tem um átomo de hidrogênio (intensificação nuclear Overhauser). O padrão que aparece entre 15 e 65 ppm, contudo, é muito mais complexo, e, portanto, mais difícil de interpretar.

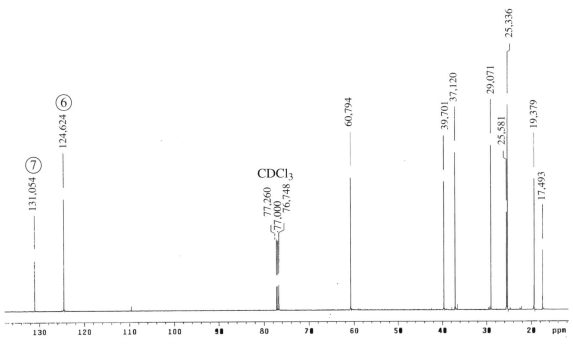

**FIGURA 9.11** Espectro de RMN de ¹³C do citronelol (125 MHz).

O espectro DEPT do citronelol (Figura 9.12) torna muito mais fácil a atribuição específica de cada átomo de carbono. Nossa atribuição anterior do pico em 124,6 ppm ao carbono 6 é confirmada porque esse pico aparece na região metino "carbono CH". Note que o pico em 131 ppm não está presente a partir da seção "todo o carbono protonado", já que o carbono 7 não tem hidrogênios ligados. Os picos a 60,8, 39,7, 37,1 e 25,33 ppm são todos dos grupos metileno. O pico a 29,0 ppm é um próton metino que aparece na "região CH" de prótons ligados sozinhos e é C3. Podemos assumir que o grupo metileno que aparece em 60,8 ppm pode ser atribuído ao grupo CH$_2$ ao lado de um átomo de oxigênio (grupo OH) em C1. Esperamos que esse grupo seja significativamente desblindado pelo átomo de oxigênio eletronegativo. Os restantes três grupos metileno em 39,7, 37,1 e 25,3 ppm não podem ser atribuídos a C2, C4 ou C5 sem mais informações. Do mesmo modo, os três grupos metilo que aparecem em 25,6, 19,4 e 17,5 não podem ser atribuídos sem mais informações. A Seção 9.7 e o espectro de COSY mostrado na Figura 9.15a e na Figura 9.15b nos permitem realizar as tarefas restantes.

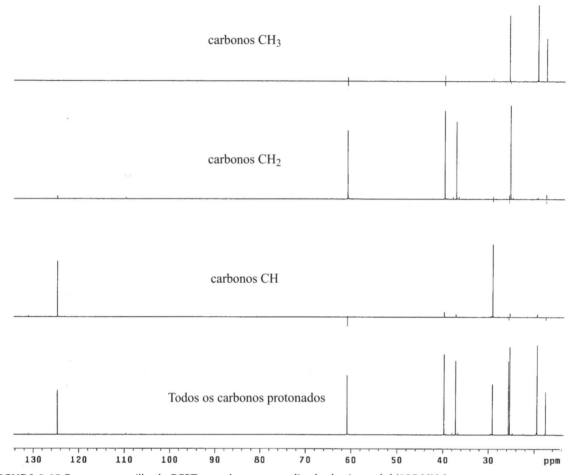

**FIGURA 9.12** Espectro empilhado DEPT completamente editado de citronelol (125 MHz).

Esses exemplos devem dar uma ideia das possibilidades da técnica DEPT. Trata-se de uma excelente forma de diferenciar, em um espectro RMN de $^{13}C$, carbonos metila, metileno, metina e quaternário.

## 9.5 DETERMINAÇÃO DO NÚMERO DE HIDROGÊNIOS LIGADOS

O DEPT é uma variação de um experimento de RMN básico, denominado **teste de próton ligado (APT)**. Apesar de uma explicação detalhada da teoria que fundamenta o experimento DEPT estar além do escopo deste livro, um exame muito mais simples (APT) fornece as informações necessárias do que é o DEPT para que possamos entender como os resultados são determinados.

Esse tipo de experimento usa dois transmissores, um opera na frequência de ressonância de próton e o outro na frequência de ressonância do $^{13}C$. O transmissor do próton serve como um desacoplador de próton: ele é ligado e desligado em intervalos exatos durante a sequência de pulsos. O transmissor do $^{13}C$ gera o pulso comum, de 90°, ao longo do eixo X', mas também pode ser programado para gerar pulsos ao longo do eixo Y'.

### A. Carbonos metina (CH)

Considere um átomo de $^{13}C$ com um próton ligado, em que J é a constante de acoplamento:

$$-\overset{|}{\underset{|}{C}}-H \qquad {}^1J_{CH}$$

Após um pulso de 90°, o vetor de magnetização nuclear **M** está posicionado ao longo do eixo *Y'*. O resultado desse experimento simples deve ser uma única linha, pois há apenas um vetor que gira exatamente na mesma frequência da frequência precessional de Larmor.

Nesse caso, porém, o hidrogênio vinculado separa essa ressonância em um dubleto. A ressonância não ocorre exatamente na frequência de Larmor; em vez disso, ao se acoplar ao próton, produz *dois* vetores. Um dos vetores gira *J*/2 Hz *mais rápido* do que a frequência de Larmor, e o outro vetor gira *J*/2 Hz *mais lento* do que essa frequência. Um vetor resulta de um acoplamento ao próton com seu momento magnético alinhado ao campo magnético, e o outro vetor resulta de um acoplamento ao próton com seu momento magnético alinhado contra o campo magnético. Os dois vetores são separados no referencial giratório.

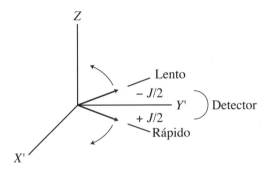

Os vetores movem-se em relação ao referencial giratório com uma velocidade de *J*/2 revoluções por segundo, mas em direções opostas. O tempo necessário para uma revolução é, portanto, o inverso dessa velocidade ou 2/*J* segundos por revolução. No tempo $\frac{1}{4}(2/J) = \frac{1}{2}J$, os vetores realizam um quarto de revolução e estão opostos em relação ao outro ao longo do eixo *X'*. Nesse ponto, o receptor não detecta nenhum sinal, pois não há componente de magnetização ao longo do eixo *Y'* (o resultante desses dois vetores é zero).

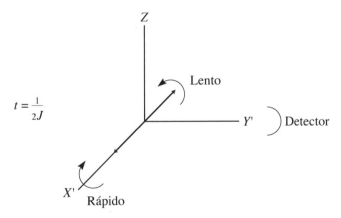

No tempo $\frac{1}{2}(2/J) = 1/J$, os vetores se realinham ao longo do eixo *Y'*, mas na direção negativa. Se coletássemos um sinal nesse tempo, seria produzido um pico invertido. Assim, se *t* = 1/*J*, um carbono metina apresentaria um pico invertido.

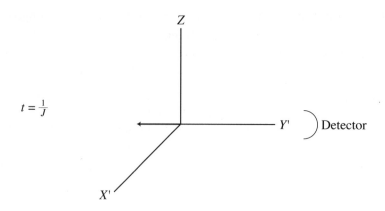

## B. Carbonos metileno (CH₂)

Se examinarmos o destino de um átomo $^{13}$C com *dois* prótons ligados, encontraremos comportamentos diferentes:

$$\text{H}-\overset{|}{\underset{|}{\text{C}}}-\text{H} \qquad ^1J_{CH}$$

Nesse caso, há *três* vetores para o núcleo de $^{13}$C porque os dois prótons ligados separam a ressonância de $^{13}$C em um tripleto. Um dos vetores permanece estacionário no referencial giratório, enquanto os outros dois distanciam-se com uma velocidade de *J* revoluções por segundo.

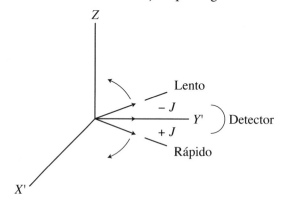

No tempo $\frac{1}{2}(1/J)$, os dois vetores em movimento realinham-se ao longo do eixo negativo $Y'$,

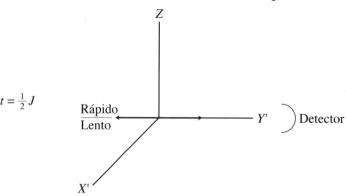

e, no tempo $1/J$, eles se realinham ao longo do eixo positivo $Y$. Os vetores, assim, produzirão um pico normal se forem detectados no tempo $t = 1/J$. Portanto, um carbono metileno deveria apresentar um pico normal (positivo).

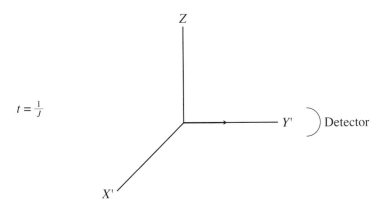

### C. Carbonos metila (CH₃)

No caso do carbono metila,

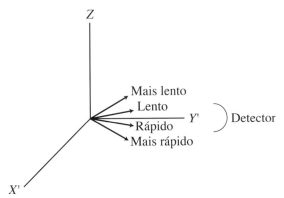

deveria haver *quatro* vetores, correspondentes aos quatro possíveis estados de *spin* de um grupo de três núcleos de hidrogênio.

Uma análise das frequências precessionais desses vetores mostra que, após o tempo $t = 1/J$, o carbono metila também apresenta um pico invertido.

### D. Carbonos quaternários (C)

Um carbono sem prótons mostra simplesmente um vetor de magnetização, que muda de direção na frequência de Larmor (isto é, sempre aponta ao longo do eixo $Y'$). Um pico normal é registrado ao tempo $t = 1/J$.

*E. Resultado final*

Nesse tipo de experimento, devemos ver um pico normal em todos os carbonos quaternário e metileno, e um pico invertido em todos os carbonos metina e metila. Podemos, dessa forma, dizer se o número de hidrogênios ligados ao carbono é *par* ou *ímpar*.

Na versão desse experimento, conhecida como DEPT, a sequência de pulsos é mais complexa do que as descritas nos parágrafos anteriores. Quando se variam as larguras dos pulsos e os atrasos temporais, é possível obter espectros separados para carbonos metila, metileno e metina. Na maneira normal de apresentar espectros DEPT (por exemplo, um espectro DEPT-135), o traço que combina os espectros desses tipos de átomos de $^{13}$C é invertido em relação à apresentação descrita no teste de próton ligado (APT). Portanto, no espectro apresentado na Figura 9.10, os átomos de carbono ligados a números ímpares de hidrogênios aparecem como picos positivos, os átomos de carbono ligados a números pares de hidrogênios aparecem como picos positivos, e não aparecem átomos de carbono sem prótons.

No experimento DEPT, obtêm-se resultados similares aos descritos aqui para o experimento APT. Uma variedade de ângulos de pulso e tempos de retardo é incorporada à sequência de pulsos. O resultado do experimento DEPT é que se podem distinguir carbonos metila, metileno, metina e quaternário.

## 9.6 INTRODUÇÃO A MÉTODOS ESPECTROSCÓPICOS BIDIMENSIONAIS

Os métodos descritos até aqui são exemplos de experimentos unidimensionais. Em um **experimento unidimensional**, o sinal é apresentado como uma função de um único parâmetro, em geral o deslocamento químico. Em um **experimento bidimensional**, há dois eixos coordenados. Com frequência, esses eixos também representam faixas de deslocamento químico. O sinal é apresentado como uma função de cada uma dessas faixas de deslocamento químico. Os dados são registrados como uma grade: um eixo representa uma faixa de deslocamento químico, o segundo eixo representa a segunda faixa de deslocamento químico, e a terceira dimensão constitui a magnitude (intensidade) do sinal observado. O resultado é uma forma de curva de nível em que as linhas de contorno correspondem à intensidade do sinal.

Em um experimento de RMN pulsado normal, o **pulso de excitação** de 90° é seguido imediatamente por uma **fase de aquisição de dados**, em que o DIL é registrado, e os dados são armazenados no computador. Em experimentos que usam sequências de pulsos complexas, como o DEPT, uma **fase de evolução** é incluída antes da aquisição de dados. Durante a fase de evolução, permite-se que os vetores de magnetização nuclear mudem de direção, e é possível uma troca de informações entre núcleos magnéticos. Em outras palavras, determinado núcleo pode ficar codificado com informações sobre o estado de *spin* de outro núcleo que, porventura, esteja por perto.

Dos muitos tipos de experimentos bidimensionais, dois são mais úteis. Um deles é a **espectroscopia de correlação H–H**, mais conhecida por seu acrônimo **COSY** (*correlation spectroscopy*). Em um experimento COSY, a faixa de deslocamento químico do espectro do próton é registrada em ambos os eixos. A segunda técnica importante é a **espectroscopia de correlação heteronuclear**, mais conhecida como técnica **HETCOR**. Em um experimento HETCOR, a faixa de deslocamento químico do espectro do próton é registrada em um eixo, enquanto a faixa de deslocamento químico do espectro de $^{13}C$ da mesma amostra é esboçada no segundo eixo.

## 9.7 TÉCNICA COSY: CORRELAÇÕES $^1H-^1H$

Quando obtemos os padrões de separação de determinado próton e os interpretamos em termos de números de prótons localizados nos carbonos adjacentes, estamos usando apenas uma das formas pelas quais se pode aplicar a espectroscopia de RMN em um problema de prova de estrutura. Podemos também saber que determinado próton tem dois prótons equivalentes próximos acoplados com um valor J de 4 Hz, outro próton próximo acoplado com um valor J de 10 Hz e três outros próximos acoplados por 2 Hz. Isso fornece um padrão muito rico para o próton que estamos observando, mas podemos interpretá-lo, com um pequeno esforço, usando um diagrama de árvore. Pode-se usar um desacoplamento seletivo de *spin* para colapsar ou afinar partes do espectro para obter informações mais diretas sobre a natureza dos padrões de acoplamento. Contudo, cada um desses métodos pode tornar-se tedioso e muito difícil no caso de espectros complexos. Necessita-se, na verdade, de um método simples, imparcial e conveniente para relatar núcleos acoplados.

### A. Um panorama do experimento COSY

A sequência de pulsos em um experimento COSY de $^1H$ contém um tempo de retardo $t_1$ variável e um tempo de aquisição $t_2$ variável. O experimento é repetido com diferentes valores de $t_1$, e os dados coletados durante $t_2$ são armazenados no computador. O valor de $t_1$ é aumentado a intervalos regulares e pequenos em cada experimento, para que os dados coletados consistam em uma série de padrões DIL coletados durante $t_2$, cada um com um valor diferente de $t_1$.

Para identificar que prótons se acoplam uns aos outros, permite-se que a interação de acoplamento aconteça durante $t_1$. Durante o mesmo período, cada vetor individual de magnetização nuclear muda de direção como uma consequência de interações de acoplamento de *spin*. Essas interações modificam o sinal observado durante $t_2$. Infelizmente, o mecanismo de interação de *spins* em um experimento COSY é muito complexo para ser totalmente descrito de maneira simples. Uma descrição pictórica é suficiente.

Considere um sistema em que dois prótons estão acoplados:

$$-\underset{H_a}{\overset{|}{C}}-\underset{H_x}{\overset{|}{C}}-$$

Um retardo da relaxação inicial e um pulso **preparam** o sistema de *spin* girando o vetor de magnetização nuclear dos núcleos em 90°. Nesse ponto, o sistema pode ser descrito matematicamente como uma soma de termos, cada um com o *spin* de apenas um dos dois prótons. Os *spins*, então, **evoluem** durante o período de retardo variável (chamado de $t_1$). Em outras palavras, eles mudam de direção sob as influências tanto do deslocamento químico quanto do acoplamento *spin-spin* mútuo. Essa precessão modifica o sinal que, por fim, observamos durante o tempo de aquisição ($t_2$). Além disso, o acoplamento mútuo de *spins* tem o efeito matemático de converter alguns dos termos de um único *spin* em **produtos**, que contêm os componentes de magnetização de *ambos* os núcleos. Os termos de produto serão os mais úteis em uma análise do espectro COSY.

Após o período de evolução, introduz-se um segundo pulso de 90° que constitui a parte essencial posterior da sequência: o **período de mistura** (que não abordamos anteriormente). O efeito do pulso de mistura é distribuir a magnetização entre os vários estados de *spin* dos núcleos acoplados. A magnetização codificada pelo deslocamento químico durante $t_1$ pode ser detectada em outro deslocamento químico durante $t_2$. A descrição matemática do sistema é complexa demais para ser abordada aqui. Em vez disso, podemos dizer que dois tipos importantes de condição surgem no tratamento. O primeiro tipo de condição, que não contém muita informação útil para nós, resulta do surgimento de picos diagonais no espectro bidimensional. O resultado mais interessante das sequências de pulsos vem dos termos que contêm frequências precessionais de *ambos* os núcleos acoplados. A magnetização representada por esses termos foi modulada (ou "rotulada") pelo deslocamento químico de um núcleo durante $t_1$ e, após o pulso de mistura, pela precessão de outro núcleo durante $t_2$. Os picos não diagonais resultantes (**picos cruzados**) mostram as correlações de pares de núcleos por seus acoplamentos *spin-spin*. Quando os dados são submetidos a uma transformada de Fourier, o espectro resultante mostra o deslocamento químico do primeiro próton ao longo de um eixo ($f_1$) e o deslocamento químico do segundo próton ao longo do outro eixo ($f_2$). A existência do pico não diagonal que corresponde aos deslocamentos químicos de ambos os prótons é *prova* do acoplamento de *spin* entre os dois prótons. Se não houvesse acoplamento, suas magnetizações não teriam gerado picos não diagonais. No espectro COSY de uma molécula completa, os pulsos são transmitidos em curta duração e com alta potência, de forma que possibilite a geração de picos não diagonais. O resultado é uma descrição completa dos parceiros de acoplamento de uma molécula.

Como cada eixo transpõe toda a faixa de deslocamento químico, deve-se registrar algo em torno de mil padrões individuais de DIL, cada um incrementado por $t_1$. Com instrumentos operando em uma frequência de espectrômetro alta (instrumentos de alto campo), devem-se coletar ainda mais padrões DIL. Consequentemente, pode ser necessária mais ou menos meia hora para finalizar um experimento COSY típico. Além disso, como cada padrão DIL deve ser gravado em um bloco de memória separado no computador, esse tipo de experimento exige um computador com grande memória disponível. Todavia, a maioria dos instrumentos modernos é capaz de realizar, rotineiramente, experimentos COSY.

### B. Como ler espectros COSY

**2-nitropropano**. Para ver que tipo de informação um espectro COSY pode fornecer, consideremos vários exemplos, de complexidade crescente. O primeiro é o espectro COSY do 2-nitropropano. Nessa molécula simples, esperamos observar acoplamento entre os prótons dos dois grupos metila e o próton na posição metina.

$$CH_3-\underset{\underset{NO_2}{|}}{CH}-CH_3$$

A Figura 9.13 é o espectro COSY do 2-nitropropano. A primeira coisa a se notar é que o espectro RMN de prótons do composto estudado é plotado ao longo dos eixos horizontal e vertical, e cada eixo é calibrado de acordo com os valores de deslocamento químico (em partes por milhão). O espectro COSY apresenta diferentes pontos (*spots*) em uma diagonal que vão do canto superior direito do espectro até o canto inferior esquerdo. Estendendo as linhas verticais e horizontais de cada ponto sobre a diagonal, pode-se facilmente ver que cada ponto na diagonal corresponde ao mesmo pico em cada eixo coordenado. Os picos diagonais servem apenas como pontos de referência. Os picos importantes no espectro são os **picos não diagonais**. No espectro do 2-nitropropano, podemos estender uma linha horizontal a partir do ponto a 1,56 ppm (rotulada como **A** e correspondente aos prótons metila). Essa linha horizontal eventualmente encontra um ponto não diagonal **C** (no canto superior esquerdo do espectro COSY) que corresponde ao pico do próton metina a 4,66 ppm (rotulado como **B**). Uma linha vertical desenhada a partir desse ponto não diagonal cruza com o ponto na diagonal que corresponde ao próton metina (**B**). A presença desse ponto **C** não diagonal, que corresponde aos pontos dos prótons metila e metina, confirma que os prótons metila são acoplados aos prótons metina, como havíamos previsto. Foi obtido um resultado semelhante quando se desenharam uma linha vertical a partir do ponto 1,56 ppm (**A**) e uma linha horizontal a partir do ponto 4,66 ppm (**B**). As duas linhas se cruzariam no segundo ponto não diagonal **D** (no canto inferior direito do espectro COSY). As linhas vertical e horizontal descritas nessa análise são desenhadas no espectro COSY da Figura 9.13.

**Acetato de isopentila**. Na prática, não necessitamos de um espectro COSY para interpretar totalmente o espectro RMN do 2-nitropropano. A análise anterior ilustrou como interpretar um espectro COSY a partir de um exemplo simples, fácil de entender. Um exemplo mais interessante é o espectro COSY do **acetato de isopentila** (Figura 9.14).

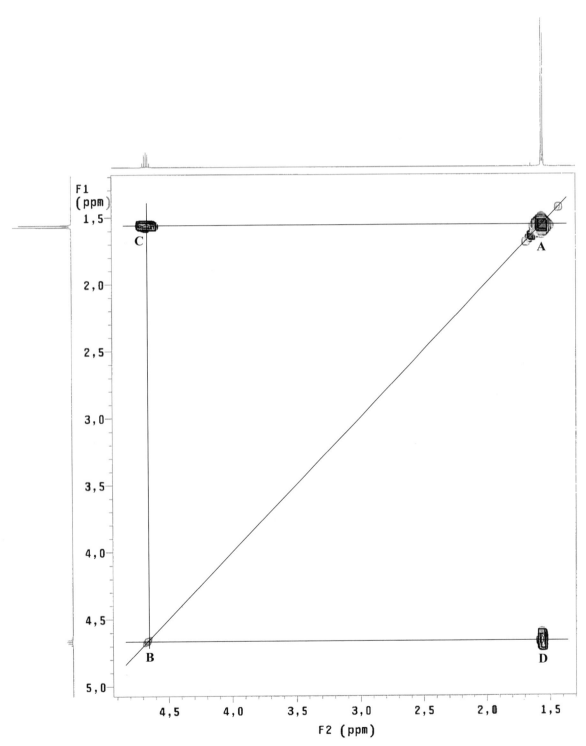

**FIGURA 9.13** Espectro COSY do 2-nitropropano (125 MHz).

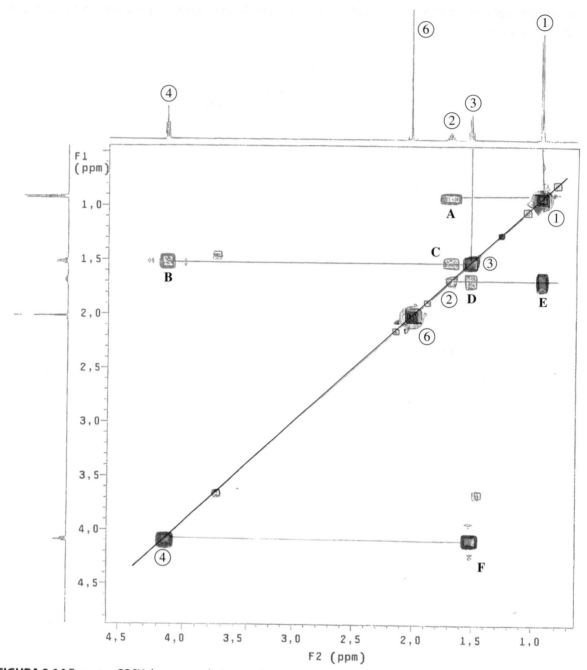

**FIGURA 9.14** Espectro COSY do acetato de isopentila (125 MHz).

Mais uma vez, vemos eixos coordenados, e o espectro de próton do acetato de isopentila é colocado ao longo de cada eixo. O espectro COSY mostra uma série de diferentes pontos em uma diagonal, e cada ponto corresponde ao mesmo pico em cada eixo coordenado. Desenharam-se linhas com o propósito de identificar as correlações. A linha diagonal na Figura 9.14 deve ser inspecionada em primeiro lugar.

- Comece no lado superior direito da linha diagonal para os prótons no carbono 1. Siga a linha horizontal para a esquerda do pico fora da diagonal em A. Isso nos diz que os prótons no carbono 1 correlacionam-se com os prótons do carbono 2. Assim, podemos concluir que os prótons dos dois grupos metilo equivalentes (1) correlacionam-se com o próton do grupo metino no carbono **2** em **A**.

- Agora olhe para a linha diagonal novamente, os prótons no carbono 3. Seguindo a linha horizontal para a esquerda, você vai observar dois picos fora da diagonal em B e C. Isso nos diz que os prótons no carbono 3 se correlacionam com ambos os prótons no carbono 4 (metileno) e os prótons no carbono 2 (metino).
- Mais uma vez, olhe de perto para a linha diagonal no local marcado 2. A linha desenhada para a direita para os picos fora da diagonal em D e E mostram que os prótons no carbono 2 se correlacionam com os prótons em ambos os carbonos 3 e 1.
- Agora, inspecione a linha diagonal com os prótons no carbono 6. Esse grupo metilo do radical acetil não mostra picos fora da diagonal. Não há nenhuma correlação com outros prótons porque esse grupo metilo marcado como 6 não tem prótons adjacentes. Os prótons acetil metílicos não são acoplados a outros prótons na molécula.
- Finalmente, olhe para os prótons no carbono 4 na extremidade inferior da linha diagonal. A linha horizontal traçada à direita mostra uma correlação com os prótons no carbono 3 (F). Isso mostra que os prótons dos dois grupos metileno 3 e 4 se correlacionam uns com os outros.

Você deve ter notado que cada espectro COSY apresentado nesta seção contém pontos além dos examinados em nossa abordagem. Muitas vezes, esses pontos "extras" indicam a presença de uma pequena quantidade de uma impureza. Esses pontos "extras" têm intensidades muito menores do que os principais pontos da trama. Entretanto, o método COSY pode, às vezes, detectar interações entre núcleos em faixas que vão além de três ligações de distância. Além desse acoplamento de longa distância, núcleos a vários átomos de distância, mas próximos *espacialmente*, também podem produzir picos não diagonais. Aprendemos a ignorar esses picos menores em nossa interpretação de espectros COSY. Em algumas variações do método, contudo, espectroscopistas aproveitam essas interações estendidas para produzir espectros RMN bidimensionais e registrar, especificamente, esse tipo de informação.

**Citronelol.** A estrutura deste composto é mostrada abaixo. O espectro COSY completo é mostrado na Figura 9.15a. Assim como no exemplo anterior de acetato de isopentila, é desenhada uma linha diagonal. Linhas horizontais são desenhadas a partir dos pontos nessa linha diagonal para pontos fora da diagonal para prótons acoplados. Devido à simetria do gráfico, linhas verticais também podem ser desenhadas para pontos fora da diagonal do espectro, mas essas linhas não são mostradas no espectro. Note-se que o espectro é complicado, especialmente na região de 2,2 a 0,8 ppm. Por isso, uma expansão dessa região é mostrada na Figura 9.15b. No exemplo anterior com acetato de isopentila (Figura 9.14), começamos a análise na parte superior direita da linha diagonal. Dessa vez, vamos começar na parte inferior esquerda do espectro, onde há muito menos pontos. Concentre sua atenção nos pontos 6, 1 e 5 na linha diagonal. Veja as linhas horizontais traçadas na Figura 9.15a.

Citronelol

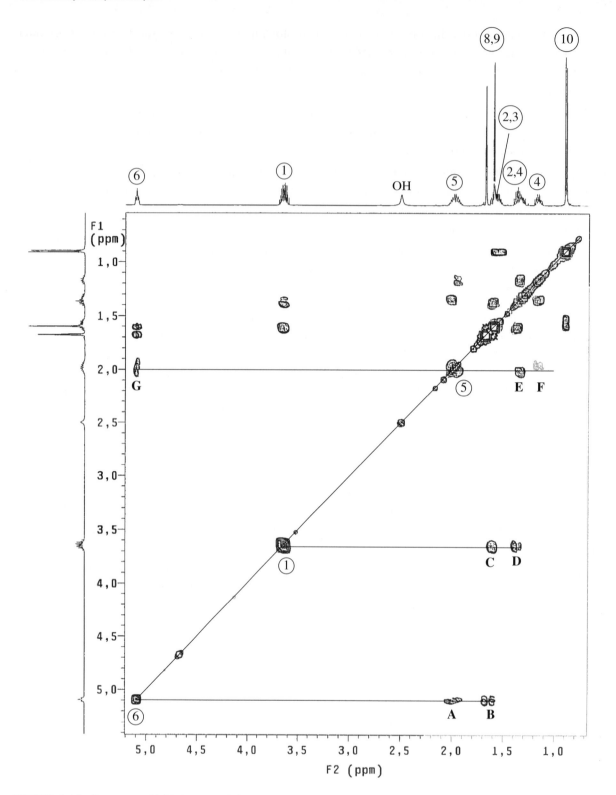

**FIGURA 9.15a** Espectro gCOSY de citronelol (125 MHz).

*Análise completa do espectro COSY mostrado na Figura 9.15a*

- O próton em C6 sobre a linha diagonal mostrado na Figura 9.15a é claramente acoplado aos dois prótons de C5 em **A** (siga a linha horizontal). Um exame mais detalhado do espectro também revela que o próton em C6 também é conectado por acoplamento alílico (quatro ligações) para os dois grupos metil em C8 e C9 em **B**.

- Seguindo a linha horizontal que liga a posição C1 na linha diagonal com pontos fora da diagonal em **C** (1,6 ppm) e **D** (1,4 ppm) indica que os dois prótons em C1 estão acoplados a dois prótons não equivalentes em C2. Eles são não equivalentes devido à presença de um estereocentro na molécula em C3, identificado com um asterisco na estrutura. Os prótons são exemplos de átomos de hidrogênio diastereotópicos e foram analisados na Seção 7.4 (nota: o método espectral HETCOR descrito na Seção 9.8 e mostrado no Problema 3 confirma as atribuições dos prótons diastereotópicos).
- Agora, concentre sua atenção no ponto na linha diagonal em C5 na Figura 9.15a. Em primeiro lugar, siga a linha horizontal para a direita. Os dois prótons em C5 acoplados aos átomos de hidrogênio não equivalentes (diastereotópicos) de C4 em **E** (1,35 ppm) e **F** (1,17 ppm). Esses dois prótons no C4 são não equivalentes uma vez que eles estão ao lado do estereocentro em C3 (nota: o método espectral HETCOR descrito na Seção 9.8 e mostrado no Problema 3 confirma as atribuições dos prótons diastereotópicos). Na sequência da linha horizontal para a esquerda, observa-se que os dois átomos de hidrogênio no C5 também estão acoplados ao átomo de hidrogênio em C6, marcado como **G**.

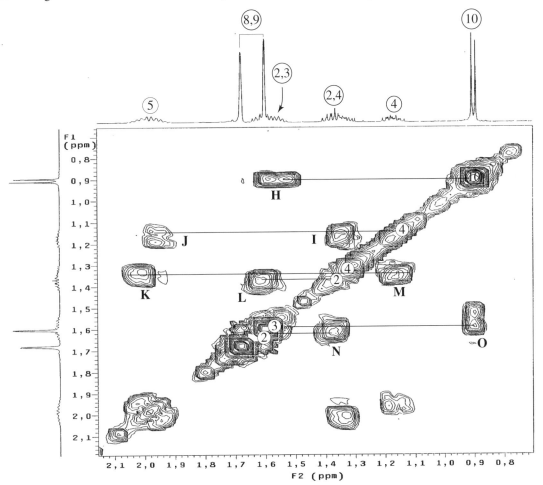

**FIGURA 9.15b** Expansão do espectro gCOSY de citronelol 0,8-2,2 ppm.

*Análise do espectro expandido COSY mostrado na Figura 9.15b*

A expansão da região 0,8–2,2 ppm mostrada na Figura 9.15b fornece as correlações restantes. Um dos principais problemas em interpretar essa área é que muitas das manchas se sobrepõem umas às outras, tornando difícil a análise. Por exemplo, você pode observar que alguns dos picos do espectro de ¹H mostrados no topo da trama se sobrepõem uns aos outros, especialmente em 1,6 e 1,4 ppm. Os pares de átomos diastereotópicos de hidrogênio sobre os dois grupos metileno em C2 e C4 também fazem a análise interessante.

- Começando na parte superior direita no espectro sobre a linha diagonal em C10, seguir a linha horizontal para a esquerda para o local em **H**, que mostra que o grupo metilo em C10 correlaciona-se com o átomo de hidrogênio único em C3. Esse átomo de metilo aparece como um dubleto no espectro $^1$H desenhado no eixo superior.

- Agora olhe para a linha diagonal, em C4. Um dos prótons diastereotópicos em C4 (1,17 ppm) correlaciona-se com o outro próton diastereotópico em C4 (1,35 ppm) no ponto **I**. Esse também se correlaciona com um dos dois prótons no ponto **J**. Curiosamente, C4 não se correlaciona com o único próton em C3.

- Note que há outro C4 indicado na linha diagonal, quase em sobreposição com C2. Esse próton diastereotópico em C4 (1,35 ppm) correlaciona-se com o outro próton diastereotópico em 1,17 ppm marcado como **M**. E também se correlaciona com o único próton em C3 em **L**. Este próton em C4 também se correlaciona com um dos dois prótons no local em C5 no ponto **K**. Os prótons em C5 são diastereotópicos.

- Um dos dois prótons diastereotópicos em C2 (1,37 ppm) correlaciona-se com o outro próton diastereotópico a cerca de 1,60 ppm, rotulados como **L**. E também se correlaciona com o único próton em C3, também em **L**. E também se correlaciona com os dois prótons em C1 (não mostrado na expansão) (nota: o método espectral HETCOR descrito na Seção 9.8 e mostrado no Problema 3, confirma as atribuições dos prótons diastereotópicos).

- O outro próton diastereotópico em C2 (1,60 ppm) sobrepõe-se com o C3. E correlaciona-se com o outro próton diastereotópico em C2 (1,37 ppm) em **N**.

- Finalmente, C3 correlaciona-se com o grupo metilo em C10, localizado em **O**. Também se correlaciona com um dos prótons em C4 em **N**, mas não o outro próton em C4. C3 também se correlaciona com C2 em **N**.

Gradientes de campo pulsado foram introduzidos na Seção 9.3. O método COSY pode ser combinado com o uso de gradientes de campo pulsado para produzir um resultado que contém a mesma informação que um espectro COSY, mas que têm muito melhor resolução e podem ser obtidas em menos tempo. Esse tipo de experiência é conhecido como um COSY **selecionado de gradiente** (também conhecido como um **gCOSY**). Um espectro de gCOSY pode ser obtido em menos de 5 minutos; pelo contrário, um espectro COSY típico requer tanto como 40 minutos para a aquisição de dados. Este espectro de citronelol foi obtido por este método.

## 9.8 TÉCNICA HETCOR: CORRELAÇÕES $^1$H-$^{13}$C

Prótons e átomos de carbono interagem de duas maneiras muito importantes. Primeiro, ambos têm propriedades magnéticas e podem induzir relaxação um no outro. Segundo, os dois tipos de núcleos podem acoplar-se por *spin*. Essa última interação pode ser muito útil, já que prótons diretamente ligados e carbonos têm um valor de *J* que é, pelo menos, uma potência 10 vezes maior do que a de núcleos acoplados distantes duas ou três ligações. Essa notável diferença entre ordens de acoplamento nos oferece uma maneira sensível de identificar carbonos e prótons que estejam diretamente ligados um ao outro.

Para obter uma correlação entre carbonos e prótons ligados em um experimento bidimensional, devemos ser capazes de colocar os deslocamentos químicos de átomos de $^{13}$C ao longo de um eixo, e os deslocamentos químicos dos prótons ao longo do outro eixo. Uma mancha de intensidade nesse tipo de espectro bidimensional indicaria a existência de uma ligação C—H. Criou-se o experimento de correlação de deslocamento químico heteronuclear (HETCOR) para fornecer o espectro desejado.

### A. Um panorama do experimento HETCOR

Como fizemos no experimento COSY, queremos possibilitar que os vetores de magnetização dos prótons precessem com diferentes velocidades, ditadas por seus deslocamentos químicos. Portanto, aplicamos um pulso de 90° nos prótons, e então incluímos um período de evolução ($t_1$). Esse pulso inclina o vetor de magnetização efetiva na direção do plano X'Y'. Durante o período de evolução, os *spins* de prótons precessam com uma velocidade determinada por seus deslocamentos químicos e acoplamentos com outros núcleos (tanto prótons quanto carbonos). Prótons ligados a átomos de $^{13}C$ sentem não apenas seus próprios deslocamentos químicos durante $t_1$, mas também os acoplamentos de *spins* homonucleares e heteronucleares com os átomos de $^{13}C$ ligados. É a interação entre os núcleos de $^{1}H$ e $^{13}C$ que produz a correlação que nos interessa. Após o período de evolução, aplicamos pulsos de 90° simultâneos aos prótons e aos carbonos. Esses pulsos transferem magnetização de prótons para carbonos. Como a magnetização do carbono foi "rotulada" pelas frequências de precessão de prótons durante $t_1$, os sinais de $^{13}C$ detectados durante $t_2$ são modulados pelos deslocamentos químicos dos prótons acoplados. A magnetização de $^{13}C$ pode, então, ser detectada em $t_2$ para identificar que carbono carrega cada tipo de modulação de prótons.

O HETCOR, como qualquer experimento bidimensional, descreve o ambiente dos núcleos durante $t_1$. Por causa da maneira como a sequência de pulso HETCOR foi construída, as únicas interações responsáveis por modular os estados de *spin* de prótons são os deslocamentos químicos de prótons e acoplamentos homonucleares. Cada átomo de $^{13}C$ pode ter um ou mais picos aparecendo no eixo $f_2$ que corresponda a seu deslocamento químico. A modulação de deslocamento químico de prótons faz a intensidade bidimensional do sinal do próton aparecer em um valor $f_1$, que corresponde ao deslocamento químico do próton. Outras modulações de prótons de frequência muito menor surgem de acoplamentos homonucleares (H—H). Elas fornecem uma estrutura fina dos picos ao longo do eixo $f_1$. Podemos interpretar a estrutura fina exatamente como o faríamos em um espectro de prótons normal; mas, nesse caso, entendemos que o valor de deslocamento químico de próton pertence a um próton ligado a um núcleo de $^{13}C$ específico, que aparece em seu próprio valor de deslocamento químico de carbono.

Podemos, assim, atribuir átomos de carbono com base em deslocamentos químicos de prótons conhecidos ou atribuir prótons com base em deslocamentos químicos de carbonos conhecidos. Por exemplo, podemos ter um espectro de prótons congestionado, mas um espectro de carbono bem resolvido (ou vice-versa). Essa abordagem torna o experimento HETCOR particularmente útil na interpretação de espectros de moléculas complexas e grandes. Uma técnica ainda mais poderosa é usar conjuntamente os resultados dos experimentos HETCOR e COSY.

### B. Como interpretar espectros HETCOR

**2-nitropropano**. A Figura 9.16 é um exemplo de um espectro HETCOR simples. Nesse caso, a substância de amostra é o 2-nitropropano.

$$CH_3-\underset{\underset{NO_2}{|}}{CH}-CH_3$$

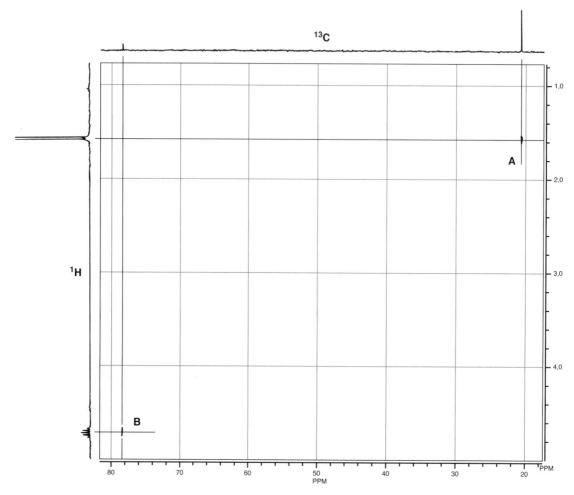

**FIGURA 9.16** Espectro HETCOR do 2-nitropropano.

É comum esquematizar o espectro de prótons do composto estudado ao longo de um eixo e o espectro de carbono ao longo do outro. Cada ponto de intensidade no espectro bidimensional indica um átomo de carbono que traz os prótons correspondentes. Na Figura 9.16, é possível ver um pico correspondente aos carbonos metila, que aparece em 21 ppm no espectro de carbonos (eixo horizontal), e um pico em 79 ppm correspondente ao carbono metina. No eixo vertical, podem-se também encontrar o dubleto dos prótons metila em 1,56 ppm (espectro de prótons) e um septeto do próton metina em 4,66 ppm. Se forem desenhadas uma linha vertical a partir do pico metila do espectro de carbono (21 ppm) e outra horizontal a partir do pico metila do espectro de prótons (1,56 ppm), as duas linhas se cruzarão exatamente no ponto **A** no espectro bidimensional em que é marcado um ponto. Esse ponto indica que os prótons em 1,56 ppm e os carbonos em 21 ppm representam a mesma posição da molécula, isto é, os hidrogênios estão ligados ao carbono indicado. Da mesma forma, o ponto **B** no canto inferior esquerdo do espectro HETCOR se correlaciona com o pico do carbono em 79 ppm e com o septeto de prótons em 4,66 ppm, indicando que essas duas absorções representam a mesma posição na molécula.

**Acetato de isopentila.** Um segundo exemplo, mais complexo, é o acetato de isopentila. A Figura 9.17 é o espectro HETCOR dessa substância.

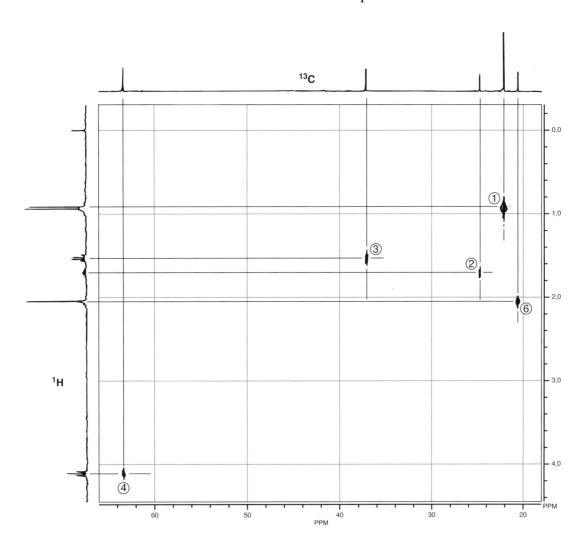

**FIGURA 9.17** Espectro HETCOR do acetato de isopentila.

Cada ponto no espectro HETCOR está indicado com um número, e foram desenhadas linhas para que você possa ver as correlações entre picos de prótons e carbono. O pico de carbono em 23 ppm e o dubleto de prótons em 0,92 ppm correspondem aos grupos metila (**1**); o pico de carbono em 25 ppm e o multipleto de prótons em 1,69 ppm, à posição metina (**2**); e o pico de carbono em 37 ppm e o quarteto de prótons em 1,52 ppm, ao grupo metileno (**3**). O outro grupo metileno (**4**) é desblindado pelo átomo de oxigênio próximo. Portanto, um ponto no espectro HETCOR desse grupo aparece em 63 ppm no eixo do carbono e 4,10 no eixo do próton. É interessante que o grupo metila da função acetila (**6**) apareça abaixo dos grupos metila do grupo isopentila (**1**) no espectro de prótons (2,04 ppm). Há expectativa de que esse deslocamento químico ocorra, já que os prótons metila devem ser desblindados pela natureza anisotrópica do grupo carbonila. No espectro de carbono, contudo, o pico do carbono aparece *acima* dos carbonos metila do grupo isopentila. Um ponto no espectro HETCOR que correlaciona esses dois picos confirma essa atribuição.

**4-metil-2-pentanol.** A Figura 9.18 é um exemplo final que ilustra parte da capacidade da técnica HETCOR. Foram desenhadas linhas no espectro para ajudar você a encontrar as correlações.

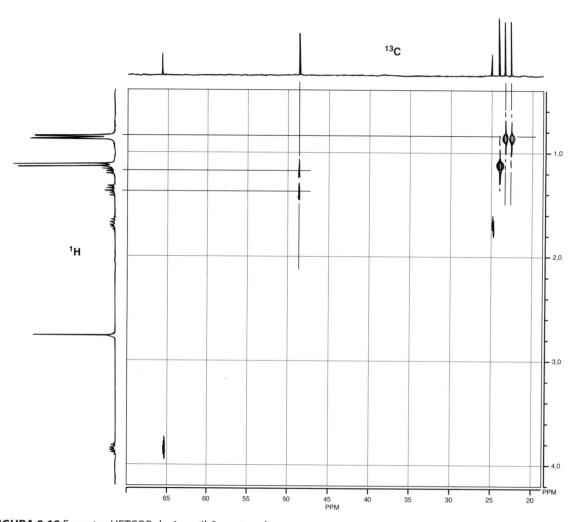

**FIGURA 9.18** Espectro HETCOR do 4-metil-2-pentanol.

Essa molécula tem um estereocentro no carbono 2. Uma análise do espectro HETCOR do 4-metil-2--pentanol revela *dois* pontos que correspondem aos dois prótons metileno no carbono 3. Em 48 ppm no eixo do carbono, aparecem dois contornos: um por volta de 1,20 ppm no eixo dos prótons e o outro em aproximadamente 1,40 ppm. O espectro HETCOR nos diz que há dois prótons não equivalentes ligados ao carbono 3. Se examinarmos uma projeção de Newman dessa molécula, veremos que a presença do estereocentro torna os dois prótons metileno (**a** e **b**) não equivalentes (eles são diastereotópicos, ver Seção 7.4). Consequentemente, aparecem em valores diferentes de deslocamento químico.

O espectro de *carbono* também revela o efeito de um estereocentro na molécula. No espectro de prótons, o dubleto aparente (na verdade, é um *par* de dubletos) em 0,91 ppm surge dos seis prótons dos grupos metila, indicados como **5** e **6** na estrutura anterior. Olhando para a direita do espectro HETCOR, serão encontrados dois contornos, um correspondente a 22 ppm, e o outro, a 23 ppm. Esses dois picos de carbono surgem porque os dois grupos metila também não são exatamente equivalentes; a distância de um grupo metila para o átomo de oxigênio não é bem a mesma que a do outro grupo metila quando se pensa na conformação mais provável da molécula.

Várias técnicas avançadas podem ser aplicadas em moléculas complexas. Introduzimos algumas das mais importantes aqui. Conforme os computadores vão ficando mais rápidos e mais poderosos, os químicos expandem sua compreensão sobre os resultados de diferentes sequências de pulsos e os programadores produzem *softwares* mais sofisticados para controlar essas sequências de pulsos e lidar com dados, é possível aplicar a espectroscopia de RMN em sistemas cada vez mais complexos.

## 9.9 MÉTODOS DE DETECÇÃO INVERSA

A sonda de detecção de RMN utilizada na maioria dos experimentos heteronucleares (como o HETCOR) é projetada de forma que a bobina receptora do núcleo menos sensível (o núcleo "insensível") fique mais próxima da amostra do que a bobina receptora do núcleo mais sensível (em geral, o $^1$H). Esse projeto procura maximizar o sinal detectado do núcleo insensível. Como descrito no Capítulo 6, por causa de uma combinação de abundância natural baixa e uma razão magnetogírica baixa, um núcleo de $^{13}$C é aproximadamente 6 mil vezes mais difícil de detectar do que um núcleo de $^1$H. Um núcleo de $^{15}$N é também mais difícil de detectar do que um núcleo de $^1$H.

A dificuldade desse projeto de sonda é que o pulso inicial e a detecção ocorrem no canal insensível, enquanto o período de evolução é detectado no canal de $^1$H. A *resolução* possível, porém, é muito menor no canal em que é detectada a evolução de *spins*. No caso de uma correlação de carbono e hidrogênio (uma HETCOR), a melhor resolução será vista no espectro de $^{13}$C (em que todos os picos são singletos), e a pior resolução, no espectro de $^1$H (em que é necessária a máxima resolução). Na verdade, a *pior* resolução ocorre no eixo em que é necessária a *melhor* resolução.

Nos últimos anos, a tecnologia de projetos de sonda avançou. Hoje, um instrumento pode ser equipado com uma sonda de **detecção inversa**. Nesse projeto, o pulso inicial e a detecção ocorrem no canal do próton, onde a resolução é muito alta. O núcleo insensível é detectado durante o período de evolução da sequência de pulso, para o que, em geral, não é necessária alta resolução. O resultado é um espectro bidimensional mais limpo, com resolução alta. Exemplos de experimentos de detecção heteronuclear que utilizam a sonda de detecção inversa são **correlação heteronuclear de múltiplos *quanta* (HMQC)** e **correlação heteronuclear de um único *quantum* (HSQC)**. Cada uma dessas técnicas fornece a mesma informação que pode ser obtida de um espectro HETCOR, mas é mais eficaz quando o espectro contém vários picos muito próximos um do outro. A resolução melhorada dos experimentos HMQC e HSQC permite que o espectroscopista distinga dois picos muito próximos, enquanto, em um espectro HETCOR, esses picos podem sobrepor-se formando um pico alargado. Além disso, uma vez que o núcleo de prótons mais sensível for detectado nessas experiências, a aquisição de dados demora menos tempo.

## 9.10 EXPERIMENTO NOESY

O efeito nuclear Overhauser foi descrito nas Seções 6.5 e 6.6. Um experimento de RMN bidimensional que se aproveita do efeito nuclear Overhauser é a espectroscopia de efeito nuclear Overhauser ou NOESY. Quaisquer núcleos de $^1$H que possam interagir entre si por um processo de relaxação dipolar aparecerão como picos cruzados em um espectro NOESY. Esse tipo de interação inclui núcleos diretamente acoplados um ao outro, mas também inclui núcleos não diretamente acoplados, mas localizados próximos *no espaço*. O resultado é um espectro bidimensional que se parece muito com um espectro COSY, mas inclui, além de vários picos cruzados COSY, que eram esperados, outros picos cruzados que surgem de interações de núcleos que interagem no espaço. Na verdade, para observar essa interação espacial, os núcleos devem estar a até 5 Å de distância um do outro.

A espectroscopia NOESY tornou-se especialmente útil no estudo de moléculas grandes, como proteínas e polinucleotídeos. Moléculas muito grandes costumam girar mais lentamente em solução, o que significa que interações de efeito nuclear Overhauser têm mais tempo para ocorrer. Moléculas pequenas giram com maior velocidade em solução: os núcleos passam um pelo outro muito rapidamente, e isso impossibilita interações dipolares significativas. Consequentemente, os picos cruzados NOESY podem ser muito fracos para ser observados.

Como os picos cruzados em espectros NOESY surgem de interações espaciais, esse tipo de espectroscopia é particularmente adequado para o estudo de configurações e conformações de moléculas. O exemplo da acetanilida demonstra as possibilidades do experimento NOESY. A fórmula estrutural é apresentada a seguir com os deslocamentos químicos da RMN dos prótons importantes.

7,49 ppm

2,13 ppm

ca. 8,8 ppm

O problema que se tem de resolver é decidir qual das duas possíveis conformações é mais importante para essa molécula. As duas conformações são mostradas, com círculos ao redor dos prótons mais próximos espacialmente dos outros, e há expectativa de que elas apresentem interações nucleares Overhauser.

A            B

Na conformação **A**, o hidrogênio N—H está próximo dos hidrogênios C—H metila. Esperamos ver um pico cruzado no espectro NOESY correlacionado ao pico N—H em 8,8 ppm com o pico C—H em 2,13 ppm. Na conformação **B**, os prótons próximos um do outro são os prótons C—H metila e o *orto* do anel aromático. Nessa conformação, esperamos ver um pico cruzado correlacionado ao próton aromático em 7,49 ppm com os prótons metila em 2,13 ppm. Quando se determina o verdadeiro espectro, descobre-se um pico cruzado fraco que une o pico em 8,8 ppm com o pico em 2,13 ppm, o que demonstra claramente que a conformação preferida para a acetanilida é a **A**.

Certamente, quando se pretende resolver a estrutura tridimensional de uma molécula complexa, como a de um polipeptídio, o desafio de atribuir todos os picos e todos os picos cruzados é formidável. Todavia, a combinação dos métodos COSY e NOESY é bastante útil na determinação de estruturas de biomoléculas.

## 9.11 IMAGENS POR RESSONÂNCIA MAGNÉTICA

Os princípios que regem os experimentos de RMN descritos ao longo deste livro começaram a encontrar utilidade no campo da Medicina. Uma importante ferramenta de diagnóstico na Medicina é a técnica conhecida como **imagem por ressonância magnética (IRM)**. Em poucos anos, descobriu-se que a IRM é bastante útil no diagnóstico de ferimentos e outras anomalias. É comum sabermos que uma estrela do futebol sofreu uma contusão no joelho e, por causa disso, submeteu-se a uma ressonância magnética.

Instrumentos típicos de imagem de ressonância magnética usam um ímã supercondutor com uma intensidade de campo da ordem de 1 Tesla. O ímã é construído com uma cavidade interna muito grande, de forma que um corpo humano inteiro possa caber lá dentro. Uma bobina transmissora-receptora (conhecida como **bobina de superfície**) é colocada fora do corpo, perto da área a ser examinada. Na maioria dos casos, estuda-se o núcleo de $^1$H, já que é encontrado em moléculas de água presentes dentro e ao redor de tecidos vivos. De maneira quase análoga à de uma tomografia computadorizada por raios X, uma série de imagens planas é coletada e armazenada no computador. Essas imagens podem ser obtidas de diversos ângulos. Depois de coletar os dados, o computador processa os resultados e gera uma fotografia tridimensional da densidade de prótons na região do corpo estudada.

Os núcleos de $^1$H das moléculas de água que não estão dentro de células vivas têm um tempo de relaxação diferente daquele dos núcleos de moléculas de água dentro do tecido. Moléculas de água que aparecem em um estado altamente ordenado têm tempos de relaxação mais curtos do que as que aparecem em um estado mais aleatório. O grau de ordenação das moléculas de água dentro de tecidos é maior do que o das que são parte do fluido que corre dentro do corpo. Além disso, o grau de ordenação das moléculas de água pode ser diverso em diferentes tipos de tecido, principalmente em tecidos doentes em comparação a tecidos normais. Sequências de pulsos específicas detectam essas diferenças de tempos de relaxação dos prótons das moléculas de água no tecido examinado. Quando os resultados das varreduras são processados, a imagem produzida apresenta diferentes densidades de sinais, o que dependerá do grau de ordenação das moléculas de água. Consequentemente, a "fotografia" que vemos mostra claramente os vários tipos de tecidos. O radiologista pode, então, examinar a imagem para determinar se existe alguma anormalidade.

Como um simples exemplo do tipo de informação que se pode obter por IRM, veja a Figura 9.19, que apresenta a imagem do crânio de um paciente a partir da coluna vertebral, olhando na direção do topo da cabeça do paciente. As áreas mais claras representam onde estão os tecidos moles do cérebro. Como os ossos não contêm uma concentração muito alta de moléculas de água, a IRM fornece apenas uma imagem turva dos ossos da coluna vertebral. As duas formas bulbosas na parte superior da imagem são os olhos do paciente.

A Figura 9.20 é outro IRM do mesmo paciente da Figura 9.19. O lado esquerdo da imagem é uma área que aparece bem branca. Esse paciente sofreu um **infarto**, e a área de tecido morto é resultado de uma obstrução das veias sanguíneas que alimentam aquela parte do cérebro. Em outras palavras, o paciente teve um infarto, e a IRM mostrou claramente onde ocorreu essa lesão. O médico pode usar informações bem específicas desse tipo para desenvolver um prognóstico ou uma terapia.

O método IRM não é limitado ao estudo de moléculas de água. Também são utilizadas sequências de pulsos desenvolvidas para estudar a distribuição de lipídios.

A técnica IRM tem várias vantagens em relação às técnicas convencionais de raios X ou de tomografia computadorizada e é mais adequada ao estudo de anormalidades de tecidos moles ou de disfunções metabólicas. Além disso, ao contrário de outras técnicas de diagnóstico, a IRM não é invasiva, é indolor e não exige a exposição do paciente a grandes doses de raios X ou radioisótopos.

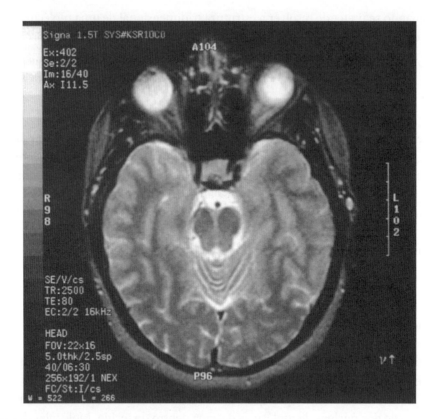

**FIGURA 9.19** IRM de um crânio que mostra os tecidos moles do cérebro e os olhos.

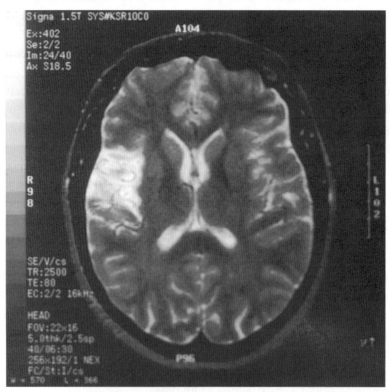

**FIGURA 9.20** IRM de um crânio que mostra a ocorrência de um infarto.

## 9.12 RESOLUÇÃO DE UM PROBLEMA ESTRUTURAL POR MEIO DE TÉCNICAS 1-D E 2-D COMBINADAS

Esta seção mostra como resolver um problema estrutural usando as várias técnicas espectroscópicas. Utilizaremos as técnicas $^1H$, $^{13}C$, HETCOR (gHSQC), COSY, RMN DEPT e espectroscopia no infravermelho.

### A. Índice de deficiência de hidrogênio e espectro infravermelho

A fórmula do composto é $C_6H_{10}O_2$. A primeira coisa a fazer é calcular o índice de deficiência de hidrogênio, que é 2. Observemos agora o espectro infravermelho da Figura 9.21 para determinar os tipos de grupos funcionais presentes que seriam consistentes com um índice de 2. O espectro apresenta um pico de C=O forte em 1716 e um pico forte em 1661 cm$^{-1}$ de C=C. Mesmo que o pico C=O apareça próximo do valor esperado para uma cetona, a presença de C=C provavelmente indica que o composto é um éster conjugado com o estiramento C=O deslocado do valor normal, 1735 cm$^{-1}$ – encontrado em ésteres não conjugados –, para um valor mais baixo devido à ressonância com a ligação dupla. As bandas C—O fortes na região entre 1350 e 1100 cm$^{-1}$ apoiam a ideia de um éster. Os padrões de dobramento C—H fora do plano da Figura 2.22 podem ser úteis para ajudar a decidir o tipo de substituição na ligação C=C. Por exemplo, a banda em 970 cm$^{-1}$ indicaria uma ligação dupla *trans*. Observe que um pico fraco aparece em 3054 cm$^{-1}$, indicando a presença de uma ligação C—H $sp^2$. As outras ligações de estiramento C—H abaixo de 3000 cm$^{-1}$ indicam ligações C—H $sp^3$.

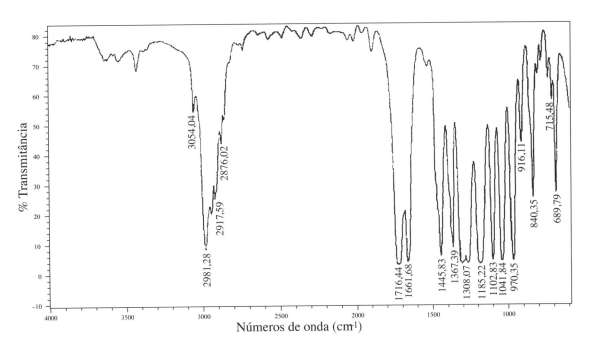

**FIGURA 9.21** Espectro infravermelho de $C_6H_{10}O_2$.

### B. Espectro de RMN de carbono-13

A seguir, observe o espectro de $^{13}C$ desacoplado de prótons mostrado na Figura 9.22. Note que há seis picos no espectro que correspondem aos seis carbonos da fórmula. Releia a Seção 6.17 para obter informações sobre como utilizar o espectro de $^{13}C$. Três picos aparecem à direita dos picos do solvente ($CDCl_3$) e representam átomos de carbono $sp^3$. O pico em aproximadamente 60 ppm sugere um átomo de carbono ligado a um átomo de oxigênio eletronegativo. Três picos aparecem à esquerda do pico do solvente. Dois deles, por volta de 122 e 144 ppm, são de átomos de carbono $sp^2$ na ligação C=C. O outro pico de carbono, em aproximadamente 166 ppm, pode ser atribuído ao átomo de carbono C=O.

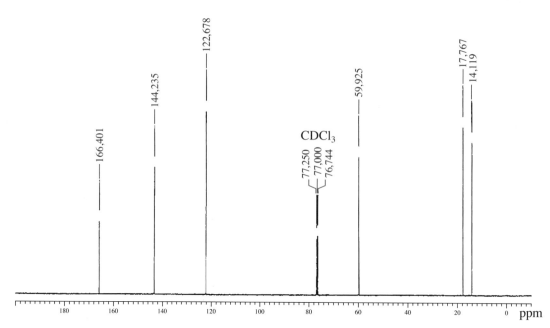

**FIGURA 9.22** Espectro de RMN de $^{13}$C de $C_6H_{10}O_2$.

## C. Espectro DEPT

O espectro DEPT está na Figura 9.23. A beleza desse experimento é que ele nos diz o número de prótons ligados a cada átomo de carbono. O tipo de apresentação aqui é do mesmo tipo de apresentação DEPT das Figuras 9.12 e outras formas de exibir o espectro DEPT são mostradas na Figura 9.10 e na Figura 6.9. O espectro da Figura 9.23 mostra os carbonos metila, metileno e metina nas primeiras três linhas como pi-

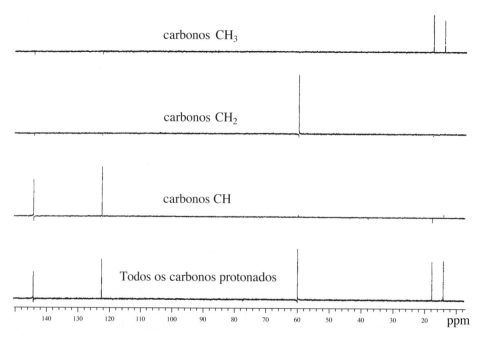

**FIGURA 9.23** Espectro DEPT de $C_6H_{10}O_2$.

cos positivos. O traço inferior mostra todos os átomos de carbonos protonados. Átomos de carbono sem prótons ligados não aparecerão em um espectro DEPT. Assim, o espectro não mostra o átomo de carbono C=O porque não há prótons ligados. Contudo, sabemos, a partir de um espectro de RMN de $^{13}$C normal, que um pico aparece em 166,4 ppm, e esse deve ser o átomo de carbono C=O. Observe que o solvente CDCl$_3$ não aparece no espectro DEPT, mas aparece no espectro de RMN de $^{13}$C normal como um padrão de três linhas centrado em aproximadamente 77 ppm. A partir do experimento DEPT, pode-se concluir que há dois carbonos metila em 14,1 e 17,7 ppm. Há um carbono metileno em 59,9 ppm (—O—CH$_2$—) e dois carbonos metina para a ligação C=C, que aparecem mais abaixo, em 122,6 e 144,2 ppm. Sabemos agora que o composto é um alceno dissubstituído, o que confirma os resultados de infravermelho. Usando os experimentos de IV, RMN $^{13}$C e DEPT, obtemos a seguinte estrutura:

### D. Espectro de RMN de prótons

O espectro de prótons é apresentado na Figura 9.24. Os valores integrais precisam ser determinados usando os números abaixo dos picos. Os 10 prótons no espectro integram da seguinte forma: 1:1:2:3:3. Os prótons mais interessantes são mostrados como expansões na Figura 9.25. O sinal centrado em 6,97 ppm é um dubleto de quartetos. O que fica mais aparente é que há um par de quartetos sobrepondo-se (o quarteto à direita está sombreado para que se possam ver mais facilmente os padrões). A parte do dubleto do espectro resulta de um próton vinila H$_e$ desdobrado pelo próton *trans* H$_d$ em um dubleto, $^3J_{trans}$.

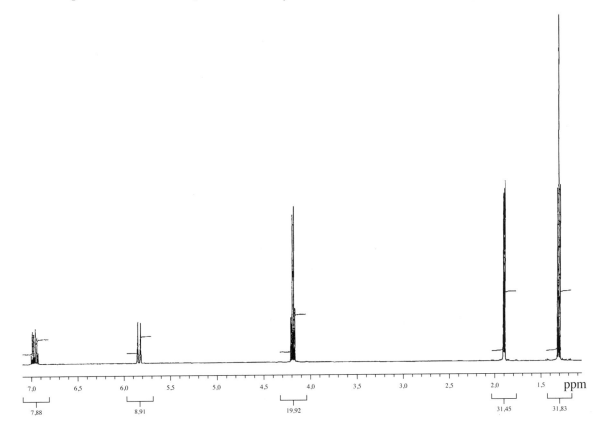

**FIGURA 9.24** Espectro de RMN de $^1$H (prótons) de C$_6$H$_{10}$O$_2$.

Os picos são numerados na expansão da Figura 9.25, contando da esquerda para a direita. Na verdade, as constantes de acoplamento do dubleto podem ser derivadas subtraindo-se o valor em hertz do centro do quarteto direito do valor em hertz do centro do quarteto esquerdo. É mais fácil apenas subtrair o valor em hertz da linha 6 do valor em hertz da linha 2 ou subtrair o valor da linha 7 do da linha 3. O valor médio é $^3J$ = 15,3 Hz. Pode-se também calcular a constante de acoplamento da parte do quarteto que resulta do acoplamento entre o próton vinila $H_e$ e os prótons metila $H_b$. Isso é calculado subtraindo-se o valor da linha 2 do da linha 1, o da linha 3 do da 2, e assim por diante, obtendo-se um valor médio de $^3J$ = 7,1 Hz. O padrão geral é descrito como um dubleto de quartetos, com um $^3J$ = 15,3 e 7,1 Hz.

O outro próton vinila ($H_d$) centrado em 5,84 ppm também pode ser descrito como um dubleto de quartetos. Nesse caso, é muito mais óbvio que se trata de um dubleto de quartetos do que o padrão em 6,97 ppm. Os valores em hertz dos picos nos quartetos produzem um valor médio de $^4J$ = 1,65 Hz, resultante do acoplamento de longo alcance entre $H_d$ e $H_b$. A outra constante de acoplamento, entre $H_d$ e $H_e$, pode ser derivada subtraindo-se 2908,55 Hz de 2924,14 Hz, produzindo um valor de $^3J_{trans}$ = 15,5 Hz. Esse valor coincide com o erro experimental de $^3J_{trans}$ obtido a partir do próton em 6,97 ppm, já abordado anteriormente.

O grupo metila ($H_b$) em 1,87 ppm é um dubleto de dubletos. O acoplamento entre o próton $H_b$ e $H_e$ é calculado subtraindo-se 931,99 de 939,08 Hz, $^3J$ = 7,1 Hz. Observe que é o mesmo valor obtido anteriormente para $H_e$. O valor médio para as distâncias em hertz entre os picos menores produz $^4J$ = 1,65 Hz. Esse valor é idêntico ao obtido anteriormente para $H_d$.

Por fim, o tripleto em aproximadamente 1,3 ppm é atribuído ao grupo metila ($H_a$) separado pelo grupo metileno ($H_c$) vizinho. Por sua vez, o quarteto em aproximadamente 4,2 resulta do acoplamento com o grupo metila ($H_a$) vizinho.

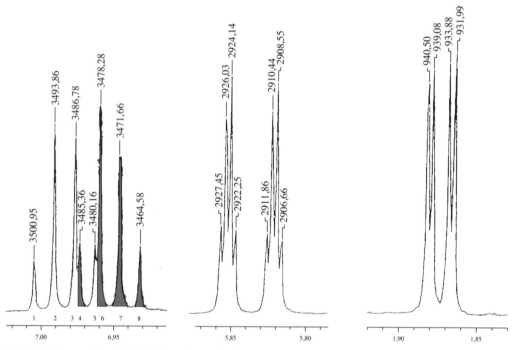

**FIGURA 9.25** Expansões do RMN de prótons de $C_6H_{10}O_2$.

## E. Espectro RMN COSY

O espectro COSY está na Figura 9.26. Um espectro COSY é uma **correlação ¹H—¹H** com o espectro de RMN de prótons esquematizado em plotado em ambos os eixos. Ele auxilia na confirmação de que fizemos as atribuições corretas para o acoplamento de prótons vizinhos nesse exemplo: $^3J$ e $^4J$. Seguindo as linhas do espectro, vemos que o próton $H_a$ se correlaciona com o próton $H_c$ no grupo etila. Vemos também que o próton $H_b$ se correlaciona com $H_d$ e $H_e$. O próton $H_d$ se correlaciona com $H_e$ e $H_b$. Por fim, o próton $H_e$ se correlaciona com $H_d$ e $H_b$. A vida é linda!

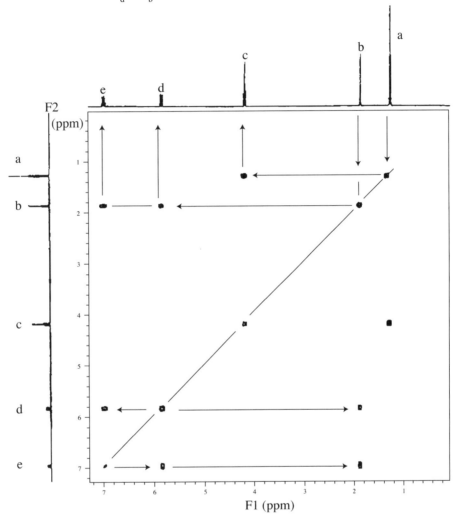

**FIGURA 9.26** Espectro de correlação H—H (COSY) de $C_6H_{10}O_2$.

## F. Espectro de RMN HETCOR (HSQC)

O espectro RMN HETCOR (HSQC) é apresentado na Figura 9.27. Esse tipo de espectro é uma **correlação ¹³C—H**, com os espectros de RMN de ¹³C e ¹H plotados nos dois eixos. A finalidade desse experimento é atribuir cada pico de ¹³C aos padrões espectrais de prótons correspondentes. Os resultados confirmam as conclusões já feitas sobre as atribuições. Nenhuma surpresa!

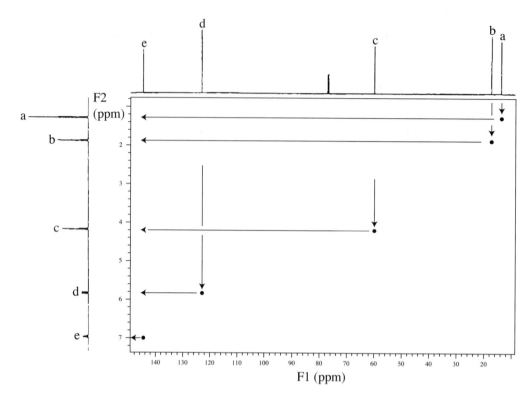

**FIGURA 9.27** Espectro de correlação C—H (HETCOR/HSQC) de $C_6H_{10}O_2$.

## PROBLEMAS

*1. Usando a série a seguir de espectros DEPT-135, COSY e HETCOR, forneça uma atribuição completa de todos os prótons e carbonos de $C_4H_9Cl$.

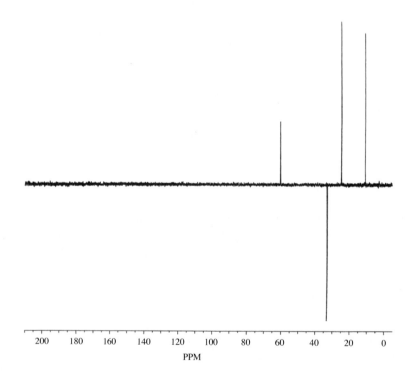

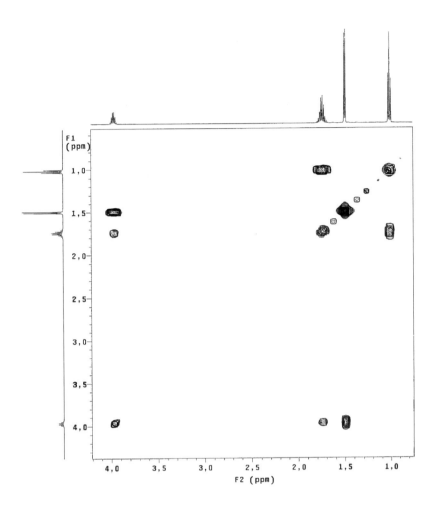

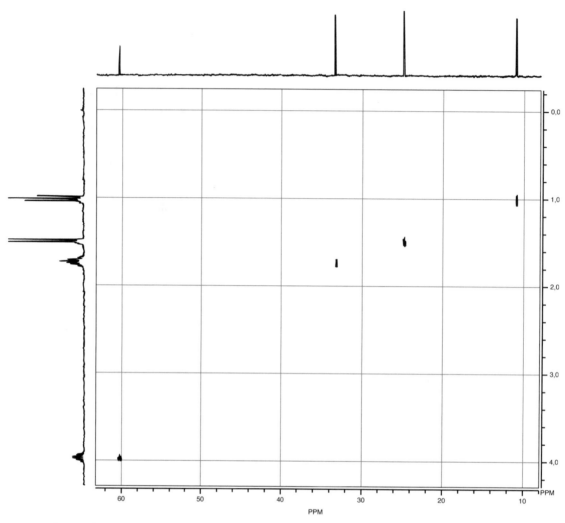

**\*2.** Atribua cada pico no espectro DEPT de $C_6H_{14}O$ a seguir. O espectro infravermelho mostra um pico forte e largo em aproximadamente 3350cm$^{-1}$. *Nota*: há mais de uma resposta possível.

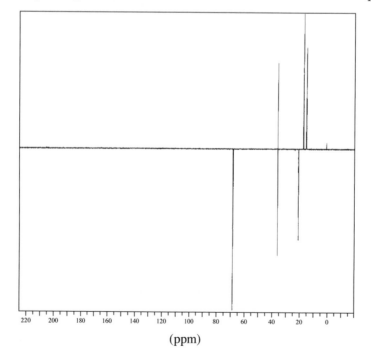

(ppm)

*3. O primeiro é um espectro HETCOR (HSQC) do citronelol na gama de 0,8–5,5 ppm. O espectro seguinte é uma ampliação do mesmo composto na região entre 0,8 e 2,2 ppm. Utilize a fórmula estrutural apresentada na Seção 9.7, assim como a edição completa do espectro empilhado de DEPT na Figura 9.12 e os espectros de gCOSY mostrados nas Figuras 9.15a e 9.15b, para proporcionar uma atribuição completa de todos os átomos de carbono e hidrogênio na molécula, especialmente os prótons diastereotópicos em 25, 37 e 40 ppm.

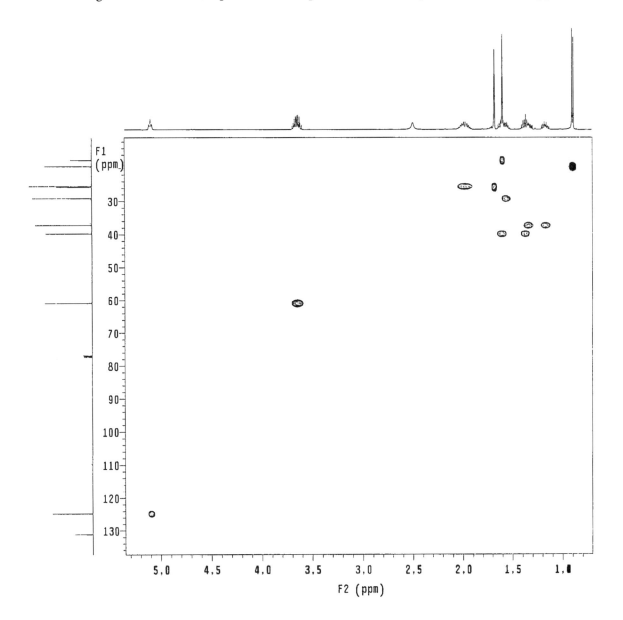

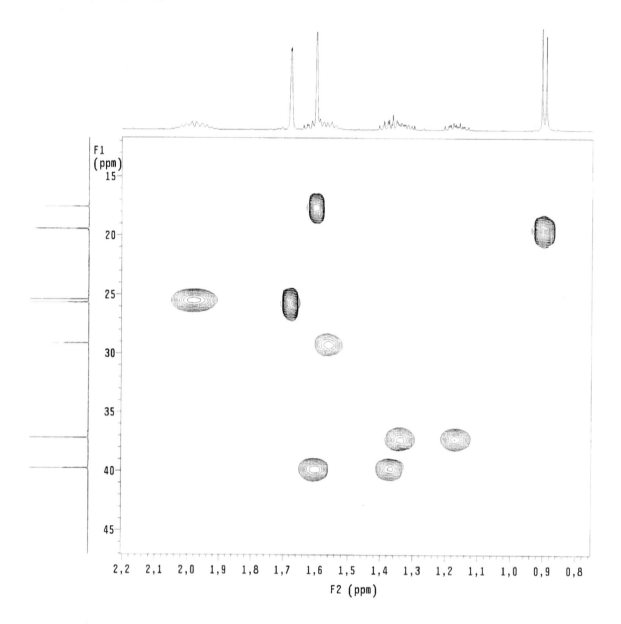

*4. A estrutura do **geraniol** é:

Utilize a edição completa do espectro empilhado de DEPT exibido na próxima página, o espectro gCOSY mostrado na página seguinte e, finalmente, o espectro HETCOR (HSQC) mostrado na terceira página. Os carbonos 3 e 7 não são mostrados no espectro DEPT porque o espectro mostra apenas átomos de carbono protonados. As atribuições que você determinou no Problema 3 podem ajudá-lo aqui. As tarefas completas estão expostas nas Respostas a Problemas Selecionados.

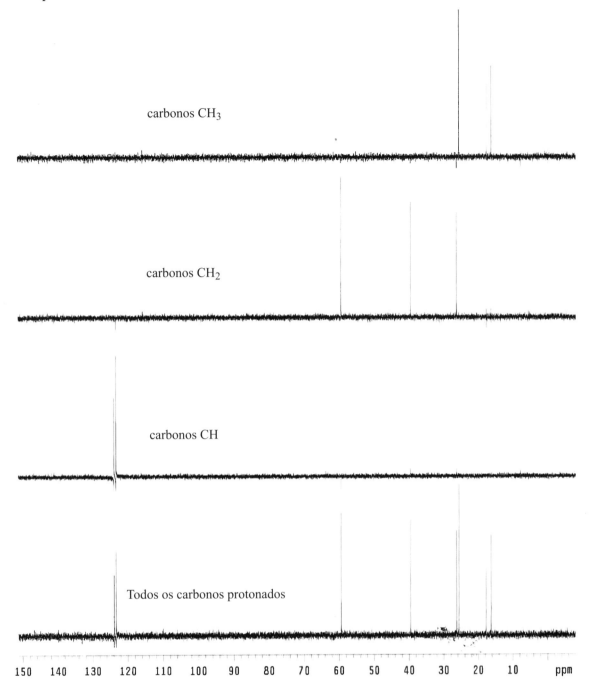

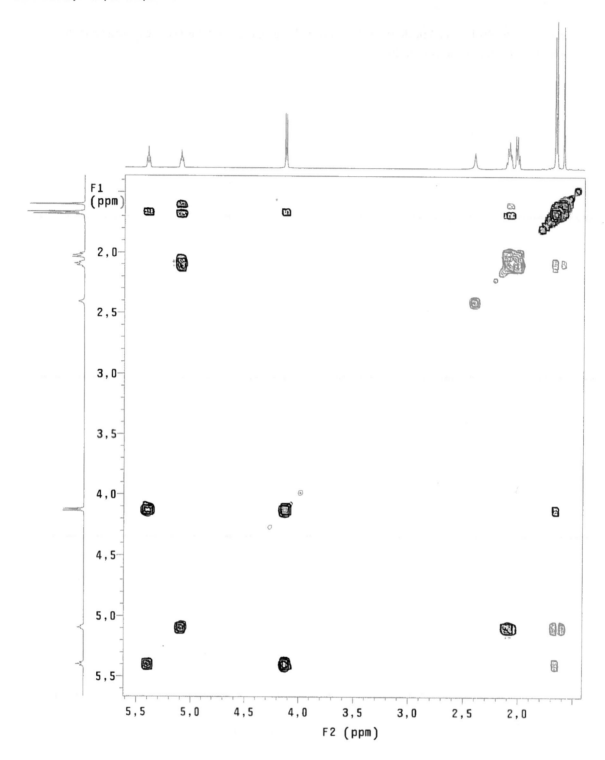

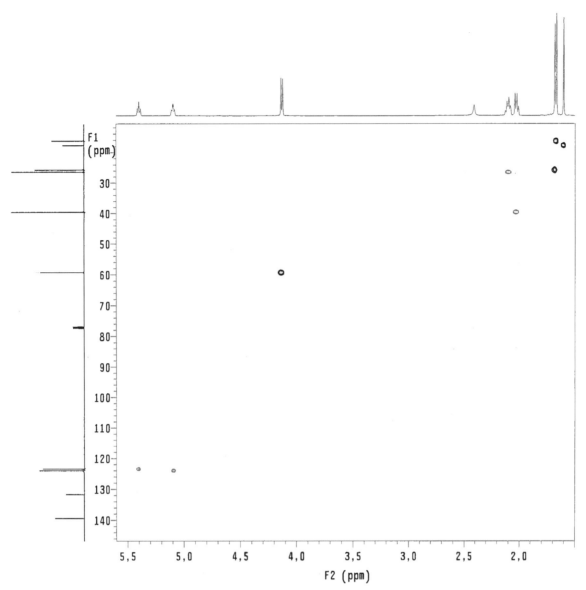

*5. A série de espectros a seguir inclui uma expansão da região aromática do espectro de RMN de ¹H do **salicilato de metila**, além de um espectro HETCOR. Realize uma atribuição completa de todos os prótons aromáticos e carbonos de anel não substituídos no salicilato de metila. *Dica*: Considere os efeitos de ressonância dos substituintes para determinar os deslocamentos químicos relativos dos hidrogênios aromáticos. Tente também calcular os deslocamentos químicos esperados usando os dados fornecidos no Apêndice 6.

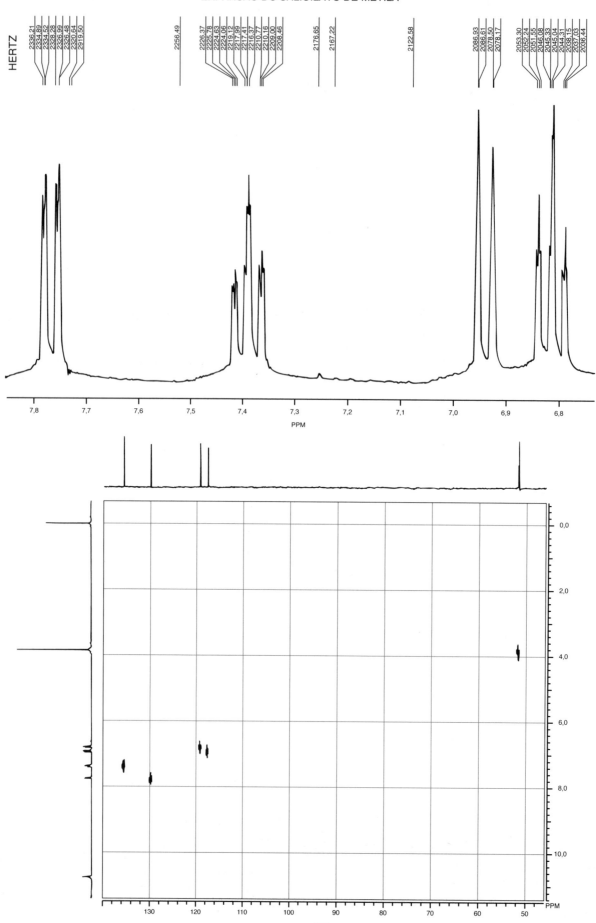

EXPANSÃO DO SALICILATO DE METILA

6. Determine a estrutura do composto cuja fórmula é $C_6H_{12}O_2$. O espectro IV mostra uma banda forte e larga entre 3400 e 2400 $cm^{-1}$ e também em 1710 $cm^{-1}$. São fornecidos o espectro de RMN de $^1H$ e expansões, mas um pico em 12,0 ppm não é mostrado no espectro completo. Interprete totalmente o espectro de RMN de $^1H$, principalmente os padrões entre 2,1 e 2,4 ppm. O problema traz um espectro HETCOR. Comente os picos de carbono em 29 e 41 ppm no espectro HETCOR. Atribua todos os prótons e carbonos desse composto.

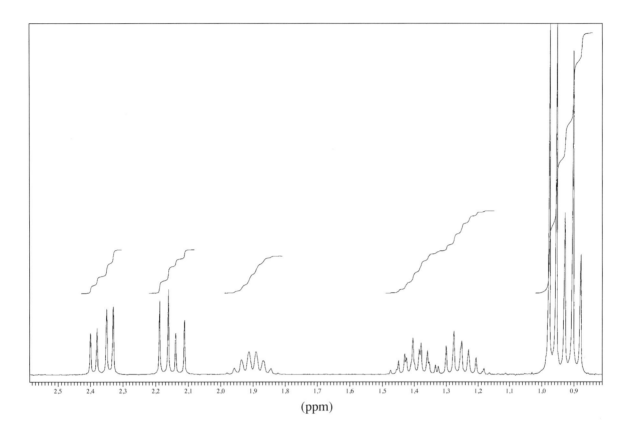

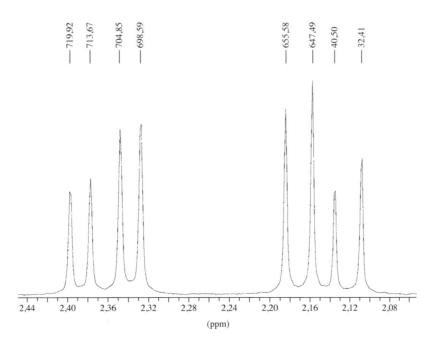

546  Introdução à espectroscopia

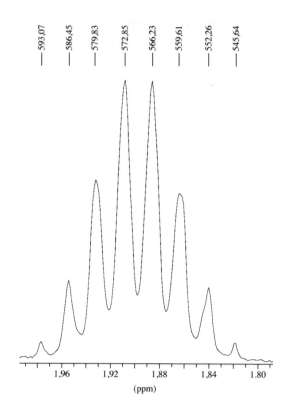

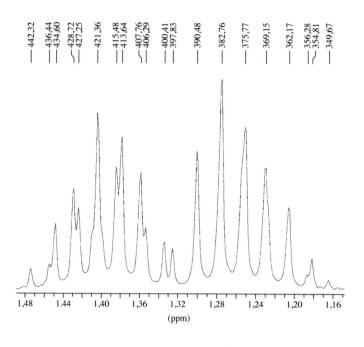

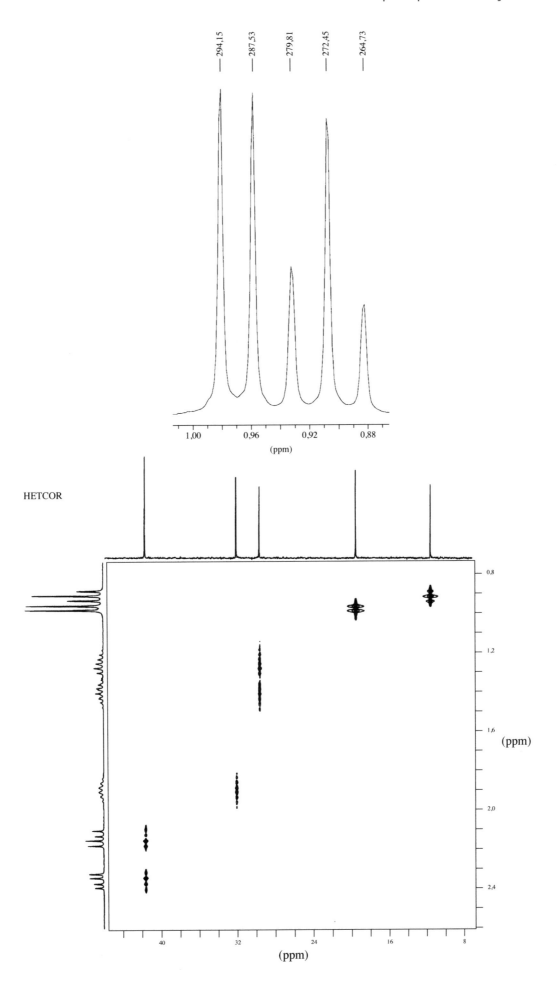

**7.** Determine a estrutura do composto cuja fórmula é $C_{11}H_{16}O$. Esse composto é isolado de jasmins. O espectro IV mostra bandas fortes em 1700 e 1648 cm$^{-1}$. São fornecidos o espectro de RMN de $^1$H, com expansões, e os espectros HETCOR, COSY e DEPT. O espectro DEPT-90 não é apresentado, mas ele tem picos em 125 e 132 ppm. Esse composto é sintetizado a partir da 2,5-hexanodiona por monoalquilação com (*Z*)-1-cloro-2-penteno, seguida de condensação com aldol. Atribua todos os prótons e carbonos desse composto.

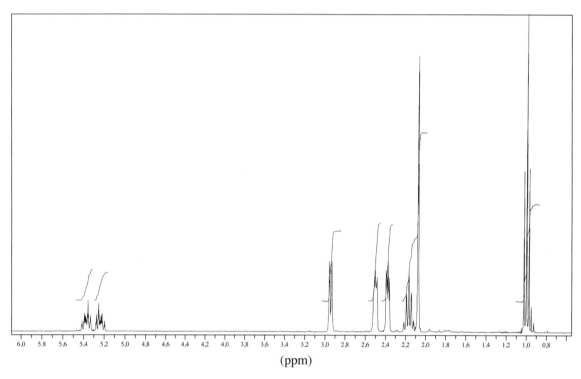

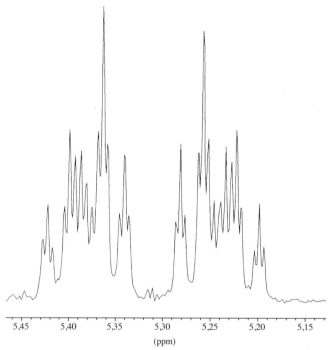

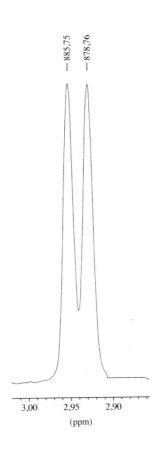
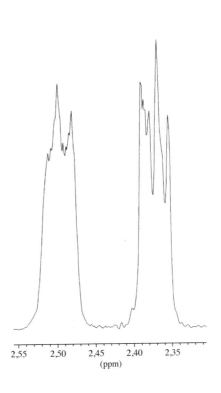
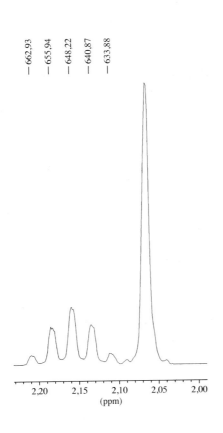
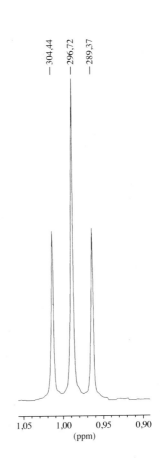

550  Introdução à espectroscopia

**HETCOR**

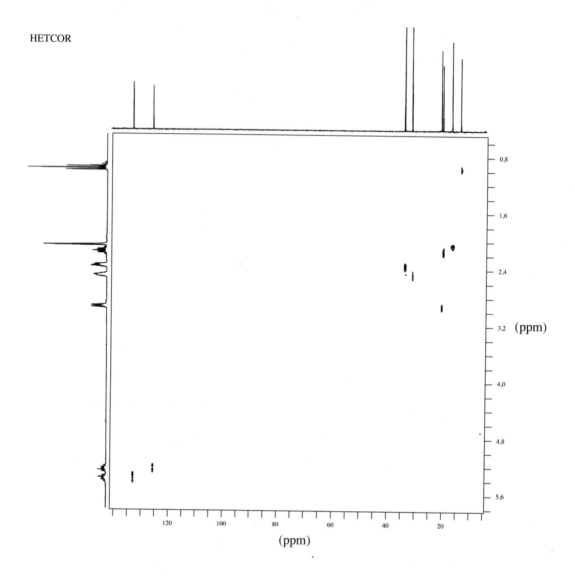

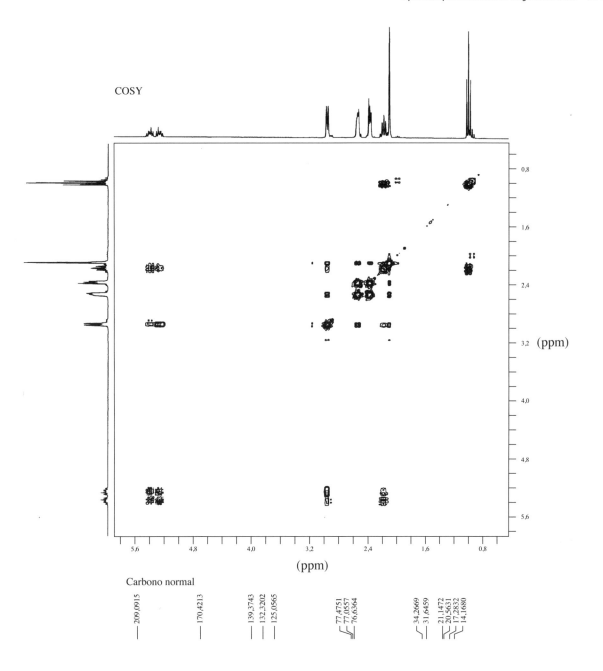

Carbono normal

209,0915
170,4213
139,3743
132,3202
125,0565
77,4751
77,0557
76,6364
34,2669
31,6459
21,1472
20,5631
17,2832
14,1680

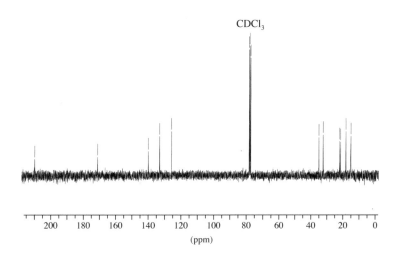

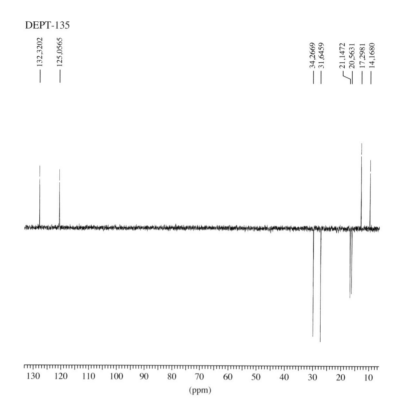

**8.** Determine a estrutura do composto cuja fórmula é $C_{10}H_8O_3$. O espectro IV mostra bandas fortes em 1720 e 1620 $cm^{-1}$. Além disso, o espectro IV tem bandas em 1580, 1560, 1508, 1464 e 1125 $cm^{-1}$. São fornecidos o espectro de RMN de $^1H$, com expansões, e os espectros COSY e DEPT. Atribua todos os prótons e carbonos desse composto.

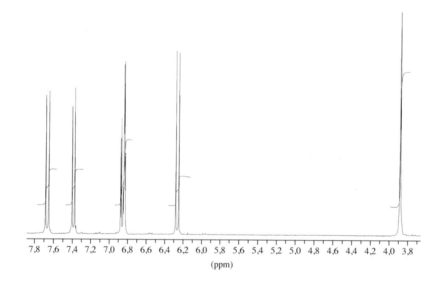

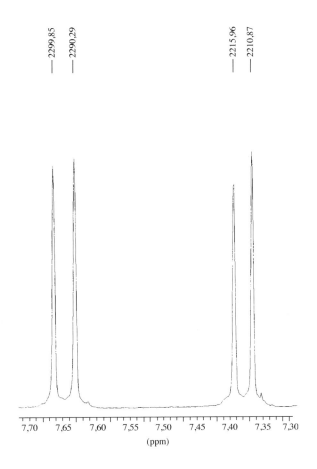

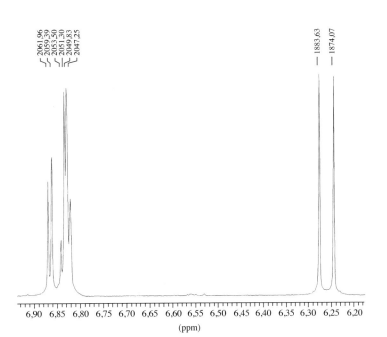

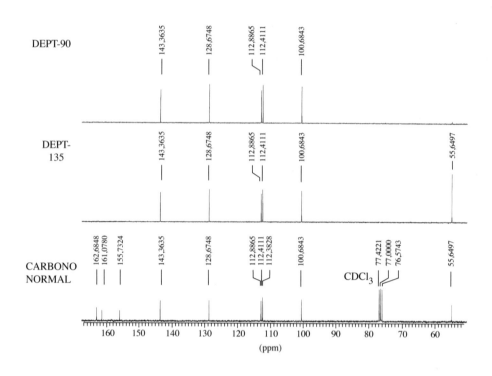
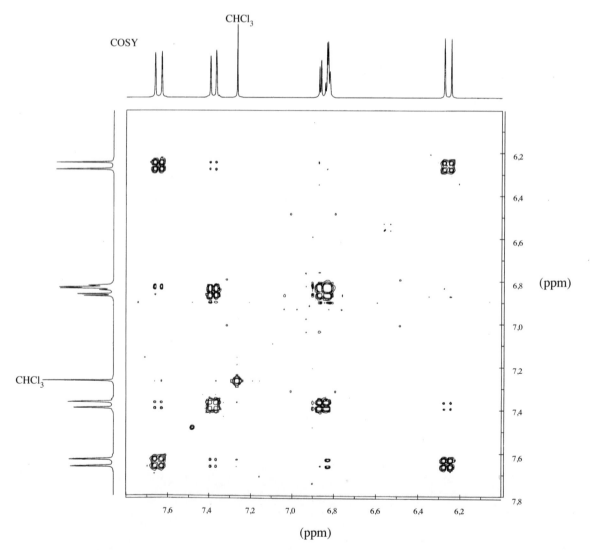

**9.** Determine a estrutura do composto cuja fórmula é $C_8H_{14}O$. Esse problema inclui os seguintes espectros: IV, de RMN de $^1H$ com expansões, de RMN de $^{13}C$, DEPT, COSY e HETCOR (HSQC).

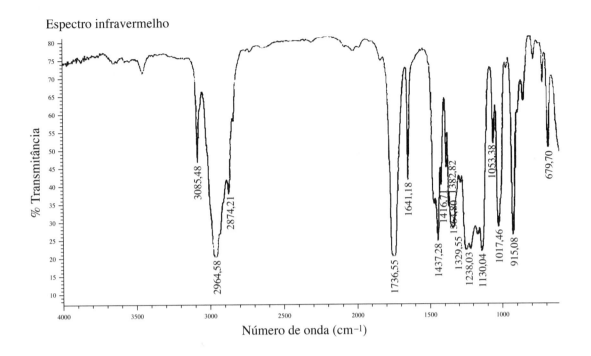

Espectro infravermelho

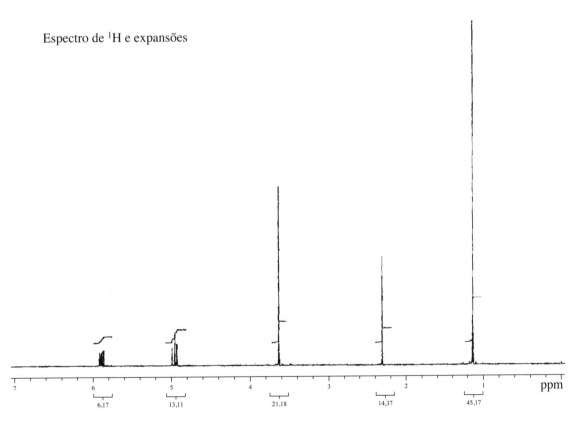

Espectro de $^1H$ e expansões

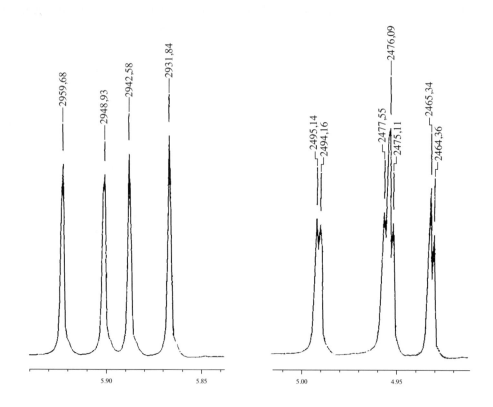

Espectro de $^{13}$C

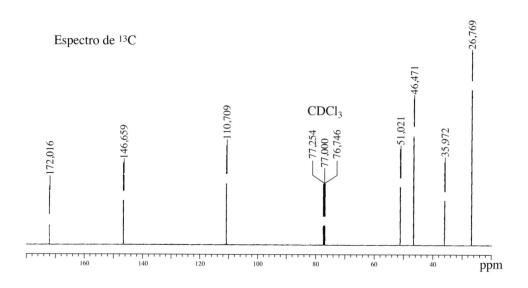

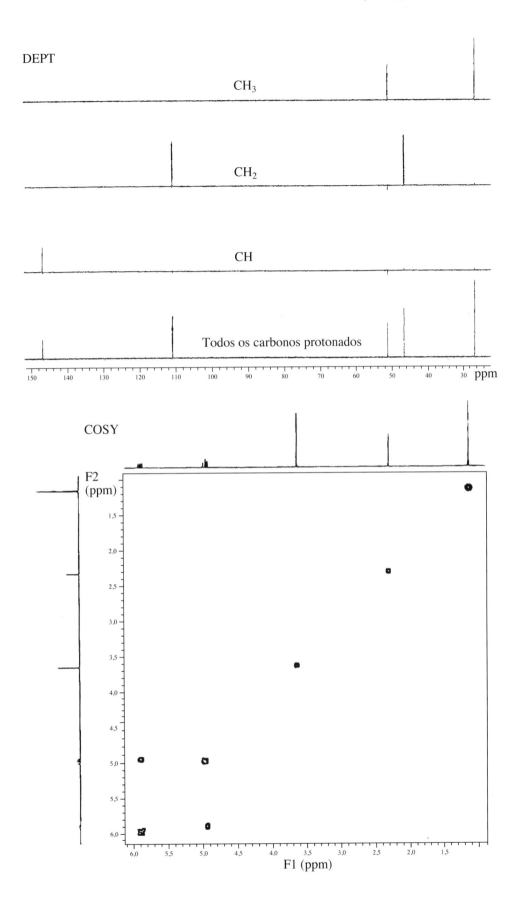

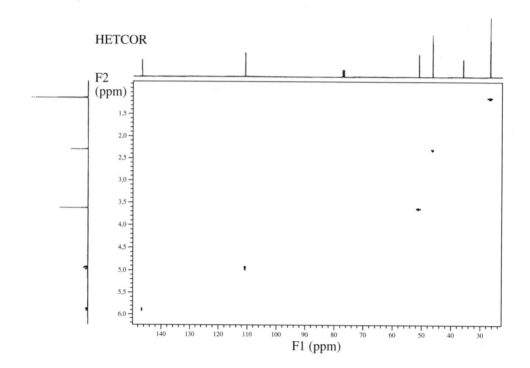

## REFERÊNCIAS

BECKER, E. D. *High resolution NMR: theory and chemical applications*. 3. ed. San Diego: Academic Press, 2000.

CLARIGDE, T. D. W. High-resolution NMR techniques in organic chemistry. *Tetrahedron Organic Chemistry*. 2. ed. v. 27. Oxford: Elsevier, 2008.

FRIEBOLIN, H. *Basic one- and two-dimensional NMR spectroscopy*. 5. ed. rev. Weinheim: Wiley-VCH, 2010.

JACOBSEN, N. E. *NMR spectroscopy explained:* simplified theory, applications and examples for organic chemistry and structural biology. Nova York: John Wiley & Sons, 2007.

KEELER, J., *Understanding NMR spectroscopy*. 2 ed. Nova York: John Wiley & Sons, 2010.

SANDERS, J. K. M.; HUNTER, B. K. *Modern NMR spectroscopy:* a guide for chemists. 2. ed. Oxford: Oxford University Press, 1993.

SILVERSTEIN, R. M. et al. *Spectrometric identification of organic compounds*. 7. ed. Nova York: John Wiley & Sons, 2005.

SIMPSON, J. H. *Organic structure determination using 2-D NMR spectroscopy:* a problem-based approach. 2 ed. Nova York: Academic Press, 2012.

### *Jornal of Chemical Education*

Outra fonte de informação valiosa sobre métodos RMN avançados é uma série de artigos publicados no *Journal of Chemical Education* sob o título geral "The Fourier transform in chemistry". Os volumes e as citações de páginas são os seguintes: v. 66, p. A213 e A243, 1989; v. 67, p. A93, A100 e A125, 1990.

### *Sites*

http://www.chem.ucla.edu/~webnmr

WebSpectra: problemas de espectroscopia de NMR e IV (C. A. Merlic, diretor do projeto).

http://www.cis.rit.edu/htbooks/nmr

O básico de NMR (Joseph P. Hornek, Ph.D.).

# capítulo 10

# Espectroscopia no ultravioleta

A maioria das moléculas orgânicas e dos grupos funcionais é transparente nas regiões do espectro eletromagnético que chamamos de **ultravioleta (UV)** e **visível (VIS)** – isto é, as regiões em que os comprimentos de onda vão de 190 nm a 800 nm. Consequentemente, a espectroscopia de absorção tem pouca utilidade nessa faixa de comprimentos de onda. Contudo, em alguns casos podemos obter informações úteis dessas regiões do espectro. Essas informações, combinadas com detalhes fornecidos por espectros no infravermelho e de ressonância magnética nuclear (RMN), podem gerar propostas estruturais valiosas.

## 10.1 A NATUREZA DAS EXCITAÇÕES ELETRÔNICAS

Quando uma radiação contínua atravessa um material transparente, uma parte da radiação pode ser absorvida. Se isso ocorrer, a radiação residual, ao atravessar um prisma, produzirá um espectro com intervalos transparentes, denominado **espectro de absorção**. Como resultado da absorção de energia, átomos ou moléculas passam de um estado de energia mais baixa (estado inicial ou **estado fundamental**) para um estado de energia maior (**estado excitado**). A Figura 10.1 descreve o processo de excitação que é quantizado. A radiação eletromagnética absorvida tem energia exatamente igual à *diferença* de energia entre os estados excitado e fundamental.

No caso das espectroscopias ultravioleta e visível, as transições que resultam em absorção de radiação eletromagnética nessa região do espectro ocorrem entre níveis de energia **eletrônicos**. Quando uma molécula absorve energia, um elétron é promovido de um orbital ocupado para um orbital desocupado de maior energia potencial. Em geral, a transição mais provável é do **orbital ocupado de maior energia (HOMO)** para o **orbital desocupado de menor energia (LUMO)**. As diferenças de energia entre níveis eletrônicos na maioria das moléculas variam de 125 a 650 kJ/mol.

Em grande parte das moléculas, os orbitais ocupados de menor energia são os orbitais $\sigma$, que correspondem às ligações $\sigma$. Os orbitais $\pi$ ficam em níveis de energia um pouco mais altos, e os dos pares isolados, ou **orbitais não ligantes (n)**, ficam em energias ainda mais altas. Os orbitais desocupados, ou **antiligantes** ($\pi^*$ e $\sigma^*$), são os de maior energia. A Figura 10.2a mostra uma típica progressão de níveis de energia eletrônicos.

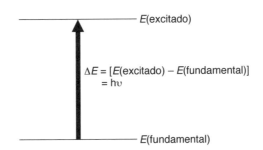

**FIGURA 10.1** O processo de excitação.

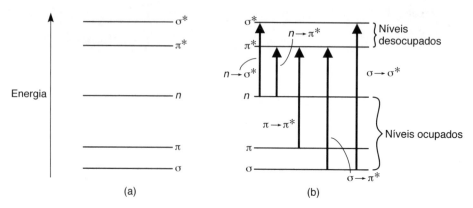

**FIGURA 10.2** Níveis de energia eletrônica e transições.

Em todos os compostos que não sejam alcanos, os elétrons podem sofrer por diversas transições possíveis de diferentes energias. Algumas das mais importantes transições são:

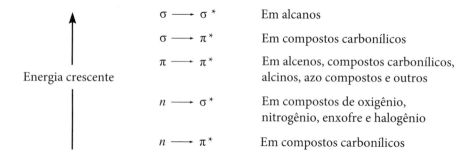

A Figura 10.2b ilustra essas transições. Os níveis de energia eletrônicos em moléculas aromáticas são mais complicados do que os descritos aqui. A Seção 10.14 descreverá as transições eletrônicas de compostos aromáticos.

A energia necessária para ocasionar transições do nível ocupado de maior energia (HOMO), no estado fundamental, para o nível desocupado de menor energia (LUMO) é menor do que a energia necessária para causar uma transição de um nível ocupado de menor energia. Assim, na Figura 10.2b uma transição $n \to \pi^*$ teria energia menor do que uma transição $\pi \to \pi^*$. Para muitos objetivos, a transição de menor energia é a mais importante.

Nem todas as transições que, à primeira vista, pareçam possíveis são observadas. Certas restrições, chamadas de **regras de seleção**, devem ser consideradas. Uma importante regra de seleção diz que transições que envolvam uma alteração do número quântico de *spin* de um elétron durante a transição não são permitidas, e, por isso, são denominadas **transições "proibidas"**. Outras regras de seleção lidam com os números de elétrons que podem ser excitados de cada vez, com propriedades de simetria da molécula e dos estados eletrônicos e com outros fatores que não precisam ser abordados aqui. Transições formalmente proibidas pelas regras de seleção muitas vezes não são observadas. Contudo, os tratamentos teóricos são aproximados, e em certos casos *são* observadas transições proibidas, apesar de suas intensidades de absorção serem muito menores do que para transições **permitidas** pelas regras de seleção. A transição $n \to \pi^*$ é o tipo mais comum de transição proibida.

## 10.2 A ORIGEM DA ESTRUTURA DA BANDA UV

Para um átomo que absorve no ultravioleta, o espectro de absorção às vezes é composto de linhas muito agudas, como se espera de um processo quantizado entre dois níveis de energia discretos. Para moléculas, entretanto, a absorção no UV ocorre, em geral, em uma ampla faixa de comprimentos de onda, pois as moléculas (ao contrário dos átomos) normalmente têm muitos modos excitados de vibração e rotação em temperatura ambiente. Na verdade, a vibração de moléculas não pode ser totalmente "congelada", nem mesmo em zero absoluto. Consequentemente, os membros de um grupo de moléculas estão em vários estados de excitação vibracional e rotacional. Os níveis de energia desses estados são pouco espaçados, correspondendo a diferenças de energia consideravelmente menores do que os de níveis eletrônicos. Os níveis rotacionais e vibracionais são, assim, "sobrepostos" aos níveis eletrônicos. Uma molécula pode, portanto, passar simultaneamente por uma excitação eletrônica e vibracional-rotacional, como demonstra a Figura 10.3.

Como há muitas possíveis transições, com minúsculas diferenças, cada transição eletrônica consiste em um vasto número de linhas tão próximas que o espectrofotômetro não pode defini-las. Em vez disso, o instrumento traça um "envelope" sobre o padrão todo. Observa-se, a partir desses tipos de transições combinadas, que o espectro UV de uma molécula é, em geral, composto de uma **banda** larga de absorção centrada perto do comprimento de onda da transição principal.

## 10.3 PRINCÍPIOS DA ESPECTROSCOPIA DE ABSORÇÃO

Quanto maior o número de moléculas capazes de absorver luz de certo comprimento de onda, maior a extensão dessa absorção. Além disso, quanto maior a eficiência de uma molécula em absorver luz de certo comprimento de onda, maior a extensão dessa absorção. Com base nessas ideias iniciais, pode-se formular a seguinte expressão empírica, chamada de **Lei de Beer-Lambert**.

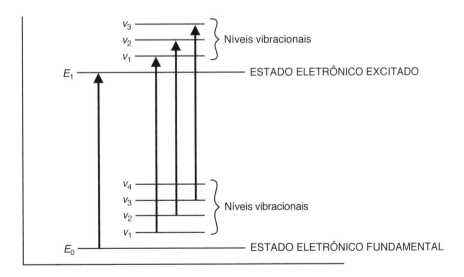

**FIGURA 10.3** Transições eletrônicas com transições vibracionais sobrepostas (por razões de clareza, foram omitidos níveis rotacionais que ficam muito próximos dos níveis vibracionais).

$$A = \log(I_0/I) = \varepsilon c l \text{ para certo comprimento de onda} \quad \text{Equação 10.1}$$

$A$ = absorbância
$I_0$ = intensidade de luz incidente na cela de amostra
$I$ = intensidade de luz que sai da cela de amostra
$c$ = concentração molar do soluto
$l$ = comprimento da cela de amostra (cm)
$\varepsilon$ = absortividade molar

O termo $\log(I_0/I)$ é também conhecido como **absorbância** (ou, na bibliografia antiga, **densidade óptica**) e pode ser representado como $A$. Uma **absortividade molar** (antes conhecida como **coeficiente de extinção molar**) é uma propriedade da molécula que passa por uma transição eletrônica e não é uma função dos parâmetros variáveis envolvidos na preparação de uma solução. As dimensões do sistema absorvente e a probabilidade de a transição eletrônica ocorrer são os fatores que controlam a absortividade, que vai de 0 a $10^6$. Valores acima de $10^4$ são denominados **absorções de alta intensidade**, enquanto valores abaixo de $10^3$ são **absorções de baixa intensidade**. Transições proibidas (ver Seção 10.1) têm absortividades entre 0 e 1000.

A Lei de Beer-Lambert é rigorosamente obedecida quando uma *única espécie* gera a absorção observada. No entanto, essa lei pode não ser obedecida quando diferentes formas de moléculas absorventes estão em equilíbrio, quando o soluto e o solvente formam complexos por algum tipo de associação, quando existe equilíbrio *térmico* entre o estado eletrônico fundamental e um estado excitado de baixa energia, ou quando compostos fluorescentes ou compostos modificados pela irradiação estão presentes.

## 10.4 INSTRUMENTAÇÃO

O espectrofotômetro ultravioleta visível típico é composto de uma **fonte de luz**, um **monocromador** e um **detector**. A fonte de luz é, em geral, uma lâmpada de deutério que emite radiação eletromagnética na região ultravioleta do espectro. Uma segunda fonte de luz, uma lâmpada de tungstênio, é utilizada para comprimentos de onda na região visível do espectro. O monocromador é uma rede de difração, e sua função é separar o feixe de luz nos comprimentos de onda componentes. Um sistema de fendas focaliza o comprimento de onda desejado na cela da amostra. A luz que atravessa a cela de amostra chega ao detector, que registra a intensidade da luz transmitida $I$. Em geral, o detector é um tubo fotomultiplicador, apesar de serem utilizados também fotodiodos, instrumentos mais modernos. Em um instrumento típico de feixe duplo, a luz que emana da fonte é dividida em dois **feixes: de amostra** e **de referência**. Quando não há cela de amostra no feixe de referência, conclui-se que a luz detectada é igual à intensidade da luz que entra na amostra, $I_0$.

A cela de amostra deve ser construída de material transparente à radiação eletromagnética utilizada no experimento. Para espectros na faixa visível do espectro, em geral são adequadas células feitas de vidro ou plástico. Para medições na região ultravioleta do espectro, porém, vidro e plástico não podem ser utilizados, porque absorvem radiação ultravioleta. Devem ser utilizadas celas feitas de quartzo, pois não absorvem radiação nessa região.

Esse projeto do instrumento é bastante adequado para medições em apenas um comprimento de onda. Caso se pretenda fazer um espectro completo, esse tipo de instrumento apresenta algumas deficiências. Um sistema mecânico é necessário para girar o monocromador e fornecer uma varredura de todos os comprimentos de onda desejados. Esse tipo de sistema funciona lentamente, e, portanto, é preciso uma quantidade de tempo considerável para registrar um espectro.

O **espectrofotômetro de matriz de diodos** é uma versão moderna e mais eficiente do espectrofotômetro tradicional. Uma matriz de diodos consiste em uma série de detectores de fotodiodos posicionados lado a lado em um cristal de silício. Cada diodo é projetado para registrar uma faixa estreita do espectro. Os diodos são conectados de forma que todo o espectro seja registrado de uma vez. Esse tipo de detector não tem partes móveis e pode registrar espectros muito rapidamente. Além disso, a sua saída pode ser transferida para um computador, que processaria a informação e possibilitaria uma variedade de formatos úteis de registro. Como o número de fotodiodos é limitado, a velocidade e a conveniência descritas aqui são obtidas em detrimento da resolução. Para muitas aplicações, contudo, as vantagens desse tipo de instrumento compensam a perda de resolução.

## 10.5 APRESENTAÇÃO DOS ESPECTROS

O espectro ultravioleta/visível é geralmente registrado como uma função de absorbância *versus* comprimento de onda. É normal, então, reesquematizar os dados com $\varepsilon$ ou log de $\varepsilon$ no eixo das ordenadas e o comprimento de onda na abscissa (Figura 10.4a). O espectro do ácido benzoico é típico do modo como são apresentados os espectros. Contudo, pouquíssimos espectros eletrônicos são reproduzidos na literatura científica, a maioria é descrita por indicações de comprimento de onda de máxima absorção e absortividades dos principais picos de absorção. Para o ácido benzoico, uma típica descrição seria a seguinte:

$$\lambda_{máx} = 230 \text{ nm} \qquad \log \varepsilon = 4,2$$
$$272 \qquad 3,1$$
$$282 \qquad 2,9$$

A Figura 10.4 representa o espectro real que corresponde a esses dados.

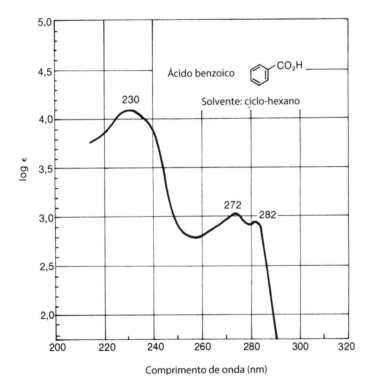

**FIGURA 10.4** Espectro ultravioleta de ácido benzoico em ciclohexano. Fonte: Friedel e Orchin. (1951). Reprodução autorizada.

## 10.6 SOLVENTES

A escolha do solvente a ser utilizado na espectroscopia de ultravioleta é muito importante. O primeiro critério para um bom solvente é que ele não deve absorver radiação ultravioleta na mesma região que a substância cujo espectro está sendo determinado. Em geral, solventes que não contêm sistemas conjugados são mais adequados para isso, apesar de variarem em termos do menor comprimento de onda em que permanecem transparentes à radiação ultravioleta. A Tabela 10.1 lista alguns solventes comuns de espectroscopia no ultravioleta e seus limites de transparência.

Dos solventes indicados na Tabela 10.1, a água, o etanol 95% e o hexano são os mais utilizados. Todos são transparentes nas regiões do espectro ultravioleta em que é provável a ocorrência de picos de absorção interessantes das moléculas da amostra.

Um segundo critério para definir um bom solvente é seu efeito na estrutura fina de uma banda de absorção. A Figura 10.5 ilustra os efeitos de solventes polares e não polares em uma banda de absorção. Um solvente não polar não estabelece ligações de hidrogênio com o soluto, e o espectro do soluto fica bem próximo do espectro que seria produzido no estado gasoso, em que se observam com frequência estruturas finas. Em um solvente polar, as ligações de hidrogênio formam um complexo soluto-solvente, e a estrutura fina pode desaparecer.

### Tabela 10.1 Limite dos solventes

| | | | |
|---|---|---|---|
| Acetonitrila | 190 mm | n-Hexano | 201 mm |
| Clorofórmio | 240 | Metanol | 205 |
| Ciclohexano | 195 | Isoctano | 195 |
| 1,4-dioxano | 215 | Água | 190 |
| Etanol (95%) | 205 | Fosfato de trimetila | 210 |

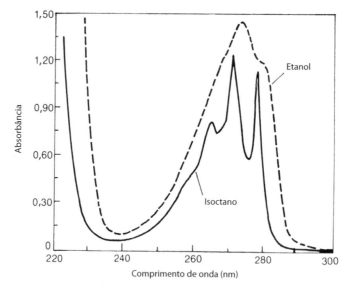

**FIGURA 10.5** Espectro ultravioleta do fenol em etanol e isoctano. Fonte: Coggeshall, N. D.; Lang, E. M., *Journal of the American Chemical Society*, 70, p. 3288, 1948. Reprodução autorizada.

Um terceiro critério para um bom solvente é sua capacidade de influenciar o comprimento de onda na luz ultravioleta, que será absorvida por estabilização, seja do estado fundamental seja do excitado. Solventes polares não formam ligações de hidrogênio tão facilmente com os estados excitados de moléculas polares quanto com seus estados fundamentais, e esses solventes polares aumentam as energias de transições eletrônicas nas moléculas. Solventes polares deslocam transições do tipo $n \rightarrow \pi^*$ para comprimentos de onda mais curtos. Em alguns casos, os estados excitados podem formar ligações de hidrogênio mais fortes do que os estados fundamentais correspondentes. Nesse caso, um solvente polar desloca uma absorção para o comprimento de onda maior, já que a energia da transição eletrônica é diminuída. Solventes polares deslocam transições do tipo π → π* para comprimentos de onda maiores. A Tabela 10.2 ilustra os efeitos típicos de uma série de solventes em uma transição eletrônica.

**Tabela 10.2 Deslocamentos produzidos pelos solventes na transição η → π* da acetona**

| Solvente | $H_2O$ | $CH_3OH$ | $C_2H_5OH$ | $CHCl_3$ | $C_6H_{14}$ |
|---|---|---|---|---|---|
| $\lambda_{máx}$ (nm) | 264,5 | 270 | 272 | 277 | 279 |

## 10.7 O QUE É UM CROMÓFORO?

Apesar de a absorção de radiação ultravioleta resultar na excitação de elétrons do estado fundamental, os núcleos que os elétrons unem em ligações têm um papel importante na determinação de quais comprimentos de onda da radiação são absorvidos. Os núcleos determinam a força com a qual os elétrons são ligados e, assim, influenciam o espaçamento de energia entre os estados fundamental e excitado. Por conseguinte, a energia característica de uma transição e o comprimento de onda da radiação absorvida são propriedades de um grupo de átomos e não dos elétrons individualmente. O grupo de átomos que produz essa absorção é chamado de **cromóforo**. Quando ocorrem alterações estruturais em um cromóforo, espera-se que a energia exata e a intensidade da absorção sejam alteradas de acordo. Com muita frequência, é extremamente difícil prever, pela teoria, como a absorção será alterada quando a estrutura do cromóforo for modificada, e é necessário aplicar diretrizes empíricas para prever essas relações.

**Alcanos.** Para moléculas, como os alcanos, que contenham apenas ligações simples e sem átomos com pares isolados de elétrons, as únicas transições eletrônicas possíveis são as do tipo σ → σ*. Essas transições são de energia tão alta que acabam absorvendo energia ultravioleta em comprimentos de onda muito curtos – mais curtos do que os comprimentos de onda experimentalmente acessíveis por espectrofotômetros típicos. A Figura 10.6 ilustra esse tipo de transição. A excitação do elétron ligante σ para o orbital antiligante σ* é mostrada à direita.

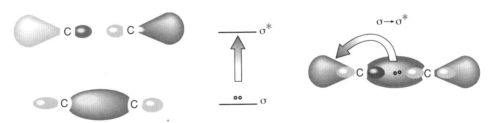

**FIGURA 10.6** Transição σ → σ*.

**Alcoóis, éteres, aminas e compostos de enxofre.** Em moléculas saturadas que contenham átomos com pares isolados de elétrons, transições do tipo n → σ* tornam-se importantes. Também são transições de energia um tanto alta, mas absorvem radiações dentro de uma faixa acessível experimentalmente. Alcoóis e aminas absorvem na faixa que vai de 175 a 200 nm, enquanto tióis orgânicos e sulfetos absorvem entre 200 e 220 nm. A maioria das absorções ocorre abaixo dos limites de corte dos solventes comuns, e, por isso, elas não são observadas em espectros de solução. A Figura 10.7 ilustra uma transição n → σ* de uma amina. A excitação do elétron sem o par isolado em relação ao orbital antiligante está mostrada à direita.

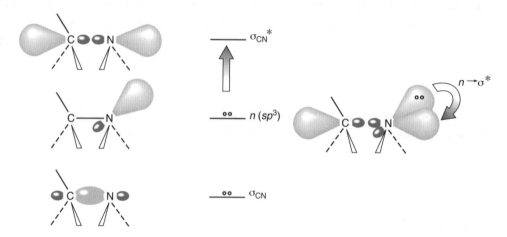

**FIGURA 10.7** Transição $n \to \sigma^*$.

**Alcenos e alcinos.** Com moléculas não saturadas, transições $\pi \to \pi^*$ tornam-se possíveis. Essas transições apresentam também energia maior, mas suas posições são sensíveis à presença de substituintes, como esclareceremos mais adiante. Alcenos absorvem por volta de 175 nm, e alcinos, por volta de 170 nm. A Figura 10.8 mostra esse tipo de transição.

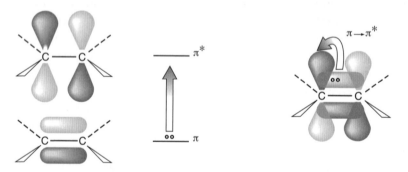

**FIGURA 10.8** Transição $\pi \to \pi^*$.

*Compostos carbonílicos.* Moléculas não saturadas que contenham átomos como oxigênio e hidrogênio podem sofrer transições $n \to \pi^*$. Essas talvez sejam as transições mais interessantes e mais estudadas, particularmente entre compostos carbonílicos. São também bastante sensíveis à substituição na estrutura cromofórica. O composto carbonílico típico apresenta a transição $n \to \pi^*$ por volta de 280 a 290 nm ($\varepsilon = 15$). A maioria das transições $n \to \pi^*$ são proibidas e, portanto, de baixa intensidade. Compostos carbonílicos também têm uma transição $\pi \to \pi^*$ por volta de 188 nm ($\varepsilon = 900$). A Figura 10.9 mostra as transições $n \to \pi^*$ e $\pi \to \pi^*$ do grupo carbonílico.[1]

A Tabela 10.3 lista absorções típicas de cromóforos isolados simples. Pode-se notar que quase todos esses cromóforos *simples* absorvem aproximadamente o mesmo comprimento de onda (de 160 a 210 nm).

A ligação de grupos substituintes no lugar do hidrogênio, em uma estrutura básica de cromóforo, altera a posição e a intensidade de uma banda de absorção do cromóforo. Pode ser que os grupos substituintes não gerem, eles mesmos, a absorção da radiação ultravioleta, mas sua presença modifica a absorção do cromóforo principal. Substituintes que aumentam a intensidade da absorção, e possivelmente

---

[1] Diferentemente do que afirma a teoria simples, o átomo de oxigênio do grupo carbonila não é $sp^2$ hibridizado. Espectroscopistas demonstraram que, apesar de o átomo de carbono ser $sp^2$ hibridizado, a hibridização do átomo de oxigênio parece mais $sp$.

o comprimento de onda, são chamados de **auxocromos**. Entre os auxocromos típicos, estão os grupos metila, hidroxila, alcoxi, halogênio e amina.

Outros substituintes podem ter qualquer um dos quatro tipos de efeitos na absorção:

1. **Deslocamento batocrômico** (deslocamento para o vermelho): um deslocamento para energia mais baixa ou para comprimento de onda maior.
2. **Deslocamento hipsocrômico** (deslocamento para o azul): um deslocamento para energia mais alta ou para comprimento de onda menor.
3. **Efeito hipercrômico:** um aumento de intensidade.
4. **Efeito hipocrômico:** uma diminuição de intensidade.

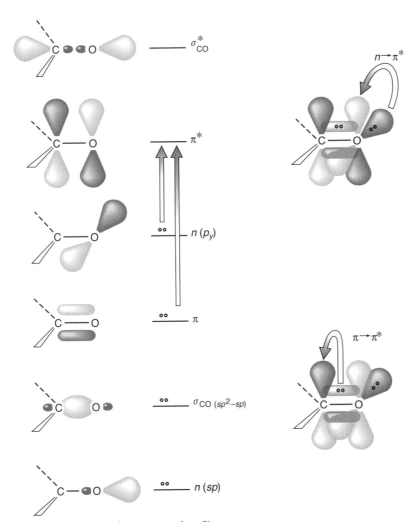

**FIGURA 10.9** Transições eletrônicas do grupo carbonílico.

### Tabela 10.3 Absorções típicas de cromóforos isolados simples

| Classe | Transição | $\lambda_{máx}$ (nm) | log ε | Classe | Transição | $\lambda_{máx}$ (nm) | log ε |
|---|---|---|---|---|---|---|---|
| R—OH | $n \to \sigma^*$ | 180 | 2,5 | R—NO$_2$ | $n \to \pi^*$ | 271 | <1,0 |
| R—O—R | $n \to \sigma^*$ | 180 | 3,5 | R—CHO | $\pi \to \pi^*$ | 190 | 2,0 |
| R—NH$_2$ | $n \to \sigma^*$ | 190 | 3,5 |  | $n \to \pi^*$ | 290 | 1,0 |
| R—SH | $n \to \sigma^*$ | 210 | 3,0 | R$_2$CO | $\pi \to \pi^*$ | 180 | 3,0 |
| R$_2$C=CR$_2$ | $\pi \to \pi^*$ | 175 | 3,0 |  | $n \to \pi^*$ | 280 | 1,5 |
| R—C≡C—R | $\pi \to \pi^*$ | 170 | 3,0 | RCOOH | $n \to \pi^*$ | 205 | 1,5 |
| R—C≡N | $n \to \pi^*$ | 160 | <1,0 | RCOOR' | $n \to \pi^*$ | 205 | 1,5 |
| R—N=N—R | $n \to \pi^*$ | 340 | <1,0 | RCONH$_2$ | $n \to \pi^*$ | 210 | 1,5 |

## 10.8 EFEITO DA CONJUGAÇÃO

Uma das melhores formas de produzir um deslocamento batocrômico é aumentar a extensão da conjugação em um sistema de ligação dupla. Na presença de ligações duplas conjugadas, os níveis de energia eletrônicos de um cromóforo ficam mais próximos. Consequentemente, a energia necessária para produzir uma transição de um nível de energia eletrônico ocupado para um nível desocupado diminui, e o comprimento de onda da luz absorvida fica maior. A Figura 10.10 ilustra o deslocamento batocrômico observado em uma série de polienos conjugados quando o comprimento da cadeia conjugada é aumentado.

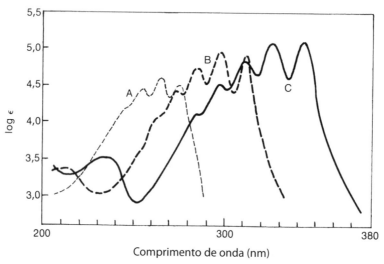

**FIGURA 10.10** Espectros de ultravioleta de CH$_3$—(CH=CH)$_n$—CH$_3$ – dimetilpolienos. (A) n = 3, (B) n = 4, (C) n = 5. Fonte: Nayler, P.; Whiting, M. C., *Journal of the Chemical Society*, p. 3042, 1955.

A conjugação de dois cromóforos não apenas resulta em um deslocamento batocrômico, mas também aumenta a intensidade da absorção. Esses dois efeitos são de grande importância no uso e na interpretação de espectros eletrônicos de moléculas orgânicas, porque a conjugação desloca a absorção seletiva de luz de cromóforos isolados de uma região do espectro não acessível de imediato para uma região que é facilmente estudada com espectrofotômetros disponíveis no mercado. A posição e a intensidade exatas da banda de absorção do sistema podem ser correlacionadas à extensão da conjugação no sistema. A Tabela 10.4 ilustra o efeito da conjugação em algumas transições eletrônicas típicas.

| Tabela 10.4 Efeito da conjugação em transições eletrônicas | | |
|---|---|---|
| | $\lambda_{máx}$ (nm) | $\varepsilon$ |
| **Alcenos** | | |
| Etileno | 175 | 15000 |
| 1,3-butadieno | 217 | 21000 |
| 1,3,5-hexatrieno | 258 | 35000 |
| ß-caroteno (11 ligações duplas) | 465 | 125000 |
| **Cetonas** | | |
| Acetona | | |
| $\pi \to \pi^*$ | 189 | 900 |
| $n \to \pi^*$ | 280 | 12 |
| 3-buten-2-ona | | |
| $\pi \to \pi^*$ | 213 | 7100 |
| $n \to \pi^*$ | 320 | 27 |

## 10.9 EFEITO DA CONJUGAÇÃO EM ALCENOS

O deslocamento batocrômico que resulta de um aumento do comprimento de um sistema conjugado implica que um aumento na conjugação diminuiu a energia necessária para uma excitação eletrônica. Isso é verdadeiro e pode ser explicado mais facilmente pelo uso da teoria de orbitais moleculares (TOM), que propõe que os orbitais $p$ atômicos em cada átomo de carbono combinam-se para criar orbitais moleculares $\pi$. Por exemplo, no caso do etileno (eteno), há dois orbitais $p$ atômicos, $\emptyset_1$ e $\emptyset_2$. A partir desses dois orbitais $p$, formam-se dois orbitais moleculares $\pi$, $\psi_1$ e $\psi_2^*$, fazendo-se as combinações lineares. O orbital $\psi_1$ ligante resulta da adição de funções de onda dos dois orbitais $p$, e o orbital $\psi_2$ antiligante resulta da subtração dessas duas funções de onda. O novo orbital ligante, um **orbital molecular**, tem uma energia menor do que qualquer um dos orbitais $p$ originais; da mesma forma, o orbital antiligante tem uma energia mais elevada. A Figura 10.11 ilustra isso em um diagrama.

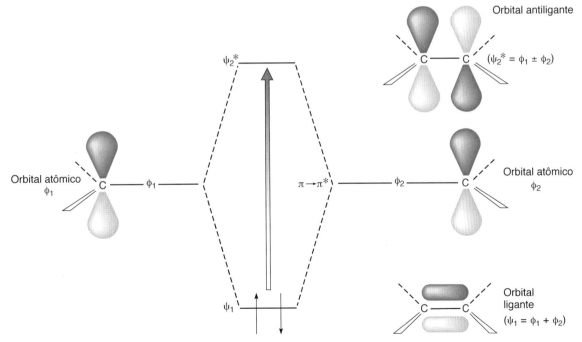

**FIGURA 10.11** Formação dos orbitais moleculares no etileno.

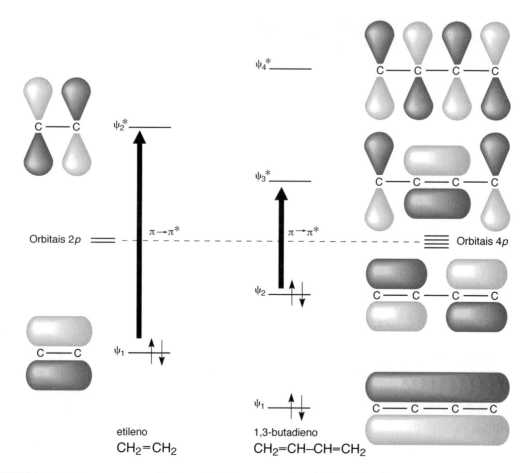

**FIGURA 10.12** Uma comparação dos níveis de energia do orbital molecular e a energia das transições π → π* no etileno e no 1,3-butadieno.

Note que foram combinados *dois* orbitais atômicos para construir os orbitais moleculares e, em consequência, foram formados *dois* orbitais moleculares. Havia também dois elétrons, um em cada orbital *p*. Como resultado da combinação, o novo sistema π contém *dois* elétrons. Como preenchemos os orbitais de energia baixa antes, esses elétrons acabam em $\psi_1$, o orbital ligante, e eles constituem uma nova ligação π. A transição eletrônica nesse sistema é uma transição π → π* de $\psi_1$ para $\psi_2^*$.

Agora, saindo desse caso simples de dois orbitais, consideremos o 1,3-butadieno, que tem *quatro* orbitais *p* atômicos, que formam seu sistema π de duas ligações duplas conjugadas. Como tínhamos quatro orbitais atômicos de partida, resultam *quatro* orbitais moleculares. A Figura 10.12 representa os orbitais do etileno, para fins de comparação, na mesma escala de energia que os novos orbitais.

Note que a transição de energia menor no 1,3-butadieno, $\psi_2 \to \psi_3^*$, é uma transição π → π*, que tem uma *energia menor* do que a transição correspondente no etileno, $\psi_1 \to \psi_2^*$. Esse resultado é geral. Conforme aumentamos o número de orbitais *p* no sistema conjugado, a transição do orbital molecular ocupado de maior energia (HOMO) para o orbital molecular desocupado de menor energia (LUMO) tem energia cada vez menor. O espaçamento de energia que separa os orbitais ligante e antiligante torna-se cada vez menor com o aumento da conjugação. A Figura 10.13 esquematiza os níveis de energia do orbital molecular de vários polienos conjugados de comprimento de cadeia crescente em uma escala de energia comum. As setas indicam as transições HOMO–LUMO. A conjugação crescente desloca o comprimento de onda observado da absorção para valores mais altos.

De maneira qualitativamente semelhante, muitos auxocromos manifestam seus deslocamentos batocrômicos por uma extensão do comprimento do sistema conjugado. Os auxocromos mais fortes

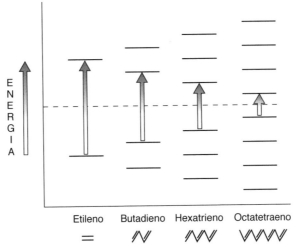

**FIGURA 10.13** Uma comparação do espaçamento de energia π → π* em uma série de polienos de comprimento de cadeia crescente.

invariavelmente possuem um par de elétrons isolado no átomo ligado ao sistema de ligação dupla. A interação de ressonância desse par com a(s) ligação(ões) dupla(s) aumenta o comprimento do sistema conjugado.

$$\left[ \begin{array}{c} \diagdown \\ \diagup \end{array} C = C - \ddot{B} \longleftrightarrow \begin{array}{c} \diagdown \\ \diagup \end{array} \ddot{C} - C = B^+ \right]$$

Como consequência dessa interação, conforme já mostrado, os elétrons do par isolado tornam-se parte do sistema π de orbitais moleculares, aumentando seu comprimento em um orbital a mais. A Figura 10.14 demonstra essa interação para o etileno e um átomo não especificado, B, com um par isolado. Entretanto, qualquer dos grupos auxocrômicos típicos, —OH, —OR, —X ou —NH$_2$, poderia ter sido especificamente ilustrado.

No novo sistema, a transição do orbital ocupado de maior energia $\psi_2$ para o orbital antiligante $\psi_3^*$ sempre tem energia menor do que a transição π → π* teria no sistema sem a interação. Apesar de a TOM poder explicar esse resultado geral, isso está além do escopo de nossa discussão.

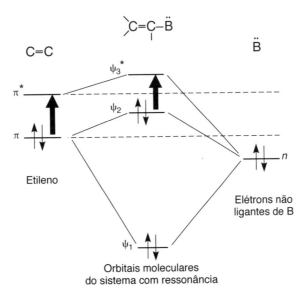

**FIGURA 10.14** Relações de energia dos novos orbitais moleculares e o sistema π interagente e o seu auxocromo.

De modo semelhante, grupos metila também produzem um deslocamento batocrômico. Contudo, como os grupos metila não têm par isolado, acredita-se que a interação seja resultado de sobreposição de orbitais ligantes C—H com o sistema π da seguinte maneira:

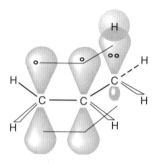

Esse tipo de interação é frequentemente chamado de **hiperconjugação**. Seu efeito final é uma extensão do sistema π.

## 10.10 REGRAS DE WOODWARD-FIESER PARA DIENOS

No butadieno, duas possíveis transições π → π* podem ocorrer: $\psi_2 \to \psi_3^*$ e $\psi_2 \to \psi_4^*$. Já abordamos a transição $\psi_2 \to \psi_3^*$, que é facilmente observada (ver Figura 10.12). A transição $\psi_2 \to \psi_4^*$ não é muito observada por dois motivos. Primeiro, fica perto de 175 nm no butadieno; segundo, é uma transição proibida na conformação *s-trans* de ligações duplas no butadieno.

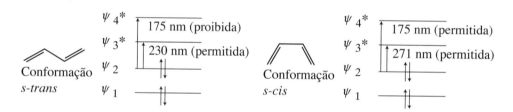

Uma transição em 175 nm fica abaixo dos limites dos solventes comumente utilizados para determinar espectros UV (Tabela 10.1) e, portanto, não é facilmente detectada. Além disso, a conformação *s-trans* é mais favorável para o butadieno do que a *s-cis*. Portanto, a banda em 175 nm normalmente não é detectada.

Em geral, dienos conjugados exibem uma banda intensa (ε = 20000 a 26000) na região de 217 a 245 nm, por causa de uma transição π → π*. A posição dessa banda parece ser bastante insensível à natureza do solvente.

Como se vê, o butadieno e muitos dienos conjugados simples existem em uma conformação *s-trans* plana. Em geral, uma substituição alquila produz deslocamentos batocrômicos e efeitos hipercrômicos. Contudo, com certos padrões de substituição alquila, o comprimento de onda aumenta, mas a intensidade diminui. Nos 1,3-dialquilbutadienos existe um congestionamento dos grupos alquila que impede as conformações *s-trans*. Estas se transformam, por rotação ao redor da ligação simples, em uma conformação *s-cis*, que absorve em comprimentos de onda maiores, mas de menor intensidade, que a conformação *s-trans* correspondente.

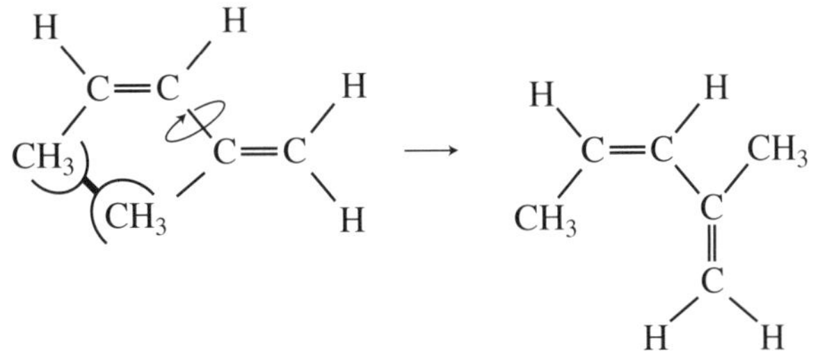

s-trans            s-cis

Em dienos cíclicos, nos quais a ligação central é uma parte do sistema de anel, o cromóforo dieno é normalmente mantido com rigidez na orientação *s-trans* (transoide) ou *s-cis* (cisoide). Espectros de absorção típicos seguem o padrão esperado:

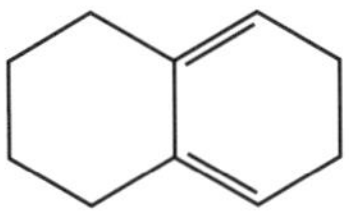

Dieno homoanular (cisoide ou *s-cis*)
Menos intenso, $\varepsilon$ = 5000–15000
$\lambda$ maior (273 nm)

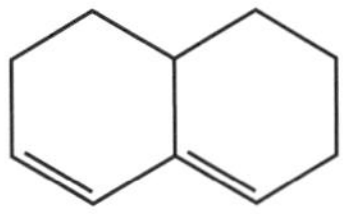

Dieno heteroanular (transoide ou *s-trans*)
Mais intenso, $\varepsilon$ = 12000–28000
$\lambda$ mais curto (234 nm)

Pelo estudo de um grande número de dienos de cada tipo, Woodward e Fieser desenvolveram uma correlação empírica de variações estruturais que nos permite prever o comprimento de onda em que um dieno conjugado absorverá. A Tabela 10.5 resume as regras. A seguir estão alguns exemplos de aplicação dessas regras. Note que as partes pertinentes das estruturas são mostradas em negrito.

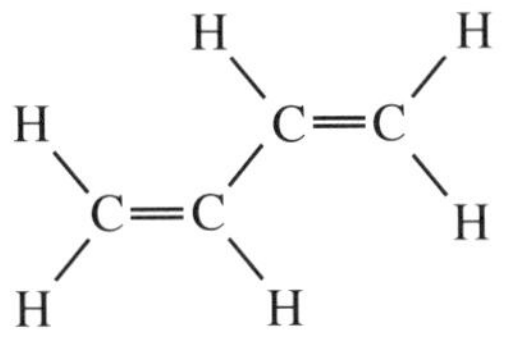

Transoide: 214 nm
Observado: 217 nm

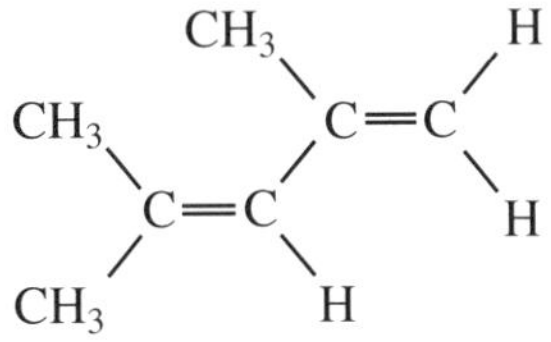

Transoide:              214 nm
Grupos alquila: 3×5 =    15
                        229 nm

Observado:              228 nm

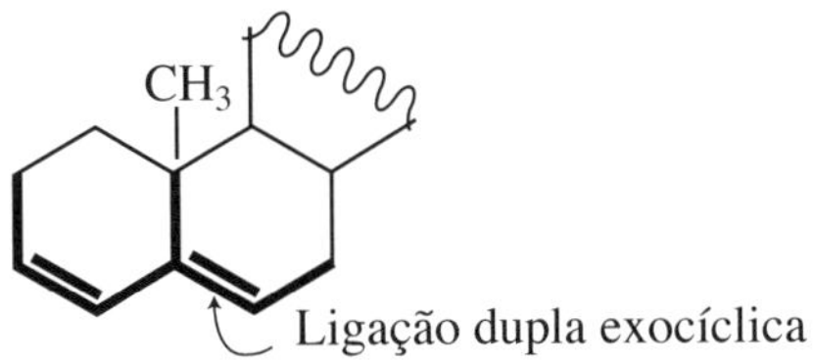

Ligação dupla exocíclica

Transoide:              214 nm
Resíduos do anel: 3 × 5 =  15
Ligação dupla exocíclica:   5
                        234 nm

Observado:              235 nm

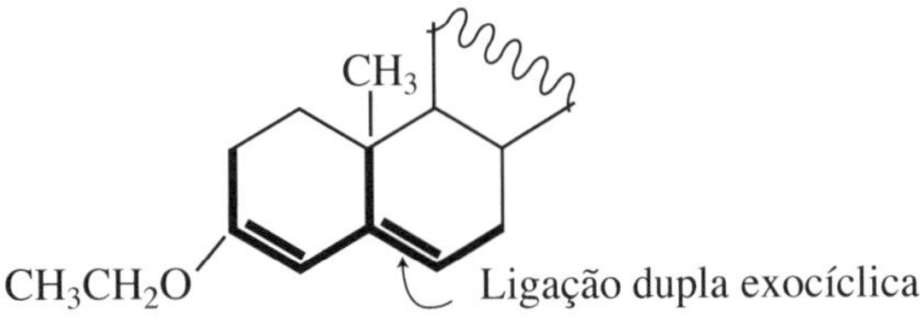

Ligação dupla exocíclica

Transoide:              214 nm
Resíduos do anel: 3 × 5 =  15
Ligação dupla exocíclica:   5
—OU:                      6
                        240 nm

Observado:              241 nm

| Tabela 10.5 Regras empíricas para dienos | Homoanular (cisoide) | Heteroanular (transoide) |
|---|---|---|
| Original | λ = 253 nm | λ = 214 nm |
| Incrementos para: | | |
|   Conjugação extensora de ligações duplas | 30 | 30 |
|   Substituinte alquila ou resíduo de anel | 5 | 5 |
|   Ligação dupla exocíclica | 5 | 5 |
|   Agrupamentos polares | | |
|     —OCOCH$_3$ | 0 | 0 |
|     —OR | 6 | 6 |
|     —Cl, —Br | 5 | 5 |
|     —NR$_2$ | 60 | 60 |

Nesse contexto, uma *ligação dupla exocíclica* é uma ligação dupla que fica fora de certo anel. Note que a ligação exocíclica pode ficar dentro de um anel mesmo que esteja fora de outro anel. Com frequência, uma ligação dupla exocíclica será encontrada nos pontos de junção de anéis. Eis um exemplo de um composto com as ligações duplas exocíclicas indicadas por asteriscos:

Três ligações duplas exocíclicas = 3 × 5 = 15 nm

Cisoide: 253 nm
Substituintes alquila: 5
Resíduos de anel: 3 × 5 = 15
Ligação dupla exocíclica: 5
                      278 nm

Observado: 275 nm

Cisoide: 253 nm
Resíduos de anel: 5 × 5 = 25
Conjugação extensora de ligação dupla: 2 × 30 = 60
Ligação dupla exocíclica: 3 × 5 = 15
CH$_3$COO—: 0
                      353 nm

Observado: 355 nm

## 10.11 COMPOSTOS CARBONÍLICOS; ENONAS

Como visto na Seção 10.7, compostos carbonílicos têm duas transições UV principais: a transição $\pi \rightarrow \pi^*$ permitida e a transição $n \rightarrow \pi^*$ proibida.

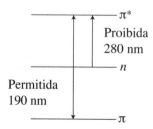

Dessas, apenas a transição $n \rightarrow \pi^*$, apesar de ser fraca (proibida), é comumente observada acima dos limites normais de solventes. Substituir um grupo carbonila por um auxocromo com um par isolado de elétrons, como —NR$_2$, —OH, —OR, —NH$_2$ ou —X, em amidas, ácidos, ésteres ou cloretos de ácidos gera um efeito hipsocrômico pronunciado na transição $n \rightarrow \pi^*$ e um efeito menor, batocrômico, na transição $\pi \rightarrow \pi^*$. Esses deslocamentos batocrômicos são causados por interação de ressonância semelhante à abordada na Seção 10.9. Raramente, porém, esses efeitos são grandes o suficiente para trazer a banda $\pi \rightarrow \pi^*$ para a região de uso dos solventes. A Tabela 10.6 lista os efeitos hipsocrômicos de um grupo acetila na transição $n \rightarrow \pi^*$.

O deslocamento hipsocrômico do $n \rightarrow \pi^*$ deve-se, principalmente, ao efeito indutivo do oxigênio, do nitrogênio e dos átomos de halogênios. Eles retiram elétrons do carbono carbonila, o que permite que o par isolado de elétrons no oxigênio seja mantido com mais firmeza do que seria na ausência de efeito indutivo.

Se o grupo carbonila for parte de um sistema conjugado de ligações duplas, tanto a banda $n \rightarrow \pi^*$ quanto a $\pi \rightarrow \pi^*$ são deslocadas para comprimentos de onda maiores. Contudo, a energia da transição $n \rightarrow \pi^*$ não diminui tão rapidamente quanto a da banda $\pi \rightarrow \pi^*$, que é mais intensa. Se a cadeia conjugada torna-se longa o suficiente, a banda $n \rightarrow \pi^*$ é "enterrada" sob a banda mais intensa, $\pi \rightarrow \pi^*$. A Figura 10.15 ilustra o efeito de uma série de aldeídos de polieno.

A Figura 10.16 mostra os orbitais moleculares de um sistema enona simples, com os da ligação dupla não interagente e o grupo carbonila.

**Tabela 10.6** Efeitos hipsocrômicos de auxocromos de par isolado na transição $n \rightarrow \pi^*$ de um grupo carbonila

| | $\lambda_{máx.}$ | $\varepsilon_{máx.}$ | Solvente |
|---|---|---|---|
| CH$_3$—CO—H | 293 nm | 12 | Hexano |
| CH$_3$—CO—CH$_3$ | 279 | 15 | Hexano |
| CH$_3$—CO—Cl | 235 | 53 | Hexano |
| CH$_3$—CO—NH$_2$ | 214 | — | Água |
| CH$_3$—CO—OCH$_2$CH$_3$ | 204 | 60 | Água |
| CH$_3$—CO—OH | 204 | 41 | Etanol |

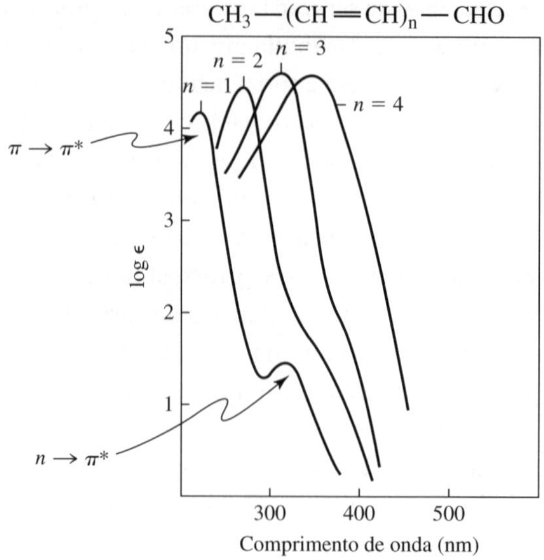

**FIGURA 10.15** O espectro de uma série de aldeídos de polieno. Fonte: Murrell, J. N., *The Theory of the Electronic Spectra of Organic Molecules*, Londres, Methuen and Co., Ltd., 1963. Reprodução autorizada.

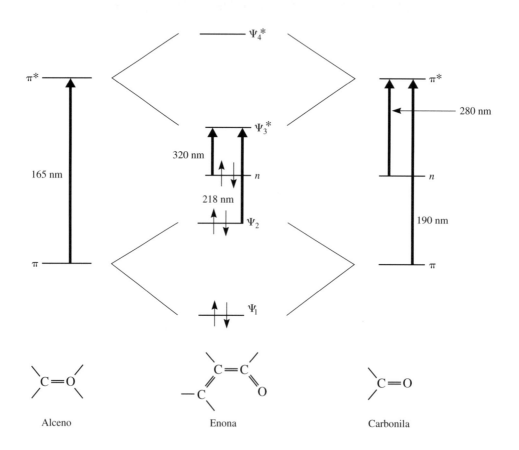

**FIGURA 10.16** Orbitais de um sistema enona comparados aos dos cromóforos não interagentes.

## 10.12 REGRAS DE WOODWARD PARA ENONAS

A conjugação de uma ligação dupla com um grupo carbonila leva a uma absorção intensa ($\varepsilon$ = 8000 a 20000) correspondente a uma transição $\pi \to \pi^*$ do grupo carbonila. A absorção é encontrada entre 220 e 250 nm em enonas simples. A transição $n \to \pi^*$ é muito menos intensa ($\varepsilon$ = 50 a 100) e aparece em 310 a 330 nm. Apesar de a transição $\pi \to \pi^*$ ser afetada de modo previsível por modificações estruturais do cromóforo, a transição $n \to \pi^*$ não exibe esse mesmo comportamento previsível.

Woodward examinou os espectros ultravioleta de vários enonas e desenvolveu uma série de regras empíricas que nos possibilitam prever o comprimento de onda em que ocorre a transição $\pi \to \pi^*$ em uma enona desconhecida. A Tabela 10.7 resume essas regras.

### Tabela 10.7 Regras empíricas para enonas

$$\overset{\beta}{\underset{\beta}{|}}C=\overset{\alpha}{\underset{|}{C}}-\overset{|}{\underset{|}{C}}=O \qquad \overset{\delta}{\underset{\delta}{|}}C=\overset{\gamma}{\underset{|}{C}}-\overset{\beta}{\underset{|}{C}}=\overset{\alpha}{\underset{|}{C}}-\overset{|}{\underset{|}{C}}=O$$

| Valores-base: | | |
|---|---|---|
| Anel de seis membros ou enona original acíclica | | = 215 nm |
| Anel original enona de cinco membros | | = 202 nm |
| Dienona acíclica | | = 245 nm |
| Incrementos para: | | |
| Conjugação extensora de ligação dupla | | 30 |
| Grupo alquila ou resíduo de anel | $\alpha$ | 10 |
| | $\beta$ | 12 |
| | $\gamma$ e maior | 18 |
| Agrupamentos polares: | | |
| —OH | $\alpha$ | 35 |
| | $\beta$ | 30 |
| | $\delta$ | 50 |
| —OCOCH$_3$ | $\alpha,\beta,\delta$ | 6 |
| —OCH$_3$ | $\alpha$ | 35 |
| | $\beta$ | 30 |
| | $\gamma$ | 17 |
| | $\delta$ | 31 |
| —Cl | $\alpha$ | 15 |
| | $\beta$ | 12 |
| —Br | $\alpha$ | 25 |
| | $\beta$ | 30 |
| —NR$_2$ | $\beta$ | 95 |
| Ligação dupla exocíclica | | 5 |
| Componente diena homocíclico | | 39 |
| Correção de solvente | | Variável |
| | $\lambda_{máx}^{EtOH}$ (calc) | = Total |

A seguir, mostramos algumas aplicações dessas regras. As partes pertinentes das estruturas estão apresentadas em negrito.

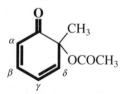

| | |
|---|---|
| Enona acíclica: | 215 nm |
| $\alpha$-CH$_3$: | 10 |
| $\beta$-CH$_3$: 2 × 12 = | 24 |
| | 249 nm |
| Observado: | 249 nm |

| | |
|---|---|
| Enona de seis membros: | 215 nm |
| Conjugação extensora de ligação dupla: | 30 |
| Dieno homocíclico: | 39 |
| $\delta$-Resíduo de anel: | 18 |
| | 302 nm |
| Observado: | 300 nm |

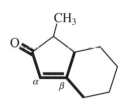

| | |
|---|---|
| Enona de cinco membros: | 202 nm |
| $\beta$-Resíduo de anel: 2 × 12 = | 24 |
| Ligação dupla exocíclica: | 5 |
| | 231 nm |
| Observado: | 226 nm |

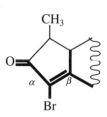

| | |
|---|---|
| Enona de cinco membros: | 202 nm |
| $\alpha$-Br: | 25 |
| $\beta$-Resíduo de anel: 2 × 12 = | 24 |
| Ligação dupla exocíclica: | 5 |
| | 256 nm |
| Observado: | 251 nm |

| | |
|---|---|
| Enona de seis membros: | 215 nm |
| Conjugação extensora de ligação dupla: | 30 |
| $\beta$-Resíduo de anel: | 12 |
| $\delta$-Resíduo de anel: | 18 |
| Ligação dupla exocíclica: | 5 |
| | 280 nm |
| Observado: | 280 nm |

## 10.13 ALDEÍDOS, ÁCIDOS E ÉSTERES α,β-INSATURADOS

Em geral, aldeídos α,β-insaturados seguem as mesmas regras das enonas (ver a seção anterior), com a diferença de que suas absorções são deslocadas por volta de 5 a 8 nm na direção do comprimento de onda menor em comparação às cetonas correspondentes. A Tabela 10.8 lista as regras empíricas para aldeídos insaturados.

Nielsen desenvolveu uma série de regras para ácidos e ésteres α,β-insaturados, semelhantes àquelas para enonas (Tabela 10.9).

Considere os ácidos 2-cicloexenoico e 2-cicloeptenoico como exemplos:

| | | |
|---|---|---|
| (ciclohexeno-COOH) | α,β-dialquila | 217 nm calc. |
| | Ligação dupla em um anel de seis membros, nenhuma adição | 217 nm obs. |
| (cicloepteno-COOH) | α,β-dialquila | 217 nm |
| | Ligação dupla em um anel de sete membros | + 5 |
| | | 222 nm calc. |
| | | 222 nm obs. |

**Tabela 10.8 Regras empíricas para aldeídos insaturados**

$$\begin{array}{c}\beta\\ \phantom{|}\\ \beta'\end{array}\!\!\!C\!\!=\!\!\overset{\alpha}{C}\!-\!C\!\!\begin{array}{c}H\\ \phantom{|}\\ O\end{array}$$

| | |
|---|---|
| Original | 208 nm |
| Com grupos alquila α ou β | 220 |
| Com grupos alquila α,β ou β,β | 230 |
| Com grupos alquila α,β,β | 242 |

## 10.14 COMPOSTOS AROMÁTICOS

As absorções que resultam de transições dentro do cromóforo do benzeno podem ser bem complexas. O espectro ultravioleta contém três bandas de absorção que, às vezes, contêm uma boa quantidade de estrutura fina. As transições eletrônicas são basicamente do tipo π → π*, mas seus detalhes não são tão simples como nos casos de classes de cromóforos descritos nas seções anteriores deste capítulo.

A Figura 10.17a mostra os orbitais moleculares do benzeno. Para obter uma explicação simples sobre as transições eletrônicas no benzeno, é fundamental saber que há quatro transições possíveis, todas com a mesma energia. O espectro ultravioleta do benzeno é composto de um pico de absorção. Contudo, por causa de repulsões elétron-elétron e considerações de simetria, os estados de energia reais a partir de onde ocorrem transições eletrônicas são de alguma forma modificados. A Figura 10.17b mostra os níveis de energia do benzeno. Três transições eletrônicas ocorrem para esses estados excitados. Essas transições, indicadas na Figura 10.17b, são as chamadas **bandas primárias** em 184 e 202 nm e a **banda secundária** (com estrutura fina) em 255 nm. A Figura 10.18 é o espectro do benzeno. Das bandas primárias, a banda em 184 nm (a **segunda banda primária**) tem uma absortividade molar de 47000. É uma transição permitida. Apesar disso, essa transição não é observada em condições experimentais normais, porque absorções nesse comprimento de onda estão na região do ultravioleta de vácuo do espectro, além do alcance da maioria dos instrumentos comerciais. Em compostos aromáticos policíclicos, a segunda banda primária é com frequência deslocada para comprimentos de onda maiores, caso em que pode ser observada em condições normais. A banda em 202 nm é muito menos intensa ($\varepsilon$ = 7400), correspondendo a uma transição proibida. A banda secundária é a menos intensa das bandas do benzeno ($\varepsilon$ = 230) e também corresponde a uma transição eletrônica proibida por simetria. A banda secundária, causada por interação dos níveis de energia eletrônicos com modos vibracionais, aparece com uma boa quantidade de estrutura fina. Essa estrutura fina será perdida se o espectro do benzeno for determinado em um solvente polar ou se um único grupo funcional for ligado ao anel benzênico. Nesses casos, a banda secundária aparece como um pico largo, sem detalhes interessantes.

A substituição no anel benzênico pode causar deslocamentos batocrômicos e hipercrômicos. Infelizmente, é difícil prever esses deslocamentos. Consequentemente, é impossível formular regras empíricas para prever os espectros de substâncias aromáticas, como foi feito com dienos, enonas e outras classes de compostos abordados anteriormente neste capítulo. Classificar os substituintes em grupos pode ajudar na compreensão qualitativa dos efeitos da substituição.

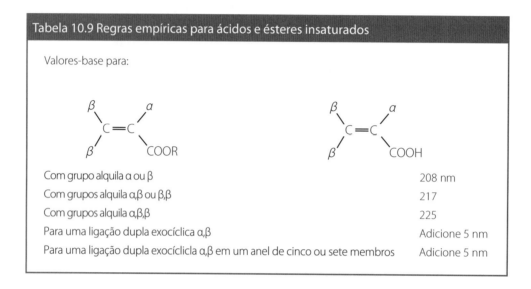

Tabela 10.9 Regras empíricas para ácidos e ésteres insaturados

Valores-base para:

| | |
|---|---|
| Com grupo alquila α ou β | 208 nm |
| Com grupos alquila α,β ou β,β | 217 |
| Com grupos alquila α,β,β | 225 |
| Para uma ligação dupla exocíclica α,β | Adicione 5 nm |
| Para uma ligação dupla exocíclicla α,β em um anel de cinco ou sete membros | Adicione 5 nm |

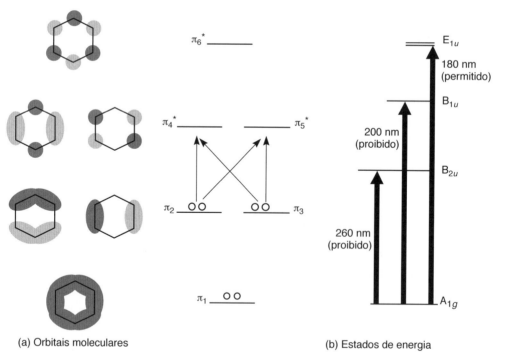

(a) Orbitais moleculares   (b) Estados de energia

**FIGURA 10.17** Orbitais moleculares e estados de energia do benzeno.

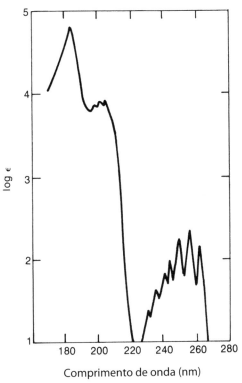

**FIGURA 10.18** Espectro ultravioleta do benzeno. Fonte: Petruska, J. *Journal of Chemical Physics*, 34, p. 1121, 1961. Reprodução autorizada.

## A. Substituintes com elétrons não ligantes

Substituintes com elétrons não ligantes (elétrons *n*) podem causar deslocamentos nas bandas de absorção primária e secundária. Por meio de ressonância, esses elétrons podem aumentar o comprimento do sistema π.

Quanto mais disponíveis esses elétrons *n* estiverem para interação com o sistema π do anel aromático, maiores serão os deslocamentos. Alguns exemplos de grupos com elétrons *n* são os grupos amina, hidroxila e metoxi, assim como os halogênios.

Em geral, interações desse tipo entre elétrons *n* e π causam deslocamentos nas bandas de absorção primária e secundária do benzeno para comprimentos de onda maiores (conjugação estendida). Além disso, a presença de elétrons *n* nesses compostos possibilita transições $n \rightarrow \pi^*$. Se um elétron *n* for excitado para dentro do cromóforo estendido π*, o átomo do qual foi removido torna-se deficiente de elétrons, enquanto o sistema π do anel aromático (que também inclui um átomo Y) adquire um elétron extra. Isso causa uma separação de carga na molécula e é, normalmente, representado como uma ressonância normal, como demonstrado anteriormente. Contudo, o elétron extra no anel é, na verdade, um orbital π* e seria mais bem representado por estruturas do seguinte tipo, com o asterisco representando o elétron excitado:

Esse estado excitado é comumente chamado de estado excitado de **transferência de carga** ou de **transferência de elétrons**.

Em compostos que são ácidos ou bases, mudanças de pH podem ter efeitos muito significativos nas posições das bandas primárias e secundárias. A Tabela 10.10 ilustra os efeitos da mudança de pH da solução nas bandas de absorção de vários benzenos substituídos. Ao passar de benzeno para fenol, note o deslocamento de 203,5 para 210,5 nm – um deslocamento de 7 nm – na banda primária. A banda secundária desloca-se de 254 para 270 nm – 16 nm. No entanto, em íons fenóxidos, a base conjugada do fenol, a banda primária desloca-se de 203,5 para 235 nm (um deslocamento de 31,5 nm), e a banda secundária, de 254 para 287 nm (33 nm). A intensidade da banda primária também aumenta. Em íons fenóxidos, há mais elétrons $n$, e eles estão mais disponíveis para interação com o sistema $\pi$ aromático do que em fenol.

### Tabela 10.10 Efeitos de pH em bandas de absorção

| Substituinte | Primário λ (nm) | ε | Secundário λ (nm) | ε |
|---|---|---|---|---|
| —H | 203,5 | 7400 | 254 | 204 |
| —OH | 210,5 | 6200 | 270 | 1450 |
| —O$^-$ | 235 | 9400 | 287 | 2600 |
| —NH$_2$ | 230 | 8600 | 280 | 1430 |
| —NH$_3^+$ | 203 | 7500 | 254 | 169 |
| —COOH | 230 | 11600 | 273 | 970 |
| —COO$^-$ | 224 | 8700 | 268 | 560 |

A comparação entre anilina e íon anilínio ilustra um caso inverso. A anilina exibe deslocamentos semelhantes aos do fenol. De benzeno para anilina, a banda primária desloca-se de 203,5 para 230 nm (um deslocamento de 26,5 nm), e a banda secundária desloca-se de 254 para 280 nm (26 nm). Contudo, esses grandes deslocamentos não são observados no caso do íon anilínio, o ácido conjugado da anilina. No íon anilínio, as bandas primárias e secundárias não se deslocam. O nitrogênio quaternário do íon anilínio não tem pares isolados de elétrons para interagir com o sistema $\pi$ do benzeno. Consequentemente, o espectro do íon anilínio é quase idêntico ao do benzeno.

### B. Substituintes capazes de conjugação $\pi$

Substituintes que são, eles mesmos, os cromóforos, contêm, em geral, elétrons $\pi$. Assim como no caso de elétrons $n$, uma interação de elétrons do anel benzênico com elétrons $\pi$ do substituinte pode produzir uma nova banda de transferência de elétrons. Às vezes, essa nova banda pode ser tão intensa que encobre a banda secundária do sistema aromático. Note que essa interação induz a polaridade inversa, e o anel torna-se deficiente de elétrons.

A Tabela 10.10 demonstra o efeito da acidez ou basicidade da solução nesse tipo de grupo substituinte cromofórico. No caso do ácido benzoico, as bandas primária e secundária são deslocadas substancialmente em comparação às do benzeno. Contudo, as magnitudes dos deslocamentos são, de alguma forma, menores no caso do íon benzoato, a base conjugada do ácido benzoico. As intensidades dos picos também são menores do que as do ácido benzoico. É esperado que a transferência de elétrons seja menos provável quando o grupo funcional já tem uma carga negativa.

## C. Efeitos de doação de elétrons e de retirada de elétrons

Substituintes podem ter diferentes efeitos nas posições de absorção máxima, dependendo do fato de doarem elétrons ou retirarem elétrons. Qualquer substituinte, não importando sua influência na distribuição de elétrons em outras partes da molécula aromática, desloca a banda de absorção primária para um comprimento de onda maior. Grupos que retiram elétrons não causam, essencialmente, nenhum efeito na posição da banda de absorção secundária, a não ser, é lógico, que o grupo que retira elétrons seja também capaz de agir como um cromóforo. Entretanto, grupos que doam elétrons aumentam tanto o comprimento de onda quanto a intensidade da banda de absorção secundária. A Tabela 10.11 resume esses efeitos, agrupando grupos de substituintes que doam elétrons e outros que os retiram.

## D. Derivados de benzeno dissubstituído

Com derivados de benzeno dissubstituído, é necessário considerar o efeito de cada um dos dois substituintes. Para benzenos *para*-dissubstituídos, há duas possibilidades. Se ambos os grupos liberam ou retiram elétrons, eles exercem efeitos semelhantes aos observados nos benzenos monossubstituídos. O grupo com efeito mais forte determina a extensão do deslocamento da banda de absorção primária. Se um dos grupos libera elétrons, e o outro os retira, a magnitude do deslocamento da banda primária é maior do que a soma dos deslocamentos devidos a grupos individuais. O deslocamento intensificado deve-se a interações de ressonância do seguinte tipo:

Se os dois grupos de um derivado do benzeno dissubstituído são *orto* ou *meta* um para o outro, a magnitude do deslocamento observado é aproximadamente igual à soma dos deslocamentos causados por grupos individuais. Com substituição desse tipo, não ocorre o tipo de interação de ressonância direta entre grupos substituintes que se observa com substituintes *para*. No caso de substituintes *orto*, a impossibilidade estérica de ambos os grupos atingirem coplanaridade inibe ressonâncias.

Para o caso especial de derivados benzoílas substituídos, foi desenvolvida uma correlação empírica de estrutura com a posição observada da banda de absorção primária (Tabela 10.12). Ela oferece um meio de estimar a posição da banda primária para derivados benzoíla com precisão de aproximadamente 5 nm.

### Tabela 10.11 Valores de máximos no UV para vários compostos aromáticos

|  | Substituinte | Primário λ (nm) | Primário ε | Secundário λ (nm) | Secundário ε |
|---|---|---|---|---|---|
|  | —H | 203,5 | 7400 | 254 | 204 |
| Substituintes que liberam elétrons | —CH₃ | 206,5 | 7000 | 261 | 225 |
|  | —Cl | 209,5 | 7400 | 263,5 | 190 |
|  | —Br | 210 | 7900 | 261 | 192 |
|  | —OH | 210,5 | 6200 | 270 | 1450 |
|  | —OCH₃ | 217 | 6400 | 269 | 1480 |
|  | —NH₂ | 230 | 8600 | 280 | 1430 |
| Substituintes que retiram elétrons | —CN | 224 | 13000 | 271 | 1000 |
|  | —COOH | 230 | 11600 | 273 | 970 |
|  | —COCH₃ | 245,5 | 9800 |  |  |
|  | —CHO | 249,5 | 11400 |  |  |
|  | —NO₂ | 268,5 | 7800 |  |  |

### Tabela 10.12 Regras empíricas para derivados de benzoíla

Cromóforo original:

| | | |
|---|---|---|
| R = alquila ou resíduo de anel | | 246 |
| R = H | | 250 |
| R = OH ou Oalquila | | 230 |

Incremento para cada substituinte:

| | | |
|---|---|---|
| —alquila ou resíduo de anel | o, m | 3 |
| | p | 10 |
| —OH, —OCH₃, ou —O alquila | o, m | 7 |
| | p | 25 |
| —O⁻ | o | 11 |
| | m | 20 |
| | p | 78 |
| —Cl | o, m | 0 |
| | p | 10 |
| —Br | o, m | 2 |
| | p | 15 |
| —NH₂ | o, m | 13 |
| | p | 58 |
| —NHCOCH₃ | o, m | 20 |
| | p | 45 |
| —NHCH₃ | p | 73 |
| —N(CH₃)₂ | o, m | 20 |
| | p | 85 |

A seguir, apresentamos dois exemplos de aplicação dessas regras:

|  |  |  |  |
|---|---|---|---|
| Cromóforo original: | 246 nm | Cromóforo original: | 230 nm |
| *o*-resíduo de anel: | 3 | *m*-OH: 2 × 7 = | 14 |
| *m*-Br: | 2 | *p*-OH: | 25 |
|  | 251 nm |  | 269 nm |
| Observado: | 253 nm | Observado: | 270 nm |

## E. Hidrocarbonetos aromáticos polinucleares e compostos heterocíclicos

Pesquisadores notaram que as bandas primárias e secundárias nos espectros de hidrocarbonetos aromáticos polinucleares deslocam-se para comprimentos de onda maiores. Na verdade, mesmo a segunda banda primária, que aparece em 184 nm no benzeno, é deslocada para um comprimento de onda dentro do alcance da maioria dos espectrofotômetros UV. Essa banda fica em 220 nm no espectro do naftaleno. Conforme aumenta a extensão da conjugação, a magnitude do deslocamento batocrômico também aumenta.

A Figura 10.19 mostra o espectro ultravioleta do naftaleno e do antraceno. Observe a forma característica e estrutura fina de cada espectro, assim como o efeito do aumento da conjugação sobre as posições dos máximos de absorção.

Os espectros de ultravioleta de hidrocarbonetos aromáticos polinucleares possuem formas características e estrutura fina. Quando se estudam espectros de derivados aromáticos polinucleares substituídos, é normal compará-los com o espectro do hidrocarboneto não substituído. A natureza do cromóforo pode ser identificada com base na semelhança das formas dos picos e da estrutura fina. Essa técnica envolve o uso de compostos-modelo. A Seção 10.15 abordará esse assunto um pouco mais.

Moléculas heterocíclicas têm transições eletrônicas que incluem combinações de transições $\pi \to \pi^*$ e $n \to \pi^*$. Os espectros podem ser um tanto complexos, e a análise das transições envolvidas será deixada para abordagens mais avançadas. O método comum de estudar derivados de moléculas heterocíclicas é compará-los aos espectros dos sistemas heterocíclicos de partida. A Seção 10.15 descreverá melhor o uso de compostos-modelo desse tipo.

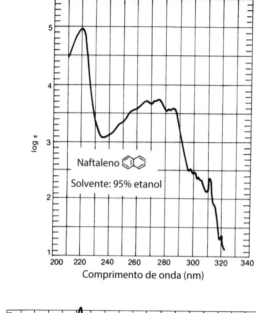

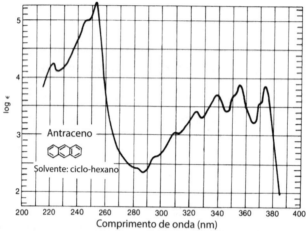

**FIGURA 10.19** Espectros ultravioleta do naftaleno e antraceno. Fonte: Friedel e Orchin (1951). Reprodução autorizada.

A Figura 10.20 inclui os espectros de ultravioleta de piridina, quinolina e isoquinolina. Você pode desejar comparar o espectro de piridina com o do benzeno (Figura 10.18) e os espectros de quinolina e isoquinolina com o espectro do naftaleno (Figura 10.19).

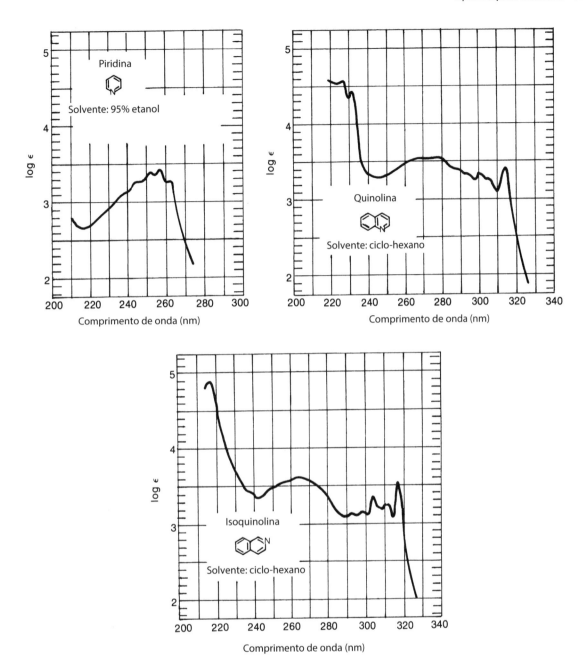

**FIGURA 10.20** Espectros ultravioleta de piridina, quinolina e isoquinolina. Fonte: Friedel e Orchin (1951). Reprodução autorizada.

## 10.15 ESTUDOS DE COMPOSTOS-MODELO

Muito frequentemente, os espectros no ultravioleta de vários membros de certa classe de compostos são bastante semelhantes. A não ser que se esteja bem familiarizado com as propriedades espectroscópicas de cada membro da classe de compostos, é muito difícil distinguir os padrões de substituição de cada molécula por seus espectros no ultravioleta. Pode-se, porém, por esse método, determinar a natureza bruta do cromóforo de uma substância desconhecida. Então, com base no conhecimento do cromóforo, é possível aplicar as outras técnicas espectroscópicas descritas neste livro para elucidar a estrutura precisa e os substituintes da molécula.

Utilizar compostos-modelo é uma das formas mais eficazes de fazer a técnica da espectroscopia no ultravioleta funcionar. Quando se compara o espectro UV de uma substância desconhecida com o de um composto semelhante, mas menos complexo, é possível determinar se eles contêm ou não o mesmo cromóforo. Muitos livros indicados nas referências no fim deste capítulo contêm grandes coleções de espectros de compostos-modelo adequados, e, com base nisso, pode-se estabelecer a estrutura geral da parte da molécula que contém os elétrons π. É possível, então, utilizar espectroscopia no infravermelho ou de RMN para determinar a estrutura detalhada.

Como exemplo, considere uma substância desconhecida que tem a fórmula molecular $C_{15}H_{12}$. Uma comparação de seu espectro (Figura 10.21) com o do antraceno (Figura 10.19) mostra que os dois espectros são praticamente idênticos. Ignorando-se pequenos deslocamentos batocrômicos, as mesmas formas do pico e da estrutura fina aparecem nos espectros da substância desconhecida e do antraceno, o composto-modelo. Conclui-se, então, que a substância desconhecida é um derivado substituído do antraceno. Uma determinação mais detalhada da estrutura revela que a substância desconhecida é 9-metilantraceno. Os espectros dos compostos-modelo podem ser obtidos em catálogos publicados de espectros ultravioleta. Em casos em que não estiver disponível um composto-modelo adequado, pode-se sintetizar um composto-modelo e determinar seu espectro.

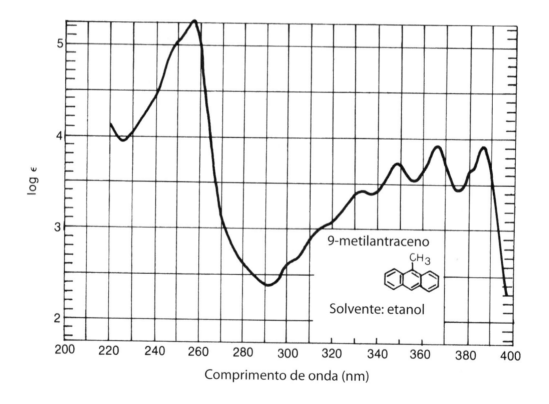

**FIGURA 10.21** Espectro ultravioleta do 9-metilantraceno. Fonte: Friedel e Orchin (1951). Reprodução autorizada.

## 10.16 ESPECTROS VISÍVEIS: CORES EM COMPOSTOS

A parte do espectro eletromagnético que fica entre mais ou menos 400 e 750 nm é a região *visível*. Ondas de luz com comprimentos de onda entre esses limites parecem coloridas para o olho humano. Como alguém que viu luz refratada por um prisma ou o efeito de difração de um arco-íris sabe, uma ponta do espectro visível é violeta, e a outra é vermelha. Luz com comprimentos de onda próximos de 400 nm é violeta, enquanto a com comprimentos de onda perto de 750 nm é vermelha.

O fenômeno da cor em compostos, no entanto, não é tão claro quanto a discussão anterior poderia sugerir. Se uma substância absorve luz visível, ela parece ter uma cor; se não, parece branca. Entretanto, compostos que absorvem luz na região visível do espectro não possuem a cor correspondente ao comprimento de onda da luz absorvida. Pelo contrário, há uma relação inversa entre a cor observada e a absorvida.

Quando observamos luz **emitida** de uma fonte, como uma lâmpada ou um espectro de emissão, observamos a cor correspondente ao comprimento de onda da luz sendo emitida. Uma fonte de luz que emite luz violeta emite luz na ponta de alta energia do espectro, e uma fonte que emite luz vermelha emite no extremo de baixa energia.

Contudo, quando observamos a cor de um objeto ou de uma substância, não observamos o objeto ou a substância emitindo luz (certamente, a substância não brilha no escuro). Em vez disso, observamos a luz que está sendo **refletida**. A cor que nosso olho percebe não é a cor correspondente ao comprimento de onda da luz absorvida, mas seu **complemento**. Quando cai luz branca sobre um objeto, é absorvida a luz de certo comprimento de onda. O restante da luz é refletido. O olho e o cérebro registram toda a luz refletida como complementos da cor que foi absorvida.

No caso de objetos ou soluções transparentes, o olho recebe a luz que é **transmitida**. Mais uma vez, é absorvida a luz de certo comprimento de onda, e o restante da luz chega ao olho. Como antes, o olho registra essa luz transmitida como a cor complementar à cor que foi absorvida. A Tabela 10.13 ilustra a relação entre o comprimento de onda da luz absorvida por uma substância e a cor percebida por um observador.

Alguns compostos conhecidos podem servir para confirmar essas relações entre espectro de absorção e cor observada. São mostradas as fórmulas estruturais desses exemplos. Note que cada uma dessas substâncias tem um sistema conjugado de elétrons altamente estendido. Essa conjugação extensa desloca seus espectros eletrônicos para comprimentos de onda tão longos que acabam absorvendo luz visível e parecem coloridos.

Tabela 10.13 Relação entre a cor de luz absorvida por um composto e a cor observada do composto

| Cor da luz absorvida | Comprimento de onda da luz absorvida (nm) | Cor observada |
|---|---|---|
| Violeta | 400 | Amarelo |
| Azul | 450 | Laranja |
| Verde-azulado | 500 | Vermelho |
| Verde-amarelado | 530 | Violeta-avermelhado |
| Amarelo | 550 | Violeta |
| Vermelho-alaranjado | 600 | Verde-azulado |
| Vermelho | 700 | Verde |

β-caroteno (pigmento das cenouras): $\lambda_{máx.}$ = 452 nm, **laranja**
Cloreto de cianidina (pigmento azul da centáurea): $\lambda_{máx.}$ = 545 nm, **azul**
Verde-malaquita (corante de trifenilmetano): $\lambda_{máx.}$ = 617 nm, **verde**

β-caroteno (um carotenoide, que é uma classe de pigmentos vegetal)
$\lambda_{máx.}$ = 452 nm

Cloreto de cianidina (uma antocianina, outra classe de pigmento vegetal)
$\lambda_{máx.}$ = 545 nm

Verde-malaquita (um corante de trifenilmetano)
$\lambda_{máx.}$ = 617 nm

## 10.17 O QUE SE DEVE PROCURAR EM UM ESPECTRO ULTRAVIOLETA: UM GUIA PRÁTICO

Por vezes, é difícil extrair muitas informações apenas de um espectro UV. Já deve estar claro que um espectro UV é mais útil quando já se tem, pelo menos, uma ideia geral da estrutura; dessa forma, podem-se aplicar as várias regras empíricas. Todavia, várias generalizações podem servir para guiar nosso uso de dados UV. Essas generalizações são muito mais relevantes quando combinadas com dados de infravermelho e de RMN – que podem, por exemplo, identificar com certeza grupos carbonila, ligações duplas, sistemas aromáticos, grupos nitro, nitrila, enona e outros importantes cromóforos. Na ausência de dados de infravermelho ou de RMN, as observações a seguir devem ser encaradas apenas como dicas:

1. *Uma única banda de intensidade baixa para média (ε = 100 a 10000) em comprimentos de onda menores que 220 nm indica, em geral, uma transição n → σ\**. Aminas, alcoóis, éteres e tióis são possibilidades, desde que elétrons não ligados não estejam participando de um sistema conjugado. Uma exceção a essa generalização é a transição n → π* de grupos ciano (—C≡N : ) que aparece nessa região. Contudo, é uma transição fraca (ε < 100), e o grupo ciano é facilmente identificado no infravermelho. Não se esqueça de olhar as bandas N—H, O—H, C—O e S—H no espectro infravermelho.

2. *Uma única banda de intensidade baixa (ε = 10 a 100) na região entre 250 e 360 nm, sem nenhuma absorção forte em comprimentos de onda menores (de 200 a 250 nm) indica, em geral, uma transição n → π\**. Como a absorção não ocorre em comprimentos de onda longos, indica um cromóforo simples, não conjugado, normalmente um que contenha um átomo O, N ou S. Alguns exemplos disso são C=O, C=N, N=N, —NO$_2$, —COOR, —COOH ou —CONH$_2$. Mais uma vez, espectros no infravermelho e RMN são muito úteis nesse processo.

3. *Duas bandas de intensidade média (ε = 1000 a 10000), ambas com λ$_{máx.}$ acima de 200 nm*, indicam, em geral, a presença de um sistema aromático. Se estiver presente um sistema aromático, haverá uma boa quantidade de estrutura fina na banda de comprimento de onda maior (apenas em solventes não polares). A substituição nos anéis aromáticos aumenta a absortividade molar acima de 10000, principalmente se o substituinte aumenta o comprimento do sistema conjugado.

    Em substâncias aromáticas polinucleares, uma terceira banda aparece próximo de 200 nm, uma banda que em aromáticos mais simples ocorre abaixo de 200 nm, que não pode ser observada. A maioria dos aromáticos polinucleares (e compostos heterocíclicos) tem padrões de intensidades e formas de banda (estrutura fina) característicos e podem muitas vezes ser identificados por comparação com espectros disponíveis na literatura. Os livros didáticos de Jaffé e Orchin e de Scott, listados nas referências no final deste capítulo, são boas fontes de espectros.

4. *Bandas de intensidade alta (ε = 10000 a 20000) que aparecem acima de 210 nm* representam, em geral, uma cetona α,β-insaturada (ver o espectro de infravermelho), um dieno ou um polieno. Quanto maior o comprimento do sistema conjugado, maior o comprimento de onda observado. Em dienos, o λ$_{máx.}$ pode ser calculado com as Regras de Woodward-Fieser (Seção 10.10).

5. *Cetonas, ácidos, ésteres, amidas e outros compostos simples que contenham tanto sistemas π quanto pares de elétrons isolados apresentam duas absorções*: uma transição n → π* em comprimentos de onda maiores (>300 nm, baixa intensidade) e uma transição π → π* em comprimentos de onda menores (<250 nm, alta intensidade). Com conjugação (enonas), o λ$_{máx.}$ da banda π → π* move-se para comprimentos de onda maiores e pode ser previsto pelas Regras de Woodward (Seção 10.12). O valor de ε em geral fica acima de 10000 com conjugação e, como é muito intensa, pode sobrepor ou enterrar a transição n → π*, mais fraca.

    Em ésteres e ácidos α,β-insaturados, as Regras de Nielsen (Seção 10.13) podem ser utilizadas para prever a posição de λ$_{máx.}$ com conjugação e substituição crescentes.

6. *Compostos altamente coloridos* (têm absorção na região visível) devem conter um sistema conjugado de cadeia longa ou um cromóforo aromático policíclico. Compostos benzenoides podem ser coloridos se tiverem substituintes com conjugação em número suficiente. Em sistemas não aromáticos, normalmente é necessário um mínimo de quatro ou cinco cromóforos conjugados para produzir absorção na região visível. Contudo, alguns compostos simples, com grupos nitro, azo, nitroso, α-diceto, polibromos e poliodos, também podem exibir cores, assim como muitos compostos com estruturas quinoides.

## PROBLEMAS

*1. O espectro ultravioleta da benzonitrila apresenta uma banda de absorção primária em 224 nm e uma banda secundária em 271 nm.
   (a) Se uma solução de benzonitrila em água, com uma concentração de $1 \times 10^{-4}$ molar, é examinada em um comprimento de onda de 224 nm, a absorbância é de 1,30. O comprimento da célula é de 1 cm. Qual é a absortividade molar dessa banda de absorção?
   (b) Se a mesma solução for examinada em 271 nm, qual será a leitura de absorbância ($\varepsilon = 1000$)? Qual será a razão de intensidades, $I_0/I$?

*2. Desenhe fórmulas estruturais consistentes com as observações a seguir:
   (a) Um ácido $C_7H_4O_2Cl_2$ mostra um máximo no UV em 242 nm.
   (b) Uma cetona $C_8H_{14}O$ mostra um máximo no UV em 248 nm.
   (c) Um aldeído $C_8H_{12}O$ absorve no UV com $\lambda_{máx.} = 244$ nm.

*3. Preveja o máximo no UV de cada uma das substâncias a seguir:

(a) $CH_2=CH-\overset{O}{\underset{\|}{C}}-CH_3$

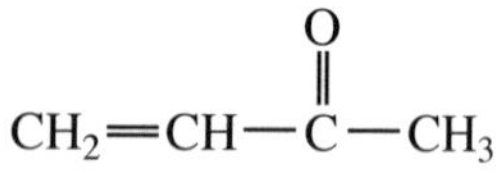

(b) 

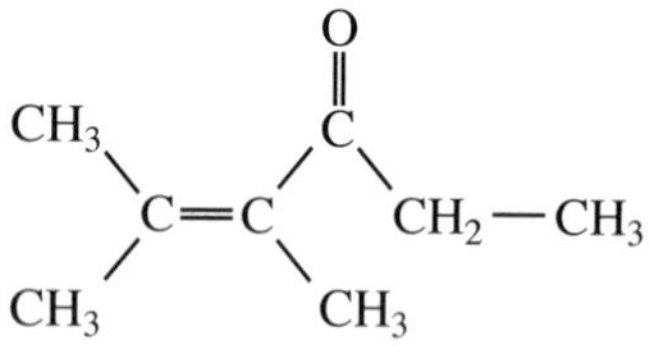

(c) 

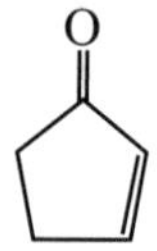

(d) 

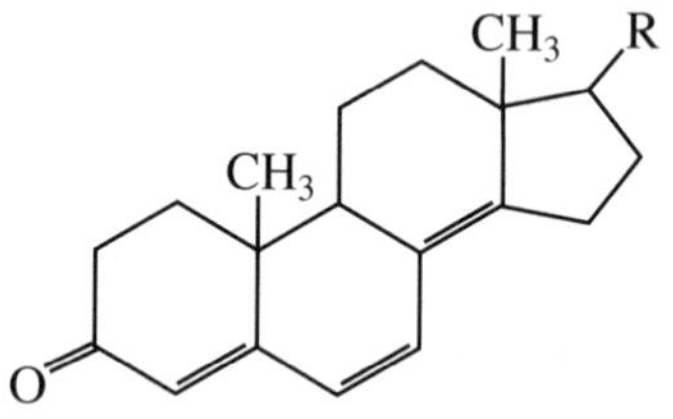

(e) 

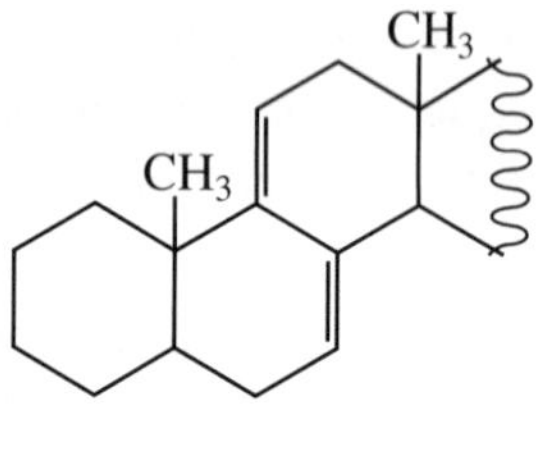

(f) 

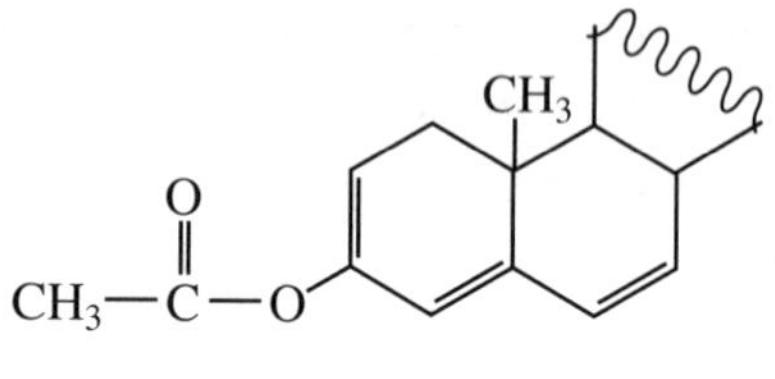

(g) 

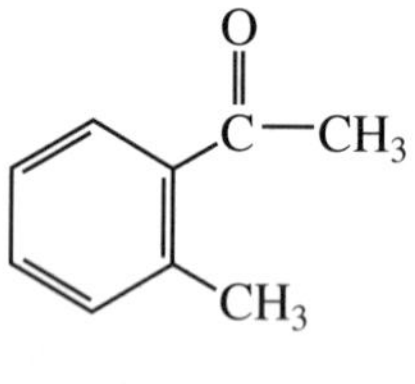

(h) 

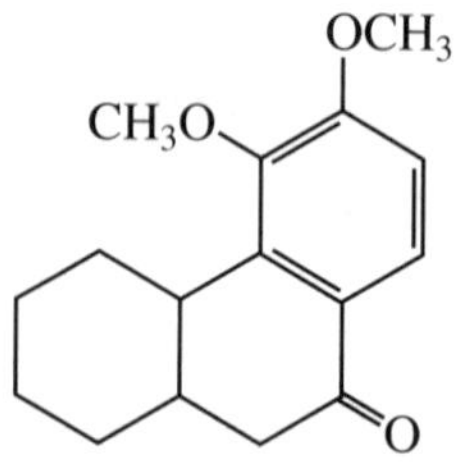

(i) 

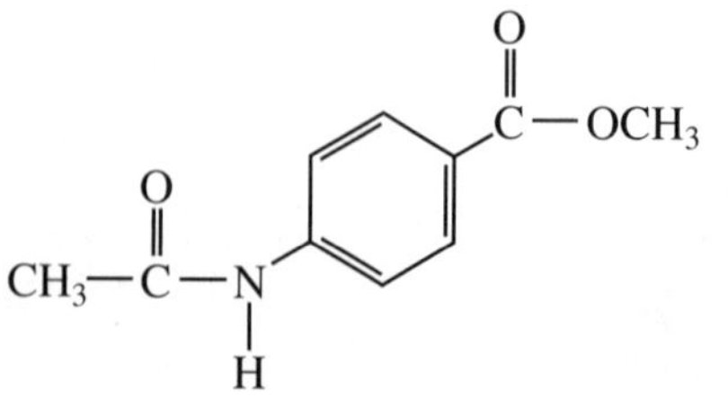

(j)

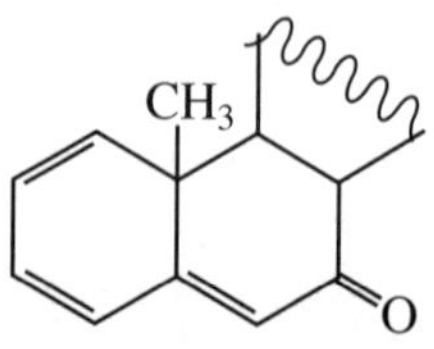

*4. O espectro UV da acetona apresenta absorção máxima em 166, 189 e 279 nm. Que tipo de transição é responsável por cada uma dessas bandas?

*5. O clorometano tem uma absorção máxima em 172 nm, o bromometano mostra uma absorção em 204 nm, e o iodometano, uma banda em 258 nm. Que tipo de transição é responsável por cada banda? Como se pode explicar a tendência das absorções?

*6. Que tipos de transição eletrônica são possíveis para cada um dos compostos a seguir?
    (a) Ciclopenteno
    (b) Acetaldeído
    (c) Dimetil éter
    (d) Vinil-metil éter
    (e) Trietilamina
    (f) Cicloexano

7. Preveja e explique se a espectroscopia visível/UV pode ser utilizada para distinguir os seguintes pares de compostos. Se possível, reforce suas respostas com cálculos.

8. (a) Preveja o máximo no UV do reagente e produto da reação fotoquímica a seguir:

(b) A espectroscopia no UV é uma boa maneira de distinguir reagentes de produtos?
(c) Como você usaria a espectroscopia no infravermelho para distinguir reagentes de produtos?
(d) Como você usaria a RMN de prótons para distinguir reagentes de produtos (duas formas)?
(e) Como você distinguiria reagente de produtos usando RMN DEPT (ver Capítulo 9)?

## REFERÊNCIAS

AMERICAN PETROLEUM INSTITUTE RESEARCH PROJECT 44. *Selected ultraviolet spectral data*. Texas: Texas A&M University, College Station, v. I-IV, 1945-1977.

FRIEDEL, R. A.; ORCHIN, M. *Ultraviolet spectra of aromatic compounds*. Nova York: John Wiley and Sons, 1951.

GRASELLI, J. G.; RITCHEY, W. M. (orgs.) *Atlas of spectral data and physical constants*. Cleveland: CRC Press, 1975.

GRINTER, H. C.; THREFALL (trads.) UV-VIS spectroscopy and its applications. Heidelberg: Springer-Verlag, 1992.

HERSHENSON, H. M. *Ultraviolet absorption spectra: index for 1954-1957*. Nova York: Academic Press, 1959.

JAFFÉ, H. H.; ORCHIN, M. *Theory and applications of ultraviolet spectroscopy*. Nova York: John Wiley and Sons, 1964.

PARIKH, V. M. *Absorption spectroscopy of organic molecules*. Reading: Addison-Wesley Publishing Co., 1974. cap. 2.

SCOTT, A. I. *Interpretation of the ultraviolet spectra of natural products*. Nova York: Pergamon Press, 1964.

SILVERSTEIN, R. M. et al. *Spectrometric identification of organic compounds*. 7. ed. Nova York: John Wiley and Sons, 2005.

STERN, E. S.; TIMMONS, T. C. J. *Electronic absorption spectroscopy in organic chemistry*. Nova York: St. Martin's Press, 1971.

*Site*

http://webbook.nist.gov/chemistry/

O National Institute of Standards and Technology (NIST) desenvolveu o *site* WebBook que inclui espectros visíveis/UV, espectros de infravermelho de fase gasosa e dados espectrais de massa para diversos compostos.

# capítulo 11

# Problemas de estrutura combinados

Neste capítulo, você empregará ao mesmo tempo todos os métodos espectroscópicos vistos até agora para resolver problemas estruturais de química orgânica. São apresentados 45 problemas para propiciar a você uma prática na aplicação dos princípios aprendidos nos capítulos anteriores. Os problemas envolvem análise de espectro de massa (MS), de espectro infravermelho (IV) e ressonância magnética nuclear (RMN) de prótons e de carbono ($^1$H e $^{13}$C). Dados espectrais de ultravioleta (UV), quando fornecidos no problema, aparecem em tabelas em vez de espectros. Você notará, ao longo deste capítulo, que os problemas usam diferentes "misturas" de informação espectral. Assim, podem ser apresentados um espectro de massa, um espectro infravermelho e um espectro RMN de prótons em um problema, e em outro serão disponibilizados o espectro infravermelho e os RMN de próton e de carbono.

Todos os espectros RMN de $^1$H (prótons) foram determinados em 300 MHz, enquanto os espectros RMN de $^{13}$C foram obtidos em 75 MHz. Os espectros de $^1$H e $^{13}$C foram determinados em CDCl$_3$, exceto nos casos em que é indicado de outra forma. Em alguns casos, os dados espectrais de $^{13}$C foram colocados em tabelas, com os dados DEPT-135 e DEPT-90. Alguns espectros RMN de prótons foram expandidos para que os detalhes possam ser observados. Por fim, todos os espectros de infravermelho em amostras *líquidas* foram obtidos puros (sem solventes) em placas de KBr. Os espectros de infravermelho de *sólidos* foram obtidos com o material fundido sobre a placa de sal ou determinados em forma de suspensão em Nujol (óleo mineral).

Nesses problemas, os compostos podem conter os seguintes elementos: C, H, O, N, S, Cl, Br e I. Na maioria dos casos, se houver halogênios, o espectro de massa deverá informar que átomo halogênio está presente e o número de átomos halogênios (Capítulo 3, Seção 3.7).

Há uma variedade de abordagens possíveis para resolver os problemas deste capítulo. Não há maneiras "corretas" de resolvê-los. Em geral, porém, deve-se primeiro tentar obter uma impressão geral das características brutas dos espectros apresentados no problema. Ao fazê-lo, serão observadas evidências de partes da estrutura. Depois de identificar as partes, você poderá reuni-las e testar, em cada espectro, a validade da estrutura montada.

1. *Espectro de massa.* Você deve ser capaz de usar o espectro de massa para obter uma fórmula molecular realizando o cálculo da Regra do Treze no (Capítulo 1, Seção 1.5) pico do íon molecular (*M*) indicado no espectro. Na maioria dos casos, será necessário converter a fórmula do hidrocarboneto em uma que contenha um grupo funcional. Por exemplo, pode-se observar um grupo carbonila no espectro infravermelho ou no espectro de $^{13}$C. Faça ajustes na fórmula do hidrocarboneto para que ela se adapte à evidência espectroscópica. Quando o problema não fornecer o espectro de massa, ele trará a fórmula molecular. Alguns picos fragmentos indicados podem servir como evidências excelentes da presença de determinada característica do composto em análise. Padrões de fragmentação para grupos funcionais comuns são analisados nas Seções 4.4 (alcoóis), 4.6 (compostos que contêm carbonila) e 4.9 (halogenados).

2. *Espectro infravermelho.* Fornece alguma ideia do(s) grupo(s) funcional(is) presente(s) ou ausente(s). Observe primeiramente o lado esquerdo do espectro para identificar grupos funcionais, como O—H, N—H, C≡N, C≡C, C=C, C=O, $NO_2$ e anéis aromáticos. Releia nas Seções 2.8 e 2.9, as dicas sobre o que procurar no espectro. Ignore bandas de estiramento C—H durante essa primeira "olhada" no espectro, assim como o seu lado direito. Determine o tipo de grupo C=O que se tem e verifique se há conjugação com uma ligação dupla ou anel aromático. Lembre que se podem, muitas vezes, determinar os padrões de substituição em alcenos (Figura 2.22) e anéis aromáticos usando bandas de dobramento fora do plano. Quase nunca é necessária uma análise completa do espectro infravermelho.

3. *Espectro RMN de prótons ($^1H$).* Fornece informação sobre os números e os tipos de átomos de hidrogênios ligados ao esqueleto de carbono. A Seção 5.19, apresenta dados de espectros RMN de prótons de vários grupos funcionais, principalmente valores esperados de deslocamento químico. Será necessário determinar as razões integrais para os prótons por traços de integral apresentados. Veja na Seção 5.9 como obter os números de prótons ligados à cadeia de carbono. Na maioria dos casos, não é fácil ver os padrões de desdobramento de multipletos no espectro de 300 MHz completo. Assim, indicamos as multiplicidades de picos como dubleto, tripleto, quarteto, quinteto e sexteto no espectro completo. Singletos são, em geral, fáceis de ver e, por isso, não foram indicados. Em muitos problemas são apresentadas expansões. Quando isso acontece, valores em hertz são apresentados para que se possam calcular as constantes de acoplamento. Muitas vezes, a magnitude das constantes de acoplamento de prótons ajudará a definir características estruturais do composto, como a posição relativa de átomos de hidrogênio em alcenos (isômeros *cis/trans*).

4. *Espectros RMN de carbono.* O espectro RMN de carbono ($^{13}C$) indica o número total de átomos de carbono não equivalentes na molécula. Em alguns casos, por causa da simetria, átomos de carbono podem ter deslocamentos químicos idênticos. Nesse caso, o número total de carbonos é menor do que o encontrado na fórmula molecular. O Capítulo 6 contém gráficos de correlação importantes que devem ser revistos. A Figura 6.1 e a Tabela 6.1 mostram as faixas de deslocamento químico esperadas das várias características estruturais. A Figura 6.2 mostra as faixas esperadas para grupos carbonila. Além disso, pode ser útil calcular valores aproximados de deslocamento químico de $^{13}C$, como mostrados no Apêndice 8. Em geral, átomos de carbono $sp^3$ aparecem no lado superior (direito) do pico do solvente $CDCl_3$, enquanto os átomos de carbono $sp^2$ em um alceno ou em um anel aromático aparecem à esquerda do pico do solvente. Átomos de carbono em um grupo C=O aparecem ainda mais à esquerda em um espectro de carbono. Deve-se olhar primeiro o lado esquerdo do espectro de carbono para ver se é possível identificar potenciais grupos carbonila.

5. *Técnicas avançadas de RMN.* Em alguns casos, os problemas listam informações valiosas sobre os tipos de átomos de carbono presentes no composto desconhecido. Reveja a Seção 6.10, para obter informações sobre como determinar a presença de átomos de carbono $CH_3$, $CH_2$, CH e C em um espectro de carbono. Você também pode precisar consultar a Seção 9.4 (DEPT), Seção 9.7 (COSY) e Seção 9.8 (HETCOR) para obter mais informações sobre essas técnicas avançadas.

6. *Espectro ultravioleta/visível.* O espectro ultravioleta é útil quando há insaturação em uma molécula. Veja a Seção 10.17, para obter informações sobre como interpretar um espectro UV.

7. *Determinação de uma estrutura final.* Uma análise completa das informações fornecidas pelos problemas deve levar a uma estrutura única para o composto desconhecido. Quatro problemas resolvidos são apresentados no início. Note que pode haver mais de uma abordagem para resolvê-los. Como os problemas no início deste capítulo são mais fáceis, deve-se experimentar fazê-los antes de seguir em frente. Divirta-se (é sério!)! Talvez você ache tão divertido quanto os autores deste livro.

## EXEMPLO 1

**Problema**

O espectro UV deste composto apresenta apenas uma absorção próxima do limite de corte do solvente. Determine a estrutura do composto.

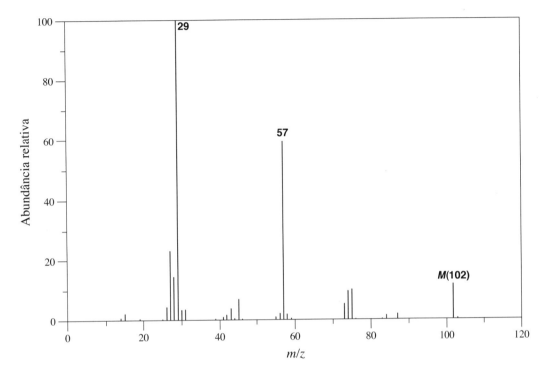

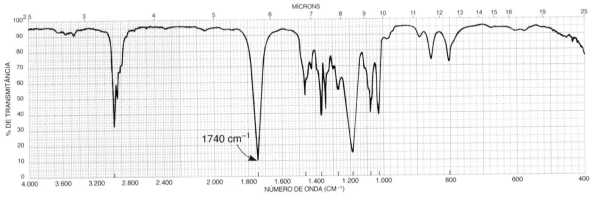

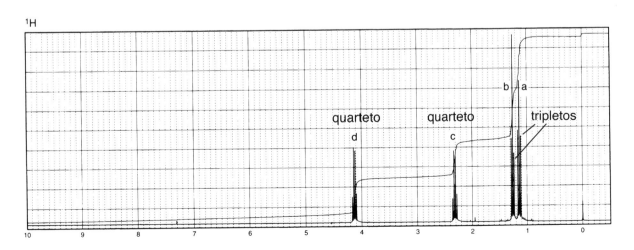

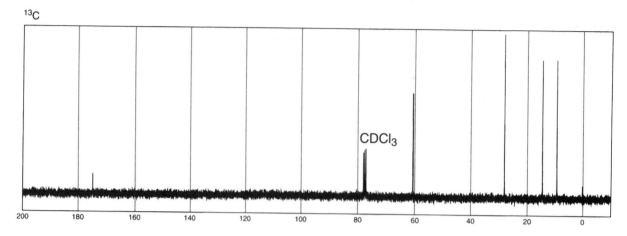

**Solução**

Note que esse problema não fornece uma fórmula molecular. Precisamos obtê-la a partir da evidência espectral. O pico de íon molecular aparece em $m/z = 102$. Usando a Regra do Treze (Seção 1.5), podemos calcular a fórmula $C_7H_{18}$ para o pico em 102. O espectro infravermelho mostra uma absorção forte em 1740 $cm^{-1}$, sugerindo que um éster simples não conjugado está presente no composto. A presença de um C—O (forte e largo) em 1200 $cm^{-1}$ confirma o éster. Sabemos agora que há dois átomos de oxigênio na fórmula. Retornando à evidência espectral de massa, a fórmula calculada por meio da Regra do Treze foi $C_7H_{18}$. Podemos modificar essa fórmula convertendo carbonos e hidrogênios (um carbono e quatro hidrogênios por átomo de oxigênio) em dois átomos de oxigênio, o que resulta em $C_5H_{10}O_2$, a fórmula molecular do composto. Podemos agora calcular o índice de deficiência de hidrogênio desse composto, que é igual a um e corresponde à insaturação do grupo C=O. O espectro infravermelho também apresenta absorção C—H $sp^3$ (alifática) abaixo de 3000 $cm^{-1}$. Concluímos que o composto é um éster alifático com fórmula $C_5H_{10}O_2$.

Observe que o espectro RMN de $^{13}C$ apresenta um total de cinco picos, correspondentes exatamente ao número de carbonos na fórmula molecular! Essa é uma boa confirmação de nosso cálculo da fórmula pela Regra do Treze (cinco átomos de carbono). O pico em 174 ppm corresponde ao carbono C=O éster. O pico em 60 ppm é um átomo de carbono desblindado que ocorreu por causa de um átomo de oxigênio de ligação simples vizinho. Os outros átomos de carbono são relativamente blindados. Esses três picos correspondem à parte remanescente da cadeia de carbono no éster.

Nesse ponto, provavelmente poderíamos derivar algumas estruturas possíveis. O espectro RMN de $^1H$ deve confirmá-las. Usando os traços integrais do espectro, devemos concluir que os picos apresentados têm a razão 2:2:3:3 (de baixo para cima). Esses números totalizam 10 átomos de hidrogênio na fórmula. Agora, usando os padrões de desdobramento dos picos, podemos determinar a estrutura do composto. Trata-se de propanoato de etila.

$$\overset{a}{CH_3}-\overset{c}{CH_2}-\overset{\overset{O}{\|}}{C}-O-\overset{d}{CH_2}-\overset{b}{CH_3}$$

O quarteto embaixo em 4,1 ppm (prótons **d**) resulta do desdobramento pelos prótons vizinhos do carbono **b**, enquanto o outro quarteto em 2,4 ppm (prótons **c**) resulta do desdobramento *spin-spin* provocado pelos prótons do carbono **a**. Assim, a RMN de prótons é consistente com a estrutura final.

O espectro UV não é interessante, mas apoia a identificação da estrutura. Ésteres simples têm transições $n \to \pi^*$ fracas (205 nm) próximas ao limite do solvente. Retornando ao espectro de massa, o pico forte em 57 unidades de massa resulta de uma segmentação α de um grupo alcoxi para produzir o íon acílio ($CH_3-CH_2-C^+=O$), que tem massa 57.

# EXEMPLO 2

## Problema

Determine a estrutura de um composto com fórmula $C_{10}H_{12}O_2$. Além do espectro infravermelho e de RMN $^1$H, o problema inclui tabelas com os dados espectrais de RMN $^{13}$C, DEPT-135 e DEPT-90.

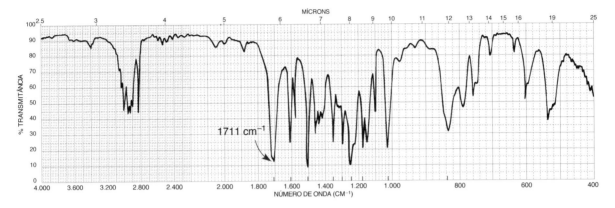

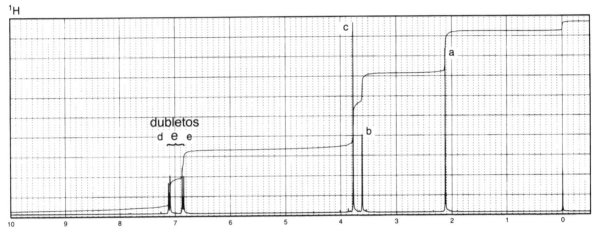

| Carbono normal | DEPT-135 | DEPT-90 |
|---|---|---|
| 29 ppm | Positivo | Nenhum pico |
| 50 | Negativo | Nenhum pico |
| 55 | Positivo | Nenhum pico |
| 114 | Positivo | Positivo |
| 126 | Nenhum pico | Nenhum pico |
| 130 | Positivo | Positivo |
| 159 | Nenhum pico | Nenhum pico |
| 207 | Nenhum pico | Nenhum pico |

## Solução

Calculamos um índice de deficiência de hidrogênio (Seção 1.4) de 5. Os espectros RMN de $^1$H e $^{13}$C, assim como o espectro infravermelho, sugerem um anel aromático (índice de insaturação = 4). O índice restante, 1, é atribuído a um grupo C=O encontrado no espectro infravermelho em 1711 cm$^{-1}$. Esse valor de C=O é próximo do que se pode esperar para um grupo carbonila não conjugado em uma cetona e é muito baixo para um éster. A RMN de $^{13}$C confirma a cetona C=O; o pico em 207 ppm é típico de uma cetona. O espectro RMN de $^{13}$C apresenta apenas 8 picos, enquanto na fórmula molecular 10 estão presentes. Isso sugere alguma simetria que torna equivalentes alguns dos átomos de carbono.

Ao inspecionar o espectro RMN de ¹H, observe o nítido padrão de substituição *para* entre 6,8 e 7,2 ppm, que aparece como um "par de dubletos" nominal, integrando 2 prótons em cada par. A característica do metoxi de doar elétrons (ou cálculos de deslocamento químico de ¹H) nos permite atribuir a ressonância superior, em 6,8 ppm, aos prótons (d) adjacentes ao grupo —OCH₃ no anel aromático. Note também, em RMN de ¹H, que a parte superior do espectro tem prótons que integram 3:2:3 para um CH₃, um CH₂ e um CH₃, respectivamente. Observe ainda que esses picos não são desdobrados, o que indica que não há prótons vizinhos. A metila na parte inferior, em 3,8 ppm, é próxima a um átomo de oxigênio, sugerindo um grupo metoxi. Os resultados de espectros de RMN DEPT de ¹³C confirmam a presença de dois grupos metila e um grupo metileno. O grupo metila em 55 ppm é desblindado pela presença de um átomo de oxigênio (O—CH₃). Cientes do padrão *para*-dissubstituído e dos picos de partícula única em RMN de ¹H, derivamos a estrutura a seguir para a 4-metoxifenilacetona:

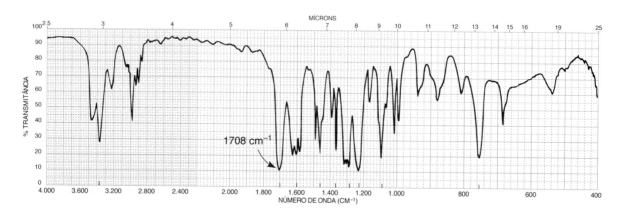

Obtém-se uma confirmação melhor do anel *para*-dissubstituído a partir dos resultados espectrais de carbono. Observe a presença de quatro picos na região aromática do espectro RMN ¹³C. Dois desses picos (126 e 159 ppm) são átomos de carbono *ipso* (sem prótons anexos) que não aparecem nos espectros DEPT-135 ou DEPT-90. Os outros dois picos, em 114 e 130 ppm, são atribuídos aos quatro carbonos restantes (dois deles equivalentes por simetria). Os dois átomos de carbono **d** apresentam picos em ambos os experimentos DEPT, o que confirma que eles têm prótons ligados (C—H). Da mesma forma, os dois átomos de carbono **e** têm picos em ambos os experimentos DEPT, confirmando a presença de C—H. O espectro infravermelho tem um padrão de substituição *para* na região fora do plano (835 cm⁻¹), o que ajuda a confirmar a 1,4-dissubstituição no anel aromático.

## EXEMPLO 3

**Problema**

A fórmula molecular deste composto é C₉H₁₁NO₂. Este problema apresenta o espectro infravermelho, RMN ¹H com expansões e dados espectrais de RMN ¹³C.

# Problemas de estrutura combinados

| Carbono normal | DEPT-135 | DEPT-90 |
|---|---|---|
| 14 ppm | Positivo | Nenhum pico |
| 61 | Negativo | Nenhum pico |
| 116 | Positivo | Positivo |
| 119 | Positivo | Positivo |
| 120 | Positivo | Positivo |
| 129 | Positivo | Positivo |
| 131 | Nenhum pico | Nenhum pico |
| 147 | Nenhum pico | Nenhum pico |
| 167 | Nenhum pico | Nenhum pico |

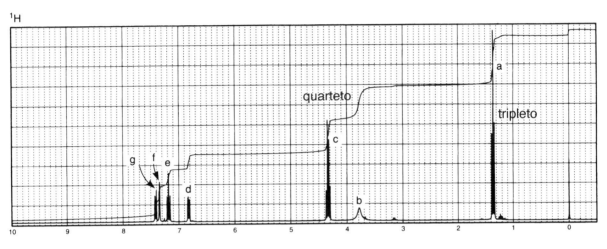

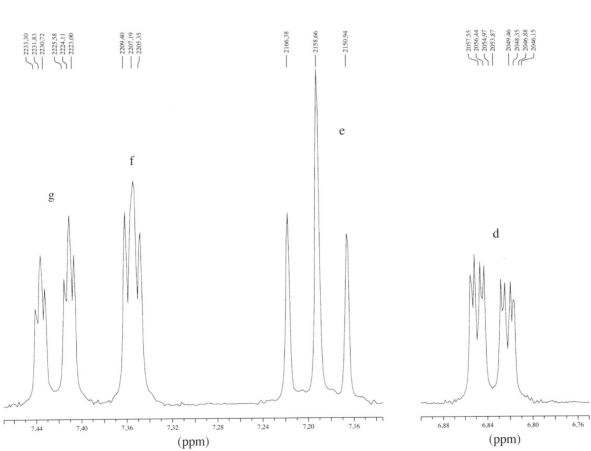

**Solução**
Calculamos um índice de deficiência de hidrogênio de 5. Todos os espectros apresentados nesse problema sugerem um anel aromático (índice de insaturação = 4). O índice restante, 1, é atribuído ao grupo C=O encontrado em 1708 cm$^{-1}$. Esse valor do grupo carbonila é muito alto para uma amida. Está em local razoável para um éster conjugado. Embora o NO$_2$ presente na fórmula sugira um possível grupo nitro, esse pode não ser o caso, pois precisamos de dois oxigênios para o grupo funcional éster. O dubleto em aproximadamente 3400 cm$^{-1}$ no espectro infravermelho é perfeito para uma amina primária.

O espectro RMN $^{13}$C tem 9 picos que correspondem aos 9 átomos de carbono na fórmula molecular. O átomo de carbono C=O de éster aparece em 167 ppm. Os outros carbonos na região inferior são atribuídos aos 6 carbonos de anel aromático. A partir disso, sabemos que o anel não é simetricamente substituído. Os resultados DEPT confirmam a presença de 2 átomos de carbono sem prótons ligados (131 e 147 ppm) e 4 átomos de carbono com 1 próton ligado (116, 199, 120 e 129). Por essa informação, sabemos que o anel é dissubstituído.

Devemos analisar com cuidado a região aromática entre 6,8 e 7,5 ppm no espectro de $^1$H apresentado. Observe que há 4 prótons no anel aromático, e cada um integra 1 próton (veja as linhas integrais desenhadas no espectro de $^1$H). Como é difícil determinar o padrão de desdobramento dos prótons apresentados no espectro $^1$H, uma expansão da região entre 6,8 e 7,5 ppm aparece no espectro, acima. O anel deve ser dissubstituído, porque 4 prótons aparecem no anel aromático. O padrão sugere um padrão 1,3-dissubstituído, em vez de dissubstituição 1,4 ou 1,2 (Seção 7.10). O ponto-chave é que o próton **f** é um tripleto pouco espaçado (ou dd), sugerindo acoplamentos $^4J$, mas sem acoplamentos $^3J$. Em outras palavras, aquele próton não deve ter nenhum próton adjacente! Ele está "ensanduichado" entre dois grupos sem prótons: amina (—NH$_2$) e carbonila (C=O). Os prótons **g** e **f** aparecem mais abaixo em relação aos prótons **e** e **d** por causa do efeito de desblindagem da anisotropia do grupo C=O (Figura 7.61). Apesar de não serem tão confiáveis quanto a evidência RMN de prótons, as bandas de dobramento fora do plano aromáticas no espectro infravermelho sugerem *meta*-dissubstituição: 680, 760 e 880 cm$^{-1}$.

O espectro RMN de $^1$H apresenta um grupo etila devido ao quarteto e tripleto encontrados na parte superior do espectro (4,3 e 1,4 ppm, respectivamente, para os grupos CH$_2$ e CH$_3$). Por fim, um pico largo de NH$_2$, que integra 2 prótons, aparece no espectro RMN de prótons em 3,8 ppm. O composto é 3-aminobenzoato de etila.

Precisamos observar as expansões de prótons fornecidas no problema para confirmar as atribuições feitas aos prótons aromáticos. Os valores em hertz mostrados nas expansões nos possibilitam obter constantes de acoplamento que confirmam o padrão de 1,3-dissubstituição. Os desdobramentos observados nas expansões podem ser explicados percebendo-se as constantes de acoplamento $^3J$ e $^4J$ presentes no composto. Acoplamentos $^5J$ são ou zero ou muito pequenos para serem observados nas expansões.

| | |
|---|---|
| 7,42 ppm (H$_g$) | Dubleto de tripletos (dt) ou dubleto de dubletos de dubletos (ddd); $^3J_{eg}$ = 7,8 Hz, $^4J_{fg}$ e $^4J_{dg}$ ≈ 1,5 Hz. |
| 7,35 ppm (H$_f$) | Esse próton está localizado entre os dois grupos ligados. Os únicos acoplamentos de prótons observados são pequenos acoplamentos $^4J$ que resultam em um tripleto pouco espaçado ou, mais precisamente, um dubleto de dubletos; $^4J_{fg}$ e $^4J_{df}$ ≈ 1,5 a 2 Hz. |
| 7,19 ppm (H$_e$) | Esse próton aparece como um "tripleto" bem espaçado. Uma das constantes de acoplamento, $^3J_{eg}$ = 7,8 Hz, foi obtida a partir do padrão em 7,42 ppm. A outra constante de acoplamento, $^3J_{de}$ = 8,1 Hz, foi obtida a partir do padrão em 6,84 ppm. O padrão aparece como um tripleto porque as constantes de acoplamento são praticamente iguais, resultando em uma sobreposição acidental do pico central no "tripleto". Mais precisamente, devemos descrever esse "tripleto" como um dubleto de dubletos (dd). |
| 6,84 ppm (H$_d$) | Dubleto de dubletos de dubletos (ddd); $^3J_{de}$ = 8,1 Hz, $^4J_{dg}$ ≠ $^4J_{df}$. |

## EXEMPLO 4

**Problema**

A fórmula molecular deste composto é C$_5$H$_7$NO$_2$. A seguir, apresentam-se os espectros infravermelho, RMN $^1$H e RMN $^{13}$C.

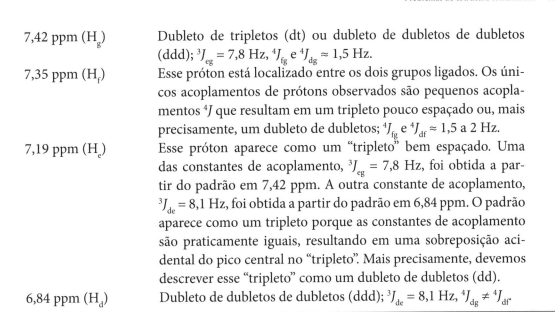

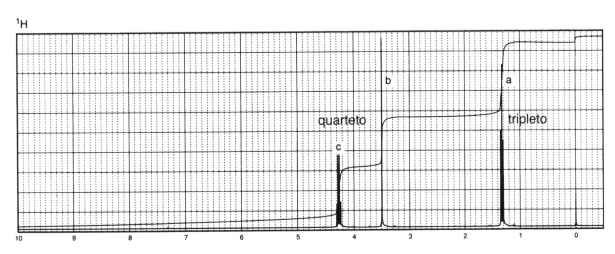

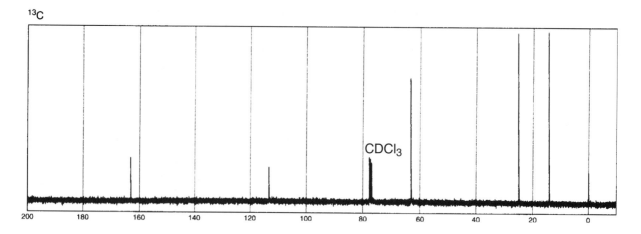

**Solução**

Calculamos um índice de deficiência de hidrogênio de 3. Uma rápida análise do espectro infravermelho revela a fonte de insaturação decorrente de um índice 3: um grupo nitrila em 2260 cm$^{-1}$ (índice de insaturação = 2) e um grupo carbonila em 1747 cm$^{-1}$ (índice de insaturação = 1). A frequência da absorção de carbonila indica um éster não conjugado. A aparência de várias bandas C—O fortes próximas de 1200 cm$^{-1}$ confirma a presença de um grupo funcional éster. Podemos rejeitar uma ligação C≡C, pois ela, em geral, absorve em valores mais baixos (2150 cm$^{-1}$) e tem uma intensidade menor do que compostos que contêm C≡N.

O espectro RMN de $^{13}$C apresenta 5 picos e, assim, é consistente com a fórmula molecular, que contém 5 átomos de carbono. Observe que o átomo de carbono no grupo C≡N tem um valor característico de 113 ppm. Além disso, o átomo de carbono no éster C=O aparece em 163 ppm. Um dos outros átomos de carbono (63 ppm) provavelmente está próximo de um átomo de oxigênio eletronegativo. Os outros dois átomos de carbono, que absorvem em 25 e 14 ppm, são atribuídos aos outros carbonos metileno e metila. A estrutura é:

$$\text{N}\equiv\text{C}-\underset{\mathbf{b}}{\text{CH}_2}-\overset{\overset{\text{O}}{\|}}{\text{C}}-\text{O}-\underset{\mathbf{c}}{\text{CH}_2}-\underset{\mathbf{a}}{\text{CH}_3}$$

O espectro RMN de $^1$H apresenta um padrão etila clássico: um quarteto (2 H) em 4,3 ppm e um tripleto (3 H) em 1,3 ppm. O quarteto é fortemente influenciado pelo átomo de oxigênio eletronegativo, que o desloca para baixo. Há também um singleto de dois prótons em 3,5 ppm.

## PROBLEMAS

*1. A estrutura do derivado de anel naftaleno com a fórmula $C_{13}H_{12}O_2$ é fornecida nesta questão. O espectro de IV mostra uma banda forte a 1680 cm$^{-1}$ para o grupo C=O. O espectro normal de RMN de $^{13}C$ é mostrado na forma de uma pilha de espectros juntamente com o DEPT-135 e os espectros de DEPT-90. Consulte a Seção 7.10 para determinar o efeito de um grupo carbonilo *versus* um grupo metoxi nos deslocamentos químicos relativos esperados para prótons ligados a um anel de benzeno (também consulte a Tabela 6.3 do Apêndice 6). Em sua análise da estrutura, considere três etapas individuais. As tarefas completas estão expostas nas Respostas a Problemas Selecionados.

(A) **Análise DEPT:** Os 13 átomos de carbono são numerados na estrutura. Como parte deste exercício, você terá que atribuir um valor em ppm para o maior número de átomos de carbono possível. Usando os espectros DEPT, deverá ser capaz de atribuir alguns dos átomos de $^{13}C$ em grupos, por exemplo, todos os C—H em um grupo e todos os carbonos quaternários (sem átomos de hidrogênio ligados) em outro grupo. Os grupos metilo podem ser atribuídos cada um com base nos seus valores dos deslocamentos químicos (ver Tabela 5.4 e Figura 5.20).

(B) **Análise COSY:** O espectro de RMN de $^1H$ e expansões são fornecidos no problema juntamente com o espectro COSY. O eixo superior do espectro COSY está marcado com as letras que correspondem à posição dos átomos de hidrogênio individuais do espectro de $^1H$. Uma vez que esse espectro só cobre a gama de 7,0–8,6 ppm, os dois grupos metilo não estão incluídos no espectro COSY. Usando o espectro COSY, atribua todos os átomos de hidrogênio C—H no composto. Atribua os dois grupos metilo com base nos seus valores dos deslocamentos químicos. Na estrutura mostrada abaixo, etiquete os átomos de hidrogênio com a letra apropriada: a, b, c, d, e ou f consistente com o espectro COSY.

(C) **Constantes de Acoplamento:** Calcule as constantes de acoplamento $^3J$ e $^4J$ para cada um dos átomos de hidrogênio C—H no anel naftaleno. Os valores obtidos devem confirmar as atribuições feitas a partir das correlações obtidas do espectro COSY.

606 Introdução à espectroscopia

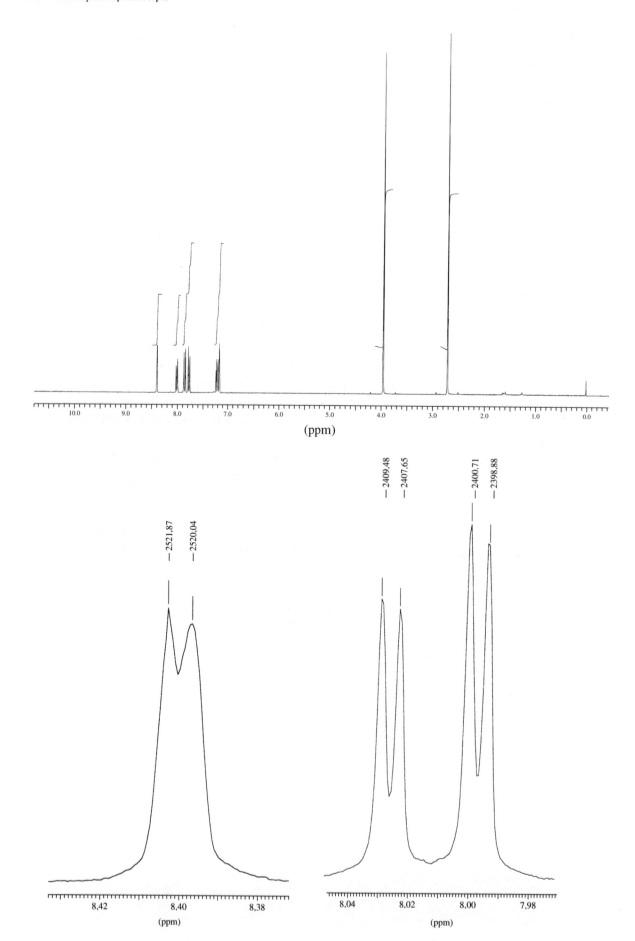

Problemas de estrutura combinados 607

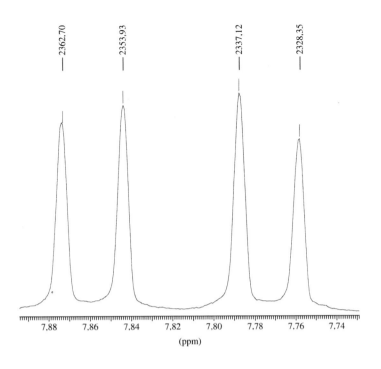

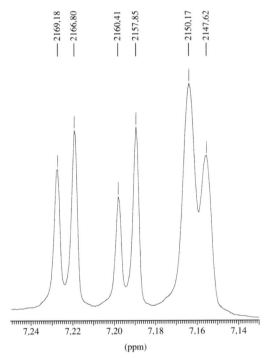

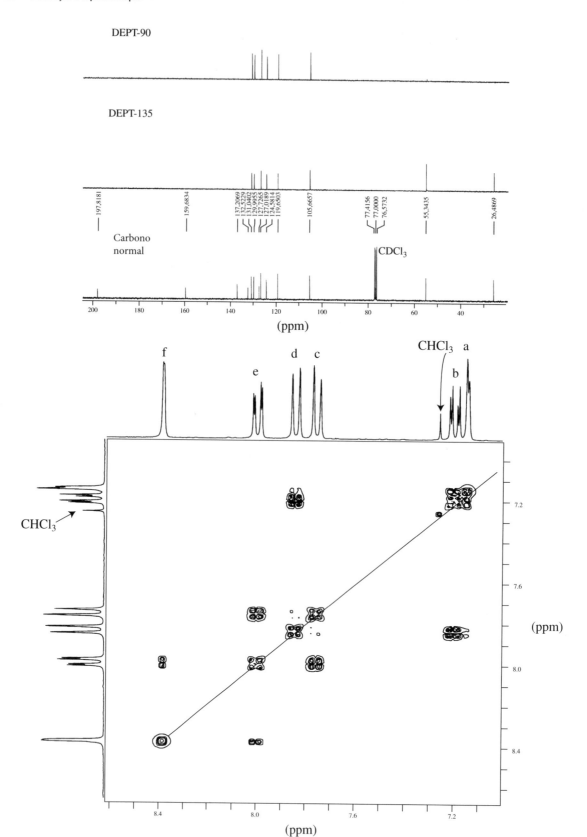

**2.** Determine a estrutura de um composto com a fórmula $C_3H_5ClO$. O espectro de IV e os espectros de RMN $^1H$, RMN $^{13}C$, DEPT, COSY e HETCOR (HSQC) estão incluídos neste problema. O espectro de infravermelho tem um traço de água que deve ser ignorado (região 3700 a 3400 cm$^{-1}$). O espectro HETCOR deve ser cuidadosamente examinado, pois fornece informações muito importantes. Você vai encontrar ajuda consultando o Apêndice 5 (alcanos e alcanos cíclicos) para valores de constantes de acoplamento. Determine as constantes de acoplamento a partir do espectro de RMN de ¹H, exceto para o próton c, e compare os valores calculados com os mostrados no Apêndice 5. Desenhe a estrutura do composto e rotule os prótons na estrutura.

Espectro infravermelho

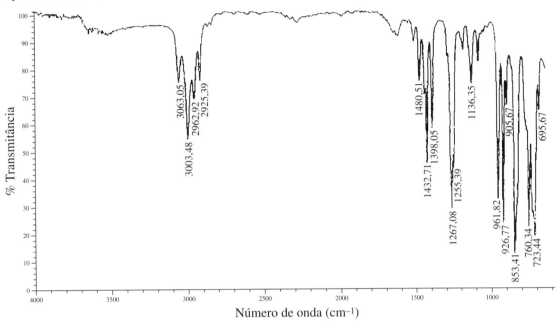

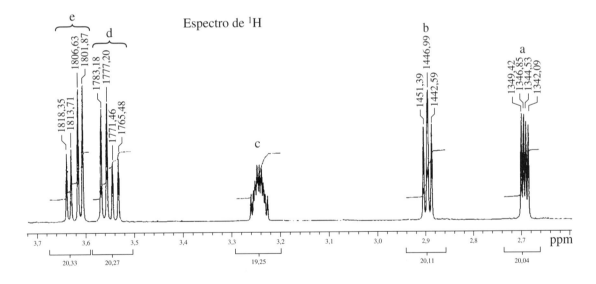

Espectro de $^{13}$C

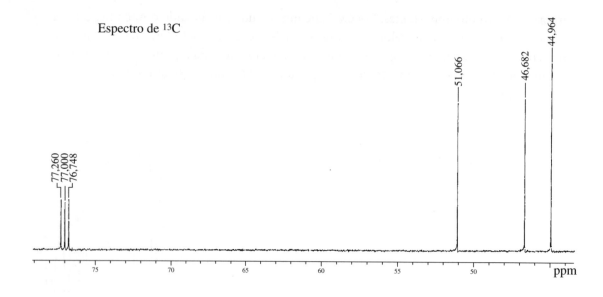

DEPT

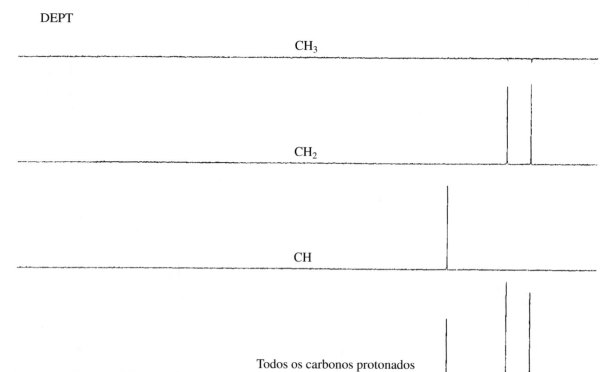

COSY

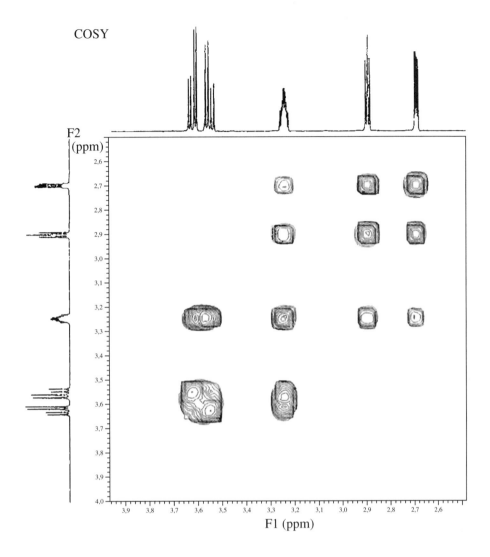

HETCOR

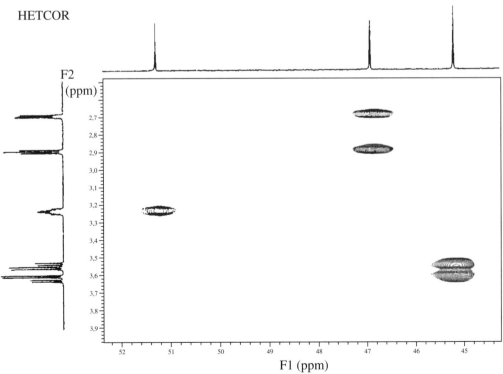

*3. O espectro UV deste composto é determinado em etanol 95%: $\lambda_{máx.}$ 290 nm (log ε = 1,3).

a)

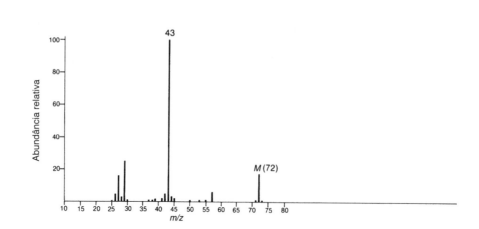

b)

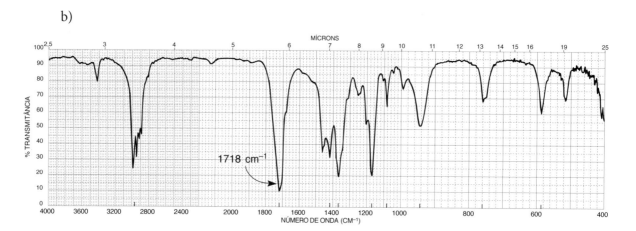

c)

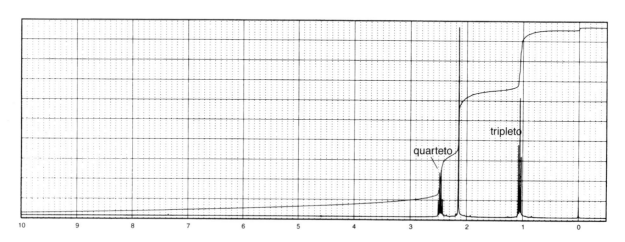

*4. O espectro UV deste composto não apresenta máximo acima de 205 nm. Quando uma gota de ácido aquoso é adicionada à amostra, o padrão em 3,6 ppm no espectro RMN de ¹H é simplificado para um tripleto, e o padrão em 3,2 ppm, para um singleto.

a)

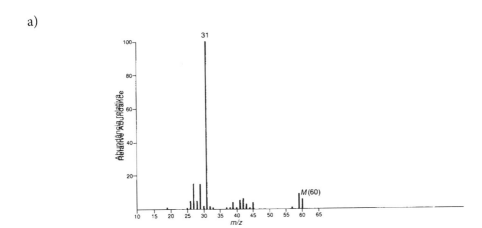

b)

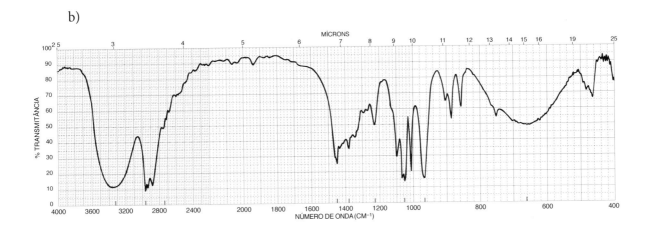

c)

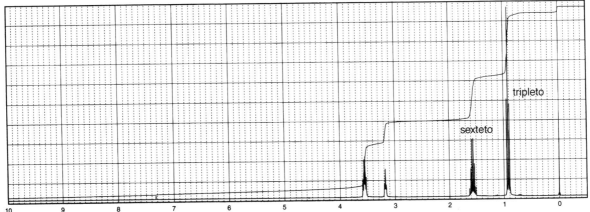

*5. O espectro UV deste composto é determinado em etanol 95%: $\lambda_{máx.}$ 280 nm (log ε = 1,3).

a)

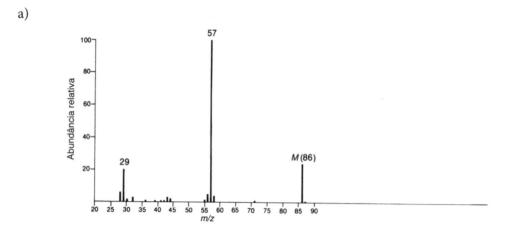

b)

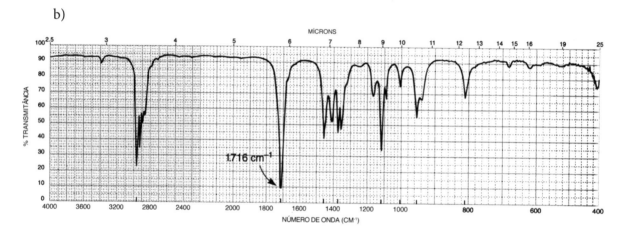

c)

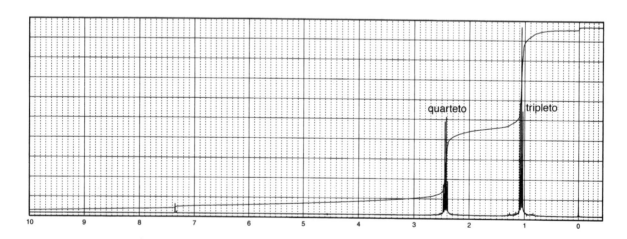

*6. A fórmula deste composto é $C_6H_{12}O_2$.

a)
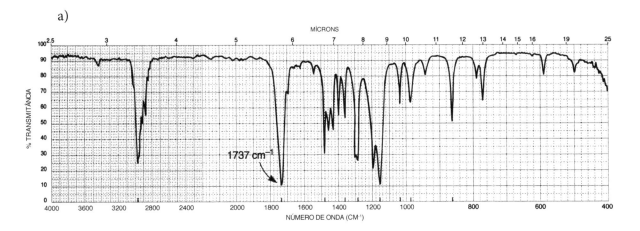

b)
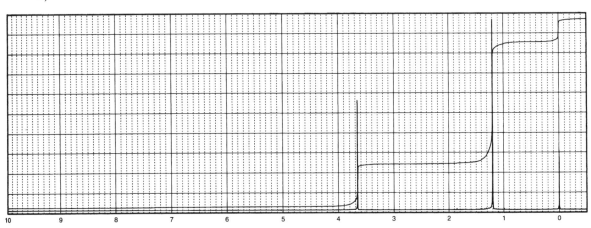

c)
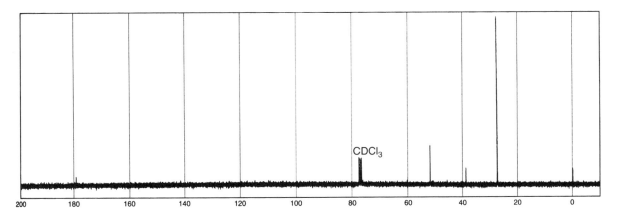

*7. O espectro UV deste composto é determinado em etanol 95%: absorção forte no limite de corte e uma banda com estrutura fina que aparece em $\lambda_{máx.}$ 257 nm (log ε = 2,4). O espectro IV foi obtido como suspensão de Nujol. As bandas fortes em aproximadamente 2920 e 2860 cm$^{-1}$ do estiramento C—H em Nujol sobrepõem a banda larga que vai de 3300 a 2500 cm$^{-1}$.

a)

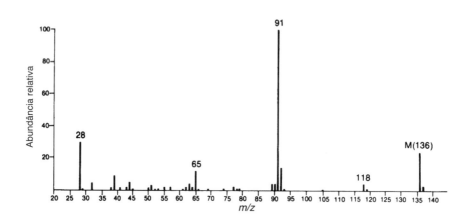

b)

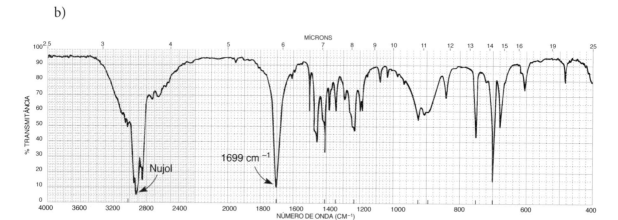

c)

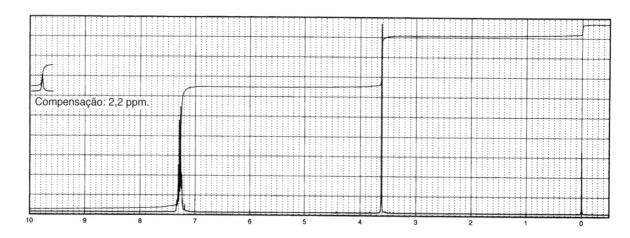

*8. O espectro de massa deste composto apresenta um íon molecular intenso em 172 unidades de massa e um pico $M + 2$ de quase mesmo tamanho. O espectro IV desse sólido desconhecido foi obtido em Nujol. As bandas proeminentes de estiramento C—H centralizadas em aproximadamente 2900 cm$^{-1}$ são derivadas do Nujol e não fazem parte do sólido. O pico que aparece por volta de 5,3 ppm no espectro RMN de $^1$H depende de solvente. Ele se desloca quando a concentração é alterada.

a)

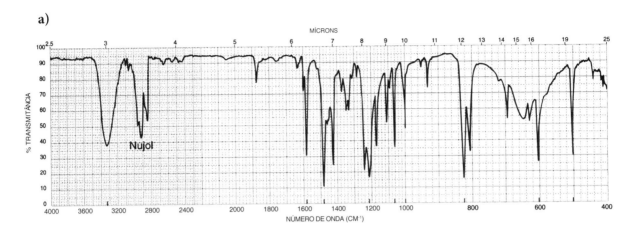

b)

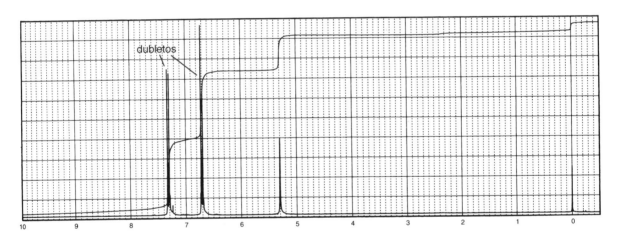

c)

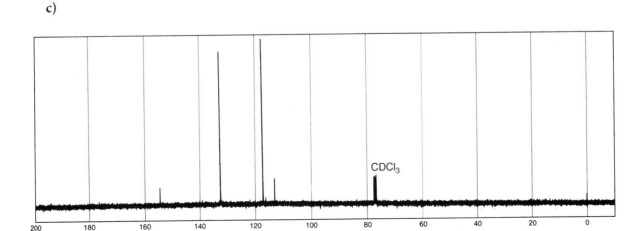

*9. A fórmula molecular deste composto é $C_{11}H_{14}O$.

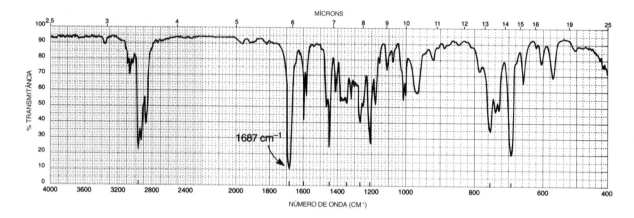

| Carbono normal | DEPT-135 | DEPT-90 |
|---|---|---|
| 14 ppm | Positivo | Nenhum pico |
| 22 | Negativo | Nenhum pico |
| 26 | Negativo | Nenhum pico |
| 38 | Negativo | Nenhum pico |
| 128 | Positivo | Positivo |
| 129 | Positivo | Positivo |
| 133 | Positivo | Positivo |
| 137 | Nenhum pico | Nenhum pico |
| 200 | Nenhum pico | Nenhum pico |

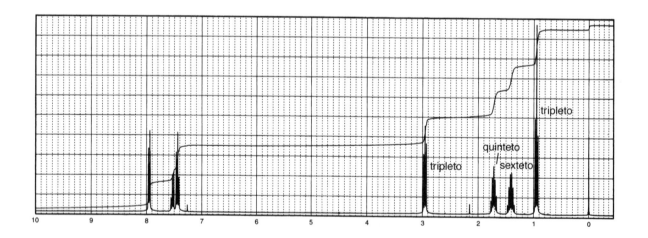

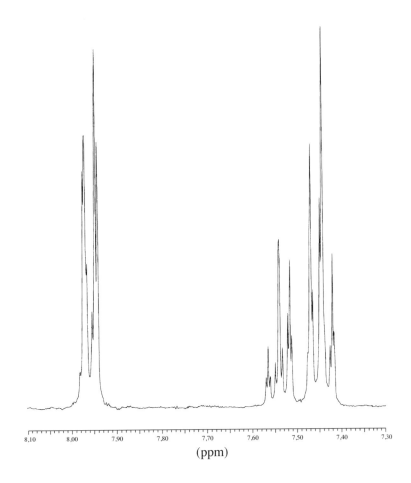

*10. Determine as estruturas dos compostos isoméricos que apresentam fortes bandas no infravermelho em 1725 cm$^{-1}$ e várias bandas fortes na faixa 1300–1200 cm$^{-1}$. Cada isômero tem fórmula C$_9$H$_9$BrO$_2$. A seguir, apresentam-se os espectros RMN de $^1$H de ambos os compostos, **A** e **B**. Foram incluídas expansões da região entre 8,2 e 7,2 ppm do composto **A**.

**A.**

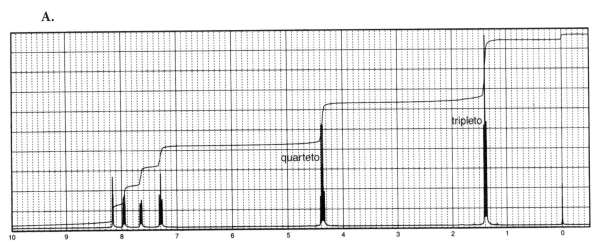

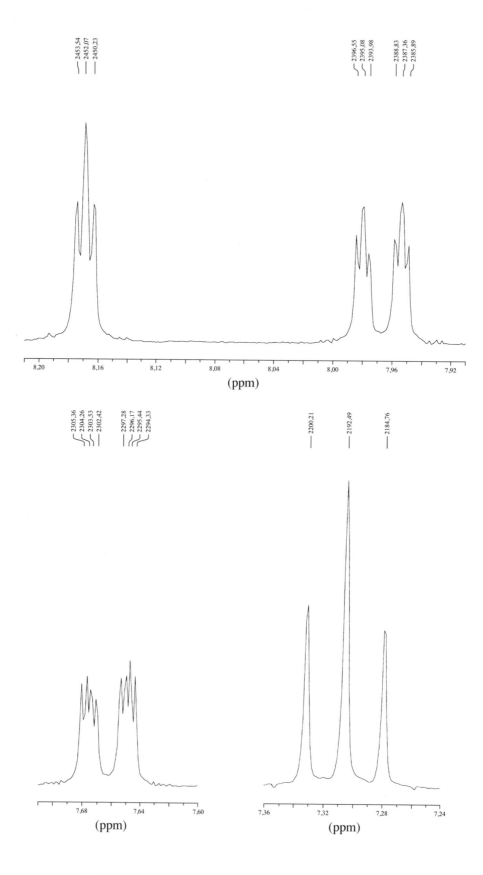

**B.**

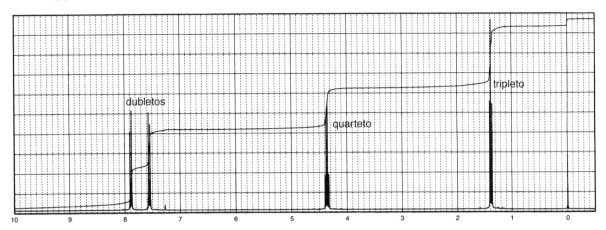

*11. A fórmula molecular deste composto é $C_4H_{11}N$.

a)

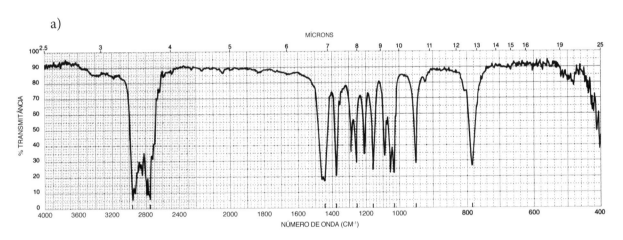

b)

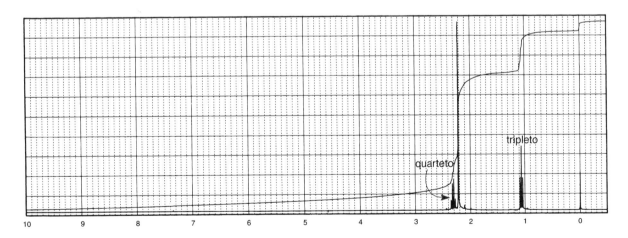

c)

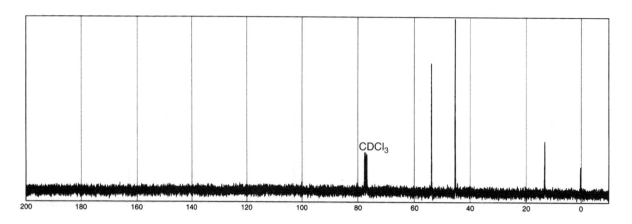

*12. O espectro UV deste composto é determinado em etanol 95%: $\lambda_{máx.}$ 280 nm (log ε = 1,3). A fórmula é $C_5H_{10}O$.

a)

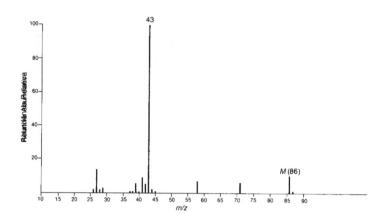

b)

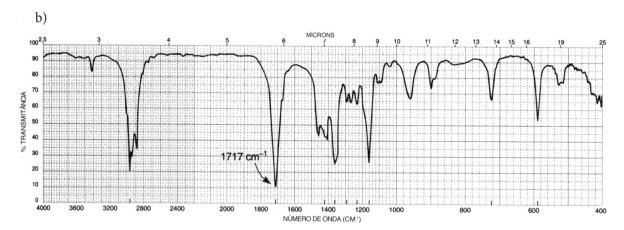

c)

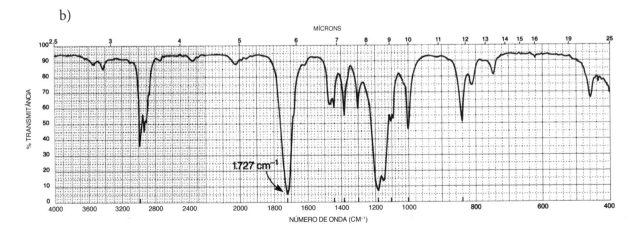

*13. A fórmula deste composto é C₃H₆O₂. O espectro UV dele não apresenta máximos acima de 205 nm. O espectro RMN de ¹³C apresenta picos em 14, 60 e 161 ppm. O pico em 161 ppm aparece como um pico positivo no espectro DEPT-90.

a)

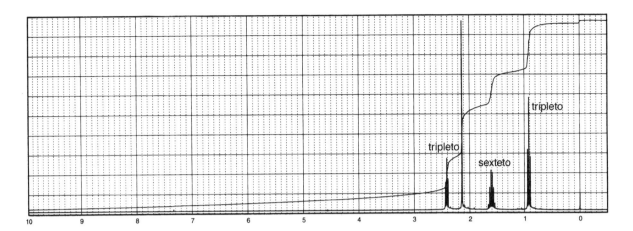

b)

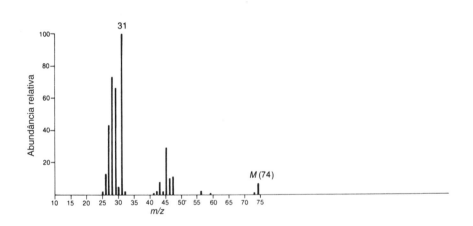

c)

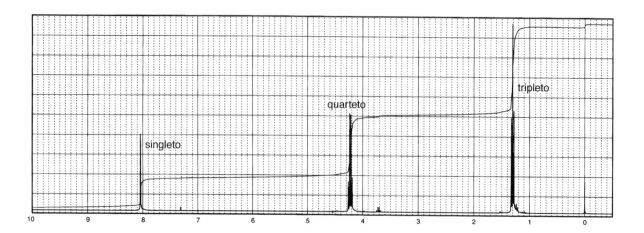

**\*14.** Determine as estruturas dos compostos isoméricos **A** e **B**, cada um com fórmula $C_8H_7BrO$. O espectro infravermelho do composto **A** tem uma banda de absorção forte em 1698 cm$^{-1}$, enquanto o composto **B** tem uma banda forte em 1688 cm$^{-1}$. O espectro RMN de $^1$H do composto **A** é mostrado com as expansões da região entre 7,7 e 7,2 ppm. O espectro RMN de $^1$H do composto **B** também é mostrado.

**A.**

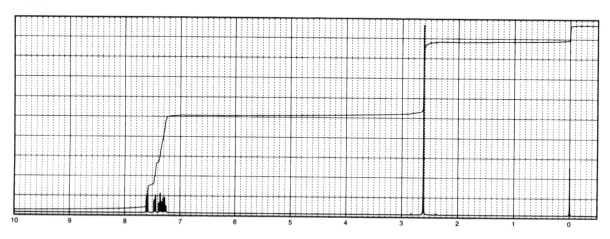

**B.**

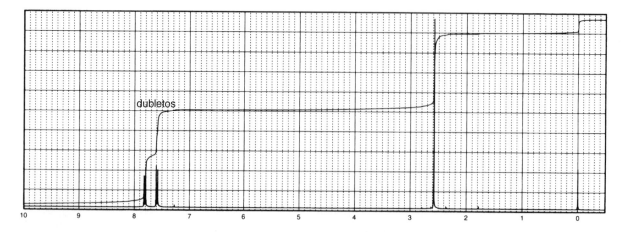

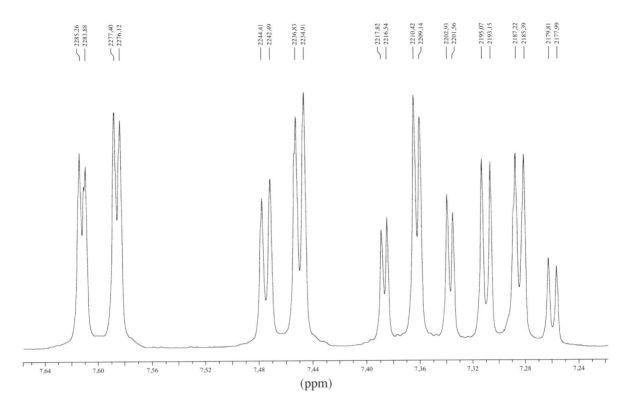

*15. A fórmula deste composto é C$_4$H$_8$O. Quando expandido, o pico do singleto em 9,8 ppm no espectro RMN de $^1$H mostra que é, na verdade, um tripleto. Um padrão de tripleto em 2,4 ppm, quando expandido, acaba mostrando-se um tripleto de dubletos.

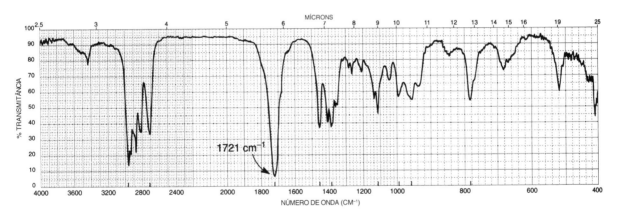

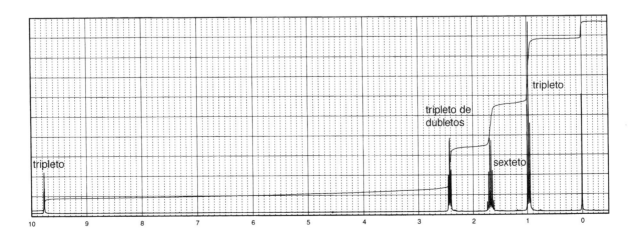

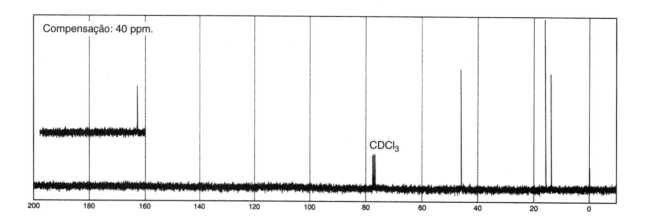

*16. A fórmula deste composto é $C_5H_{12}O$. Quando é adicionado um traço de ácido aquoso à amostra, o espectro RMN de $^1H$ resolve-se em um tripleto bem definido em 3,6 ppm, e o pico largo em 2,2 ppm move-se para 4,5 ppm.

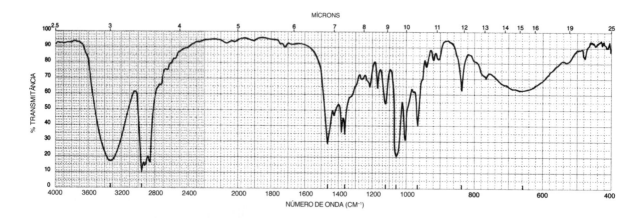

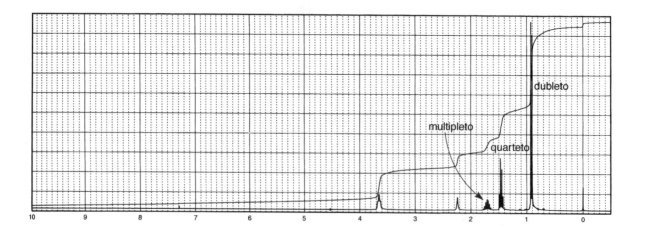

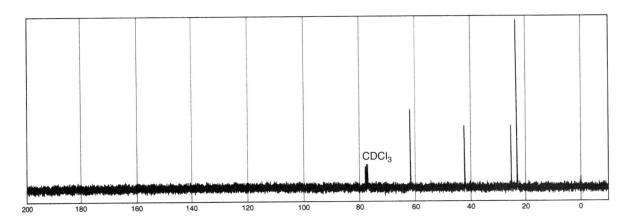

*17. Determine as estruturas dos compostos isoméricos com fórmula $C_5H_9BrO_2$. A seguir, apresentam-se os espectros RMN de $^1H$ de ambos os compostos. O espectro IV correspondente ao primeiro espectro RMN de $^1H$ tem bandas de absorção fortes em 1739, 1225 e 1158 cm$^{-1}$, e o correspondente ao segundo tem bandas fortes em 1735, 1237 e 1182 cm$^{-1}$.

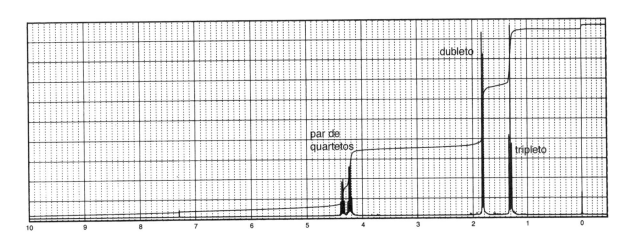

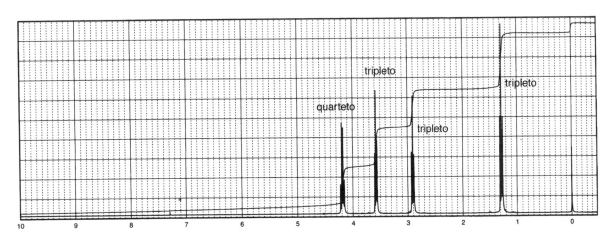

*18. A fórmula molecular deste composto é $C_{10}H_9NO_2$.

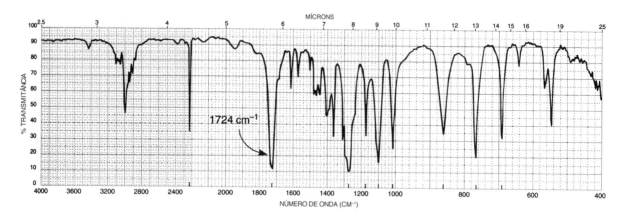

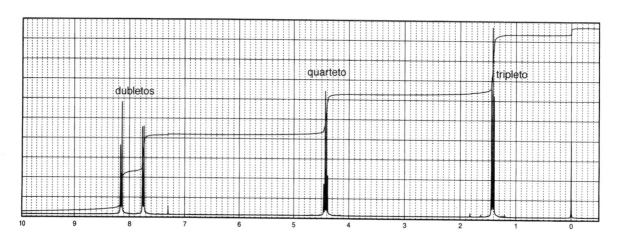

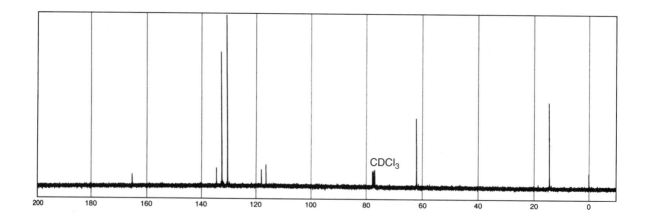

*19. A fórmula deste composto é C$_9$H$_9$ClO. O espectro RMN de $^1$H completo é apresentado com as expansões dos padrões individuais.

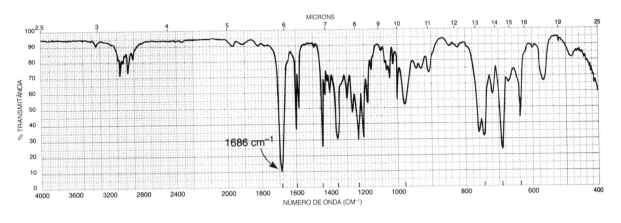

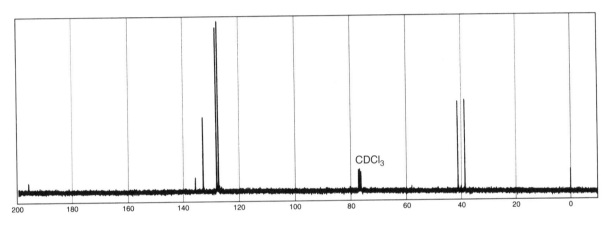

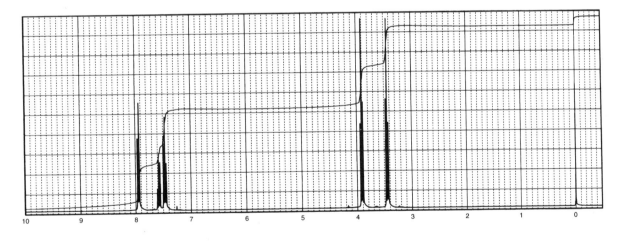

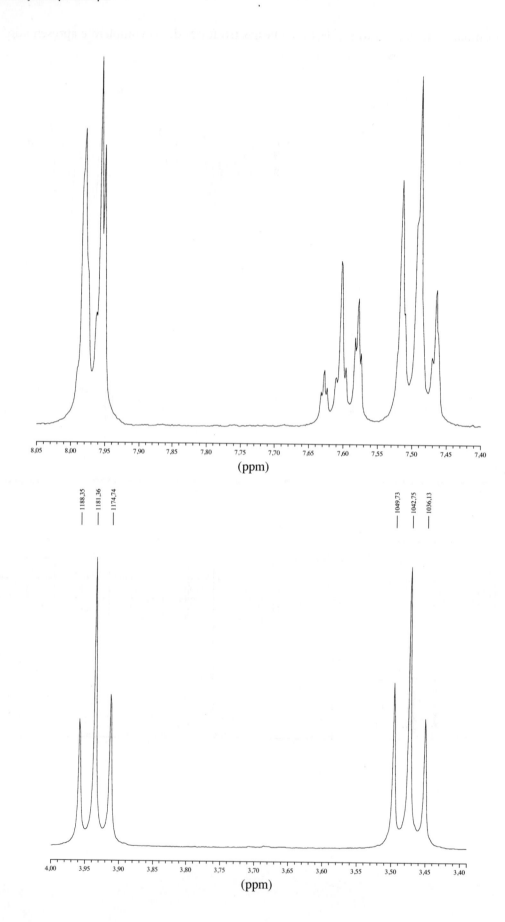

**20.** A fórmula da procaína anestésica (Novocaína) é $C_{13}H_{20}N_2O_2$. No espectro RMN de $^1H$, cada par de tripletos em 2,8 e 4,3 ppm tem uma constante de acoplamento de 6 Hz. O tripleto em 1,1 e o quarteto em 2,6 ppm têm constantes de acoplamento de 7 Hz. O espectro IV foi determinado em Nujol. As bandas de absorção C—H do Nujol por volta de 2920 cm$^{-1}$ no espectro IV encobrem toda a região do estiramento C—H. O grupo carbonila que aparece em 1669 cm$^{-1}$ no espectro IV tem uma frequência excepcionalmente baixa. Por quê?

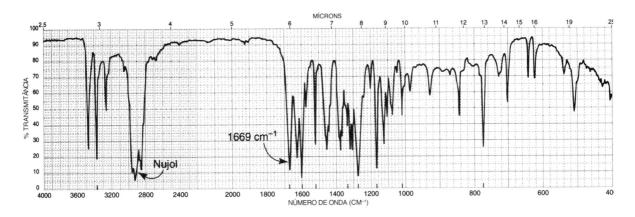

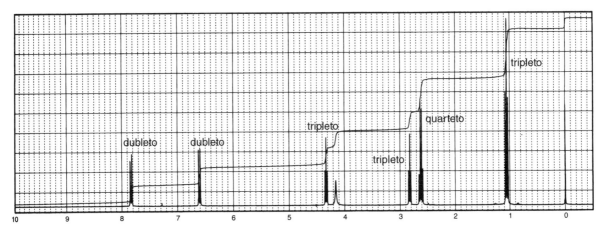

| Carbono normal | DEPT-135 | DEPT-90 |
|---|---|---|
| 12 ppm | Positivo | Nenhum pico |
| 48 | Negativo | Nenhum pico |
| 51 | Negativo | Nenhum pico |
| 63 | Negativo | Nenhum pico |
| 114 | Positivo | Positivo |
| 120 | Nenhum pico | Nenhum pico |
| 132 | Positivo | Positivo |
| 151 | Nenhum pico | Nenhum pico |
| 167 | Nenhum pico | Nenhum pico |

**21.** O espectro UV deste composto não apresenta máximos acima de 250 nm. No espectro de massa, observe que os padrões para os picos $M$, $M + 2$ e $M + 4$ têm uma razão de 1:2:1 (214, 216 e 218 $m/z$). Desenhe a estrutura do composto e comente as estruturas dos fragmentos de massa 135 e 137.

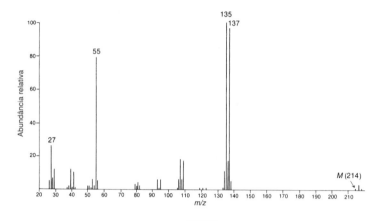

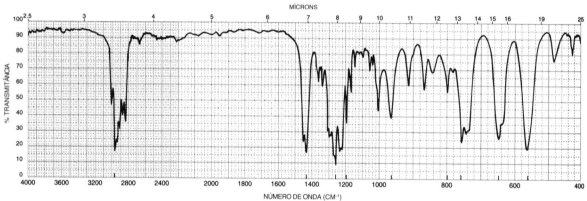

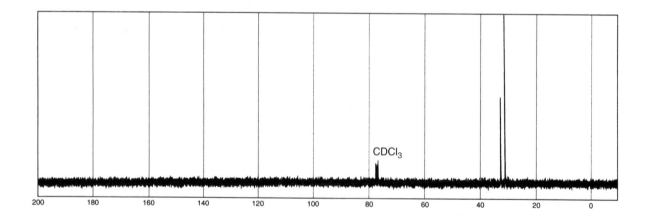

**22.** O espectro UV deste composto é determinado em etanol 95%: $\lambda_{máx.}$ 225 nm (log ε = 4,0) e 270 nm (log ε = 2,8). A fórmula é $C_9H_{12}O_3S$.

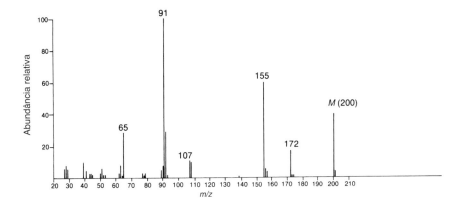

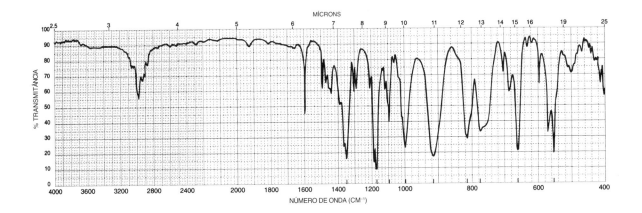

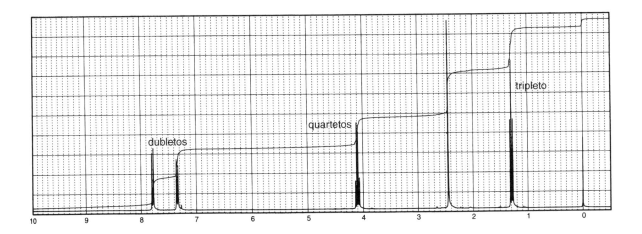

**23.** A fórmula molecular deste composto é $C_9H_{10}O$. Fornecemos aqui os espectros IV e RMN de $^1H$. Também são fornecidas as expansões dos grupos interessantes de picos centralizados por volta de 4,3, 6,35 e 6,6 ppm em RMN de $^1H$. Não tente interpretar o padrão confuso próximo a 7,4 ppm para prótons aromáticos. O pico largo em 2,3 ppm (um próton) depende de solvente e concentração.

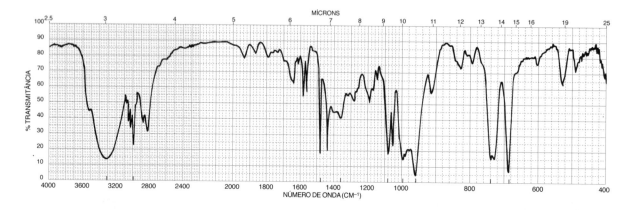

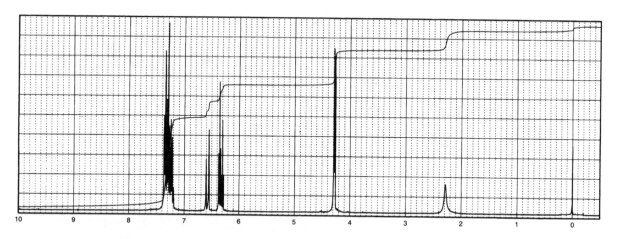

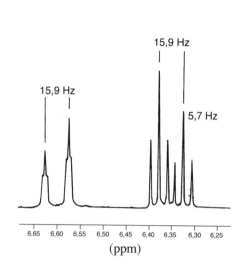

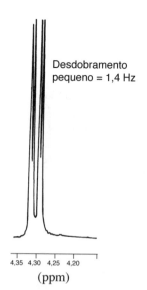

**24.** A fórmula deste composto é C₃H₄O. Fornecemos aqui os espectros IV e RMN de ¹H. Observe que um pico em 3300 cm⁻¹ se sobrepõe ao pico largo vizinho. Também são fornecidas as expansões dos grupos interessantes de picos centrados próximos de 2,5 e 4,3 ppm em RMN de ¹H. O pico em 3,25 ppm (um próton) depende de solvente e concentração.

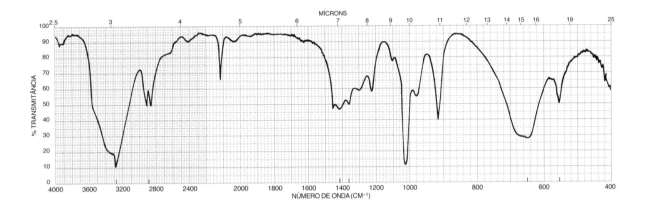

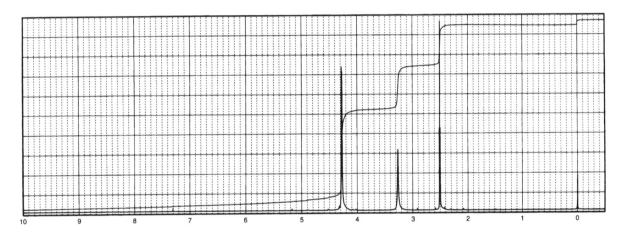

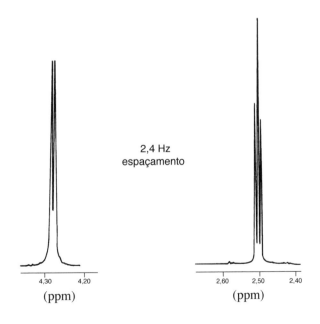

2,4 Hz espaçamento

**25.** A fórmula molecular deste composto é $C_7H_8N_2O_3$. Fornecemos aqui os espectros IV e RMN de $^1$H (obtidos em DMSO-d$_6$). Também são fornecidas as expansões dos grupos interessantes de picos centrados próximos de 7,75, 7,6 e 6,7 ppm em RMN de $^1$H. O pico em 6,45 ppm (dois prótons) depende de solvente e concentração. O espectro UV apresenta picos em 204 nm ($\varepsilon = 1,68 \times 10^4$), 260 nm ($\varepsilon = 6,16 \times 10^3$) e 392 nm ($\varepsilon = 1,43 \times 10^4$). A presença da banda intensa em 392 nm é uma pista importante a respeito das posições de grupos no anel. Essa banda se move para um comprimento de onda mais baixo quando a solução é acidificada. O espectro IV foi determinado em Nujol. As bandas C—H para Nujol em aproximadamente 2920 cm$^{-1}$ encobrem as bandas C—H do composto desconhecido.

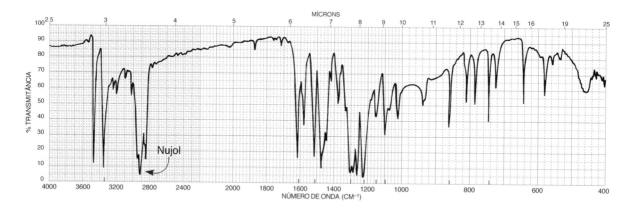

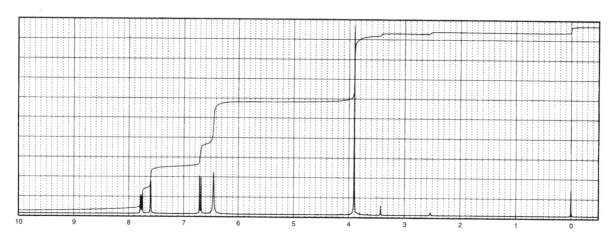

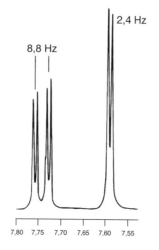

**26.** A fórmula deste composto é $C_6H_{12}N_2$.

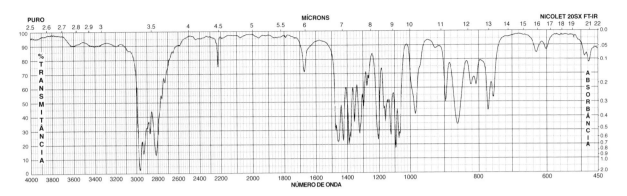

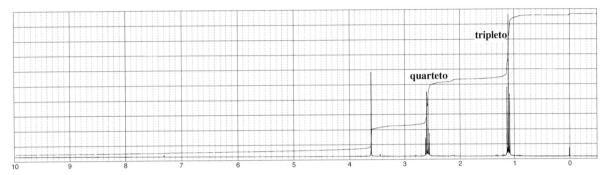

| Carbono normal | DEPT-135 | DEPT-90 |
|---|---|---|
| 13 ppm | Positivo | Nenhum pico |
| 41 | Negativo | Nenhum pico |
| 48 | Negativo | Nenhum pico |
| 213 | Nenhum pico | Nenhum pico |

**27.** A fórmula deste composto é $C_6H_{11}BrO_2$. Determine sua estrutura. Desenhe as estruturas dos fragmentos observados no espectro de massa em 121/123 e 149/151. O espectro RMN de $^{13}C$ apresenta picos em 14, 31, 56, 62 e 172 ppm.

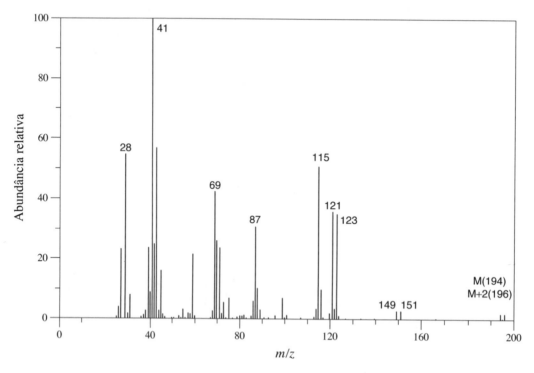

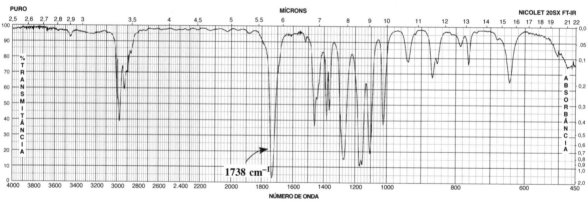

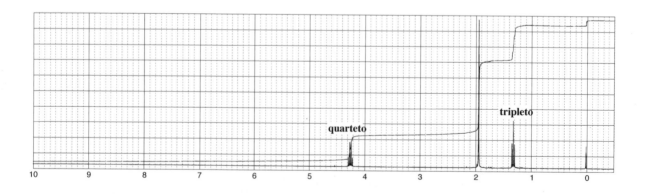

**28.** A fórmula deste composto é $C_9H_{12}O$. O espectro RMN de $^{13}C$ apresenta picos em 28, 31, 57, 122, 124, 125 e 139 ppm.

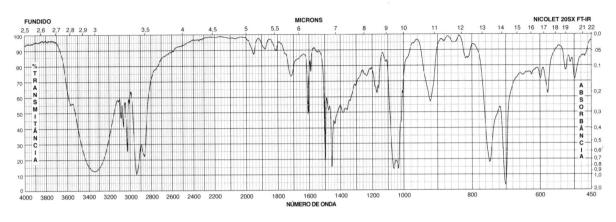

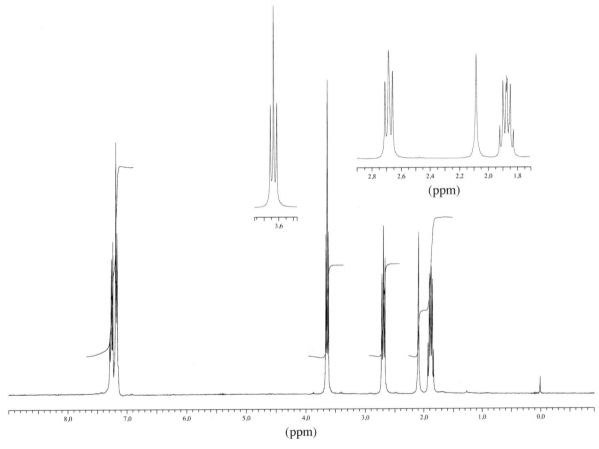

**29.** A fórmula deste composto é $C_6H_{10}O$. O espectro RMN de $^{13}C$ apresenta picos em 21, 27, 31, 124, 155 e 198 ppm.

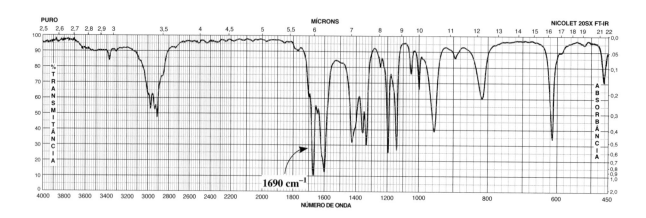

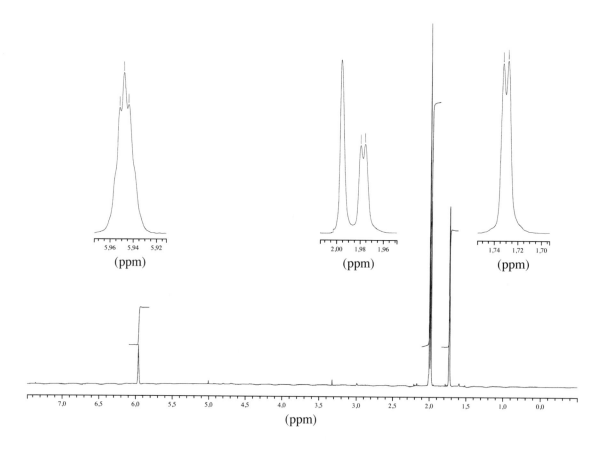

**30.** A fórmula deste composto é $C_{10}H_{10}O_2$. O espectro RMN de $^{13}C$ apresenta picos em 52, 118, 128, 129, 130, 134, 145 e 167 ppm.

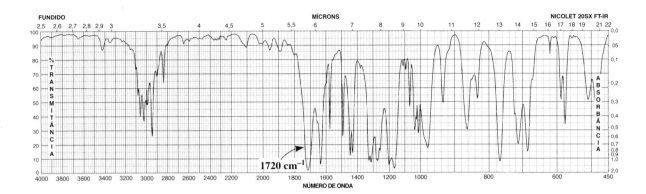

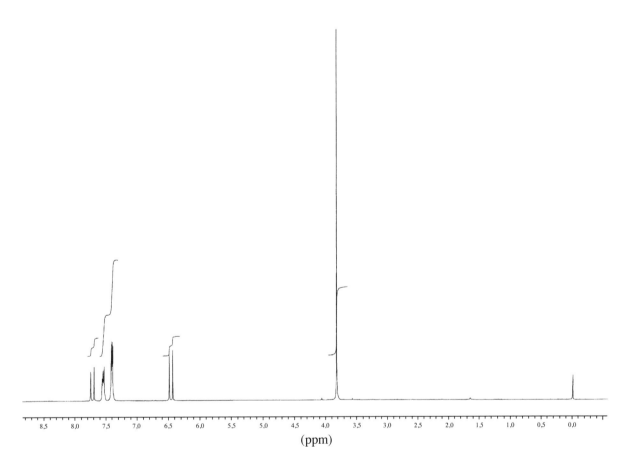

**31.** A fórmula deste composto é $C_5H_8O_2$. O espectro RMN de $^{13}C$ apresenta picos em 14, 60, 129, 130 e 166 ppm.

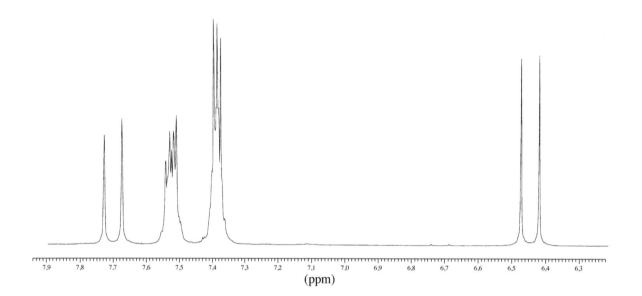

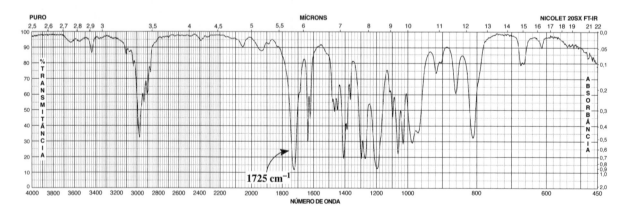

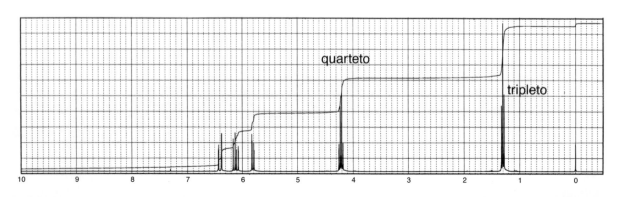

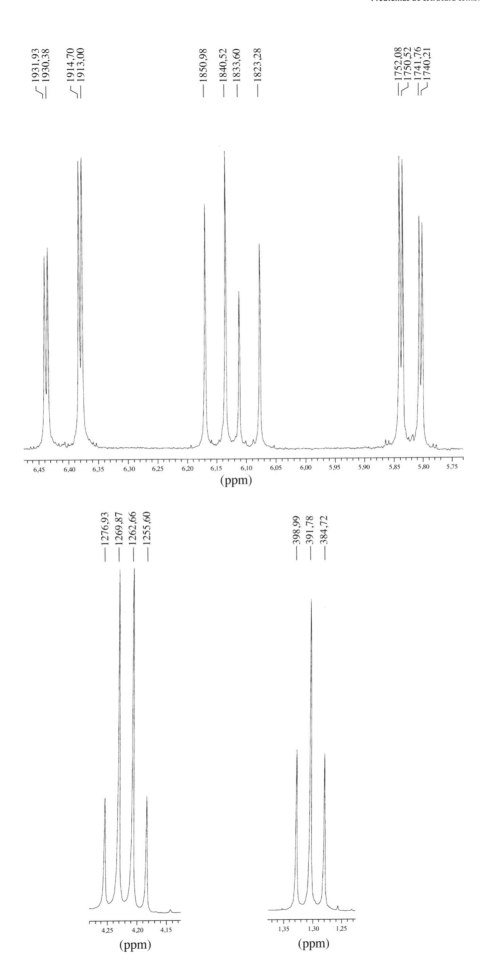

**32.** A fórmula deste composto é $C_6H_{12}O$. Interprete os padrões centrados em 1,3 e 1,58 ppm no espectro RMN de $^1H$.

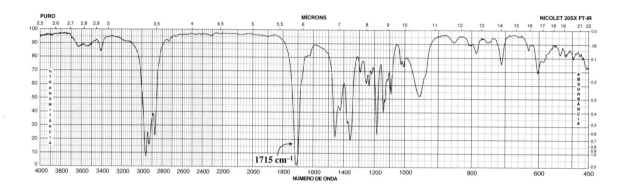

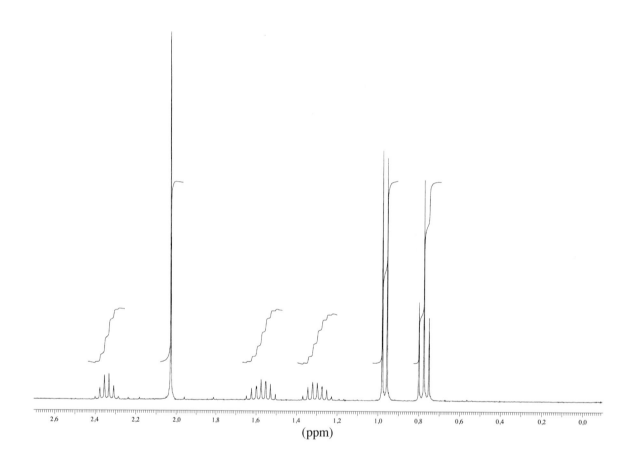

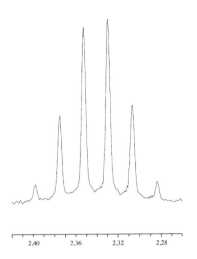

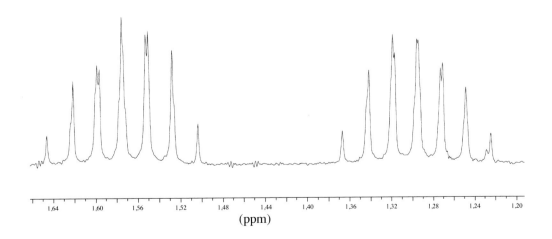

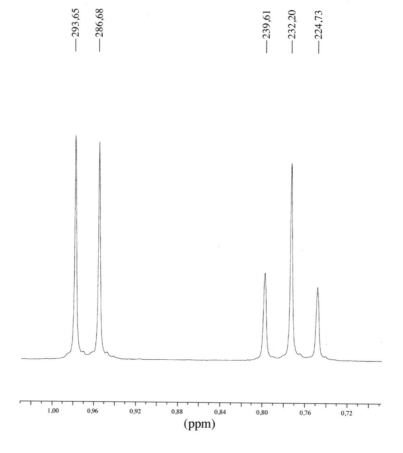

| Carbono normal | DEPT-135 | DEPT-90 |
|---|---|---|
| 12 ppm | Positivo | Nenhum pico |
| 16 | Positivo | Nenhum pico |
| 26 | Negativo | Nenhum pico |
| 28 | Positivo | Nenhum pico |
| 49 | Positivo | Positivo |
| 213 | Nenhum pico | Nenhum pico |

**33.** A fórmula deste composto é $C_9H_{10}O_2$.

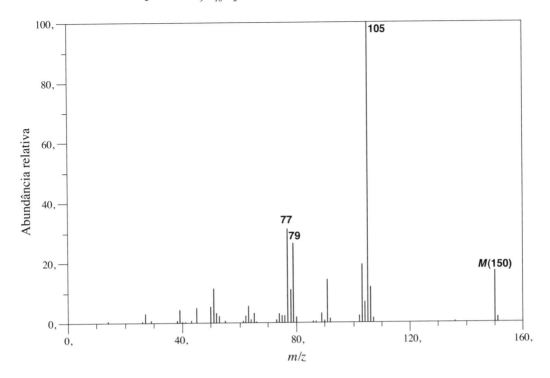

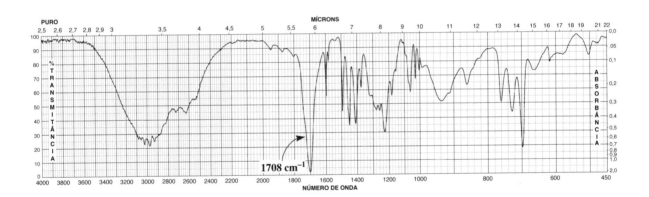

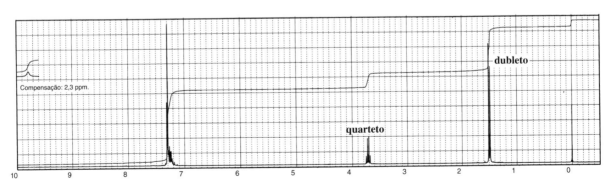

**34.** A fórmula deste composto é $C_8H_{14}O$.

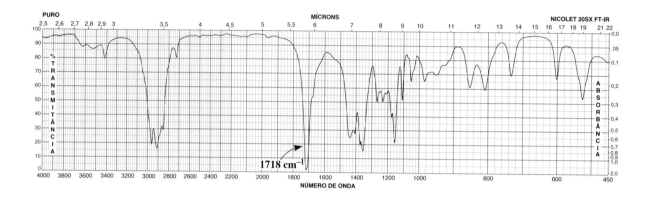

| Carbono normal | DEPT-135 | DEPT-90 |
|---|---|---|
| 18 ppm | Positivo | Nenhum pico |
| 23 | Negativo | Nenhum pico |
| 26 | Positivo | Nenhum pico |
| 30 | Positivo | Nenhum pico |
| 44 | Negativo | Nenhum pico |
| 123 | Positivo | Positivo |
| 133 | Nenhum pico | Nenhum pico |
| 208 | Nenhum pico | Nenhum pico |

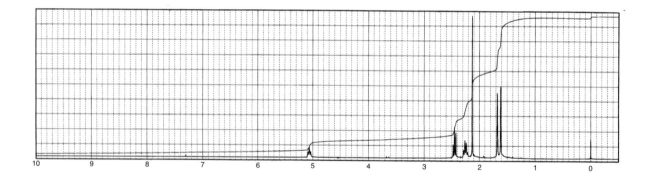

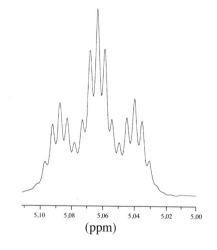

(ppm)

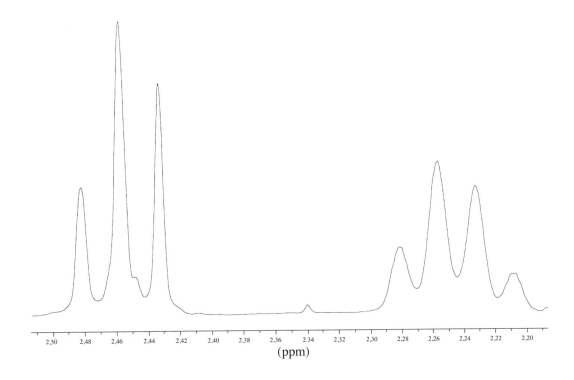

**35.** A fórmula deste composto é $C_6H_6O_3$. O espectro RMN de $^{13}C$ apresenta picos em 52, 112, 118, 145, 146 e 159 ppm.

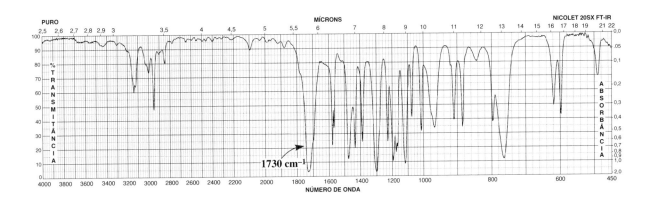

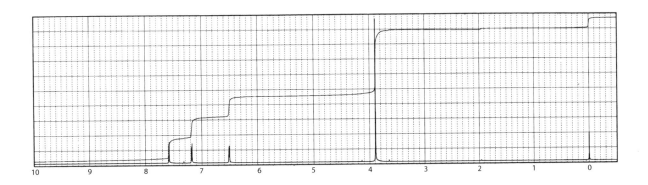

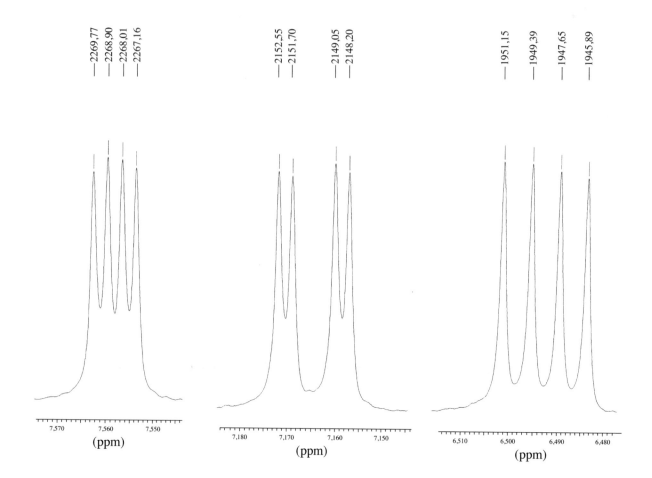

**36.** Um composto com fórmula $C_9H_8O_3$ apresenta uma banda forte em 1661 cm$^{-1}$ no espectro infravermelho. Apresentamos o espectro RMN de $^1$H, mas há um pequeno pico de impureza em 3,35 ppm que deve ser ignorado. São apresentadas expansões dos prótons da região inferior. Além disso, os resultados espectrais de RMN normal de $^{13}$C, DEPT-135 e DEPT-90 são apresentados em tabelas.

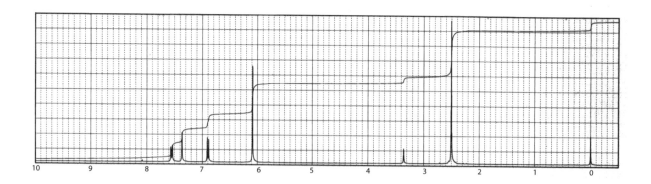

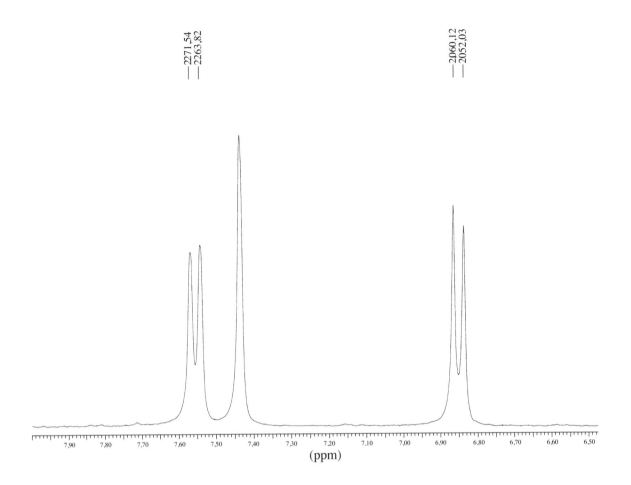

| Carbono normal | DEPT-135 | DEPT-90 |
|---|---|---|
| 26 ppm | Positivo | Nenhum pico |
| 102 | Negativo | Nenhum pico |
| 107 | Positivo | Positivo |
| 108 | Positivo | Positivo |
| 125 | Positivo | Positivo |
| 132 | Nenhum pico | Nenhum pico |
| 148 | Nenhum pico | Nenhum pico |
| 151 | Nenhum pico | Nenhum pico |
| 195 | Nenhum pico | Nenhum pico |

**37.** Um composto com fórmula $C_5H_{10}O_2$ apresenta uma banda muito forte que vai de aproximadamente 3500 a 2500 cm$^{-1}$ no espectro infravermelho. Outra banda proeminente aparece em 1710 cm$^{-1}$. São mostrados os espectros RMN de $^{13}$C e $^1$H. Desenhe a estrutura desse composto.

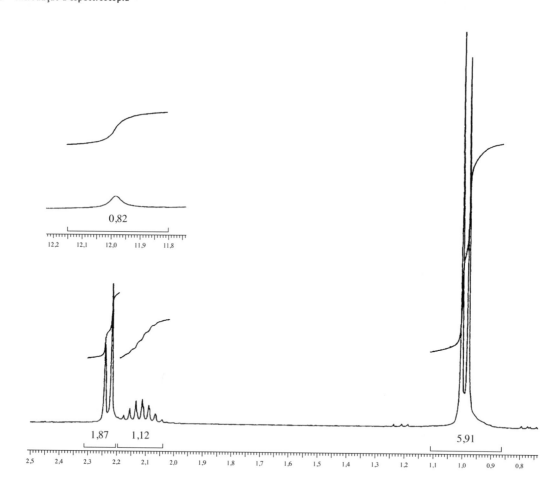
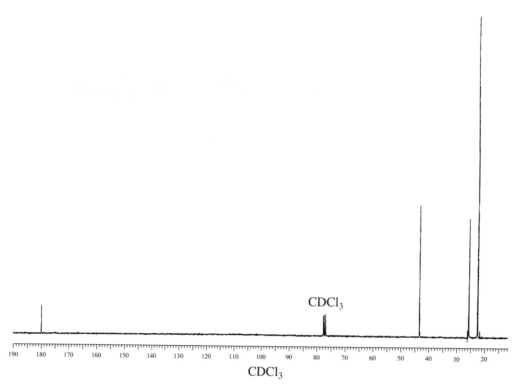

**38.** Um composto com fórmula $C_8H_{14}O_2$ apresenta diversas bandas no espectro infravermelho na região entre 3106 e 2876 cm$^{-1}$. Além disso, há picos fortes que aparecem em 1720 e 1170 cm$^{-1}$. Um pico de tamanho médio aparece em 1640 cm$^{-1}$. São mostrados os espectros RMN de $^{13}$C e $^1$H com os dados DEPT. Desenhe a estrutura desse composto.

| Carbono normal | DEPT-135 | DEPT-90 |
|---|---|---|
| 13,73 ppm | Positivo | Nenhum pico |
| 18,33 | Positivo | Nenhum pico |
| 19,28 | Negativo | Nenhum pico |
| 30,76 | Negativo | Nenhum pico |
| 64,54 | Negativo | Nenhum pico |
| 125,00 | Negativo | Nenhum pico |
| 136,63 | Nenhum pico | Nenhum pico |
| 167,51 | Nenhum pico | Nenhum pico |

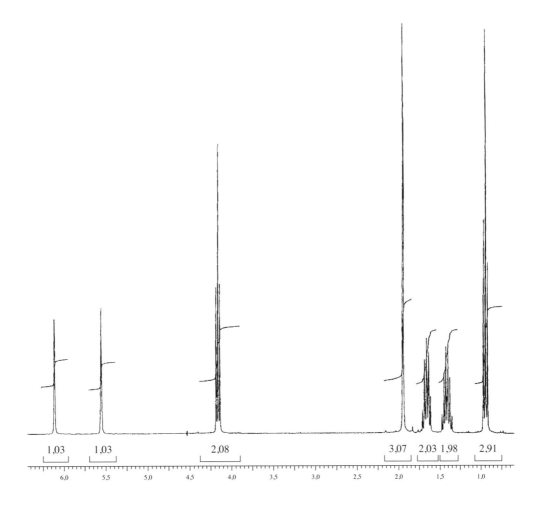

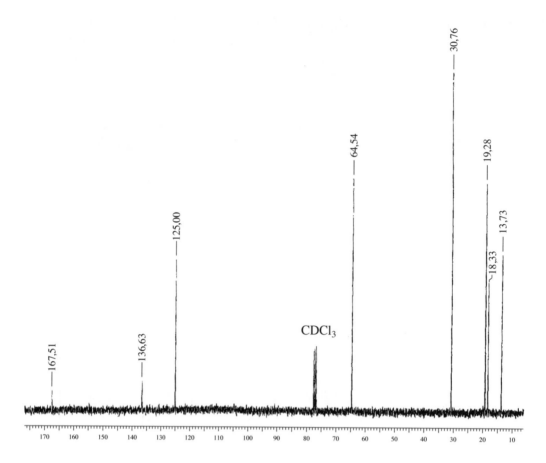

**39.** Um composto com fórmula $C_8H_{10}O$ apresenta um pico largo centrado em aproximadamente 3300 cm$^{-1}$ no espectro infravermelho. Além disso, há diversas bandas na região entre 3035 e 2855 cm$^{-1}$. Há também picos de tamanho médio na região de 1595 a 1445 cm$^{-1}$. São mostrados os espectros RMN de $^{13}$C e $^1$H. Desenhe a estrutura desse composto.

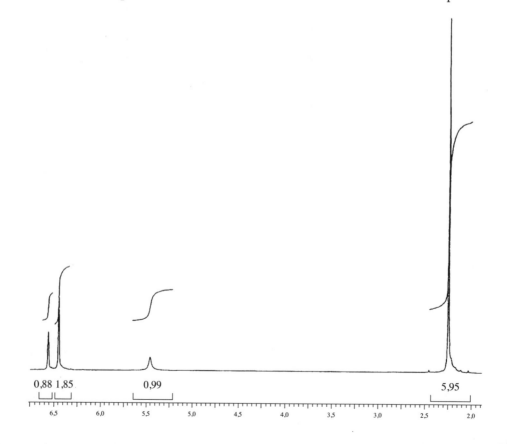

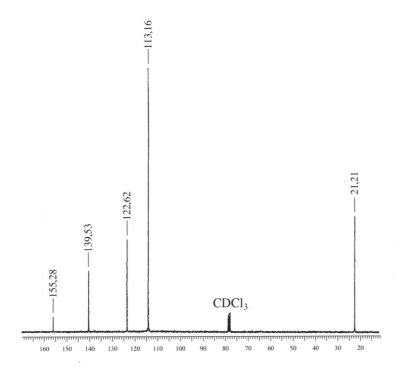

**40.** Um composto com fórmula C₈H₆O₃ apresenta picos fracos entre 3100 e 2716 cm⁻¹ no espectro infravermelho. Aparecem picos muito fortes em 1697 e 1260 cm⁻¹. Há também diversos picos de tamanho médio na faixa de 1605 a 1449 cm⁻¹. São mostrados os espectros RMN de ¹³C e ¹H. Os resultados DEPT estão em tabela. Desenhe a estrutura desse composto.

| Carbono normal | DEPT-135 | DEPT-90 |
|---|---|---|
| 102,10 ppm | Negativo | Nenhum pico |
| 106,80 | Positivo | Positivo |
| 108,31 | Positivo | Positivo |
| 128,62 | Positivo | Positivo |
| 131,83 | Nenhum pico | Nenhum pico |
| 148,65 | Nenhum pico | Nenhum pico |
| 153,05 | Nenhum pico | Nenhum pico |
| 190,20 | Positivo | Positivo (C=O) |

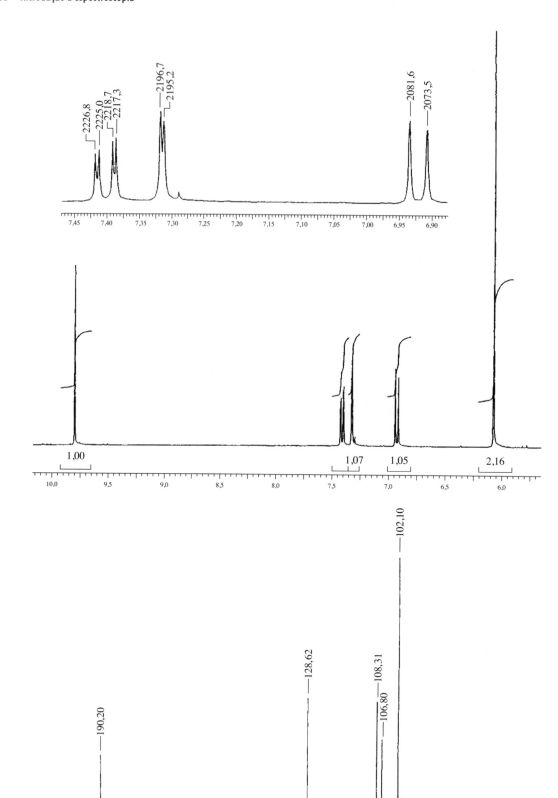

**41.** São apresentados os espectros RMN de $^1$H e $^{13}$C de um composto com fórmula $C_{11}H_8O_2$. Os resultados experimentais DEPT estão em tabela. O espectro infravermelho apresenta um pico amplo centrado em aproximadamente 3300 cm$^{-1}$ e um pico forte em 1670 cm$^{-1}$. Desenhe a estrutura desse composto. *Dica*: Há dois substituintes no mesmo anel naftalênico.

| Carbono normal | DEPT-135 | DEPT-90 |
|---|---|---|
| 111,88 ppm | Nenhum pico | Nenhum pico |
| 118,69 | Positivo | Positivo |
| 120,68 | Positivo | Positivo |
| 124,13 | Positivo | Positivo |
| 127,52 | Nenhum pico | Nenhum pico |
| 128,85 | Positivo | Positivo |
| 128,95 | Positivo | Positivo |
| 132,18 | Nenhum pico | Nenhum pico |
| 138,41 | Positivo | Positivo |
| 164,08 | Nenhum pico | Nenhum pico |
| 193,28 | Positivo | Positivo (C=O) |

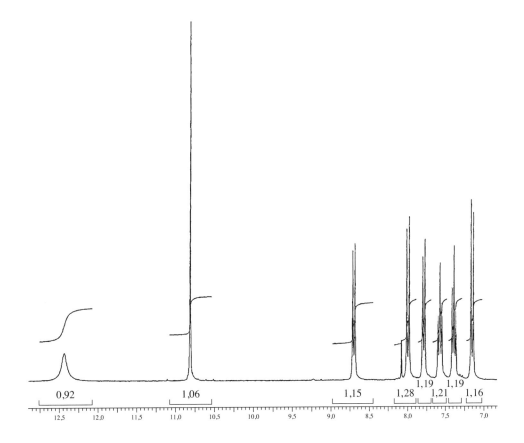

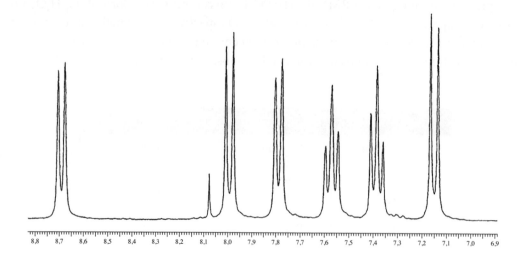

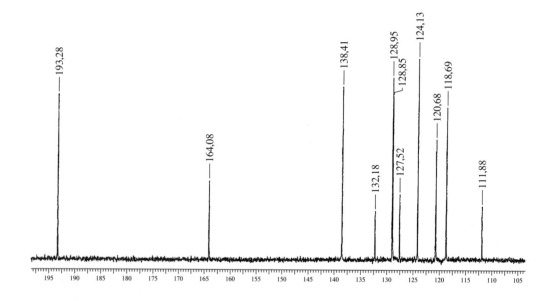

**42.** São apresentados os espectros RMN de $^1$H e $^{13}$C de um composto com fórmula $C_3H_8O_3$. O espectro infravermelho apresenta um pico amplo centrado em aproximadamente 3350 cm$^{-1}$ e picos fortes em 1110 e 1040 cm$^{-1}$. Desenhe a estrutura desse composto e determine as constantes de acoplamento para os picos em 3,55 e 3,64 ppm, que confirmem a estrutura que você desenhou.

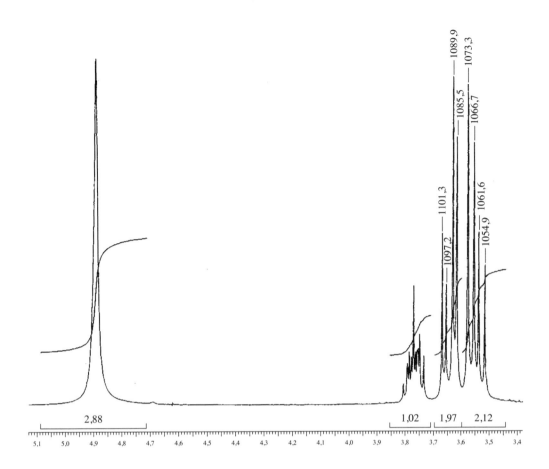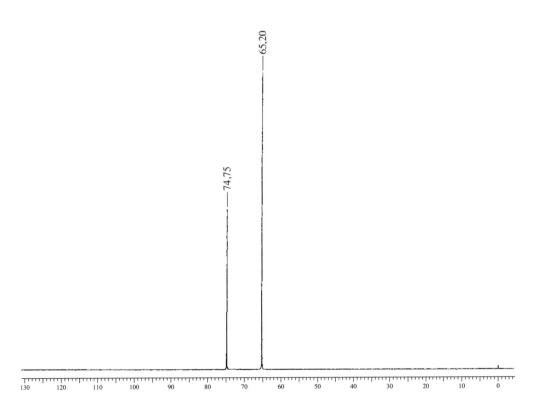

**43.** São apresentados os espectros RMN de $^1$H e $^{13}$C de um composto com fórmula $C_5H_3ClN_2O_2$. O espectro infravermelho apresenta picos de tamanho médio em 3095, 3050, 1590, 1564 e 1445 cm$^{-1}$ e picos fortes em 1519 e 1355 cm$^{-1}$. Determine as constantes de acoplamento a partir dos valores em hertz impressos no espectro RMN de $^1$H. Os dados de constante de acoplamento listados no Apêndice 5 devem ajudá-lo a determinar a(s) estrutura(s) dos compostos condizentes com os dados.

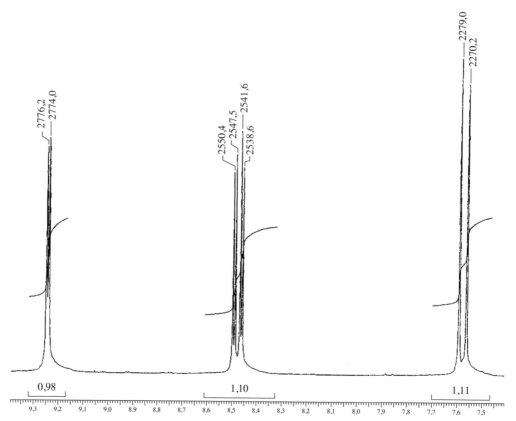

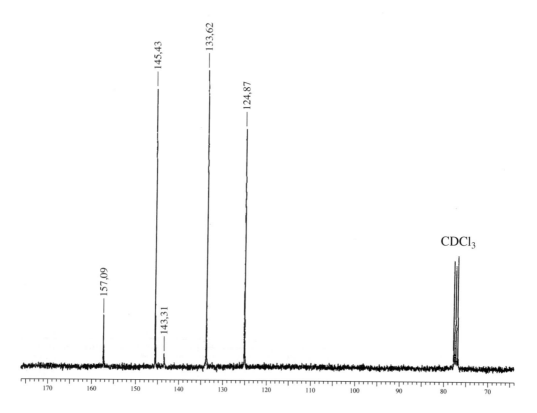

**44.** É apresentado o espectro RMN de ¹H de um composto com fórmula $C_6H_{12}O_2$. Os resultados experimentais DEPT estão em tabela. O espectro infravermelho praticamente não interessa. Há quatro bandas fortes que aparecem na faixa de 1200 a 1020 cm⁻¹. O composto é preparado a partir da reação entre 1,2-etanodiol e 2-butanona. Desenhe a estrutura desse composto.

| Carbono normal | DEPT - 135 | DEPT - 90 |
|---|---|---|
| 8,35 ppm | Positivo | Nenhum pico |
| 23,31 | Positivo | Nenhum pico |
| 31,98 | Negativo | Nenhum pico |
| 64,70 | Negativo | Nenhum pico |
| 110,44 | Nenhum pico | Nenhum pico |

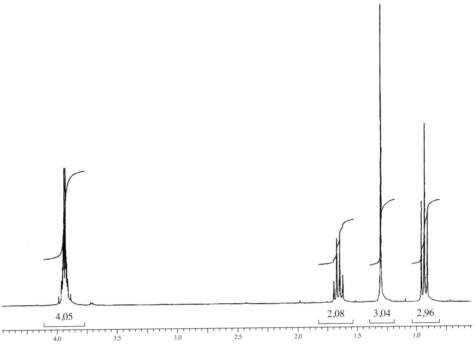

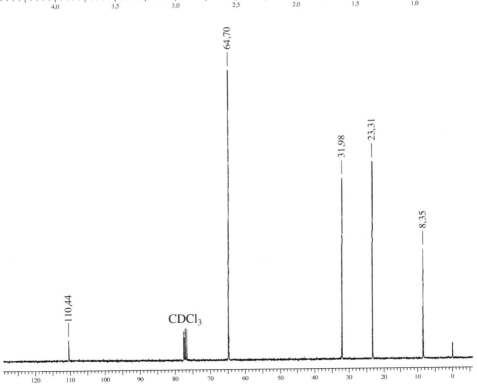

**45.** É apresentado o espectro RMN de $^1$H de um composto com fórmula $C_7H_{14}O$. Os resultados experimentais DEPT estão em tabela. O espectro infravermelho apresenta bandas em 3080, 2960, 2865 e 1106 cm$^{-1}$, e uma banda de intensidade média em 1647 cm$^{-1}$. Desenhe a estrutura desse composto.

| Carbono normal | DEPT-135 | DEPT-90 |
| --- | --- | --- |
| 13,93 ppm | Positivo | Nenhum pico |
| 19,41 | Negativo | Nenhum pico |
| 31,91 | Negativo | Nenhum pico |
| 70,20 | Negativo | Nenhum pico |
| 71,80 | Negativo | Nenhum pico |
| 116,53 | Negativo | Nenhum pico |
| 135,16 | Positivo | Positivo |

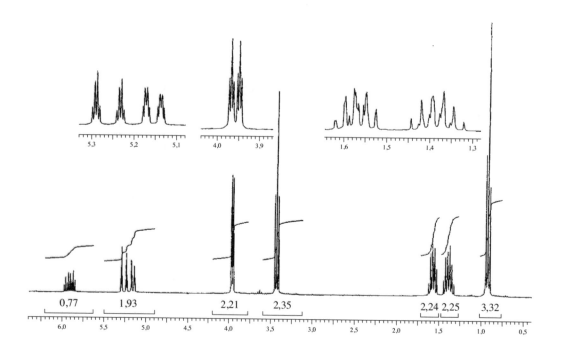

## FONTES DE PROBLEMAS ADICIONAIS

### Livros com problemas de espectros combinados

FIELD, L. D. et al. *Organic structures from spectra.* 5. ed. Nova York: John Wiley and Sons, 2013.

FUCHS, P. L.; BUNNELL, C. A. *Carbon-13 NMR-based organic spectral problems.* Nova York: John Wiley and Sons, 1979.

HUGGINS, M. et al. *2D NMR-based organic spectroscopy problems.* Englewood Cliffs: Prentice Hall, 2010.

SILVERSTEIN, R. M. et al. *Spectrometric identification of organic compounds.* 7. ed. Nova York: John Wiley and Sons, 2005.

SIMPSON, J. H. *Organic structure determination using 2-D NMR spectroscopy*: a problem-based approach. 2. ed. San Diego: Academic Press, 2012.

TABER, D. F. *Organic spectroscopy structure determination:* a problem-based learning approach. Oxford: Oxford University Press, 2007.

TOMASI, R. A. *A spectrum of spectra.* Sunbelt R&T, Inc., 1946 S. 74 E. Ave., Tulsa, OK 741112-7716, phone 918-627-9655. Está disponível a versão em CD-ROM.

WILLIAMS, D. H.; FLEMING, I. *Spectroscopic methods in organic chemistry.* 6. ed. Londres: Mc-Graw-Hill, 2008.

## Compilações de espectros e tabelas de dados espectrais

POUCHERT, C. J.; BEHNKE, J. *The Aldrich Library of $^{13}C$ and $^1H$ FT-NMR Spectra, 300 MHz.* Milwaukee, Aldrich Chemical Company, 1993.

PRETSCH, E. et al. *Structure determination of organic compounds. tables of spectral data.* 3. ed. Berlim: Springer-Verlag, 2000.

## *Sites* com problemas de espectros combinados

http://orgchem.colorado.edu/Spectroscopy/Problems/index.html

Este site do Departamento de Química e Bioquímica da Universidade do Colorado em Boulder inclui tutoriais de infravermelho e RMN, juntamente com 20 problemas que incluem fórmula molecular, infravermelho e espectro de $^1H$ de campo baixo. Os problemas são classificados de fácil a mais difícil e incluem as suas respostas. Este site é altamente recomendado.

http://www.chem.ucla.edu/~webspectra/

O Departamento de Química e Bioquímica da Ucla, em parceria com o Laboratório de Isótopos da Universidade de Cambridge, apresenta o WebSpectra, uma notável coleção de 75 problemas combinados para os alunos interpretarem. Todos os problemas incluem espectros RMN de $^1H$ e $^{13}C$, mas alguns também incluem espectros de infravermelhos e espectros de DEPT e COSY. São expostas as fórmulas para cada uma das incógnitas. Não estão incluídos dados de espectros de massa. Este site é altamente recomendado. São fornecidas as soluções para os problemas e links para outros sites que disponibilizam problemas.

http://www3.nd.edu/~smithgrp/structure/workbook.html

O grupo Smith da Universidade de Notre Dame fornece 64 problemas combinados que incluem fórmulas moleculares, espectros de infravermelho, espectros de RMN de 500 MHz $^1H$ e 125 MHz $^{13}C$ e dados espectrais de massa. Os problemas são classificados de acordo com a dificuldade. As respostas não são apesentadas.

http://www2.chemistry.msu.edu/faculty/reusch/VirtTxtJml/Spectrpy/spectro.htm

O excelente site apresentado pelo Professor William Reusch do Departamento de Química da Universidade Estadual de Michigan inclui material de apoio para espectroscopia de infravermelho, espectroscopia de RMN, espectroscopia de UV e espectrometria de massa. Alguns problemas estão incluídos. O site inclui links para outros sites que disponibilizam problemas espectrais.

## *Sites* em que há dados espectrais

http://sdbs.riodb.aist.go.jp/sdbs/cgi-bin/cre_index.cgi?lang=eng

Sistema de Base de Dados Espectrais Integrados de Compostos Orgânicos, Instituto Nacional de Materiais e Pesquisas Químicas, Tsukuba, Ibaraki 305-8565, Japão. Esse banco de dados inclui dados espectrais de infravermelho, massa e dados de RMN (de prótons e carbono-13). Quando a fórmula ou nome é fornecido, este site mostra o espectro real.

http://webbook.nist.gov/chemistry/

O site do Instituto Nacional de Padrões e Tecnologia (NIST) inclui espectros de infravermelho em fase gasosa e dados espectrais de massa.

# Apêndices

# APÊNDICE 1

*Frequências de absorção no infravermelho de grupos funcionais*

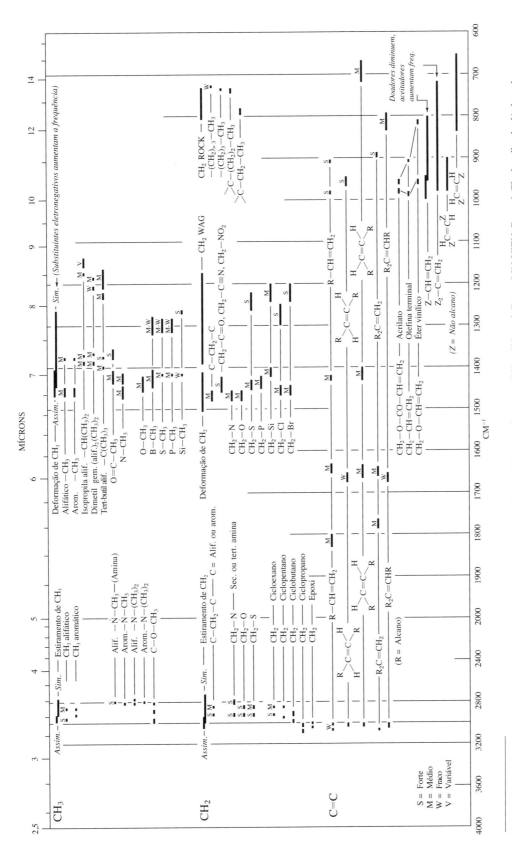

Gráficos de correlação espectros-estrutura de Colthup para frequências no infravermelho na região entre 4000 e 600 cm$^{-1}$. Fonte: LIN-VIEN, D. et al. *The handbook of infrared and raman characteristic frequencies of organic molecules*. Nova York: Academic Press, 1991.

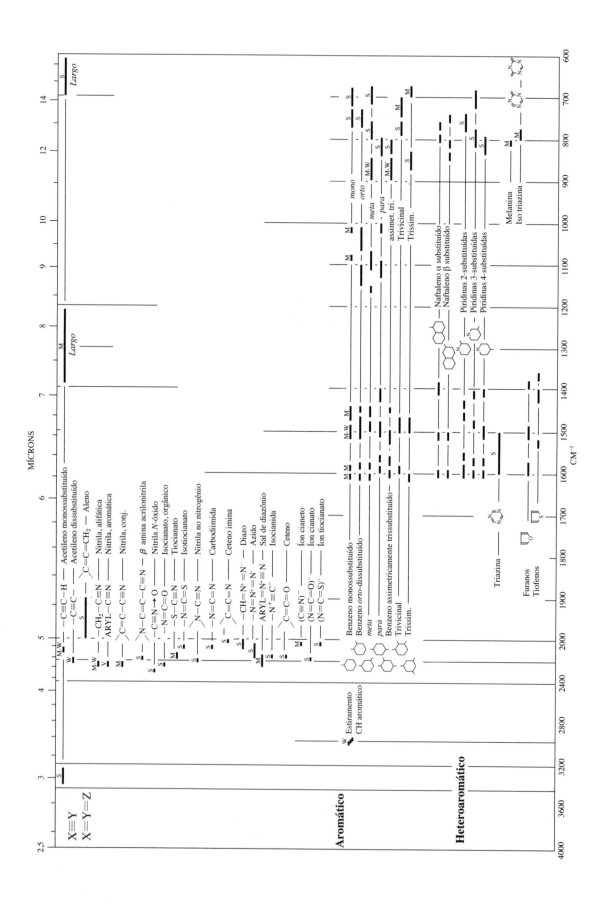

Apêndices 667

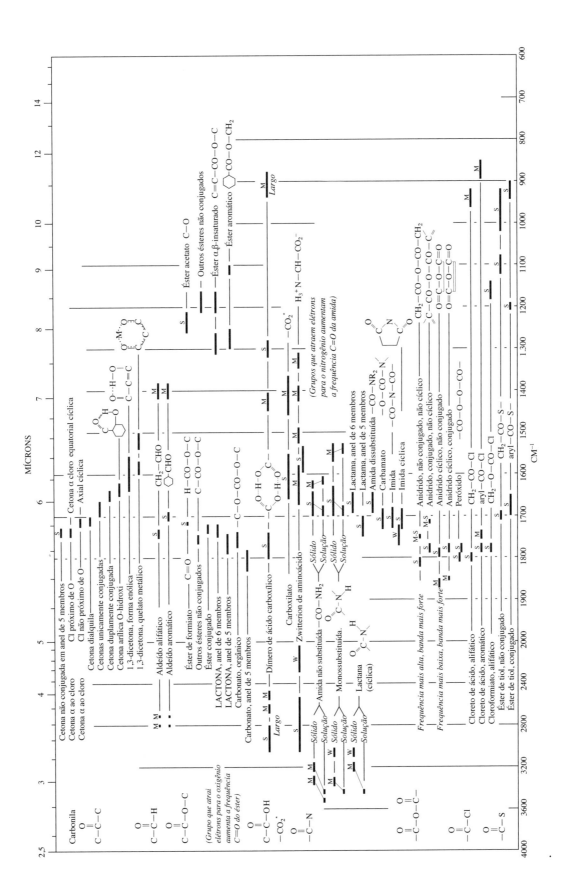

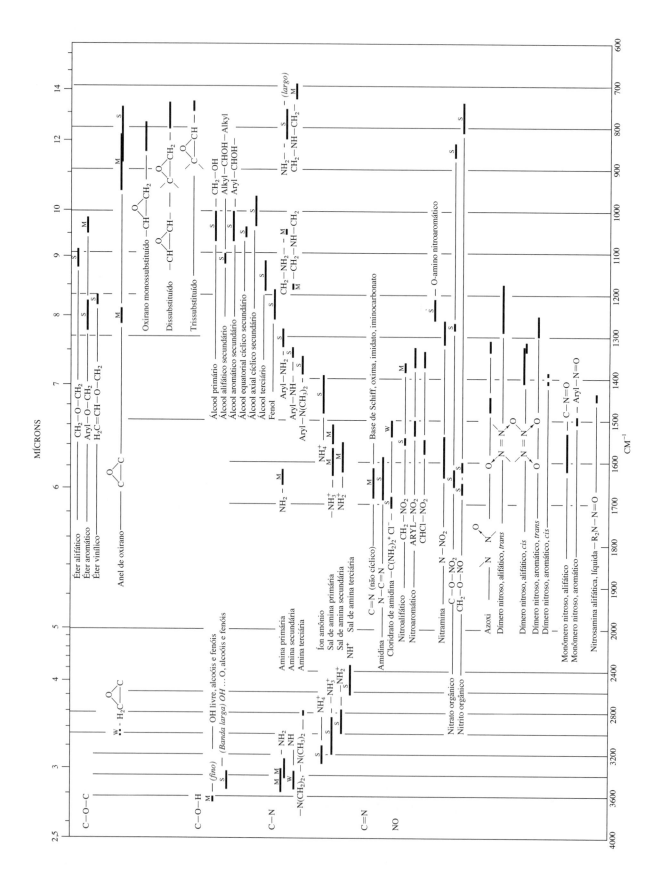

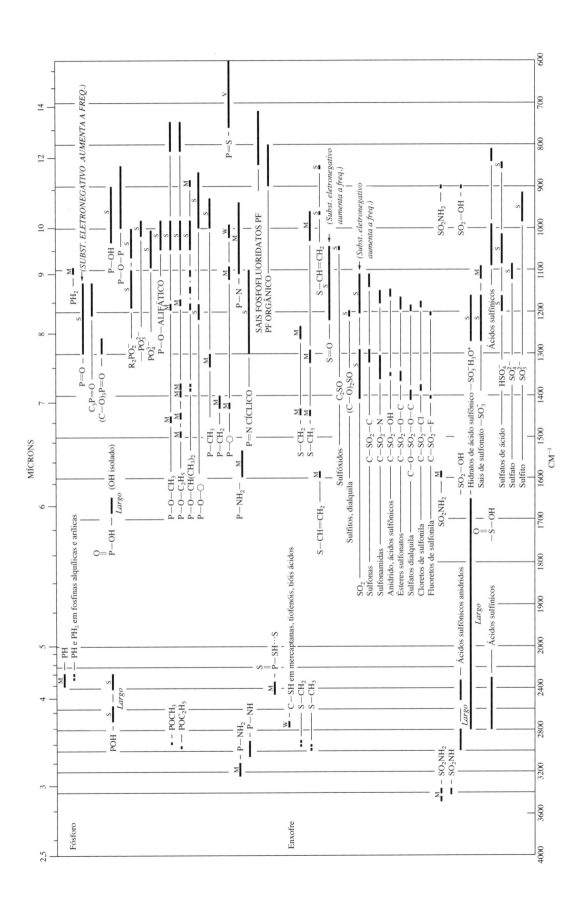

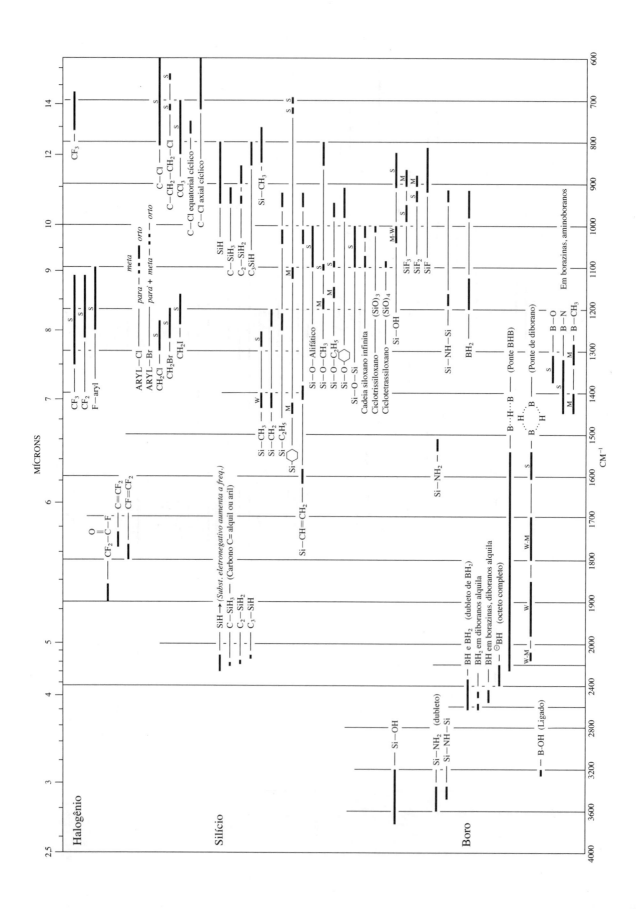

# APÊNDICE 2

*Faixas aproximadas de deslocamento químico de $^1H$ (ppm) para alguns tipos de prótons*[a]

| | | | | |
|---|---|---|---|---|
| R–CH$_3$ | | 0,7 – 1,3 | R–N–C–H | 2,2 – 2,9 |
| R–CH$_2$–R | | 1,2 – 1,4 | | |
| R$_3$CH | | 1,4 – 1,7 | R–S–C–H | 2,0 – 3,0 |
| R–C=C–C–H | | 1,6 – 2,6 | I–C–H | 2,0 – 4,0 |
| R–C(=O)–C–H, H–C(=O)–C–H | | 2,1 – 2,4 | Br–C–H | 2,7 – 4,1 |
| RO–C(=O)–C–H, HO–C(=O)–C–H | | 2,1 – 2,5 | Cl–C–H | 3,1 – 4,1 |
| N≡C–C–H | | 2,1 – 3,0 | R–S(=O)$_2$–O–C–H | ca. 3,0 |
| Ph–C–H | | 2,3 – 2,7 | RO–C–H, HO–C–H | 3,2 – 3,8 |
| R–C≡C–H | | 1,7 – 2,7 | R–C(=O)–O–C–H | 3,5 – 4,8 |
| R–S–H | var | 1,0 – 4,0[b] | O$_2$N–C–H | 4,1 – 4,3 |
| R–N–H | var | 0,5 – 4,0[b] | F–C–H | 4,2 – 4,8 |
| R–O–H | var | 0,5 – 5,0[b] | | |
| Ph–O–H | var | 4,0 – 7,0[b] | R–C=C–H | 4,5 – 6,5 |
| Ph–N–H | var | 3,0 – 5,0[b] | Ph–H | 6,5 – 8,0 |
| | | | R–C(=O)–H | 9,0 – 10,0 |
| R–C(=O)–N–H | var | 5,0 – 9,0[b] | R–C(=O)–OH | 11,0 – 12,0 |

[a] Para os hidrogênios indicados como –C–H: se esse hidrogênio for parte de um grupo metila (CH$_3$), o deslocamento estará, em geral, no extremo inferior da faixa; se o hidrogênio estiver em um grupo metileno (–CH$_2$–), o deslocamento será intermediário; e se o hidrogênio estiver em um grupo metina (–CH–), o deslocamento tipicamente estará no extremo superior da faixa.

[b] O deslocamento químico desses grupos varia, dependendo não apenas do ambiente químico na molécula, mas também da concentração, da temperatura e do solvente.

## APÊNDICE 3

*Alguns valores[a] de deslocamento químico de ¹H representativos de vários tipos de prótons[b]*

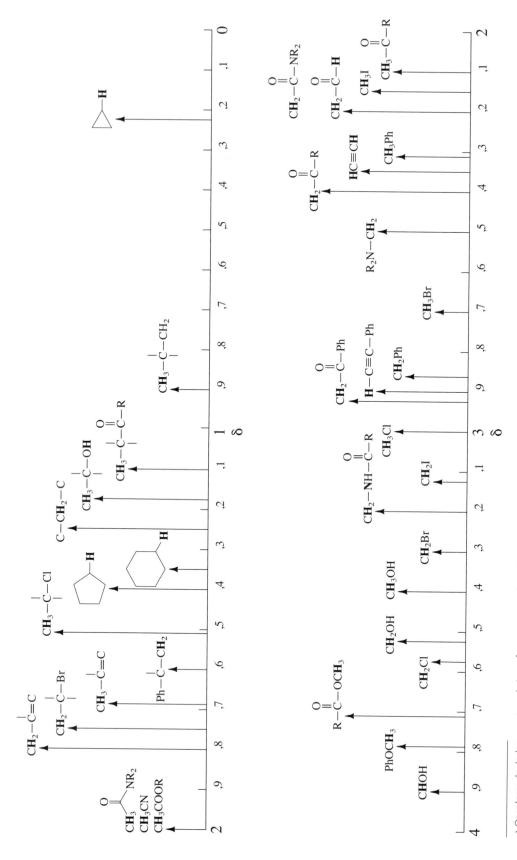

[a] Os valores de deslocamento químico referem-se aos prótons H em negrito, não aos H, em tipo normal.
[b] Adaptado, com permissão, de LANDGREBE, J. A. *Theory and practice in the organic laboratory*. 4. ed. Pacific Grove, CA: Brooks, Cole Publishing, 1993.

Apêndices 673

674  Introdução à espectroscopia

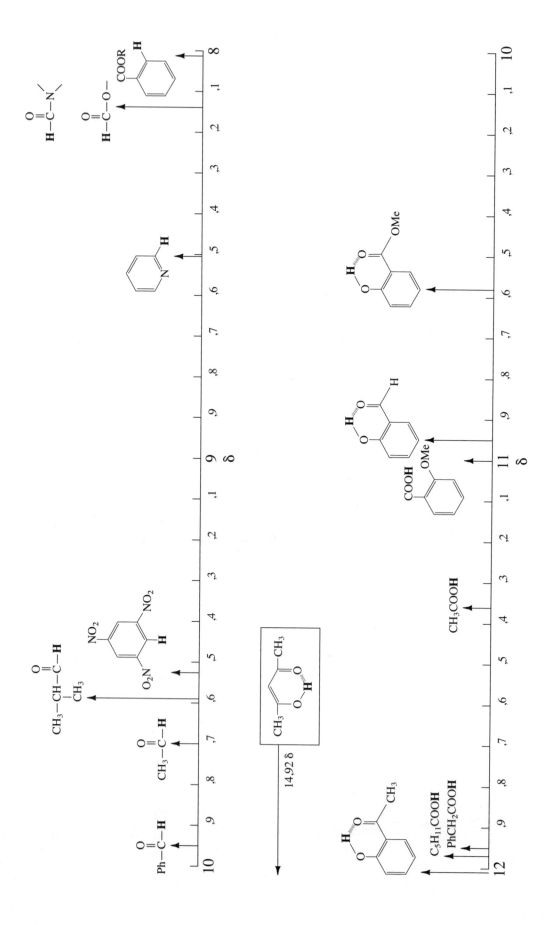

# APÊNDICE 4

*Deslocamentos químicos de ¹H de alguns compostos aromáticos heterocíclicos e policíclicos*

## APÊNDICE 5

*Constantes de acoplamento típicas de prótons*

### Alcanos e alcanos substituídos

| Tipo | Valores típicos (Hz) | Faixa (Hz) | |
|---|---|---|---|
| H-C-H  $^2J$ geminal | 12 | 12–15 | (Para um ângulo de 109° de H–C–H) |
| H-C-C-H  $^3J$ vicinal | 7 | 6–8 | (Depende do ângulo diédrico HCCH) |
| ciclohexano  $^3J$ a,a / $^3J$ a,e / $^3J$ e,e | 10 / 5 / 3 | 8–14 / 0–7 / 0–5 | Em sistemas de conformação rígida (em sistemas que sofrem inversão, todos os $J \approx 7$–8 Hz) |
| ciclopropano  $^3J$ cis ($H_bH_c$) / $^3J$ trans ($H_aH_c$) / $^2J$ gem ($H_aH_b$) | 9 / 6 / 6 | 6–12 / 4–8 / 3–9 | |
| epóxido  $^3J$ cis ($H_bH_c$) / $^3J$ trans ($H_aH_c$) / $^2J$ gem ($H_aH_b$) | 4 / 2,5 / 5 | 2–5 / 1–3 / 4–6 | |
| H–C–C–C–H  $^4J$ | 0 | 0–7 | (Configuração *W* obrigatória – sistemas excitados têm valores maiores) |

### Alcenos e Cicloalcenos ($^2J$ e $^3J$)

| Tipo | Valores típicos (Hz) | Faixa (Hz) | Tipo | Valores típicos (Hz) | Faixa (Hz) |
|---|---|---|---|---|---|
| =CH$_2$  $^2J$ gem | <1 | 0–5 | ciclopropeno  $^3J$ | 2 | 0–2 |
| cis HC=CH  $^3J$ cis | 10 | 6–15 | ciclobuteno  $^3J$ | 4 | 2–4 |
| trans HC=CH  $^3J$ trans | 16 | 11–18 | ciclopenteno  $^3J$ | 6 | 5–7 |
| H–C=C–H  $^3J$ | 5 | 4–10 | ciclohexeno  $^3J$ | 10 | 8–11 |
| H$_2$C=C–CH  $^3J$ | 10 | 9–13 | | | |

## Alcenos e Alcinos ($^4J$ e $^5J$)

| Tipo | Valores típicos (Hz) | Faixa (Hz) | Tipo | Valores típicos (Hz) | Faixa (Hz) |
|---|---|---|---|---|---|
| H—C=C—C—H  $^4J$ (cis ou trans) Alílico | 1 | 0–3 | H—C≡C—C—H  $^4J$ Alílico | 2 | 2–3 |
| H—C—C=C—C—H  $^5J$ Homoalílico | 0 | 0–1,5 | H—C—C≡C—C—H  $^5J$ Homoalílico | 2 | 2–3 |

## Aromáticos e Heterociclos

| Tipo | | Valores típicos (Hz) | Faixa (Hz) | Tipo | | Faixa (Hz) |
|---|---|---|---|---|---|---|
| benzeno | $^3J$ orto  $^4J$ meta  $^5J$ para | 8  3  <1 | 6–10  1–4  0–2 | tiofeno | $^3J$ αβ  $^4J$ αβ'  $^4J$ αα'  $^3J$ ββ' | 4,6–5,8  1,0–1,5  2,1–3,3  3,0–4,2 |
| furano | $^3J$ αβ  $^4J$ αβ'  $^4J$ αα'  $^3J$ ββ' | | 1,6–2,0  0,3–0,8  1,3–1,8  3,2–3,8 | piridina | $^3J$ αβ  $^4J$ αγ  $^5J$ αβ'  $^4J$ αα'  $^3J$ βγ  $^4J$ ββ' | 4,9–5,7  1,6–2,0  0,7–1,1  0,2–0,5  7,2–8,5  1,4–1,9 |
| pirrol | $^3J$ αβ  $^4J$ αβ'  $^4J$ αα'  $^3J$ ββ' | | 2,0–2,6  1,0–1,5  1,8–2,3  2,8–4,0 | | | |

## Alcoóis

| Tipo | Valores típicos (Hz) | Faixa (Hz) |
|---|---|---|
| H—C—OH  $^3J$  (Não ocorrem trocas) | 5 | 4–10 |

## Aldeídos

| Tipo | Valores típicos (Hz) | Faixa (Hz) |
|---|---|---|
| H—C(=O)—H  $^3J$ | 2 | 1–3 |
| CH₂=CH—CHO  $^3J$ | 6 | 5–8 |

## Constantes de acoplamento de prótons com outros núcleos

| Tipo | Valores típicos (Hz) | Tipo | Valores típicos (Hz) | Tipo | Valores típicos (Hz) |
|---|---|---|---|---|---|
| H–C–F ($^2J$) | 44–81 | R–P(–H)–H ($^1J$) | ~190 | N–H | ~52 |
|  |  |  |  | H–C–N–H | ~0 |
| H–C–C–F ($^3J$) | 3–25 | O=P(–)–H ($^1J$) | ~650 |  |  |
| H–C–C–C–F ($^4J$) | ~0 | H–C–P(=O)– ($^2J$) | ~17 |  |  |
| D–C–H ($^2J$) | ~2 | H–C–C–O–P(=O)– ($^4J$) | ~0 |  |  |
| H–C–C–D ($^3J$) | <1 (Leva apenas a alargamento de picos) | H–C–O–P(=O)– ($^3J$) | ~8 |  |  |

**Prótons para as constantes de acoplamento do flúor ($^1J$, $^2J$ e distâncias mais longas)**

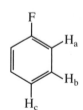

$C_a$ 4,45 ppm, dubleto de tripletos 2H ($^2J\ H_aF$ = 47,4 Hz, $H_aH_b$ = 6,3 Hz)

$C_b$ 1,70 ppm, dubleto de quintetos 2H ($^3J\ H_bF$ = 25,0 Hz, $H_bH_a$ = $H_bH_c$ = 6 Hz)

$C_c$ e $C_d$, 1,40 ppm, multipleto 4H ($^4J\ HF$ = 0)

$C_e$ 0,95 ppm, tripleto ($^5J\ HF$ = 0, $H_eH_d$ = 7,0 Hz)

7,03 ppm, dubleto de dubletos 2H ($H_aH_b$ = 8,8 Hz, $^3J\ H_aF$ = 8,9 Hz).
Aparência de um tripleto, com estrutura fina.

7,30 ppm, tripleto de dubletos 2H ($H_bH_a$ e $H_bH_c$ = 7,8, $^4J\ H_bF$ = 5,8).
Aparência de um quarteto, com estrutura fina.

7,10 ppm, tripleto de dubletos 1H ($H_cH_b$ = 7,4, $^5J\ H_cF$ = 0,8).
Aparência de um tripleto.

## Prótons para as constantes de acoplamento do fósforo ($^1J$, $^2J$, $^3J$ e $^4J$)

Estas constantes de acoplamento dependem do estado de oxidação do átomo de fósforo.

### Sais de fósforo

$$CH_3 \overset{Cl^-}{\underset{\underset{CH_3}{|}}{\overset{\overset{CH_3}{|}}{\underset{}{-}\overset{+}{P}-}}} CH_3$$

Cloreto de fosfônio tetrametil

$^2J = 14{,}7$ Hz

### Fósforo trivalente

$$\underset{CH_3}{\overset{CH_3}{\diagdown}}P-CH_3$$

Trimetil fosfina

$^2J = 1{,}8$ Hz

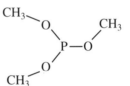

Fosfito de trimetilo

$^3J = 10{,}7$ Hz

### Fosfato, fosfonato e ésteres fosfito

$$CH_3-O-\underset{\underset{O}{\|}}{\overset{\overset{CH_3}{\underset{O}{|}}}{P}}-O-CH_3$$

Fosfato trimetoxi

$^3J = 11{,}0$ Hz

$$HO-\underset{\underset{O}{\|}}{\overset{\overset{CH_3}{|}}{P}}-O-CH_2-CH_3$$

Etil metilfosfonato

$^2J = 17{,}6$ Hz
$^3J = 8$ Hz
$^4J = 0$ Hz

$$CH_3-O-\underset{\underset{O}{\|}}{\overset{\overset{H}{|}}{P}}-O-CH_3$$

Fosfito de dimetilo

$^1J = 697{,}5$ Hz
$^3J = 11{,}8$ Hz

# APÊNDICE 6

*Cálculo de deslocamento químico de prótons ($^1H$)*

## Tabela A6.1 Cálculos de deslocamento químico de $^1H$ para compostos metilênicos dissubstituídos

X—CH$_2$—X  ou  X—CH$_2$—Y    $\delta_H$ ppm = 0,23 + constantes de $\Sigma$

| Substituintes | Constantes | Substituintes | Constantes |
|---|---|---|---|
| Alcanos, alcenos, alcinos, aromáticos | | Ligado a oxigênio | |
| —R | 0,47 | —OH | 2,56 |
| \C=C/ | 1,32 | —OR | 2,36 |
| —C≡C— | 1,44 | —OCOR | 3,13 |
| —C$_6$H$_5$ | 1,85 | —OC$_6$H$_5$ | 3,23 |
| Ligado a nitrogênio e enxofre | | Ligado a halogênio | |
| —NR$_2$ | 1,57 | —F | 4,00 |
| —NHCOR | 2,27 | —Cl | 2,53 |
| —NO$_2$ | 3,80 | —Br | 2,33 |
| —SR | 1,64 | —I | 1,82 |
| Cetonas | | Derivados de ácidos carboxílicos | |
| —COR | 1,70 | —COOR | 1,55 |
| —COC$_6$H$_5$ | 1,84 | —CONR$_2$ | 1,59 |
| | | —C≡N | 1,70 |

## EXEMPLO DE CÁLCULOS:

A fórmula possibilita que se calculem os valores *aproximados* de deslocamento químico de prótons ($^1H$) com base no metano (0,23 ppm). Apesar de ser possível calcular deslocamentos químicos de qualquer próton (metila, metileno ou metina), coincidências com valores experimentais ocorrem mais com compostos *dissubstituídos* do tipo X—CH$_2$—Y ou X—CH$_2$—X.

Cl—**CH$_2$**—Cl            $\delta_H$ = 0,23 + 2,53 + 2,53 = 5,29 ppm; real = 5,30 ppm

C$_6$H$_5$—**CH$_2$**—O—C(=O)—CH$_3$    $\delta_H$ = 0,23 + 1,85 + 3,13 = 5,21 ppm; real = 5,10 ppm

C$_6$H$_5$—**CH$_2$**—C(=O)—O—CH$_3$    $\delta_H$ = 0,23 + 1,85 + 1,55 = 3,63 ppm; real = 3,60 ppm

CH$_3$—CH$_2$—**CH$_2$**—NO$_2$       $\delta_H$ = 0,23 + 3,80 + 0,47 = 4,50 ppm; real = 4,38 ppm

## Tabela A6.2 Cálculos de deslocamento químico de $^1H$ para alcenos substituídos

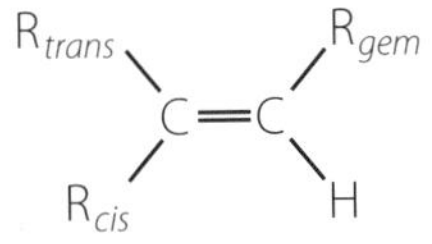

$$\delta_H \text{ ppm} = 5,25 + \delta_{gem} + \delta_{cis} + \delta_{trans}$$

| Substituintes (—R) | $\delta_{gem}$ | $\delta_{cis}$ | $\delta_{trans}$ |
|---|---|---|---|
| **Grupos de carbono saturado** | | | |
| Alquila | 0,44 | −0,26 | −0,29 |
| —CH$_2$—O— | 0,67 | −0,02 | −0,07 |
| **Grupos aromáticos** | | | |
| —C$_6$H$_5$ | 1,35 | 0,37 | −0,10 |
| **Carbonila, derivados de ácidos e nitrila** | | | |
| COR | 1,10 | 1,13 | 0,81 |
| —COOH | 1,00 | 1,35 | 0,74 |
| —COOR | 0,84 | 1,15 | 0,56 |
| —C≡N | 0,23 | 0,78 | 0,58 |
| **Grupos de oxigênio** | | | |
| —OR | 1,18 | −1,06 | −1,28 |
| —OCOR | 2,09 | −0,40 | −0,67 |
| **Grupos de nitrogênio** | | | |
| —NR$_2$ | 0,80 | −1,26 | −1,21 |
| —NO$_2$ | 1,87 | 1,30 | 0,62 |
| **Grupos de halogênio** | | | |
| —F | 1,54 | −0,40 | −1,02 |
| —Cl | 1,08 | 0,19 | 0,13 |
| —Br | 1,04 | 0,40 | 0,55 |
| —I | 1,14 | 0,81 | 0,88 |

## EXEMPLO DE CÁLCULOS:

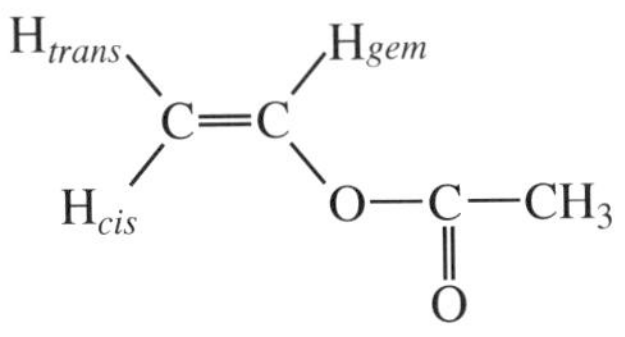

$H_{gem}$ = 5,25 + 2,09 = 7,34 ppm; real = 7,25 ppm
$H_{cis}$ = 5,25 − 0,40 = 4,85 ppm; real = 4,85 ppm
$H_{trans}$ = 5,25 − 0,67 = 4,58 ppm; real = 4,55 ppm

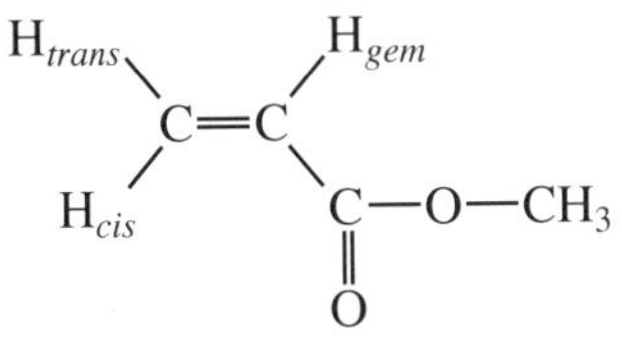

$H_{gem}$ = 5,25 + 0,84 = 6,09 ppm; real = 6,14 ppm
$H_{cis}$ = 5,25 + 1,15 = 6,40 ppm; real = 6,42 ppm
$H_{trans}$ = 5,25 + 0,56 = 5,81 ppm; real = 5,82 ppm

$H_a \begin{cases} \delta_{gem} \text{ para} -COOR = 0,84 \\ \delta_{cis} \text{ para} -C_6H_5 = 0,37 \\ H_a = 5,25 + 0,84 + 0,37 = 6,46 \text{ ppm}; \\ \qquad\qquad\qquad\quad \text{real} = 6,43 \text{ ppm} \end{cases}$

$H_b \begin{cases} \delta_{gem} \text{ para} -C_6H_5 = 1,35 \\ \delta_{cis} \text{ para} -COOR = 1,15 \\ H_b = 5,25 + 1,35 + 1,15 = 7,75 \text{ ppm}; \\ \qquad\qquad\qquad\quad \text{real} = 7,69 \text{ ppm} \end{cases}$

### Tabela A6.3 Cálculos de deslocamento químico de $^1H$ para anéis benzênicos

$$\delta_H \text{ ppm} = 7,27 + \Sigma\delta$$

| Substituintes (— R) | $\delta_{orto}$ | $\delta_{meta}$ | $\delta_{para}$ |
|---|---|---|---|
| Grupos de carbono saturado | | | |
| Alquila | −0,14 | −0,06 | −0,17 |
| —CH₂OH | −0,07 | −0,07 | −0,07 |
| Aldeídos e cetonas | | | |
| —CHO | 0,61 | 0,25 | 0,35 |
| —COR | 0,62 | 0,14 | 0,21 |
| Ácidos carboxílicos e derivados | | | |
| —COOH | 0,85 | 0,18 | 0,34 |
| —COOR | 0,71 | 0,10 | 0,21 |
| —C≡N | 0,25 | 0,18 | 0,30 |
| Grupos de oxigênio | | | |
| —OH | −0,53 | −0,17 | −0,45 |
| —OCH₃ | −0,48 | −0,09 | −0,44 |
| —OCOCH₃ | −0,19 | −0,03 | −0,19 |
| Grupos de nitrogênio | | | |
| —NH₂ | −0,80 | −0,25 | −0,65 |
| —NO₂ | 0,95 | 0,26 | 0,38 |
| Grupos de halogênio | | | |
| —F | −0,29 | −0,02 | −0,23 |
| —Cl | 0,03 | −0,02 | −0,09 |
| —Br | 0,18 | −0,08 | −0,04 |
| —I | 0,38 | −0,23 | −0,01 |

## EXEMPLO DE CÁLCULOS:

A fórmula possibilita que se calculem os valores *aproximados* de deslocamento químico de prótons ($^1$H) em um anel benzênico. Apesar de os valores dados na tabela serem para *benzenos monossubstituídos*, é possível estimar deslocamentos químicos para compostos dissubstituídos e trissubstituídos adicionando valores da tabela. Os cálculos para benzenos *meta* e *para*-dissubstituídos ficam, em geral, bem próximos dos valores reais. Esperam-se variações mais significativas em relação aos valores experimentais em benzenos *orto*-dissubstituídos e trissubstituídos. Com esses tipos de compostos, interações estéricas fazem que grupos como o carbonila ou nitro saiam do plano do anel e, portanto, percam conjugação. Valores calculados são, em geral, mais baixos do que deslocamentos químicos reais para benzenos *orto*-dissubstituídos e trissubstituídos.

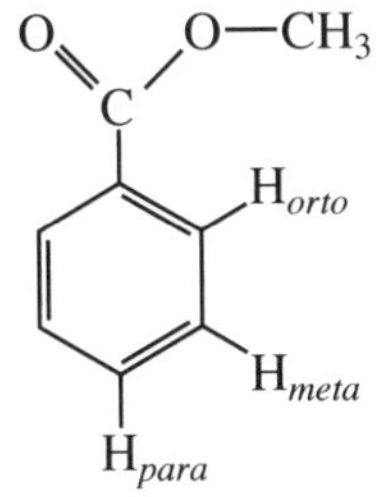

$H_{orto}$ = 7,27 + 0,71 = 7,98 ppm; real = 8,03
$H_{meta}$ = 7,27 + 0,10 = 7,37 ppm; real = 7,42
$H_{para}$ = 7,27 + 0,21 = 7,48 ppm; real = 7,53

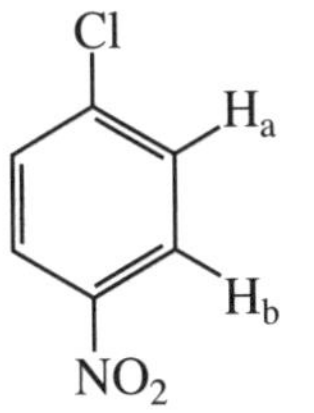

$H_a$ $\begin{cases} \delta_{orto} \text{ para} -Cl = 0{,}03 \\ \delta_{meta} \text{ para} -NO_2 = 0{,}26 \\ H_a = 7{,}27 + 0{,}03 + 0{,}26 = 7{,}56 \text{ ppm; real} = 7{,}50 \text{ ppm} \end{cases}$

$H_b$ $\begin{cases} \delta_{meta} \text{ para} -Cl = -0{,}02 \\ \delta_{orto} \text{ para} -NO_2 = 0{,}95 \\ H_b = 7{,}27 - 0{,}02 + 0{,}95 = 8{,}20 \text{ ppm; real} = 8{,}20 \text{ ppm} \end{cases}$

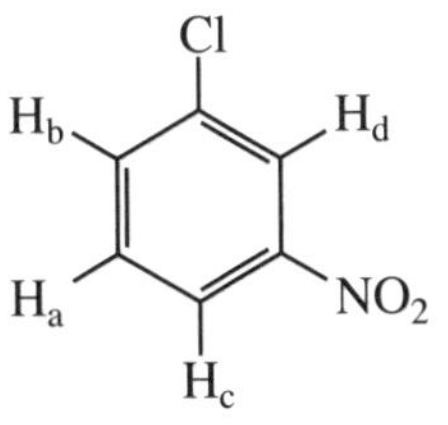

$H_a$ $\begin{cases} \delta_{meta} \text{ para} -Cl = -0{,}02 \\ \delta_{meta} \text{ para} -NO_2 = 0{,}26 \\ H_a = 7{,}27 - 0{,}02 + 0{,}26 = 7{,}51 \text{ ppm; real} = 7{,}51 \text{ ppm} \end{cases}$

$H_b$ $\begin{cases} \delta_{orto} \text{ para} -Cl = 0{,}03 \\ \delta_{para} \text{ para} -NO_2 = 0{,}38 \\ H_b = 7{,}27 + 0{,}03 + 0{,}38 = 7{,}68 \text{ ppm; real} = 7{,}69 \text{ ppm} \end{cases}$

$H_a$ $\begin{cases} \delta_{para} \text{ para} -Cl = -0{,}09 \\ \delta_{orto} \text{ para} -NO_2 = 0{,}95 \\ H_c = 7{,}27 - 0{,}09 + 0{,}95 = 8{,}13 \text{ ppm; real} = 8{,}12 \text{ ppm} \end{cases}$

$H_b$ $\begin{cases} \delta_{orto} \text{ para} -Cl = 0{,}03 \\ \delta_{orto} \text{ para} -NO_2 = 0{,}95 \\ H_d = 7{,}27 + 0{,}03 + 0{,}95 = 8{,}25 \text{ ppm; real} = 8{,}21 \text{ ppm} \end{cases}$

## APÊNDICE 7

*Valores aproximados de deslocamento químico de $^{13}$C (ppm) para alguns tipos de carbono*

| Tipos de carbono | Faixa (ppm) | Tipos de carbono | Faixa (ppm) |
|---|---|---|---|
| R—**C**H$_3$ | 8–30 | **C**≡**C** | 65–90 |
| R$_2$**C**H$_2$ | 15–55 | **C**=**C** | 100–150 |
| R$_3$**C**H | 20–60 | **C**≡N | 110–140 |
| **C**—I | 0–40 | (anel benzênico) | 110–175 |
| **C**—Br | 25–65 | R–**C**(=O)–OR, R–**C**(=O)–OH | 155–185 |
| **C**—N | 30–65 | R–**C**(=O)–NH$_2$ | 155–185 |
| **C**—Cl | 35–80 | R–**C**(=O)–Cl | 160–170 |
| **C**—O | 40–80 | R–**C**(=O)–R, R–**C**(=O)–H | 185–220 |

# APÊNDICE 8

*Cálculo de deslocamentos químicos de $^{13}C$*

| Tabela A8.1 Deslocamentos químicos de $^{13}C$ de alguns hidrocarbonetos (ppm) | | | | | | |
|---|---|---|---|---|---|---|
| Composto | Fórmula | C1 | C2 | C3 | C4 | C5 |
| Metano | $CH_4$ | −2,3 | | | | |
| Etano | $CH_3CH_3$ | 5,7 | | | | |
| Propano | $CH_3CH_2CH_3$ | 15,8 | 16,3 | | | |
| Butano | $CH_3CH_2CH_2CH_3$ | 13,4 | 25,2 | | | |
| Pentano | $CH_3CH_2CH_2CH_2CH_3$ | 13,9 | 22,8 | 34,7 | | |
| Hexano | $CH_3(CH_2)_4CH_3$ | 14,1 | 23,1 | 32,2 | | |
| Heptano | $CH_3(CH_2)_5CH_3$ | 14,1 | 23,2 | 32,6 | 29,7 | |
| Octano | $CH_3(CH_2)_6CH_3$ | 14,2 | 23,2 | 32,6 | 29,9 | |
| Nonano | $CH_3(CH_2)_7CH_3$ | 14,2 | 23,3 | 32,6 | 30,0 | 30,3 |
| Decano | $CH_3(CH_2)_8CH_3$ | 14,2 | 23,2 | 32,6 | 31,1 | 30,5 |
| 2-metilpropano | | 24,5 | 25,4 | | | |
| 2-metilbutano | | 22,2 | 31,1 | 32,0 | 11,7 | |
| 2-metilpentano | | 22,7 | 28,0 | 42,0 | 20,9 | 14,3 |
| 2,2-dimetilpropano | | 31,7 | 28,1 | | | |
| 2,2-dimetilbutano | | 29,1 | 30,6 | 36,9 | 8,9 | |
| 2,3-dimetilbutano | | 19,5 | 34,4 | | | |
| Etileno | $CH_2{=}CH_2$ | 123,3 | | | | |
| Ciclopropano | | −3,0 | | | | |
| Ciclobutano | | 22,4 | | | | |
| Ciclopentano | | 25,6 | | | | |
| Cicloexano | | 26,9 | | | | |
| Cicloeptano | | 28,4 | | | | |
| Ciclo-octano | | 26,9 | | | | |
| Ciclononano | | 26,1 | | | | |
| Ciclodecano | | 25,3 | | | | |
| Benzeno | | 128,5 | | | | |

### Tabela A8.2 Cálculos de deslocamento químico de $^{13}C$ para alcanos lineares e ramificados

$$\delta_c = -2,3 + 9,1\alpha + 9,4\beta - 2,5\gamma + 0,3\delta + 0,1\varepsilon + \Sigma \text{ (correções estéricas) ppm}$$

$\alpha, \beta, \gamma, \delta$ e $\varepsilon$ são os números de átomos de carbono nas posições $\alpha, \beta, \gamma, \delta$ e $\varepsilon$ relativas ao átomo de carbono estudado.

$$\cdots\cdots C_\varepsilon-C_\delta-C_\gamma-C_\beta-C_\alpha-\mathbf{C}-C_\alpha-C_\beta-C_\gamma-C_\delta-C_\varepsilon\cdots\cdots$$

Derivam-se correções estéricas das tabelas a seguir (use todas as que se apliquem, mesmo que mais de uma vez).

#### Correções estéricas (ppm)

| Átomo de carbono em estudo | Primário | Secundário | Terciário | Quaternário |
|---|---|---|---|---|
| Primário | 0 | 0 | –1,1 | –3,4 |
| Secundário | 0 | 0 | –2,5 | –7,5 |
| Terciário | 0 | –3,7 | –8,5 | –10,0 |
| Quaternário | –1,5 | –8,4 | –10,0 | –12,5 |

**EXEMPLO:**

$$\overset{CH_3}{\underset{CH_3}{\overset{|}{CH_3-\overset{2}{C}-\overset{3}{CH_2}-\overset{4}{CH_3}}}}$$

**2,2-dimetilbutano**

*Valores reais:*  C1  29,1 ppm
C2  30,6 ppm
C3  36,9 ppm
C4  8,9 ppm

C1 = –2,3 + 9,1(1) + 9,4(3) – 2,5(1) + 0,3(0) + 0,1(0) + [1(**–3,4**)] = 29,1 ppm
    Correção estérica (negrito) = primário com 1 quaternário adjacente

C2 = –2,3 + 9,1(4) + 9,4(1) – 2,5(0) + 0,3(0) + 0,1(0) + [3(**–1,5**)] + [1(**–8,4**)] = 30,6 ppm
    Correções estéricas = quaternário/3 primários adjacentes, e quaternário/1 secundário adjacente

C3 = –2,3 + 9,1(2) + 9,4(3) – 2,5(0) + 0,3(0) + 0,1(0) + [1(**0**)] + [1(**–7,5**)] = 36,6 ppm
    Correções estéricas = secundário/1 primário adjacente, e secundário/1 quaternário adjacente

C4 = –2,3 + 9,1(1) + 9,4(1) – 2,5(3) + 0,3(0) + 0,1(0) + [1(**0**)] = 8,7 ppm
    Correção estérica = primário/1 secundário adjacente

## Tabela A8.3 Incrementos de substituinte no $^{13}C$ para alcanos e cicloalcanos (ppm)[a]

|  | Terminal: $Y-C_\alpha-C_\beta-C_\gamma$ ||| Interno: $C_\gamma-C_\beta-\overset{Y}{\underset{|}{C_\alpha}}-C_\beta-C_\gamma$ |||
|---|---|---|---|---|---|---|
| Substituinte Y | α | β | γ | α | β | γ |
| —D | –0,4 | –0,1 | 0 | | | |
| —CH₃ | 9 | 10 | –2 | 6 | 8 | –2 |
| —CH=CH₂ | 19,5 | 6,9 | –2,1 | | | –0,5 |
| —C≡CH | 4,5 | 5,4 | –3,5 | | | –3,5 |
| C₆H₅ | 22,1 | 9,3 | –2,6 | 17 | 7 | –2 |
| —CHO | 29,9 | –0,6 | –2,7 | | | |
| —COCH₃ | 30 | 1 | –2 | 24 | 1 | –2 |
| —COOH | 20,1 | 2 | –2,8 | 16 | 2 | –2 |
| —COOR | 22,6 | 2 | –2,8 | 17 | 2 | –2 |
| —CONH₂ | 22 | 2,5 | –3,2 | | | –0,5 |
| —CN | 3,1 | 2,4 | –3,3 | 1 | 3 | –3 |
| —NH₂ | 29 | 11 | –5 | 24 | 10 | –5 |
| —NHR | 37 | 8 | –4 | 31 | 6 | –4 |
| —NR₂ | 42 | 6 | –3 | | | –3 |
| —NO₂ | 61,6 | 3,1 | –4,6 | 57 | 4 | |
| —OH | 48 | 10 | –6,2 | 41 | 8 | –5 |
| —OR | 58 | 8 | –4 | 51 | 5 | –4 |
| —OCOCH₃ | 56,5 | 6,5 | –6,0 | 45 | 5 | –3 |
| —F | 70,1 | 7,8 | –6,8 | 63 | 6 | –4 |
| —Cl | 31 | 10 | –5,1 | 32 | 10 | –4 |
| —Br | 20 | 11 | –3 | 25 | 10 | –3 |
| —I | –7,2 | 10,9 | –1,5 | 4 | 12 | –1 |

[a] Adicione esses incrementos aos valores apresentados na Tabela A8.1.

**EXEMPLO 1:**

$$\overset{1}{C}H_3-\overset{2}{C}H-\overset{3}{C}H_2-\overset{4}{C}H_3 \quad \textbf{2-butanol}$$
$$\qquad\quad\; |$$
$$\qquad\quad OH$$

Usando os valores para o butano indicados na Tabela A8.1 e as correções de substituinte interno da Tabela A8.3, calculamos:

|  |  | *Valores reais* |
|---|---|---|
| C1 = 13,4 + 8 = 21,4 ppm | | 22,6 ppm |
| C2 = 25,2 + 41 = 66,2 ppm | | 68,7 ppm |
| C3 = 25,2 + 8 = 33,2 ppm | | 32,0 ppm |
| C4 = 13,4 + (−5) = 8,4 ppm | | 9,9 ppm |

**EXEMPLO 2:**

$$HO-\overset{1}{C}H_2-\overset{2}{C}H_2-\overset{3}{C}H_2-\overset{4}{C}H_3 \quad \textbf{1-butanol}$$

Usando os valores para o butano indicados na Tabela A8.1 e as correções de substituinte interno da Tabela A8.3, calculamos:

|  | *Valores reais* |
|---|---|
| C1 = 13,4 + 48 = 61,4 ppm | 61,4 ppm |
| C2 = 25,2 + 10 = 35,2 ppm | 35,0 ppm |
| C3 = 25,2 + (−6,2) = 19,0 ppm | 19,1 ppm |
| C4 = 13,4 = 13,4 ppm | 13,6 ppm |

**EXEMPLO 3:**

$$Br-\overset{1}{C}H_2-\overset{2}{C}H_2-\overset{3}{C}H_3 \quad \textbf{1-bromopropano}$$

Usando os valores para o butano indicados na Tabela A8.1 e as correções de substituinte interno da Tabela A8.3, calculamos:

|  | *Valores reais* |
|---|---|
| C1 = 15,8 + 20 = 35,8 ppm | 35,7 ppm |
| C2 = 16,3 + 11 = 27,3 ppm | 26,8 ppm |
| C3 = 15,8 + (−3) = 12,8 ppm | 13,2 ppm |

## Tabela A8.4 Incrementos de substituinte de $^{13}C$ para alcenos (ppm)[a,b]

| Substituinte | Y | X |
|---|---|---|
| —H | 0 | 0 |
| —CH$_3$ | 12,9 | −7,4 |
| —CH$_2$CH$_3$ | 19,2 | −9,7 |
| —CH$_2$CH$_2$CH$_3$ | 15,7 | −8,8 |
| —CH(CH$_3$)$_2$ | 22,7 | −12,0 |
| —C(CH$_3$)$_3$ | 26,0 | −14,8 |
| —CH=CH$_2$ | 13,6 | −7 |
| —C$_6$H$_5$ | 12,5 | −11 |
| —CH$_2$Cl | 10,2 | −6,0 |
| —CH$_2$Br | 10,9 | −4,5 |
| —CH$_2$I | 14,2 | −4,0 |
| —CH$_2$OH | 14,2 | −8,4 |
| —COOH | 5,0 | 9,8 |
| —NO$_2$ | 22,3 | −0,9 |
| —OCH$_3$ | 29,4 | −38,9 |
| —OCOCH$_3$ | 18,4 | −26,7 |
| —CN | −15,1 | 14,2 |
| —CHO | 15,3 | 14,5 |
| —COCH$_3$ | 13,8 | 4,7 |
| —COCl | 8,1 | 14,0 |
| —Si(CH$_2$)$_3$ | 16,9 | 6,7 |
| —F | 24,9 | −34,3 |
| —Cl | 2,6 | −6,1 |
| —Br | −8,6 | −0,9 |
| —I | −38,1 | 7,0 |

[a] *Correções para C1; adicione esses incrementos ao valor-base do etileno (123,3 ppm).*
[b] *Calcule C1 conforme o diagrama. Redefina C2 como C1 quando estiver estimando valores para C2.*

**EXEMPLO 1:**

$$\overset{1}{\text{Br}}-\overset{2}{\text{CH}}=\overset{3}{\text{CH}}-\text{CH}_3 \quad \textbf{1-bromopropeno}$$

|  | Valores reais |  |
|---|---|---|
|  | cis | trans |
| C1 = 123,3 + (−8,6) + (−7,4) = 107,3 ppm | 108,9 | 104,7 ppm |
| C2 = 123,3 + 12,9 + (−0,9) = 135,3 ppm | 129,4 | 132,7 ppm |

**EXEMPLO 2:**

$$\text{HOOC}-\overset{2}{\text{CH}}=\overset{3}{\text{CH}}-\overset{4}{\text{CH}}_3 \quad \textbf{ácido crotônico}$$

|  | Valores reais (trans) |
|---|---|
| C2 = 123,3 + 5 + (−7,4) = 120,9 ppm | 122,0 ppm |
| C3 = 123,3 + 12,9 + 9,8 = 146,0 ppm | 147,0 ppm |

---

**Tabela A8.5** Cálculos de deslocamento químico de $^{13}$C para alcenos lineares e ramificados[a]

$$\delta_{C1} = 123{,}3 + [10{,}6\alpha + 7{,}2\beta - 1{,}5\gamma] - [7{,}9\alpha' + 1{,}8\beta' - 1{,}5\gamma'] + \Sigma \text{ (correções estéricas)}$$

α, β, γ e α', β', γ' são os números de átomos de carbono nas mesmas posições em relação a C1:

$$C\gamma-C\beta-C\alpha-\overset{1}{\mathbf{C}}=\overset{2}{C}-C\alpha'-C\beta'-C\gamma'$$
↑

Correções estéricas são aplicadas da seguinte forma (use todas as que se apliquem):

| | |
|---|---|
| Cα e Cα' são trans (configuração E) | 0 |
| Cα e Cα' são cis (configuração Z) | −1,1 |
| Dois substituintes alquila em C1 (dois Cα) | −4,8 |
| Dois substituintes alquila em C2 (dois Cα') | +2,5 |
| Dois ou três substituintes alquila em Cβ | +2,3 |

[a] Calcule C1 como indicado no diagrama. Redefina C2 como C1 quando estiver calculando valores para C2.

---

**EXEMPLO 1:**

$$\overset{1}{\text{CH}}_3-\overset{2}{\underset{\underset{\text{CH}_3}{|}}{\text{C}}}=\overset{3}{\text{CH}}-\overset{4}{\text{CH}}_3 \quad \textbf{2-metil-2-buteno}$$

|  | Valores reais |
|---|---|
| C2 = 123,3 + [10,6(2)] − [7,9(1)] + [(−4,8) + (−1,1)] = 130,7 ppm | 131,4 ppm |
| C3 = 123,3 + [10,6(1)] − [7,9(2)] + [(+2,5) + (−1,1)] = 119,5 ppm | 118,7 ppm |

**EXEMPLO 2:**

$$\overset{1}{CH_2}=\overset{2}{CH}-\overset{3}{CH}(CH_3)-\overset{4}{CH_2}-\overset{5}{CH_3} \quad \text{3-metil-1-penteno}$$

*Valores reais*

C1 = 123,3 + [0] − [7,9(1) + 1,8(2) − 1,5(1)]  = 113,3 ppm  112,9 ppm
C2 = 123,3 + [10,6(1) + 7,2(2) − 1,5(1)] − [0] + [(+2,3)] = 149,1 ppm  144,9 ppm

**EXEMPLO 3:**

$$\overset{1}{CH_3}-\overset{2}{CH}=\overset{3}{CH}-\overset{4}{CH_3} \quad \text{2-buteno}$$

*Valores reais*

C2 (isômero *cis*)  = C3 = 123,3 + [10,6(1)] − [7,9(1)] + [(− 1,1)] = 124,9 ppm  124,6 ppm
C2 (isômero *trans*) = C3 = 123,3 + [10,6(1)] − [7,9(1)] + [0]     = 126,0 ppm  126,0 ppm

### Tabela A8.6 Incrementos de substituinte de $^{13}C$ para carbonos de alceno (vinila)[a,b]

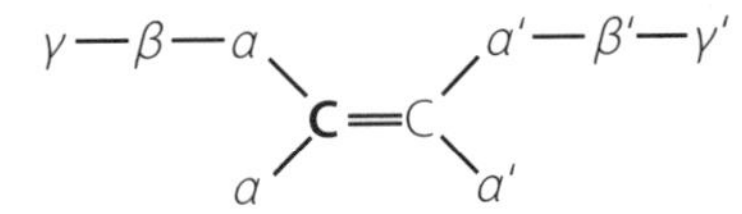

| Substituinte | α | β | γ | α' | β' | γ' |
|---|---|---|---|---|---|---|
| Carbono | 10,6 | 7,2 | −1,5 | −7,9 | −1,8 | −1,5 |
| —C₆H₅ | 12 | | | −11 | | |
| —OR | 29 | 2 | | −39 | −1 | |
| —OCOR | 18 | | | −27 | | |
| —COR | 15 | | | 6 | | |
| —COOH | 4 | | | 9 | | |
| —CN | −16 | | | 15 | | |
| —Cl | 3 | −1 | | −6 | 2 | |
| —Br | −8 | 0 | | −1 | 2 | |
| —I | −38 | | | 7 | | |

[a] Nas cadeias superiores, se um grupo estiver na posição β ou γ, presume-se que os átomos precedentes (α e/ou β) sejam átomos de carbono. Adicione esses incrementos ao valor-base do etileno (123,3 ppm).
[b] Calcule C1 como indicado no diagrama. Redefina C2 como C1 quando estiver calculando valores para C2.

**EXEMPLO 1:**

$$\overset{1}{Br}-\overset{2}{CH}=\overset{3}{CH}-CH_3 \quad \text{1-bromopropeno}$$

|  | Valores reais |  |
|---|---|---|
|  | cis | trans |
| C1 = 123,3 – 8 – 7,9 = 107,4 ppm | 108,9 | 104,7 ppm |
| C2 = 123,3 + 10,6 – 1 = 132,9 ppm | 129,4 | 132,7 ppm |

**EXEMPLO 2:**

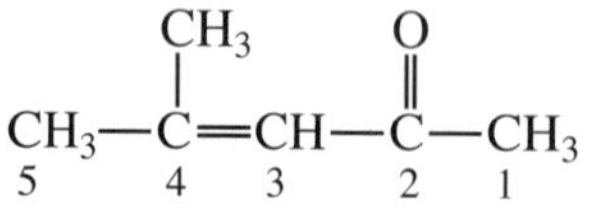

$$\underset{5}{CH_3}-\underset{4}{\overset{\overset{CH_3}{|}}{C}}=\underset{3}{CH}-\underset{2}{\overset{\overset{O}{\|}}{C}}-\underset{1}{CH_3} \quad \text{óxido de mesitila}$$

|  | Valores reais |
|---|---|
| C3 = 123,3 + 15 – 7,9 – 7,9 = 122,5 ppm | 124,3 ppm |
| C4 = 123,3 + 10,6 + 10,6 + 6 = 150,5 ppm | 154,6 ppm |

### Tabela A8.7 Incrementos de substituinte de ¹³C para anéis benzênicos (ppm)[a]

| Substituinte Y | a (ipso) | o (orto) | m (meta) | p (para) |
|---|---|---|---|---|
| —CH₃ | 9,3 | 0,7 | –0,1 | –2,9 |
| —CH₂CH₃ | 11,7 | –0,5 | 0 | –2,6 |
| —CH(CH₃)₂ | 20,1 | –2,0 | –0,3 | –2,5 |
| —C(CH₃)₃ | 18,6 | –3,4 | –0,4 | –3,1 |
| —CH=CH₂ | 9,1 | –2,4 | 0,2 | –0,5 |
| —C≡CH | –6,2 | 3,6 | –0,4 | –0,3 |
| —C₆H₅ | 8,1 | –1,1 | –0,5 | –1,1 |
| —CHO | 8,2 | 1,2 | 0,6 | 5,8 |
| —COCH₃ | 8,9 | –0,1 | –0,1 | 4,4 |
| —COC₆H₅ | 9,1 | 1,5 | –0,2 | 3,8 |
| —COOH | 2,1 | 1,6 | –0,1 | 5,2 |
| —COOCH₃ | 2,0 | 1,2 | –0,1 | 4,3 |
| —CN | –16,0 | 3,6 | 0,6 | 4,3 |
| —NH₂ | 18,2 | –13,4 | 0,8 | –10,0 |
| —N(CH₃)₂ | 16,0 | –15,7 | 0,8 | –10,5 |
| —NHCOCH₃ | 9,7 | –8,1 | 0,2 | –4,4 |
| —NO₂ | 19,6 | –4,9 | 0,9 | 6,0 |
| —OH | 28,8 | –12,7 | 1,6 | –7,3 |
| —OCH₃ | 33,5 | –14,4 | 1,0 | –7,7 |
| —OCOCH₃ | 22,4 | –7,1 | –0,4 | –3,2 |
| —F | 33,6 | –13,0 | 1,6 | –4,5 |
| —Cl | 5,3 | 0,4 | 1,4 | –1,9 |
| —Br | –5,4 | 3,4 | 2,2 | –1,0 |
| —I | –31,2 | 8,9 | 1,6 | –1,1 |

[a] Adicione esses incrementos ao valor-base dos carbonos do anel benzênico (128,5 ppm).

**EXEMPLO 1:**

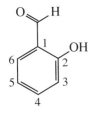

**Mesitileno**

C1, C3, C5 = 128,5 + 9,3 − 0,1 − 0,1 = 137,6 ppm
C2, C4, C6 = 128,5 + 0,7 + 0,7 − 2,9 = 127,0 ppm

*Observado*
137,4 ppm
127,1 ppm

**EXEMPLO 2:**

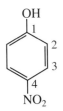

**Salicilaldeído**

C1 = 128,5 +  8,2 − 12,7 = 124,0 ppm
C2 = 128,5 + 28,8 +  1,2 = 158,5 ppm
C3 = 128,5 − 12,7 +  0,6 = 116,4 ppm
C4 = 128,5 +  1,6 +  5,8 = 135,9 ppm
C5 = 128,5 −  7,3 +  0,6 = 121,8 ppm
C6 = 128,5 +  1,2 +  1,6 = 131,3 ppm

*Observado*
121,0 ppm
161,4 ppm
117,4 ppm
136,6 ppm
119,6 ppm
133,6 ppm

**EXEMPLO 3:**

**4-nitrofenol**

C1 = 128,5 + 28,8 + 6,0 = 163,3 ppm
C2 = 128,5 − 12,7 + 0,9 = 116,7 ppm
C3 = 128,5 +  1,6 − 4,9 = 125,2 ppm
C4 = 128,5 + 19,6 + 7,3 = 140,8 ppm

*Observado*
161,5 ppm
115,9 ppm
126,4 ppm
141,7 ppm

## APÊNDICE 9

*Constantes de acoplamento de $^{13}$C- próton, deutério, flúor e fósforo*

### Constantes de acoplamento de $^{13}$C-próton ($^1J$ e $^2J$)

As constantes de acoplamento de $^{13}$C-próton ($^1J$) são muito dependentes da hibridização do átomo de carbono. Compostos com anéis tensos têm constantes de acoplamento maiores devido ao aumento do caráter s.

REICH, Hans J., University of Wisconsin
http://www.chem.wise.edu/areas/reich/nmr/06-cmr-05-1jch.htm
Constantes de acoplamento $^1J_{CH}$, $^2J_{CH}$, $^3J_{CH}$

Constantes de acoplamento de $^{13}$C-próton ($^1J$)
- $sp^3$ $^{13}$C—H    115–125 Hz
- $sp^2$ $^{13}$C—H    150–170 Hz
- $sp$ $^{13}$C—H    250–270 Hz

Constantes de acoplamento de próton $^{13}$C ($^2J$)
- $^{13}$C—C—H    0–60 Hz

sp³ C—H = 125,0 Hz     sp² C—H = 156 Hz     sp² C—H = 159 Hz     sp C—H = 248 Hz

$^1J$ = 127 Hz

$^1J$ = 161 Hz

Anéis sem tensão têm ângulos normais de ligação sp³ H—C—H de cerca de 109 graus.

Compostos com anéis tensos têm maiores ângulos de ligação H—C—H, levando a valores próximos aos valores de sp².

### Constantes de acoplamento de deutério $^{13}$C ($^1J$)

$^{13}$C—D    20–30 Hz

### Constantes de acoplamento de flúor $^{13}$C ($^1J$, $^2J$ e distâncias maiores)

Constantes de acoplamento de flúor $^{13}$C ($^1J$)
- $^{13}$C—F    165–370 Hz

Constantes de acoplamento de flúor $^{13}$C ($^2J$)
- $^{13}$C—C—F    18–45 Hz

$^1J_{CF}$ = 162 Hz
$^2J_{CF}$ = 24 Hz

C1 = 162,9 ppm, dubleto, $^1J$ = 245 Hz
C2 = 115,3 ppm, dubleto, $^2J$ = 20,7 Hz
C3 = 129,9 ppm, dubleto, $^3J$ = 8,5 Hz
C4 = 124,0 ppm, dubleto, $^4J$ = 2,5 Hz

C1 = 84,2 ppm, dubleto, $^1J$ = 165 Hz
C2 = 30,2 ppm, dubleto, $^2J$ = 19,5 Hz
C3 = 27,4 ppm, dubleto, $^3J$ = 6,1 Hz
C4 = 22,4 ppm, singleto, $^4J$ = 0 Hz
C5 = 13,9 ppm, singleto, $^5J$ = 0 Hz

## Constantes de acoplamento de $^{13}$C para fósforo ($^1J$ e $^2J$)

Estas constantes de acoplamento dependem do estado de oxidação do átomo de fósforo.

Sais de fosfônio

Constantes de acoplamento de fósforo $^{13}$C ($^1J$)
$^{13}$C—P    48–56 Hz

Constantes de acoplamento de fósforo $^{13}$C ($^2J$)
$^{13}$C—C—P    4–6 Hz

$^1J$ = 48,9 Hz
$^2J$ = 4,9 Hz

Fósforo trivalente

$^1J$ = 12,2 Hz

$^2J$ = 9,8 Hz

$^1J$ = 15,9 Hz
$^2J$ = 12,2 Hz

Ésteres fosfonatos e fosfitos

$^1J$ = 145,3 Hz
$^2J$ = 4,8 Hz
$^3J$ = 6,1 Hz

$^1J$ = 146,5 Hz
$^2J$ = 6,1 Hz
$^3J$ = 7,3 Hz

$^2J$ = 6,1 Hz

## APÊNDICE 10

*Deslocamentos químicos de $^1$H e $^{13}$C para solventes comuns de RMN*

### Tabela A10.1 Valores de deslocamento químico de $^1$H (ppm) para alguns solventes comuns de RMN

| Solvente | Forma deuterada | Deslocamento químico (multiplicidade)[a] |
|---|---|---|
| Acetona | Acetona-d$_6$ | 2,05 (5) |
| Acetonitrila | Acetonitrila-d$_3$ | 1,93 (5) |
| Benzeno | Benzeno-d$_6$ | 7,15 (largo) |
| Tetracloreto de carbono | — | — |
| Clorofórmio | Clorofórmio-d | 7,25 (1) |
| Dimetilsulfóxido | Dimetilsulfóxido-d$_6$ | 2,49 (5) |
| Água | Óxido de deutério | 4,82 (1) |
| Metanol | Metanol-d$_4$ | 4,84 (1) hidroxila |
|  |  | 3,30 (5) metila |
| Cloreto de metileno | Cloreto de metileno-d$_2$ | 5,32 (3) |

[a] Onde pode haver multipleto, o pico central é dado e indica-se o número de linhas entre parênteses. Não se deve observar nenhum pico de prótons nos solventes completamente deuterados indicados. Contudo, surgirão multipletos de acoplamento entre um próton e um deutério, pois os solventes não são 100% isotopicamente puros. Por exemplo, a acetona-d$_6$ tem um traço de acetona-d$_5$, enquanto CDCl$_3$ tem um pouco de CHCl$_3$ presente.

### Tabela A10.2 Valores de deslocamento químico de $^{13}$C (ppm) para alguns solventes comuns de RMN

| Solvente | Forma deuterada | Deslocamento químico (multiplicidade)[a] |
|---|---|---|
| Acetona | Acetona-d$_6$ | 206,0 (1) carbonila |
|  |  | 29,8 (7) metila |
| Acetonitrila | Acetonitrila-d$_3$ | 118,3 (1) CN |
|  |  | 1,3 (7) metila |
| Benzeno | Benzeno-d$_6$ | 128,0 (3) |
| Clorofórmio | Clorofórmio-d | 77,0 (3) |
| Dimetilsulfóxido | Dimetilsulfóxido-d$_6$ | 39,5 (7) |
| Dioxano | Dioxano-d$_8$ | 66,5 (5) |
| Metanol | Metanol-d$_4$ | 49,0 (7) |
| Cloreto de metileno | Cloreto de metileno-d$_2$ | 54,0 (5) |

[a] Onde pode haver multipleto, o pico central é dado e indica-se o número de linhas entre parênteses. Esses multipletos surgem do acoplamento do carbono com o deutério.

# APÊNDICE 11

*Íons fragmentos comuns com massa abaixo de 105[a]*

| m/z | Íons | m/z | Íons |
|---|---|---|---|
| 14 | $CH_2$ | 44 | $CH_2CH=O + H$ |
| 15 | $CH_3$ | | $CH_3CHNH_2$ |
| 16 | O | | $CO_2$ |
| 17 | OH | | $NH_2C=O$ |
| 18 | $H_2O$ | | $(CH_3)_2N$ |
| | $NH_4$ | 45 | $CH_3CHOH$ |
| 19 | F | | $CH_2CH_2OH$ |
| | $H_3O$ | | $CH_2OCH_3$ |
| 26 | $C\equiv N$ | | $\overset{O}{\underset{\|}{C}}-OH$ |
| 27 | $C_2H_3$ | | |
| 28 | $C_2H_4$ | | $CH_3CH-O+H$ |
| | CO | 46 | $NO_2$ |
| | $N_2$ (ar) | 47 | $CH_2SH$ |
| | $CH=NH$ | | $CH_3S$ |
| 29 | $C_2H_5$ | 48 | $CH_3S + H$ |
| | CHO | 49 | $CH_2Cl$ |
| 30 | $CH_2NH_2$ | 51 | $CHF_2$ |
| | NO | | $C_4H_3$ |
| 31 | $CH_2OH$ | 53 | $C_4H_5$ |
| | $OCH_3$ | 54 | $CH_2CH_2C\equiv N$ |
| 32 | $O_2$ (ar) | 55 | $C_4H_7$ |
| 33 | SH | | $CH_2=CHC=O$ |
| | $CH_2F$ | 56 | $C_4H_8$ |
| 34 | $H_2S$ | 57 | $C_4H_9$ |
| 35 | Cl | | $C_2H_5C=O$ |
| 36 | HCl | 58 | $CH_3-\underset{\underset{CH_2}{\|}}{C}=O \quad + H$ |
| 39 | $C_3H_3$ | | |
| 40 | $C\equiv N$ | | |
| 41 | $C_3H_5$ | | $C_2H_5CHNH_2$ |
| | $CH_2C=H + H$ | | $(CH_3)_2NCH_2$ |
| | $C_2H_2NH$ | | $C_2H_5NHCH_2$ |
| 42 | $C_3H_6$ | | $C_2H_2S$ |
| 43 | $C_3H_7$ | | |
| | $CH_3C=O$ | | |
| | $C_2H_5N$ | | |

[a] Adaptado, com permissão, de SILVERSTEIN, R. M.; WEBSTER, F. X. Spectrometric identification of organic compounds. 6. ed. Nova York: John Wiley & Sons, 1998.

| m/z | Íons | m/z | Íons |
|---|---|---|---|
| 59 | (CH₃)₂COH <br> CH₂OC₂H₅ <br> ![]O=C—OCH₃ <br> NH₂C(=O)CH₂ + H <br> CH₃OCHCH₃ <br> CH₃CHCH₂OH | 74 | O=C(CH₂)—OCH₃ + H |
|  |  | 75 | O=C—OC₂H₅ + 2H <br> CH₂SC₂H₅ <br> (CH₃)₂CSH <br> (CH₃O)₂CH |
| 60 | CH₂C(=O)OH + H <br> CH₂ONO | 77 | C₆H₅ |
|  |  | 78 | C₆H₅ + H |
|  |  | 79 | C₆H₅ + 2H <br> Br |
| 61 | O=C—OCH₃ + 2H <br> CH₂CH₂SH <br> CH₂SCH₃ | 80 | CH₃SS + H |
|  |  | 81 | C₆H₉ (ciclohexenila) |
| 65 | (ciclopentadienila) (ou C₅H₅) |  |  |
|  |  | 82 | CH₂CH₂CH₂CH₂C≡N <br> CCl₂ <br> C₆H₁₀ |
| 66 | (ou C₅H₆) | 83 | C₆H₁₁ <br> CHCl₂ |
|  |  | 85 | C₆H₁₃ <br> C₄H₉C=O <br> CClF₂ |
| 67 | C₅H₇ |  |  |
| 68 | CH₂CH₂CH₂C≡N |  |  |
| 69 | C₅H₉ <br> CF₃ <br> CH₃CH=CHC=O <br> CH₂=C(CH₃)C=O | 86 | C₃H₇C(=O)CH₂ + H <br> C₄H₉CHNH₂ e isômeros |
|  |  | 87 | C₃H₇CO <br> Homólogos de 73 <br> CH₂CH₂COCH₃ |
| 70 | C₅H₁₀ |  |  |
| 71 | C₅H₁₁ <br> C₃H₇C=O |  |  |
| 72 | C₂H₅C(=O)CH₂ <br> C₃H₇CHNH₂ <br> (CH₃)N=C=O <br> C₂H₅NHCHCH₃ e isômeros | 88 | CH₂—C(=O)—OC₂H₅ + H |
| 73 | Homólogos de 59 |  |  |

| m/z | Íons | m/z | Íons |
|---|---|---|---|
| 89 | C(=O)—OC₃H₇ + 2H; C₆H₅—C | 94 | C₆H₅—O + H |
| 90 | CH₃CHONO₂; C₆H₅—CH | 96 | CH₂CH₂CH₂CH₂CH₂C≡N |
|  |  | 97 | C₇H₁₃ |
| 91 | C₆H₅—CH₂ ou tropílio (C₇H₇⁺); C₆H₅—CH + H; C₆H₅—C + 2H; (CH₂)₄Cl; C₆H₅—N; piridil-CH₂; C₆H₅—CH₂ + H | 99 | C₇H₁₅; C₆H₁₁O |
|  |  | 100 | C₄H₉C(=O)—CH₂ + H; C₅H₁₁CHNH₂ |
|  |  | 101 | C(=O)—OC₄H₉ |
|  |  | 102 | CH₂C(=O)—OC₃H₇ + H |
| 92 |  | 103 | C(=O)—OC₄H₉ + 2H; C₅H₁₁S; CH(OCH₂CH₃)₂ |
|  |  | 104 | C₂H₅CHONO₂ |
| 93 | CH₂Br; o-HO-C₆H₄-CH₃ (cresol); C₇H₉; C₆H₅—O | 105 | C₆H₅—C=O; C₆H₅—CH₂CH₂; C₆H₅—CHCH₃ |

# APÊNDICE 12

*Um guia muito útil sobre padrões de fragmentação espectral de massa*

*Alcanos*
  M⁺ bom
  fragmentos de 14 uma

*Alcenos*
  M⁺ distinto
  Perda de 15, 29, 43 etc.

*Cicloalcanos*
  M⁺ forte
  Perda de $CH_2=CH_2$        $M - 28$
  Perda de alquila

*Aromáticos*
  M⁺ forte
  $C_7H_7^+$        $m/z = 91$, $m/z$ fraco $= 65$ ($C_5H_5^+$)

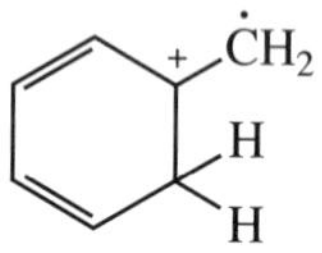

  $m/z = 92$ Transferência de hidrogênios *gama*

*Haletos*
  Dubletos de Cl e Br (M⁺ e $M + 2$)
  $m/z = 49$ ou 51        $CH_2=Cl^+$
  $m/z = 93$ ou 95        $CH_2=Br^+$
  $M - 36$        Perda de HCl

  $m/z = 91$ ou 93        (ciclopentil-Cl⁺)

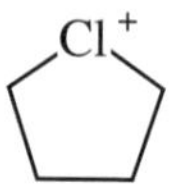

  $m/z = 135$ ou 137        (ciclopentil-Br⁺)

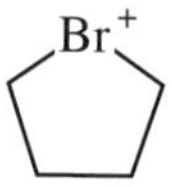

  $M - 79$ ($M - 81$)        Perda de Br·
  $M - 127$        Perda de I·

*Alcoóis*
  M⁺ fraco ou ausente
  Perda de alquila
  $CH_2=OH^+$  $m/z = 31$
  $RCH=OH^+$  $m/z = 45, 59, 73, ...$
  $R_2C=OH^+$  $m/z = 59, 73, 87, ...$
  $M - 18$        Perda de $H_2O$
  $M - 46$        Perda de $H_2O + CH_2=CH_2$

*Fenóis*
   M⁺ forte
   *M* – 1 forte   Perda de H·
   *M* – 28 Perda de CO

*Éteres*
   M⁺ mais forte do que em alcoóis
   Perda de alquila
   Perda de OR'      *M* – 31, *M* – 45, *M* – 59 etc.
   CH$_2$=OR'        *m/z* = 45, 59, 73, ...

*Aminas*
   M⁺ fraco ou ausente
   Regra do Nitrogênio
   *m/z* = 30   CH$_2$=NH$_2^+$ (pico-base)
   Perda de alquila

*Aldeídos*
   M⁺ fraco
   *M* – 29 Perda de HCO
   *M* – 43  Perda de CH$_2$=CHO
   *m/z* = 44

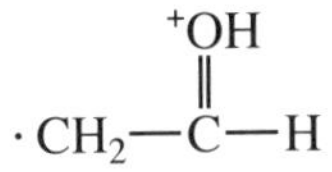

   ·CH$_2$—C(=⁺OH)—H   Transferência de hidrogênios *gama*

   ou 58, 72, 86, ...

*Aldeídos aromáticos*
   M⁺ forte
   *M* – 1 Perda de H·
   *M* – 29 Perda de H· e CO

*Cetonas*
   M⁺ intenso
   *M* – 15, *M* – 29, *M* – 43, ... Perda de grupo alquila
   *m/z* = 43 CH$_3$CO⁺
   *m/z* = 58, 72, 86, ... Transferência de hidrogênios *gama*
   *m/z* = 55    ⁺CH$_2$—CH=C=O Pico-base para cetonas cíclicas

   *m/z* = 83   [ciclobutil]-C≡O⁺ na cicloexanona

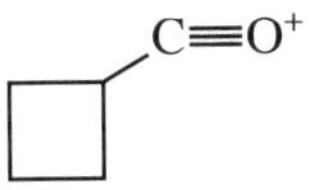

   *m/z* = 42   [ciclopropano]⁺· na cicloexanona

   *m/z* = 105  Ph-C≡O⁺  em cetonas arílicas

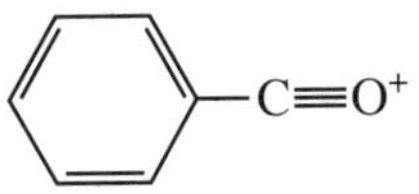

   *m/z* = 120  Ph-C(=⁺OH)-CH$_2$·   Transferência de hidrogênios *gama*

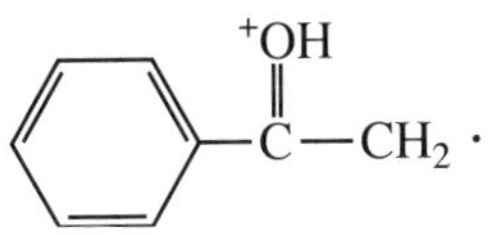

*Ácidos carboxílicos*

  M⁺ fraco, mas observável
  $M - 17$     Perda de OH
  $M - 45$     Perda de COOH
  $m/z = 45$   ⁺COOH

  $m/z = 60$     
$$\begin{array}{c} \overset{+}{O}H \\ \parallel \\ HO-C-CH_2 \cdot \end{array}$$
   Transferência de hidrogênios *gama*

*Ácidos aromáticos*

  M⁺ grande
  $M - 17$     Perda de OH
  $M - 45$     Perda de COOH
  $M - 18$     Efeito *orto*

*Ésteres metila*

  M⁺ fraco, mas observável
  $M - 31$     Perda de OCH₃
  $m/z = 59$   ⁺COOCH₃

  $m/z = 74$    
$$\begin{array}{c} \overset{+}{O}H \\ \parallel \\ CH_3O-C-CH_2 \end{array}$$
  Transferência de hidrogênios *gama*

*Ésteres mais altos*

  M⁺ mais fraco do que para RCOOCH₃
  Mesmo padrão que os ésteres metila
  $M - 45, M - 59, M - 73$     Perda de OR
  $m/z = 73, 87, 101$     ⁺COOR

  $m/z = 88, 102, 116$    
$$\begin{array}{c} \overset{+}{O}H \\ \parallel \\ RO-C-CH_2 \cdot \end{array}$$
  Transferência de hidrogênios *gama*

  $m/z = 28, 42, 56, 70$     Hidrogênios *beta* no grupo alquila

  $m/z = 61, 75, 89$    
$$\begin{array}{c} \overset{+}{O}H \\ \parallel \\ R-C-OH \end{array}$$
  Cadeia alquílica longa

  $m/z = 108$  Perda de $CH_2=C=O$   Éster benzílico ou acetato

  $m/z = 105$   Ph–C≡O⁺

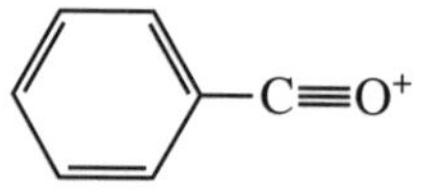

  $m/z = 77$   Ph⁺   fraco

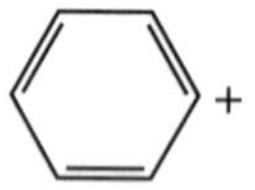

  $M - 32, M - 46, M - 60$     Efeito *orto* – perda de ROH

# APÊNDICE 13

*Índice de espectros*

## Espectros no infravermelho

1-hexanol, 47
1-hexeno, 34
1-nitroexano, 77
1-octino, 36
2,4-pentanodiona, 59
2-butanol, 48
3-metil-2-butanona, 27
4-octino, 36
Acetato de vinila, 64
Acetofenona, 59
Ácido benzoico, 62
Ácido isobutírico, 62
Anidrido propiônico, 72
Anisol, 51
Benzaldeído, 57
Benzenossulfonamida, 81
Benzenotiol, 79
Benzoato de metila, 65
Benzonitrila, 76
Butilamina, 73
Butirato de etila, 64
Butironitrila, 76
$C_6H_{10}O_2$, 312
Cicloexano, 33
Cicloexeno, 34
Ciclopentanona, 59
*cis*-2-penteno, 35
Cloreto de acetila, 71
Cloreto de benzenossulfonila, 81
Cloreto de benzoíla, 71
Clorofórmio, 83
Crotonaldeído, 57
Decano, 33
Dibutilamina, 73
Dióxido de carbono (espectro de fundo), 85
Estireno, 45
Éter dibutílico, 51
Isocianato de benzila, 76
Leucina, 79
Metacrilato de metila, 64
*meta*-dietilbenzeno, 44
Nitrobenzeno, 77
*N*-metilacetamida, 69
*N*-Metilanilina, 74
Nonanal, 57
Nujol, 33
Óleo mineral, 33
*orto*-dietilbenzeno, 44
Óxido de mesitila, 59
*para*-cresol, 48
*para*-dietilbenzeno, 44
Propionamida, 69
Salcilato de metila, 65
Tetracloreto de carbono, 83
Tolueno, 44
*trans*-2-penteno, 35
Tributilamina, 74

## Espectros de massa

1-bromo-2-cloroetano, 185
1-bromoexano, 182
1-nitropropano, 181
1-pentanol, 154
1-penteno, 146
1-pentino, 149
2,2,4-trimetilpentano, 143
2-butanona, 166
2-cloroeptano, 182
2-etil-2-metil-1,3-dioxolano, 169
2-metil-2-butanol, 155
2-metilfenol, 159
2-octanona, 166
2-pentanol, 155
2-pentino, 149
3-metilpiridina, 178
3-pentanol, 155
4-metilfenetol, 162
Acetato de lavandulila, 109
Acetofenona, 168
Ácido butírico, 174
Álcool benzílico, 171
Benzaldeído, 165
Benzeno, 150
Benzoato de metila, 173
Benzonitrila, 180
Biciclo[2.2.1]heptano, 145
Brometo de etila, 184
Butano, 141
Butilbenzeno, 153
Butirato de butila, 170
Butirato de metila, 169
Butirofenona, 169
Cicloexanol, 157
Cicloexanona, 167
Ciclopentano, 144
Cloreto de etila, 183
Dibromometano, 185
Diclorometano, 185
Dietilamina, 176
Dodecanoato de metila, 120
Dopamina, 123
*E*-2-penteno, 147
Éter de diisopropila, 160
Éter di-*sec*-butila, 161
Etilamina, 176
Fenol, 159
Hexanonitrila, 179
Ionona α, 148
Ionona β, 148
Isobutano, 142
Isopropilbenzeno, 152
Laurato de benzila, 171
Limoneno, 147
Lisozima, 115
Metacrilato de butila, 110
Metilciclopentano, 144
Meta-xileno, 152
Nitrobenzeno, 181
Octano, 142
*orto*-xileno, 151
Salicilato de isobutila, 173
Tolueno, 151
Trietilamina, 176
Valeraldeído, 164
*Z*-2-penteno, 146

## Espectros de RMN de ¹H

1,1,2-tricloroetano, 236
1-clorobutano, 252
1-feniletilamina, 454
1-hexanol, 466
1-nitrobutano, 263
1-nitropropano, 246
1-pentino, 251
2,4-dinitroanisol, 396
2-cloroetanol, 381, 448
2-metil-1-penteno, 248
2-metil-1-propanol, 254
2-metilpiridina, 400
2-metilpropanal, 258
2-nitroanilina, 397
2-nitrofenol, 397
2-nitropropano, 238
2-picolina, 400
3-nitroanilina, 397
4-aliloxianisol, 386, 394
4-metil-2-pentanol, 359, 360
4-nitroanilina, 397
5-metil-2-hexanona, 259
Acetato de benzila, 227, 228
Acetato de feniletila, 379
Acetato de isobutila, 260
Acetato de vinila, 384
Acetilacetona, 452
Acetona-$d_5$, 307
Ácido 3-nitrobenzoico, 398
Ácido cinâmico *trans*, 383
Ácido crotônico, 385
Ácido etilmalônico, 261
Álcool furfurílico, 399
Anetol, 394
Anisol, 392

Benzaldeído, 393
Butil-metil éter, 255
Butiramida, 263
Cloroacetamida, 460
Etanol, 445, 446
Etilbenzeno, 391
Fenilacetona, 221
Iodeto de etila, 237
Metacrilato de etila, 474
*N,N*-dimetilformamida, 458
*n*-butilamina, 453
*N*-etilnicotinamida, 458
Octano, 247
Óxido de estireno, 363
Pirrol, 457
Propilamina, 256
Sucinato de dietila, 379
Valeronitrila, 257
α-cloro-*p*-xileno, 250
β-clorofenetol, 380

## Espectros de RMN de ¹³C

1,2-diclorobenzeno, 304
1,3-diclorobenzeno, 304
1,4-diclorobenzeno, 304
1-propanol, 288, 297
2,2,2-trifluoretanol, 309
2,2-dimetilbutano, 299
4-metil-2-pentanol, 526
Cicloexanol, 300
Cicloexanona, 301
Cicloexeno, 300
Citronelol, 521
Clorofórmio-*d*, 305
Dimetilsulfóxido-$d_6$, 305
Fenilacetato de etila, 287

Tolueno, 303
Tribromofluormetano, 309

## Espectros COSY

2-nitropropano, 524
Acetato de isopentila, 507
Citronelol, 509

## Espectros DEPT

Acetato de isopentila, 298, 507
Citronelol, 510

## Espectros HETCOR

2-nitropropano, 524
4-metil-2-pentanol, 526
Acetato de isopentila, 525

## Espectros diferenciais de NOE

Metacrilato de etila, 474

## Espectros no visível/ ultra--violeta

9-metilantraceno, 588
Ácido benzoico, 563
Antraceno, 586
Benzeno, 581
Dimetilpolienos, 568
Fenol, 564
Isoquinolina, 587
Naftaleno, 586
Piridina, 587
Quinolina, 587

# Respostas para os problemas selecionados

## CAPÍTULO 1

1. (a) carbono 90,50%; hidrogênio 9,50%. (b) $C_4H_5$
2. Carbono 32,0%; hidrogênio 5,4%; cloro 62,8%; $C_3H_6Cl_2$
3. $C_2H_5NO_2$
4. 180,2 = massa molecular. A fórmula molecular é $C_9H_8O_4$
5. Peso equivalente = 52,3
6. (a) 6  (b) 1  (c) 3  (d) 6  (e) 12
7. Índice de deficiência de hidrogênio = 1. Não pode haver uma ligação tripla, já que a presença de uma ligação tripla exigiria um índice de deficiência de hidrogênio de pelo menos 2.
8. (a) carbono 59,96%; hidrogênio 5,75%; oxigênio 34,29%.
   (b) $C_7H_8O_3$  (c) $C_{21}H_{24}O_9$
   (d) Um máximo de dois anéis aromáticos (benzenoides).
9. (a) $C_8H_8O_2$  (b) $C_8H_{12}N_2$  (c) $C_7H_8N_2O$  (d) $C_5H_{12}O_4$
10. Fórmula molecular = $C_8H_{10}N_4O_2$
    Índice de deficiência de hidrogênio = 6
11. Fórmula molecular = $C_{21}H_{30}O_2$
    Índice de deficiência de hidrogênio = 7

## CAPÍTULO 2

1. (a) Cloreto de propargila (3-cloropropino)
   (b) p-cimeno (4-isopropiltolueno)
   (c) o-cresol (2-metilfenol)
   (d) N-etilanilina
   (e) 2-clorotolueno
   (f) Ácido 2-cloropropanoico
   (g) 1,2,3,4-tetraidronaftalina
   (h) 1,2-epoxibutano
2. Citronelal.
3. trans-cinamaldeído (trans-3-fenil-2-propenal).
4. Espectro de cima, trans-3-hexen-1-ol; espectro de baixo, cis-3-hexen-1-ol.
5. (a) Estrutura B (cinamato de etila)
   (b) Estrutura C (ciclobutanona)
   (c) Estrutura D (2-etilanilina)
   (d) Estrutura A (propiofenona)
   (e) Estrutura D (anidrido butanoico)
6. Poli(acrilonitrila-estireno); poli(metacrilato de metila); poliamida (náilon).

## CAPÍTULO 3

1. $C_{43}H_{50}N_4O_6$
2. $C_{34}H_{44}O_{13}$
3. $C_{12}H_{10}O$
4. $C_6H_{12}$
5. $C_7H_9N$
6. $C_3H_7Cl$

## CAPÍTULO 4

1.  (a) Metilcicloexano (b) 2-metil-1-penteno (c) 2-metil-2-hexanol
    (d) Éter etil isobutila (e) 2-metilpropanal (f) 3-metil-2-heptanona
    (g) Octanoato de etila (h) Ácido 2-metilpropanoico (i) Ácido 4-metilbenzoico
    (j) Butilamina (k) 2-propanetiol (l) Nitroetano
    (m) Propanonitrila (n) Iodoetano (o) Clorobenzeno
    (p) 1-bromobutano (q) Bromobenzeno (r) 1,1-dicloroetano
    (s) 1,2,3-tricloro-1-propeno

## CAPÍTULO 5

1. (a) $-1, 0, +1$  (b) $-\frac{1}{2}, +\frac{1}{2}$  (c) $-\frac{5}{2}, -\frac{3}{2}, -\frac{1}{2}, +\frac{1}{2}, +\frac{3}{2}, +\frac{5}{2}$  (d) $-\frac{1}{2}, +\frac{1}{2}$
2. 128 Hz/60 MHz = 2,13 ppm
3. (a) 180 Hz   (b) 1,50 ppm
4. Ver Figuras 5.22 e 5.23. Os prótons metila estão em uma região de blindagem. A acetonitrila mostra um comportamento anisotrópico semelhante ao do acetileno.
5. A *o*-hidroxiacetofenona tem ligação de hidrogênio intramolecular. O próton é desblindado (12,05 ppm). Mudar a concentração não altera a formação da ligação de hidrogênio. O fenol forma ligação de hidrogênio intermolecular. A extensão da ligação de hidrogênio depende da concentração.
6. Os grupos metila estão em uma região de blindagem das ligações duplas. Ver Figura 5.23.
7. O grupo carbonila desblinda os prótons *orto* por causa da anisotropia.
8. Os grupos metila estão em uma região de blindagem do sistema de ligação dupla. Ver Figura 5.24.
9. O espectro será semelhante ao da Figura 5.25, com algumas diferenças de deslocamento químico. Arranjos de *spin*: $H_A$ será idêntico ao padrão da Figura 5.32 (tripleto); $H_B$ verá um próton adjacente e aparecerá como um dubleto ($+\frac{1}{2}$ e $-\frac{1}{2}$).
10. O grupo isopropila aparecerá como um septeto para o α-H (metina). Pelo triângulo de Pascal, as intensidades são 1:6:15:20:15:6:1. Os grupos $CH_3$ serão um dubleto.
11. Dubleto para baixo, área = 2, para os prótons nos carbonos 1 e 3; para cima, tripleto, área = 1, para o próton no carbono 2.
12. X—$CH_2$—$CH_2$—Y, onde X ≠ Y.
13. Tripleto para cima para os prótons C-3, área = 3; sexteto intermediário para os prótons C-2, área = 2; e tripleto para baixo para os prótons C-1, área = 2.
14. Acetato de etila (etanoato de etila).
15. Isopropilbenzeno.
16. Ácido 2-bromobutanoico.

## CAPÍTULO 6

17. 1,3-dibromopropano.
18. 2,2-dimetoxipropano.
19. (a) Propanoato de isobutila    (b) Propanoato de *t*-butila    (c) Propanoato de butila
20. (a) 2-fenilbutano (*sec*-butilbenzeno)    (b) 1-fenilbutano (butilbenzeno)
21. 2-feniletilamina.

## CAPÍTULO 6

1. Acetato de metila.
2. (e) 7 picos    (f) 10 picos
   (g) 4 picos    (h) 4 picos
   (i) 5 picos    (j) 6 picos
   (k) 8 picos
3. (a) 2-metil-2-propanol    (b) 2-butanol    (c) 2-metil-1-propanol
4. Metacrilato de metila (2-metil-2-propenoato de metila)
5. (a) 2-bromo-2-metilpropano    (b) 2-bromobutano    (c) 1-bromobutano
   (d) 1-bromo-2-metilpropano
6. (a) 4-heptanona    (b) 2,4-dimetil-3-pentanona    (c) 4,4-dimetil-2-pentanona
18. 2,3-dimetil-2-buteno. Um cátion primário se rearranja em um cátion terciário por meio de um deslocamento de hidreto. A eliminação E1 forma o alceno tetrassubstituído.
19. (a) Três picos de igual tamanho para acoplamento de $^{13}C$ com um único átomo de D; quinteto para acoplamento de $^{13}C$ com dois átomos de D.
    (b) Fluormetano: dubleto para acoplamento de $^{13}C$ com um único átomo de F ($^{1}J > 180$ Hz).
    Trifluormetano: quarteto para acoplamento de $^{13}C$ com três átomos de F ($^{1}J > 180$ Hz).
    1,1-diflúor-2-cloroetano: tripleto para acoplamento de carbono-1 com dois átomos de F ($^{1}J > 180$ Hz); tripleto para acoplamento de carbono-2 com dois átomos de F ($^{2}J \approx 40$ Hz).
    1,1,1-triflúor-2-cloroetano: quarteto para acoplamento de carbono-1 com três átomos de F ($^{1}J > 180$ Hz); quarteto para acoplamento de carbono-2 com três átomos de F ($^{2}J \approx 40$ Hz).
23. C1 = 128,5 + 9,3 = 137,8 ppm; C2 = 128,5 + 0,7 = 129,2 ppm; C3 = 128,5 − 0,1 = 128,4 ppm; C4 = 128,5 − 2,9 = 125,6 ppm.

## CAPÍTULO 7

1. Consulte as Seções 7.6 e 7.9 para obter instruções sobre como medir constantes de acoplamento usando os valores em hertz impressos acima das expansões dos espectros de prótons.
   (a) Acetato de vinila (Figura 7.50): todos os prótons vinila são dubletos de dubletos.
   $H_a = 4,57$ ppm, $^{3}J_{ac} = 6,25$ Hz e $^{2}J_{ab} = 1,47$ Hz.
   $H_b = 4,88$ ppm. As constantes de acoplamento não são consistentes; $^{3}J_{bc} = 13,98$ ou 14,34 Hz do espaçamento dos picos. $^{2}J_{ab} = 1,48$ ou 1,84 Hz. Com frequência, as constantes de acoplamento não são consistentes (ver Seção 7.9). Constantes de acoplamento mais consistentes podem ser obtidas pela análise do próton $H_c$.
   $H_c = 7,27$ ppm, $^{3}J_{bc} = 13,97$ Hz e $^{3}J_{ac} = 6,25$ Hz do espaçamento dos picos.
   Resumo das constantes de acoplamento a partir da análise do espectro: $^{3}J_{ac} = 6,25$ Hz, $^{3}J_{bc} = 13,97$ Hz e $^{2}J_{ab} = 1,47$ Hz. Podem ser arredondados para: 6,3, 14,0 e 1,5 Hz, respectivamente.
   (b) Ácido *trans*-crotônico (Figura 7.53).

$H_c$ $\underset{a}{\diagdown}\underset{H_3C}{\overset{3\ 2}{C=C}}\underset{H_b}{\overset{\overset{O}{\underset{\|}{\overset{1}{C}}}}{\diagup}}OH_d$

$H_a$ = 1,92 ppm (grupo metila em C-4). Aparece como um dubleto de dubletos (dd) porque apresenta acoplamentos $^3J$ e $^4J$; $^3J_{ac}$ = 6,9 Hz e $^4J_{ab}$ alílico = 1,6 Hz.

$H_b$ = 5,86 ppm (próton vinila em C-2). Aparece como um dubleto de quartetos (dq); $^3J_{bc}$ trans = = 15,6 Hz e $^4J_{ab}$ alílico = 1,6 Hz.

$H_c$ = 7,10 ppm (próton vinila em C-3). Aparece como um dubleto de quartetos (dq), com certa sobreposição parcial dos quartetos; $^3J_{bc}$ trans = 15,6 Hz e $^3J_{ac}$ = 6,9 Hz. Note que $H_c$ é deslocado mais para baixo do que $H_b$ por causa do efeito de ressonância do grupo carboxila e também por uma desblindagem através do espaço pelo átomo de oxigênio no grupo carbonila.

$H_c$ $\underset{a}{\diagdown}\underset{H_3C}{\overset{3\ 2}{C-C}}\underset{H_b}{\overset{\overset{O^-}{\underset{|}{\overset{1}{C}}}}{\diagup}}OH_d$

$H_d$ = 12,2 ppm (singleto, próton ácido no grupo carboxila).

(c) 2-nitrofenol (Figura 7.69). $H_a$ e $H_b$ são blindados pelo efeito de doação de elétrons do grupo hidroxila, causado pelo par isolado do átomo de oxigênio envolvido na ressonância. Eles podem ser diferenciados pela aparência: $H_a$ é um tripleto com certa estrutura fina, e $H_b$, um dubleto com estrutura fina. $H_d$ é desblindado pelo efeito de retirada de elétrons e pela anisotropia do grupo nitro. Note que o padrão é um dubleto com certa estrutura fina. $H_c$ é atribuído por um processo de eliminação. Não apresenta nenhum desses efeitos que blindam ou desblindam aquele próton. Aparece como um tripleto com certa estrutura fina.

$H_a$ = 7,00 ppm (ddd); $^3J_{ac} \cong {}^3J_{ad}$ = 8,5 Hz e $^4J_{ab}$ = 1,5 Hz. $H_a$ também poderia ser descrito como um tripleto de dubletos (td), já que $^3J_{ac}$ e $^3J_{ad}$ são praticamente iguais.

$H_b$ = 7,16 ppm (dd); $^3J_{bc}$ = 8,5 Hz e $^4J_{ab}$ = 1,5 Hz.

$H_c$ = 7,60 ppm (ddd ou td); $^3J_{ac} \cong {}^3J_{bc}$ = 8,5 Hz e $^4J_{cd}$ = 1,5 Hz.

$H_d$ = 8,12 ppm (dd); $^3J_{ad}$ = 8,5 Hz e $^4J_{cd}$ = 1,5 Hz; $^5J_{bd}$ = 0.

O grupo OH não é mostrado no espectro.

(d) Ácido 3-nitrobenzoico (Figura 7.70). $H_d$ é significativamente desblindado pela anisotropia tanto do grupo nitro quanto do grupo carboxila e aparece bem para baixo. Aparece com um tripleto pouco separado.

Esse próton apresenta apenas acoplamento $^4J$. $H_b$ é *orto* ao grupo carboxila, enquanto $H_c$ é *orto* ao grupo nitro. Ambos os prótons são desblindados, mas o grupo nitro desloca o próton mais para baixo do que o próton próximo a um grupo carboxila (ver Apêndice 6). Tanto $H_b$ quanto $H_c$ são dubletos com estrutura fina consistente com suas posições no anel aromático. $H_a$ é relativamente blindado e aparece mais acima como um tripleto bem espaçado. Esse próton não sofre nenhuma anisotropia por causa de sua distância em relação aos grupos ligados. $H_a$ tem apenas acoplamentos $^3J$ ($^5J_{ad}$ = 0).

$H_a$ = 7,72 ppm (dd); $^3J_{ac}$ = 8,1 Hz e $^3J_{ab}$ = 7,7 Hz (esses valores vêm da análise de $H_b$ e $H_c$, a seguir). Como as constantes de acoplamento são semelhantes, o padrão aparece como um tripleto acidental.

$H_b$ = 8,45 ppm (ddd ou dt); $^3J_{ab}$ = 7,7 Hz; $^4J_{bd} \cong {}^4J_{bc}$ = 1,5 Hz. O padrão é um dubleto acidental de tripletos.

$H_c$ = 8,50 ppm (ddd); $^3J_{ac}$ = 8,1 Hz e $^4J_{cd} \neq {}^4J_{bc}$.

$H_d$ = 8,96 ppm (dd). O padrão parece ser um tripleto pouco separado, mas, na verdade, é um tripleto acidental, já que $^4J_{bd} \neq {}^4J_{cd}$.

O próton carboxílico não é mostrado no espectro.

(e) Álcool furfurílico (Figura 7.71). Os valores de deslocamento químico e as constantes de acoplamento para um anel furanoide são dados nos Apêndices 4 e 5.

$H_a$ = 6,24 ppm (dubleto de quartetos); $^3J_{ab}$ = 3,2 Hz e $^4J_{ac}$ = 0,9 Hz. O padrão de quarteto resulta de um acoplamento $^4J$ quase igual de $H_a$ com os dois prótons metileno no grupo $CH_2OH$ e do acoplamento $^4J$ de $H_a$ com $H_c$ (Regra do $n + 1$, três prótons mais um igual a quatro, um quarteto).

$H_b$ = 6,31 ppm (dd); $^3J_{ab}$ = 3,2 Hz e $^3J_{bc}$ = 1,9 Hz.

$H_c$ = 7,36 ppm (dd); $^3J_{bc}$ = 1,9 Hz e $^4J_{ac}$ = 0,9 Hz.

Os grupos $CH_2$ e OH não são mostrados no espectro.

(f) 2-metilpiridina (Figura 7.72). Os valores de deslocamento químico e as constantes de acoplamento típicas para um anel de piridina são dados nos Apêndices 4 e 5.

$H_a$ = 7,08 ppm (dd); $^3J_{ac}$ = 7,4 Hz e $^3J_{ad}$ = 4,8 Hz.

$H_b$ = 7,14 ppm (d); $^3J_{bc}$ = 7,7 Hz e $^4J_{ab} \cong$ 0 Hz.

$H_c$ = 7,56 ppm (ddd ou td). Esse padrão é um provável tripleto acidental de dubletos, porque $^3J_{ac} \cong {}^3J_{bc}$ e $^4J_{cd}$ = 1,8 Hz.

$H_d$ = 8,49 ppm ("dubleto"). Por causa dos picos alargados desse multipleto, é impossível extrair as constantes de acoplamento. Espera-se um dubleto de dubletos, mas $^4J_{cd}$ não é definido a partir de $^3J_{ad}$. O átomo de nitrogênio adjacente pode ser responsável pelos picos alargados.

2. (a) $J_{ab}$ = 0 Hz  (b) $J_{ab}$ ~ 10 Hz  (c) $J_{ab}$ = 0 Hz  (d) $J_{ab}$ ~ 1 Hz
   (e) $J_{ab}$ = 0 Hz  (f) $J_{ab}$ ~ 10 Hz  (g) $J_{ab}$ = 0 Hz  (h) $J_{ab}$ = 0 Hz
   (i) $J_{ab}$ ~ 10 Hz; $J_{ac}$ ~ 16 Hz; $J_{bc}$ ~ 1 Hz

3.

$H_a$ = 2,80 ppm (singleto, $CH_3$).
$H_b$ = 5,98 ppm (dubleto); $^3J_{bd}$ = 9,9 Hz e $^2J_{bc}$ = 0 Hz.
$H_c$ = 6,23 ppm (dubleto); $^3J_{cd}$ = 16,6 Hz e $^2J_{bc}$ = 0 Hz.
$H_d$ = 6,61 ppm (dubleto de dubletos); $^3J_{cd}$ = 16,6 Hz e $^3J_{bd}$ = 9,9 Hz.

4.

$H_a$ = 0,88 ppm (tripleto, $CH_3$); $^3J_{ac}$ = 7,4 Hz.
$H_c$ = 2,36 ppm (quarteto, $CH_2$); $^3J_{ac}$ = 7,4 Hz.
$H_b$ = 1,70 ppm (dubleto de dubletos, $CH_3$); $^3J_{be}$ = 6,8 Hz e $^4J_{bd}$ = 1,6 Hz.
$H_d$ = 5,92 ppm (dubleto de quartetos, próton vinila). Os quartetos estão bem próximos, sugerindo um acoplamento de quatro ligações, $^4J$; $^3J_{de}$ = 15,7 Hz e $^4J_{bd}$ = 1,6 Hz.
$H_e$ = 6,66 ppm (dubleto de quartetos, próton vinila). Os quartetos estão bem espaçados, sugerindo um acoplamento de três ligações, $^3J$; $^3J_{de}$ = 15,7 Hz e $^3J_{be}$ = 6,8 Hz. Ele aparece mais abaixo do que $H_d$ (ver a resposta do Problema 1b, onde está explicado).

5.

$$\text{CH}_3-\underset{\underset{a}{}}{\text{CH}_2}-\underset{\underset{b}{}}{\overset{H_d}{C}}=\overset{}{\underset{H_c}{C}}-\overset{O}{\underset{}{C}}-H_e$$

$H_a$ = 0,96 ppm (tripleto, $CH_3$); $^3J_{ab}$ = 7,4 Hz.

$H_d$ = 6,78 ppm (dubleto de tripletos, próton vinila). Os tripletos são bem espaçados, sugerindo um acoplamento de três ligações, $^3J$; $^3J_{cd}$ = 15,4 Hz e $^3J_{bd}$ = 6,3 Hz. $H_d$ aparece mais para baixo do que $H_c$ (ver a resposta do Problema 1b, onde está explicado).

$H_b$ = 2,21 ppm (quarteto de dubletos de dubletos, $CH_2$) lembra um quinteto com estrutura fina.

$^3J_{ab}$ = 7,4 Hz e $^3J_{bd}$ = 6,3 Hz são derivados dos padrões $H_a$ e $H_d$, enquanto $^4J_{bc}$ = 1,5 Hz é obtido do padrão $H_b$ (dubleto à esquerda, em 2,26 ppm) ou do padrão $H_c$.

$H_c$ = 5,95 ppm (dubleto de dubletos de tripletos, próton vinila). Os tripletos são pouco espaçados, sugerindo um acoplamento de quatro ligações, $^4J$; $^3J_{cd}$ = 15,4 Hz, $^3J_{ce}$ = 7,7 Hz e $^4J_{bc}$ = 1,5 Hz.

$H_e$ = 9,35 ppm (dubleto, próton aldeído); $^3J_{ce}$ = 7,7 Hz.

6. A estrutura **A** mostraria acoplamento alílico. O orbital da ligação C—H é paralelo ao sistema π da ligação dupla, o que leva a mais sobreposição. O resultado é um acoplamento mais forte dos dois prótons.

13. 3-bromoacetofenona. A região aromática do espectro de prótons mostra um singleto, dois dubletos e um tripleto consistente com um padrão 1,3-dissubstituído (*meta*). Cada átomo de carbono no anel aromático é único, gerando os seis picos observados no espectro de carbono. O pico para baixo em aproximadamente 197 ppm é consistente com um C=O cetona. O valor integral (3H) no espectro de prótons e o valor de deslocamento químico (2,6 ppm) indicam que um grupo metila está presente. O mais provável é que haja um grupo acetila anexo ao anel aromático. Um átomo de bromo é o outro substituinte no anel.

14. Valeraldeído (pentanal). O pico aldeído no carbono 1 aparece em 9,8 ppm. É separado em um tripleto pelos dois prótons metileno no carbono 2 ($^3J$ = 1,9 Hz). Prótons aldeído com frequência têm constantes de acoplamento de três ligações (vicinais) menores do que as que normalmente encontradas. O multipleto em 2,4 ppm (tripleto de dubletos) é formado pelo acoplamento com os dois prótons no carbono 3 ($^3J$ = 7,4 Hz) e com o único próton aldeído no carbono 1 ($^3J$ = 1,9 Hz).

15. Os resultados espectrais de DEPT indicam que o pico em 15 ppm é um grupo $CH_3$; os picos em 40 e 63 ppm são grupos $CH_2$; em 115 e 130 ppm são grupos CH; em 125 e 158 ppm são quaternários (carbonos *ipsi*). O pico em 179 ppm no espectro de carbono é um grupo C=O em um valor típico de ésteres e ácidos carboxílicos. Indica um ácido carboxílico, já que um pico largo aparece em 12,5 ppm no espectro de prótons. O valor de deslocamento químico do pico de carbono metileno em 63 ppm indica um átomo de oxigênio ligado. Vê-se uma confirmação disso no espectro de prótons (4 ppm, um quarteto), e daí conclui-se que o composto tem um grupo etoxi (tripleto em 1,4 ppm para o grupo $CH_3$). Um anel aromático *para*-dissubstituído é indicado com o espectro de carbono (dois C—H e dois C sem prótons). Esse padrão de substituição é também indicado no espectro de prótons (dois dubletos em 6,8 e 7,2 ppm). O grupo metileno restante, em 40 ppm no espectro de carbono, é um singleto no espectro de prótons, indicando que não há prótons adjacentes. O composto é o ácido 4-etoxifenilacético.

24. (a) Na RMN de *prótons*, um átomo de flúor separa o $CH_2$ ($^2J_{HF}$) em um dubleto, que é deslocado para baixo por causa da influência do átomo de flúor eletronegativo. O grupo $CH_3$ está muito distante do átomo de flúor e assim aparece para cima como um singleto.

(b) Agora a frequência de operação da RMN é alterada para que apenas os átomos de *flúor* sejam observados. A RMN do flúor mostraria um tripleto para o único átomo de flúor por causa dos dois prótons adjacentes (Regra do *n* + 1). Esse seria o único pico observado no espectro. Assim, não vemos prótons diretamente em um espectro de flúor porque o espectrômetro opera em uma frequência diferente. Vemos, porém, a *influência* dos prótons no espectro do flúor. Os valores *J* seriam idênticos aos obtidos na RMN de *prótons*.

25. Os dados espectrais de prótons aromáticos indicam um anel 1,3-dissubstituído (*meta*-substituído). Um substituinte ligado é um grupo metila (2,35 ppm, integrando 3H). Como o anel é dissubstituído, o substituinte restante seria um átomo de oxigênio ligado aos dois átomos de carbono remanescentes com um próton e quatro átomos de flúor no grupo "etoxi". Esse substituinte provavelmente seria um grupo 1,1,2,2-tetrafluoretoxi. O multipleto mais interessante é o tripleto de tripletos, bem espaçado, centralizado em 5,85 ppm; $^2J_{HF}$ = 53,1 Hz para o próton no carbono 2 do grupo etoxi acoplado aos dois átomos de flúor adjacentes (duas ligações, $^2J$); e $^3J_{HF}$ = 2,9 Hz para esse mesmo próton no carbono 2 acoplado aos dois átomos de flúor restantes no carbono 1 (três ligações, $^3J$) a partir desse próton. O composto é 1-metil-3-(1,1,2,2--tetrafluoretoxi)-benzeno.

27. Na RMN de *prótons*, o deutério ligado que tem *spin* = 1 desdobra os prótons metileno em um tripleto (intensidade igual para cada pico, um padrão 1:1:1). O grupo metila está muito distante do deutério para ter alguma influência, e será um singleto. Agora mude a frequência da RMN para aquela em que apenas o *deutério* entra em ressonância. O deutério verá dois prótons adjacentes no grupo metileno, separando-os em um tripleto (padrão 1:2:1). Não será observado nenhum outro pico, já que, nessa frequência de RMN, o único átomo observado é o deutério. Compare os resultados com as respostas do Problema 24.

28. Dois singletos aparecerão no espectro de RMN de prótons: um grupo CH$_2$ para baixo e um CH$_3$ para cima. Compare esse resultado com a resposta do Problema 24a.

31. (a) $\delta_H$ ppm = 0,23 + 1,70 = 1,93 ppm
    (b) $\delta_H$ ppm (α para dois grupos C=O) = 0,23 + 1,70 + 1,55 = 3,48 ppm
    $\delta_H$ ppm (α para um grupo C=O) = 0,23 + 1,70 + 0,47 = 2,40 ppm
    (c) $\delta_H$ ppm = 0,23 + 2,53 + 1,55 = 4,31 ppm
    (d) $\delta_H$ ppm = 0,23 + 1,44 + 0,47 = 2,14 ppm
    (e) $\delta_H$ ppm = 0,23 + 2,53 + 2,53 + 0,47 = 5,76 ppm
    (f) $\delta_H$ ppm = 0,23 + 2,56 + 1,32 = 4,11 ppm

32. (a) $\delta_H$ ppm (*cis* para COOCH$_3$) = 5,25 + 1,15 − 0,29 = 6,11 ppm
    $\delta_H$ ppm (*trans* para COOCH$_3$) = 5,25 + 0,56 − 0,26 = 5,55 ppm
    (b) $\delta_H$ ppm (*cis* para CH$_3$) = 5,25 + 0,84 − 0,26 = 5,83 ppm
    $\delta_H$ ppm (*cis* para COOCH$_3$) = 5,25 + 1,15 + 0,44 = 6,84 ppm
    (c) $\delta_H$ ppm (*cis* para C$_6$H$_5$) = 5,25 + 0,37 = 5,62 ppm
    $\delta_H$ ppm (*gem* para C$_6$H$_5$) = 5,25 + 1,35 = 6,60 ppm
    $\delta_H$ ppm (*trans* para C$_6$H$_5$) = 5,25 − 0,10 = 5,15 ppm
    (d) $\delta_H$ ppm (*cis* para C$_6$H$_5$) = 5,25 + 0,37 + 1,10 = 6,72 ppm
    $\delta_H$ ppm (*cis* para COCH$_3$) = 5,25 + 1,13 + 1,35 = 7,73 ppm
    (e) $\delta_H$ ppm (*cis* para CH$_3$) = 5,25 + 0,67 − 0,26 = 5,66 ppm
    $\delta_H$ ppm (*cis* para CH$_2$OH) = 5,25 − 0,02 + 0,44 = 5,67 ppm
    (f) $\delta_H$ ppm = 5,25 + 1,10 − 0,26 − 0,29 = 5,80 ppm

## CAPÍTULO 8

1. O grupo metileno é um quarteto de dubletos. Desenhe um diagrama de árvore em que o quarteto tenha espaçamentos de 7 Hz. Isso representa o $^3J$ (acoplamento de três ligações) para o gru-

po CH$_3$ a partir dos prótons metileno. Agora divida cada perna do quarteto em dubletos (5 Hz). Isso representa o $^3J$ (acoplamento de três ligações) dos prótons metileno para o grupo O—H. O multipleto também pode ser interpretado como um dubleto de quartetos, em que o dubleto (5 Hz) é construído primeiro, seguido pela separação de cada perna do dubleto em quartetos (espaçamentos de 7 Hz).

2. 2-metil-3-buteno-2-ol. H$_a$ = 1,3 ppm; H$_b$ = 1,9 ppm; H$_c$ = 5,0 ppm (dubleto de dubletos, $^3J_{ce}$ = 10,7 Hz (cis) e $^2J_{cd}$ = 0,9 Hz (geminal)); H$_d$ = 5,2 ppm (dubleto de dubletos, $^3J_{de}$ = 17,4 Hz (trans) e $^2J_{cd}$ = 0,9 Hz (geminal)); H$_e$ = 6,0 ppm (dubleto de dubletos, $^3J_{de}$ = 17,4 Hz e $^3J_{ce}$ = 10,7 Hz).

3. 2-bromofenol. O espectro não expandido mostra dois dubletos e dois tripletos consistentes com um padrão 1,2-dissubstituído (orto). Cada um mostra estrutura fina nas expansões ($^4J$). Podem-se fazer atribuições presumindo que os dois prótons para cima (blindados) são orto e para com relação ao grupo OH que doa elétrons. Os outros dois picos podem ser atribuídos por um processo de eliminação.

4. As duas estruturas apresentadas aqui são as que podem ser extraídas do 2-metilfenol. O espectro infravermelho mostra um grupo carbonila conjugado significativamente deslocado, o que sugere que o grupo OH está doando elétrons e fornecendo um caráter de ligação simples para o grupo C=O, consistente com 4-hidroxi-3-metilacetofenona (o outro composto não teria um deslocamento tão significativo do C=O). O pico em 3136 cm$^{-1}$ é um grupo OH também visto no espectro RMN como um pico dependente de solvente. Espera-se que ambas as estruturas mostradas apresentem um singleto e dois dubletos na região aromática do espectro RMN. As posições do singleto e do dubleto de campo baixo no espectro estão mais próximas dos valores calculados no Apêndice 6 para o 4-hidroxi-3-metilacetofenona do que para o 3-hidroxi-4-metilacetofenona (os valores calculados são indicados em cada estrutura). O outro dubleto que aparece em 6,9 ppm é bem próximo ao valor calculado de 6,79 ppm. É interessante notar que os dois prótons orto no 3-hidroxi-4-metilacetofenona são desblindados pelo grupo C=O e blindados pelo grupo OH, gerando um pequeno deslocamento a partir do valor-base de 7,27 (Apêndice 6). Em suma, o espectro RMN e os valores calculados estão mais próximos do 4-hidroxi-3-metilacetofenona.

5. Todos os compostos teriam um singleto e dois dubletos na porção aromática do espectro RMN. Confrontando-se os valores calculados com os deslocamentos químicos observados, é importante comparar as posições relativas de cada próton (posições de dubleto, singleto e dubleto). Não se preocupe com diferenças mínimas (por volta de ± 0,10 Hz) na comparação entre valores calculados e observados. Os valores observados para o terceiro composto estão mais próximos dos dados espectrais observados do que os dois primeiros.

|  |  |  | observado |
|---|---|---|---|
| 6,51 s | 6,59 d | 6,48 d | 6,57 d |
| 6,62 d | 6,84 d | 6,51 s | 6,64 s |
| 6,95 d | 6,87 s | 6,95 d | 6,97 d |

6. 3-metil-3-buteno-1-ol. Os resultados espectrais de DEPT mostram um grupo CH$_3$ em 22 ppm e dois grupos CH$_2$ em 41 e 60 ppm. Os picos em 112 ppm (CH$_2$) e 142 ppm (C sem H anexo) são partes de um grupo vinila. Os picos em 4,78 e 4,86 ppm no espectro de prótons são os prótons na ligação dupla terminal. O multipleto em 4,78 ppm (estrutura fina) mostra acoplamento de longo alcance ($^4J$) para os grupos metila e metileno. O grupo metileno em 2,29 ppm é alargado por causa do acoplamento $^4J$ não definido.

9. 4-butilanilina.

10. 2,6-dibromoanilina.

12. 2,4-dicloroanilina. O pico largo em aproximadamente 4 ppm é atribuído ao grupo —NH$_2$. O dubleto em 7,23 ppm é atribuído ao próton no carbono 3 (aparece como um singleto próximo ao traço superior). O próton 3 é acoplado, de longo alcance, com o próton no carbono 5 ($^4J$ = 2,3 Hz). O dubleto de dubletos centralizado em 7,02 ppm é atribuído ao próton no carbono 5. Ele é acoplado com o próton no carbono 6 ($^3J$ = 8,6 Hz) e também com o próton 3 ($^4J$ = 2,3 Hz). Por fim, o dubleto em 6,65 ppm é atribuído ao próton no carbono 6 ($^3J$ = 8,6 Hz), que surge do acoplamento com o próton no carbono 5. Não há sinal de acoplamento $^5J$ nesse composto.

13. Alanina.

21. Um equilíbrio rápido em temperatura ambiente entre conformações em cadeira leva a um pico. Quando se abaixa a temperatura, a velocidade de interconversão diminui até que se observem, em temperaturas abaixo de −66,7 °C, picos devidos aos hidrogênios axial e equatorial, que têm deslocamentos químicos diferentes nessas condições.

22. Os anéis t-butila-substituída são conformacionalmente rígidos. O hidrogênio em C4 tem deslocamentos químicos diferentes, dependendo de ser axial ou equatorial. Os 4-bromocicloexanos têm conformação móvel. Não se observa diferença entre os hidrogênios axial e equatorial até que a velocidade de interconversão cadeira-cadeira seja reduzida pela diminuição de temperatura.

# CAPÍTULO 9

1.  CH$_3$—CH—CH$_2$—CH$_3$
       |
       Cl

    (posições 1, 2, 3, 4)

Próton #1: 1,5 ppm   Carbono #1: 24 ppm
Próton #2: 4,0 ppm   Carbono #2: 60 ppm
Próton #3: 1,7 ppm   Carbono #3: 33 ppm (picos invertidos indicam CH$_2$)
Próton #4: 1,0 ppm   Carbono #4: 11 ppm

2.

$$CH_3-CH_2-CH_2-\underset{2}{\overset{\overset{6}{CH_3}}{CH}}-\underset{1}{CH_2}-OH$$

Carbono #1: 68 ppm
Carbono #2: 35,2 ppm
Carbono #3: 35,3 ppm
Carbono #4: 20 ppm
Carbono #5: 14 ppm
Carbono #6: 16 ppm

Espera-se que o 3-metil-1-pentanol e o 4-metil-1-pentanol gerem espectros DEPT semelhantes. São também respostas aceitáveis baseando-se na informação fornecida.

3.

citronelol

O espectro DEPT mostrado na Figura 9.12 apresenta o número de prótons em cada um dos picos de $^{13}$C. Há três grupos metila, quatro grupos metileno e dois grupos metino. Um dos picos metino aparece com campo baixo a cerca de 124 ppm, e é atribuído a C6. O outro pico de metino é atribuído a C3. O átomo de carbono restante está na ligação dupla e tem de ser C7. Ele não aparece no espectro de DEPT porque não há nenhum próton ligado.

Os espectros COSY são mostrados nas Figuras 9.15a e 9.15b. As atribuições foram determinadas conforme descrito nas páginas 520-521 e são mostradas nos eixos superiores nessas figuras. Note que C2 se sobrepõe com C3 e um dos grupos metila, C8 ou C9. C2 e C4 também se sobrepõem. Há três conjuntos de prótons diastereotópicos em três grupos metileno: C2, C4 e C5.

Os picos estão identificados nos eixos superiores no espectro COSY. O espectro HETCOR (HSQC) mostrado neste problema nos permite determinar facilmente todos os valores de deslocamentos químicos de $^1$H e $^{13}$C. O dubleto do grupo metila no C10 aparece em 9,1 ppm. Os prótons em C2 são diastereotópicos e aparecem em 1,37 e 1,60 ppm. Eles se correlacionam com apenas um pico de $^{13}$C a 40 ppm. Os prótons no C4 também são diastereotópicos e aparecem em 1,17 e 1,35 ppm e se correlacionam com o único pico de $^{13}$C a 37 ppm. Finalmente, o conjunto restante de prótons diastereotópicos é mais bem observado no espectro COSY (Figura 9.15b) a 1,96 e 2,02 ppm em C5. No espectro expandido HETCOR no Problema 3, o pico central em cerca de 2,0 ppm mostra que os dois prótons em C5 quase se sobrepõem um ao outro em 25,1 ppm na escala do $^{13}$C. As atribuições estão tabeladas abaixo.

| Próton C1 | 3,7 ppm | Carbono C1 | 61 ppm |
| Próton C2 | 1,37 e 1,60 ppm | Carbono C2 | 40 ppm |
| Próton C3 | 1,57 ppm | Carbono C3 | 28 ppm |

| | | | |
|---|---|---|---|
| Próton C4 | 1,17 e 1,35 ppm | Carbono C4 | 37 ppm |
| Próton C5 | 1,96 e 2,02 ppm | Carbono C5 | 25,1 ppm |
| Próton C6 | 5,10 ppm | Carbono C6 | 125 ppm |
| Próton C7 | — | Carbono C7 | 131 ppm |
| Próton C8 ou C9 | 1,60 ppm | Carbono 8 ou 9 | 18,0 ppm |
| (não atribuído) | 1,68 ppm | (não atribuído) | 25,2 ppm |
| Próton 10 | 0,91 ppm | Carbono 10 | 19,5 ppm |

Alguns dos deslocamentos químicos para o $^{13}$C diferem ligeiramente do determinado nas páginas 507-510. Eles concordam quanto ao erro experimental.

4.

geraniol

Você deve inspecionar os valores atribuídos ao citronelol nas respostas do Problema 3, juntamente com os dados espectrais do Problema 4 para o geraniol. A edição completa de DEPT empilhada na página 540 mostra três grupos metila, três grupos metileno e dois grupos metino. C3 e C7 não aparecem neste espectro.

Comece por desenhar uma linha diagonal a partir do canto superior direito para o canto inferior esquerdo no espectro COSY mostrado na página 542. Inicie a análise na extremidade inferior esquerda da linha diagonal onde estão localizados os dois átomos de carbono com ligação dupla, cada um com um próton ligado (5,40 e 5,20 ppm). Desenhe uma linha horizontal a partir do ponto inferior em 5,40 ppm (C2), mostrando que esse próton se correlaciona com os dois prótons de metileno em C1 a 4,20 ppm (um dubleto na escala superior). O próton a 5,40 também se correlaciona por acoplamento a longa distância ($^4J$) com os prótons do grupo metila a 1,67 ppm em C10.

Agora desenhe outra linha horizontal a partir do outro próton a 5,20 ppm (C6) sobre a linha diagonal que se conecta com os pontos a 2,10 ppm (C5) e os dois grupos metila a 1,60 e 1,70 ppm (C8 e C9) por acoplamento a longa distância ($^4J$). O espectro HETCOR mostrado na página 543 fornece os deslocamentos químicos do $^{13}$C para esses dois grupos metílicos C8 e C9 (18,0 e 26,0 ppm). Esses dois grupos metila têm valores próximos aos encontrados no citronelol (18,0 e 25,2). O terceiro grupo metila, C10 que aparece em 1,67 ppm, mostra um valor de deslocamento químico em $^{13}$C de 16,0 ppm.

Outra linha horizontal pode ser desenhada a partir do local em 4,20 ppm na linha diagonal do grupo metileno em C1, mostrando que se correlaciona com a C—H na ligação dupla em 5,40 ppm (C2). Que também se correlacionam com o grupo metila em C10 por acoplamento de longa distância ($^4J$).

Infelizmente, é mais difícil utilizar o espectro COSY para os prótons dos dois grupos metileno situados a 2,10 e 2,05 ppm para os prótons em C5 e C4. Esses prótons têm quase os mesmos valores de deslocamentos químicos. O espectro HETCOR, mostrado na página 543, ajuda a fazer as atribuições. C5 tem um deslocamento químico em $^{13}$C a 27 ppm, que é próximo ao valor de 25,1 ppm do citronelol para C5 (ver a resposta para o Problema 3). C4 tem um valor muito maior, de 39 ppm, que é próximo ao valor do citronelol para C4 (37 ppm).

Curiosamente, o grupo OH aparece na linha diagonal em cerca de 2,4 ppm. Observe que o grupo não se correlaciona com nada! As atribuições para geraniol estão tabeladas abaixo.

| | | | |
|---|---|---|---|
| Próton C1 | 4,20 ppm | Carbono C5 | 59 ppm |
| Próton C2 | 5,40 ppm | Carbono C2 | 124 ppm |
| Próton C3 | – | Carbono C3 | 132 ou 139 ppm |
| Próton C4 | 2,05 ppm | Carbono C4 | 39 ppm |
| Próton C5 | 2,10 ppm | Carbono C5 | 27 ppm |
| Próton C6 | 5,20 ppm | Carbono C6 | 125 ppm |
| Próton C7 | – | Carbono C7 | 132 ou 139 ppm |
| Próton C8 ou C9 | 1,60 ppm | Carbono 8 ou 9 | 18,0 ppm |
| (não atribuído) | 1,70 ppm | | 26,0 ppm |
| Próton 10 | 1,67 ppm | Carbono 10 | 16,0 ppm |

5.

Próton #3: 6,95 ppm    Carbono #3: 117 ppm
Próton #4: 7,40 ppm    Carbono #4: 136 ppm
Próton #5: 6,82 ppm    Carbono #5: 119 ppm
Próton #6: 7,75 ppm    Carbono #6: 130 ppm
$J_{3,4} = 8$ Hz    $J_{3,5} = 1$ Hz    $J_{3,6} \sim 0$ Hz
$J_{4,5} = 7$ Hz    $J_{4,6} = 2$ Hz    $J_{5,6} = 8$ Hz

## CAPÍTULO 10

1. (a) $\varepsilon = 13000$    (b) $I_0/I = 1,26$
2. (a) Ácido 2,4-diclorobenzoico ou ácido 3,4-diclorobenzoico; (b) 4,5-dimetil-4-hexen-3-ona (c) 2-metil-1-cicloexenocarboxaldeído
3. (a) Calculado: 215 nm    observado: 213 nm
   (b) Calculado: 249 nm    observado: 249 nm
   (c) Calculado: 214 nm    observado: 218 nm
   (d) Calculado: 356 nm    observado: 348 nm
   (e) Calculado: 244 nm    observado: 245 nm
   (f) Calculado: 303 nm    observado: 306 nm
   (g) Calculado: 249 nm    observado: 245 nm
   (h) Calculado: 281 nm    observado: 278 nm
   (i) Calculado: 275 nm    observado: 274 nm
   (j) Calculado: 349 nm    observado: 348 nm
4. 166 nm: $n \to \sigma^*$
   189 nm: $\pi \to \pi^*$
   279 nm: $n \to \pi^*$
5. Cada absorção deve-se a transições $n \to \sigma^*$. Quando se vai de grupos *cloro* para *bromo* para *iodo*, a eletronegatividade dos halogênios diminui. Os orbitais interagem em diferentes graus, e as

energias dos estados $n$ e $\sigma^*$ são diferentes.

6. (a) $\sigma \rightarrow \sigma^*, \sigma \rightarrow \pi^*, \pi \rightarrow \pi^*$ e $\pi \rightarrow \sigma^*$
   (b) $\sigma \rightarrow \sigma^*, \sigma \rightarrow \pi^*, \pi \rightarrow \pi^*, \pi \rightarrow \sigma^*, n \rightarrow \sigma^*$ e $n \rightarrow \pi^*$
   (c) $\sigma \rightarrow \sigma^*$ e $n \rightarrow \sigma^*$
   (d) $\sigma \rightarrow \sigma^*, \sigma \rightarrow \pi^*, \pi \rightarrow \pi^*, \pi \rightarrow \sigma^*, n \rightarrow \sigma^*$ e $n \rightarrow \pi^*$
   (e) $\sigma \rightarrow \sigma^*$ e $n \rightarrow \sigma^*$
   (f) $\sigma \rightarrow \sigma^*$

## CAPÍTULO 11

*1. O espectro normal de $^1$H do composto da página 603 mostra claramente dois grupos $CH_3$ integrando para 3H cada um, a 2,7 ppm ($OCH_3$) e 3,9 ppm ($CH_3$—C=O). Todos os prótons remanescentes entre 7,0 e 8,5 ppm são atribuídos a seis picos de prótons aromáticos, integrando para 1H cada um. O grupo metoxi é um grupo doador de elétrons (Seção 7.10). Os elétrons não ligados do átomo de oxigênio do grupo metoxi são liberados no anel da esquerda para blindar os prótons $H_a$ e $H_b$. O C=O no grupo acetil no anel da direita retira elétrons e desblinda $H_e$ e $H_f$ (Seção 7.10 e Figura 7.61). Podemos concluir que os prótons $H_a$ e $H_b$ aparecem num campo elevado em relação a $H_e$ e $H_f$.

O espectro COSY na página 606 fornece informações valiosas. Começando no lado superior direito da linha diagonal, vemos as seguintes correlações:

$H_a$ e $H_b$ se correlacionam com $H_d$.
$H_c$ se correlaciona com $H_e$.
$H_d$ se correlaciona com $H_a$ e $H_b$.
$H_e$ se correlaciona com $H_c$ e $H_f$.
$H_f$ se correlaciona com $H_e$.

A partir dessas correlações, sabemos agora que os prótons $H_a$, $H_b$ e $H_d$ estão ligados ao anel da esquerda, enquanto $H_c$, $H_e$ e $H_f$ estão ligados ao anel da direita.

As expansões de $H_f$ e $H_e$ na página 604 deram os seguintes valores:

$H_f$ 8,40 ppm, dubleto, $^4J_{ef}$ = 1,83 Hz, mostra somente acoplamento de longa distância.
$H_e$ 8,01 ppm, dubleto de dubletos, $^3J_{ce}$ = 8,77 Hz e $^4H_{ef}$ = 1,83 Hz.

As expansões na página 605 deram os seguintes valores:

$H_c$ 7,77 ppm, dubleto, $^3J_{ce}$ = 8,77 Hz.
$H_d$ 7,86 ppm, dubleto, $^3J_{bd}$ = 8,77 Hz.
$H_b$ 7,21 ppm, dubleto de dubletos, $^3J_{bd}$ = 8,77 Hz e $^4J_{ab}$ ≈ 2,5 Hz.
$H_a$ 7,16 ppm, dubleto, $^4J_{ab}$ ≈ 2,5 Hz, mostra somente acoplamento de longa distância.

O espectro DEPT-135 na página 606 mostra seis grupos C—H aromáticos e os grupos $CH_3$ alifáticos. Não há grupos $CH_2$. Uma vez que o espectro HETCOR não foi incluído no problema, o melhor que podemos fazer é montar o maior número possível de atribuições. O espectro normal do carbono fornece alguns deslocamentos químicos para os átomos de carbono não protonados.

$C_{11}$, $CH_3$, 26,4 ppm

$C_{12}$, C=O, 197,8 ppm

$C_{13}$, $CH_3$, 55,3 ppm

$C_1$, $C_3$, $C_4$, $C_5$, $C_7$ e $C_8$ são os átomos de carbono C—H não atribuídos: 105,6, 119,6, 124,5, 127,0, 129,9 e 131,0.

$C_2$, $C_6$, $C_9$ e $C_{10}$ são os átomos de carbono desprotonados e não atribuídos: 127,7, 132,5, 137,2 e 159,6.

3. 2-butanona.
4. 1-propanol.
5. 3-pentanona.
6. Trimetilacetato de metila (2,2-dimetilpropanoato de metila).
7. Ácido fenilacético.
8. 4-bromofenol.
9. Valerofenona (1-fenil-1-pentanona).
10. 3-bromobenzoato de etila; 4-bromobenzoato de etila.
11. *N,N*-dimetiletilamina.
12. 2-pentanona.
13. Formiato de etila.
14. 2-bromoacetofenona; 4-bromoacetofenona.
15. Butiraldeído (butanal).
16. 3-metil-1-butanol.
17. 2-bromopropionato de etila (2-bromopropanoato de etila); 3-bromopropionato de etila (3-bromopropanoato de etila).
18. 4-cianobenzoato de etila.
19. 3-cloropropiofenona (3-cloro-1-fenil-1-propanona).

# Índice remissivo

**A**
Absorbância, 562
Absorção
　banda de, 561
　espectroscopia de RMN, 213-216
　infravermelho, 17, 20-23
Absorção, espectros de, 559, 561
Absorção, espectroscopia de, 559. *Ver também* Espectroscopia no ultravioleta
　em cores, 589-590, 591
　excitações eletrônicas em, 559-560
　princípios de 561-562
Absorções alílicas, 248
Absorções de alta intensidade, 562
Absorções de baixa intensidade, 562
Absorções fundamentais, 19
Absorções vinila, 248
Absortividade molar, 562
Acetais
　espectro infravermelho de, 50-52
　fragmentação espectral de massa de, 161
Acetato de feniletila, espectro RMN de, 381
Acetato de isopentila, 8
　espectro COSY de, 516-519
　espectro DEPT de, 297-299, 314, 507-508
　espectro HETCOR de, 525-526
Acetato de lavandulila, espectro de massa de, 108-109
Acetato de vinila,
　espectro infravermelho de, 64
　espectro RMN de, 386
Acetato de isobutila, espectro RMN de, 260
Acetato de isopropila, espectro RMN de, 266-267
Acetilacetona, espectro RMN de, 450-452
Acetileno, espectro RMN de, 233-235
Acetofenona
　espectro de massa de, 168
　espectro infravermelho de, 58-59
Acetona
　como solvente, 306-308, 697
　espectro de RMN de, 223, 224, 351
Ácido 2-cicloeptenoico, espectro ultravioleta de, 579
2-ácido cloropropanoico, espectro de RMN de, 268
3-ácido cloropropanoico, espectro de RMN de, 268
Ácido 2-metoxifenilacético, como agente de resolução quiral, 468-469
Ácido 3-nitrobenzoico, espectro RMN de, 399, 400
Ácido acético misturado com água, trocas em RMN, 446-447
Ácido anísico, *para-*, espectro de massa de, 174
Ácido benzoato, espectro ultravioleta de, 583
Ácido benzoico
　espectro infravermelho de, 62
　espectro ultravioleta de, 563, 583
Ácido butírico, espectro de massa de, 172-174
Ácido cinâmico, *trans-*, espectro de RMN de, 384-385
Ácido crotônico
　deslocamento químico de carbono-13 de, 691
　espectro de RMN de, 387-388
Ácido de 2-cicloexenoico, espectro ultravioleta de, 579
Ácido etilmalônico, espectro RMN de, 261
Ácido fumárico, espectro de RMN de, 351
Ácido isobutírico, espectro infravermelho de, 62
Ácido metoxitrifluorometilfenilacético (MTPA), 469-471
Ácido (*S*)-(+)-*O*-acetilmandélico, como agente de resolução quiral, 467-468
Ácido(s)
　espectro infravermelho de, 30, 52-54, 62-63
　espectro RMN de, 260-261
　fragmentação espectral de massa de, 172-174, 701
　insaturados, regra de Nielsen para, 579, 580, 591
　transições e espectro ultravioleta de, 579, 581-582, 591
Ácidos carboxílicos
　espectro de RMN de, 260-261, 407-408
　espectro infravermelho de, 30, 52-54, 62-63
　fragmentação espectral de massa de, 172-174, 701

Ácidos sulfônicos, anidros, espectro infravermelho de, 80
Acoplamento, em espectroscopia RMN, 239, 242-245, 285-287, 677-680
　alcenos, 346-351, 384-388, 677-678
　alílico, 348-349
　diagramas de árvore de, 364-367
　duas ligações, 340-343
　em espectro de primeira ordem, 367-375
　em espectro de segunda ordem, 375-384
　fraco *versus* forte, 376
　geminal, 340-343
　grupos diastereotópicos, 354, 355-364
　heteronuclear, 304-311, 337, 402-406
　homoalílico, 349
　homonuclear, 337
　longo alcance, 348-351
　mecanismo de, 338-351
　problemas em, 410-439
　problemas em, como resolver, 406-410
　propargílico, 348
　sistemas heteroaromáticos, 400-401
　três ligações, 343-347
　um (multipletos simples), 367-369
　uma ligação, 339-340
　vicinal, 343-347
Acoplamento alílico, 348-349
Acoplamento via duas ligações, 340-343
Acoplamento via uma ligação, 339-340
Acoplamento heteronuclear, 304-311, 337, 402-406
Acoplamento homoalílico, 349
Acoplamento homonuclear, 337. *Ver também* Acoplamento, em espectroscopia RMN, homonuclear
Acoplamento homopropargílico, 349-350
Acoplamento propargílico, 348
Acoplamento W, 349
Acoplamentos de longo alcance, 348-351
Acoplamentos geminais, 340-343
Acoplamentos via três ligações, 343-347
Acoplamentos vicinais, 343-347
Acridina, espectro RMN, 461
Afinidade protônica, 108
Agentes de resolução quiral, 467-469
Água, troca em
　como solvente, 564, 697
　espectroscopia RMN, 446-452
Alargamento quadripolar, 255-256, 455-457
Alcanos
　acoplamento e espectro de RMN de, 246-247, 677
　deslocamentos químicos de carbono-13 de, 687-689
　espectro infravermelho de, 32-33
　fragmentação espectral de massa de, 140-143, 701
　transições e espectro ultravioleta de, 560, 565
Alcenos
　1,1-dissubstituídos, 42
　acoplamento e espectro de RMN de, 248-249, 346-350, 384-388, 677-678
　alquilsubstituídos, 38-39
　*cis-* e *trans-* dissubstituído, 42
　deslocamentos químicos de carbono-13 de, 690-693
　efeitos da conjugação em, 569-572
　espectro infravermelho de, informação básica, 33-35
　fragmentação espectral de massa de, 145-148, 149, 150, 701
　monossubstituídos, 42
　pseudossimétricos, 17
　simétricos, 17
　tetrassubstituídos, 42
　transições e espectro ultravioleta de, 560, 566
　trissubstituídos, 42
　vibrações de dobramento C-H para, 42
Álcool (alcoóis)
　acoplamento e espectro de RMN de, 253-254, 443-446, 469-471, 678
　espectro infravermelho de, 30-31, 47-50
　fragmentação espectral de massa de, 154-159, 701
　secundário, configuração absoluta de, 469-471
　transições e espectro ultravioleta de, 565, 591
　vibração de estiramento O-H de, 48-49, 50
　vibrações de dobramento C-O-H de, 49
　vibrações de estiramento C-O de, 49-50
Álcool furfurílico, espectro RMN de, 400-401
Aldeídos
　α, β-insaturado, transições e espectro ultravioleta de, 578-579
　espectro de RMN de, 231-232, 257-258, 678
　espectro infravermelho de, 30-31, 52-54, 56-57
　fragmentação espectral de massa de, 163-164, 702
　insaturado, regras empíricas para, 578-579
　polieno, transições e espectro ultravioleta de, 575, 576
4-aliloxianisol, espectro RMN de, 388-392, 396-397
Alquila, brometos de, fragmentação espectral de massa de, 181-186
Alquila, cloretos de
　espectro RMN de, 252-253
　fragmentação espectral de massa de, 181-186
Alquila, haletos de
　espectro de RMN de, 252-253
　espectro infravermelho de, 82-83
Alquilbenzenos, espectro RMN de, 393-395
Alcinos
　acoplamento e espectro de RMN de, 250-251, 349-350, 678
　espectro infravermelho de, 35-36
　fragmentação espectral de massa de, 148-149, 149
　pseudossimétrico, 17
　simétrico, 17
　transições e espectro ultravioleta de, 566
Alta performance, líquido de, espectrometria de massa/cromatografia de (HPLC-MS), 105
Alta resolução, espectro de massa (HRMS) de, 128
Amidas
　absorção carbonílica em, 69-70

bandas de dobramento N-H para, 70
bandas de estiramento N-H e C-N para, 70
espectro de RMN de, 262-263, 457-460
espectro infravermelho de, 30, 52-54, 68-70
fragmentação espectral de massa de, 178-179
transições e espectro ultravioleta de, 591
Aminas
espectro de RMN de, 255-256, 452-455
espectro infravermelho de, 30-31, 73-75
fragmentação espectral de massa de, 175-178, 702
transições e espectro ultravioleta de, 565-566, 591
Aminoácidos, espectro infravermelho de, 78-79
3-aminobenzoato de etila, análise estrutural de, 602
Amônia, como reagente de ionização química, 107-108
Amplitude, 17
Analisador de massa de setor magnético, 116-117
Analisador de massa quadripolar, 117-119
Analisador de massa, 105, 115-121
   foco duplo, 117
   quadripolar, 117-119
   setor magnético, 116-117
   tempo de voo, 119-121
Analisadores de massa de foco duplo, 117
Análise direta em tempo real (DART), 111, 115
Análise elementar qualitativa, 1
Análise elementar quantitativa, 1
Análise elementar, 1-4
Análise estrutural, métodos combinados em, 595-662
Análise gráfica, 364-367
Anéis aromáticos
espectro infravermelho de, combinações e bandas de harmônicas, 46
espectro infravermelho de, informação básica, 43-44
espectro RMN de carbono-13 de, 302-304
padrões de substituição, infravermelho, 45-46
vibrações de dobramento C-H para, 45-46
Anéis de benzeno
dissubstituídos, 303
espectro de RMN de, 233-234, 352-353, 392-400
incrementos substituintes de carbono-13 para, 693-695
monossubstituídos, 302-303, 393-395
*para*-dissubstituídos, 395-397, 398
Anetol, espectro de RMN de, 395-397
Ângulo de inclinação, 503
Anidrido propiônico, espectro infravermelho de, 72
Anidridos, espectro infravermelho de, 30, 52-54, 72
Anilina
espectro ultravioleta de, 582
fragmentação espectral de massa de, 177
Anilínio, espectro ultravioleta de, 582
Anisol
espectro de RMN de, 393-394
espectro infravermelho de, 51
Anisotropia, 232, 394-395
Anisotropia diamagnética, 218-219

Anisotropia magnética, 218-219, 233-235
Antraceno, espectro ultravioleta de, 585-586
Antraceno-9-metanol, reação Diels-Alder com N-metilmaleimida, 359-361
APT. *Ver* Teste de próton ligado
Armadilha de íons, 118-119
Assistido por matriz, ionização por dessorção a *laser* (MALDI), 111-113, 119-121
Aston, F. W., 104, 128
Atraso, em espectroscopia de RMN, 293, 499
Atraso da relaxação, 499
Auxocromos, 567

# B
Baixa resolução, espectros de massa de (LRMS), 128
Banda de absorção, 561
Banda de combinação, 20
Bandas de diferença, 20
Bandas primárias, 579
Benzaldeído
espectro de massa de, 164-165
espectro de RMN de, 394, 395
espectro infravermelho de, 57
Benzeno
como solvente, 697
espectro de massa de 150
espectro RMN de, 233-234, 353
transições e espectro ultravioleta de, 579-584
Benzenossulfonamida, espectro infravermelho de, 81
Benzenotiol, espectro infravermelho de, 79
Benzila, acetato de, espectro de RMN de, 226-228
Benzila, álcool, espectro de massa de, 156, 158
Benzila, cátion, 150
Benzila, isocianato de, espectro infravermelho de, 76
Benzila, laurato de, espectro de massa de, 171
Benzonitrila
espectro de massa de, 179-180
espectro infravermelho de, 77-78
Biciclo[2.2.1]heptano, espectro de massa de, 144-145
Blindagem, em espectroscopia RMN, 218-220, 229-233
Blindagem diamagnética, 218-219, 229-233
Blindagem diamagnética local, 229-233
Bobina de superfície, 529
Bombardeamento de átomos rápidos (FAB), 111-113
Brometos
de alquila, fragmentação espectral de massa de, 181-186
espectro infravermelho de, 82-83
Bromo, picos do isótopo para, 131-132
1-bromo-2-cloroetano, espectro de massa de, 185
1-bromoexano, espectro de massa de, 182, 183, 185
1-bromopropano, deslocamento químico de carbono-13 de, 689
1-bromopropeno, deslocamento químico de carbono-13 de, 691, 693
Bulvaleno, tautomeria de valência de, 451

1,3-butadiano, orbitais moleculares de, 569-571
Butano, espectro de massa de, 141
2-butanol
　deslocamento químico de carbono-13 de, 689
　espectro infravermelho de, 48
2-butanona, espectro de massa de, 165-166
2-buteno, deslocamento químico de carbono-13 de, 692
Butila, metacrilato de, espectro de massa de, 110
Butilamina, espectro infravermelho de, 73
Butilbenzeno, espectro de massa de, 152-153
Butil-metil éter, espectro de RMN de, 254-255
Butiramida, espectro de RMN de, 262-263
Butirato de butila, espectro de massa de, 170
Butirofenona, espectro de massa de, 168, 169
Butironitrila, espectro infravermelho de, 75-76

# C

Câmara de ionização, 104
Carbonilo, compostos de
　efeitos da ligação de hidrogênio em, 56
　efeitos de conjugação em, 54-55
　efeitos de substituição α em, 55
　efeitos do tamanho do anel em, 55
　espectro infravermelho de, informação básica, 52-54
　fragmentação espectral de massa de, 162-174
　transições e espectro ultravioleta de 560, 566-567, 574-576
　vibração de estiramento C=O para, 54-56
Carbono
　núcleo, na espectroscopia RMN, 211, 281. *Ver também* Carbono-13, espectroscopia RMN de
　razões do isótopo em, 131
　teste de próton ligado, 510-514
Carbono, monóxido de, relações do isótopo para, 130-131
Carbono, tetracloreto de
　como solvente, 697
　espectro infravermelho de, 82, 83
Carbono-13, espectroscopia RMN de
　acoplamento heteronuclear de carbono-13 com deutério em, 304-308, 695
　acoplamento heteronuclear de carbono-13 com flúor-19 em, 308-310
　acoplamento heteronuclear de carbono-13 com fósforo-31 em, 310-311
　ambiente nuclear Overhauser em, 288-292
　carbono-13 níveis com desacoplamento de banda larga, 292
　carbono-13 níveis em equilíbrio, 291
　carbonos equivalentes em, 299-301
　carbonos não equivalentes em, 301-302
　constantes de acoplamento em, 695-696
　desacoplamento fora de ressonância em, 296, 297
　deslocamentos químicos em, 282-285, 313-314
　deslocamentos químicos em, cálculo de, 686-694
　deslocamentos químicos em, para alguns tipos de carbonos, 685
　desdobramento *spin-spin* de sinais de, 285-287, 314-315
　índice de espectros, 706
　níveis de carbono 13 com desacoplamento e relaxação da banda larga, 292
　núcleos em carbono-13, 281-282
　problemas de integração em, 293
　problemas em, 315-334
　problemas em, como resolver, 311-315, 531-532, 596
　próton acoplado, 285-287
　próton desacoplado, 287-288
　relaxação em, 292-296
　saturação em, 291, 294
　solventes em, 304-308, 697
　técnica DEPT em, 296-299, 314-315, 507-510, 706
　teste de próton ligado em, 510-514
Carbonos equivalentes, 299-301
Carbonos metilenos, teste de próton ligado de, 512-513
Carbonos metina, teste de próton ligado de, 510-512
Carbonos quaternários, teste de próton ligado de, 513
Carboxilato, sais de, espectro infravermelho de, 78
Cátion radical, 123, 135
Cério, 465
Cetais
　espectro infravermelho de, 50-52
　fragmentação espectral de massa de, 161-162
Cetoenólica, tautomeria, 450-452
Cetonas
　bandas C=O normais para, 60
　cíclicas, 60-61
　efeitos de conjugação em, 60
　espectro infravermelho de, 30-31, 52-54, 58-62
　espectro RMN de, 258-259
　fragmentação espectral de massa de, 164-168, 702
　modos de dobramento para, 61-62
　tensão de anel para, 60-61
　transições e espectro ultravioleta de, 591
Cicloalcanos
　acoplamento RMN de, 677
　deslocamentos químicos de carbono-13 de, 688
　fragmentação espectral de massa de, 143-145, 701
Cicloalcenos, acoplamento RMN de, 677
Cicloexano
　como solvente, 564
　espectro de infravermelho de, 33
　espectro ultravioleta de, 563
Cicloexano, derivados de, acoplamento RMN de, 346-347
Cicloexanol
　espectro de massa de, 156-157
　espectro de RMN de carbono-13 de, 299-300
Cicloexanona
　espectro de massa, 166-167

espectro RMN de carbono-13 de, 301
Cicloexeno
   espectro de infravermelho de, 34
   espectro RMN de carbono-13 de, 300-301
Ciclopentano, espectro de massa de, 143-144
Ciclopentanona, espectro infravermelho de, 59
Ciclopropano, derivados de, acoplamento RMN de, 346
Citronelol
   espectro COSY de, 519-522
   espectro DEPT de, 508-510
Cloreto de benzenossulfonila, espectro infravermelho de, 81
Cloreto de metilamônio, espectro RMN de, 455-456
Cloreto de metileno, como solvente, 697
Cloretos de ácidos
   espectro infravermelho de, 52-54, 70-72
   vibrações de estiramento C=O para, 71
Cloretos de alquila
   espectro de RMN de, 252-253
   espectro infravermelho de, 82-83
   fragmentação espectral de massa de, 181-186
Cloretos de sufonila, espectro infravermelho de, 80
Cloro, picos do isótopo para, 131-132
α-cloro-p-xileno, espectro de RMN de, 249-250
1-cloro-2-metilbenzeno, espectro de massa de, 186-187
Cloroacetamida, espectro de RMN de, 459-460
1-clorobutano, espectro de RMN de, 252-253
2-cloroeptano, espectro de massa de, 182
2-cloroetanol, espectro de RMN de, 380, 383, 448
β-clorofenetol, espectro de RMN de, 382
1-cloropropano, espectro de RMN de, 353
Clorofórmio
   como solvente, 304-305, 460-461, 564, 697
   espectro de infravermelho de, 82, 83
Coeficiente de extinção molar, 562
Coerência de fase, 294, 504
Complemento, na percepção da cor, 589
Composição percentual, 1-2
Compostos aromáticos
   acoplamento, espectro de RMN de, 249-250, 392-400, 678
   deslocamento químico de ¹H de, 676-677
   transições e espectro ultravioleta de, 579-587, 591
Compostos de enxofre, espectro infravermelho de, 560, 565-566
Compostos de fósforo, espectro infravermelho de, 81-82
Compostos heterocíclicos
   acoplamento RMN de, 677-678
   deslocamento químico de ¹H de, 676-677
   espectro ultravioleta de, 585-587
Compostos-modelo, espectroscopia em ultravioleta, 587-588
Compostos policíclicos aromáticos, deslocamento químico ¹H de, 676-677

Configuração absoluta, 469-471
Configuração relativa, determinação RMN de, 471-472
Constantes de acoplamento, 242-245, 337-339
   espectroscopia de RMN de carbono-13, 695-696
   mais de um valor de, 371-375
   medindo, análise de sistema alílico, 388-392
   medindo, espectro de primeira ordem, 367-375
   problemas que envolvem, como resolver, 406-410
   próton de flúor, 679
   próton de fósforo, 680
   típicas, 677-680
   um valor de (um acoplamento), 367-369
Constantes de acoplamento do flúor com prótons, 679
Constantes de força, 20-22
Copo de Faraday, 122
Cor, em compostos, 589-590, 591
Correlação da espectroscopia H-H (COSY), 372, 515-522, 535, 706
Correlação heteronuclear, espectroscopia (HETCOR), 514, 522-527
Correlação heteronuclear de múltiplos *quanta* (HMQC), 527
Correlação heteronuclear de um único *quantum* (HSQC), 527
Corrente de anel, 233
Corrente diamagnética local, 218
COSY selecionado de gradiente (gCOSY), 522
   pulso de 90°, 503
Cresol, *para*-, espectro de infravermelho de, 47-48
Cromatografia, ligada a espectrometria de massa, 104-105
Cromatografia de gás-espectrometria de massa (GC-MS), 105
Cromóforo, 565-568
Crotonaldeído, espectro de infravermelho de, 57
CW. *Ver* Instrumentos de onda contínua

## D

Dados, fase de aquisição de, 514
Dados, sistema de, do espectrômetro de massa, 104
Dados de razão isotópica, 128-132
DART. *Ver* Análise direta em tempo real
Decaimento da indução livre (DIL), 222-225, 505
Decano, espectro infravermelho de, 32-33
Deficiência do hidrogênio, 6-11, 531
Dempster, A. J., 103
Densidade óptica, 562
Densidades populacionais, dos estados de *spin* nuclear, 217
Desacoplador, de espectrômetro RMN, 287, 296
Desacoplamento, 456-457, 499-501
   bloqueio, 499-501
   bloqueio inverso, 500-501
   fora de ressonância, 296, 297
   próton, 287-288
Desacoplamento com bloqueio inverso, 500-501
Desacoplamento do próton, 287-288

Desacoplamento fora de ressonância, 296, 297
Desdobramento heteronuclear *spin-spin*, 285
Desdobramento homonuclear *spin-spin*, 285
DESI. *Ver* Ionização por dessorção de *eletrospray*
Desidratação
    fragmentação em, 156-158
    térmica, 156
Desidratação térmica, 156
Deslocamento batocrômico, 566-572
Deslocamento hipocrômico, 567
Deslocamento hipsocrômico, 567
Deslocamento induzido por solvente, 460-464
Deslocamento químico
    efeitos do solvente sobre, 460-464
    espectroscopia RMN, 218-220, 228-233, 311-312, 672-677
    espectroscopia RMN, cálculo de, 681-684
    espectroscopia RMN, solventes, 697
    espectroscopia RMN de carbono-13, 282-284, 313-314
    espectroscopia RMN de carbono-13, cálculo de 686-694
    espectroscopia RMN de carbono-13, para alguns tipos de carbono, 685
    $^1$H, para alguns compostos aromáticos heterocíclicos e policíclicos, 674-675
    $^1$H, para alguns tipos de prótons, 672-675
Detecção inversa, métodos de, RMN, 527
Detecção inversa, prova de, 527
Detector
    de espectrômetro de massa, 104, 122-123
    de espectrômetro de ultravioleta, 562
Determinação da massa, precisa, 128, 129
Determinação da massa molecular, 1, 5
Determinação do peso molecular, 1, 125-128
Deutério
    como solvente, 304-308, 449, 460
    em espectroscopia de RMN acoplamento de carbono com, 304-308, 695
    troca por, 447-449
Deuterioclorofórmio, 460-464
Diagramas de árvore, 364-367
Diamagnética local, corrente, 218
Diaporthichalasina, espectro de RMN de, 462, 463
Diastereômeros, 355
Diastereotópicos, hidrogênios, espectro de RMN de, 355-362
Diazometano, relações de isótopos para, 130-131
Dibromometano, espectro de massa de, 185
Dibutil éter, espectro de infravermelho de, 51
Dibutilamina, espectro de infravermelho de, 73
α-dicetonas, 60-61
β-dicetonas, 61
1,2-dicloroetano, espectro RMN de, 351
Diclorometano, espectro de massa de, 184, 185
Dienos
    regras de Woodward-Fieser para, 572-574, 591
    transições e espectro ultravioleta de, 572-574, 591
Dietila, sucinato de, espectro RMN de, 381
Dietilamina, espectro de massa de, 175-176
Dietilbenzeno, *meta*-
    carbono-13 espectro RMN de, 303-304
    espectro infravermelho de, 44
Dietilbenzeno, *orto*-
    carbono-13 espectro RMN de, 303-304
    espectro infravermelho de, 44
Dietilbenzeno, *para*-
    carbono-13 espectro RMN de, 303-304
    espectro infravermelho de, 44
1,1-difluoroeteno, espectro RMN de, 351
DIL.*Ver* Decaimento da indução livre
2,2-dimetilbutano, carbono-13 espectro RMN de, 299, 301, 687
2,3-dimetilbenzofurano, carbono-13 espectro RMN de, 295, 296
Dimetilciclopropanona, *trans*-2,3-, espectro RMN de, 351
Dimetilpolienos, espectro ultravioleta de, 568
Dimetilsulfóxido, como solvente, 715
Dimetilsulfóxido-d$_6$, 306
2,4-dinitroanisol, espectro RMN de, 398
1,3-diol acetonidas, espectro RMN de, 472
1,4-dioxano, como solvente, 564
Divisor de feixes, 24-25
DMSO-d$_6$, 463-464
Dobramento fora do plano, 34, 42, 43, 45, 46, 63, 73, 75, 87
Dobramento, de vibrações, 18-19. *Ver também* Espectroscopia no infravermelho
Domínio da frequência, 23
Dopamina, espectro de massa, 123
Dubleto, 235
Dubleto de dubletos, 366, 371, 372
Dupla ligação exocíclica, 573
Duração, na técnica DEPT, 297

## E

E-2-penteno, espectro de massa de, 147
Efeito hipercrômico, 567
Efeitos da conjugação,
    em alcanos, 569-572
    na espectroscopia de infravermelho, 39, 54-55, 60
    na espectroscopia de ultravioleta, 568-572, 582
Efeitos da ressonância,
    infravermelho, alcenos, 43
    infravermelho, aldeídos, 56
    infravermelho, amidas, 69
    infravermelho, aminas, 74
    infravermelho, C=O, 21
    infravermelho, cetonas, 58
    infravermelho, cloretos de ácidos, 70
    infravermelho, compostos carbonila, 52-54
    infravermelho, estiramento C=C, 39
    infravermelho, ésteres, 65
    infravermelho, éteres, 51

infravermelho, de Fermi, 20, 58, 70, 71, 74
infravermelho, sais de carboxilato, 78
Efeitos de eletronegatividade, 229-231
Efeitos de hibridização,
espectroscopia de RMN, 231-232, 342-343
infravermelho, constantes de força, 20-21
no infravermelho, estiramento C-H, 36-38
Efeitos de retirada de elétrons, 583
Efeitos do tamanho do anel,
acoplamento RMN, 342-343
infravermelho, compostos carbonila, 55
infravermelho, estiramento C=C, 39-42
Ejeção ressonante, 119
Eliminação-1,2- de água, 156
Eliminação-1,4- de água, 156
Enantiômeros, 354
Energia de ionização, 106
Enonas,
transições e espectro ultravioleta de, 574-576
regras de Woodward para, 576-578
Entrada da amostra, do espectrômetro de massa, 103-106
Epóxidos,
espectro infravermelho de, 50-52
acoplamento RMN de, 347
Equilíbrio de boltzmann, 294-295
Equivalência magnética, 226, 351-355
Equivalência química, 225-226, 351, 353
Érbio, 465
Escapamento molecular, 105
Espectro acoplado por prótons, 285-287
Espectro de desacoplamento com bloqueio, 290, 499-501
Espectro de fundo, 83-85
Espectro eletromagnético, 15-16
Espectro de massa, 104
abordagem estratégica para análise, 187
alta resolução, 128
baixa resolução, 128
bibliotecas de, 186-187
Espectro de primeira ordem, 367-375
Espectro do líquido puro, 26
Espectro no domínio da frequência, 25, 221
Espectro ultravioleta (UV), 559-562, 590-591, 706
Espectros de segunda ordem, 375-384
ausência em campos mais altos, 379-378
simulação de, 379
Espectros enganosamente simples, 381-384
Espectros não desacoplados, 286-287
Espectros visíveis, 559, 589-590, 594, 706
Espectrofotômetro de matriz de diodos, 562-563
Espectrometria de massa de íon secundário (SIMS), 111-113
Espectrometria de massa de ionização de elétrons (EI-MS), 105-107
fragmentação em, 135. *Ver também* Fragmentação espectral de massa
Espectrometria de massa
análise de massa em, 115-122

aplicações de, 103, 122
cromatografia com, 104-105
desenvolvimento de, 103
detecção e quantificação em, 122-125
determinação da fórmula molecular, 131-136
determinação do peso molecular, 125-130
espectros computadorizados coincidindo com bibliotecas espectrais, 186-187
evento inicial de ionização em, 135
fragmentação em, 135. *Ver também* Fragmentação espectral de massa
índice de espectros, 704-706
injeção da amostra em, 105-105
íons fragmentos comuns em, 698-700
método direto de prova em, 104
métodos de ionização em, 105-115, 135
prêmios Nobel concedidos por trabalhos com, 103
princípios de, 103
problemas em, combinando métodos de resolução, 595-663
problemas em, como resolver, 188-208
resolução em, 117
Espectrômetro de massa, 104
Espectrômetro de transformada de Fourier, 23-25, 83-85
Espectrômetros de infravermelho dispersivo, 223-25, 83-84
Espectros COSY, 372, 515-522, 706
Espectroscopia de próton RMN, 211-220. *Ver também*
teste de próton ligado em, RMN, espectroscopia, 510-514
problemas de estrutura em, como resolver, 311-315
prótons no nitrogênio, 452-456
prótons em oxigênios, 443-446
resolvendo problemas em, 533-534, 596
Espectroscopia no ultravioleta (UV)
ácidos insaturados, 578-579, 580
α,β-aldeídos insaturados, 578-579
apresentação dos espectros em, 563
compostos aromáticos 579-587, 591
compostos carbonílicos, 560, 566-567, 574-576
compostos coloridos, 589-590, 591
cromóforos em, 565-568
dienos, 572-574
efeitos de conjugação em, 568-572, 582-583
efeitos de doação e de retirada de elétrons em, 583
enonas, 574-578
espectro ultravioleta dissubstituído, 583-585
ésteres insaturados, 578-579, 580
estudos de compostos-modelo, 587-588
excitações eletrônicas em, 559-560
guia prático de, 590-591
índice de espectros, 706
instrumentação em, 562-563
pH e, 582
princípios de absorção em, 561-562
problemas em, 592-594

problemas em, combinando métodos de espectroscopia para resolver, 595-662
problemas em, como resolver, 596
solventes em, 564-565
substituintes capazes da conjugação π, 582-583
substituintes com elétrons não ligantes, 581-582
Espectroscopia RMN bidimensional, 514
Estado excitado, 559, 582
Estado excitado de transferência de carga, 582
Estado excitado de transferência de elétrons, 582
Estado fundamental, 559
Estados de spin nucleares, 211-212
excesso populacional de, 217
Ésteres,
características gerais de, 65
cíclicos, 66, 67
conjugação com grupo carbonila, 65
conjugação com o oxigênio da ligação simples, 66
efeitos da ligação de hidrogênio em, 66
efeitos α-halo em, 67
espectro infravermelho de, 30, 52-54, 63-68
espectro RMN de, 259-260
fragmentação espectral de massa de, 168-172, 173, 174, 703
insaturação α,β, 65
insaturados, regras de Nielsen para, 579, 560, 591
substituição arila, 66
transições e espectro ultravioleta de, 579, 560, 591
vibrações de estiramento C-O em, 68
α-ceto, 67
β-ceto, 67
Estilbeno, cis- e trans-, espectro RMN de, 385
Estiramento assimétrico, 18-19
Estiramento, de vibrações, 18-19. Ver também Espectroscopia no infravermelho
Estiramento simétrico, 18-19
Etano, fórmula molecular do, 5, 128-129
Etanoato de isopropila, espectro RMN de, 267
Etanol
como solvente, 564
espectro RMN do, 444-446
Eteno, razões isotópicas para, 130-131
Éter de diisopropila, espectro de massa de, 161-162
Éter di-sec-butil, espectro de massa de, 161
Éteres,
arílicos, 52
de fosfato, espectro infravermelho de, 82
dialquílicos, 52
espectro infravermelho de, 30, 50-52
fragmentação espectral de massa de, 163-166, 159-162, 702
espectro RMN de, 254-256
transições e espectro ultravioleta de, 565-566, 591
vinílicos, 52
2-etil-2-metil-1,3-dioxolano, espectro de massa de, 161
Etila, 3-hidroxibutanoato de, espectro RMN de, 355-359

Etila 4- 4-metilfenetol, espectro de massa de, 162
Etila, brometo de, espectro de massa de, 184
Etila, butirato de, espectro infravermelho de, 64
Etila, cloreto de, espectro de massa de, 184
Etila, fenilacetato de,
carbono-13 espectro RMN de, 286, 287, 303
espectro RMN de, 223-224
Etila, grupo, espectro RMN de, 240-241
Etila, iodeto de, espectro RMN de, 237, 240
Etila, metacrilato de, espectro diferença NOE de, 473-475
Etila, propanoato de, análise estrutural de, 598
Etilamina, espectro de massa de, 176
Etilbenzeno, espectro RMN de, 393
Etileno, orbitais moleculares de, 569-572
Európio, 465-467
Excesso populacional, de núcleos, 217
Excitações eletrônicas (transições), 599-560
cromóforos e, 566-568
efeito da conjugação sobre, 568-569
Experimento bidimensional, 514
Experimento unidimensional, 514

# F
FAB. Ver Bombardeamento de átomos rápidos.
Fase de evolução, 514
Fase(s), em técnica DEPT, 297, 298, 507
Feixe de amostra, 24, 562
Feixe de referência, 24, 562
1-feniletilamina, espectro RMN de, 452, 454
Fendas colimadoras, 106
Fenilacetona, espectro RMN de, 221, 226, 228
Feniletilamina, espectro RMN de, 468-469
Fenn, J. B., 104
Fenol(is)
espectro infravermelho de, 47-50
espectro ultravioleta de, 564, 582
fragmentação espectral de massa de, 158-159, 702
vibrações de dobramento C-O-H de, 49
vibrações de estiramento C-O de, 49-50
vibrações de estiramento O-H de, 48-49, 50
Filamento, em ionização de elétrons, 106
2-fluoroetanol, espectro RMN de, 403
Flúor,
acoplado a carbono, 695
acoplado a próton, 677
Flúor-19, acoplamento heteronuclear de,
com carbono-13, 308-310
com $^1$H (prótons), 402-404
Fluoretos, espectro infravermelho de, 82
Fonte de íon, de espectrometria de massa, 105-106
Fórmula base, 9
Fórmula empírica, 1-4
Fórmula molecular, 1, 5-11
dados de razões isotópicas para, 128-132
determinação de massa molecular para, 5
espectrometria de massa para, 128-132

exemplos de, 8-9
índice de deficiência de hidrogênio para, 6-11
Regra do Nitrogênio para, 11
Regra do Treze para, 9-10, 596
Fosfato de trimetila, como solvente, 564
Fosfinas, espectro infravermelho de, 82
Fósforo
    acoplamento carbono para, 693, 694
    acoplamento próton para, 678
Fósforo-31,
    acoplamento heteronuclear para carbono-13, 310-311
    para $^1$H, 402, 404-406
Fourier, transformada de, 23, 24-25, 86-87
Fração de empacotamento nuclear, 128
Fragmentação, em espectrometria de massa, 135. *Ver também* Fragmentação espectral de massa
Fragmentação espectral de massa de, 178
    carbono com hibridização *sp* em, 76
    carbono $sp^2$-hibridizado em, 77
    espectro RMN de, 256-257
Fragmentação espectral de massa, 135
    ácidos carboxílicos, 172-174, 703
    alcanos, 140-143, 701
    alcenos, 145-148, 149, 150, 701
    alcinos, 148-150
    alcoóis, 154-159, 701
    aldeídos, 163-164, 702
    amidas, 178
    aminas, 175-178, 702
    cetonas, 164-168, 702
    cicloalcanos, 143-145, 702
    cloretos de alquila e brometos de alquila, 181-186
    compostos de carbonilo, 162-175
    ésteres, 168-172, 173, 174, 703
    éteres, 159-162, 702
    fenóis, 158-159, 702
    hidrocarbonetos aromáticos, 150-154, 701
    hidrocarbonetos, 140-153
    íons fragmentos comuns em, 698-700
    nitrilas, 179-181
    nitrocompostos, 180-181,
    padrões de, guia para, 701, 703
    processos fundamentais de, 137-140
    rearranjos de McLafferty, 140
    regra de Stevenson, 137
    retro Diels-Alder, 139-140
    segmentação de duas ligações, 139-140
    sítio carregado: segmentação indutiva, 138-139, 164
    sítios radicais: segmentação indutiva, 138-139
    sulfetos, 161, 163
    tióis, 158-159

## G
Gases reagentes, para ionização química, 108-109
GC-MS. *Ver espectrometria de massa/cromatografia de gás (GC-MS),*
Gradientes de campo pulsado, 505-506

Gráficos de correlações
    deslocamentos químicos de carbono-13, 282-284
    frequência de absorção no infravermelho, 28-30
Grupo metina, em DEPT, 507
Grupos diastereotópicos, 354, 355, 363, 364, 463, 467
Grupos enantiotópicos, 354-355
Grupos funcionais, frequências de absorção no infravermelho, 666-701
Grupos homotópicos, 354
Grupos metila diastereotópicos, espectro de RMN de, 363-364
Grupos proquiral, 355

## H
Haletos de alquila, espectro infravermelho de, 81-82
Haletos,
    espectro infravermelho de, 81-84
    fragmentação espectral de massa de, 252-253
α-halocetonas, 61
Halogênios,
    espectro RMN de, 252-253
    fragmentação espectral de massa de, 181-186
    relações isotópicas, 131-132
    transições e espectro ultravioleta de, 560
5-hexeno-2-um, espectro infravermelho de, 86-87
1-hexanol
    espectro infravermelho de, 47
    espectro RMN de, 466
Harmônicas, 20
Hexano, como solvente, 564
Hexanonitrila, espectro de massa de, 179
1-hexeno, espectro infravermelho de, 34
Hidrato de cloral, fórmula molecular de, 9
Hidrocarbonetos aromáticos,
    fragmentação espectral de massa de, 150-154, 701
    espectro ultravioleta de, 605-606
Hidrocarbonetos,
    acoplamento RMN de, 346-347
    deslocamentos químicos de carbono-13 de, 704
    espectro infravermelho de, 33-43
    espectro ultravioleta de, 585-587
    fragmentação espectral de massa de, 140-154
Hidrocarbonos aromáticos polinucleares, 585-587
Hidrogênio(s)
    diastereotópico, espectro RMN de, 355-359
    acoplamento heteronuclear de $^1$H com flúor-19, 402-404, 679
    acoplamento heteronuclear de $^1$H com fósforo-31, 416, 402, 404-406
    relações de isótopos para, 130
    núcleo, em espectroscopia de RMN, 211, 231-233. *Ver também* RMN, espectroscopia
Hidrogênios *sp*, 232
Hidrogênios $sp^2$, 231
Hidrogênios $sp^3$, 231
Hiperconjugação, 572
HMQC. *Ver* Correlação heteronuclear de múltiplos

*quanta*
Hólmio, 465
HOMO. *Ver* Orbital ocupado de maior energia
Homogeneização de campo, 505-506
Homogeneização, de campo magnético, 505-506
HPLC-MS. *Ver* espectrometria de massa-cromatografia de líquido de alta performance (HPLC-MS)
HRMS. *Ver* espectro de massa de alta resolução
HSQC. *Ver* Correlação heteronuclear de um único *quantum*

# I
Imagem de ressonância magnética (IRM), 529-530
Iminas,
  carbono $sp^2$-hibridizado em, 77
  espectro infravermelho de, 75-76
Índice de deficiência do hidrogênio, 6-9, 531
Índice de insaturação, 7-9, 531
  UV. *Ver* Espectroscopia ultravioleta; Espectro ultravioleta
Infarto, IRM de, 529
Infravermelho vibracional, 15-16. *Ver também* Espectroscopia no infravermelho; Espectro no infravermelho
Infravermelho, espectro de, 15-16, 26, 531
  determinando, para compostos desconhecidos, 85-89
  exame de, 27-28
  modos de movimentos vibratórios em, 18-20
  processo de absorção no, 17
  propriedades de ligação e seus reflexos na absorção em, 20-23. Ver espectroscopia em infravermelho.
  usos de, 17-18
Infravermelho, espectrometria no infravermelho, 23-25, 83-84
Infravermelho, espectroscopia no, 15-89
  abordagem para análise, 30-31
  análise dos grupos funcionais importantes, 32-83
  anéis aromáticos em, 43-46
  *autobaseline* em, 84
  bandas C=O para cetonas, 61
  bandas de dobramento N-H para amidas, 70
  bandas de estiramentos N-H e C-N para amidas, 70
  efeitos de conjugação em, 39, 54, 60
  efeitos do tamanho do anel em, 39-41, 55
  espectro de fundo em, 83-85
  gráficos e tabelas de correlação em, 28-30
  índice de espectros, 704
  preparação de amostras para, 26-27
  problemas de, como resolver, 85-89, 594
  problemas em, espectroscopia combinada, métodos para resolver, 593-660
  região de estiramento C-H em, 36-37
  valores básicos em, 28-30
  vibrações de dobramento C-H em alcenos, 42
  vibrações de dobramentos C-H para compostos aromáticos, 45
  vibrações de dobramentos C-H para metila e metileno, 38
  vibrações de dobramentos C-O-H de alcoóis e fenóis, 49
  vibrações de estiramento C=O para cloretos de ácidos, 70
  vibrações de estiramento C=O para compostos carbonílicos, 54-56
  vibrações de estiramento C-O de alcoóis e fenóis, 48-49
  vibrações de estiramento C-O em ésteres, 68
  vibrações de estiramentos C-H para aminas, 73
  vibrações de estiramentos N-H para aminas, 73
  vibrações de estiramentos O-H de alcoóis e fenóis, 47-48, 50
  vibrações do estiramento C=C em, 38-42
Infravermelho, frequências de absorção do, de grupos funcionais, 666-680
Infravermelho, moléculas ativas no, 18, 83-84
Instrumento pulsado de transformada de Fourier, 222-225
Instrumentos de onda contínua (CW), 220-222
Integração
  em espectroscopia de RMN de carbono-13, 293
  espectroscopia em RMN, 226-228, 312-313
Integrais, 226-228
Intensificação nuclear Overhauser (NOE), 288-292, 472-475, 527-528
Intensificação sem distorção por transferência de polarização. *Ver* Técnica DEPT
Interferograma, 24-25
Interferômetro, 25
Inversão, método de recuperação de, 294
Iodetos, espectro infravermelho de, 82-83
Íon molecular, 122-125, 187
Íon tropilio, 150-153, 171
Ionização por dessorção de *eletrospray* (DESI), 115
Ionização por *eletrospray* (ESI), 113-115
Ionização química/espectrometria de massa (CI-MS), 107-111
Ionização *termospray*, 113-115
α-ionona, espectro de massa de, 147, 148
β-ionona, espectro de massa de, 147, 148
Íons com número ímpar de elétrons, 139
Íons com número par de elétrons, 137, 139
Íons fragmentos, 125, 135, 700
Isobutano,
  como reagente na ionização química, 107-110
  espectro de massa de, 141-143
Isocianatos,
  carbono *sp*-hibridizado em, 76
  espectro infravermelho de, 75-77
Isoctano,
  como solvente, 564
  espectro de carbono-13 RMN de, 295
  espectro de massa de 140-143
Isomerização de valência, 451

Isômeros do xileno, espectro de massa de, 151,152
Isopropilbenzeno, espectro de massa de, 151, 152
Isoquinolina, espectro de ultravioleta de, 587
Isotiocianatos, espectro infravermelho de, 75
Isótopo(s)
   pico M+1, 129-132
   pico M+2, 129-132
   abundância natural de, 130
IV-FT (espectrômetro de infravermelho de transformada de Fourier), 24-26
Itérbio, 465

## J
J. *Ver* Constantes de acoplamentos

## K
Karplus, curva de, 345-346
Karplus, relacionamentos, 345-346
Kbr, pastilha de, 26-27, 33

## L
Laboratório comercial de microanálise, 1
Lactonas, 66-67
Lantanídios, como reagentes de deslocamento químico, 465-466
Larguras de pulso, 501-505
Larmor, frequência, 216
LC-MS. *Ver* espectrometria de massa/cromatografia de líquido de alta performance (HPLC-MS)
Lei de Beer-Lambert, 561-562
Leucina, espectro infravermelho de, 79
Ligação do hidrogênio, solventes e RMN, 478 em espectroscopia RMN, 232-233
Limoneno, espectro de massa de, 147
Linha de base automática, em espectroscopia no infravermelho, 83-84
Líquidos, espectroscopia infravermelho de, 26, 84
Lista de acertos, 186
LRMS. *Ver* Espectros de massa de baixa resolução
LUMO. *Ver* Orbital desocupado de menor energia
Luz emitida, 589
Luz refletida, 589
Luz transmitida, 589
Luz, fonte de, em espectroscopia ultravioleta, 562

## M
Magnética, anisotropia 233-235, 248
Magnéticos nucleares, momentos, 212-213
MALDI. *Ver* ionização por dessorção a laser assistido por matriz
Mapa de campo, 506
Massa reduzida, 20-22
Mecanismo dipolar, 473
Mercaptans, espectro infravermelho de, 79
Mesitileno, deslocamento químico de carbono-13 de, 694
Metilciclopentano, espectro de massa de, 144
Metano, como reagente de ionização química, 107
Metanol,
   como reagente de ionização química, 107-108
   espectro RMN de, 444
   como solvente, 564, 697
2-metil-1-penteno, espectro RMN de, 248
2-metil-1-propanol, espectro RMN de, 254
2-metil-2-buteno, deslocamento químico do carbono-13 de, 691
2-metil-2-butanol, espectro de massa de, 154-155
2-metilfenol, espectro de massa de, 158-159
2-metilpropanal, espectro RMN de, 258
Metil-1-butanol, espectro infravermelho de, 86
3-metilanilina, espectro infravermelho de, 88
3-metil-1-penteno, deslocamento químico de carbono-13 de, 691
3-metilpiridina, 177-178
4-metil-2-pentanol,
   espectro HETCOR de, 526-527
   espectro RMN de, 361-364
5-metil-2-hexanona, espectro RMN de, 259
9-metilantraceno, espectro ultravioleta de, 588
Metila, benzoato de,
   espectro infravermelho de, 65
   espectro de massa de, 172-173
Metila, Butirato de, espectro de massa de, 169
Metila, carbonos, teste de prótons ligados de, 513
Metila, dodecanoato de, espectro de massa de, 118-120
Metila, metacrilato de, espectro infravermelho de, 64
Metila, *p*-toluenosulfonato de, espectro infravermelho de, 81
Metila, salicilato de, espectro infravermelho de, 65
Metila, vibrações de dobramento C-H para, 38
Metileno, vibrações de dobramento C-H para, 38
Método crioscópico, 5
Método da sonda direta, em espectrometria de massa, 108
Método densidade do vapor, 5
Método de Mosher, 470-471
Métodos de ionização, 105-115, 135
4-metoxifenilacetona, análise estrutural de, 598
Microanálise, 1
Misturas de ácidos com água, troca em RMN, 446-447
Misturas de álcool com água, trocas em RMN, 446-447
Modelo dirac, 338, 339
Modos, de movimentos vibracionais, 17
Momento de dipolo, 17
Momento de quadripolo, 456
Monocromador, 23, 562
Movimento vibracional, modos de, 17-18
IRM, 529-530
Multipleto distorcido, 245
Multipleto(s)
   complexo (mais de um valor de *J*), 371-375
   simples (um valor de *J*), 367-369
Multiplicador de elétrons, 122

## N
*N,N*-dimetilformamida, espectro RMN de, 458-459

$n+1$
 Regra, 235-238, 364, 369-371
 $n$ MHz, 367
Naftaleno, espectro ultravioleta de, 586
Não equivalentes, átomos de carbono, 301-302
Não ligantes ($n$), orbitais, 559
$n$-butilamina, espectro infravermelho de, 453
Neodímio, 465
$N$-etilnicotinamida, espectro RMN de, 457-458
Neutralização, equivalente de, 5
Nicotina, fórmula molecular da, 8
1-nitrobutano, espectro RMN de, 263
1-nitrohexano, espectro infravermelho de, 77
1-nitropropano,
 espectro de massa de, 181-182
 espectro RMN de, 245-246
Nitrilas espectro infravermelho de, 75-77
Nitro compostos,
 alifáticos, 77-78
 aromáticos, 77-78
 espectro infravermelho de, 77-78
 fragmentação espectral de massa de, 180-181, 182
2-nitrofenol, espectro RMN de, 399
2-nitropropano,
 espectro COSY de, 516-517
 espectro HETCOR de, 523-524
 espectro RMN de, 238
4-nitrofenol,
 deslocamento químico carbono-13 de, 694
Nitroalcanos, espectro RMN de, 263
Nitroanilina, espectro RMN de, 398-399
Nitrobenzeno,
 espectro infravermelho de, 77
 espectro de massa de, 180-181
Nitrogênio, regra, 29, 126-127
Nitrogênio,
 relações dos isótopos para, 130-131
 prótons no, espectroscopia RMN, 452-455
 transições e espectro ultravioleta de, 559
$N$-metilacetamida, espectro infravermelho de, 69
$N$-metilanilina, espectro infravermelho de, 74
$N$-metilmaleimida, reação Diels-Alder com Antraceno-9-metanol, 359-360
NOE (intensificação nuclear Overhauser), 288-292, 528
 espectro acoplado a próton intensificado por, 290, 499-501
 espectros diferenciais de, 472-475, 706
NOESY 372, 528-529
Nonanal, espectro infravermelho de, 56-57
Notação de Pople, 376
Núcleos isócronos, 352
Nujol, suspensão de, 26
Número de onda, 15-16

## O

2-octanona, espectro de massa de, 165-166

Octano, espectro de massa de, 142-143
 espectro RMN de, 247-248
1-octino, espectro infravermelho de, 36
4-octina, espectro infravermelho de, 35
Óleo mineral, espectro infravermelho de, 33
Oop. Ver dobramento fora do plano
Orbitais antiligantes ($\pi$ e $\sigma$), 559
Orbitais moleculares, 569-572
Orbitais, 559-560, 569-572
Orbital desocupado de menor energia (LUMO), 559-560, 569-572
Orbital ocupado de maior energia (HOMO), 559-560, 569-571
Osmometria de pressão de vapor, 5
Óxido de estireno, espectro RMN de, 364-365
Óxido de mesitila
 deslocamento químico de carbono-13 de, 693
 espectro infravermelho de, 59
Óxidos de fosfina, espectro infravermelho de, 82
Oxigênio,
 Prótons do, espectroscopia RMN, 443-446
 relações isotópicas para, 131
 transições e espectro ultravioleta de, 560

## P

Partes por milhão (ppm), 219
Paul, W., 104
Pauli, princípio de, 339
1-pentanol, espectro de massa de, 154-155
1-penteno, espectro de massa de, 146
1-pentino,
 espectro de massa de, 149
 espectro RMN de, 251
2,4-pentanodiona, espectro infravermelho de, 59
2-pentanol,
 espectro de massa de, 155
 espectro RMN de, 469
2-penteno cis-,
 espectro infravermelho de, 35
 trans, espectro infravermelho de, 36
2-pentino, espectro de massa de, 147, 149
2-picolina, espectro RMN de, 402
3-pentanol, espectro de massa de, 155
3-pentanona, espectro RMN de, 352-353
Período de mistura, em COSY, 517
pH, e espectroscopia ultravioleta, 582
Phomopsichalasina, espectro RMN de, 476, 477
Pico (espectroscopia no infravermelho), 24
Pico (espectroscopia RMN), 220
Pico-base, na espectrometria de massa, 123
Pico de íon metaestável, 125
Pico, alargamento do, em espectroscopia RMN, 449-450
Picos cruzados, em espectroscopia RMN, 516, 528-529
Picos fora da diagonal, em COSY, 519
Piridina, espectro ultravioleta de, 586-587
Placa repelente, 106

Placas aceleradoras, 106
Placas de sal, 26
Polarização cruzada, 289-290
Polienos
   orbitais moleculares de, 570
   transições e espectro ultravioleta de, 575-576, 591
Polinucleotídeos, espectroscopia NOESY de, 528
Potencial de ionização, 106
Praseodímio, 465
Processos de relaxação transversais, 293-294
Processos de relaxamento longitudinal, 294
1-propanol, espectro RMN de carbono-13, 287-288, 296-298
Propeno, relações de isótopos para, 130-131
Propilamina, espectro RMN de, 256
Propionamida, espectro infravermelho de, 69
Proteínas, espectroscopia NOESY de, 528
Prótons ácidos, 232
   intercambiáveis, 232-233
   faixa de deslocamento químico $^1$H de tipos selecionados, 672-675
Prótons intercambiáveis, 232-233
Pulso de 180 graus, 503
Pulso de excitação, 514
Pulso, 222

## Q
Quinolina, espectro ultravioleta de, 586-587

## R
Razão massa/carga, 104
Razão sinal/ruído, 225
Reação Diels-Alder, de antraceno-9-metanol e *N*-metilmaleimida, 359-379
Reagente de deslocamento quiral, 466
Reagentes de deslocamento químico, 466-467
Rearranjo de McLafferty + 1, 170
Rearranjos de Cope, 451
Rearranjos McLafferty, 140
Referencial estacionário, 502
Referencial giratório, 502
Refletância total atenuada (RTA), acessório, 26-27
Regra de Nielsen para ácidos insaturados e ésteres, 579, 580, 591
Regra de Stevenson, 137
Regra do número par de elétrons, 137
Regra do Treze, 9-11, 595
Regras de seleção, 560
Regras Woodward-Fieser, para dienos, 572-574, 591
Regras Woodward-Fieser, para enonas, 568-578
Relaxação, em espectroscopia RMN, 222-223, 292-296, 505
Resolução, em espectrometria de massa, 117
Resolução de problemas
   acoplamento, em espectroscopia RMN, 406-410
   espectroscopia de massa, 188-208, 595
   espectroscopia no infravermelho, 85-89, 596
   espectroscopia próton RMN, 311-315
   espectroscopia RMN, 264-268, 311-315, 406-410, 475-476, 531-535, 596
   espectroscopia RMN carbono-13, 311-315, 531-532, 596
   espectroscopia ultravioleta (UV), 596
   métodos combinados, 595-662
Ressonância de Fermi, 20, 58, 70, 71
Ressonância magnética nuclear, 213-216. *Ver também* Carbono-13, espectroscopia RMN de; RMN, espectroscopia
Reverberação, em espectro RMN, 221
RMN, espectrômetro, 220-225
   onda contínua, 220-221
   transformada de Fourier pulsada, 222-225
RMN, espectroscopia, 211
   absorção de energia em, 213-216
   agentes de resolução quiral em, 467-469
   alargamento de picos em, 449-450
   alargamento quadripolar em, 255-256, 455-457
   alcanos, 246-247, 675
   alcenos, 248-249, 346-350, 384-388, 677-678
   alcinos, 250-251, 349-350, 678
   alcoóis, 253-254, 443-446, 469-471, 678
   aldeídos, 231-232, 257-258, 678
   amidas, 262-263, 457-460
   aminas, 255-256, 452-455
   análise das absorções típicas, por tipo de composto, 246-263
   anisotropia magnética em, 218-220, 233-235
   aplicações de, 529-530
   bidimensional, 514
   blindagem em, 218-220, 229-233
   campos de intensidade baixa *versus* alta 245-246
   carbono-13. *Ver* Carbono-13, espectroscopia RMN de
   cetonas, 258-259
   composto de referência em, 219
   compostos aromáticos, 249-250, 392-400, 678
   constante de acoplamento em, 242-245, 337-339, 677-680
   COSY (correlação H-H) 372, 515-522, 535, 706
   DEPT, 296-299, 314-315, 507-510, 532-533, 706
   desacoplamento em, 287-288, 3296, 3297, 456-457, 499-501
   desdobramento *spin-spin* em, 235-240, 313
   deslocamento químico em, 218-220, 228-233, 311-312
   deslocamento químico em, cálculo de, 681-684
   deslocamento químico em, para alguns compostos aromáticos heterocíclicos e policíclicos, 676-677
   deslocamento químico em, para alguns tipos de prótons, 672-675
   deslocamento químico em, solventes, 697
   determinação da configuração absoluta em, 469-471
   determinação de configurações relativas em, 471-472

diagrama de árvore em, 364-367
diferença de NOE, 472-475, 706
dinâmica, 450
distorção do multipleto, 245
efeitos da eletronegatividade em, 229-231
efeitos de hibridização em, 231-232
equivalência magnética em, 226, 351-355
equivalência química em, 225-226, 351-352
espectro de primeira ordem em, 367-375
espectro de segunda ordem em, 375-384
espectro de segunda ordem em, ausência de campo alto, 379-380
espectro enganosamente simples em, 380-384
estados de *spin* nucleares em, 211-212, 217
ésteres, 259-260
éteres, 254-255
excesso populacional de núcleos em, 217
gradientes de campo pulsados em, 505-506
grupo etila, 240-241
grupos diastereotópicos, 354, 355-364, 467-469
grupos homotópicos, 354
haletos de alquila, 252-253
HETCOR, 514-515, 522-527, 535-536, 706
hidrogênios *sp* em, 232
hidrogênios *sp²* em, 231-232
hidrogênios *sp³* em, 231
índice de espectros, 705-706
integrais e integração em, 226-228, 312-313
larguras de pulso em, 501-505
ligação do hidrogênio em, 231-233
mecanismo de acoplamento em, 338-351. *Ver também* Acoplamento, em espectroscopia RMN
métodos avançados de 1-D, solucionando problemas em, 475-476, 596
métodos de detecção inversa em, 527
momentos magnéticos nucleares em, 212-213
não equivalência dentro de um grupo em, 364-367
nitrilas, 256-257
nitroalcanos, 263
NOESY, 372, 528-529
notação de sistema de *spin* em, 376
problemas em, 268-279, 315-334, 410-439, 476-495
problemas em, combinando métodos espectroscópicos para resolver, 595-662
problemas em, como resolver, 264-268, 311-315, 406-410, 475-476, 531-536, 596
problemas em, técnicas 1-D e 2-D combinadas para resolver, 531-536
prótons ácidos e intercambiáveis em, 232-233
prótons de nitrogênio em, 452-457
prótons de oxigênio em, 443-446
reagente de deslocamento quiral em, 466
reagentes de deslocamento químico em, 464-467
Regra do *n* + 1 em, 235-238, 364, 369-371
relaxação em, 222-223, 292-296, 505
saturação em, 217, 291, 294
sequências de pulso em, 499-501

simulação de espectro em, 379
sistema $A_2$, 377
sistema $A_2B_2$, 377-378
sistema $A_2X_2$, 377
sistema AB, 376-378
sistema $AB_2$, 377
sistema alílico, 388-392
sistema AX, 376-378
sistema $AX_2$, 377
solventes em, 304-308, 449, 460-464, 697
tautomeria em, 450-452
técnicas avançadas em, 499-506.
teste de próton ligado em, 510-514
triângulo de Pascal em, 241-242
troca em, 443-452. *Ver também* Trocas, em espectroscopia de RMN,
vetores de magnetização em, 501-505
RMN dinâmica, 450
*Rocking*, 18
Ruído, 225

# S

Sais de amônia, espectro infravermelho de, 78
Salicilaldeído, deslocamento químico de carbono-13 de, 694
Salicilato de isobutila, espectro de massa de, 172, 173
Samário, 465
Saturação, em espectroscopia de RMN, 217, 291, 294
*Scissoring*, 18
Segmentação de duas ligações, 139
Segmentação indutiva, 138-139, 163-164
Segmentação iniciada em sítio carregado, 138-139, 163-1644
Segmentação iniciada no sitio radical, 138, 139
Segmentação retro Diels-Alder, 139
Segunda banda primária, 579
Septeto, 237
Sequências de pulso, 499-501
SIMS. *Ver* espectrometria de íons de massa secundária
Sinal no domínio da frequência, 224
Sinal de ressonância, 220
Singletos, 287
Sistema $A_2$, 377
Sistema $A_2B_2$, 377
Sistema $A_2X_2$, 377
Sistema AB, 376-378
Sistema $AB_2$, 377
Sistema AX, 376-378
Sistema $AX_2$, 377
Sistema de referência, 502
Sistemas heteroaromáticos, acoplamento em, 400-401
Sólidos, espectroscopia no infravermelho de, 26-27, 83-84
Solvente(s),
  em espectroscopia RMN, 304-308, 449, 460-464, 697
  em espectroscopia ultravioleta, 564-565

*Spin*, 211
*Spin*, momento angular de, 211
*Spin*, notação de sistema de, 376
*Spin*, números quânticos de, 211-212
*Spin*, sistema(s),
   AB, 376-377
   AX, 376-377
*Spin*-rede, processos de relaxação, 294
*Spin*-rede $T_1$, tempo de relaxação, 293-295
*Spin-spin*
   desdobramento em carbono-13 espectroscopia RMN, 285-287, 314-315
   em espectroscopia RMN, 235-240, 313
*Spin-spin*, acoplamento. *Ver* acoplamento, em espectroscopia RMN
*Spin-spin*, processos de relaxação, 294
*Spin-spin* $T_2$, tempo de relaxação, 293-295
Subespectro, em técnica DEPT, 297
Sulfetos
   espectro infravermelho de, 79
   fragmentação espectral de massa de, 162, 163
Sulfonamidas, estado sólido, espectro infravermelho de, 80
Sulfonas, espectro infravermelho de, 80
Sulfonatos, espectro infravermelho de, 80
Sulfóxidos, espectro infravermelho de, 79

# T

Tabelas de correlação, 28-30
Tanaka, K., 104
Tautomeria, 450-452
Tautômero(s), 450
Técnica DEPT, 296-299, 314-315, 507-510
   DEPT-45, 298, 507
   DEPT-90, 298, 314-315, 507
   DEPT-135, 298, 299, 314-315, 507
   índice de espectros, 706
   modificação do teste de próton ligado em, 510-514
   resolvendo problemas em, 532-533
Técnica HETCOR, 514, 522-527, 535-536, 706
Técnicas de ionização por dessorção, 111-113
Tempo, sinal no domínio do, 223
Tempo de aquisição, em espectroscopia RMN, 293, 499
Tempo de relaxação, 294
Tempo de voo, analisador de massa (TOF) por, 119-121
Temporal, espectro no domínio, 25
Térbio, 465
Teste de próton ligado (APT), 510-514
Tetraetilfosfônio, cloreto de espectro RMN de, 404-405
Tetrametilsilano (TMS), 219

Thomson, J. J., 103-104
Tióis
   fragmentação espectral de massa de, 158-159
   transições e espectro ultravioleta de, 591
TMS (tetrametilsilano), 219
TOF. *Ver* Analisador de massa por tempo de voo
Tolueno
   espectro de massa de, 151
   espectro infravermelho de, 43-44
   espectro RMN carbono-13 de, 295, 302-303
Total, vetor de magnetização, 502, 503
Transformada de Fourier (FT), 25, 224
Transformada de Fourier na RMN, 222-225, 281
Transição quântica nula, 292
Transições de dois quanta, 292
Transições de um *quantum*, 290
Transições "proibidas", 560, 562
Transmitância percentual, 24
Triângulo de Pascal, 241
Tributilamina, espectro infravermelho de, 74
1,1,2-tricloroetano, espectro RMN de, 235-236, 364
Trietilamina, espectro de massa de, 175-176
2,2,2-trifluoroetanol, espectro RMN de, 404
2,2,4-trimetilpentano, espectro de massa de, 141, 143
Tripleto, 235
Trocas, em espectroscopia de RMN,
   água e $D_2O$, 446-450
   alargamento dos picos devido a, 449-450
   alcoóis, 443-446
   deutério, 447-449,
   misturas ácido com água, 446-447
   misturas álcool com água, 446-447
   tautomeria, 450-452
Túlio, 465
*Twisting*, 18

# U

Unidades delta (δ), 219

# V

Valência, tautomeria de, 452
Valeraldeído, espectro de massa de, 164
Valeronitrila, espectro RMN de, 257
Varredura de campo magnético, 116
Vetor de magnetização nuclear, 502
Vetores de magnetização, 501-505

# W

*Wagging*, 18

# Z

Z-2-penteno, espectro de massa de, 145-146